Trocknungstechnik
Erster Band

Trocknungstechnik

Erster Band

O. Krischer

Die wissenschaftlichen Grundlagen der Trocknungstechnik

Dritte, neubearbeitete Auflage von

W. Kast

Springer-Verlag Berlin Heidelberg GmbH 1978

Dr.-Ing. Dr.-Ing. e. h. Otto Krischer († 26. 5. 1976)
em. o. Professor für Heizungs- und Trocknungstechnik
an der Technischen Hochschule Darmstadt

Dr.-Ing. Werner Kast
o. Professor für Thermische Verfahrenstechnik und Heizungstechnik
an der Technischen Hochschule Darmstadt

Mit 367 Abbildungen

Additional material to this book can be downloaded from http://extras.springer.com

ISBN 978-3-642-61880-2   ISBN 978-3-642-61879-6 (eBook)
DOI 10.1007/978-3-642-61879-6

Library of Congress Cataloging in Publication Data.
Krischer, Otto. Die wissenschaftlichen Grundlagen der Trocknungstechnik. (Trocknungstechnik; Bd. 1) Bibliography: p. Includes index. 1. Drying. 2. Heat--Transmission. I. Kast, Werner. II. Title. III. Series: Krischer, Otto.
Trocknungstechnik; Bd. 1. TP368.K67 1978 Bd. 1 660.2'8426'08s [660.2'8426] 78-2320

Vorwort zur ersten Auflage des Gesamtwerkes

Seit der letzten Auflage von M. Hirschs „Trocknungstechnik" im Jahre 1932 haben sich sowohl die Erkenntnis der physikalischen Vorgänge beim Trocknen als auch die schon immer große Fülle der Trocknerkonstruktionen und Trocknungsverfahren so erweitert, daß die Überarbeitung des vor 25 Jahren erschienenen Werkes nicht zweckmäßig erschien, sondern eine vollkommen neue Gestaltung des Stoffes ratsam war.

Entsprechend den verschiedenen Tätigkeitsbereichen der beiden Verfasser wurde der Stoff in zwei Teile aufgeteilt, deren erster die wissenschaftliche Grundlagen, deren zweiter die Trockner und Trocknungsverfahren zum Gegenstand hat. Angesichts des Umfangs beider Teile und gewisser zeitlicher Unterschiede in der Fertigstellung war es zweckmäßig, eine Trennung in zwei Einzelbände vorzunehmen. In den Jahren der Entstehung des Gesamtwerks haben sich die Verfasser in dauernder Zusammenarbeit bemüht, zu einer einheitlichen Sicht der zahlreichen Probleme des Fachgebietes zu kommen, so daß die Darstellung gleicher Gegenstände in den beiden Bänden weitgehend vermieden ist.

O. Krischer   K. Kröll

Vorwort zur neuen Auflage des Gesamtwerkes

Bei der Neubearbeitung wurde der Gesamtstoff wie bisher in einen ersten Teil über „Die wissenschaftlichen Grundlagen der Trocknungstechnik" (Band I) und in einen zweiten, die Verfahren, Maschinen und Anlagen der Trocknungstechnik behandelnden Teil getrennt. Infolge des gewachsenen Umfangs des zweiten Teiles erscheint dieser jedoch in zwei Bänden, wovon der eine den Titel „Trockner und Trocknungsverfahren" (Band II) und der andere den Titel „Trocknen und Trockner in der Produktion" hat (Band III).

W. Kast   K. Kröll

Vorwort zur dritten Auflage

Nach dem Tode von Professor Dr.-Ing. Dr.-Ing. e. h. O. Krischer habe ich, als sein
Schüler und nachfolgender Leiter des Lehrstuhls für Heizungs- und Trocknungstechnik (1968 umbenannt in Thermische Verfahrenstechnik und Heizungstechnik),
die Überarbeitung seines Werkes für eine 3. Auflage übernommen. Der bewährte
Aufbau des Buches, der in der Art eines Lehrbuches von den Grundvorgängen der
Strömung, des Energie- und Stofftransportes im aufnehmenden Medium und des
Feuchtetransports im Trockengut zum Beschreiben und mathematischen Erfassen
des Trocknungsvorganges in Gütern der unterschiedlichsten Art und Form fortschreitet, wurde beibehalten. Es blieb auch die Beschränkung auf die wissenschaftlichen Grundlagen, wobei aber die Behandlung der zahlreichen Trocknungsverfahren, z. B. der Zerstäubungs-, Gefrier- oder Wirbelschichttrocknung, soweit auch
in Hinblick auf die technischen Bedingungen erfolgte, daß eine direkte Überleitung
zu den im 2. und 3. Band behandelten Trocknern und Trocknungsverfahren
besteht.

Alle Kapitel wurden dem fortgeschrittenen Wissen angepaßt. Stärkere Änderungen waren notwendig für die Abschnitte
— die konvektive Wärme- und Stoffübertragung,
— die Oberflächen- und Kühlgrenztemperatur,
— die Bindungsenergie,
— die Kapillarwasserbewegung,
— das Verhältnis α/β,
— die mathematische Behandlung des Wärme- und Stoffaustausches beim Trocknen,
— das Trocknen unter technischen Bedingungen.

Wenn auch die Trocknung von wasserfeuchten Produkten nach wie vor das
größte Interesse beansprucht, so wurden doch die Ansätze so verallgemeinert, daß
sie auch für die Entfernung anderer Lösungsmittel als Wasser gelten.

Auch heute sind wir noch nicht in der Lage, die sehr komplexen Wechselwirkungen zwischen dem zu trocknenden Gut und dem Feuchtetransport in ihm
quantitativ allgemeingültig zu beschreiben. Die Umrechnung des gemessenen
Trocknungsverlaufes auf andere Trocknungsbedingungen ist daher eine wichtige
Aufgabe, welche behandelt wird. Doch setzt uns die Komplexität des Vorganges
sogar hierbei heute noch enge Grenzen.

Bei der mathematischen Behandlung führt die elektronische Datenverarbei-
tung zu einer wesentlichen Vereinfachung der numerischen Rechnungen, die einen
Verzicht auf die früher üblichen Reihenentwicklung zur Lösung von Differentialgleichungen erlaubte.

Danken möchte ich Herrn Dr.-Ing. E. Sommer, Farbwerke Höchst AG, der
die Bearbeitung des Abschnittes über die Kapillarwasserbewegung übernommen
und, ausgehend von eigenen Untersuchungen, neu geschrieben hat.

Wegfallen mußte leider das Kapitel zur meßtechnischen Bestimmung des Feuchtigkeitsgehaltes. Infolge der Entwicklung der Meß- und Regeltechnik hätte dieses Kapitel den Umfang des Buches gesprengt. Auch kann hier auf neue Fachliteratur zu diesen Fragen verwiesen werden.

Alle Bilder und Tabellen wurden auf neue SI-Einheiten umgestellt, sowie eine weitgehend den DIN-Empfehlungen angepaßte Nomenklatur verwendet, ohne aber völlig auf die in der Trocknungstechnik üblichen Bezeichnungen zu verzichten.

Danken möchte ich den früheren Mitarbeitern von Professor Krischer, die mir manche Anregung gaben und meinen jetzigen Mitarbeitern, welche mir bei der Überarbeitung halfen.

Darmstadt, Frühjahr 1978   **W. Kast**

πεπαιδευμένου γάρ ἐστιν ἐπὶ τοσοῦτον τ᾽ ἀκριβὲς
ἐπιζητεῖν κάϑ᾽ ἕκαστον γένος ἐφ᾽ ὅσον ἡ τοῦ
πράγματος φύσις ἐπιδέχεται.

Der geschulte Mann erstrebt in jedem Fachgebiet keine größere Genauigkeit, als das Wesen des Gegenstandes (vernünftigerweise) zuläßt.

ARISTOTELES, Nikomachische Ethik 1094 b 24.

Aus dem Vorwort zur ersten Auflage

Das vorliegende Buch wendet sich an diejenigen Ingenieure, Physiker und Chemiker, die mit der Handhabung, Überwachung, Entwicklung, Planung und dem Entwurf von Trocknungsvorrichtungen zu tun haben. Zur Beurteilung möglicher Wärmeausnutzung, sinnvoller Anwendung der verschiedenen Trocknungsverfahren und Apparate, zur richtigen Dimensionierung von Trocknern für verschiedenartige Güter bedarf es eines Einblicks in die physikalischen Vorgänge beim Trocknen.

Im physikalischen Sinne stellt thermisches Trocknen — wie jedes thermische Trennen — ein Problem der Kupplung von Wärme- und Stoffaustausch dar. Trocknen ist insofern das komplizierteste Problem des thermischen Trennens, als die Eigenschaften des Trocknungsgutes (nicht nur der verdampfenden Flüssigkeit) in Hinsicht auf die Wärme- und Stoffbewegung im Innern des Gutes von entscheidendem Einfluß sind. Als besondere Eigenart des Fachgebiets kommt hinzu, daß die Formen der Trocknungsgüter außerordentliche Verschiedenheiten aufweisen, die den Austausch mit dem Trockenmittel wesentlich beeinflussen — im Gegensatz zu den meisten Aufgaben des Maschinen- und Apparatebaus, bei denen der Austausch eines Mediums mit der Körperoberfläche vorwiegend für gewisse Standardformen (Rohre, ebene Platten, Kugeln, Füllkörper definierter Form usw.) von Interesse ist.

Bei den wissenschaftlichen Grundlagen der Trocknungstechnik muß man zweierlei Arten von Grundlagen unterscheiden: erstens die allgemeinen physikalischen Gesetzmäßigkeiten bei Zustandsänderungen in Feststoffen, Flüssigkeiten und Gasen, der Bewegung von Flüssigkeiten, Gasen und Dämpfen bei Diffusion und Strömung sowie der Bewegung der Wärme bei Wärmeleitung, Wärmestrahlung und Wärmeübergang, zweitens die speziellen Gesetzmäßigkeiten der Trocknungsvorgänge, die sich aus dem Zusammenwirken der verschiedenen Grundvorgänge ergeben.

Letztere allein sollten ursprünglich Gegenstand dieses Bandes sein. Aber beim Schreiben zeigte sich, daß in keinem der vorliegenden Lehrbücher die allgemeinen Grundlagen in einer auf Trocknungsprobleme unmittelbar anwendbaren Form behandelt sind. Aus dem Gesamtgebiet findet man in den für Ingenieure geschriebenen Lehrbüchern durchweg die Vorgänge des Wärmeaustauschs und der Strömung in ihrer Anwendung auf die Standardkörper des Maschinenbaus, in den Lehrbüchern der physikalischen Chemie die Grundlagen der Sorption und der Diffusion bei Gasen und Flüssigkeiten. Die Blickpunkte in der Darstellung sind bei den Disziplinen verschieden und treffen in keiner von beiden denjenigen, der für trocknungstechnische Fragen der zweckmäßigste ist.

Angesichts der großen Zahl von Einflußgrößen, die in die Trocknungstechnik hineinspielen, und ihrer großen Veränderlichkeit kann es sich auf keinen Fall darum handeln, jede einzelne Einflußgröße mit möglichst großer Genauigkeit zu beschreiben, vielmehr nur darum, die qualitativen Abhängigkeiten der Einzelgrößen in den Vordergrund der Betrachtung zu stellen, damit ihr Einfluß auf den Trocknungsvorgang möglichst in der ganzen Variationsbreite der Einzelerscheinung anschaulich wird.

Im wesentlichen betraf diese Bemühung eine zusammenfassende und damit vereinfachende Darstellung der Gesetzmäßigkeiten der Rauchgastrocknung, des Wärme- und Stoffübergangs an Körpern verschiedener Form und Anordnung sowie des Strömungs- und Diffusionswiderstands in Schüttungen und Festkörpern.

Ich hoffe, daß mit der hier angewandten Betrachtung alle bisher beobachteten Erscheinungen bei der Trocknung deutbar sind, so daß man alle wesentlichen Einflüsse nunmehr von vornherein abschätzen kann.

Darmstadt, im April 1956   **O. Krischer**

Inhaltsverzeichnis

Tafeln in der Tasche:

Tafel I: $h-x$-Diagramm für feuchte Luft bei Temperaturen von -20 bis $100\,°C$ und $P = 1$ bar

Tafel II: $h-x$-Diagramm für feuchte Luft bei Temperaturen bis $3000\,°C$ und $P = 1$ bar (näherungsweise auch gültig für Rauchgase)

Tafel III: Allgemeine Darstellung des Wärme- und Stoffübergangs für durchströmte Kanäle und überströmte Körper

---

Inhaltsübersicht der Bände 2 und 3

Trocknungstechnik, Bd. 2:
K. Kröll, *Trockner und Trocknungsverfahren*
Zweite neubearbeitete Auflage

1. Lehre von der Gestalt der Trockner
2. Lehre vom Geschehen in den Trocknern
3. Verhalten der Trockner
4. Kosten der Trocknung

Trocknungstechnik, Bd. 3:
K. Kröll, *Trocknen und Trockner in der Produktion*

1. Die Struktur der Stoffe und die Veränderungen der Güter beim Trocknen
2. Trocknen in der Landwirtschaft
3. Trocknen in den Lebens- und Genußmittelbetrieben
4. Trocknen in der holzverarbeitenden Industrie
5. Trocknen in der Zellstoff-, Papier- und Pappenindustrie sowie in Druckereien
6. Trocknen in der Textilindustrie
7. Trocknen in der Lederindustrie
8. Trocknen in den chemischen und verwandten Betrieben
9. Trocknen in der keramischen Industrie
10. Trocknen in den Lackierbetrieben
11. Kurze Entwicklungsgeschichte der Trocknungstechnik

Formelzeichen und Indizes

Allgemein verwendete Bezeichnungen

A		Austauschfläche	$\dot{V}$		Volumenstrom
$a = \dfrac{\lambda}{c\varrho}$		Temperaturleitkoeffizient	v		spez. Volumen
			W		äußere Arbeit
C		Strahlungskoeffizient	w		Geschwindigkeit
$\mathfrak{C}$		Molwärme	X		Feuchte (Beladung) des Trockengutes
c		spez. Wärme			
d		Durchmesser	x		Dampfbeladung des Gases
E		Energie, allgemein	x, y, z		laufende Koordinaten
f		freier Strömungsquerschnitt	α		Wärmeübergangskoeffizient
g		Erdbeschleunigung	β		Stoffübergangskoeffizient
H		Brennwert	Γ		volumenbezogene Feuchte
h		Höhe	δ		Diffusionskoeffizient
h		Enthalpie	ε		kubischer Ausdehnungskoeffizient
l		Länge	ζ		Widerstandsfaktor
l'		Anstromlänge	$\left.\begin{array}{c}\zeta\\ \pi\\ \eta\end{array}\right\}$		dimensionslose Parameter
M		relative Molmasse			
m		Masse			
$\dot{m}$		Massenstromdichte	η		dynamische Zähigkeit
n		Anzahl von Schichten	ϑ		Temperatur
P		Druck	$\varkappa$		Feuchteleitkoeffizient
P_D		Dampf-(teil-)druck	λ		Wärmeleitkoeffizient
Q, q		Wärmemenge	$\sqrt{\lambda c\varrho}$		Wärmeeindringkoeffizient
$\dot{Q}$		Wärmestrom	μ		Diffusionswiderstandsfaktor
$\dot{q}$		Wärmestromdichte	ν		kinematische Zähigkeit
R		Gaskonstante, spezielle	$\dot{\nu}$		dimensionsloser Massenstrom
$\mathbf{R}$		Gaskonstante, allgemeine	ϱ		Dichte
r		Radius	σ		Oberflächenspannung
s		Dicke einer Schicht	τ		dimensionslose Trocknungszeit
T		absolute Temperatur	Φ		Einstrahlzahl
t		Zeit	φ		relative Gasfeuchte
u		Umfang	Ψ		Porosität, Hohlraumanteil
V		Volumen			

Kenngrößen

$$Bi = \frac{\alpha s}{\lambda}$$ Biotsche Kennzahl für Wärmetransport

$$Bi' = \frac{\beta s}{\delta}$$ Biotsche Kennzahl für Stofftransport

$$Fo = \frac{at}{z^2}$$ Fouriersche Kennzahl

$$Gr = \frac{l^3 g \varepsilon \, \Delta\vartheta}{\nu^2}$$ Grashofsche Kennzahl

$$Gr' = l^3 g \left(\frac{M_\infty}{M_0} \frac{T_0}{T_\infty} - 1 \right) \Big/ \nu^2$$ verallgemeinerte Grashofsche Kennzahl

$$Le = \frac{Sc}{Pr} = \frac{a}{\delta}$$ Lewissche Kennzahl

$$Nu = \frac{\alpha l}{\lambda}$$ Nusseltsche Kennzahl für Wärmeübergang

$$Nu' \equiv Sh = \frac{\beta l}{\delta}$$ Sherwoodsche Kennzahl (Nusseltsche Kennzahl für Stoffübergang)

$$Pe = \frac{wl}{a} \quad \text{oder} \quad = \frac{wd}{a}$$ Pecletsche Kennzahl für Wärmeübergang

$$Pe' = \frac{wl}{\delta} \quad \text{oder} \quad = \frac{wd}{\delta}$$ Pecletsche Kennzahl für Stoffübergang

$$Pr = \frac{\nu}{a}$$ Prandtlsche Kennzahl

$$Sc = \frac{\nu}{\delta}$$ Schmidtsche Kennzahl

$$Re = \frac{wl}{\nu} \quad \text{oder} \quad = \frac{wd}{\nu}$$ Reynoldssche Kennzahl

Allgemein verwendete Indizes

Auf den Stoff bezogen

S	Feststoff	D	Dampf (meist Wasserdampf)
L	Gas allgemein (meist Luft)	W	Flüssigkeit (meist Wasser),
G	Rauchgas		Feuchte

Auf den Ort bezogen

y	an der Stelle y	∞	in genügendem Abstand von der
z	an der Stelle z		Austauschfläche bzw. bei asymptotischer Näherung an einen bestimmten Wert
l	auf die Länge bezogen		
d	auf den Durchmesser bezogen		
o	an der Oberfläche	a	Austrittszustand und äußere Begrenzung
		e	Eintrittszustand
		i	innere Begrenzung

Auf den Zustand bezogen

| S | | im Sattdampfzustand |
| " | } | |

Sch	am Schmelzpunkt
0	bei 0 °C
K	bei Kühlgrenztemperatur
kr	am kritischen Punkt
Kn	am Knickpunkt
Gl	bei Feuchtigkeitsgleichgewicht

m	im Mittel
tr	trocken
V	bei Verdampfung
f	feucht
I	im ersten Trocknungsabschnitt
II	im zweiten Trocknungsabschnitt
III	im dritten Trocknungsabschnitt
E	am Ende
O	am Anfang

Auf den Vorgang bezogen

B	durch Wärmeleitung
R	durch Strahlung
K	durch Konvektion

| kap | bei Kapillarwasserbewegung |
| hygr | im hygroskopischen Bereich |

0. Einleitung

0.1. Begriffe und Fragestellungen

Unter Trocknen sei in diesem Buch ganz allgemein der Entzug einer Flüssigkeit aus einem Gut verstanden, wobei das Ziel des Trocknens die Herstellung des trockenen Gutes ist.

Wir unterscheiden dabei grundsätzlich zwei Arten der Trocknung:

a) *die mechanische Trocknung* oder *Entwässerung*, d. h. Austreibung der Flüssigkeit durch rein mechanische Kräfte (Schleudern, Pressen usw.).

b) *die thermische Trocknung*, bei der zwei Teilvorgänge unterschieden werden müssen:
   1. die Überführung der Flüssigkeit in den dampfförmigen Zustand,
   2. die Abführung des Dampfes.

Zum Verständnis dieser Fragen ist die Kenntnis der Kräfte erforderlich, die die Flüssigkeit an das Gut binden.

Die unter 1. genannte Aggregatzustandsänderung, die nur durch Wärmezufuhr ermöglicht wird, nennen wir Verdunstung oder Verdampfung.

Von *Verdunstung* spricht man, wenn in dem an die Oberfläche der Flüssigkeit angrenzenden Raum der entstehende Dampf nicht allein vorhanden ist, sondern außer diesem noch ein anderes Gas, d. h. wenn der Gesamtdruck größer ist als der Teildruck des entstehenden Dampfes.

Von *Verdampfung* spricht man, wenn im angrenzenden Raum nur der entstehende Dampf vorhanden ist, d. h. wenn der Gesamtdruck gleich dem Teildruck des Dampfes ist (z. B. Heißdampftrocknung oder Vakuumtrocknung).

Entsprechend unterscheidet man bei der unter 2. genannten Abführung des Dampfes die Begriffe Dampfdiffusion und Dampfströmung.

Bei der *Dampfdiffusion* (= Zerstreuung) „zerstreut" sich der entstehende Dampf in ein anderes Gas (das Trägergas), welches bei seiner Bewegung den aufgenommenen Dampf mitnimmt. Treibende Kräfte für die Bewegung des Dampfes im Gas sind Teildruckunterschiede des Dampfes. Bei Trocknungsvorgängen mit dieser Art der Dampfbewegung spricht man von *Verdunstungstrocknung*.

Bei der *Dampfströmung* wird nur der entstehende Dampf abgeführt, ohne daß ein anderer Stoff an dem Vorgang beteiligt ist. Treibende Kräfte für eine solche Dampfbewegung sind Gesamtdruckunterschiede, die zur Überwindung der Reibung verbraucht werden. Trocknungsvorgänge mit dieser Art der Dampfbewegung werden mit dem Begriff *Verdampfungstrocknung* belegt.

Die Grundfragen bei der thermischen Trocknung sind die folgenden:

1. Wie bringt man die zur Aggregatzustandsänderung (Verdunstung oder Verdampfung) notwendige Wärme an den Ort der Verdunstung oder Verdampfung?

Je nach der Art der Wärmezufuhr an das Trocknungsgut unterscheidet man *Konvektionstrocknung* (Wärmeübergang vom Trockenmittel an das Gut), *Kontakttrocknung* (Wärmeleitung durch das Gut), *Strahlungstrocknung* (Wärmestrahlung von umgebenden Flächen) oder *elektrische Trocknung* (Joulesche Wärme- oder Energieumsetzung bei der Absorption elektromagnetischer Wellen und bei der *Hochfrequenztrocknung*).

2. Wie bringt man den entstehenden Dampf vom Ort seiner Entstehung weg?

Hier unterscheidet man *Lufttrocknung, Vakuumtrocknung, Heißdampftrocknung.*

Implizite ist in diesen beiden Fragen eine dritte enthalten:

3. Wo liegt in einem gegebenen Zeitpunkt der Ort der Verdunstung oder Verdampfung?

Will man die erste Frage nach der Wärmebewegung beantworten, so muß man sich mit den *Gesetzen der Wärmeübertragung* durch Wärmestrahlung, Wärmeleitung und konvektive Energiemitführung beschäftigen. Es gibt gewisse Sonderfälle der Trocknung, bei denen diese Gesetze allein den Gesamtvorgang beherrschen (z. B. Verdampfung aus einer Oberfläche bei konstantem Druck).

Die Beantwortung der zweiten Frage nach der Entfernung des entstehenden Dampfes setzt die Kenntnis der *Gesetze der Dampfbewegung* bei Strömung, Diffusion und der konvektiven Dampfmitführung voraus. (Für sehr langsam verlaufende Trocknungsvorgänge bei niederen Temperaturen sind diese Gesetzmäßigkeiten oft allein entscheidend.) Wenn man bedenkt, daß bei bekanntem Ort der Dampfentstehung — z. B. in der Oberfläche des Gutes — zur Erzielung bestimmter gleichbleibender Bedingungen bei der Trocknung nur so viel Wärme zugeführt werden kann, als Energie in dem abgehenden Dampf fortgeführt wird, so erkennt man, daß in diesem Fall das Problem der thermischen Trocknung in der *Kupplung von Wärme- und Dampfbewegung* zu suchen ist. Ist also der Ort der Dampfentstehung bekannt, so liefert die Anwendung der genannten Gesetzmäßigkeiten allein Aufschluß über die Trocknung unter gegebenen äußeren Bedingungen. (Dies würde zutreffen für die Verdunstung aus Gütern, deren Oberfläche sehr naß ist bzw. die Verdunstung eines Wassertropfens und oft in gewissem Maß für manche Güter bei der Zerstäubungstrocknung.)

Im allgemeinen aber ist der Ort der Dampfentstehung im Gut nicht ohne weiteres bekannt. Er ergibt sich vielmehr erst durch die Bedingung, daß die verdampfende Flüssigkeit innerhalb des Gutes an den Ort der Dampfentstehung bewegt werden muß. Die *Flüssigkeitsbewegung* im Gut aber hängt von den Kräften ab, die sie an das Gut binden. Will man also den allgemeinen Fall der Trocknung behandeln, so ist dieser durch die *Kupplung von Wärme-, Dampf-* und *Flüssigkeitsbewegung* zu beschreiben. Und erst wenn man alle diese Gesetzmäßigkeiten kennt, wird man sich von dem gesamten Vorgang ein Bild machen und im gegebenen Fall die zweckmäßigsten Vorkehrungen treffen können.

Diese Überlegungen sind von besonderer Wichtigkeit für den projektierenden Ingenieur, der Trocknungsanlagen entwerfen soll und bestimmte Garantien für die Einhaltung vorgeschriebener Trocknungszeiten übernehmen muß. Wesentlich einfacher jedoch sehen die Probleme der Trocknungstechnik für denjenigen Ingenieur aus, der lediglich mit der Abnahme oder der Betriebsüberwachung von Trocknern zu tun hat und nur feststellen muß, ob die verlangten Garantien hinsichtlich Trocknungszeit sowie Wärme- und Kraftverbrauch eingehalten sind. Er kann von außen an einen Trocknungsapparat herangehen und sich durch Messung der ein- und austretenden Stoff-, Energie- und Wärmeströme über die wirtschaftlich wichtigen Daten informieren. Für ihn besteht das Problem hauptsächlich darin, daß er nicht immer die zur Aufstellung von Bilanzen (Stoff- und Energiebilanzen) notwendigen Größen (Massen, Energien usw.) durch unmittelbare Messung bestimmen kann, sondern oft aus verschiedenen Beobachtungen (Temperatur, relative Feuchtigkeit der Trocknungsluft usw.), die nur unmittelbar zur Bestimmung der gesuchten Größen zu benutzen sind, Schlüsse auf die gesuchten Größen ziehen muß. Bei all diesen Fragen ist es wichtig, *Stoff- und Energiebilanzen* aufzustellen, die im Hinblick auf die in der Trocknungstechnik möglichen Messungen und ihre Auswertung in eine Form gefaßt werden sollten, die bei allen Betrachtungen widerspruchslos angewandt werden kann.

0.2. Zur Thermodynamik der Trocknung

Die *Befeuchtung* eines Stoffes ist ein Vorgang, der bis zu einem Gleichgewicht auf Grund von Partialunterschieden abläuft, wenn der (trockene) Stoff mit Wasser (oder einem anderen Lösungsmittel) oder mit feuchtem Gas in Berührung kommt; es ist dies ein Ausgleichsvorgang. Die Befeuchtung ist daher ein nichtumkehrbarer Vorgang mit Entropiezunahme, bei dem Bindungskräfte verschiedenster Art (Kapillarkräfte, Van der Waalsche Kräfte, Osmotische Kräfte u.a.) abgesättigt werden. Die Entropie des Systems aus Feststoff und Feuchte (Dampf oder Wasser) nimmt daher wie bei jedem Mischvorgang gegenüber den Entropien der Ausgangsstoffe zu.

Bei der *Trocknung* als Umkehrung der Befeuchtung müssen die Bindungskräfte überwunden und damit, durch eine in das System einzubringende Energie, die Entropievermehrung rückgängig gemacht werden. Dabei ist es prinzipiell gleichgültig, ob diese Energie mechanisch (z. B. durch Pressen oder Zentrifugieren) oder thermisch durch Wärmezufuhr von Energieträgern (Luft, Rauchgase, Dampfdruck u.ä.) aufgebracht wird. Es kann daher, wie bei allen Trennverfahren, eine theoretische Mindestarbeit zur Trocknung berechnet werden. Wegen den immer vorhandenen Transport- und Übergangswiderständen beim Wärme- und Stofftransport und den Energieverlusten des Trocknungsapparates ist diese theoretische Mindestarbeit aber nur in sehr einfachen Fällen mit der praktisch aufzuwendenden Energie vergleichbar.

Wenn die Feuchte im Feststoff ungebunden vorliegen würde (d.h. als freies Wasser), wäre theoretisch keine Arbeit zu ihrer Entfernung weder thermisch noch mechanisch aufzubringen. Jedoch treten bereits bei hohen Feuchten Oberflächenspannungsenergien auf (Kapillarkräfte), die eine zusätzliche Energie zu ihrer Entfernung erfordern, sei es mechanische Energie (z. B. in einem Zentrifugalfeld) oder zusätzliche Wärmeenergie, die die Dampfdruckabsenkung z. B. durch die Oberflächenspannung oder durch van der Waalsche Kräfte aufhebt. Mit zunehmender Trocknung, d. h. abnehmender Feuchte, werden diese Bindungskräfte immer größer; im letzten Abschnitt der Trocknung (hygroskopischer Bereich) machen diese eine zusätzliche Energie in der Größenordnung der Verdampfungswärme erforderlich. Der Aufwand beim Trocknen wird zwar durch die Wärmeverluste und Verdampfungswärme weit stärker als durch die Bindungsenergien bestimmt, trotzdem macht erst die Kenntnis der Bindungsenergien den Trocknungablauf verständlich. Es wird hier bereits deutlich, daß der Trocknungsvorgang durch Bindung *und* Transport im zu trocknenden Stoff determiniert ist, in sehr viel stärkerem Maße als bei anderen Trennprozessen, bei denen im wesentlichen der im allgemeinen leicht zu berechnende Übergangswiderstand an Phasengrenzen die Geschwindigkeit des Trennverfahrens bestimmt.

Da der Vorgang des Trocknens sehr *langsam* abläuft, die Einstellung des Gleichgewichts an jedem Ort im Feststoff aber sehr schnell folgt, kann von örtlichem thermodynamischem Gleichgewicht ausgegangen werden und eine Kopplung des sich einstellenden Gleichgewichts mit der Geschwindigkeit des Transportvorgangs außer Betracht bleiben.

1. Stoff- und Energieumsatz beim Trocknen

1.1. Die Bedeutung von Stoff- und Energiebilanzen

Im allgemeinen werden an einen Trockner seitens des Käufers in wirtschaftlicher Hinsicht folgende Anforderungen gestellt:

1. Es wird ein bestimmter stündlicher Durchsatz von Trockengut verlangt.
2. Für das Trocknungsgut sind Anfangs- und Endfeuchte vorgeschrieben.
3. Für den Wärmeverbrauch je kg verdampfte Flüssigkeit ist eine obere Grenze gesetzt.
4. Der Energieverbrauch für den Antrieb von Ventilatoren, Antriebsmaschinen usw. wird begrenzt.

Weitere spezielle Anforderungen für gewisse „empfindliche" Trocknungsgüter beziehen sich auf die Einhaltung bestimmter Temperaturgrenzen, die Einhaltung gewisser Grenzen in der Feuchteverteilung oder der zulässigen Spannungen im getrockneten Gut.

Durchaus unproblematisch und jederzeit leicht nachprüfbar sind im allgemeinen die Punkte 1. und 2., die mittels Waage kontrollierbar sind. Schwieriger ist manchmal Punkt 3., da es oft nur schwer möglich ist, den Wärmeverbrauch unmittelbar an der Heizvorrichtung zu bestimmen. Häufig ist es einfacher, den Zustand der ein- und austretenden Luftmengen zu bestimmen und mit Hilfe von Stoff- und Energiebilanzen die Dampf- und Wärmeaufnahme des Luftstroms, die bei Lufttrocknern in der Regel den weitaus größten Anteil am gesamten Wärmeumsatz hat, zu berechnen. Die Dampfaufnahme ergibt sich aus der Stoffbilanz, die Wärmeaufnahme aus der Energiebilanz für den Trockner. Wir stellen diese Bilanzen in der Weise auf, daß wir für den ganzen Trockner oder einen beliebig abgegrenzten Bereich desselben die Kontinuitätsgleichung der Masse und die Kontinuitätsgleichung der Energie (den ersten Hauptsatz der Wärmelehre) anwenden [1.1].

1.2. Stoffbilanzen

Wenn aus einem Trockner oder einem abgegrenzten Bereich desselben mehr Stoff ausströmt als einströmt, so muß die Differenz aus dem Bereich genommen sein. Bezeichnet man die Summe der Massen aller mit dem Gut und dem Trockenmittel in der Zeiteinheit *eintretenden* Stoffe mit $\sum \dot{m}_e$, diejenige der *austretenden* mit $\sum \dot{m}_a$, den aus dem Bereich der dem Apparat entzogenen Teil mit $-\Delta \dot{m}$, so gilt:

$$\sum \dot{m}_e - \sum \dot{m}_a = -\Delta \dot{m}. \tag{1.1}$$

Im Beharrungszustand tritt ebensoviel ein wie aus; folglich gilt dann:

$$\sum \dot{m}_e - \sum \dot{m}_a = 0. \tag{1.1a}$$

Wir betrachten das Schema eines *diskontinuierlich* arbeitenden Trockners (z. B. Trockenschrank) (Bild 1.1). Der Apparat werde während einer beliebigen Beobachtungszeit von einem Luftstrom $\dot{m}_L$ (gemessen in völlig trockenem Zustand) durchströmt, der eine Wasserdampfmenge $\dot{m}_{D,e}$ mitbringt und eine andere $\dot{m}_{D,a}$ fortträgt. — Grundsätzlich wird im folgenden der Index e für den Zustand des in einen Bereich *ein*tretenden, der Index a für den aus dem Bereich *aus*tretenden Stoff (sei es Trockenstoff, Flüssigkeit oder Luft) gebraucht. — Wird beim Trocknungsgut eine Gewichtsverminderung $\Delta \dot{m}$ festgestellt, so ist bei gleichbleibendem Druck und mittlerer Temperatur im Trockenschrank dies gleichzeitig die gesamte Feuchteänderung $\dot{m}_W$ des Gutes. Also gilt nach Gl. (1.1):

$$\dot{m}_{D,e} - \dot{m}_{D,a} = -\Delta \dot{m}_W.$$

$\dot{m}_{D,a}$ ist hierin die gesamte während der Beobachtungszeit abgeströmte Dampfmenge.

Soll ein *kontinuierlich im Beharrungszustand* arbeitender Trockner betrachtet werden (Bild 1.2), so ist $\Delta \dot{m}$ während einer beliebigen Versuchszeit gleich Null. Mit den Bezeichnungen von Bild 1.2 ($\dot{m}_S$ = Massenstrom des trockenen Stoffes, $\dot{m}_W$ = Massenstrom der Flüssigkeit im Stoff) gilt nach Gl. (1.1a):

$$\dot{m}_{W,e} - \dot{m}_{W,a} = \dot{m}_{D,a} - \dot{m}_{D,e}.$$

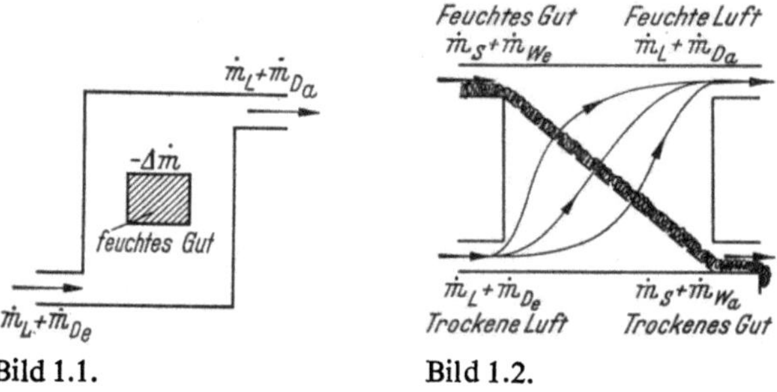

Bild 1.1. Schema eines diskontinuierlich arbeitenden Trockners.
Bild 1.2. Schema eines kontinuierlich arbeitenden Trockners.

Sind bei einem Trockner andere Stoffströme vorhanden, so sind alle Massenströme der ein- und austretenden Stoffe zu betrachten. Zum Beispiel sind bei einem direkt mit Kohle beheizten Rauchgastrockner, für dessen Gesamtheit die Stoffbilanz durchzuführen ist, als eintretende Massenströme anzusetzen:

Kohle, Verbrennungsluft mit zugehörigem Wasserdampf, Trocknungsgut mit der beim Eintritt darin enthaltenen Flüssigkeit;

als austretende Massenströme:

Asche, Rauchgas mit dem zugehörigen Wasserdampf, Trocknungsgut mit der beim Austritt noch vorhandenen Flüssigkeit.

Zur Anwendung der gleichen Begriffe auf die Stoffbilanz einer verdampfenden Oberfläche greifen wir einen engen Bereich oberhalb und unterhalb der Oberfläche heraus (durch die gestrichelten Linien *0—0* und *1—1* in Bild 1.3 gekennzeichnet).

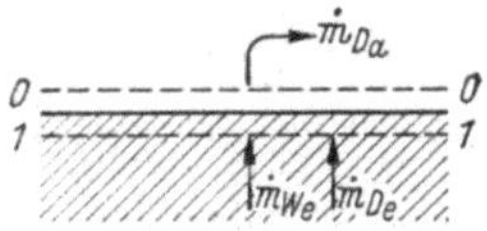

Bild 1.3. Zur Stoff- und Energiebilanz bei der Verdunstung an einer Oberfläche.

Bei *0—0* tritt der Dampfstrom $\dot{m}_{D,a}$ aus. Strömt bei *1—1* weder Flüssigkeit noch Dampf ein ($\dot{m}_{W,e} = 0$, $\dot{m}_{D,e} = 0$), so muß nach Gl. (1.1) eine Flüssigkeitsabnahme in dem betrachteten Bereich

$$\Delta \dot{m}_W = \dot{m}_{D,a}$$

eintreten. Es tritt eine Austrocknung des Bereiches ein. Wird jedoch z. B. durch irgendwelche Kräfte gerade dieselbe Menge in flüssiger Form oder in Dampfform nachgefördert $\dot{m}_{W,e} + \dot{m}_{D,e} = \dot{m}_{D,a}$, so bleibt der Feuchtigkeitszustand in dem Bereich konstant ($\Delta \dot{m}_W = 0$). In dem Bereich herrscht dann hinsichtlich der Stoffbewegung ein Beharrungszustand [Gl. (1.1a)].

Die Bestimmung der Massen

Die Bestimmung der Massen fester oder flüssiger Güter bietet grundsätzlich keine Schwierigkeiten. Bei Gasen und Dämpfen jedoch ist die Massenbestimmung mittels Waage nicht durchführbar. In der Trocknungstechnik können manchmal Gasvolumina V gemessen oder aus Geschwindigkeitsmessungen berechnet werden. Bei Kenntnis der Dichten ist dann auch die Masse bestimmbar. Bei Rauchgasen erfolgt die Massenbestimmung meist aus der Wägung der Kohlenmenge und der chemischen Analyse von Brennstoff und Rauchgas.

Bei Dampf-Gasgemischen müssen in den meisten Fällen sowohl die Masse des Trägergases m_L (meist Luft) als auch die des Dampfes m_D auf indirektem Weg unter Zuhilfenahme der Stoffbilanz bestimmt werden. Mittels Temperatur-, Druck- und Feuchtigkeitsbestimmung (Psychro- oder Hygrometer) kann entweder die Dichte des Dampfes ϱ_D oder der Dampfgehalt x in 1 kg trockener Luft bestimmt werden. Die Einführung der letzteren Größe ist gerade in der Trocknungstechnik deshalb von Vorteil, weil bei dem Weg durch den Trockner (Dichtheit vorausgesetzt) meist die Menge der durchströmenden trockenen Gase m_L konstant ist, während ihre Temperatur, Volumen, Beladung mit Wasserdampf sich auf dem Weg ändert.

Mit

$$m_D/m_L = x \quad \text{kg Dampf/kg trockenes Gas} \tag{1.2}$$

wird

$$m_L + m_D = m_L(1 + x). \tag{1.3}$$

Bei der Anwendung auf die obigen Beispiele (Bild 1.1 und 1.2) sei angenommen, die Größen x_e und x_a seien durch Messung bekannt, wobei zu bedenken ist, daß sie bei dem diskontinuierlichen Trockner in Bild 1.1 zeitlich veränderlich $x(t)$ anzusetzen sind, während beim kontinuierlichen Trockner im Beharrungszustand das Meßergebnis theoretisch in jedem Augenblick das gleiche sein müßte.

Es ergibt sich für den diskontinuierlichen Trockner:

$$\dot{m}_\mathrm{L} = \frac{\Delta\dot{m}_\mathrm{W} \cdot t}{\int\limits_0^t [x_\mathrm{a}(t) - x_\mathrm{e}(t)]\,\mathrm{d}t} \qquad (1.4)$$

für den kontinuierlichen:

$$\dot{m}_\mathrm{L} = \frac{\dot{m}_{\mathrm{W},\mathrm{e}} - \dot{m}_{\mathrm{W},\mathrm{a}}}{x_\mathrm{a} - x_\mathrm{e}}. \qquad (1.4a)$$

Der Dampfgehalt x kann meistens aus der psychrometrisch meßbaren relativen Feuchtigkeit, der Temperatur und dem Druck der Luft errechnet werden. Unter Anwendung des Gasgesetzes auf ein gegebenes Volumen V, in dem sich die Mischung von Luft und Wasserdampf befindet, ergibt sich mit $m_\mathrm{D} = P_\mathrm{D}V/R_\mathrm{D}T$ und $m_\mathrm{L} = P_\mathrm{L}V/R_\mathrm{L}T$:

$$\dot{x} = m_\mathrm{D}/m_\mathrm{L} = \frac{M_\mathrm{D}P_\mathrm{D}}{M_\mathrm{L}P_\mathrm{L}}.$$

Es bedeuten:

P_D bzw. P_L die Teildrucke von Dampf und Gas;
M_D bzw. M_L die rel. Molmassen der beiden Bestandteile.

Drückt man noch den Dampfdruck P_D durch das Produkt aus relativer Feuchtigkeit φ und Sattdampfdruck P_D'' bei der Temperatur T aus, d.h.

$$\varphi = P_\mathrm{D}/P_\mathrm{D}'', \qquad (1.5)$$

und schreibt den Teildruck des Gases P_L als Differenz des Gesamtdruckes P und des Dampfteildruckes, so findet man:

$$x = \frac{M_\mathrm{D}}{M_\mathrm{L}} \frac{\varphi P_\mathrm{D}''}{P - \varphi P_\mathrm{D}''}, \qquad (1.6)$$

oder speziell für Luft-Wasserdampfgemische mit $M_\mathrm{L} = 28{,}96$ und $M_\mathrm{D} = 18{,}02$:

$$x = 0{,}622\,\frac{\varphi P_\mathrm{D}''}{P - \varphi P_\mathrm{D}''}. \qquad (1.6a)$$

Im Zustand der Sättigung ($\varphi = 1$) wird der Dampfgehalt:

$$x'' = 0{,}622\,\frac{P_\mathrm{D}''}{\mathrm{P} - P_\mathrm{D}''}. \qquad (1.6b)$$

1.3. Energiebilanzen

Die Energiebilanz für einen abgegrenzten Bereich besagt, daß die Summe aller Energieänderungen der beteiligten Stoffe in dem abgegrenzten Bereich in Form von Wärme oder Arbeit mit der Umgebung ausgetauscht werden muß. Für die Zwecke der Trocknungstechnik formuliert man den diese Bilanz ausdrückenden ersten

Hauptsatz der Wärmelehre zweckmäßig in folgender Form:

$$\sum \dot{Q} + \sum L = \sum \dot{E}_a - \sum \dot{E}_e + \Delta \dot{E}. \tag{1.7}$$

Darin bedeuten:

$\sum \dot{Q}$ — Summe aller Wärmeströme, die mit der Umgebung des Trockners oder eines beliebig abgegrenzten Bereiches ausgetauscht werden. Als Wärmeströme, mit dem Zeichen $\dot{Q}$ gekennzeichnet, sind in diesem Buch nur solche verstanden, die durch Leitung oder Strahlung durch den Rand des betrachteten Bereichs ab- oder zufließen. Wärmeströme, die aus Verlustleistungen entstehen (elektrisch oder mechanisch), werden als Arbeit gezählt.

$\sum L$ — Summe aller Leistungen, mechanische oder elektrische, die in den Trockner eingeführt werden.

$\sum \dot{E}_e$ — Summe aller Energieströme, die mit allen eintretenden Stoffmengen m in den Bereich eintreten; bei jedem Stoff ist also die Summe seiner Energien (Enthalpie, kinetische, chemische Energie usw.) einzusetzen.

$\sum \dot{E}_a$ — Summe aller Energieströme, die mit den austretenden Stoffmengen aus dem Bereich austreten.

$\Delta \dot{E}$ — Zeitliche Energieänderung des betrachteten Bereichs.

Wärmeströme $\dot{Q}$ und Leistungen L werden positiv gezählt, wenn sie dem Bereich zugeführt werden, negativ, wenn sie abgeführt werden. Im Beharrungszustand ändert sich der Energiezustand eines Trockners während einer beliebigen Beobachtungszeit nicht. Es gilt also:

$$\Delta \dot{E} = 0$$

oder

$$\sum \dot{Q} + \sum L = \sum \dot{E}_a - \sum \dot{E}_e. \tag{1.7a}$$

Im allgemeinen ist bei Aufgaben der Trocknungstechnik nur die Enthalpie H der Stoffe und bei den Brennstoffen die chemische Energie (Heizwert) zu berücksichtigen (die kinetische Energie ist bei Aufgaben der Trocknungstechnik fast stets vernachlässigbar).

Die Enthalpieströme der Stoffe sind den Massenströmen $\dot{m}$ der Stoffe proportional. Mit der spezifischen Enthalpie h wird also $\dot{H} = \dot{m}h$.

In Anwendung auf die Beispiele des vorigen Abschnitts ergibt sich als Energiebilanz für den Trockenschrank (Bild 1.4), der z.B. mit Ventilator, dessen Leistung L_{vent} sei, und einem Lufterhitzer, der der Luft einen Wärmestrom $\dot{Q}_{\text{zug}}$ zuführt, versehen sein soll und einen Wärmeverlust an die Umgebung $-\dot{Q}_{\text{verl}}$ haben soll:

$$-\dot{Q}_{\text{verl}} + \dot{Q}_{\text{zug}} + L_{\text{vent}} = \dot{m}_{\text{L}}h_{\text{La}} + \dot{m}_{\text{Da}}h_{\text{Da}} - \dot{m}_{\text{L}}h_{\text{Le}} - \dot{m}_{\text{De}}h_{\text{De}} - \Delta \dot{E}.$$

Behält der ganze Trockner samt Gut während der Beobachtungszeit seine Temperatur bei und ist obendrein die spezifische Enthalpie der in dem Gut enthaltenen Flüssigkeit nur von der Temperatur abhängig — was meist hinreichend genau zutrifft —, so ist die Enthalpieänderung des Gutes $-\Delta \dot{E}$ gleich derjenigen des ihm entzogenen Wassers $-\Delta \dot{m}_{\text{W}} \cdot h_{\text{W}}$. Die letzte Gleichung geht dann über in:

$$\dot{Q}_{\text{zug}} - \dot{Q}_{\text{verl}} + L_{\text{vent}} = \dot{m}_{\text{L}}(h_{\text{La}} - h_{\text{Le}}) + \dot{m}_{\text{Da}}h_{\text{Da}} - \dot{m}_{\text{De}}h_{\text{De}} - \Delta \dot{m}_{\text{W}}h_{\text{W}}. \tag{1.8}$$

Für den in Bild 1.2 dargestellten kontinuierlichen Trockner sei ebenfalls angenommen, daß der ganze Trockner betrachtet wird. Dann lautet die Energiebilanz mit den Bezeichnungen in Bild 1.5, da der Energiezustand des Trockners mit der Zeit konstant bleibt ($\Delta \dot{E} = 0$) unter Verwendung der spezifischen Enthalpien:

$$\dot{Q}_{\text{zug}} - \dot{Q}_{\text{verl}} + L_{\text{vent}} = \dot{m}_{\text{S}}(h_{\text{Sa}} - h_{\text{Se}}) + \dot{m}_{\text{Wa}}h_{\text{Wa}} - \dot{m}_{\text{We}}h_{\text{We}}$$

$$+ \dot{m}_{\text{L}}(h_{\text{La}} - h_{\text{Le}}) + \dot{m}_{\text{Da}}h_{\text{Da}} - \dot{m}_{\text{De}}h_{\text{De}}. \tag{1.9}$$

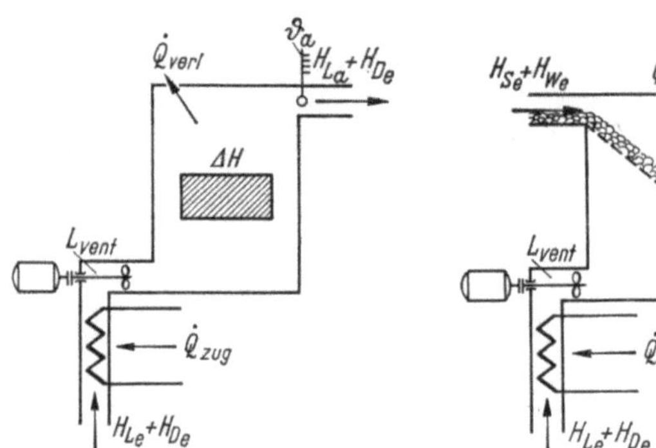

Bild 1.4. Zur Energiebilanz für einen Trockenschrank.

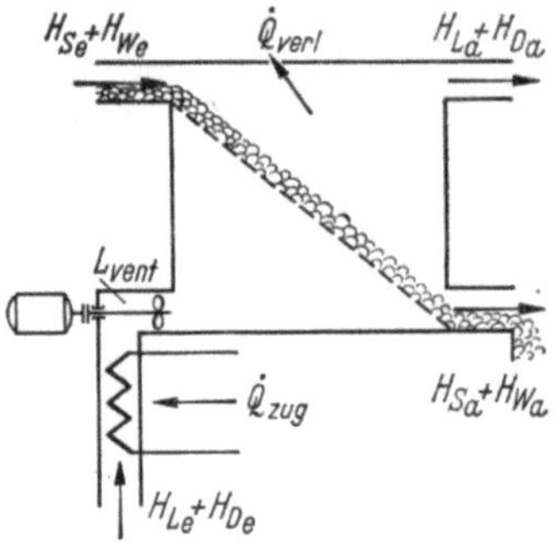

Bild 1.5. Zur Energiebilanz für einen kontinuierlich arbeitenden Trockner.

Bei der Untersuchung von Trocknungsapparaten ist in der Regel die Bestimmung der Größen der rechten Seite von Gl. (1.9) nicht allzu schwierig. Aus ihnen kann man dann die Summen der Wärmen und Arbeiten, nicht aber eine der Einzelgrößen berechnen. Will man eine einzelne dieser Größen ($\dot{Q}_{\text{zug}}$, $\dot{Q}_{\text{verl}}$, L_{vent}) bestimmen, so muß man entweder die beiden anderen unmittelbar messen können (z.B. $\dot{Q}_{\text{zug}}$ und L_{vent}) oder man muß innerhalb des Trockners einen bestimmten Bereich abgrenzen, in dem lediglich die gesuchte Größe als äußere Einwirkung auftritt. Will man z.B. die Wärmeverluste $\dot{Q}_{\text{verl}}$ eines Trockners experimentell bestimmen, so muß der Bereich derart abgegrenzt werden, daß der Eintrittszustand hinter dem Ventilator in Bild 1.5 gemessen wird. Befinden sich die Ventilatoren samt Motoren innerhalb des Trockners, so ist die Ventilatorleistung L_{vent} gleich der in den Motor fließenden elektrisch zugeführten Energie, die meist verhältnismäßig einfach zu messen ist.

Für das Verhalten von Stoffen bei der Trocknung ist oft wichtig zu wissen, in welcher Form die Wärme an das Trocknungsgut überführt wird, ob durch Strahlung, durch Leitung oder durch Wärmeübergang aus dem Trockenmittel (z.B. Luft). Zu diesem Zweck muß man Energiebilanzen für die Oberfläche des Trocknungsgutes aufstellen — seltener, um sie experimentell zu bestimmen, als um sich auf Grund später zu behandelnder physikalischer Überlegungen ein Bild der möglichen Einwirkungen auf das Trocknungsgut machen zu können —.

Bei der Aufstellung der Energiebilanz für die in Bild 1.3 gezeichnete Oberfläche interessiert vorwiegend die Aufteilung der verschiedenen in der verdunstenden Oberfläche durchgesetzten Wärmemengen, die durch Strahlung, Leitung oder Konvektion mit der Umgebung ausgetauscht werden können.

In Bild 1.6 sind drei charakteristische Fälle gezeichnet; für alle drei ist an
genommen, daß die von der Oberfläche abströmende Dampfmenge $\dot{m}_{\mathrm{D,a}} = \dot{m}_{\mathrm{D}}$
in flüssiger Form an die Oberfläche nachgesaugt wird ($\Delta\dot{m} = 0$) und daß die
Temperatur- und Druckverhältnisse in der Oberfläche während der Beobachtungszeit konstant bleiben.

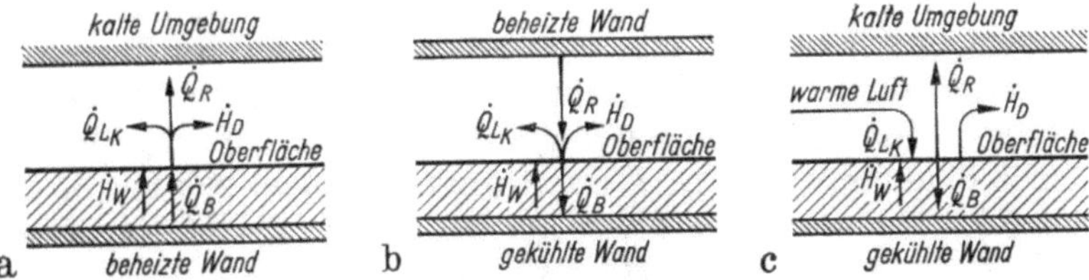

Bild 1.6a–c. Zur Energiebilanz an der Gutsoberfläche bei verschiedenartiger Wärmezufuhr.
a) Kontakttrocknung; b) Strahlungstrocknung; c) Konvektions- oder Lufttrocknung.

Im Fall *a*, der mit *Kontakttrocknung* bezeichnet werden soll, fließt die zugeführte
Wärme $\dot{Q}_{\mathrm{B}}$ durch Wärmeleitung von der beheizten Wand durch das auf ihr auf-
liegende Gut an die Oberfläche. Bei kälterer Umgebung (Luft und Wände) wird
durch konvektive Wärmeabgabe an die Luft $\dot{Q}_{\mathrm{L,K}}$, durch Strahlung $\dot{Q}_{\mathrm{R}}$ abgegeben.
Es gilt dann nach Gl. (1.7a):

$$\dot{Q}_{\mathrm{B}} - \dot{Q}_{\mathrm{L,K}} - \dot{Q}_{\mathrm{R}} = \dot{m}_{\mathrm{D}}(h_{\mathrm{D}} - h_{\mathrm{W}}).$$

Fall *b* soll gelten für eine *Strahlungstrocknung*, bei der die umgebende Luft kälter
ist als die Oberfläche. Es gilt dann:

$$\dot{Q}_{\mathrm{R}} - \dot{Q}_{\mathrm{L,K}} - \dot{Q}_{\mathrm{B}} = \dot{m}_{\mathrm{D}}(h_{\mathrm{D}} - h_{\mathrm{W}}).$$

Bei Fall *c* stellt die Luft, die durch konvektiven Wärmeübergang an die Oberfläche Wärme abgibt, den Wärmeträger dar (*Konvektions-* oder *Lufttrocknung*).
Es ist:

$$\dot{Q}_{\mathrm{L,K}} - \dot{Q}_{\mathrm{B}} - \dot{Q}_{\mathrm{R}} = \dot{m}_{\mathrm{D}}(h_{\mathrm{D}} - h_{\mathrm{W}}).$$

Erfolgt bei einem Gut die Erwärmung durch hochfrequente Ströme, Joulesche
Wärme oder durch die Umsetzung chemischer Energie im Gut, so ist nach der
obigen Formulierung (Gl. (1.7) und (1.7a)) die dabei im Innern des Gutes frei
werdende Energie als zugeführte äußere Arbeit zu zählen. Durch Wärmeleitung
gelangt ein Teil $\dot{Q}_{\mathrm{B}}$ der zugeführten Arbeit an die Oberfläche, so daß unter sonst
gleichen äußeren Bedingungen die Bilanz für die trocknende Oberfläche mit der
für den Fall *a* (Kontakttrocknung) identisch ist.

Die Bestimmung der Enthalpien

Sofern nicht der empirische Zusammenhang zwischen Enthalpie und den anderen
Zustandsgrößen eines Stoffes in Form von Diagrammen vorliegt, benutzt man zur
Bestimmung der spez. Enthalpien bei allen Stoffen von gleichbleibendem Aggre-
gatzustand die *mittleren* spezifischen Wärmen c_{p} zwischen 0 und ϑ °C[1], die für feste

---

[1] Bei der Aufstellung von Diagrammen für hohe Temperaturen oder mit stark temperaturabhängiger spezifischer Wärme ist der Unterschied zwischen wahrer und mittlerer spezifische-
Wärme oft beachtlich. In der Schrift von Grubenmann [1.2] sind versehentlich die wahren
spezifischen Wärmen der Luft als mittlere angegeben und damit die $h-x$-Tafeln gezeichnet.

und flüssige Stoffe durchweg gleich den von der Art der Zustandsänderung unabhängigen spezifischen Wärmen c sind. Es gilt dann, wenn ϑ die jeweilige Temperatur des Stoffes bedeutet und die Enthalpie bei 0°C Null gesetzt wird:

$$\left.\begin{array}{l} h = c_\mathrm{p}\vartheta \quad \textit{für Gase,} \\ h = c\vartheta \quad \textit{für Flüssigkeiten und feste Stoffe.} \end{array}\right\} \qquad (1.10)$$

In der Trocknungstechnik muß man jedoch bedenken, daß bei Flüssigkeiten, die an einen Feststoff durch chemische, elektrische oder mechanische Kräfte gebunden sind, die Energie der Flüssigkeit durch die Bindung herabgesetzt wird. Die dabei frei werdende Bindungswärme (z.B. Benetzungswärme) sei hier mit h_B bezeichnet (s. Abschn. 3.2.). Demnach ist als *Enthalpie gebundener (sorbierter) Flüssigkeiten* einzusetzen:

$$h_\mathrm{W} = c_\mathrm{W}\vartheta - h_\mathrm{B} \qquad (1.10a)$$

— es sei hier vorweg bemerkt, daß im allgemeinen die Berücksichtigung von h_B nur bei starker Bindung, d.h. bei geringer Feuchte, von merklichem Einfluß sein kann —.

Für Stoffe, die ihren Aggregatzustand ändern, z.B. gefrorene Flüssigkeiten oder Dämpfe, sind die Schmelzwärmen h_Sch bzw. Verdampfungswärmen h_V zu berücksichtigen[1]. Es gilt für:

Gefrorene Flüssigkeiten mit Schmelzpunkt ϑ_Sch unter 0°C, wenn die Enthalpie der Flüssigkeit bei 0°C gleich Null gesetzt wird:

$$h_\mathrm{W} = c_\mathrm{W}\vartheta_\mathrm{Sch} - h_\mathrm{Sch} - c_\mathrm{fest}(\vartheta_\mathrm{Sch} - \vartheta), \qquad (1.10b)$$

Flüssigkeiten mit Schmelzpunkt über 0°C, wenn die Enthalpie der gefrorenen Flüssigkeit bei 0°C gleich Null gesetzt wird:

$$h_\mathrm{W} = c_\mathrm{fest}\vartheta_\mathrm{Sch} + h_\mathrm{Sch} + c_\mathrm{W}(\vartheta - \vartheta_\mathrm{Sch}). \qquad (1.10c)$$

Überhitzte Dämpfe, wenn die Enthalpie der Flüssigkeit bei 0°C gleich Null gesetzt wird:

$$h_\mathrm{D} = c_\mathrm{W}\vartheta_\mathrm{S} + h_\mathrm{V} + c_\mathrm{pD}(\vartheta - \vartheta_\mathrm{S}), \qquad (1.10d)$$

worin ϑ_S die Siedetemperatur bei dem herrschenden Dampfdruck und h_V die Verdampfungswärme bei dieser Temperatur bedeuten.

Einfacher stellt sich dieser Zusammenhang dar, wenn sich der Dampf in einem Bereich so niederer Temperaturen bzw. Teildrucke befindet, daß er sich auch in der Nähe der Sättigung näherungsweise wie ein vollkommenes Gas verhält. Dann hängt seine Enthalpie nur von der Temperatur ϑ ab, nicht vom Druck bzw. der von diesem abhängigen Verdampfungstemperatur ϑ_S. Da die Enthalpie dann unabhängig vom Weg sein muß, auf dem der Zustand erreicht wurde, kann die Verdampfung auch bei $\vartheta_\mathrm{S} = 0°C$ mit der zugehörigen Verdampfungswärme h_VO erfolgen:

$$h_\mathrm{D} = h_\mathrm{VO} + c_\mathrm{pD}\vartheta. \qquad (1.10e)$$

---

[1] In diesem Buch werden die Worte „Verdampfungswärme" und „Verdampfungsenthalpie", „Lösungswärme" und „Lösungsenthalpie" usw. im gleichen Sinne gebraucht, weil beide Benennungen üblich sind. Im Sinne des ersten Hauptsatzes, der unter „Wärme" einen unsichtbaren Energiefluß von außen (der nur durch Strahlung oder Leitung bewirkt werden kann) versteht, handelt es sich nicht um Wärme, sondern um Änderungen des Energiezustandes, hier also um Enthalpieänderungen.

Ein Vergleich mit Gl. (1.10d) liefert für die Temperaturabhängigkeit der Verdampfungswärme h_V:

$$h_V = h_{VO} - (c_W - c_{pD})\,\vartheta_S. \tag{1.10f}$$

Bei Wasserdampf ist dies für Dampfdrucke von 610 bis 30000 Pa (ϑ_S zwischen 0 und 70°C) mit einer Genauigkeit von $0{,}4^0/_{00}$ erfüllt, wenn man für die Verdampfungswärme bei 0°C den Wert 2500 kJ/kg und für die spezifische Wärme des Dampfes den Wert $c_{pD} = 1{,}84$ kJ/kg K einsetzt; dehnt man den Anwendungsbereich bis auf 1 bar ($\vartheta_S \approx 100$°C) aus, so muß man eine Verminderung der Genauigkeit auf $3^0/_{00}$ in Kauf nehmen[1].

Für Gas- (meist Luft-) Dampfgemische ist es zweckmäßig, als Enthalpie h (ohne Index) diejenige von 1 kg trockenen Gases und dem dazugehörigen Dampf ($x = \dot{m}_D/\dot{m}_L$) einzuführen. Für ungesättigte Luft, in der überhitzter Dampf enthalten ist, gilt:

$$h = h_L + x h_D = c_{pL}\vartheta + x(h_{VO} + c_{pD}\vartheta). \tag{1.10g}$$

Für übersättigte Luft (Nebelgebiete), wenn der Dampfanteil x'' und der Flüssigkeitsanteil $x - x''$ ist:

$$\begin{aligned} h &= h_L + x'' h_D'' + (x - x'')\,h_W \\ &= c_{pL}\vartheta + x''(h_{VO} + c_{pD}\vartheta) + (x - x'')\,c_W\vartheta = h'' + (x - x'')\,c_W\vartheta, \end{aligned} \tag{1.10h}$$

wobei unter h'' die Enthalpie von 1 kg trockener Luft, die bei der Temperatur ϑ mit Wasserdampf gesättigt ist ($\varphi = 1$), verstanden ist.

Für übersättigte Luft, deren Temperatur unterhalb des Schmelzpunktes der Flüssigkeit liegt (Eisnebel), gilt:

$$h = h_L + x'' h_D'' + (x - x'')\,h_W, \tag{1.10i}$$

wobei für h_W die Werte nach Gl. (1.10b) oder (1.10c) einzusetzen sind.

---

[1] Die Approximation durch die von Mollier [1.3] angegebene Formel $h_D = 2491 + 1{,}93\vartheta$ kJ/kg ergibt im Bereich von 0 bis 100°C Abweichungen von $4^0/_{00}$, während die häufig benutzte Formel $2500 + 1{,}93\vartheta$ kJ/kg Abweichungen bis etwa 1 % liefert.

2. Die Darstellung der Zustände des Trockenmittels im h-x-Diagramm

2.1. Das h-x-Diagramm für Dampf-Gas-Gemische

Da in der Trocknungstechnik überwiegend Luft als Wärmeträger benutzt wird und Wasser als auszutreibende Flüssigkeit vorliegt, soll im folgenden das für die Veranschaulichung von Zustandsänderungen bei Trocknungsvorgängen mit feuchter Luft sehr anschauliche und nützliche Molliersche h-x-Diagramm entwickelt und besprochen werden.

Man muß dabei drei Bereiche unterscheiden: denjenigen der ungesättigten Luft, in der der Dampf in überhitztem Zustand enthalten ist, denjenigen der übersättigten Luft (Nebelgebiet), in der Naßdampf (= Sattdampf + Flüssigkeitströpfchen), und denjenigen Teil des Nebelgebietes, in dem die Nebelteilchen als Eiskristalle enthalten sind.

2.1.1. Entwicklung des h-x-Diagramms für Wasserdampf-Luft-Gemische

Für *ungesättigte Luft*, bei der der Dampf in überhitztem Zustand ist, gilt der durch Gl. (1.10g) gegebene lineare Zusammenhang zwischen h, ϑ und x:

$$h = c_{\mathrm{pL}}\, \vartheta + x(h_{\mathrm{VO}} + c_{\mathrm{pD}}\vartheta). \tag{2.1}$$

Man kann diese Beziehung in einfacher Weise in einem $h-x$-Diagramm mit ϑ als Parameter auftragen. Um nicht den eigentlichen Ablesebereich auf einen kleinen Bildabschnitt zusammenzudrängen, wählt man zweckmäßig ein schiefwinkliges Koordinatensystem, bei dem man — unter Berücksichtigung der Maßstabsfakto·ren für h und x — für die Linien $h = \mathrm{const}$ eine Neigung $\tan \alpha = -h_{\mathrm{VO}}$ wählt. Damit wird für $\vartheta = 0$ die Gerade $h = h_{\mathrm{VO}}x$ [Gl. (1.10g)] horizontal (s. Bild 2.1.) Für $\vartheta > 0$ ergeben sich Geraden, die, je höher die Temperatur, um so stärker ansteigen, während für Temperaturen unter 0° sich Geraden ergeben, die mit tieferer Temperatur stärker fallen[1]. Der Zusammenhang nach Gl. (1.10g) gilt nur für ungesättigte Luft. Für eine bestimmte Temperatur ist bei gegebenem Druck nach Gl. (1.6b) der maximale Dampfgehalt

$$x'' = 0{,}622 \, \frac{P_{\mathrm{D}}''}{P - P_{\mathrm{D}}''}.$$

---

[1] In dem von Kirschbaum [2.7] vorgeschlagenen $h'-x$-Bild, bei dem $h' = h - 2500x$ kJ/ kg ist, sind alle Kurven mit denen des h-x-Bildes identisch, lediglich ist an Stelle der schrägen Koordinaten h eine senkrechte Koordinate $h - 2500x$ kJ/kg eingetragen.

Dieser Zusammenhang läßt sich für gegebenen Luftdruck (Barometerstand) in das Diagramm Bild 2.1 eintragen, indem man den zu einer bestimmten Temperatur gehörigen Sattdampfdruck P_D'' in Gl. (1.6b) einsetzt und so x'' erhält. In Bild 2.1 ist der Bereich ungesättigter Luft, für den Gl. (1.10g) gilt, durch Schraffur angedeutet.

Im *Nebelgebiet* gilt, soweit der *Nebel* in *flüssiger Form* vorhanden ist, für den Zusammenhang zwischen h, x und ϑ Gl. (1.10h). Ausgehend von dem gleichen Koordinatensystem (x, h) wie bei Bild 2.1 soll die für gesättigte Luft (x'') gültige Kurve eingegangen sein (Bild 2.2). Linien gleicher Temperatur (Nebelisothermen) gewinnt man, wenn man zu dem nach Gl. (1.10h) auf der Grenzkurve gültigen Wert h'' die Flüssigkeitswärme der Nebeltröpfchen $c_W(x - x'')\,\vartheta_S$ hinzufügt.

$$h = h'' + c_W(x - x'')\,\vartheta_S,$$

oder

$$\frac{h - h''}{x - x''} = c_W\vartheta_S. \tag{2.2}$$

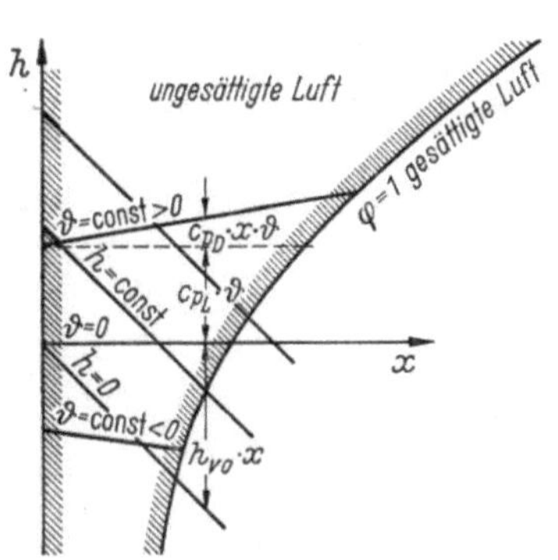

Bild 2.1. Zum Aufbau des *h-x*-Diagramms für ungesättigte Luft.

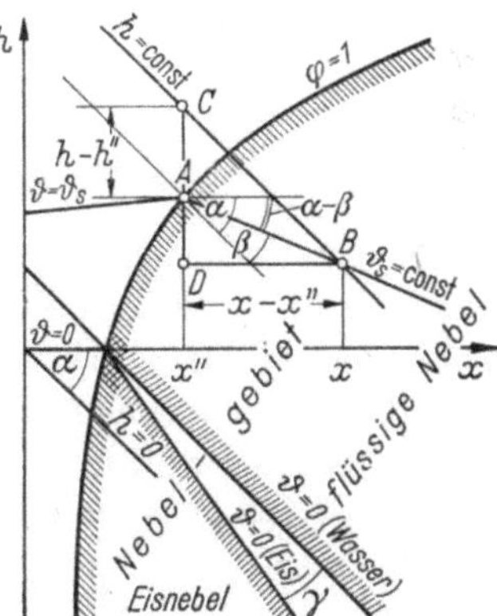

Bild 2.2. Zum Aufbau des *h-x*-Diagramms für übersättigte Luft.

Dies bedeutet, daß in Bild 2.2 eine Gerade $\vartheta = \vartheta_S = $ const entsteht, die mit der Linie $h = h'' = $ const einen Winkel β bildet. Je höher die Temperatur ist, desto größer wird der Winkel zwischen den Linien $h = $ const und den Linien $\vartheta = $ const.

Bei Temperaturen unter dem Schmelzpunkt der Flüssigkeit ist zu beachten, daß der Nebel als *Eisnebel* vorhanden ist. Die Enthalpie der Eiskristalle ist bei 0 °C um die Schmelzwärme h_{Sch} kleiner als diejenige des flüssigen Nebels. Es gilt also unter Benutzung von Gl. (1.10b):

$$h = h'' + (x - x'')\,(-h_{Sch} + c_{fest}\vartheta)$$

oder

$$\frac{h - h''}{x - x''} = -h_{Sch} + c_{fest}\vartheta. \tag{2.3}$$

Für Eisnebel verlaufen also Linien konstanter Temperatur unter einem Winkel γ gegen die Linien konstanter Enthalpie.

Speziell für Eis von 0° ($\vartheta = 0\,°C$) beträgt die Schmelzwärme 333 kJ/kg.

In den Tafeln I und II (Tafeltasche) sind h-x-Diagramme für Wasserdampf-Luft-Gemische dargestellt.[1] Dabei ist der Anwendungsbereich verschieden:

Tafel I: Temperaturbereich: $\vartheta = -20°C$ bis $+100°C$.
        Feuchtebereich: $x = 0$ bis $100 g/kg$ tr. Luft.
Tafel II: Temperaturbereich: $\vartheta = 0°C$ bis $3000°C$.
        Feuchtebereich: $x = 0$ bis $600 g/kg$ tr. Luft.

Die Diagramme sind unter Zugrundelegung der folgenden Zahlenwerte aufgestellt worden:

Für Diagramm I

$$c_{pL} = 1{,}005 \text{ kJ/kg K} \qquad h_{VO} = 2500 \text{ kJ/kg}$$
$$c_{pD} = 1{,}842 \text{ kJ/kg K} \qquad h_{Sch} = 333 \text{ kJ/kg}$$
$$c_{W} = 4{,}187 \text{ kJ/kg K} \qquad P = 1 \text{ bar}$$
$$c_{fest} = 2{,}094 \text{ kJ/kg K}$$

Für Diagramm II wurden die mittleren spezifischen Wärmen von Wasserdampf und Luft verwendet [2.11].

Die Sattdampfdrucke bei verschiedenen Temperaturen sind der Tabelle 2.1 zu entnehmen.

2.1.2. Das h-x-Diagramm bei verschiedenem Gesamtdruck P

Bei verschiedenem Luftdruck P hat 1 kg trockene Luft bei gleicher Temperatur im Sättigungszustand verschiedenen Dampfgehalt x'', weil die Volumeneinheit zwar gleiche Dampfmasse, aber verschiedene Luftmasse enthält. Damit ergeben sich für verschiedenen Barometerstand verschiedene Sättigungslinien ($\varphi = 1$) und verschiedene Linien gleicher relativer Feuchtigkeit. Bild 2.3a zeigt den Verlauf der Sättigungslinie bei verschiedenem Barometerstand.

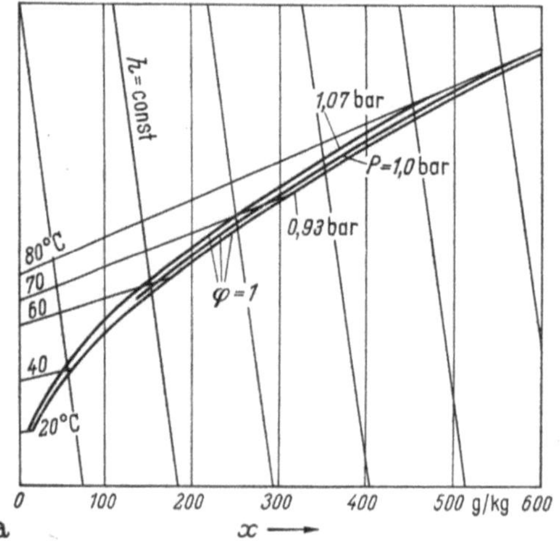

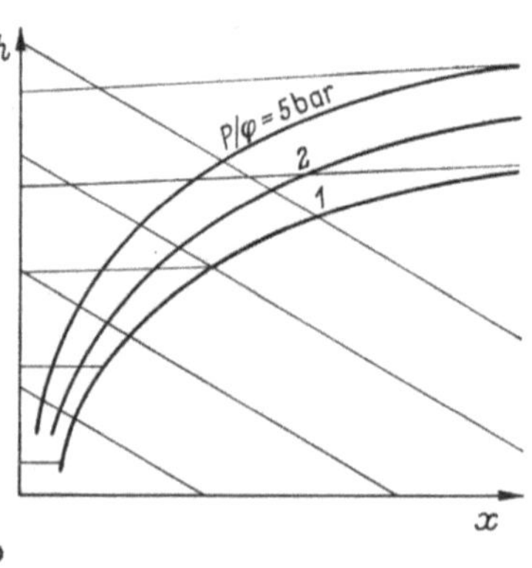

Bild 2.3a u b, Einfluß des Luftdrucks P auf das h-x-Diagramm.
a) Linien der Sättigung ($\varphi = 1$) für verschiedenen Luftdruck; b) Linien für gleiche Verhältnisse P/φ.

---

[1] Weitere Darstellungen des h-x-Diagramms für feuchte Luft in [2.1, 2.3, 2.4].

Tabelle 2.1. Sattdampfdruck P''_D, Dichte ϱ''_D und Verdampfungswärme h_V (unter 0 °C Verdampfungswärme h_V + Schmelzwärme h_{Sch}) von Wasserdampf in Abhängigkeit von der Temperatur ϑ. Ferner Dampfgehalt x'' und Enthalpie h'' von gesättigter Luft bei $P = 1$ bar (P''_D, ϱ''_D und h_V für $\vartheta > 0$ °C nach VDI-Wasserdampftafel [2.13]; P''_D für $\vartheta < 0$ °C nach E. Schmidt [2.11]; die übrigen Werte nach eigenen Berechnungen)

ϑ	P''_D	ϱ''_D	$h_V/(h_V + h_{Sch})$	x''	h''
°C	mbar	kg/m³	kJ/kg	kg/kg trockene Luft	kJ/kg trockene Luft
−20	1,03	0,000879	2839,6	0,000641	−18,50
−19	1,13	0,000966	2839,2	0,000706	−17,33
−18	1,25	0,001064	2839,2	0,000776	−16,16
−17	1,37	0,001161	2838,8	0,000853	−14,99
−16	1,50	0,001269	2838,8	0,000937	−13,78
−15	1,65	0,001387	2838,4	0,001028	−12,52
−14	1,81	0,001516	2837,9	0,001127	−11,26
−13	1,98	0,001654	2837,9	0,001235	−10,01
−12	2,17	0,001803	2837,5	0,001352	−8,71
−11	2,37	0,001961	2837,5	0,001480	−7,37
−10	2,60	0,002140	2837,1	0,001618	−6,03
−9	2,83	0,002329	2836,7	0,001767	−4,65
−8	3,10	0,002527	2836,7	0,001931	−3,22
−7	3,38	0,002746	2836,3	0,002107	−1,80
−6	3,68	0,002984	2836,3	0,002298	−0,29
−5	4,01	0,003242	2835,9	0,002505	+1,21
−4	4,37	0,003519	2835,4	0,002729	+2,76
−3	4,76	0,003817	2835,4	0,002972	+4,39
−2	5,17	0,004133	2835,0	0,003234	+6,07
−1	5,62	0,004478	2835,0	0,003516	+7,79
0	6,11	0,004846	2834,6	0,003821	+9,55
0	6,11	0,004846	2500,5	0,003821	+9,55
+1	6,57	0,005191	2498,0	0,004116	+11,30
+2	7,06	0,005557	2495,5	0,004418	+13,07
3	7,58	0,005945	2493,4	0,004754	14,91
4	8,13	0,006358	2491,3	0,005100	16,80
5	8,72	0,006795	2488,8	0,005472	18,76
6	9,35	0,007257	2486,2	0,005868	20,77
7	10,02	0,007747	2483,7	0,006291	22,87
8	10,72	0,008267	2481,6	0,006749	24,99
9	11,48	0,008816	2479,1	0,007223	27,22
10	12,28	0,009396	2477,0	0,007733	29,52
11	13,12	0,01001	2474,5	0,008269	31,90
12	14,02	0,01066	2472,4	0,008849	34,38
13	14,97	0,01134	2469,9	0,009455	36,93
14	15,98	0,01206	2505,5	0,010105	39,57
15	17,05	0,01282	2465,3	0,010791	42,58
16	18,17	0,01363	2463,3	0,011513	45,17
17	19,37	0,01447	2460,7	0,012288	48,19
18	20,63	0,01536	2458,2	0,013108	51,29
19	21,96	0,01630	2456,1	0,013974	54,51
20	23,38	0,01729	2453,6	0,014895	57,86
21	24,86	0,01833	2451,5	0,015861	61,38
22	26,43	0,01942	2449,0	0,016892	65,02
23	28,09	0,02056	2446,5	0,017959	68,83

Tabelle 2.1 (Fortsetzung)

ϑ	P_D''	ϱ_D''	$h_V \cdot (h_V + h_{Sch})$	x''	h''
°C	mbar	kg/m³	kJ/kg	kg/kg trockene Luft	kJ/kg trockene Luft
24	29,83	0,02177	2444,4	0,019131	72,60
25	31,68	0,02304	2441,9	0,020349	76,91
26	33,61	0,02437	2439,3	0,021635	81,23
27	35,65	0,02576	2437,3	0,022996	85,75
28	37,80	0,02723	2434,7	0,024435	90,48
29	40,05	0,02876	2432,6	0,025953	95,42
30	42,43	0,03036	2430,1	0,027558	100,57
31	44,93	0,03204	2427,6	0,029263	105,97
32	47,55	0,03380	2425,5	0,031050	111,58
33	50,31	0,03565	2423,0	0,032948	117,53
34	53,20	0,03758	2420,5	0,034950	123,73
35	56,24	0,03960	2418,0	0,037066	130,22
36	59,42	0,04171	2415,9	0,039289	137,0
37	62,76	0,04392	2413,4	0,041651	144,12
38	66,27	0,04622	2411,3	0,044136	151,61
39	69,95	0,04863	2408,8	0,046760	159,44
40	73,77	0,05114	2406,3	0,049532	167,65
41	77,79	0,05377	2404,2	0,052503	176,40
42	82,01	0,05650	2401,7	0,055560	185,40
43	86,42	0,05935	2399,2	0,058823	194,90
44	95,44	0,06233	2396,6	0,062278	204,95
45	95,85	0,06544	2394,1	0,065931	215,50
46	100,89	0,06867	2391,6	0,069778	226,56
47	106,15	0,07203	2389,5	0,073853	238,24
48	111,66	0,07553	2387,0	0,078146	250,46
49	117,4	0,07918	2384,5	0,082704	263,45
50	123,4	0,08298	2382,4	0,087516	277,05
51	129,65	0,08693	2379,9	0,092614	291,46
52	136,2	0,09103	2377,4	0,098018	306,66
53	142,98	0,09530	2375,3	0,10373	322,7
54	150,07	0,09974	2372,8	0,10976	339,52
55	157,46	0,1043	2370,3	0,11613	357,32
56	165,15	0,1091	2368,2	0,12297	376,33
57	173,18	0,1141	2365,7	0,13018	396,34
58	181,52	0,1193	2365,1	0,13790	417,74
59	190,22	0,1247	2360,6	0,14602	440,14
60	199,24	0,1302	2358,5	0,15472	464,13
61	208,66	0,1359	2356,0	0,16388	489,33
62	218,47	0,1419	2353,5	0,17380	516,59
63	228,57	0,1481	2351,0	0,18426	545,27
64	239,17	0,1545	2348,5	0,19541	575,80
65	250,15	0,1611	2346,0	0,20733	608,41
66	261,53	0,1680	2343,5	0,22021	643,54
67	273,40	0,1752	2341,0	0,23396	681,02
68	285,67	0,1826	2338,4	0,24866	721,04
69	298,42	0,1902	2336,3	0,26438	762,50
70	311,66	0,1981	2333,8	0,28154	810,4
71	325,4	0,2062	2331,3	0,29976	859,9
72	339,7	0,2146	2328,8	0,31966	913,9

Tabelle 2.1 (Fortsetzung)

ϑ	P_D''	ϱ_D''	$h_V \cdot (h_V + h_{Sch})$	x''	h''
°C	mbar	kg/m³	kJ/kg	kg/kg trockene Luft	kJ/kg trockene Luft
73	354,4	0,2234	2326,3	0,34125	972,3
74	369,7	0,2324	2323,8	0,36468	1035,7
75	385,6	0,2418	2321,3	0,39015	1104,5
76	402,0	0,2514	2318,8	0,41790	1179,5
77	419,1	0,2614	2316,2	0,44820	1261,3
78	436,6	0,2717	2313,3	0,48048	1348,5
79	454,9	0,2823	2310,8	0,51859	1451,1
80	473,7	0,2933	2308,3	0,55931	1560,9
81	493,2	0,3046	2305,8	0,60466	1683,0
82	513,5	0,3162	2303,3	0,65573	1820,5
83	534,4	0,3282	2300,8	0,71315	1975,0
84	555,9	0,3406	2297,8	0,77781	2149,0
85	578,2	0,3534	2295,3	0,85240	2349,6
86	601,3	0,3666	2292,8	0,93768	2578,9
87	625,1	0,3802	2290,3	1,03637	2844,1
88	649,7	0,3942	2287,8	1,15244	3155,8
89	675,1	0,4086	2284,8	1,29067	3527,3
90	701,3	0,4235	2282,3	1,45873	3978,6
91	728,4	0,4388	2279,8	1,66589	4534,9
92	756,4	0,4545	2277,3	1,92718	5236,3
93	785,2	0,4707	2274,8	2,26833	6152,0
94	814,9	0,4873	2272,3	2,73170	7395,8
95	845,5	0,5045	2269,4	3,39609	9178,9
96	877,2	0,5221	2266,8	4,42670	11944,5
97	909,8	0,5402	2264,3	6,24840	16832,8
98	943,3	0,5588	2261,8	10,30306	27712,7
99	978,0	0,5780	2258,8	27,14588	72905,3
100	1014,0	0,5977	2256,4	—	—

Gewöhnlich begnügt man sich jedoch mit einem *h-x*-Diagramm, das für einen bestimmten mittleren Gesamtdruck P entworfen ist. Es ist möglich, ein vorliegendes Diagramm wenigstens zum Teil für andere Gesamtdrücke zu benutzen, wenn man bedenkt, daß der durch Gl. (1.6a) gegebene Zusammenhang zwischen x, P und φ folgendermaßen geschrieben werden kann:

$$x = \frac{0,622}{\left(\dfrac{P}{\varphi}\right)\dfrac{1}{P_D''} - 1}. \tag{2.4}$$

Dies bedeutet, daß jede Linie konstanter relativer Feuchtigkeit φ einem bestimmten Festwert (P/φ) entspricht, d.h. irgendeine φ-Linie eines gezeichneten Diagramms kann für alle möglichen Kombinationen von P und φ, für die $(P/\varphi) = $ const ist, benutzt werden. So entspricht z.B. in den für einen Gesamtdruck von $P = 1$ bar gerechneten Diagrammen die Sättigungslinie $\varphi = 1$ der Linie $\varphi = 0,5$ bei $P = 0,5$ bar oder $\varphi = 0,8$ bei $P = 0,8$ bar.

2.1.3. Zur Aufstellung von *h-x*-Diagrammen für sonstige Gas-Dampf-Gemische

Bei der Trocknung chemischer Produkte, von Farben in der Druckerei, von Lacken usw. liegt als Flüssigkeit häufig nicht Wasser, sondern irgendein Lösungsmittel (Benzol, Xylol, Benzin usw.) voi. Im Bedarfsfall kann die Aufstellung eines *h-x*-Diagramms für das Lösungsmittel ratsam sein. Der Dampf des Lösungsmittels wird in Ermangelung eines empirischen Zustandsdiagramms stets näherungsweise als dem Gasgesetz genügend angesehen:

$$P_\mathrm{D} v_\mathrm{D} = R_\mathrm{D} T,$$

worin die universelle Gaskonstante $R = 8{,}315\ \mathrm{kJ/kmol \cdot K}$ beträgt.

Außer der rel. Molmasse M_D braucht man zur Aufstellung eines *h-x*-Diagramms nach den Herleitungen dieses Abschnittes noch folgende Werte für das Lösungsmittel:

1. die Dampfdruckkurve $P_\mathrm{D}'' = f(T_\mathrm{S})$, worin $P_\mathrm{D}'' = $ Sattdampfdruck bei der Temperatur T_S;
2. die Verdampfungswärme h_V0 bei $0\,°\mathrm{C}$;
3. die spezifische Wärme der Flüssigkeit c_W;
4. die spezifiische Wärme des Dampfes c_pD.

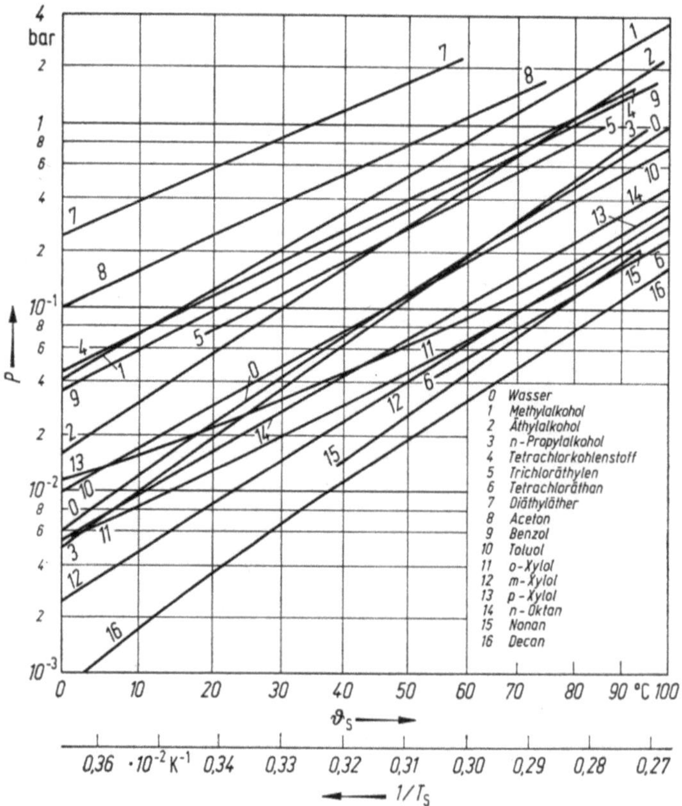

Bild 2.4. Dampfdruckkurven von Lösungsmitteln.

Nur für verhältnismäßig wenige Lösungsmittel sind alle erforderlichen Größen experimentell festgestellt.

In Bild 2.4 sind für einige häufig benutzte Lösungsmittel Dampfdruckkurven aus experimentell ermittelten Zahlenwerten zusammengestellt.

In Tabelle 2.2 sind die Werte für M_D, h_{V0}, c_W, c_{pD} mitgeteilt.

2.1.4. Anleitung zur Überschlagsrechnung der wichtigsten Daten für Lösungsmittel

Bei der außer ordentlichen Mannigfaltigkeit von Lösungsmitteln ergibt sich unter Umständen für den Ingenieur die Zwangslage, für ein Lösungsmittel, von dem keine oder nur ungenügende experimentelle Daten vorliegen, sich wenigstens angenähert über die erforderlichen Werte zu unterrichten. Meistens ist dies an Hand der Dampfdruckkurve schon in gewissem Umfang möglich.

Im folgenden sind einige wichtige Regeln und Formeln mitgeteilt, die in der physikalischen Chemie als Anhalt für die Abschätzung des thermischen Verhaltens von Flüssigkeiten und Dämpfen entwickelt wurden.

Nach der „Augustschen Formel"

$$\log P_D'' = (C_1/T_S) + C_2 \tag{2.5}$$

ergibt sich für die Dampfdruckkurve näherungsweise ein lineares Bild, wenn man den Logarithmus des Dampfdrucks ($\log P_D''$) über dem Kehrwert der Temperatur ($1/T_S$) aufträgt (s. Bild 2.4). Aus zwei Messungen des Dampfdrucks bei verschiedenen Temperaturen ist demnach die Dampfdruckkurve zu bestimmen.[1]

Nach der „Clausius-Clapeyronschen Gleichung", welche den Zusammenhang zwischen der Dampfdruckkurve und der Verdampfungswärme beschreibt, ist der Sattdampfdruck P_D'' im Gebiet kleiner Dampfdrücke gegeben durch die einfache Beziehung

$$\log P_D'' = - \frac{Mh_V}{19,15T_S} + C'. \tag{2.6}$$

Aus zwei Wertepaaren $P_{D,1}''$, $T_{S,1}$ und $P_{D,2}''$, $T_{S,2}$ läßt sich also die in Gl. (2.6) als Konstante angenommene Verdampfungswärme h_V leicht bestimmen:

$$Mh_V = 19,15 \frac{\log P_{D,2}'' - \log P_{D,1}''}{\dfrac{1}{T_{S,1}} - \dfrac{1}{T_{S,2}}} \quad \text{[kJ/kmol]}. \tag{2.7}$$

Setzt man in Gl. (2.7) für das eine Wertepaar die Werte des kritischen Zustandes ein — P_{kr}, T_{kr} — , so folgt

$$\frac{M \cdot h_V}{T_S} = -19,15 \frac{\log P/P_{kr}}{1 - T_S/T_{kr}} \quad \text{[kJ/kmol} \cdot \text{K]}. \tag{2.8}$$

(Der Zahlenwert 19,15 ergibt sich aus der Umrechung: $R \cdot \ln 10$).
Als allerdings grobe Näherung für Gl. (2.8) ist für die Verdampfung bei $P = 1$ bar

---

[1] Hoffmann und Florin haben genauere Darstellung entwickelt, auf die im Rahmen dieses Buches aber nur verwiesen werden kann [2.5].

Tabell 2.2. Eigenschaften von organischen Lösungsmitteln

Relative Molmasse M, spezifisches Gewicht der Flüssigkeit ϱ_W, Siedetemperatur $\vartheta_{S,1bar}$ bei 1 bar, Verdampfungswärme h_V, spezifische Wärme der Flüssigkeit c_W und des Dampfes c_{pD}, kubischer Ausdehnungskoeffizient ε_W, Troutonsche Konstante $\dfrac{Mh_V}{T_S}\Big|_{1bar}$, sowie kritische Temperatur ϑ_{kr}

Bezeichnung	M	ϱ_W bei ϑ		$\vartheta_{S,1bar}$	h_V bei ϑ		c_W bei ϑ		c_{pD} bei ϑ		$\varepsilon_W \cdot 10^5$	$\dfrac{Mh_V}{T_S}$	ϑ_{kr}
		a		a	a						a	d	a
	$\dfrac{kg}{kmol}$	$\dfrac{kg}{m^3}$	°C	°C	$\dfrac{kJ}{kg}$	°C	$\dfrac{kJ}{kgK}$	°C	$\dfrac{kJ}{kgK}$	°C	$\dfrac{m^3}{m^3K}$	$\dfrac{kJ}{kmolK}$	°C
Tetrachlorkohlenstoff CCl_4	153,84	1599	18	76,65	191,60	76,5	0,845[a]	20	0,553[b]	30	122	85,41	283,15
Tetrachloräthan $C_2H_2Cl_4$	167,86	1600	20	146,06	230,50	145,03	1,113[a]	16	—			91,70	
Trichloräthylen C_2HCl_3	131,4	1466	18	87,14	236,57	20	0,963[a]	$\approx$20	0,561[c]	30	119	87,51	
Methylalkohol CH_3OH	32,04	792	20	64,67	1200,80	20	2,498[a]	18,8	0,762[b]	40÷110	119	104,68	240
Äthylalkohol C_2H_5OH	46,07	789	20	78,26	938,80	20	2,525[a]	30	1,217[b]	40÷110	110	110,54	243,1
n-Propylalkohol C_3H_8OH	60,09	804	20	97,15	754,08	20	2,286[a]	0	—		98	122,26	256,0
Aceton $(CH_3)_2OH$	58,08	796	15	56,27	556,03	27,5	2,156[b]	17÷20	1,453[b]	26÷110	143	96,30	235
Diät. äth. $(C_2H_5)_2O$	74,12	719	15	34,59	360,42	34	2,227[a]	—18	—		162	85,83	193,8
Benzol C_6H_6	78,11	879	20	80,07	432,94	20	1,733[a]	26,8	1,078[b]	20	106	87,93	288,6
Toluol $C_6H_5CH_3$	92,13	872	15	110,72	427,5	26,87	1,620[a]	0			111	83,32	320,6
o-Xylol $C_6H_4(CH_3)_2$	106,16	881	20	143,86	346,7	141,4	1,717[a]	21,9			97	87,93	
m-Xylol $C_6H_4(CH_3)_2$	106,16	864	20	138,87	342,33	138,3	1,654[a]	2,1			99	87,93	
p-Xylol $C_6H_4(CH_3)_2$	106,16	861	20	137,87	339,19	137,1	1,700[a]	26,2			102	87,51	
Hexan C_6H_{14}	86,17	660	20	68,96	374,32	0	2,181[a]	2,2			135	89,60	234,8
Heptan C_7H_{16}	100,19	684	20	98,34	391,90	0	2,224[b]	20			124,4	85,83	266,9
Octan C_8H_{18}	114,22	704	18	125,70	358,41	0	2,198[a]	25,1			114	102,58	296,2
Nonan C_9H_{20}	128,25	718	20	(150,5)	—		2,186[a]	24,7				—	
Decan $C_{10}H_{22}$	142,27	730	20	172,79	251,22	159,9	2,190[a]	24,5				82,48	346

[a] Nach D'Ans-Lax [2.2].
[b] Nach Landolt-Börnstein [2.8].
[c] Nach Senftleben [2.10].
[d] Die Zahlenwerte für h_V sind aus den in Spalte 5 angegebenen Meßwerten bei der Temperatur ϑ unter Benutzung von Gl. (2.10) errechnet.

die „Troutonsche Regel" bekannt

$$\frac{M \cdot h_V}{T_S} = 88 \quad [\text{kJ/kmol} \cdot \text{K}]. \tag{2.9}$$

Die Temperaturabhängigkeit der Verdampfungswärme ist näherungsweise gegeben durch die Bezeichnung

$$h_V = h_{V1} \sqrt[4]{\frac{T - T_{kr}}{T_1 - T_{kr}}}, \tag{2.10}$$

wenn h_{V1} die Verdampfungswärme bei der Temperatur T_1 bedeutet. Ist z.B. aus Gl. (2.8) oder (2.9) h_V bei T_S bekannt, so bedeutet dieser Wert die Größe h_{V1} in Gl. (2.10).

Die spez. Wärmen von Flüssigkeiten liegen meist zwischen $c_W = 1,6$ bis 2,1 kJ/kg K mit Ausnahmen nach oben (H_2O, NH_3) bis 4,6 kgJ/kg K und nach unten (Halogenverbindungen, Hg) bis 0,42 kJ/kg K (s. Tab. 2.2).

Für die spezifische Wärme der Dämpfe von vielatomigen Molekülen ist eine Abschätzung schwierig, da die Molwärmen stark vom Molekularaufbau abhängig sind — bei einatomigen ist die Molwärme $Mc_p = 20,8$ kJ/kg K, bei zweiatomigen $= 29,1$ kJ/kg K, bei dreiatomigen $= 33,3$ kJ/kg K. Auch hier mag Tabelle 2.2 als Anhaltspunkt gebraucht werden.

2.1.5. Anwendung des *h-x*-Diagramms bei der Aufstellung von Energiebilanzen

Sind bei einem Trockner die Zustände der ein- und austretenden Luft durch Messung von Temperatur und Dampfgehalt festgestellt, so ist es leicht möglich, aus dem *h-x*-Diagramm die für die Energiebilanz nötigen Enthalpien *h* zu entnehmen. Die Gleichungen der Energiebilanz [Gl. (1.8) und (1.9)] vereinfachen sich dann in der Weise, daß man statt der Ausdrücke

$$\dot{m}_L(h_{L,a} - h_{L,e}) + \dot{m}_{D,a} h_{D,a} - \dot{m}_{D,e} h_{D,e}$$

setzen kann:

$$\dot{m}_L(h_a - h_e),$$

wobei h_a und h_e dem Diagramm entnommen werden.

Es lautet also die Energiebilanz für den diskontinuierlichen Trockner (Trockenschrank, Bild 1.4):

$$\dot{Q}_{zug} - \dot{Q}_{verl} + L_{vent} = \dot{m}_L(h_a - h_e) - \Delta\dot{m}h_W \tag{2.11}$$

und für den kontinuierlichen Trockner (Bild 1.5):

$$\dot{Q}_{zug} - \dot{Q}_{verl} + L_{vent} = \dot{m}_S(h_{S,a} - h_{S,e}) + \dot{m}_{W,a} h_{W,a} - \dot{m}_{W,e} h_{W,e} + \dot{m}_L(h_a - h_e). \tag{2.12}$$

2.1.6. Beispiel zur Aufstellung und Ausdeutung von Energiebilanzen für Trockner

Bei einem kontinuierlich arbeitenden Trockner (entsprechend dem Schema von Bild 1.5) werden stündlich $\dot{m}_S = 1000$ kg/h eines Trockengutes durchgesetzt — $\dot{m}_S$ ist zu messen in absolut trockenem Zustand. Das eintretende Naßgut habe einen anfänglichen Wassergehalt

$$X_\mathrm{e} = \dot{m}_\mathrm{W,e}/\dot{m}_\mathrm{S} = 250\% = 2,5 \text{ kg/kg}$$

bei einer Eintrittstemperatur $\vartheta_\mathrm{S,e} = 20°$. Das austretende Gut habe einen Wassergehalt von $X_\mathrm{a} = 3\%$ und eine Temperatur $\vartheta_\mathrm{S,a} = 40°$. In dem aus der Umgebung angesaugten Luftstrom wird bei 20° eine relative Feuchtigkeit von 80% gemessen. Nach Verlassen des Lufterhitzers und des Ventilators, der eine elektrische Leistung von 20 kW aufnimmt, hat die Luft eine Temperatur von 80°. In der ausströmenden Luft wird gemessen

$$\vartheta_\mathrm{a} = 58,5\,°\mathrm{C}, \quad \varphi_\mathrm{a} = 16,7\% \text{ relative Feuchtigkeit.}$$

Der Barometerstand $P = 1$ bar $= 10^5$ Pa.

Aus diesen Meßdaten ergeben sich für die verschiedenen Luftzustände aus Tafel I:

Eintrittszustand 1 (Außenluft bei 20° und 80%)

$$x_1 = 0,0119 \text{ kg/kg}, \quad h_1 = 50,2 \text{ kJ/kg}.$$

Zustand 2 (hinter Ventilator bei 80°)

$$x_2 = 0,0119, \quad h_2 = 111,8 \text{ kJ/kg}, \quad \varphi_2 = 0,04.$$

Austrittszustand a (bei 58,5° und 16,7%)

$$x_\mathrm{a} = 0,020, \quad h_\mathrm{a} = 111,0 \text{ kJ/kg}.$$

Es wird angenommen, daß der Trockner zwischen Ein- und Austritt der Luft keine Undichtheiten aufweist, durch die unkontrollierte Luftmengen ein- oder austreten.

Fragen:

1. Wie groß sind das durchströmende Luftgewicht, Luftvolumen und Luftgeschwindigkeit?
2. Wie groß ist der Energieaufwand für die Verdampfung von 1 kg Wasser?
3. Wie groß sind die Wärmeverluste des Trockners?

Zu Frage 1. Aus der Stoffbilanz — vom Gut abgegebene Wassermenge = von der Luft aufgenommene Wassermenge — errechnet man die stündlich durchströmende Luftmasse.

Es ist nach Gl. (1.4a)

$$\dot{m}_\mathrm{L} = \frac{\dot{m}_\mathrm{W,e} - \dot{m}_\mathrm{W,a}}{x_\mathrm{a} - x_\mathrm{e}}.$$

Für x_e ist die Anfangsfeuchtigkeit der Luft $x_1 = x_2 = 0,0119$ einzusetzen.

$\dot{m}_\mathrm{W,e}$ und $\dot{m}_\mathrm{W,a}$ sind aus dem Wassergehalt des Trockenstoffes bei Eintritt und Austritt zu berechnen.

$$\dot{m}_\mathrm{W,e} = X_\mathrm{e}\dot{m}_\mathrm{S} = 2,5 \cdot 1000 = 2500 \text{ kg/h},$$

$$\dot{m}_\mathrm{W,a} = X_\mathrm{a}\dot{m}_\mathrm{S} = 0,03 \cdot 1000 = 30 \text{ kg/h}.$$

Damit wird:

$$\dot{m}_\mathrm{L} = \frac{2500 - 30}{0,02 - 0,0119} = = 305000 \text{ kg/h}.$$

Will man sich über die Luftgeschwindigkeiten im Trockner Klarheit verschaffen, so muß man aus dem Gewicht der trockenen Luft das Volumen der mit Wasserdampf beladenen Luft errechnen. Dabei ist zu bedenken, daß die wasserdampfbeladene Luft unter dem Gesamtdruck P das gleiche Volumen einnimmt wie die trockene Luft unter ihrem Teildruck $P_L = P - \varphi P_D''$. Nach dem Gasgesetz die dann das Volumen V des Gemisches:

$$V = \frac{\dot{m}_L R_L T}{P - \varphi P_D''}.$$

Für den Zustand nach Verlassen des Ventilators (Zustand 2) ergibt sich:

$$V_2 = \frac{305\,000 \cdot 287 \cdot 353}{100\,000 - 0{,}04 \cdot 47\,372} = 315\,000 \text{ m}^3/\text{h}.$$

Zu Frage 2. Der gesamte Energieaufwand wird im Lufterhitzer und im Ventilator zugeführt. Er ist aus der Bilanzgleichung (1.9) durch Abgrenzung eines Bereiches vom Eintritt der Luft in den Trockner bis zum Austritt aus dem Ventilator zu ermitteln. Als Eintrittszustand (Index e) ist also der Luftzustand 1 anzusetzen, als Austrittszustand (Index a) der Luftzustand 2.

Damit lautet die Bilanz (1.9) bei Vernachlässigung der Wärmeverluste des Bereichs:

$$\dot{Q}_{zug} + L_{vert} = \dot{m}_L(h_2 - h_1) = \frac{305\,000}{36\,000}\,(111{,}8 - 50{,}2) = 5219\,\text{kW}$$

Da nach dem obigen die gesamte verdunstete Wassermenge

$$\dot{m}_{W,e} - \dot{m}_{W,a} = \dot{m}_L(x_a - x_1)$$

ist, ist der Wärmeaufwand je Kilogramm verdunsteten Wassers gleich

$$\frac{\dot{Q}_{zug} + L_{vent}}{\dot{m}_{W,e} - \dot{m}_{W,a}} = \frac{h_2 - h_1}{x_a - x_1} = \frac{111{,}8 - 50{,}2}{0{,}020 - 0{,}0119} = 7600\,\text{kJ/kg}.$$

Würde man 1 kg Wasser bei 20 °C verdunsten, so wäre dazu nur die Verdampfungswärme bei 20°, also $h_V = 2450$ kJ/kg erforderlich. Man erkennt, daß der gesamte Wärmeaufwand für den im Beispiel angeführten Trockner etwa dreimal so groß ist wie das theoretische Minimum bei der einfachen Verdampfung[1].

Bei ausgeführten Trocknern liegen die Zahlen des Wärmeverbrauchs im günstigsten Fall bei etwa 3500 bis 4000 kJ/kg. Es sind jedoch sehr viele Anlagen mit noch höherem Wärmeverbrauch als dem im Beispiel angenommenen in Betrieb.

Die mit 20 kW gemessene Ventilatorleistung fällt gegenüber der im Lufterhitzer übertragenen Wärmemenge nicht ins Gewicht.

Zu Frage 3. Die Wärmeverluste ergeben sich aus der Energiebilanz Gl. (1.9), wenn ein Bereich im Trockner abgegrenzt wird, bei dem als Eintrittszustand der Luft der Zustand 2 (nach Durchströmen des Lufterhitzers und des Ventilators) gewählt wird. Es gilt nach Gl. (1.9):

$$-\dot{Q}_{verl} = \dot{m}_S(h_{S,a} - h_{S,e}) + \dot{m}_{W,a}h_{W,a} - \dot{m}_{W,e}h_{W,e} + \dot{m}_L(h_a - h_2)$$

oder mit den Zahlenwerten des Beispiels, wenn für den Stoff eine spezifische Wärme von 1,2 kJ/kg, für das Wasser von 4,18 kJ/kg angenommen wird:

$$-\dot{Q}_{verl} = [1\,000 \cdot 1{,}2 \cdot (40 - 20) + 30 \cdot 4{,}18 \cdot 40 - 2500 \cdot 4{,}18 \cdot 20$$
$$+ 305\,000 \cdot (111{,}0 - 111{,}8)]/3600$$
$$= [24\,000 + 5000 - 209\,000 - 244\,000]/3600$$
$$\dot{Q}_{verl} = 118\,\text{kW}.$$

---

[1] Über die Beeinflussung des Wärmeverbrauchs durch Wärmerückgewinnung siehe Bd. II dieses Buches.

Bei vergleichender Betrachtung der einzelnen Zahlenwerte fällt auf, daß bei Bestimmung der Verlustwärme der an sich sehr kleine Unterschied $h_a - h_2$ von entscheidendem Einfluß auf das Ergebnis ist. Um aus den Meßdaten zuverlässige Aussagen über den Wärmeverlust des Trockners zu gewinnen, ist eine außerordentlich genaue Messung des Zustandes der erwärmten Zuluft und der Abluft erforderlich. In praxi wird man eine Bestimmung der Verlustwärme daher meistens nur durchführen können, wenn die unmittelbare Messung der im Lufterhitzer zugeführten Wärme $\dot{Q}_{zug}$ und der Ventilatorleistung L_{vent} möglich ist.

2.1.7. Anwendung des h-x-Diagramms zur Darstellung von Zustandsänderungen

Das $h-x$-Diagramm ist deshalb besonders zur Darstellung von Zustandsänderungen feuchter Luft geeignet, weil sehr viele technisch wichtige Vorgänge durch geradlinige Verbindung zwischen zwei gegebenen Zustandspunkten dargestellt werden können. Dies gilt für alle Mischungsvorgänge, bei denen verschiedene Luftmengen von gegebenem Zustand oder eine Luftmenge mit Dampf zum Zweck der Befeuchtung gemischt werden. Auch die Vorgänge beim Einspritzen von flüssigem Wasser, die Zustandsänderungen beim Vorbeistreichen der Luft an nassen Trocknungsgütern (Befeuchtung der Luft) sowie diejenigen beim Vorbeistreichen feuchter Luft an Flächen, die unter den Taupunkt der Luft gekühlt sind (Entfeuchtung der Luft), lassen sich meist als gerade Linien im $h-x$-Diagramm darstellen. Grundsätzlich jedoch gilt der geradlinige Zusammenhang entsprechend der Aufstellung des Diagramms nur für vollkommene Mischvorgänge — d.h. solche, bei denen die Endzustände eindeutig von den Anfangszuständen abhängen und nicht von irgendwelchen Einflüssen äußerer Wärmezufuhr oder innerer Energieumsetzungen, die nur unter Zuhilfenahme von Überlegungen, die außerhalb der bisherigen Betrachtungen liegen, aus einem Zustandsdiagramm bestimmt werden können.

2.1.7.1. Mischung von Luftmengen

Zwei Luftmengen $m_{L,1}$ und $m_{L,2}$ mit den Dampfgehalten x_1 und x_2 sowie den Temperaturen ϑ_1 und ϑ_2 sollen gemischt werden; dabei sollen Wärmeverluste nach außen nicht in Betracht kommen. Es gelten dann folgende Beziehungen, wenn die Zustandsgrößen für den Zustand nach der Mischung durch den Index m gekennzeichnet sind:

Stoffbilanz

$$m_{L,1}(1 + x_1) + m_{L,2}(1 + x_2) = (m_{L,1} + m_{L,2})\,(1 + x_m)$$

oder

$$m_{L,1}x_1 + m_{L,2}x_2 = (m_{L,1} + m_{L,2})\,x_m.$$

Energiebilanz:

$$m_{L,1}h_1 + m_{L,2}h_2 = (m_{L,1} + m_{L,2})\,h_m.$$

Durch Auflösen nach x_m, bzw. h_m läßt sich das Verhältnis bilden:

$$\frac{x_m - x_1}{h_m - h_1} = \frac{x_2 - x_1}{h_2 - h_1}.$$

Dies besagt, daß der Zustandspunkt der Mischung auf der geradlinigen Verbindung der Ausgangszustände liegt.

Die Lage des Zustandspunktes findet man aus der Gleichung für x_m oder h_m; man erhält dann:

$$\frac{h_2 - h_m}{h_m - h_1} = \frac{x_2 - x_m}{x_m - x_1} = \frac{m_{L,1}}{m_{L,2}}. \tag{2.13}$$

Teilt man also den Abstand zwischen x_2 und x_1 bzw. die Strecke *1—2* im Verhältnis der Luftmengen, so erhält man den Zustand der Mischung. In Bild 2.5 ist die Teilung geometrisch vorgenommen, indem auf einer beliebig gewählten Geraden *t* die Luftmengen $m_{L,1}$ und $m_{L,2}$ in beliebigem Maßstab aufgetragen sind und die Strecke *1—2* geometrisch entsprechend geteilt ist.

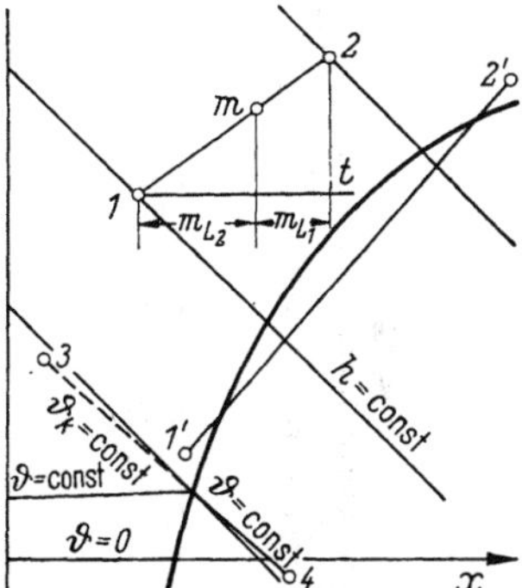

Bild 2.5. Mischung zweier Luftmengen.

Liegen die Ausgangspunkte *1* und *2* auf der gleichen charakteristischen Geraden (z.B. $\vartheta = $ const, $h = $ const, $x = $ const), so bleibt auch für die Mischung der betreffende Parameter konstant. Haben die Ausgangszustände gleiche relative Feuchtigkeit, jedoch verschiedene Temperaturen, so ist die relative Feuchtigkeit der Mischung stets größer als die der Ausgangszustände. Liegen die Punkte *1'*, *2'* so, daß ihre geradlinige Verbindung die Sättigungslinie schneidet, so tritt bei entsprechendem Mengenverhältnis der anteiligen Mengen $m'_{L,1}$ und $m'_{L,2}$ Nebelbildung auf, wie aus Bild 2.5 ersichtlich ist. Stets tritt Nebelbildung auf, wenn gesättigte Luftmengen von beliebigen Temperaturen gemischt werden.

Es sei noch ein besonderer Fall behandelt: Will man nebelhaltige Luft (Punkt *4* in Bild 2.5) mit einer kleineren Menge ungesättigter Luft so mischen, daß die Temperatur der nebelhaltigen Luft konstant bleibt, so muß der Zustand der ungesättigten Luft (Punkt *3* in Bild 2.5) auf der Fortsetzung der Nebelisothermen liegen. Die Fortsetzung der Nebelisothermen im Gebiet ungesättigter Luft sei mit dem Buchstaben ϑ_k bezeichnet. Es wird sich zeigen, daß diese Geraden Linien gleicher Kühlgrenze — die näherungsweise bei Wasserdampffeuchter Luft mit dem Feuchtthermometer gemessen wird — darstellen.

2.1.7.2. Einspritzen von Wasser oder Dampf in feuchte Luft und der Randmaßstab im *h-x*-Diagramm

Eine Luftmenge m_L vom Eintrittszustand *e* soll durch Zugabe einer Dampf- oder Wassermenge Δm_W mit der Enthalpie h_W befeuchtet werden (Bild 2.6). Der Austrittszustand sei mit dem Index *a* bezeichnet. Für den Fall, daß alles zugeführte

Wasser verdunstet, lautet die Stoffbilanz:

$$m_L(1 + x_e) + \Delta m_W = m_L(1 + x_a)$$

oder

$$m_L x_e + \Delta m_W = m_L x_a$$

oder

$$x_a - x_e = \frac{\Delta m_W}{m_L}.$$

Energiebilanz:

$$m_L h_e + \Delta m_W h_W = m_L h_a$$

oder

$$h_a - h_e = \frac{\Delta m_W}{m_L} h_W.$$

Aus Stoff- und Energiebilanz erhält man:

$$\frac{h_a - h_e}{x_a - x_e} = h_W = \frac{\Delta h}{\Delta x}. \qquad (2.14)$$

Diese Gleichung besagt, daß alle Zustandspunkte, die man aus der Mischung von Luft (x_e, h_e) mit Wasser oder Dampf von der Enthalpie h_W kJ/kg erhält, auf einer Geraden liegen, die im schiefwinkligen Koordinatensystem bezogen auf die gedrehte Abszisse die Steigung h_W hat.

Die Größe $\Delta h/\Delta x$ ist als *Randmaßstab* in die h-x-Diagramme (Tafel I und II) eingetragen. Alle Linien $\Delta h/\Delta x = $ const gehen durch den Nullpunkt des Diagramms. Ist also für einen bestimmten Vorgang $\Delta h/\Delta x$ und ein Zustandspunkt bekannt, so muß der Vorgang im h-x-Diagramm auf einer Parallelen zu der $\Delta h/\Delta x$-Linie des Randmaßstabes durch diesen Zustandspunkt liegen (Bild 2.7).

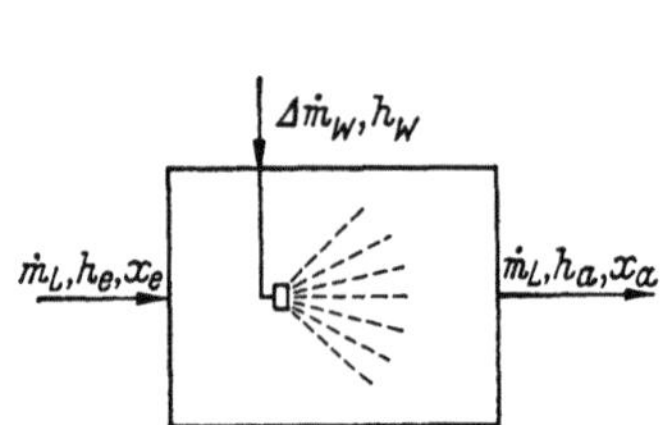

Bild 2.6. Befeuchten von Luft mittels Einspritzung von Wasser oder Wasserdampf.

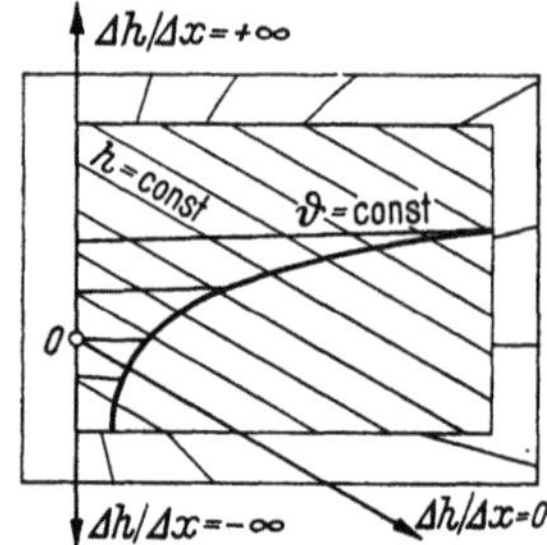

Bild 2.7. Randmaßstab im h-x-Diagramm.

Fragt man sich, wie der Zustand von flüssigem oder dampfförmigem Wasser sein muß, um eine bestimmte Zustandsänderung des gegebenen Wasserdampf-Luft-Gemisches zu erreichen, so kann man sich dies an einigen Extremfällen gut veranschaulichen:

1. *Zustandsänderungen $h = $* const (Bild 2.8a). $\Delta h/\Delta x = h_W = 0$, d.h. Vorgänge, bei denen Anfangs- und Endzustand auf einer Linie $h = $ const liegen, können durch **Einspritzen** von Wasser von 0 °C bewirkt werden ($h_W = 0$).

2. *Zustandsänderungen $x = $* const (Bild 2.8b), d.h. $\Delta x = 0$ wie sie bei reinen Erwärmungs- oder Abkühlungsvorgängen stattfinden, könnten durch Ein-

spritzen von Wasser oder Dampf nur bewirkt werden bei unendlicher Temperatur des eingespritzten Mediums ($\Delta h/\Delta x = h_W = \pm \infty$). Beschränkt man die Betrachtung auf technisch mögliche Fälle, so erkennt man, daß durch Einspritzen von Flüssigkeit oder Dampf nur ein relativ kleiner Bereich von Zustandsänderungen durchführbar ist (maximal $h_W \approx 3500$ kJ/kg).

3. *Zustandsänderungen* $\vartheta = $ const (Bild 2.8c). Will man beim Einspritzen in ein ungesättigtes Dampf-Luft-Gemisch gleiche Temperatur aufrechterhalten, so muß man gesättigten oder überhitzten Dampf der gegebenen Temperatur ϑ einblasen:

$$h_W = h_{V0} + c_{pD}\vartheta.$$

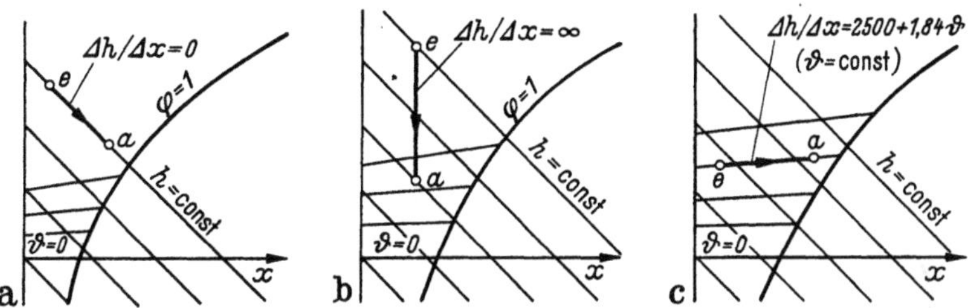

Bild 2.8. Zur Größe $\Delta h/\Delta x$ beim Einspritzen von Wasser oder Wasserdampf in Luft.

2.1.7.3. Zustandsänderungen gleicher Kühlgrenze (reine Lufttrocknung)

Strömt ungesättigte Luft in einem Apparat über eine feuchte Oberfläche, so wird die Feuchte x zunehmen, die Temperatur ϑ wegen der Wärmeabgabe an die feuchte Oberfläche abnehmen (Bild 2.9). Sofern das feuchte Gut nur Wärme aus der Luft aufnehmen kann (nicht durch Strahlung oder Kontakt), so wird man beobachten, daß die Oberfläche schon nach kurzem Weg im Trockner eine nahezu konstante Temperatur annimmt.

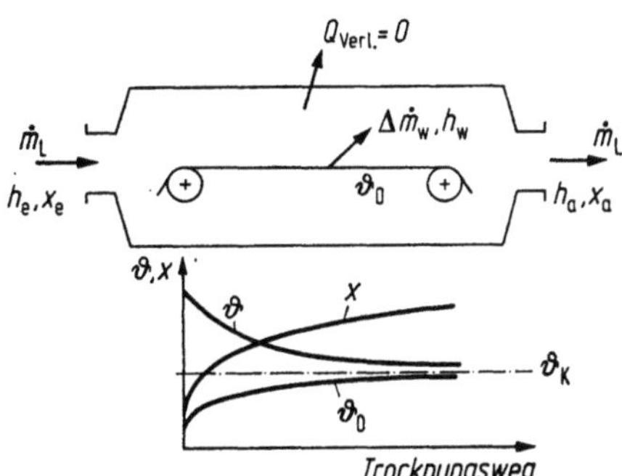

Bild 2.9. Schema und Temperaturverlauf bei reiner Lufttrocknung.

Aus der Energie- und Stoffbilanz folgt, wie beim Zumischen von Dampf in feuchte Luft, Gl. (2.14), bei Vernachlässigung der Wärmeverluste des Apparates ($\dot{Q}_{verl.} = 0$)

$$\frac{h_a - h_e}{x_a - x_e} = h_W.$$

Die Enthalpie des zugemischten Dampfes ist bei der Temperatur der Oberfläche zu bilden.

Denkt man sich die Gutsoberfläche in Strömungsrichtung beliebig ausgedehnt, so wird sich schließlich die Luft mit Feuchte gesättigt haben und Luft- und Oberflächentemperatur einander gleich sein. Diese Temperatur wird als Kühlgrenztemperatur ϑ_K[1] bezeichnet und stellt den Gleichgewichtszustand zwischen Luft und feuchtem Gut dar. Sie wird vor allem in der angelsächsischen Literatur als adiabatische Sättigungstemperatur bezeichnet.

Macht man die Eintrittstemperatur des Gutes gleich der Kühlgrenztemperatur und setzt für den Gleichgewichtszustand am Austritt $x_a = x_K''$, $h_a = h_K''$, $h_W = h_{WK}$ so wird aus Gl. (2 14):

$$\frac{h_K'' - h_e}{x_K'' - x_e} = h_{WK}, \tag{2.15}$$

dabei sind die Sättigungsenthalpie h_K'' und die Sättigungsfeuchte x_K'' sowie die Enthalpie der Feuchte des Gutes h_{WK} bei der Kühlgrenztemperatur ϑ_K zu bilden.

Die Kühlgrenztemperatur ist nach Gl. (2.15) lediglich noch eine Funktion des Lufteintrittszustandes h_e, x_e. Alle möglichen Eintrittszustände, die zu dergleichen Kühlgrenztemperatur führen, liegen auf einer Geraden im h-x-Diagramm der Steigung $\Delta h/\Delta x = h_{WK}$ und gehen durch die Temperatur ϑ_K auf der Sättigungslinie. Unter bestimmten Bedingungen, die bei der Verdunstung von Wasser in Luft näherungsweise vorliegen (s. Abschn. 5.10.6.), ist die Oberflächentemperatur gleich der Kühlgrenztemperatur.

Ersetzt man in Gl. (2.15) die Enthalpie h nach Gl. (1.10g) und die Feuchte x nach Gl. (1.6), so erhält man nach einfachen Umrechnungen für die Temperaturdifferenz zwischen dem eintretenden Gas und der Kühlgrenze

$$\vartheta_e - \vartheta_K = \frac{M_D}{M_L} \cdot \frac{h_{V(\vartheta,K)}}{\bar{c}_p} \cdot \frac{P_{DK}'' - P_{De}}{P - P_{DK}''} \cdot \frac{1}{1 - P_{De}/P}, \tag{2.16}$$

Die mittlere spezifische Wärme $\bar{c}_p$ gilt dabei für den aufnehmenden Gasstrom der Feuchte x_e bezogen auf die trockene Luft

$$\bar{c}_p = c_{pG} + x_e \cdot c_{pD}. \tag{2.17}$$

Der Ausdruck $M_L \cdot \bar{c}_p \cdot (1 - P_{De}/P)$ wird damit gleich der molaren Wärme des feuchten Gasstroms

$$M_L \bar{c}_p (1 - p_{De}/P) = \overline{Mc_p} = \overline{C}_p = M_G c_{PG}(1 - P_{De}/P) + M_D c_{PD} \cdot P_{De}/P \tag{2.18}$$

und man erhält für die Kühlgrenztemperatur

$$\vartheta_e - \vartheta_K = \frac{M_D \cdot h_{V(\vartheta,K)}}{\overline{Mc_p}} \cdot \frac{P_{DK}'' - P_{De}}{P - P_{DK}''} \tag{2.19}$$

Diese Gleichung ermöglicht es bei vorgegebener Kühlgrenztemperatur ϑ_K, P_{DK}'' und Luftfeuchte, bzw. Dampfdruck P_{De} die zugehörige Lufttemperatur ϑ_e zu bestimmen und graphisch darzustellen.

Man sieht ferner, daß Gl. (2.15) auch mit der Gleichung der Nebelisothermen [Gl. (2.2)] identisch wird, wenn in dieser $h'' = h_K''$; $x'' = x_K''$; $c_W \vartheta_S = h_{WK}$ gesetzt

---

[1] In der amerikanischen Literatur wird die „Kühlgrenztemperatur" mit „adiabatischer Sättigungstemperatur" bezeichnet.

wird. Mit anderen Worten heißt dies: Wenn bei dem Trocknungsvorgang nach Gl. (2.15) der mögliche Endzustand (Temperaturausgleich und Sättigung mit Dampf) erreicht ist, also die Luft nach Bild 2.9 nach sehr langem Trockenvorgang auf gleicher Temperatur ($\vartheta_a = \vartheta_K = \vartheta_S$) wie das Trocknungsgut sich befindet, so muß sie auch mit Wasserdampf gesättigt sein. Dies besagt, daß im *h-x*-Diagramm Linien gleicher Kühlgrenze die Fortsetzung der Nebelisothermen in das Gebiet der ungesättigten Luft sind.

2.1.7.4. Deutung der Vorgänge bei der Lufttrocknung

Angesichts der Bedeutung der geschilderten Zustandsänderung, die bei allen reinen Lufttrocknern im ersten Teil der Trocknung — d.h. solange die Gutsoberfläche naß ist — angenähert vorliegt, soll hier von den beschriebenen Tatbeständen ausgehend ein Bild entwickelt werden, das hinsichtlich der Energieumsetzungen beim Verdunsten zu den gleichen Ergebnissen führt. Dabei wird von den eigentlichen physikalischen Vorgängen — d.h. von der Bewegung des Dampfes im Luftstrom und von der Bewegung der Wärme an die Oberfläche hin — abgesehen. Diese Zusammenhänge werden später geschildert (s. Kap. 5). Es wird nur ein Fall konstruiert, der unter Zugrundelegung von Mischungsvorgängen, für die allein aus dem *h-x*-Diagramm unmittelbarer Aufschluß gewonnen werden kann, dem oben geschilderten Tatbestand gerecht wird.

Man sieht vom Trockengut ab und betrachtet eine freie Wasseroberfläche — etwa einen Tropfen T in Bild 2.10, der in einer Luftmenge L verdunstet. Die Beobachtung lehrt, daß seine Temperatur bis zu seinem Verschwinden nahezu konstant gleich ϑ_K bleibt.

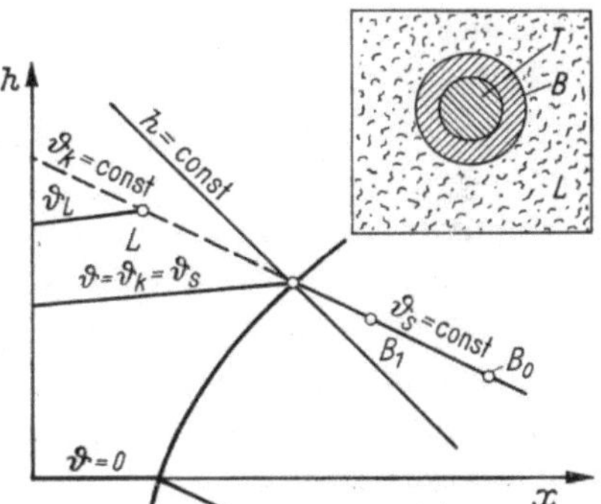

Bild 2.10. Erläuterung zur Verdunstung von Wasser.

Wir denken uns eine beliebig kleine Grenzschicht der Luft in unmittelbarer Nähe des Tropfens, die durch die Fläche B in Bild 2.10 begrenzt sei. Innerhalb dieser Grenzschicht befinde sich gesättigte Luft von Tropfentemperatur ϑ_K. Der Zustandspunkt für das Gemisch Grenzschicht + Tropfen liegt dann im Nebelgebiet — bei um so größeren *x*-Werten, je kleiner der Bereich gedacht wird (der Zustandspunkt flüssigen Wassers liegt im *h-x*-Diagramm im Unendlichen) —. Der Zustand der Luft L außerhalb des durch B begrenzten Bereichs sei ungesättigt, die Temperatur der Luft sei ϑ_L (Zustandspunkt L in Bild 2.10).

Im Anfang der Betrachtung sei der Zustandspunkt für das Innere des Bereichs B_0 in Bild 2.10. Wir denken uns nun einen Vorgang derart, daß der Bereich B von

B_0 aus durch Zumischung warmer Luft vom Zustand L immer größer wird. Dieses Anwachsen des Bereichs denken wir uns in der Weise, daß durch die Abkühlung der von L genommenen Luftmenge so viel Wasser vom Tropfen verdunstet, daß in der Luftschicht zwischen B und dem Tropfen gerade gesättigte Luft von der Temperatur ϑ_K vorhanden ist. Die gesamte verdunstete Wassermenge befindet sich dann stets innerhalb des Bereichs B. Es wäre dies ein Mischvorgang zwischen B_0 und L, der nach den obigen Herleitungen auf der geradlinigen Verbindung $B_0 - L$ erfolgen muß. Der Zustand im Inneren des Bereichs ändert sich z. B. von B_0 auf B_1. Falls die Temperatur des Tropfens konstant bleibt, muß B_1 auf der Nebelisothermen durch B_0 liegen. Die Mischungsgerade oberhalb der Sättigungslinie kann also nur die Fortsetzung einer Nebelisothermen sein.

2.1.7.5. Die Bestimmung des Wasser-Dampfgehaltes der Luft aus der psychrometrischen Messung und dem h-x-Diagramm bzw. der Sprungschen Formel

Mit Hilfe des Psychrometers mißt man einerseits die Lufttemperatur ϑ_L mit einem gewöhnlichen Thermometer und andererseits mit dem befeuchteten Thermometer die Temperatur der feuchten Oberfläche ϑ_f, wenn für Verhinderung des Strahlungsaustausches und für hinreichende Luftbewegung gesorgt wird. Wie weiter unten (s. Abschn. 5.10.6.) ausgeführt wird, ist bei Wasserdampf-Luftgemischen die Oberflächentemperatur ϑ_f in etwa gleich der Kühlgrenztemperatur ϑ_K. Aus dem Schnittpunkt der Linie $\vartheta_K = $ const und der Temperaturlinie $\vartheta_L = $ const ergibt sich der Zustandspunkt.

Im allgemeinen ist es üblich, im Bereich niedriger Temperaturen bis 40° die vor etwa 100 Jahren empirisch gefundene „Sprungsche Formel" anzuwenden, aus der sich der Teildruck des Wasserdampfes in der Luft errechnet. Sie lautet in SI-Einheiten übertragen:

$$P_D = P_{D,f}'' - 6{,}60 \cdot 10^{-4}(\vartheta_L - \vartheta_f)\, P, \qquad (2.20)$$

worin

P_D Dampfdruck in der Luft in bar,
$P_{D,f}''$ Sattdampfdruck bei Feuchtthermometertemperatur ϑ_f in bar,
P Barometerstand in bar.

Aus der Definition der Kühlgrenztemperatur nach Gl. (2.15) läßt sich in Analogie zur Sprungschen Formel eine Beziehung für den Dampfdruck bei gemessener Kühlgrenztemperatur ableiten:

$$P_D = P_{D,K}'' - 6{,}48 \cdot 10^{-4}\left(1 - \frac{P_{DK}''}{P}\right) P \left(1 + \frac{\vartheta_K}{1000}\right)(\vartheta_L - \vartheta_K). \qquad (2.21)$$

Sie zeigt deutlich, daß für niedere Temperaturen, für die P_{DK}''/P und $\vartheta_K/1000$ klein ist, diese sehr gut mit der Sprungschen Formel übereinstimmt.

2.2 Die Trocknung mit Rauchgasen

Wird Luft als Trockenmittel benutzt, so ist es stets nötig, sie in dampf-, wasser oder feuerbeheizten Wärmeaustauschern aufzuheizen. Dabei bleibt die Abgaswärme (Enthalpie) der Rauchgase immer eine Verlustquelle.

Sind die Trocknungsgüter unempfindlich gegen die Bestandteile der Rauchgase (CO_2, Asche, Ruß), so ist es am billigsten sowohl hinsichtlich der Anschaffungskosten als auch hinsichtlich des Betriebes, die Rauchgase unmittelbar zum Trocknen zu benutzen, indem man sie durch Luftbeimischung auf eine dem Gut zuträgliche Temperatur bringt. Vor allem bei geringwertigen Trocknungsgütern wird daher die Rauchgastrocknung häufig angewandt [2.9]. Die Gaszustände verfolgt man zweckmäßig ebenfalls mit dem h-x-Diagramm.

2.2.1. Näherungsweise Gleichheit der h-x-Diagramme für Rauchgase und Luft

Es soll im folgenden gezeigt werden, wie man mit Hilfe des für Luft-Wasserdampfgemische aufgestellten h-x-Diagrammes (Tafel I und II) in einfachster Weise auch die Vorgänge bei der Rauchgastrocknung verfolgen und die interessierenden Größen (vor allem die Luftbeimischung zur Erzielung einer bestimmten Gastemperatur sowie den Brennstoffverbrauch) berechnen kann.

Bezeichnet m_G die trockene (d. h. wasserfreie) Rauchgasmenge, das mit einer Wasserdampfmenge m_D beladen ist, so sei entsprechend den früheren Bezeichnungen der Wassergehalt:

$$x = m_D/m_G. \tag{2.22}$$

Wie früher sei die der Menge $1 + x$ zugeordnete Enthalpie des feuchten Rauchgases

$$h = h_G + xh_D = c_{pG}\vartheta + x[h_{v0} + c_{pD}\vartheta]. \tag{2.23}$$

Dabei ist c_{pG} die mittlere spezifische Wärme der wasserfreien Rauchgase.

Die Werte c_{pG} bzw. h_G sind nur so wenig von den Werten c_{pL} bzw. h_L verschieden, daß für die Zwecke der Trocknungstechnik Rauchgase wie Luft behandelt werden dürfen. Am größten sind die Unterschiede für ein Rauchgas, dessen trockene Bestandteile nur aus CO_2 und N_2 bestehen (d. h. für luftfreies Rauchgas aus Kohlenstoff).

Zur Erläuterung der maximal möglichen Unterschiede zwischen Rauchgas und Luft sind in Tabelle 2.3 die Enthalpien für O_2, N_2, CO_2 sowie für Luft (79 Vol.-% N_2 und 21 Vol.-% O_2) und luftfreies Rauchgas, das aus der vollkommenen Verbrennung von reinem Kohlenstoff entsteht (79 Vol.-% N_2 und 21 Vol.-% CO_2), zusammengestellt. (Die mittleren spezifischen Wärmen ergeben sich durch Division der Enthalpien durch die zugehörigen Temperaturen).

Man erkennt aus der Tabelle folgendes: Während für Temperaturen unter etwa 1000° die Enthalpie der trockenen Rauchgase praktisch gleich derjenigen der Luft

Tabelle 2.3. Enthalpie h [kJ/kg] von Gasen

°C	N_2	O_2	CO_2	Luft	Rauchgas 79 Vol.-% N_2 21 Vol.-% CO_2
100	104	92	87	101	99
1000	1118	1034	1126	1093	1121
2000	2382	2198	2483	2320	2412

ist, zeigt sich bei 2000°C eine kleine Abweichung. Die Enthalpie der Rauchgase ist etwa 3,5% größer als die der Luft. Dies bedeutet, daß im *h-x*-Diagramm die Linien gleicher Temperatur für ein luftfreies Rauchgas, das nur aus Kohlendioxid und Stickstoff besteht, etwas tiefer liegen als für Luft. An der Linie, die in Tafel II für 2000° gilt, müßte für ein solches Rauchgas 1920°C stehen. Für Rauchgase aus wasserstoffhaltigen Brennstoffen ist die Abweichung geringer. Die trockenen Bestandteile eines luftfreien Rauchgases aus der Verbrennung reinen Wasserstoffs bestehen nur aus Stickstoff. Dafür ist der Unterschied gegenüber Luft noch etwas geringer, wie aus dem Vergleich der Werte für N_2, Luft und Rauchgas aus Tabelle 2.3 folgt.

2.2.2. Stoff- und Energiebilanz bei der Verbrennung

Ausgangspunkt für alle Verbrennungsrechnungen ist die Stoff- und Energiebilanz bei der theoretischen Verbrennung (d.h. ohne Wärmeabgabe nach außen bei vollkommener Verbrennung).

2.2.2.1. Stoffbilanz

Wird die Verbrennung mit dem Anteil der Mindestluftmenge $g_{L,min}$ (kg trockene Luft je kg Brennstoff), die zur theoretischen Verbrennung nötig ist, durchgeführt, so entsteht eine luftfreie trockene Rauchgasmenge g_G, die mit einer bei der Verbrennung entstandenen Wasserdampfmenge Δg_D beladen ist. Somit lautet die Stoffbilanz, wenn a kg/kg den Aschegehalt des Brennstoffes bezeichnet, für die auf 1 kg Brennstoff bezogene Menge:

$$1 + g_{L,min} = g_G + \Delta g_D + a$$

oder

$$g_{L,min} = g_G + \Delta g_D + a - 1. \qquad (2.24)$$

Es wird im folgenden gezeigt, daß man den Anteil g_G des trockenen luftfreien Rauchgases sehr leicht aus dem Heizwert des Brennstoffs und der Brennstoffart abschätzen kann. Will man daraus den zur Verbrennung nötigen Luftanteil $g_{L,min}$ bestimmen (was in manchen Fällen unerläßlich ist), so ist dies nach Gl. (2.24) möglich, wenn man bedenkt, daß bei der Verbrennung aus dem Wassergehalt w des Brennstoffs und aus seinem Wasserstoffanteil h die bezogene Wasserdampfmenge Δg_D entsteht:

$$\Delta g_D = w + 9\,h. \qquad (2.25)$$

Es ist also der Unterschied zwischen bezogener Rauchgas- und Luftmenge

$$g_G - g_{L,min} = 1 - \Delta g_D - a = 1 - (w + 9\,h + a) \qquad (2.26)$$

aus den Brennstoffanalysen zu errechnen.

Aber da genaue Analysen bei der Projektierung von Rauchgastrocknern in den seltensten Fällen vorliegen, muß man sich häufig mit mehr oder minder sicheren Abschätzungen begnügen. Daher sind in Tabelle 2.4, 2.5 und 2.6 diese Unterschiede angegeben. $g_G - g_{L,min}$ kann zwischen $+1,0$ kg/kg Brennstoff (für reinen Kohlenstoff oder Kohlendoxid) und $-8,0$ kg/kg (für reinen Wasserstoff) liegen.

Für übliche Brennstoffe mag folgendes zur Orientierung genügen:

1. Feste Brennstoffe:

$$g_G - g_{L,min} \approx 0,5 \quad \text{(zwischen 0,2 und 0,8)}.$$

2. Technische Heizöle:

$$g_G - g_{L,min} \approx 0 \quad \text{(zwischen } -0,35 \text{ und } +0,45).$$

3. Technische Heizgase:

a) Wasserstoffreiche Gase wie Leuchtgas, Koksofengas usw.

$$g_G - g_{L,min} \approx -0,8,$$

b) Wasserstoffarme Gase wie Gichtgas, Mischgas, Luftgas usw.

$$g_G - g_{L,min} \approx +0,8.$$

In den meisten Fällen wird für die Berechnung von Rauchgastrocknern diese Abschätzung hinreichend sein, da der absolute Betrag der Rauchgasmenge g_G bzw. der Luftmenge $g_{L,min}$ stets sehr viel größer als der Unterschiedbetrag $g_G - g_{L,min}$ ist, so daß durch die angegebenen Abschätzungen Fehler von höchstens $\pm 3\%$ entstehen können. (Abgesehen von den wasserstoffarmen Heizgasen, bei denen das je kg Gas entstehende Rauchgasgewicht klein ist, sind die absoluten Beträge von g_G und $g_{L,min}$ nicht sehr verschieden.)

Demnach darf in Gl. (2.24) der Zusammenhang zwischen Rauchgasmenge g_G und Luftmenge $g_{L,min}$ als hinreichend bekannt vorausgesetzt werden.

Bringt die Verbrennungsluft eine anteilige Wasserdampfmenge $x_L g_{L,min}$ mit, so ist der im Rauchgas enthaltene Wasserdampfanteil je kg Brennstoff:

$$g_D = x_L g_{L,min} + \Delta g_D.$$

Der Wassergehalt des Rauchgases ist also

$$x_G = \frac{g_D}{g_G} = x_L \frac{g_{L,min}}{g_G} + \Delta x_V$$

worin $\Delta x_V = \dfrac{\Delta g_D}{g_G}$ die Erhöhung des Wasserdampfgehaltes bei der Verbrennung bedeutet. Angesichts der Tatsache, daß (abgesehen von heizwertarmen Gasen) $g_{L,min}$ und g_G größenordnungsmäßig gleich sind und daß x_L im allgemeinen gegenüber Δx_V klein ist, darf mit hinreichender Genauigkeit gesetzt werden:

$$x_G = g_D/g_G = x_L + \Delta x_V. \tag{2.27}$$

2.2.2.2. Energiebilanz

Wird 1 kg Brennstoff verbrannt, dessen Enthalpie h_B und dessen oberer Brennwert H_o[1] ist, so muß als Energiebilanz angesetzt werden:

$$h_B + g_{L,min} h_L + H_o = g_G h_G + a h_A,$$

worin h_A die Enthalpie der Asche ist. Vernachlässigt man sowohl h_B als auch

---

[1] Bei den üblichen Verbrennungsrechnungen nimmt man die Verbrennungsluft als wasserdampffrei an und rechnet mit dem unteren Brennwert H_u, der sich aus dme oberen errechnen läßt: $H_u = H_o - h_{V0}(w + 9h)$, worin w kg/kg den Wassergehalt des Brennstoffes, h kg/kg den Wasserstoffgehalt desselben bedeuten.

ah_A, so gilt:

$$g_\mathrm{G} h_\mathrm{G} = H_\mathrm{o} + g_\mathrm{L,min} h_\mathrm{L}$$

oder

$$h_\mathrm{G} = H_\mathrm{o}/g_\mathrm{G} + h_\mathrm{L} g_\mathrm{L,min}/g_\mathrm{G}.$$

Angesichts der größenordnungsmäßigen Gleichheit von g_G und $g_\mathrm{L,min}$ und des meist geringen Betrages von h_L darf hier gesetzt werden:

$$h_\mathrm{G} = h_\mathrm{L} + H_\mathrm{o}/g_\mathrm{G}.$$

$H_\mathrm{o}/g_\mathrm{G}$ bedeutet darin die Enthalpiezunahme der Rauchgase bei der Verbrennung. Sie sei mit Δh_V bezeichnet. Also gilt:

$$H_\mathrm{o}/g_\mathrm{G} = \Delta h_\mathrm{V}, \tag{2.28}$$

$$h_\mathrm{G} = h_\mathrm{L} + \Delta h_\mathrm{V}. \tag{2.29}$$

2.2.3. Zunahme der Enthalpie Δh_V und des Wasserdampfgehaltes Δx_V bei der Verbrennung

Der Zustandspunkt der *luftfreien* Rauchgase im h-x-Diagramm ist durch die Angabe von h_G nach Gl. (2.29) und von x_G nach Gl. (2.27) festgelegt.

Es sollen im folgenden recht genaue Abschätzungsmöglichkeiten für beide Größen aufgezeigt werden.

2.2.3.1. Die Zunahme der Enthalpie Δh_V

Nach Gl. (2.28) ist Δh_V mit H_o und g_G bekannt.

g_G kann aus den Verbrennungsgleichungen[1] folgendermaßen berechnet werden:

Bedeuten c, h, o, n die in der Elementaranalyse des Brennstoffs gegebenen Mengenanteile von Kohlenstoff, Wasserstoff, Sauerstoff und Stickstoff (Schwefel sei vernachlässigt), so gilt:

$$g_\mathrm{G} = g_\mathrm{CO_2} + g_\mathrm{N_2}. \tag{2.30}$$

Darin ist $g_\mathrm{CO_2}$; das aus 1 kg des Brennstoffs entstehende Kohlendioxydmenge:

$$g_\mathrm{CO_2} = c\,\frac{M_\mathrm{CO_2}}{M_\mathrm{C}} = 3{,}67\,c \quad (\text{kg } CO_2/\text{kg Brennstoff}), \tag{2.31}$$

$$(M_\mathrm{CO_2} = 44, \quad M_\mathrm{C} = 12).$$

$g_\mathrm{N_2}$ ist die Summe des bei der Entgasung aus dem Brennstoff austretenden Stickstoffmenge n sowie derjenigen Stickstoffmenge, das die Verbrennungsluft mitbringt. Zur Bestimmung des letzteren ist zunächst das zur vollkommenen Verbrennung erforderliche Mindestsauerstoffmenge $g_\mathrm{O,min}$ zu bestimmen:

$$g_\mathrm{O,min} = c\,\frac{M_\mathrm{O_2}}{M_\mathrm{C}} + h\,\frac{M_\mathrm{O_2}}{2M_\mathrm{H_2}} - o = \frac{32}{12}\,c + 8\,h - o. \tag{2.32}$$

Da in 1 kg Luft 0,232 kg O_2 und 0,768 kg N_2 enthalten sind, ist die mit $g_\mathrm{O,min}$ bei der Verbrennung zugeführte Stickstoffmenge gleich $\dfrac{0{,}768}{0{,}232}\,g_\mathrm{O,min}.$ Die gesamte

---

[1] Siehe [2.11].

im trockenen Rauchgas enthaltene Stickstoffmenge ist also:

$$g_{N_2} = 3{,}31\left(\frac{32}{12}\,c + 8\,h - o\right) + n. \tag{2.33}$$

Damit ist die Gesamtmenge des trockenen luftfreien Rauchgases, das aus 1 kg Brennstoff entsteht, berechnet:

$$g_G = 3{,}67\,c + 3{,}31\left(\frac{32}{12}\,c + 8\,h - o\right) + n. \tag{2.34}$$

Mit Hilfe dieser Beziehung ist bei Kenntnis der Elementaranalyse und des oberen Brennwertes H_o auch die Rauchgasenthalpie h_G nach Gl. (2.29) zu berechnen. (Die Rauchgasenthalpie bei Verbrennung mit Luftüberschuß s. Abschn. 2.2.4.).

Tabelle 2.4 gibt eine Zusammenstellung der Rechnungsergebnisse für feste Brennstoffe. Bei der Auswertung wurde der Schwefelgehalt des Brennstoffs vernachlässigt.

Tabelle 2.5 und 2.6 geben die Rechnungsergebnisse für die wichtigsten flüssigen und gasförmigen Brennstoffe[1].

In Bild 2.11 ist die nach Gl. (2.29) mit Gl. (2.34) berechnete Enthalpiezunahme Δh_V von 1 kg Rauchgas für alle Brennstoffe in Abhängigkeit von der Größe H_o/c (d. h. dem auf 1 kg Kohlenstoff bezogenen Brennwert) aufgetragen. Es zeigt sich dabei ein recht eindeutiger, für Zwecke der Abschätzung nützlicher Zusammenhang:

1. Feste Brennstoffe
a) Natürliche Kohlen

$$\Delta h_V = 2930 \text{ kJ/kg} \quad (\pm 2\%),$$

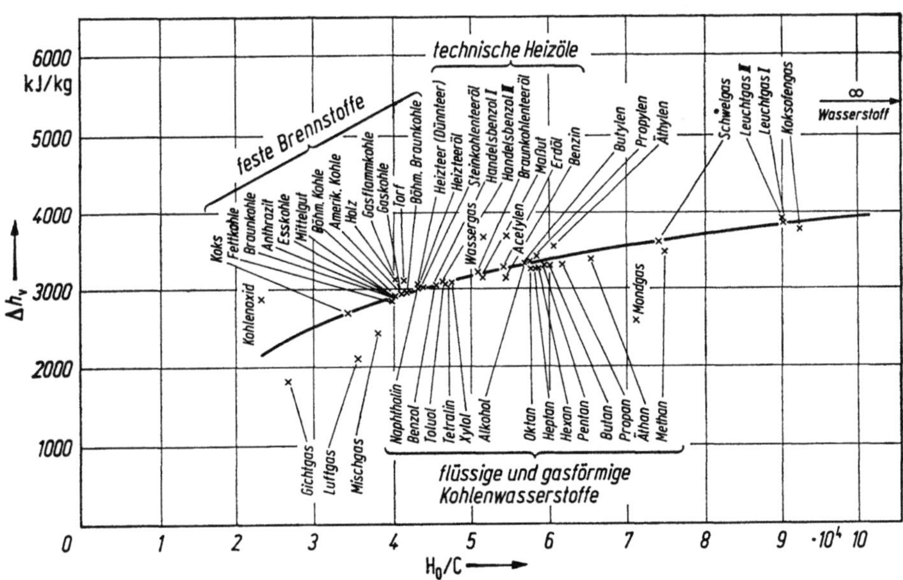

Bild 2.11. Die bei der Verbrennung entstehende Enthalpiezunahme Δh_V (auf 1 kg trockenen Rauchgases bezogen).

---

[1] Die Analysen der Brennstoffe sind teils aus Angaben des technischen Überwachungsvereins Essen, teils den Schriften [2,6, 2.12, 2.14] entnommen.

Tabelle 2.4. Feste Brennstoffe

| Bezeichnung | H_o kJ/kg | Elementaranalyse | | | | | | g_G kg/kg | $g_G - g_{L,min}$ kg/kg | $\Delta x_{V,h}$ kg/kg | Δh_V kJ/kg | h/c | H_o/c kJ/kg |
		Asche a Mas.-%	Wasser w %	Kohlen-stoff c %	Wasser-stoff h %	Schwefel s %	Sauerstoff +Stick-stoff o + n %						
Koks	29935	8,0	2,0	87,4	0,4	0,8	1,4	11,01	+0,86	0,00326	2720	0,00457	34250
Anthrazit	35095	1,7	1,9	88,6	3,6	0,9	3,3	11,96	0,64	0,0271	2935	0,0406	39610
Eßkohle	31505	11,9	1,0	78,8	3,9	1,3	3,1	10,82	0,52	0,0324	2914	0,0495	39980
Mittelgut	24485	28,3	0,9	61,2	3,1	1,2	5,3	8,33	0,43	0,0335	2935	0,0507	40010
Fettkohle	29770	13,3	3,8	74,6	4,2	1,0	3,1	10,37	0,45	0,0365	2876	0,0563	39905
Gaskohle	32170	4,8	4,3	78,0	5,1	1,0	6,8	10,90	0,45	0,0421	2952	0,0654	41245
Gasflammkohle	30620	6,5	5,7	74,3	4,9	1,2	7,4	10,39	0,44	0,0424	2943	0,0659	41210
Amerikanische Kohle	33255	4,0	1,8	81,5	4,7	0,8	7,2	11,23	0,52	0,0376	2960	0,0576	40805
Böhmische Kohle	20105	30,3	8,2	49,9	3,3	0,4	7,9	6,89	0,32	0,0431	2918	0,0661	40290
Braunkohle	13770	8,0	46,1	34,4	2,6	0,6	8,3	4,75	0,22	0,0492	2897	0,0755	40030
Böhmische Braunkohle	16695	5,8	40,5	40,1	3,3	0,5	9,8	5,59	0,24	0,0532	2981	0,0823	41635
Torf (lufttrocken)	13940	10,0	30,0	33,7	3,3	1,0	22,0	4,45	0,30	0,0668	3132	0,0979	41365
Holz (lufttrocken)	16410	0,4	18,0	40,8	4,9	—	35,9	5,22	0,37	0,0844	3140	0,1201	40220

Tabelle 2.5. Flüssige Brennstoffe

Bezeichnung	H_o kJ/kg	Elementaranalyse				g_G kg/kg	$g_G-g_{L,min}$ kg/kg	$\Delta x_{V,h}$ kg/kg	Δh_V kJ/kg	h/c	H_o/c kJ/kg
		c Mas.-%	h %	s %	o %						
a) Reine Kohlenwasserstoffe											
Alkohol C_2H_5OH	29730	52,0	13,0		35,0	8,78	−0,17	0,1333	3383	0,250	57150
Benzol C_6H_6	41870	92,2	7,8			13,60	+0,30	0,0516	3081	0,0846	45430
Toluol C_7H_8	42500	91,2	8,8			13,71	+0,21	0,0578	3098	0,0965	46600
Xylol C_8H_{10}	42915	90,5	9,5			13,82	+0,15	0,0619	3102	0,01050	47390
Naphthalin $C_{10}H_8$	40360	93,7	6,3			13,37	+0,43	0,0425	3023	0,0673	43040
Tetralin $C_{10}H_{22}$	42870	90,8	9,2			13,78	+0,17	0,0601	3111	0,1013	47230
Pentan C_5H_{12}	49195	83,2	16,8			14,85	−0,51	0,1019	3316	0,2020	59120
Hexan C_6H_{14}	48360	83,6	16,4			14,80	−0,48	0,0997	3266	0,1963	57860
Heptan C_7H_{16}	48230	83,9	16,1			14,76	−0,45	0,0982	3266	0,1918	57480
Oktan C_8H_{18}	48150	84,1	15,9			14,74	−0,43	0,0970	3266	0,1890	57230
b) Technische flüssige Brennstoffe											
Handelsbenzol I (90er Benzol)	41870	92,1	7,9			13,59	+0,29	0,0523	3081	0,0868	45430
Handelsbenzol II (50er Benzol)	42290	91,6	8,4			13,66	+0,24	0,0553	3094	0,0917	46140
Benzin (Mittelwert)	46055	85,0	15,0			14,59	−0,35	0,0925	3153	0,1764	54220
Erdöl	45830	84,7	12,9	0,5	1,9	13,94	−0,16	0,0833	3287	0,1522	54140
Braunkohlenteeröl	42705	84,0	11,0	0,7	4,3	13,26	+0,01	0,0747	3224	0,1309	50830
Steinkohlenteeröl	39150	89,5	6,5	0,6	3,4	12,79	+0,42	0,0457	3061	0,0726	43750
Heizteer (Dünnteer)	38955	90,4	6,0	,3	3,3	12,79	+0,46	0,0422	3048	0,0663	43120
Heizteeröl	39160	90,0	6,5	0,5	3,0	12,87	+0,42	0,0455	3044	0,0722	43500
Masut (Rußland)	44455	86,6	12,2	0,3	0,9	14,02	−0,10	0,0783	3169	0,1409	51290
Heizöl EL	45420[a]	86,0	13,0	0,5	0,5	14,13	−0,17	0,0828	3214	0,1512	52810
Heizöl S	42280[a]	86,0	11,0	2,0	1,0	13,67	0,01	0,0724	3093	0,1279	49160

[a] aus Recknagel-Sprenger 58. Jahrgang.

Tabelle 2.6. Gasförmige Brennstoffe

Bezeichnung	H_o kJ/kg	Analyse					g_G kg/kg	$g_G - g_{L,min}$ kg/kg	$\Delta x_{V,h}$ kg/kg	Δh_V kJ/kg	h/c	H_o/c kJ/kg
		c Mas.-%	h %	CO_2 %	o %	n %						
a) Chemisch reine Gase												
Kohlenoxid CO	10235	42,8	—	57,2			3,46	+1,00	—	2960	—	23915
Wasserstoff H_2	142350	—	100,0				26,50	−8,00	0,340	5376	∞	∞
Methan CH_4	55935	75,0	25,0				16,00	−1,25	0,1405	3492	0,333	74580
Äthan C_2H_6	51915	80,0	20,0				15,29	−0,80	0,1176	3391	0,250	64895
Propan C_3H_8	50240	81,8	18,2				15,03	−0,64	0,1088	3341	0,2225	61420
Butan C_4H_{10}	49530	82,7	17,3				14,89	−0,56	0,1043	3324	0,2085	59890
Äthylen C_2H_4	51665	85,7	14,3				14,49	−0,29	0,0888	3563	0,1668	60285
Propylen C_3H_6	49820	85,7	14,3				14,49	−0,29	0,0888	3442	0,1668	58135
Butylen C_4H_8	48565	85,7	14,3				14,49	−0,29	0,0888	3349	0,1668	56670
Acetylen C_2H_2	50240	92,3	7,7				13,56	+0,31	0,0511	3705	0,0834	54430
b) Technische Gase												
Koksofengas	40905	44,63	20,59	7,43	10,81	16,54	10,91	−0,85	0,1698	3751	0,461	91655
Gichtgas	3240	12,16	0,27	12,79	16,18	58,60	1,77	+0,98	0,0138	1834	0,0222	26645
Leuchtgas I	45930	51,25	21,97	7,86	11,42	7,50	11,99	−0,98	0,1652	3831	0,428	89620
Leuchtgas II	39985	44,72	19,50	8,02	18,86	8,90	10,29	−0,76	0,1708	3890	0,436	89410
Schwelgas (Steinkohle)	45595	61,89	18,98	8,41	7,13	3,59	12,65	−0,71	0,1353	3605	0,3065	73670
Wassergas	16580	32,08	6,30	13,85	42,30	5,47	4,477	+0,43	0,1266	3701	0,1964	51685
Mischgas	5755	15,10	1,49	5,26	17,85	60,30	2,348	+0,87	0,0571	2453	0,0986	38115
Mondgas	6135	8,66	2,77	29,67	8,10	50,80	2,354	+0,75	0,1057	2604	0,3200	70845
Luftgas	4230	11,90	0,90	8,20	13,80	65,20	2,003	+0,92	0,0404	2110	0,0756	35545
Erdgas L	42370	58,0	18,9	1,9	—	21,2	12,4	−0,70	0,1372	3417	0,3259	73052
Erdgas H	52335	72,4	23,3	2,5	—	1,8	15,2	−1,10	0,1383	3443	0,3218	72286

b) Holz und Torf
$$\Delta h_V \approx 3140,$$

c) Koks
$$\Delta h_V \approx 2720.$$

2. Flüssige Brennstoffe

a) Reine Kohlenwasserstoffe
$$3015 < \Delta h_V < 3390, \quad \text{im Mittel } \Delta h_V = 3200 \ (\pm 8\%),$$

b) Technische Heizöle
$$\Delta h_V = 3140 \ (\pm 3\%).$$

3. Gasförmige Brennstoffe

a) Chemisch reine Gase

Δh_V zwischen etwa 2930 (CO) und 5360 kJ/kg (H_2),
Mittelwert für Kohlenwasserstoffe $\Delta h_V = 3560$ kJ/kg ($\pm 5\%$),

b) Technische Gase

Δh_V zwischen 1840 (Gichtgas) und 3890 kJ/kg (Leuchtgas).

Damit kann die Enthalpiezunahme von 1 kg luftfreien Rauchgases für die weitaus überwiegende Mehrzahl der in der Trocknungstechnik vorkommenden Brennstoffe in einfachster Weise abgeschätzt — wenn nötig aus Bild 2.11 oder Tabelle 2.4 bis 2.6 entnommen — werden. Für Verbrennungsvorgänge, bei denen Luft und Brennstofftemperatur nicht sehr weit von 0°C verschieden sind, kann man Δh_V gleichsetzen. Es ergibt sich dann im h-x-Diagramm für hohe Temperaturen (Tafel II) eine den verschiedenen Brennstoffarten zugeordnete Rauchgasenthalpie, wie es in Bild 2.12 veranschaulicht ist. Lediglich für die technischen Gase sind die Werte so variabel, daß man sie berechnen oder aus Tabelle 2.6 oder Bild 2.11 entnehmen muß.

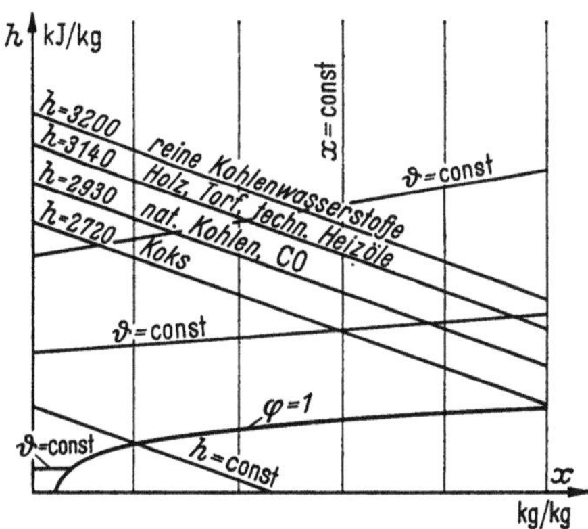

Bild 2.12. Zur Anwendung des h-x-Diagramms auf Rauchgastrocknung.

2.2.3.2. Die Zunahme des Wassergehaltes Δx_V

Zur Festlegung des Zustandspunktes der Rauchgase im h-x-Diagramm braucht man noch den Wasserdampfgehalt x_G, der sich nach Gl. (2.27) zusammensetzt aus zwei Anteilen:

1. demjenigen x_L, den die Verbrennungsluft mitbringt,
2. demjenigen Δx_V, der bei der Verbrennung entsteht.

Letzteren spaltet man zweckmäßigerweise in zwei Anteile auf, entsprechend

$$\Delta x_V = \Delta x_{V,h} + \Delta x_{V,w},$$

worin der erste $\Delta x_{V,h}$ aus der Wasserstoffverbrennung, der zweite $\Delta x_{V,w}$ aus der Verdampfung des im Brennstoff enthaltenen Wassers entsteht.

Die Wasserdampfentstehung durch Verbrennung von Wasserstoff $\Delta x_{V,h}$ ist, da sich aus 1 kg Wasserstoff 9 kg Wasser bilden:

$$\Delta x_{V,h} = 9h/g_G. \tag{2.35}$$

$\Delta x_{V,h}$ ist ebenfalls in den Tabellen 2.4 bis 2.6 angegeben. Zur Erzielung einer gewissen einprägsamen Ordnung ist in Bild 2.13 die Größe $\Delta x_{V,h}$ über dem Verhältnis von Wasserstoffgehalt h zu Kohlenstoffgehalt c des Brennstoffs aufgetragen.

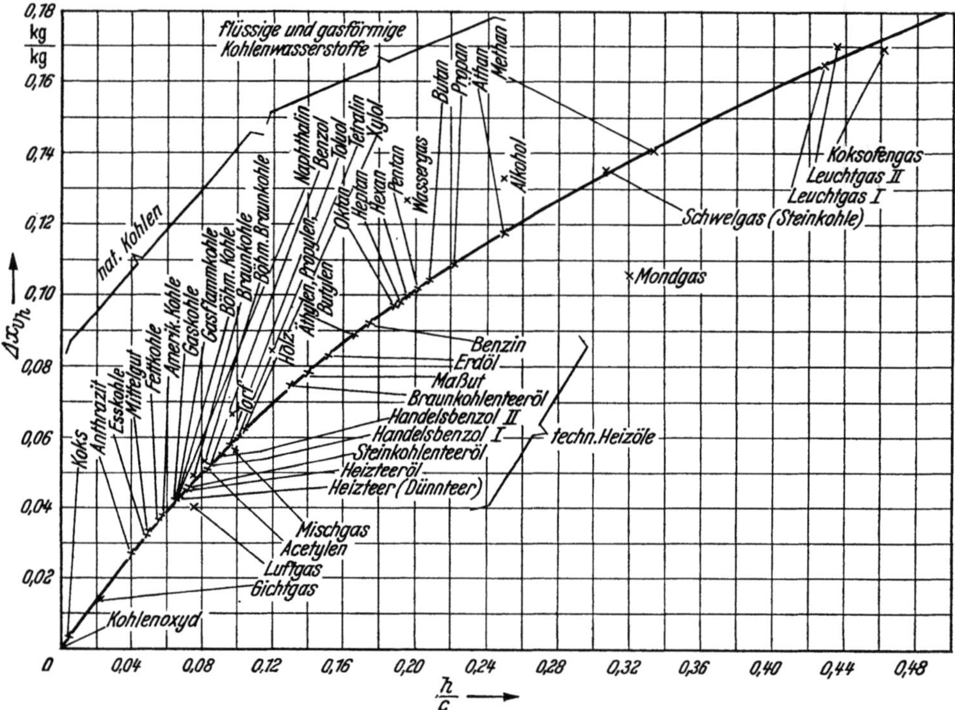

Bild 2.13. Die durch die Verbrennung von Wasserstoff entstehende Wasserdampfgehaltszunahme $\Delta x_{V,h}$ der Rauchgase.

Man erkennt aus Bild 2.13 die — von sehr wenigen Ausnahmen abgesehen — gute Einfügung der Einzelwerte in den gezeichneten Kurvenzug, der für alle festen, flüssigen und gasförmigen Brennstoffe eine gute Abschätzmöglichkeit darstellt. Auch die durch Entgasung entstandenen Brennstoffe wie Leuchtgase fügen sich gut ein. Beachtliche Abweichungen ($>10\%$) treten nur auf bei Holz, Alkohol, Wassergas, Luftgas und Mondgas (vgl. Bild 2.13). An Hand von Bild 2.13 dürfte es leicht sein, für jede Brennstoffart die Zunahme des Wasserdampfgehaltes $\Delta x_{V,h}$ durch die Wasserstoffverbrennung mit hinreichender Genauigkeit abzuschätzen.

Zur Bestimmung des Wasserdampfgehaltes x_G der luftfreien Rauchgase, die aus nassem Brennstoff (vom Wassergehalt w) entstehen, ist gemäß Gl. (2.25) nur noch die Zunahme $\Delta x_{V,w}$ aus der Verdampfung des Wassers im Brennstoff zu ermitteln:

$$\Delta x_{V,w} = w/g_G. \tag{2.36}$$

g_G kann bei Kenntnis des oberen Brennwertes H_o aus den Daten des vorigen Abschnittes (s. Abschn. 2.2.2.1.) einfachst errechnet werden.

2.2.4. Anwendung auf die Rauchgastrocknung

Durch die einfache Ermittlung von h_G und x_G ist der Zustandspunkt der luftfreien Rauchgase festgelegt. Die Temperatur kann aus dem h-x-Diagramm entnommen werden.

Um vom luftfreien Rauchgas zu dem aus der Verbrennung mit Luftüberschuß entstehenden Rauchgas zu kommen, denkt man sich das luftfreie Rauchgas g_G (Zustand G in Bild 2.14) mit einer entsprechenden Luftmenge g_L von Umgebungs- (bzw. Vorwärme-)Temperatur (Zustand L in Bild 2.14) gemischt. Entsprechend den obigen Herleitungen (s. Abschn. 2.1.7.1.) liegt der Mischzustand GL auf der Verbindungsgeraden zwischen G und L, wobei der Punkt GL die Strecke von G bis L im Verhältnis der Gewichte von Luft g_L und luftfreiem Rauchgas g_G teilt, wie dies in Bild 2.14 veranschaulicht ist.

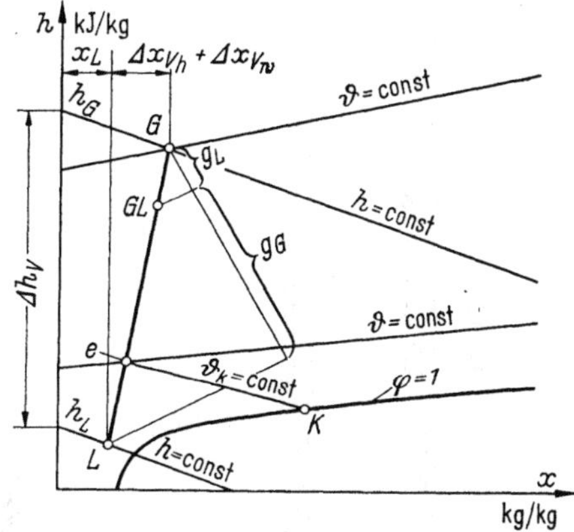

Bild 2.14. Zur Rauchgastrocknung.

Soll ein solches durch Verbrennung mit Luftüberschuß entstandenes Rauchgas vom Zustand GL durch weitere Luftbeimischung auf den Zustand e, der als Eintrittszustand in den Trockner vorgeschrieben ist, gebracht werden (s. Bild 2.14), so kann die der Menge g_{GL} weiter zuzumischende Luftmenge g'_L in gleicher Weise aus dem Verhältnis der Strecken $L\text{—}e$ und $e\text{—}GL$ ermittelt werden.

2.2.5. Beispiel zur Anwendung des h-x-Diagramms auf Trocknungsvorgänge (Rauchgastrocknung)

In einem Rauchgastrockner sollen stündlich 1 000 kg Wasser aus einem Gut verdampft werden, dessen Oberfläche nach der Trocknung noch so feucht sei, daß der Wasserdampfdruck an der Oberfläche gleich dem Sattdampfdruck ist. Die Eintrittstemperatur ϑ_e des Rauchgas-Luftgemisches soll 500°C betragen, die Austrittstemperatur ϑ_a sei 180°C. Als Brennstoff diene böhmische Steinkohle, oberer Brennwert $H_o = 20\,100$ kJ/kg, Wassergehalt $w = 0,08$ kg/kg.

Die Temperatur der Verbrennungsluft sei $\vartheta_L = 20$°C, ihre relative Feuchtigkeit $\varphi_L = 80\%$. Der Luftfaktor bei der Verbrennung (Luftüberschuß) sei $\dfrac{g_{L,min} + g_L}{g_{L,min}}$ $= \lambda = 1,4$. Von Leitungs- und Strahlungsverlusten sei abgesehen.

Welche anteilige Luftmenge g_L' ist dem Rauchgas zuzumischen, um das Gemisch auf 500°C zu bringen? Welche Kühlgrenztemperatur stellt sich im Gut ein? Welchen Feuchtegehalt hat das Abgas-Luftgemisch bei 180°C? Welche Brennstoffwärme ist je kg verdampften Wassers aufzuwenden?

Lösung:

1. Bestimmung des Zustands der luftfreien Rauchgase.
a) Enthalpie h_G nach Gl. (2.29)

$$h_G = h_L + \Delta h_V.$$

Aus h-x-Diagramm Tafel I für $\vartheta_L = 20$°C, $\varphi_L = 80\%$:

$$h_L = 50 \text{ kJ/kg.}$$

Aus den Angaben des vorstehenden Abschnittes für feste natürliche Kohlen ist:

$$\Delta h_V = 2930 \text{ kJ/kg,}$$

folglich:

$$h_G = 2980 \text{ kJ/kg.}$$

b) Rauchgasmenge g_G. Die Menge g_G der trockenen Rauchgase je kg Brennstoff ergibt sich nach Gl. (2.28) mit

$$H_o = 20\,100 \text{ kJ/kg,}$$

$$g_G = \frac{20\,100}{2930} = 6,86 \text{ kg/kg.}$$

c) Wasserdampfgehalt x_G nach Gln. (2.27, 2.35 und 2.36)

$$x_G = x_L + \Delta x_{V,h} + \Delta x_{V,w}.$$

Aus Tafel I: $x_L = 0,012$ kg/kg.

Aus Tabelle 2.4 oder Bild 2.13

$$\Delta x_{V,h} = 0,042 \text{ kg/kg}[1].$$

Nach Gl. (2.36)

$$\Delta x_{V,w} = \frac{w}{g_G} = \frac{0,08}{6,86} = 0,012.$$

Folglich:

$$x_G = 0,066.$$

Damit ist der Zustandspunkt G der luftfreien Rauchgase festgelegt. [Im h–x-Diagramm Tafel II liest man eine zugehörige Temperatur von 2110°C ab, die jedoch entsprechend (s. Abschn. 2.2.1.) etwa 80° höher liegt als die Verbrennungstemperatur.]

---

[1] Kennt man die Zusammensetzung der Kohle nicht genau, so muß man $\Delta x_{V,h}$ schätzen. Es liegt für Steinkohle nach Abb. 2.13 zwischen 0,027 und 0,042. Der Unterschied ist für die Trocknerberechnung nicht entscheidend.

2. Der Zustand der Gase bei Luftüberschuß. Der gegebene Luftfaktor $\lambda = 1{,}4$ gibt das Verhältnis der tatsächlichen Verbrennungsluft $g_{L,min} + g_L$ zur theoretisch nötigen $g_{L,min}$ an. Aus der Berechnung zu 1. ist die Menge der trockenen luftfreien Rauchgase g_G bekannt, nicht aber $g_{L,min}$.

Gemäß den Überlegungen von Abschn. 2.2.2.1. kann man für feste Brennstoffe näherungsweise setzen:

$$g_{L,min} = g_G - 0{,}5 = 6{,}35 \text{ kg/kg}.$$

Der Luftfaktor 1,4 bedeutet also, daß dem luftfreien Rauchgas $g_L = (\lambda - 1) \cdot g_{L,min}$ $= 2{,}54$ kg Luft zugemischt sind.

Den Mischpunkt GL der lufthaltigen Rauchgase findet man, indem man entsprechend Bild 2.14 die Strecke $G{-}L$ in Tafel II im Verhältnis $g_L : g_G = 2{,}54 : 6{,}85$ teilt. Man findet:

$$x_{GL} = 0{,}051, \quad h_{GL} = 520, \quad \vartheta_{GL} = 1630.$$

Die Menge, die diesen Zustand hat, ist:

$$g_{GL} = 2{,}54 + 6{,}85 = 9{,}4 \text{ kg/kg Brennstoff.}$$

3. Die Zumischung von Luft zur Erzielung einer Trocknereintrittstemperatur $\vartheta_e =$ 500 °C. Der Eintrittszustand e liegt auf der Mischgeraden $GL{-}L$ bei 500 °C. Es ist

$$x_e = 0{,}023 \text{ kg/kg} \quad \text{und} \quad h_e = 1863 \text{ kJ/kg}.$$

Der Punkt e teilt die Strecke $GL{-}L$ im Verhältnis $2{,}9 : 1$.

Folglich ist je kg lufthaltigen Rauchgases von Zustand GL eine Luftmenge von 2,9 kg zuzumischen.

Die gesamte Menge, die diesen Zustand e hat, ist also:

$$(1 + 2{,}9) \cdot 9{,}4 = 36{,}7 \text{ kg/kg Brennstoff.}$$

(Luftbeimischung nach der Verbrennung:

$$g_L' = 2{,}9 \cdot 9{,}4 = 27{,}3 \text{ kg/kg Brennstoff.)}$$

4. Der Zustand des Abgasgemisches bei Trockneraustritt $\vartheta_a =$ 180 °C. Nach obigen Herleitungen liegt, solange die Gutsoberfläche feucht ist, der Zustand des Trockenmittels näherungsweise auf einer Linie gleicher Kühlgrenztemperatur ϑ_K. Für den vorliegenden Fall liest man aus Tafel II ab: $\vartheta_K = 66{,}5$ °C.

Der Abgaszustand a muß auf der Geraden $e{-}K$ (s. Bild 2.14) bei $\vartheta_a = 180$ °C liegen.

Man liest aus Tafel II ab:

$$x_a = 0{,}158, \quad h_a = 150.$$

5. Die Wasseraufnahme Δx je kg trockenen Gemischgases:

$$\Delta x = x_a - x_e = 0{,}158 - 0{,}023 = 0{,}135.$$

6. Wasserdampfaufnahme je kg Brennstoff. Nach der Berechnung unter 3. kommt auf 1 kg Brennstoff ein Rauchgas-Luftgemisch von 36,7 kg von Zustand e. Je kg Brennstoff werden also $36{,}7 \cdot 0{,}135 = 4{,}95$ kg Wasser verdampft.

7. Brennstoffverbrauch. Für 1000 kg stündlicher Wasserverdampfung werden gebraucht:

$$\frac{1000}{4{,}95} = 202 \text{ kg Brennstoff/h.}$$

8. Wärmeverbrauch je kg. Bei einem oberen Brennwert $H_o = 20\,100$ kJ/kg und 4,95 kg Wasserverdampfung je kg Brennstoff werden

$$\frac{20\,100}{4,95} = 4060 \text{ kJ/kg Wasser}$$

verbraucht.

9. Vergleich der Ergebnisse der vereinfachten Rechnung mit denen der exakten. Rechnet man die Aufgabe unter Anwendung der Verbrennungsgleichungen mit den in Tabelle 2.7 für böhmische Steinkohle angegebenen Analysen genau durch, so findet man nur unwesentlich andere Werte, die aus Tabelle 2.7 hervorgehen.

Tabelle 2.7

	Exakte Rechnung	Vereinfachte Rechnung
Δh_V kJ/kg	2914	2930
h_G kJ/kg	2964	2981
$\Delta x_{V,h} + \Delta x$ kg/kg	0,0549	0,054
x_G kg/kg	0,067	0,066
g_G kg/kg Brennstoff	6,9	6,85
ϑ_G °C	2042	2100
$g_{L,min}$ kg/kg Brennstoff	6,59	6,35
ϑ_{GL} °C	1620	1630
$g_L : g_{GL}$	2,79	2,9
h_e kJ/kg bei 500 °C	604	607
x_e kg/kg bei 500 °C	0,0223	0,023
Wärmeverbrauch je kg Wasser kJ/kg	4044	4061

3. Die Bindung der Flüssigkeit an das Gut

3.1. Der Zusammenhang zwischen Dampfdruck und Flüssigkeitsgehalt des Gutes

3.1.1. Die Beeinflussung des Dampfdruckes durch äußere Kräfte

Über einer Flüssigkeit, die nur mit ihrem eigenen Dampf im Gleichgewicht steht, herrscht ein nur von der Temperatur abhängiger Dampfdruck, den man den Sattdampfdruck P_D'' der Flüssigkeit bei der jeweiligen Temperatur nennt.

Der Dampfdruck über Trocknungsgütern ist bei hohen Flüssigkeitsgehalten des Gutes praktisch gleich dem Sattdampfdruck. Bei kleinen Flüssigkeitsgehalten aber kann der Dampfdruck wesentlich niedriger sein. Der Zusammenhang zwischen Dampfdruck und Flüssigkeitsgehalt läßt sich aus den Kräften, die in der Flüssigkeit durch ihre Bindung an das Gut oder durch gelöste Teilchen (Ionen) wirken, verstehen.

Gleichgewicht zwischen zwei Phasen ist vorhanden, wenn die freie Enthalpie in den beiden Phasen einander gleich ist und wenn bei einer differentiellen Änderung der freien Enthalpie in einer Phase, z.B. durch eine differentielle Druckänderung, eine gleich große Änderung in der anderen Phase auftritt.

Der Dampfdruck über Flüssigkeiten ist daher außer von der Temperatur von den äußeren Kräften abhängig, die auf die Flüssigkeit einwirken.

Bezeichnet P_W den äußeren Druck auf die Flüssigkeit, P_D den Dampfdruck über der Flüssigkeit, v_W und v_D die spezifischen Volumina von Flüssigkeit und Dampf, so gilt wegen der Gleichgewichtsbedingung bei gleicher Temperatur in beiden Phasen:

$$v_D\,dP_D = v_W\,dP_W. \tag{3.1}$$

Nimmt man an, daß der Dampf dem Gasgesetz genüge ($v_D = R_D T / P_D$), so folgt:

$$\frac{dP_D}{P_D''} = d\ln P_D = \frac{v_W\,dP_W}{R_D T}$$

oder, wenn man beim äußeren Druck $P_W = 0$ den Sattdampfdruck P_D'' ansetzt:

$$\frac{P_D}{P_D''} = \exp\left(\frac{P_W v_W}{R_D T}\right).^1 \tag{3.2}$$

Bild 3.1 zeigt den Zusammenhang zwischen dem Verhältnis des Dampfdrucks P_D über Wasser, das unter einer äußeren Kraft P_W steht, zum Sattdampfdruck P_D''.

---

[1] Die Begründung für die Dampfdruckabnahme bei Flüssigkeiten, die unter Zugkräften stehen (P_W negativ), kann man leicht anschaulich einsehen. Man denke eine Kapillare von großer Steighöhe (z.B. 1 000 m). Wenn im Meniskus dieser Kapillaren, der an ihrem unteren Ende angenommene Sattdampfdruck P_D'' herrschte, so wäre er größer als der auf Grund der barometrischen Höhenformel in der Umgebung berechnete Dampfdruck P_D. Dann wäre ein Perpetuum mobile zweiter Art möglich. Die Dampfdrucksenkung über die Kapillaren muß also ebenso groß sein wie die Dampfdruckabnahme in der Umgebung auf Grund der Höhenunterschiede.

Dabei sind die Maßstäbe so gewählt, daß man denjenigen Druckbereich deutlich erkennt, in dem die Dampfdruckänderung sich besonders bemerkbar macht:

Bei Druck- oder Zugkräften unter rd. 10 bar ist der Dampfdruck noch nahezu gleich dem Sattdampfdruck P_D''. Bei Zugkräften in der Flüssigkeit (negative Ordinate in Bild 3.1) zwischen 10 und 10000 bar sinkt der Dampfdruck von nahezu P_D'' auf nahezu 0; entsprechend ändert er sich im Bereich von Druckkräften (positive Ordinate in Bild 3.1) zwischen 10 und 10000 bar von P_D'' auf sehr hohe Werte.

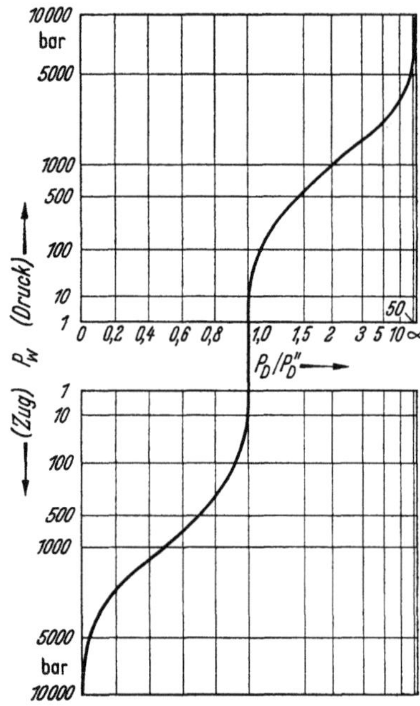

Bild 3.1. Verhältnis des Dampfdrucks P_D zum Sattdampfdruck P_D'' für Wasser, das unter äußeren Kräften P_W steht.

3.1.2. Der Dampfdruck über Kapillaren und Tropfen

Die Zug- oder Druckkräfte, die durch die *Oberflächenspannung* bewirkt werden, sind wie äußere Kräfte anzusehen. Es entstehen Zugkräfte, wenn die Oberfläche konkav nach außen gekrümmt ist (Kapillarwasser), Druckkräfte bei konvexer Krümmung der Oberfläche (Tropfen). Entsprechend tritt bei Kapillarwasser eine Dampfdrucksenkung, bei Tropfen eine Dampfdruckerhöhung auf. Jedoch macht

Tabelle 3.1. Zug- und Druckkräfte in Kapillaren und Tropfen

Radius r von Tropfen oder Kapillaren m	Druck oder Zug bar
10^{-6}	1,5
10^{-7}	15
10^{-8}	150
10^{-9}	1500
10^{-10}	15000

sich dies erst bemerkbar, wenn die Tropfen- oder Kapillarradien sehr klein sind. Tabelle 3.1 gibt den Zusammenhang zwischen Tropfen- oder Kapillarradius und dem durch die Oberflächenspannung bewirkten Druck oder Zug $P_W = \pm 2\sigma/r$, worin σ die Oberflächenspannung des Wassers bedeutet (s. Abschn. 3.1.1. und Tab. 5.7).

Die in Tabelle 3.1 angegebenen Zugkräfte sind dabei identisch mit den Kräften, die aufzubringen wären, um die Poren mechanisch zu entfeuchten. Bei den hohen Bindungskräften P_W in feinen Poren bzw. bei entsprechend hohen Bindungsenergien P_W, v_W (s. Abschn. 3.2.) ist nur noch thermische Trocknung, keine mechanische Entfeuchtung möglich.

Im Zusammenhang mit dem eben Gesagten ergibt sich, daß die Dampfdrucksenkung oder -erhöhung erst bei Radien der Kapillaren oder der Tropfen von weniger als 10^{-8} m ($= 0,01$ µm) erheblich wird. Dies kommt im allgemeinen nur in Frage bei sehr feinporigen Gütern mit geringem Flüssigkeitsgehalt oder außerordentlich fein zerstäubten Tropfen.

3.1.3. Der Dampfdruck über Lösungen

Bei Lösungen tritt eine Dampfdruckabsenkung auf, die bei niedrigen Konzentrationen des Gelösten x mol/mol nach dem Raoultschen Gesetz $P_D'' - P_D = x \cdot P_D''$ proportional der Konzentration x ist[1].

Bei der Beurteilung des Dampfdrucks über Trocknungsgüter ist also stets zu fragen, ob eine Lösung von Trocknungsgut in der Feuchte möglich ist.

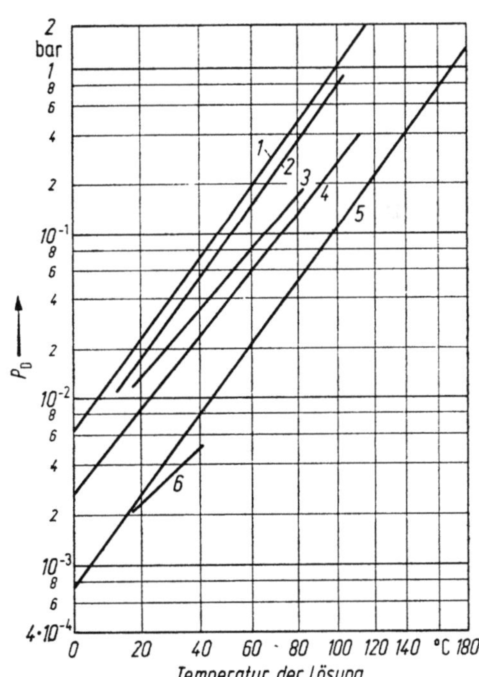

Bild 3.2. Wasserdampfdruck P_D über gesättigten Salzlösungen, abhängig von der Temperatur (nach [3.22]).
1 H_2O = reines Wasser; 2 $NaCl$ = Natriumchlorid (Kochsalz); 3 $Mg(NO_3)_2$ = Magnesiumnitrat; 4 $MgCl_2$ = Magnesiumchlorid; 5 $LiCl$ = Lithiumchlorid; 6 $ZnBr_2$ = Zinkbromid.

---

[1] Eine eingehende Darstellung dieser Erscheinung s. [3.7–3.11, 3.13, 3.36, 3.37, 3.40].

Bild 3.2 gibt die Wasserdampfdrucke über einigen technisch wichtigen gesättigten Lösungen an.

3.1.4. Der Dampfdruck über adsorbierten Gasen

Bei sehr kleinen Flüssigkeitsgehalten des Gutes spielen die molekularen Kräfte zwischen den Molekülen der Flüssigkeit und denen des Gutes — sogenannte van der Waalssche Kräfte — die für die Dampfdrucksenkung entscheidende Rolle. Diese Art der Bindung heißt *Adsorption* (genauer physikalische Adsorption). Die einfachste Vorstellung dieser Erscheinung ist die von Langmuir entwickelte, wonach an glatten Oberflächen eine monomolekulare Belegung mit adsorbierten Molekülen möglich ist, die bis zu dichtester Lagerung in der Ebene führen kann, bei der alle verfügbaren Plätze (n_{max}) mit Molekülen besetzt sind [3.24, 3.25]. Das Verhältnis der Zahl der bei gegebenem Dampfdruck wirklich belegten Plätze (n) zu derjenigen der nicht belegten ($n_{max} - n$) wird dem Dampfdruck P_D bzw. der relativen Feuchte $\varphi = P_D/P_D''$ bei Dämpfen proportional gesetzt:

$$\frac{n}{n_{max} - n} = bP_D = c\varphi, \qquad (3.3)$$

wobei b der Adsorptionskoeffizient genannt wird. Statt der Zahl der Moleküle kann auch der Feuchtegehalt X eingeführt werden und obige Gleichung kann damit auf die übliche Form gebracht werden:

$$X = \frac{X_{max}bP_D}{1 + bP_D} = \frac{X_{max} \cdot c\Phi}{1 + c\Phi}, \qquad (3.4)$$

worin X_{max} die bei monomolekularer Belegung maximal adsorbierte Feuchtemenge bedeutet[1].

Die entscheidende Charakteristik der sogenannten „Langmuir-Adsorption" ist in Bild 3.3 dargestellt. Ein aus dem gasförmigen Zustand adsorbierter Stoff (CO_2) wird um so stärker adsorbiert, je niedriger die Temperatur ist. Bei wachsendem Druck des adsorbierten Stoffes aber nähert sich die adsorbierte Menge einem Grenzwert (der maximalen Belegung).

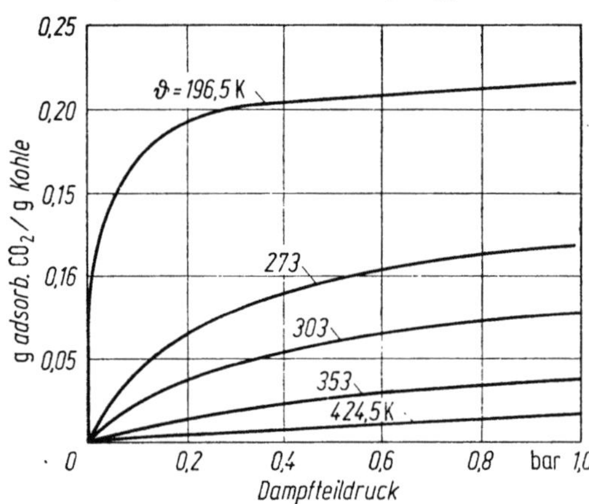

Bild 3.3. Adsorptionsisothermen von Kohlendioxyd (CO_2) an Holzkohle bei verschiedenen Temperaturen (nach Eucken u. Jakob [3.8]).

---

[1] Eine eingehende Beschreibung aller zur Zeit entwickelten theoretischen Ansätze und die Deutung zahlreicher Experimente findet man bei Stephan Brunauer [3.2].

Bild 3.4 zeigt das Verhalten bei der Adsorption von Wasserdampf an Silicagel. Bei höheren Dampfgehalten werden nach dem Aufbau der monomolekularen Schicht weitere Schichten (n) adsorbiert. Nach der Theorie von Brunauer, Emmet und Teller (BET-Theorie [3.3]) gilt

$$X = X_{max} \cdot \frac{c\varPhi}{1 - \varPhi} \cdot \frac{1 - (n + 1)\,\varPhi^n + n\varPhi^{n+1}}{1 + (c - 1)\,\varPhi - c\varPhi^{n+1}}, \qquad (3.5)$$

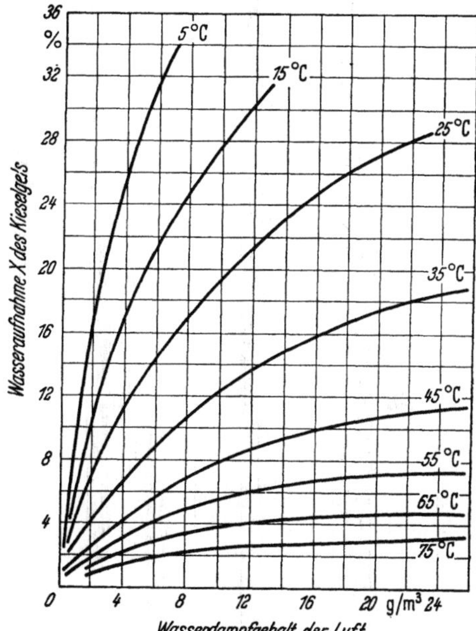

Bild 3.4. Adsorptionsisothermen für Kieselgel, Sorte E engporig, in Abhängigkeit vom Wassergehalt der Luft (nach Angaben der Firma Herrmann-Köln).

die für $n = 1$ in die Gl. (3.4) für monomolekulare Belegung übergeht. X_{max} bedeutet wie oben die Beladung bei Abschluß der monomolekularen Belegung. Je nach Porengrößenverteilung im Adsorbens wird ab bestimmten Feuchten $\varPhi$ die mehrschichtige Belegung in die Kapillarkondensation übergehen, die durch Gl. (3.2) beschrieben wird. Für verschiedene Adsorbentien zeigt Bild 3.5 die Adsorptionsisothermen. Es sei darauf hingewiesen, daß die Höhe der Beladung von der Art der Vorbehandlung (Aktivierung) in starkem Maße abhängen kann.

3.1.5. Der Dampfdruck über Absorbentien

Eine andere Art der Bindung, durch die eine Senkung des Wasserdampfdruckes unter Sattdampfdruck bewirkt wird, ist die sogenannte Absorption (chemische Absorption), bei der sich je nach Wassergehalt verschiedene Hydrate (Kristallwasser) oder Lösungen bilden.

Bild 3.6 zeigt die Charakteristik für Kupfersulfat ($CuSO_4$), bei dem folgende Hydrate möglich sind: Mono-, Tri- und Penthydrat. Das letztere wird bei weiterer Wasserzugabe gelöst. Je geringer die Konzentration der Ionen in der Lösung ist, um so mehr nähert sich der Dampfdruck über der Lösung dem Sattdampfdruck.

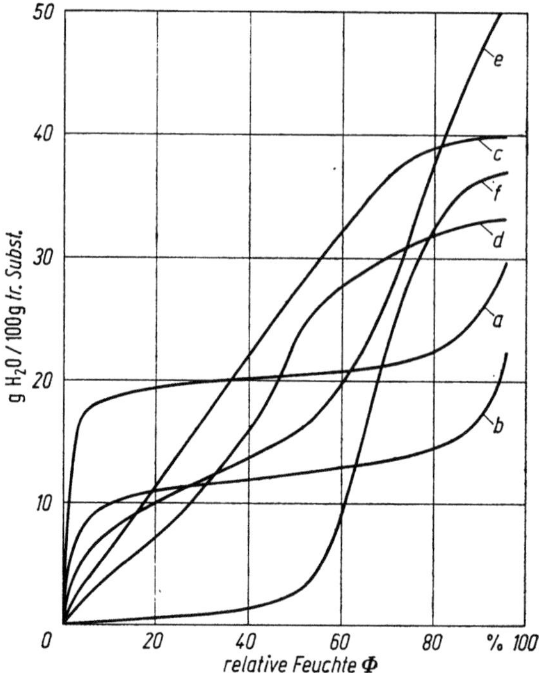

Bild 3.5. Adsorptionsisothermen bei 25 °C für Wasserdampf an verschiedenen technischen Adsorbentien. (Nach Jokisch)
a Molekularsieb 4 Å; *b* Molekularsieb 10 Å (nicht handelsüblich); *c* Silicagel N; *d* Silicagel WS; *e* Aktivtonerde; *f* Aktivkohle.

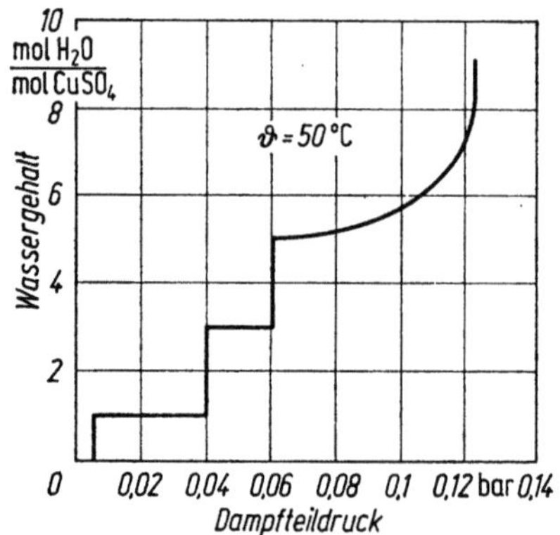

Bild 3.6. Dampfdruck der Kupfersulfathydrate bei $\vartheta = 50\,°\mathrm{C}$ (nach Riesenfeld [3.33]).

In der Trocknungstechnik ist die letztere Erscheinung vor allem bei der Auswahl von Absorbentien wichtig, an denen Luft auf sehr geringe Feuchtigkeitgehalte gebracht werden soll.[1]

---

[1] Zahlreiche weitere Angaben in Landolt-Börnstein [3.23].

Bild 3.7 enthält den Zusammenhang zwischen Dampfdruck und Wassergehalt für einige technisch wichtige Stoffe, Bild 3.8 für Schwefelsäure verschiedener Konzentration. Zur Orientierung für die überhaupt erzielbaren kleinsten Wasserdampfgehalte in Gasen mögen folgende Angaben nach D'Ans-Lax [3.5] dienen. Der Wasserdampfgehalt in mg je l Gas nach der Trocknung bei 25°C beträgt:

Trockenmittel	mg H_2O/l Gas
P_2O_5	$2 \cdot 10^{-5}$
$Mg(ClO_4)_2$	$5 \cdot 10^{-4}$
KOH (geschmolzen)	$2 \cdot 10^{-3}$
Al_2O_3	$3 \cdot 10^{-3}$
H_2SO_4	$3 \cdot 10^{-3}$
CaO	$2 \cdot 10^{-1}$
$CaCl_2$	$1,4 - 2,5 \cdot 10^{-1}$

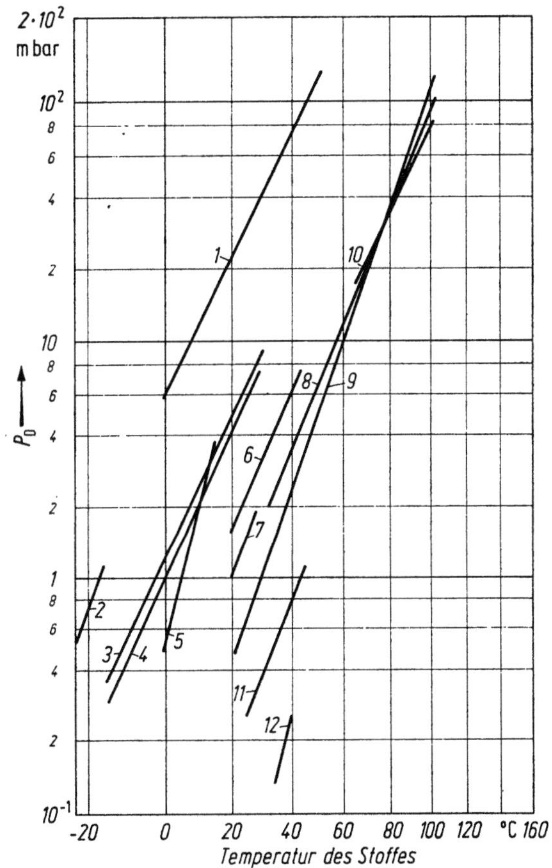

Bild 3.7. Wasserdampfdruck P_D über Absorbentien in Abhängigkeit von der Temperatur (nach [3.22]).
1 reines H_2O; 2 $LiCl \cdot 3H_2O \rightleftarrows LiCl \cdot 2H_2O$ + D(ampf); 3 $CaCl_2 \cdot 6H_2O \rightleftarrows CaCl_2 \cdot 4H_2O$ α + D; 4 $CaCl_2 \cdot 6H_2O \rightleftarrows CaCl_2 \cdot 4H_2O$ β + D; 5 $LiCl \cdot 2H_2O \rightleftarrows LiCl \cdot H_2O$ + D; 6 $CaCl_3 \cdot 4H_2O \rightleftarrows CaCl_2 \cdot 2H_2O$ α + D; 7 $KOH \cdot 2H_2O$; 8 $MgCl_2 \cdot 6H_2O \rightleftarrows MgCl_2 \cdot 4H_2O$ + D; 9 $LiCl \cdot H_2O \rightleftarrows LiCl + H_2O$; 10 $CaCl_2 \cdot 2H_2O \rightleftarrows CaCl_2 \cdot H_2O$ + D; 11 $NaOH \cdot H_2O \rightleftarrows NaOH + H_2O$; 12 $KOH \cdot H_2O \rightleftarrows KOH + H_2O$.

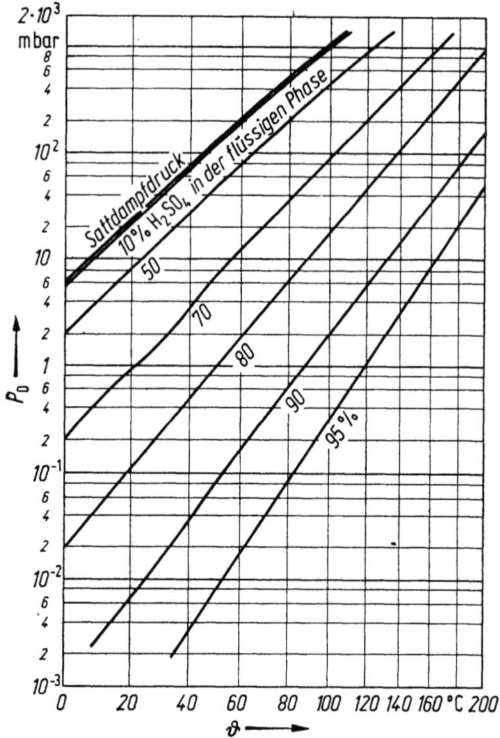

Bild 3.8. Wasserdampfdruck P_D über wässerigen Lösungen von Schwefelsäure H_2SO_2 (nach [3.5]).

3.1.6. Die Sorptionsisothermen von Trocknungsgütern

Alle eben genannten Arten der Bindung von Flüssigkeit an das Gut, die eine Dampfdrucksenkung bewirken, faßt man unter dem Sammelbegriff der Sorption zusammen. Güter, bei denen eine solche Bindung vorliegt, nennt man hygroskopisch — oder man spricht von einem hygroskopischen Bereich des Feuchtegehaltes als demjenigen, bei dem der Dampfdruck merklich vom Sattdampfdruck verschieden ist.[1]

Bei zahlreichen Gütern (Holz, Zellstoff, Papier, Nahrungsmittel, organisch-chemische Stoffe usw.) ist dieser Bereich für den Ablauf der Trocknung wichtig. Dabei ist es fast nie möglich, die Art der Bindung nach den eben angegebenen Arten streng zu unterscheiden. Die Sorptionsisothermen — d.h. die Kurven P_D/P_D'' in Abhängigkeit vom Flüssigkeitsgehalt bei konstanter Temperatur — werden experimentell festgestellt. Dabei beobachtet man einen verschiedenen Zusammenhang zwischen relativem Dampfdruck, d.h. relativer Luftfeuchte und Feuchtegehalt des Gutes, je nachdem man das Gleichgewicht beim Trocknen (Desorption) oder beim Befeuchten (Adsorption) feststellt. Der Unterschied äußert sich darin, daß man beim Trocknen des anfänglich nassen Gutes unter einem bestimmten

---

[1] Vgl. hierzu: Landolt-Börnstein Bd. IV, 4b mit zahlreichen weiteren Sorptionsisothermen [3.20, 3.23] sowie [3.15, 3.34, 3.42].

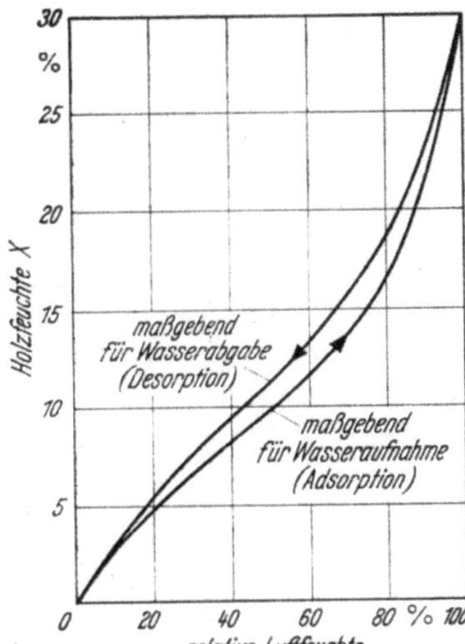

Bild 3.9. Feuchtegleichgewicht für Kiefern-spintholz bei rd. 10 °C nach Egner [3.6].

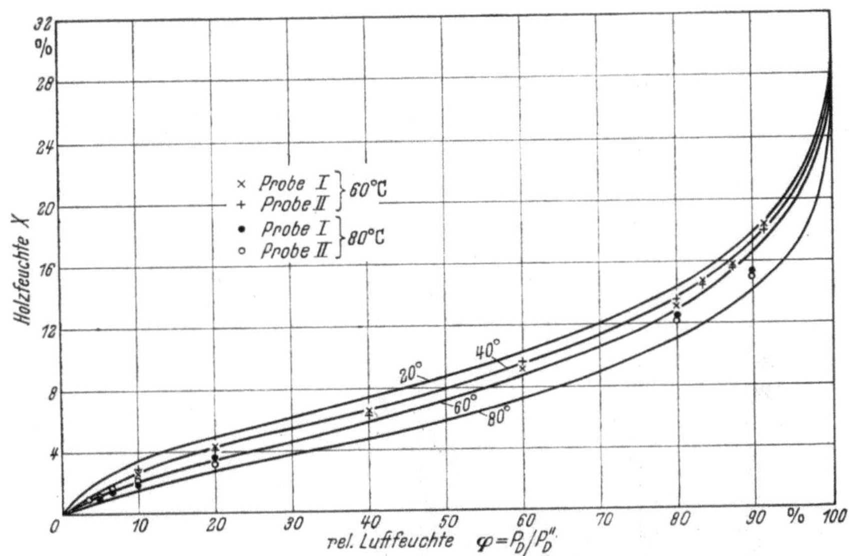

Bild 3.10. Gleichgewichtsfeuchtigkeit X des Holzes in Abhängigkeit von der relativen Luftfeuchtigkeit (nach Loughborough [3.27], Pidgeon und Maass [3.30]. Versuchspunkte nach Schauss [3.35].)

Dampfdruck einen höheren Flüssigkeitsgehalt im Gut feststellt als beim Befeuchten des anfänglich trockenen Gutes unter dem gleichen Dampfdruck.

Bild 3.9 zeigt die sogenannte „Hystereseschleife" bei Kiefernsplintholz. Die in den folgenden Bildern angeführten Sorptionsisothermen wurden durchweg bei der Desorption gewonnen.

Die Temperaturabhängigkeit wurde nur bei relativ wenigen Gütern gemessen. Für Holz geht sie aus Bild 3.10 für Kartoffel aus Bild 3.11 hervor. Bei organisch

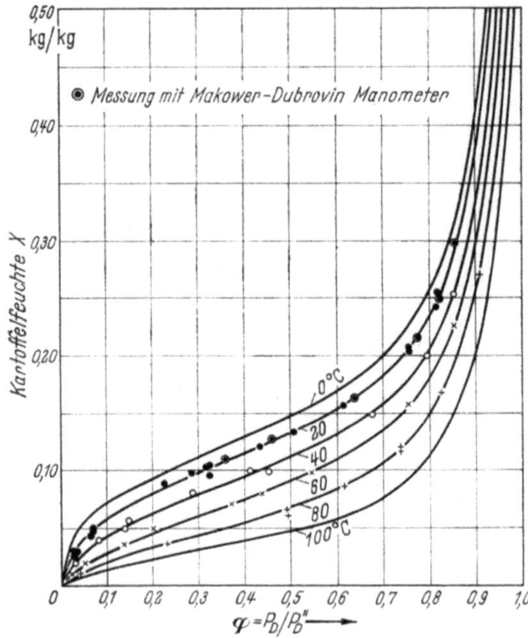

Bild 3.11. Sorptionsisothermen für Kartoffel nach
Görling [3.14].

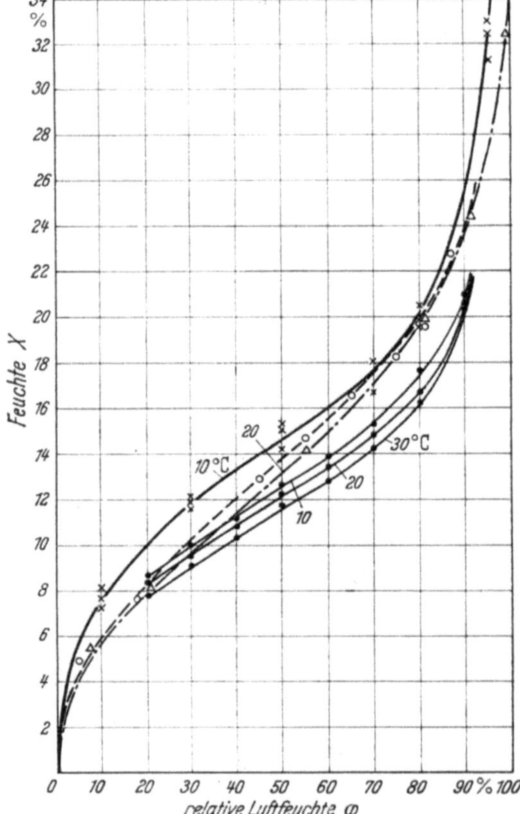

Bild 3.12. Sorptionsisothermen von Getreide, Meß-
werte: × Weizen nach R.
Gane [3.12], ○ Roggen nach
Hoffmann [3.16], △ Wal-
thari-Winterweizen nach H.
Schneider, Institut für Le-
bensmitteltechnologie und
-verpackung, · Weizen nach
nach H. Bungartz [3.4]

gewachsenen Gütern zum mindesten wird man, solange keine genaueren Angaben
möglich sind, ähnliche Abhängigkeiten annehmen müssen.

Um eine Vorstellung von der Größenordnung der Temperaturabhängigkeit
zu geben, kann man in 1. Näherung einen linearen Ansatz für die Änderung der

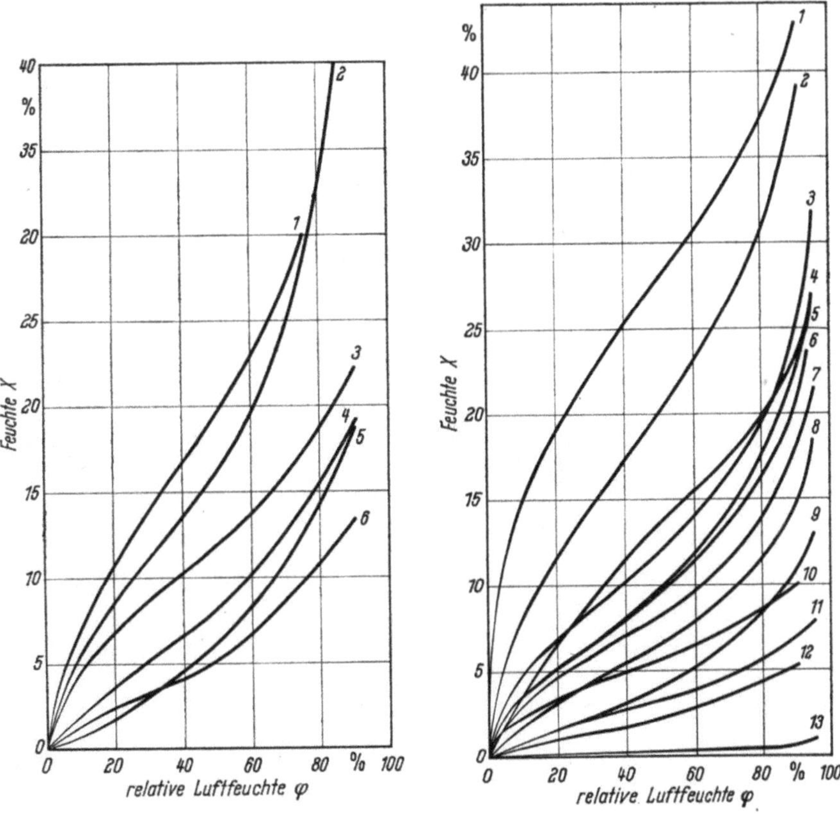

Bild 3.13. Sorptionsisothermen für Teigwaren und Tabak.
1 Tabakblätter; *2* Tabak; *3* Makkaroni; *4* Mehl; *5* Brot; *6* Zwieback; (*1* nach W. L. Badger
und W. L. McCabe [3.1]; *2* nach Johansson u. Persson [3.17]; *3—6* nach D. C. Lindsay [3.26].

Bild 3.14. Sorptionsisothermen für Spinnstoffe.
1 Berylliumalginat-Kunstseide (25 °C); *2* Calciumalginat-Kunstseide (25 °C); *3* Nitratkunst-
seide (25 °C), Kupferkunstseide (24 C), Viskosekunstseide (25 °C), Wollstoff (Kammgarn)
(25 °C); *4* Kaseinfaser (20 °C), Schafwolle (35,6 °C); *5* Jute; *6* Baumwolle, merzerisiert (20 °C),
Naturseide; *7* Flachs (30 °C), Hanf; *8* Baumwolle, gebäucht (20 °C); *9* Acetatkunstseide
(25 °C); *10* Leinen; *11* Perlonkunstseide (25 °C), Nylon-Kunstseide (25 °C); *12* Zellulose-Acetat-
Seide; *13* Pe-Ce-Kunstseide (20 °C). (*1, 2, 3* Nitrat-KS, Kupfer-KS, Viskose-KS; *4, 5, 6*
Baumwolle; *7* Flachs; *8, 9, 11, 13* nach Landolt-Börnstein [3.22]; *3* Wollstoff; *7* Nitrozellulose
nach W. L. Badger und W. L. McCabe [3.1]; *6* Naturseide; *7* Hanf; *12* nach Johansson u.
Persson [3.17].

Gutsfeuchte mit der Temperatur bei konstanter relativer Luftfeuchte machen:

$$-\frac{\Delta X}{X} = A\,\Delta\vartheta.$$

Der Proportionalitätsfaktor A liegt z.B. für Naturfaser, Kunstseide, Holz und Kartoffeln in der Größenordnung von $5\cdot 10^{-3}$ bis $10\cdot 10^{-3}$ 1/K für relative Luftfeuchten von etwa 10% bis 90%. Dabei gelten die kleinen A-Werte für hohe und die größeren A-Werte für niedrige Luftfeuchten. Bei organischen Stoffen wird der

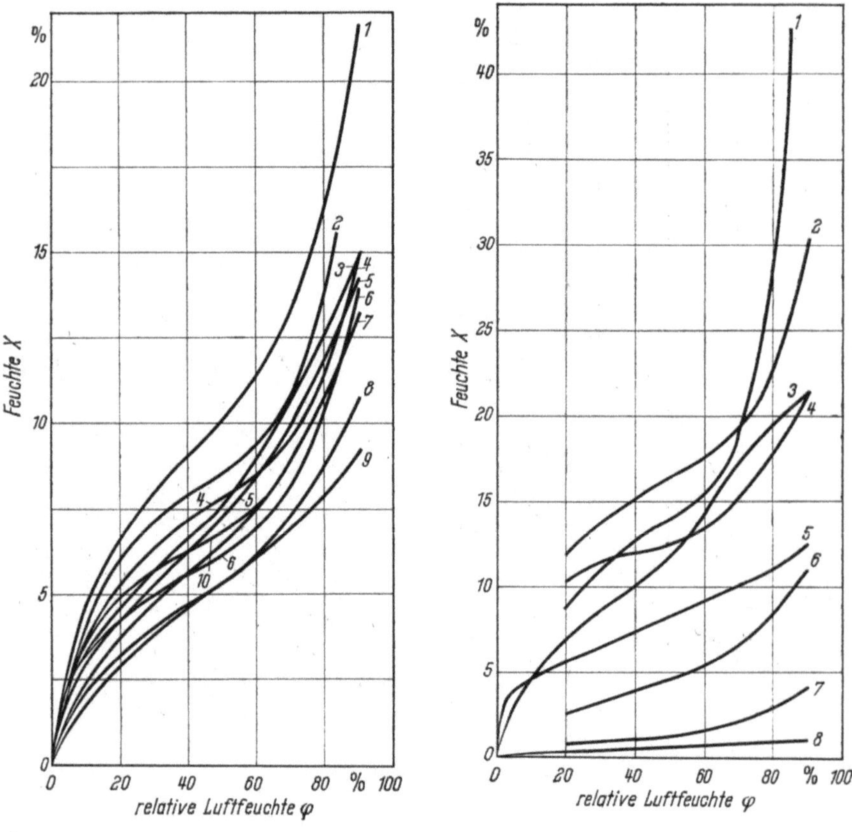

Bild 3.15.   Bild 3.16.

Bild 3.15. Sorptionsisothermen für Papier und Sägespäne.
1 Sägespäne; *2* Manilapapier; *3* Kraftpackpapier; *4* Cellulosepapier und Druckpapier aus Sulfitzellstoff; *5* Schreibpapier, Pergamin; *6* Buchdruckpapier; *7* Schreibpapier (Feinpapier, weiß); *8* Zeitungsdruckpapier, Filterpapier; *9* Braunholzpapier, Offsetdruckpapier; *10* Bristolkarton. *1, 8* Filterpapier nach Johansson und Persson [3.17]; *2−8* Zeitungsdruckpapier; *9, 10* nach Landolt-Börnstein [3.22].

Bild 3.16. Sorptionsisothermen für Leder, Gummi, Katgut, Federn.
1 Schafleder; *2* Sohlenleder [Leather (sole oak tanned)]; *3* Katgut; *4* Goldschlägerleder (Gold beater skin); *5* Federn; *6* Latex (Latex dipped cord); *7* Gummi (reclaimed rubber); *8* Gummi (*1, 2, 4, 6, 7* nach D. C. Lindsay [3.26]; *3, 5, 8* nach Johansson u. Persson [3.17].

Verlauf der Sorptionsisothermen und die Höhe ihrer Temperaturabhängigkeit durch Quellung und teilweise Löslichkeit mit steigender Temperatur bestimmt.

Die Bilder 3.12 bis 3.26 geben eine Zusammenstellung von Sorptionsisothermen, die an häufig vorkommenden organischen und anorganischen Stoffen gemessen wurden. Sie können sicher teilweise zum unmittelbaren Gebrauch des projektierenden Ingenieurs dienen, meist aber zur Abschätzung bei nur näherungsweise bekannten Stoffen benutzt werden. Die meisten dieser Kurven sind S-förmig derart,

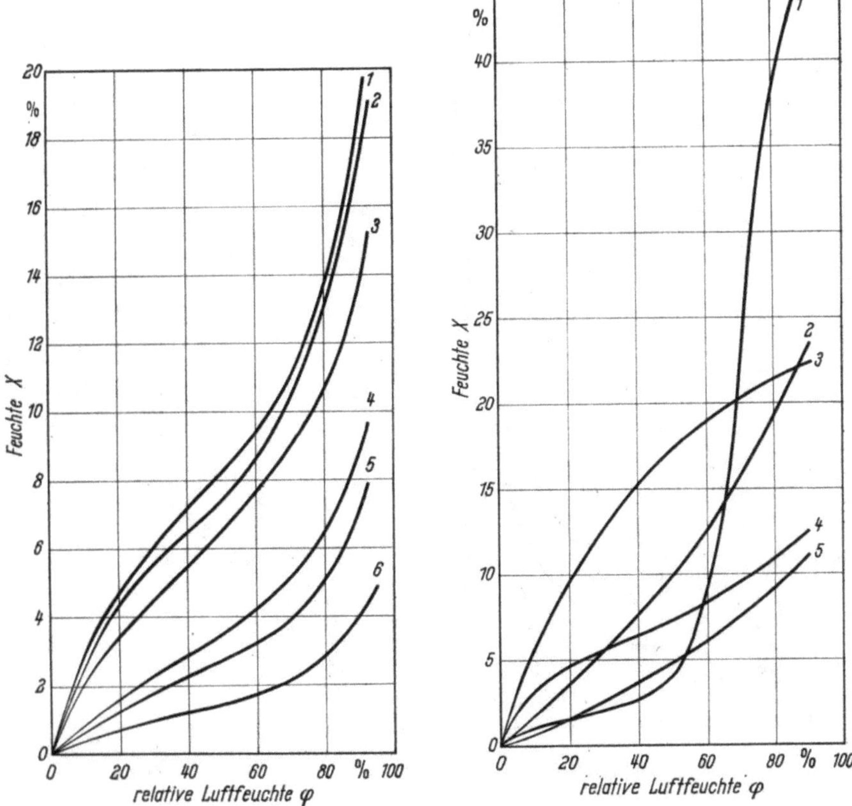

Bild 3.17.   Bild 3.18.

Bild 3.17. Sorptionsisothermen für Elektroisolierstoffe nach D. C. Lindsay [3.26].
1 Seide; *2* Manila-Papier; *3* Preßspan, Leatheroid-Papier, Tauenpapier (Red rope paper); *4* Tauenpapier, lackiert (Red rope paper [varnished]); *5* Ölstoff; *6* Asbest-Papier.

Bild 3.18. Sorptionsisothermen für Bindemittel, Adsorptionsmittel, Seifen nach Johansson u. Persson [3.17].
1 Aktive Kohle (Novitkol) 400 kg/m³; *2* Seife; *3* Silikagel (anorganisch); *4* Leim, Stärke; *5* Gelatine.

daß der untere Ast konvex nach oben, der obere konkav nach oben gekrümmt ist. Den unteren Ast deutet man als monomolekulare Adsorption nach Langmuir, den oberen meist als kapillare Kondensation. Neuere Arbeiten von Brunauer erklären ein Übergangsgebiet als mehrschichtige (multimolekulare) Adsorption nach Gl. (3.5) [3.3, 3.39].

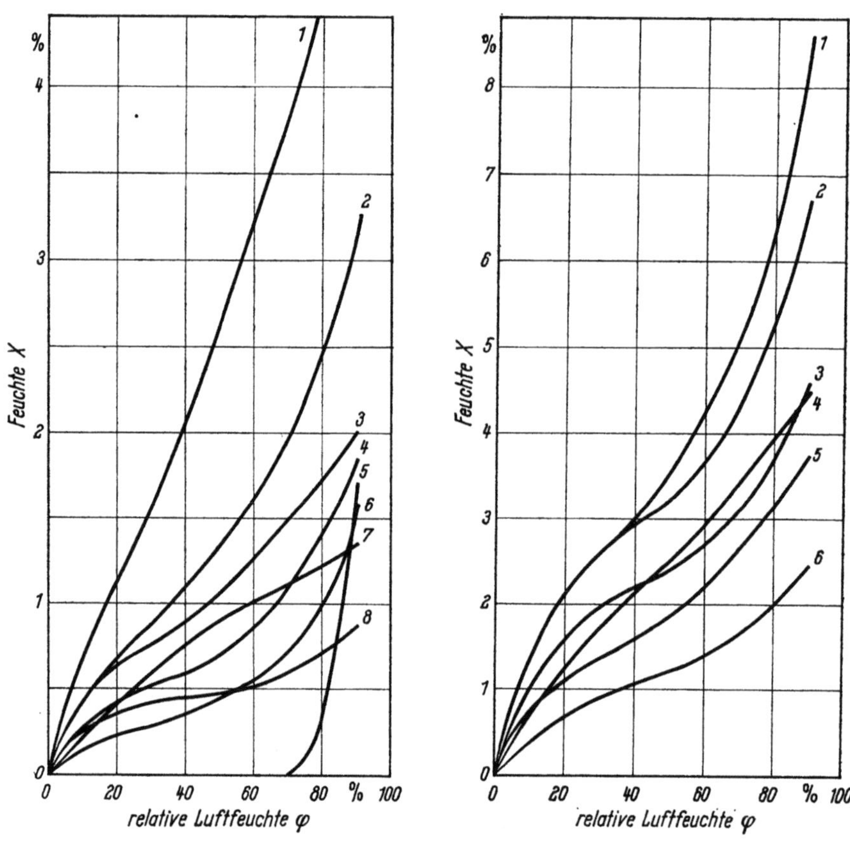

Bild 3.19.   Bild 3.20.

Bild 3.19. Sorptionsisothermen für Baustoffe, Erden, Asbest.
1 Zementmörtel 2040 kg/m³; 2 Kieselgur; 3 Beton 2300 kg/m³; 4 Kalkmörtel 1800 kg/m³; 5 Gips 1340 kg/m³; 6 Kalkputz 1600 kg/m³; 7 Kaolin; 8 Asbest. (1, 4 nach O. Krischer, W. Wissmann u. W. Kast [3.21]; 2, 3, 5—8 nach Johansson u. Persson [3.17]).

Bild 3.20. Sorptionsisothermen für Leichtbeton bei 50 °C nach O. Krischer, W. Wissmann u. W. Kast [3.21].
1 Sinterbimsbeton 1470 kg/m³; 2 Ytong, Siporex 520 kg/m³; 3 Siporex 760 kg/m³; 4 Hüttenbimsbeton 1580 kg/m³; 5 Schlackenbeton 1140 kg/m³; 6 Trümmersplittbeton 1510 kg/m³.

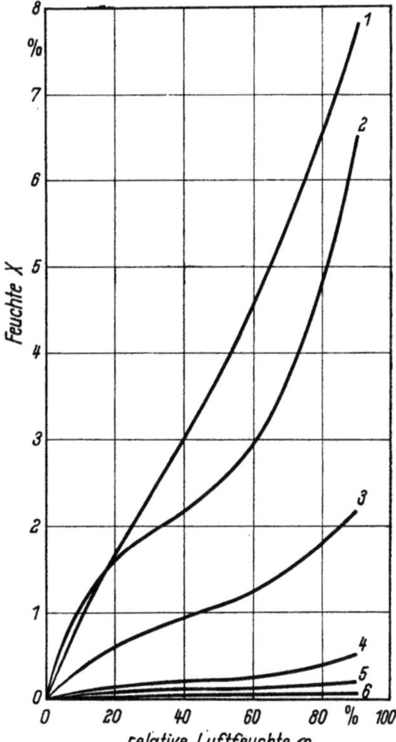

Bild 3.21. Sorptionsisothermen für Ziegel und Kalksandstein bei 50°C nach O. Krischer, W. Wissmann u. W. Kast [3.21]. *1* Kalksandleichtstein 1 630 kg/m³; *2* Kalksandleichtstein 900 kg/m³; *3* Kalksand-Flugasche-Stein 1 740 kg/m³; *4* Dachziegel 1 880 kg/m³; *5* Mauerziegel 1 530 kg/m³; *6* Klinker 2 050 kg/m³

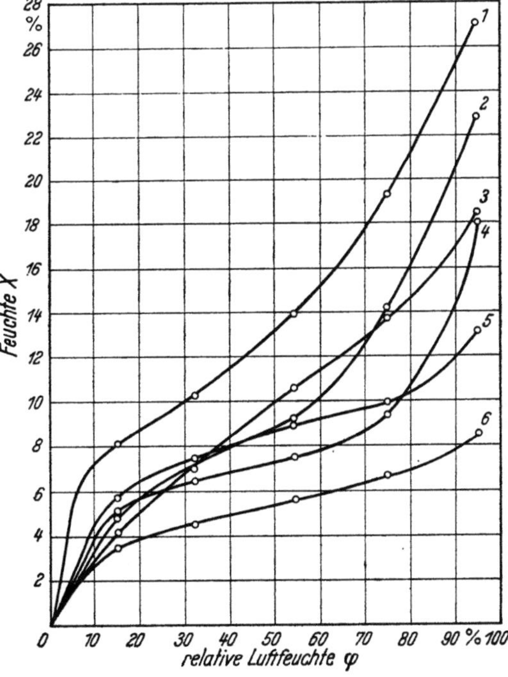

Bild 3.22. Sorptionsisothermen für poröse Platten (ausgenommen Holzfaserplatten) nach Johansson u. Persson [3.17]. *1* Seegrasmatte 120 kg/m³; *2* Dyhonit (zementgebundene Holzwolleplatte) 360 kg/m³; *3* Stramit (Strohplatte), 250 kg/m³; *4* Träullit (zementgebundene Holzwolleplatte) 290 kg/m³; *5* Holzwolleplatte ABT (zementgebundene) 300 kg/m³; *6* Serponit (zementgebundene Holzwolleplatte) 310 kg/m³.

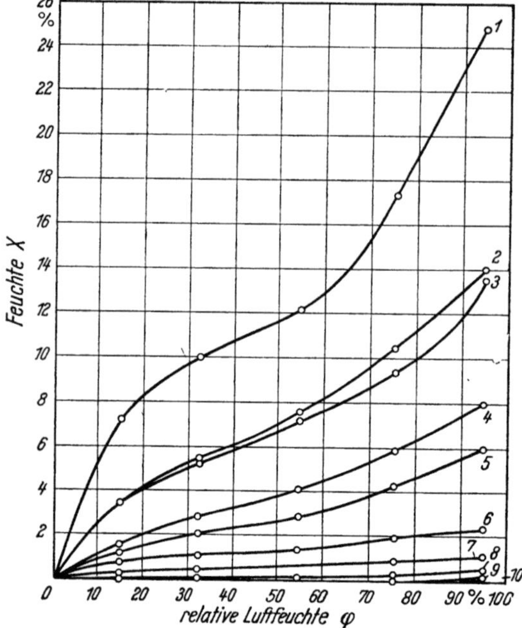

Bild 3.23. Sorptionsisothermen für hochporöse Stoffe nach Johansson u. Persson [3.17].
1 Kraftolit (zusammengeknülltes, imprägniertes Kraftpapier) 125 kg/m³; *2* Kramforsplat 60 kg/m³; *3* Wellit 40 kg/m³; *4* Isoflex (durchsichtig) 12 kg/m³; *5* Isoflex (Al) 12 kg/m³; *6* Kork 95 kg/m³; *7* Glasullit (Glaswolle); *8* Glaswollplatte 120 kg/m³; *9* Steinwolle; *10* Schlackenwolle.

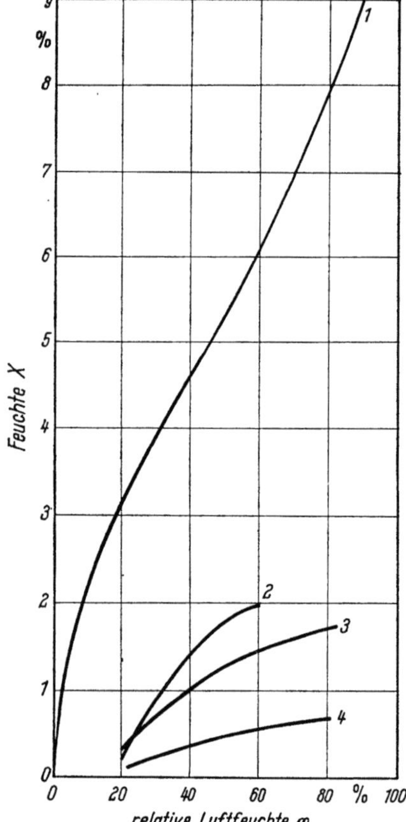

Bild 3.24. Sorptionsisothermen für Kohle.
1 Holzkohle 0,7 mm, 222 kg/m³; *2* Großkoks; *3* Hüttenkoks; *4* Gießereikoks.
(*1* nach Johansson u. Persson [3.16]; *2—4* nach D. C. Lindsay [3.26]).

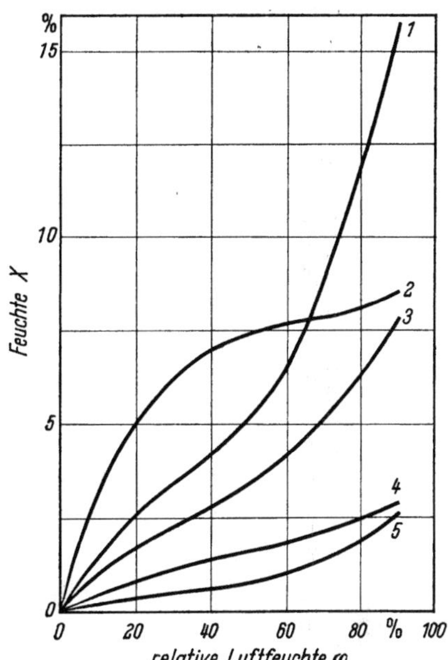

Bild 3.25. Sorptionsisothermenfür Kunststoffe[1] und Ruß.
1 Polyvinylalkohol-Pulver (25 °C); *2* Ruß (25 °C); *3* 6-Polyamid (20 °C); *4* Polyacrylnitril-Pulver (50 °C); *5* Mischpolymerisat-Pulver (85 % Polyvinylchlorid — 14 % Polyvinylacetat — 1 % Maleinsäure) (50 °C).

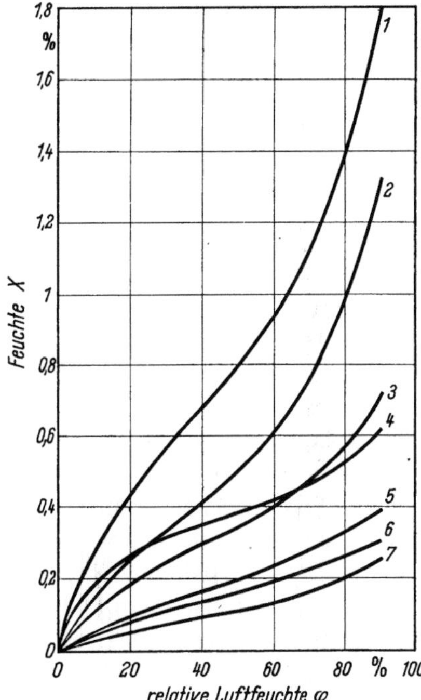

Bild 3.26. Sorptionsisothermen für Kunststoffe[1].
1 Polystyrol im Block polymerisiert (40 °C); *2* Polyvinylchlorid-Pulver (50 °C); *3* Mischpolymerisat-Pulver (85 % Polyvinylchlorid — 15 % Polyvinylacetat) (50 °C); *4* Polyäthylen-Pulver (25 °C); *5* Polytrifluorchloräthylen-Pulver (50 °C); *6* Polyäthylen-Granulat mit Ruß (25 °C); *7* Polyäthylen-Granulat (25 °C).

---

[1] Die in den Bildern 3.25 und 3.26 mitgeteilten Kurven stammen teils aus eigenen Untersuchungen, die im Auftrag der Farbwerke Hoechst AG. durchgeführt wurden; ein anderer Teil wurde mir freundlicherweise von der Badischen Anilin- und Soda-Fabrik AG (BASF) zur Verfügung gestellt.

3.1.7. Die Darstellung des Gleichgewichtszustands im *h-x*-Diagramm

Der durch die Sorptionsisothermen gegebene Zusammenhang zwischen relativer Luftfeuchte und Feuchtegehalt des Gutes läßt sich im *h-x*-Diagramm für feuchte Luft eintragen. Es ergeben sich für eine bestimmte Gutsfeuchte $X = $ const Kurven, bei denen die relative Luftfeuchte φ mit der Temperatur zunimmt (Bild 3.27). Nur

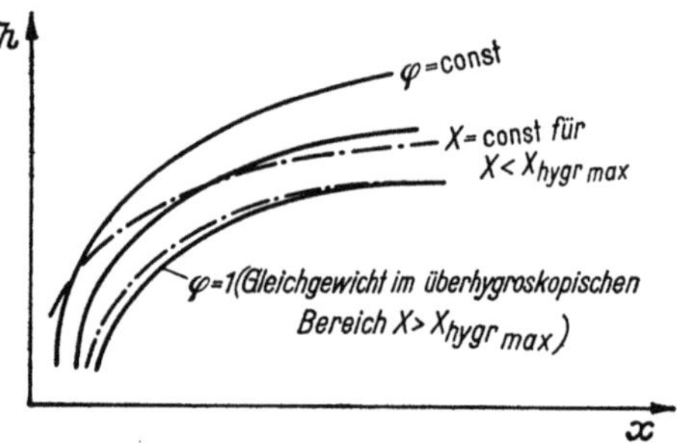

Bild 3.27. Kurven gleicher Gutsfeuchtigkeit $X = $ const im $h-x$-Diagramm.

die oberhalb solcher Kurven liegenden Luftzustände kommen überhaupt in Frage, wenn man eine Trocknung durch das Trockenmittel erreichen will [3.31, 3.38]. Alle Versuche, weitere Schlüsse über die Zustandsänderungen im Trockenmittel beim Vorbeistreichen an hygroskopischen Gütern zu ziehen, sind abwegig, weil beim Trocknen kein Gleichgewicht zwischen Gut und Trockenmittel herrscht. Dann aber ist die Feuchte der Gutsoberfläche stets anders als die mittlere Feuchte des Gutes.

3.2. Die Bindungswärme der sorbierten Flüssigkeit

Mit jeder Art der Bindung ist wegen der damit verknüpften Verminderung der molekularen Bewegungsmöglichkeiten ein Energieverlust der gebundenen Flüssigkeit verknüpft, der sich bei der Bindung in Form von Wärme bemerkbar macht — bei Salz- oder sonstigen Lösungen als Lösungswärme[1], bei Absorption in Kristallen als Hydratationswärme[2], bei der adsorptiven oder kapillaren Bindung als Benetzungswärme. Von Sorptionswärme spricht man, wenn die gebundenen Moleküle aus dem gas- oder dampfförmigen Zustand gebunden werden.

Wird beim Trocknungsvorgang Flüssigkeit aus dem Gut verdampft, so ist zusätzlich zur Verdampfungswärme h_V noch die Bindungswärme h_B zuzuführen. Dies kommt jedoch nur für denjenigen Bereich der Feuchtigkeit in Frage, in dem das Gut hygroskopisches Verhalten zeigt; bei höheren Feuchtigkeiten ist die Bindungswärme vernachlässigbar klein [3.38, 3.29, 3.32, 3.41].

Die mittlere Benetzungswärme von Böden wird für ein kg hygroskopisch gebundenen Wassers zwischen 200 und 370 kJ/kg gefunden; dabei zählt als hygroskopisches Wasser der Wassergehalt des Bodens über 10 %iger Schwefelsäure,

---

[1] Präziser als die alte Bezeichnung Lösungs-, Hydratations- usw. -*Wärme* ist die heute häufig gebrauchte Bezeichnung Lösungs- usw. -*Enthalpie*.

[2] Zahlreiches Zahlenmaterial über Hydratations- nnd Lösungswärme ist in den einschlägigen Handbüchern D'Ans-Lax [3.5], Landolt-Börnstein[3.22] zu finden.

d.h. gemäß Bild 3.8 für einen relativen Dampfdruck von 96% des Sattdampf-druckes. Oberhalb dieses hygroskopischen Wassergehaltes wird keine Benetzungs-wärme gefunden. Die *mittlere* Benetzungswärme für das sorbierte Wasser stellt einen Mittelwert dar, der einer Integration der differentiellen Benetzungswärmen von $X = 0$ bis X entspricht. Die differentiellen Benetzungswärmen — d.h. die bei Zugabe einer beliebig kleinen Wassermenge zum jeweiligen Feuchtegehalt gemessenen Wärmemenge (bezogen auf 1 kg Wasser) — liegen zwischen einem Höchst-wert h_{Bmax} und Null. Durch die Bindung wird die spezifische Wärme der gebun-denen Flüssigkeit beeinflußt.

Im allgemeinen spielen die Bindungswärmen in der Bilanz von Trocknern keine Rolle. Sie könnten wichtig werden, wenn Güter von geringem Anfangsflüssigkeits-gehalt — im hygroskopischen Bereich — auf sehr kleinen Restgehalt an Flüssigkeit getrocknet werden müssen.

Bezieht man die Bindungswärmen auf 1 kg des trockenen Stoffs, so ergeben sich folgende Werte: Natürliche Baumwolle 40 bis 45, Holzzellulose 50 bis 59, künst-liche Fasern 92 bis 100 kJ/kg Trockenstoff.

Sind die Sorptionsisothermen für verschiedene Temperaturen bekannt, so kann man aus diesen die Bindungsenthalpien h_B oder die Sorptionsenthalpien $(h_V + h_B)$ in Abhängigkeit vom Feuchtegehalt des Gutes bestimmen.

Die Dampfdrucksenkung im hygroskopischen Bereich kommt nach Gl. (3.2) durch die Wirksamkeit von Zugspannungen in der Flüssigkeit zustande. Man kann also jeder Dampfdrucksenkung einen bestimmten Zug (P_W negativ) in der sorbier-ten Flüssigkeit zuordnen. Gl. (3.2) kann dann auch geschrieben werden

$$\ln \frac{P_D}{P_D''} = -\frac{P_W v_W}{R_D T}.$$

Aus der Differentiation dieser Gleichung nach der Temperatur (für den Fall, daß $P_W v_W$ temperaturunabhängig, d.h. der Flüssigkeitsgehalt X konstant ist) folgt

$$\left[\frac{d\left(\ln \frac{P_D}{P_D''}\right)}{d\left(\frac{1}{T}\right)}\right]_{X=\text{const}} = -\frac{P_W v_W}{R_D} = -\frac{h_B}{R_D}. \tag{3.6}$$

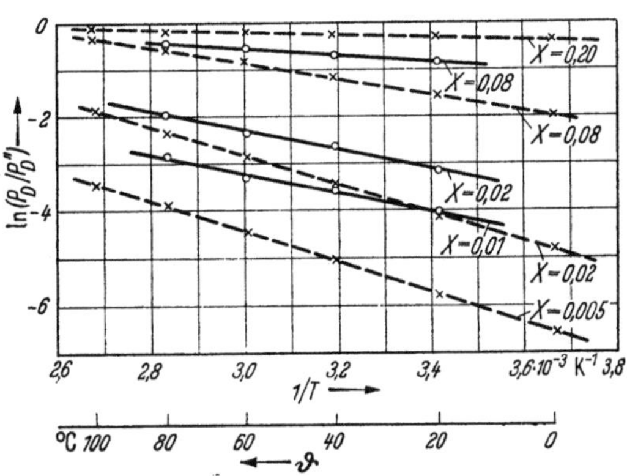

Bild 3.28. Zur Bestimmung der Bindungswärme aus den Sorp-tionsisothermen.
——— Holz; ----- Kartoffeln; × nach den Sorptionsisothermen (Bild 3.10 u. 3.11) berechnete Werte.

Die Größe $P_\mathrm{W} v_\mathrm{W}$ stellt die Bindungsenergie h_B (kJ/kg) der Flüssigkeit dar. Man gewinnt sie also aus den Sorptionsisothermen, indem man die natürlichen Logarithmen von $P_\mathrm{D}/P_\mathrm{D}''$ (Abszissen der Sorptionsisothermen) für konstantes X (Ordinate der Sorptionsisothermen) über dem Kehrwert der absoluten Temperatur aufträgt und diese Kurven differenziert.

In Bild 3.28 ist die Auftragung von $\ln P_\mathrm{D}/P_\mathrm{D}''$ über $1/T$ für Holz gemäß den Sorptionsisothermen aus Bild 3.10 und für Kartoffel gemäß den Sorptionsisothermen von Görling Bild 3.11 erfolgt. Bild 3.29 gibt die Bindungswärmen h_B für Holz und Kartoffel wieder.

Will man aus diesen Bindungswärmen die Sorptionswärmen bestimmen, so hat man zu h_B die Verdampfungswärme des Sattdampfes zu addieren[1].

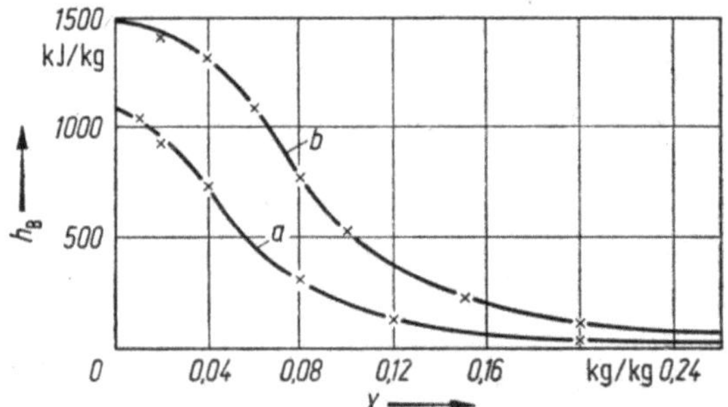

Bild 3.29. Bindungswärmen h_B für Holz und Kartoffeln. *a* Holz; *b* Kartoffel; × nach den Sorptionsisothermen (Bild 3.10 u. 3.11).

Für Stoffe, in denen keine Hydrations-, Umwandlungs- oder Lösungswärmen bei der Adsorption zusätzlich frei werden, d. h. für alle anorganischen Güter, kann die Bindungswärme direkt aus Gl. (3.2) bestimmt werden [3.32].

$$h_\mathrm{B} = -R_\mathrm{D} T \ln \varphi(X). \tag{3.7}$$

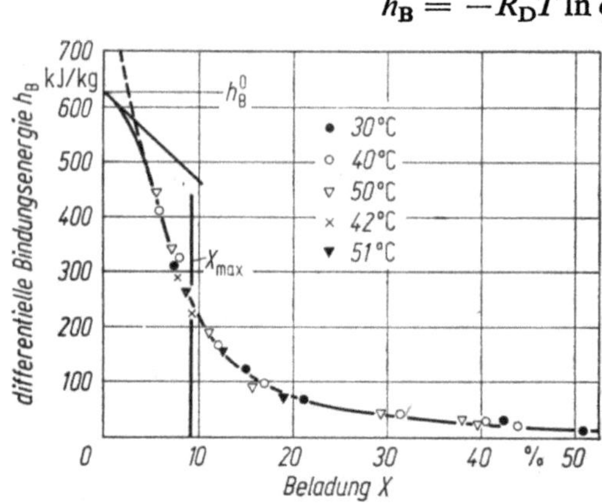

Bild 3.30. Bindungsenergie für Aktivtonerde/Wasser.

---

[1] Gl. (3.6) kann auch geschrieben werden

$$\left[\frac{\partial (\ln P_\mathrm{D})}{\partial \left(\dfrac{1}{T}\right)}\right]_{X=\mathrm{const}} = \frac{\mathrm{d}\,(\ln P_\mathrm{D}'')}{\mathrm{d}\left(\dfrac{1}{T}\right)} - \frac{P_\mathrm{W} v_\mathrm{W}}{R_\mathrm{D}} = -\frac{h_\mathrm{V} + h_\mathrm{B}}{R_\mathrm{D}}.$$

Der erste Ausdruck auf der rechten Seite ist nach der Clausius-Clapeyronschen Gleichung gleich $-h_\mathrm{V}/R_\mathrm{D}$, so daß die Summe auf der rechten Seite den Quotienten der gesamten Sorptionswärme durch die Gaskonstante der gebundenen Flüssigkeit (isosterisch bestimmt) darstellt.

Wenn h_B selbst nicht von der Temperatur abhängt, ist durch diese Beziehung auch die Temperaturabhängigkeit der Sorptionsisothermen gegeben. Trägt man die Bindungswärme h_B nach Gl. (3.7) über der zur rel. Feuchte φ gehörigen Beladung X auf, so fallen alle Werte der Sorptionsisothermen bei verschiedenen Temperaturen auf einen Kurvenzug, wie dies Bild 3.30 für Aktivtonerde zeigt [3.19].

Bei niedrigen Feuchten unterhalb X_{max} gilt Gl. (3.7) nicht mehr ($\varphi \rightarrow 0: h_B \rightarrow \infty$, da die adsorbierten Moleküle nicht mehr gleichmäßig die Oberfläche bedecken, sondern an bevorzugten Zentren angelagert werden. Aus der Gl. (3.4) für die Langmuir-Isotherme folgt in diesem Bereich $X < X_{max}$ [3.19]

$$h_B = R_D T \ln [c X_{max}(1 - X/X_{max})]. \tag{3.8}$$

Den typischen Verlauf der Bindungsenergie nach den Gln. (3.7) und (3.8) zeigt Bild 3.31.

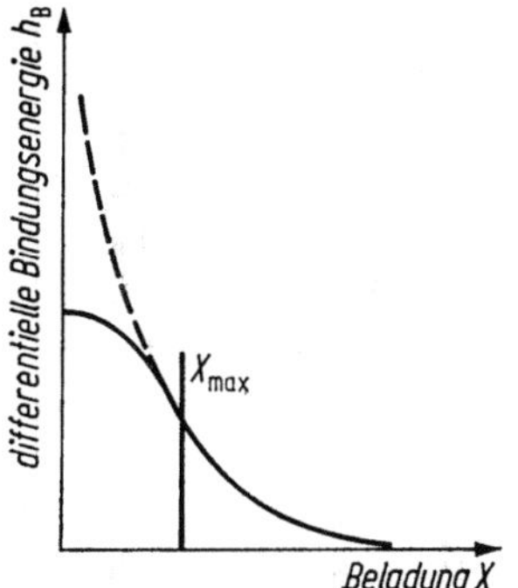

Bild 3.31. Abhängigkeit der Bindungsenergie von der Beladung.

Die Höhe der Bindungsenergie kann als ein Maß für die Beweglichkeit der adsorbierten Moleküle an der Oberfläche angesehen werden und erlaubt damit Rückschlüsse auf die Transportmöglichkeiten für die Feuchte innerhalb der feuchten Güter im hygroskopischen Feuchtebereich [3.18] (s. Abschn. 6.2.3.).

4. Die Grundlagen der Wärmeübertragung

Wenn hier die Grundzüge der Lehre von der Wärmeübertragung behandelt werden müssen, so geschieht dies in der Absicht, diejenigen Gesichtspunkte herauszustellen, die in der Trocknungstechnik von besonderem Nutzen erscheinen. Diese Gesichtspunkte sind etwas anderer Art als in den meisten Zweigen des Maschinenbaus. Einerseits nämlich sind die Formen der Trocknungsgüter sehr vielfältig, oft nicht durch geometrische Angaben zu beschreiben, im Gegensatz zu den Formen der Körpern, die meist bei technischen Wärmeaustauschern benutzt werden (Rohre, ebene Platten, Füllkörper von definierter Form). Andererseits kommt bei Trocknern häufig die in technischen Austauschern im allgemeinen nicht übliche Art der Wärmeübertragung durch kurzfristigen Kontakt zwischen Heizfläche und Gut vor, deren Gesetzmäßigkeiten im allgemeinen wenig Beachtung geschenkt wird. Bei allen Fragen, die sich mit dem Ablauf der Trocknung und den erzielbaren Trockenzeiten beschäftigen, ist die Übertragung der zur Verdampfung nötigen Wärme von dem Heizmittel zu dem Ort der Verdampfung von entscheidender Wichtigkeit. Dabei spielen bei vielen Problemen der Praxis alle drei Formen der Wärmeübertragung durch *Strahlungsaustausch,* durch *Wärmeleitung* und durch *Wärmemitführung* hinein.

Die Eigenart jeder dieser Formen ist durch den physikalischen Mechanismus bedingt, der die Übertragung bewirkt.

Strahlung ist eine eigene Energieform, deren Übertragung durch elektromagnetische Wellen erfolgt, die fast alle Körper auszusenden und aufzufangen in der Lage sind. Energieübertragung durch Strahlung ist in der Trocknungstechnik immer dann zu beachten, wenn sich Stoffe verschiedener Temperatur — durch Luft, die alle Strahlen durchläßt, getrennt — gegenüberstehen.

Unter *Wärmeleitung* im strengen Sinn versteht man die an materielle Träger gebundene Energieübertragung, wobei das Wesentliche ist daß die Energie austauschenden Teilchen entweder um eine Ruhelage schwingen (molekulare Wärmeleitung in festen Körpern) oder nur nach allen Richtungen gleichmäßig verteilte Eigenbewegungen vollführen. Diese Art des Energietransportes tritt rein nur bei homogenen Stoffen (Elektronenleitung in Metallen oder molekulare Leitung in dichten Gesteinen oder in *ruhenden* Flüssigkeiten und Gasen) auf. In porigen Stoffen, die meistens als Objekte der Trocknungstechnik vorliegen, ist zu bedenken, daß in den Luftporen stets ein Strahlungsaustausch stattfindet. Die für solche Stoffe angegebene Wärmeleitfähigkeit ist eine Größe, in der sich auch Strahlungseinflüsse auswirken. Sind die Stoffe feucht, so daß sie Feststoffe, Flüssigkeit und in den Poren ein Dampf-Luftgemisch enthalten, so tritt noch ein Energietransport durch den im Sinn des Temperaturgefälles diffundierenden Dampf hinzu. Die als Leitfähigkeit eines solchen Stoffes eingeführte Größe enthält also Einflüsse von Wärmeleitung. Wärmestrahlung und Energiemitführung durch den bewegten Dampf.

Unter *Wärmemitführung* (konvektive Wärmeübertragung) versteht man den Transport von Energie dadurch, daß eine energietragende Masse von einem Ort zum anderen im ganzen (molar) bewegt wird. So wird z. B., wenn man 1 kg Wasser von 20 °C an einen anderen Ort bringt, damit eine Energie von 83,7 kJ bewegt. Diese Erscheinung tritt nur bei bewegten Stoffen auf und ist mitbestimmend für den Wärmeaustausch zwischen bewegten Gasen oder Flüssigkeiten mit festen Körpern, an denen sie vorbeistreichen. Da aber bei der wirklichen Strömung eines Gases oder einer Flüssigkeit entlang der Oberfläche eines ruhenden Körpers stets die unmittelbar mit dem ruhenden Körper in Berührung kommende Schicht (die Grenze zwischen Körper und Flüssigkeit) ebenfalls wie ruhend angesehen werden muß, sind in dieser ruhenden Schicht die Wärmeleitvorgänge allein maßgeblich. Daher sind die Vorgänge bei der Wärmeübertragung in bewegten Medien nur als ein Zusammenwirken von Wärmeleitung und Konvektion verständlich. Man spricht in solchem Fall meist von *Wärmeübergang* von der Oberfläche des Körpers an das bewegte Medium oder umgekehrt.

Die Reihenfolge der Beschreibung ist aus der Überlegung entstanden, daß das von den Erscheinungen der Wärmeleitung und Wärmemitführung völlig getrennte Phänomen der Wärmestrahlung sowohl beim Wärmeaustausch in den für die Trocknungstechnik besonders wichtigen porigen Stoffen stets mitwirkt und die als „Wärmeleitfähigkeit" eines porigen Stoffes bezeichnete Austauschgröße unter Umständen entscheidend beeinflußt, als auch bei den meisten Fragen des „Wärmeübergangs" von Einfluß ist. Daher ist die Behandlung der Wärmestrahlung an den Anfang gestellt.

4.1. Wärmestrahlung

Von dem außerordentlich großen Gebiet der Strahlung elektromagnetischer Wellen sollen hier nur diejenigen Teile zusammengestellt werden, die in der Trocknungstechnik unmittelbar gebraucht werden. Noch vor zehn Jahren wäre man dabei mit der Erinnerung an diejenigen Gesetzmäßigkeiten ausgekommen, die jeder Ingenieur bei seiner Ausbildung mitbekommt, d. h. mit den rein quantitativen Angaben des Stefan-Boltzmannschen Gesetzes über die Energieaussendung und Energieabsorption der sogenannten Temperaturstrahler — der „grauen oder schwarzen Strahler" —, deren Strahlung eindeutig von der Temperatur abhängt. Auch heute noch sind sehr viele in der Trocknungstechnik vorkommenden Strahlungsprobleme derart, daß man mit einer sinnvollen Anwendung dieser Gesetzmäßigkeiten auskommt, z. B. bei allen Strahlungsfragen im Bereich niedriger Temperaturen (kleiner als etwa 500 bis 600 °C) des Strahlers, also beim Strahlungsaustausch des Trocknungsgutes mit beheizten oder unbeheizten Wandungen, beim Strahlungsaustausch in den Poren des Trocknungsgutes usw. Bei allen diesen Vorgängen kann man den technischen Stoffen mit hinreichender Genauigkeit diejenigen Eigenschaften zusprechen, die bei der Herleitung der Strahlungsgesetze für *Temperaturstrahler* zugrunde gelegt wurden: Allgemeine Gesetzmäßigkeiten über die Verteilung der Intensität mit der Wellenlänge (Plancksches Gesetz), Richtungsverteilung der Intensität bei diffuser Strahlung (Lambertsches Cosinusgesetz), Gleichheit von Emissions- und Absorptionsverhältnis (Kirchhoffsches Gesetz).

Alle Körper zeigen jedoch gegenüber Strahlung verschiedener Wellenlänge[1] unterschiedliches — selektives — Verhalten, so daß die angegebenen Gesetzmäßigkeiten und Zahlenwerte immer nur in bestimmten Bereichen gelten.

Während sehr häufig bei Problemen der Trocknungstechnik diejenigen Wellenlängenbereiche, in denen die individuellen Eigenschaften der Körper sich ausprägen, von untergeordneter Bedeutung sind, gibt es doch eine Reihe von Fragen, bei denen das selektive Verhalten der Körper merklich in Erscheinung treten kann. Dies ist bei gewissen Strahlern, die bei hohen Temperaturen strahlen, und manchen Stoffen der Fall. Bei der Trocknung von Lacken und ähnlichen Stoffen, bei denen es sich oft weniger um eine Trocknung im Sinne einer Austreibung von Flüssigkeit als im Sinne einer Erstarrung der Flüssigkeit durch temperaturbedingte Oxydationsvorgänge oder dergleichen handelt, können solche Fragen von Wichtigkeit sein. Daher werden sie hier ihrer Bedeutung entsprechend gestreift. Vorangestellt wird in den folgenden Darstellungen jedoch die bei jeder technischen Strahlungsberechnung vordringliche Berechnung für Temperaturstrahler, die in den meisten Fällen Aufschluß über die Höhe des Strahlungsaustausches gibt. Gewissermaßen erläuternd wird die mögliche Berücksichtigung der individuellen Eigenschaften der Körper behandelt.

4.1.1. Die Berechnung des Strahlungsaustausches bei grauen Körpern in strahlungsdurchlässigen Medien

4.1.1.1. Vollständiger Strahlungsaustausch

Der Wärmeaustausch durch Strahlung zwischen zwei Körpern 1 und 2 kann im allgemeinen nur dann in einfacher Weise genau berechnet werden, wenn die Körper selbst strahlungsundurchlässig sind, so daß die Absorption praktisch in der Oberfläche stattfindet, und das zwischen den Körpern befindliche Medium vollkommen strahlungsdurchlässig (diatherman) ist (z. B. Luft) und wenn die gesamte von der Fläche A_1 ausgesandte Strahlung auf den Körper 2 trifft. Dies ist dann der Fall, wenn die Oberfläche A_1 und A_2 der Körper entweder in geringem Abstand parallel gegenüberliegen oder die überall konvex angenommene Oberfläche A_1 vollständig von A_2 umschlossen ist (Bild 4.1).

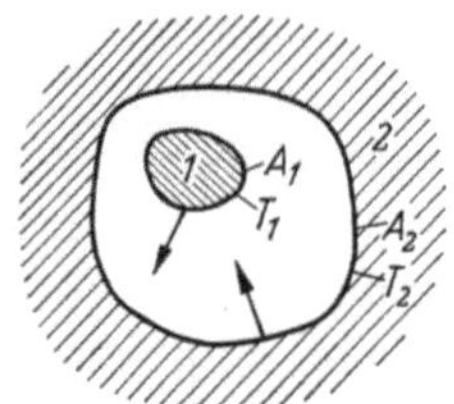

Bild 4.1. Vollständiger Strahlungsaustausch zwischen zwei Körpern.

---

[1] Einteilung der Strahlung nach ihrer Wellenlänge: Höhen- und Gammastrahlung ($\lambda < 10^{-3}$ μ), Röntgenstrahlung ($10^{-3} < \lambda < 0,02$ μ), ultraviolette Strahlung ($0,02 < \lambda < 0,35$ μ), Lichtstrahlung ($0,35 < \lambda < 0,75$ μ), Infrarotstrahlung — früher Wärmestrahlung genannt — ($0,75 < \lambda < 400$ μ), elektromagnetische Strahlung (Radiowellen) ($\lambda > 0,4$ mm).

Dann gilt:

$$\dot{Q}_R = A_1 C_{12} \left\{ \left(\frac{T_1}{100}\right)^4 - \left(\frac{T_2}{100}\right)^4 \right\}. \tag{4.1}$$

Darin bedeuten:

$\dot{Q}_R$ zwischen 1 und 2 ausgetauschte Strahlungswärme,
T absolute Temperatur,
C_{12} Strahlungsaustauschzahl.

Letztere wird aus den Strahlungszahlen C_1 und C_2 der Körper 1 und 2 in folgender Weise gebildet:

$$C_{12} = \cfrac{1}{\cfrac{1}{C_1} + \cfrac{A_1}{A_2}\left(\cfrac{1}{C_2} - \cfrac{1}{C_s}\right)}. \tag{4.2}$$

Darin ist $C_s = 5{,}67 \ \text{W/m}^2 \ (\text{K}/100)^4$ die Strahlungszahl des sogenannten „schwarzen" Körpers, der bei allen Wellenlängen die maximal mögliche Strahlung aussendet. Die Strahlungszahlen C lassen sich auch aus dem oft in Handbüchern angegebenen Emissionsverhältnis

$$\varepsilon = C/C_s \tag{4.3}$$

errechnen, welche für „graue" Körper nach dem Kirchhoffschen Gesetz gleich der Absorptionszahl a des Körpers ist:

$$\varepsilon = a. \tag{4.4}$$

Tabelle 4.1 gibt einige Zahlen für ε, woraus man erkennt, daß die blanken (nichtoxydierten) Metalle wenig ausstrahlen und absorbieren (große Reflexion), während die sonstigen Stoffe meist relativ hohes Emissionsverhältnis ε haben [4.99].

Da man unmöglich die Strahlungszahlen jedes einzelnen Trocknungsgutes unter den bisher experimentell festgestellten Werten in Handbüchern finden kann, andererseits aber, wie aus Tabelle 4.1 hervorgeht, die Variationen der Strahlungszahlen mineralischer oder organischer Stoffe gar nicht so groß sind (ε fast stets zwischen 0,85 und 0,95), wird man bei der Mehrzahl der praktischen Aufgaben keine allzu große Schwierigkeit bei der Abschätzung der Strahlungszahl des Trocknungsgutes und der Wandungen, Einbauten usw. eines Trockners haben. Schwieriger ist unter Umständen die Beurteilung des Strahlungsverhaltens von hochtemperierten Strahlern (s. Abschn. 4.1.2.).

Bei der Herleitung von Gl. (4.1) wird vorausgesetzt, daß die Ausstrahlung von der Oberfläche eines Körpers in die verschiedenen Richtungen des Raumes nach dem Lambertschen Cosinusgesetz erfolgt, wonach die Emission von einem Höchstwert in Richtung senkrecht zur strahlenden Fläche (Normalstrahlung) auf den Wert Null in Richtung parallel zur strahlenden Fläche entsprechend dem Cosinus des Einfallswinkels abnimmt. Ist das Lambertsche Gesetz erfüllt, so ist immer das Emissionsverhältnis in Normalrichtung ε_n gleich dem gesamten Emissionsverhältnis ε. Um bei einigen Stoffen die Größenordnung der Abweichungen anzudeuten, sind in Tabelle 4.1 einige Werte für ε_n angegeben. Für blanke Metalle ist $\varepsilon_n < \varepsilon$, für Nichtleiter oder oxydierte Metalle $\varepsilon_n > \varepsilon$. Dies liegt daran, daß bei Metallen das Emissionsvermögen mit größer werdendem Winkel zwischen dem Strahl und der Normalen zunimmt, bei Nichtleitern abnimmt. (Vgl. Schmidt-Eckert [4.102].)

Tabelle 4.1. Emissionsverhältnis ε_n der Strahlung in Richtung der Flächennormalen und ε der Gesamtstrahlung für verschiedene Körper bei der Temperatur ϑ nach Messungen von E. Schmidt und von E. Schmidt und E. Eckert [4.102, 4.111]

Bei Metallen nimmt das Emissionsverhältnis mit steigender Temperatur zu, bei nichtmetallischen Körpern (Metalloxyde, organische Körper) in der Regel etwas ab. Soweit genauere Messungen nicht vorliegen, kann für blanke Metalloberflächen im Mitte $\varepsilon/\varepsilon_n = 1{,}2$, für anderer Körper bei glatter Oberfläche $\varepsilon/\varepsilon_n = 0{,}95$, bei rauher Oberfläche $\varepsilon/\varepsilon_n = 0{,}98$ gesetzt werden

Oberfläche	ϑ [°C]	ε_n	ε
Gold poliert	130	0,018	
	400	0,022	
Silber	20	0,02	
Kupfer poliert	20	0,03	
Kupfer poliert leicht angelaufen	20	0,037	
Kupfer schwarz oxydiert	20	0,78	
Kupfer oxydiert	130	0,76	0,725
Kupfer geschabt	20	0,07	
Aluminium walzblank	170	0,039	0,049
	900		0,06
Aluminium nicht oxydiert	25		0,022
Aluminiumbronzeanstrich	100	0,2—0,4	
Messing oxydiert	200	0,61	
	600	0,59	
Messing nicht oxydiert	100	0,035	
Bronze 4—7% Al poliert	316	0,036	
Bronze 4—7% Al oxydiert	316	0,094	
Siluminguß poliert	150	0,186	
Inconel gewalzt	816		0,69
Inconel sandgestrahlt	816		0,79
Nickel blank	100	0,041	0,046
Nickel poliert	100	0,045	0,053
Manganin walzblank	118	0,048	0,057
Chrom poliert	150	0,058	0,071
Eisen blank geätzt	150	0,128	0,159
Eisen blank abgeschmirgelt	20	0,24	
Eisen rot angerostet	20	0,61	
Eisen Walzhaut	20	0,77	
	130	0,6	
Eisen Gußhaut	100	0,8	
Eisen hitzebeständig oxydiert	:80	0,613	
	200	0,639	
Eisen stark verrostet	20	0,85	
Gußeisen flüssig	1535		0,29
Stahl wärmebehandelte Oberfläche	200		0,521
Stahl oxydiert	200		0,79
Zink grau oxydiert	20	0,23—0,28	
Blei grau oxydiert	20	0,28	
Blei nicht oxydiert	100		0,05
Blei oxydiert	200		0,63
Magnesiumoxid	1027		0,16
Wismut blank	80	0,34	0,366
Titan	149	0,082	
	649	0,19	
Zinn nicht oxydiert	25		0,043
	100		0,05

Tabelle 4.1 (Fortsetzung)

Oberfläche	ϑ [°C]	ε_n	ε
Zinnoxid	20		0,32
Eisen verzinnt glänzend	25 :		0,06
Wolfram	25		0,024
	500		0,071
	1000		0,15
	1500		0,23
Uranoxid	1123		0,79
Korund Schmirgel rauh	80	0,855	0,84
Ton gebrannt	70	0,91	0,86
Heizkörperlack	100	0,925	
Mennigeanstrich	100	0,93	
Emaille, Lacke	20	0,85−0,95	
Schwarzer Lack matt	80	0,97	
Bakelitlack	80	0,935	
Ziegelstein, Mörtel, Putz	20	0,93	
Porzellan	20	0,92−0,94	
Glas	90	0,94	0,876
	838	0,47	
Eis, glatt, Wasser	0	0,966	
Eis, rauher Reifbelag	0	0,985	
Wasserglasrußanstrich	20	0,96	
Papier	95	0,92	0,89
Holz (Buche)	70	0,935	0,91
Dachpappe	20	0,93	

Bild 4.2 zeigt die Abhängigkeit des Strahlungsaustausches je m² strahlender Fläche von den Temperaturen T_1 und T_2 unter Annahme einer Strahlungsaustauschzahl $C_{12} = 5\ \text{W/m}^2\ (\text{K}/100)^4$ und bei $A_1 = A_2$.

Man erkennt aus dieser Abbildung, daß bei höheren Strahlertemperaturen die Temperatur der bestrahlten Fläche von untergeordnetem Einfluß ist.

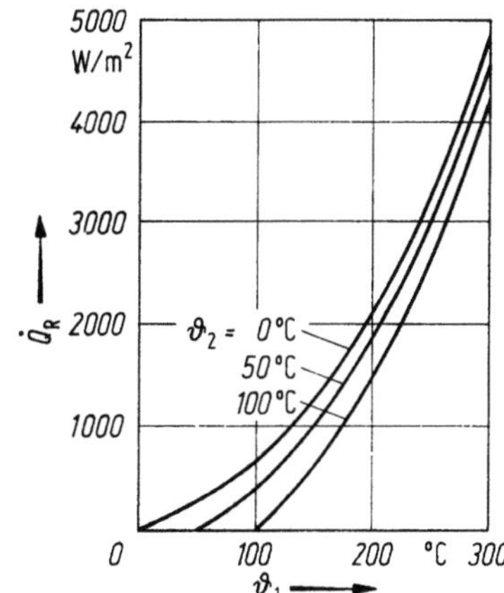

Bild 4.2. Vollständiger Strahlungsaustausch $\dot{\Theta}_R$ zwischen einer Heizfläche von der Temperatur ϑ_1 und einem Gut von der Temperatur ϑ_2.

Häufig ist es vorteilhaft, mit „äquivalenten Wärmeübergangskoeffizienten durch Strahlung" α_R zu rechnen nach dem Ansatz:

$$\dot{Q}_R = A\alpha_R(\vartheta_1 - \vartheta_2).$$

Davon wird in späterem Zusammenhang Gebrauch gemacht (s. Abschn. 4.3.1.).

4.1.1.2. Teilweiser Strahlungsaustausch zwischen beliebigen Flächen

4.1.1.2.1. Die Einstrahlzahl Φ für einige häufig vorkommende Fälle

Verhältnismäßig einfach läßt sich auch der Strahlungsaustausch zwischen zwei beliebigen kleinen Flächen A_1 und A_2 (s. Bild 4.3) berechnen, wenn man annimmt, daß die von der einen auf die andere Fläche geworfene Strahlung, soweit sie reflektiert wird, nicht mehr auf die Ausgangsfläche zurückkommt, sondern im übrigen Raum zerstreut wird.

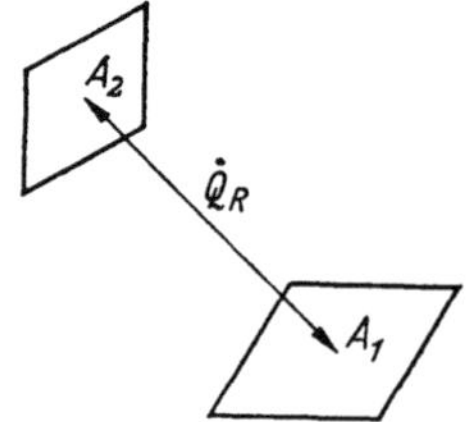

Bild 4.3. Flächen bei teilweisem Strahlungsaustausch.

Man setzt dann:

$$\dot{Q}_R = A_1 C_{12}\Phi_{12}\left\{\left(\frac{T_1}{100}\right)^4 - \left(\frac{T_2}{100}\right)^4\right\}, \tag{4.5}$$

worin jetzt

$$C_{12} = \frac{C_1 C_2}{C_s} = \varepsilon_1\varepsilon_2 C_s \tag{4.6}$$

und Φ_{12} die Einstrahlzahl (früher Winkelverhältnis genannt) der Fläche A_1 auf A_2 ist. Werden die möglichen Reflexionen zwischen den ebenen Flächen A_1 und A_2 berücksichtigt [4.48], so wird

$$C_{12} = \frac{\varepsilon_1\varepsilon_2 C_s}{1 - (1 - \varepsilon_1)(1 - \varepsilon_2)\dfrac{A_1}{A_2}\Phi_{12}^2}. \tag{4.7}$$

Diese Beziehung geht für $\Phi_{12} = 1$ (vollständiger Austausch) mit $A_1 = A_2$ in Gl.(4.2), für $\Phi_{12} \to 0$ (ohne Erfassung der Reflexionen) in Gl. (4.6) über. Dieses geometrische Verhältnis läßt sich für jedes Element dA_1 der Fläche A_1 nach Bild 4.4 in der Weise bestimmen, daß man A_2 auf einer um das Flächenelement dA_1 gelegten Einheitshalbkugel zentral abbildet (A_2' in Bild 4.4) und dann dieses Bild auf die Grundfläche parallel projiziert (A_2''). Das Verhältnis A_2'' zur Grundfläche π der Einheitshalbkugel ist die Einstrahlzahl für das betrachtete Flächenelement dA_1.

Die Einstrahlzahl Φ_{12} erhält man durch Mittelbildung über sämtliche Flächenelemente dA_1 der Fläche A_1.

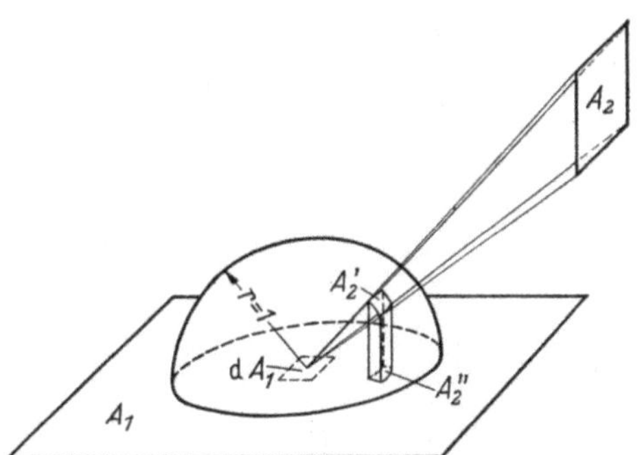

Bild 4.4. Zur Erläuterung der Einstrahlzahl.

Für einige einfach angeordnete ebene Flächen läßt sich die Einstrahlzahl Φ_{12} auch rechnerisch ermitteln[1]. Das Ergebnis dieser nicht einfachen Rechnung sei hier für häufig anwendbare Fälle mitgeteilt:

1. zwei parallel und zentrisch gegenüberliegende Kreisflächen (Bild 4.5);
2. zwei einander gegenüberliegende, gleich große, parallele Rechteckflächen (Bild 4.6);

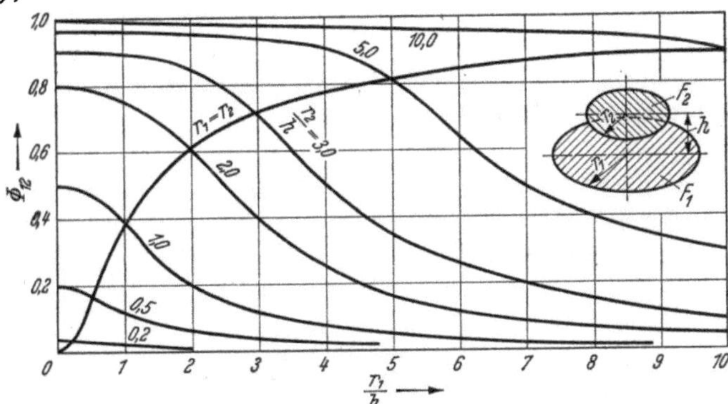

Bild 4.5. Einstrahlzahl Φ_{12} für zwei parallel und zentrisch gegenüberliegende Kreisflächen (nach [4.19]).

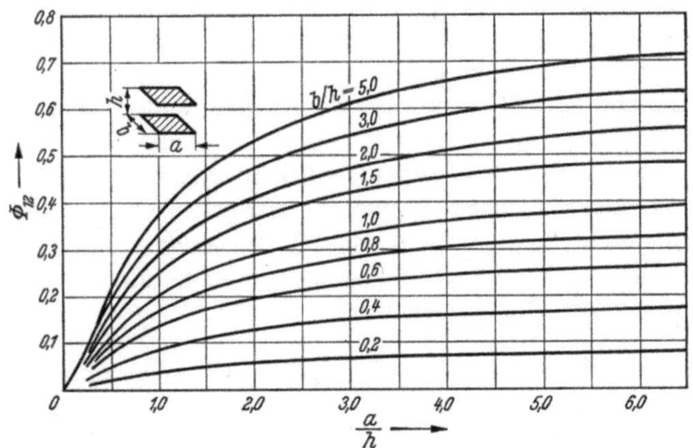

Bild 4.6. Einstrahlzahl Φ_{12} für zwei einander gegenüberliegende, parallele gleichgroße Rechteckflächen (nach [4.85]).

---

[1] Siehe [4.19, 4.37, 4.48].

3. verschieden große Rechteckflächen, die auf einer gemeinsamen Kante zueinander senkrecht stehen (Bild 4.7).

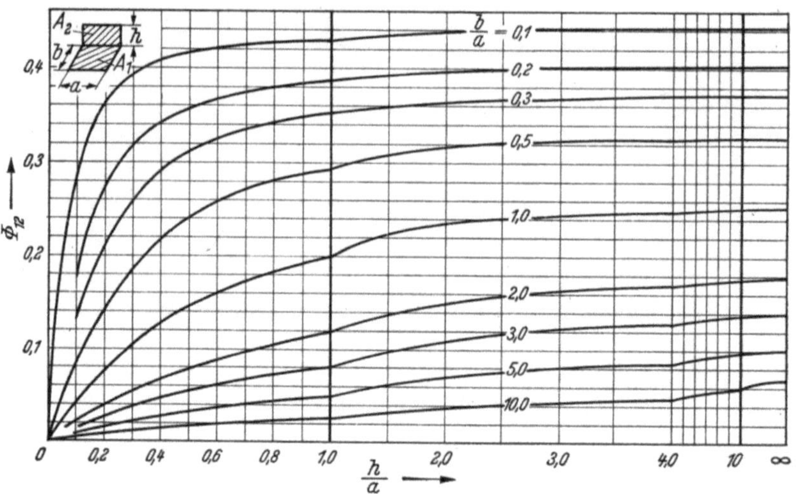

Bild 4.7. Einstrahlzahl Φ_{12} für zwei verschieden große Rechteckflächen, die auf einer gemeinsamen Kante senkrecht stehen (nach [4.85]).

Die Bilder 4.6 und 4.7 lassen sich verwenden, um mit einfachen Rechnungen die Einstrahlzahl zweier beliebig zueinander angeordneter, zueinander aber senkrecht oder parallel stehender Rechteckflächen zu bestimmen. Dabei kann das Umkehrgesetz

$$\Phi_{12}A_1 = \Phi_{21}A_2 \tag{4.8}$$

häufig die Rechnung erleichtern. Die zur praktischen Anwendung für viele technische Fälle führenden Überlegungen seien an einigen Beispielen erläutert.

a) Es sei die Einstrahlzahl Φ_{13} der Flächen A_1 und A_3 in bezug auf A_1 gesucht in einer Anordnung gemäß Bild 4.8a, worin $A_1 = A_4$ und $A_2 = A_3$. Das Ziel der Rechnung geht dahin, die Einstrahlzahl Φ_{13} durch solche Werte auszudrücken, daß man Bild 4.6 verwenden kann.

Mit Hilfe von Bild 4.6 kann man die ausgetauschte Wärmemenge zwischen den Flächen $(A_1 + A_2)$ sowie $(A_3 + A_4)$ bestimmen. Dem entspricht die Größe $\Phi_{(1+2)(3+4)}$. Nun muß man bedenken, daß nach dem Strahlungsaustausch zwischen den Flächen A_1 und A_4 (entspricht $\Phi_{14}A_1$) und zwischen A_2 und A_3 (entspricht $\Phi_{23}A_2$) nicht gefragt ist, sondern nur nach demjenigen zwischen A_1 und A_3 (entspricht $\Phi_{13}A_1$). Man kann also folgende Gleichung zur Bestimmung von Φ_{13} aufstellen:

$$\Phi_{13}A_1 = (A_1 + A_2)\,\Phi_{(1+2)(3+4)} - A_1\Phi_{14} - A_2\Phi_{23} - A_2\Phi_{24}. \tag{4.9}$$

Darin sind $\Phi_{(1+2)(3+4)}$, Φ_{14} und Φ_{23} aus Bild 4.6 entsprechend den Abmessungen der Flächen zu entnehmen. Auf der rechten Seite von Gl. (4.9) muß Φ_{24} noch umgeformt werden. Es gilt

$$A_1\Phi_{13} = A_4\Phi_{42}. \tag{4.10}$$

In Verbindung mit dem Umkehrgesetz

$$A_4 \Phi_{42} = A_2 \Phi_{24}, \tag{4.11}$$

erhält man für Φ_{13} aus Gl. (4.9)

$$\Phi_{13} = \frac{1}{2A_1} [\Phi_{(1+2)(3+4)} (A_1 + A_2) - \Phi_{14} A_1 - \Phi_{23} A_2]. \tag{4.12}$$

Man sieht, daß man jetzt nur noch Bild 4.6 anzuwenden hat.

b) Eine ähnliche Aufgabe sei jetzt für zwei aufeinander senkrecht stehende Rechteckflächen A_1 und A_4 gestellt (Bild 4.8b). Gesucht sei Φ_{14}. Aus dem Bild 4.8b entnimmt man:

$$\Phi_{14} A_1 = \Phi_{(1+2)(3+4)} (A_1 + A_2) - \Phi_{(2)(3+4)} A_2 - \Phi_{13} A_1. \tag{4.13}$$

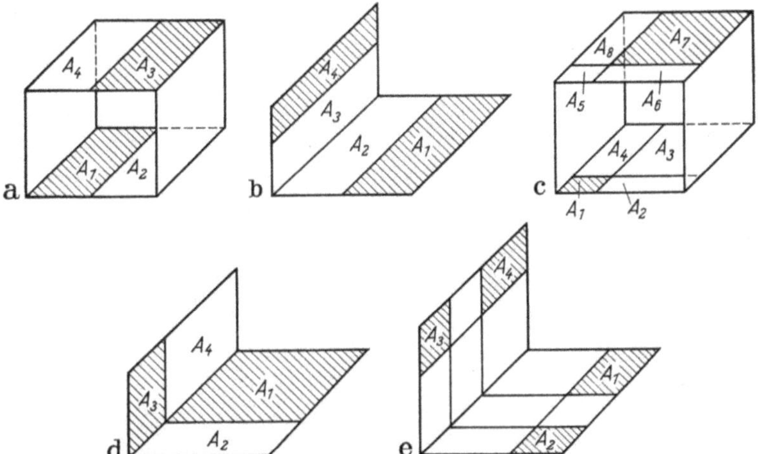

Bild 4.8a—e. Beispiele zur Ermittlung der Einstrahlzahl aus Bild 4.6 u. 4.7 für verschiedene Flächenanordnungen.

Es ist aber in der rechten Seite von Gl. (4.13)

$$\Phi_{13} A_1 = \Phi_{(1+2)(3)} (A_1 + A_2) - \Phi_{23} A_2.$$

Damit wird:

$$\Phi_{14} = \frac{1}{A_1} [\Phi_{(1+2)(3+4)} (A_1 + A_2) - \Phi_{(2)(3+4)} A_2 - \Phi_{(1+2)(3)}(A_1 + A_2) + \Phi_{23} A_2].$$

Auch jetzt können alle Einstrahlzahlen auf der rechten Seite Bild 4.7 entnommen werden.

c) Gesucht ist die Einstrahlzahl Φ_{17} der gemäß Bild 4.8c angeordneten Flächen A_1 und A_7. Aus dem Bild entnimmt man:

$$\left.\begin{aligned}
(A_1 + A_2 + A_3 + A_4)\, &\Phi_{(1+2+3+4)(5+6+7+8)} \\
- A_1(\Phi_{15} + \Phi_{16} + \Phi_{18}) &- A_2(\Phi_{25} + \Phi_{26} + \Phi_{27}) \\
- A_3(\Phi_{36} + \Phi_{37} + \Phi_{38}) &- A_4(\Phi_{45} + \Phi_{47} + \Phi_{48}) \\
= A_1\Phi_{17} + A_2\Phi_{28} &+ A_3\Phi_{35} + A_4\Phi_{46} = 2A_1\Phi_{17} + 2A_2\Phi_{28}.
\end{aligned}\right\} \tag{4.14}$$

Es läßt sich ferner nachweisen [4.85], daß folgende Beziehung Gültigkeit hat:

$$A_1 \Phi_{17} = A_2 \Phi_{28}. \tag{4.15}$$

Damit läßt sich Gl. (4.14) nach der Unbekannten Φ_{17} auflösen. Die Teileinstrahlzahlen können dann teils direkt Bild 4.6 entnommen teils nach Gl. (4.12) berechnet werden gemäß Beispiel a).

d) Zur Berechnung der Einstrahlzahl Φ_{13} (Bild 4.8d) kann man aus der Anordnung der Flächen entnehmen:

$$\Phi_{13}A_1 = \Phi_{(1+2)(3+4)}(A_1 + A_2) - \Phi_{14}A_1 - \Phi_{23}A_2 - \Phi_{24}A_2. \tag{4.16}$$

Hierin hat der Ausdruck Φ_{24} die Form des gesuchten Φ_{13}. Man kann nachweisen [4.85], daß folgendes Umkehrgesetz gilt:

$$\Phi_{13}A_1 = \Phi_{42}A_4 = \Phi_{24}A_2. \tag{4.17}$$

Damit erhält man für Φ_{13} aus Gl. (4.16)

$$\Phi_{13} = \frac{1}{2A_1}\left[\Phi_{(1+2)(3+4)}(A_1 + A_2) - \Phi_{14}A_1 - \Phi_{23}A_2\right].$$

Hierin lassen sich alle Teileinstrahlzahlen aus Bild 4.7 entnehmen. Die Beziehung der Gl. (4.17) gilt auch dann, wenn die Flächen 1, 2, 3 und 4 keine gemeinsame Kante haben und wie in Bild 4.8e angeordnet sind.

Tritt Strahlung aus Hohlräumen, Bohrungen, Einbuchtungen zwischen parallelen Flächen (Rippen), Nuten u. ä. heraus, so kommt zur direkten Strahlung noch die zwischen den genannten Flächen reflektierte Strahlung hinzu (Bild 4.9), so daß die

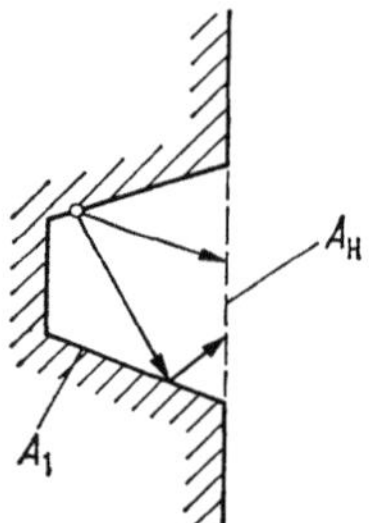

Bild 4.9. Zur Abstrahlung aus Hohlräumen.

Strahlung vergrößert ist, d.h. eine „Schwärzung" der strahlenden Flächen eingetreten ist. In erster Näherung wird man so rechnen dürfen, als ob die Strahlung von der Hüllfläche A_H über den Hohlräumen u.a. ausgeht mit einem erhöhten Emissionsverhältnis ε' [4.48]

$$\varepsilon' \simeq \frac{\varepsilon}{\varepsilon + (1 - \varepsilon)\,\Phi_{1H}}, \tag{4.18}$$

wobei ε das wahre Emissionsverhältnis der strahlenden Flächen und Φ_{1H} die Einstrahlzahl zwischen der Fläche A_1 und der Hüllfläche A_H bedeutet (Bild 4.10).

(Man denke in diesem Zusammenhang daran, daß die der Sonne zugewandte Fläche eines Nähnadelbündels schwarz erscheint, weil alles in die Zwischenräume zwischen den Nadeln eindringende Licht an der Nadeloberfläche nur tiefer ins Innere der Hohlräume reflektiert wird.)

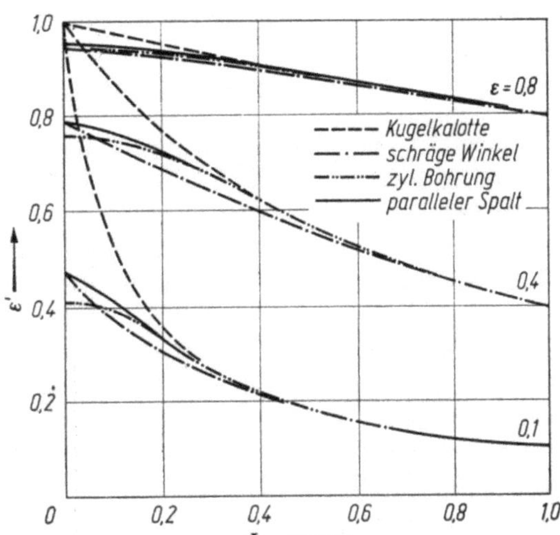

Bild 4.10. Erhöhtes Emissionsverhältnis für die Strahlung aus Hohlräumen.

4.1.1.2.2. Die Wirkung von Reflektoren

Bei Heizvorrichtungen, die der Strahlungstrocknung dienen, verwendet man unter Umständen Heizstäbe, die teilweise von Reflektoren (d.h. blanken Metallflächen) umschlossen sind. Sie sollen meist der Parallelrichtung der Strahlung dienen. Will man z.B. eine von einem Rohr nach allen Seiten gleichmäßig ausgesandte Strahlung in eine vorwiegend senkrecht zum Querschnitt des Reflektors gerichtete Parallelstrahlung verwandeln, so käme man, falls man den Heizstab als sehr dün (linienförmigen Strahler) gegenüber dem vollkommen reflektierend gedachten Reflektor betrachten könnte, in einfachster Weise aus geometrischen Überlegungen dazu, dem Reflektor die Form eines parabolischen Zylinders zu geben, in dessen Brennlinie der Heizstab liegt (Bild 4.11). Aber bei diesem Vorgehen würde man

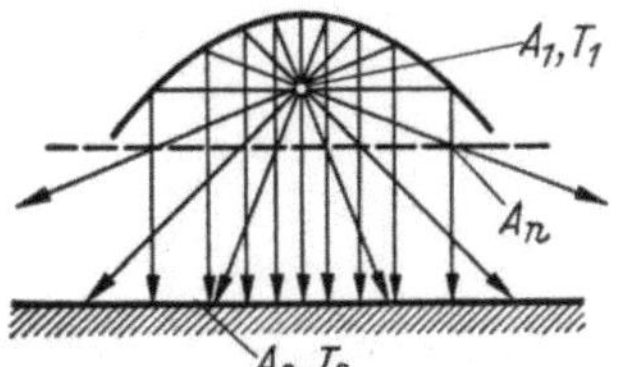

Bild 4.11. Zur Wirkung von Reflektoren.

nur die reflektierte Strahlung parallel richten können — auch das nur, wenn der Reflektor die Strahlung spiegelnd (nicht diffus) zurückwerfen würde —, während die vom Heizstab ausgehende direkte Strahlung jedes Element einer bestrahlten Fläche A_2 mit einer anderen Strahlungsdichte träfe (vgl. Bild 4.11), so daß die erwünschte Vergleichmäßigung der Strahlung nur recht unvollkommen gelingt.

Die gesamte vom — verlustlos gedachten — Strahler abgegebene Wärme, die mit der unendlich ausgedehnten Fläche A_2 von der Temperatur T_2 ausgetauscht wird, und jede Querschnittsfläche A_n des Spiegels unterhalb des Strahlers (s. Bild 4.11) durchsetzt, berechnet sich wie früher, so als wäre kein Spiegel vorhanden und als umhüllte die Fläche A_2 die Strahlerfläche A_1 vollkommen:

$$\dot{Q}_R = A_1 C_{12} \left\{ \left(\frac{T_1}{100}\right)^4 - \left(\frac{T_2}{100}\right)^4 \right\}. \tag{4.19}$$

Darin wäre C_{12} gemäß Gl. (4.2) wegen $A_1/A_2 \to 0$ stets etwa gleich C_1.

Bei einem technischen Reflektor wird es in den seltensten Fällen darauf an-
kommen, lediglich die reflektierte Strahlung parallel zu richten; vielmehr wird eine
praktisch gleiche Strahlungsdichte auf der Fläche A_2 meist das erstrebenswerteste
Ziel sein. Zu diesem Zweck muß das Reflektorprofil entsprechend entworfen werden. Dazu ist folgendes Verfahren zu empfehlen: Man teilt die Oberfläche des
Strahlers (Heizstabes) in eine nicht zu kleine Anzahl gleicher Teile und betrachtet
die von der Mitte jedes Elements ausgehende radiale Strahlung, die am Reflektor
spiegelnd reflektiert werden möge. Die Neigung der Reflektorwandung ist dann
so zu wählen, daß der Strahl auf die gewünschte Stelle der Fläche A_2 fällt.

Bild 4.12 stellt die auf diese Weise gewonnene Bestimmung des Strahlenganges
eines ausgeführten Strahlers mit Reflektor dar. Es ist zu bedenken, daß jeder in der
Abbildung gezeichneten Linie die gleiche Energie entspricht, so daß die Strahlungsdichte auf der Fläche A_2 der Zahl der Linien je cm^2 proportional ist. Man erkennt deutlich, daß bei dem untersuchten Strahler an zwei Stellen einer jeden Ebene
A_2, die parallel zu den Reflektorenden liegt, die Strahlungsdichten besonders groß
werden. Experimentell konnte die Richtigkeit dieses Ergebnisses in der Weise

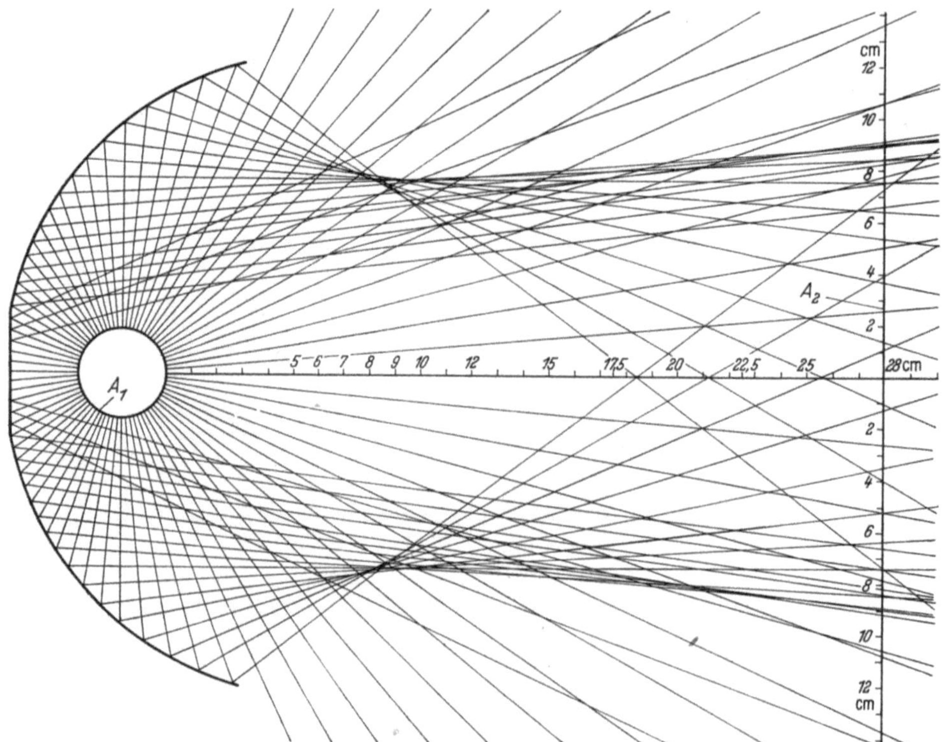

Bild 4.12. Strahlengang bei einem Reflektor.

bestätigt werden, daß auf einer in verschiedenem Abstand vom Strahler befindlichen Papierfläche genau an den Stellen, für die die Maxima der Strahlungsdichten bestimmt worden waren, auch die Verkohlung des Papiers — deutlich abgegrenzt — zuerst auftrat.

Bei einer subtileren Betrachtung müßte noch an folgende gedacht werden:

1. Das hier vorausgesetzte Lambertsche Cosinusgesetz ist technisch nicht genau erfüllt.
2. Die Reflexion ist nicht vollkommen spiegelnd, sondern teilweise diffus (— weiß —), s. [4.14].
3. Die Unvollkommenheit der Reflexion müßte durch Annahme von Wärmeverlusten der Reflektorwandlung nach außen berücksichtigt werden.

4.1.2. Die Strahlung bei teilweise durchlässigen Körpern und Medien

Die Anwendung der bisher mitgeteilten einfachen Gleichungen zur Berechnung des Strahlungsaustausches ist an folgende Voraussetzung geknüpft:

1. Die betrachteten Körper können als strahlungsundurchlässig (atherman) angesehen werden (Durchlässigkeit $d = 0$), das zwischen ihnen liegende Medium als vollkommen durchlässig (diatherman) (Durchlässigkeit $d = 1$). Die Absorption in den betrachteten Körpern findet dann praktisch an der Oberfläche statt, so daß man der Oberfläche eine Absorptionszahl a und eine Reflexionszahl r zuordnen kann, für die gilt:

$$a + r = 1. \tag{4.20}$$

2. Die betrachteten Körper können als sogenannte graue Strahler betrachtet werden, die bei jeder Wellenlänge einen bestimmten, für alle Wellenlängen λ gleichen Teil der „schwarzen" Strahlung (d. h. der maximal möglichen) aussenden (Emissionsverhältnis $\varepsilon_\lambda = a_\lambda = a = \text{const}$).

Diese Voraussetzungen sieht man bei den grob quantitativen Berechnungen, die im vorigen Abschnitt mitgeteilt wurden, stets als gegeben an. Solche Rechnungen führen fast durchweg zu technisch brauchbaren Ergebnissen. Es gibt jedoch zwei Aufgabenbereiche in der Trocknungstechnik, bei denen eine genauere Kenntnis vom Strahlungsverhalten der Stoffe erforderlich ist:

1. Bei der Trocknung von Stoffen in Rauchgasen hoher Temperatur kann die Durchlässigkeit der Rauchgase nicht als vollkommen angesehen werden, vielmehr muß die Absorption und Emission im Gasraum berücksichtigt werden (Luft ist vollkommen durchlässig).
2. Bei denjenigen Fragen der Strahlungstrocknung, bei denen eine möglichst tief in ein Gut eindringende Strahlung gewünscht wird, muß das unterschiedliche Verhalten der Stoffe für Strahlen verschiedener Wellenlänge (selektive Absorption und Durchlässigkeit) beachtet werden. Hält man eine Glasscheibe gegen das Licht, so ist sie offensichtlich strahlungsdurchlässig, hält man sie gegen einen stark strahlenden Ofen, so hält sie die Strahlung spürbar ab, ist also strahlungsundurchlässig. Ihr Verhalten ist demnach im kurzwelligen Licht anders als bei den langwelligen infraroten Wärmestrahlen. Bei genauerer Betrachtung zeigen

alle Stoffe bei verschiedener Wellenlänge der Strahlung ein unterschiedliche Verhalten.

Wenn solche Fragen in der Trocknungstechnik eine Rolle spielen, so muß man sich über die Eigenschaften der Strahlung bei den verschiedenen Wellenlängen ebenso im klaren sein wie über die selektiven Eigenschaften der Körper.

4.1.2.1. Die spektrale Energieverteilung bei der „schwarzen" Strahlung

Die gesamte, von einem „schwarzen" Körper, der keine selektiven Eigenschaften hat (Hohlraumstrahler), ausgesandte sogenannte Temperaturstrahlung ist durch das Stefan-Boltzmannsche Gesetz gegeben:

$$E_{s} = C_{s}\left(\frac{T}{100}\right)^{4}, \tag{4.21}$$

worin E_{s} die gesamte Energieemission von 1 m² des schwarzen Körpers bedeutet. Diese Gesamtwirkung kommt dadurch zustande, daß bei allen Wellenlängen Energie ausgesandt wird, die sich nach dem Planckschen Gesetz spektral verteilt:

$$J_{\lambda} = \frac{2\pi c_{1}}{\lambda^{5}\left(e^{\frac{c_{2}}{\lambda T}} - 1\right)}. \tag{4.22}$$

Im technischen Maßsystem ist für unpolarisierte Strahlung von einem Punkt in den Halbraum:

$$c_{1} = 0{,}588 \cdot 10^{-16} \text{ Wm}^{2},$$

$$c_{2} = 1{,}432 \cdot 10^{-2} \text{ mK}.$$

Bild 4.13 stellt die Intensität J_{λ} der schwarzen Strahlung dar. Aus ihr gewinnt man die Emission dE_{λ} für die Wellenlängen zwischen λ und $\lambda + d\lambda$:

$$dE_{\lambda} = J_{\lambda}\, d\lambda.$$

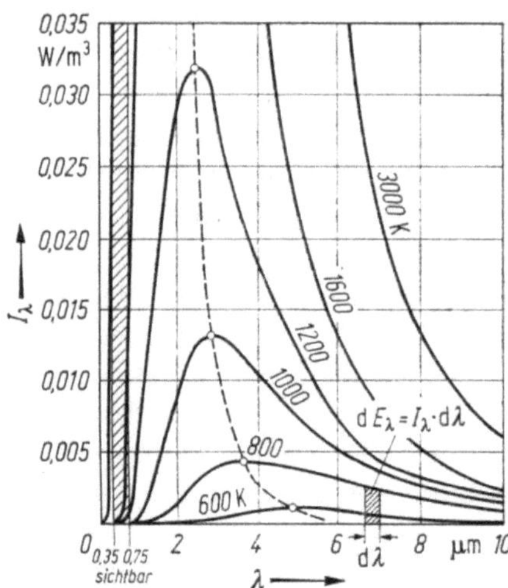

Bild 4.13. Intensitätsverteilung der schwarzen Strahlung.

Die gesamte Emission bei bestimmter Temperatur für alle Wellenlängen von 0 bis ∞ ergibt sich als die Fläche unter einer J_λ-Linie konstanter Temperatur in Bild 4.13. Die Integration liefert das Stefansche Gesetz für E_s [Gl. (4.21)].

Das Maximum der Intensität liegt bei um so kürzerer Wellenlänge, je höher die Temperatur des Strahlers ist. Die Wellenlänge λ_{max}, bei der das Maximum liegt, ist durch das Wiensche Verschiebungsgesetz gegeben (gestrichelte Kurve in Bild 4.13)

$$\lambda_{max} = \frac{2885}{T} \ [\mu m]. \tag{4.23}$$

Bei allen technischen Strahlungsquellen, soweit es sich um Temperaturstrahler handelt, liegt das Intensitätsmaximum im infraroten, bei der Sonnenstrahlung von $\approx 6000\,°K$ im Bereich des sichtbaren Lichtes.

Häufig ist es wichtig zu wissen, welcher Anteil an der Gesamtstrahlung mit kürzeren Wellenlängen als einer bestimmten (λ) erfolgt. Zu diesem Zweck bestimmt man die Emission E_0^λ für alle Wellenlängen von 0 bis λ (als Fläche unter J_λ für $T = $ const in Bild 4.13 von $\lambda = 0$ bis λ).

Wegen der mit wachsenden Temperaturen stark anwachsenden absoluten Höhe der Emission ist es zweckmäßig, den Anteil von E_0^λ an der Gesamtemission E_s anzugeben (s. Bild 4.14).

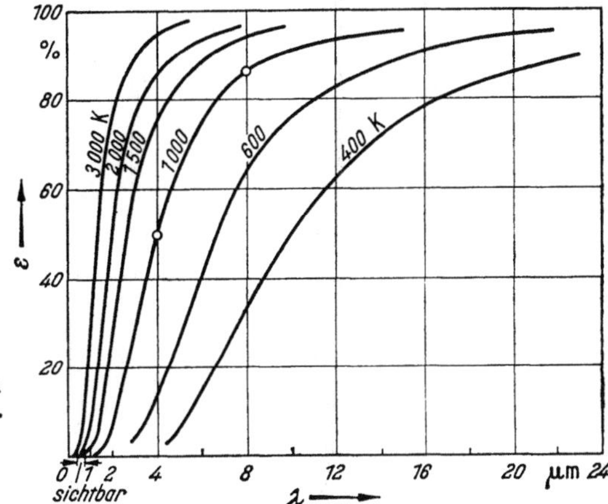

Bild 4.14. Anteil ε der Emission E_0^λ im Wellenlängenbereich 0 bis λ zur Gesamtemission E_s.

Will man wissen, welche Energie in einem bestimmten Bereich $\lambda_2 - \lambda_1 = \Delta\lambda$ abgegeben wird, so braucht man nur in Bild 4.14 den Unterschied $\Delta\varepsilon$ der Emissionsteile $\varepsilon_1 = E_0^{\lambda_1}/E_s$ und $\varepsilon_2 = E_0^{\lambda_2}/E_s$ zu bilden und ihn mit der Emissionsenergie der schwarzen Strahlung E_s bei der Temperatur T des Strahlers zu multiplizieren:

$$E_{\Delta\lambda} = \Delta\varepsilon E_s = \Delta\varepsilon C_s \left(\frac{T}{100}\right)^4. \tag{4.24}$$

Man erkennt aus Bild 4.14, daß für einen Strahler von $3000\,°K$ fast die gesamte Energie mit Wellenlängen unter $4\,\mu$ ausgesandt wird, während bei $400\,°K = 127\,°C$ merkliche Energien erst oberhalb $4\,\mu$ emittiert werden und sich der entscheidenden Wellenlängenbereich zwischen 3 und $40\,\mu$ befindet.

4.1.2.2. Das Verhalten realer Körper

4.1.2.2.1. Die selektive Emission

Wird ein realer Körper auf die Temperatur T erhitzt, so sendet er Strahlen aus, deren Intensität sich im allgemeinen nicht nach dem Gesetz der schwarzen Strahlung mit der Wellenlänge ändert. Man bezeichnet das Verhältnis der wirklichen Emission bei der Wellenlänge λ zu der eines schwarzen Körpers von gleicher Temperatur mit Emissionsverhältnis ε_λ. Die wirklich emittierte Energie ist dann:

$$dE_\lambda = \varepsilon_\lambda \, dE_{s\lambda}. \tag{4.25}$$

In den Bildern 4.15 bis 4.17 ist das Emissionsverhältnis für einige technisch wichtige Strahlungsquellen wiedergegeben.

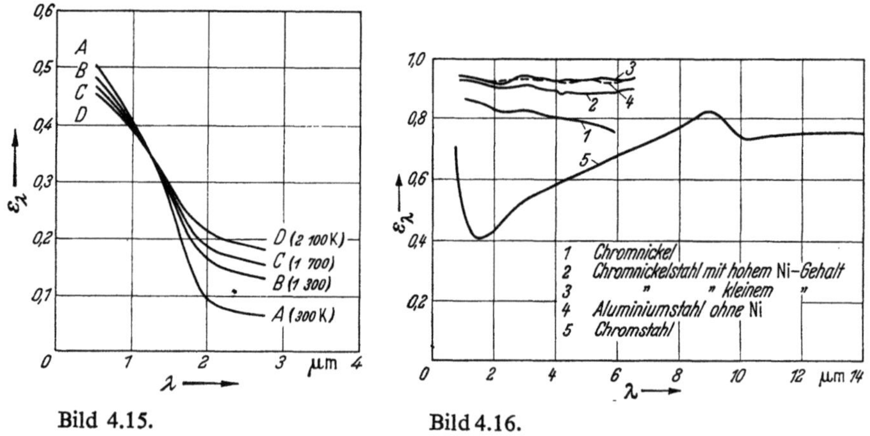

Bild 4.15.   Bild 4.16.

Bild 4.15. Spektrales Emissionsvermögen für Wolfram nach [4.8].
Bild 4.16. Spektrales Emissionsvermögen einiger Legierungen nach [4.8].

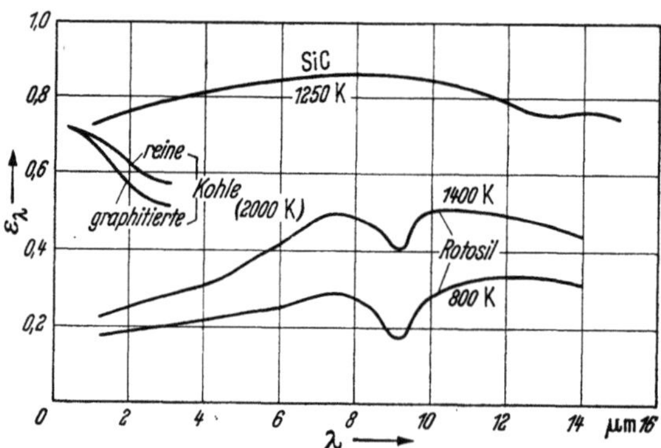

Bild 4.17. Spektrales Emissionsvermögen verschiedener Stoffe nach [4.8].

4.1.2.2.2. Reflexion, Absorption, Durchlässigkeit fester und flüssiger Körper

Trifft ein Strahl von der Intensität J_0 auf die Oberfläche eines Körpers, so wird ein Teil rJ_0 zurückgeworfen (r = Reflexionsverhältnis oder Reflexionszahl). Ein anderer, mit wachsender Schichtstärke kleiner werdender Teil dJ_0 kann den Körper durchdringen (d = Durchlässigkeit). Der restliche Anteil $a = 1 - r - d$ wird im Körper absorbiert. Es gilt:

$$r + a + d = 1. \tag{4.26}$$

Für den Vorgang der Absorption im Körper kann man eine Materialkonstante γ = Absorptionskonstante oder Extinktionsziffer bestimmen, die die Schwächung des Strahls von J auf $J - dJ$ auf der Wegstrecke dy bewirkt (Bild 4.18):

$$dJ = -\gamma J \, dy.$$

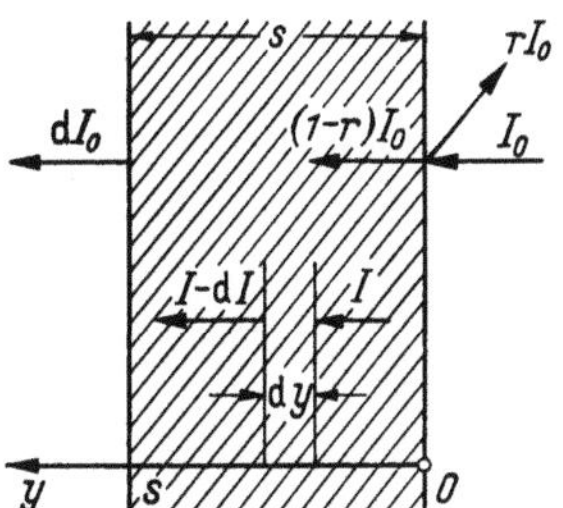

Bild 4.18. Zur Reflexion, Absorption und Durchlässigkeit fester und flüssiger Körper.

Es folgt für die Intensität des an der Stelle s austretenden Strahls:

$$J_s = (1 - r) \, J_0 e^{-\gamma s} = dJ_0.$$

Der Unterschied der Intensität des in den Körper eintretenden Strahls $(1 - r) \, J_0$ und des austretenden Strahls $(1 - r) \, J_0 e^{-\gamma s}$ ist der absorbierte Anteil aJ_0:

$$(1 - r) \, J_0(1 - e^{-\gamma s}) = aJ_0.$$

Damit besteht zwischen der Absorption und dem Durchlaß folgende Beziehung:

$$\frac{e^{-\gamma s}}{1 - e^{-\gamma s}} = \frac{1}{e^{\gamma s} - 1}. \tag{4.27}$$

Der Faktor a ist im allgemeinen bei festen Körpern (mit Ausnahme von Kristallen, Glas, gewissen Kunststoffen usw.) so groß, daß bereits bei kleinen Schichtstärken von etwa 1/100 bis 1 mm die Durchlässigkeit $d = 0$ wird. Dann betrachtet man den Körper so, als fände die Absorption der nicht reflektierten Strahlung in der Oberfläche selbst statt.

In den Bildern 4.19 bis 4.21 ist die Abhängigkeit des Reflexionsverhältnisses R über der Wellenlänge λ aufgetragen.

In den Bildern 4.22 bis 4.27 sind die Durchlässigkeiten d verschiedener technisch wichtiger Stoffe in Abhängigkeit von der Wellenlänge mitgeteilt.

Will man wissen, welche Wärme in einem Körper von der Stärke s bei einer bestimmten Wellenlänge absorbiert wird, so ist zunächst die wahre Emission des Strahlers

$$dE_\lambda = \varepsilon_\lambda \, dE_{s\lambda} \tag{4.28}$$

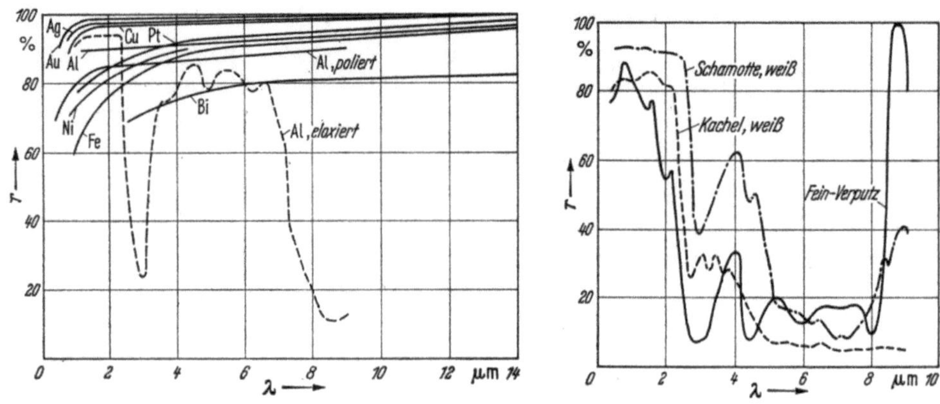

Bild 4.19.   **Bild 4.20.**

Bild 4.19. Reflexionsvermögen von Metallen nach [4.8] u. [4.14].

Bild 4.20. Reflexionsvermögen einiger Stoffe nach [4.14].

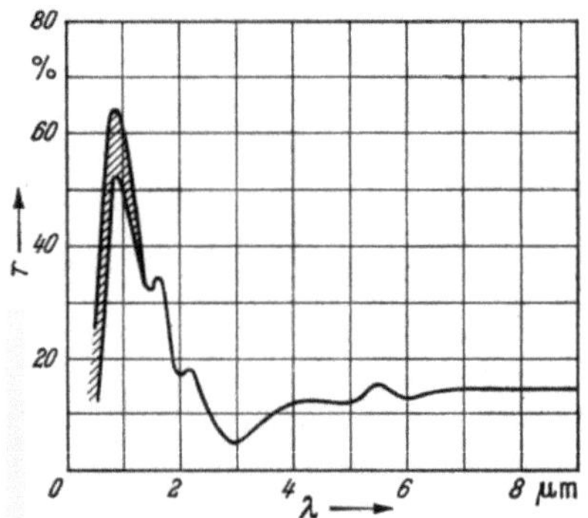

Bild 4.21. Reflexionsvermögen grüner Blätter nach [4.92].

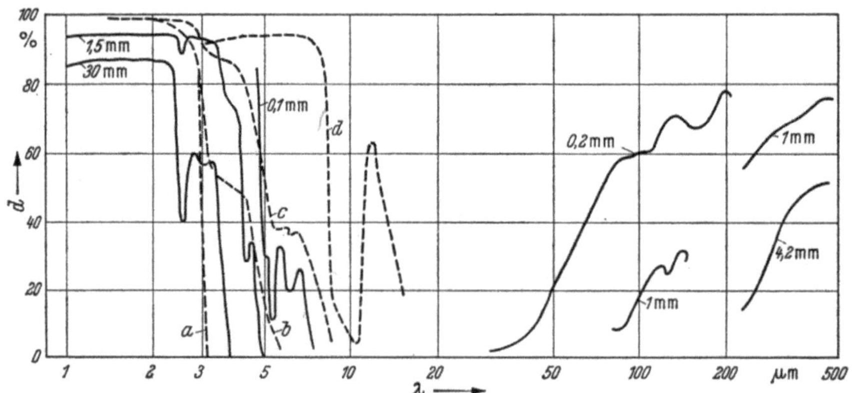

Bild 4.22. Durchlässigkeit von Gläsern.

—— Geschmolzener Quarz; ---- Dünne Glasschichten: *a* Flintglas 1 mm; *b* Kalkglas 1 mm; *c* Mikroskopdeckgläschen 0,17 mm; *d* Lamelle 0,001 mm nach [4.8].

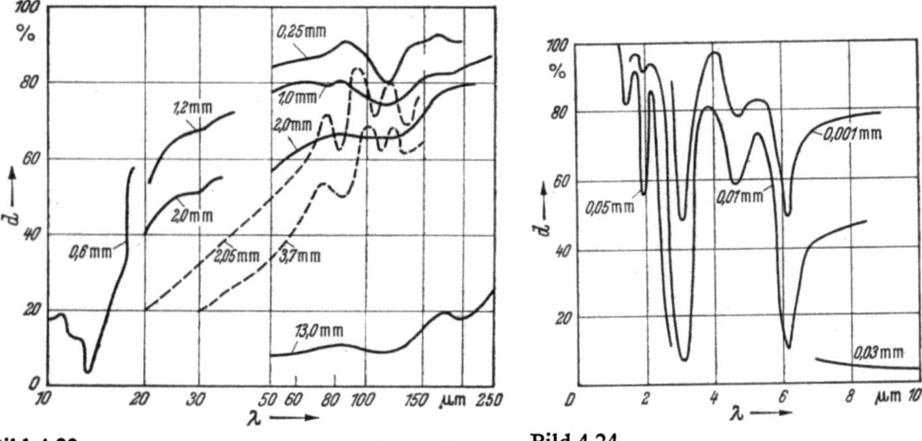

Bild 4.23.   Bild 4.24.

Bild 4.23. Durchlässigkeit von Paraffin.
——— Schmelzpunkt 68—72°C; ---- Schmelzpunkt 42—44°C nach [4.8].

Bild 4.24. Durchlässigkeit dünner Wasserschichten nach [4.8].

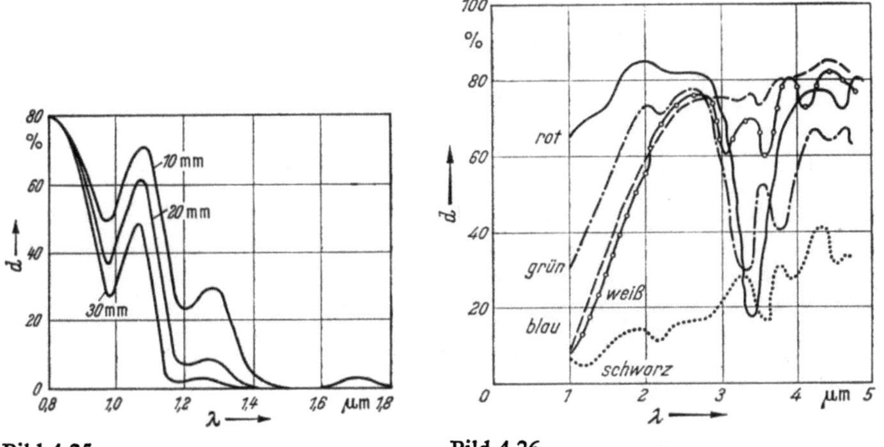

Bild 4.25.   Bild 4.26.

Bild 4.25. Scheinbare Durchlässigkeit stärkerer Wasserschichten nach [4.8].

Bild 4.26. Durchlässigkeit luftgetrockneter Nitrolacke nach [4.8] (ohne Angabe der Schichtdicke).

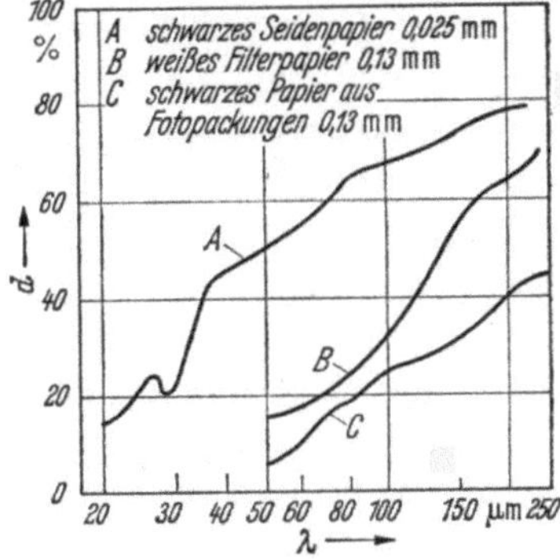

Bild 4.27. Scheinbare Durchlässigkeit von Papier nach [4.8].

bei seiner Temperatur (T_1), zu bilden worin ε_λ das Emissionsverhältnis des Strahlers ist. Auf die Flächeneinheit des bestrahlten Körpers trifft dann die Strahlung $\Phi_{12}\, dE_\lambda$.

Der von dem Körper nicht reflektierte Anteil $\Phi_{12}(1 - r_\lambda)\,\varepsilon_\lambda\, dE_{s\lambda}$ dringt in den Körper ein. Wird ein Anteil d_λ durchgelassen, so ist die im Körper absorbierte Strahlung:

$$\Phi_{12}\,(1 - r_\lambda - d_\lambda)\,\varepsilon_\lambda\, dE_{s\lambda}. \tag{4.29}$$

Dabei ist $1 - r_\lambda - d_\lambda = a_\lambda$ das Absorptionsverhältnis. Die Auftragung über der Wellenlänge und Planimetrierung (Bild 4.28) ergibt die vom Körper aufgenommene

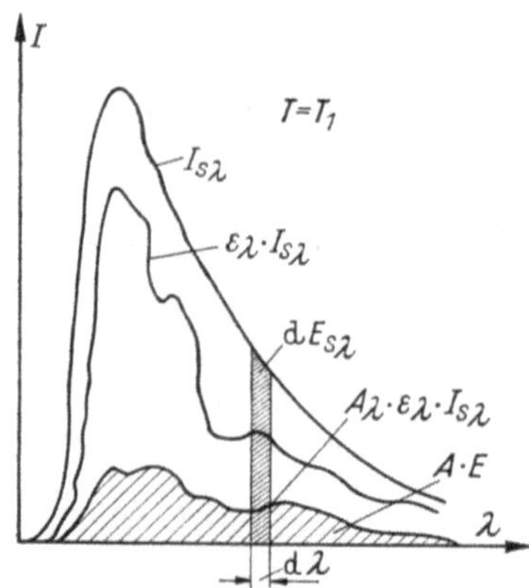

Bild 4.28. Zur Ermittlung des Strahlungsaustausches bei selektiven Strahlern.

Strahlungswärme, die pauschal gleich $\Phi_{12}aE$ gesetzt wird, worin E die gesamte Emission des Strahlers bei der gegebenen Temperatur T_1, a das Gesamtabsorptionsverhältnis des Körpers ist. Die von dem Körper bei seiner Temperatur T_2 ausgestrahlte Wärme wäre in analoger Weise zu bestimmen.

4.1.2.3. Die Gasstrahlung

Mehratomige Gase, deren Moleküle aus verschiedenen Atomen aufgebaut sind, z. B. Wasserdampf, Kohlensäure, Methan usw., strahlen und absorbieren in gewissen Wellenlängenbereichen, in denen die Frequenz, der Schwingungen, die die Atome im Molekül vollführen, mit der Frequenz der Strahlung übereinstimmt (Resonanz). Es ist naheliegend, die von einer strahlenden Gasschicht ausgehende Strahlung der Zahl der strahlenden Moleküle $p \cdot s$ proportional anzunehmen (Beersches Gesetz). Angesichts der untergeordneten Bedeutung des Problems in der Trocknungstechnik soll hier nur das von Eckert [4.14] angegebene Verfahren zur Berechnung des pauschalen Effektes der insgesamt eingestrahlten Wärmemenge mitgeteilt werden.

Für die Trocknungstechnik, soweit es sich um Rauchgastrocknung handelt, kommen nur Wasserdampf und Kohlensäure in Betracht.

Bild 4.29 gibt das gesamte Emissionsverhältnis ε_G für CO_2, Bild 4.30 für H_2O an. Während bei CO_2 die Gasstrahlung dem Beerschen Gesetz folgt, ist bei Wasserdampf die Strahlung bei kleinem Teildruck des Wasserdampfes schwächer als bei

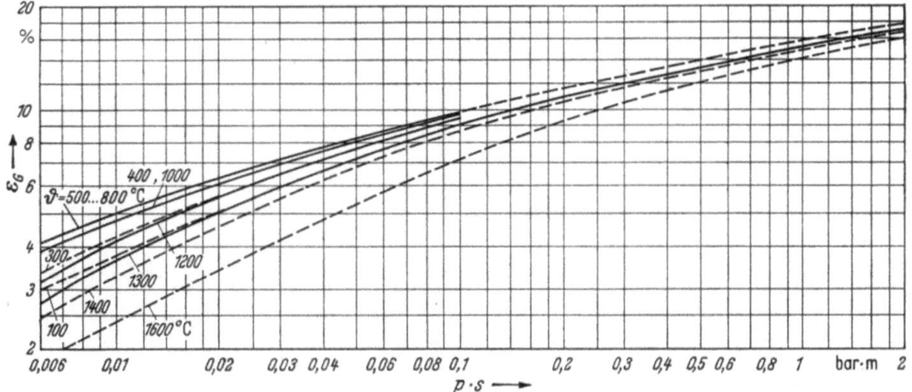

Bild 4.29. Emissionsverhältnis ε_G für CO_2 nach Eckert [4.14].

größerem Teildruck. Man kann dies berücksichtigen, indem man die in Bild 4.30 links angegebenen Werte ε_G mit einem Abminderungsfaktor multipliziert, der sich aus dem Nebendiagramm in Abhängigkeit von Temperatur und Teildruck entnehmen läßt. Wegen der logarithmischen Auftragung kann dies auch durch Subtraktion der Strecke $a-b$ im Nebendiagramm von dem für reinen Wasserdampf bei gesuchten Verhältnissen gültigen Wert c geschehen, so daß das wahre Emissionsverhältnis bei d zu entnehmen ist.

Die Herleitung gilt für ein Flächenelement, das von einer Gasmasse in Gestalt einer Halbkugel (Halbmesser s) umgeben ist, so daß die Schichtstärke s nach allen

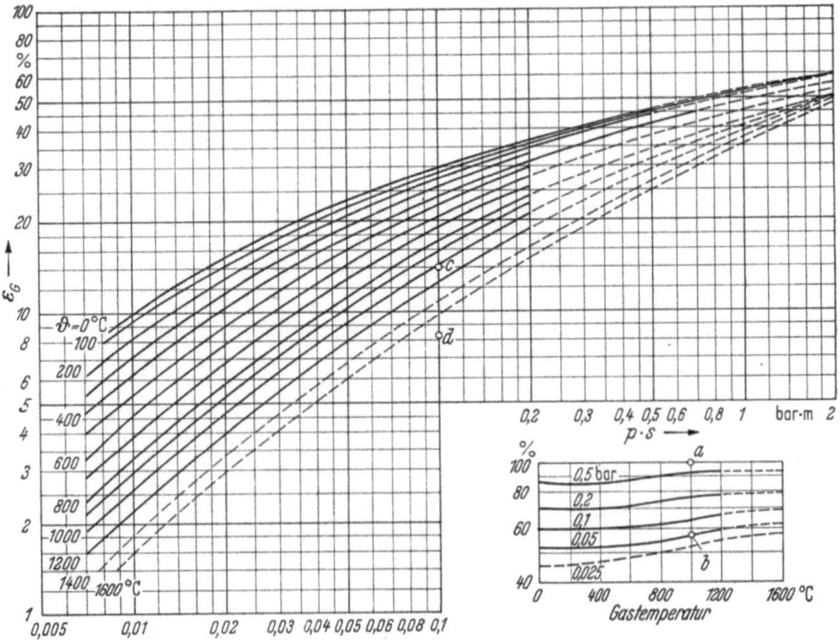

Bild 4.30. Emissionsverhältnis ε_G für H_2O-Dampf nach Eckert [4.14].

Richtungen gleich ist. Bei anderer Gestalt der Gasmasse ist ein gleichwertiger Halbmesser oder eine wirksame Schichtstärke einzusetzen, die von der Form der Gasmasse und der Lage der bestrahlten Fläche abhängt. Es gilt mit guter Näherung:

$$s = 0{,}9 \frac{4V}{A}, \tag{4.30}$$

wenn V das Volumen des Gasraumes, A die Umfassungsfläche des Gasraumes bedeuten.

Zum Beispiel wird für einen würfelförmigen Raum von der Kantenlänge a, $V = a^3$, $A = 6a^2$

$$s = 0{,}9 \frac{4a^3}{6a^2} = 0{,}6a.$$

Beim Strahlungsaustausch zweier Körper, zwischen denen sich ein strahlungsdurchlässiges Medium befindet, wird die Strahlungsaustauschzahl C_{12} nach Gl. (4.2) bestimmt. Nach Division dieser Gleichung durch C_s erhält man

$$\frac{1}{\varepsilon_{12}} = \frac{1}{\varepsilon_1} + \frac{A_1}{A_2}\left(\frac{1}{\varepsilon_2} - 1\right). \tag{4.2a}$$

Ähnliche Betrachtungen bei der Gasstrahlung führen zur Strahlungsaustauschzahl C_{GW} bzw. zum Strahlungsaustauschverhältnis ε_{GW} zwischen Gas und Wand (Eckert)

$$\frac{1}{\varepsilon_{GW}} = \frac{1}{\varepsilon_G} + \frac{1}{\varepsilon_{G\infty}}\left(\frac{1}{\varepsilon_W} - 1\right). \tag{4.31}$$

Hierbei ist ε_G das Emissionsverhältnis des Gases, $\varepsilon_{G\infty}$ das Emissionsverhältnis des Gases bei gleicher Temperatur für unendliche Schichtdicke. Man findet es durch Extrapolieren in Bild 4.29 und 4.30 für $s \to \infty$.

Die durch Strahlung ausgetauschte Wärmemenge ist dann:

$$\dot{q} = \varepsilon_{GW,\vartheta G}\, C_s \left(\frac{T_G}{100}\right)^4 - \varepsilon_{GW,\vartheta W}\, C_s \left(\frac{T_W}{100}\right)^4, \tag{4.32}$$

wobei die zweiten Indizes angeben, daß das erste ε_{GW} bei Gastemperatur ϑ_G, das zweite bei Wandtemperatur ϑ_W zu bilden ist.

Bedenkt man jedoch, daß ε_W in den meisten technischen Fällen ≈ 1 ist (s. Tab. 4.1), so kann man zur Bestimmung von ε_{GW} die Bedingungen von Gl. (4.6) als gegeben ansehen, bei der die mehrmalige Reflexion vernachlässigt ist, und findet nach Division durch C_s:

$$\varepsilon_{GW} = \varepsilon_G \varepsilon_W. \tag{4.6a}$$

Beispiel:

In einem Trommeltrockner ohne Einbauten strömt Rauchgas von 800 °C ($p_{H_2O} = 0{,}05$ bar, $p_{CO_2} = 0{,}1$ bar) über die Oberfläche eines Gutes, das eine Temperatur von 85 °C hat. Der gasdurchströmte Raum habe eine Querschnittsfläche von $0{,}375 \mathrm{m^2}$ und einen Umfang von $2{,}75$ m. Dann wird $s = 0{,}9 \cdot 4 \cdot 0{,}375/2{,}75 \approx 0{,}5$ m.

Das Produkt ps wird dann:

$$ps_{CO_2} = 5\ \mathrm{cm\ bar}, \qquad ps_{H_2O} = 2{,}5\ \mathrm{cm\ bar}.$$

Wie groß ist die Wärmemenge, die durch Strahlung vom Gas auf 1 m² Gutsoberfläche übertragen wird?

Aus Bild 4.29 und 4.30 wird entnommen:

bei 800 °C

$$\varepsilon_{G,CO_2} = 8,2\,\%, \qquad \varepsilon_{G,H_2O} = 3,8\,\%,$$

bei 85 °C

$$\varepsilon_{G,CO_2} = 7,2\,\%, \qquad \varepsilon_{G,H_2O} = 8,5\,\%.$$

Weiter ist

$$\varepsilon_G = \varepsilon_{G,CO_2} + \varepsilon_{G,H_2O},$$

so daß

bei 800 °C

$$\varepsilon_{G,\vartheta G} = 12,0\,\%,$$

bei 85 °C

$$\varepsilon_{G,\vartheta w} = 15,7\,\%.$$

Zur Bestimmung von ε_{GW} nach Gl. (4.31) wäre noch $\varepsilon_{G\infty}$ festzulegen. Sieht man davon ab und benutzt die Vereinfachung nach Gl. (4.6a), so erhält man:

$$\varepsilon_{GW,\vartheta G} = 11,4\,\%, \qquad \varepsilon_{GW,\vartheta w} = 14,9\,\%.$$

Nach Gl. (4.32) wird:

$$\dot{q} = 8430 \ \text{W/m}^2.$$

4.2. Wärmeleitung

In jedes Problem der Trocknung spielen Fragen der Wärmeleitung hinein, bei Vorgängen mit langer Trocknungsdauer sind sie meist von untergeordneter Bedeutung; aber je mehr man sich bemüht, die Trocknungszeit herabzusetzen, um so mehr tritt der Einfluß der Wärmeleitung in den Vordergrund. Dabei muß man unterscheiden zwischen der mathematischen Beschreibung der Temperaturfelder, die sich unter gegebenen äußeren Bedingungen (Grenzbedingungen) einstellen, und der technischen Anwendung, die die Kenntnis der Stoffeigenschaften des betrachteten Stoffes zur Voraussetzung hat. Es sind also zwei Dinge zu trennen:

1. die mathematische Beschreibung eines Problems der Wärmeleitung,
2. die Kenntnis der Stoffeigenschaften, vorwiegend der Wärmeleitfähigkeit.

Bei technischen Überlegungen kann man in den meisten Fällen nur orientierende Betrachtungen anstellen, die, soweit als nötig, mit einfachen mathematischen Mitteln durchgeführt werden können. Es ist daher notwendig, die technischen Probleme so weit sinngemäß zu vereinfachen, daß sie ohne großen mathematischen Aufwand behandelt werden können. Für die Trocknungstechnik stehen zwei Grenzfälle von Wärmeleitvorgängen im Vordergrund des Interesses.

Der erste Grenzfall liegt bei den allgemein bekannten Gesetzmäßigkeiten der *Wärmeleitung im Beharrungszustand* vor, bei dem die Temperaturen aller Stellen des betrachteten Körpers zeitlich gleichbleiben. Für die meisten Heizvorrichtungen, Isolierungen, oft auch bei Betrachtung der Wärmebewegung im Trocknungsgut kann man diese einfachsten Gesetzmäßigkeiten anwenden, um zu technisch brauchbaren Resultaten zu kommen. Bei der Berechnung der Wärmebewegung im Beharrungszustand spielt die Form des Körpers, in dem die Bewegung vor sich geht bzw. der durch die „Grenzbedingungen" bewirkte Weg des Wärmestromes eine ausschlaggebende Rolle. Daher sind hier die Gleichungen einiger der markantesten, auch im Hinblick auf die Trocknungstechnik bedeutsamen Temperaturfelder im Beharrungszustand mitgeteilt (in ebenen Wänden, Hohlzylindern, Hohlkugeln und um Kreisscheiben).

Der zweite für die Trocknungstechnik bedeutsame Grenzfall ist der Fall der *kurzfristigen Wärmeeinwirkung* eines Körpers auf einen anderen, wenn beide anfänglich verschiedene Temperaturen haben. Er trifft die Verhältnisse, die vorliegen, wenn ein Gut während des Trocknens durch Rütteln, Umwenden usw. gegenüber seiner Unterlage dauernd bewegt wird, so daß immer nur kurzzeitige Berührungen zwischen Gutsteilen und der Unterlage erfolgen (z. B. beim Trommeltrockner der Wärmeaustausch zwischen Gut und Trommelwand oder den Einbauten). Es wird sich zeigen, daß auch die wichtigen Gesetzmäßigkeiten des Wärmeüberganges von Körpern, die von einem Luftstrom getroffen werden, in erster Näherung mit den gleichen Überlegungen behandelt werden können; man muß dann nur die Austauschzeit gleich der Zeit setzen, die ein Luftteilchen zum Vorbeiströmen an dem Körper braucht. Da es sich hier um Vorgänge handelt, bei denen die Wärmebewegung nur in geringe Tiefe des Körpers eindringt, spielt bei diesen Fragen die Gestalt der Körper nur eine untergeordnete Rolle. Man kann hier stets den mathematisch einfachsten Fall der Wärmebewegung in ebenen Wänden annehmen. Die mathematische Beschreibung dieser kurzfristigen Wärmeeinwirkungen, die im allgemeinen in der technischen Literatur nur selten benutzt wird, eignet sich zudem gut als Einführung in die bei Wärmeübergangsproblemen übliche Darstellung der Abhängigkeiten des Wärmeüberganges von dimensionslosen Kenngrößen.

Die wichtigste, aber schwer abzuschätzende Stoffeigenschaft bei allen Fragen der Wärmebewegung ist die *Wärmeleitfähigkeit des Trocknungsgutes*. Trocknungsgüter sind (abgesehen von Lacken, Leim, Gelatine usw.) durchweg porige Stoffe, bei denen die in den Poren haftende Feuchtigkeit verdunstet. Im Laufe der Trocknung ändert sich die Wärmeleitfähigleit der meisten Stoffe sehr stark, und sie wird in solchem Maß von der durch die Temperaturverhältnisse bedingten Dampfdiffusion abhängig, daß man sich über alle Fragen der Wärmeleitung in feuchten Stoffen nur in Zusammenhang mit den Fragen der Feuchtigkeitsbewegung unterrichten kann. Da es unzweckmäßig erscheint, diese Probleme bei den Fragen der Wärmeleitung bereits anzuschneiden, bringt das folgende Kapitel nur die Beschreibung der Abhängigkeit der Wärmeleitfähigkeit *trockener* Stoffe. Für diese ist es möglich, aus den einfachsten Berechnungen für die Wärmebewegung im Beharrungszustand bei ebenen Platten einen gewissen Einblick in die charakteristischen Gesetzmäßigkeiten zu vermitteln. Die Fundierung der Gesetzmäßigkeiten durch einfache Überlegung scheint deshalb besonders wichtig, weil der Ingenieur häufig in der Lage sein muß, für einen neuen Stoff die wesentlichen Eigenschaften abzuschätzen. Die Fülle der Variationsmöglichkeiten in physikalisch-chemischer Hinsicht sowie bezüglich der Anordnung der Feststoffteilchen in porigen Stoffen aber ist so außerordentlich groß, daß nur in der Vorstellung haftende Bilder für die entscheidenden Gesetzmäßigkeiten vor Trugschlüssen bewahren können.

Auch im Hinblick auf den Ablauf von Trocknungsvorgängen erscheint die Kenntnis der Wärmeleitzahl der trockenen Stoffe meistens wichtiger als diejenige der feuchten. Dies hat seinen Grund darin, daß die Wärmeleitung im feuchten Gut durchweg so groß ist, daß die Wärmeleitung den Gesamtvorgang meist nicht entscheidend beeinflußt. Erst wenn Teile des Gutes austrocknen, macht die Wärmeleitung, die dann stets durch die ausgetrockneten Teile an die verdunstende Fläche hin erfolgen muß, Schwierigkeiten. Aus all diesen Gründen scheint es zweckmäßig, die Frage nach der Höhe der Wärmeleitfähigkeit trockener Stoffe mit den Berechnungen der Wärmeleitung bei einfachsten geometrischen Verhältnissen zusammen zu behandeln.

4.2.1. Das Grundgesetz der Wärmeleitung

Mißt man im Beharrungszustand die Temperaturen an den verschiedenen Stellen einer Platte, die auf der einen Seite geheizt, auf der anderen gekühlt wird (Bild 4.31), so findet man, daß die Temperaturverteilung dann geradlinig ist, wenn die Wärme-

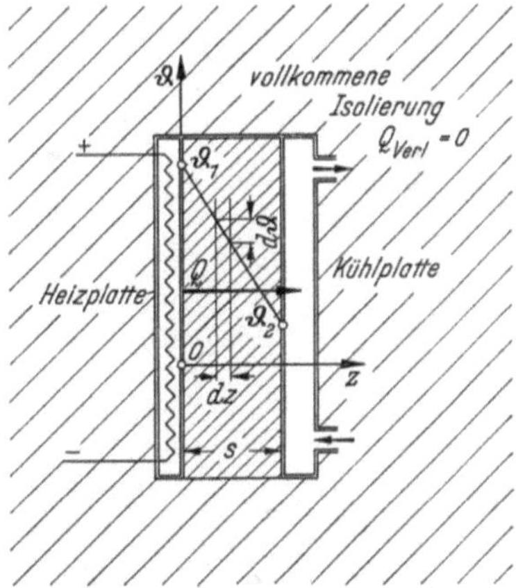

Bild 4.31. Prinzip der Messung der Wärmeleitfähigkeit.

leitfähigkeit des Versuchskörpers an jeder Stelle gleich ist. Man beobachtet, daß bei konstanter Fläche A bei bestimmtem Versuchskörper die Temperaturdifferenz $\vartheta_1 - \vartheta_2$ zwischen den beiden Oberflächen sich proportional dem Wärmezufluß und umgekehrt proportional der Gutsdicke ändert.

Dementsprechend setzt man:

$$\dot{Q} = A\lambda \frac{\vartheta_1 - \vartheta_2}{s}, \qquad (4.33)$$

worin

λ Wärmeleitfähigkeit des Versuchskörpers.

Wegen der Geradlinigkeit der Temperaturverteilung gilt dann für jedes kleine Körperelement von der Stärke dz, an welchem die Temperaturdifferenz $d\vartheta$ ist:

$$\dot{Q} = -A\lambda \frac{d\vartheta}{dz}, \qquad (4.34)$$

wobei das negative Vorzeichen andeutet, daß eine Wärmemenge in Richtung abnehmender Temperatur fließt. Zeigt die Messung bei der in Bild 4.31 angedeuteten Anordnung keine Geradlinigkeit der Temperatur, so ist nach Gl. (4.34) die Wärmeleitfähigkeit λ veränderlich. Im allgemeinen ist sie mehr oder weniger von der Temperatur abhängig (s. Abschn. 4.2.5.2.).

Für beliebig geformte Körper sei allgemein A die Fläche, die vom Wärmestrom Q senkrecht durchflossen wird, ds die Wegstrecke, an deren Enden der Temperaturunterschied $d\vartheta$ besteht. Dann schreibt man allgemein:

$$\dot{Q} = -A\lambda \frac{d\vartheta}{ds}. \tag{4.35}$$

Dies ist das Fouriersche Grundgesetz der Wärmeleitung, auf das die Beschreibung aller Wärmeleitvorgänge zurückgeht.

4.2.2. Die Berechnung der Wärmeleitung in verschiedenen geometrisch einfachen Körpern im Beharrungszustand

4.2.2.1. Unendlich ausgedehnte ebene Wände

Bei den technischen Berechnungen wird jedes ebene Wandelement so angesehen, als wäre es ein Stück einer unendlich ausgedehnten Wand, die in jeder Fläche senkrecht zum Wärmestrom (in Richtung z) überall gleiche Temperatur hat (Bild 4.32).

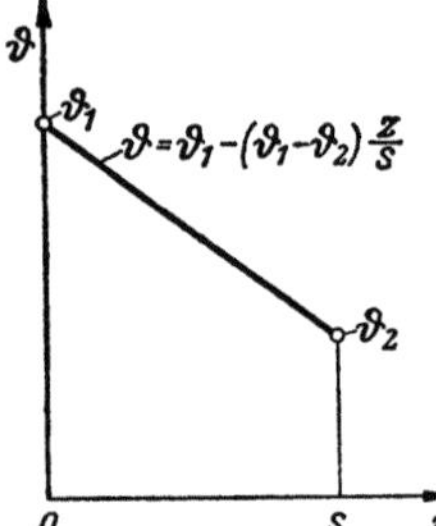

Bild 4.32. Temperaturverlauf und Wärmestrom in ebenen Wänden.

Beim Wärmefluß durch ebene Wände ist die Durchgangsfläche A des Wärmestromes überall die gleiche.

Das Grundgesetz Gl. (4.35) in seiner Anwendung auf den Beharrungszustand (Q = const) liefert für A = const

$$\dot{Q} = -A\lambda \frac{d\vartheta}{dz} = A\lambda \frac{\vartheta_1 - \vartheta_2}{s}. \tag{4.36}$$

Besteht ein Wandteil aus parallel nebeneinander liegenden Einzelteilen, deren Leitfähigkeiten $\lambda_1, \lambda_2, \ldots, \lambda_n$ sind, während die Dicke der Teile überall die gleiche ist (z.B. Fachwerk), so zählt man die in den einzelnen Teilen strömenden Wärmemengen $\dot{Q}_1, \dot{Q}_2, \ldots, \dot{Q}_n$ zusammen und erhält:

$$\left. \begin{aligned} \dot{Q} &= \dot{Q}_1 + \dot{Q}_2 + \cdots + \dot{Q}_n \\ &= (A_1\lambda_1 + A_2\lambda_2 + \cdots + A_n\lambda_n) \frac{\vartheta_1 - \vartheta_2}{s}. \end{aligned} \right\} \tag{4.37}$$

Sind mehrere Schichten von den Leitfähigkeiten $\lambda_1, \lambda_2, \ldots, \lambda_n$ und den Dicken $s_1, s_2, \ldots, s_n$ hintereinandergeschaltet, so erhält man:

$$\dot{Q} = A \frac{1}{\dfrac{s_1}{\lambda_1} + \dfrac{s_2}{\lambda_2} + \cdots + \dfrac{s_n}{\lambda_n}} (\vartheta_1 - \vartheta_2). \tag{4.38}$$

4.2.2.2. Unendlich lange konzentrische Zylinder (Rohrleitungen mit Wärmedämmung)

Im Grundgesetz [Gl. (4.35)] ist als Fläche $2\pi r l$, als Stärke $\mathrm{d}s = \mathrm{d}r$ anzusetzen (Bild 4.33).

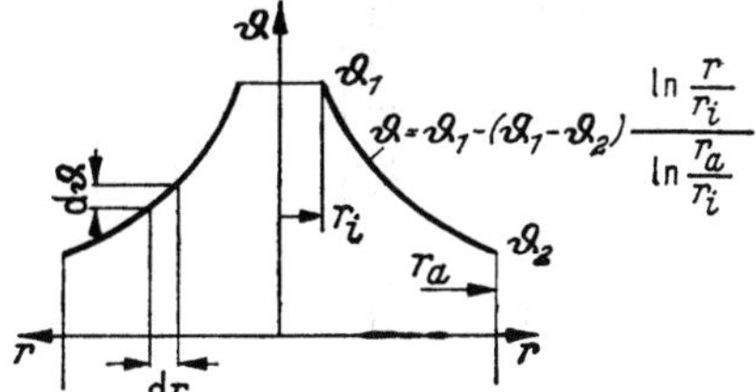

Bild 4.33. Temperaturverlauf in Zylindern.

$$\dot{Q} = -2\pi r l \lambda \frac{\mathrm{d}\vartheta}{\mathrm{d}r} = -2\pi l \lambda \frac{\mathrm{d}\vartheta}{\frac{\mathrm{d}r}{r}} = -2\pi l \lambda \frac{\mathrm{d}\vartheta}{\mathrm{d}\ln r} = 2\pi l \lambda \frac{\vartheta_1 - \vartheta_2}{\ln \frac{r_a}{r_i}}. \tag{4.39}$$

Für hintereinandergeschaltete zylindrische Schichten gilt:

$$\dot{Q} = 2\pi l \frac{\vartheta_1 - \vartheta_2}{\frac{1}{\lambda_1}\ln\frac{r_1}{r_i} + \frac{1}{\lambda_2}\ln\frac{r_2}{r_1} + \cdots \frac{1}{\lambda_n}\ln\frac{r_a}{r_{n-1}}}. \tag{4.40}$$

4.2.2.3. Die konzentrische Hohlkugel

Das Grundgesetz [Gl. (4.35)] liefert in diesem Fall (Bild 4.34)

$$\dot{Q} = -4\pi r^2 \lambda \frac{\mathrm{d}\vartheta}{\mathrm{d}r} = -4\pi\lambda \frac{\mathrm{d}\vartheta}{-\mathrm{d}\left(\frac{1}{r}\right)} = 4\pi\lambda \frac{\vartheta_1 - \vartheta_2}{\frac{1}{r_i} - \frac{1}{r_a}}. \tag{4.41}$$

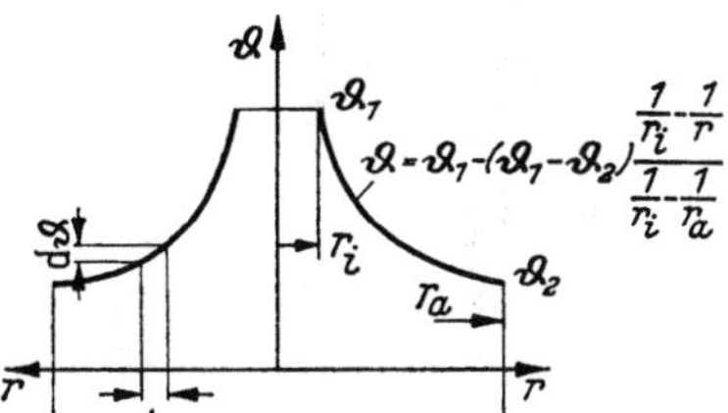

Bild 4.34. Temperaturverlauf in Hohlkugeln.

Die Gleichung für Hohlkugeln, die in Richtung des Wärmestromes hintereinander liegen und aus verschiedenen Schichten zusammengesetzt sind, lautet:

$$\dot{Q} = 4\pi \frac{\vartheta_1 - \vartheta_2}{\frac{1}{\lambda_1}\left(\frac{1}{r_i} - \frac{1}{r_1}\right) + \frac{1}{\lambda_2}\left(\frac{1}{r_1} - \frac{1}{r_2}\right) + \cdots \frac{1}{\lambda_n}\left(\frac{1}{r_{n-1}} - \frac{1}{r_a}\right)}. \tag{4.42}$$

Im Hinblick auf spätere Betrachtungen (s. Abschn. 4.3.2.1.) ist folgender Hinweis wichtig: Vergleicht man die Gln. (4.36), (4.39) und (4.41), so erkennt man: Durch Anwendung immer stärkerer Wärmedämmungen s nähert sich bei gegebenen Oberflächentemperaturen ϑ_1 und ϑ_2 sowohl bei der unendlich ausgedehnten ebenen Wand ($s = \infty$) als auch beim unendlich dicken Zylinder ($r_a = \infty$) der Wärmestrom $\dot{Q}$ dem Wert Null, während bei der Kugel $\dot{Q}$ endlich bleibt.

Somit gibt es einen minimalen Wärmefluß für die Kugel

$$\dot{Q}_{min} = 4\pi r_i \lambda(\vartheta_1 - \vartheta_2). \tag{4.43}$$

Es ist die Eigentümlichkeit aller endlich ausgedehnten Körper, daß der von ihnen ausgehende Wärmestrom endlich ist, selbst wenn sie von einer unendlich dicken Wärmedämmung umschlossen sind.

4.2.2.4. Die Kreisscheibe

Eine unendlich dünne Kreisscheibe (Bild 4.35) (näherungsweise eine sehr dünne Tablette) befindet sich in einem unendlich ausgedehnten ruhenden Medium (einem Dämmaterial oder auch ruhender Luft, in der bei kleinen Temperaturunterschieden

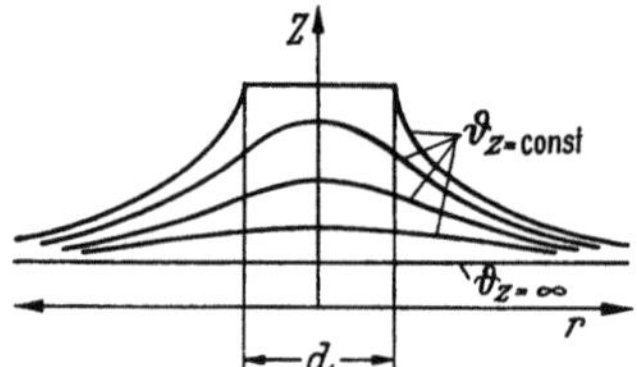

Bild 4.35. Temperaturverlauf in einem eine be-
heizte Kreisscheibe umhüllenden Medium.

keine Auftriebsströmung entstehen kann). Die Scheibe sei auf der konstanten Temperatur ϑ_0 gehalten, im Unendlichen herrsche die Temperatur ϑ_∞.

Die mit der Höhe z und dem Abstand r vom Mittelpunkt veränderliche Temperaturverteilung ist gegeben durch die nicht einfach auswertbare Beziehung[1]:

$$\vartheta - \vartheta_\infty = (\vartheta_0 - \vartheta_\infty)\frac{2}{\pi}\int_0^\infty \frac{\sin(mR)}{m} J_0(mr)\, e^{-mz}\mathrm{d}m.$$

Die Wärmeabgabe beider Oberflächen an die Umgebung jedoch ist durch die sehr einfache Beziehung

$$\dot{Q}_{min} = 4\lambda\, d(\vartheta_0 - \vartheta_\infty) \tag{4.44}$$

gegeben. — Sie ist also etwa zwei Drittel der Wärmeabgabe einer Kugel gleichen Durchmessers bzw. näherungsweise gleich der Wärmeabgabe einer flächengleichen Kugel.

4.2.3. Die Wärmeleitfähigkeit fester, flüssiger und gasförmiger Stoffe

Bei allen technischen Berechnungen wird die Wärmeleitzahl in erster Näherung als konstant angesehen bzw. ein für den betrachteten Bereich der Temperatur, des Druckes, der Feuchtigkeit usw. brauchbarer Mittelwert eingesetzt. Die Größenordnung der in Frage kommenden Wärmeleitfähigkeiten bei etwa 20 °C geht aus folgender Zusammenstellung hervor:

Metalle	$8-400\,\dfrac{W}{m\,K}$	Gase [4.24]	$0{,}010-0{,}15\,\dfrac{W}{m\,K}$
Dichte Gesteine	$1-5$	Trockene Dämmstoffe	$0{,}025-0{,}15$
Dichte Kunststoffe	$0{,}2-0{,}8$	Trockene Baustoffe	$0{,}150-2{,}5$
Flüssigkeiten (mit Ausnahme flüssiger Metalle)	$0{,}1-0{,}6$		

---

[1] Siehe Gröber/Erk/Grigull [4.32].

Tabelle 4.2 gibt eine Übersicht über die Leitfähigkeit der technisch wichtigsten Stoffe. In Tabelle 4.3 sind die Wärmeleitzahlen einiger technisch wichtiger Flüssigkeiten, in Tabelle 4.4 die molekulare Leitfähigkeit von Gasen in Abhängigkeit von der Temperatur angegeben. Die Wärmeleitung in Gasen ist so lange unabhängig vom Gasdruck, als die freie Weglänge der Moleküle wesentlich kleiner ist als der Abstand der Wände. Tabelle 4.5 enthält die Wärmeleitzahlen von Wasser und Eis in Abhängigkeit von der Temperatur sowie die der porigen kristallisierten Eisformen in Abhängigkeit vom Raumgewicht bei 0 °C.

Tabelle 4.2. Wärmetechnische Werte fester Stoffe [4.111]

Stoff	ϑ °C	ϱ kg/m³	c J/kg K	λ W/m K	$a \cdot 10^6$ m²/s
Metalle					
Aluminium (99,5 %)	20	2700	920	221	88,9
Duraluminium	20	2800	910	146	57,22
Silumin	20	2700	900	160	65,56
Antimon	20	6690	210	21	15,00
Blei	20	11340	130	35	23,61
Cadmium	20	8640	234	9,6	4,72
Chrom	20	7100	500	86	24,17
Eisen	20	7860	465	67	18,33
Grauguß	20	7100−7300	545	42−63	
Stahl 0,2 % C	20	7850	460	50	13,89
Stahl 0,6 % C	20	7840	460	46	12,78
V2A 18 % Cr, 8 % Ni	20	7880	500	21	5,28
Invarstahl 36 % Ni	20	8130	500	16,3	4,17
Gold	20	19300	125	314	130,56
Kupfer	20	8900	390	393	133,33
Magnesium	20	1740	1010	171	97,22
Gelbtombak MS 72	20	8560	390	92	27,78
Rottombak MS 90	20	8800	390	110	31,94
Konstantan	20	8900	410	22,5	6,11
Nickel	20	8800	460	58,5	14,44
Monelmetall (67 % Ni, 28 % Cu, 5 % Fe+Mn+ Si+C)	20	8580	500	25	5,83
Platin	20	21400	167	71	13,06
Quecksilber	20	13600	138	10,5	5,56
Silber	20	10500	238	458	183,33
Tantal	20	16600	138	54,5	11,94
Wismut	20	9800	125	9,6	7,78
Wolfram	20	19300	142	197	7,22
Zink	20	7140	376	109	40,83
Zinn	20	7280	230	63	37,50
Anorganische Stoffe					
Silikastein	100	1700−2000	−	0,81−1,34	−
Schamottestein	100	1700−2000	835	0,46−1,16	0,33−0,69
Kesselstein	100	300−2700	−	0,081−2,2	−
Beton	20	1900−2300	880	0,8−1,4	0,50−0,69
Ziegelstein, trocken	20	1600−1800	835	0,38−0,52	0,28−0,36

Tabelle 4.2 (Fortsetzung)

Stoff	ϑ °C	ϱ kg/m³	c J/kg K	λ W/m K	$a \cdot 10^6$ m²/s
Verputz	20	1700	—	0,79	—
Erdreich, grobkiesig	20	2000	1840	0,52	0,144
Sandboden	20	1600	—	1,07	—
Tonboden	20	1500	880	1,28	1,000
Sandstein	20	2200 − 2300	710	1,63 − 2,10	1,06 − 1,28
Marmor	20	2500 − 2700	810	2,8	1,389
Schnee (Reif)	0	200	—	0,15	—
Schnee (frisch)	0	100	2090	0,11	0,528
Eis	0	920	1930	2,2	1,250
Organische Stoffe					
Bakelit	20	1270	1600	0,23	0,114
Gummi	20	1100	—	0,13 − 0,23	—
Leder	20	1000	—	0,15	—
Hochdruck-Polyäthylen	20	920	2150	0,35	0,178
Niederdruck-Polyäthylen	20	950	1800	0,45	0,267
Polypropylen	20	910	1700	0,22	0,142
Polystyrol	20	1050	1300	0,17	0,125
Polymethylmethacrylat	20	1180	1300	0,19	0,125
Polyvinylchlorid	20	1390	980	0,17	0,125
6-Polyamid	20	1130	1900	0,27	0,125
6,6-Polyamid	20	1140	1900	0,25	0,117
Polyäthylenterephthalat	20	1380	1100	0,28	0,183
Polytetrafluoräthylen	20	2200	1000	0,23 − 0,47	0,11 − 0,21
Polytrifluorchloräthylen	20	2100	920	0,11 − 0,23	0,06 − 0,12
Polyurethan	20	1200	1900	0,36	0,158
Dämmstoffe					
Korkschrot, expandiert, Korngröße ≈ 3 mm	20	37	—	0,033	—
Kieselgur, pulverförmig	20	54	—	0,035	—
Kohlensaure Magnesia, pulverförmig	20	131	—	0,038	—
Seide, wollig	20	58	—	0,034	—
Seide	20	100	—	0,050	—
Baumwolle	20	81	—	0,055	—
Schlackenwolle	20	95	—	0,031	—
Schlackenwolle	20	119	—	0,033	—
Asbest, faserförmig	20	470	—	0,154	—
Asbest, faserförmig	20	702	—	0,234	—
Kork	20	107	—	0,037	—
Kork	20	160	—	0,041	—
Quellgummi	20	86	—	0,033	—
Balsaholz	20	101	—	0,040	—
Sägemehl (lufttrocken)	20	190 − 215	—	0,06	—
Hobelspäne (lufttrocken)	20	95 − 140	—	0,06	—
Strohfaser	20	140	—	0,045	—
Sonstige Stoffe					
Paraffin	20	870 − 920	2100	0,24 − 0,29	0,14
Porzellan	20	2200 − 2500	790	0,83 − 1,05	0,51

Tabelle 4.2. (Fortsetzung)

Stoff	ϑ °C	ϱ kg/m³	c J/kg K	λ W/m K	$a \cdot 10^6$ m²/s
Quarzglas	20	2210	730	1,40—1,26	1,01
Fensterglas	20	2480	700—900	1,16	0,54
Steatit	20	2600—2700	810—860	1,05—1,6	1,24
Steinzeug	20	2200—2470	770—900		0,71
Zelluloid (weiß)	20	1400	—	0,20	—
Asbestschiefer	20	1900	—	0,35	—
Asphalt	20	2100	920	0,70	0,36
Bitumen	20	1050	1800	0,17	0,089
Dachpappe, Pappe	20	1000—1200	—	0,14—0,23	—
Hartpappe	20	790	—	015	—
Linoleum	20	1180	—	013	—
Gummi, vulkanisiert	20	1200—950	1800—2200	0,13—0,15	0,065

Tabelle 4.3. Wärmetechnische Werte einiger Flüssigkeiten

Stoff	ϑ °C	ϱ kg/m³	c J/kg K	λ W/m K	$a \cdot 10^6$ m²/s
Wasser	20	998	4182	0,604	0,145
Methylalkohol	20	792	2495	0,202	0,102
Ammoniak	20	609	4740	0,521	0,180
Benzol	20	879	1729	0,144	0,095
Glyzerin, wasserfrei	20	1260	2366	0,286	0,096
Olivenöl	20	920	1630	0,17	0,112
Maschinenöl	20	900—930	2040	0,12—0,17	0,065—0,090
Petroleum	20	730	2135	0,15	0,090
Schwefelsäure	20	1890	1380	0,535	0,205
Teer	20	1200	1250	0,14	0,093
Toluol	20	867	1717	0,141	0,095

Tabelle 4.4. Wärmeleitfähigkeit λ von Gasen bei 1 bar in W/m K (nach B. Koch [4.54])

Temperatur °C	Stoff Luft	Kohlensäure CO_2	Wasserdampf H_2O	Wasserstoff H_2
—50	0,0205	0,0110	0,0124	0,1465
0	0,0243	0,0143	0,0159	0,1756
+50	0,0278	0,0178	0,0198	0,2035
100	0,0311	0,0213	0,0238	0,2291
200	0,0369	0,0283	0,0326	0,2756
300	0,0422	—	0,0424	0,3140
400	0,0471	—	0,0550	—
500	0,0516	—	0,0752	—
1000	0,0713	—	—	—
2000	0,1027	—	—	—

Tabelle 4.5. Wärmeleitfähigkeit von Wasser, Eis, Schnee und Reif
(nach einer Zusammenstellung von J. S. Cammerer [4.9])

Stoff		Dichte ϱ	Wärmeleitfähigkeit λ
		kg/m³	W/m K
Wasser nach [4.103] bei	0 °C	1 000	0,555
	10 °C	1 000	0,578
	30 °C	996	0,616
	50 °C	988	0,644
	100 °C	958	0,682
Maximaler Wert	130 °C	935	0,687
	200 °C	863	0,666
	300 °C	700	0,564
Eis nach [4.42] bei	0 °C	880—920	2,23
	−50 °C		2,78
	−100 °C		3,48
Schnee nach [4.105] bei	0 °C	100	0,047
		200	0,105
		300	0,233
		500	0,640
		910	2,233
Reif nach [4.105] bei	0 °C	100	0,087
		200	0,151
		300	0,233
		500	0,465
		910	2,233

4.2.4. Die Wärmeübertragung durch Strahlung und Leitung in dünnen Luftschichten bei veränderlichem Luftdruck

Im allgemeinen tritt, wenn in Gasen oder Flüssigkeiten Temperaturunterschiede
vorhanden sind, eine Auftriebsströmung — sogenannte freie Konvektion — auf,
die die Wärmeübertragung in Flüssigkeitsschichten beeinflußt. Die Erfahrung lehrt,
daß diese Strömung in *Luft*schichten erst bei Schichtstärken >1 cm den Wärmeübergang merklich ändert. Bei Schichtstärken <1 cm tritt eine Wärmebewegung
nur durch molekulare Wärmeleitung in der Luft $\dot{Q}_L$ sowie durch Wärmestrahlung
zwischen den Begrenzungswänden der Luftschicht $\dot{Q}_R$ in Erscheinung. Die gesamte Wärmeübertragung in einer ebenen Luftschicht ist dann, da die beiden Vorgänge sich gegenseitig nicht beeinflussen, gleich der Summe der Einzelwirkungen
[Gl. (4.33) und (4.1)].

$$\dot{Q} = \dot{Q}_L + \dot{Q}_R = A\left[\frac{\lambda_L}{s}(\vartheta_1 - \vartheta_2) + C_{12}\left\{\left(\frac{T_1}{100}\right)^4 - \left(\frac{T_2}{100}\right)^4\right\}\right]. \qquad (4.45)$$

Um zu einer handlicheren Darstellung zu kommen, führt man eine äquivalente
Leitfähigkeit für Strahlung λ_R ein nach dem Ansatz:

$$\dot{Q}_R = AC_{12}\left\{\left(\frac{T_1}{100}\right)^4 - \left(\frac{T_2}{100}\right)^4\right\} = \frac{A\lambda_R}{s}(\vartheta_1 - \vartheta_2).$$

Daraus ergibt sich als Definition für λ_R:

$$\lambda_R = C_{12}s \frac{\left\{\left(\frac{T_1}{100}\right)^4 - \left(\frac{T_2}{100}\right)^4\right\}}{T_1 - T_2}. \tag{4.46}$$

Für nicht zu große Temperaturunterschiede $T_1 - T_2$ ist der in Gl. (4.46) auftretende Temperaturfaktor mit sehr guter Genauigkeit:

$$\frac{\left(\frac{T_1}{100}\right)^4 - \left(\frac{T_2}{100}\right)^4}{T_1 - T_2} = 0,04 \left(\frac{0,5(T_1 + T_2)}{100}\right)^3. \tag{4.47}$$

Setzt man das arithmetische Mittel der Wandtemperaturen $0,5(T_1 + T_2) = T_m$, so geht Gl. (4.46) über in

$$\lambda_R = C_{12}s \cdot 0,04 \left(\frac{T_m}{100}\right)^3. \tag{4.48}$$

Führt man nun noch eine äquivalente Leitfähigkeit λ_{ges} für die gesamte Wärmeübertragung

$$\lambda_{ges} = \lambda_R + \lambda_L \tag{4.49}$$

ein, so kann man in Gl. (4.45) für die gesamte Wärmeübertragung setzen:

$$\dot{Q} = A \frac{\lambda_{ges}}{s} (\vartheta_1 - \vartheta_2). \tag{4.50}$$

In Tabelle 4.6 ist sowohl λ_R für verschiedene Temperaturen und Schichtstärken angegeben als auch λ_{ges}. Man erkennt, daß bei sehr dünnen Luftschichten

Tabelle 4.6. Äquivalente Wärmeleitfähigkeit für Strahlung λ_R und scheinbare gesamte Wärmeleitzahl λ_{ges} in Luftschichten mit gut strahlenden Begrenzungswänden ($C = 4,65$) in W/m K

ϑ_m	$0,186\left(\frac{T}{100}\right)^3$	λ_R für s			λ_L	$\lambda_{ges} = \lambda_L + \lambda_R$ für s		
		$=0,1\,$mm	$=1\,$mm	$=1\,$cm		$=0,1\,$mm	$=1\,$mm	$=1\,$cm
0°	3,76	0,0004	0,0037	0,0372	0,0241	0,0244	0,0278	0,0613
20°	4,65	0,0005	0,0047	0,0465	0,0256	0,0261	0,0302	0,0721
50°	6,26	0,0006	0,0058	0,0582	0,0277	0,0283	0,0335	0,0858
100°	9,68	0,0009	0,0093	0,0930	0,0313	0,0322	0,0415	0,1243
200°	19,8	0,0020	0,0198	0,1977	0,0385	0,0405	0,0602	0,2362
1 000°	383	0,0384	0,3838	3,8379	0,0713	0,1093	0,4536	3,9077
2 000°	2174	0,2175	2,1748	21,7	0,1027	0,3198	2,2679	21,86

($s < 1$ mm) die Strahlung erst bei höheren Temperaturen (über 100 °C) die gesamte Wärmeübertragung wesentlich beeinflußt. Würde man viele solcher Schichten zwischen Papier, Kunststoffolien oder dergleichen in geringem Abstand hintereinander anordnen, so käme die gesamte Leitfähigkeit der Anordnung etwa derjenigen der Luft gleich — wenigstens bei niederen Temperaturen. Bei Schichtstärken von 1 cm aber ist der Anteil der Strahlung stets größer als derjenige der molekularen Wärmeleitung und führt dazu, daß bei Temperaturen von etwa 2 000 °C die äquivalente Leitfähigkeit von Luftschichten in die Größenordnung derjenigen von Metallen kommt (z. B. in glühenden Kohleschüttungen, Kalköfen usw.). Wesentlich anders liegen die Verhältnisse, wenn die Wände aus blanken

Metallen bestehen. Wenn C_1 und C_2 zu 0,2 angenommen werden, so ist nach Gl. (4.2) $C_{12} = 0,1$, d.h. λ_R nur 2,5% der in Tabelle 4.6 angegebenen Werte. Das bedeutet, daß die Werte λ_{ges} bei Luftschichten, die von blanken Metallen begrenzt sind (z.B. Aluminiumfolie), nicht wesentlich größer sind als die molekulare Leitfähigkeit λ_L der Luft, die für Räume von wesentlich größerer Schichtstärke als der freien Weglänge Λ vom Luftdruck unabhängig ist.

Die Unabhängigkeit der Wärmeleitung vom Druck kann man sich folgendermaßen erklären: In demselben Maß, wie sich beim Evakuieren die Zahl der Moleküle in einem Raum verringert, vergrößert sich die freie Weglänge. Bei konstantem Temperaturfeld sind aber bei wachsender Weglänge auch die Temperaturunterschiede der zusammenstoßenden Moleküle größer, und zwar in dem gleichen Maß- wie die freie Weglänge wächst. Daher wird die geringere Zahl der austauschenden Moleküle durch die Vergrößerung des Energieaustauschs je Molekül kompensiert, so daß die Wärmeleitfähigkeit unabhängig vom Druck wird. (Bei sehr hohen Drücken — etwa 100 bar — steigt die Leitfähigkeit der Luft mit dem Druck.) Diese Gesetzmäßigkeit verliert ihre Gültigkeit, wenn die „mittlere freie Weglänge" so groß wird, daß sie mit den Abmessungen des Raumes, in dem sich der Energieaustausch abspielt, vergleichbar wird. Dann gibt es im Grenzfall keine Zusammenstöße von Molekülen mehr, sondern sie fliegen zwischen den Wänden, ohne Widerstand zu finden, hin und her. Jedes Molekül wechselt seine Temperatur, indem es beim Auftreffen auf die verschieden temperierten Wände jeweils die Temperatur der getroffenen Wand annimmt. In diesem Fall muß der ganze Energieaustausch zwischen den Wänden der Zahl der Luftmoleküle direkt proportional sein. Als äquivalente Leitfähigkeit der Porenluft ist dann entsprechend Gl. (4.49) zu setzen:

$$\lambda_{ges} = \lambda_R + \lambda_{LP}, \tag{4.51}$$

worin λ_{LP} die druckabhängige Leitfähigkeit der Porenluft bedeutet.

Die physikalische Erklärung für die Abhängigkeit der Leitfähigkeit λ_{LP} vom Luftdruck geht im wesentlichen von folgenden Überlegungen aus:

1. Wenn man *im Innern* eines Gasraumes eine Ebene betrachtet, in welcher — von links und von rechts kommend — Moleküle zusammenstoßen, so haben diese den letzten Zusammenstoß in der Entfernung $\pm \Lambda$ von der Ebene gehabt. Die mittlere Energiedifferenz der in der betrachteten Ebene zusammenstoßenden Moleküle ist also $-2\Lambda\, d\varepsilon/dz$, wenn das Energiegefälle in Richtung des Weges $d\varepsilon/dz$ ist. Die Zahl der in einer bestimmten Richtung im Raum fliegenden Moleküle ist $n\bar{c}/6$, wenn n die Zahl der Moleküle in der Volumeneinheit, $\bar{c}$ die mittlere Molekülgeschwindigkeit ist.

Der gesamte Energieaustausch bei den Zusammenstößen in der Ebene ist also

$$\dot{q} = -\frac{n\bar{c}}{6}\, 2\Lambda\, \frac{d\varepsilon}{dz}.$$

Man kann noch für die Energie ε eines Moleküls $\varepsilon = (C_v/N)\, T$ setzen, wenn C_v die spezifische Wärme je Mol und N die Zahl der Moleküle je Mol ist.

Macht man andererseits für die ausgetauschte Energie den Wärmeleitungsansatz, so wird:

$$\dot{q} = -\frac{n\bar{c}}{6}\, 2\Lambda\, \frac{C_v}{N}\, \frac{dT}{dz} = -\lambda_L\, \frac{dT}{dz} \tag{4.52}$$

oder

$$\lambda_{\mathrm{L}} = \frac{n\bar{c}}{3}\, \Lambda\, \frac{C_{\mathrm{v}}}{N}. \tag{4.53}$$

Diese Größe ist vom Luftdruck unabhängig, da die mittlere freie Weglänge Λ der Zahl n der Moleküle in der Volumeneinheit umgekehrt proportional ist. Die Größe λ_{L} ist also eine reine druckunabhängige Gaseigenschaft.

2. Anders als im Innern einer ausgedehnten Gasmasse liegen die Verhältnisse *an der Oberfläche*, welche den Gasraum begrenzt (Bild 4.36). Auf eine Ebene von 1 m² dieser Oberfläche treffen aus dem Gasinnern kommend $n\bar{c}/6$ Moleküle, die eine Energiedifferenz $\Delta\varepsilon = C_{\mathrm{v}}/N\,\Delta T$ an die Wand übertragen, wenn ΔT die Temperaturdifferenz zwischen der Wand und dem Gas im Abstande Λ von der Wand bedeutet.

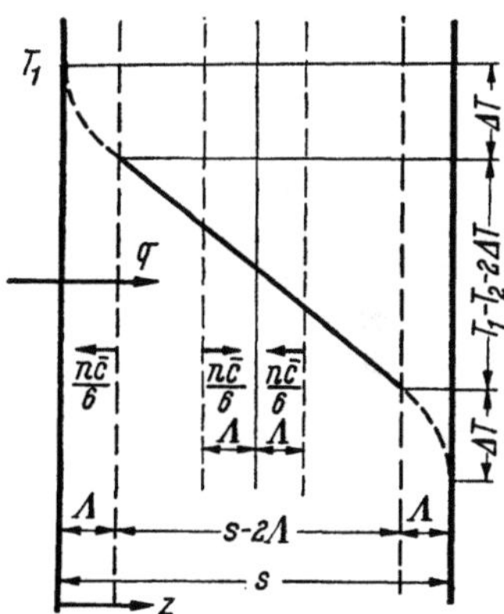

Bild 4.36. Zur Veranschaulichung der Wärmeleitung zwischen zwei ebenen Wänden bei vermindertem Druck.

Die Unvollkommenheit des Energieaustausches der auf die Wand auftreffenden Moleküle wird durch einen Akkomodationskoeffizienten γ berücksichtigt in dem Ansatz

$$\dot{q} = \frac{n\bar{c}}{6}\, \frac{C_{\mathrm{v}}}{N}\, \gamma\, \Delta T. \tag{4.54}$$

3. Beim Wärmetransport zwischen zwei ebenen Wänden von den Temperaturen T_1 und T_2 durch ein Gas muß entsprechend den Bezeichnungen in Bild 4.36 auf jeder Seite eine Randzone von der Stärke Λ und das Gasinnere unterschieden werden.

Entsprechend der Hintereinanderschaltung der Widerstände leitet man sich leicht her:

$$\dot{q} = \frac{n\bar{c}}{6}\, \frac{C_{\mathrm{v}}}{N}\, \frac{T_1 - T_2}{\dfrac{2}{\gamma} + \dfrac{s - 2\Lambda}{2\Lambda}}. \tag{4.55}$$

Macht man wiederum den üblichen Ansatz für Wärmeleitung

$$\dot{q} = \lambda_{\mathrm{LP}}\, \frac{T_1 - T_2}{s},$$

worin λ_{LP} die von der Schichtstärke abhängige Leitfähigkeit im Vakuum bedeutet, so kann λ_{LP} berechnet werden.

Für λ_{LP} ergibt sich unter Benutzung von Gl. (4.53) folgende Beziehung:

$$\lambda_{\mathrm{LP}} = \lambda_{\mathrm{L}} \frac{1}{1 + \dfrac{2\Lambda}{s}\left(\dfrac{2 - \gamma}{\gamma}\right)}. \qquad (4.56)$$

Man erkennt aus Gl. (4.55), daß, wenn Λ/s klein wird — d. h. bei höheren Drucken und großen Wandabständen — die Leitfähigkeit gleich der druckunabhängigen Größe λ_{L} wird. Für hochverdünnte Gase jedoch wird Λ/s groß und λ_{LP} wird für den Druck $P \rightarrow 0$ auch gleich Null.

Tabelle 4.7 erläutert den Einfluß des Luftdruckes ($\Lambda = \Lambda_0 \, P_0/P$), des Akkomodationskoeffizienten γ und der Schichtstärke s auf das Verhältnis $\lambda_{\mathrm{LP}}/\lambda_{\mathrm{L}}$[1].

Als äquivalente Leitfähigkeit einer Luftschicht von der Stärke s ist also zu setzen:

$$\lambda_{\mathrm{ges}} = \lambda_{\mathrm{R}} + \lambda_{\mathrm{LP}} = C_{12}\, s \cdot 0{,}04 \left(\frac{T_{\mathrm{m}}}{100}\right)^3 + \lambda_{\mathrm{L}} \frac{1}{1 + \dfrac{2\Lambda}{s}\dfrac{2 - \gamma}{\gamma}}. \qquad (4.57)$$

Tabelle 4.7. Der Einfluß des Luftdruckes P, der Schichtstärke s und des Akkomodationskoeffizienten γ auf die Wärmeleitfähigkeit der Luft für $0\,°\mathrm{C}$

γ	$\lambda_{\mathrm{LP}}/\lambda_{\mathrm{L}}$			P
	$s = 0{,}01$ mm	$0{,}1$ mm	1 mm	bar
0,1	0,81357	0,9776	0,99771	
0,5	0,96508	0,9964	0,99964	1
1,0	0,98808	0,9988	0,99988	
0,1	0,30382	0,81357	0,9776	
0,5	0,73432	0,96508	0,9964	10^{-1}
1,0	0,89237	0,98808	0,9988	
0,1	0,04181	0,30382	0,81357	
0,5	0,21654	0,73432	0,96508	10^{-2}
1,0	0,45330	0,89237	0,98808	
0,1	0,00434	0,4181	0,30382	
0,5	0,02689	0,21654	0,73432	10^{-3}
1,0	0,07656	0,45330	0,89237	
0,1	0,00043	0,00434	0,04181	
0,5	0,00275	0,02689	0,21654	10^{-4}
1,0	0,00822	0,07656	0,45330	
0,1	0,00004	0,00043	0,00434	
0,5	0,00027	0,00275	0,02689	10^{-5}
1,0	0,00082	0,00822	0,07656	

4.2.5. Die Wärmeleitfähigkeit trockener poriger Stoffe

Trockene porige Stoffe stellen ein Gemenge aus festen Bestandteilen und Luft dar. Der Feststoffanteil hat stets eine höhere Leitfähigkeit als Luft. Dabei unterscheiden sich die Stoffe sowohl hinsichtlich der Mengen- bzw. Volumenverhältnisse von

---

[1] Der Herleitung entsprechend gilt die angegebene Beziehung für einen durch ebene Wände begrenzten Gasraum. Zwischen Zylinder- und Kugelschalen gelten bei starker Krümmung andere Gleichungen, die man sich unter Verwendung der Gln. (4.39) und (4.41) herleiten kann (s. z.B. Jaeckel [4.13], Kessler [4.51]).

Luft und Feststoff als auch hinsichtlich der Verbindung der gut leitenden Feststoffteilchen in Richtung des Wärmeflusses. Da die Wärmeleitfähigkeit der Feststoffe bis zu 10000mal größer ist als diejenige der Luft, ist der Bereich, in dem die Wärmeleitfähigkeiten der porigen Stoffe liegen, außerordentlich groß. Beim Evakuieren poriger Stoffe wird unter Umständen auch die Wärmeleitung in den Luftporen vermindert, wodurch die Verschiedenheiten der porigen Stoffe hinsichtlich ihrer Wärmeleitfähigkeit noch verstärkt werden. Da es unmöglich ist, für jeden Stoff die Wärmeleitfähigkeit aus Handbüchern entnehmen zu können, ist es für den projektierenden Ingenieur von Wichtigkeit, eine Abschätzung wahrscheinlicher Werte vorzunehmen.

4.2.5.1. Der Einfluß der Porosität und Verbindung der Feststoffteilchen

Bei Schüttungen aller Art berühren sich die einzelnen Feststoffteilchen nur punktförmig. Abgesehen von diesem Punkt wird der Wärmestrom von Korn zu Korn durch eine Luftschicht von wechselnder Stärke gehemmt. Durch Trocknen, Brennen, Sintern usw. wird der Kontakt der Feststoffteilchen verstärkt. Bei gänzlich gesintertem Stoff könnte der Wärmestrom durch die gut leitenden „Wärmebrücken" des Feststoffes ungehindert fließen. Die. schlecht leitenden Lufteinschlüsse würden vorwiegend die Durchgangsfläche des Wärmestromes vermindern. Extreme, leicht berechenbare Grenzfälle wären eine Anordnung von ebenen Feststoffplatten, getrennt durch Luftschichten, wobei in Analogie zu dem schlechtesten Kontakt bei den pulverförmigen und körnigen Stoffen die Luft- und Stoffschichten in Richtung des Wärmstromes hintereinander lägen [Gl. (4.38)], während in Analogie zu gesinterten Stoffen nebeneinander liegende Feststoff- und Luftschichten anzunehmen wären [Gl. (4.37)]. Bei Annahme dünner Luftschichten unter 0,1 mm kann deren Wärmeleitzahl für normalen Druck nach dem vorherigen gleich λ_L gesetzt werden.

In Anwendung auf mineralische Feststoffe (s. Tab. 4.2) kann als Leitfähigkeit des Feststoffes $\lambda_\mathrm{S} = 4{,}7\;\mathrm{W/mK}$ angenommen werden. Die Berechnung nach Gl. (4.37) und (4.38) ergibt, daß für die geschilderten Grenzfälle die „scheinbare" Leitfähigkeit λ nur noch von der Porosität $\Psi = V_\mathrm{L}/(V_\mathrm{L} + V_\mathrm{S})$ abhängig ist (V_L = Volumen der Porenluft, V_S = Volumen der Feststoffteile). Bedeutet $\sum A_{\mathrm{S,n}}$ die Summe der Querschnitte aller Feststoffplättchen, durch die der Wärmestrom für das Schema bei Grenzfall I in Bild 4.37 fließt. $\sum A_{\mathrm{L,n}}$ diejenige der Luftzwischenräume, so liefert Gl. (4.37)

$$\dot{Q}_\mathrm{I} = \{\lambda_\mathrm{S} \sum A_{\mathrm{S,n}} + \lambda_\mathrm{L} \sum A_{\mathrm{L,n}}\} \frac{(\vartheta_1 - \vartheta_2)}{s}.$$

Für Grenzfall II gilt, wenn entsprechend die Gesamtdicke aller Feststoffplatten mit $\sum s_{\mathrm{S,n}}$, diejenige der Luftzwischenräume mit $\sum s_{\mathrm{L,n}}$ bezeichnet wird:

$$\dot{Q}_\mathrm{II} = \frac{A}{\dfrac{1}{\lambda_\mathrm{S}} \sum s_{\mathrm{S,n}} + \dfrac{1}{\lambda_\mathrm{L}} \sum s_{\mathrm{L,n}}} (\vartheta_1 - \vartheta_2).$$

Setzt man zur Berechnung gleichwertiger Leitfähigkeiten λ_I und λ_II für die beiden Anordnungen

$$\dot{Q}_\mathrm{I} = A \frac{\lambda_\mathrm{I}}{s} (\vartheta_1 - \vartheta_2) \quad \text{und} \quad \dot{Q}_\mathrm{II} = A \frac{\lambda_\mathrm{II}}{s} (\vartheta_1 - \vartheta_2)$$

und bedenkt, daß sowohl $\sum A_{\mathrm{L,n}}/A$ als auch $\sum s_{\mathrm{I,n}}/s$ gleich der Porosität Ψ ist, so ergibt sich

$$\lambda_{\mathrm{I}} = (1 - \Psi)\lambda_{\mathrm{S}} + \psi\lambda_{\mathrm{L}}; \tag{4.58}$$

$$\lambda_{\mathrm{II}} = \cfrac{1}{\cfrac{1 - \Psi}{\lambda_{\mathrm{S}}} + \cfrac{\Psi}{\lambda_{\mathrm{L}}}}. \tag{4.59}$$

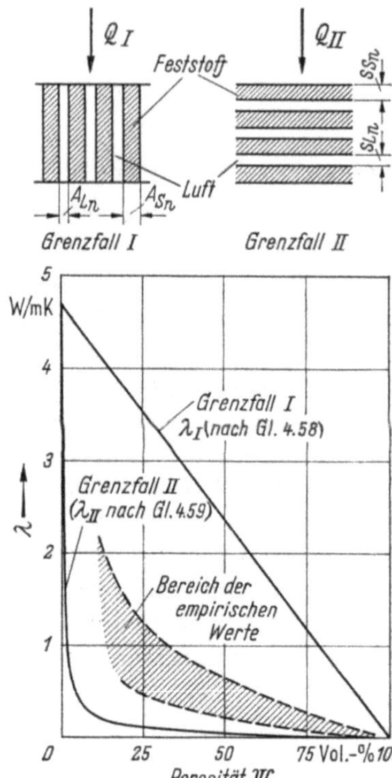

Bild 4.37. Einordnung der Wärmeleitfähig-keit mineralischer poriger Stoffe zwischen berechenbaren Grenzwerten.

Bild 4.37 zeigt, wie sich die Meßergebnisse an trockenen porigen Stoffen inner-halb der durch die gedachten Extremfälle gesetzten Grenzen gruppieren. An der unteren Grenze des empirischen Bereiches liegen folgende Stoffarten:

1. gepulverte und körnige Stoffe, deren Leitfähigkeit so lange praktisch unabhän-gig von der Korngröße ist, als die Strahlung in den Poren vernachlässigbar ist,
2. faserige Stoffe, deren Fasern senkrecht zum Wärmestrom liegen.

Bei solchen Stoffen, bei denen der dämmende Einfluß der Luft am stärksten ist (als pulverige, körnige und faserige), ist die Leitfähigkeit des Feststoffes nur von relativ geringem Einfluß. Dies erkennt man deutlich, wenn man einen für minera-lische Stoffe ($\lambda_{\mathrm{S}} \approx 4{,}7$ W/mK) nach Bild 4.37 gültigen Wert mit einem für Eisen-feilspäne ($\lambda_{\mathrm{S}} \approx 50$ W/mK) gemessenen Wert vergleicht. Bei einer Porosität von 62,5% wird für Eisenfeilspäne gemessen $\lambda = 0{,}21$ W/mK. Aus der unteren Kurve des empirischen Bereiches in Bild 4.37 entnimmt man $\lambda = 0{,}13$ W/mK.

Je besser die Verkittung der Feststoffteile untereinander ist, um so höher liegt die Leitfähigkeit bei gleicher Porosität und um so stärker tritt die mögliche Ver-schiedenheit der Leitfähigkeit der festen Bestandteile in Erscheinung. Solange —

wie z. B. bei Mineralien — die Dichten ϱ_S der Feststoffteilchen sich nicht allzusehr unterscheiden ($2400 < \varrho_S < 3000$) kann man jeder Porosität auch eine bestimmte Dichte zuordnen. Um zu einer genaueren Übersicht zu kommen, hat J. S. Cammerer [4.9] Gruppen von Stoffen, die hinsichtlich der Verkittung und der Feststoffeigenschaften vergleichbar sind, zusammengefaßt und für diese die Leitfähigkeiten für Temperaturen zwischen 0 und 20 °C in Abhängigkeit vom Raumgewicht angegeben. Die Tabellen 4.8 bis 4.10 geben diese orientierenden Zusammenhänge wieder.

Tabelle 4.8. Wärmeleitfähigkeit für lose Füllstoffe und allgemeine Baustoffwerte in Abhängigkeit vom Raumgewicht zwischen 0 und 20 °C (nach J. S. Cammerer [4.9] und [4.12]

Dichte ϱ_S kg/m³	Wärmeleitfähigkeit λ [W/m K] für				
	lose Füllstoffe		allgemeine Baustoffwerte		
	körnig (Sand, Schlacke) lufttrocken	pulverig (Steinmehl, Kieselgur) völlig trocken	faserig (Glas-, Stein- und Schlackenwolle)	völlig trocken	lufttrocken
100	—	—	0,059	—	—
200	0,093	0,047	0,052	0,053	0,062
300	0,105	0,056	0,058	0,059	0,069
400	0,116	0,066	0,070	0,070	0,080
500	0,128	0,077	—	0,083	0,095
600	0,140	0,087	—	0,101	0,116
800	0,163	0,116	—	0,140	0,163
1 000	0,186	0,151	—	0,186	0,215
1 200	0,209	0,186	—	0,244	0,279
1 400	0,244	0,221	—	0,302	0,349
1 600	0,291	—	—	0,384	0,442
1 800	0,361	—	—	0,500	0,570
2 000	0,430	—	—	0,640	0,733
2 200	0,523	—	—	0,826	0,954
2 400	—	—	—	1,140	1,303

Tabelle 4.9. Wärmeleitfähigkeit von Holz in Abhängigkeit vom Raumgewicht (bei 24 °C) (nach J. S. Cammerer [4.9])

Völlig trockener Zustand		Lufttrockener Zustand	
Dichte ϱ_S kg/m³	Wärmeleitfähigkeit λ W/m K	Dichte ϱ_S kg/m³	Wärmeleitfähigkeit λ W/m K
200	0,056	222	0,064
300	0,074	333	0,084
400	0,092	444	0,102
500	0,110	555	0,122
600	0,129	666	0,142
700	0,148	777	0,160
800	0,166	888	0,180
900	0,185	999	0,200
1 000	0,204	1 100	0,220

Tabelle 4.10. Wärmeleitfähigkeit organischer Wärmeschutzstoffe im lufttrockenen Zustand bei 0 °C in Abhängigkeit vom Raumgewicht (nach J. S. Cammerer [4.9])

Dichte ϱ_s kg/m³	Wärmeleitfähigkeit λ W/m K				
	Platten aus Kork oder Torf	Platten aus mineralisierter Holzwolle	Verkleidungs- platten aus organischen Fasern	Matten aus organischen Fasern	Faserstoffe lose
20	—	—	—	—	0,035
50	0,034	—	—	0,035	0,037
100	0,037	—	—	0,035	0,038
200	0,047	0,058	0,044	0,044	0,048
300	0,056	0,065	0,047	—	—
400	0,064	0,078	0,051	—	—
500	0,072	0,097	0,058	—	—
600	—	0,123	0,070	—	—

4.2.5.2. Der Einfluß der Temperatur

Der Einfluß der Temperatur auf die Wärmeleitung trockener poriger Stoffe kann sowohl auf die Änderung der Wärmeleitung der Feststoffteilchen als auch auf die-jenige der Porenluft zurückzuführen sein. Die letztere wird, wie in Abschn. 4.2.4. dargelegt wurde, mit steigender Temperatur und wachsender Porengröße (infolge der Strahlung) größer. Dagegen ist die Wärmeleitung in den Feststoffteilchen ab-hängig von der physikalischen-chemisch Struktur des Stoffes. Bei kristallinen Stoffen nimmt die Leitfähigkeit im allgemeinen mit steigender Temperatur ab, bei amorphen Stoffen wächst sie meist mit der Temperatur (vgl. Bild 4.38). Dieser Einfluß muß sich am stärksten auswirken bei porigen Stoffen von geringer Porosi-tät und guter Verkittung der Einzelteilchen.

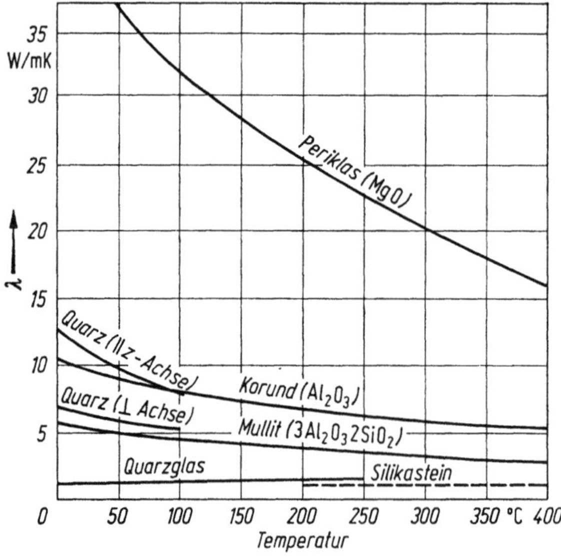

Bild 4.38. Temperaturabhängigkeit der Wärmeleitfähigkeit kristalliner und amorpher Stoffe.

Bei porigen Stoffen von schlecht wärmeleitendem Gefüge (pulverig, körnig, faserig) spielt die Wärmeleitung und Strahlung in den Poren die entscheidende Rolle. Der Anstieg der Leitfähigkeit des porigen Stoffes ist dann um so stärker, je größer der Luftgehalt und je größer die Poren sind. Angesichts der Tatsache, daß die absolute Höhe der Wärmeleitfähigkeit solcher Stoffe im wesentlichen von der Porosität abhängt, ist es sinnvoll, die temperaturbedingte Zunahme der Leitfähigkeit von dieser selbst abhängig zu machen. Cammerer hat für die wichtigsten anorganischen Dämmstoffe diesen Zusammenhang ermittelt (Bild 4.39). Die Stoffe kleinster Leitfähigkeit zeigen die größte Zunahme der Leitfähigkeit mit der Temperatur.

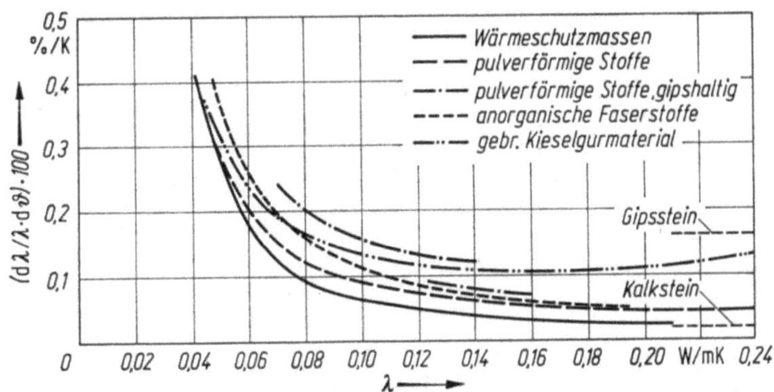

Bild 4.39. Prozentuale Erhöhung der Wärmeleitfähigkeit je Grad Temperaturerhöhung.

Beispiel
Die Wärmeleitfähigkeit eines pulverförmigen Stoffes, der ein Raumgewicht von 300 kg/m³ hat, ist nach Tabelle 4.8 zwischen 0 und 20 °C (also bei 10 °C im Mittel) $\lambda_{10} = 0{,}056$ W/mK. Aus Bild 4.39 soll die Leitfähigkeit λ_{80} bei 80 °C bestimmt werden. Man liest für $\lambda = 0{,}056$ W/mK eine Änderung der Wärmeleitzahl von 0,22 % je K ab. Es ergibt sich:

$$\lambda_{80} = \lambda_{10}\left(1 + \frac{0{,}22}{100} \cdot 70\right) = 1{,}15 \cdot \lambda_{10} = 0{,}064 \text{ W/m}.$$

4.2.5.3. Der Einfluß des Luftdrucks auf die Wärmeleitfähigkeit poriger Stoffe

Zur Beurteilung des Trocknungsverhaltens eines Gutes bei der Vakuumtrocknung ist der Einfluß des Luftdruckes in den Poren von Wichtigkeit. Besondere Bedeutung gewinnt diese Frage dann, wenn die Leitfähigkeit des porigen Stoffes vorwiegend durch die Wärmeleitung in den Poren bestimmt wird, also bei den pulverigen, körnigen und faserigen Stoffen, während ja bei den gut verkitteten Stoffen die Wärmeleitung in den „wärmebrücken"-bildenden Feststoffteilchen stärker ist. — Die Wärmeleitung in der Luft ist — wie in Abschn. 4.2.4. erläutert wurde — so lange unabhängig vom Druck, als die Poren erheblich größer als die freie Weglänge sind.

Bei Atmosphärendruck liegt die mittlere freie Weglänge z.B. für Luft bei 10^{-7} m, d.h. bei 0,1 µ. Zwischen den Porenwänden eines porigen Stoffes findet also bei Atmosphärendruck so lange die Wärmeleitung in gleicher Weise wie in stärkeren Luftschichten statt, als die Porenweiten größer als 0,1 µ sind. Nur in unmittelbarer Nähe der Berührungsstellen [4.97] der Feststoffteilchen werden im allgemeinen kleinere Wandabstände vorkommen. Evakuiert man jedoch auf 1/100 Atmosphäre, so ist die freie Weglänge schon 10^{-5} m oder 1/100 mm. Solche Wandabstände sind in den Poren feingepulverter Stoffe schon so häufig, daß hierbei ein wesentlicher Einfluß des Luftdruckes auf die Wärmeleitung zu beachten ist.

Die Bilder 4.40 und 4.41 zeigen die Abhängigkeit der Wärmeleitfähigkeit vom absoluten Druck für verschiedene Stoffe in verschiedenen Gasen. Will man feine Pulver im Vakuum trocknen, so muß sich die geringe Leitfähigkeit sehr ungünstig auswirken (s. Abschn. 7.3.2.1.).

Man kann den Einfluß des Luftdrucks auf die Leitfähigkeit poriger Stoffe mit einiger Näherung in einfachster Weise übersehen, wenn man ein einfaches Ersatzbild auf den porigen Stoffen anwendet, das sich auch bei der Behandlung des Einflusses der Feuchtigkeit auf die Wärmeleitfähigkeit (vgl. Absch. 6.) als nützlich erweisen wird.

Man denkt sich das Gut ersetzt durch eine Anordnung ebener Stoffplatten mit zwischenliegenden Luftschichten, wobei die für die Grenzfälle I und II in Bild 4.37

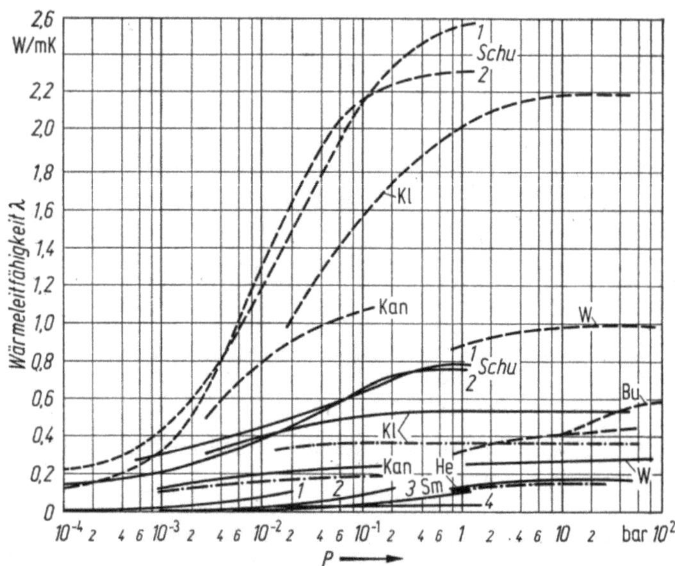

Bild 4.40. Einfluß des absoluten Druckes auf die Wärmeleitfähigkeit körniger und poröser Stoffe in verschiedenen Gasen nach [4.53].
Die Zeichen an den Kurven bedeuten: *Bu* Butterworth: Schlackenwolle (bei 330 °C); *He* Hengst: Diatomitmehl 0,016−0,24 mm ∅ ; *Kan* Kannuluik u. Martin: Karborundumpulver 0,55 mm ∅ ; *Kl* Kling: Stahlkugeln 3,18 mm ∅ ; *Schu 1* Schumann u. Voss: Bleischrot 0,62 mm ∅ ; *Schu 2* Schumann u. Voss: Stahlkugeln 1,26 mm ∅ ; *Sm 1* Smoluchowski: Quarzsand 0,26 mm ∅ ; *Sm 2* Smoluchowski: grober Zinkstaub 0,028 mm ∅ ; *Sm 3* Smoluchowski: feiner Zinkstaub 0,0062 mm ∅ ; *Sm 4* Smoluchowski: Kieselgur; *W* Weininger u. Schneider: Aluminiumoxydkörner 0,48 mm ∅ ; ———— in Luft bzw. N_2, – – – in H_2, –·– in CO_2.

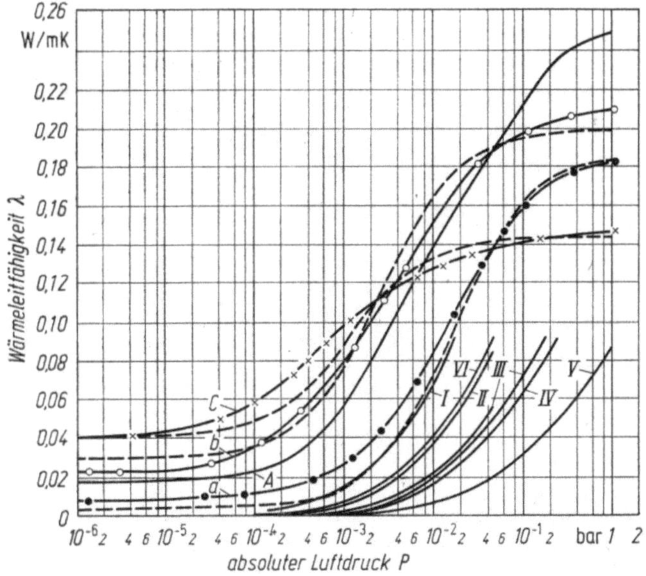

Bild 4.41. Einfluß des absoluten Druckes auf die Wärmeleitfähigleit körniger und poröser Stoffe in Luft.
Smoluchowski [4.93]: I Quarzpulver 0,264 mm ⌀ ; II Quarzpulver 0,0935 mm ⌀ ; III Quarzpulver 0,0433 mm ⌀ ; IV Zinkstaub 0,0278 mm ⌀ ; V Zinkstaub 0,0062 mm ⌀ ; VI Eisenpulver 0,16 mm ⌀ . Prins, Schenk, Schram [4.84]: A Glaskugelschüttung 0,34 mm ⌀ ; Kessler [4.51]: a Glaskugelschüttung 0,305 mm ⌀ ; b Glaskugelschüttung 1,88 mm ⌀ ; c Gasbeton 630.
———— aus Versuchen; — — — berechnet nach Gl. (4.59).

gewählten parallel und hintereinandergeschalteten Anordnungen wiederum in einem bestimmten gleichwertigen Verhältnis hintereinandergeschaltet seien, so daß sich für das wirkliche Gut und das Modell gleiche Leitfähigkeit ergibt. Der Anteil der widerstandsreichen (hintereinandergeschalteten) Anordnung II sei wie in Bild 6.2 mit a bezeichnet, der der parallelgeschalteten Anordnung I also mit $1 - a$.

Für ein solches Modell wird

$$\lambda = \frac{1}{\dfrac{1-a}{\lambda_\mathrm{I}} + \dfrac{a}{\lambda_\mathrm{II}}}, \tag{4.60}$$

worin λ_I und λ_II durch die Gl. (4.58) und (4.59) gegeben sind. Bei Anwendung auf die druckabhängige Leitfähigkeit in porigen Stoffen ist jedoch an Stelle der Größe λ_L in Gl. (4.58) und (4.59) die Größe $\lambda_\mathrm{ges} = \lambda_\mathrm{R} + \lambda_\mathrm{LP}$ entsprechend Gl. (4.57) einzusetzen. Dies setzt voraus, daß man einen mittleren Porenwandabstand s angeben kann. Für porige Stoffe dürfte das im allgemeinen schwer sein. Bei ungeordneten Kugelhaufwerken vom Durchmesser d_K aber dürfte als grobe Näherung $s = d_\mathrm{K}/3$ genügen.

Zur Berechnung der Leitfähigkeit des Modells nach Gl. (4.60) müssen noch die Leitfähigkeit des Feststoffs λ_s und der erforderliche Anteil a der widerstandsreichen Anordnung II bekannt sein. Beide kann man, wie in Abschn. 6.1. erläutert wird, z. B. aus der Leitfähigkeit eines Gutes bei normalem Druck in völlig trockenem und völlig nassem Zustand errechnen.

Für die in Bild 4.41 wiedergegebenen, von Kessler [4.51] gemessenen Kurven für Glaskugelschüttungen von 0,305 und 1,88 mm Durchmesser wurde der Anteil a der widerstandsreichen Anordnung II (entsprechend etwa dem Mittelwert der für alle körnigen Stoffe in Tabelle 6.1 mitgeteilten a-Werte) zu $a = 0,25$, als Leitfähigkeit $\lambda_s = 0,93$ W/mK angesetzt. In Tabelle 4.11 sind alle zur Nachrechnung benutzten Werte angegeben (s. a. [4.52]).

Tabelle 4.11. Die für die Nachrechnung der Kurven in Bild 4.41 benutzten Zahlenwerte [gemäß Gl. (4.56) und (4.59)]

	Glaskugelschüttung $d_K = 1,88$ mm	Glaskugelschüttung $d_K = 0,305$ mm	Gasbetong $\varrho_s = 630$ kg/m^3
Porosität Ψ	0,4	0,4	0,755
Anteil der widerstandsreichen Schaltung a	0,25	0,25	0,2
Wärmeleitfähigkeit des Feststoffanteils λ_S [W/m K]	0,93	0,93	1,49
mittlerer Porenwandabstand s [mm]	0,627	0,1017	1,35
mittlere Versuchstemperatur T_v [°K]	300	300	300
äquivalente Wärmeleitfähigkeit durch Strahlung für $C_{12} = 4,65$ λ_R [W/m K]	0,00315	0,00051	0,00678
Akkomodationskoeffizient γ	0,108	0,108	0,108
$\Lambda P\ 10^6$ [m · mbar]	60,8	60,8	60,8

Auch die Versuchsergebnisse an einem hochporösen Gasbeton, bei dem keine Schätzung des mittleren Porenwandabstands möglich war, wurden nach Gl. (4.60) nachgerechnet. Recht gute Übereinstimmung zwischen Experiment und Rechnung ergab sich unter Annahme eines Porenwandabstands von 1,35 mm, der etwa der Größe der größten Poren entspricht. Die danach berechnete Kurve ist in Bild 4.41 der experimentell gefundenen gegenübergestellt.

Die Ergebnisse der theoretischen Berechnungen sind im Bild 4.41 in den gestrichelten Kurven eingezeichnet. Die grundsätzliche Übereinstimmung dieser Kurven mit den experimentell ermittelten erscheint so gut, daß die Brauchbarkeit des Ersatzbildes zur Darstellung des Druckeinflusses auf die Wärmeleitfähigkeit poriger Stoffe erwiesen sein dürfte[1].

Zusammenfassend ist über den Druckeinfluß folgendes zu sagen:

Die Wärmeleitfähigkeit poriger Stoffe oder Haufwerke ist bei Drucken in der Nähe des Atmosphärendrucks kaum vom Druck abhängig, wenn die Porendimensionen im Vergleich zur mittleren freien Weglänge der Luftmoleküle groß sind.

---

[1] Im Gegensatz zu den von Smoluchowski [4.103] und Hengst [4.38] hergeleiteten Gleichungen ergibt also Gl. (4.60) sowohl für Schüttgüter als auch für poröse Feststoffe die charakteristische Abhängigkeit vom Luftdruck. Die Gleichungen nach [4.103] und [4.38] sind lediglich für ein kubisch gelagertes Kugelhaufwerk unter vereinfachenden Annahmen entwickelt und berücksichtigen die Unregelmäßigkeit der Kugellagerung mit einer Konstanten; außerdem ist für diese Gleichungen die Kenntnis der Wärmeleitfähigkeit des Kugelhaufwerks im absoluten Vakuum erforderlich. Letztere ist auch bei neueren Berechnungen von Verschoor und Greebler [4.112] erforderlich, die im übrigen die Druckabhängigkeit der Leitfähigkeit einer Glaswolle-Isolierung für den ganzen Druckbereich gut wiedergibt.

Bei sehr tiefen Drucken ($<10^{-5}$ bar) ist die Wärmeleitfähigkeit ebenfalls druckunabhängig und nur bedingt durch den Strahlungsaustausch in den Poren und durch Feststoffleitung. Die äquivalente Leitfähigkeit durch Strahlung (λ_R) ist der Porengröße direkt proportional. Bei feinsten Pulvern wird λ_R vernachlässigbar klein. Daher liegen die Leitfähigkeiten poriger Stoffe im Vakuum um so nieriger, je feiner die Körnung ist (vgl. z. B. die Kurven I bis IV für Pulver verschiedener Korngröße nach Smoluchowski). Die niedrigste Leitfähigkeit, die bisher gemessen wurde (bei einem submikroskopisch feinen Glasfasergewebe mit Aluminiumfolien), wird mit $0{,}043 \cdot 10^{-3}$ W/mK bei $7 \cdot 10^{-7}$ bar angegeben. Sie ist also rund 1000mal kleiner als die eines guten Wärmedämmstoffs bei normalem Druck.

Für alle Stoffe erfolgt ein mehr oder minder steiler Abfall der Wärmeleitfähigkeit, wenn die mittlere freie Weglänge der Luftmoleküle in vergleichbare Größenordnung mit den Porendimensionen kommt. Die systematischen Abweichungen der berechneten Kurven, die im abfallenden Ast stets etwas steiler als die experimentellen verlaufen, lassen sich dadurch erklären, daß die tatsächlichen Poren von unterschiedlicher Größe sind, während zur Berechnung ein mittlerer Porenwandabstand angenommen wurde.

Der Einfluß der Porengröße ist sehr deutlich aus der verschiedenen Leitfähigkeit von Kugelhaufwerken verschiedenen Kugeldurchmessers zu erkennen.

Die geringeren Unterschiede der Leitfähigkeiten bei kleinsten und größten Drücken können für den hochporösen Gasbeton mit dem höheren Anteil an wärmeleitenden Feststoffbrücken erklärt werden.

4.2.6. Wärmeleitfähigkeit von Schüttungen

Das durch Gl. (4.60) beschriebene Modell der — mit einem Anteil a — Hintereinanderschaltung und — mit einem Anteil $(1 - a)$ — Parallelschaltung von Schichten zur Berechnung der Wärmeleitfähigkeit poriger Stoffe und ihrer Druckabhängigkeit läßt sich grundsätzlich auf die Wärmeleitung in Schüttungen aus kugel-, zylinder-, tablettenförmigen oder willkürlich gebrochenen Partikel anwenden.

Eine genauere Analyse an Hand eines Zellenmodells [4.117, 4.118] ergab für die effektive Wärmeleitfähigkeit einer Schüttung λ_{eff} einschließlich der Strahlung λ_R in bezug auf diejenige des Fluids (Luft oder ein anderes Medium) λ_L:

$$\frac{\lambda_{\text{eff}}}{\lambda_L} = \frac{\lambda_{\text{Sch}}}{\lambda_L} + (1 - \sqrt{1 - \psi})\frac{\lambda_R}{\lambda_L} + \frac{\sqrt{1 - \psi}}{\dfrac{\lambda_L}{\lambda_S} + \dfrac{\lambda_L}{\lambda_R}} \cdot \tag{4.61}$$

Die Wärmeleitfähigkeit der Schüttung ohne Strahlungsanteil λ_{Sch} ist dabei gegeben durch

$$\frac{\lambda_{\text{Sch}}}{\lambda_L} = 1 - \sqrt{1 - \psi} + \sqrt{1 - \psi} \cdot \frac{2}{1 - \dfrac{\lambda_L}{\lambda_S} B}$$

$$\times \left[\frac{\left(1 - \dfrac{\lambda_L}{\lambda_S}\right) B}{\left(1 - \dfrac{\lambda_L}{\lambda_S} B\right)^2} \cdot \ln \frac{\lambda_S}{B\lambda_L} - \frac{B + 1}{2} - \frac{B - 1}{1 - \dfrac{\lambda_L}{\lambda_S} B} \right] \cdot \tag{4.62}$$

In diesen Gleichungen bezeichnet λ_S die Wärmeleitfähigkeit der Partikel.

Darin ist B ein Verformungsparameter, der aus Experimenten bestimmt wurde:

$$B = C \left(\frac{1 - \psi}{\psi}\right)^{10/9}, \qquad (4.63)$$

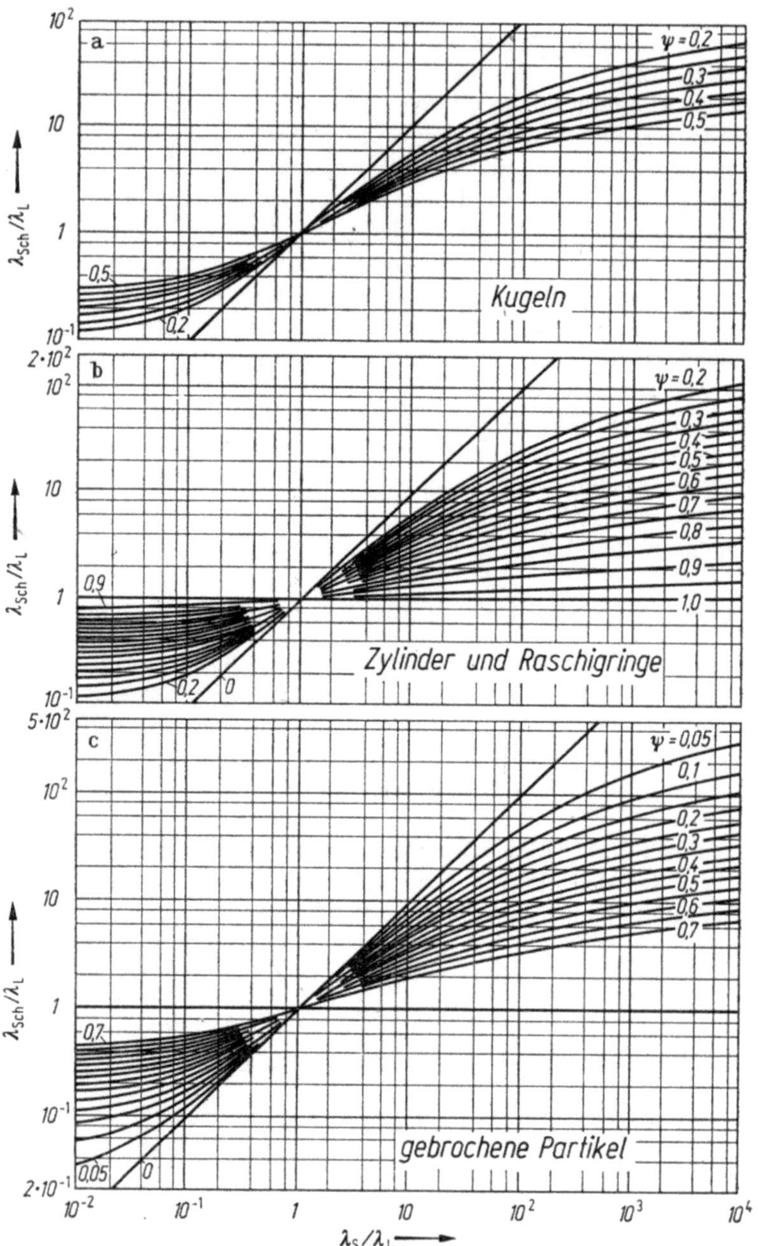

Bild 4.42a—c. Wärmeleitfähigkeit nicht durchströmter Schüttungen (ohne Strahlungsanteil) (u. [4.111]).

mit

$$C = 1{,}25 \text{ für Kugeln,}$$
$$C = 1{,}4 \quad \text{für gebrochene Partikel,}$$
$$C = 2{,}5 \quad \text{für Zylinder, Raschigringe.}$$

Die äquivalente Wärmeleitfähigkeit durch Strahlung λ_R (s. [4.114]) wird nach Gl. (4.48) mit der Abmessung $s = d$ des Partikeldurchmessers gebildet:

$$\lambda_\mathrm{R} = \frac{0{,}04 \cdot C_\mathrm{S}}{\dfrac{2}{\varepsilon} - 1} \left(\frac{T_\mathrm{m}}{100}\right)^3 \cdot d. \tag{4.64}$$

Diese Beziehungen sind im Bereich

$$0 < \frac{\lambda_\mathrm{S}}{\lambda_\mathrm{L}} < 10^4; \quad 0{,}2 < \psi < 0{,}6$$

mit einer Genauigkeit von etwa $\pm 30\%$ gültig. Gl. (4.62) ist zur einfacheren Bestimmung in den Bildern 4.42a, b, c für Kugeln, Zylinder und gebrochene Partikel graphisch dargestellt.

Wird die Schüttung von dem Fluid der Wärmeleitfähigkeit λ_L durchströmt, so tritt als weiteres additives Glied zu Gl. (4.61) ein Glied, das den konvektiven Mischungsvorgang beschreibt: $1/8\,Pe = 1/8 \cdot wd/a$ mit Pe der Pecletschen Kennzahl, w der Geschwindigkeit des Fluids im leergedachten Querschnitt, d dem Partikeldurchmesser und a der Temperaturleitfähigkeit.

4.2.7. Wärmeaustausch bei kurzfristigem Kontakt zwischen zwei Körpern

Es ist geradezu ein Prinzip der Trocknungstechnik, zur Erzielung größter Leistung und Trocknungsgeschwindigkeit möglichst das Gut oder seine Teile immer wieder in rascher Folge neuen Bedingungen des Wärme- und Stoffaustausches zu unterwerfen; dies geschieht durch Umwenden oder Rütteln auf Kontaktheizflächen, durch Rieseln im Trockenmittel usw. Die theoretischen Grundlagen dieser Wirkungen sollen im folgenden besprochen werden.

Berühren sich zwei Körper von anfänglich verschiedener Temperatur, so nehmen die Berührungsstellen bei sattem Kontakt gleiche Temperatur an. Die Wärme, die der eine Körper durch die Kontaktstelle abgibt, nimmt der andere auf. Wenn keine Wärmeabgabe nach außen stattfindet, gleichen sich die Temperaturen im Lauf der Zeit auf eine mittlere Temperatur derart aus, daß die Energie (Enthalpie) beider Körper im Ausgleichszustand gleich der Summe der Anfangsenergien bei der Anfangstemperatur ist (Mischungsregel). In allen Zwischenstadien stellen sich in beiden Körpern zeitlich verschiedene Temperaturfelder ein.

Vorgänge, bei denen zwei Körper mit verschiedenen Eigenschaften an dem Gesamtablauf teilhaben, sind mathematisch meistens nur in komplizierter Weise zu beschreiben. Sehr viel geringer gestaltet sich der mathematische Aufwand, wenn man nicht den ganzen Vorgang bis zum Ausgleich, sondern nur seinen Beginn beschreibt, in dem gar nicht der ganze Körper an der Wärmebewegung teilhat, sondern nur die der Berührungsstelle benachbarten Zonen. Dann kann man den Körper in bezug auf die Berührungszeit als unendlich ausgedehnt ansehen. Solange diese

Voraussetzung gilt, bleibt während der Dauer des Kontaktes die Temperatur ϑ_0 der sich berührenden Flächen konstant[1], während an der der Berührungsstelle entgegengesetzten Oberfläche die anfängliche Temperatur ϑ_∞ aufrechterhalten bleibt (Bild 4.43). Die Kenntnis des Wärmeaustausches ist technisch wichtig.

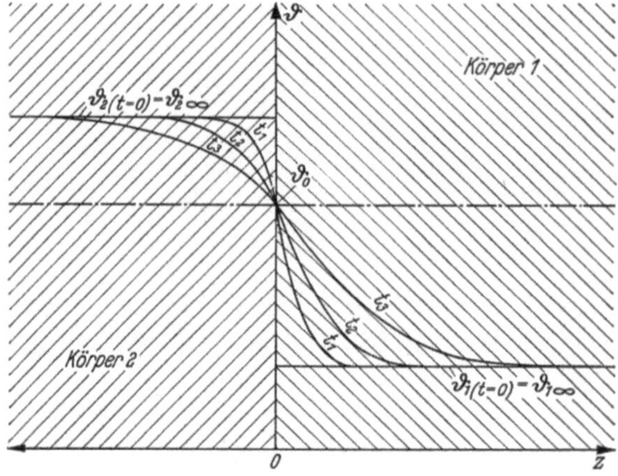

Bild 4.43. Temperaturfeld beim plötzlichen Kontakt zweier Körper verschiedener Anfangstemperaturen.

Man kann unter Umständen auch das Trocknungsgut mit elektrisch beheizten Flächen in Berührung bringen, in denen während der Kontaktzeit je Zeiteinheit gleiche Wärmemenge erzeugt wird. Dann kann die Oberflächentemperatur des Gutes nicht konstant sein, sondern muß sich zeitlich ändern. Die technisch wichtige Frage gilt dann nicht dem Wärmeaustausch zwischen Gut und Heizfläche — die a priori bekannt ist —, sondern der Oberflächentemperatur, die sich bei gegebener Heizleistung in bestimmter Zeit einstellt, bzw. der Heizleistung, die zur Erzielung einer vorgeschriebenen Oberflächentemperatur in bestimmter Zeit erforderlich ist.

4.2.7.1. Kurzfristiger Kontakt bei konstanter Oberflächentemperatur

Die mathematische Formulierung der Aufgabe lautet: An einem ebenen Körper, der anfänglich die Temperatur ϑ_∞ hatte, wird die Oberflächentemperatur zur Zeit $t = 0$ plötzlich auf ϑ_0 gebracht. Wie ändert sich die Temperatur in dem Körper, wenn er in Hinsicht auf die Wärmebewegung während der Betrachtungszeit als beliebig groß — einseitig unendlich ausgedehnt — angesehen werden kann.
Die Differentialgleichung und die Randbedingungen. Will man einen solchen zeitlich veränderlichen Vorgang mathematisch beschreiben, so muß man für jedes Zeit-

---

[1] Bringt man zwei Stoffe von anfänglich verschiedenen Temperaturen ϑ_1 und ϑ_2 miteinander in Kontakt, so kann die Oberflächentemperatur ϑ_0, die sich in der Kontaktfläche einstellt, berechnet werden nach der Beziehung:

$$(\vartheta_2 - \vartheta_0)/(\vartheta_0 - \vartheta_1) = \sqrt{\lambda_1 c_1 \varrho_1}/\sqrt{\lambda_2 c_2 \varrho_2}$$

(vgl. Gröber/Erk/Grigull [4.32], dort S. 126).

element eine Energiebilanz nach Gl. (1.7a) für ein beliebiges Raumelement aufstellen. Diese Bilanz liefert dann unter Benutzung des Fourierschen Grundgesetzes Gl. (4.35) die Differentialgleichung des Problems.

Für einachsige Wärmebewegung in ebenen Wänden lautet sie:

$$\frac{\partial^2\vartheta}{\partial z^2} = \frac{c\varrho}{\lambda}\frac{\partial\vartheta}{\partial t} = \frac{1}{a}\frac{\partial\vartheta}{\partial t}, \tag{4.65}$$

worin die Größe $a = \lambda/c\varrho$ als „Temperaturleitfähigkeit" bezeichnet wird.

Dies ist die sogenannte „Pockelsche Differentialgleichung der Wärmeleitung", die ihrer Herleitung nach besagt, daß die in einem ebenen Bereich durch Wärmeleitung mehr ein- als ausströmende Wärme zu einer Erhöhung der Energie des Bereichs führen muß.

Die Randbedingungen bei kurzfristigem Kontakt lauten:

$$\begin{aligned}
z &= 0, & \vartheta_{z=0} &= \vartheta_0, \\
z &\to \infty, & \vartheta_{z\to\infty} &= \vartheta_\infty, \\
t &= 0, & \vartheta_{t=0} &= \vartheta_\infty.
\end{aligned} \tag{4.66}$$

Ähnlichkeitsbetrachtungen zur Auffindung der Fourierschen Kenngröße. Es sei erlaubt, an dieser Stelle die Herleitung einer Lösung der Differentialgleichung (4.65) zu bringen, die speziell für kurzfristige Einwirkungen von zwei Körpern aufeinander, wie sie in der Trocknungstechnik häufig vorliegen, brauchbar ist und die zugleich die Möglichkeit gibt, die allgemeinen Prinzipien bei der Betrachtung von physikalischen Vorgängen, die durch partielle Differentialgleichungen beschrieben sind, zu erläutern. Da wir nicht wissen, in welcher Weise die in der Differentialgleichung auftretenden Größen z, t und a in der Lösung $\vartheta = F(z, t)$ verknüpft sein können, fragen wir zunächst nach einer durch die Differentialgleichung gegebenen Verknüpfung, indem wir — mathematisch gesprochen — die Frage stellen, gegenüber welcher Kombination der Einzelgrößen die Differentialgleichung invariant bleibt.

Da der Körper, an dessen Oberfläche der kurzfristige Kontakt stattfindet, als halbunendlich in der zur Oberfläche senkrechten Richtung angesehen werden kann, treten als veränderliche Größen die Zeit t, die Abmessung z, sowie die Temperaturleitfähigkeit a auf. Diese bilden — wie man der Differentialgleichung (4.65) entnimmt — in der Kombination $at/z^2 = Fo$ eine dimensionslose Kenngröße, die in der Literatur als Fourier-Kenngröße bezeichnet wird. Solange der Körper als halbunendlich betrachtet werden kann, hängt das Temperaturfeld allein von dieser Kenngröße ab, und zwar in der Form

$$\vartheta = f\left(\frac{z}{2\sqrt{at}}\right). \tag{4.67}$$

Geht man mit diesem Ansatz in die Gl. (4.65), so ergibt die Integration, wobei zur Abkürzung

$$\eta = \frac{z}{2\sqrt{at}}$$

gesetzt wird:

$$\vartheta = A \cdot \frac{2}{\sqrt{\pi}} \int_0^\eta e^{-\eta'}\, d\eta + B \tag{4.68}$$

mit den beiden Konstanten A und B, die aus den Randbedingungen Gl. (4.66) zu bestimmen sind. Das Integral stellt dabei das Gaußsche Fehlerintegral dar:

$$\frac{2}{\sqrt{\pi}} \int_0^\eta e^{-\eta^2}\, d\eta = \text{erf}\,(\eta), \qquad (4.69)$$

dessen Werte und durch Ableitung erf′(η) der Tabelle 4.12 entnommen werden können.

Mit den Rand- und Anfangsbedingungen nach Gl. (4.66) lautet das Temperaturfeld in dimensionsloser Form

$$\frac{\vartheta - \vartheta_0}{\vartheta_\infty - \vartheta_0} = \text{erf}\left(\frac{z}{2\sqrt{at}}\right). \qquad (4.70)$$

Tabelle 4.12. Zahlenwerte des Gaußschen Fehlerintegrals

$$\text{erf}\,(\eta) = \frac{2}{\sqrt{\pi}} \int_0^\eta \exp\,(-\eta^2)\, d\eta,\ \text{erfc}\,(\eta) = 1 - \text{erf}\,(\eta)$$

und seiner Ableitung $\text{erf}'\,(\eta) = \frac{2}{\sqrt{\pi}} \exp\,(-\eta^2),\ \eta = \frac{1}{2}\,\frac{z}{\sqrt{at}}$

η	erf (η)	erf′ (η)	erfc (η)
0	0	1,128	1
0,1	0,1125	1,117	0,8875
0,2	0,2227	1,084	0,7773
0,3	0,3286	1,031	0,6714
0,4	0,4284	0,961	0,5716
0,5	0,5205	0,878	0,4795
0,6	0,6039	0,787	0,3961
0,7	0,6778	0,691	0,3222
0,8	0,7421	0,595	0,2579
0,9	0,7969	0,502	0,2031
1	0,8427	0,415	0,1573
1,5	0,9661	0,119	0,0339
1,536	0,9700	0,106	0,0300
2	0,9953	0,0207	0,0047
3	0,99998	0,00014	0,00002
∞	1	0	0

Bei der vorstehenden Überlegung war eine Randbedingung 1. Art angenommen, d.h. die Oberflächentemperatur wurde z. Z. $t = 0$ sprunghaft von ϑ_∞ auf ϑ_0 geändert. Muß die Wärme an die Oberfläche zunächst durch einen Wärmeübergang (Randbedingung 3. Art), gekennzeichnet durch einen Wärmeübergangskoeffizienten α übertragen werden (s. Abschn. 4.3.) — so lautet die Lösung [4.10]):

$$\frac{\vartheta - \vartheta_0}{\vartheta_\infty - \vartheta_0} = \text{erf}\,(\eta) + e^{-\eta^2} \cdot e^{(\eta + Bi^*)^2} \cdot \text{erfc}\,(\eta + Bi^*), \qquad (4.71)$$

mit $Bi^* = \alpha\sqrt{t}/\sqrt{\lambda c\varrho}$ einer erweiterten Biot′-Kennzahl. Für sehr guten Wärmeübergang — $\alpha \to \infty$, $Bi^* \to \infty$ — geht Gl. (4.71) in Gl. (4.70) über.

Die Wärmeaufnahme des Körpers. Bei Kenntnis des Temperaturverlaufes Gl. (4.70) ist die Wärmemenge, die durch die Oberfläche des Körpers ausgetauscht wird, nach dem Fourierschen Grundgesetz Gl. (4.35) einfach zu bestimmen. Während eines Zeitelementes dt fließt:

$$\dot{Q}\, dt = - \lambda A \left[\frac{\partial \vartheta}{\partial z}\right]_{z=0} dt = -\lambda A \left[\mathrm{erf}'(\eta)\cdot\frac{\partial \eta}{\partial z}\right]_{z=0}(\vartheta_\infty - \vartheta_0)\, dt, \quad (4.72)$$

worin $\dot{Q}$ der momentane Wärmefluß in der Oberfläche zur Zeit t ist. Die Ableitungen sind nach Gl. (4.69) leicht zu bilden und betragen $2/\sqrt{\pi}\cdot 1/2\sqrt{at}$. Damit wird

$$\dot{Q} = A\frac{\lambda}{\sqrt{a}}\frac{1}{\sqrt{\pi}}\frac{1}{\sqrt{t}}\vartheta_0 - \vartheta_\infty). \quad (4.73)$$

Bedenkt man noch, daß die Temperaturleitfähigkeit $a = \lambda/c\varrho$ ist, so wird endgültig:

$$\dot{Q} = A\frac{1}{\sqrt{\pi}}\sqrt{\lambda c\varrho}\frac{1}{\sqrt{t}}(\vartheta_0 - \vartheta_\infty). \quad (4.74)$$

Man sieht, daß sich der momentane Wärmefluß in der Oberfläche umgekehrt proportional der Wurzel aus der Zeit der Einwirkung ändert.

Will man wissen, welche Wärmemenge insgesamt von Beginn der Einwirkung bis zur Zeit t in den betrachteten Körper eingeflossen ist, so ist die Größe $\int_0^t \dot{Q}dt$ zu bilden. Es wird

$$Q_0^t = \int_0^t \dot{Q}\, dt = A\frac{2}{\sqrt{\pi}}\sqrt{\lambda c\varrho}\sqrt{t}\,(\vartheta_0 - \vartheta_\infty). \quad (4.75)$$

Bestimmt man den Wärmestrom unter Berücksichtigung eines Übergangswiderstandes (Gl. (4.71)), so erhält man

$$\dot{Q} = A\alpha(\vartheta_0 - \vartheta_\infty)\cdot e^{Bi^{*2}}\cdot \mathrm{erfc}\,(Bi^*). \quad (4.76)$$

Für große Zeiten wird der Übergangswiderstand von geringem Einfluß sein und Gl. (4.76) geht in Gl. (4.74) über.

Die Grenzen der Anwendbarkeit der Gleichung für kurzzeitige Einwirkungen. Die Voraussetzung für die Herleitung der einfachen Gl. (4.75) ist, daß der Körper während der kurzzeitigen Einwirkung in Richtung des Wärmestromes als unendlich ausgedehnt angesehen werden kann. Zweifellos ist sie immer dann erfüllt, wenn die Betrachtungszeit so kurz ist, daß eine merkliche Temperaturbewegung noch nicht bis an die Grenze des Körpers vorgedrungen ist. Bei technischen Problemen wird man sie dann als gegeben ansehen, wenn dies innerhalb einer gewissen Genauigkeit erfüllt ist. Nimmt man im vorliegenden Fall z.B. an, daß ein Körper von der Dicke $z = s$ in der Oberfläche $z = 0$ mit einem anderen Körper konstanter Temperatur in Kontakt gebracht wird, so wird man sagen können, daß der Körper dann als unendlich ausgedehnt angesehen werden kann, wenn im Falle dieser Annahme an der Stelle $z = s$ eine Temperaturänderung von gewissen minimalen Anteilen der größtmöglichen Temperaturänderung auftritt, z.B. 1 oder 2 oder 5% von $(\vartheta_0 - \vartheta_\infty)$. Legt man z.B. fest, daß die Temperaturänderung an der Stelle $z = s$ nicht mehr als 3% der möglichen betragen darf, so ist nach Gl. (4.70)

$$\frac{\vartheta_{z=s} - \vartheta_0}{\vartheta_\infty - \vartheta_0} = \mathrm{erf}\,\frac{s}{2\sqrt{at}} = 0{,}97 \quad (4.77)$$

die obere Grenze der Anwendbarkeit der Gesetzmäßigkeiten festgelegt.

Aus Tabelle 4.12 ist der zugehörige Wert von $s/2\sqrt{at}$ zu entnehmen:

$$\frac{s}{2\sqrt{at}} = 1{,}536.$$

Daraus folgt die zulässige Betrachtungszeit $t_{\max}$:

$$t_{\max} = \frac{s^2}{4 \cdot 1{,}536^2 \cdot a} = 0{,}106 \,\frac{s^2}{a}\,[\mathrm{s}]. \tag{4.78}$$

In Tabelle 4.13 sind für verschiedene Dicken s von 1 mm bis 1 m und verschiedene Werte der Temperaturleitfähigkeit a von 10^{-4} bis 10^{-7} m²/s die maximal zulässigen Zeiten $t_{\max}$ angegeben, für die man die Wärmebewegung beim kurzfristigen Kontakt mit einem anderen Körper konstanter Temperatur noch nach der einfachen Gl. (4.75) berechnen kann. In der Tabelle sind die Temperaturleitfähigkeiten nach Größenordnungen gestaffelt, die charakteristischen Stoffen zukommen.

Tabelle 4.13. Maximale Kontaktzeiten $t_{\max}$, für die die Anwendung der Gleichungen für kurzfristige Wärmebewegung zulässig ist
(für 3 % Temperatursteigerung der maximal möglichen an der Stelle s)

s [m]	a [m²/s]			
	10^{-4}	10^{-5}	10^{-6}	10^{-7}
0,001	0,001 s	0,01 s	0,1 s	1 s
0,01	0,1 s	1 s	10 s	100 s
0,05	2,6 s	26 s	265 s	2650 s
0,1	10 s	100 s	1000 s	10^4 s
1	1000 s	10^4 s	10^5 s	10^6 s

$a = 10^{-4}$ m²/s entspricht etwa bestleitenden Metallen, z. B. Kupfer, oder Wasserstoff bei Atmosphärendruck und Raumtemperatur.

$a = 10^{-5}$ m²/s etwa Eisen oder Luft bei Atmosphärendruck und Raumtemperatur.

$a = 10^{-6}$ m²/s etwa dichte Steine.

$a = 10^{-7}$ m²/s etwa Kunstharze oder beste, nicht allzu leichte Isolierstoffe (Kork).

Würde man die Genauigkeitsanforderung herabsetzen und beispielsweise eine Temperaturerhöhung an der kalten Seite um 5 % zulassen, so wären die Werte $t_{\max}$ der Tabelle etwa 1,5mal so groß. Immerhin ergibt sich für technische Rechnungen eine klare größenordnungsmäßige Anwendungsgrenze.

Wärmeübergangskoeffizient bei kurzfristigem Kontakt. Oft führt man bei solchen Gütern, die nur kurzfristigen Kontakt mit anderen haben, zur Berechnung entsprechend den Gepflogenheiten beim Wärmeaustausch strömender Medien „Wärmeübergangskoefffizienten" α_t ein. Für die gesamte während der Kontaktzeit ausgetauschte Wärmemenge Q_0^t wird dann gesetzt:

$$Q_0^t = A\alpha_t(\vartheta_0 - \vartheta_\infty)\,t. \tag{4.79}$$

Mit Gl. (4.75) ergibt sich dann für den Wärmeübergangskoeffizienten

$$\alpha_t = \frac{2}{\sqrt{\pi}}\frac{\sqrt{\lambda c\varrho}}{\sqrt{t}}. \tag{4.80}$$

Die Größe $\sqrt{\lambda c \varrho}$ wird mit Wärmeeindringzahl bezeichnet. Man erkennt aus Gl. (4.80), daß α_t der Wurzel aus der Kontaktzeit t umgekehrt proportional ist, d.h. bei sehr kurzen Kontaktzeiten (etwa beim Rütteln) wird α_t außerordentlich groß.

Diese für kurze Kontaktzeiten zu erwartenden hohen Wärmeübergangskoeffizienten werden in Schüttungen nicht erreicht, wenn der Kontakt an der Austauschfläche nicht vollständig ist und Gasschichten an einem Teil der Fläche den Wärmetransport behindern, auch dann nicht, wenn die Stoffwerte der Schüttung (λ n. Gl. (4.61) in Gl. (4.80) eingesetzt werden. Dies ist z.B. bei kugelförmigen Partikeln der Fall, bei denen der direkte Kontakt nur punktförmig ist und ein Teil des Wärmstromes durch die Gasschicht erfolgt. Hier zeigen die Messungen, daß für kurze Zeiten konstante maximale Wärmeübergangskoeffizienten auftreten und erst für längere Zeiten das Gesetz nach Gl. (4.80) gilt [4.97]. Für diese maximalen Wärmeübergangskoeffizienten konnte die Beziehung abgeleitet werden

$$\alpha_{\max} = \frac{2\lambda_G}{R}\left\{\left(\frac{\sigma}{R} + 1\right)\cdot\ln\left(\frac{R}{\sigma} + 1\right) - 1\right\} + \alpha_R. \qquad (4.81)$$

Dabei bedeutet λ_G die vom Druck abhängige Wärmeleitfähigkeit des Gases, R den Partikelradius, $\sigma = 2\Lambda(2 - \gamma)/\gamma$ mit Λ der freien Weglänge im Gas, γ den Akkomodationskoeffizienten (in Luft $\gamma = 0{,}9$) und α_R den äquivaten Wärmeübergangskoeffizienten nach Gl. (4.87). Bild 4.44 zeigt den zu erwartenden Verlauf der Wärmeübergangskoeffizienten, Bild 4.45 Meßwerte an Bleiglaskugeln nach [4.97, 4.116] bei verschiedenen Luftdrücken.

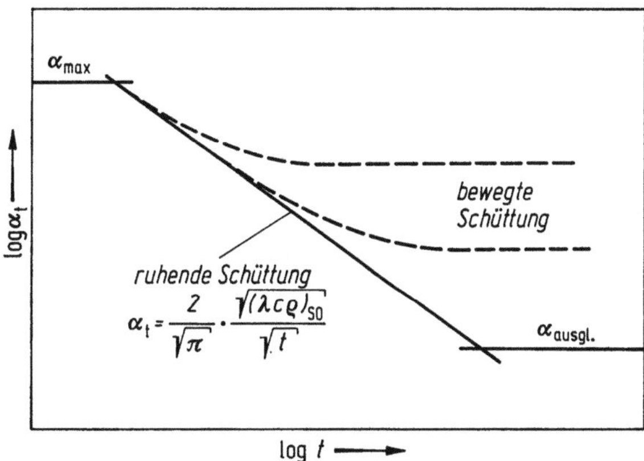

Bild 4.44. Äquivalenter Wärmeübergangskoeffizient α_t bei kurzfristigem Kontakt.

Würde der Kontakt der Partikel mit der Heizfläche durch ständiges Umlagern (Rütteln, Rühren o.ä.), erhöht, so stellen sich in Abhängigkeit von der Intensität der Umlagerung höhere Wärmeübergangskoeffizienten ein[1], im Grenzfall $\alpha_t = \alpha_{\max}$, wenn die Intensität der Umlagerung über alle Maßen hoch wäre. Wird die für obige Beziehungen zulässige Kontaktzeit bei ruhender Schüttung überschritten, so führt schließlich der Wärmetransport zu einem Temperaturausgleich. Hier gilt für eine Schicht der Höhe H

$$\alpha_{t\to\infty} = 3\lambda/H. \qquad (4.82)$$

---

[1] Vgl. hierzu [4.1].

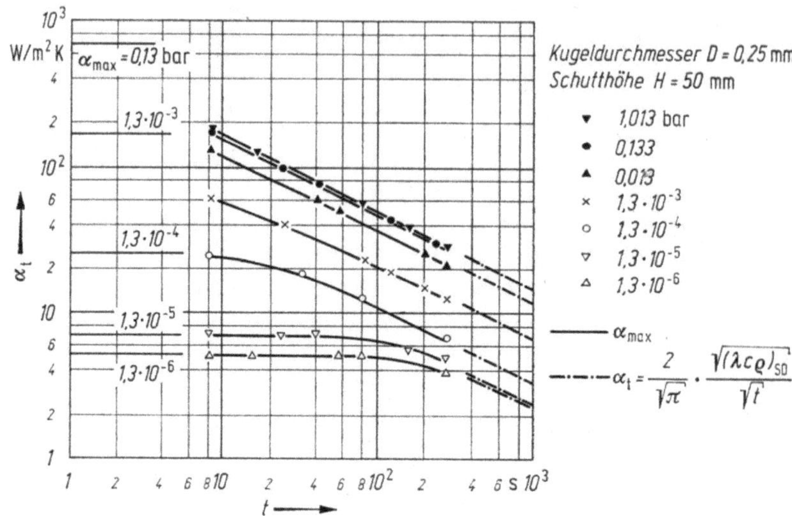

Bild 4.45. Wärmeübergangskoeffizient α_t an eine ruhende Bleiglaskugelschüttung bei verschiedenen Drucken [4.97].

In den vorstehenden Überlegungen war angenommen, daß die Wärmekapazität der Kontaktfläche (Heizfläche) sehr viel größer als die Schüttung ist. Ihre Berücksichtigung führt zu einer weiteren Korrektur (s. [4.10]).

Zahlenbeispiel

In einer Erwärmungstrommel mit Einbauten werde ein rieselfähiges Gut dauernd so umgelagert, daß es für Berührungszeiten 1 sek, 5 sek, 30 sek, 1 min, 5 min mit einer Schichtstärke von 5 cm ($H = 0,05$) auf starkwandige Einbaubleche zu liegen kommt. Die Bleche sollen eine Temperatur von $\vartheta_0 = 80\,°C$ haben, das Gut komme mit $\vartheta_\infty = 40\,°C$ an.

Das Gut habe folgende Stoffeigenschaften:

$$\lambda = 0,1 \text{ W/mK}, \quad c = 10^3 \text{ J/kgK}, \quad \varrho = 800 \text{ kg/m}^3, \quad a = \lambda/c\varrho = 1,25 \cdot 10^{-7} \text{m}^2\text{/s}$$

Der Korndurchmesser betrage 5 mm.

Welche Wärmemenge wird bei verschiedenen Kontaktzeiten von 1 m² Austauschfläche vom Gut aufgenommen und wie groß ist die stündliche Wärmeübertragung zwischen den Blechen und dem Gut?

Es ist zunächst zu prüfen, bis zu welcher maximalen Kontaktzeit Gl. (4.75) anwendbar ist. Für $a = 1,25 \cdot 10^{-7}$ m²/s ergibt sich aus Gl. (4.78) oder aus Tabelle 4.13 durch lineare Interpolation, daß t_{max} etwa 20 min beträgt, so daß die Gültigkeit von Gl. (4.75) bei der gegebenen Schichtstärke von 5 cm für die gewählten Kontaktzeiten zwischen 0 und 5 min gewährleistet ist.

Ferner ist zu prüfen, bis zu welchen Kontaktzeiten mit dem maximalen Wärmeübergangskoeffizienten nach Gl. (4.81), bzw. ab welcher Zeit Gl. (4.80) gilt.

Mit $R = 0,0025$ m, $\Lambda = 0,06 \cdot 10^{-6}$ m, $\gamma = 0,9$, d.h. $\sigma = 0,15 \cdot 10^{-6}$ m, $\lambda_G = 0,027$ W/mK, $\alpha_R \approx 4$ W/m²K wird $\alpha_{max} = 193$ W/m²K.

Durch Gleichsetzen mit $\alpha_t = 1/\sqrt{\pi} \cdot \sqrt{\lambda c \varrho}/\sqrt{t}$ nach Gl. (4.74), wobei $\sqrt{\lambda c \varrho} = 283$ J/m²Ks$^{1/2}$ einzusetzen ist, findet man als Grenzwert der Zeit $t_{Gr} = 0,68$ s. Dieser

Grenzwert gibt die Zeiten an, in der das Gut bei jeder Bewegung umgelagert sein müßte, um die maximale Wärmemenge (mit α_{max}) übertragen zu können. Die in der Zeit t aufgenommene Wärmemenge setzt sich aus 2 Anteilen zusammen:

$$Q\big|_0^t = A\alpha_{max} \cdot \Delta\vartheta \cdot t_{Gr} + A\frac{\sqrt{\lambda c\varrho}}{\sqrt{\pi}}\Delta\vartheta \int\limits_{t_{Gr}}^{t}\frac{dt}{\sqrt{t}}$$

$$= A \cdot \Delta\vartheta \left[\alpha_{max} \cdot t_{Gr} + \frac{2}{\sqrt{\pi}}\sqrt{\lambda c\varrho}\,(\sqrt{t} - \sqrt{t_{Gr}})\right].$$

Mit den obigen Zahlenwerten findet man für die in der Kontaktzeit aufgenommene Wärmemenge auf $A = 1\ \text{m}^2$ Querschnittsfläche der Kugeln (s. Tab. 4.14).

Tabelle 4.14

$t =$	1 s	5 s	30 s	60 s	300 s
$Q\big|_0^t =$	7,48	23,3	64,6	93,6	215,7 kJ/m²

Wie man leicht nachrechnet, ist die Berücksichtigung von α_{max} bei kurzen Kontaktgütern von entscheidender Bedeutung für das Ergebnis.

Im engsten Zusammenhang mit den hier behandelten Fragen stehen die im Abschnitt 4.3.2.1. dieses Kapitels zu besprechenden Probleme des Wärmeübergangs zwischen einem strömenden Medium und der Oberfläche eines kleinen außenumströmten Körpers.

4.2.7.2. Der Wärmeaustausch bei zeitlich veränderlicher Oberflächentemperatur

Herrscht an der Oberfläche des Körpers, in dem die Wärmebewegung stattfindet, nicht konstante, sondern eine zeitlich veränderliche Temperatur, so gilt folgendes:

Nimmt die Oberflächentemperatur bei einem kurzfristigen Aufheizvorgang mit der Zeit zu, so wird die Wärmeübergangszahl größer als bei konstanter Oberflächentemperatur, nimmt sie ab, so wird α kleiner.

Als Beispiel sei folgender Fall gewählt:
Die Oberfläche eines Körpers sei mit konstanter Heizleistung $\dot{q}_0$ (etwa elektrisch) für kurze Zeit aufgeheizt. Die Temperatur in hinreichendem Abstand bleibe stets ϑ_∞.
Dann gilt für den zeitlichen Anstieg der Temperatur an der Oberfläche [4.61]:

$$\vartheta_{z=0} - \vartheta_\infty = \frac{2}{\sqrt{\pi}}\frac{\dot{q}_0}{\sqrt{\lambda c\varrho}}\sqrt{t}\,. \tag{4.83}$$

Die mittlere Temperaturdifferenz $(\vartheta_{om} - \vartheta_\infty)$ während der Kontaktzeit gewinnt man leicht zu:

$$\vartheta_{om} - \vartheta_\infty = \frac{1}{t}\int\limits_0^t (\vartheta_{z=0} - \vartheta_\infty)\,dt = \frac{4}{3\sqrt{\pi}}\frac{\dot{q}_0}{\sqrt{\lambda c\varrho}}\sqrt{t}.$$

Für den Wärmeübergangskoeffizienten α_t ergibt sich:

$$\alpha_t = \frac{\dot{q}_0}{\vartheta_{om} - \vartheta_\infty} = \frac{3\sqrt{\pi}}{4}\sqrt{\lambda c\varrho}\frac{1}{\sqrt{t}}\,. \tag{4.84}$$

Beim Vergleich mit Gl. (4.80) erkennt man, daß α bei Zuführung konstanter Heizleistung, bei der die Temperaturdifferenz $\vartheta_{z=0} - \vartheta_{\infty}$ mit $\sqrt{t}$ wächst, $3\pi/8$-mal so groß ist wie für den Fall konstanter Oberflächentemperatur.

4.2.8. Zeitlich veränderliche Wärmebewegung bei längerer Einwirkungsdauer

Wärmeaustauschvorgänge, bei denen weder von kurzfristigem Kontakt zwischen zwei Körpern noch von einem Beharrungszustand gesprochen werden kann, d. h. längerdauernde Anheiz- oder Auskühlvorgänge kommen bei Fragen der Trocknungstechnik selten allein vor. Meist sind dann die Wärmebewegungen mit Feuchtigkeitsbewegungen gekuppelt. Von diesem Aufgabenbereich handelt Kapitel 12 dieses Buches. Über die Behandlung der etwas einfacheren Probleme des Wärmeaustausches allein kann der Leser sich in verschiedenen Büchern unterrichten[1].

In innerem Zusammenhang mit den Fragen der Auskühlung und Anheizung fester Körper steht der Wärmeaustausch zwischen strömenden Medien und einem Gut, wenn der Zustand des Mediums sich auf dem Weg durch oder über das Gut wesentlich ändert. Dieses Problem wird im Abschnitt 4.3.2.2. dieses Kapitels gestreift. Daher soll an dieser Stelle nicht weiter darauf eingegangen werden.

4.3. Wärmeübergang

Es ist im allgemeinen üblich, die Wärmeübertragung von einer Oberfläche an bewegte Flüssigkeiten, Dämpfe und Gase mit Hilfe von Wärmeübergangskoeffizienten α zu berechnen, die durch den Ansatz

$$\dot{Q} = A\alpha \, \Delta\vartheta$$

definiert sind, wobei $\Delta\vartheta$ die Temperaturdifferenz zwischen der Oberfläche und dem Medium ist. Dabei muß man darauf achten, ob die Wärmemenge $\dot{Q}$ den *gesamten* Wärmeaustausch mit der Umgebung, also durch Strahlung an die umgebenden Wände und den Austausch durch Leitung und Mitführung (Konvektion) an das bewegte Medium oder nur den letzteren (konvektiven) *Anteil* umfaßt. Die Frage ist nur beim Wärmeübergang an Gase wichtig, da sie strahlungsdurchlässig sind, während bei tropfbaren Flüssigkeiten im allgemeinen nur Wärmeleitung und Konvektion eine Rolle spielen. Die Einführung einer solchen Gesamtwärmeübergangszahl — die im folgenden stets mit α_{ges} bezeichnet wird — für Vorgänge, die ganz verschiedenen physikalischen Gesetzmäßigkeiten genügen, hat nur dann eine Berechtigung, wenn die Temperatur der bestrahlten Wände praktisch gleich der Temperatur der umgebenden Luft ist (z. B. bei der Wärmeabgabe von Heizkörpern, gedämmten Oberflächen in Räumen, bei denen mit „ausreichender Genauigkeit" überall gleiche Temperatur herrscht, d. h. in Luft und an den Wandoberflächen). Sonst ist es zweckmäßiger, den Strahlungsaustausch (Abschn. 4.1.), getrennt von dem konvektiven Austausch zu berechnen. Ist aber die Temperatur der den wärmeabgebenden oder -aufnehmenden Körper umgebenden Wände

---

[1] Siehe z. B. Gröber/Erk/Grigull [4.32], Carlslaw [4.10], Esser/Krischer [4.18], Tautz [4.109].

gleich derjenigen der Luft, dann kann man setzen:

$$\alpha_{ges} = \alpha + \alpha_R, \qquad (4.85)$$

worin α die Wärmeübergangszahl durch Leitung und Konvektion, α_R diejenige durch Strahlung bedeuten, so daß

$$\dot{Q}_{ges} = A\alpha_{ges}(\vartheta_0 - \vartheta_L), \qquad (4.86)$$

worin ϑ_0 die Temperatur der betrachteten Oberfläche und ϑ_L die Temperatur der umgebenden Luft (und der Wände) ist.

4.3.1. Der Wärmeübergangskoeffizient durch Strahlung

Entsprechend den Herleitungen von Abschnitt 4.1. kann die von einer Fläche A_1 mit einer anderen ausgetauschte Wärme berechnet werden, je nachdem der Körper 1 von 2 ganz umschlossen ist oder ob zwei kleine Flächen sich irgendwie im Raum gegenüberstehen. Für diesen Wärmeaustausch wird der bei Wärmeübergangsproblemen übliche Ansatz gemacht:

$$\dot{Q}_R = A_1 C_{12}\Phi_{12}\left\{\left(\frac{T_1}{100}\right)^4 - \left(\frac{T_2}{100}\right)^4\right\} = A_1\alpha_R(\vartheta_1 - \vartheta_2).$$

Daraus ist analog der äquivalenten Wärmeleitzahl durch Strahlung λ_R nach den Gln. (4.46) bis (4.48) eine äquivalente Wärmeübergangszahl durch Strahlung definiert:

$$\alpha_R = C_{12}\Phi_{12}\frac{\left(\frac{T_1}{100}\right)^4 - \left(\frac{T_2}{100}\right)^4}{\vartheta_1 - \vartheta_2} \qquad (4.87)$$

$$= 0{,}04 C_{12}\,\Phi_{12}\left(\frac{T_m}{100}\right)^3.$$

Bei vielen Problemen der Trocknungstechnik (Strahlung von glatten Heizkörpern, Rohrleitungen an die umgebenden Wände, Abstrahlung der Trocknerwände an den Raum usw.) kann das Winkelverhältnis Φ_{12} gleich 1 gesetzt werden, und es gilt Gl. (4.1). Bei manchen anderen Problemen (dichtgebaute Radiatoren, Rippenrohre usw.) kann Φ_{12} dann näherungsweise gleich 1 gesetzt werden, wenn man als strahlende Fläche die Hüllfläche des Heizkörpers ansieht (s. Abschn. 4.1.1.2).

Da im allgemeinen, sofern es sich nicht um blanke Metallflächen handelt, die Strahlungszahl C_{12} zwischen 4 und 5 liegt, sind in Tabell 4.15 die Werte α_R in

Tabelle 4.15. Wärmeübergang durch Strahlung α_R nach Gl. (4.87) für $\Phi_{12} = 1$ und Temperaturdifferenzen $\vartheta_1 - \vartheta_2 < 200\,°C$

α_R [W/m² K]	C_{12} [W/m² K⁴]		
	4,0	4,5	5,0
$\vartheta_m =$ 0	3,3	3,7	4,1
10	3,6	4,1	4,6
20	4,0	4,5	5,0
50	5,4	6,1	6,8
100	8,3	9,3	10,3
200	16,9	19,0	21,1
300	30,1	33,9	37,7

Abhängigkeit von der Mitteltemperatur zwischen den im Strahlungsaustausch stehenden Flächen für verschiedene Strahlungszahlen C_{12} angegeben, unter der obigen Voraussetzung, daß Φ_{12} gleich 1 ist.

Die Zahlentafel lehrt die Größenordnung der äquivalenten Wärmeübergangskoeffizienten α_R und ihre Abhängigkeit von der Temperatur. Man beachte jedoch, daß $\Phi < 1$ ist, falls die strahlende Fläche nicht allseits von anderen Flächen gleicher Temperatur umgeben ist (z.B. ist für die Ecke eines Raumes, in der zwei Außenwände aneinanderstoßen, $\Phi \approx 0{,}5$).

4.3.2. Der Wärmeübergang durch Konvektion in bewegten Medien

Der folgende kurze Abriß einiger Gesetzmäßigkeiten des Wärmeüberganges von der Oberfläche eines Körpers an ein strömendes Medium dient dazu, dem in der Trocknungstechnik arbeitenden Ingenieur eine Richtschnur für die Abschätzung der Wärmeübergangsverhältnisse zu geben[1]. Bei Kenntnis der Wärmeübergangsverhältnisse sind meistens auch die Stoffübergangsverhältnisse bei der Verdunstung der Flüssigkeit abschätzbar (s. Abschn. 5.10.5.).

In der Trocknungstechnik liegen die Dinge insofern anders als beim einfachen Wärmeaustausch, da hier nicht nur die üblichen „Standardkörper" Rohr, Kugel, ebene Platte usw. die entscheidende Rolle spielen, sondern daß die Trocknungsgüter hinsichtlich ihrer Formen eine außerordentliche Variation zeigen (Körner der verschiedensten Form, Fasern, Tabletten, ebene Oberflächen usw.), so daß man eine zusammenfassende Orientierung braucht.

Bei den Fragen des konvektiven Wärmeüberganges von der Oberfläche eines Körpers an Gase oder Flüssigkeiten, die an der Oberfläche vorbeiströmen, ist der Energietransport senkrecht zur Oberfläche, also quer zur Strömungsrichtung, von ausschlaggebendem Einfluß. Die Schwierigkeiten des Problems liegen zum Teil darin, daß das Medium nicht gleichförmig, d. h. mit überall gleicher Geschwindigkeit an dem Körper vorbeifließt, sondern daß sich in allen Querschnitten senkrecht zur Strömungsrichtung verschiedene „*Geschwindigkeitsprofile*" ausbilden.

Es kommt hinzu, daß der Mechanismus der Wärmeübertragung im Medium selbst von der Art der Bewegung abhängig ist. Bewegt sich ein Medium *reibungsfrei* oder so langsam, daß die einzelnen Schichten von verschiedener Geschwindigkeit nebeneinander fließen, ohne daß die Stromfäden durcheinanderwirbeln (*Laminarströmung*), so ist der Mechanismus der Wärmebewegung quer zur Strömungsrichtung nur durch die oben definierte „*molekulare Wärmeleitung*" gegeben; denn quer zur Strömungsrichtung sind keine sonstigen Querbewegungen vorhanden.

Bei mittleren und größeren Geschwindigkeiten jedoch, die technisch sehr häufig vorkommen, verwirbelt sich das strömende Medium oder Teile desselben (*turbulente Strömung*). Dies hat zur Folge, daß bei den turbulenten Bewegungen der Flüssigkeits- oder Gasteilchen (Turbulenzballen) ein zusätzlicher Energietransport quer zur Strömungsrichtung zu dem der molekularen Wärmeleitung hinzutritt (*turbulenter Energieaustausch*).

---

[1] Ausführlichere Darstellungen s. [4.29, 4.32, 4.75].

Wenn ein strömendes Medium mit der Oberfläche eines Körpers in Berührung kommt, so herrscht an der ersten Berührungsstelle (bzw. kurz vor derselben) irgendein Strömungszustand, der noch nicht durch die Berührung mit der Oberfläche beeinflußt ist. Bei theoretischen Überlegungen wird man gleichförmige Bewegung mit überall gleicher Geschwindigkeit annehmen.

Beim Vorbeistreichen an der Oberfläche, an der die Randschichten gebremst werden — unmittelbar in der Grenze zwischen Oberfläche und Medium herrscht immer die Geschwindigkeit Null —, ändert sich zunächst die Geschwindigkeitsverteilung quer zur Strömungsrichtung, bis eine solche Verteilung erreicht ist, die im weiteren Verlauf konstant oder nahezu konstant ist. Man unterscheidet den *hydrodynamischen Anlaufvorgang* und die *hydrodynamisch ausgebildete Strömung*.

In analoger Weise unterscheidet man einen *thermischen Anlaufvorgang*, bei dem die Temperaturbewegung immer größere Bereiche des Mediums erfaßt, und eine *thermisch ausgebildete Strömung*, bei der die Temperaturverteilung quer zur Strömungsrichtung in jeder Ebene ähnlich ist.

Bei der Strömung in Rohren, Kanälen usw., die wesentlich länger sind als die Anlaufstrecke, spielt der Anlaufvorgang eine untergeordnete Rolle; bei der Strömung an kleinen Körpern vorbei (zwischen den Lamellen oder Rippen von Rippenrohren, bei Tropfen, zerstäubten Gütern, Körnern oder Fasern, die im Luftstrom fallen, bei querangeströmten Rohren und dünnen Drähten, um- oder durchströmten Körpern geringer Länge) ist er von entscheidender Bedeutung.

Es ist zweckmäßig, als Grenzfälle die folgenden zu betrachten:

1. *umströmte Einzelkörper*, bei denen die ausgetauschte Energie nur eine kleine Änderung des Energiezustandes des vorbeistreichenden Mediums bewirkt,
2. *durchströmte oder überströmte* Körper, bei denen die ausgetauschte Energie eine weitgehende Angleichung der Temperaturen des Mediums und der Wand bewirkt.

Nach den äußeren Kräften, die die Bewegung des Mediums hervorrufen, unterscheidet man die durch Druckdifferenz „*erzwungene Strömung*" und die durch Auftriebskräfte infolge von Temperaturunterschieden bei konstantem Druck bewirkte „*freie Strömung*".

Je nach Form und Größe der Oberfläche des mit dem Medium im Austausch stehenden Körpers und der sonstigen Berandung des Mediums durch benachbarte Wände stellen sich jeweils verschiedene Geschwindigkeits- und Temperaturfelder ein, so daß sich auch verschiedene Wärmeübergangskoeffizienten ergeben. Es sei noch auf die häufig (vor allem beim Vergleich von Meßergebnissen) unbeachtete Tatsache hingewiesen, daß auch die „*thermischen Randbedingungen*" von Einfluß sind, d. h. der Wärmeübergang ist bei gleichen Körpern in gleichen Medien verschieden, wenn die Temperaturverteilung an der Oberfläche verschieden ist. Zum Beispiel ergeben sich deutliche Unterschiede je nachdem, ob bei gleicher mittlerer Temperatur der Oberfläche deren Temperatur konstant ist oder im Sinn der Bewegung des strömenden Mediums zu- oder abnimmt. [Ähnlich wie der Unterschied zwischen Gl. (4.80) und (4.84)].

Angesichts der Vielfalt der Einflußgrößen muß man sich bei technischen Problemen vor allem dann, wenn die Formen der wärmeaustauschenden Körper wie in der Trocknungstechnik außerordentlich vielfältig sind, damit begnügen, zu sicheren Abschätzungen zu kommen. Dies ist am leichtesten möglich, wenn man ein technisches Problem zwischen mathematisch leicht erfaßbaren Grenzfällen einordnen kann. Daher werden bei der folgenden zusammenfassenden Darstellung der Probleme des Wärmeüberganges einfache theoretische Betrachtungen zu den unter 1. und 2. genannten Grenzfällen angestellt.

Wir werden dabei nicht von den *örtlichen* Wärmeübergangszahlen sprechen, die fast immer für jede Stelle einer Heizfläche verschieden sind, sondern nur von denjenigen für die gesamte Heizfläche gültigen *Mittelwerten*, die für die technische Heizflächenberechnung wichtig sind. Dabei muß von vornherein darauf hingewiesen werden, daß diese Mittelwerte immer an die Definition einer mittleren Temperaturdifferenz gebunden sind. Stets gilt der Ansatz:

$$\dot{Q} = A\alpha\,\Delta\vartheta,$$

worin $\Delta\vartheta$ die Temperaturdifferenz zwischen der Oberfläche und dem vorbeiströmenden Medium ist. Als Temperatur des Mediums kann man die wirkliche — kalorimetrisch zu messende — Mitteltemperatur des an der Heizfläche vorbeifließenden Mediums einführen, man kann das arithmetische Mittel aus Anfangs- und Endtemperatur oder den sogenannten logarithmischen Mittelwert verwenden, der immer dann gebräuchlich ist, wenn der „örtliche Wärmeübergangskoeffizient" längs der Heizfläche konstant ist (z.B. genau genug bei turbulenter Strömung in längeren Rohren). Je nach der Festsetzung, welche Temperaturdifferenz unter $\Delta\vartheta$ verstanden sei, ist ein verschiedener — und von verschiedenen Größen abhängige — Wärmeübergangskoeffizient α anzusetzen, denn, wie immer man rechnet, muß die übertragene Wärmemenge $\dot{Q}$ sich immer in gleicher Größe ergeben.

4.3.2.1. Der Wärmeübergang bei außenumströmten Einzelkörpern und die Einführung der Kenngrößen des Wärmeübergangs

Das Problem ist dadurch charakterisiert, daß ein meist verhältnismäßig kleiner Körper mit der Oberflächentemperatur ϑ_0 von einem Medium mit der Anfangstemperatur ϑ_e umspült ist, das quer zur Strömungsrichtung eine solche Ausdehnung hat, daß die in ihm durch den Körper bewirkte Temperaturbewegung nur Randschichten des Mediums erfaßt, so daß die Ausdehnungs quer zur Strömungsrichtung gleichgültig — bzw. unendlich — ist, wie dies in Bild 4.46 für die verschiedenen technischen Standardformen veranschaulicht ist. Der thermische und hydrodynamische Anlaufvorgang ist für das Problem entscheidend. Die mittlere Temperatur des Mediums ist nicht wesentlich von seiner Anfangstemperatur ϑ_e ver-

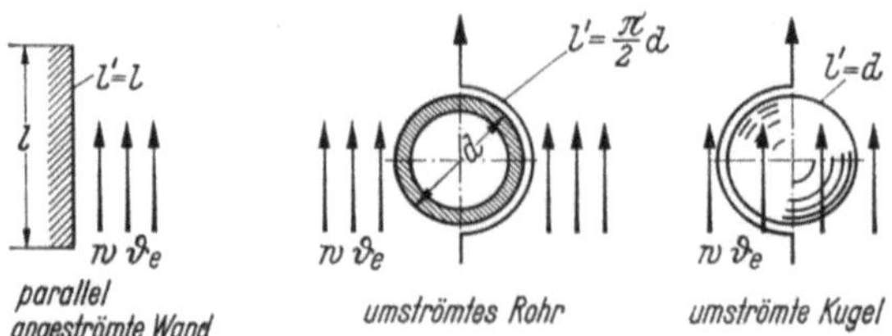

Bild 4.46. Veranschaulichung der Annahmen bei umströmten Körpern.

schieden. Daher gilt der Ansatz:

$$\dot{Q} = A\alpha(\vartheta_0 - \vartheta_e). \tag{4.88}$$

Den hydrodynamischen und thermischen Anlauf für das Geschwindigkeits- und Temperaturfeld skizziert Bild 4.48. Das hydrodynamische Verhalten, d.h. die Ausbildung einer hydrodynamischen Grenzschicht wird durch die Reynoldssche Kenngröße charakterisiert:

$$Re_1 = \frac{wl}{\nu},$$

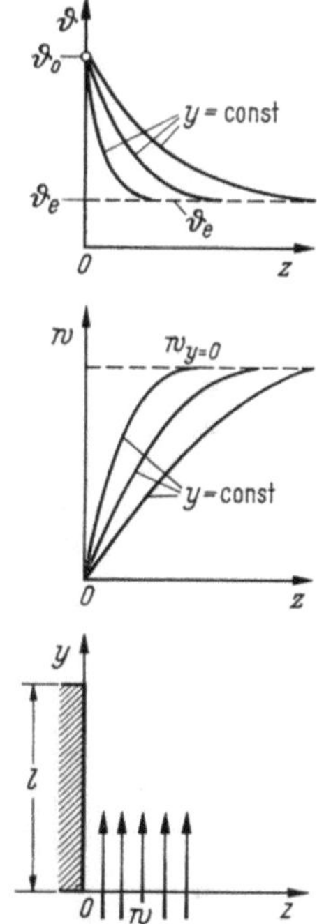

Bild 4.48. Temperatur- und Geschwindigkeitsverlauf bei Anlaufvorgängen.

worin l eine charakteristische Länge und $\nu = \eta/\varrho$ die kinematische Zähigkeit des Mediums bezeichnet. Das Verhältnis der thermischen Grenzschichtdicke zur hydrodynamischen ist allein eine Funktion der Prandtlschen Kenngröße, die nur Stoffeigenschaften enthält:

$$Pr = \nu/a$$

mit $a = \lambda/c_p\varrho$, der Temperaturleitfähigkeit des Mediums. Dann ist die dimensionslose Kenngröße des Wärmeübergangs nach Nusselt

$$Nu_1 = \alpha l/\lambda$$

allein eine Funktion der Reynoldsschen und Prandtlschen Kenngröße:

$$Nu_1 = f(Re_1^{\iota}, Pr).$$

Die für die Berechnung der Wärmeübertragung benötigten Stoffwerte sind für einige ausgewählte Stoffe in Tabelle 4.16 angeführt.

Die Berechnungen gehen von der Energiegleichung, der Kontinuitätsgleichung und der Bewegungsgleichung aus, die für ein durchströmtes Volumenelement ab-

Tabelle 4.16. Stoffwerte für einige Flüssigkeiten und Gase

Spez. Dichte ϱ, spez. Wärme c_p, Wärmeleitfähigkeit λ, kinematische Zähigkeit ν, Temperaturleitzahl a, kubischer Ausdehnungskoeffizient ε und die Prandtl-Zahl $Pr = \nu/a$ bei $P = 1$ bar

	t	ϱ^a	c_p	λ	$\nu \cdot 10^6$	$a \cdot 10^6$	Pr	$\varepsilon \cdot 10^3$
	°C	kg/m³	$\dfrac{\text{kJ}}{\text{kg} \cdot \text{K}}$	$\dfrac{\text{W}}{\text{m} \cdot \text{K}}$	m²/s	m²/s	—	1/K
Flüssigkeiten								
Wasser	0	999,8	4,218	0,569	1,751	0,131	13,0	−0,07
	20	998,2	4,182	0,604	1,004	0,143	6,94	0,206
	100	958,4	4,216	0,682	0,295	0,169	1,75	0,753
	160	907,4	4,342	0,682	0,189	0,173	1,09	1,098
Glycol $C_2H_6O_2$	0	1128	2,261	0,254	50,54	0,099	507,0	
	20	1115	2,357	0,256	18,30	0,097	188,0	
Methanol	0	812	2,386	0,208	1,006	0,107	9,37	
	20	792	2,495	0,202	0,737	0,102	7,21	
	50	765	2,680	0,193	0,517	0,094	5,50	
Äthanol	0	806	2,232	0,177	2,216	0,098	22,52	
	20	789	2,395	0,173	1,522	0,098	15,49	
	50	763	2,801	0,165	0,919	0,077	11,90	
Benzol	20	879	1,729	0,144	0,738	0,095	7,79	1,06
	50	847	1,821	0,134	0,515	0,087	5,92	
	100	793	1,968	0,127	0,330	0,081	4,04	
Aceton	0	812	2,102	0,165	0,490	0,097	5,07	
	20	791	2,156	0,160	0,411	0,094	4,38	
	50	756	2,252	0,154	0,329	0,090	3,64	
Quecksilber	0	13595	0,1402	8,19	0,124	4,297	0,0288	0,180
	50	13473	0,138	9,42	0,104	5,067	0,0205	0,180
	100	13352	0,137	10,42	0,093	5,696	0,0162	0,181
Gase								
Luft	−200	2,0537	1,025	0,0068	2,69	3,23	0,83	
	−100	1,954	1,013	0,0165	6,04	8,37	0,72	
	0	1,2760	1,006	0,0241	13,5	18,95	0,71	
	+100	0,9334	1,011	0,0314	23,8	33,3	0,70	
	+200	0,7359	1,026	0,0385	35,0	51,1	0,68	
	500	0,4504	1,093	0,0555	79,5	116	0,69	
	1000	0,2730	1,193	0,0791	175	238	0,74	
	1500	0,1965	1,235	0,0872	311,1	359	0,86	
	2000	0,1532	1,268	0,1023	458,3	526	0,87	
Wasserstoff	−200	0,332	10,744	0,051	10,8	14,3	0,75	
	−100	0,139	13,00	0,113	44,6	62,5	0,71	
	0	0,0886	14,05	0,171	94,9	137,4	0,69	
	+100	0,0648	14,41	0,211	160,5	226,0	0,71	
	+200	0,0511	14,41	0,249	238,7	338,1	0,70	
	+300	0,0422	14,41	0,285	329,4	468,7	0,70	
	500	0,0277	14,68	0,3566	774,0	877,0	0,88	
Kohlendioxyd	−50	2,396	0,775	0,011	4,72	5,92	0,796	
	0	1,947	0,816	0,015	7,04	9,44	0,74	
	100	1,417	0,934	0,022	12,84	16,62	0,77	

Tabelle 4.16 (Fortsetzung)

	t	ϱ^{a}	c_{p}	λ	$v \cdot 10^6$	$a \cdot 10^6$	Pr	$\varepsilon \cdot 10^3$
	°C	kg/m³	$\dfrac{\mathrm{kJ}}{\mathrm{kg \cdot K}}$	$\dfrac{\mathrm{W}}{\mathrm{m \cdot K}}$	m²/s	m²/s	–	1/K
Kohlendioxyd	200	1,111	1,001	0,030	19,98	26,97	0,74	
	300	0,9278	1,063	0,038	27,92	38,53	0,73	
Wasserdampf	0	0,00494	1,842	0,016	1821,8	1758,3	1,03	
	+25	0,00452	1,842	0,019	215,7	228,2	0,94	
	100	0,5893	1,884	0,025	21,21	22,5	0,94	
	200	0,4604	1,938	0,033	34,96	37,0	0,95	
	500	0,2804	2,123	0,066	95,93	110,9	0,86	
	1000	0,1702	2,453	0,114	267,92	273,1	0,98	
Ammoniak	−50	0,3887	1,989	0,017	19,55	21,98	0,89	
	0	0,7813	2,056	0,022	11,90	13,69	0,87	
	+25	0,7157	2,093	0,024	13,97	16,02	0,87	
	100	0,5510	2,219	0,033	23,23	26,99	0,86	
	200	0,4335	2,366	0,047	38,06	45,82	0,83	
	400	0,3047	2,663	0,072	76,79	88,73	0,86	
Methan	−100	1,1481	1,968	0,019	5,84	8,41	0,69	
	−50	0,8909	2,068	0,024	9,49	13,03	0,73	
	0	0,7278	2,165	0,030	14,02	19,04	0,74	
	+25	0,6667	2,227	0,034	16,50	22,90	0,72	
	100	0,5327	2,449	0,044	24,97	33,88	0,74	
	200	0,4201	2,805	0,061	38,32	52,19	0,73	

[a] ϱ aus Normdichte berechnet.

geleitet werden (z. B. [4.14, 4.100]). Unter der bei der Trocknung zulässigen Vernachlässigung 1. der Wärmeleitung in Strömungsrichtung y, 2. der durch Reibung erzeugten Energie, 3. der Dissipationsenergie, 4. mit konstanten Stoffwerten, gilt bei erzwungener zweidimensionaler Strömung (Bild 4.47):

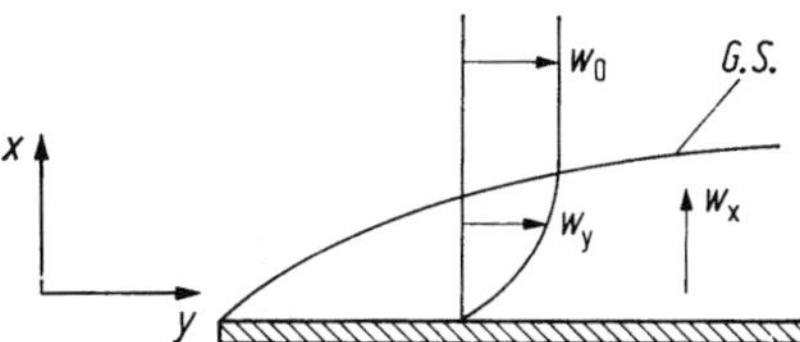

Bild 4.47. Ausbildung der Grenzschicht an einer überströmten ebenen Platte.

$$\text{Energiegleichung} \quad \frac{\partial^2 \vartheta}{\partial x^2} = \frac{1}{a}\left(w_y \frac{\partial \vartheta}{\partial y} + w_x \frac{\partial \vartheta}{\partial x}\right), \qquad (4.89)$$

$$\text{Kontinuitätsgleichung} \quad \frac{\partial w_x}{\partial x} + \frac{\partial w_y}{\partial y} = 0, \qquad (4.90)$$

$$\text{Bewegungsgleichung} \quad w_y \frac{\partial w_y}{\partial y} + \frac{\partial w_y}{\partial x} = \frac{1}{\varrho}\frac{\partial P}{\partial y} + v \frac{\partial^2 w_y}{\partial x^2}. \qquad (4.91)$$

Bei überströmten Körpern ist der Drückabfall $\partial P/\partial y$ dabei gleich Null.

4.3.2.1.1. Parallel angeströmte Platte bei laminarer Grenzschicht

Die Wärmeabgabe einer parallel überströmten ebenen Platte konstanter Temperatur bei Ausbildung einer laminaren Grenzschicht wurde von Pohlhausen [4.82] und Kroujiline [4.66] nach verschiedenen Methoden berechnet. Die Berechnungen ergaben für den mittleren Wärmeübergang an einer Platte der Länge l

$$Nu_l = 0{,}664 \cdot Re_l^{1/2} \cdot Pr^{1/3}. \tag{4.92}$$

Nimmt die Temperaturdifferenz $(\vartheta_o - \vartheta_e)$ in Richtung der Überströmung zu, so wird der Wärmeübergangskoeffizient größer als bei konstanter Oberflächentemperatur, bei Abnahme der Temperaturdifferenz wieder kleiner [4.94, 4.95]. Für den Fall konstanter Wärmestromdichte $\dot{q}$ an der Oberfläche, z. B. durch elektrische Beheizung zu verwirklichen, beträgt die Änderung des Wärmeübergangskoeffizienten $\pm 18\,\%$.

4.3.2.1.2. Parallel angeströmte Platte bei turbulenter Grenzschicht

Bei einer Reynoldszahl von $Re_l \approx 10^3$ (in Abhängigkeit vom Turbulenzgrad der Strömung) wird die laminare Grenzschicht turbulent, wobei eine dünne laminare Randschicht erhalten bleibt. Auf Grund der von Prandtl erweiterten Reynolds-Analogie zwischen Impuls- und Wärmeaustausch, sowie mit einem von Reichardt [4.87] angegebenen Ansatz für das Geschwindigkeitsfeld in der laminaren Randschicht der turbulenten Grenzschicht erhält man für den dimensionslosen Wärmeübergang

$$Nu_l = \frac{A \cdot Re^{0,8} \cdot Pr}{1 + Re_l^{-0,1} \cdot f(Pr)}. \tag{4.93}$$

Die von den Annahmen der Berechnung abhängigen Größen A und $f\,(Pr)$ sind in zahlreichen experimentellen Untersuchungen [4.29, 4.87, 4.89] bestimmt. Als derzeit beste Beziehung gilt bis $Re_l \approx 10^7$, $0{,}7 < Pr < 600$:

$$Nu_l = \frac{0{,}037 \cdot Re_l^{0,81} \cdot Pr}{1 + 2{,}443 \cdot Re_l^{-0,1} \cdot (Pr^{2/3} - 1)}. \tag{4.94}$$

Der Übergangsbereich zwischen laminarer und turbulenter Grenzschicht von $Re_l \approx 10^3$ bis $\approx 10^5$ wird durch einen Kurvenzug (Mittelkurve) [4.58, 4.64] in Anlehnung an Messungen (s. u.) ausgeglichen. Für numerische Rechnungen zweckmäßig zu handhaben ist eine geschlossene Gleichung [4.27] für die ebene Platte bei laminarer und turbulenter Grenzschicht, die aus Gl. (4.92) ($Nu_{l,\mathrm{lam}}$) und Gl. (4.94) ($Nu_{l,\mathrm{turb}}$) einen gemittelten Wert

$$Nu_l = \sqrt{Nu_{l,\mathrm{lam}}^2 + Nu_{l,\mathrm{turb}}^2} \tag{4.95}$$

bildet.

4.3.2.1.3. Die versuchsmäßig ermittelten Abhängigkeiten des Wärmeüberganges bei außenumströmten Körpern

An den Standardkörpern Zylinder und Kugel sind außerordentlich viele Experimente durchgeführt worden, um die Wärmeübergangszahl zu bestimmen. Da in der Trocknungstechnik vielfältige Formen der Körper vorkommen (Körner, Fasern, Kugeln, Tabletten usw.), scheint es von Vorteil, die an den Standardkörpern ge-

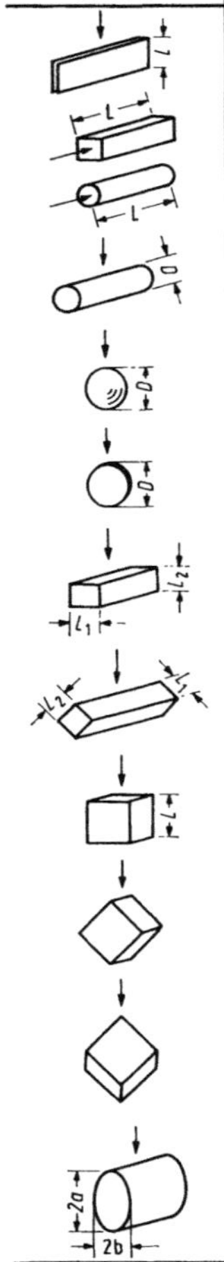

Skizze	Beschreibung	Anströmlänge	Skizze	Beschreibung	Anströmlänge
	Ebene Platte *längs angeströmt*	$L' = L$		**Ellipsenförmige Scheibe** *a) Strömung $\perp$ zur kleinen Halbachse*	$L' = \frac{\pi}{2}\,a$
	Durchströmter Kanal *Strömung in Achsrichtung*	$L' = L$		*b) Strömung $\perp$ zur großen Halbachse*	$L' = \frac{\pi}{2}\,b$
	Kreiszylinder *quer angeströmt*	$L' = \frac{\pi}{2}\,D$		**Rotationsellipsoid** *a) Strömung $\perp$ zur kleinen Halbachse*	$L' \approx \frac{(a+b)^2}{2b}$
	Kugel	$L' = D$		*b) Strömung $\perp$ zur großen Halbachse*	$L' \approx \frac{(a+b)^2}{2a}$
	Kreisscheibe *in Richtung eines Durchmessers angeströmt*	$L' = \frac{\pi}{4}\,D$		**Dreieckförmiges Prisma** *quer angeströmt* *a) Strömung $\perp$ auf eine Kante*	$L' = \frac{3}{2}\,L$
	Rechteckförmiges Prisma *quer angeströmt* *a) Strömung $\perp$ auf eine Fläche*	$L' = L_1 + L_2$		*b) Strömung $\perp$ auf eine Fläche*	$L' = \frac{3}{2}\,L$
	b) Strömung $\perp$ auf eine Kante	$L' = L_1 + L_2$		**Winkelförmiges Prisma** *quer angeströmt* *a) Strömung $\perp$ auf Winkelkante* *1) $\alpha > 60°$* *2) $\alpha < 60°$*	$L' = 2L$ $L' = L$
	Würfel *a) Strömung $\perp$ auf eine Fläche*	$L' = 1,50L$		*b) Strömung $\perp$ in den Winkel* *1) $\alpha > 60°$* *2) $\alpha < 60°$*	$L' = 2L$ $L' = L$
	b) Strömung $\perp$ auf eine Kante	$L' = 1,24L$ *in einer ungeordneten Schüttung* $L' = 1,3L$		**Kreuzförmiges Prisma** *quer angeströmt* *Strömung $\perp$ auf Kante*	$L' = 4L$
	c) Strömung $\perp$ auf ein Eck	$L' = 1,16L$		**Berippte Rohre** *quer angeströmt* *a) kreisförmige Rippe*	$L' = \frac{\pi}{2}\sqrt{D^2 + h^2}$
	Ellipsenförmiger Zylinder *quer angeströmt*	$L' \approx \frac{\pi}{2}\left[1,5(a+b) - \sqrt{ab}\,\right]$ $\approx \frac{\pi}{2}(a+b)$		*b) rechteckförmige Rippe*	$L' = \frac{\pi}{2}\sqrt{D^2 + h^2}$ mit $h = 0,565 \cdot L_1 \sqrt{\frac{L_1}{L_2}} - \frac{D}{2}$

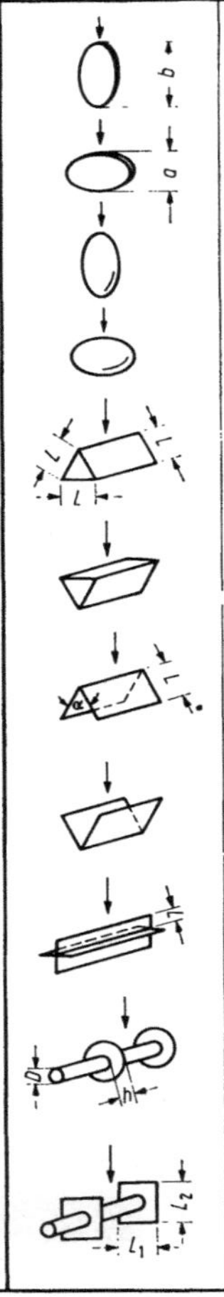

Bild 4.49. Anströmlängen für verschiedene überströmte Körper.

wonnenen Versuchsergebnisse so zusammenzustellen, daß der Einfluß der Form
erkennbar wird. Dazu ist es nötig, bei allen zum Vergleich herangezogenen Körpern eine einheitliche charakteristische Länge einzuführen.

Diese kann als der mittlere Weg eines Elementes der Strömung längs des umströmten Körpers verstanden werden und ist durch

$$l' = A/U \qquad (4.96)$$

mit A der wärmeaustauschenden Oberfläche und U dem Umfang der Projektions-
fläche des Körpers in Strömungsrichtung definiert (4.49, 4.77].

In Bild 4.49 sind die nach Gl. (4.96) berechneten Anströmlängen zusammengestellt.

In Bild 4.50 sind Meßwerte verschiedener Autoren für die ebene überströmte
Platte ($l' = l$) aufgetragen [4.27]. Sie lassen sich für alle Pr-Werte durch eine
„Mittelkurve" wiedergeben, die durch Gl. (4.95) mathematisch beschrieben wird.

Bild 4.51 gibt Messungen am luftüberströmten Zylinder ($l' = \pi/2\,d$) für $Pr \approx$
0,72, Bild 4.52 für andere Pr-Werte wieder. Als mathematische Gleichung für
diese Kurven, die für $Re > 10^2$ mit Gl. (4.95) übereinstimmt, läßt sich angeben

$$Nu_{l'} = Nu_{l',\text{min}} + \sqrt{Nu_{l',\text{lam}}^2 + Nu_{l',\text{turb}}^2} \qquad (4.97)$$

mit $Nu_{l,\text{min}} = 0,3$ ein gemittelter Grenzwert für sehr kleine Reynolds-Werte.

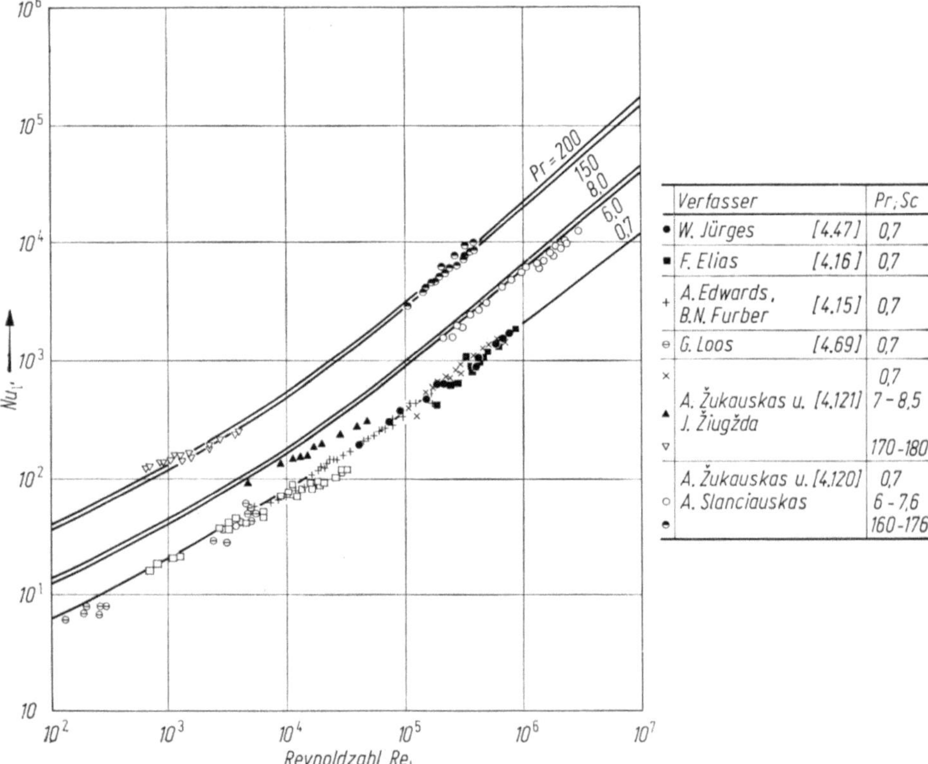

Bild 4.50. Verlauf der von verschiedenen Verfassern an der überströmten ebenen Platte gemessenen und nach Gl.(4.95) berechneten Sherwood- und bezogenen Nußeltzahlen über der Reynoldszahl. Die Werte von G. Loos [4.69] und K. H. Presser [4.83] sind Sherwoodzahlen (n. Gnielinski).

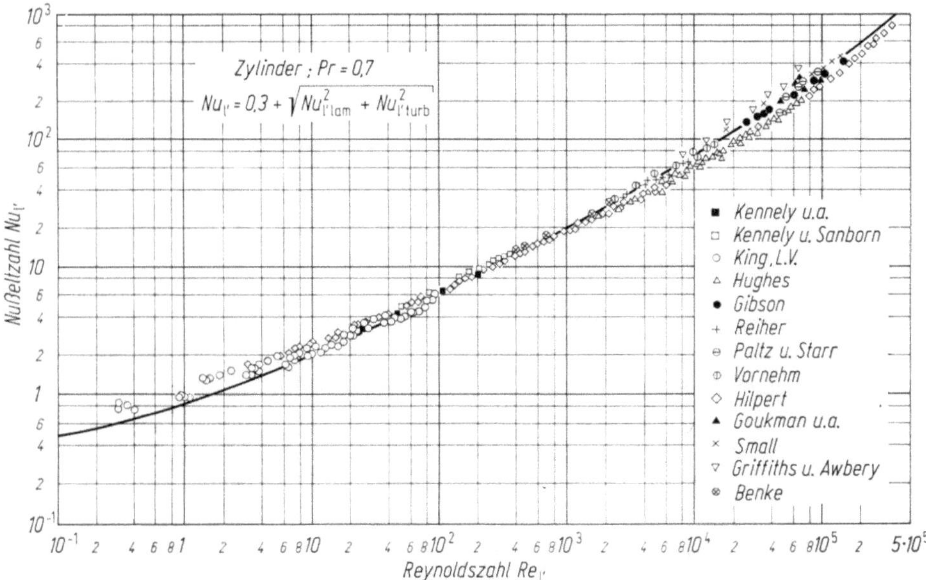

Bild 4.51. Verlauf der von W. McAdams [4.72] gesammelten Nußeltzahlen, die an von Luft querangeströmten Zylindern gemessen wurden, und der nach Gl. (4.97) berechneten Nußeltzahlen über der Reynoldszahl (n. Gnielinski)

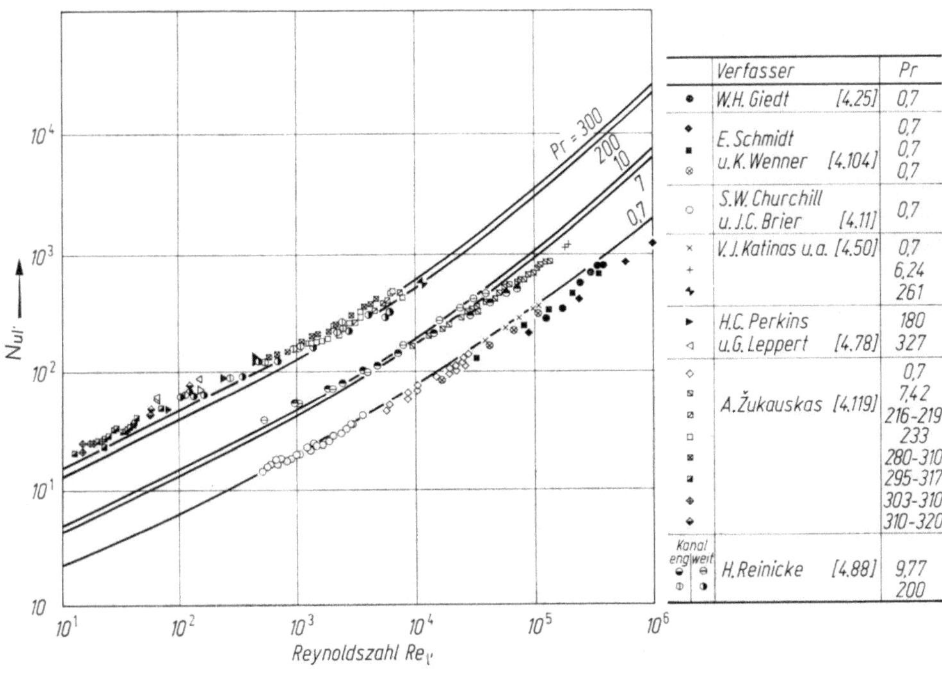

	Verfasser		Pr
●	W.H. Giedt	[4.25]	0,7
◆	E. Schmidt		0,7
■	u. K. Wenner	[4.104]	0,7
⊗			0,7
○	S.W. Churchill u. J.C. Brier	[4.11]	0,7
×	V. J. Katinas u.a.	[4.50]	0,7
+			6,24
◆			261
▶	H.C. Perkins		180
◁	u.G. Leppert	[4.78]	327
◇			0,7
			7,42
	A.Žukauskas	[4.119]	216–219
□			233
			280–310
			295–317
◆			303–310
◆			310–320
Kanal eng|weit ● | ⊖ / ⊕ | ●	H. Reinicke	[4.88]	9,77 / 200

Bild 4.52. Verlauf der von verschiedenen Verfassern an querangeströmten Zylindern gemessenen und der nach Gl. (4.97) mit $Nu_{l',min} = 0,3$ berechneten bezogenen Nußeltzahlen über der Reynoldszahl (n. Gnielinski).

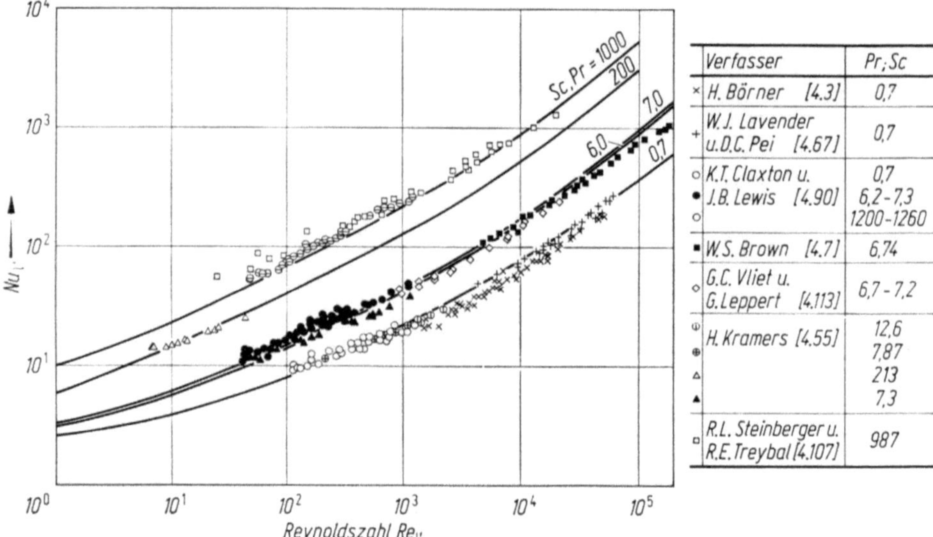

Bild 4.53. Verlauf der von verschiedenen Verfassern an überströmten Kugeln gemessenen und der nach Gl. (4.97) mit $Nu_{l',\mathrm{min}} = 2,0$ berechneten Sherwood- und bezogenen Nußeltzahlen über der Reynoldszahl (n. Gnielinski).

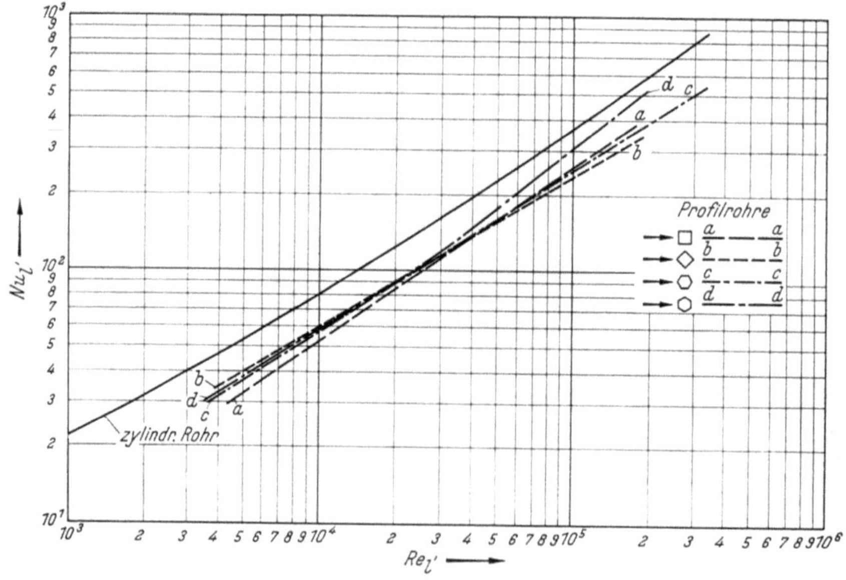

Bild 4.54. Wärmeübergang bei verschiedenen Profilrohren nach Hilpert [4.40].

Bild 4.53 zeigt die Meßwerte für eine überströmte Kugel $l' = d$. Die eingezeichnete Mittelkurve wird durch Gl. (4.97) beschrieben, wobei der Grenzwert $Nu_{l',\min} = 2$ beträgt.

Bemerkenswert an den Bildern 4.49 bis 4.53 erscheint folgendes:

1. Bezieht man auf die Anströmlänge l', so zeigt sich bei den Versuchen für Zylinder und Kugel sowie den einfachen Rechnungsergebnissen für die ebene Platte kein entscheidender Unterschied oberhalb von $Re_{l'} = 20$.[1]

2. Unterhalb $Re_{l'} \approx 20$ streben die Werte für $Nu_{l'}$ von Kugeln und Zylindern Grenzwerte an. Diese sind durch folgende Überlegung zu verstehen:

   Bei Kugeln kann der Wert von $Nu^{l'}$ nicht unter 2 fallen. Man denke eine sehr kleine Kugel vom Durchmesser d in einem Medium von sehr kleiner Geschwindigkeit ($w \rightarrow 0$). Dann stellt sich der durch Gl. (4.41) beschriebene Beharrungszustand der Wärmeströmung im Medium ein. Ist dessen Ausdehnung gegenüber der Kugel groß ($r_a = \infty$), so wird

$$\dot{Q}_{\min} = \lambda\, 2\pi\, d(\vartheta_0 - \vartheta_\infty).$$

Setzt man dies nach dem mit dem Wärmeübergangskoeffizient gebildeten Ansatz

$$\dot{Q}_{\min} = A\alpha(\vartheta_0 - \vartheta_\infty) = \pi d^2 \alpha (\vartheta_0 - \vartheta_\infty),$$

so ergibt sich für

$$Nu_{l'} = \frac{\alpha d}{\lambda} = 2. \tag{4.98}$$

Bei unendlich langen Zylindern oder unendlich ausgedehnten ebenen Wänden gibt es diese Begrenzung nicht. Aber da es in der Technik nur Körper von endlicher Ausdehnung gibt, ist de facto bei allen Körpern eine untere Grenze für Nu gesetzt, die von den gesamten Abmessungen des Körpers (nicht nur von der hier als entscheidend angesetzten Anströmlänge l') abhängig ist.

Für Ellipsoide läßt sich der Grenzwert $Nu_{l',\min}$ berechnen [4.68], er ist in Bild 4.58 für verschiedene Achsenverhältnisse angegeben.

3. Die Standardkörper Platte, Zylinder und Kugel lassen sich in einem Diagramm darstellen, wenn die jeweilige Anströmlänge l' nach Gl. (4.96) verwendet wird (Bild 4.58). Nur im Bereich der schleichenden Strömung ist der jeweilige Grenzwert zu beachten. Die mathematische Beschreibung ist durch die Gln. (4.95) und (4.97) gegeben. Die Meßergebnisse weichen von dieser Mittelkurve nicht mehr als $\pm 15\%$ ab.

4. Die Richtung des Wärmestroms — Heizen oder Kühlen des Körpers — sowie die Höhe der Temperaturdifferenz zwischen Oberfläche und strömendem Medium kann (s. [4.30, 4.36, 4.111]) für Flüssigkeiten durch einen Faktor

$$K = (Pr_F/Pr_W)^{0,25} \tag{4.99}$$

---

[1] Bei senkrecht angeströmten Scheiben (Durchmesser d) beträgt die Anströmlänge $l' = d/2$, wenn beide Seiten am Austausch teilnehmen können; für eine senkrecht angeströmte Fläche der Breite b wäre $l' = b$. Erfolgt die senkrechte Anströmung der Scheibe oder Fläche aber aus Rund- oder Langdüsen, z.B. bei Düsentrocknern, so gehen weitere geometrische Parameter wie Düsenabmessungen und -abstand in die Berechnung der Wärme- und Stoffübertragung ein [4.70, 4.71] (s.a. [5.50, 5.81, 5.82]).

für Gase durch

$$K = (T_F/T_W)^{0,12} \tag{4.100}$$

erfaßt werden, wobei sich der Index F auf die Werte des strömenden Mediums, W auf die an der Oberfläche bezieht. In dem vorstehenden Diagramm $Nu_{l'} = f(Re_{l'})$ ist zur Erfassung dieses Einflusses $Nu_{l'}$ durch $Nu_{l'}/K$ zu ersetzen.

5. Der Zusammenhang $Nu_{l'} = f(Re_{l'}, Ptr)$ läßt sich, wie die Untersuchungen zeigen, auf den Stoffübergang übertragen, wenn

$$Nu_{l'} = \frac{\alpha l'}{\lambda} \quad \text{durch} \quad Nu_{l'}' \equiv Sh = \frac{\beta l'}{\delta_{1,2}},$$

$$Pr = \frac{v}{a} \quad \text{durch} \quad Sc = \frac{v}{\delta_{1,2}}$$

ersetzt wird [s. Abschn. 5.10.].

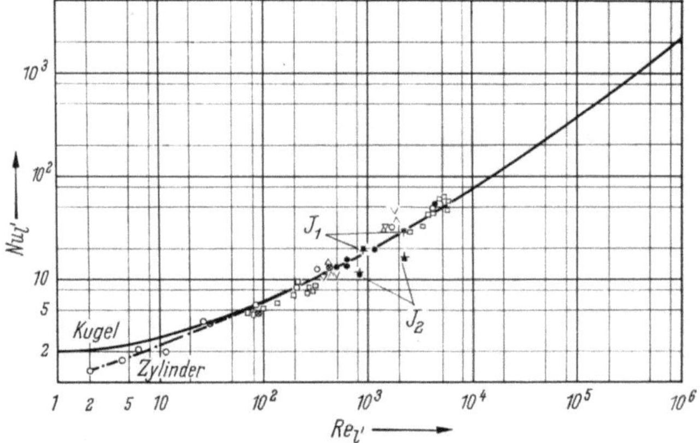

Bild 4.55. Wärme- und Stoffübergang an Platten, Kreiszylindern, Kreisscheiben, Dreikantprismen, Kreuzprismen und Winkelprismen ∢ 60°.

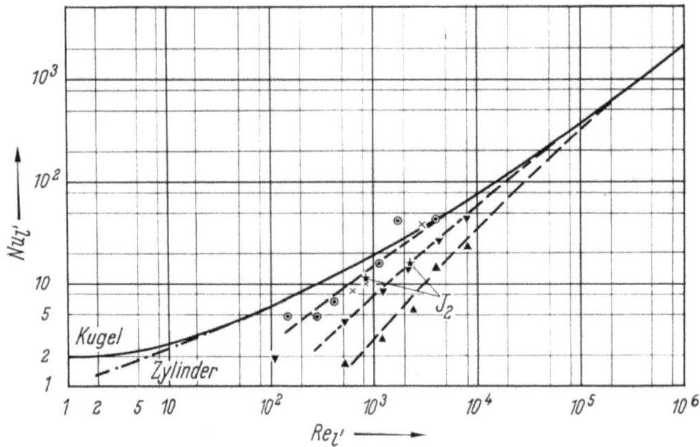

Bild 4.56. Wärme- und Stoffübergang an Rillenzylindern, Sternprismen, Kreuzprismen und Winkelprismen zu ∢ 22°.

Zur Prüfung der Frage, inwieweit die näherungswe·se Übereinstimmung des Zusammenhanges zwischen $Nu_{l'}$ und $Re_{l'}$ für die Standardkörper (Kugel, Zylinder, ebene Platte) auch für Körper beliebiger Form, wie sie in der Trocknungstechnik meistens vorkommen, gültig ist, wurde eine Untersuchung an überströmten Einzelkörpern extrem verschiedener Form durchgeführt [4.64]. Die untersuchten Formen sind in Bild 4.49 dargestellt, in der ferner angegeben ist, wie die charakteristische Anströmlänge l' für die einzelnen Formen bestimmt wurde.

Die Ergebnisse der Untersuchung sind in den Bildern 4.55 und 4.56 gestellt.

In Bild 4.55 sind diejenigen Meßwerte zusammengestellt, die nur wenig um eine Mittelkurve, der sich auch die Ergebnisse für die Standardkörper gut anfügen, streuen. Es sind die Körper, bei denen keine wesentlichen konkaven Oberflächenteile vorhanden sind. Ein winkelförmiges Prisma von 60° Öffnungswinkel zeigt noch gute Übereinstimmung mit der Mittelkurve, gleichgültig, ob es außen auf die Winkelkante angeströmt oder ob in den Winkel hineingeblasen wird; ebenso das kreuzförmige Prisma J_1, wenn die stoffabgebende Oberfläche angeströmt wird.

Bild 4.56 zeigt diejenigen Ergebnisse, die teilweise stark von der Mittelkurve abweichen. Es sind: Rillenzylinder, sternförmiges Prisma, dessen Querschnitt ein sechsstrahliger Stern war, das kreuzförmige Prisma bei nur einseitigem Austausch für den Fall (J_2), daß die Austauschfläche im Strömungsschatten liegt, und das winkelförmige Prisma, bei dem ein Austausch nur aus dem Spalt heraus, der einen Winkel von 22° bildete, möglich war. Die tiefsten Werte ergeben sich, wie wohl auch jeder erwarten würde, für den Fall, daß die wärmeaustauschende Spaltfläche im Strömungsschatten liegt. Bläst man in den Spalt hinein, so wird der Wärmeübergang zwar bis zu dreimal so groß, aber bei kleinen Re-Zahlen doch nur ein Drittel so groß wie bei den Standardkörpern. Immerhin aber sieht man, daß die Werte bei hohen Re-Zahlen sich der Mittelkurve für die Standardkörper und die Körper, die keine konkaven Oberflächenteile haben, nähern. Auch für Rillenzylinder und sternförmiges Prisma liegen die Werte bei kleinen Reynoldsschen Zahlen erheblich unter der Mittelkurve, bei $Re_{l'} > 10^3$ jedoch zeigt sich plötzlich ein steiler Anstieg — sogar noch etwas über die Mittelkurve hinaus.

Verständlich wird dieses Verhalten, wenn man die Strömungsbilder in Schlierenaufnahmen sichtbar macht. Bild 4.57 zeigt die Schlierenaufnahmen des mit verschiedenen Geschwindigkeiten angeströmten Rillenzylinders. Die beiden Aufnahmen für kleine Re-Zahlen ($Re_{l'} = 126$ und 528) gelten für den Bereich, in dem die Meßpunkte viel tiefer liegen als die Mittelkurve. Man sieht, wie der Totraum der Strömung schon hinter der ersten Rille beginnt und die weiteren Rillen ganz im Totraum liegen. Die beiden anderen Bilder ($Re_{l'} = 3020$ und 5790) gelten für höhere Re-Zahlen, bei denen die Meßergebnisse über oder auf der Mittelkurve liegen. Man sieht, wie hier der Totraum kleiner wird und so etwas wie eine Grenzschicht sich fast um den ganzen Umfang zieht.

In Bild 4.58 ist die Mittelkurve $Nu_{l'}$ über $Re_{l'}$ für Luft ($Pr = 0{,}72$) aufgetragen. An der Ordinate sind diejenigen Kleinstwerte von $Nu_{l'}$ für endliche Zylinder angegeben, die sich für bestimmte Verhältnisse von Zylinderlänge zu Durchmesser ergeben [5.64]. Man sieht, daß sich dieses Verhältnis unterhalb $Re_{l'} = 20$ stark auf den Verlauf der Kurven für jeden endlichen Zylinder auswirken muß, so daß eine einheitliche Darstellung $Nu_{l'} = f(Re_{l'})$ für Zylinder, Kugel und ebene Platte erst oberhalb $Re_{l'} = 10^2$ möglich sein kann.

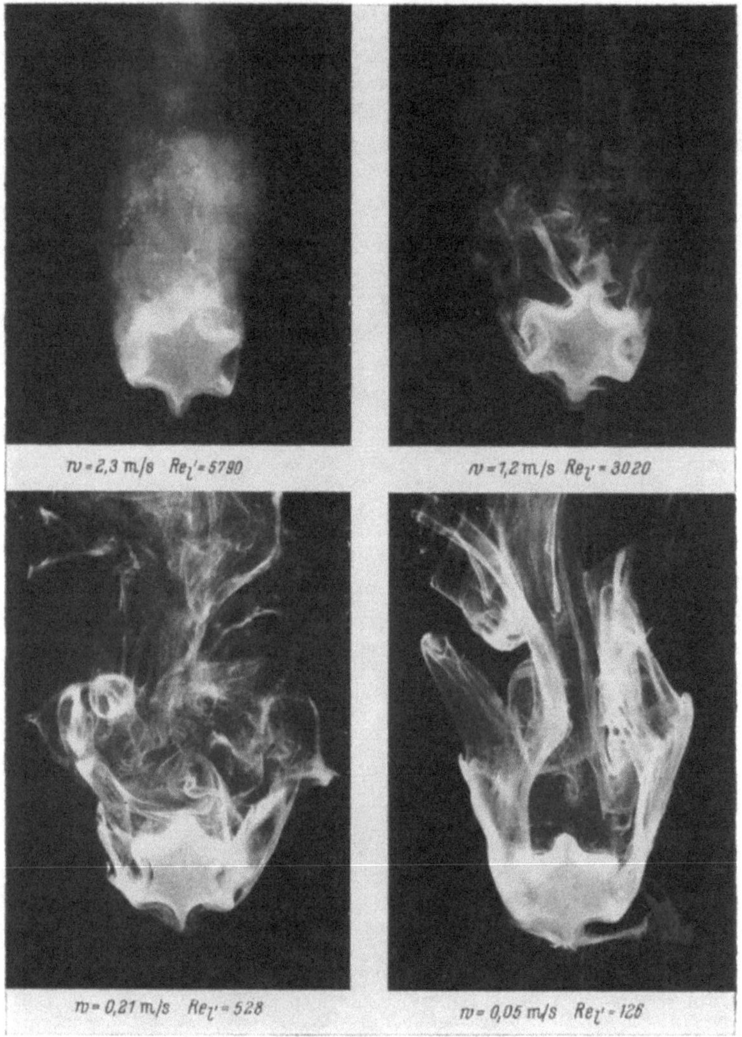

Bild 4.57. Strömungsaufnahmen am Rillenzylinder.

4.3.2.1.4. Freie Strömung (Auf- oder Abtriebsströmung)

Die bei der Berührung eines Mediums mit einer wärmeren oder kälteren Oberfläche im Medium entstehenden Dichteunterschiede bewirken bei konstantem Druck eine Auftriebsströmung, die den Wärmeübergang erheblich beeinflußt. Als für den Auftrieb maßgebliche Kenngröße benutzt man allgemein die Grashofsche Zahl Gr

$$Gr = \frac{l^3 g\varepsilon(\vartheta_0 - \vartheta_\infty)}{\nu^2},\tag{4.104}$$

worin

l charakteristische Länge,
g Erdbeschleunigung,

ε Ausdehnungskoeffizient,
ν kinematische Zähigkeit.

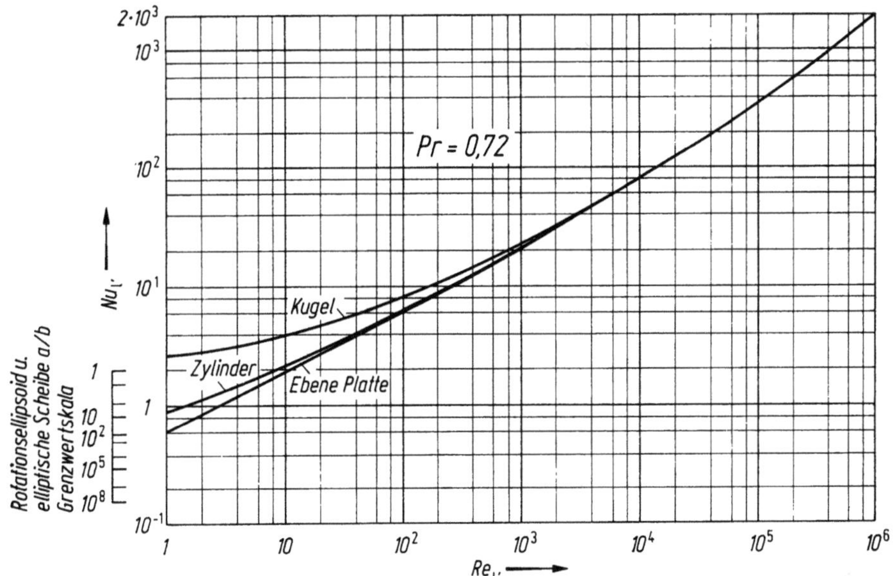

Bild 4.58. Mittelkurve für umströmte Einzelkörper (strömendes Medium: Luft, $Pr = 0{,}72$).

Die aus den Versuchen für beliebige Medien resultierenden Ergebnisse werden auf die Form gebracht:

$$Nu = f(Gr\,Pr). \tag{4.102}$$

Wählt man wiederum die Anströmlänge l' als einheitliche charakteristische Länge, so können die Versuchsergebnisse für horizontale Zylinder und vertikale ebene Platten [4.39] zusammenfassend dargestellt werden (Bild 4.59) [4.3].

Man erkennt, daß die Abweichungen für die verschiedenen Formen für $Gr_{l'}\,Pr > 10^3$ gering sind. Für den Bereich $Gr_{l'}\,Pr$ von 10^4 bis 10^8 gilt für alle Formen mit guter Näherung für Luft die Gerade b; diese hat die Gleichung

$$Nu_{l'} = 0{,}517\sqrt[4]{Gr_{l'}\,Pr}. \tag{4.103}$$

Nach ten Bosch [4.110] ordnen sich die Versuchsergebnisse an horizontal liegenden ebenen Platten (s. Bild 4.60) gut in die allgemeinen Gesetzmäßigkeit ein, wenn für die Bezugslänge l' gesetzt wird:

bei der Kreisplatte   der Plattenradius,
bei der quadratischen Platte   die halbe Kantenlänge,
bei der Rechteckplatte   die halbe große Achse.

Um eine für unsere Vorstellungen geeignete Beziehung dieser Gesetzmäßigkeiten zu den für erzwungene Strömung gefundenen zu geben, sei folgende Erläuterung gestattet:

Die Größe $l\varepsilon(\vartheta_0 - \vartheta_\infty)$ stellt die Auftriebsenergie dar. Sie kann bei reibungsfreier Strömung eine maximale kinetische Energie von $w_{max}^2/2g$ bewirken. Führt man an Stelle von

$$l\varepsilon(\vartheta_0 - \vartheta_\infty) \quad \text{die Größe} \quad \frac{w_{max}^2}{2g}$$

ein, so ist nach Definition

$$Gr = \frac{1}{2}\frac{l^2 w_{\max}^2}{v^2} = \frac{1}{2} Re_{w,\max}^2, \qquad\qquad (4.104)$$

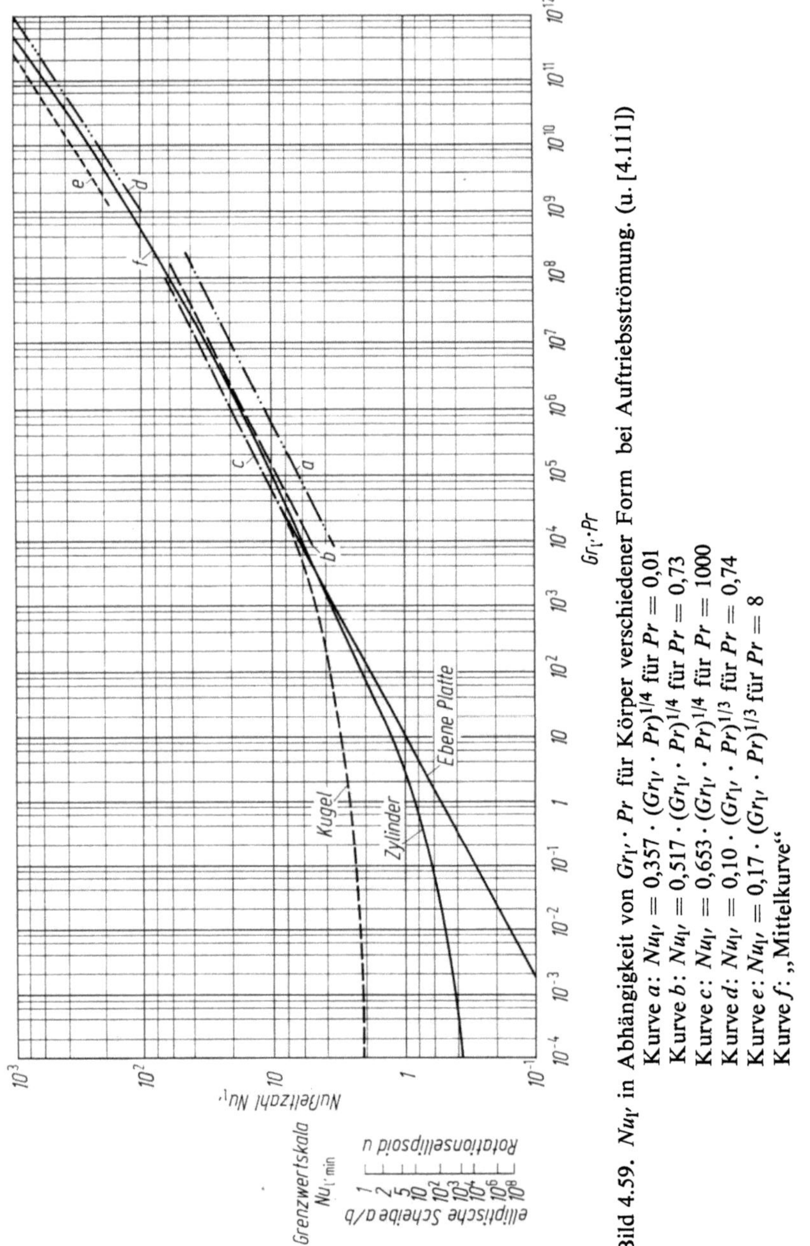

Bild 4.59. $Nu_{l'}$ in Abhängigkeit von $Gr_{l'} \cdot Pr$ für Körper verschiedener Form bei Auftriebsströmung. (u. [4.111])

Kurve a: $Nu_{l'} = 0{,}357 \cdot (Gr_{l'} \cdot Pr)^{1/4}$ für $Pr = 0{,}01$
Kurve b: $Nu_{l'} = 0{,}517 \cdot (Gr_{l'} \cdot Pr)^{1/4}$ für $Pr = 0{,}73$
Kurve c: $Nu_{l'} = 0{,}653 \cdot (Gr_{l'} \cdot Pr)^{1/4}$ für $Pr = 1000$
Kurve d: $Nu_{l'} = 0{,}10 \cdot (Gr_{l'} \cdot Pr)^{1/3}$ für $Pr = 0{,}74$
Kurve e: $Nu_{l'} = 0{,}17 \cdot (Gr_{l'} \cdot Pr)^{1/3}$ für $Pr = 8$
Kurve f: „Mittelkurve"

d. h. die Grashofsche Zahl ist gleich der Hälfte des Quadrates der Reynoldsschen Zahl, die mit der oben definierten Maximalgeschwindigkeit gebildet wird.

Die Beziehung zwischen Gr und $Re_{w,max}$ ist geeignet, die Zusammenhänge für erzwungene Strömung und Auftriebsströmung in der gleichen Abbildung darzustellen.

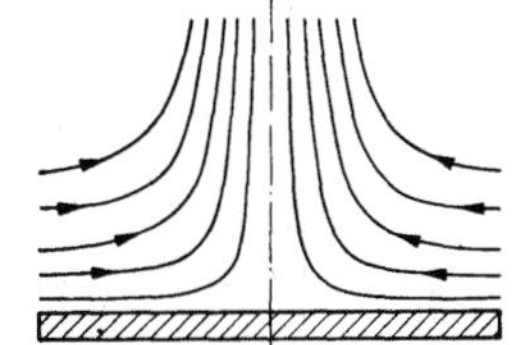

Bild 4.60. Auftriebsströmung bei horizontalen Platten.

Ein Vergleich mit Versuchsergebnissen zeigt, daß der Verlauf $Nu = f(Gr \cdot Pr)$ für freie Konvektion mit denjenigen für umströmte Einzelkörper zur Deckung gebracht werden kann, wenn bei freier Konvektion als äquivalente Bewegungskenngröße

$$Re_{l'} = c(Pr) \cdot Gr_{l'}^{1/2} \tag{4.105}$$

eingeführt wird. Die Äquivalenzfaktoren [4.3] sind von der Prandtlschen Kenngröße abhängig (Tab. 4.17).

Bei turbulenter Grenzschicht ist eine geringfügige Abnahme des Äquivalenzfaktors mit zunehmender $Re_{l'}$-Kennzahl zu beobachten.

In Bild 4.61 ist die nach Gl. (4.105) umgerechnete Mittelkurve für Luft aus Tabelle 4.17

Pr	0,72	10	100	1 000
$c\ (Pr)$	0,64	0,59	0,45	0,31

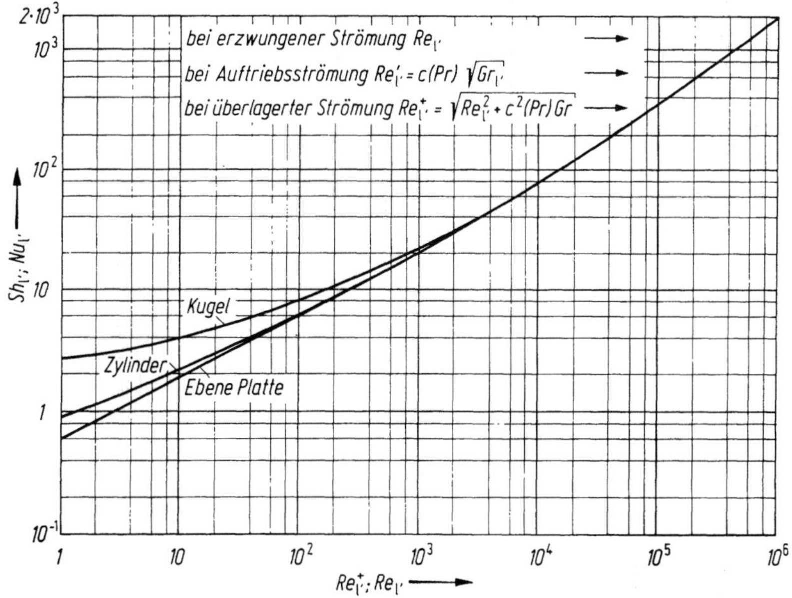

Bild 4.61. Mittelkurve des Wärme- und Stoffübergangs für Einzelkörper verschiedener Form bei erzwungener Strömung und Auftriebsströmung in Luft, $Pr = 0,72$.

Bild 4.58 eingetragen, welche den dargelegten Zusammenhang hervorragend bestätigt.

Ein Körper bei Auftriebsströmung verhält sich daher etwa ebenso, wie wenn er von einem erzwungenen Strom der Geschwindigkeit

$$w = w_{max} \frac{c(Pr)}{\sqrt{2}} = c(Pr) \sqrt{g l \varepsilon (\vartheta_0 - \vartheta_\infty)} \qquad (4.106)$$

getroffen würde.

Diese Feststellung legt es nahe, die bei kleinen Re-Zahlen gemessenen Nu-Werte, bei denen sich meistens Auftriebsströmungen überlagern, über einer äquivalenten Zahl Re^+ aufzutragen[1].

Als maßgebliche Kenngröße bei Überlagerung von freier und erzwungener Konvektion gilt für diese äquivalente Bewegungskenngröße [4.3]

$$Re_{l'}^+ = \sqrt{Re_{l'}^2 + c^2(Pr) \cdot Gr_{l'}}. \qquad (4.107)$$

Diese Größe ist unabhängig von der Richtung der erzwungenen und freien Strömung und ist als Summe der kinetischen Energien der einzelnen Bewegungen zu verstehen. Mit ihr läßt sich der Wärmeübergang in Abhängigkeit von den Strömungsbedingungen in ein und demselben Diagramm für freie und erzwungene Strömung darstellen (Bild 4.61).

4.3.2.2. Der Wärmeübergang bei innendurchströmten Körpern (Rohren, ebenen Kanälen usw.)

4.3.2.2.1. Bezeichnungen und Definitionen

Die Betrachtung von außenumströmten Körpern wurde bisher auf kleine, vereinzelte Körper beschränkt, die von dem Strom eines verhältnismäßig ausgedehnten Mediums für eine kurze Kontaktzeit getroffen werden, so daß sich in einer gewissen Entfernung von der Oberfläche des Körpers keine Änderung in der Temperatur und Geschwindigkeit des Mediums bemerkbar macht. Die Erwärmung des ganzen Mediums durch den Wärmeübergang ist immer als gering angenommen [daher die Bezugnahme des Wärmeüberganges auf die festgegebene Temperaturdifferenz $(\vartheta_0 - \vartheta_e)$ bzw. $(\vartheta_0 - \vartheta_\infty)$].

Bei innendurchströmten Körpern (Rohren, ebenen Kanälen, Schüttungen usw.) liegen die Verhältnisse insofern anders, als hier das strömende Medium sich im ganzen erheblich erwärmt oder abkühlt (je nach der Richtung des Wärmestromes), d.h. daß der Endzustand des Mediums erheblich von dem Geschehen während der Kontaktzeit abhängt. (Mathematisch sind dies Aufgaben, die in denselben Bereich gehören wie Anheiz- und Auskühlvorgänge für längere Zeiten.)

In hydrodynamischer Hinsicht liegt ein ähnlicher Unterschied gegenüber dem außenumströmten Körper vor. Während sich bei letzterem nur in der Nähe der

---

[1] Untersuchungen über die Überlagerung von erzwungener und künstlicher Konvektion in lotrechten Rohren wurden von Brown und Grassmann [4.6], Brown [4.5], Watzinger und Johnson [4.116], Börner [4.3], Steinberger und Treybal [4.107], Garner und Hoffmann [4.21], Garner und Suckling [4.23], Garner und Keey [4.22], Jackson, Spurlock und Purdy [4.41] angestellt.

Oberfläche laminare oder turbulente Randschichten ausbilden, wachsen beim innendurchströmten Körper diese Randschichten zusammen und bilden dann die hydrodynamisch ausgebildete laminare oder turbulente Strömung.

Turbulente Strömung bildet sich in Rohren bei technischen Bedingungen aus, wenn die auf den Durchmesser bezogene Reynoldssche Kenngröße

$$Re_\mathrm{d} = \frac{wd}{v} > Re_\mathrm{d,kr} = 2\,300 \qquad (4.108)$$

ist. Bei anderen Strömungsquerschnitten als dem Kreisrohr ist die Reynoldssche Kenngröße mit dem hydraulischen Durchmesser

$$d' = \frac{4f}{u} \qquad (4.109)$$

zu bilden. Für den ebenen Spalt als Beispiel ist der hydraulische Durchmesser gleich der doppelten Spaltweite s:

$$d' = 2s. \qquad (4.110)$$

Hinsichtlich der Auswirkungen auf den Wärmeübergang ist ferner zu unterscheiden zwischen der hydraulisch ausgebildeten Strömung, in der das Geschwindigkeitsprofil von Beginn der Austauschfläche vorgegeben ist und sich nicht verändert:

$$\left.\begin{array}{l} \text{z.\,B. für die laminare Rohrströmung } w = 2w_\mathrm{m}\left[1 - \left(\dfrac{r}{R}\right)^2\right], \\[3mm] \text{z.\,B für die laminare Spaltströmung } w = \dfrac{3}{2}\,w_\mathrm{m}\left[1 - \left(\dfrac{2z}{s}\right)^2\right], \\[3mm] \text{z.\,B. für die turbulente Rohrströmung } w = 1{,}224w_\mathrm{m}\left(1 - \dfrac{r}{R}\right)^{1/7} \end{array}\right\} \qquad (4.111)$$

(letzteres wird als Mittengesetz bezeichnet und gilt nicht in Randnähe, wo sich eine laminare Randschicht ausbildet), oder dem hydraulischen Anlauf, bei dem sich das Strömungsprofil im Rohr oder Kanal ausgehend von einer Kolbenströmung zu den obengenannten ausgebildetèn Geschwindigkeitsprofilen entwickelt[1]. Entsprechend ist hinsichtlich des Temperaturfeldes der thermische Anlauf ausgehend von einer kolbenförmigen Temperaturverteilung und die thermisch ausgebildete Strömung, bei der sich das Temperaturfeld nur noch ähnlich verändert, zu unterscheiden.

Für die Trocknungstechnik sind die Vorgänge bei hydraulischen und thermischem Anlauf von besonderer Bedeutung, wie sie in kurzen durchströmten Kanälen oder Schüttungen auftreten. Als Grenzgesetze sollen aber auch diejenigen für die hydraulisch ausgebildete Strömung betrachtet werden.

Wegen der Veränderung der mittleren Temperatur des strömenden Mediums in einem Kanal mit Wärmezu- oder -abfuhr, sind verschiedene Bezüge für die Wärmeübergangskoeffizienten möglich. In der deutschen Literatur ist es üblich

---

[1] Es sei hier verwiesen auf die Berechnungen der Wärmebewegung in laminar fließenden Medien von Nusselt für Kreisrohre [4.74] und Rieselkühler [4.76], die den Fall des ebenen Kanals von doppelter Stärke der Rieselschicht beschreiben, sowie auf Arbeiten von Gröber [4.32, 4.35], Hausen [4.33] und Kraussold [4.56, 4.57], die diese grundsätzlichen Untersuchungen der technischen Anwendung nähergebracht haben.

die örtlich veränderlichen Wärmeübergangskoeffizienten (α_x) über die Rohrlänge integral zu mitteln ($\bar{\alpha}$); diese sind dann mit der logarithmisch gemittelten Temperaturdifferenz zwischen dem Eintritt (ϑ_e) und Austritt (ϑ_a) des strömenden Mediums und Wandtemperatur (ϑ_0) zu multiplizieren, um den Wärmestrom zu erhalten

$$\dot{Q} = A \cdot \bar{\alpha} \cdot \overline{\Delta\vartheta}, \tag{4.112}$$

wobei

$$\overline{\Delta\vartheta} = \frac{\vartheta_e - \vartheta_a}{\ln \dfrac{\vartheta_e - \vartheta_0}{\vartheta_a - \vartheta_0}} \tag{4.113}$$

unter der Voraussetzung, daß die Wandtemperatur ϑ_0 konstant über die Rohrlänge ist.

In der angelsächsichen Literatur ist es vielfach üblich, die Wärmeübergangskoeffizienten (α_{ar}) auf die arithmetisch gemittelte Temperaturdifferenz zwischen Eintritt und Austritt zu beziehen:

$$\Delta\vartheta_{ar} = \frac{\vartheta_e + \vartheta_a}{2} - \vartheta_0. \tag{4.114}$$

Bei der zusammenfassenden Betrachtung des Wärmeübergangs außenumströmter und innendurchströmter Körper (s. Abschn. 4.3.2.3.), erweist es sich als zweckmäßig, die Wärmeübergangskoeffizienten (α_e) auf die Eintrittstemperatur allein zu beziehen:

$$\Delta\vartheta_e = \vartheta_e - \vartheta_0. \tag{4.115}$$

Im folgenden wird der Wärmeübergang durchströmter Kanäle auf die logarithmische Temperaturdifferenz nach Gl. (4.113) bezogen. Eine Umrechnung zwischen den verschiedenen bezogenen Wärmeübergangskoeffizienten, bzw. den entsprechenden dimensionslosen Nusseltschen Kenngrößen

$$Nu_d = \frac{\alpha\, d}{\lambda}$$

ist in einfacher Weise möglich [4.49]:

$$Nu_{d,e} = \frac{1}{4}\, Pe_d \cdot \frac{d}{l}\left[1 - \exp\left(-\frac{4\overline{Nu}_d}{Pe_d \cdot d/l}\right)\right]$$

bzw.

$$\overline{Nu}_d = -\frac{1}{4}\, Pe_d \cdot \frac{d}{l} \cdot \ln\left[1 - \frac{4Nu_{d,e}}{Pe_d \cdot d/l}\right]$$

und

$$Nu_{d,e} = Nu_{d,ar}\, \frac{1}{1 + \dfrac{2Nu_{d,ar}}{Pe_d \cdot d/l}}$$

bzw.

$$Nu_{d,ar} = Nu_{d,e}\, \frac{1}{1 - \dfrac{2Nu_{d,e}}{Pe_d \cdot d/l}}$$

$$\tag{4.116}$$

mit $Pe_d = Re_d \cdot Pr$.

4.3.2.2.2. Wärmeübergang in durchströmten Kanälen bei hydrodynamisch ausgebildeter laminarer Strömung und thermischen Anlauf

Für das durchströmte Rohr ist dieser Fall als „Graetz-Nusselt-Problem" bekannt. Für die über Reihenentwicklungen zu gewinnende Lösung wird als Näherung von Hausen [4.36] angegeben:

$$\overline{Nu}_d = 3{,}65 + \frac{0{,}190 \cdot \left(Pe_d \cdot \dfrac{d}{l}\right)^{0{,}8}}{1 + 0{,}117 \cdot \left(Pe_d \cdot \dfrac{d}{l}\right)^{0{,}467}} \cdot \tag{4.117}$$

Praktisch identisch mit dieser Beziehung ist eine von Schlünder [4.98] numerisch einfacher zu handhabenden Beziehung, die auch die Asymptote nach Leveque [4.68] für große $Pe_d \cdot d/l$-Werte unmittelbar erkennen läßt:

$$\overline{Nu}_d = \sqrt[3]{3{,}66^3 + 1{,}61^3 \cdot Pe_d \cdot \frac{d}{l}} \cdot \tag{4.118}$$

Für den ebenen Spalt bei beidseitigem Wärmeaustausch findet man die entsprechende Lösung:

$$\overline{Nu}_{d'} = \sqrt[3]{7{,}5^3 + 1{,}83^3 \cdot Pe_{d'} \cdot \frac{d'}{l}} \tag{4.119}$$

mit $d' = 2s$ (s Spaltweite).

Die Gln. (4.117) bzw. (4.118) und (4.119) sind in Bild 4.62 aufgetragen. In Hinblick auf eine spätere Verallgemeinerung ist für die Auftragung ein gleichwertiger Durchmesser nach Gl. (4.131) zu verwenden.

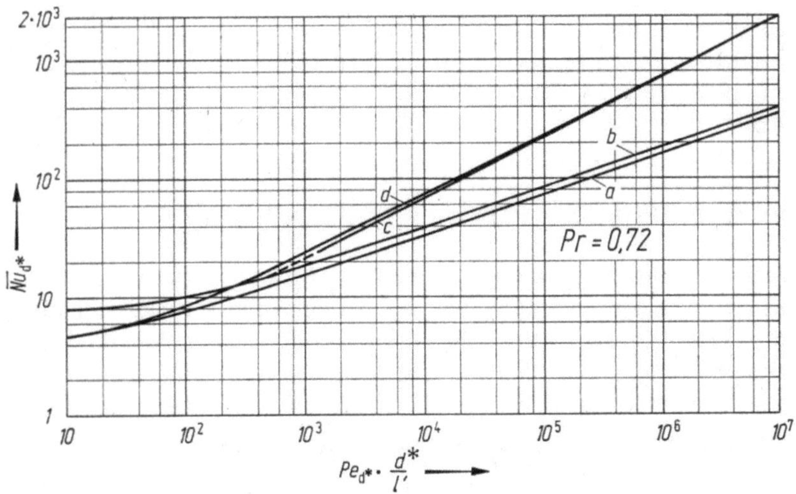

Bild 4.62. Wärmeübergang $\overline{Nu}$ bei laminarer Strömung in durchströmten Körpern und bei laminarer Grenzschicht an überströmten Körpern:
a Ausgebildete laminare Strömung im Rohr (nach Gl. (4.118)); b ausgebildete laminare Strömung im Spalt (nach Gl. (4.119)); c laminare Grenzschichtströmung an einer ebenen Platte (Anlaufströmung) (nach Gl. (4.120)); d Anlaufströmung im Rohr [4.108].

4.3.2.2.3. Wärmeübergang in laminar durchströmten Kanälen bei hydrodynamischem und thermischem Anlauf

Während beim Wärmeübergang in hydrodynamisch ausgebildeter Strömung die Zähigkeit des strömenden Mediums keinen Einfluß besitzt, bestimmt sie die Ausbildung des Geschwindigkeitsfeldes in der Anlaufstrecke. Die Prandtlsche Kenngröße $Pr = v/a$ muß daher in den Wärmeübergangsgleichungen als weitere Größe auftreten.

Eine geschlossene Lösung läßt sich nur für Grenzfälle angeben. Bei sehr kurzen Rohren findet die Überströmung der Rohrwand wie bei einer ebenen Platte statt, da die Grenzschichten sich gegenseitig nicht beeinflussen. Es muß dann die Lösung von Pohlhausen (Gl. (4.92)) umgerechnet auf den Rohrdurchmesser gelten:

$$Nu_d = 0{,}664 \cdot \left(Pe_d \cdot \frac{d}{l}\right)^{1/2} \cdot Pr^{-1/6}. \tag{4.120}$$

Bei sehr langen Rohren spielen die Anlaufvorgänge keine Rolle mehr und es ist allein die hydrodynamisch ausgebildete Strömung nach den Gln. (4.117) oder (4.118) entscheidend.

Für den Zwischenbereich sind von Stephan [4.108] die Werte numerisch ermittelt. Für Luft und andere Gase mit $Pr = 0{,}72$ sind die Zusammenhänge sowohl für hydrodynamisch ausgebildete als auch für die Anlaufströmung in Bild 4.62 dargestellt.

Um den Einfluß der Wärmestromrichtung zu berücksichtigen, ist vorgeschlagen [4.36] die rechte Seite der Gln. (4.117) bis (4.120) für Flüssigkeiten durch den Faktor $(Pr_m/Pr_W)^{0{,}11}$ zu ergänzen (Pr_m bei mittlerer Strömungstemperatur, Pr_W bei Wandtemperatur). Bei Gasen ist Pr bis zu höchsten Temperaturen (800 °C) wenig von der Temperatur abhängig ($<3\%$); hier wird vorgeschlagen, den Faktor $(T_m/T_W)^{0{,}45}$ als Korrektur zu verwenden [4.28]. Andere Untersuchungen des Einflusses der Wärmestromrichtung führen zu einer gemeinsamen Korrektur für Gase und Flüssigkeiten durch $(\eta_m/\eta_W)^{0{,}4}$ [4.36]. Neuerdings ist eine weitere allgemeine Beziehung entwickelt worden, die auch die Potenz von Stoffwerten abhängig macht [4.30].

4.3.2.2.4. Wärmeübergang in turbulent durchströmten Kanälen

Der Wärmeübergang in turbulent durchströmten Kanälen wurde zuerst von Reynolds aus der Analogie zwischen Wärmeübergang und Druckabfall für $Pr = 1$ abgeleitet. Diese Analogie wurde von Prandtl auf beliebige Werte der Prandtlschen Kenngröße erweitert. Auf diesen Überlegungen aufbauend, liefert die neue Impulstheorie von Petakov und Papov [4.79] eine Beziehung, die auf Grund umfangreicher Auswertungen von Wärmeübergangsmessungen von Gnielinski [4.28] modifiziert wurde:

$$\overline{Nu_d} = \frac{\xi/8 \, (Re_d - 1\,000) \, Pr}{1 + 12{,}7 \sqrt{\xi/8} \, (Pr^{2/3} - 1)} \left[1 + \left(\frac{d}{l}\right)^{2/3}\right] \cdot K \tag{4.121}$$

mit dem Widerstandsbeiwert ξ nach Filonenko [4.20]

$$\xi = (1{,}82 \cdot \log_{10} Re_d - 1{,}64)^{-2}. \tag{4.122}$$

Der Faktor $[1 + (d/l)^{2/3}]$ erfaßt bei kurzen Rohren $(d/l > 1)$ den erhöhten Wärmeübergang bei hydrodynamischem Anlauf (s. u.).

Diese für den praktischen Gebrauch sehr unhandliche Gleichung wurde von Hausen [4.36] in der Form

$$\overline{Nu}_\mathrm{d} = 0,0235\,(Re^{0,8} - 230)\,(1,8 \cdot Pr^{0,3} - 0,8) \left[1 + \left(\frac{d}{l}\right)^{2/3}\right] \left(\frac{\eta_\mathrm{m}}{\eta_\mathrm{w}}\right)^{0,14} \quad (4.123)$$

dargestellt. Diese Gleichung gilt für $2300 < Re < 10^6$ und $(d/l) < 1$.

Messungen an sehr kurzen Rohren bei verschiedenen Pr-Werten von Reinecke [4.88] haben gezeigt, daß in einem Übergangsgebiet zwischen $Re = 2300$ und $Re \approx 10^4$ ein höherer Wärmeübergang auftritt als nach Gl. (4.123) berechnet wird. In diesem Anlaufgebiet mit noch laminarer Grenzschicht gilt vielmehr die Gl. (4.92) bzw. (4.120) für hydrodynamischen und thermischen Anlauf, die auf den Rohrdurchmesser d als charakteristische Länge umgerechnet und geschrieben werden kann

$$Nu_\mathrm{d} = 0,664 \cdot (Re_\mathrm{d} \cdot d/l)^{1/2} \cdot Pr^{1/3}. \quad (4.124)$$

Es ist daher folgende Rechenvorschrift für diesen Übergangsbereich anzuwenden [4.28]: Von den Gln. (4.118), (4.123) oder (4.124) ist jeweils diejenige zu verwenden, die den höchsten Wärmeübergang ergibt.

Ein Unterschied zwischen den verschiedenen definierten Wärmeübergangskoeffizienten nach den Gln. (4.116) tritt bei derart kurzen Kanälen nicht auf.

Die laminare Grenzschicht schlägt nach einer kritischen Lauflänge l_kr in eine turbulente Grenzschicht um. Die zugehörige kritische Reynoldszahl $Re_\mathrm{l,kr}$ ist im starken Maße von den Einströmbedingungen in das Rohr abhängig [4.88].

$$3 \cdot 10^4 < Re_\mathrm{l,kr} < 3 \cdot 10^5. \quad (4.125)$$

Hieraus resultiert bei kurzen Rohren im Bereich der kritischen Reynoldszahl, welche meist nicht exakt angegeben werden kann, eine Unsicherheit in der Höhe des Wärmeübergangs bis $\pm 30\,\%$ [4.49].

Die turbulente Grenzschicht geht nach Beendigund des Anlaufs in die ausgebildete turbulente Strömung über. Die Anlauflänge $l/d|_\mathrm{Anl.}$ beträgt im Bereich der Gültigkeit des Blasiusschen Widerstandsgesetzes $(Re_\mathrm{d} < 10^5)$ mit dem 1/7 Potenzgesetz:

$$\left.\frac{l}{d}\right|_\mathrm{Anl.} = 1,45 \cdot Re_\mathrm{d}^{0,25}, \quad (4.126)$$

bzw. bei $Re_\mathrm{d} > 10^5$ mit einer logarithmischen Geschwindigkeitsverteilung

$$\left.\frac{l}{d}\right|_\mathrm{Anl.} = 5,15 \cdot Re_\mathrm{d}^{0,12}. \quad (4.127)$$

Setzt man den Wärmeübergang in einem turbulent-durchströmten Rohr aus den Anteilen mit laminarer Grenzschicht, turbulenter Grenzschicht und ausgebildeter turbulenter Strömung zusammen, so läßt sich der Einfluß der Rohrlänge und der Zuströmbedingung erkennen [4.49] der in den angegebenen Gln. (4.121) und (4.123) für mittlere kritische Reynoldszahlen durch den Faktor $[1 + (d/l)^{2/3}]$ erfaßt wird.

Ein Beispiel für den Verlauf des Wärmeübergangs im gesamten Bereich der Re-Werte für $Pr = 0,72$ zeigt Bild 4.63.

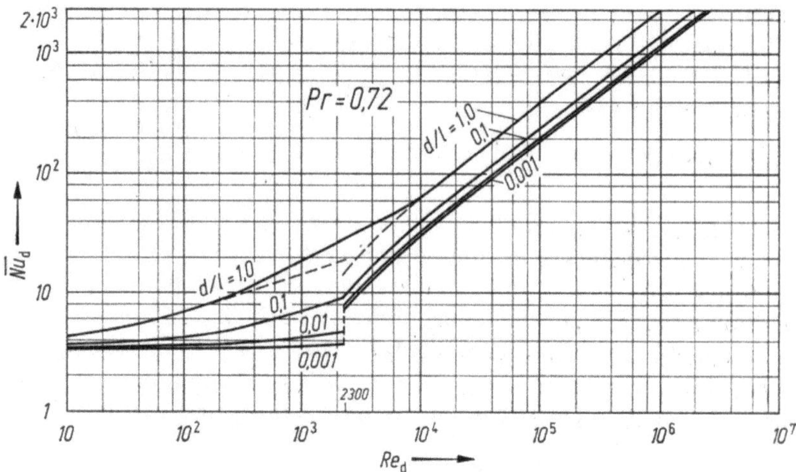

Bild 4.63. Wärmeübergang $\overline{Nu}$ im Übergangsbereich zwischen laminarer und turbulenter Strömung in Rohren.

4.3.2.3. Zusammenfassende Darstellung des Wärmeübergangs bei durch- und überströmten Körpern an Luft

4.3.2.3.1. Definitionen

Zwei Tatsachen machen die abschätzende Orientierung bei Fragen des Wärmeüberganges bei ungewohnten Aufgaben schwierig: erstens die verwirrende Lage, daß man üblicherweise bei verschiedenen Problemen des Wärmeüberganges mit α-Werten rechnen muß, die sich auf jeweils anders definierte mittlere Temperaturdifferenzen beziehen, zweitens die Tatsache, daß bei verschiedenen Problemen verschiedene Kenngrößen benutzt werden. Da die Notwendigkeit der Abschätzung in wenigen Sparten der Technik so dringend ist wie in der Trocknungstechnik, wurde eine Darstellung entwickelt, die gleicherweise für durchströmte Rohre (Abschn. 4.3.2.2.) als auch für überströmte Einzelkörper (Abschn. 4.3.2.1.) gilt [4.49, 4.60, 4.89, 4.96].

Für viele Aufgaben, vor allem auf dem Gebiet der Trocknungstechnik, empfiehlt sich eine Bezugnahme der Wärmeübergangszahl auf die Temperaturdifferenz zwischen Wand und Medium im Eintrittszustand entsprechend der Definition

$$Q = A\alpha_e(\vartheta_e - \vartheta_0) \tag{4.128}$$

worin A die austauschende Oberfläche des einzelnen überströmten oder durchströmten Körpers bedeutet (z. B. äußere Oberfläche eines bzw. mehrerer im gleichen Strömungsquerschnitt liegender umströmter Körper bzw. innere Oberfläche eines durchströmten Rohres), ϑ_e die Eintrittstemperatur des Mediums und ϑ_0 die konstante Wandtemperatur.

Die Einführung der Größe α_e hat zwei besondere Vorzüge:

Während man sowohl bei Verwendung der Größe $\bar{\alpha}$ als auch der Größe α_{ar} zunächst eine vorläufige Rechnung unter Annahme einer bestimmten Austrittstemperatur der Luft ϑ_a durchführen muß, die dann korrigiert werden muß, läßt sich aus Gl. (4.128) unmittelbar die Wärmemenge $\dot{Q}$ errechnen.

Die erforderlichen Gleichungen für die Umrechnung der verschiedenen Wärmeübergangskoeffizienten sind bereits in den Gln. (4.116) angegeben.

Für eine zusammenfassende Darstellung sind zunächst eine Strömungsgeschwindigkeit, ein gleichwertiger Durchmesser und eine charakteristische Länge für die Bildung der dimensionslosen Kenngrößen Nu, Re bzw. Pe und d/l, die sowohl bei überströmten Körpern als auch bei durchströmten Kanälen und Haufwerken gelten, zu definieren.

1. Mittlere Strömungsgeschwindigkeit. Bedenkt man, daß auch ein überströmter Körper in der Praxis immer in einem Kanal angeordnet ist, durch welchen der freie Querschnitt vor dem Körper f_0 auf einen Querschnitt f_m verengt wird, so ist als mittlere Überströmgeschwindigkeit

$$w_m = w_0 \frac{f_0}{f_m} = \frac{w_0}{\psi} \tag{4.129}$$

zu setzen. Der hier eingeführte Hohlraumanteil (Porosität) ψ ist allgemein als das Verhältnis des durchströmten Volumens an einer Austauschfläche V_{frei} zu dem Volumen ohne die Austauschfläche V zu berechnen:

$$\psi = \frac{V_{frei}}{V}. \tag{4.130}$$

Zum Beispiel ist für einen querangeströmten Zylinder des Durchmessers d in einem Kanal der Breite b (Bild 4.64)

$$\psi = \frac{b\,d - \frac{\pi}{4}\,d^2}{b\,d} = 1 - \frac{\pi}{4}\frac{d}{b};$$

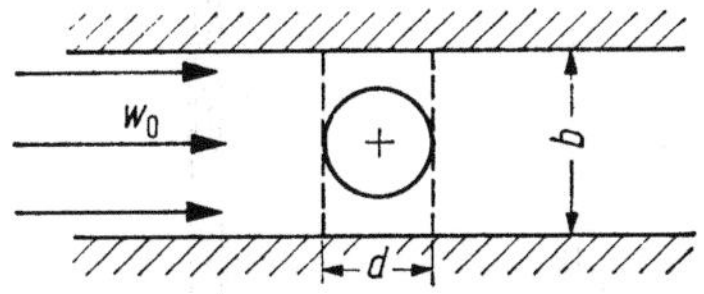

Bild 4.64. Zur Definition der Geschwindigkeit in Kanälen mit verengtem Querschnitt.

in einem Rohrbündel ist der Hohlraumanteil für die einzelne Rohrreihe zu bilden; mit a dem Querteilungsverhältnis (s. Bild 4.65) wird

$$\psi = 1 - \frac{\pi}{4a};$$

in einer Schüttung ist ψ gleich der Porosität, für eine ungeordnete Kugelschüttung $\psi = 0{,}37$; in einem durchströmten Rohr ist $\psi = 1$ (weitere Angaben für Füllkörper in [4.49], s. Tab. 4.18).

2. Charakteristische Länge. Als charakteristische Länge für die Über- oder Durchströmung eines Körpers soll die schon bei der Behandlung des Wärmeübergangs an überströmten Körpern eingeführte Anströmlänge nach Gl. (4.86) beibehalten werden:

$$l' = A/U.$$

Für eine überströmte ebene Platte oder ein durchströmtes Rohr wird $l' = l$, der wahren Länge in Strömungsrichtung der austauschenden Fläche, für einen querangeströmten Zylinder $l' = \pi/2\, d$, für eine umströmte Kugel $l' = d$ (weitere Beispiele s. Bild 4.49).

3. Gleichwertiger Durchmesser. Für durchströmte Körper, wie Haufwerke, querangeströmte Rohrbündel oder längsdurchströmte Rohre ist neben der Anströmlänge eine weitere Abmessung zur Kennzeichnung des Strömungsquerschnittes erforderlich. Als solche bietet sich eine Länge an, die wie ein hydraulischer Durchmesser gebildet wird:

$$d^* = \frac{4 f_{\mathrm{m}} \cdot l'}{A} = \frac{4 f_0 \cdot \psi \cdot l'}{A}, \tag{4.131}$$

wobei A die Austauschfläche in einer Austauscheinheit bedeutet.

Für ein Rohrbündel — fluchtende oder versetzte Rohranordnung, Längsteilungsverhältnis $b > 1$ (Bild 4.65) — wird z.B. nach dieser Definition

$$d^* = \frac{4 a\, d}{\pi\, d}\left(1 - \frac{\pi}{4a}\right)\frac{\pi}{2}\, d = 2 a\, d\left(1 - \frac{\pi}{4a}\right),$$

$$\frac{d^*}{l'} = \frac{4a}{\pi}\left(1 - \frac{\pi}{4a}\right) = \frac{4a}{\pi} - 1.$$

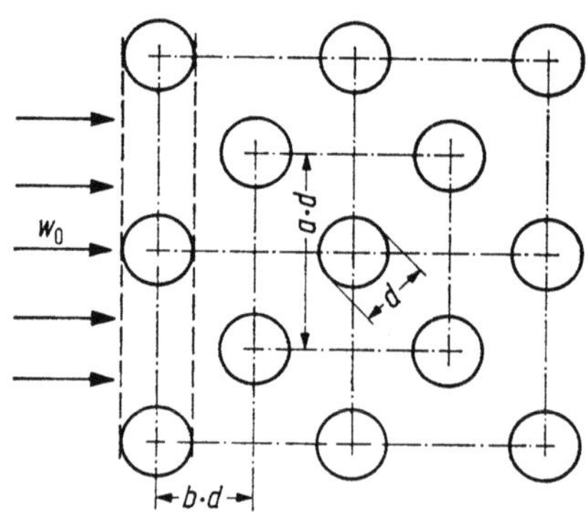

Bild 4.65. Zur Definition der Geschwindigkeit in Rohren.

4. Charakteristische Größen in Schüttungen und Haufwerken. Für eine Schüttung von 1 m³ aus N gleichgroßen Kugeln mit dem Durchmesser d_{K} gilt für die Anzahl

$$N = \frac{6}{\pi}\frac{1 - \psi}{d_{\mathrm{K}}^3}; \tag{4.132}$$

auf eine Höhe von 1 m entfallen dann $n = N^{1/3}$ Schichten, deren Schichthöhe h bei einer Gesamthöhe der Schüttung H

$$\frac{H}{n} = h = N^{-1/3} = \frac{d_{\mathrm{K}}}{\sqrt[3]{\dfrac{6}{\pi}\left(1 - \psi\right)}} \tag{4.133}$$

beträgt. Führt man noch die spezifische Oberfläche

$$o = A/V \tag{4.134}$$

ein, so wird allgemein für eine Schüttung

$$d^* = \frac{4f_0 \cdot \psi \cdot l'}{A} = \frac{4f_0 \cdot h \cdot \psi \cdot l'}{A \cdot h} = \frac{4V}{A} \cdot \frac{\psi l'}{h} \qquad (4.135)$$

und für eine solche aus Kugeln mit $o = A/V = 6(1 - \psi)\,d_\mathrm{K}$, $l' = d_\mathrm{K}$:

$$d^* = \frac{4\psi}{o} \cdot \sqrt[3]{\frac{6}{\pi}(1 - \psi)} = \sqrt[3]{\frac{16}{9\pi}\frac{\psi^3}{(1 - \psi)^2}} \cdot d_\mathrm{K};$$

für eine ungeordnete Kugelschüttung z. B. mit $\psi = 0{,}37$ wird $d^* = 0{,}42 \cdot d_\mathrm{K}$.

Bei Schüttungen aus beliebig geformten Körpern ist in den vorstehenden Gleichungen für d_K der Durchmesser der dem Körper volumengleichen Kugel d_K' einzuführen:

$$d_\mathrm{K}' = \left(\frac{6}{\pi}\,V_\mathrm{K}\right)^{1/3}. \qquad (4.136)$$

In Tabelle 4.18 sind für verschiedene Füllkörper die Werte für N, o, ψ und d^*/l' angegeben.

Der nach obigen Überlegungen abgeleitete gleichwertige Durchmesser geht für Kanäle in die bekannte Definition des hydraulischen Durchmessers über, für ein Kreisrohr wird $d^* = d$.

Tabell 4.18. N, o, Ψ und d^*/l' für verschiedene Füllkörper

Art	Abmessung mm	N 1/m³	o m²/m³	Ψ —	d^*/l' —
Intalox Sattelkörper	12,7	800000	532	0,90	0,63
aus Kunststoffen PVC,	20	260000	335	0,90	0,63
PP, NP, Polystyrol	25	90000	255	0,90	0,63
	38	26000	170	0,90	0,63
	50	8500	118	0,90	0,63
Intalox Sattelkörper	6,3	5000000	985	0,61	0,42
aus Porzellan,	12,7	7600000	532	0,70	0,48
Steinzeug	20	230000	335	0,72	0,51
	25	84000	255	0,74	0,52
	38	25000	166	0,76	0,54
	50	9300	120	0,79	0,55
Interpack aus Metall	$\varnothing\,10 \times 10 \times 0{,}3$	2400000	588	0,89	0,81
	$\varnothing\,20 \times 25 \times 0{,}4$	211000	260	0,95	0,87
	$\varnothing\,30 \times 30 \times 0{,}6$	39000	148	0,95	0,87
Drahtwendeln	$\varnothing\,5 \times 5 \times 0{,}5$	4500000	1000	0,87	0,57
aus Metall	$\varnothing\,10 \times 10 \times 1$	800000	670	0,82	0,45
	$\varnothing\,15 \times 15 \times 1{,}5$	250000	450	0,84	0,47
Supersattel Metall	25	90000	258	0,95	0,66
Berl-Sattel aus	10	1030000	660	0,65	0,40
Steinzeug, Porzellan	15	280000	430	0,67	0,41
	25	75000	260	0,69	0,45
	35	25000	178	0,71	0,47
	50	8000	120	0,73	0,49
Kugeln in ungeordneter	$\varnothing\,5$	9550000	750	0,37	0,42
Schüttung	6,3	4770000	595	0,37	0,42
	8	2330000	469	0,37	0,42

Tabelle 4.18 (Fortsetzung)

Art	Abmessung mm	N 1/m³	o m²/m³	Ψ —	$d*/l'$ —
Kugeln in ungeordneter	10	1190000	375	0,37	0,42
Schüttung	12,7	583000	295	0,37	0,42
	15	354000	250	0,37	0,42
	20	149000	188	0,37	0,42
	25	76000	150	0,37	0,42
	35	28000	107	0,37	0,42
	50	9500	75	0,37	0,42

Kugeln in geordneten Schüttungen

$$N = \frac{6}{\pi}\,\frac{1 - \Psi}{d^3}; \quad o = \frac{6(1 - \Psi)}{d}; \quad \frac{d*}{l'} = \sqrt[3]{\frac{16}{9\pi}\,\frac{\Psi^3}{(1 - \Psi)^2}}$$

kubisch	$\Psi = 0,48$	$D*/L' = 0,62$
rhombisch □ rhombisch △	0,41	0,48
oktaedrisch tetraedrisch	0,27	0,28
ungeordnet	0,37	0,42

Für Raschigringe und ähnliche Füllkörper, deren innere Oberfläche nicht in gleicher Weise am Austausch teilnimmt, gelten diese Beziehungen nicht [4.4].

4.3.2.3.2. Entwicklung des allgemeinen Diagramms

Für die zusammenfassende Darstellung werden die in den Abschnitten 4.3.2.1. und 4.3.2.2. angegebenen Beziehungen für den Wärmeübergang in der Form

$$Nu_{\mathrm{d*,e}} = f\left(Pe_{\mathrm{d*}} \cdot \frac{d*}{l'}\right)$$

aufgetragen.

Für den Wärmeübergang bei hydrodynamisch ausgebildeter laminarer Strömung mit alleinigem thermischen Anlauf ergeben sich im Rohr, bzw. im ebenen Spalt nach den Gln. (4.117), (4.118) bzw. (4.119) und (4.120) umgerechnet auf $Nu_{\mathrm{d,e}}$ die niedrigsten Werte (Bild 4.66). Bei sehr langen Rohren, d.h. bei kleinen Werten von $Pe_{\mathrm{d}} \cdot (d/l)$ wird eine Grenze angestrebt, die durch Angleichung der Mediumstemperatur an die Wandtemperatur bedingt ist, d.h. bei vollkommenem thermischen Ausgleich.

Diese Grenze läßt sich aus der Überlegung bestimmen, daß die vom Medium von der Eintrittstemperatur ϑ_{e} bis zum Austritt bei Wandtemperatur ϑ_{0} aufgenommene Wärmemenge gleich der an der Rohrwand übertragenen sein muß:

$$\frac{\pi}{2}\,d*^2 \cdot w\varrho c(\vartheta_{\mathrm{e}} - \vartheta_{0}) = \pi\,d*l'\alpha_{\mathrm{e}}\,(\vartheta_{\mathrm{e}} - \vartheta_{0})$$

oder

$$\frac{\alpha_{\mathrm{e}}d*}{\lambda} \equiv Nu_{\mathrm{d*,e}} = \frac{1}{4} \cdot \frac{w\,d*}{\lambda/\varrho c} \cdot \frac{d*}{l'} \equiv \frac{1}{4} \cdot Pe_{\mathrm{d*}} \cdot \frac{d*}{l'}. \tag{4.137}$$

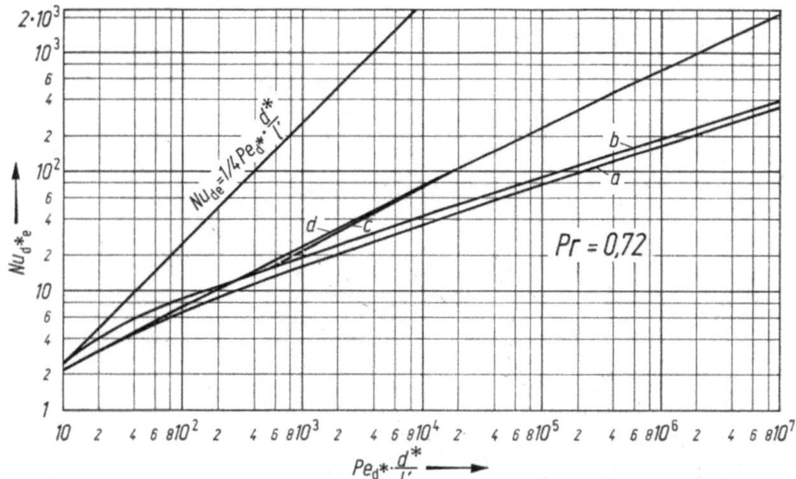

Bild 4.66. Grenzkurven des Wärmeübergangs Nu bei laminarer Strömung bzw. laminaren Grenzschichten für $Pr = 0,72$.
a Ausgebildete laminare Strömung im Rohr (nach Gl. (4.118)); b ausgebildete laminare Strömung im Spalt (nach Gl. (4.119); c laminare Grenzschichtströmung an einer ebenen Platte (Anlaufströmung) (nach Gl. (4.120)); d Anlaufströmung im Rohr [4.108]; e Thermischer Ausgleich (nach Gl. (4.137).

Diese Grenze für den dimensionslosen Wärmeübergang $Nu_{d*,e}$ kann auf keine Weise überschritten werden; sie gilt daher auch für die turbulente Strömung in Rohren oder für die Durchströmung von Haufwerken. Wie aus den Gleichungen für die ausgebildete laminare Strömung und für den thermischen Ausgleich in Gl. (4.137) hervorgeht, sind sowohl die untere als auch die obere Grenze in der gewählten Darstellung nicht explizit von der Pr-Kennzahl abhängig.

In das Gebiet zwischen den aufgezeigten Grenzen müssen sich die Anlaufströmungen und die turbulenten Strömungen einordnen. Da hier weitere Abhängigkeiten von der Pr-Kennzahl auftreten, ist es zweckmäßig, die Diagramme für eine feste Prandtl-Zahl aufzustellen. Für die Aufgaben der Trocknungstechnik wird hauptsächlich als strömendes Medium Luft, Rauchgas oder Stickstoff verwendet mit

$$Pr = 0,72,$$

welcher Wert dem wiedergegebenen Diagramm zugrunde gelegt wurde.

Für den Wärmeübergang bei thermischem und hydrodynamischem Anlauf an um- oder überströmten Körpern gilt die Mittelkurve, welche mathematisch durch Gl. (4.95) bis (4.97) wiedergegeben wird; im Bereich $20 < Re_{l'} < 10^3$ stimmt diese mit der Gleichung von Pohlhausen (Gl. (4.120)) für laminare Grenzschichten überein. Für $Re_{l'} < 20$ tritt die besprochene Auffächerung für endliche Körper auf (s. Abschn. 4.3.2.1.3.), die in dem Diagramm aber nicht mehr erfaßt wird. Wegen der Auftragung mit der charakteristischen Größe $d*$ tritt in der Darstellung als weiterer Parameter $d*/l'$ auf (Bild 4.67). Dieser Parameter erweist sich gerade für die hier zu behandelnden Aufgaben als äußerst sinnvoll, da einzelne umströmte Körper technisch immer in einem Kanal, in einem Haufwerk oder Schüttung angeordnet sind und die Abmessungen des Kanals — charakterisiert durch $d*$ — auch den Wärmeübergang beeinflussen werden.

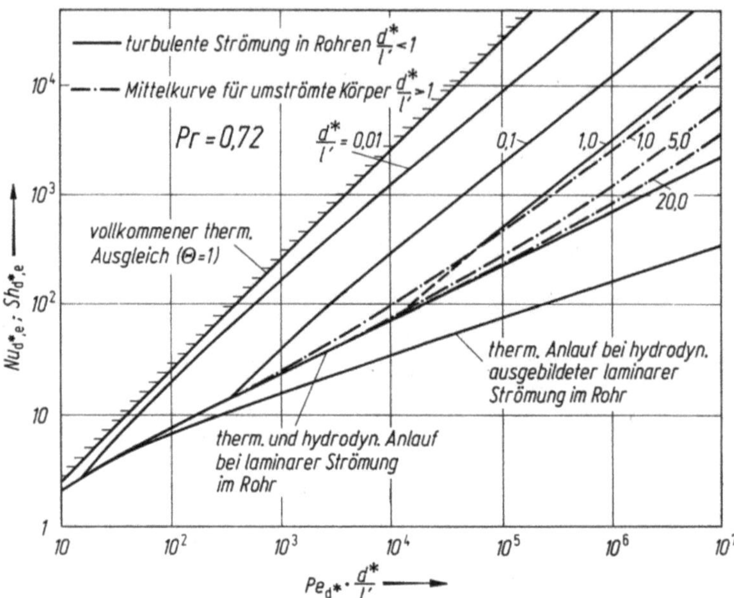

Bild 4.67. Zusammenfassende Darstellung des Wärme- und Stoffübergangs in durchströmten Kanälen und an überströmten Körpern.

Für den Wärmeübergang im laminar durchströmten Rohr bei thermischem und hydrodynamischem Anlauf wurde schon oben gezeigt (s. Abschn. 4.3.2.2.3.), daß er bei kurzen Rohren mit demjenigen an der überströmten Platte übereinstimmt. In dem von Stephan [4.108] berechneten Übergangsbereich für größere Rohrlängen (kleinere $Pe_{d^*}\cdot(d^*/l')$-Werte) wird — wie zu erwarten wegen der im Strömungskern zunehmenden Geschwindigkeit — der Wärmeübergang höher als an der ebenen Platte, die Abweichungen bei $Pr=0,72$ bleiben aber mit maximal 5% im Rahmen der technisch erreichbaren Genauigkeit.

Für die Darstellung des Wärmeübergangs in turbulent durchströmten Rohren soll zunächst die Gleichung von Hausen Gl. (4.123) — umgerechnet auf die Darstellung $Nu_{d^*,e}$ — verwendet werden. Die Eintragung in Bild 4.67 macht deutlich, daß bei hohen Werten von $Pe_{d^*}\cdot(d^*/l')$ kein Unterschied zwischen dem Wärmeübergang umströmter Körper mit turbulenter Grenzschicht nach der Mittelkurve und turbulent durchströmten Kanälen besteht. Erst im Übergangsbereich zwischen laminarer und turbulenter Strömung bzw. Grenzschicht treten größere Unterschiede bedingt durch den von weiteren Faktoren abhängigen Umschlag auf. Für dieses Gebiet zeigen die von Reinicke [4.88] berechneten und experimentell bestätigten Zusammenhänge mit der kritischen Reynoldszahl $Re_{x,kr}$ für den Umschlag der laminaren in die turbulente Grenzschicht, die technisch immer bestehende Unsicherheit auf. Für eine beruhigte Strömung ist $Re_{x,kr}$ groß, der Umschlag und das Abheben des Wärmeübergangs von der für laminare Strömung gültigen Kurve erfolgt erst bei großen $Pe_{d^*}\cdot(d^*/l')$-Werten, aber mit einem relativ starken Anstieg, während bei einer gestörten Strömung — $Re_{x,kr}$ klein — der Umschlag früher und der Anstieg des Wärmeübergangs allmählich erfolgt. Da man im technischen Problem den $Re_{x,kr}$-Wert wohl nie kennen wird, ist im Gebiet des Umschlags immer mit einer großen Unsicherheit zu rechnen.

Wie schon oben ausgeführt (s. Bild 4.67), unterschreitet der Wärmeübergang bei turbulenter Strömung nach der Gleichung von Hausen u. U. den Wärmeübergang bei laminarer Strömung; er ist in diesem Fall mit den jeweils höheren Werten für Nu_{d*} zu errechnen.

Bei langen Rohren wird das Ablesen in diesem Diagramm sehr ungenau; es empfiehlt sich dann den Wärmeübergang direkt zu berechnen, z. B. nach Gl. (4.123), wobei aber der andere Bezug des Wärmeübergangskoeffizienten zu beachten ist.

Aufgabe des Diagramms $Nu_{d*,e} = f(Pe_{d*} \cdot d*/l')$ ist nicht die Darstellung der einfachen und überschaubaren Zusammenhänge beim Wärmeübergang, z. B. bei überströmten Körpern im unendlich ausgedehnten Medium oder in langen Rohren sondern um bei komplexen Problemen der Umströmung von Körpern der verschiedenen Form in Kanälen oder der Durchströmung von Haufwerken eine Einordnung des Wärme- und Stoffübergangs in bekannte Gesetzmäßigkeiten zu ermöglichen.

Eine Umrechnung der Übergangskoeffizienten von den in dieser Darstellung bestimmten Werten α_e auf die logarithmisch bezogenen Werte ist nach den Gln. (4.116) möglich. Der Umrechnungsfaktor $\overline{Nu}_{d*}/Nu_{d*,e}$ kann jedoch mit einem Hilfsmaßstab (s. Tafel III) auch unmittelbar den Diagrammen entnommen werden.

Aus der Energiebilanz

$$Q = A\alpha_e(\vartheta_0 - \vartheta_e) = w_0 \cdot f_0 \cdot c_p \cdot \varrho(\vartheta_a - \vartheta_e) \tag{4.138}$$

folgt mit $\vartheta_a = \vartheta_0$ und den Definitionen nach Abschnitt 4.3.2.1. die Geradengleichung

$$(Nu_{d*e})_{\vartheta_a = \vartheta_0} = 0,25 Pe_{d*} \frac{d*}{l'}, \tag{4.139}$$

Diese Gerade für den vollkommenen thermischen Ausgleich stellt in allen Fällen die obere Begrenzung der Arbeitsdiagramme dar.

Aus Gl. (4.138) läßt sich ganz allgemein folgende Beziehung für den Austauschparameter ableiten

$$\Theta = \frac{\vartheta_a - \vartheta_e}{\vartheta_0 - \vartheta_e} = \frac{Nu_{d*e}}{0,25 Pe_{d*} d*/l}. \tag{4.140}$$

Nu_{d*e} ist ein für ein bestimmtes Problem gültiger dimensionsloser Wärmeübergangskoeffizient, während $0,25 Pe_{d*} \, d*/l'$, gemäß Gl. (4.139) dem oberen Grenzwert bei der jeweiligen Strömungsgeschwindigkeit entspricht.

Für den vollkommenen thermischen Ausgleich gilt $\Theta = 1$. In allen anderen Fällen kann der Quotient aus dem wirklichen und dem maximal möglichen Übergangskoeffizienten in der logarithmischen Darstellungsweise als Strecke zwischen diesen beiden Werten abgegriffen werden (vgl. Bild 4.68). Diese Strecke entspricht nach Gl. (4.140) $- \ln \Theta = \ln (0,25 Pe_{d*} \, d*/l') - \ln (Nu_{d*e})$. Die Zuordnung zwischen der abgegriffenen Strecke und dem gesuchten Θ-Wert erfolgt mit Hilfe des auf den Arbeitsdiagrammen eingezeichneten Maßstabs, dessen linke Skala jeweils der logarithmischen Teilung der Diagramme entspricht.

Die rechte Skala des Maßstabs gibt für diesen Abstand gleichzeitig das Verhältnis zwischen dem auf die Eintrittstemperatur und dem auf das logarithmische Mittel bezogenen Wärmeübergangskoeffizienten wieder. Eine solche einfache Zuordnung ist möglich, da der Austauschparameter und damit die Austrittstemperatur nur durch die Lage des wirklichen Wärmeübergangskoeffizienten in Relation zu der Linie für den vollkommenen thermischen Ausgleich gegeben ist.

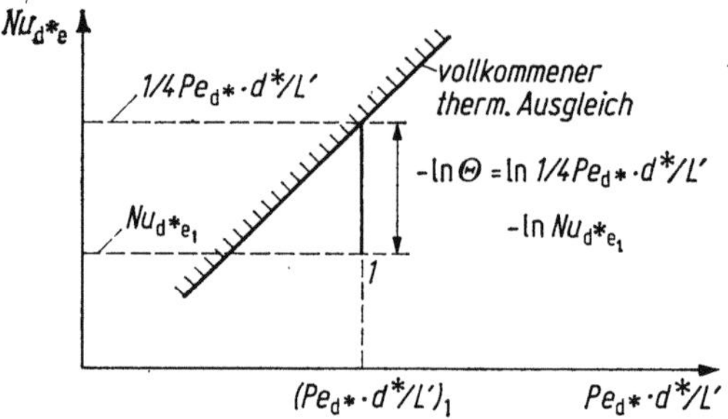

Bild 4.68. Zur Verwendung des Maßstabs.

Aus den Gln. (4.116) folgt nach einigen Umformungen die Beziehung

$$\frac{\overline{Nu_{d*}}}{Nu_{d*e}} = \frac{-\ln(1-\Theta)}{\Theta} \tag{4.141}$$

die wie Gl. (4.140) als unabhängige Variable allein den Quotienten $\Theta = Nu_{d*e_i}/(0{,}25\,Pe_{d*}\, d*/l')$ enthält.

In vergrößertem Maßstab und mit mehr Zwischenlinien ist der in Bild 4.67 dargestellte Zusammenhang in Tafel III wiedergegeben, weil sich, wie im nächsten Abschnitt gezeigt wird, dieser Zusammenhang auch für den Wärmeübergang bei Haufwerken aller Art, bestehend aus Körpern der verschiedensten Formen brauchen läßt — allerdings unter Benutzung anderer Parameter $d*/l'$.

4.3.2.3.3. Haufwerke in geordneter und ungeordneter Verteilung der Körper (geschüttete Güter)

Bei geschütteten Gütern, Rohrbündeln, Haufwerken von Fasern, Fäden usw. liegen die Wärmeübergangsverhältnisse dann ebenso wie bei außenumströmten Einzelkörpern, wenn der Abstand zwischen den Elementen groß ist. Benke [4.2] hat nachgewiesen, daß dies bei Rohrbündeln dann der Fall ist, wenn das Abstandsverhältnis der Rohre a/d und b/d größer als 3 ist. Dann kann man also sinngemäß die Gesetzmäßigkeiten für umströmte Einzelkörper nach Bild 4.58 anwenden, wobei die mittlere Geschwindigkeit durch Gl. (4.134) definiert ist.

Je enger die Einzelelemente beieinandersitzen und je weniger die Strömung in den Kanälen unterbrochen oder umgelenkt wird (z. B. bei fluchtender Anordnung von Rohrbündeln weniger als bei versetzter), werden Gesetzmäßigkeiten auftreten, die denen der innendurchströmten Körper gleichen, wenn man einen entsprechenden gleichwertigen Durchmesser $d*$ und ein entsprechendes Verhältnis $d*/l'$ einführt. Je häufiger der Luftstrom durch Ablenkung an entgegenstehenden Stoffteilen unterbrochen wird, um so stärker muß sich der jeweils neue hydrodynamische Anlaufvorgang auf den Wärmeübergang auswirken.

Versuchsergebnisse an *einlagigen Anordnungen*, so z. B. an einzelnen Rohren in Kanälen verschiedener Weite oder an einzelnen Rohrreihen mit glatten [4.63] oder berippten Rohren [4.62] bestätigen die Richtigkeit der gewählten Definitionen für die Anströmlänge l', den gleichwertigen Durchmesser d^* und die Geschwindigkeit $w_m = w_o/\psi$.

Die Beschreibung des Wärmeübergangs mit Hilfe der Mittelkurve ist aber auch dann noch möglich, wenn der freie Querschnitt des Kanals durch den Einzelkörper zwar spürbar verkleinert, die Ausbildung der Grenzschicht an dem Einzelkörper jedoch noch nicht von den Vorgängen an den Begrenzungswänden gestört wird. An Stelle der Anströmgeschwindigkeit ist hierbei gemäß der Definitionsgleichung (4.129) die mittlere wirksame Geschwindigkeit des Abschnitts zu verwenden, in dem sich der Einzelkörper befindet: $w_m = w_o/\Psi$. Erst wenn sich die an den Kanalwänden und an dem Einzelkörper entstehenden Reibungsschichten gegenseitig beeinflussen, wird die Einführung einer weiteren charakteristischen Größe erforderlich. Die Strömung zwischen Einzellörper und Mediumsbegrenzung zeugt nun ausgeprägtes Kanalverhalten, so daß neben der Anströmlänge l' der gleichwertige Durchmesser d^*, Gl. (4.135), von Bedeutung ist. In diesen Fällen gelten die Beziehungen für durchströmte Kanäle.

Bei extremen Verengungen $w_e/w_o > 7$ um einen Einzelkörper oder in einer einlagigen Anordnung, z.B. einer einzelnen Rohrreihe (nicht jedoch bei derartigen Verengungen innerhalb eines Haufwerks), ist $w_m = w_e/2$, $f_m = 2f_e$ zu se zen. Für ein Rippenrohr in einem anliegenden Kanal zeigt Bild 4.69 einige Meßwerte, die mit nur geringen Abweichungen ($< \pm 15\%$) auf der Mittelkurve liegen.

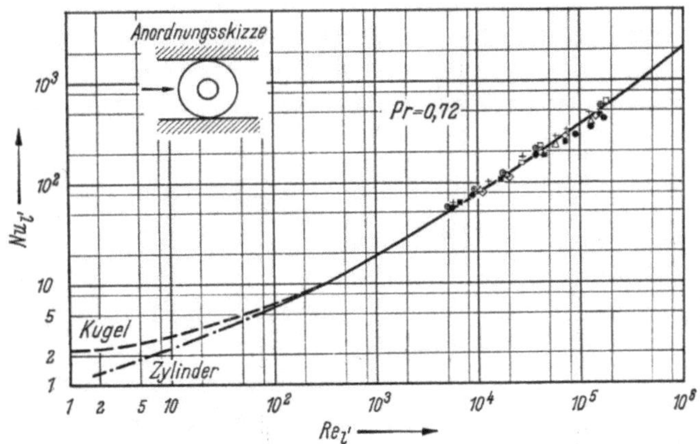

Bild 4.69. Der Wärmeübergang bei Rippenrohren.

Versuchsergebnisse an glatten Rohren in einem engen ($d/b = 0{,}64$) und einem weiten ($d/b = 0{,}45$) Kanal, sowie in einer einzelnen Rohrreihe [4.88] bei $Pr = 2{,}5$, zeigen im Gebiet des Umschlages der laminaren in die turbulente Grenzschicht eine um so größere Abweichung von der Mittelkurve, je höher die Geschwindigkeitszunahme im verengten Querschnitt wird. Dies ist dadurch zu erklären, daß der Umschlag durch die Beschleunigung der Strömung zu höheren Reynoldswerten verschoben wird.

Ähnlich wie bei einlagigen Haufwerken liegen d e Wärmeübergangsverhältnisse in der *ersten Hälfte der ersten* und *in der letzten Hälfte der letzten Schicht eines mehrlagigen Haufwerks*. Im Innern jedoch sind die Übertragungsverhältnisse wegen der häufigen Umlenkungen des Luftstromes und der damit verbundenen häufigen Neuanströmung der Einzelkörper sehr viel lebhafter als bei der Durchströmung einer einzigen Schicht, bei der der Strom nur einmal beschleunigt und verzögert wird. Dies kann man folgendermaßen veranschaulichen:

Ordnet man vor und hinter einem aus mehreren Schichten bestehenden wärmeaustauschenden Haufwerk je eine nicht am Austausch beteiligte, sonst aber gleich angeordnete Schicht (Hilfsschicht) an, so sind in allen austauschenden Schichten die Wärmeübergangszahlen gleich [4.43] (vgl. auch Abschn. 11.2.2.2.). Es folgt, daß man bei der Durchströmung eines Haufwerks grundsätzlich zwei Teile unterscheiden muß:

1. Die Durchströmung der ersten Hälfte der ersten Schicht und der letzten Hälfte der letzten Schicht — d. h. also im ganzen einer einlagigen Schicht des Haufwerkes —, für die w_m nach Gl. (4.129) einzusetzen ist, während als Anströmlänge die des Einzelkörper zu nehmen ist. Für diese Schicht gilt der Zusammenhang $Nu_{l'} = f(Re_{l'})$ nach Bild 4.58 für den hydrodynamischen und thermischen Anlauf.

2. Die Durchströmung im Innern des Haufwerks. Besteht das Haufwerk aus insgesamt n Schichten, so gelten die folgenden Angaben für die mittleren $n - 1$ Schichten. Die Versuche [4.43, 4.44] über den Wärmeübergang bei durchströmten Haufwerken aus Einzelkörpern, deren Formen in Bild 4.70 wiedergegeben sind, lassen bei Anwendung der oben definierten Größen eine einheitliche Darstellung aller Versuchsergebnisse zu. In Bild 4.71 sind die Versuchsergebnisse von 4 Gruppen von Untersuchungen eingetragen, wie aus der Bildunterschrift zu ersehen ist.

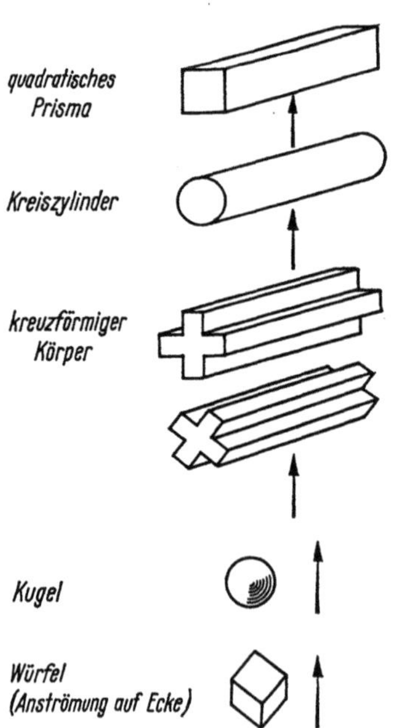

Bild 4.70. Die in verschiedenen Haufwerksanordnungen untersuchten Körperformen.

Alle Versuchsergebnisse für die *einzelnen Schichten der Haufwerke* liegen nach erfolgtem Umschlag der laminaren in die turbulente Grenzschicht auf Kurven, die mit solchen gleichlaufen, die für einzelne einfache Körper (durch- oder überströmte Rohre) aufgestellt waren. Nur ist ein charakteristischer Unterschied auffallend: die Parameter $d*/l'$, die für die Anordnungen in Haufwerken gelten (sie sind in den Bildern jeweils an die Kurven geschrieben), sind andere als die für einfache Körper gültigen. Aber vergleicht man die Zahlen $d*/l'$ für beliebige Haufwerksanordnungen mit denen für einfache Körper, so zeigt sich bei allen Haufwerken näherungsweise die gleiche Zuordnung. Diese ist in Bild 4.72 wiedergegeben, und gilt bei der Durchströmung mit Luft ($Pr = 0{,}72$) bis etwa $Pe_{d*} = 2{,}5 \cdot 10^4$. Bei höherem Durchsatz, der aber für die Trocknung nicht mehr interessant ist, erfolgt der Anstieg $Nu = f[Pe_{d*} \cdot (d*/l')]$ mit geringerer Steigung als der Mittelkurve entspricht, bis bei vollkommener Turbulenz der Verlauf der Mittelkurve wieder folgt ($Pe_{d*} > 3 \cdot 10^5$) mit dem wahren Verhältnis ($d*/l'$), allerdings mit der Geschwindigkeit w_e im engsten Querschnitt als charakteristische Geschwindigkeit in den Kenngrößen Re, bzw. Pe [4.49].

Alle Versuchsergebnisse sowie zahlreiche weiterhin herangezogene, von anderen Forschern an Haufwerken angestellte Untersuchungen streuen mit geringen Abweichungen um eine Kurve, die sich in ihrem oberen und ihrem unteren Teil derjenigen für einfache Körper (durch- oder überströmte Rohre) anschmiegt [4.26]. Für sehr kleine Werte $d*/l'$, die nur in sehr dicht gepackten Haufwerken vorkommen, nähert sich das Verhalten im Haufwerk demjenigen eines durchströmten Kanals von gleichem Verhältnis $d*/l'$. Sehr große Werte $d*/l'$ sind nur bei lockeren Anordnungen möglich, dann sind die Verhältnisse ähnlich wie bei überströmten Einzelkörpern. Da sich nun für einzelne durchströmte Kanäle sowie für überströmte Einzelkörper in der gewählten Darstellung $Nu_{d*e} = f[Pe_{d*} \cdot (d*/l')]$ die gleichen Kurven ergeben, müssen auch für sehr dichte und sehr lockere Haufwerke die gleichen Kurven gelten.

Im Bereich mittlerer Werte $d*/l'$ jedoch liegen die Wärmeübergangszahlen für die inneren Schichten von Haufwerken unter Umständen viel höher als für Einzelkörper oder einlagige Haufwerke. Anschaulich ist diese Erhöhung des Wärmeübergangs im Innern von Haufwerken verständlich durch die dauernde Umlenkung und Verwirbelung der Strömung und der damit verbundenen vielfältigen Neuanströmung der Einzelkörper des Haufwerks.

4.3.2.3.4. Über die Anwendung der Tafel III für vielschichtige Haufwerke

Das zusammenfassende Ergebnis der Untersuchungen an Haufwerken war, daß für alle inneren Schichten eines Haufwerks gleiche Austauschzahlen je Schicht — bezogen auf die *Potentialdifferenz im Eintrittszustand jeder Schicht* — gültig sind; jedoch gelten für die erste Hälfte der ersten und die letzte Hälfte der letzten Schicht niedrigere Werte. Ermittelt man in der üblichen Weise Wärmeübergangszahlen aus Messungen über n austauschenden Schichten, so werden diese stets kleiner sein als die an den einzelnen inneren Schichten gemessenen. Diese Erschei-

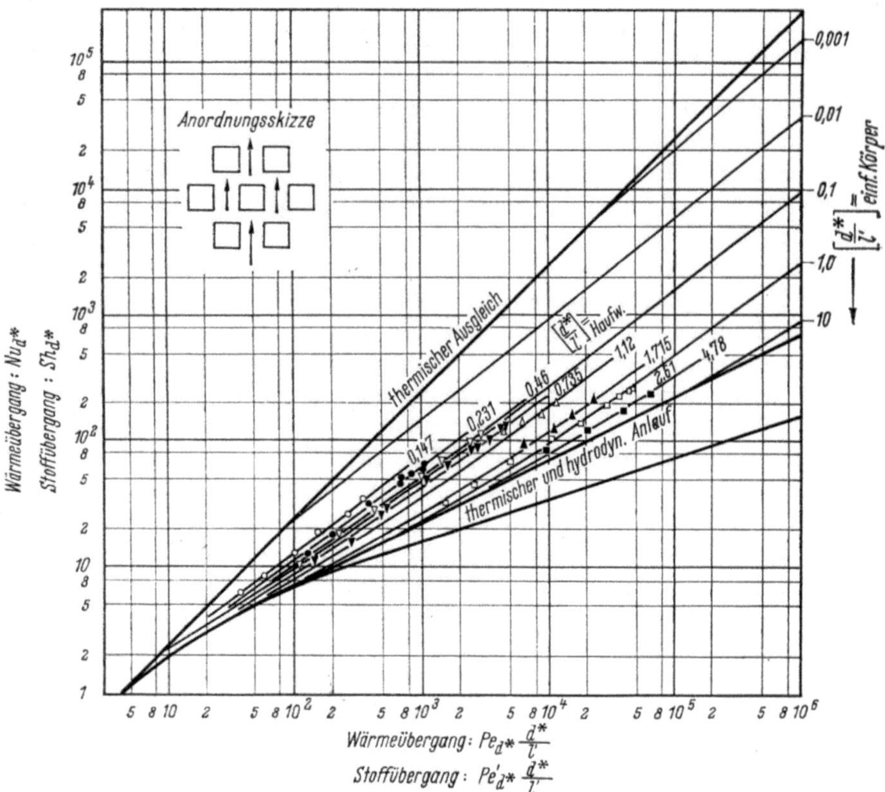

Bild 4.71 a.

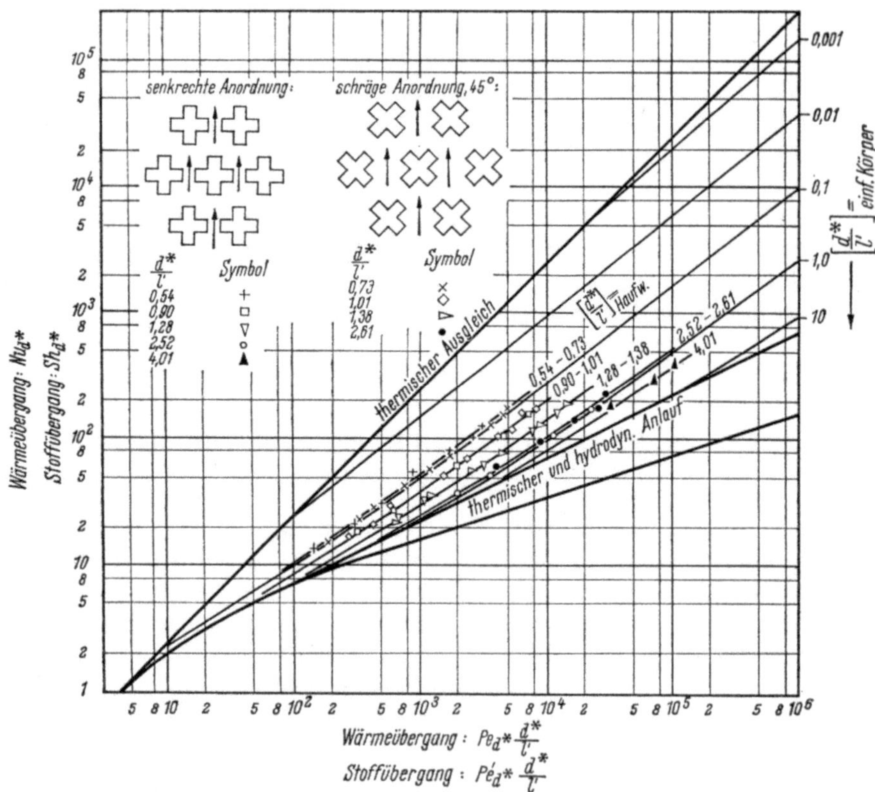

Bild 4.71 b.

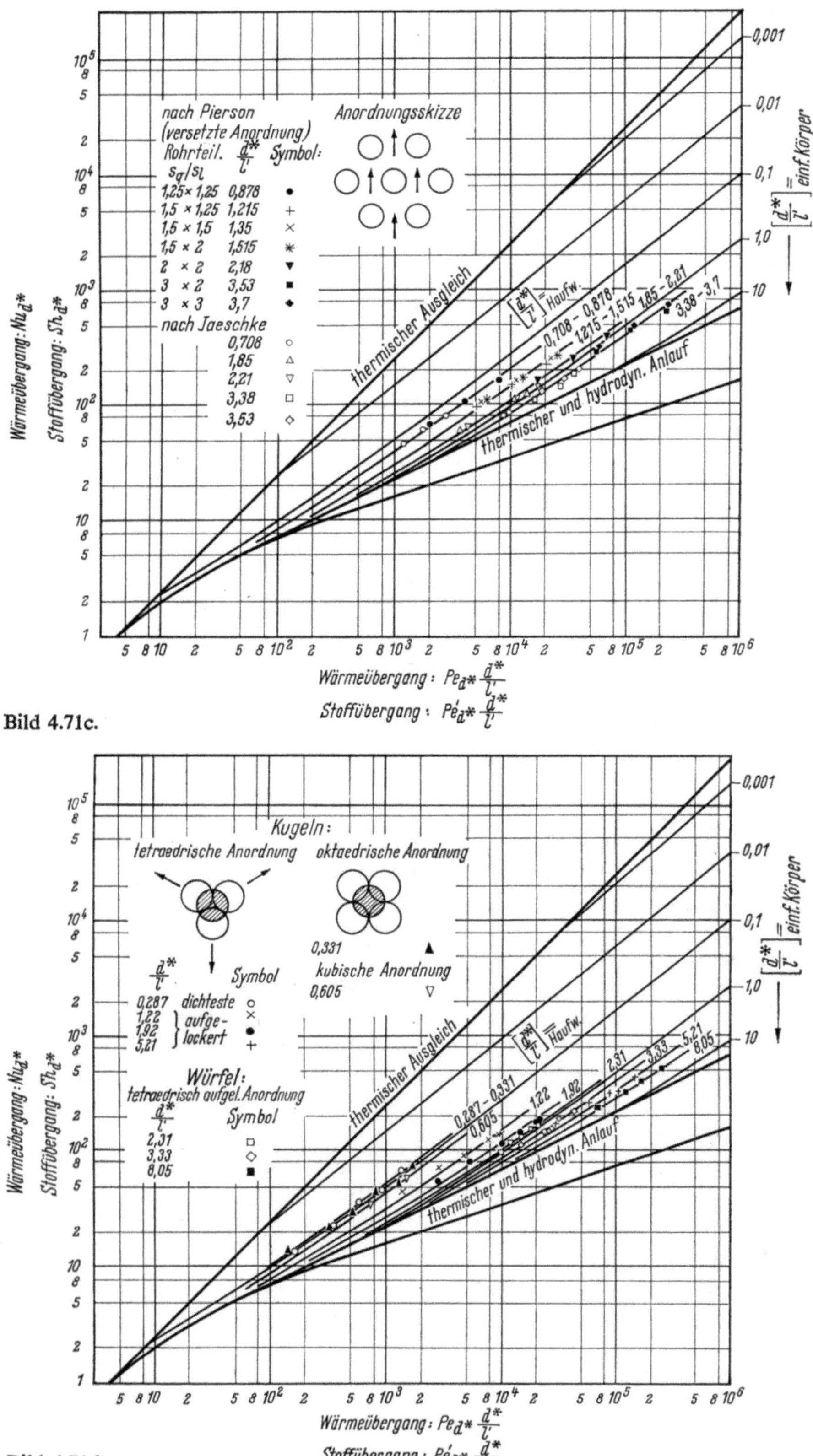

Bild 4.71c.

Bild 4.71d.

Bild 4.71a—d. Wärme- und Stoffübergang an Haufwerken aus a) quadratischen Prismen, b) kreuzförmigen Prismen, c) Zylindern, d) Kugeln.

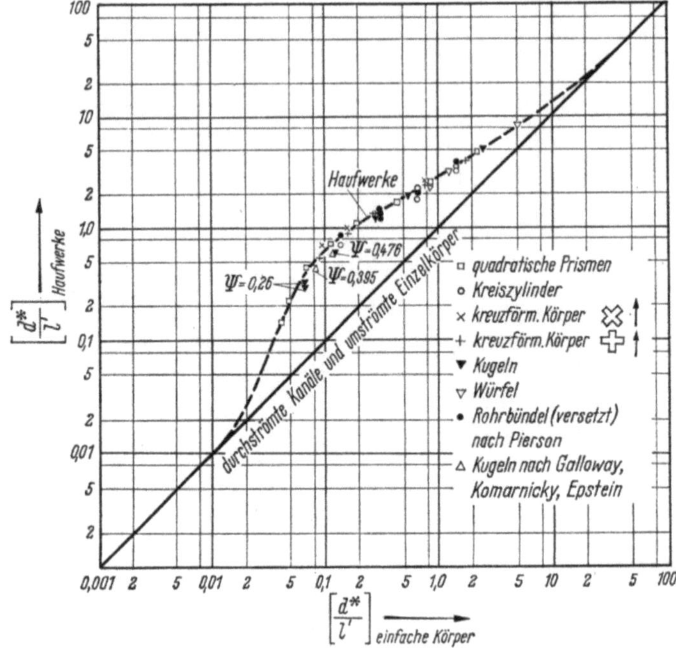

Bild 4.72. Die Zuordnung des Parameters (d^*/l') im Haufwerk zu dem eines einfachen Körpers.

nung führt dann irrtümlicherweise zu dem Schluß, daß in Haufwerken die Austauschzahlen von der Schichtzahl abhängig seien[1].

Man kann zwei Grenzfälle unterscheiden:

a) So große Schichtzahlen, daß man an allen n Schichten gleiche Wärmeübergangszahlen entsprechend der Anordnung $(d^*/l')_{\text{Haufw.}}$ annehmen kann.

b) Kleinere Schichtzahlen, bei denen der Einfluß der Einströmung in die erste und der Ausströmung aus der letzten Schicht berücksichtigt werden muß. Dann sind für die erste Hälfte der ersten und die letzte Hälfte der letzten Schicht die Wärmeübergangszahlen entsprechend einer einlagigen Anordnung und für $n-1$ Schichten die Austauschzahlen entsprechend der Haufwerksanordnung einzusetzen.

Zur rechnerischen Behandlung werden die auf die Potentialdifferenz am Eintritt einer Schicht bezogenen Austauschzahlen auf den Eintrittszustand des n-schichtigen Haufwerks umgerechnet, wobei außerdem $\vartheta_0 = $ const vorausgesetzt sei.

Fall a) (in allen Schichten $\alpha_e = $ const):
Die übertragene Wärmemenge beträgt, wenn unter A die austauschende Oberfläche über einen Abschnitt von der Länge l' verstanden wird:

---

[1] Auf den Einfluß der Schichtzahl (Rohrreihenzahl) auf die Wärmeübergangszahl weist Grimison [4.31] hin, der die zahlreichen Messungen von Pierson [4.81] an Rohrbündeln zum praktischen Gebrauch ausgewertet hat (s. auch [4.86]).

an der ersten Schicht

$$\dot{Q}_1 = A\alpha_e(\vartheta_{e_1} - \vartheta_0) = Vc_p\varrho(\vartheta_{e_1} - \vartheta_{e_2}),$$

an der zweiten Schicht

$$\dot{Q}_2 = A\alpha_e(\vartheta_{e_2} - \vartheta_0) = A\alpha_e(\vartheta_{e_1} - \vartheta_0)\left(1 - \frac{Nu\,A}{Pe\,f}\right),$$

an der n-ten Schicht

$$\dot{Q}_n = A\alpha_e(\vartheta_{e_1} - \vartheta_0)\left(1 - \frac{Nu\,A}{Pe\,f}\right)^{n-1}.$$

Die Summe der übertragenen Wärmemenge wird gesetzt:

$$n\dot{Q} = A\alpha_e(\vartheta_{e_1} - \vartheta_0)\left\{1 + \left(1 - \frac{Nu\,A}{Pe\,f}\right) + \left(1 - \frac{Nu\,A}{Pe\,f}\right)^2 + \cdots\right\}$$

$$= \alpha_{e,\text{ges}}nA(\vartheta_{e_1} - \vartheta_0)$$

oder

$$\alpha_{e,\text{ges}} = \alpha_e\,\frac{1}{n}\left\{\frac{1 - \left(1 - \dfrac{Nu\,A}{Pe\,f}\right)^n}{\dfrac{Nu\,A}{Pe\,f}}\right\}. \tag{4.142}$$

Mit dem für Haufwerke zweckmäßigen Durchmesser $d^* = 4fl'/A$ ergibt sich

$$Nu_{d^*e,\text{ges}} = \frac{\alpha_{e,\text{ges}}\,d^*}{\lambda} = \frac{1}{n}\,\frac{1}{4}\left(Pe_{d^*}\,\frac{d^*}{l'}\right)\left\{1 - \left(1 - \frac{4Nu_{d^*e}}{Pe_{d^*}\,\dfrac{d^*}{l'}}\right)^n\right\}. \tag{4.143}$$

Fall b):
Von den n Schichten des Haufwerks wird die erste Schicht (in Ersatz für die erste Hälfte der ersten und die letzte Hälfte der letzten Schicht) als eine einlagige Anordnung aufgefaßt, die übrigen $n - 1$ Schichten als Inneres eines Haufwerks.

An der einlagigen Anordnung beträgt die übertragene Wärmemenge

$$\dot{Q}_1 = A\alpha_e\,(\vartheta_{e_1} - \vartheta_0) = \dot{V}c_p\varrho(\vartheta_{e_1} - \vartheta_{e_2}), \tag{4.144}$$

worin α_e für einlagige Anordnungen nach Tafel III zu bestimmen ist. Aus dieser Gleichung berechnet man die Eintrittstemperatur in die folgenden $n - 1$ Schichten, die nach Gl. (4.143) zu behandeln sind.

4.3.2.3.5. Die Bestimmung von n, d^* und d^*/l' für Schüttungen

Da sich sämtliche Angaben bezüglich des Wärmeübergangsverhaltens in Haufwerken stet auf einzelne Schichten beziehen, ist es erforderlich, für ungeordnete Haufwerke äquivalente Schichten zu definieren. Es liegt dabei nahe, zu diesem

Zweck — für ruhende und verwirbelte Haufwerke — als Modellvorstellung die einfachste Anordnung in einem geordneten Haufwerk, die kubische Anordnung, heranzuziehen [4.65]:

Besteht 1 m³ Schüttung aus N gleichgroßen Kugeln mit dem Durchmesser d_K und dem Volumen V_K, so gilt

$$N = \frac{1 - \Psi}{V_K} = \frac{6}{\pi} \frac{1 - \Psi}{d_K^3}, \qquad (4.145)$$

wobei als Hohlraumanteil Ψ ein mittlerer Wert für das gesamte Haufwerk einzusetzen ist.

In einer Schicht befinden sich nun pro Quadratmeter $N^{2/3}$ Körper, während auf 1 m Höhe $N^{1/3}$ Schichten entfallen. Mit Gl. (4.145) folgt für die Anzahl der Schichten bei einer Gesamthöhe H

$$n = \sqrt[3]{N} \cdot H = \frac{H}{d_K} \sqrt[3]{\frac{6}{\pi} (1 - \Psi)} \qquad (4.146)$$

Die Höhe der einzelnen Schicht h beträgt somit

$$h = \frac{H}{n} = \frac{1}{\sqrt[3]{N}} = \frac{d_K}{\sqrt[3]{\frac{6}{\pi} (1 - \Psi)}} \qquad (4.147)$$

Für eine Schüttung aus beliebig geformten Einzelkörpern gleicher Größe ist in den Gln. (4.145) bis (4.147) der Durchmesser d_K' einer volumengleichen Kugel einzusetzen:

$$d_K' = \sqrt[3]{\frac{6V}{\pi}} \qquad (4.148)$$

(V = Volumen des Einzelkörpers).

Im Fall einer Mehrkornschüttung [4.45] lautet der äquivalente Durchmesser

$$d_{KM}' = \sqrt[3]{\frac{6}{\pi} \sum \frac{N_i}{N} V_i}. \qquad (4.149)$$

Es bedeuten:

N_i/N Teilchenanteil der i-ten Fraktion,
V_i Teilchenvolumen der i-ten Fraktion.

Der Berechnung der mittleren Strömungsgeschwindigkeit nach Gl. (4.129) ist der mittlere Hohlraumanteil des gesamten Haufwerks zugrunde zu legen.

Mit der spez. Oberfläche o (m²/m³) einer Schüttung kann das Verhältnis $d*/l'$ nach der Beziehung

$$d*/l' = \frac{4\Psi}{oh} = \frac{4\Psi}{o} \cdot \sqrt[3]{N} = \frac{4\Psi}{o \cdot d_K} \cdot \sqrt[3]{\frac{6}{\pi} (1 - \Psi)}. \qquad (4.150)$$

berechnet werden. Als Anströmlänge l' ist diejenige des Einzelkörpers einzusetzen. Die Werte für N, o und Ψ können für die gebräuchlichsten Füllkörper aus Tabelle 4.18 entnommen werden.

4.3.2.3.6. Wärme- und Stoffübergang in Wirbelschicht

Die vorstehenden Überlegungen gelten gleichermaßen für Fest- und Wirbelbett [4.17, 4.73, 4.122], sofern im Fall des verwirbelten Haufwerks

1. bei der Berechnung des wirklichen $d*/l'$-Verhältnisses stets der der jeweiligen Geschwindigkeit zugeordnete Hohlraumanteil — dem Auflockerungsgrad der Schüttung entsprechend — eingesetzt wird und
2. nahezu der gesamte Druckabfall in der Schüttung selbst erfolgt.[1]

Bei Verwendung eines zusätzlichen Anströmbodens resultieren etwa 35% höhere Wärmeübergangskoeffizienten. Aber auch hier lassen sich die Meßpunkte einer Mittelkurve zuordnen, die jedoch infolge der zusätzlichen Störungen einen noch kleineren Parameter aufweisen. Der in Bild 4.73 eingezeichnete Kurvenast b gibt den gefundenen Zusammenhang wieder.

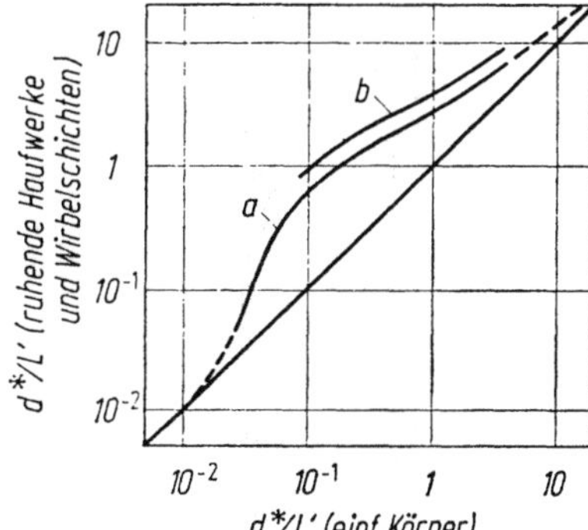

Bild 4.73. Parameter-Zuordnung für Fest- und Wirbelbetten.
a Festbetten; b Wirbelbetten.

Beispiel:

Welche Wärmemenge wird von einem Luftstrom mit der anfänglichen Temperatur $\vartheta_e = 40\,°C$ und der relativen Feuchtigkeit $\varphi_{L,e} = 0{,}2$ (d.h. $P_{DL,e} = 0{,}015\,bar$) an eine ungeordnete Schüttung befeuchteter Kugeln während des Abschnitts der Oberflächenverdunstung übertragen?

Luftgeschwindigkeit im leer gedachten Kanalquerschnitt	w_0	$= 2\,m/sek$
Kugeldurchmesser	d_K	$= 0{,}02\,m$
Lückenraumanteil	Ψ	$= 0{,}4$
leer gedachter Kanalquerschnitt	f_0	$= 1\,m^2$
Höhe der Schüttung	H	$= 0{,}65\,m$

Lösung: Aus dem $h-x$-Diagramm Tafel I entnimmt man als Kühlgrenztemperatur für den gegebenen Luftzustand $\vartheta_K = 21{,}5\,°C$, die mit ϑ_0 hinreichend genau übereinstimmt.

---

[1] Bei kleinen Reynoldszahlen in der Wirbelschicht fällt der Wärme- und Stoffaustauschkoeffizient infolge von Strähnen- und Blasenbildung stark ab [4.122].

Die Stoffwerte für die Bildung der Kenngrößen — bezogen auf $1/2\ (\vartheta_0 + \vartheta_e)$ — sind:

$$\lambda = 0{,}0262\ \text{W/mK}; \quad a = 22{,}8 \cdot 10^{-6}\ \text{m}^2/\text{s}; \quad Pr = 0{,}72$$

Anzahl der Schichten nach Gl. (4.146)

$$n = \frac{0{,}65}{0{,}02}\ \sqrt[3]{\frac{6}{\pi}\,0{,}6} = 34\,.$$

Gleichwertiger Durchmesser nach Gl. (4.150) ($K = 1$), $l' = d$ wird

$$d^* = \frac{2}{3}\,\frac{\psi}{1 - \psi}\ \sqrt[3]{\frac{6}{\pi}\,(1 - \psi)} \cdot d_K = 0{,}0093\ \text{m},$$

$$\frac{d^*}{l'} = 0{,}465\,.$$

Nach Gl. (4.150):

$$Pe_{d^*}\frac{d^*}{l'} = 986\,.$$

Aus Tafel III dazu mit der Parameterzuordnung nach Bild 4.72

$$\left.\frac{d^*}{l'}\right|_{\text{einf.K.}} = 0{,}075; \quad Nu_{d^*} = \frac{\alpha_e\,d^*}{\lambda} = 55; \alpha_e = 155\,\text{W/m}^2\text{K}\,.$$

Für das gesamte Haufwerk wird nach Gl. (4.143):

$$Nu_{d^*e,\text{ges.}} = 7{,}25; \quad \alpha_{e,\text{ges}} = 20{,}4\ \text{W/m}^2\text{K}\,.$$

Die übertragene Wärmemenge ist also

$$\dot{Q} = f_0 H o\,\alpha_{e,\text{ges.}}(\vartheta_e - \vartheta_0),\ \text{mit}\quad \acute{o} = \frac{6(1 - \psi)}{d} = 180\,\frac{\text{m}^2}{\text{m}^3}$$

$$\dot{Q} = 44\,160\ \text{W}\,.$$

5. Die Stoffbewegung bei Strömung und Diffusion

5.1. Begriffe

Die Erscheinungen, von denen in diesem Abschnitt gesprochen werden soll, faßt man unter dem Begriff „Stofftransport" zusammen. Sie sind in der Trocknungstechnik deshalb von besonderer Bedeutung, weil es ja Ziel des Trocknungsvorganges ist, die Bewegung der zu entfernenden Feuchtigkeit aus dem Gut zu erreichen. In welcher Weise diese Bewegung im Inneren poriger Güter und beim Verlassen ihrer Oberfläche zu beeinflussen ist, soll in den folgenden Seiten zusammenfassend dargelegt werden.

Zur Abgrenzung der Begriffe:

Der Begriff „Strömung" wird benutzt, wenn es sich um die Bewegung einer Flüssigkeit oder eines Gases im ganzen (molar) handelt. Dabei sind die treibenden Kräfte Druckkräfte (äußere Drucke oder Oberflächenspannungen) oder die Schwerkraft bzw. Auftriebskräfte. Die Widerstände gegen die Bewegung sind bei Laminarströmung durchweg nur Reibungskräfte (Wandreibung, d.h. Impulsaustausch zwischen den Molekülen verschieden schnell bewegter Flüssigkeitsschichten).

Der Begriff „Diffusion" wird dann gebraucht, wenn es sich um die Bewegung von Molekülen einer Art zwischen denjenigen einer anderen Art handelt, z.B. von Wasserdampfmolekülen in Luft. Treibende Kräfte sind Teildruck- oder Dichteunterschiede. Die Widerstände gegen die Bewegung entstehen nach der molekularkinetischen Deutung Stefans [5.87] beim Zusammenstoß der betrachteten Moleküle mit denen der anderen Art.

Die Vorgänge des molekularen Impulsaustausches bei der Strömung sowie bei der Diffusion hängen eng zusammen mit dem Vorgang des molekularen Energieaustausches der Wärmeleitung.

Für zweiatomige Gase liefert die kinetische Theorie unter gewissen Vereinfachungen folgenden Zusammenhang der charakteristischen Stoffeigenschaften Wärmeleitkoeffizient, Diffusionskoeffizient und Zähigkeit:

$$\lambda = 1{,}9 c_\mathrm{v} \eta = \varrho c_\mathrm{v}\, \delta, \tag{5.1}$$

worin bedeuten:

λ Wärmeleitfähigkeit,

η Zähigkeit,

δ Diffusionskoeffizient,

c_v spezifische Wärme bei konstantem Volumen,

ϱ Dichte.

Die Erklärungen der kinetischen Gastheorie für die Zähigkeit, Diffusionskoeffizient und Wärmeleitkoeffizient sind aus der Vorstellung gewonnen, daß in einem Raum so viele Moleküle vorhanden sind. daß der Austausch *untereinander* für alle

Vorgänge entscheidend ist. Zur Darstellung der meisten technischen Vorgänge in größeren Räumen sind diese Erscheinungen maßgeblich. In der Trocknungstechnik jedoch spielen häufig Bewegungsvorgänge in sehr engen Poren eine Rolle, bei denen die statistischen Gesetzmäßigkeiten für den Austausch von Energie bzw. Bewegungsgröße der Gasmoleküle untereinander nicht mehr in Frage kommen. Es zeigen sich andere Gesetzmäßigkeiten in sehr engen Räumen unter der Bedingung, daß die „freie Weglänge der Moleküle" größer ist als die Abstände der Begrenzungsflächen (vgl. auch Abschn. 4.2.5.3.). Da diese Bewegungsvorgänge, bei denen Diffusion und Strömung nicht mehr unterschieden werden können, im Grunde die einfachsten Vorstellungen erfordern, sollen sie hier vorangestellt werden.

Alle Bewegungsvorgänge bei konstanter Temperatur sollen hier auf den Ansatz

$$\dot{m} = -fb\frac{\mathrm{d}P}{\mathrm{d}l} \tag{5.2}$$

zurückgeführt werden, worin bedeuten:

f die Fläche, durch die die Bewegung erfolgt,

b einen Bewegungsbeiwert, der für die verschiedenen Fälle (Molekularbewegung, molare Bewegung bei laminarer oder turbulenter Strömung oder Diffusion) verschieden ist,

$\mathrm{d}P/\mathrm{d}l$ das wirksame Druck- bzw. Teildruckgefälle.

5.2. (Knudsensche) Molekularbewegung

Die Betrachtung des Stoffaustausches soll mit der Betrachtung derjenigen Gesetzmäßigkeiten begonnen werden, die für die Bewegung durch enge Räume, deren Abmessungen klein gegenüber der freien Weglänge sind, maßgeblich sind. In Tabelle 5.1 sind die freien Weglängen von Luft und Wasserdampf in Abhängigkeit von Druck und Temperatur angegeben.

Tabelle 5.1. Freie Weglänge von Luft und Wasserdampf (Angabe in μm $= 10^{-6}$ m)

Stoff	Temperatur °C	Druck bar		
		1	0,1	0,01
Luft	−50	0,0566	0,566	5,66
	0	0,0603	0,603	6,03
	50	0,0632	0,632	6,32
	100	0,0654	0,654	6,54
Wasserdampf	−50	0,033	0,33	3,3
	0	0,0382	0,382	3,82
	50	0,0428	0,428	4,28
	100	0,0472	0,472	4,72

Zwei Räume A und B (s. Bild 5.1) seien durch eine dünne Wand C getrennt, die nur eine sehr kleine Öffnung f m² hat, die klein ist gegenüber der freien Weglänge der Moleküle, die sich in den angrenzenden Räumen A und B befinden. In A und B herrschen die Temperaturen T_A bzw. T_B und die Drucke P_A bzw. P_B.

Man kann nach den Methoden der kinetischen Gastheorie berechnen, wieviel Moleküle in der Zeiteinheit dann auf eine Fläche von der Größe f auftreffen. Unter obiger Annahme (f sehr klein, Wandstärke vernachlässigbar) müssen diese Moleküle die Öffnung durchqueren. Von A nach B wandert stündlich eine Masse $\dot{m}_A$

$$\dot{m}_A = f \sqrt{\frac{1}{2\pi}} \frac{P_A}{\sqrt{R_A T_A}}, \qquad (5.3)$$

während von B nach A eine Masse $\dot{m}_B$ wandert

$$\dot{m}_B = f \sqrt{\frac{1}{2\pi}} \frac{P_B}{\sqrt{R_B T_B}}, \qquad (5.4)$$

worin $R = \mathbf{R}/M$ die individuelle Gaskonstante ist.

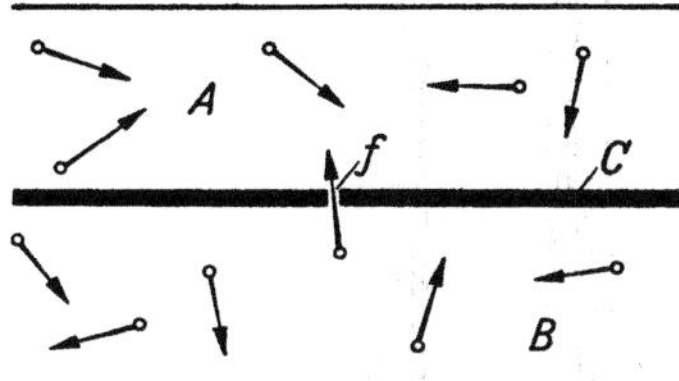

Bild 5.1. Zur Molekularbewegung durch kleine Öffnungen.

Der Herleitung entsprechend bewegen sich die Mengen $\dot{m}_A$ und $\dot{m}_B$ völlig unabhängig voneinander durch die Öffnung f in entgegengesetzter Richtung (d.h. die Moleküle verhalten sich analog den Strahlen, auch die Richtungsverteilung entspricht dem Cosinusgesetz).

Ist die Öffnung f nicht in einer sehr dünnen Wand C, sondern in einer stärkeren so daß die Molekularbewegung durch eine Röhre von Querschnitt f und der Länge l erfolgt (Bild 5.2), so müßten bei glatten Wandungen der Röhre genau soviel

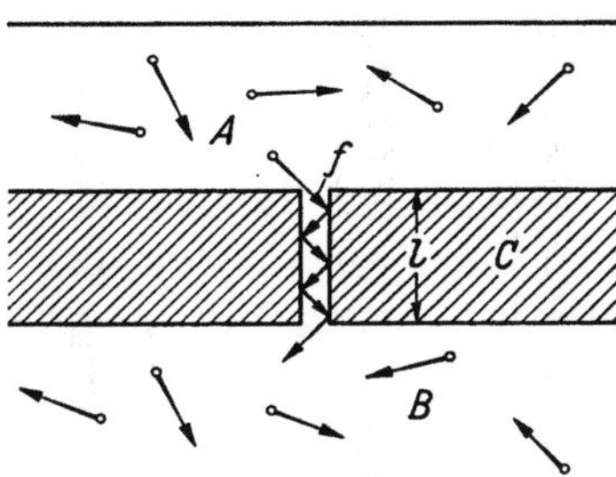

Bild 5.2. Zur Molekularbewegung durch enge Röhren.

Moleküle die Fläche f treffen und auch durchwandern wie bei der dünnen Trennwand (Bild 5.1), da durch die Reflexionen die Bewegungsrichtung sich niemals umkehren könnte. Die durchwandernde Masse müßte also unabhängig von der Weglänge l sein. Die Experimente lehren aber, daß dies bei wirklichen Röhren, deren Abmessungen klein gegenüber der freien Weglänge sind, nicht der Fall ist, daß vielmehr die Wand als „rauh" angesehen werden muß. Dann können Moleküle in den Ausgangsraum rückreflektiert werden. Die

Experimente zeigen, daß deren Zahl der Weglänge l proportional ist. Es gilt für kreisförmigen Querschnitt f vom Durchmesser d

$$\dot{m}_A = f\frac{4}{3}\frac{d}{l}\sqrt{\frac{1}{2\pi}}\frac{P_A}{\sqrt{R_A T_A}},\tag{5.5}$$

$$\dot{m}_B = f\frac{4}{3}\frac{d}{l}\sqrt{\frac{1}{2\pi}}\frac{P_B}{\sqrt{R_B T_B}}.^{[1]}\tag{5.6}$$

Es sei angenommen, in den Räumen A und B befinde sich das gleiche Gas ($R_A = R_B = R$) und es herrsche in beiden die gleiche Temperatur ($T_A = T_B = T$), aber verschiedener Druck ($P_A \neq P_B$). Dann strömt durch eine Röhre vom Querschnitt f von A nach B die Masse $\dot{m}_A$, von B nach A die Masse $\dot{m}_B$. Der Unterschied zwischen beiden ist die zwischen A und B *ausgetauschte Stoffmenge* $\dot{m}$

$$\dot{m} = \dot{m}_A - \dot{m}_B = f\frac{4}{3}d\sqrt{\frac{1}{2\pi}}\frac{1}{\sqrt{RT}}\left(\frac{P_A - P_B}{l}\right)\tag{5.7}$$

oder für beliebig kleine Druckdifferenz $P_A - P_B = dP$ und beliebig kleine Längen dl

$$\dot{m} = -f\frac{4}{3}d\sqrt{\frac{1}{2\pi RT}}\frac{dP}{dl}.\tag{5.8}$$

Führt man die universelle Gaskonstante $R = MR = 8315\ \text{J/kmol} \cdot \text{K}$ ein, worin M das Molekulargewicht bedeutet, so gilt:

$$\dot{m} = -f\frac{4}{3}d\sqrt{\frac{1}{2\pi R}}\sqrt{\frac{M}{T}}\frac{dP}{dl}.\tag{5.9}$$

Entsprechend der Herleitung ist es hierbei völlig gleichgültig, ob der Druck P als absoluter Druck oder als Teildruck angesehen wird; d.h. im Fall der Molekularströmung sind die Begriffe Diffusion und Strömung nicht mehr zu trennen.

Aus diesem Gesetz muß folgendes geschlossen werden:
Bei der Bewegung von Gasen und Dämpfen durch sehr enge Poren vom Durchmesser d, die zusammen den Querschnitt f einnehmen, ist der Stoffaustausch zwischen den angrenzenden Räumen im Temperaturgleichgewicht direkt proportional dem Durchmesser d, dem Druck- bzw. Teildruckgefälle und der Wurzel aus dem Molekulargewicht, umgekehrt proportional der Wurzel aus der absoluten Temperatur.

Führt man gemäß Gl. (5.2) einen Bewegungsbeiwert b_mol ein, so gilt

$$\dot{m} = -f b_\text{mol}\frac{dP}{dl},\tag{5.10}$$

wobei

$$b_\text{mol} = \frac{4}{3}d\sqrt{\frac{1}{2\pi R}}\sqrt{\frac{M}{T}}\tag{5.11}$$

ist.

---

[1] Für quadratischen Querschnitt von der Kantenlänge d wird der Zahlenwert 4/3 etwas größer (1,41).

Beispiel:

Ein Gut von 1 cm $= 10^{-2}$ m Dicke, dessen Poren einen mittleren äquivalenten Durchmesser $d = 0{,}01\ \mu = 10^{-8}$ m haben, trenne zwei Räume, in denen sich Wasserdampf von verschiedenem Druck oder Teildruck befinde. Der Druckunterschied sei 0,5 bar $= 50\,000$ N/m². Der gesamte Porenquerschnitt f sei 0,3 m²/m² Gut. Wieviel Wasserdampf ($M = 18$) wandert durch den Stoff bei einer Temperatur von 90 °C?

$$b_{\mathrm{mol}} = \frac{4}{3} \cdot 10^{-8} \sqrt{\frac{1}{2\pi} \cdot \frac{18}{8315 \cdot 363}} = 1{,}3 \cdot 10^{-11}\ \text{m/s}.$$

Durch eine Schicht von 1 m² Gesamtquerschnitt strömt:

$$\dot{m} = 0{,}3 \cdot 1{,}3 \cdot 10^{-11} \cdot \frac{50\,000}{0{,}01} = 1{,}95 \cdot 10^{-5}\ \text{kg/s}\,.$$

In Anwendung auf die Trocknungstechnik soll aus Gl. (5.10) und (5.11) folgendes entnommen werden:

Ist ein Gut sehr feinporig oder der Druck sehr klein, so daß Molekularströmung vorliegt, dann ist die ausgetauschte Masse $\dot{m}$ direkt proportional dem Dampfdruckgefälle. Man kann Trocknungsvorgänge in diesem Fall nur durch Erhöhung der Druckdifferenz beeinflussen. Ist in einem solchen Gut noch ein Teil feucht, während der andere schon trocken ist (s. Bild 5.3), so kann zur Beschleunigung

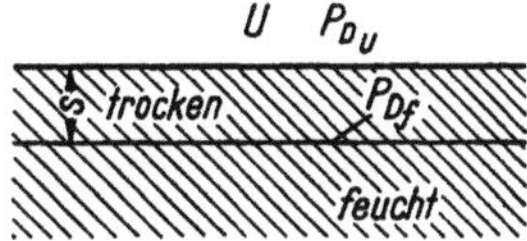

Bild 5.3. Zur Molekularbewegung durch eine trockene Gutsschicht.

des Trocknungsvorganges nichts anderes geschehen, als den Dampfdruckunterschied $P_{\mathrm{D,f}} - P_{\mathrm{D,u}}$ zwischen der feuchten Schicht und der Umgebung U zu erhöhen. Dies ist nur durch Temperatursteigerung des Gutes, d.h. Erhöhung des Dampfdruckes $P_{\mathrm{D,f}}$ zu erreichen. — Die Verringerung des Bewegungsbeiwertes b_{mol}, der proportional $1/\sqrt{T}$ ist, ist dabei stets von untergeordnetem Einfluß. — Evakuieren führt in diesem Fall nicht zu einer Beschleunigung des Trocknungsvorganges.

5.3. Laminare Strömung

Ist der Querschnitt einer Pore groß gegenüber der freien Weglänge, so stoßen nur noch relativ wenige Moleküle mit der Wand zusammen, während sie sich untereinander häufig treffen. Es ist daher von entscheidender Bedeutung, mit welchen Molekülen sie zusammenstoßen, ob nur mit denen der gleichen Art, aber verschiedenen Bewegungszustandes, oder mit denen anderer Art und anderen Bewegungszustandes. Hier wird die Unterscheidung zwischen Strömung und Diffusion eingeführt. Bei laminaren Strömungsvorgängen ist die Zähigkeit η die entscheidende Stoffgröße. Die molekularkinetische Deutung der Zähigkeit eines Stoffes erfolgt durch die Betrachtung des Austausches von Bewegungsgröße zwischen Molekülen, die aus verschieden schnell bewegten Schichten des Stromes stammen. Sie ist weitgehend unabhängig vom Druck, aber von der Temperatur abhängig.

Die Kenntnis des Hagen-Poiseuilleschen Gesetzes der laminaren Strömung darf vorausgesetzt werden [5.15].

Im Temperaturgleichgewicht gilt für die auf Grund eines Druckgefälles strömende Menge bei einer Röhre von kreisförmigem Querschnitt (Bild 5.4)

$$\dot{m} = f \frac{d^2}{32\nu} \frac{P_A - P_B}{l} = -f \frac{d^2}{32\nu} \frac{dP}{dl}. \tag{5.12}$$

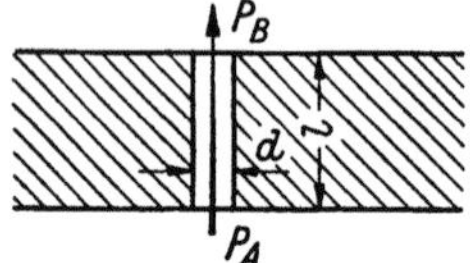

Bild 5.4. Zur Laminarströmung in Röhren.

Der in Gl. (5.2) einzusetzende Bewegungsbeiwert b_{lam} ist also

$$b_{lam} = \frac{d^2}{32\nu}. \tag{5.13}$$

Wird eine Widerstandszahl ζ eingeführt, wie es technisch üblich ist, durch den Ansatz

$$-\frac{dP}{dl} = \frac{\Delta P}{l} = \zeta \frac{l}{d} \frac{\varrho}{2} w^2, \tag{5.14}$$

so gilt folgender Zusammenhang mit dem Bewegungsbeiwert

$$b = \frac{2d}{\zeta w} = \frac{2d^2}{\zeta \cdot \nu} \cdot Re^{-1}. \tag{5.15}$$

Durch Vergleich mit Gl. (5.13) folgt die bekannte Beziehung für die Widerstandszahl bei laminarer Strömung

$$\zeta = \frac{64}{Re}. \tag{5.16}$$

Bewegungsvorgänge solcher Art können in der Trocknungstechnik in folgenden Fällen auftreten:
1. Strömung der Flüssigkeit im Gut (Kapillarwasserbewegung).
2. Strömung des Trockenmittels durch die Gutsporen (z. B. wenn Luft als Trockenmittel durch das Gut gedrückt wird).
3. Strömung des Wasserdampfes durch Gutsporen bei der Verdampfungstrocknung.

Den Gln. (5.12) und (5.13) ist zu entnehmen: Herrscht Laminarströmung, so ist die ausgetauschte Stoffmenge $\dot{m}$ ebenso wie bei der Molekularströmung direkt proportional dem Druckgefälle. Der Bewegungsbeiwert wächst mit dem Quadrat des Durchmessers (bzw. äquivalenten Durchmessers) und dem spezifischen Gewicht und ist umgekehrt proportional der Zähigkeit des strömenden Stoffes. Bei tropfbaren Flüssigkeiten (z. B. Wasser) nimmt die Zähigkeit mit der Temperatur stark ab, daher wird der Bewegungsbeiwert erhöht. Die Kapillarwasserbewegung wird also durch Temperaturerhöhung verstärkt.

Bei Dämpfen und Gasen nimmt die Zähigkeit mit wachsender Temperatur in geringem Maß zu. Bei solchen Stoffen ist also die Bewegung praktisch nur durch das Druckgefälle zu beeinflussen.

5.4. Turbulente Strömung

Bei turbulenter Durchströmung glatter Rohre ($Re > 2300$) gilt für den Widerstandsbeiwert nach Blasius

$$\zeta = \frac{0{,}3164}{Re^{1/4}}.\tag{5.17}$$

Damit errechnet sich der Bewegungsbeiwert nach Gl. (5.2), bzw. (5.15):

$$b_{\text{turb,glatt}} = \frac{6{,}32d^2}{\nu}\,Re^{-3/4}\tag{5.18}$$

oder zum Vergleich mit dem Bewegungsbeiwert bei laminarer Durchströmung

$$b_{\text{turb,glatt}} = b_{\text{lam}} \cdot 202 \cdot Re^{-3/4}.\tag{5.19}$$

Bei rauhen Rohren strebt die Widerstandszahl einem konstanten Endwert ζ_∞ zu, der nur von der Rauhigkeit abhängt. Hier gilt nach Gl. (5.15)

$$\begin{aligned}b_{\text{turb,rauh}} &= \frac{2d^2}{\zeta_\infty \cdot \nu} \cdot Re^{-1}\\[4pt] &= b_{\text{lam}} \cdot \frac{64}{\zeta_\infty \cdot Re}\\[4pt] &= b_{\text{turb,glatt}} \cdot \frac{0{,}3164}{\zeta_\infty \cdot Re^{1/4}}.\end{aligned}\tag{5.20}$$

Bei rauhen Rohren nimmt der Bewegungsbeiwert umgekehrt proportional der Reynoldszahl ab; gegenüber glatten turbulent durchströmten Rohren ist er weiter erniedrigt je größer der Widerstandsbeiwert ζ_∞ ist.

5.5. Diffusion

Alle molekularen Bewegungsvorgänge, bei denen Moleküle auf Grund von Teildruck- bzw. Konzentrationsunterschieden wandern, nennt man Diffusion. Sie tritt in flüssigen Lösungen, in denen verschiedene Konzentration herrscht, als „Flüssigkeitsdiffusion", in Flüssigkeiten, die an der Oberfläche von Feststoffen adsorbiert sind, als „Diffusion in sorbierter Phase", auch als „Oberflächendiffusion" bezeichnet, in Gasen und Dämpfen als „Gas- bzw. Dampfdiffusion" auf. Letzterer Fall interessiert hier vorwiegend.

5.5.1. Zweiseitige Diffusion von Gasen ineinander

Den Vorgang der Diffusion veranschaulicht am besten folgender Fall:
Zwei reine Gase verschiedener Art von gleichem Druck und gleicher Temperatur befinden sich in den Räumen A und B in Bild 5.5. Eine Trennwand C enthalte eine

Röhre D von der Länge l und dem Querschnitt f, durch die die Verbindung zwischen den Räumen hergestellt wird. Dann wandern durch die Röhre ebenso viele Moleküle von A nach B wie umgekehrt, da andernfalls der Druck sich in A oder B ändern müßte. (In Gasräumen gleichen Druckes und gleicher Temperatur sind

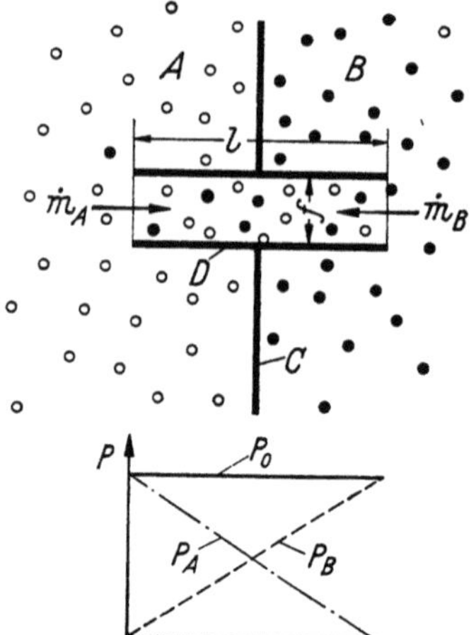

Bild 5.5. Zweiseitige Diffusion von Gasen ineinander.

nach dem Avogadroschen Gesetz stets gleich viele Moleküle vorhanden). Bewegt sich das Gas A in einem bestimmten Querschnitt der Röhre mit der Geschwindigkeit w_A nach rechts, B mit w_B nach links, so üben nach den Vorstellungen Stefans [5.86] die sich gegeneinander bewegenden Moleküle Kräfte (Widerstände) aufeinander aus, die der Relativgeschwindigkeit $(w_A - w_B)$ und dem Produkt der den Molekülzahlen proportionalen Größen ϱ_A/M_A und ϱ_B/M_B (Dichten) sowie einer von den beiden Gasarten abhängigen Konstanten C_{AB} proportional gesetzt werden. Diese Widerstände müssen von den als treibende Kräfte anzusehenden Teildruckgefällen überwunden werden. Wegen der Konstanz des Gesamtdruckes

$$P_A + P_B = P \tag{5.21}$$

ist das Teildruckgefälle

$$-\frac{dP_A}{dl} = +\frac{dP_B}{dl}. \tag{5.22}$$

Es wird gesetzt:

$$-\frac{dP_A}{dl} = +\frac{dP_B}{dl} = C_{AB}\frac{\varrho_A\varrho_B}{M_A M_B}(w_A - w_B). \tag{5.23}$$

Im Beharrungszustand der Diffusion tritt in jedes Volumenelement der Röhre die gleiche Menge der Gase A und B ein und aus. Folglich ist:

$$w_A\varrho_A = \text{const} \quad \text{und} \quad w_B\varrho_B = \text{const.}$$

Da wegen der Konstanz des Gesamtdruckes das Gasgemisch im ganzen nicht strömen kann, muß die Zahl der gegeneinander diffundierenden Moleküle gleich sein, d.h.:

$$\frac{w_A\varrho_A}{M_A} = -\frac{w_B\varrho_B}{M_B}. \tag{5.24}$$

Gl. (5.23) kann dann geschrieben werden:

$$-\frac{dP_A}{dl} = C_{AB}\frac{w_A\varrho_A}{M_A}\left(\frac{\varrho_B}{M_B} + \frac{\varrho_A}{M_A}\right) = \frac{dP_B}{dl} = -C_{AB}\frac{w_B\varrho_B}{M_B}\left(\frac{\varrho_A}{M_A} + \frac{\varrho_B}{M_B}\right). \tag{5.25}$$

Der Klammerausdruck stellt, wenn man bedenkt, daß nach dem Gasgesetz

$$\varrho_A = \frac{P_A}{R_A T} \quad \text{und} \quad \varrho_B = \frac{P_B}{R_B T}$$

ist und daß $M_A R_A = M_B R_B = R$ die universelle Gaskonstante $R = 8315$ J/kmol $\cdot$ K ist, die Größe

$$\frac{P_A + P_B}{RT} = \frac{P}{RT}$$

dar, worin P der konstante Druck des Gemisches ist.

Folglich kann Gl. (5.25) geschrieben werden:

$$-\frac{dP_A}{dl} = \frac{C_{AB} P w_A \varrho_A}{RT M_A} = -\frac{dP_B}{dl} = \frac{C_{AB} P w_B \varrho_B}{RT M_B}.$$

Es folgt für die durch die Röhre diffundierenden Massen

$$\dot{m}_A = f w_A \varrho_A = -f M_A \frac{RT}{C_{AB} P} \frac{dP_A}{dl},$$

$$\dot{m}_B = f w_B \varrho_B = f M_B \frac{RT}{C_{AB} P} \frac{dP_B}{dl}$$

oder mit $M_A = R/R_A$ bzw. $M_B = R/R_B$

$$\dot{m}_A = -f \frac{1}{R_A T} \frac{(RT)^2}{C_{AB} P} \frac{dP_A}{dl}, \tag{5.26}$$

$$\dot{m}_B = f \frac{1}{R_B T} \frac{(RT)^2}{C_{AB} P} \frac{dP_B}{dl}. \tag{5.27}$$

Die für beide Diffusionsströmungen gemeinsame Größe $(RT)^2/C_{AB}P$ nennt man den Diffusionskoeffizienten δ (oft mit D oder auch k bezeichnet)

$$\delta = \frac{(RT)^2}{C_{AB} P}. \tag{5.28}$$

Dieser Diffusionskoefizient ist von Temperatur und Druck sowie von der Natur der beiden Gase A und B abhängig, die in der Konstanten C_{AB} zum Ausdruck kommt; sie ist nach dieser Ableitung nicht abhängig vom Mischungsverhältnis P_A/P_B. Sofern sich die diffundierende Komponente und das Trägergas ideal mischen, wie das bei Diffusion in der Gasphase praktisch immer der Fall ist, ist im Bereich der bei der Trocknung auftretenden Konzentrationen die Abhängigkeit des Diffusionskoeffizienten von der Konzentration zu vernachlässigen [5.41, 5.61]; bei der Diffusion in flüssiger oder sorbierter Phase treten jedoch u. U. starke Wechselwirkungen zwischen den beteiligten Molekülen auf, die eine starke Konzentrationsabhängigkeit bewirken [5.4].

Die Gln. (5.26) und (5.27) lassen sich dann noch schreiben:

$$\dot{m}_A = -f \frac{\delta}{R_A T} \frac{dP_A}{dl} \quad \text{und} \quad \dot{m}_B = f \frac{\delta}{R_B T} \frac{dP_B}{dl}.$$

Sie sind eine spezielle Schreibweise des Fickschen Gesetzes der Diffusion, das analog dem Fourierschen Gesetz der Wärmeleitung und dem Newtonschen Gesetz des Impulstransports gebildet ist.

Die oben definierten Bewegungsbeiwerte b_{diff} sind also:

$$b_{diff,A} = \frac{\delta}{R_A T} \quad \text{und} \quad b_{diff,B} = \frac{\delta}{R_B T}.$$

Tabelle 5.2 gibt die Diffusionskoeffizienten einiger Gemische wieder. Am genausten ist die Abhängigkeit der Diffusionszahl δ_{DL} von Wasserdampf-Luftgemischen experimentell untersucht ,die nach Gl. (5.28) dem Quadrat der Temperatur direkt und dem Druck umgekehrt proportional sein müßte. Nach den Schirmerschen Untersuchungen [5.75] gilt im Bereich von 20 bis 90°C

$$\delta_{DL} = \frac{22{,}6 \cdot 10^{-6}}{P[\text{bar}]} \left(\frac{T}{273}\right)^{1,81} \text{m}^2/\text{s}. \tag{5.29}$$

Eine gaskinetische Beratung der Diffusionskoeffizienten ist nach verschiedenen Ansätzen möglich [5.13, 5.29] die Abweichungen gegenüber gemessenen Werten können jedoch bis zu 50% betragen.

Tabelle 5.2. Diffusionskoeffizienten δ einiger Gasgemische bei $P = 1$ bar (nach [5.41] und [5.14])

Diffundierender Stoff	Aufnahmestoff	ϑ	$\delta \cdot 10^6$
÷	÷	°C	m²/s
Wasserstoff H_2	Luft	0	68,0
Ammoniak NH_3	Luft	0	19,3
Wasserdampf H_2O	Luft	0	22,6
Wasserdampf H_2O	Luft	50	30,5
Wasserdampf H_2O	Luft	100	39,8
Kohlendioxyd CO_2	Luft	0	13,6
Kohlendioxyd CO_2	Wasserstoff H_2	18	60,6
Jod J_2	Luft	20	8,2
Jod J_2	Stickstoff N_2	19,4	7,6
Benzol C_6H_6	Luft	0	7,6
Benzol C_6H_6	Luft	45	10,2
Benzol C_6H_6	CO_2	0	5,3
Benzol C_6H_6	CO_2	45	7,3
Benzol C_6H_6	H_2	0	29,8
Benzol C_6H_6	H_2	45	40,5
Methylalkohol CH_4O	Luft	0	13,4
Methylalkohol CH_4O	Luft	49,6	18,3
Methylalkohol CH_4O	CO_2	0	8,9
Methylalkohol CH_4O	CO_2	49,6	12,5
Methylalkohol CH_4O	H_2	0	50,7
Methylalkohol CH_4O	H_2	49,6	68,4
Stickstoff N_2	NH_3	20	24,1
Stickstoff N_2	C_6H_6	39	10,2
Helium He	N_2	0	60,0
Helium He	Luft	0	62,5
Kohlendioxyd CO_2	CO	0	14,1
Wasserstoff H_2	CO_2	0	55,7
Wasserstoff H_2	N_2	0	67,6
Wasserstoff H_2	CO	0	65,3
Wasserstoff H_2	CH_4	20	77,0

5.5.2. Einseitige Diffusion eines Dampfes in einem Gas (Verdunstung)

Der in der Trocknungstechnik interessierende Fall der Diffusion ist dadurch gekennzeichnet, daß von der Oberfläche verdunstender Flüssigkeit eine Diffusion
des Dampfes ausgeht, während die Luft nicht durch die Flüssigkeitsoberfläche wandern kann. Folglich ist die Geschwindigkeit der Luft w_L überall Null [5.86, 5.87].
Da aber in der Luft ein Teildruckgefälle vorhanden ist, muß stets Luft entgegen
dem Dampf nach den Gln. (5.26) und (5.27) diffundieren. Dies hat zur Folge, daß
sich der Dampfdiffusion nach Gl. (5.26) eine Ausgleichsströmung überlagert, die
den Diffusionsstrom der Luft kompensiert ($\dot{m}_L = 0$). Die Dampfmenge im Aus-
gleichsstrom ist dann gleich dem Diffusionsstrom $\dot{m}_D$, welcher Dampf entsprechend
der örtlichen Konzentration P_D/P aufgenommen hat. Mit der Austauschfläche A,
die hier dem Strömungsquerschnitt f gleich ist, wird

$$\dot{m}_D = -A \frac{\delta}{R_D T} \cdot \frac{dP_D}{dl} + \dot{m}_D \cdot \frac{P_D}{P}. \tag{5.30}$$

Die Auflösung nach dem Massenstrom ergibt

$$\dot{m}_D = -A \frac{\delta}{R_D T} \frac{1}{1 - P_D/P} \cdot \frac{dP_D}{dl}. \tag{5.31}$$

Diese Gleichung besagt, daß der Massenstrom gegenüber der zweiseitigen Diffusion umgekehrt proportional $(P - P_D)$ erhöht wird.

Bei Vorgängen, bei denen die Verdunstung nahe der Verdampfungstemperatur
erfolgt, ist in der Nähe der verdunstenden Oberfläche der Teildruck des Wasserdampfes nahezu gleich dem Gesamtdruck ($P_D \to P$). Es würde dann der Bewegungsbeiwert b_{verd} sehr groß. Im Fall der Gleichheit von P_D und P würde er unendlich. Dann nennt man den Vorgang Verdampfung, und die Dampfbewegung
erfolgt nicht mehr auf Grund von Teildruckunterschieden, die zur Überwindung
innerer (molekularer) Widerstände verbraucht werden, sondern auf Grund absoluter Druckunterschiede, die für äußere Widerstände (Wandreibung) verbraucht
werden (Strömungsvorgänge).

Betrachtet man die Verdunstung aus einem in einer Röhre in der Tiefe l befindlichen Wasserspiegel (Bild 5.6), so stellt sich im Spiegel der Sattdampfdruck
P_D'' des Wassers bei der Temperatur ϑ ein. Die frühere Annahme, daß in der Wasseroberfläche ein Dampfdruckabfall eintreten müsse, ist für die bisher technisch
in Betracht kommenden Verdampfungsgeschwindigkeiten widerlegt [5.65].

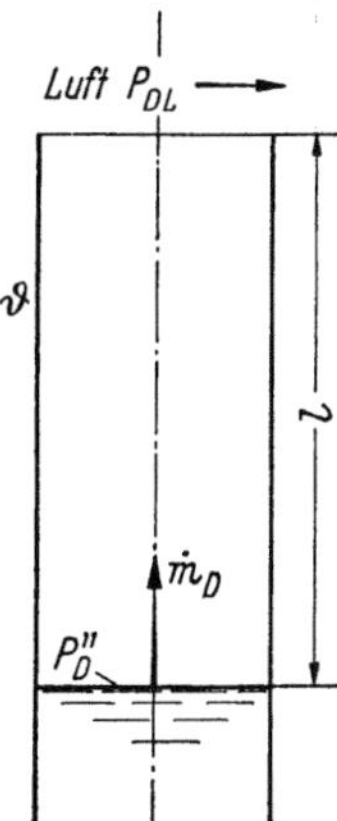

Bild 5.6. Zur Verdunstung aus
einer Röhre.

Hat die Luft oberhalb der Röhre den Wasserdampfteildruck $P_{D,L}$, so ist die im Beharrungszustand verdunstende, durch jeden Querschnitt wandernde Dampfmasse nach Gl. (5.31)

$$\dot{m}_D = A\,\frac{\delta}{R_D T}\,P\,\frac{d\ln(P-P_D)}{dl} = A\,\frac{\delta}{R_D T}\,P\,\frac{1}{l}\,\ln\frac{P-P_{D,L}}{P-P_D''}. \qquad (5.32)$$

Sind die Dampfdrücke P_{DL} und P_D'' klein gegen den Gesamtdruck P oder selbst nur wenig verschieden, so darf der Logarithmus in Gl. (5.32) durch das erste Glied der Reihenentwicklung näherungsweise ersetzt werden:

$$\dot{m}_D = A\,\frac{\delta}{R_D T}\cdot\frac{1}{l}\cdot\frac{P_D''-P_{DL}}{1-P_{Dm}/P} \qquad (5.33)$$

mit

$$P_{Dm} = \frac{1}{2}\,(P_D'' + P_{DL}). \qquad (5.34)$$

In der angelsächsischen Literatur ist der hier eingeführte mittlere Dampfdruck $P_{Dm} = 1/2\cdot(P_D'' + P_{DL})$ durch $P_{Dm} = P_D''$ ersetzt. Dies bedeutet eine zwar etwas schlechtere Näherung für den Logarithmus, ist aber für Betrachtungen zum gleichzeitigen Wärme- und Stoffaustausch von Vorteil (s. Abschn. 5.10.2.1.).

Der Bewegungsbeiwert bei Verdunstung lautet nach der Definitionsgleichung (5.2):

$$b_{\text{Verd}} = \frac{\delta}{R_D T}\cdot\frac{1}{1-P_{Dm}/P}. \qquad (5.35)$$

Als wesentliches Kennzeichen dieses Bewegungsbeiwertes ersieht man, daß er — im Gegensatz zu den Bewegungsbeiwerten der laminaren und turbulenten Strömung [Gl. (5.13), (5.19) und (5.20)] sowie desjenigen der Molekulardiffusion [Gl. (5.11)] — nicht abhängig ist von der Größe der Räume, in denen die Verdunstung stattfindet; b_{verd} ist nur abhängig von der Temperatur und den Druckver-

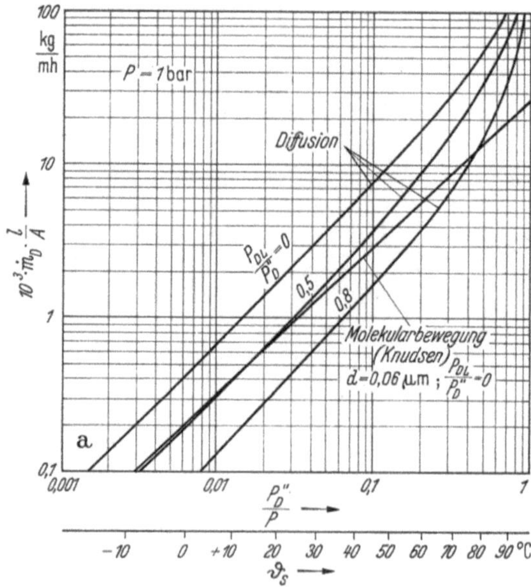

Bild 5.7a. Siehe Bild 5.7c.

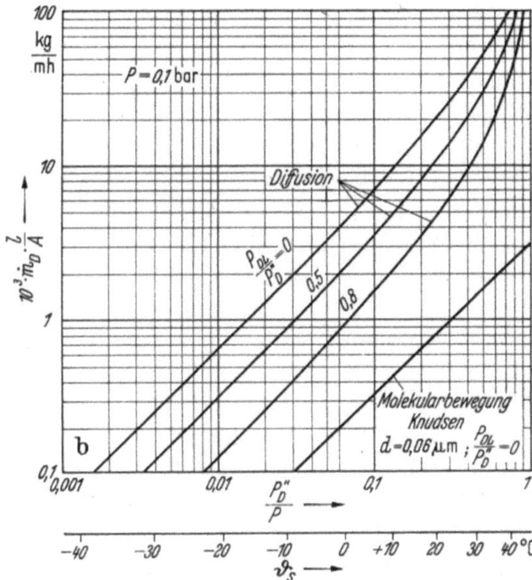

Bild 5.7b. Siehe Bild 5.7c.

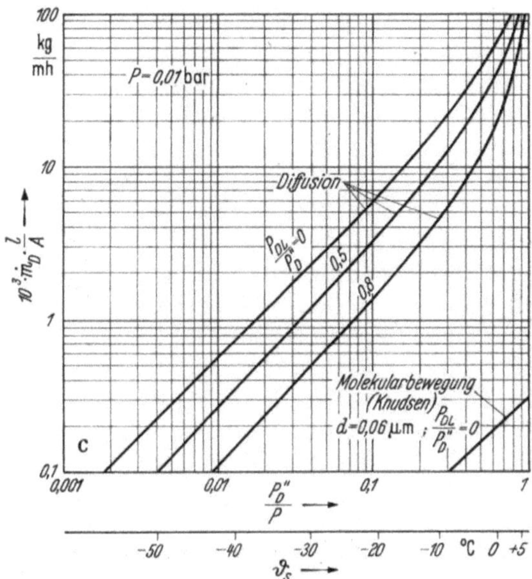

Bild 5.7c. Die je m² Querschnitt bei 1 m Diffusionsweg verdunstende Wasserdampfmasse in Abhängigkeit von P_D''/P bei Diffusion und Molekularbewegung.

hältnissen. Der Temperatur ist b_{verd} etwa direkt proportional (δ ist etwa dem Quadrat der Temperatur proportional). Bei Einsetzen von Gl. (5.29) wächst b_{verd} mit der 0,81ten Potenz der absoluten Temperatur.

Bild 5.7a bis 5.7c geben die Größe $\dot{m}_D l/A$ (d.h. derjenigen Dampfmasse, die je m² Querschnitt bei 1 m Diffusionsweg verdunstet) in Abhängigkeit von P_D''/P und $P_{D,L}/P_D''$ nach Gl. (5.32) für Drucke P von 1, 0,1 und 0,01 bar wieder.

Da für bestimmten Gesamtdruck das Verhältnis P_D''/P eindeutig von der Temperatur abhängt, ist in Bild 5.7a bis 5.7c in einer zweiten Skala die zugehörige Temperatur aufgetragen. Man entnimmt der Abbildung, in welch außerordentlichem Ausmaß die Verdunstunggeschwindigkeit bei gegebenen äußeren Verhältnissen (A, l, P und $P_{D,L}$) mit der Temperatur wächst. Man sieht auch, daß eine Senkung des Dampfdruckes in der umgebenden Luft ($P_{D,L}$) bei hohen Temperaturen von sehr viel geringerem Einfluß ist als bei niederen Temperaturen. Soll beispielsweise bei $P = 1$ bar ein Wert $\dot{m}_D l/A = 10^{-3}$ kg/mh erreicht werden, so ist dies möglich bei 12 °C, wenn der Dampfdruck in der Umgebung gleich 0 gemacht wird (Anwendung von Silikagel, Chlorkalzium usw.) oder bei 38 °C (d. h. $P_D''/P =$ 0,065), wenn die relative Feuchtigkeit der Umgebungsluft $P_{D,L}/P_D'' = 0,8$ gemacht wird.

Bei hohen Temperaturen gehen die Kurven in Bild 5.7a bis 5.7c immer mehr zusammen, d. h. man kann eine Größe $\dot{m}_D l/A$ von $100 \cdot 10^{-3}$ kg/mh z. B. erreichen bei 90 °C und $P_{D,L} = 0$ oder bei 97 °C, wenn $P_{D,L}/P_D'' = 0,8$ d. h. die relative Feuchtigkeit φ der Umgebung gleich 80 % ist. Hier gestattet also schon eine relativ geringe Temperaturerhöhung die Anwendung hoher relativer Feuchtigkeiten bei gleicher Verdunstungs-(Trocknungs-)Geschwindigkeit.

Dieser qualitative Zusammenhang ist für die Trocknung sehr vieler poriger Güter dann der entscheidende, wenn das Gut schon so weit getrocknet ist, daß die Verdunstungsstelle (der Trocknungsspiegel) sich im Innern des Gutes befindet.

Der Einfluß des Druckes der Umgebung, der durch Evakuierung geändert werden kann (Vakuumtrocknung), geht aus der Folge der Darstellung in Bild 5.7a bis 5.7c hervor. Man erkennt, daß man durch Evakuieren bei jeder Temperatur durch Wahl des entsprechenden Vakuums jede beliebige Verdunstungsgeschwindigkeit erreichen kann. (Die für die praktische Anwendung entscheidende Frage, wie man im Trockenspiegel irgendeine vorgeschriebeneTemperatur bewirken kann, wird später behandelt, s. Kap. 8).

Zum Vergleich sind noch in den Bildern 5.7a bis 5.7c die für die Verdunstungsgeschwindigkeit maßgeblichen Größen $\dot{m}_D l/A$ für die Diffusion in sehr engen Poren dargestellt, in denen nur (Knudsensche) Molekularströmung auftreten kann. Bei Berechnung der Kurven nach Gl. (5.7) wurde ein Durchmesser $d = 0,06 \cdot 10^{-6}$ m angenommen, der kleiner als die freie Weglänge bei 1 bar ist (vgl. Tab. 5.1, Abschn. 5.2.). In Bild 5.7a bis 5.7c ist jeweils nur eine Kurve eingetragen für den Fall, daß am Ende der Röhre (in der Umgebung) der Dampfdruck $P_{D,L} = 0$ herrscht, während an der Entstehungsstelle des Dampfes der jeweilige Sattdampfdruck P_D'' angenommen ist.

Der Vergleich der für Molekularbewegung berechneten Werte mit denen für Dampfdiffusion gültigen lehrt folgendes:

1. Durch Temperaturerhöhung kann auch bei Molekulardiffusion die Verdunstungsgeschwindigkeit gesteigert werden — jedoch nicht so stark wie bei Dampfdiffusion (s. Bild 5.7a).

2. Durch Senkung des Luftdruckes in der Umgebung ist die Molekularbewegung nicht zu erhöhen, während die Dampfdiffusion beliebig verstärkt werden kann. Zu welch außerordentlich verschiedenen Verhalten bei der Trocknung dies führen kann, zeigt Bild 5.7c.

5.6 Die Stoffbewegung in Haufwerken, Schüttungen und porigen Gütern

Bei der Beurteilung der Möglichkeiten, wie die Dampfbewegung in porigen Gütern zu beeinflussen ist, muß man sich zunächst darüber klar werden, welcher Mechanismus die Bewegung von Flüssigkeit, Dampf und unter Umständen Luft bewirkt.

Wir wenden dabei die eben geschilderten Gesetzmäßigkeiten für die verschiedenen Bewegungsarten in Räumen von gleichbleibendem Querschnitt auf das Gut vom Gesamtquerschnitt f an, indem wir die Eigenart des Porensystems durch gewisse Verhältnisse und äquivalente Größen charakterisieren:

1. durch das Verhältnis der gesamten Querschnittsfläche f zu der von den Poren eingenommenen f_p,

$$\mu_F = f/f_p; \tag{5.36}$$

2. durch das Verhältnis μ_l des wirklichen Widerstands in den Porenkanälen zu demjenigen gerader Röhren von äquivalentem Durchmesser und der Länge l (Gutsdicke). Die Größe μ_l kann als das Verhältnis der Länge l_p einer geraden Röhre äquivalenten Durchmessers, welche den gleichen Widerstand wie das Gut hat, zur Gutdicke l gedeutet werden:

$$\mu_l = \frac{l_p}{l}. \tag{5.37}$$

In der Größe l_p sind dann sowohl die Umwege gegenüber dem geraden Weg berücksichtigt, die ein Teilchen in den Porenkanälen durchlaufen muß (Umwegfaktor $\mu_{l,\text{Umw}}$), als auch die Einflüsse der Porenerweiterungen und -verengungen (Erweiterungsfaktor $\mu_{l,\text{Erw}}$), die ebenfalls den Widerstand beeinflussen:

$$\mu_l = \mu_{l,\text{Umw}} \cdot \mu_{l,\text{Erw}};$$

3. durch einen äquivalenten Durchmesser d', der so zu bestimmen ist, daß sich in einer Röhre dieses Durchmessers die gleichen Gesetzmäßigkeiten ergeben wie im Gut.

Es liegt in der Natur der Sache, daß bei der Ungleichmäßigkeit der Einzelporen und bei den Verengungen und Erweiterungen des Weges, den die Dampf- oder Luftteilchen in den Poren zurücklegen, solche Vereinfachungen nur qualitative oder grob quantitative Abschätzungen erlauben und niemals etwa allgemeingültige Ersatzbilder für das wirkliche Gut sein können.

Die allgemeine Beziehung für die Stoffbewegung im Gut hat dann entsprechend Gl. (5.2) die Form [5.43]:

$$\dot{m} = \frac{f}{\mu_F} b \frac{\Delta P}{\mu_l l},$$

worin bedeuten:

f den Gutsquerschnitt, auf welchen die transportierte Stoffmenge bezogen wird,

l die Dicke der Gutsschicht, die der bewegte Stoff durchlaufen muß,

b den für die jeweils herrschende Gesetzmäßigkeit gültigen Bewegungsbeiwert,

ΔP die Druckdifferenz zwischen beiden Enden des Körpers.

Das Produkt

$$\mu_F\mu_1 = \mu \tag{5.38}$$

stellt einen Widerstandsfaktor dar, der angibt, wievielmal kleiner bei gleicher Druckdifferenz der Mengenstrom durch das Gut ist als durch gerade Röhren vom Durchmesser d' und der Länge l, welche den gesamten Gutsquerschnitt einnehmen. Während der Flächenfaktor μ_F nur von der Porosität Ψ des Guts abhängt ($\mu_F \approx 1/\Psi$), zeigt sich, daß der Wegfaktor außer von den Eigenschaften des Guts- (den Windungen der Porenkanäle, Stärke und Schärfe der Porenverengungen und -erweiterungen) auch von den Gesetzmäßigkeiten der jeweiligen Bewegung (Diffusion), Molekularbewegung, laminare oder turbulente Strömung abhängt (s. Abschn. 5.8.3.).

Als allgemeiner Ansatz für alle Bewegungsvorgänge in Haufwerken und porigen Gütern werde hier gesetzt:

$$\dot{m} = f\frac{b}{\mu}\frac{\Delta P}{l}, \tag{5.39}$$

worin der Bewegungsbeiwert b je nach Bewegungsvorgang durch Gl. (5.39), (5.11), (5.13), (5.19), (5.20) oder (5.35) definiert ist.

5.7 Der Diffusionswiderstand poriger Güter (Diffusionswiderstandsfaktor und Wegfaktor)

Die Größe μ kann durch Experimente unmittelbar bestimmt werden, wenn im Bewegungsbeiwert b keine andere Formgröße des Gutes (z. B. ein äquivalenter Durchmesser) auftritt. Dies ist der Fall bei der Diffusion in Gütern, deren Poren so grob sind, daß die Diffusion dem durch Gl. (5.32) gegebenen Stefanschen Diffusionsgesetz folgt, d. h., wenn die experimentell bestimmte Abhängigkeit der Diffusionsgeschwindigkeit von Temperatur und Druck sich nach Gl. (5.32) ergibt. Man kann dann die Größe μ unmittelbar als Diffusionswiderstandsfaktor messen, der gemäß Gl. (5.38) angibt, um wievielmal kleiner die Diffusion durch eine bestimmte Gutsschicht ist als durch eine Luftschicht gleichen Querschnitts (f) und gleicher Dicke (l) bei gleichem Druck und gleicher Temperatur.

Eine Versuchsanordnung für solche Messungen ist in Bild 5.8 schematisch

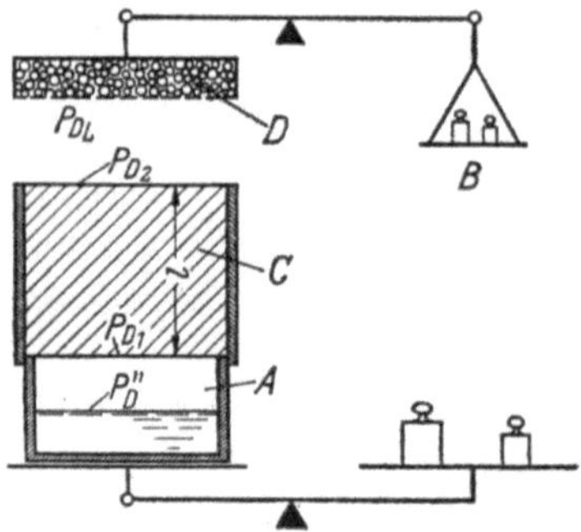

Bild 5.8. Versuchsanordnung zur Bestimmung der Diffusion durch porige Güter.

dargestellt. Eine Platte C des zu untersuchenden Stoffes (Dicke l) schließt ein Gefäß A, in dem sich etwas Wasser befindet, dicht ab. Der Dampfdruck in der Wasseroberfläche sei P_D''. Im Raum D außerhalb des Gefäßes A wird durch Silikagel oder ein anderes hygroskopisches Mittel der Dampfdruck $P_{D,L}$ hergestellt. Die ganze Anordnung befindet sich in einem Thermostaten von der Temperatur T. Durch Feststellung der Gewichtsabnahme des Wassers oder der Gewichtszunahme des hygroskopischen Mittels wird die stündlich diffundierende Dampfmenge $\dot{m}_D$ bestimmt.

Für eine Stoffschicht von der Dicke l gilt entsprechend Gl. (5.32) und (5.39) mit $f = A$ der Feuchte abgebenden Fläche

$$\mu = \frac{A}{\dot{m}_D l} \frac{\delta P}{R_D T} \ln \frac{P - P_{D_2}}{P - P_{D_1}}, \tag{5.40}$$

wenn P_{D_1} den Dampfdruck an der dem Wasser zugekehrten Probenfläche, P_{D_2} an der der Luft zugekehrten Fläche bedeutet. Ist der Diffusionswiderstand in der Probe sehr groß im Vergleich zu dem zwischen Wasseroberfläche und Unterkante der Probe sowie zwischen Oberkante der Probe und der Luft, so ist näherungsweise $P_{D_1} = P_D''$ und $P_{D_2} = P_{D,L}$. Andernfalls sind diese Widerstände zur Bestimmung von P_{D_1} und P_{D_2} zu berücksichtigen (vgl. Abschn. 5.10.).

Da bei höheren Feuchten neben der Dampfdiffusion ein Transport in der sorbierten Phase auftritt (s. Abschn. 6.2.) ist der Diffusionswiderstandsfaktor auch von der sich im Gut einstellenden Feuchte abhängig. Die unten angeführten Werte gelten für ein Dampfdruckgefälle zwischen $P_{DL} = 0$ und dem Sättigungsdampfdruck P_D''.

Tabelle 5.3 gibt die Mehrzahl der bis jetzt bekannten als Diffusionswiderstandszahlen gemessenen Faktoren μ wieder. Sie sind nur für wenige Trocknungsgüter bekannt: zumeist für Kälteschutzstoffe, bei denen ein möglichst großer Diffusionswiderstand die Durchfeuchtungs- bzw. Vereisungsgefahr einengt. Trotzdem läßt sich aus diesen Werten und den wenigen Messungen, die den Einfluß der Korngröße von Kugelschüttungen auf den Diffusionswiderstand festhalten, ein gewisser Einblick in das Verhalten der grobporigen Trocknungsgüter erhalten.

Wären in einem Trocknungsgut alle Poren, die den Querschnitt f/μ_F einnehmen, senkrecht zum Querschnitt angeordnete Röhren, so wäre die Größe fl/μ_F gleich dem im Volumen fl enthaltenen Porenvolumen. Dann ist die Größe μ_F gleich dem Kehrwert der Porosität Ψ. Dieser Zusammenhang gilt, solange in jedem Querschnitt des Gutes der Porenquerschnitt gleich ist, also unabhängig von der Neigung der dieses Porenvolumen fassenden Röhren. Es gilt also bei hinreichend gleichförmigem Gut mit Näherung

$$\mu_F = 1/\Psi. \tag{5.41}$$

Damit ergibt sich dann für den Wegfaktor μ_l, da das Produkt $\mu_l\mu_F = \mu$ ist,

$$\mu_l = \mu\Psi. \tag{5.42}$$

Zur Charakterisierung des Verhaltens der verschiedenen Stoffe ist daher in Tabelle 5.3 sowohl die Porosität Ψ — soweit gemessen — und ihr Kehrwert $1/\Psi$ als auch das Produkt $\mu\Psi$ als Wegfaktor μ_l angegeben. Man sieht aus der Tabelle folgendes:

Tabelle 5.3. Diffusionswiderstandsfaktoren μ und relative Weglänge im Gut μ_1
(Wegfaktor) trockener Stoffe

Stoff	Raumgewicht $\bar{\varrho}_S$ kg/m³	Porosität Ψ	Kehrwert der Porosität $1/\Psi$	Diffusionswiderstandsfaktor μ	Wegfaktor $\mu_1 = \mu\Psi$
Kugelschüttungen nach Krischer [5.44]					
Glaskugeln, 1,9 mm ∅		0,365	2,74	3,1	1,13
Glaskugeln, 0,5 mm ∅		0,37	2,7	3,8	1,4
Seesand, 0,2 mm mittlere Korngröße		0,36	2,78	4,7	1,7
Baustoffe nach Krischer [5.44] und Wissmann [5.97]					
Bimsbeton aus Körnern von 4 mm hergestellt		0,7 davon grobe Porosität 0,34	1,43 2,94	2,5	1,8
Ziegel	1860⎱ 1637⎰	0,286	3,5	9,3	2,7
Ziegel					
Mauerziegel	1360	0,49	2,04	6,7−6,9	3,3−3,4
Mauerziegel	1530	0,43	2,32	9,7−10,0	4,2−4,3
Dachziegel (Ludovici Nr. 4)	1880	0,31	3,23	37−43	11,5−13,3
Klinker	2050	0,19	5,26	384−469	73−89
Kalksandsteine					
Kalksandleichtstein	900	0,63	1,59	8,6−9,3	5,4−5,9
Kalksandleichtstein	1330	0,46	2,17	14,0−17,0	6,4−7,8
Kalksandleichtstein	1630	0,33	3,03	65−71	21,4−23,4
Kalksand-Flugasche-Stein	1740	0,31	3,22	21,2−22,9	6,6−7,1
Betonsteine					
Naturbimsbeton T	650	0,71	1,41	5,8−7,5	4,1−5,3
Naturbimsbeton K	840	0,62	1,61	6,9−8,9	4,3−5,5
Schlackenbeton	1140	0,50	2,00	8,5−10	4,3−5,0
Trümmersplittbeton	1540	0,40	2,50	11,6−12,9	4,6−5,2
Sinterbimsbeton	1470	0,40	2,50	23,6−30	9,4−12,0
Hüttenbimsbeton	1580	0,37	2,70	20,5−23,1	7,1−8,5
Gasbeton					
Siprorex	520	0,78	1,28	5,1−6,5	4,0−5,1
Siporex	760	0,70	1,43	9,7−11,9	6,8−8,3
Ytong	540	0,79	1,27	5,9−9,1	4,7−7,2
Leichtbauplatten					
Holzwolleplatte	300	0,81	1,24	2,5−3,2	2,0−2,6
Holzwolleplatte	380	0,76	1,32	4,0−5,1	3,0−3,9

Tabelle 5.3 (Fortsetzung)

Stoff	Raum-gewicht $\overline{\varrho}_S$ kg/m³	Poro-sität Ψ	Kehr-wert der Poro-sität $1/\Psi$	Diffusions-widerstands-faktor μ	Wegfaktor $\mu_1 = \mu\Psi$
Mörtel					
Kalkmörtel 1:3 RT, Grubensand	1800	0,28	3,57	8,6—9,8	2,4—2,7
Zementmörtel 1:3 RT, Gruben-sand	2040	0,24	4,16	37,5—50	9,0—12,0
Baustoffe nach Krischer und Wissmann [5.47][a]					
Mörtel					
Zementmörtel 1:3 RT, Rheinkies	2140	0,21	4,76	50—83,5	10,5—17,5
Kalk-Zement-Mörtel 1:2:9 RT, Grubensand	1960	0,26	3,85	43—48	11,2—12,5
Kältedämmstoffe nach Cammerer und Görling [5.11]					
Backkorkplatte	128—140			5—15	
Pechkorkplatte	160—230			2,5—14	
Kunstharzschaum-platten					
Troporit (Phenol-harz)	70—100			15	
Iporka (Harnstoff)	12			1,7	
Torffaserplatte, impr.	225			2,7	
Schlackenwollplatte, bituminiert	210—440			1,55—1,75	
Glaswatte, dicht gestopft	150			1,6	
Schaumglas	143			∞	
Holzwolleleicht-bauplatten (zementgebunden)	299 490			3,9—4,8 6,7—13,5	
Mineralkork mit Glasfasern, bitu-miert	221—374			1,5—2,7	
Schlackenwollplatte, imprägniert. allseitig dünner Bitumen-anstrich (Monolan-platte)	290			3,9—4,7	
Nahrungsmittel nach Messungen des Instituts für Lebensmitteltechnologie und Verpackung, München					
Malzkaffee	400	0,725	1,38	1,6	1,16
Aletemilchpulver	570	0,61	1,63	2,5	1,5
Aletemilchpulver	790	0,454	2,2	3,0	1,4
Sprühmagermilch	750	0,482	2,15	3,3	1,6

Tabelle 5.3 (Fortsetzung)

Stoff	Raum-gewicht $\bar\varrho_S$ kg/m³	Poro-sität Ψ	Kehr-wert der Poro-sität $1/\Psi$	Diffusions-widerstands-faktor μ	Wegfaktor $\mu_1 = \mu\Psi$
Trockengemüse	135	0,907	1,1	1,7	1,6
Eipulver	295	0,80	1,25	2,6	2,1
Eipulver	305	0,79	1,27	2,4	1,9
Mehl	450	0,69	1,45	3,7	2,6
Schokolade-Puddingpulver	725	0,5	2,0	6,8	3,4
Erbswurstpreßling	980	0,322	3,1	15,2	4,9
Adsorbentien nach Jokisch [5.32]					
Molekularsieb 4 Å	1100	0,45	2,22	22,9	10,3
Molekularsieb 10 Å	1180	0,57	1,75	14,0	8,0
Silicagel N	1090	0,46	2,17	7,8	3,6
Silicagel WS	1030	0,50	2,00	12,8	6,4
Aktivtonerde	1250	0,61	1,64	6,4	3,9
Aktivkohle	760	0,56	1,79	12,5	7,0

[a] Weitere Messungen an Baustoffen s. [5.69].

1. Bei *lose geschütteten groben Gütern* (Glaskugeln 1,9 mm, Malzkaffee) ist der Diffusionswiderstandsfaktor etwa gleich dem Kehrwert der Porosität — der Wegfaktor liegt dann in der Nähe von 1 (etwa 1,15). Je *feinkörniger* (also auch je feinporiger) das Gut, um so mehr übersteigt der Diffusionswiderstandsfaktor den Kehrwert der Porosität. Der Wegfaktor wird erheblich größer als 1 (Seesand 1,7; Mehl 2,6).

2. Bei *gesinterten Gütern* wie Glasschaum wird der Diffusionswiderstandsfaktor nahezu unendlich — dies ist notwendig, da eine einzige zusammenhängende, undurchlässige Lamelle jeden Stoffaustausch verhindert. Bei den Kunstharzschäumen hingegen unterscheiden sich die Phenolharze (Troporit) wesentlich von den Harnstoffen (Iporka).

3. Bei *faserigen Stoffen* (z. B. Glaswatte) von großer Porosität ist der Diffusionswiderstandsfaktor ebenfalls nicht stark vom Kehrwert der Porosität verschieden. Der Wegfaktor $\mu_1 \approx \mu\Psi$ kann nicht wesentlich höher liegen als 1.

4. Bei Gemengen von Stoffen, deren Struktur an sich undurchlässig ist (z. B. aus Korkkörnern, bei denen dichte Plättchen die feinsten Poren abschließen), entscheidet die sogenannte grobe Porosität, d.h. dasjenige Luftvolumen, das in den Zwischenräumen der einzelnen Korkkörner sich befindet. Je besser die Körner untereinander verkittet sind (durch Backen oder durch Zugabe eines Bindemittels), um so größer wird der Wegfaktor μ_1. Das gleiche trifft für Bimskies, der durch Zement gebunden ist (Bimsschwemmstein).

Der Verlauf des Diffusionswiderstandsfaktors von Buchenholz und Kartoffelscheiben ist sehr stark abhängig von der Höhe der Feuchtigkeit, deren Zunahme bei diesen Stoffen eine Quellung mit sich bringt. Bild 5.9 zeigt, daß der Widerstand bei kleinen Feuchtigkeiten außerordentlich groß wird (für Kartoffeln, bei denen oberhalb 60° Verkleisterungserscheinungen beobachtet werden, liegen die Werte viel höher als für solche, bei denen diese Temperaturgrenze nicht erreicht wurde), während er bei höheren Feuchtigkeiten nur etwa 2 beträgt, also nur ebenso groß ist wie der von trockener Glaswatte oder dergleichen. Diese Erscheinung ist nur im Zusammenhang mit der weiter unten zu besprechenden Kapillarwasserbewegung zu verstehen.

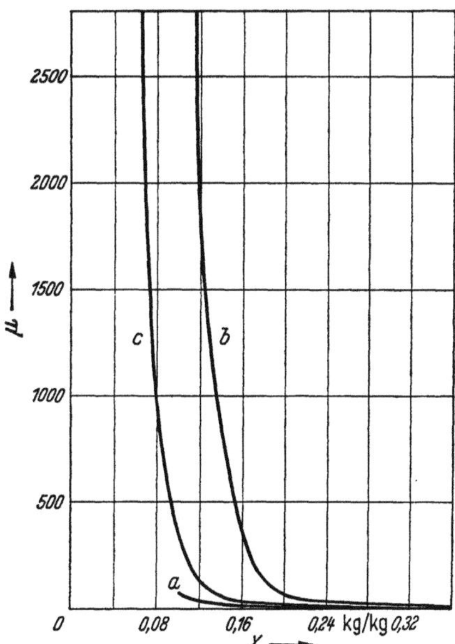

Bild 5.9. Diffusionswiderstandsfaktor μ pflanzlicher Güter in Abhängigkeit vom Feuchtigkeitsgehalt X nach [5.74] und [5.23].
Kurve a Buchenholz radial;
Kurve b Kartoffelscheiben über 60 °C;
Kurve c Kartoffelscheiben unter 50 °C.

5.8. Der Strömungswiderstand poriger Güter

Die Durchströmung von Gütern wird sehr häufig in der Trocknungstechnik — vor allem bei Schüttgütern, neuerdings aber auch bei porigen Festkörpern — angewandt.

Es liegt eine große Anzahl von Experimenten über die Wasser- und Luftdurchlässigkeit von porigen Gütern vor. Bild 5.10 zeigt z. B. die je m² Gutsfläche bei verschiedener Druckdifferenz zwischen beiden Seiten des Gutes je h durch das Gut strömenden Luftmengen. Man sieht deutlich unterschieden zwei Äste der Kurven:

1. Bei kleinem Druckunterschied steigt die stündlich durchströmende Luftmenge linear mit dem Druckunterschied. Für Räume von gleichbleibendem Querschnit ist dies nach den Gln. (5.7) und (5.12) sowohl bei Knudsenscher Molekularbewegung als auch bei laminarer Bewegung der Fall.
2. Bei größerem Druckunterschied steigt die stündlich das Gut durchströmende Luftmenge etwa mit der Wurzel des Druckunterschiedes. Für Räume von gleichbleibendem Querschnitt gilt eine solche Beziehung für turbulente Strömung in rauhen Rohren. Aus dem Übergang des linearen Anstiegs, der sowohl die Gesetzmäßigkeit der laminaren als auch der molekularen Bewegung erfüllt,

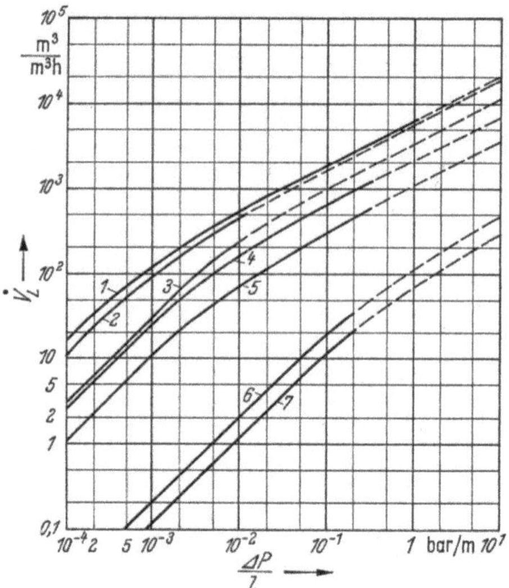

Bild 5.10. Luftdurchlässigkeit verschiedener Stoffe in Abhängigkeit vom Druckgefälle.
1 Bimsbeton 710 kg/m³; *2* Gerste, ungereinigt 764 kg/m³; *3* Roggen, ungereinigt 828 kg/m³;
4 pechimprägnierte Korkplatte 156 kg/m³; *5* Backkorkplatte 140 kg/m³; *6* bitumierte Schlak-
kenwolle 210 kg/m³; *7* Iporka 12 kg/m³.

in einen Abschnitt, der mit der Wurzel des Druckgefälles steigt, kann geschlossen werden, daß bei kleinem Druckgefälle Laminarströmung herrscht; denn
für das Aufhören der Gesetzmäßigkeit der Molekularbewegung müßte ein
Grund vorhanden sein. Da die Druckdifferenzen bei solchen Versuchen sich in
engen Grenzen halten, kann nicht die Erhöhung des Gesamtdruckes und die
daraus resultierende Verringerung der freien Weglänge, die das Verhalten eines
Stoffes bei Molekularströmung bestimmt, zur Erklärung der Änderung der
Durchflußmenge mit der Druckdifferenz herangezogen werden. Vielmehr muß
angenommen werden, daß es sich bei dem linear ansteigenden Ast um Laminarströmung handelt, während bei dem mit der Wurzel der Druckdifferenz ansteigenden Ast eine Gesetzmäßigkeit vorliegt, die nach Art der turbulenten Strömung in rauhen Rohren behandelt werden kann.

5.8.1. Gleichwertiger Durchmesser und Wegfaktor bei durchströmten Gütern

Bei der Durchströmung vieler Güter sind Gesetzmäßigkeiten festgestellt worden,
die denen bei laminar, bzw. turbulenter Durchströmung von Rohren entsprechen.
Um einen Anhalt für Abschätzungen zu gewinnen, soll im folgenden aus einfachen
Überlegungen ein Einblick in die qualitativen Abhängigkeiten bei der Durchströmung poriger Güter und von Haufwerken gegeben und an Hand von Meßergebnissen geprüft werden.

Der Druckverlust bei der Durchströmung soll durch den allgemeinen Ansatz

$$\frac{\Delta P}{l} = \zeta \frac{1}{d} \frac{\varrho}{2} w^2 \tag{5.43}$$

beschrieben werden. Bei der Anwendung dieser Gleichung auf die Durchströmung von Haufwerken oder porigen Stoffen muß man sinngemäß die Länge des Strömungsweges nicht durch nur die Höhe der Schüttung erfassen, sondern durch eine effektive Länge

$$l' = \mu_1 l, \tag{5.44}$$

wobei der Wegfaktor μ_1 die Verlängerung des Strömungsweges durch Umwege, Ablösungen an Kanten und Stoßverluste bei Erweiterungen beschreibt.

Für den Durchmesser des Strömungskanals d ist ein gleichwertiger Durchmesser d' für die durchströmten Hohlräume verschiedenster Gestalt einzusetzen, der analog dem hydraulischen Durchmesser gebildet werden soll:

$$d' = \frac{4V_L}{A}, \tag{5.45}$$

wobei V_L das Hohlraumvolumen und A die umspülte Oberfläche bezeichnet.[1]

Befinden sich im Volumen die Anzahl n *gleichgroßer Kugeln* je Volumeneinheit vom Durchmesser d_K, so ist das Leerraumvolumen, bzw. der Leerraumanteil ψ

$$V_L = \psi \cdot V = V\left(1 - n\frac{\pi}{6}d_K^3\right) \tag{5.46}$$

und die Oberfläche im Volumen V

$$A_K = V n\pi\, d_K^2. \tag{5.47}$$

Daraus folgt für den gleichwertigen Durchmesser mit

$$n = \frac{1 - \psi}{\frac{\pi}{6}d_K^3}:$$

$$d' = \frac{2}{3}\,\frac{\psi}{1 - \psi}\,d_K. \tag{5.48}$$

Bei Schüttungen aus nichtkugelförmigen Teilchen ist ein gleichwertiger Korndurchmesser d_K' aus dem Kornvolumen V_K und der Kornoberfläche A_K derart zu bestimmen, daß er für Kugeln gleich deren Durchmesser d_K wird:

$$d_K' = \frac{6V_K}{A_K}. \tag{5.49}$$

Meist bestimmt man das Kornvolumen pyknometrisch (z.B. aus der Wasserverdrängung) und berechnet den Durchmesser der volumengleichen Kugel $d_{KV} = (6/\pi\, V_K)^{1/3}$. Für den gleichwertigen Korndurchmesser d_K' gilt dann

$$d_K' = d_{KV}\,\frac{\pi\, d_{KV}^2}{A_K} = \frac{d_{KV}}{K}, \tag{5.50}$$

wobei ein Formfaktor K eingeführt wurde, der das Verhältnis der Kornoberfläche zur Oberfläche der volumengleichen Kugel angibt.

Damit wird allgemein

$$d' = \frac{2}{3}\,\frac{\psi}{1 - \psi}\cdot\frac{d_{KV}}{K}. \tag{5.51}$$

---

[1] Dieser hier definierte Durchmesser d' ist nicht identisch mit dem durch Gl. (4.135) für den Wärmeaustausch angegebenen, da für den Druckabfall eine andere Länge des Kanals l' maßgebend ist als für den Wärmeaustausch (Anströmlänge).

Für *Mehrkornschüttungen* mit den Volumenanteilen V_i/V der Kornfraktion mit den Korndurchmessern d_{Ki}, bzw. d'_{Ki} bei nicht kugelförmigen Teilchen [5.30] gilt:

$$d'_K = 1 \bigg/ \sum_1^n i\, \frac{V_i}{V} \cdot \frac{1}{d'_{Ki}}. \tag{5.52}$$

An Stelle der Geschwindigkeit w in einem Kanal ist in Gl. (5.43) eine mittlere Strömungsgeschwindigkeit in den Hohlräumen der Schüttung einzusetzen, die aus der Leerrohrgeschwindigkeit (Anströmgeschwindigkeit) w_0 und dem Hohlraumanteil ψ gebildet werden kann:

$$w = w_0/\psi. \tag{5.53}$$

Der Ansatz nach Gl. (5.43) erhält mit den Gln. (5.44), (5.48), (5.50) bzw. (5.52), und (5.53) die Form

$$\frac{\Delta P}{l} = \mu_1 \zeta \cdot \frac{3}{2} \frac{1-\psi}{\psi^3} \cdot \frac{1}{d'_K} \cdot \frac{\varrho}{2}\, w_0^2. \tag{5.54}$$

Die Widerstandszahl ζ ist wie bei einer Rohrströmung eine Funktion der Reynoldsschen Kennzahl und darüber hinaus der Form der Schüttkörner, bzw. der von ihnen gebildeten Kanäle. Die Reynoldssche Kennzahl wird man ebenfalls mit den oben definierten Größen für den gleichwertigen Durchmesser d' nach Gl. (5.51) und der mittleren Geschwindigkeit nach Gl. (5.53) bilden

$$Re_{d'} = \frac{w\,d'}{\nu} = \frac{2}{3} \frac{w_0 \cdot d'_K}{(1-\psi)\cdot\nu}. \tag{5.55}$$

Durch die Definition des Wegfaktors μ_1, des gleichwertigen Strömungsdurchmessers d', des Korndurchmessers d'_K, des Hohlraumanteils ψ und der Geschwindigkeit w ist die Durchströmung durch die Kanäle in einem Haufwerk oder in einem durchströmten porösen Stoff auf die eines Kreisrohres zurückgeführt. Für die Widerstandszahl ζ im laminaren Bereich muß daher die Beziehung

$$\zeta = \frac{64}{Re_{d'}} \tag{5.56}$$

gelten, wie dies später durch Versuche bestätigt wird (s. Abschn. 5.8.2.). Durch die Messung des Druckabfalls bei laminarer Durchströmung kann mit Gl. (5.54) und (5.56) der Wegfaktor μ_1 bestimmt werden.

In Anlehnung an Meßergebnisse soll für die Widerstandszahl im laminaren und turbulenten Bereich der Ansatz gemacht werden [5.5, 5.6, 5.7, 5.34]:

$$\zeta = \frac{64}{Re_{d'}} + \frac{C}{Re_{d'}^{0,1}}. \tag{5.57}$$

Die Konstante C^1, die im turbulenten Bereich den Druckabfall beschreibt, ist dabei als eine Funktion der Kornform zu erwarten. Verwendet man an Stelle der Widerstandszahl den Bewegungsbeiwert nach Gl. (5.39), so gilt

$$b = \frac{2d'}{w\zeta} = \frac{4}{3} \frac{\psi^2}{1-\psi} \frac{d'_K}{w_0} \cdot \frac{1}{\zeta}. \tag{5.58}$$

---

[1] Früher war an Stelle der Gl. (5.57) angesetzt $\zeta = 64/Re_{d'} + \zeta_\infty$. Messung bei $Re_{d'} > 10^4$ ließen jedoch noch keinen Grenzwert erkennen. Dies kann so verstanden werden, daß auch bei hohen mittleren Geschwindigkeiten im Haufwerk immer noch Gebiete mit laminarer Strömung existieren.

Setzt man

$$b_{\text{lam}} = \frac{2d'}{w\zeta_{\text{lam}}} \quad \text{mit} \quad \zeta_{\text{lam}} = \frac{64}{Re_{\text{d}'}}$$

und

$$b_{\text{turb}} = \frac{2d'}{w\zeta_{\text{turb}}} \quad \text{mit} \quad \zeta_{\text{turb}} = \frac{C}{Re_{\text{d}'}^{0,1}},$$

so gilt auch

$$b = \frac{1}{\dfrac{1}{b_{\text{lam}}} + \dfrac{1}{b_{\text{turb}}}} = \frac{b_{\text{lam}}}{1 + \zeta_{\text{turb}}/\zeta_{\text{lam}}}. \tag{5.59}$$

5.8.2. Versuchsergebnisse bei der Durchströmung von Haufwerken und porösen Gütern

Den typischen Verlauf der durch Gl. (5.54) definierten Widerstandszahl in Abhängigkeit von der Reynoldsschen Kennzahl $Re_{\text{d}'}$ zeigen die Bilder 5.11, 5.12 und 5.13 für verschiedene Füllkörper.

Weitere Meßergebnisse sind in Tabelle 5.4 aufgeführt.

Aus dem Unterschied zwischen den gemessenen Widerstandszahlen bei kleinen Re-Werten und der Geraden $\zeta = 64/Re_{\text{d}'}$ für laminare Rohrströmung wird zunächst der Wegfaktor μ_1 bestimmt. Aus dem Verlauf der Meßwerte bei hohen Re-Werten, die durch eine Gerade mit einer Steigung $(-0,1)$ gut wiedergegeben werden, wird die Konstante C bestimmt. Durch die beiden Werte μ und C ist der Druckverlust im gesamten Strömungsbereich bestimmt.

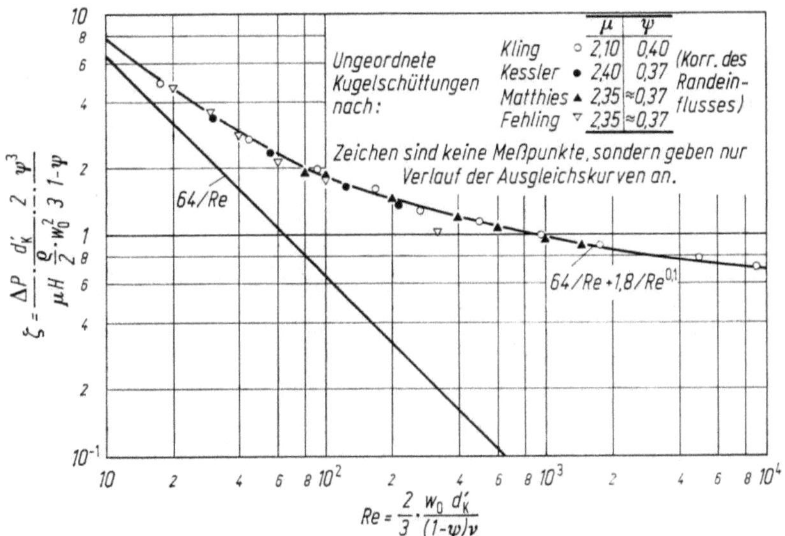

Bild 5.11. Druckverlust in ungeordneten Kugelschüttungen. Die Kurvenzeichen sind keine Meßpunkte. Sie geben nur den Verlauf der Möglichkeitskurven an.

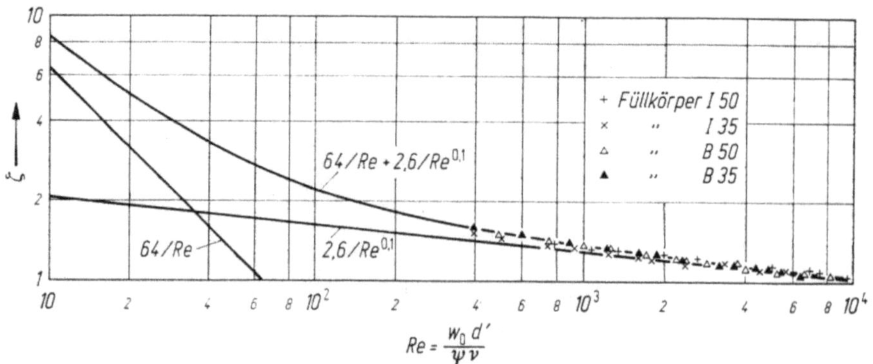

Bild 5.12. Druckverlust in Füllkörpersäulen aus Sattelkörpern.

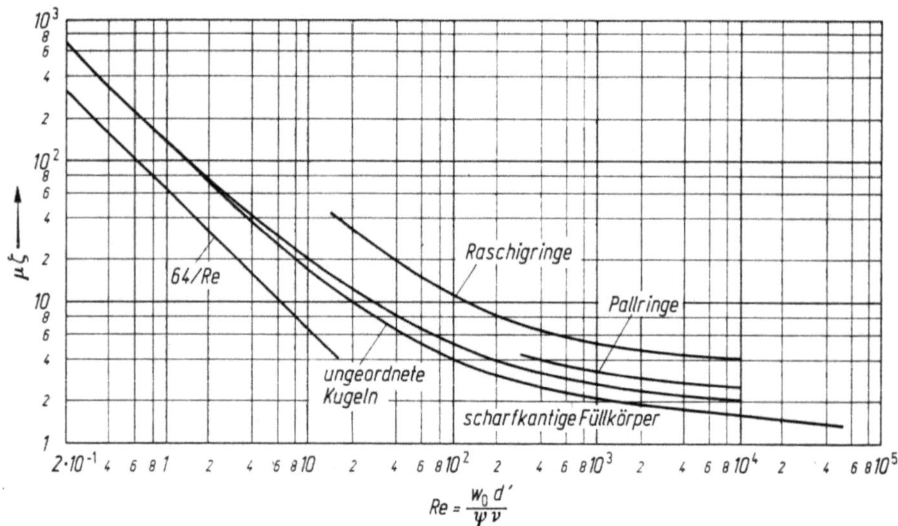

Bild 5.13. Widerstandsbeiwert von Schüttungen.

Man erkennt aus der Abbildung, daß eine völlige laminare Durchströmung eines Haufwerkes nur für $Re_{d'} < 10$ erfolgt, was durch die Umlenkungen und wiederholten neuen Anströmungen der einzelnen Körper im Haufwerk leicht zu verstehen ist. Auf der anderen Seite wird auch bei Werten von $Re > 10^4$ noch keine konstante Widerstandszahl ζ_∞ gefunden, wie sie bei rauhen Rohren auftritt. Dies deutet darauf hin, daß auch bei hohen Geschwindigkeiten noch Bereiche mit laminarer Strömung existieren. Während bei rauhen Rohren ein Grenzwert für ζ zwischen $0{,}02 < \zeta < 0{,}1$ je nach Rauhigkeit erreicht wird, liegen in Schüttungen bei gleichen Reynolds-Zahlen die Widerstandszahlen um den Faktor 10 höher. Auch dies deutet darauf hin, daß bei noch höheren Reynoldszahlen die Widerstandszahlen im Haufwerk weiter abnehmen.

Tabelle 5.4. Wegfaktoren μ_1 und Werte der Konstanten C für den Druckverlust bei der Durchströmung von Schüttungen (ψ Hohlraumanteil, d_{KV} volumengleicher Kugeldurchmesser, K Formfaktor)

	ψ	μ_1	C	$\vartheta\,°C$	d_{KV} [mm]	K	Quellenangabe
Sand, fast kugelf.	0,380	2,4	1,8	20	0,8 ÷ 1,9	1,0	in Luft und Wasser; eigene
Sand, Glassand	0,420	2,4	1,9	20	0,22	1,3	Versuche
Kugeln	0,400	2,3	1,8	20	0,3 ÷ 52	1,0	VDI-WA [5.94]; Brauer [5.5, 5.6, 5.7]; Brownell/Dombrowski/Dickey [5.9]; Mathies [5.57]; Ergun [5.18]; Polthier [5.64]; Rumpf [5.68]
Weizen	0,373	2,5	2,4	20	3,8	1,2	
Gerste	0,418	3,4	2,4	20	3,8	1,5	Mathies [5.57]
Roggen	0,414	3,3	2,4	20	3,7	1,3	
Hafer	0,459	2,5	3,4	20	3,7	1,8	
Erzstaub (eingefüllt und eingerüttelt)	0,618	4,2	2,0	20	0,07 ÷ 0,9	1,6	Barth und Esser [5.3]
Kohle	0,485	2,0	2,9	20	0,4 ÷ 3	1,6	Fehling [5.19]
Raschigringe	0,730	3,5	2,6	20	6 ÷ 42	2,6	Brauer [5,5. 5.6, 5.7];
Pallringe	0,760	2,4	2,6	20	30 ÷ 42	3,1	Barth [5.2]; Kast [5.34];
Sattelkörper	0,750	1,9	2,6	20	10 ÷ 40	2,4	Teutsch [5.89]

In Tabelle 5.4 sind die Wegfaktoren μ_1 und die Konstanten C nach Gl. (5.57) für eine große Zahl technischer Schüttgüter angegeben. Man erkennt, daß die Wegfaktoren für jede Kornform unabhängig von ihrer Größe — soweit sie einander geometiesch ähnlich sind — in etwa den gleichen Wert besitzen. Hinsichtlich der Konstanten C lassen sich grob zwei Bereiche unterscheiden. Für Körper mit weitgehend glatten Oberflächen, wie Kugeln, Roggenkörner, Erbsen u.ä., beträgt $C = 1,8$; für alle scharfkantigen Körner, wie Sattelkörper, gebrochenes Erz u.ä., liegt C bei 2,6.

Bei durchströmten porigen Gütern, für das Bild 5.10 einige Meßergebnisse zeigt, ist nach Gl. (5.45) ein gleichwertiger Durchmesser für die Strömungskanäle nur zu berechnen, wenn die innere Oberfläche, bzw. die Porenverteilung bekannt wäre. Aus den Meßwerten des Druckabfalls kann daher bei laminarer Durchströmung (s. Bild 5.10) nur der Ausdruck d'/μ_1 aus Gl. (5.54) und (5.51) bestimmt werden. Um einen Einblick in die Größenordnung von d' zu geben, ist in Tabelle 5.5 d' unter der Voraussetzung berechnet, daß der Wegfaktor μ_1 bei Diffusion der gleiche ist wie bei laminarer Durchströmung, wobei μ_1 aus dem Diffusionswiderstandsfaktor μ nach Gl. (5.42) berechnet ist (s. hierzu Abschn. 5.8.3.). Diese Betrachtung ist aber nur mit starken Einschränkungen bei Stoffen mit geschlossenen Zellen wie bei Korkplatten u.ä. anzuwenden, da durch diese Zellen keine Strömung, wohl aber Diffusion möglich ist.

Tabelle 5.5. Gleichwertiger Durchmesser fester Stoffe

Nr.	Stoff	Raumgewicht ϱ_S [kg/m³]	Porosität Ψ	Diff. Widerstand μ	Wegfaktor $\mu_{l,diff}$ $= \mu\Psi$	Gleichwertiger Durchmesser d' [mm]
1	Bimsbeton	710	0,73	2,5	1,8	0,81
2	Pechimp. Korkplatten	160	0,89	2,5	2,2	0,32
3	Backkorkplatten	135	0,91	10	9,1	0,13
4	Iporka	12	0,98	1,7	1,7	0,02

5.8.3. Physikalische Deutung der Vorgänge in porigen Gütern

(Der Wegfaktor und der Stoßverlust bei der Stoffbewegung in Kanälen ungleichen Querschnitts)

Zum Verständnis der Einflüsse, welche die Bewegungsvorgänge in porigen Gütern, Schüttungen usw. bestimmen, erscheint es zweckmäßig, die Verhältnisse an einfachen geometrischen Typen von Röhren oder Haufwerken zu veranschaulichen.

Es sollen zunächst die Vorgänge in kreisförmigen Kanälen von veränderlichem Querschnitt $f(z)$ verglichen werden mit den Vorgängen in Kanälen von gleichbleibendem mittlerem Querschnitt f_m

$$f_m = \frac{1}{l} \int_0^l f(z)\, dz. \tag{5.60}$$

Für gerade Röhren von konstantem Querschnitt kann nach Gl. (5.2) gesetzt werden

$$\dot{m} = f_m b_m \frac{\Delta P}{l}. \tag{5.61}$$

Für Röhren veränderlichen Querschnitts gilt unter der vereinfachenden Annahme, daß trotz der Verengungen und Erweiterungen des Querschnitts die Bewegung nur in axialer Richtung erfolge, ebenfalls nach Gl. (5.2)

$$\dot{m} = \frac{\Delta P}{\int_0^l \dfrac{dz}{fb}} \tag{5.62}$$

Für bestimmte Kanäle — $f = f(z)$ — kann für jeden Bewegungsvorgang — Diffusion, molekulare oder laminare Bewegung — der nach Gl. (5.11), (5.13) und (5.35) vom Durchmesser d abhängige Bewegungsbeiwert berechnet werden, da mit f auch d bekannt ist. Somit ist das Integral im Nenner der Gleichung für $\dot{m}$ nur von der angenommenen Form des Kanals abhängig. Obwohl der mittlere Querschnitt f_m bei den Vergleichskanälen gleich sein soll, wird $\dot{m}$ nicht gleich $\dot{m}_m$, sondern stets kleiner. Wenn man auf einen Kanal von veränderlichem Querschnitt den Ansatz für porige Stoffe nach Gl. (5.39) macht, so kann man auch setzen

$$\dot{m} = f_m \frac{b_m}{\mu_l} \frac{\Delta P}{l}. \tag{5.63}$$

Damit läßt sich dann die Größe μ_1 berechnen

$$\mu_1 = \frac{\dot{m}_m}{\dot{m}} = \frac{f_m b_m}{l} \int_0^1 \frac{dz}{f(z)\, b(z)}.$$

(5.64)

Nach dieser Beziehung kann also die durch wechselnde Verengungen und Erweiterungen bewirkte Erhöhung des Widerstandes bei der Stoffbewegung, die sich bei geraden Kanälen ($\mu_{1,\mathrm{Umweg}} = 1$) durch den Wegfaktor ausdrücken läßt, bei Kanälen von geometrisch definierter Querschnittsveränderung berechnet werden.

Die Berechnung von μ_1 erfolgt, wie gesagt, bei allen betrachteten Bewegungsvorgängen (Diffusion, molekulare und laminare Bewegung) unter der vereinfachenden Annahme einachsiger Stoffbewegung in Richtung des Weges z.

Bei höheren Geschwindigkeiten des bewegten Mediums muß sich in stark erweiterten Kanälen (s. Bild 5.14) der Carnotsche Stoßverlust bemerkbar machen, der bei erzwungener Bewegung, wie z.B. Laminarströmung, einen zusätzlichen Druckverlust ΔP_C bewirkt.

$$\Delta P_\mathrm{C} = \frac{\varrho}{2}\,(w_1 - w_2)^2.$$

(5.65)

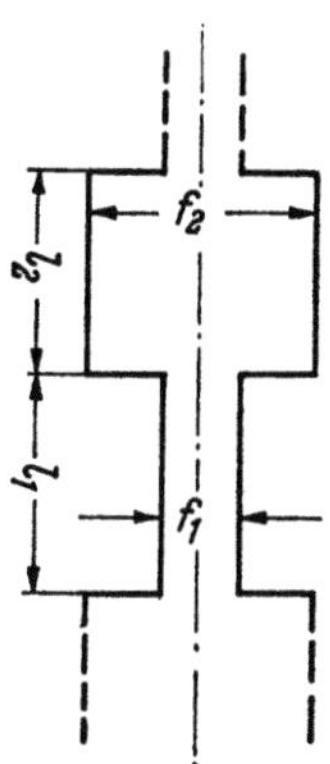

Bild 5.14. Porenmodell
(unstetig erweiterte Röhre).

Wenn man den Druckverlust bei der turbulenten Strömung in der in der Technik üblichen Weise bei rauhen Rohren durch Einführung eines Widerstandsbeiwertes ζ_∞ beschreiben will, so muß man der geraden Röhre vom mittleren Querschnitt f_m eine solche Länge $\mu_1 l$ geben, daß in ihr der Einfluß der Wandreibung berücksichtigt ist. Dann hat die gerade Röhre von der Länge $\mu_1 l$ bei Laminarströmung, solange der Carnotsche Stoßverlust vernachlässigbar klein ist, den gleichen Widerstand wie das porige Gut von der Gutsdicke l. Nach Gl. (5.14) setzt man also

$$\Delta P_\mathrm{C} = \zeta_\infty \frac{\mu_{1,\mathrm{lam}} l}{d_m}\,\frac{\varrho}{2}\,w_m^2.$$

(5.66)

Durch Gleichsetzen von Gl. (5.65) und (5.66) und unter Verwendung der Kontinuitätsgleichung $w_1 f_1 = w_m f_m$ ergibt sich der allgemeingültige Ausdruck:

$$\zeta_\infty = \frac{d_m}{\mu_{1,\mathrm{lam}} l}\left(\frac{f_m}{f_1}\right)^2 \left(1 - \frac{f_1}{f_2}\right)^2.$$

(5.67)

Im folgenden sollen die Verhältnisse an Röhren, bei denen sich der Querschnitt sprunghaft ändert, veranschaulicht werden. Die Berechnungsmöglichkeiten sollen dann auf einfache Kugelpackungen erweitert werden.

5.8.3.1 Röhren mit unstetiger Querschnittsänderung

Der Betrachtung werden zwei hintereinandergeschaltete Röhren mit den Querschnitten $f_1 = f_{\text{kleinst}}$ und $f_2 = f_{\text{größt}}$ zugrunde gelegt (s. Bild 5.14).

Die Stoffbewegung nach den verschiedenen in Frage kommenden Gesetzmäßigkeiten in diesem System soll verglichen werden mit derjenigen in einer geraden Röhre von gleichbleibendem mittlerem Querschnitt:

$$f_{\text{m}} = \frac{f_1 l_1 + f_2 l_2}{l_1 + l_2} \tag{5.68}$$

bei gleicher wirksamer Druckdifferenz.

Für Röhren von absatzweise verschiedenem Querschnitt gilt für das Integral in Gl. (5.64) `

$$\int_0^1 \frac{\mathrm{d}z}{f(z)\, b(z)} = \frac{l_1}{f_1 b_1} + \frac{l_2}{f_2 b_2}. \tag{5.69}$$

Dies, in Gl. (5.64) eingesetzt, liefert nach einigen Umformungen:

$$\mu_1 = \frac{b_{\text{m}}}{b_1} \, \frac{1 + \dfrac{l_2}{l_1}\dfrac{f_1 b_1}{f_2 b_2}}{1 + \dfrac{l_2}{l_1}} \, \frac{1 + \dfrac{l_2 f_2}{l_1 f_1}}{1 + \dfrac{l_2}{l_1}}. \tag{5.70}$$

Dieser Widerstandsfaktor ist also sowohl von den geometrischen Verhältnissen der Längen und Flächen als auch von den Bewegungsbeiwerten b der jeweiligen Bewegungsvorgänge abhängig. Letztere sind bei Diffusionsproblemen entsprechend Gl. (5.35) unabhängig vom Durchmesser der Röhre, bei Knudsenscher Molekularbewegung entsprechend Gl. (5.11) dem Durchmesser (und damit der Wurzel aus der Fläche), bei laminarer Bewegung entsprechend Gl. (5.13) dem Quadrat des Durchmessers oder der Fläche direkt proportional. Damit ergibt sich für jede Bewegungsart ein anderer Widerstandsfaktor.

Diffusion. Gemäß Gl. (5.35) ist bei Diffusionsvorgängen der Bewegungsbeiwert b_{diff} unabhängig vom Durchmesser.[1] Es gilt also:

$$b_1 = b_2 = b_{\text{m}} = b_{\text{diff}}.$$

Damit geht Gl. (5.70) über in

$$\mu_{1,\text{diff}} = \frac{\left(1 + \dfrac{l_2}{l_1}\dfrac{f_1}{f_2}\right)\left(1 + \dfrac{l_2}{l_1}\dfrac{f_2}{f_1}\right)}{\left(1 + \dfrac{l_2}{l_1}\right)^2}. \tag{5.71}$$

---

[1] Eine analoge Überlegung — wenn auch nur für den Fall der Stefanschen Diffusion — wurde von Michaels [5.58] angestellt. Die Ergebnisse sind mit den vorliegenden identisch.

Knudsensche Molekularbewegung. Bei der Molekularbewegung ist nach Gl. (5.11) der Bewegungsbeiwert b_{mol} dem Durchmesser der Röhre proportional. Bei Röhren gleicher Form, z. B. Kreisröhren, bedeutet dies, daß er der Wurzel aus der durchströmten Fläche proportional ist, also:

$$\frac{b_1}{b_2} = \sqrt{\frac{f_1}{f_2}} \; ; \qquad \frac{b_m}{b_1} = \sqrt{\frac{1 + \dfrac{l_2}{l_1}\dfrac{f_2}{f_1}}{1 + \dfrac{l_2}{l_1}}} .$$

Damit geht Gl. (5.70) über in:

$$\mu_{1,mol} = \frac{\left[1 + \dfrac{l_2}{l_1}\left(\dfrac{f_1}{f_2}\right)^{3/2}\right]\left(1 + \dfrac{l_2}{l_1}\dfrac{f_2}{f_1}\right)^{3/2}}{\left(1 + \dfrac{l_2}{l_1}\right)^{5/2}} . \tag{5.72}$$

Laminare Strömung (Wandreibung). Gemäß dem Hagen-Poiseuilleschen Gesetz ist der Bewegungsbeiwert b_{lam} dem Quadrat des Durchmessers bzw. der Fläche f der Röhre direkt proportional [s. Gl. (5.13)]. Für die Größe $\mu_{1,lam}$ ergibt sich dann nach Gl. (5.70)

$$\mu_{1,lam} = \frac{1 + \dfrac{l_2}{l_1}\left(\dfrac{f_1}{f_2}\right)^2}{1 + \dfrac{l_2}{l_1}}\left(\frac{1 + \dfrac{l_2}{l_1}\dfrac{f_2}{f_1}}{1 + \dfrac{l_2}{l_1}}\right)^2 . \tag{5.73}$$

Carnotscher Stoßverlust. Werden in die allgemeingültige Gl. (5.67) die Größen f_m nach Gl. (5.68) und $\mu_{1,lam}$ nach Gl. (5.73) eingesetzt, so erhält man den Ausdruck

$$\zeta_\infty \frac{l}{d_m} = \frac{1 + \dfrac{l_2}{l_1}}{1 + \dfrac{l_2}{l_1}\left(\dfrac{f_1}{f_2}\right)^2}\left(1 - \frac{f_1}{f_2}\right)^2 . \tag{5.74}$$

Der Wert ζ_∞ ist also außer von dem Flächen- und Längenverhältnis der Porenteile noch von dem Verhältnis der Gesamtlänge der Pore zu ihrem mittleren Durchmesser abhängig. Der mittlere Durchmesser kann bei Kreisröhren aus

$$f_m = \frac{\pi}{4}\, d_m 2 \text{ mit } f_m \text{ nach Gl. (5.68)}$$

bestimmt werden. Man erhält für das Verhältnis

$$\frac{d_m}{l} = \frac{\sqrt{\dfrac{4}{\pi}f_1}}{l_1} \cdot \frac{\left(1 + \dfrac{f_2 l_2}{f_1 l_1}\right)^{1/2}}{\left(1 + \dfrac{l_2}{l_1}\right)^{3/2}} . \tag{5.75}$$

Um die grundsätzlichen Unterschiede zwischen den Wegfaktoren für die verschiedenen Bewegungsvorgänge aufzuzeigen, sind diese in Bild 5.15 über dem Verhältnis $f_2/f_1 = f_{max}/f_{min}$ mit dem konstanten Verhältnis $l_2/l_1 = 1$ nach den Gln. (5.71), (5.72) und (5.73) aufgetragen.

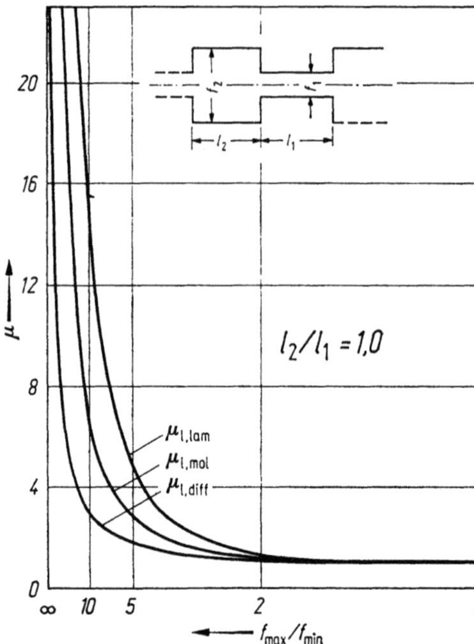

Bild 5.15. Berechnete Diffusionswiderstandsfaktoren bei Diffusion, Molekularbewegung und laminarer Strömung bei unstetigen Erweiterungen.

Man entnimmt dieser Abbildung, daß näherungsweise folgender Zusammenhang besteht:

$$\mu_{l,mol} \approx \mu_{l,diff}^{1,7}$$

$$\mu_{l,lam} \approx \mu_{l,diff}^{2,6} .$$

$$(5.76)$$

In Bild 5.16 ist der Wert ζ_∞, wie er sich aus Gl. (5.74) für den Carnotschen Stoßverlust ergibt, für verschiedene Werte d_m/l über f_{max}/f_{min} aufgetragen. Man ent-

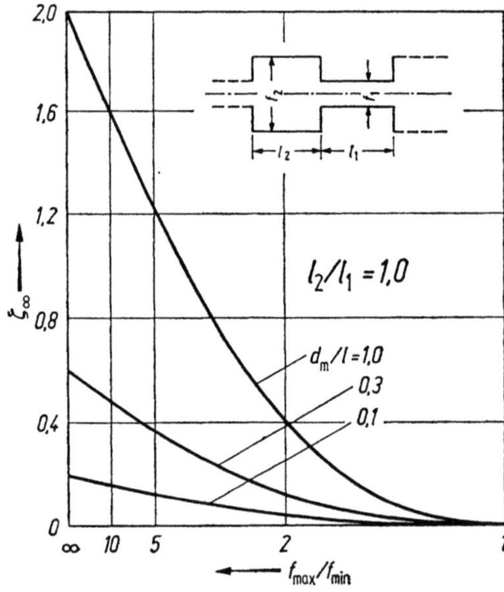

Bild 5.16. Grenzwert des Widerstandsbeiwertes für verschiedene geometrische Verhältnisse der unstetigen Erweiterungen.

nimmt den Bildern 5.15 und 5.16 daß die Werte für μ_1 und ζ_∞, die mit dem beschriebenen Modell aus Röhren mit unstetigen Erweiterungen errechnet wurden, die Tendenz und die Größenordnungen beobachteter Werte richtig wiedergibt.

5.8.3.2. Die Bewegungsvorgänge in Kugelhaufwerken

Die vorstehend beschriebenen Überlegungen wurden in einer größeren Arbeit von Kessler [5.37] auch auf gleichkörnige geordnete und ungeordnete Kugelhaufwerke angewendet und als qualitativ richtig durch Rechnung und durch Experiment bestätigt.

Zum Ausgangspunkt der stark vereinfachenden Rechnung wählt man die gleiche Überlegung, wie sie bei der Betrachtung konischer Kanäle angestellt wurde. Sofern — wie bei der molekularen und laminaren Bewegung — der Bewegungsbeiwert b vom Durchmesser abhängt, wird für jeden Querschnitt ein hydraulischer Durchmesser

$$d'(z) = 4\frac{f(z)}{u(z)} \tag{5.77}$$

eingeführt, worin $u(z)$ den benetzten Umfang am jeweiligen Querschnitt $f(z)$ bedeutet (Bild 5.17). Für gegebene geometrische Anordnungen lassen sich $f(z)$ und $d'(z)$ ausrechnen.

Zur Bestimmung des mittleren Kanaldurchmessers d'_m, dessen Kenntnis zur Ermittlung von b bei Molekular- und Laminarströmung erforderlich ist, bedient man sich zweckmäßigerweise der Gl. (5.45)

$$d'_m = 4\frac{V_L}{A},$$

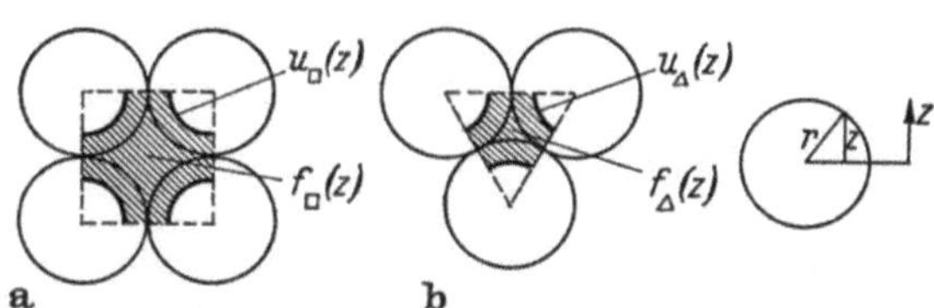

Bild 5.17a u. b. Benetzter Umfang u und Kanalquerschnitt f für a) Vierecks- und b) Dreieckskanal.

die für gleichkörnige Schüttungen aus Kugeln vom Durchmesser d_k übergeht in Gl. (5.48)

$$d'_m = \frac{2}{3}\frac{\Psi}{1-\Psi}d_k.$$

Damit ist in einfachen Fällen sowohl die Ermittlung von $\dot{m}$ als auch von $\dot{m}_m$ zur Bestimmung des Widerstandsfaktors $\mu_{1,Erw}$ nach Gl. (5.64) möglich.

Vergleich zwischen Theorie und Experimenten bei geordneten Kugelhaufwerken. Die Kugelanordnungen, für welche in dieser Weise die Wegfaktoren μ_1 für die Stoffbewegung in den verschiedenen Richtungen z und y berechnet wurden, sind in Bild 5.18 gezeichnet.

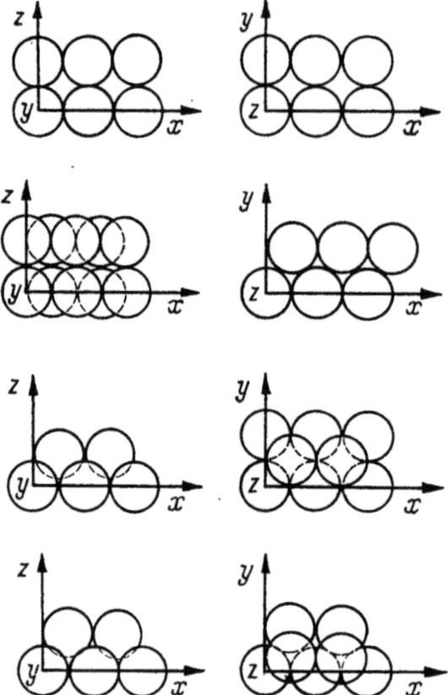

Bild 5.18. Kugelanordnungsarten.

Sind bei einer Kugelanordnung durchgehende Kanäle mit gerader Achse vorhanden wie bei der kubischen Anordnung sowie bei der rhombischen mit Dreieckskanälen (Bewegung in Richtung z), so ist der Umwegfaktor $\mu_{1,\mathrm{Umw}} = 1$. Der Wegfaktor μ_1 ist dann gleich dem Erweiterungsfaktor $\mu_{1,\mathrm{Erw}}$.

Für die übrigen Kugelanordnungen kann ein Umwegfaktor aus der Richtung des Weges berechnet werden, der durch die Kanäle des Haufwerkes führt (vgl. Bild 5.19).

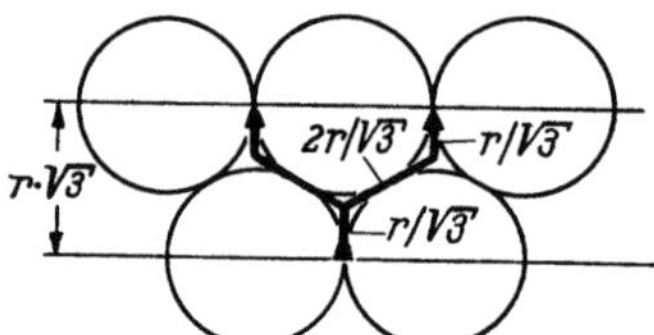

Bild 5.19. Zur Stoffbewegung durch die geknickten Kanäle der rhombischen Packung.

Längs dieser Wege wird dann $\mu_{1,\mathrm{Erw}}$ nach Gl. (5.64) bestimmt, wobei die Stromverzweigungen zu berücksichtigen sind. Die Ergebnisse der Berechnungen sind Tabelle 5.6 zusammengestellt.

Zur Ermittlung des Wegfaktors μ_1 bei den verschiedenen Bewegungsarten wurden Experimente an mehreren Kugelpackungen durchgeführt, deren Ergebnisse in Tabelle 5.6 zusammengestellt wurden. Die einzelnen Kugelanordnungen wurden dadurch verifiziert, daß aus Stahlkugeln von 2 mm $\varnothing$ durch Zusammenschweißen der Kugeln Schichten verschiedener geometrischer Anordnung geschaffen wurden, die dann entsprechend den in Bild 5.18 angegebenen Anordnungen zu Haufwerken übereinandergeschichtet wurden.

Bei den Versuchen über den Diffusionswiderstand und den Widerstand bei der moleku'aren Bewegung wurde eine Versuchsapparatur nach dem in Bild 5.8 dar-

Tabelle 5.6. Wegwiderstandsfaktoren für gewöhnliche Diffusion, Molekularbewegung und laminare Strömung durch Kugelhaufwerke

Kugelanordnungsart	Gemessene Porosität Ψ	$\dfrac{f_{\text{größt}}}{f_{\text{kleinst}}}$	$\mu_{\text{l,Umw}}$	Gew. Diffusion		Molekularbewegung		Laminare Strömung	
				$\mu_{\text{l,Erw}}$ errechn.	$\mu_{\text{l,Erw}}$ experim.	$\mu_{\text{l,Erw}}$ errechn.	$\mu_{\text{l,Erw}}$ experim.	$\mu_{\text{l,Erw}}$ errechn.	$\mu_{\text{l,Erw}}$ experim.
kubisch	0,48 ÷ 0,485	4,65	1	1,26	1,43	1,79	2,11	3,08	3,06
rhombisch (□-Kanal)	0,405 ÷ 0,428	2,2	1,33	1,04	1,19	1,28	1,31	1,67	1,61
rhombisch (△-Kanal)	0,404 ÷ 0,409	10,8	1	1,72	1,9	4,32	4,30	13,95	10,72
oktaedrisch	0,321 ÷ 0,33	5[a]	1,25[a]	1,23	1,33	1,90	2,19	3,39	2,34
tetraedrisch	0,294 ÷ 0,302	5[a]	1,25[a]	1,33	1,45	1,95	2,21	3,43	2,92
ungeordnet	0,37 ÷ 0,38	3,5[a]	1,2[a]		1,31		1,79		2,29

[a] Geschätzte Werte.

gestellten Prinzip benutzt, wobei jedoch eine solche Einrichtung in eine luftdichte evakuierte Kammer eingebaut wurde und die Messungen größtenteils bei Temperaturen unter dem Gefrierpunkt ausgeführt wurden (bei den Versuchen über Molekularbewegung bei $-30°$ bis $-40°$). Während die Diffusionsversuche bei normalem Luftdruck angestellt wurden, wurden bei den Versuchen über die Molekularbewegung Drucke zwischen etwa 0,03 und 0,14 mbar gewählt, bei denen der größte Wandabstand der Kugeln mit Sicherheit kleiner war als die freie Weglänge des Wasserdampfes (vgl. Tab. 5.1).

Bei den Versuchen über den Widerstand bei laminarer und turbulenzartiger Bewegung wurden die Druckdifferenzen zu beiden Seiten der luftdurchströmten Haufwerke und die Luftmenge (mittels Gasuhr) gemessen.

In Tabelle 5.6 sind die gewonnenen experimentellen Ergebnisse den theoretisch errechneten Werten gegenübergestellt. Die qualitative Übereinstimmung ist überzeugend; nicht entscheidende quantitative Unterschiede können sowohl durch unvollkommene Verifizierung der theoretischen Kugelanordnungen durch Zusammenschweißen der Schichten und der Packung der Schichten sowie durch unvermeidbare Randeinflüsse leicht erklärt werden. In jedem Fall zeigt sich, daß in Übereinstimmung mit der vorherigen Berechnung des Widerstands bei Röhren ungleichen Querschnitts der durch die Erweiterungen und Verengungen bedingte Wegfaktor $\mu_{\text{l,Erw}}$.

1. bei jeder Bewegungsart mit stärkerem Erweiterungsverhältnis $f_{\text{größt}}/f_{\text{kleinst}}$ größer wird,

2. dieser Widerstandsfaktor bei den verschiedenen Bewegungsvorgängen verschieden groß ist, wachsend in der Reihenfolge: Diffusion, Molekularbewegung, Laminarströmung.

Zum sinnfälligen Vergleich der Ergebnisse mit Bild 5.15, die für Kanäle unstetigen Querschnitts gilt, sind in Bild 5.20 die rechnerischen und experimentellen Ergebnisse dargestellt und durch mittelnde Kurven verbunden.

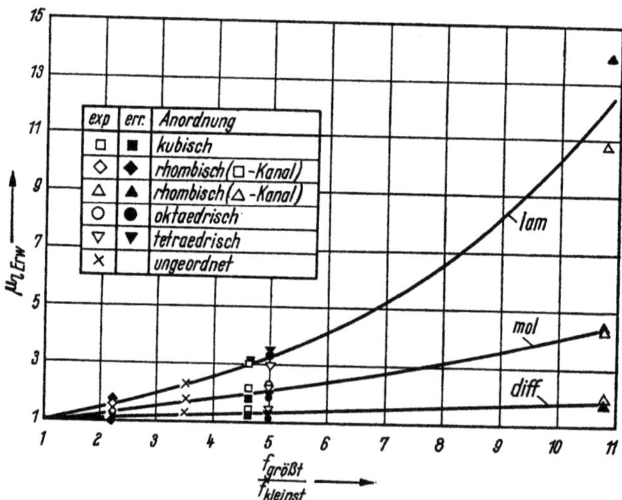

Bild 5.20. Widerstandsfaktor $\mu_{\text{l,Erw}}$ für Porenerweiterung bzw. -verengung von Kugelhaufwerken in Abhängigkeit vom Flächenverhältnis $f_{\text{größt}}/f_{\text{kleinst}}$.

Vergleicht man die Werte mit Bild 5.15, so wird der Zusammenhang qualitativ richtig wiedergegeben.

Deutlicher wird das Verhalten in Bild 5.21, in der die Widerstandszahl ζ über der *Re*-Zahl aufgetragen ist. Es ist klar ersichtlich, daß bei keinem der Haufwerke in den Versuchen eine Strömung erreicht wurde, welche eindeutig die Charakteristik der turbulenten Bewegung zeigt ($\zeta = \zeta_\infty = $ const). Berechnet man nach Gl. (5.74) die Werte für ζ_∞, so findet man für alle Haufwerke ζ_∞ zwischen 0,5 und 1,6.

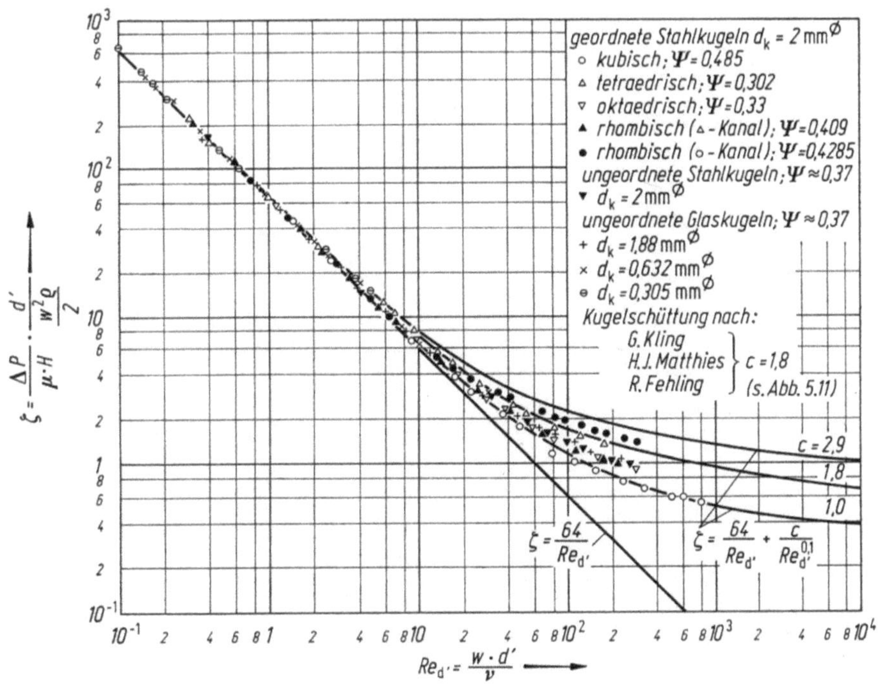

Bild 5.21. Widerstandszahl ζ in Abhängigkeit von der Reynoldsschen Zahl $Re_{d'}$.

Vergleicht man die nach Gl. (5.67) berechneten ζ_∞-Werte mit den bei $Re_{d'} = 10^4$ in den Versuchen ermittelten oder extrapolierten Widerstandszahlen:

bei kubischer Anordnung: $\zeta_\infty = 0,6$, $\zeta_{(Re=10^4)} = 0,4$,

bei rhombischer Anordnung (Δ): $\zeta_\infty = 0,47$, $\zeta_{(Re=10^4)} = 0,6$,

so muß man angesichts der Unvollkommenheit bei der Verifizierung der geometrischen Anordnung durch geschweißte Stahlkugeln und den sehr vereinfachenden Rechnungsannahmen die Abweichungen zwischen den gemessenen und berechneten Werten für ζ_∞ als nicht entscheidend betrachten. Die Rückführung des turblenzartigen Verhaltens auf den Carnotschen Stoßverlust in durchströmten Haufwerken dürfte durchaus gesichert sein.

5.8.4. Zusammenfassung und die Berechnung des Druckverlustes bei der Durchströmung von Schüttungen

Es wurde gezeigt, daß für alle Vorgänge der Stoffbewegung durch porige Güter zweckmäßigerweise mit folgendem Ansatz gerechnet wird:

$$\dot{m} = f_0 \Psi \frac{b}{\mu_1} \frac{\Delta P}{l},$$

worin ΔP den Unterschied des absoluten Druckes oder des Teildruckes, f_0 den leeren Querschnit bedeuten.

Dabei ist der Bewegungsbeiwert b für die verschiedenen Transportvorgänge Diffusion, Knudsensche Molekularbewegung und Durchströmung) jeweils verschieden anzusetzen:

$$b_{\text{diff}} = \frac{\delta}{R_{\text{D}}T} \frac{P}{P - P_{\text{D,m}}}; \qquad b_{\text{mol}} = \frac{4}{3} d \sqrt{\frac{1}{2\pi R}} \sqrt{\frac{M}{T}},$$

$$b_{\text{lam}} = \frac{d^2}{32\nu}; \qquad b = \frac{b_{\text{lam}}}{1 + \zeta_{\text{turb}}/\zeta_{\text{lam}}}$$

Zwischen dem Bewegungsbeiwert und der Widerstandszahl ζ nach der Definitionsgleichung

$$\Delta P = \zeta \frac{\mu_1 l}{d'} \cdot \frac{\varrho}{2} w^2$$

besteht der einfache Zusammenhang

$$b = \frac{2d'}{\zeta w} = \frac{2d'^2}{\zeta \nu} \cdot Re_{d'}^{-1}.$$

Es gilt dann

$$\zeta_{\text{lam}} = \frac{64}{Re_{d'}}, \qquad \zeta_{\text{turb}} = \frac{C}{Re_{d'}^{0,1}}.$$

Soweit die Bewegungsbeiwerte von einem Durchmesser abhängen, ist hier der gleichwertige Durchmesser $d' = 4V\Psi/A$ (Ψ = Porosität, A = innere Oberfläche) einzusetzen.

Für Schüttungen aus Teilchen, deren Kornoberfläche A berechenbar oder abschätzbar ist, kann ein Formfaktor K eingeführt werden, der als Verhältnis der wirklichen Kornoberfläche zur Oberfläche der volumengleichen Kugel definiert ist. Für solche Schüttungen wird der gleichwertige Rohrdurchmesser

$$d' = \frac{2}{3} \frac{\Psi}{1 - \Psi} \frac{d_{\text{k}}}{K}.$$

Die Reynoldssche Zahl Re ist mit diesem Durchmesser zu bilden

$$Re = \frac{wd'}{\nu} = \frac{w_0 \, d'}{\Psi \nu},$$

wenn w_0 die mittlere Geschwindigkeit im leer gedachten Querschnitt f_0, $w = w_0/\Psi$ die mittlere Geschwindigkeit in den Röhren vom Durchmesser d', Querschnitt f bedeutet.

Der in dem allgemeinen Ansatz für die Stoffbewegung enthaltene Wegfaktor μ_1, der das Produkt aus einem Umwegfaktor $\mu_{1,\text{Umw}}$ und einem Porenerweiterungsfaktor $\mu_{l,Erw}$ darstellt, ist, wie gezeigt wurde, in starkem Maße abhängig sowohl von dem Verhältnis der weitesten zu den engsten Querschnitten der Poren, durch welche die Stoffbewegung erfolgt, als auch von dem Gesetz der Bewegung (Diffusion, Molekularbewegung, Strömung) — um so größer werdend, je höher die Potenz ist, mit der der Bewegungsbeiwert b vom Durchmesser d' abhängt. — Einen gewissen, wenn auch sehr rohen Anhalt zur Abschätzung der μ_l-Werte für die verschiedenen Bewegungsarten liefert, falls man einen einzigen experimentellen μ_l-Wert bestimmt hat, die Beziehung

$$\mu_{l,lam} \approx \mu_{l,mol}^{1,5} \approx \mu_{l,diff}^{2,6}.$$

Es wurde gezeigt, daß das turbulenzartige Verhalten der Strömung durch porige Güter — gekennzeichnet durch die Abhängigkeit des Druckverlustes vom Quadrat der Geschwindigkeit — durch den Carnotschen Stoßverlust in den Erweiterungen der Porenquerschnitte zu erklären ist.

Bei Aufgaben der Trocknungstechnik ist oft der Druckabfall in einer Schüttung zu bestimmen, wenn die durchströmende Luftmenge durch Angabe der Geschwindigkeit w_0 (im leer gedachten Querschnitt der Schüttung) gegeben ist ($\dot{m} = f_0 w_0 \varrho$). Für diesen Fall verwendet man zweckmäßiger die Widerstandszahl ζ

$$\Delta P = \frac{\mu_l l}{\psi^2 d'} \left(\frac{64}{Re_{d'}} + \frac{C}{Re_{d'}^{0,1}} \right) \frac{\varrho}{2} w_0^2 = \zeta \frac{\mu_l l}{d'} \cdot \frac{\varrho}{2} \frac{w_0^2}{\psi^2}.$$

Im Gegensatz zum Druckabfall in rauhen Rohren, wird in dem technisch interessanten Bereich noch kein konstanter Grenzwert erreicht, was auf laminare Strömungsbereiche selbst bei hohen Re-Werten zurückgeführt wird. Dagegen erfolgt der Umschlag laminar-turbulent bei sehr viel kleineren Re-Werten als in Rohren.

5.9 Die Flüssigkeitsbewegung in porigen Gütern unter der Wirkung von Kapillarkräften (Kapillarwasserbewegung)[1]

5.9.1. Die Ursache der Flüssigkeitsbewegung

Die Bewegungsvorgänge, von denen in diesem Abschnitt gesprochen werden soll, unterscheiden sich von den bisher behandelten dadurch, daß die Druckunterschiede die wie bei allen Strömungsvorgängen die Bewegung bewirken, nicht durch äußere Kräfte hervorgerufen werden, sondern durch innere Kräfte — kapillare Zugkräfte, die sich auf Grund der Grenzflächenspannung in den Poren des Gutes zwischen Feststoff, Flüssigkeit und Gasraum einstellen. In je engeren Porenräumen die Flüssigkeit haftet, um so größer sind die kapillaren Zugkräfte in der Flüssigkeit. Diese Kräfte werden durch den Trocknungsvorgang selbst ausgelöst; denn wenn an irgendeiner Stelle des anfänglich gleichmäßig feuchten Gutes eine Trocknung erfolgt, so wird an dieser bei Verringerung des Flüssigkeitsgehaltes die verbleibende Flüssigkeit in engeren Poren haften und aus den benachbarten gröberen Poren Flüssigkeit nachsaugen.

---

[1] Dieser Abschnitt wurde von Herrn Dr. E. Sommer, Farbwerke Hoechst AG, bearbeitet.

Diese Art der Bewegung ist fast stets mit Unterschieden des Flüssigkeitsgehaltes an den verschiedenen Stellen des Gutes verknüpft, da im allgemeinen bei ungleich porigen Gütern um so gröbere Poren flüssigkeitserfüllt sind, je mehr Flüssigkeit vorhanden ist.

Sehr anschaulich tritt die Wirkung der Kapillarkräfte und die durch sie bewirkte Feuchtebewegung bei folgendem Versuch in Erscheinung: Beheizt man einen z.B. in verlöteten Metallrohren luftdicht abgeschlossenen feuchten, porigen Stoff — z.B. Sand — von der einen Seite und kühlt ihn von der anderen Seite, so stellt man stets eine gewisse Verlagerung der Feuchte nach der kalten Seite hin fest, die durch die Dampfdiffusion in den luftgefüllten Poren bewirkt wird. Das die Porenwände benetzende Wasser hat bei höherer Temperatur höheren Dampfdruck, so daß entsprechend Gl. (5.30) eine Dampfdiffusion mit dem Wärmestrom, also nach der kälteren Seite hin erfolgt. Wäre diese Bewegung allein vorhanden, so müßte sich im Endzustand alles Wasser an der kalten Seite bis zur völligen Sättigung aller Poren anreichern, während die warme Seite ganz austrocknete.

In Wirklichkeit jedoch stellt sich nach den Versuchen [5.46] ein Beharrungszustand ein, bei dem die Feuchte von der wärmeren nach der kälteren Seite hin stetig zunimmt. Bild 5.22 zeigt die Ergebnisse einiger Messungen, bei denen an Sandproben, die in Rohre von 50 cm Länge eingelötet waren, Temperaturunter-

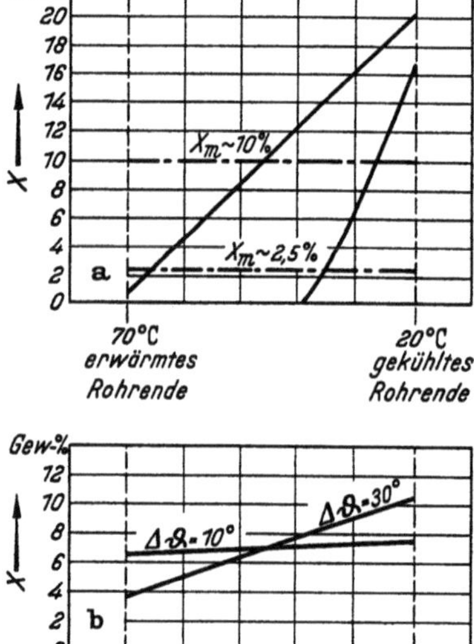

Bild 5.22a u. b. Feuchtigkeitsverteilung in feuchten Sanden unter Einwirkung eines Temperaturgefälles.
a) Korngröße 0,2 mm $\Delta\vartheta = 50°C$, Gesamtfeuchte $X_m = 10\%$ und $2,5\%$;
b) Korngröße 0,7 mm $\Delta\vartheta = 10°$ und $30°C$, Gesamtfeuchte $X_m = 7\%$.

schiede zwischen 10 und 50°C fünf Monate lang aufrechterhalten wurden. Die Tatsache, daß sich keine unstetige Feuchteverteilung mit völliger Sättigung der einen und Austrocknung der anderen Seite einstellt, kann nur durch die Wirksamkeit von kapillaren Zugkräften erklärt werden. Die Wassermenge, die dampfförmig in den luftgefüllten Poren von der warmen zur kalten Seite wandert, wird durch Kapillarkräfte, die um so größer sind, je geringer der Flüssigkeitsgehalt ist, nach der trockneren Seite hin zurückgesaugt.

Ausgelöst durch die Diffusion erzeugen also die Kapillarkräfte Druckunterschiede, d. h. Potentialunterschiede, und dadurch Flüssigkeitsbewegungen, die das durch die Diffusion entstandene Feuchtegefälle auszugleichen suchen.

5.9.2. Der Feuchteleitkoeffizient

Bei der Kapillarwasserbewegung wird, wie bei allen Strömungsvorgängen, der Flüssigkeitsstrom durch Druckunterschiede bewirkt, die durch die Kapillaren hervorgerufen werden [5.8, 5.93]. Dabei tritt eine Flüssigkeitsbewegung auf, solange die Druckverteilung von der Gleichgewichtsdruckverteilung abweicht; solange also Potentialunterschiede bestehen. Derartige Bewegungen, die durch Unterschiede eines Potentials ausgelöst werden, beschreibt man mit dem für alle Ausgleichsvorgänge üblichen Ansatz:

$$\dot{m}_W = -f k_p \varrho_W \frac{dP}{dz}. \tag{5.78}$$

Dabei bedeuten:

$\dot{m}_W$ Massenstrom,
f Querschnittsfläche des Gutes,
k_p auf den Druck bezogener Transportkoeffizient,
ϱ_W Dichte,
P wirksamer Druck in der Flüssigkeit (Abweichung vom Gleichgewichtsdruck),
z Koordinate in Bewegungsrichtung.

Man müßte also die Druckverteilung in der bewegten Flüssigkeit kennen, um mit Gl. (5.78) die Kapillarwasserbewegung beschreiben zu können. Dies ist im Hinblick auf die kapillare Flüssigkeitsbewegung in porösen Körpern im allgemeinen nicht möglich. Da derartige Bewegungen fast immer mit Änderungen des Feuchtegefälles verbunden sind, und diese die einzigen meßbaren Veränderungen sind, die bei der Kapillarwasserbewegung beobachtet werden können, kann man den für die Bewegung wirksamen Druck den Feuchtegehalt zuordnen und dadurch den Feuchteleitkoeffizienten $\varkappa$ einführen:

$$\dot{m}_W = -f\varkappa \frac{d\Gamma_W}{dz} = -f\varkappa\varrho_W \frac{d\Psi_W}{dz} = -f\varkappa\varrho_S \frac{dX}{dz}, \tag{5.79}$$

worin bedeuten

$\dot{m}_W$ die im Beharrungszustand je Zeiteinheit in Richtung z bewegte Wassermasse,
f Fläche des Gutsquerschnittes,
$\varkappa$ Feuchteleitkoeffizient (früher auch Flüssigkeitsleitkoeffizient oder kapillarer Leitkoeffizient),
Γ_W Flüssigkeitsmasse in 1 m³ Gesamtvolumen,
Ψ_W Flüssigkeitsvolumen in 1 m³ Gesamtvolumen,
X Flüssigkeitsmasse je kg trockener Substanz,
ϱ_W Dichte der Flüssigkeit,
ϱ_S Raumdichte des trockenen Stoffs.

In der Literatur wird der Flüssigkeitsgehalt eines Stoffes entweder in Volumenteilen (Ψ_W) oder in Masseteilen auf Trockensubstanz bezogen (X) oder in Masseteilen auf das Gesamtvolumen (Γ_W) angegeben. Die Umrechnung der Angaben erfolgt nach folgender Beziehung:

$$\Psi_{\mathrm{W}} = \frac{\Gamma_{\mathrm{W}}}{\varrho_{\mathrm{W}}} = X\frac{\varrho_{\mathrm{S}}}{\varrho_{\mathrm{W}}}. \tag{5.80}$$

Man muß sich bei dem Ansatz nach Gl. (5.79) von vornherein darüber klar sein, daß der hier eingeführte Feuchteleitkoeffizient $\varkappa$ niemals — auch nicht annähernd — eine nur vom Gut abhängige Konstante wie etwa der Wärmeleitkoeffizient oder der Diffusionskoeffizient sein kann, weil eine eindeutige Zuordnung zwischen dem wirksamen Druck und dem Feuchtegehalt nicht immer gegeben ist.

Ein Blick auf zwei Grenzfälle der Kapillarwasserbewegung zeigt dies deutlich:

1. Wenn alle Poren eines Stoffes, der mit einer freien Wasseroberfläche in Verbindung steht, mit Wasser gefüllt sind — d.h. unterhalb der kapillaren Steighöhe in den gröbsten Poren —, findet eine durch Verdunstung an der Gutsoberfläche hervorgerufene Wasserbewegung ohne Feuchtegefälle statt, d.h. den Druckunterschieden, die die Bewegung bewirken, steht ein konstanter Feuchtegehalt gegenüber. Eine Zuordnung ist also nicht möglich und in Gl. (5.79) wird $\varkappa = \infty$.

2. Ein Wasserfleck auf einem Löschpapier oder auf trockenem Seesand von gleichmäßiger Körnung verbreitet sich nur über einen klar abgegrenzten Bezirk, weil die kapillaren Zugkräfte der Menisken am Rand des Fleckens einander das Gleichgewicht halten. Es bestehen also keine Druckunterschiede, obwohl am Rand ein sehr großes Feuchtegefälle vorhanden ist. Eine Zuordnung von Druck- und Feuchtegefälle ist auch hier nicht möglich und in Gl. (5.79) wird $\varkappa = 0$.

Daraus folgt, daß der Feuchteleitkoeffizient in außerordentlichem Maß von der Feuchte abhängen muß und der Ansatz in Gl. (5.79) nur in bestimmten Bereichen, wenn eine eindeutige Zuordnung zwischen treibendem Potentialgefälle und Feuchtegefälle besteht, zu sinnvollen Ergebnissen führen kann.

5.9.3. Das Grundgesetz der Flüssigkeitsbewegung in einer Kapillare

5.9.3.1. Die treibende Kraft

In einer mit einem freien Wasserspiegel verbundenen zylindrischen Kapillare vom Halbmesser r, in der keine Verdunstung stattfindet, steigt bei Vernachlässigung der Luftdruckunterschiede in verschiedenen Höhen die Wassersäule um die sogenannte „kapillare Steighöhe":

$$H = \frac{2\sigma\cos\vartheta}{g\varrho_{\mathrm{W}}r}, \tag{5.81}$$

worin σ die Grenzflächenspannung des Wassers, ϑ den Randwinkel, der die Benetzbarkeit des Feststoffs kennzeichnet, g die Erdbeschleunigung und ϱ_{W} die Dichte des Wassers bedeuten. Die Zahlenwerte der Oberflächenspannung verschiedener Flüssigkeiten gegen Luft sind in Tabelle 5.7 angegeben.

Tabelle 5.7. Oberflächenspannung σ (gegen Luft) und Zähigkeit η einiger Flüssigkeiten (bei $g = 9{,}81$ m/s^2) (nach D'Ans-Lax [5.14], S. 1002ff. und 1094ff.)

Stoff	Temperatur	σ	η
÷	°C	N/m	kg m/s
Wasser	0	$75{,}7 \cdot 10^{-3}$	$179{,}1 \cdot 10^{-5}$
Wasser	20	$72{,}6 \cdot 10^{-3}$	$100{,}0 \cdot 10^{-5}$
Wasser	40	$69{,}4 \cdot 10^{-3}$	$65{,}3 \cdot 10^{-5}$
Wasser	60	$66{,}1 \cdot 10^{-3}$	$47{,}0 \cdot 10^{-5}$
Wasser	80	$62{,}5 \cdot 10^{-3}$	$35{,}7 \cdot 10^{-5}$
Wasser	100	$58{,}8 \cdot 10^{-3}$	$28{,}3 \cdot 10^{-5}$
Azeton	20	$23{,}7 \cdot 10^{-3}$	$32{,}1 \cdot 10^{-5}$
Benzol	20	$28{,}9 \cdot 10^{-3}$	$65{,}0 \cdot 10^{-5}$
Chloroform	20	$27{,}1 \cdot 10^{-3}$	$57{,}2 \cdot 10^{-5}$
Glyzerin (wasserfrei)	30	$64{,}7 \cdot 10^{-3}$	$625{,}1 \cdot 10^{-5}$
Methylalkohol	15	$23{,}0 \cdot 10^{-3}$	$62{,}5 \cdot 10^{-5}$
Naphthalin	80	$32{,}3 \cdot 10^{-3}$	$96{,}8 \cdot 10^{-5}$
Nikotin	20,5	$38{,}6 \cdot 10^{-3}$	—
Oktan	20	$31{,}1 \cdot 10^{-3}$	$54{,}0 \cdot 10^{-5}$
Olivenöl	18	$33{,}1 \cdot 10^{-3}$	—
Olivenöl	20	—	$8087 \cdot 10^{-5}$
Petroleum	0	$28{,}9 \cdot 10^{-3}$	—
Petroleum	25	$26{,}4 \cdot 10^{-3}$	—
Petroleum	50	$24{,}2 \cdot 10^{-3}$	—
Terpentinöl	18	$26{,}8 \cdot 10^{-3}$	—
Terpentinöl	20	—	$145{,}9 \cdot 10^{-5}$
Toluol	20	$27{,}4 \cdot 10^{-3}$	$58{,}6 \cdot 10^{-5}$
m-Xylol	15	$30{,}1 \cdot 10^{-3}$	$65{,}0 \cdot 10^{-5}$
m-Xylol	25	$27{,}4 \cdot 10^{-3}$	$57{,}9 \cdot 10^{-5}$
m-Xylol	30	$28{,}4 \cdot 10^{-3}$	$55{,}1 \cdot 10^{-5}$

Der Anstieg setzt einen Unterdruck P_M

$$P_M = Hg\varrho_W = \frac{2\sigma \cos \vartheta}{r} \tag{5.82}$$

im Meniskus voraus. Darin kennzeichnet $\cos \vartheta/r$ die Krümmung des Meniskus (Bild 5.23). Da der Meniskus im Gleichgewichtszustand Kugelform annimmt, weist er bei gegebenem Randwinkel seine größtmögliche Krümmung $\cos \vartheta/r$ und somit nach Gl. (5.82) den größten kapillaren Zug auf, d.h., der Meniskus ist voll ausgelastet. Dann hängt der Unterdruck P_M für eine bestimmte Flüssigkeit und gegebenen Randwinkel nur von der Kapillarweite ab; dies geht auch aus der Beobachtung hervor, daß die Tragkraft des Meniskus unabhängig ist von der Form der Wassersäule darunter (Bild 5.24). Man kann daher die oft sehr langwierige Messung der kapillaren Steighöhe ersetzen durch eine Messung des Unterdruckes, bei dem in einem kurzen Stück einer Kapillare — wie c in Bild 5.24 — der Flüssigkeitsfaden abreißt.

Bei aufsteigendem Meniskus, also beim Befeuchtungsvorgang, der nach Herstellen eines Kontaktes zwischen freier Flüssigkeit und Feststoff spontan abläuft, muß der Meniskus aus der zunächst ebenen Wasseroberfläche gebildet werden. Da dieser Vorgang immer mit Reibungserscheinungen verbunden ist, erreicht der

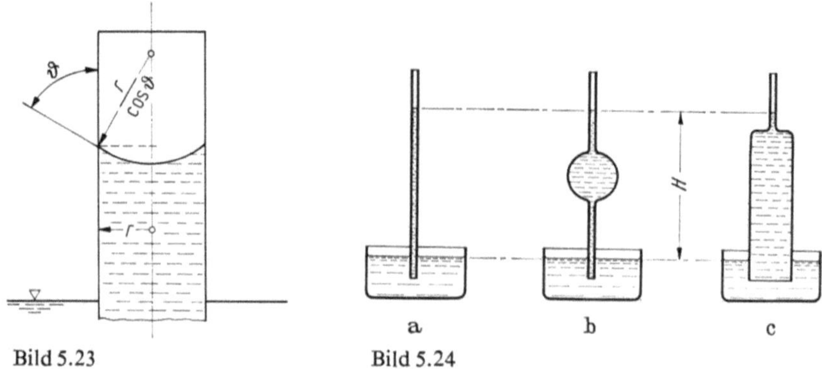

Bild 5.23   Bild 5.24

Bild 5.23. Krümmung des Meniskus.
Bild 5.24. a—c. Beweis für die Unabhängigkeit des Unterdruckes, der den Anstieg der Wasser-
säule um die Höhe H bewirkt, von der Form der Wassersäule (Formen a, b, c) unterhalb des
Meniskus.

Meniskus erst nach einer gewissen, theoretisch unendlichen, Anlaufzeit die Kugelform. Der beim Befeuchtungsvorgang wirksame kapillare Zug ist somit stets kleiner
als der maximale Zug P_M; d. h., der Meniskus ist beim Befeuchtungsvorgang *nicht
ausgelastet*. Bei der Entfeuchtung der wassergefüllten Kapillare, die durch Wärme-
und Stoffaustausch mit der Umgebung ausgelöst wird, kann man davon ausgehen,
daß der dabei langsam zurückschreitende Meniskus eine Folge von Gleichgewichts-
zuständen durchläuft. Demnach muß der Meniskus bei der Entfeuchtung im
Gegensatz zur Befeuchtung immer — also nicht nur bei reibungsfreier Bildung aus
der anfangs ebenen Wasseroberfläche — *voll ausgelastet* sein.

Neben den Reibungsvorgängen bei der Bildung des Meniskus ist die Benetzbarkeit des Feststoffs, gekennzeichnet durch den bisher als konstant angenommenen Randwinkel, für den kapillaren Zug von entscheidender Bedeutung.
Bild 5.25 zeigt die Menisken nach dem Aufstieg in unterschiedlich vorbehandelten
Glaskapillaren von 1 mm Durchmesser [5.70, 5.71].

Die Kapillare in Bild 5.25 war vor dem Versuch vollständig mit Wasser benetzt, während die Kapillare in Bild 5.25b vorher 30 h im Vakuum bei Raumtemperatur getrocknet worden war. Man erkennt, daß die getrocknete Kapillare,

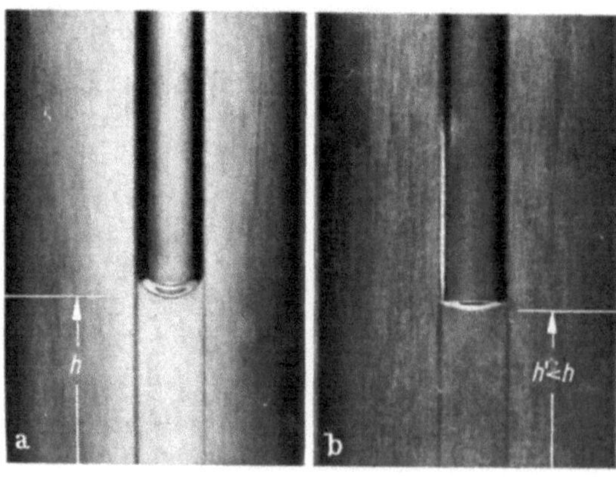

Bild 5.25a u. b. Menisken
in Glaskapillaren von 1 mm
Durchmesser.
a) benetzte Kapillare;
b) getrocknete Kapillare.

bei der sich also kein geschlossener Flüssigkeitsfilm auf der Glasoberfläche befindet; einen deutlich von Null verschiedenen Randwinkel aufweist, während die nasse Kapillare praktisch vollständig benetzt wird. Das bedeutet, daß der Randwinkel keine Stoffeigenschaft sein kann; er hängt vielmehr entscheidend von Art und Anzahl der vor der Benetzung an der Oberfläche sorbierten Moleküle, also von der Vorgeschichte, ab und wird allgemein durch jede Veränderung an der Grenzfläche des Feststoffs beeinflußt. Beim kapillaren Flüssigkeitsaufstieg findet oberhalb des Meniskus eine durch Dampfdiffusion bedingte Sorption an den anfangs trockenen Porenwänden statt. Mit abnehmender Geschwindigkeit der Menisken im Verlauf der Befeuchtung ergibt sich daher eine Änderung des Randwinkels und damit der treibenden Kraft während der Bewegung. Beim Trocknungsvorgang weist dagegen jede Porenwand an der Oberfläche der fallenden Menisken jederzeit den gleichen Benetzungszustand auf. Im Gegensatz zur Befeuchtung ist daher der Randwinkel für den gesamten Trocknungsvorgang konstant.

5.9.3.2. Der Flüssigkeitstransport in Einzelkapillaren

In einer Kapillare werden durch den kapillaren Zug am Meniskus in der Flüssigkeitssäule Druckunterschiede hervorgerufen, die — wie bei allen Strömungsvorgängen — einen Flüssigkeitstransport verursachen, bis sich an jeder Stelle des Systems der durch die Gleichgewichtsbedingungen geforderte Druck eingestellt hat. Dann sind alle treibenden Druckunterschiede in der Flüssigkeit ausgeglichen. Unter der Wirkung stationärer äußerer Kraftfelder (wie z.B. des Schwerefeldes oder des Zentrifugalfeldes in einer Zentrifuge konstanter Umlaufgeschwindigkeit) können auch im Gleichgewicht, also im Ruhezustand, örtliche Druckunterschiede bestehen. Eine Flüssigkeitsbewegung ist jedoch nur dann möglich, wenn der Druck in der Flüssigkeit vom hydrostatischen Gleichgewichtsdruck abweicht.

In einer senkrechten Kapillaren stehen im Ruhezustand der kapillare Zug P, der hier in der üblichen Weise als Unterdruck eingeführt wurde, und die Schwerkraft im Gleichgewicht. In der Flüssigkeit stellt sich dann eine lineare Druckverteilung entsprechend Bild 5.26a ein.

Befindet sich der Meniskus während des Flüssigkeitsaufstiegs zur Zeit t an der Stelle z, so stellt sich in der Flüssigkeitssäule unter der Annahme einer ausgebildeten Laminarströmung (Hagen-Poiseuillesches Gesetz) eine lineare Druckverteilung ein, die von der Druckverteilung im Gleichgewicht abweicht (Bild 5.26b). Der für die Bewegung wirksame, treibende Druck an der Stelle x ergibt sich dann

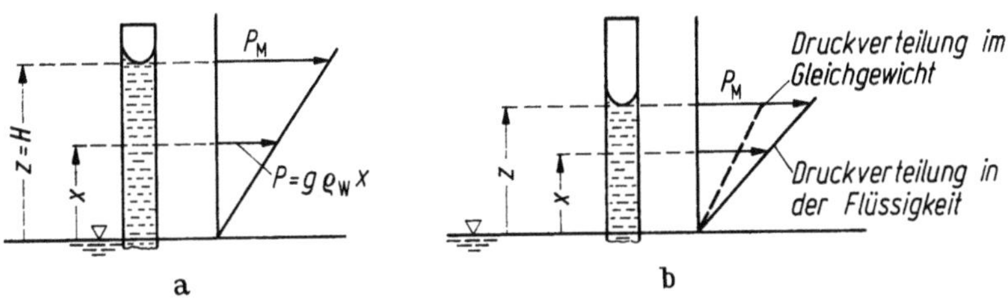

Bild 5.26a u. b. a) Druckverteilung im Ruhezustand (Gleichgewicht); b) Druckverteilung während der Bewegung.

aus der Differenz des Druckes in der Flüssigkeit und dem hydrostatischem Gleichgewichtsdruck (Bild 5.26b):

$$P - g\varrho_{\mathrm{W}}x = \frac{P_{\mathrm{M}} - g\varrho_{\mathrm{W}}z(t)}{z(t)}\, x.\tag{5.83}$$

Da der treibende Druck im Gleichgewichtszustand ebenso wie der Flüssigkeitsstrom verschwindet, ist es erlaubt, die Flüssigkeitsbewegung in der Einzelkapillare als Ausgleichsvorgang zu behandeln und der Ansatz in Gl. (5.78) anzuwenden. Beachtet man, daß der treibende Druck in Gl. (5.83) als Unterdruck eingeführt wurde, so erhält man mit Gl. (5.78) für den Volumenstrom

$$\dot{V}_{\mathrm{W}} = \frac{\dot{m}_{\mathrm{W}}}{\varrho_{\mathrm{W}}} = f \cdot k_{\mathrm{P}}\frac{P_{\mathrm{M}} - g\varrho_{\mathrm{W}}z}{z},\tag{5.84}$$

der beim kapillaren Flüssigkeitsaufstieg über die Kontinuitätsgleichung

$$\dot{V} = f \cdot \dot{z}\tag{5.85}$$

mit der Geschwindigkeit $\dot{z}$ des Meniskus zusammenhängt. Das Hagen-Poiseullesche Gesetz liefert für die Geschwindigkeit $\dot{z}$:

$$\dot{z} = \frac{r^2}{8\eta} \cdot \frac{P_{\mathrm{M}} - g\varrho_{\mathrm{W}}z}{z}.\tag{5.86}$$

Vergleicht man Gl. (5.84) unter Berücksichtigung der Gl. (5.85) mit Gl. (5.86), so wird die physikalische Bedeutung des Transportkoeffizienten k_{P} erkennbar:

$$k_{\mathrm{P}} = \frac{r^2}{8\eta}.\tag{5.87}$$

Der Transportkoeffizient k_{P} einer Kapillaren ist demnach eine Konstante, die durch den Reibungswiderstand der Flüssigkeit gekennzeichnet ist. Da sowohl der Transportkoeffizient als auch der kapillare Zug vom Kapillarradius r abhängt, besteht bei der Kapillarwasserbewegung im Gegensatz zu den Transportvorgängen bei der Wärmeleitung und Diffusion stets ein Zusammenhang zwischen der Leitzahl und der treibenden Kraft.

Findet, wie bei der Trocknung, am Meniskus eine Verdunstung statt, so trägt nur ein Teil der geförderten Wassermenge zur Bewegung des Meniskus bei, weil die Flüssigkeitsmenge $\dot{V}_{\mathrm{D}}$ verdunstet.

Es gilt:

$$\dot{V}_{\mathrm{W}} = \dot{z}f + \dot{V}_{\mathrm{D}}.\tag{5.88}$$

Mit Gl. (5.84) erhält man:

$$\dot{z} = k_{\mathrm{P}}\frac{P_{\mathrm{M}} - g\varrho_{\mathrm{W}}z}{z} - \frac{\dot{V}_{\mathrm{D}}}{f}.\tag{5.89}$$

Man erkennt, daß die kapillare Steiggeschwindigkeit $\dot{z}$ durch den Verdunstungsvorgang verringert wird. Wenn die verdunstende Wassermenge größer wird als die kapillar geförderte, tritt eine Entfeuchtung der Kapillare ein ($\dot{z} < 0$), deren Verlauf bei bekanntem $\dot{V}_{\mathrm{D}}$ aus Gl. (5.89) berechnet werden kann. Dabei zeigt sich, daß der Vorgang einem stationärem Zustand zustreben muß, bei dem die geförderte Flüssigkeitsmenge gleich der verdunstenden ist; d.h. $\dot{z} = 0$ (Gl. (5.88)).

Dann stellt sich nach Gl. (5.89) eine scheinbare Steighöhe H' ein:

$$z = H' = \frac{P_M}{g\varrho_w + \dfrac{\dot{V}_D}{k_P f}}. \qquad (5.90)$$

Der Druckverlauf im Beharrungszustand, der vom Verlauf des Gleichgewichtsdrucks abweicht, weil im Beharrungszustand das Flüssigkeitsvolumen $\dot{V}_W = \dot{V}_D$ gefördert wird, ergibt sich mit Gl. (5.90) aus Gl. (5.83).

Diese Überlegungen zeigen, daß man bei der Beschreibung der Kapillarwasserbewegung in Einzelkapillaren bei der Be- und Entfeuchtung grundsätzlich genauso vorgehen kann wie bei den Problemen der Wärmeleitung und Diffusion, wenn man von dem Ansatz in Gl. (5.78) ausgeht.

5.9.4. Die kapillare Flüssigkeitsbewegung in Porensystemen

5.9.4.1. Der Ansatz zur Beschreibung der Kapillarwasserbewegung in Porensystemen

Eine physikalische Beschreibung der Kapillarwasserbewegung in Porensystemen muß — wie bei den Bewegungsvorgängen in Einzelkapillaren (Abschn. 5.9.3.) — von den Kraftfeldern ausgehen, die durch die kapillaren Zugkräfte in der Flüssigkeit hervorgerufen werden. Die Betrachtungen an Einzelkapillaren zeigten, daß die wirksamen Kräfte entscheidend von den geometrischen Eigenschaften des betrachteten Systems abhängen. Während die Geometrie der Einzelkapillaren durch den Radius und die Länge der Kapillare bestimmt ist, sind nahezu alle technisch wichtigen Kapillarsysteme (poröse Körper) durch eine Vielzahl miteinander verbundener Poren unterschiedlicher Weite, Länge und Form gekennzeichnet. Da bei der Kapillarwasserbewegung sowohl die Kapillarkräfte als auch die Gegenkräfte (Reibungskräfte) vom Porenradius abhängen, werden in jeder der beteiligten Poren andere Kräfte wirksam, die über Querverbindungen miteinander in Wechselwirkung stehen. Das Kraftfeld, das den kapillaren Flüssigkeitstransport in derartigen Systemen verursacht, wird demnach durch das Zusammenspiel der unterschiedlichen Kräfte in den beteiligten Poren geprägt.

Wäre es möglich, die Geometrie poriger Stoffe eindeutig zu beschreiben, so könnte man daraus, wie bei den Einzelkapillaren, auf die Kräfte schließen, die den Flüssigkeitstransport bewirken. Dann könnte man bei der Beschreibung der Bewegungsvorgänge in porigen Stoffen von einem Ansatz ausgehen, der den Flüssigkeitsstrom mit dem treibenden Druckgefälle durch den Transportkoeffizienten verknüpft (vgl. Gl. (5.78))[1]. Da jedoch im allgemeinen weder die Geometrie technischer Porensysteme bestimmt werden kann noch das treibende Druckfeld in der Flüssigkeit der direkten Messung zugänglich ist, kann dieser Ansatz, der für alle durch Kapillarkräfte ausgelösten Ausgleichsvorgänge gilt, bei der Beschreibung der Kapillarwasserbewegung in porigen Stoffen nicht unmittelbar angewendet

---

[1] Ein derartiger Ansatz wurde zuerst von Buckingham [5.10] bei der Beschreibung der Flüssigkeitsbewegung im Boden angewendet (siehe dazu auch [5.56, 5.62]).

werden. Wenn man jedoch dem treibendem Druck die Feuchtegehalte zuordnen kann, kann man an Stelle des Druckgefälles die Unterschiede des Feuchtegehaltes als Ursache für die Bewegung ansehen und durch den Ansatz in Gl. (5.79) den Feuchteleitkoeffizienten $\varkappa$ einführen, der allerdings in außergewöhnlichem Maße von der Feuchte abhängt.

Wie die Überlegungen an Einzelkapillaren zeigten, wird der auf die treibenden Druckunterschiede bezogene Transportkoeffizient, der durch den allgemeingültigen Ansatz in Gl. (5.78) eingeführt wird, unter der Annahme ausgebildeter Laminarströmung allein durch die Geometrie der an dem Bewegungsvorgang beteiligten Poren und die Zähigkeit der nachströmenden Flüssigkeit bestimmt (vgl. Gl. (5.87)). Der durch die praktisch verwertbare Gl. (5.79) definierte Feuchteleitkoeffizient $\varkappa$ muß jedoch nach den obigen Überlegungen zusätzlich von dem Zusammenhang zwischen den treibenden Kräften und dem Feuchtegehalt abhängen [5.10]. Da sowohl die wirksamen Kräfte (s. Gl. (5.83)) als auch die Feuchteverteilung, die sich bei der Bewegung einstellt, durch die Schwerkraft beeinflußt wird, muß demnach der Feuchteleitkoeffizient $\varkappa$ von der Bewegungsrichtung abhängen.

5.9.4.2. Die Grundgesetze der Kapillarwasserbewegung in Porensystemen dargestellt an einem Modellkörper

Es soll versucht werden, die grundsätzlichen Zusammenhänge bei der Kapillarwasserbewegung in Porensystemen zu erklären und zu verdeutlichen, unter welchen Voraussetzungen die Bewegung in porösen Körpern mit dem Flüssigkeitsleitkoeffizienten $\varkappa$ beschrieben werden kann. Dazu ist es zweckmäßig, die Bewegungsvorgänge an einem Modellkörper zu betrachten, für den einerseits bei bekannter Geometrie die treibenden Kräfte angegeben werden können, der jedoch andererseits die im Hinblick auf die Kapillarwasserbewegung charakteristischen geometrischen Eigenschaften wirklicher poröser Körper enthält, die das Zusammenspiel der Kräfte in den Poren unterschiedlicher Weite während der Bewegung ermöglichen. Das geometrisch einfachste System, das diese Forderungen erfüllt, ist ein ebener Körper aus parallelen, zylindrischen Kapillaren verschiedener Weite, die an jeder Stelle miteinander verbunden sind (Bild 5.27). Dieser Modellkörper dient deshalb als Ausgangspunkt für die Betrachtung der Kapillarwasserbewegung in Porensystemen.

Bei der Entfeuchtung des wassergefüllten Kapillarsystems, also bei der Trocknung, bei der sich die Feuchteunterschiede langsam ändern, ist der Strömungs-

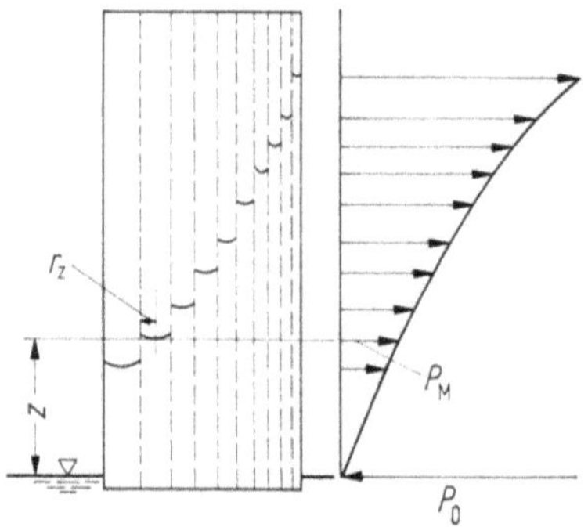

Bild 5.27. Druckverlauf in einem Modellkörper aus miteinander widerstandslos verbundenen Kapillaren unterschiedlicher Weite.

widerstand über die kurzen Querverbindungen klein gegenüber dem für die nachströmende Flüssigkeit. Bei der Entfeuchtung kann man deshalb die Querverbindungen näherungsweise als widerstandslos ansehen. Bei dem umgekehrten Vorgang, also bei der Befeuchtung, ist dies insbesondere bei den sich rasch ändernden Feuchteunterschieden am Anfang der Bewegung keinesfalls zulässig. Erst gegen Ende des Befeuchtungsvorganges kann man wieder mit widerstandslosen Querverbindungen rechnen. Die Bewegungsvorgänge in porigen Stoffen können die aus dieser Modellvorstellung abgeleiteten Beziehungen jedoch grundsätzlich nur qualitativ beschreiben, weil die geometrischen Eigenschaften des vielfältig verästelten Porensystems eines wirklichen porösen Körpers durch die geometrischen Parameter des Modellkörpers (Anzahl, Weite und Länge der Poren sowie die Art der Querverbindungen) allein nicht gekennzeichnet werden können. Daraus ergibt sich die Notwendigkeit, den Zickzackverlauf, die Verengungen und Erweiterungen sowie die unterschiedliche Form der Poren durch einen weiteren Parameter, den Widerstandsfaktor, zu berücksichtigen.

In dem ebenen Modellkörper mögen die Kapillaren so angeordnet sein, daß die Kapillarradien stetig von einem Kleinstwert r_{min} auf einen Größtwert r_{max} zunehmen (Bild 5.27). Die Zahl dn der Kapillaren vom Halbmesser r läßt sich ermitteln aus einer als bekannt vorausgesetzten Verteilungskurve $n = f(r)$, die angibt, wie viele Kapillaren von einem Halbmesser $\leq r$ im Bündel vorhanden sind, Bild 5.28. Die Feuchte bei dieser Anordnung ist bestimmt durch das Verhältnis der wassergefüllten Querschnitte zum Gesamtquerschnitt.

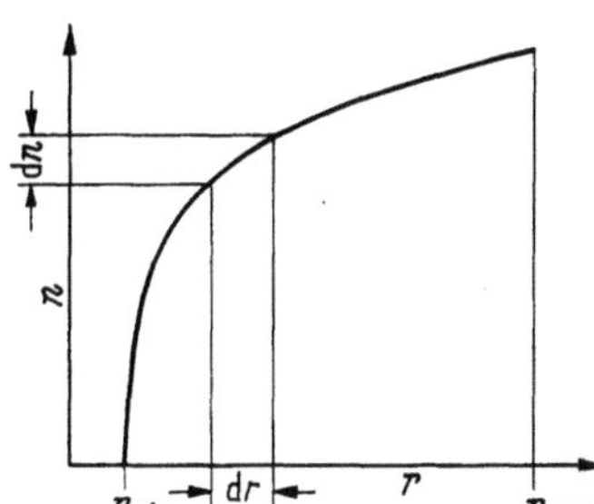

Bild 5.28. Kapillarverteilungskurve.
n = Zahl der Kapillaren, deren Halbmesser $\leq r$ ist.

Bedeutet r_z den Halbmesser derjenigen Kapillaren, deren Meniskus in dem betrachteten Querschnitt an der Stelle z liegt — als der weiteste von denen, die zum Feuchtegehalt des Querschnittes beitragen —, und wird die gesamte Querschnittsfläche des Stoffes gleich 1 m² angenommen, so beträgt der Feuchtegehalt

$$\Psi_W = \int_{r_{min}}^{r_z} r^2 \pi \, dn = \int_{r_{min}}^{r_z} r^2 \pi \frac{dn}{dr} \, dr. \tag{5.91}$$

Der Volumenstrom $\dot{V}_r$, der zur Zeit t an der Stelle z in den Kapillaren mit dem Radius r transportiert wird, läßt sich entsprechend dem Ansatz in Gl. (5.84) unter Verwendung der Gl. (5.87) bei senkrechter Bewegung[1] angeben:

$$\dot{V}_r = \pi r^2 \frac{r^2}{8\eta} \, dn \, \frac{d(P - g\varrho_W z)}{dz}. \tag{5.92}$$

---

[1] Bei geneigten Kapillaren ist die Komponente der Schwerkraft in Bewegungsrichtung zu berücksichtigen, die bei waagerechter Bewegung verschwindet.

Wenn die Querverbindungen als widerstandslos angesehen werden können, herrscht in jedem Querschnitt Druckausgleich. Dann kann man die Teilströme $\dot{V}_\mathrm{r}$ summieren und man erhält für den Flüssigkeitsstrom $\dot{V}$ im gesamten Querschnitt (1 m²):

$$\dot{V} = \int\limits_{r_\mathrm{min}}^{r_\mathrm{z}} \pi \frac{r^4}{8\eta} \frac{\mathrm{d}n}{\mathrm{d}r} \mathrm{d}r \frac{d(P - g\varrho_\mathrm{w}z)}{\mathrm{d}z}. \tag{5.93}$$

Vergleicht man Gl. (5.93) mit dem allgemeinen Ansatz in Gl. (5.78) und berücksichtigt, daß die treibende Kraft in Gl. (5.93) als Zugkraft eingeführt wurde (s. Bild 5.26), so wird die ßhysikalische Bedeutung des auf die treibenden Druckunterschiede bezogenen Transportkoeffizienten k_p erkennbar:

$$k_\mathrm{P} = \int\limits_{r_\mathrm{min}}^{r_\mathrm{z}} \pi \frac{r^4}{8\eta} \frac{\mathrm{d}n}{\mathrm{d}r} \mathrm{d}r. \tag{5.94}$$

Es zeigt sich, daß der Transportkoeffizient k_P des Kapillarenbündels wie der Flüssigkeitsleitkoeffizient der Einzelkapillare (Abschn. 5.9.3.) entscheidend durch den Widerstand der nachströmenden Flüssigkeit bestimmt wird. Da jedoch dieser Widerstand von der Anzahl und der Weite der wassergefüllten Poren abhängt, kann der Transportkoeffizient im Gegensatz zur Wärmeleitung und Diffusion grundsätzlich keine Konstante sein; er muß sich vielmehr entscheidend mit dem Feuchtegehalt ändern. Dieser Zusammenhang wird deutlich, wenn man berücksichtigt, daß der Leitkoeffizient k_P nicht nur von Stoffeigenschaften, sondern auch vom Radius r_z und damit auf Grund der Gl. (5.91) vom Feuchtegehalt abhängt. Man erkennt, daß der Transportkoeffizient beim größtmöglichen Feuchtegehalt, wenn alle Poren mit Wasser gefüllt sind ($r_\mathrm{z} = r_\mathrm{max}$), einen endlichen Grenzwert erreicht, während er bei abnehmendem Feuchtegehalt ($r_\mathrm{z} \to r_\mathrm{min}$) beliebig klein werden kann.

Im Hinblick auf die Kapillarwasserbewegung in porigen Stoffen ist es aus den eingangs genannten Gründen zweckmäßig, das Feuchtegefälle als Ursache für die Bewegung anzusehen. Dann läßt sich Gl. (5.93) in der Form

$$\dot{V} = \int\limits_{r_\mathrm{min}}^{r_\mathrm{z}} \pi \frac{\mathrm{r}^4}{8\eta} \frac{\mathrm{d}n}{\mathrm{d}r} \mathrm{d}r \frac{d(P - g\varrho_\mathrm{w}z)}{\mathrm{d}\varPsi_\mathrm{w}} \bigg|_z \frac{\mathrm{d}\varPsi_\mathrm{w}}{\mathrm{d}z} \tag{5.95}$$

schreiben. Setzt man andererseits für den Flüssigkeitsstrom gemäß Gl. (5.79) ($f = 1$ m²):

$$\dot{V} = -\varkappa \frac{\mathrm{d}\varPsi_\mathrm{w}}{\mathrm{d}z}, \tag{5.96}$$

so erhält man für den Feuchteleitkoeffizienten $\varkappa$:[1]

$$\varkappa = - \int\limits_{r_\mathrm{min}}^{r_\mathrm{z}} \pi \frac{r^4}{8\eta} \frac{\mathrm{d}n}{\mathrm{d}r} \mathrm{d}r \frac{d(P - g\varrho_\mathrm{w}z)}{\mathrm{d}\varPsi_\mathrm{w}} \bigg|_z. \tag{5.97}$$

Man erkennt, daß der Feuchteleitkoeffizient $\varkappa$ durch den Transportkoeffizient k_p (Gl. (5.94)) und den Ausdruck $d(P - g\varrho_\mathrm{w}z)/\mathrm{d}\varPsi_\mathrm{w}$, der die treibende Kraft und den

---

[1] Wollte man die Gesetze der Kapillarwasserbewegung mit denen der Wärmeleitung vergleichen, so müßte man die Gl. (5.93) als Analogon des Fourierschen Gesetzes der Wärmeleitung ansehen. Berücksichtigt man, daß dann dem Wärmeinhalt (Enthalpie) eines Körpers der Feuchtegehalt entspricht, so findet man in dem Flüssigkeitsleitkoeffizienten $\varkappa$ die analoge Größe zum Temperaturleitkoeffizienten.

Feuchtegehalt im Querschnitt verknüpft, bestimmt wird. Das bedeutet, daß der Flüssigkeitsleitkoeffizient $\varkappa$ von der Feuchte aber auch von der Bewegungsrichtung abhängen muß.

Bei widerstandslosen Querverbindungen, die bei der Herleitung der Gln. (5.93), (5.94), (5.95) und (5.97) vorausgesetzt wurden, wird der Zug P in jedem Querschnitt oberhalb der Steighöhe in der gröbsten Kapillare durch den kapillaren Zug P_M des jeweils dort liegenden Meniskus bestimmt, so daß sich der in Bild 5.27 angedeutete Druckverlauf ergibt. Für die treibende Kraft gilt dann:

$$P - g\varrho_\mathrm{w} z = P_\mathrm{M} - g\varrho_\mathrm{w} z. \tag{5.98}$$

Da der Meniskus bei der Entfeuchtung ausgelastet und der Randwinkel praktisch konstant ist, hängt der kapillare Zug P nur vom Kapillarradius ab. Es gilt:

$$P_\mathrm{M} = \frac{2\sigma_{12} \cos \vartheta}{r_\mathrm{z}}. \tag{5.99}$$

Da auch der Feuchtegehalt durch den Radius r_z bestimmt ist (Gl. (5.91)), muß dann oberhalb der Steighöhe in der gröbsten Kapillare ein eindeutiger Zusammenhang zwischen den treibenden Kräften und dem Feuchtegehalt bestehen. Bildet man die Differentiale der Gln. (5.91) und (5.98) unter Berücksichtigung der Gl. (5.97), so erhält man oberhalb der Steighöhe in der gröbsten Kapillare für die Änderung der treibenden Kraft, die mit einer Änderung des Feuchtegehalts verbunden ist:

$$\frac{d(P - g\varrho_\mathrm{w} z)}{d\varPsi_\mathrm{w}} = -\frac{\dfrac{2\sigma_{12} \cos \vartheta}{r_\mathrm{z}^2}\dfrac{dr_\mathrm{z}}{dz} + g\varrho_\mathrm{w}}{\pi r_\mathrm{z}^2 \dfrac{dn}{dr}\bigg|_{r_\mathrm{z}} \dfrac{dr_\mathrm{z}}{dz}}. \tag{5.100}$$

Dagegen tritt unterhalb der Steighöhe in der weitesten Kapillare bei maximalem Feuchtegehalt (vgl. Bild 5.27) wie bei der Flüssigkeitsbewegung in Einzelkapillaren eine zeitliche und örtliche Änderung der treibenden Kraft ohne Änderung des Feuchtegehaltes auf, d. h., $d\varPsi_\mathrm{w}$ wird in Gl. (5.100) gleich Null. Bei der Beschreibung des Transportvorganges ohne Feuchtegefälle müßte man deshalb von der ursprünglichen Gl. (5.93) ausgehen, die sich für $r_\mathrm{z} = r_\mathrm{max}$ integrieren läßt. Unter Berücksichtigung der Gl. (5.98) erhält man:

$$\dot{V} = \int\limits_{r_\mathrm{min}}^{r_\mathrm{max}} \pi \frac{r^4}{8\eta}\frac{dn}{dr}\,dr\,\frac{P_\mathrm{Mr,max} - g\varrho_\mathrm{w} z_\mathrm{r,max}}{z_\mathrm{r,max}}, \tag{5.101}$$

wobei $z_\mathrm{r,max}$ die Steighöhe zur Zeit t und $P_\mathrm{Mr,max}$ den kapillaren Zug des Meniskus in der gröbsten Kapillare bedeutet.

Mit Gl. (5.100) gewinnt man aus Gl. (5.97) schließlich den Zusammenhang zwischen dem Flüssigkeitsleitkoeffizienten $\varkappa$, den geometrischen Gegebenheiten des Kapillarenbündels und den physikalischen Eigenschaften des Systems:

$$\varkappa = \frac{\dfrac{2\sigma_{12} \cos \vartheta}{r_\mathrm{z}^2}\dfrac{dr_\mathrm{z}}{dz} + g\varrho_\mathrm{w}}{8\eta\dfrac{dr_\mathrm{z}}{dz}\,r_\mathrm{z}^2\dfrac{dn}{dr}\bigg|_{r_\mathrm{z}}} \int\limits_{r_\mathrm{min}}^{r_\mathrm{z}} r^4 \frac{dn}{dr}\,dr. \tag{5.102}$$

Man erkennt, daß der sogenannte Feuchteleitkoeffizient im allgemeinen keine Stoffeigenschaft ist, da sie auch noch von dr_z/dz, mithin vom Ort im Schwerefeld, an dem die Bewegung stattfindet, abhängt. Nur wenn die Förderung waagerecht erfolgt oder die Hebearbeit gegenüber der Reibung gering wird, gilt:

$$\varkappa = \frac{\sigma}{4\eta} \frac{\int\limits_{r_{min}}^{r_z} r^4 \frac{dn}{dr}\,dr}{\left(r^4 \frac{dn}{dr}\right)_{r,z}}. \tag{5.103}$$

Durch Gl. (5.103) ist eine Beziehung hergestellt zwischen dem Feuchteleitkoeffizienten und der Kapillarverteilungskurve $n = f(r)$ sowie dem Feuchtegehalt, der ja nach Gl. (5.91) durch r_z eindeutig bestimmt ist.

Diese Überlegungen zeigen, daß der Ansatz in Gl. (5.79) nur dann zu sinnvollen Ergebnissen führen kann, wenn eine eindeutige Zuordnung von Druckgefälle und Feuchtegefälle möglich ist. Dies ist jedoch nur dann der Fall, wenn

1. der Widerstand der Querverbindungen gegenüber dem in Bewegungsrichtung vernachlässigt werden kann, d.h., wenn in jedem Querschnitt Druckausgleich herrscht, weil in der Herleitung nur dann der Schritt nach Gl. (5.93) vollzogen werden kann;
2. der kapillare Zug P_M nur vom Kapillarradius abhängt, d.h., wenn sich die Form des Meniskus während der Bewegung nicht ändert, der Meniskus also bei konstantem Randwinkel voll ausgebildet ist, weil nur dann der Zusammenhang in Gl. (5.100) gilt.

Für die langsam verlaufenden Trocknungsvorgänge treffen diese Voraussetzungen im allgemeinen zu. Bei der Umkehrung der Entfeuchtung, also bei Befeuchtungsvorgängen, gilt dies jedoch nur gegen Ende des Vorganges, keinesfalls jedoch bei der raschen Bewegung am Anfang der Befeuchtung.

Es wäre wenig sinnvoll, die vorstehende Ableitung dazu zu benutzen, etwa für verschiedene angenommene Verteilungskurven $\varkappa = f(\Psi_W)$ auszurechnen, da die zugrunde gelegten Annahmen — nur gleichgerichtete zylindrische Kapillaren mit widerstandsloser Verbindung — so einschneidend sind, daß man wohl schwer Werte treffen würde, die sich mit Meßwerten bei wirklichen Stoffen in Verbindung bringen ließen.

Lediglich einige allgemeingültige Aussagen über die Art der Abhängigkeit des Feuchteleitkoeffizienten sollen angeführt werden:
1. Bei sehr kleinen Feuchten — wenn nur noch die feinsten Kapillaren vom Halbmesser r_{min} gefüllt sind — wird der Feuchteleitkoeffizient stets gleich Null, d.h. in Gl. (5.103) wird das Integral im Zähler gleich Null.
2. Gibt es in der Kapillarverteilungskurve Stellen, für die $dn/dr = 0$ wird, d.h. fehlen die Kapillaren eines bestimmten Halbmesserbereiches, so wird $\varkappa$ stets unendlich; in Gl. (5.103) wird also der Nennern gleich Null. Dies besagt, daß bei bestimmten Feuchten eine Strömung ohne Feuchtegefälle gewissermaßen in einem gegebenen Bündel gefüllter Kapillaren stattfindet, ebenso wie unterhalb der kapillaren Steighöhe der weitesten Porenschlote.
3. Die Feuchteleitung muß infolge der starken Abhängigkeit der Zähigkeit η von der Temperatur — die Oberflächenspannung σ ändert sich nur wenig — mit zunehmender Temperatur erheblich ansteigen. Bei Wasser von $50\,°C$ muß sie etwa doppelt so groß sein wie bei $20\,°C$.

5.9.4.3. Zur Anwendung der Gesetzmäßigkeiten auf die kapillare Flüssigkeitsbewegung in porösen Körpern

Die vorstehenden Betrachtungen der kapillaren Flüssigkeitsbewegung in Porensystemen gelten für eine Anordnung von parallel liegenden Kapillaren, bei denen die Strömung stets in der gleichen Richtung erfolgt, in der die Druckdifferenz ΔP wirkt. Bei Anwendung auf porige Güter wird man die Druckdifferenz für eine Schichtstärke Δz angeben oder messen, während der Weg, den die Flüssigkeitsteilchen zurücklegen müssen, wegen der Zickzackwege und der Verengungen und Erweiterungen des Kapillarsystems $\Delta l = \mu_{1x}\,\Delta z$, worin ist μ_{1x} nach Gl. (5.37) als Wegfaktor eingeführt werde.

Dann muß in Gl. (5.92) bei der Berechnung des Flüssigkeitsstromes in einer Kapillare des Porensystems vom Radius r an Stelle von dz die Größe $\mu_{1x}\,dz$ eingesetzt werden. Für ein Porensystem aus überall gleichgerichteten, geometrisch ähnlichen Poren unterschiedlicher Weite wäre für alle Poren des Systems der gleiche Widerstandsfaktor anzusetzen. In einer derartigen Anordnung muß der Widerstandsfaktor unabhängig von der Anzahl und Weite der am Bewegungsvorgang beteiligten Poren sein. Dann findet man entsprechend den Herleitungen in Abschn. 5.9.4.2. (Gl. (5.92) ff.) für den Flüssigkeitsleitkoeffizienten $\varkappa$ bei gegebener Porenverteilung $n = f(r)$ an Stelle der Gl. (5.102):

$$\varkappa = \frac{1}{\mu_{1,\varkappa}} \frac{\dfrac{2\sigma_{12}\cos\vartheta}{r_z^2}\dfrac{dr_z}{dz} + g\varrho_\mathrm{w}}{8\eta\,\dfrac{dr_z}{dz}\,r_z^2\,\dfrac{dn}{dr}\bigg|_{\mathrm{r,z}}} \int\limits_{r_\mathrm{min}}^{r_\mathrm{max}} r^4\,\frac{dn}{dr}\,dr. \tag{5.104}$$

Betrachtet man die Flüssigkeitsbewegung in porigen Stoffen, so kann man nur bei hinreichend gleichmäßiger Struktur des Körpers mit annähernd konstantem Widerstandsfaktor rechnen. In der Mehrzahl der Fälle wird sich der Widerstandsfaktor μ_{1x} jedoch mit der Anzahl und der Weite der an der Bewegung beteiligten Poren, d. h. mit der Feuchte, ändern.

Diese Betrachtungen zeigen, daß der Widerstandsfaktor bei der Kapillarwasserbewegung in porösen Körpern in sehr komplizierter Weise von der Porenstruktur und von der Feuchte des Körpers abhängt, so daß er letztlich für jeden Stoff aus oft recht langwierigen Versuchen bestimmt werden muß [5.45]. Deshalb soll durch die folgenden Überlegungen ein Weg aufgezeigt werden, der mit relativ geringem experimentellem Aufwand zu einer wenigstens groben Abschätzung der Größenordnung des Widerstandsfaktors μ_{1x} führt.

Der Flüssigkeitstransport wird sowohl bei der Kapillarwasserbewegung als auch bei der Durchströmung eines porösen Körpers durch Druckunterschiede in der Flüssigkeit bewirkt. Während der Strömungsvorgang bei der Kapillarwasserbewegung durch die Kapillarkräfte, d. h. durch innere Kräfte, ausgelöst wird, wird er bei der Durchströmung durch äußere Druckunterschiede erzwungen. Wenn man bei der laminaren Durchströmung eines porösen Körpers den Strömungswiderstand mit dem eines Bündels aus geraden Kapillaren vergleicht und dadurch wie bei der Kapillarwasserbewegung, einen Widerstandsfaktor $\mu_{1\mathrm{lam}}$ einführt, müßte man erwarten, daß bei der laminaren Durchströmung und bei der Kapillarwasserbewegung wenigstens näherungsweise die gleichen Widerstandsfaktoren gefunden werden. Während bei der Durchströmung infolge erzwungener Druckunterschiede stets alle Poren an der Bewegung teilnehmen, ist bei der Kapillarwasserbewegung die Anzahl und die Weite der beteiligten Poren je nach Feuchtegehalt verschieden. Das bedeutet, daß man nur dann eine annähernde Übereinstimmung der Widerstandsfaktoren erwarten kann, wenn $\mu_{1\varkappa}$ bei der Kapillarwasserbewegung weitgehend von der Feuchte unabhängig ist.

Betracht man die laminare Durchströmung eines Bündels aus geraden Kapillaren der Länge l mit bekannter Porenverteilung $n = f(r)$ und dem Gesamtquerschnitt $f = 1\ \mathrm{m}^2$, die durch die Druckdifferenz ΔP bewirkt wird und bedenkt, daß dabei alle Poren an der Bewegung teilnehmen ($r_z = r_{\max}$), so erhält man für den Flüssigkeitsstrom entsprechend Gl. (5.93):

$$\dot{V}_\mathrm{W} = \int\limits_{r_{\min}}^{r_{\max}} \pi \frac{r^4}{8\eta} \frac{\mathrm{d}n}{\mathrm{d}r}\,\mathrm{d}r\,\frac{\Delta P}{l}. \tag{5.105}$$

Berücksichtigt man bei Anwendung dieser Gleichung auf porige Stoffe die Umwege und Verengungen und Erweiterungen der Poren durch den Widerstandsfaktor $\mu_{1\mathrm{lam}}$, so lautet die Gl. (5.105):

$$\dot{V} = \frac{1}{\mu_{1\mathrm{lam}}} \int\limits_{r_{\min}}^{r_{\max}} \pi \frac{r^4}{8\eta} \frac{\mathrm{d}n}{\mathrm{d}r}\,\mathrm{d}r\,\frac{\Delta P}{l}. \tag{5.106}$$

Mit Gl. (5.106) ergibt sich die Möglichkeit, den Widerstandsfaktor $\mu_{1\mathrm{lam}}$ bei bekannter Porenverteilungskurve aus Durchströmungsversuchen durch Messung des Durchsatzes und des Druckgefälles, die mit einfachen experimentellen Mitteln durchgeführt werden können, zu bestimmen und dadurch auf Grund der vorstehenden Überlegungen einen Einblick in die Größenordnung des Widerstandsfaktors $\mu_{1\varkappa}$ bei der Kapillarwasserbewegung zu gewinnen. Dabei muß man jedoch beachten, daß der Faktor $\mu_{1\varkappa}$, der sich bei Anwendung der Gl. (5.104) auf poröse Körper ergibt, nicht nur die Abweichung des Strömungswiderstandes eines porösen Körpers von dem des Kapillarenbündels berücksichtigt. Er beinhaltet vielmehr alle Einflüsse, durch die sich die wirklichen Verhältnisse von der Modellvorstellung (Bündel aus zylindrischen Kapillaren, die an jeder Stelle miteinander verbunden sind) unterscheiden. Das bedeutet, daß man aus den Vorgängen bei der Durchströmung eines porösen Körpers nur in grober Näherung auf den Widerstandsfaktor $\mu_{1\varkappa}$ schließen kann. Dennoch kann in vielen Fällen eine derartige Abschätzung bei der Beurteilung des Verhaltens poröser Körper bei der Kapillarwasserbewegung von Nutzen sein.

5.9.5. Die Feststellung von Kapillarverteilungskurven

5.9.5.1. Aus der Dampfdruckabsenkung im hygroskopischen Bereich

Die Anwendung der aus Betrachtungen über die Kapillarwasserbewegung in Systemen von untereinander verbundenen, geraden Kapillaren von konstantem Durchmesser gewonnenen Beziehungen auf reale Trocknungsgüter mit ihrem vielfältig verästelten System von großen und kleinen Hohlräumen setzt voraus, daß eine Zuordnung von Kapillarradien zu Flüssigkeitsgehalten möglich ist, wie sie durch Gl. (5.91) eingeführt wurde.

Wenn man die Dampfdrucksenkung im hygroskopischen Bereich (s. Abschn. 3.1.) die an zahlreichen Sorptionsisothermen veranschaulicht wurde, auf die Wirkung der Kapillarkräfte zurückführen darf, so kann man aus dem Sorptionsverhalten eines Stoffes auf die bei gewissen Feuchtegehalten wirksamen Kapillardurchmesser schließen. Dann kann man an Stelle von Gl. (3.2) schreiben:

$$\varphi_z = \frac{P_D}{P_D''} = e^{-\frac{2\sigma\cos\vartheta}{r_z g \varrho_w R_D T}}. \tag{5.107}$$

Nach der hier vermittelten Modellvorstellung von geraden Kapillaren, folgt aus Gl. (5.91) für die Anzahl der Kapillaren mit dem Radius r_z:

$$\left(\frac{dn}{dr}\right)_{r,z} = \frac{1}{r_z^2 \pi} \frac{d\Psi_w}{dr_z}. \tag{5.108}$$

Setzt man Gl. (5.107) und (5.108) in Gl. (5.104) ein (für vollständige Benetzung $\vartheta = 0$ und unter Vernachlässigung der gegen das Schwerfeld der Erde zu leistenden Arbeit $\varrho_w g = 0$), so erhält man die Beziehung zur Ermittlung der Transportkoeffizienten im hygroskopischen Bereich [5.32]:

$$\mu_{1,\varkappa} \cdot \varkappa = \frac{\sigma_{12}^2}{2\eta\varrho_w R_D T \cdot \left(\varphi \cdot \frac{d\Psi_w}{d\varphi_z}\right)_{\varphi,z}} \int_{\varphi_{min}}^{\varphi_z} \frac{d\Psi_w}{d\varphi} \cdot \frac{d\varphi}{[\ln(1/\varphi)]^2}. \tag{5.109}$$

Die untere Grenze bei der Integration φ_{min} ist dadurch gegeben, daß bei kleineren Feuchten eine Kapillarwasserbewegung nicht möglich ist (s. Abschn. 6.2.). Sie entspricht etwa dem Übergang vom Langmuir - in den BET-Bereich der Sorptionsisothermen.

In Bild 5.35 sind für Gasbeton die so ermittelten Werte eingetragen.

5.9.5.2. Aus Schleuderversuchen im nichthygroskopischen Bereich

Im nichthygroskopischen Bereich kann man die äußeren Kräfte, die den inneren bei bestimmten Feuchten das Gleichgewicht halten, unmittelbar bestimmen. Zum Beispiel kann man bei plastischen Gütern den Zusammenhang zwischen Preßdruck und Feuchte feststellen, oder man kann aus Versuchen über die Feuchteverteilung in kapillarporösen Gütern beim Schleudern, wenn man die Zentrifugalkräfte, die aus Drehzahl und Achsenabstand berechnet werden können, im Falle des Gleichgewichts den Kapillarkräften gleichsetzt, einen gleichwertigen Kapillarradius ermitteln. Der Zusammenhang zwischen Feuchte und gleichwertigem Kapillarradius liefert Kapillarverteilungskurven, die zur Beurteilung des Trocknungsverhaltens von Gütern eine wichtige Grundlage darstellen können. Der Grundgedanke der Überlegungen ist folgender:

Schleudert man einen anfangs mit Wasser gesättigten porösen Körper, so wird unter der Wirkung der Zentrifugalkräfte Wasser ausgeschleudert, so daß die Feuchte der Probe mit wachsendem Abstand von der Drehachse zunimmt. Die Zentrifugalkräfte, die bei senkrechter Drehachse an der Flüssigkeitssäule angreifen, lassen sich bei konstanter Winkelgeschwindigkeit ω leicht angeben, wenn man berücksichtigt, daß die Normalbeschleunigung linear mit dem Abstand von der

Drehachse zunimmt. Bezieht man die Zentrifugalkraft auf den Querschnitt der Flüssigkeitssäule, so gilt:

$$P = \varrho_W \omega^2 \int_0^z (R_a - z)\, dz = \varrho_W \omega^2 \left(R_a z - \frac{z^2}{2} \right).$$

(5.110)

Dabei bedeutet R_a den Abstand des äußeren Probenrandes von der Drehachse und z die Längenkoordinate gezählt vom äußeren Probenrand. Wenn man vereinfachend annimmt, daß am äußeren Probenrand in den Poren keine gekrümmten Menisken auftreten — d. h., beim Ausschleudern des Wassers werden in der Oberfläche keine Kräfte wirksam —, stellen sich die Menisken in den Poren unterschiedlicher Weite im Gleichgewicht so ein, daß die kapillaren Zugkräfte den Zentrifugalkräften, die an der am Meniskus hängenden Flüssigkeitssäule angreifen, das Gleichgewicht halten. Daraus läßt sich unter Berücksichtigung der Gln. (5.82) und (5.110) der Radius r_z der Poren bestimmen, in welchem sich bei gegebener Winkelgeschwindigkeit der Meniskus im Gleichgewicht an der betrachteten Stelle z befindet. Man erhält:

$$r_z = \frac{2\sigma_{12}\cos\vartheta}{\omega^2 \varrho_W \left(R_a z - \dfrac{z^2}{2} \right)}.$$

(5.111)

Mit dem an der Stelle z gemessenen Feuchtegehalt Ψ_W läßt sich dann der Zusammenhang $\Psi_W = f(r_z)$ angeben (Bild 5.29 und 5.30).

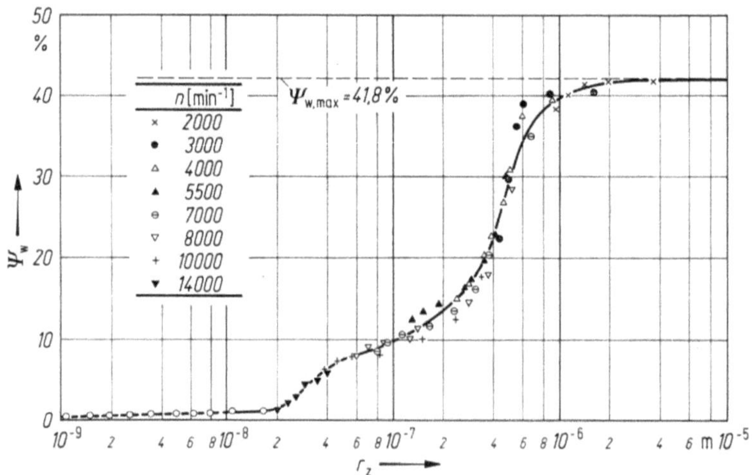

Bild 5.29. Der Zusammenhang zwischen Feuchtigkeitsgehalt und Porenradius für Ziegel.

Durch Differentiation der Gl. (5.91) erhält man

$$\frac{d\Psi_W}{dr_z} = \pi r_z^2 \frac{dn}{dr}\bigg|_{r,z}.$$

(5.112)

Man erkennt, daß sich auf Grund der Beziehung (5.112) durch Differenzieren der aus Experimenten gewonnenen Kurve $\Psi_W = f(r_z)$ ein Maß für die Anzahl der Poren vom Radius r_z ergibt, so daß man die Porenverteilungskurve angeben kann.

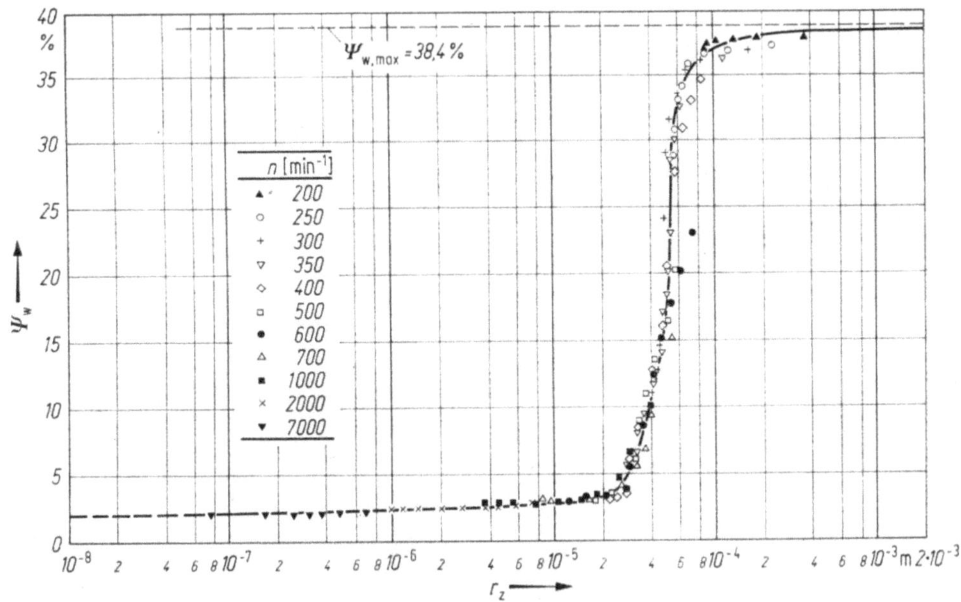

Bild 5.30. Der Zusammenhang zwischen Feuchtigkeitsgehalt und Porenradius für die Glaskugelschüttung.

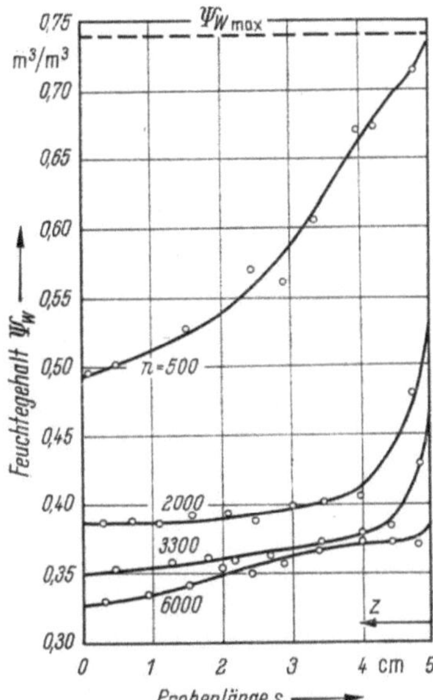

Bild 5.31. Feuchtigkeitsverteilung in Ytong-Proben ($\varrho_s = 650\,\text{kg/m}^3$).

Man bestimmt nach dem Zentrifugieren der anfangs wassergesättigten Probe mit der Winkelgeschwindigkeit ω die Verteilung des Flüssigkeitsgehaltes über die Probenlänge (s. Bilder 5.31 und 5.32). Der jeder Stelle z zuzuordnende Kapillarradius r_z läßt sich aus Gl. (5.111) berechnen. Dabei wird die Koordinate z ausgehend von der äußeren Stirnfläche der Probe gezählt.

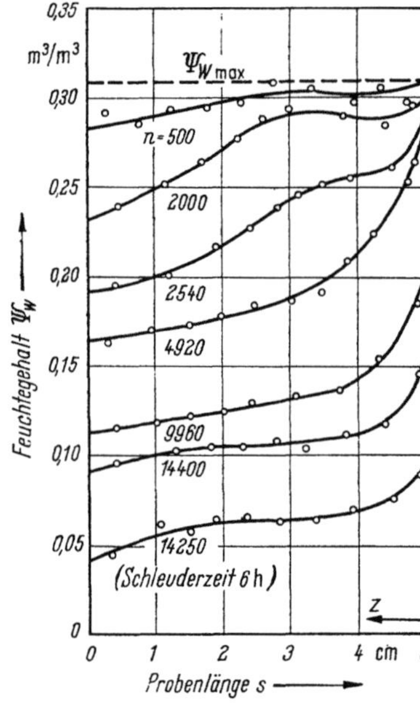

Bild 5.32. Feuchtigkeitsverteilung
in Dachziegelproben
($\varrho_s = 1880\ \mathrm{kg/m^3}$).
Zu den Bildern 5.31 und 5.32:
Aus Schleuderversuchen ermittelte
Verteilungen des Feuchtigkeitsgehaltes über der Probenlänge bei
verschiedenen Zentrifugaldrehzah-
len n.

Durch graphische Differentiation der Kurven $\Psi_{\mathrm{W}} = f(r_z)$ gewinnt man auf Grund der Beziehung (5.112) ein Maß für die Anzahl der Poren vom Radius r_z. In den Bildern 5.33 und 5.34 sind die Porenverteilungskurven in der Form $\mathrm{d}\Psi_{\mathrm{W}}/\mathrm{d}\,(\log r_z) = f(r_z)$ dargestellt. Dann muß wegen des logarithmischen Maßstabes der Abszissen die Fläche unter den Kurven unter Berücksichtigung der Maßstabsfaktoren gleich dem maximalen Feuchtegehalt sein, denn es gilt:

$$\Psi_{\mathrm{Wmax}} = \int\limits_{r_{\min}}^{r_{\max}} \frac{\mathrm{d}\Psi_{\mathrm{W}}}{\mathrm{d}\,(\log r_z)}\,\mathrm{d}\,(\log r_z). \tag{5.113}$$

Man erkennt aus den Porenverteilungskurven deutlich die Unterschiede der Porenstruktur der untersuchten Körper. Man findet bei Ziegel (Bild 5.33) im wesentlichen Poren mittlerer Weite. Für die nahezu gleichkörnige Glaskugelschüttung ($d_{\mathrm{k}} = 0{,}275\ \mathrm{mm}$) ergibt sich — wie zu erwarten war — ein scharf ausgeprägtes Maximum im Bereich gröberer Poren (Bild 5.34).

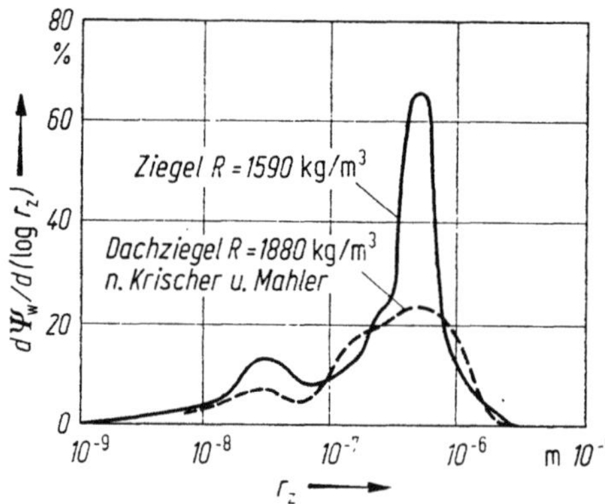

Bild 5.33. Porenverteilungskurve
für Ziegel

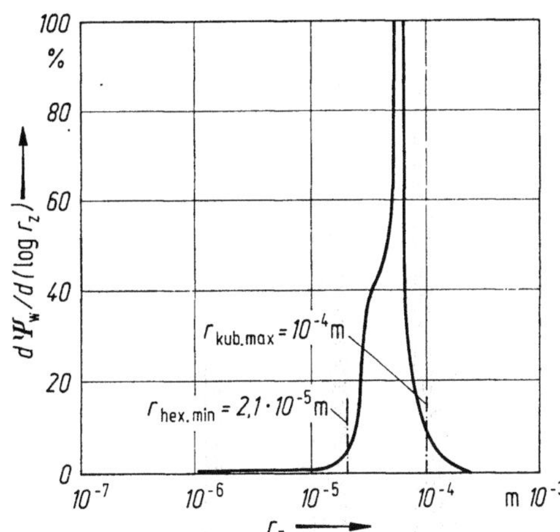

Bild 5.34. Porenverteilungskurve der Glaskugelschüttung ($d_k = 0,275$ mm).

Die Radien der engsten und weitesten Kanäle, die in einer ungeordneten Kugelschüttung zu erwarten sind, lassen sich abschätzen, wenn man die größte Kanalweite der lockersten und die kleinste Kanalweite der dichtesten, regelmäßigen Kugelpackung bestimmt. Bei regelmäßiger Kugelpackung berechnet man für den größten Porenradius bei kubischer Anordnung der Kugeln $r_{kub.max} = 0,73 \cdot d_k/2$ und für den kleinsten Radius bei hexagonaler Anordnung $r_{hex.min} = 0,155 \cdot d_k/2$ [5.53]. Für den mittleren Kugeldurchmesser $d_k = 0,275$ mm erhält man dann:

$$r_{kub.max} = 1 \cdot 10^{-4} \text{ m},$$
$$r_{hex.min} = 2,1 \cdot 10^{-5} \text{ m}.$$

Man erkennt aus Bild 5.34, daß die berechneten Grenzwerte recht gut mit der Porenverteilungskurve übereinstimmen, wenn man berücksichtigt, daß einerseits bei ungeordneten Kugelschüttungen durch Fehlstellen größere Hohlräume als bei regelmäßiger Anordnung auftreten können und andererseits bei kleinsten Feuchtegehalten, wenn nur noch die Zwickel mit Flüssigkeit gefüllt sind, kleinere Kapillarradien als $r_{hex.min}$ wirksam werden müssen.

Ein Beweis dafür, daß die vorstehend entwickelten Zusammenhänge die beim Vergleich verschiedener kapillarporöser Stoffe wesentlichen Zusammenhänge zwischen inneren Kräften und Feuchtegehalt richtig treffen, ergibt sich aus folgendem: Nach der Theorie muß zwischen zwei im Berührungskontakt stehenden Stoffen, bei denen die in der Flüssigkeit wirksamen Kräfte gleich groß sind, Gleichgewicht bestehen. Aus Bild 5.35 ergibt sich, daß, wenn man z.B. Porenbeton Ytong von einem Feuchtegehalt $\Psi_W = 0,38$ mit einem Dachziegel von $\Psi_W = 0,24$ in Kontakt bringt, keine Flüssigkeitsbewegung möglich sein darf, weil für beide der die Zugspannung in der Flüssigkeit bestimmende „Grenzradius" $r_z = 10^{-4}$ cm der gleiche ist. Die Versuche (Mahler [5.45]) beweisen diese These. Im Gleichgewicht zwischen Ziegel und Ytong fand sich der in Bild 5.36 dargestellte Zusammenhang. Außer dem Beweis für die These, daß der aus Schleuderversuchen gewonnene Zusammenhang zwischen Feuchtegehalt und Zugkräften in den Kapillaren — ausgedrückt durch den „Grenzradius" r_z — die physikalischen Gegebenheiten gut trifft, gibt Bild 5.36 deutlich Auskunft über die unterschiedlichen Kapil-

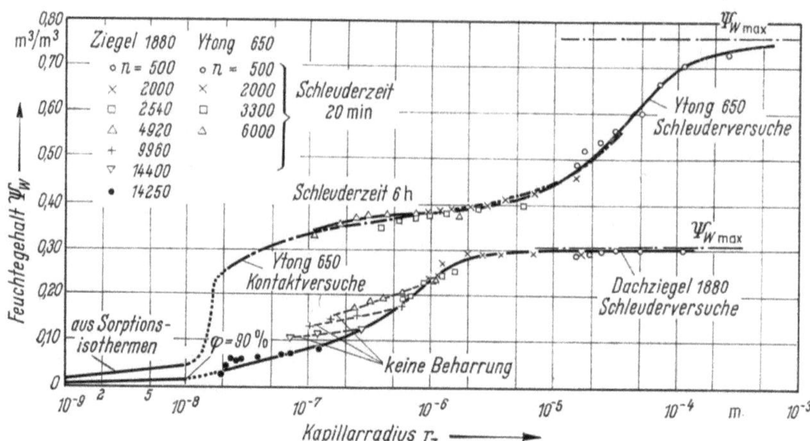

Bild 5.35. Die Abhängigkeit des Feuchtigkeitsgehaltes Ψ_W vom Kapillarhalbmesser r_g für Ytong ($\varrho_s = 650$ kg/m³) und Dachziegel ($\varrho_s = 1\,880$ kg/m³).

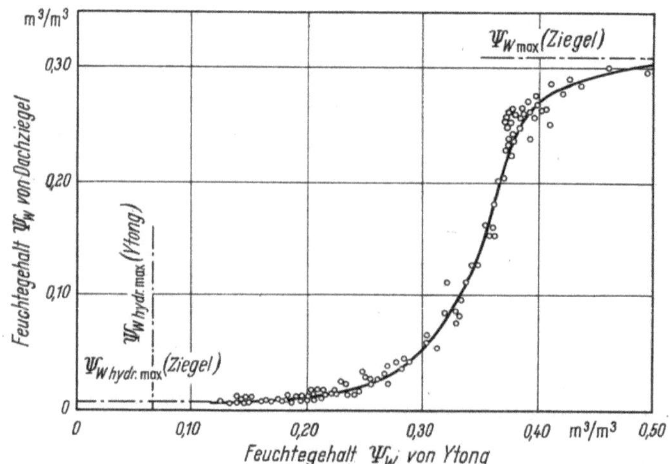

Bild 5.36. Aus Kontaktversuchen gewonnene Zuordnung des Feuchtigkeitsgehaltes Ψ_W von Dachziegel ($\varrho_s = 1\,880$ kg/m³) und Ytong ($\varrho_s = 650$ kg/m³).

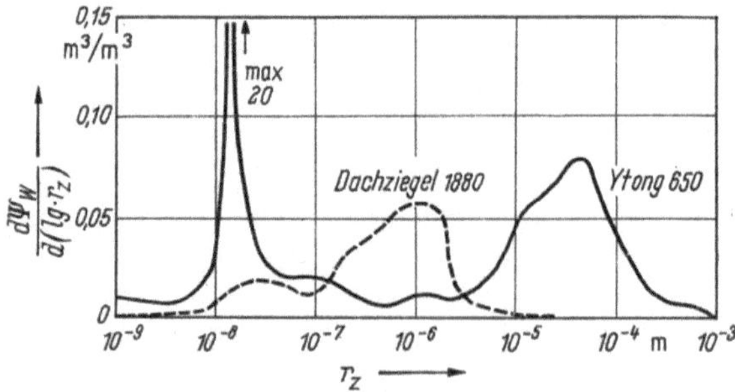

Bild 5.37. Kapillarverteilungskurven für Dachziegel (Raumgewicht $\varrho_s = 1\,880$ kg/m³) und Ytong ($\varrho_s = 650$ kg/m³).

larsysteme von Ziegel und Gasbeton. Die wassergefüllten Poren des Gasbetons bei $\Psi_w = 30$ Vol.-% stehen im Gleichgewicht mit den wassergefüllten Poren des Ziegels bei etwa 5%. Sie haben also den gleichen „Grenzradius". Folglich muß die Zahl der Poren unterhalb des „Grenzradius" r_z bei Gasbeton sehr viel größer sein als bei Ziegel. Drastischer geht diese Aussage aus der Kapillarverteilungskurve von Bild 5.37 hervor. Wenn man einen geeigneten Testkörper von bekannter Kapillarverteilungskurve hätte, so könnte man die Kapillarverteilungskurven anderer Körper in einfachster Weise durch Beobachtung der Gleichgewichtsfeuchten bei Kontaktversuchen ermitteln.

5.9.6. Bestimmung des Feuchteleitkoeffizienten

5.9.6.1. Im Beharrungszustand der Kapillarwasserbewegung

Aus der Kapillarwasserbewegung im Beharrungszustand, läßt sich bei überhygroskopischen Feuchten und Temperaturgleichheit in den Proben, also bei reiner Flüssigkeitsleitung, der Feuchteleitkoeffizient $\varkappa$ besonders einfach bestimmen, weil zur Auswertung der Gl. (5.79), die diesen Bewegungsvorgang beschreibt, lediglich die im Beharrungszustand transportierte Flüssigkeitsmenge und die Feuchteverteilung gemessen werden müssen. Dazu werden waagerechte Proben auf der einen Stirnseite meßbare Mengen destillierten Wassers zugegeben, die auf der gegenüberliegenden Seite von einem konditionierten Luftstrom aufgenommen wurden. Die Wasserzufuhr wurde durch unterschiedliche Filter, die an der mit Wasser benetzten Stirnseite der Probe angebracht wurden, mehr oder weniger gedrosselt, so daß der mittlere Feuchtegehalt der Probe im Beharrungszustand in einem weiten Bereich geändert werden konnte. Nach Erreichen des Beharrungszustandes konnte die Flüssigkeitsmenge $\dot{m}_w$ gemessen und die Feuchteverteilung durch Zerteilen und Trocknen der Probe bestimmt werden. Die Versuchspunkte wurden durch eine vermittelnde Kurve verbunden, aus deren Differentiation die $\varkappa$-Werte durch Auswertung der Gl. (5.79) gewonnen werden konnten. Die Ergebnisse der Versuche sind in den Bildern 5.38, 5.39 und 5.40 angegeben [5.70, 5.71].

Bild 5.41 zeigt die Feuchteverteilung in einer waagerechten Säule aus nicht gewaschenem Sand, die in etwa 18 cm Höhe — also oberhalb der Steighöhe der groben Kapillaren — von einer senkrechten Säule abzweigte. Im waagerechten Ast sind lediglich Reibungswiderstände zu überwinden. Dementsprechend ist das Feuchtegefälle im waagerechten Teil zwischen 20 und 60 cm Förderweg erheblich geringer als im senkrechten Teil. Auffällig ist der ziemlich steile Abfall der Kurve bei Feuchten unter etwa 2%. Die letzten 4 cm der Säule waren praktisch trocken.

Da sich der Einfluß der Schwere noch etwas über das Knie der Versuchssäule hinaus erstrecken kann, wurde die Auswertung erst 4 cm hinter der Umlenkung begonnen. Der Verlauf der Kurve bei niedrigstem Feuchtegehalt erscheint unsicher, da bei Feuchten von der Größenordnung der Porigkeit des einzelnen Korns ($\approx 0,7$ Vol.-%) eine Unstetigkeit zu erwarten ist.

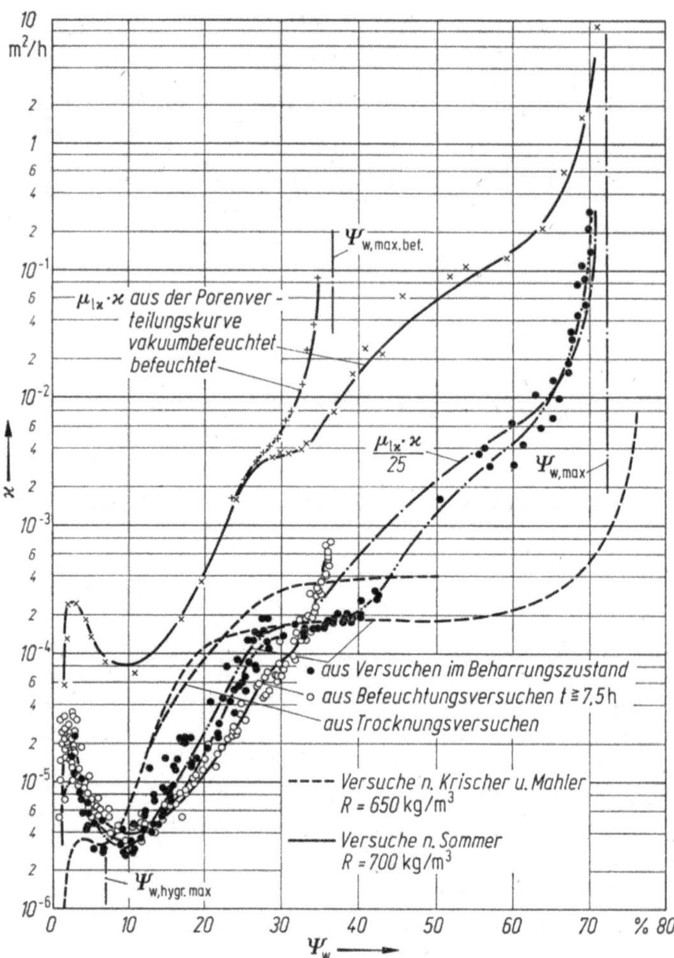

Bild 5.38. Feuchteleitkoeffizienten für Gasbeton (20 °C).

Bild 5.42 zeigt deutlich, in welch außerordentlichem Maße der Feuchteleitkoeffizient von der Höhe der Feuchte abhängig ist und daß er in der Nähe des
Feuchtegehaltes Null gegen Null geht. Diese Abhängigkeit, die alle Stoffe bei
kapillarer Feuchtebewegung zeigen müssen, ist für den Trocknungsvorgang von
entscheidendem Einfluß.

Versuche im Beharrungszustand sind, wenn man die Feuchteverteilung nur
durch Gutszerstörung und abschnittsweise Feuchtebestimmung durchführen kann,
sehr zeitraubend. Wesentlich für die Möglichkeit von Reihenversuchen ist die abschnittsweise Messung des Feuchtegehaltes ohne Zerstörung der Versuchskörper.
In einer Untersuchung von Mahler [5.45] an kurzen Stücken (etwa 5 cm lang) von
festen Probekörpern wurde der Feuchtegehalt abschnittsweise durch Messung der
Dielektrizitätskonstante bestimmt.

Zylindrische Proben aus Dachziegel und Gasbeton (Ytong) wurden gemäß Bild 5.43 auf ihren Mantelflächen mit einer Silberschicht versehen. Diese Schicht bildete die Belegung des Kondensators; der feuchte Stoff zwischen den Belägen war das Dielektrikum. Auf der einen Seite war die Kontaktfläche 44,5 mm hoch. Ihr gegenüber lagen 10 Kontaktstreifen von je 4 mm Höhe mit Zwischenräumen von 0,5 mm.

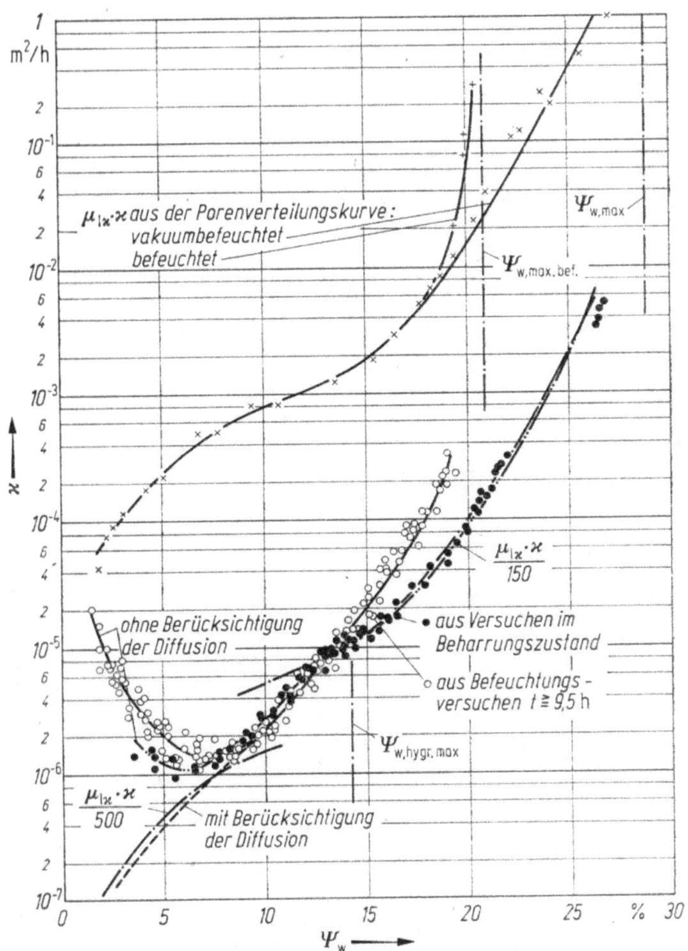

Bild 5.39. Feuchteleitkoffizienten für Kalksandstein (20 °C).

Durch eine geeignete Schaltung war es bei Anlegen einer hochfrequenten Wechselspannung an die beiden Seiten der Belegung möglich, die Dielektrizitätskonstante für die 10 Abschnitte zu messen. Aus ihr konnte vermittels einer Eichkurve der mittlere Feuchtegehalt eines jeden der 10 Abschnitte bestimmt werden.

In einer Apparatur, bei der die Oberflächen der Versuchsproben von einem

Luftstrom von konstanter Temperatur und Feuchte bestrichen wurden, konnte die durch eine Probe wandernde Feuchtemenge unter gleichzeitiger Messung der Feuchteverteilung in der Probe gemessen werden, so daß der Feuchteleitkoeffizient $\varkappa$ wieder nach Gl. (5.79) bestimmt werden konnte.

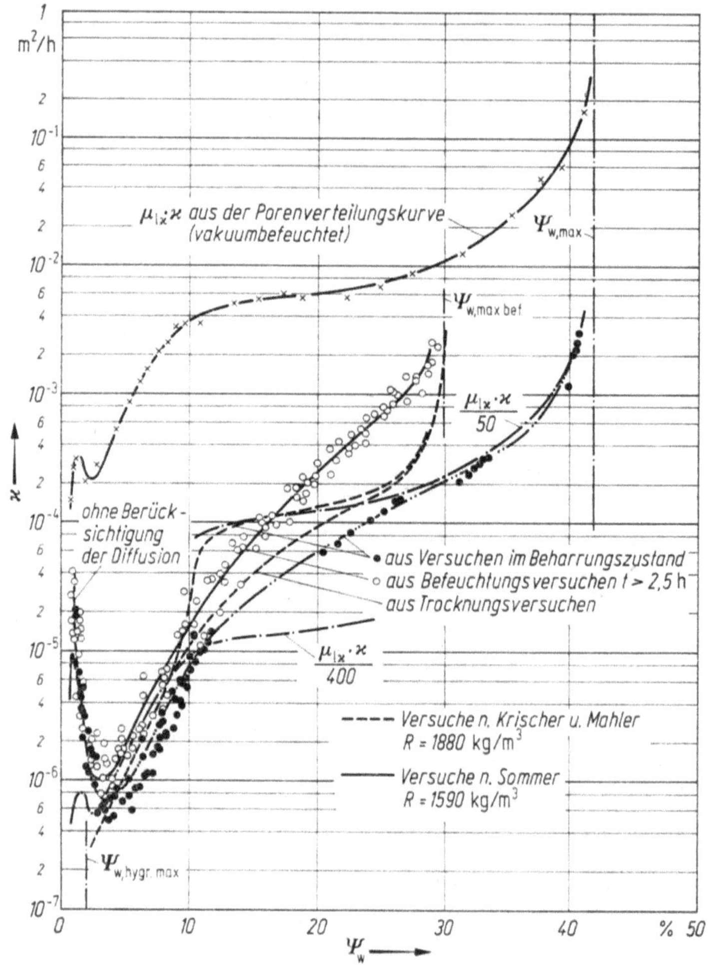

Bild 5.40. Feuchteleitkoeffizienten für Ziegel (20 °C).

Das Ergebnis dieser Untersuchung ist in den Bildern 5.44 und 5.45 in den ausgezogenen Kurven wiedergegeben. Als wesentliche Merkmale des Flüssigkeitsleitkoeffizienten erkennt man, daß er — durchaus in Einklang mit der vorher mitgeteilten Theorie (Abschn. 5.9.4.) — bei großen Feuchten gegen Unendlich geht, bei kleinsten gegen Null. Dazwischen ist der Verlauf von der Kapillarverteilungskurve bestimmt.

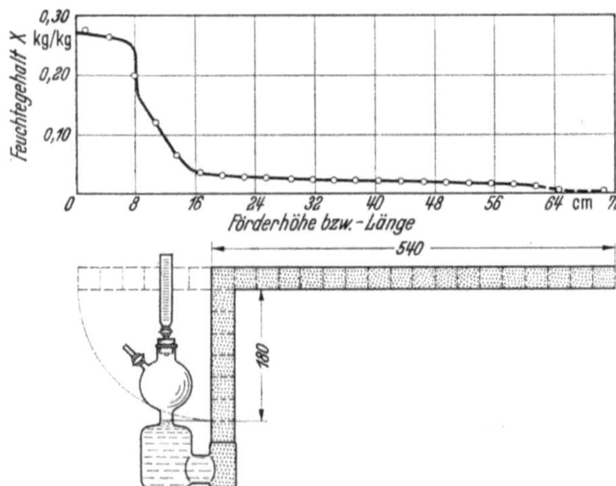

Bild 5.41. Feuchtigkeitsverteilung in einer waagerechten offenen Säule aus nicht gewaschenem Quarzitsand. Mittlere Korngröße 0,72 mm, verdunstende Wassermenge $\dot{m} = 0{,}01114\ \mathrm{kg/m^2h}$.

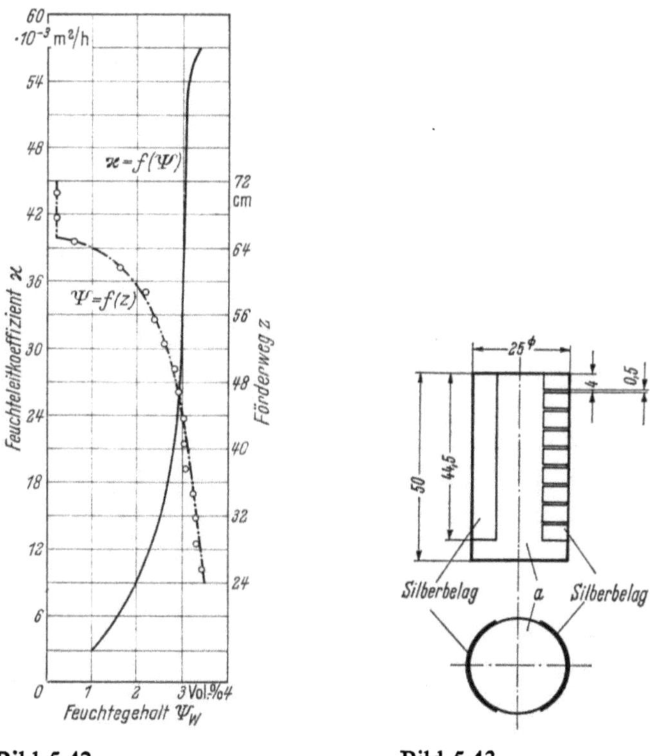

Bild 5.42   Bild 5.43

Bild 5.42. Feuchteleitkoeffizienten $\varkappa$ in Abhängigkeit von dem Feuchtigkeitsgehalt Ψ_W für die waagerechte Versuchssäule nach Bild 5.41.

Bild 5.43. Abmessungen der Proben für die Kapazitätsmessungen. Maßangaben in mm.
a Probekörper.

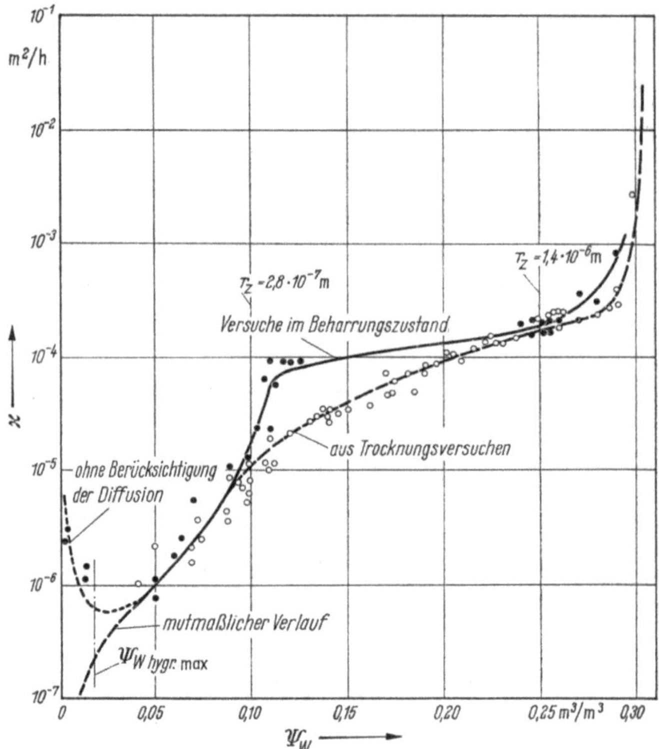

Bild 5.44. Verlauf für Dachziegel ($\varrho_s = 1\,880$ kg/m³).

5.9.6.2. Aus Trocknungsversuchen im nichthygroskopischen Bereich

Bei der Lufttrocknung unter konstanten äußeren Bedingungen diffundiert der
Dampf von der Oberfläche in den Luftstrom, während die Wärme aus dem Luftstrom durch Wärmeübergang an das Gut übergeht. Zunächst — solange die kapillaren Kräfte ausreichen, die Flüssigkeit aus dem Gutsinnern an die Oberfläche
heranzuführen — findet dieser Austausch nur an der Oberfläche statt. Im Gutsinnern stellt sich eine konstante Temperatur ein. Später, wenn die Oberfläche aus-
trocknet, wandert der „Trockenspiegel", an dem der Wärme- und Stoffaustausch
erfolgt, ins Gutsinnere. Aber unterhalb des Trocknungsspiegels kann man stets
näherungsweise konstante Temperatur im Gutsinnern annehmen.

Dann muß also im feuchten Teil des Gutes — soweit nicht durch hygroskopisches Verhalten Dampfdruckunterschiede bewirkt werden — überall gleicher Dampfdruck angenommen werden, so daß eine Stoffbewegung nur in der flüssigen Phase
möglich ist. Für diesen Fall lassen sich aus den zeitlichen und örtlichen Änderungen
des Feuchtegehaltes an jeder Stelle Feuchteleitkoeffizienten berechnen.

Bei der Untersuchung Mahlers, in der die Messung der örtlichen Feuchteverteilung ohne Zerstörung der Proben möglich war, wurden auch Versuche zur
Bestimmung von $\varkappa$ aus den Feuchtefeldern beim Trocknen durchgeführt.

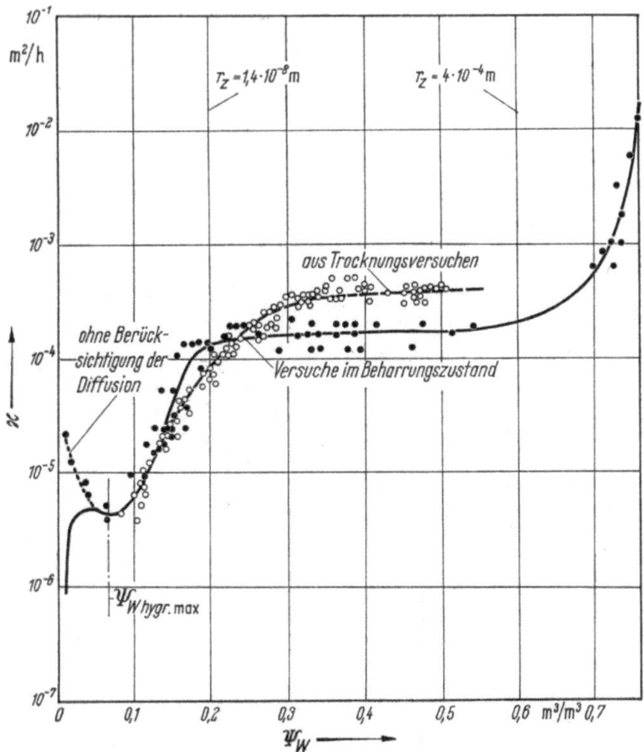

Bild 5.45. Verlauf für Ytong (ϱ_s = 650 kg/m³).
Zu den Bildern 5.44 und 5.45.: Abhängigkeit der Feuchteleitkoeffizienten $\varkappa$ vom Feuchtigkeitsgehalt Ψ_W (bei 25 °C). Kreise: Meßwerte aus Trocknungsversuchen; Punkte: Meßwerte aus Versuchen im Beharrungszustand.

Bild 5.46a und b zeigt zwei Beispiele solcher Feuchtefelder bei Trocknungsversuchen an Dachziegelproben (a) und Gasbetonproben (b).

Für jede Stelle z gilt entsprechend Gl. (5.79) für die dort zur Zeit t transportierte Flüssigkeitsmenge:

$$\dot{m}_W = -f\varkappa \frac{\partial \Gamma_W}{\partial z} . \tag{5.114}$$

Sie stammt aus der Abnahme des Feuchtegehaltes der gesamten Gutsschicht von 0 bis z während des Zeitelementes dt. Also gilt auch:

$$\dot{m}_W = -f \int_0^z \frac{\partial \Gamma_W}{\partial t}\, dz. \tag{5.115}$$

Man erhält:

$$\varkappa = \frac{1}{\left(\dfrac{\partial \Gamma_W}{\partial z}\right)_z} \int_0^z \frac{\partial \Gamma_W}{\partial t}\, dz. \tag{5.116}$$

Die Ergebnisse der nach dieser Gleichung ausgewerteten Trocknungsversuche sind in den Bildern 5.44 und 5.45, durch Kreise gekennzeichnet, den aus Beharrungsversuchen gewonnenen $\varkappa$-Werten für Dachziegel und Porenbeton (Vollkreise) gegenübergestellt. Man erkennt, im ganzen gesehen, eine recht gute Übereinstimmung zwischen den Ergebnissen der verschiedenen Meßverfahren (s. a. [5.12, 5.27]).

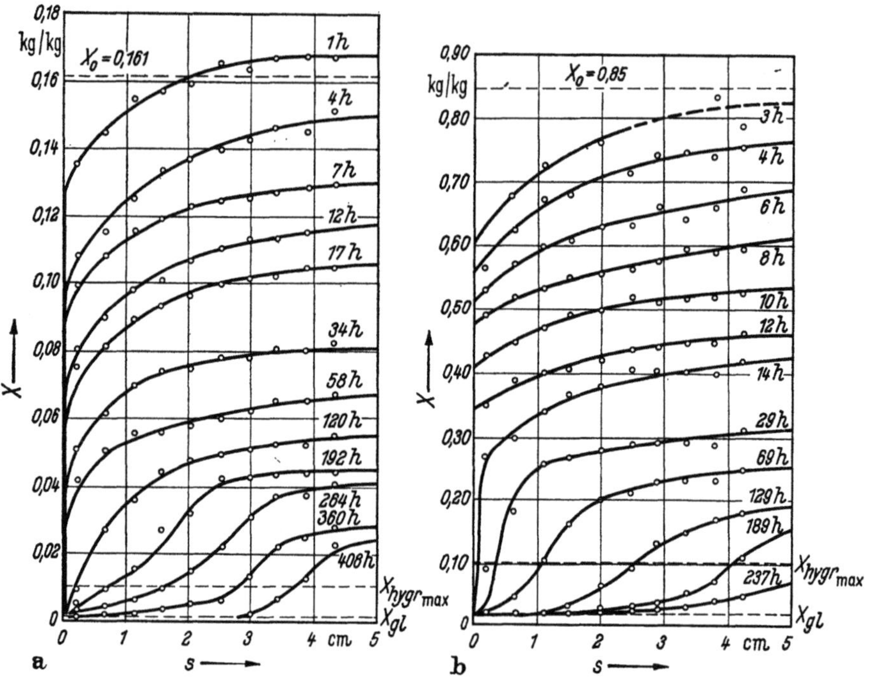

Bild 5.46a u. b. Feuchtigkeitsverteilung beim Trocknen von a) Dachziegel, b) Ytong zu verschiedenen Trocknungszeiten. X_0 Mittlerer Feuchtigkeitsgehalt zu Beginn der Trocknung.

5.9.6.3. Aus Befeuchtungsversuchen

Dazu wurden Befeuchtungsversuche an verschiedenen Stoffen wie Gasbeton, Kalkstein und Ziegel durchgeführt und die Messungen von Cammerer und Heizmann an senkrechten Glaskugelschüttungen ausgewertet. Die waagerechten, vorher getrockneten Versuchsstäbe wurden — eingebaut in ein geschlossenes Rohr — an der Stirnseite mit temperiertem Wasser berieselt. Die Feuchteverteilung über der Probenlänge wurde in Abhängigkeit von der Befeuchtungszeit durch Zerteilen und anschließendes Trocknen bestimmt.

Die bei den Befeuchtungsversuchen gemessenen Feuchteverteilungen über der Probenlänge z sind in den Bildern 5.47 und 5.48 in Abhängigkeit von der Befeuchtungszeit t dargestellt. Dabei fällt auf, daß die maximale Befeuchtung beim Berieseln an der Stirnfläche ($z = 0$) erheblich kleiner ist als die maximal mögliche Feuchte X_{max}, der aus Befeuchtungsversuchen im Vakuum bestimmt wird. Diese Erscheinung kann man dadurch erklären, daß beim Befeuchten eines ungleichporigen Stoffes zunächst nicht alle Poren gefüllt werden. Aufschlüsse über die beteiligten Poren gewinnt man aus der Porenverteilungskurve. Dazu wurden Proben untersucht, die 48 h an der Stirnseite mit Wasser benetzt worden waren. Der Ver-

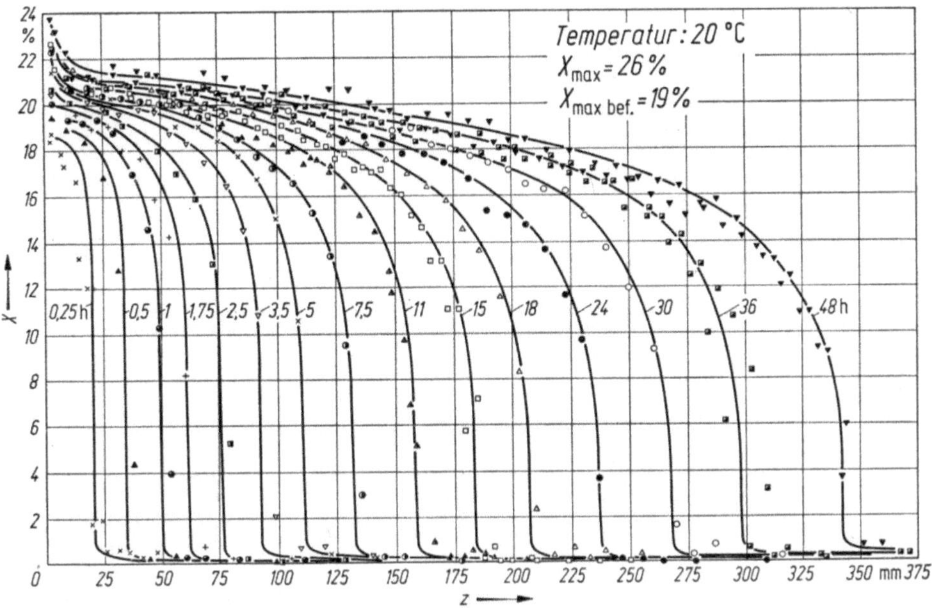

Bild 5.47. Feuchtigkeitsverteilung bei der Beleuchtung von Ziegel.

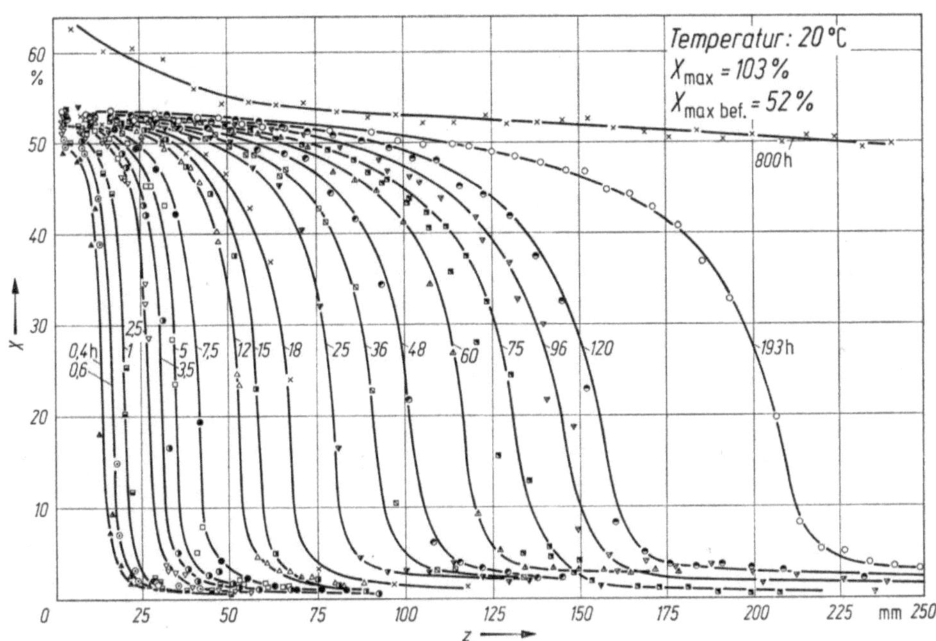

Bild 5.48. Feuchtigkeitsverteilung bei der Befeuchtung von Gasbeton.

lauf der daraus gewonnenen Verteilungskurven beweist, daß für die Befeuchtung durch Kapillarkräfte zunächst nur die feineren Poren wirksam werden, für die jeweils ein ausgeprägtes Maximum sichtbar wird (Bild 5.33).

Die Bestimmungsgleichung für den Feuchteleitkoeffizienten $\varkappa$ aus den Feuchtefeldern bei der Befeuchtung läßt sich entsprechend Gl. (5.116) herleiten, wenn man berücksichtigt, daß die an der Stelle z transportierte Flüssigkeitsmenge zur Feuchte der gesamten Gutsschicht von z bis ∞ beträgt. Man erhält dann im nichthygroskopischen Bereich:

$$\varkappa = \frac{1}{\left.\dfrac{\partial X}{\partial z}\right|_z} \int\limits_z^\infty \frac{\partial X}{\delta t}\,\mathrm{d}z. \tag{5.117}$$

5.9.6.4. Aus der Kapillarverteilungskurve

Nach Gl. (5.104) kann man bei Kenntnis der Kapillarverteilunsgkurve und des Wegfaktors $\mu_{1\varkappa}$ auf die kapillare Leitfähigkeit $\varkappa$ schließen. Für eine Vorausabschätzung bietet die mangelnde Kenntnis des Wegfaktors $\mu_{1\varkappa}$ die größte Schwierigkeit.

Daher wurden für diejenigen Stoffe, für welche der kapillare Flüssigkeitsleitkoeffizient $\varkappa$ aus anderen Versuchen bekannt war, auch die Kapillarverteilungskurven aufgenommen und aus ihnen das Produkt $\mu_{1\varkappa}\,\varkappa$ nach Gl. (5.104) bestimmt.

In Bild 5.49 sind für die drei näher untersuchten Stoffe (Quarzitsand 0,72 mm Korndurchmesser, Dachziegel und Porenbeton Ytong) die Ergebnisse aufgezeichnet und mit den gemessenen $\varkappa$-Werten verglichen.

Der Vergleich zeigt, daß $\varkappa$ und $\mu_{1\varkappa}\,\varkappa$ im wesentlichen die gleiche Tendenz zeigen und in der logarithmischen Darstellung in grober Näherung äquidistant sind (abgesehen von Dachziegel im Bereich kleiner Feuchtegehalte). Mit anderen Worten besagt dies, daß die Größe $\mu_{1\varkappa}$, soweit die Kurven etwa äquidistant sind, in grober Näherung als konstant angesehen werden kann.

Wenn man für die einzelnen Stoffe im Mittel folgende Werte

$$\begin{aligned}
&\text{für Sand} && \mu_{1\varkappa} \approx 7{,}5 \\
&\text{für Gasbeton Ytong} && \mu_{1\varkappa} \approx 15, && \varrho_\mathrm{S} = 650 \\
&\text{für Dachziegel} && \mu_{1\varkappa} \approx 250, && \varrho_\mathrm{S} = 1880
\end{aligned}$$

ansetzt, so decken sich die aus Schleuderversuchen gewonnenen Kurven

$$\frac{\mu_{1\varkappa}\,\varkappa}{\mu_{1\varkappa}}$$

im wesentlichen mit den experimentell festgestellten Kurven der $\varkappa$-Werte.

Bei Dachziegel müßten im Bereich kleiner Feuchten noch erheblich größere Werte $\mu_{1\varkappa}$ (bis zu etwa 2500) angenommen werden, um die Kurven zur Deckung zu bringen.

Nach den allgemeinen Erkenntnissen über die Wegfaktoren, die oben hergeleitet wurden, deutet dies darauf hin, daß bei der Kapillarwasserbewegung durch die Poren das Flächenerweiterungsverhältnis $f_{\text{größt}}/f_{\text{kleinst}}$ der Porenkanäle bei einem so dichten — durch das Brennen teilweise gesinterten — Stoff wie Dachziegel sehr viel größer ist als bei Sand, bei dem die Bewegung des Kapillarwassers im wesentlichen an der rauhen und zerklüfteten Oberfläche der Körner erfolgt. Es erscheint vor weiteren prinzipiellen Untersuchungen nicht möglich, präzisere Begründungen für den Sachverhalt anzugeben.

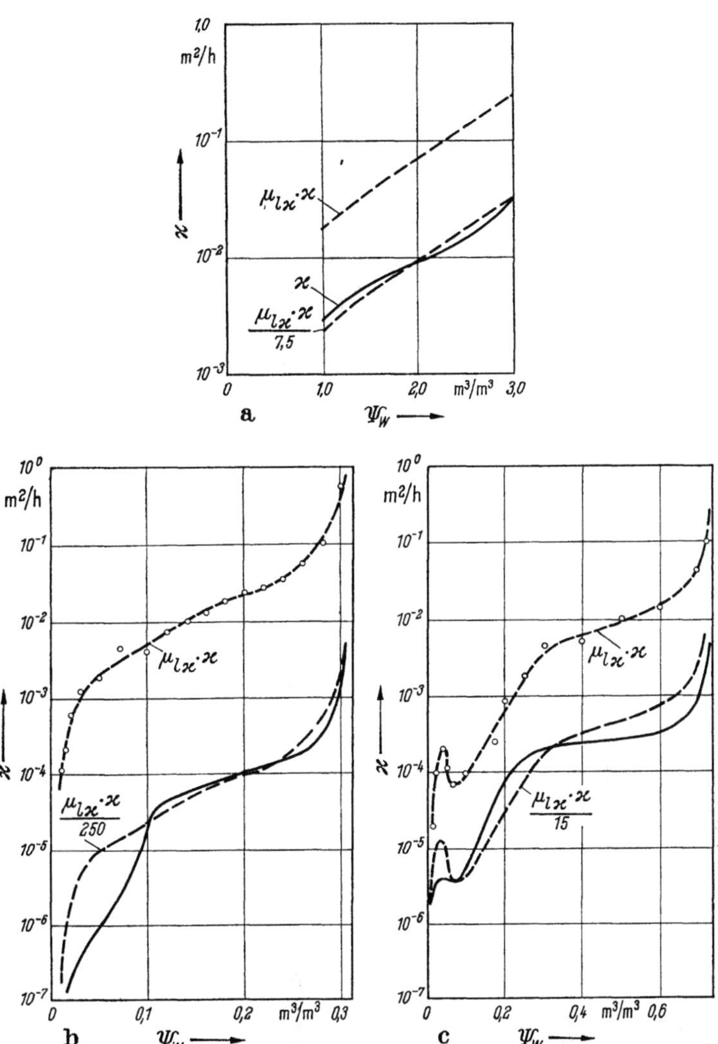

Bild 5.49a—c. Vergleich der aus Trocknungs- und aus Beharrungsversuchen ermittelten Feuchteleitkoeffizienten $\varkappa$ mit dem aus Schleuderversuchen erhaltenen Produkt $\mu_{1,\varkappa}\,\varkappa$.
a) Quarzitsand bzw. ungereinigter Marmorsand ($d_k = 0{,}72$ mm): b) Dachziegel ($\varrho_s = 1\,880$ kg/m³); c) Ytong ($\varrho_s = 650$ kg/m³).

5.9.6.5. Aus sonstigen Versuchen

Bei quellfähigen Gütern, die im Bereich höherer Feuchten nur Feststoff und Flüssigkeit enthalten (keine Luft), ist beim Entwässern die Volumenabnahme gleich dem entzogenen Flüssigkeitsvolumen (z.B. bei Tonen, Kolloiden, manchen pflanzlichen Gütern usw.). Bei solchen Gütern kann der kapillare Zug P, der bei bestimmter Feuchte Ψ_W im Innern herrscht, beim Entwässern durch Pressen festgestellt werden. Der kapillare Zug ist im Gleichgewicht gleich dem negativen Preßdruck. So findet man $P = f(\Psi_W)$.

Läßt man durch eine Probe der Dicke Δz, die unter bestimmtem Preßdruck zwischen gelochten Stempeln steht, Flüssigkeit unter einem Überdruck ΔP durchfließen und mißt die stündliche Menge $\dot m_W$, so bestimmt man mit Gl. (5.79):

$$\dot m_W = f\mu_{1\varkappa} \cdot \varkappa \cdot \varrho_W \frac{\mathrm{d}\Psi_W}{\mathrm{d}P} \cdot \frac{\Delta P}{\Delta z}$$

und daraus

$$\varkappa = \frac{\dot m_W}{f\mu_{1\varkappa}\varrho_W} \cdot \frac{\Delta z}{\Delta P} \cdot \frac{\mathrm{d}P}{\mathrm{d}\Psi_W},$$

wenn man $\mathrm{d}P/\mathrm{d}\Psi_W$ aus dem Zusammenhang $P = f(\Psi_W)$ entnimmt.

Aus Messungen dieser Art, die Macey [5.54] an Tonen in einem Feuchtebereich oberhalb des Beginnes der Verfestigung („Lederhärte") durchgeführt hat, sind die in Bild 5.48 in den mit 2 bezeichneten Kurven dargestellten Feuchteleitkoeffizienten für die verschiedenen Tonarten berechnet.

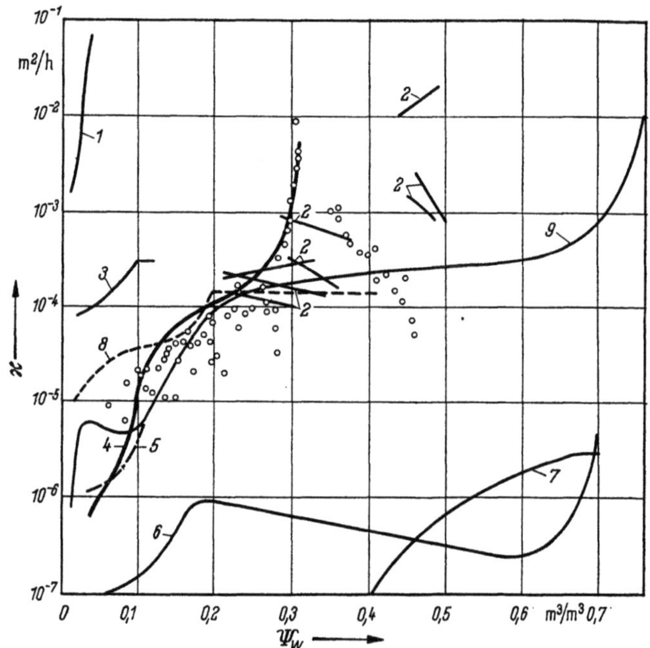

Bild 5.50. Vergleich der Feuchteleitkoeffizienten $\varkappa$ aus verschiedenen Untersuchungen in Abhängigkeit vom Feuchtigkeitsgehalt Ψ_W der Volumeneinheit des Trockengutes.
1 Quarzitsand (mittlerer Korndurchmesser $d_K = 0{,}7$ mm) nach [5.42]; *2* verschiedene Tone nach [5.54]; *3* keramische Masse von $\varrho_s = 2000$ kg/m³ (angenommen) nach [5.52], insbesondere S. 143—144, *4* Dachziegel von $\varrho_s = 1880$ kg/m³ bei 25 °C nach [5.45]; *5* Ziegel von $\varrho_s = 1800$ kg/m³ nach [5.31]; *6* Buchenholz in radialer Richtung bei 0 °C nach [5.74]; *7* Kartoffelscheiben nach [5.23]; *8* Ton von $\varrho_s = 1800$ kg/m³ nach [5.53]; *9* Ytong ($\varrho_s = 650$ kg/m³) bei 25 °C nach [5.45]. Einzelpunkte für Ton von $\varrho_s = 1800$ kg/m³ (angenommen) nach [5.33].

Nach dem gleichen Verfahren hat Görling [5.23] Versuche mit Kartoffelscheiben angestellt, durch die Kurve 7 in Bild 5.48 bestätigt wird. Kurve 6 für Buchenholz bei radialer Feuchtebewegung und Kurve 7 für Kartoffelscheiben sind im nichthygroskopischen Gebiet (Buchenholz $\Psi_W > 0{,}19$, Kartoffel $\Psi_W > 0{,}52$) aus Trocknungsversuchen gewonnen, bei denen die Feuchteverteilung in vielen Proben im Ablauf der Trocknung festgestellt wurde, so daß sowohl das Feuchtegefälle $d\Psi_W/dz$ als auch die durch jeden Querschnitt fließende Feuchtemenge $\dot{m}_W$ ermittelt werden konnte. Die Auswertung konnte dann nach Gl. (5.79) erfolgen.

Im hygroskopischen Bereich, in dem sowohl bei Holz als auch bei Kartoffel eine Dampfdiffusion in luftgefüllten Poren auftritt, ist die Bestimmung des Feuchteleitkoeffizienten $\varkappa$ nur bei Kenntnis der Diffusion möglich. Der Weg, der zur Bestimmung von $\varkappa$ für Holz im hygroskopischen Bereich eingeschlagen wurde, ist in Abschn. 7.3.1.6. angegeben[1].

Die Ermittlung von $\mu_{1\varkappa} \cdot \varkappa$ aus den Sorptionsisothermen ist mit Gl. (5.109) beschrieben. So berechnete Werte schließen sich gut an die Werte im überhygroskopischen Bereich an.

5.9.6.6. Die Größenordnung der Feuchteleitkoeffizienten

Die in Bild 5.50 zusammengestellten Feuchteleitkoeffizienten vermitteln einen Einblick in die Größenordnung dieser Stoffeigenschaft für verschiedene Güter, die innerhalb von sechs Zehnerpotenzen variiert.

Man entnimmt der Abbildung die deutliche Staffelung nach der Größe der Porenräume, in denen die Flüssigkeitsbewegung vor sich geht. Für Holz und Kartoffel liegt $\varkappa$ im wesentlichen zwischen 10^{-7} und 10^{-6} m²/h, für Sand von 0,7 mm Korngröße bei kleineren Feuchtegehalten schon bei 10^{-3} bis 10^{-1} m²/h. Zwischen diesen Extremen ist die Folge der Stoffe: Holz, Ton, Ziegel, Sand.

5.9.7. Flüssigkeitstransport in nichtporigen Gütern infolge Flüssigkeitsdiffusion

Für Stoffe wie Holz oder Kartoffeln, in denen die Flüssigkeit in Zellräumen eingeschlossen ist und diese weniger durch Kapillarkräfte als vielmehr durch osmotische Kräfte gefördert wird, mag die beschriebene Modellvorstellung der Kapillarwasserbewegung angezweifelt werden. Dies trifft sicher auch auf die noch zu besprechende Stoffgruppe der Kolloide, Gele und Kunststoffe (Abschn. 7.3.1.10.) zu. Auch ein Transport von Feuchte in den adsorbierten Schichten in porösen Feststoffen bei niedriger Feuchte, der oft als Oberflächendiffusion [5.96] oder Transport in sorbierter Phase [5.36] bezeichnet wird, ist mit der Modellvorstellung der kapillaren Feuchtebewegung nicht vereinbar (s. [5.60]). Für alle diese Transportvorgänge, die als kapillare Feuchtebewegung, Oberflächendiffusion, Flüssigkeitsdiffusion oder Transport in sorbierter Phase bezeichnet werden, wird formal ein

---

[1] Untersuchungen über Feuchteleitung in Baustoffen im hygroskopischen Bereich sind von W. Wissmann [5.97] durchgeführt.

Ansatz wie in Gl. (5.79) gemacht:

$$\dot{m}_W = -f \cdot \varkappa \cdot \frac{d\Gamma_W}{dz}.$$

Der Transportkoeffizient $\varkappa$ wird dabei je nach dem angenommenen Transportmechanismus auch als Oberflächendiffusions- oder Flüssigkeitsdiffusionskoeffizient bezeichnet. Die Größenordnung dieser Koeffizienten liegt immer zwischen 10^{-6} und 10^{-4} m²/h; sie sind immer stark konzentrationsabhängig. Weder vom Ansatz her, noch von der Größenordnung der Transportkoeffizienten ist also Entscheidung über den zugrunde liegenden Mechanismus möglich. Lediglich über die Temperaturabhängigkeit der einzelnen Transportkoeffizienten wäre ein Rückschluß auf den Transportmechanismus möglich. Dieser ist jedoch bis jetzt nur für wenig Stoffe untersucht. Eine Unterteilung der Trocknungsgüter in Stoffe, in denen die eine oder andere Transportart auftritt, ist daher nicht möglich. Zudem muß erwartet werden, daß die Übergänge zwischen den verschiedenen Transportarten fließend sind und je nach Feuchte im gleichen Stoff verschiedene Transportmechanismen wirksam werden können.

Die Größenordnung von Diffusionskoeffizienten in Flüssigkeiten kann den Tabellen 5.8 und 5.9 entnommen werden.

Tabelle 5.8. Diffusion in Flüssigkeiten bei Zimmertemperatur nach [5.31]

Diffundierende Substanz	Konz.	Lösungsmittel	Temp. °C	$\delta \cdot 10^{10}$ m²/s	Lit.
Methanol	0,25%	Wasser	18	13,7	[5.20]
Phenol	0,25%	Wasser	18	8,0	[5.90, 5.91]
CO_2		Wasser	18	14,6	[5.88]
N_2		Wasser	18	16,2	[5.88]
H_2		Wasser	18	35,9	[5.88]
KCl	0,00 m	Wasser	25	19,96	[5.22]
KCl	0,20 m	Wasser	25	18,57	[5.22]
KCl	2,00 m	Wasser	25	19,01	[5.22]
NaCl	0,00 m	Wasser	18,5	13,54	[5.22]
NaCl	0,20 m	Wasser	18,5	12,74	[5.22]
NaCl	2,00 m	Wasser	18,5	12,73	[5.22]
KNO_3	0,00 m	Wasser	18,5	16,45	[5.22]
KNO_3	1,00 m	Wasser	18,5	12,9	[5.22]
J_2	0,1 n	Benzol	20	16,7	[5.59]
J_2	0,1 n	Methanol	20	15,72	[5.59]
J_2	0,1 n	Heptan	20	23,86	[5.59]
Benzol	50%	n-Heptan	25	24,7	[5.92]

Tabelle 5.9. Diffusion in Salzschmelzen [5.51]

Diffundierende Substanz	Lösungsmittel	Temp. °C	$\delta \cdot 10^{10}$ m²/s
$AgNO_3$	$NaNO_3$	330	45,7
AgBr	KBr	780	49,2
AgJ	KJ	720	46,3
KJ	KNO_3	360	29,6
$Ba(NO_3)_2$	KNO_3	370	20,6

5.10. Stoffübergang

Unter Stoffübergang versteht man in Analogie zum Wärmeübergang den Übergang eines diffundierenden Stoffes von einer Oberfläche in ein bewegtes Medium oder umgekehrt. Solche Vorgänge treten auf bei der Verdunstung von einer feuchten Oberfläche in ein strömendes Gas bzw. bei der Adsorption eines Dampfes an einem hygroskopischen Mittel. An die Stelle des den Wärmeübergang im wesentlichen beeinflussenden Zusammenwirkens von Energietransport durch Wärmeleitung quer zur Richtung des strömenden Mediums und konvektiver Energiemitnahme in Strömungsrichtung tritt beim Stoffübergang das Zusammenspiel zwischen dem Stofftransport durch Diffusion quer zur Strömungsrichtung und der konvektiven Stoffmitnahme in Strömungsrichtung. Die Abhängigkeiten des Stoffüberganges von den Strömungsverhältnissen sind formal ähnlich gegeben wie diejenigen des Wärmeüberganges [5.63, 5.83].

5.10.1. Der Stoffübergangskoeffizient

Man bildet einen Stoffübergangskoeffizienten β analog dem Wärmeübergangskoeffizienten α durch den Ansatz:

$$\dot{m}_D = A \frac{\beta}{R_D T} (P_{DO} - P_{DL}). \tag{5.118}$$

Dieser einfache lineare Ansatz ist sicher zweckmäßig, wenn der so definierte Stoffübergangskoeffizient von den Dampfdrücken unabhängig ist. Dies gilt aber nur exakt für verschwindende Massenströme $\dot{m}_D$. Es sind daher verschiedene verbesserte Ansätze eingeführt, die die Abhängigkeiten einfach erfassen lassen (s. Abschn. 5.10.2.1.). In Gl. (5.118) bedeutet $\dot{m}_D$ die je Zeiteinheit von der Oberfläche A, an der der Dampfteildruck P_{DO} herrscht, in einen Gasstrom mit dem Dampfteildruck P_{DL} übergehende Dampfmenge. Zu dem Faktor $R_D T$ im Nenner ist zu bemerken, daß $P_D/R_D T = \varrho_D$, worin ϱ_D die Partialdichte des Dampfes ist. Solange die Temperatur T in dem Gasstrom beim Verdunstungsvorgang konstant ist, kann man ebenso wie Dampfteildruckunterschiede auch Unterschiede in der Konzentration des Dampfes (entweder Dichte ϱ_D oder Dampfgehalt x) als treibende Potentialdifferenz ansehen[1].

---

[1] In neueren physikalischen Arbeiten werden Ansätze vorgeschlagen, die für die Bewegungsvorgänge beim Vorhandensein von Temperatur-, Teildruck- oder Konzentrationsgefällen ein universelles Potential einführen. Bei den Problemen der Trocknungstechnik sind allgemein Einflüsse des Temperaturgefälles auf Diffusionsvorgänge vernachlässigbar.

Bei Stoffübergangsproblemen wird häufig eine Stoffübergangszahl „σ" eingeführt (Kirschbaum [5.39], Grubenmann [5.25]), die durch den Ansatz

$$\sigma = \frac{\dot{m}_D}{A(x_0 - x_L)} \tag{5.119}$$

definiert ist. Da im Grundgesetz der Diffusion [s. Gl. (5.30)] das Dampfteildruckgefälle als Potential angesetzt wird, ist Gl. (5.118) konsequenter als Gl. (5.119). Vgl. auch [5.98].

5.10.2. Die Gesetzmäßigkeit des Stoffübergangs

In welcher Weise Stoff- und Wärmeübergang miteinander verbunden sind, wenn beide in der gleichen Strömung miteinander gekuppelt sind, soll angesichts der Bedeutung dieses Zusammenhanges für die Trocknungstechnik an zwei völlig getrennten Betrachtungsarten dargetan werden. In der ersten Betrachtung wird an zwei hypothetischen Fällen das charakteristische Zusammenspiel beider Mechanismen gezeigt. Alsdann werden in der gleichen Weise wie beim Wärmeübergang die Gesetzmäßigkeiten des Stoffüberganges in strömenden Medien entwickelt und mit den ersteren verglichen. In beiden Fällen scheint es wichtig, von vornherein Bedingungen vorzugeben, die den in der Trocknungstechnik üblichen hinsichtlich der Höhe des Wasserdampfteildruckes entsprechen.

5.10.2.1. Der Zusammenhang zwischen Wärme- und Stoffübergang für Grenzfälle

5.10.2.1.1. Ruhende oder laminar bewegte Grenzschichten konstanter Dicke

Es sei angenommen, zwischen dem Kern einer Strömung — in dem Temperatur- und Dampfdruckausgleich herrscht — und einer Wand befinde sich eine laminare hydrodynamische Grenzschicht der Dicke s_h, in der die Geschwindigkeit linear bis auf den Wert Null an der Wand abnimmt, eine laminare thermische Grenzschicht der Dicke s_{th}, in der die Temperatur von ϑ_L im Korn auf ϑ_0 an der Wand und eine laminare Konzentrationsgrenzschicht der Dicke s_c, in der der Dampfdruck von der Oberfläche P_{DO} auf den im Kern P_{DL} abfällt (s. Bild 5.51). Ist der Kern der Strömung von solcher Wärme- und Dampfkapazität, daß sich ϑ_L und P_{DL} während des Vorbeiströmens an der Wand nicht ändern, so ist der Wärme- und Stoffaustausch an jeder Stelle längs der Strömung gleich.

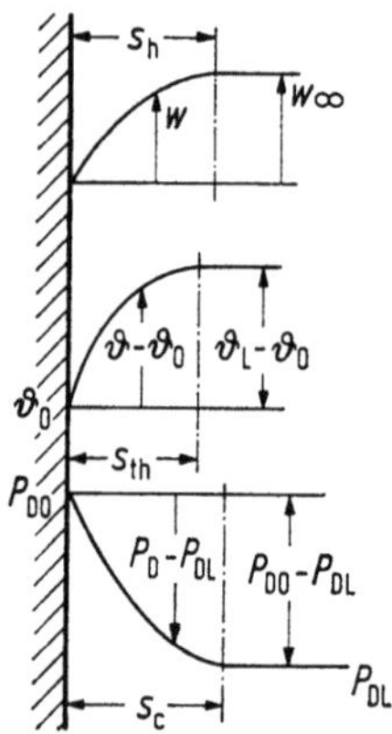

Bild 5.51. Temperatur-, Dampfdruck- und Geschwindigkeitsfeld bei Annahme einer laminaren Grenzschicht.

Der Wärmestrom ist, wenn man ihn einerseits nach dem Wärmeübergangsansatz, andererseits nach dem Wärmeleitungsansatz schreibt:

$$\dot{Q} = A\alpha(\vartheta_L - \vartheta_0) = A\lambda \frac{\vartheta_L - \vartheta_0}{s_{th}}. \tag{5.120}$$

Es folgt:

$$\alpha = \frac{\lambda}{s_{\text{th}}}.\qquad(5.121)$$

Der Diffusionsstrom kann ebenfalls mit Hilfe der Diffusion durch eine ruhende Grenzschicht — unter Berücksichtigung des bei Verdunstungsvorgängen stets einseitigen Transportes nach Gl. (5.32) — oder mit Hilfe eines Stoffübergangskoeffizienten nach Gl. (5.118) beschrieben werden. Zur Kennzeichnung des einseitigen Transportes soll dieser als β_{h} angeschrieben werden; wird die in der angelsächsischen Literatur übliche Definition (vgl. Gl. (5.33) mit $P_{\text{Dm}} = P_{\text{DO}}$) verwendet, so soll er als β^* gekennzeichnet werden. Es gilt dann

$$\dot{m}_{\text{D}} = A\,\frac{\delta\cdot P}{R_{\text{D}}T\cdot s_{\text{c}}}\ln\frac{P - P_{\text{DL}}}{P - P_{\text{DO}}} = A\,\frac{\beta\cdot P}{R_{\text{D}}T}\ln\frac{P - P_{\text{DL}}}{P - P_{\text{DO}}}\qquad(5.122\text{a})$$

$$= A\,\frac{\beta_{\text{h}}}{R_{\text{D}}T}\,(P_{\text{DO}} - P_{\text{DL}})\qquad(5.122\text{b})$$

$$= A\,\frac{\beta^*}{R_{\text{D}}T}\cdot\frac{P_{\text{DO}} - P_{\text{DL}}}{1 - P_{\text{DO}}/P}.\qquad(5.122\text{c})$$

Für die verschiedenen definierten Stoffübergangskoeffizienten ergibt sich

$$\beta = \frac{\delta}{s_{\text{c}}};\quad \beta_{\text{h}} = \frac{\delta}{s_{\text{c}}}\cdot\frac{P}{P - P_{\text{Dm}}};\quad \beta^* = \frac{\delta}{s_{\text{c}}}\cdot\frac{P}{P - P^*_{\text{Dm}}}\qquad(5.123)$$

mit

$$P - P_{\text{Dm}} = (P_{\text{DO}} - P_{\text{DL}})/\ln\frac{P - P_{\text{DL}}}{P - P_{\text{DO}}} \approx P - \frac{1}{2}(P_{\text{DO}} + P_{\text{DL}}),$$

$$P - P^*_{\text{Dm}} = \frac{P_{\text{DO}} - P_{\text{DL}}}{1 - P_{\text{DO}}/P}\Big/\ln\frac{P - P_{\text{DL}}}{P - P_{\text{DO}}} \approx P,\qquad(5.124)$$

wobei die Näherungen für P_{DO}, $P_{\text{DL}} \ll P$ gelten.

Die im vorstehenden verwendeten *laminaren* Grenzschichtdicken s_{h} (hydrodynamische GS.), s_{th} (thermische GS.) und s_{c} (Konzentrations-GS.) sind im allgemeinen nicht identisch. Es gelten folgende Zusammenhänge [5.16, 5.24]:

$$\frac{s_{\text{h}}}{s_{\text{th}}} = \left(\frac{a}{\nu}\right)^{1/3} = Pr^{1/3};\quad \frac{s_{\text{h}}}{s_{\text{c}}} = \left(\frac{\nu}{\delta}\right)^{1/3} = Sc^{1/3},$$

$$\frac{s_{\text{th}}}{s_{\text{c}}} = \left(\frac{a}{\delta}\right)^{1/3} = \left(\frac{Sc}{Pr}\right)^{1/3} = Le^{1/3}.\qquad(5.125)$$

Für das Verhältnis der Wärme- zu den Stoffübergangskoeffizienten nach den Gln. (5.121) und (5.123) folgt

$$\frac{\alpha}{\beta} = \frac{\lambda}{\delta}\cdot\frac{s_{\text{c}}}{s_{\text{th}}} = \frac{\lambda}{\delta}\left(\frac{\delta}{a}\right)^{1/3}.\qquad(5.126)$$

Setzt man für den Temperaturleitkoeffizienten

$$a = \lambda/c_{\text{p}}\varrho$$

ein, so erhält man die allgemein verwendete Beziehung

$$\frac{\alpha}{\beta} = \frac{\lambda}{\delta}\left(\frac{\delta c_{\text{p}}\varrho}{\lambda}\right)^{1/3} = c_{\text{p}}\varrho\left(\frac{a}{\delta}\right)^{(1-1/3)} = c_{\text{p}}\varrho\cdot Le^{2/3}\qquad(5.127)$$

bzw.

$$\frac{\alpha}{\beta_h} = c_p\varrho \cdot Le^{2/3} \cdot (1 - P_{Dm}/P),$$

oder

$$\frac{\alpha}{\beta^*} = c_p\varrho \cdot Le^{2/3} \cdot (1 - P^*_{Dm}/P).$$

In Tabelle 5.10 werden für einige in Luft verdunstende Medien die Stoffwerte und das daraus errechnete Verhältnis α/β angegeben. Die häufig angegebene Lewissche Beziehung $\alpha/\beta = c_p\varrho$ gilt danach nur näherungsweise, am besten noch für Wasserdampf-Luft-Gemische. Für c_p und ϱ sind Mittelwerte in der Grenzschicht einzusetzen.

5.10.2.1.2. Rein turbulenter Austausch

Es sei von einer Grenzschicht abgesehen und ein Fall des Austausches behandelt bei dem ein Turbulenzballen vom Volumen V, der Temperatur ϑ_L und dem Dampfdruck P_{DL} mit einer Wand zusammenstößt, an der ϑ_0 und P_{DO} herrscht (s. Bild 5.52). Der Ballen soll bei der Berührung die Temperatur und den Dampfdruck der Wand annehmen und wieder in den Gasstrom zurückfliegen. Dann bleibt beim Austausch die in ihm enthaltene Luftmasse die gleiche, während wegen der Änderung des Dampfgehaltes und der Temperatur das Volumen sich auf V' ändert.

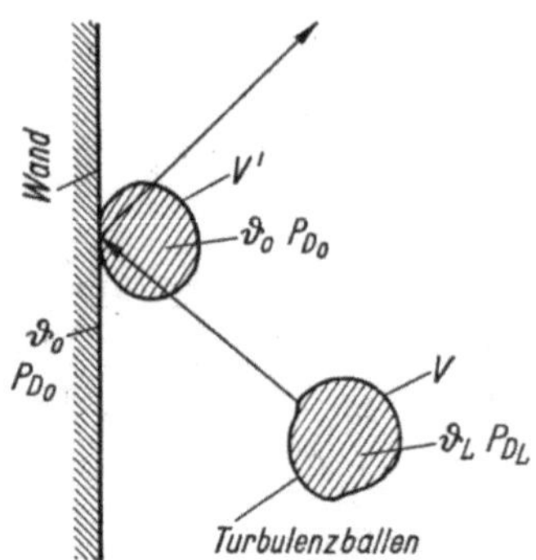

Bild 5.52. Zum Wärme- und Stoffaustausch bei vollkommener Turbulenz.

Für das Verhältnis von Wärme- zu Stoffübergangskoeffizient findet man für kleine Dampfdrücke ($P_D \ll P$) und vollkommene Turbulenz:

$$\frac{\alpha}{\beta} = c_p\varrho. \tag{5.128}$$

Zahlreiche Untersuchungen zeigten, daß in turbulenten Strömungen für das Verhältnis α/β eine nur im Pr-, bzw. Sc-Exponenten gegenüber der laminaren Strömung geänderte Beziehung gilt [5.24]

$$\frac{\alpha}{\beta} = c_p\varrho \cdot Le^{0,58}. \tag{5.129}$$

Die wesentliche Abhängigkeit des Verhältnisses α/β von $c_p\varrho$ wird aber durch die einfache Modellvorstellung richtig angegeben.

Tabelle 5.10. Verdunstung von Lösungsmitteln in trockene Luft ($p_{DL} = 0$) bei $P = 1$ bar
(Luft: $M_L = 28,96$; $Pr_{0°} = 0,71$; $\varrho_{0°} = 1,2760$ kg/m^3; $c_{p,0°} = 1,006$ kJ/kg K)

Lösungsmittel	M_D	$\vartheta_S\vert_{1bar}$	ϑ	c_{fl}	c_{pD}	$H_V(\vartheta)$	$\delta_{DL} \cdot 10^6$	$Sc = \dfrac{\nu}{\delta_{DL}}$	γ^a	$\dfrac{\alpha}{\beta}$ ^{b}
	—	°C	°C	kJ/kkg · K		kJ/kg	m²/s	—	—	kJ/m³K
Wasser	18	100	0	4,217	1,864	2501,6	22,6	0,59	1,30	1,14
			20	4,182	1,874	2454,3	25,7	0,59	1,31	1,05
			50	4,181	1,907	2382,6	30,7	0,58	1,34	0,95
			100	4,216	2,032	2257,3	39,8	0,58	1,43	0,82
Ammoniak NH$_3$	17	−33,4	0	4,61	2,056	1283,7	20,2	0,66	1,26	1,22
Schwefelkohlenstoff CS$_2$	76	46,3	0	0,996	0,582	371,2	8,8	1,51	0,92	2,12
Äthylalkohol (Äthanol) C$_2$H$_6$O	46	78,3	0	2,232	1,524	901,4	10,2	1,31	1,60	1,93
Ameisensäure CH$_2$O$_2$	46	100,7	0	2,169 bei 20°C	1,058 bei 25°C	605,9	13,2	1,01	1,32	1,62
Benzol C$_6$H$_6$	78	80,1	0	1,729 bei 20°C	0,950	456,4	8,20	1,63	1,46	2,22
Butylalkohol Butanol C$_4$H$_{10}$O	74	117,9	0	2,202	1,390	685,7	6,81	1,95	1,80	2,52
Diäthyläther (C$_2$H$_5$)$_2$O	74	34,6	0	2,261	1,444	388,3	7,75	1,72	2,03	2,32
Essigsäure C$_2$H$_4$O$_2$	60	118,1	0	1,997 bei 20°C	1,108 bei 25°C	511,0	10,61	1,25	1,57	1,87
Methylalkohol CH$_4$O	32	64,7	0	2,386	1,34	1167,7	13,25	1,00	1,17	1,61
Propansäure C$_3$H$_6$O$_2$	74	141,3	0	2,077	1,234	538,1	8,47	1,57	1,85	2,18
Propylalkohol C$_3$H$_8$O	60	97,2	0	2,219	1,377	835,8	8,03	1,66	1,61	2,26
Chloroform CHCl$_3$	119	61,2	0	0,971	0,528	281,1	9,1	1,47	1,33	2,09
Aceton C$_3$H$_6$O	58	56,2	0	2,102	1,239	571,5	10,9	1,22	1,72	1,84
Tetrachlorkohlenstoff CCl$_4$	154	76,7	0	0,842	0,523	219,5	12,4	1,08	2,09	1,70
Trichloräthylen C$_2$HCl$_3$	131	87,2	0	0,950 bei 20°C	0,599	272,6	6,69	2,01	1,35	2,57
Frigen 12 CCl$_2$F$_2$	121	−29,8	25	0,925	0,574	156,5	9,44	1,41	1,51	1,86

$^{a)}$ $\gamma = \dfrac{M_D \cdot c_{pD}}{M_L \cdot c_{pL}} \cdot \left(\dfrac{Pr}{Sc}\right)^{2/3}$; $^{b)}$ $\dfrac{\alpha}{\beta} = c_{pL}\varrho_L \left(\dfrac{Sc}{Pr}\right)^{2/3}$ bei ϑ.

5.10.2.2. Die Abhängigkeiten des Stoffübergangs in strömenden Medien

Eine andere Betrachtungsweise als diejenige, die bei den bisherigen Grenzfällen angewandt wurde, gibt über die einzelnen Abhängigkeiten der Diffusion in bewegten Medien genaueren Aufschluß. Dabei muß man die Differentialgleichung der Stoffbewegung in strömenden Medien aufstellen, die sich für gegebene Randbedingungen wenigstens näherungsweise unter gewissen Einschränkungen lösen läßt. Diese Methode läßt sich jedoch ebenso wie die analytische Behandlung der Wärmebewegung in strömenden Medien nur für den Fall laminarer Bewegung durchführen, bei der der Energietransport quer zur Strömungsrichtung als reine molekulare Wärmeleitung, der Stofftransport als reine molekulare Diffusion angesehen werden können, also keine turbulente Mischbewegung vorliegt.

An Stelle der Energiegleichung in dem Differentialgleichungssystem (4.89), (4.90) und (4.91) für die Wärmebewegung tritt hier die Diffusionsgleichung bei einseitigem Transport [5.86, 5.87]; bei konstanter Geschwindigkeit längs der überströmten Fläche (Grenzschicht konstanter Dicke):

$$\frac{\partial^2 \ln (P - P_D)}{\partial x^2} = \frac{1}{\delta} \left(w_y \frac{\partial \ln (P - P_D)}{\partial y} + w_x \frac{\partial \ln (P - P_D)}{\partial x} \right), \quad (5.130)$$

die bei kleinen Partialdrücken $P_D \ll P$ übergeht in

$$\frac{\partial^2 P_D}{\partial x^2} = \frac{1}{\delta} \left(w_y \frac{\partial P_D}{\partial y} + w_x \frac{\partial P_D}{\partial x} \right). \quad (5.131)$$

Diese Diffusionsgleichungen sind der Energiegleichung völlig analog, so daß sich im gleichen Strömungsfeld mit gleichen Randbedingungen auch analoge Lösungen ergeben, wobei nur die dimensionslosen Kenngrößen entsprechend zu definieren sind. Es ist zu ersetzen[1]

$$Nu_{l'} = \frac{\alpha l'}{\lambda} \quad \text{durch} \quad Nu'_{l'} \equiv Sh_{l'} = \frac{\beta l'}{\delta}$$

und

$$Pr = \frac{\nu}{a} \quad \text{durch} \quad Pr' \equiv Sc = \frac{\nu}{\delta}, \quad (5.132)$$

während die Kennzahl für die Strömung Re und die geometrischen Verhältniswerte unverändert bleiben. Der Stoffübergang wird dann dargestellt durch

$$Nu'_{l'} \equiv Sh_{l'} = f\left(Re_{l'}, Sc, \frac{l_1}{l'}, \ldots \right).$$

So schreibt sich z. B. die Gleichung für den Stoffübergang an einer überströmten ebenen Platte analog Gl. (4.92):

$$Nu'_{l'} \equiv Sh_{l'} = 0{,}664 \cdot Re_{l'}^{1/2} \cdot Sc^{1/3}. \quad (5.133)$$

---

[1] Die Kenngröße Nu' ist in der angelsächsischen Literatur als Sherwoodsche Kenngröße Sh bekannt; die Kenngröße Pr' ist wenig gebraucht und durch die Schmidtsche Kenngröße Sc (nach E. Schmidt) ersetzt.

Damit können alle Beziehungen für die Berechnung der Wärmeübergangskoeffizienten und ihre graphischen Darstellungen auch zur Berechnung der Stoffübergangskoeffizienten benutzt werden, indem Nu durch $Nu' \equiv Sh$, Pr durch Sc ersetzt wird. Für Wasserdampf-Luft-Gemische besteht noch der Vorteil, daß sich die Kennzahlen Pr und Sc relativ wenig unterscheiden: $Pr = 0{,}72$, $Sc = 0{,}59$ ($Pr^{1/3} = 0{,}90$, $Sc^{1/3} = 0{,}84$).

Die Kennzahl Nu' ist hier gebildet mit β nach Gl. (5.122). Verwendet man β_h für die Bildung von

$$Nu'_\mathrm{h} = \frac{\beta_\mathrm{h} \cdot l'}{\delta},$$

so ist in den Gleichungen und Diagrammen für den Wärmeübergang Nu zu ersetzen durch

$$Nu'_\mathrm{h} \cdot (1 - P_\mathrm{Dm}/P).$$

5.10.3. Die Abhängigkeiten des Stoffübergangs bei großen Teildruckunterschieden

Sind die Partialdrücke P_DO (und P_DL) gegenüber dem Gesamtdruck P nicht mehr zu vernachlässigen, dann dürfen die Näherungen in Gl. (5.124) nicht angewandt werden. Vielmehr muß als treibendes Potential die logarithmisch gemittelte Partialdruckdifferenz nach Gl. (5.122) angesetzt werden, wie sie sich bei einseitiger Diffusion nach Stefan Gl. (5.32) oder auch aus der Differentialgleichung (5.130) ergibt. Gl. (5.122) gilt aber für eine ruhende Grenzschicht konstanter Dicke und auch die Dgl. (5.130) gilt nur für den eindimensionalen Fall, d. h. längs der Fläche herrschen überall die konstanten Geschwindigkeiten w_x und w_y, was in der Grenzschicht einer überströmten Platte nicht möglich ist. Es wäre daher zu prüfen, inwieweit die analoge Übertragung der Gesetzmäßigkeiten des Wärmeübergangs auf den Stoffübergang auch bei größeren Partialdruckunterschieden an überströmten Flächen berechtigt ist.

Zu diesem Problem liegt eine theoretische Untersuchung von Eckert und Lieblein [5.17] vor. In ähnlicher Weise wie bei der Berechnung des Wärmeübergangs an der ebenen Platte, an der sich eine laminare Grenzschicht ausbildet, wird die Berechnung der Diffusion für große Teildruckunterschiede unter der einschränkenden Bedingung $M_\mathrm{L} \approx M_\mathrm{D}$ durchgeführt. Qualitativ ist das Ergebnis wie beim Wärmeübergang: Die Stoffübergangszahl steigt bei gegebenen äußeren Bedingungen (P, P_DO, P_DL) mit der Wurzel der Reynoldsschen Zahl an. Für Wasserdampf-Luft-Gemische erhält man nach Umformung:

$$Nu'_\mathrm{h} \frac{P - P_\mathrm{DO}}{P} = f(B)\, Nu'_\mathrm{o}, \tag{5.134}$$

worin $Nu'_\mathrm{o} = 0{,}664\, Re^{1/2}\, Sc^{1/3}$ nach Gl. (5.133) für den Fall sehr kleiner Differenzen $P_\mathrm{DO} - P_\mathrm{DL}$ gesetzt ist und

$$B = \frac{P_\mathrm{DO} - P_\mathrm{DL}}{P - P_\mathrm{DO}}. \tag{5.135}$$

In Bild 5.53 ist der Verlauf von $f(B)$ in Kurve a wiedergegeben[1]. Für Verdunstungs-
vorgänge ist B positiv, für Kondensationsvorgänge negativ. $B = 0$ heißt $P_{DO} - P_{DL}$
$= 0$, trifft also den vorher behandelten Fall kleiner Druckdifferenzen.

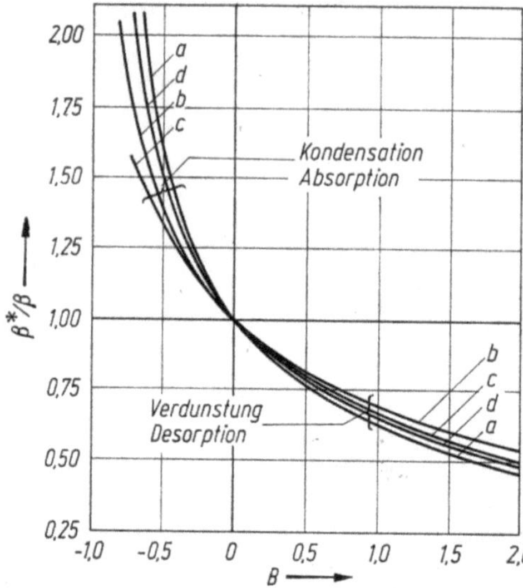

Bild 5.53. Vergleich verschiedener Berechnungen zu Verdunstungs- und Absorptionsvorgängen.

Bringt man Gl. (5.133) auf eine der Gl. (5.134) entsprechende Form, so erhält
man mit $Sc = 0{,}60$:

$$Nu_h' \frac{P - P_{DO}}{P} \frac{1}{\sqrt{Re}} = 0{,}664 \cdot Sc^{1/3} \frac{P - P_{DO}}{P - P_{Dm}}. \tag{5.136}$$

Führt man darin $P - P_{Dm}$ nach Gl. (5.123) ein, so wird mit Gl. (5.134)

$$Nu_h' \frac{P - P_{DO}}{P} / Nu_o' = \frac{\ln(1 + B)}{B}. \tag{5.137}$$

Für das Verhältnis der Nusseltzahlen kann nach Gl. (5.122) auch geschrieben werden:

$$Nu_h' (1 - P_{DO}/P)/Nu_o' = \beta^*/\beta. \tag{5.138}$$

Dieser Zusammenhang ist in Bild 5.53 durch die Kurve b dargestellt. Die Abweichung von der Kurve a von Eckert und Lieblein ist bei Verdunstung nicht sehr
groß. Wenn man bedenkt, daß bei Trocknungsaufgaben Werte von $B > 0{,}2$
nur sehr selten vorkommen dürften, so ergibt sich, daß durch die Anwendung von Gl. (5.136) für Verdunstungs- und Absorptionsvorgänge maximale
Unterschiede von etwa $\pm 4\%$ zwischen den verschiedenen Berechnungen auftreten.

---

[1] Die Zahlenwerte für $f(B)$ sind doppelt so groß wie die von Eckert und Lieblein für die
„örtlichen" Stoffübergangszahlen angegebenen, weil hier stets die Mittelwerte über die ganze
Fläche angegeben sind, die bei dem ermittelten Wurzelgesetz doppelt so hoch sind wie die
örtlichen:

$$\beta_y = \frac{C}{\sqrt{y}} \; ; \beta_m = \frac{1}{y} \int_0^y \beta_y \, dy = \frac{2C}{\sqrt{y}}.$$

Solche Abweichungen liegen weit unterhalb der Genauigkeit, die bei so komplexen Problemen durch alle anderen Unsicherheiten gegeben ist. Damit dürfte der Beweis erbracht sein, daß man die Analogie zwischen Wärme- und Stoffübergang bei Wasserdampf-Luft-Gemischen auch bei großen Teildruckunterschieden mit hinreichender Genauigkeit anwenden kann. Bei Absorption- oder Kondensationsvorgängen dagegen werden die Abweichungen schnell größer, da hier wie Eckert und Lieblein zeigten, die Geschwindigkeits- und Partialdruckprofile nicht mehr ähnlich bleiben.

Kurve c soll zeigen, daß in dem dargestellten Bereich auch die Anwendung des arithmetischen Mittels

$$P_{\mathrm{Dm}} = \frac{1}{2}\,(P_{\mathrm{DO}} + P_{\mathrm{DL}})$$

nicht zu wesentlich anderem Ergebnis führt. Setzt man diesen Wert in Gl. (5.136) ein, so wird

$$Nu'_{\mathrm{h}}\,\frac{P - P_{\mathrm{DO}}}{P}\Big/Nu'_{\mathrm{o}} = \frac{\beta^*}{\beta} = \frac{1}{1 + B/2}. \tag{5.137}$$

Eine weitere Betrachtung [5.78] überträgt einen zeitlich instationären Vorgang des von einer ebenen Fläche zum Zeitpunkt $t = 0$ austretenden Diffusionsstrom auf den örtlich längs des Strömungsweges veränderlichen Vorgang an einer ebenen Platte. Die Ergebnisse dieser Rechnung sind als Kurve d in Bild 5.53 eingetragen. Die Abweichungen von den aus anderen Überlegungen entstandenen Kurven sind wiederum sehr gering (vgl. auch [5.1, 5.28, 5.35, 5.38, 5.40, 5.76, 5.77, 5.80, 5.84)].

5.10.4. Die Beeinflussung des Wärmeübergangs durch den Stoffübergang

Die Ableitungen der Beziehungen des Stoffübergangs aus der Analogie zum Wärmübergang ging davon aus, daß beide Vorgänge unabhängig voneinander oder ohne gegenseitige Beeinflussung ablaufen. Bei der Trocknung eines Gutes in einem Gasstrom wird jedoch Wärme vom Gas an das Gut und Feuchte in umgekehrter Richtung vom Gut an das Gas übertragen. Beide Transporte sind miteinander gekoppelt und es muß gefragt werden, ob die im vorstehenden angegebenen Beziehungen für den Wärmeübergang weiterverwendet werden können.

Ist die Oberflächentemperatur und die Gastemperatur bei einer Trocknung nicht gleich, so wird der bei Oberflächentemperatur entstehende Dampfstrom auf seinem Weg durch die Grenzschicht die Temperatur des Gases annehmen und damit einen zusätzlichen Wärmestrom bedingen (Bild 5.54). Der Wärmestrom

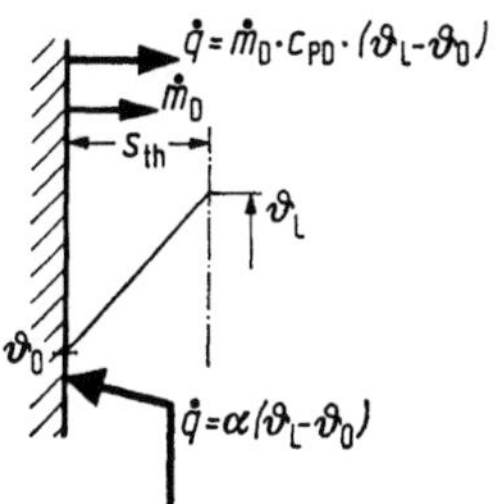

Bild 5.54. Zum Wärme- und Stofftransport in der laminaren Grenzschicht.

durch Leitung ist daher um die konvektive Wärmemitführung zu ergänzen. Der Energiestrom in der ruhenden Grenzschicht beträgt dann:

$$\dot{e}_x = -\lambda \frac{\partial \vartheta}{\partial x} + \dot{m}_D c_{pD} (\vartheta - \vartheta_0), \tag{5.139}$$

wobei als Bezugstemperatur die Oberflächentemperatur eingesetzt wurde. Da dieser Energiestrom auf seinem Weg durch die Grenzschicht bei stationären Bedingungen konstant bleiben muß, folgt als Differentialgleichung für das Temperaturfeld:

$$\frac{d\dot{e}_x}{dx} = 0 = -\lambda \frac{\partial^2 \vartheta}{\partial x^2} + \dot{m}_D c_{pD} \frac{\partial \vartheta}{\partial x} \tag{5.140}$$

mit den Randbedingungen:

$$x = 0: \vartheta = \vartheta_0,$$
$$x = s_{th}: \vartheta = \vartheta_L.$$

Für das Temperaturfeld findet man durch Integration

$$\vartheta_{(x)} - \vartheta_0 = (\vartheta_L - \vartheta_0) \frac{\exp\left(\dot{m}_D c_{pD} \frac{x}{\lambda}\right) - 1}{\exp\left(\dot{m}_D c_{pD} \frac{s_{th}}{\lambda}\right) - 1}. \tag{5.141}$$

Setzt man für $\dot{m}_D = 0$ den Wärmestrom an der Wand

$$\dot{q} = \frac{\lambda}{s_{th}} (\vartheta_L - \vartheta_0) = \alpha(\vartheta_L - \vartheta_0), \tag{5.142}$$

so ist

$$\alpha = \frac{\lambda}{s_{th}}.$$

Nimmt man an, daß beim Wärmeübergang mit gleichzeitigem Stoffübergang die Dicke der Grenzschicht s_{th} in 1. Näherung unverändert bleibt, berechnet den Wärmestrom an die Wand aus

$$\dot{q} = -\lambda \frac{\partial \vartheta}{\partial x}\bigg|_0 = \alpha^*(\vartheta_L - \vartheta_0) \tag{5.143}$$

und führt damit einen Wärmeübergangskoeffizienten α^* zur Berücksichtigung des gleichzeitigen Massenstroms $\dot{m}_D$ ein, so wird

$$\frac{\alpha^*}{\alpha} = \frac{\dfrac{\dot{m}_D c_{pD}}{\alpha}}{\exp\left(\dfrac{\dot{m}_D c_{pD}}{\alpha}\right) - 1}. \tag{5.144}$$

Die Auftragung α^*/α über dem dimensionslosen Massenstrom in Bild 5.55 zeigt, daß bei der Verdunstung mit zunehmendem Massenstrom der korrigierte Wärmeübergangskoeffizient α^* kleiner wird. Setzt man für den Massenstrom $\dot{m}_D$ Gl. (5.122) für das Verhältnis α/β Gl. (5.127), mit mittleren Stoffwerten in der Grenzschicht $(\overline{M})$, für das Dampf-Druckverhältnis B Gl. (5.135) und setzt den Ausdruck

$$\frac{c_{pD} M_D}{\overline{c}_p \overline{M}} \left(\frac{a}{\delta}\right)^{-2/3} = \gamma, \tag{5.145}$$

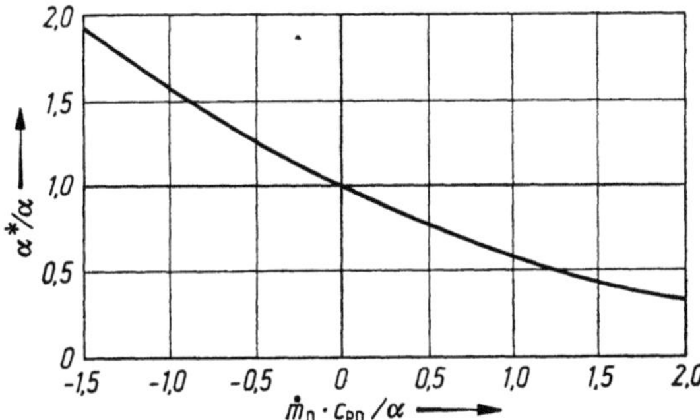

Bild 5.55. Beeinflussung des Wärmeübergangs durch den Stofftransport in einer laminaren Grenzschicht.

(s. Tab. 5.10), so erhält man

$$\frac{\alpha^*}{\alpha} = \frac{\ln (1 + B)^\gamma}{(1 + B)^\gamma - 1} \tag{5.146}$$

einen Ausdruck, der sich nur durch die Potenz γ von dem Verhältnis β^*/β nach Gl. (5.137) und (5.138) unterscheidet; für $\gamma = 1$ würden beide Ausdrücke identisch. Die Werte für γ sind nun im allgemeinen nicht sehr von dem Wert Eins verschieden, so z.B. für Wasserdampf-Luft $\gamma \approx 1{,}3$, für Benzoldampf-Luft $\gamma \approx 1{,}5$. Das bedeutet, daß der Wärmeübergang durch einen im gleichen Feld diffundierenden Massenstrom in nahezu gleicher Weise verändert wird (α^*/α) wie der Stoffübergang im Vergleich zu dem bei sehr kleinen Partialdruckdifferenzen $Nu'_\mathrm{h} \cdot (1 - P_\mathrm{DO}/P)$. $Nu'_0 = \beta^*/\beta$ nach Gl. (5.137). Beide Verhältnisse lassen sich in einem Diagramm Bild 5.56 auftragen:

$$\frac{\beta^*}{\beta} = f\{(1 + B)\}; \qquad \frac{\alpha^*}{\alpha} = f\{(1 + B)^\gamma\}.$$

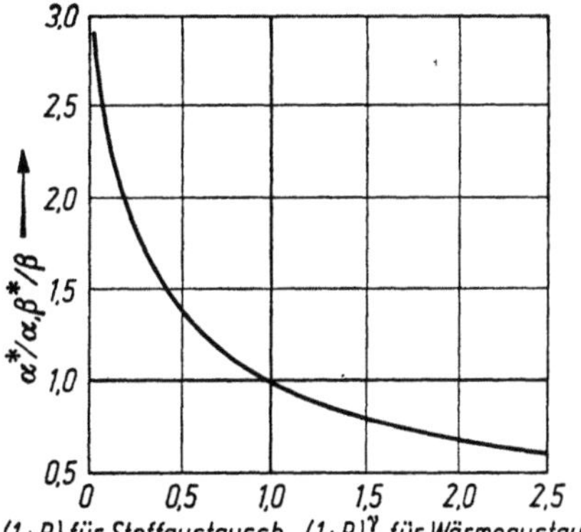

Bild 5.56. Änderung der Wärme- und Stoffübergangskoeffizienten bei einseitigem Stofftransport in laminaren Grenzschichten.

Der analoge Aufbau der Beeinflussung des Wärme- und Stoffaustausches durch den Massenstrom legt es nahe und läßt es zweckmäßig erscheinen, für die Berechnung des Massenstroms nach Gl. (5.122) den in der angelsächsischen Literatur üblichen Ansatz

$$\dot{m}_{\mathrm{D}} = A\,\frac{\beta^*}{R_{\mathrm{D}}T}\,\frac{P_{\mathrm{DO}} - P_{\mathrm{DL}}}{1 - P_{\mathrm{DO}}/P} \qquad (5.147)$$

zu verwenden.

Bei rein konvektiver Trocknung (s. Abschn. 7.1.) besteht zwischen dem Wärmestrom $\dot{Q} = A \cdot \dot{q}$ und dem Massenstrom $\dot{m}_{\mathrm{D}}$ die Kopplung

$$\dot{Q} = \dot{m}_{\mathrm{D}} \cdot h_{\mathrm{V},(\vartheta_0)} \qquad (5.148)$$

mit $h_{\mathrm{V},(\vartheta_0)}$ der Verdampfwärme bei Oberflächentemperatur ϑ_0. Mit den Umformungen

$$\dot{Q} = A\alpha^*(\vartheta_{\mathrm{L}} - \vartheta_0) = A\alpha(\vartheta_{\mathrm{L}} - \vartheta_0)\,\frac{\ln\,(1 + B)^\gamma}{(1 + B)^\gamma - 1}$$

$$\dot{m} = A\,\frac{\beta^*}{R_{\mathrm{D}}T}\,P \cdot B$$

$$\frac{\beta^*}{\beta} = \frac{\ln\,(1 + B)}{B}$$

findet man

$$(1 + B)^\gamma - 1 = \frac{c_{\mathrm{pD}}}{h_{\mathrm{V}(\vartheta_0)}}\,(\vartheta_{\mathrm{L}} - \vartheta_0)$$

und damit

$$\dot{Q} = A\,\frac{\alpha h_{\mathrm{V}(\vartheta_0)}}{c_{\mathrm{pD}}} \cdot \ln\left[1 + \frac{c_{\mathrm{pD}}}{h_{\mathrm{V}(\vartheta_0)}}\,(\vartheta_{\mathrm{L}} - \vartheta_0)\right], \qquad (5.149)$$

ein Ausdruck, der dem logarithmischen Gesetz für den Massenstrom bei einseitigem Transport analog ist. Für kleine Temperaturdifferenzen, d.h. bei der Kopplung des Wärme- und Stoffaustausches auch kleine Massenströme, geht Gl. (5.149) in die einfache Beziehung

$$\dot{Q} = A\alpha(\vartheta_{\mathrm{L}} - \vartheta_0)$$

über, wie man durch Reihenentwicklung leicht erkennt.

5.10.5. Das Verhältnis α/β

5.10.5.1. Für erzwungene Strömung

Für die Berechnung des gekoppelten konvektiven Wärme- und Stoffaustausches, wie er bei Trocknungsprozessen in vielen Fällen auftritt, ist die Kenntnis des Verhältnisses des Wärme- zum Stoffübergangskoeffizienten α/β notwendig. Es kann aus den analogen Gesetzmäßigkeiten für den Wärme- und Stoffübergang, die in den vorhergehenden Abschnitten dargestellt sind, abgeleitet werden. Sie seien hier noch einmal zusammengestellt.

Bei überströmten Körpern mit laminarer Grenzschicht wurde für den Fall kleiner Partialdruckdifferenzen, bei denen eine gegenseitige Beeinflussung des Wärme- und Stoffaustausches zu vernachlässigen ist, in Gl. (5.127) das Verhältnis angegeben

$$\frac{\alpha}{\beta} = \overline{c_{\mathrm{p}}\varrho}\left(\frac{a}{\delta}\right)^{2/3} \qquad \text{für } \dot{m}_{\mathrm{D}} \to 0,\, P_{\mathrm{D}} \ll P. \qquad (5.150)$$

Für $c_p\varrho$ sind die Stoffwerte des Gas-Dampfgemisches bei der Temperatur $\vartheta_{\mathrm{m}} = \frac{1}{2}(\vartheta_{\mathrm{L}} + \vartheta_0)$ und dem Dampfdruck $\frac{1}{2}(P_{\mathrm{DL}} + P_{\mathrm{DO}}) = P_{\mathrm{Dm}}$ einzusetzen:

$$\overline{c_p\varrho} = \frac{P}{RT}\left[\left(1 - \frac{P_{\mathrm{Dm}}}{P}\right) M_{\mathrm{L}} c_{p\mathrm{L}} + \left(\frac{P_{\mathrm{Dm}}}{P}\right) M_{\mathrm{D}} c_{p\mathrm{D}}\right]; \qquad (5.151)$$

bei diesen mittleren Werten von ϑ_{m} und P_{Dm} sind auch die Stoffwerte $a = \lambda/c_p\varrho$ und δ einzusetzen.

Das Verhältnis folgt auch aus Gl. (4.92) und Gl. (5.132). Bei größeren Partialdruckdifferenzen ist die gegenseitige Beeinflussung ($\alpha \to \alpha^*$) und die verschiedenen Ansätze für den Stoffübergangskoeffizienten nach Gl. (5.122) zu beachten.

1. Wenn der Wärmestrom auch bei größeren Partialdruckdifferenzen nach Gl. (5.149) und der Massenstrom nach Gl. (5.122a) berechnet wird, können die Übergangskoeffizienten α und β aus den Beziehungen für das jeweilige Strömungsproblem bestimmt und das Verhältnis α/β unverändert nach Gl. (5.150) bestimmt werden.

2. Wird ein Stoffübergangskoeffizient β_{h} oder β^* nach Gl. (5.122b) oder (5.122c) auf Grund bekannter Beziehungen für den Wärmeübergang α (ohne Berücksichtigung eines Stofftransports) berechnet, so wird mit Gl. (5.123) und (5.124)

$$\frac{\alpha}{\beta_{\mathrm{h}}} = \overline{c_p\varrho}\left(\frac{a}{\delta}\right)^{2/3}(1 - P_{\mathrm{Dm}}/P), \qquad (5.152)$$

bzw.

$$\frac{\alpha}{\beta^*} = \overline{c_p\varrho}\left(\frac{a}{\delta}\right)^{2/3}(1 - P^*_{\mathrm{Dm}}/P).$$

3. Wird das Verhältnis bei gleichzeitigem Wärme- und Stoffaustausch benötigt, so kann man mit korrigierten Wärmeübergangskoeffizienten α^* nach Gl. (5.143) gerechnet werden, der zweckmäßigerweise auf den Stoffübergangskoeffizienten β^* nach Gl. (5.122c) bezogen wird. Mit den Gln. (5.137), (5.138) und (5.146) wird

$$\begin{aligned}
\frac{\alpha^*}{\beta^*} &= \overline{c_p\varrho}\left(\frac{a}{\delta}\right)^{2/3} \cdot \frac{\ln(1 + B)^\gamma}{(1 + B)^\gamma - 1} \cdot \frac{B}{\ln(1 + B)} \\
&= \overline{c_p\varrho}\left(\frac{a}{\delta}\right)^{2/3} \cdot \frac{\gamma B}{(1 + B)^\gamma - 1}.
\end{aligned} \qquad (5.153)$$

Die Reihenentwicklung des von γ und B abhängigen Faktors und Abbruch nach dem 1. Glied führt zu

$$\frac{\alpha^*}{\beta^*} \approx \overline{c_p\varrho}\left(\frac{a}{\delta}\right)^{2/3} = \frac{\alpha}{\beta}, \qquad (5.154)$$

d.h., daß bei diesem Ansatz Wärme- und Stoffaustauschkoeffizienten durch den Massenstrom in gleicher Weise beeinflußt werden (z.B. für $\gamma = 1{,}5$ und $B = 0{,}2$ wird der Faktor $0{,}95$). Die angegebenen Verhältnisse in den Gln. (5.150) bis (5.152) sind alle gleichberechtigt; es ist lediglich darauf zu achten, daß die jeweils entsprechenden Beziehungen für den Wärme- und Massenstrom der Berechnung zugrunde gelegt wird.

Die Potenz $(1 - n)$ der Lewiszahl $Le = a/\delta$ beträgt bei *laminaren Grenzschichten* $1 - n = 1 - 1/3 = 2/3$.

Bei *vollkommener Turbulenz*, wie sie praktisch nie auftritt, wurde mit der einfachen Modellvorstellung (Abschn. 5.10.2.1.) für die Potenz der Wert Null gefunden, d.h. $n = 1$. Eine exakte Bestimmung des Verhältnisses α/β in *turbulenten Strömungen* müßte von Gl. (4.121) oder (4.123) ausgehen. Diese führten allerdings zu keinen einfachen Beziehungen. Durch Versuche ausreichend belegt ist die Potenz $1 - n = 0{,}58$ bis $0{,}56$, d.h. $n = 0{,}42$ bis $0{,}44$, wobei der Wert $0{,}42$ am häufigsten verwendet wird:

$$\frac{\alpha}{\beta} = \overline{c_\mathrm{p}\varrho}\left(\frac{a}{\delta}\right)^{0,58}. \tag{5.155}$$

Bei Strömungen, in denen ein Temperatur- oder Konzentrationsausgleich eintritt, gilt Gl. (4.137); hier wird

$$\frac{\alpha}{\beta} = \overline{c_\mathrm{p}\varrho}, \tag{5.156}$$

d.h. $n = 1$.

Beim Wärme- und Stoffaustausch durch ruhende Medien, d.h. durch Schichten konstanter Dicke, ist $s_\mathrm{c} = s_\mathrm{th}$. Es wird dann

$$\frac{\alpha}{\beta} = \frac{\lambda}{\delta} = \overline{c_\mathrm{p}\varrho}\left(\frac{a}{\delta}\right), \tag{5.157}$$

d.h. $1 - n = 1$, $n = 0$.

Schließlich kann man noch zeigen, daß für den theoretischen Fall einer reibungsfreien Strömung $1 - n = \dfrac{1}{2}$, $n = \dfrac{1}{2}$ wird.

Damit läßt sich folgende Zusammenstellung geben:

$n = 0$ für Vorgänge in ruhenden Medien,

$n = \dfrac{1}{3}$ für den Austausch durch laminare Grenzschichten oder bei Anlaufvorgängen in laminaren Strömungen,

$n = 0{,}42$ für den Austausch in turbulenten Strömungen,

$n = 0{,}5$ für den Austausch in reibungsfreien Strömungen,

$n = 1$ für Ausgleichsvorgänge und für den Grenzfall vollkommener Turbulenz.

5.10.5.2. Bei Auftriebsströmung

Bei *Auftriebsströmungen* ist folgendes zu beachten: Die Auftriebskraft eines Volumenelementes (Grundfläche df, Höhe l) der Dichte ϱ_0 gegenüber einer Umgebung der Dichte ϱ_∞ ist:

$$df l(\varrho_\infty - \varrho_0).$$

Die Auftriebsenergie ist:

$$\frac{l(\varrho_\infty - \varrho_0)}{\varrho_0}.$$

Wenn die Werte ϱ_0 und ϱ_∞ nur wegen der verschiedenen Temperatur des Mediums verschieden sind, so wird bei *gasförmigen Stoffen* die Auftriebsenergie:

$$l\frac{\varrho_\infty - \varrho_0}{\varrho_0} = l\frac{T_0 - T_\infty}{T_\infty},$$

wie sie bei Definition der Grashofschen Kennzahl beim Wärmeübergang gebraucht
wurde [Gl. (4.101)]. Sind jedoch, wie bei den Problemen der Trocknung, auch die
Mischungsverhältnisse des Dampf-Luft-Gemisches an verschiedenen Stellen verschieden und bedeuten M_0 und M_∞ die mittleren relativen Molmassen in Wand-
nähe und in hinreichendem Abstand, so wird nach dem Gasgesetz:

$$l\,\frac{\varrho_\infty - \varrho_0}{\varrho_0} = l\,\frac{M_\infty T_0 - M_0 T_\infty}{M_0 T_\infty},$$

Diese Auftriebsenergie ist, sobald Stoffübergang vorliegt, in der Grashofschen
Kennzahl einzuführen, die demnach lautet:

$$Gr' = \frac{l^3 g \left(\dfrac{M_\infty T_0}{M_0 T_\infty} - 1\right)}{\nu^2}. \tag{5.158}$$

Darin ist M_0 und M_∞ zu berechnen aus den anteiligen Drucken von Luft und
Dampf.

$$\left.\begin{aligned}
M_0 &= \frac{P - P_{DO}}{P}\,M_L + \frac{P_{DO}}{P}\,M_D, \\[2mm]
M_\infty &= \frac{P - P_{D,\infty}}{P}\,M_L + \frac{P_{D,\infty}}{P}\,M_D.
\end{aligned}\right\} \tag{5.159}$$

Dieser Wert Gr' ist bei Auftriebsproblemen *sowohl* bei der Bestimmung der Wärmeübergangszahl Nu als auch bei der Verdunstungszahl $Nu' = Sh$ anzuwenden.

Man kann also in Bild 4.59 an Stelle der Kenngröße Gr die allgemeinere Kenngröße Gr' nach Gl. (5.158) setzen. Für *Wärme*übergangsprobleme ist dann als
Abszisse in Bild 4.59 die Größe $Gr'\,Pr$ zu wählen, während für *Stoff*übergangsprobleme $Gr'\,Sc$ zu setzen ist.

Bei Auftriebsströmungen kann man ähnliche Ansätze für den Wärmeübergang
machen wie bei erzwungener Strömung, nur daß jetzt an Stelle der Re-Zahl die
Kenngröße der Auftriebsströmung, die Gr'-Zahl, erscheint. Abschnittsweise setzt
man:

$$Nu = C\,Gr'^m\,Pr^n.$$

Entsprechend lautet der Ansatz für den Stoffübergang:

$$Sh \equiv Nu' = C\,Gr'^m\,Sc^n.$$

Für das Verhältnis α/β ergibt sich dann:

$$\frac{\alpha}{\beta} = \frac{\lambda}{\delta}\left(\frac{Pr}{Sc}\right)^n = \overline{\varrho c_p}\left(\frac{a}{\delta}\right)^{1-n}. \tag{5.160}$$

Im Bereich laminarer Grenzschichten ist $m = n = 1/4$ (s. Gl. (4.103)); es wird
dann

$$\frac{\alpha}{\beta} = \overline{\varrho c_p}\left(\frac{a}{\delta}\right)^{3/4}.$$

Bei turbulenten Grenzschichten ist $m = n = 1/3$ (vgl. Bild 4.59) und es wird

$$\frac{\alpha}{\beta} = \overline{\varrho_p c}\left(\frac{a}{\delta}\right)^{2/3}.$$

5.10.6. Die Abhängigkeit der Temperatur des nassen Gutes bei der Lufttrocknung von dem Verhältnis α/β

Unter Lufttrocknung sei hier der Fall der Trocknung verstanden, bei dem das Trockenmittel Luft zugleich alleiniger Wärmeträger ist. (Ein Wärmeaustausch mit anderen Körpern durch Strahlung oder Wärmeleitung finde nicht statt.)

Dann muß die zur Verdunstung der Dampfmenge $\dot{m}_\mathrm{D}$ erforderliche Wärmemenge Q durch Wärmeübergang von der Luft an die Gutsoberfläche übertragen werden. Die Oberfläche sei so feucht, daß in ihr der Sattdampfdruck P''_{DO} bei der Gutstemperatur ϑ_0 herrsche. Bedeutet $h_{\mathrm{V}(\vartheta_0)}$ die Verdampfungswärme bei Oberflächentemperatur, so ist:

$$\dot{Q} = A\,\frac{\alpha \cdot h_{\mathrm{V}(\vartheta_0)}}{c_{\mathrm{pD}}} \cdot \ln\left[1 + \frac{c_{\mathrm{pD}}(\vartheta_\mathrm{L} - \vartheta_0)}{h_{\mathrm{V}(\vartheta_0)}}\right]$$

$$= A \cdot \dot{m}_\mathrm{D} \cdot h_{\mathrm{V}(\vartheta_0)} = A\,\frac{\beta \cdot P}{R_\mathrm{D} T} \cdot \ln\left[1 + \frac{P''_{\mathrm{DO}} - P_{\mathrm{DL}}}{P - P''_{\mathrm{DO}}}\right] \cdot h_{\mathrm{V}(\vartheta_0)}$$

oder zweckmäßiger mit den Definitionen für α^* und β^* nach den Gln. (5.122) und (5.143):

$$= A\alpha^*(\vartheta_\mathrm{L} - \vartheta_0) = \frac{A\beta^*}{R_\mathrm{D} T_\mathrm{L}} \cdot h_{\mathrm{V}(\vartheta_0)} \cdot \frac{P''_{\mathrm{DO}} - P_{\mathrm{DL}}}{1 - P''_{\mathrm{DO}}/P}\,.$$

Es folgt:

$$\vartheta_\mathrm{L} - \vartheta_0 = \frac{\beta^*}{\alpha^*} \cdot \frac{h_{\mathrm{V}(\vartheta_0)}}{R_\mathrm{D} T_\mathrm{L}} \cdot \frac{P''_{\mathrm{DO}} - P_{\mathrm{DL}}}{1 - P''_{\mathrm{DO}}/P}\,. \tag{5.161}$$

Man erkennt aus Gl. (5.161), in der bei gegebener Lufttemperatur ϑ_L und gegebenem Dampfdruck in der Luft P_{DL} die Gutstemperatur ϑ_0 die einzige Unbekannte ist — P''_{DQ} ist eindeutig von ϑ_0 abhängig —, daß das Verhältnis α/β von Einfluß auf die Temperatur des nassen Gutes sein muß. Schreibt man für das Verhältnis α^*/β^* allgemein nach Gl. (5.153)

$$\frac{\alpha^*}{\beta^*} = \overline{c_\mathrm{p}\varrho}\left(\frac{a}{\delta}\right)^{1-\mathrm{n}} \cdot \frac{\gamma \cdot B}{(1+B)^\gamma - 1}$$

mit

$$\gamma = \frac{c_{\mathrm{pD}} M_\mathrm{D}}{\overline{c_\mathrm{p} M}} \cdot \left(\frac{a}{\delta}\right)^{-(1-\mathrm{n})},$$

$$\overline{c_\mathrm{p} M} = (1 - P_{\mathrm{Dm}}/P)\,M_\mathrm{L} c_{\mathrm{pL}} + (P_{\mathrm{Dm}}/P)\,M_\mathrm{D} c_{\mathrm{pD}}$$

und

$$B = \frac{P''_{\mathrm{DO}} - P_{\mathrm{DL}}}{P - P''_{\mathrm{DO}}},$$

so läßt sich die Temperaturdifferenz zwischen Luft und Oberfläche in der Form anschreiben:

$$\vartheta_\mathrm{L} - \vartheta_0 = \frac{h_{\mathrm{V}(\vartheta_0)}}{c_{\mathrm{pD}}}\,[(1+B)^\gamma - 1]. \tag{5.162}$$

Für den in der Trocknung häufigen Fall $B \ll 1$ gilt näherungsweise

$$\vartheta_\mathrm{L} - \vartheta_0 \approx \frac{h_{\mathrm{V}(\vartheta_0)}}{c_{\mathrm{pD}}} \cdot \gamma B \tag{5.163}$$

$$\approx \frac{h_{\mathrm{V}(\vartheta_0)}}{c_{\mathrm{pD}}} \cdot \frac{c_{\mathrm{pD}} M_\mathrm{D}}{\overline{c_\mathrm{p} M}} \cdot \left(\frac{Pr}{Sc}\right)^{(1-\mathrm{n})} \cdot \frac{P''_{\mathrm{DO}} - P_{\mathrm{DL}}}{P - P''_{\mathrm{DO}}}\,. \tag{5.164}$$

Aus dieser Beziehung läßt sich iterativ bei vorgegebenem Luftzustand die sich einstellende Oberflächentemperatur bestimmen. Ein Vergleich der Oberflächentemperatur nach Gl. (5.164) mit der Kühlgrenz- oder adiabatischen Sättigungstemperatur nach Gl. (1.27) zeigt, daß die Oberflächentemperatur zusätzlich von Pr, Sc und n, d.h. vom Parameter der Strömung und Grenzschichten abhängen; beide Temperaturen werden nur identisch für $n = 1$ oder $Pr = Sc$. Für Wasserdampf-Luftgemische ist der Unterschied beider Temperaturen allerdings gering, bei Temperaturen unter $\vartheta_L \approx 100\,°C$ zu vernachlässigen, wie Bild 5.57 mit $n = 1/3$ und für den Extremfall $P_{DL} = 0$, zeigt. Die Oberflächentemperatur kann dann als Kühlgrenztemperatur dem $h-x$-Diagramm entnommen werden.

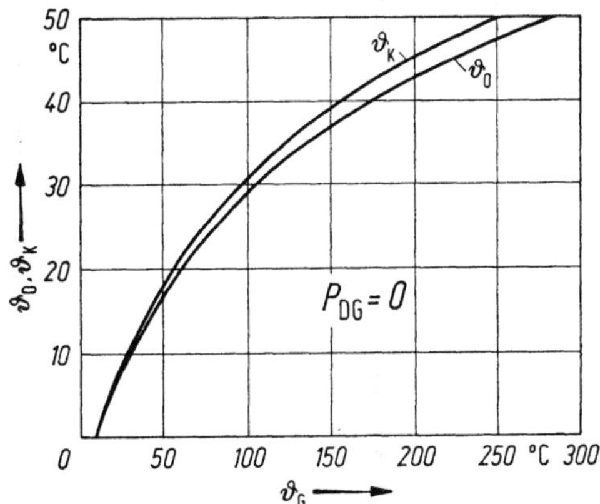

Bild 5.57. Oberflächen- und Kühlgrenztemperatur bei der Verdunstung von Wasser in trockener Luft in Abhängigkeit von Lufttemperatur, $P_{DL} = P_{DG} = 0$.

Für andere Dampf-Gasgemische kann der Unterschied jedoch beträchtlich werden, z.B. für Benzol-Luft (Bild 5.58). Die eingetragenen Meßwerte [5.72] bestätigen die Brauchbarkeit von Gl. (5.164).

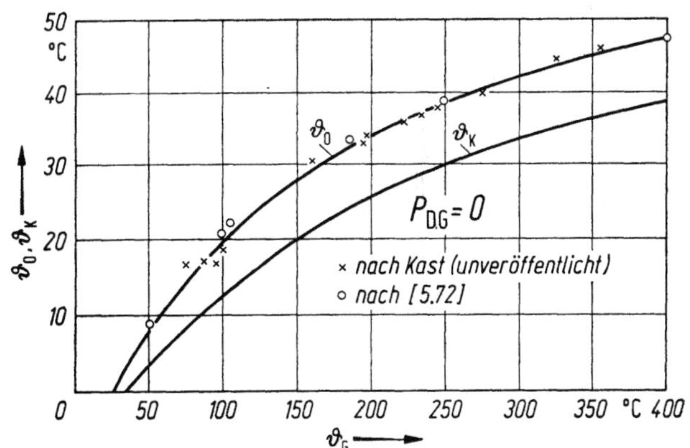

Bild 5.58. Oberflächen- und Kühlgrenztemperatur bei der Verdunstung von Benzol in trockener Luft nach Gl. (5.164) und nach Messungen, $P_{DG} = 0$.

Schreibt man Gl. (5.164) für die Oberflächentemperatur und Gl. (1.27) für die Kühlgrenztemperatur in der Form

$$\vartheta_L - \vartheta_0 \approx (\vartheta_L - \vartheta_K) \cdot \left(\frac{Pr}{Sc}\right)^{1-n} \cdot \frac{P''_{DO} - P_{DL}}{P''_{DK} - P_{DL}}, \qquad (5.165)$$

so erkennt man aus dem Verhalten bei verschwindenden Temperatur- und Partialdruckdifferenzen, daß für

$$Pr > Sc: \vartheta_0 < \vartheta_K,$$
$$Pr < Sc: \vartheta_0 > \vartheta_K$$

werden muß. Die Zustandsänderung der Luft, die über eine feuchte Fläche strömt, erfolgt im $h-x$-Diagramm für den Fall $Pr \neq Sc$ nicht in Richtung der Kühlgrenztemperatur sondern in Richtung der Oberflächentemperatur. Die Oberflächentemperatur ist nun aber keine konstante Größe mehr (Gl. (5.164) und (1.27) werden nicht mehr identisch), sondern ändert sich in Richtung der Kühlgrenztemperatur; die Änderung des Luftzustandes erfolgt daher auf einer gekrümmten Linie, wie dies Bild 5.59 andeutet. Für Wasserdampf-Luftgemische dürfte diese Krümmung aber wohl immer zu vernachlässigen sein.

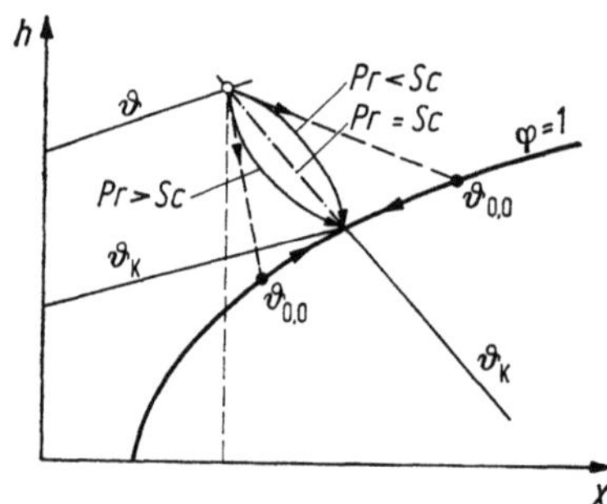

Bild 5.59. Luftzustandsänderung im $h-x$-Diagramm für $Pr \neq Sc$.

Der Einfluß unterschiedlicher Strömungsbedingungen, die sich über die Potenz $(1 - n)$ auswirken, ist ebenfalls gering. Ändert sich doch dieser Wert in den häufigsten Fällen nur zwischen $(1 - n) = 0{,}667$ für laminare Grenzschichten und $(1 - n) = 0{,}58$ für turbulente Grenzschichten. (Bei $Sc/Pr = a/\delta = 2$ bedeutet dies einen Unterschied von nur 6%). Es darf daher bei konvektivem Austausch wohl immer mit $1 - n = 0{,}667$ gerechnet werden.

Dieser Wert ist auch den Diagrammen zur Bestimmung der Oberflächentemperatur bei verschiedenen Gesamtdrücken P, Partialdrücken P_{DL} und Lufttemperaturen ϑ_L für Wasserdampf-Luftgemische zugrunde gelegt (Bilder 5.60 bis 5.64)[1].

---

[1] In Bild 5.60 bis 5.64 könnte man unterhalb der Abszisse diejenigen Kurven, für die $P_{DL} > P''_{DO}$ ist, fortsetzen. Man erhält dann die Gutstemperaturen für den Fall der Kondensation eines übersättigten kalten Dampf-Luftgemisches an einer Wand von höherer Temperatur, an der der Sattdampfdruck herrscht. Es ist der Umkehrfall zur Verdunstungskühlung beim Trocknen (Wärmeerzeugung durch Kondensieren, Wärmeabfuhr durch das kalte Gemisch). Der Fall ist hypothetisch, da sich wesentlich übersättigte Dampf-Luftgemische nicht herstellen lassen. Aber die Bilder sind, wie im folgenden gezeigt wird, auch für den Fall der Wärmezu- oder -abfuhr durch Strahlung oder Leitung brauchbar, so daß sie auf den Fall der Entfeuchtung eines Luftstroms durch Kühlung Anwendung finden können.

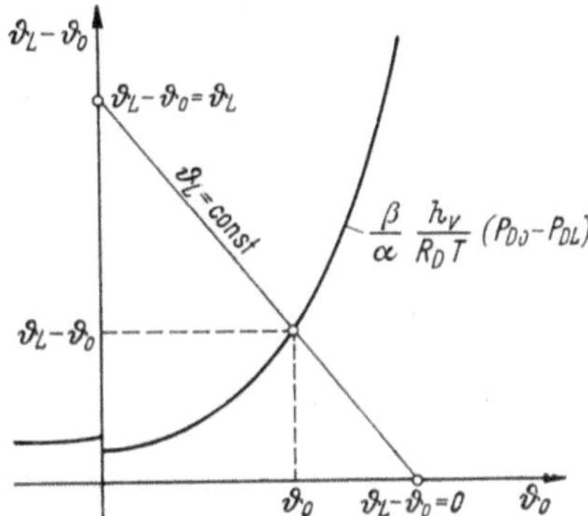

Bild 5.60. Zur Bestimmung der Gutsoberflächentemperatur.

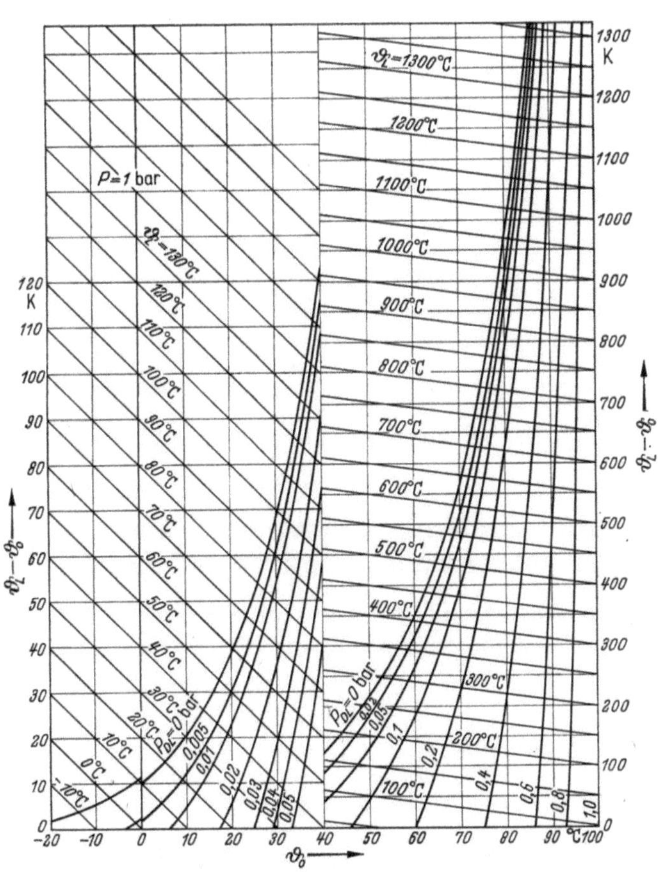

Bild 5.61. Die Gutsoberflächentemperatur ϑ_0 bei verschiedenen Lufttemperaturen ϑ_L und verschiedenen Dampfteildrucken P_{DL} in der Luft. $P = 1$ bar. [An Stelle der Lufttemperatur ϑ_L kann auch die äquivalente Lufttemperatur ϑ_L' nach Gl. (8.5) eingesetzt werden].

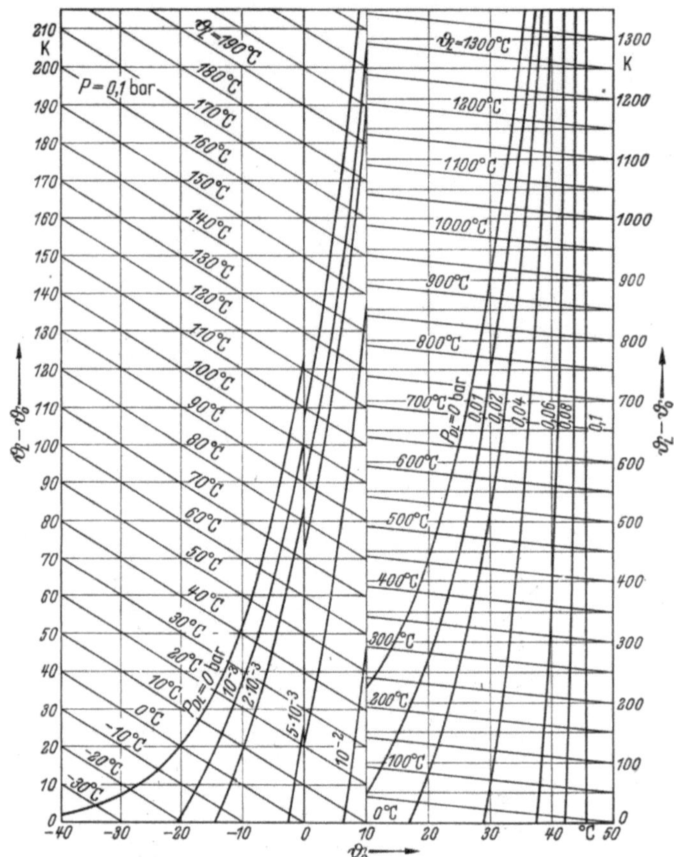

Bild 5.62. Die Gutsoberflächentemperatur ϑ_0 bei verschiedenen Lufttemperaturen ϑ_L und verschiedenen Dampfteildrucken P_{DL} in der Luft. $P = 0{,}1$ bar. [An Stelle der Lufttemperatur ϑ_L kann auch die äquivalente Lufttemperatur ϑ'_L nach Gl. (8.5) eingesetzt werden].

5.10.7. Stoffwerte für die Berechnung des Wärme- und Stoffaustausches in wasserdampffeuchter Luft

In den Bildern 5.65 bis 5.74 sind Stoffwerte für trockene Luft, Wasserdampf und für feuchte Luft, wie sie für die Berechnung des Wärme- und Stoffaustausches benötigt werden, aufgetragen.

5.10.8. Zusammenfassung

Es wurde gezeigt, daß man die Verdunstung von einer feuchten Fläche in strömendes Gas, bzw. die Absorption oder Kondensation eines Dampfes aus einem Gas-Damqf-Gemisch an Oberflächen nach den gleichen Gesetzmäßigkeiten berechnen kann, die beim Wärmeübergang gelten. Man muß dabei beachten, daß an die Stelle der dimensionslosen Kenngrößen des Wärmeübergangs diejenigen des Stoffaustausches treten:

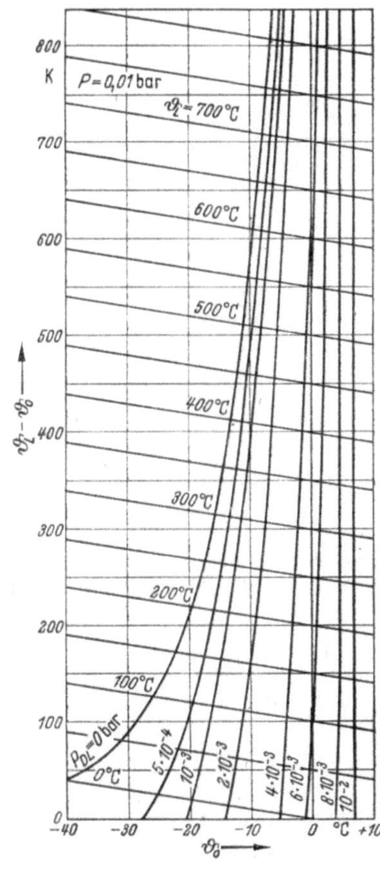

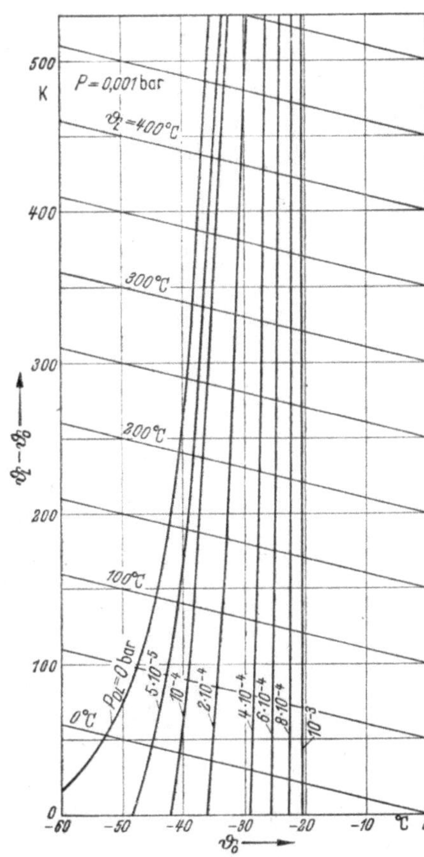

Bild 5.63   Bild 5.64

Bild 5.63. Die Gutsoberflächentemperatur ϑ_0 bei verschiedenen Lufttemperaturen ϑ_L und verschiedenen Dampfteildrucken P_{DL} in der Luft. $P = 0{,}1$ bar. (An Stelle der Lufttemperatur ϑ_L kann auch die äquivalente Lufttemperatur ϑ_L' nach Gl. (8.5) eingesetzt werden).

Bild 5.64. Die Gutsoberflächentemperatur ϑ_0 bei verschiedenen Lufttemperaturen ϑ_L und verschiedenen Dampfteildrucken P_{DL} in der Luft. $P = 0{,}001$ bar. (An Stelle der Lufttemperatur ϑ_L kann auch die äquivalente Lufttemperatur ϑ_L' nach Gl. (8.5) eingesetzt werden).

Für den Wärmeübergang

$$Nu = \frac{\alpha l}{\lambda}; \quad Pe = Re \cdot Pr = \frac{wl}{a}; \quad Pr = \frac{v}{a}; \quad Gr = \frac{l^3(T_0 - T_L)}{v^2 T_L},$$

für den Stoffübergang

$$Nu' \equiv Sh = \frac{\beta l}{\delta}; \quad Pe' = Re \cdot Sc = \frac{wl}{\delta}; \quad Sc = \frac{v}{\delta}; \quad Gr' = \frac{l^3(M_L T_0 - M_0 T_L)}{v^2 M_0 T_L}.$$

wobei Gr' auch für die Berechnung des Wärmeübergangs bei gleichzeitigem Stoffübergang zu verwenden ist.

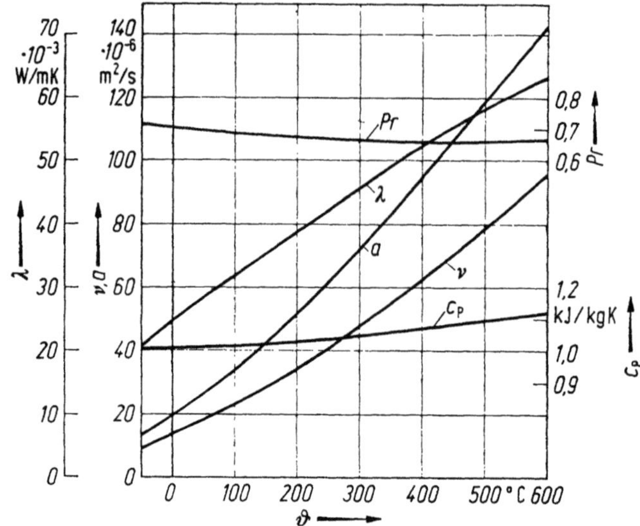

Bild 5.65. Stoffwerte für Luft (trockene Luft bei $p = 1$ bar) (nach [5.41]).
λ Wärmeleitzahl; c_p wahre spezifische Wärme; ν kinematische Zähigkeit; a Temperaturleitzahl;
$a = \lambda/c\varrho$; $Pr = \nu/a = $ Prandtlsche Kenngröße.

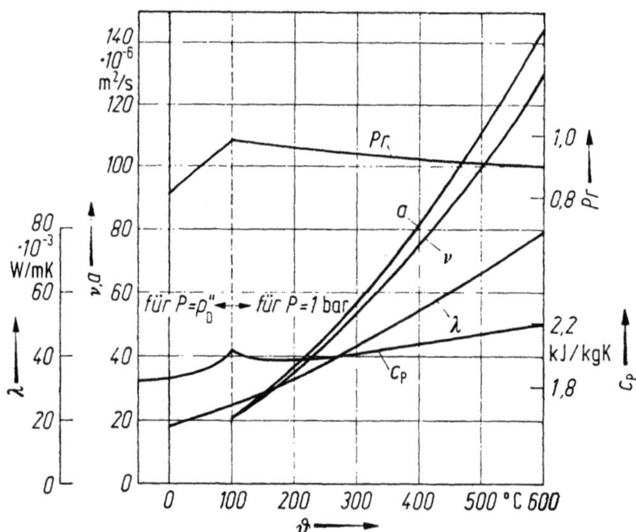

Bild 5.66. Stoffwerte für Wasserdampf (bei $p = 1$ bar, nach [5.41] unter $100\,°C$ beim Sättigungsdruck).
λ Wärmeleitzahl; c_p wahre spezifische Wärme; ν kinematische Zähigkeit; a Temperaturleitzahl;
$a = \lambda/c\varrho$; $Pr = \nu/a = $ Prandtlsche Kenngröße.

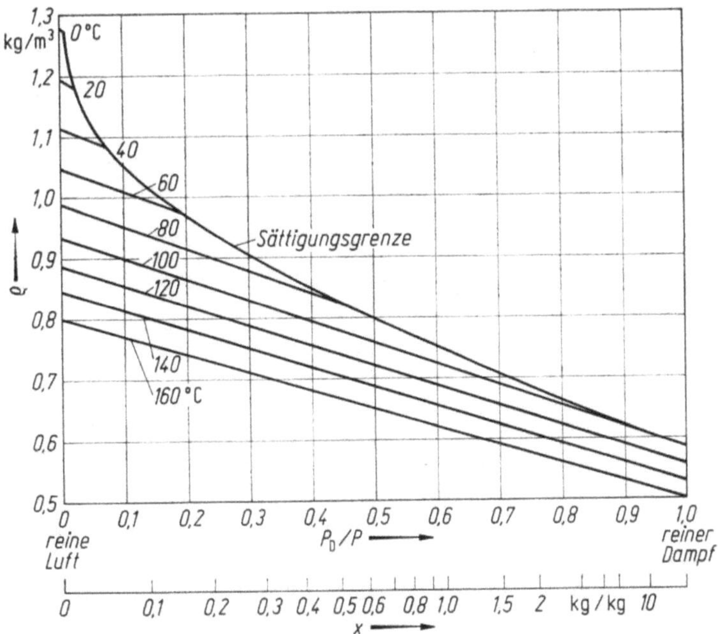

Bild 5.67. Dichte ϱ feuchter Luft bei $P = 1$ bar $\left(\text{berechnet nach: } \varrho = \dfrac{P}{RT} \cdot \dfrac{P_L M_L + P_D M_D}{P}\right)$ Bei anderem Gesamtdruck: $\varrho = \varrho_1 P_1/P$.

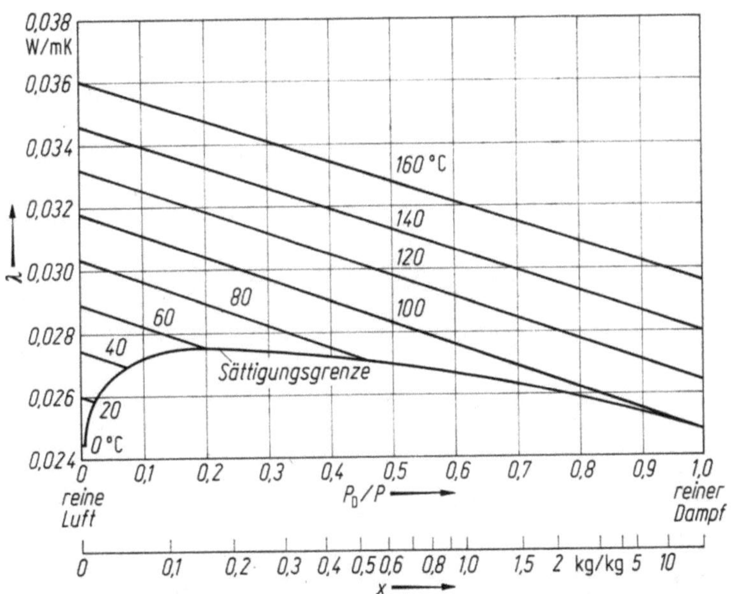

Bild 5.68. Wärmeleitfähigkeit λ feuchter Luft, abhängig vom Verhältnis des Dampfteildrucks P_D zum Gesamtdruck P und von der Temperatur, berechnet nach der Näherungsformel

$$\lambda = \lambda_D \frac{P_D}{P} + \lambda_L \left(1 - \frac{P_D}{P}\right), \quad \text{(max. Abweichung des wahren Wertes } +7\%).$$

λ ist praktisch unabhängig vom Gesamtdruck P.

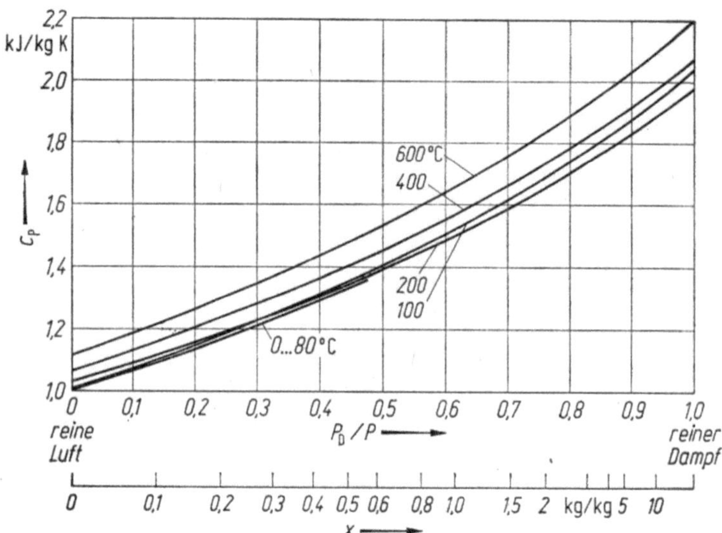

Bild 5.69. Mittlere spezifische Wärme c_p feuchter Luft, abhängig vom Verhältnis des Dampfteildrucks P_D zum Gesamtdruck P und von der Temperatur:

$$c_p = \frac{P_L M_L c_{pL} + P_D M_D c_{pD}}{P_L M_L + P_D M_D}.$$

c_p ist praktisch unabhängig vom Gesamtdruck P.

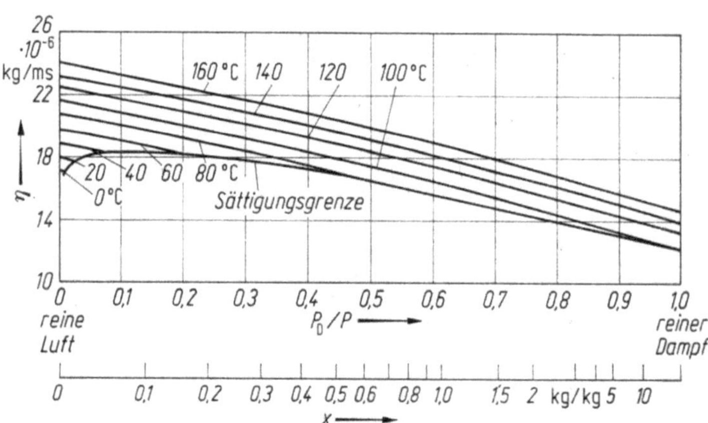

Bild 5.70. Dynamische Zähigkeit η feuchter Luft, abhängig vom Verhältnis des Dampfteildrucks P_D zum Gesamtdruck P und von der Temperatur, berechnet für einen Druck $P = 1$ bar nach der Näherungsformel:

$$\eta = \frac{\eta_L P_L \sqrt{M_L} + \eta_D P_D \sqrt{M_D}}{P_L \sqrt{M_L} + P_D \sqrt{M_D}}.$$

η ist praktisch unabhängig vom Gesamtdruck P.

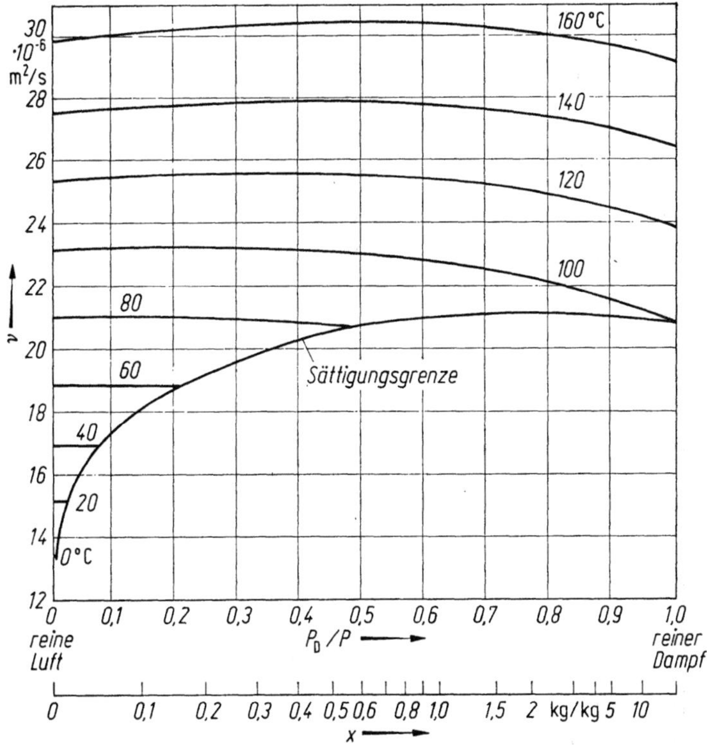

Bild 5.71. Kinematische Zähigkeit $v = \eta/\varrho$ feuchter Luft bei $P = 1$ bar (bei Gesamtdruck P:

$$v = v_1 \frac{P}{P_1}).$$

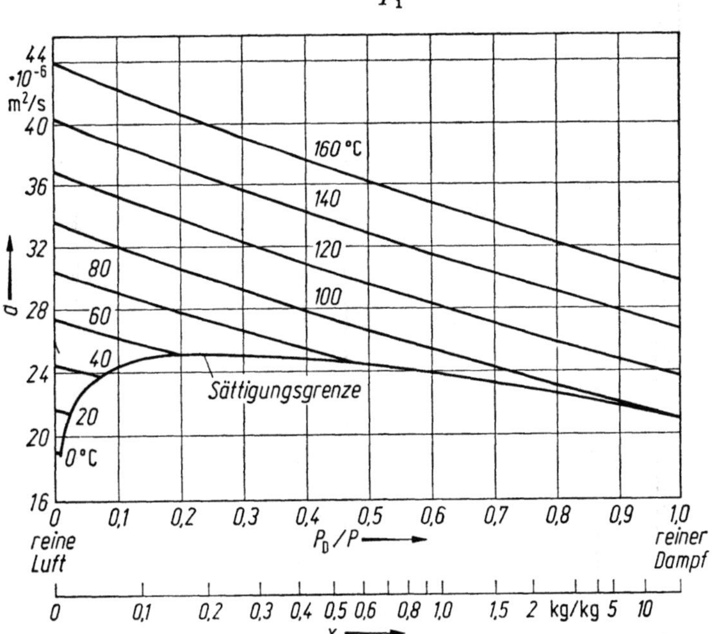

Bild 5.72. Temperaturleitfähigkeit $a = \lambda/c_p\varrho$ feuchter Luft für $P = 1$ bar (bei Gesamtdruck P:

$$a = a_1 \frac{P}{P_1}).$$

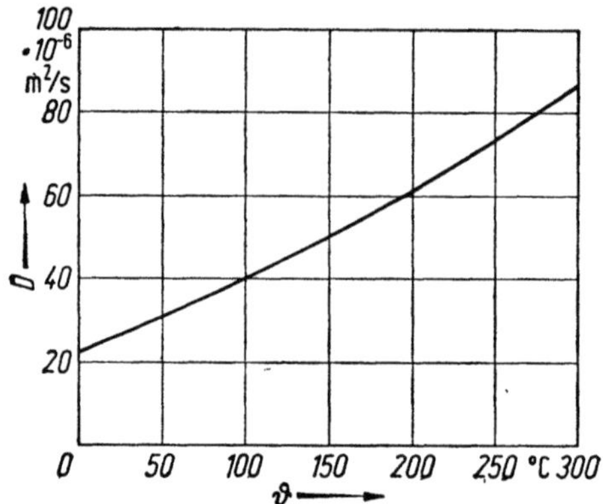

Bild 5.73. Diffusionskoeffizient δ für Wasserdampf—Luft bei $P = 1$ bar, berechnet nach Schirmer:

$$\delta = \frac{22{,}6 \cdot 10^{-6}}{P\,[\text{bar}]} \left(\frac{T}{273}\right)^{1,81} \left[\frac{\text{m}^2}{\text{s}}\right].$$

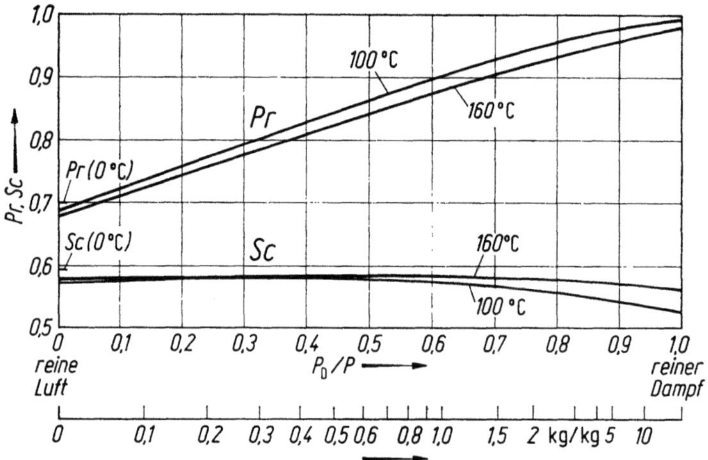

Bild 5.74. Prandtl-Zahl $Pr = \nu/a$ (für Wärmeübergang) und $Sc = \nu/\delta$ (für Stoffübergang) feuchter Luft (unabhängig vom Gesamtdruck P).

Es ist ferner zu beachten, daß wegen der gegenseitigen Beeinflussung des Wärme- und Stoffaustausches, besonders bei größeren Partialdruckdifferenzen, die treibenden Potentiale in veränderter Form anzuschreiben oder die Übergangskoeffizienten zu korrigieren sind (Gl. (5.122), (5.143) und (5.149)).

Bei außenumströmten Einzelkörpern ist die Änderung des Gaszustandes beim Überströmen gering, so daß mit der Temperatur- bzw. Partialdruckdifferenz zwischen Gas und Oberfläche gerechnet werden darf. Bei durchströmten Körpern, Rohren oder Schüttungen mit größeren Änderungen im Gaszustand sind die verschiedenen Definitionen der Übergangskoeffizienten (α_e, $\bar{\alpha}$) und der zugehörigen treibenden Potentiale zu berücksichtigen ($\Delta\vartheta_e$, $\Delta\vartheta_{ln}$). Auch hierbei gelten die Gesetze des Wärmeübergangs in analoger Weise für den Stoffübergang.

6. Wärme- und Stofftransport in feuchten Gütern

6.1. Die Wärmeleitung in feuchten Trocknungsgütern

6.1.1. Problemstellung

Im folgenden kurzen Kapitel wird die Kupplung zwischen Wärme- und Stofftransport behandelt, welche die gesamte Energieübertragung in feuchten porigen Stoffen unter der Einwirkung von Temperaturunterschieden bewirkt. Durch einen Feuchtigkeitsgehalt wird die Wärmeleitfähigkeit eines porigen Stoffes in zweierlei Hinsicht beeinflußt:

1. dadurch, daß sich in den kapillaren Räumen des Gutes zusammenhängende Flüssigkeitshäute bzw. -röhren bilden. Da die Flüssigkeit eine höhere Wärmeleitfähigkeit hat als trockene Luft in den Poren, wird durch eine zusammenhängende Flüssigkeitshaut die Wärmeleitung im Stoff erhöht. Diese Wirkung bezeichnet man als „Bildung von Wärmebrücken";
2. dadurch, daß in den luftgefüllten Poren zwischen flüssigkeitsbenetzten Wänden sich mit dem Temperaturgefälle notwendig ein Dampfteildruckgefälle einstellen muß, auf Grund dessen eine Diffusion des Dampfes stattfindet. — Soweit ein Stoff nicht hygroskopisch ist, herrscht an der Flüssigkeitsoberfläche der zur jeweiligen Temperatur gehörige Sattdampfdruck.

In der Wärmeleitfähigkeit eines feuchten Stoffes wirken sich alle Einzelerscheinungen des Energietransportes aus. Es zeigt sich, daß die Wärmeleitfähigkeit feuchter Stoffe in dem Temperaturbereich, der in der Trocknungstechnik interessiert (bis etwa 100 °C), so außerordentlich variiert, daß die Einflüsse, welche die Leifähigkeit der trockenen Stoffe bestimmen, meist völlig in den Hintergrund treten.

6.1.2. Die Wärmeleitfähigkeit von Stoffen mit maximaler Feuchte

Für Stoffe, bei denen alle Poren mit Wasser gefüllt sind, läßt sich durch die gleiche Betrachtung, die bei der Behandlung der Wärmeleitung in trockenen Stoffen angewandt wurde (s. Abschn. 6.1.5.), eine Einordnung der möglichen Werte zwischen leicht berechenbaren Grenzwerten erreichen. Die Leitfähigkeit der ganz nassen Stoffe unterscheidet sich nur dadurch von derjenigen der trockenen Stoffe, daß an Stelle der Wärmeleitung der Porenluft (λ_L) diejenige der Flüssigkeit (λ_W) tritt. Der Einfluß der Feststoffstruktur (Verbindung der einzelnen Feststoffteilchen) muß in analoger Weise wie beim trockenen Stoff zum Ausdruck kommen.

Für die beiden Grenzfälle

I. Feststoff als durchgehendes Netzwerk entsprechend Parallelschaltung einer Plattenanordnung (gesinterte Stoffe),

II. Flüssigkeit als durchgehendes Netzwerk entsprechend Hintereinanderschaltung einer Plattenanordnung (pulverige, körnige, faserige Stoffe)

lassen sich nach den Gln.(4.58) und (4.59) die Leitfähigkeiten λ_I und λ_II berechnen, wenn man an Stelle von λ_L jetzt λ_W einführt.

$$\lambda_{\mathrm{I},n} = (1 - \Psi)\,\lambda_\mathrm{S} + \Psi\lambda_\mathrm{W}, \tag{6.1}$$

$$\lambda_{\mathrm{II},n} = \frac{1}{\dfrac{1 - \Psi}{\lambda_\mathrm{S}} + \dfrac{\Psi}{\lambda_\mathrm{W}}}. \tag{6.2}$$

Wählt man zum Vergleich mit Bild 4.37 einen mineralischen Feststoff mit $\lambda_\mathrm{S} = 4$ und Wasser als Flüssigkeit ($\lambda_\mathrm{W} \approx 0{,}5$), so ergeben sich die Grenzkurven I und II in Bild 6.1. Da λ_S und λ_W sehr viel weniger verschieden sind als λ_S und λ_L, weichen die Grenzkurven viel weniger voneinander ab als für trockene Stoffe. Dann wird auch der Bereich der empirischen Stoffe verschiedener Struktur sehr viel schmaler als bei trockenen Stoffen.

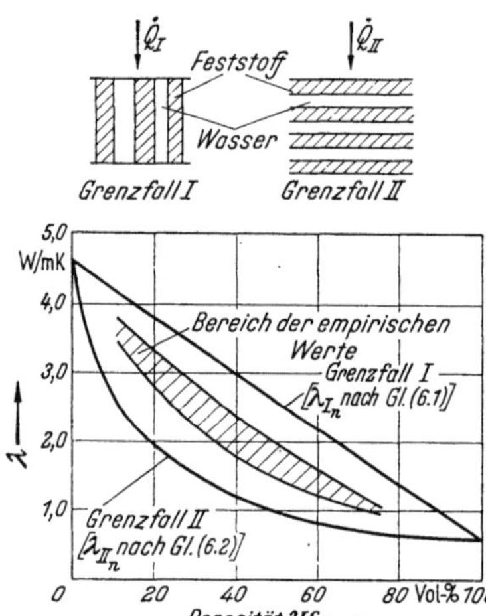

Bild 6.1. Einordnung der Wärmeleitfähigkeit ganz nasser mineralischer Stoffe zwischen berechenbaren Grenzwerten.

6.1.3. Die Charakterisierung der Feststoffstruktur

Kennt man für einen Stoff die Leitfähigkeit im trockenen Zustand λ_trocken sowie im ganz nassen $\lambda_\text{naß}$, so kann man sich aus diesen Werten eine gewisse Vorstellung der für die Struktur des Feststoffes maßgebenden Verbindung der Feststoffteilchen untereinander bilden.

Man denkt sich als Ersatzbild für das wirkliche Stoffgefüge eine Anordnung, bei der zwei Anordnungen nach den Grenzfällen I und II hintereinandergeschaltet sind (Bild 6.2).

Ist a der Anteil der Anordnung nach Grenzfall II (hintereinandergeschaltete Platten), $1 - a$ der Anteil der Anordnung nach Grenzfall I (parallelgeschaltete Platten) und bezeichnen λ_Itr bzw. λ_IItr die nach den Gln. (4.58) und (4.59) berechneten Leitfähigkeiten der Anordnungen für die Grenzfälle I und II für trockenen

Stoff, so gilt:

$$\lambda_{\text{trocken}} = \frac{1}{\dfrac{1-a}{\lambda_{\text{I,tr}}} + \dfrac{a}{\lambda_{\text{II,tr}}}}. \tag{6.3}$$

$$\lambda_{\text{naß}} = \frac{1}{\dfrac{1-a}{\lambda_{\text{I,n}}} + \dfrac{a}{\lambda_{\text{II,n}}}}. \tag{6.4}$$

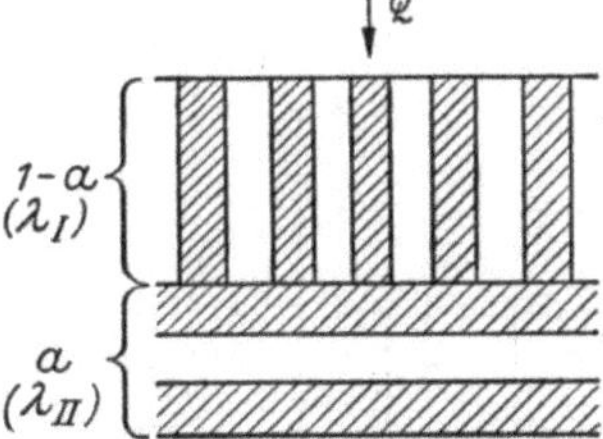

Bild 6.2. Ersatzschema für die Wärmeleitung in porigen Stoffen.

Wenn für einen Stoff λ_{trocken} und $\lambda_{\text{naß}}$ aus Messungen bekannt sind, so kann man aus den Gln. (4.58), (4.59) und (6.1) bis (6.4) sowohl die Leitfähigkeit λ_{S} des Feststoffanteiles als auch den Anteil a der widerstandsreichen hintereinandergeschalteten Anordnung nach Grenzfall II in dem Ersatzschema nach Bild 6.2 berechnen. Aus einigen Messungen wurden die in Tabelle 6.1 angegebenen Werte für λ_{S} und a ermittelt.

Man erkennt aus Tabelle 6.1 vor allem, daß der Anteil der widerstandsreichen Anordnung II in dem Ersatzschema um so größer wird, je schwächer die Verbindung der einzelnen Teilchen untereinander ist (bei Sanden usw.). Die Leitfähigkeit des Feststoffanteiles ist bei den einzelnen mineralischen Stoffen recht verschieden.

6.1.4. Die äquivalente Leitfähigkeit der Porenluft unter dem Einfluß der Dampfdiffusion

Sind die Porenwände flüssigkeitsbenetzt, so tritt in den luftgefüllten Porenräumen bei Vorhandensein von Temperaturunterschieden eine Dampfdiffusion im Sinne des durch die Temperaturunterschiede bewirkten Dampfdruckgefälles ein. An den wärmeren Stellen der Porenwand tritt eine Verdampfung auf, an den kälteren Stellen Kondensation. Zur Wärmeübertragung durch molekulare Wärmeleitung (λ_{L}) tritt dann noch der mit dem Dampftransport beim Verdampfen und Kondensieren verknüpfte Energieaustausch.

Nach den Herleitungen des vorigen Kapitels kann die unter der Wirkung des Temperaturgefälles $-\mathrm{d}\vartheta/\mathrm{d}z$ diffundierende Dampfmenge nach Gl. (5.31) berechnet werden, wenn man vereinfachend eine ebene Begrenzung der Porenwand voraussetzt. Bezeichnet P_{D}'' den von der Temperatur abhängigen Sattdampfdruck, so kann bei nichthygroskopischen Stoffen für das in Gl. (5.31) auftretende Dampfdruckgefälle

$$-\frac{\mathrm{d}P_{\text{D}}}{\mathrm{d}z} = -\frac{\mathrm{d}P_{\text{D}}''}{\mathrm{d}\vartheta}\frac{\mathrm{d}\vartheta}{\mathrm{d}z} \tag{6.5}$$

gesetzt werden, worin $\dfrac{\mathrm{d}P_{\text{D}}''}{\mathrm{d}\vartheta}$ aus der Dampftafel errechnet werden kann.

Tabelle 6.1. Wärmeleitfähigkeit des Feststoffanteils λ_S und Anteil a der widerstandsreichen Anordnung nach dem Ersatzschema in Bild 6.2 für einige mineralische Stoffe

Stoff	Raum-dichte	Porosität	Wärmeleitf. d. vollkom-men trocke-nen Stoffes	Wärmeleitf. d. vollkom-men nassen Stoffes	Wärmeleit-fähigkeit d. Feststoff-anteils	Anteil der wider-standsr. Anordnung	Bemer-kungen
	ϱ_S	Ψ	$\lambda_{trocken}$	$\lambda_{naß}$	λ_S	a	Die Mes-sungen sind mitgeteilt im Schrifttum
	$\dfrac{kg}{m^3}$	m^3/m^3	$\dfrac{W}{mK}$	$\dfrac{W}{mK}$	$\dfrac{W}{mK}$	—	
Reiner Quarzsand (Seesand)	1 300	0,5	0,207	2,09	5,23	0,227	[6.7]
	1 830	0,3	0,430	3,07	5,23	0,174	[6.7]
Quarzit							
Korngröße $K_m = 11,0$ mm	1 400	0,464	0,273	2,16	4,56	0,179	[6.7]
$K_m = 2,5$ mm	1 280	0,510	0,207	1,91	4,56	0,229	[6.7]
$K_m = 1,42$ mm	1 270	0,515	0,211	1,93	4,56	0,214	[6.7]
$K_m = 0,72$ mm	1 340	0,467	0,222	2,06	4,56	0,224	[6.7]
$K_m = 0,2$ mm	1 520	0,421	0,308	2,33	4,56	0,174	[6.7]
Ackererde (verunreinigte Sandböden,	1 580	0,358	0,334	1,80	2,78	0,175	[6.7]
6% Humus)	1 300	0,50	0,227	1,45	2,78	0,191	[6.7]
Leichtbauplatte der Firma Keramchemie, Berggarten							
Stein	749	0,67	0,215	0,97	1,62	0,099	[6.9]
zerkleinert zu Sand $K_m = 0,7$ mm	1 200	0,55	0,151	0,99	1,62	0,253	[6.9]
Körner $K_m = 11,0$ mm	456	0,80	0,090	0,76	1,62	0,283	[6.9]
Ziegelstein gleichen Ausgangsmaterials	1 450	0,46	0,337	1,55	2,58	0,127	[6.9]
	1 650	0,38	0,419	1,71	2,58	0,120	[6.9]
	1 850	0,27	0,663	1,94	2,58	0,094	[6.9]
Ziegelstein verschiedener	1 320	0,50	0,413	1,68	3,00	0,092	[6.8]
Zusammensetzung	1 600	0,45	0,573	1,33	1,95	0,048	[6.8]
Ytong	450	0,815	0,0087	0,71	1,49	0,280	[6.8]
	540	0,790	0,107	0,77	1,49	0,223	[6.8]
	640	0,755	0,145	0,80	1,49	0,160	[6.8]
Siporex	520	0,778	0,163	0,93	2,31	0,144	[6.8]
Bimsbeton	790	0,65	0,198	0,71	0,94	0,100	[6.8]
	860	0,62	0,209	0,73	0,94	0,095	[6.8]

Die Dampfdiffusion durch den Porenquerschnitt f ist dann entsprechend Gl. (5.31)

$$\dot{m}_D = -f b_{\text{verd}} \frac{\mathrm{d}P_D''}{\mathrm{d}\vartheta} \frac{\mathrm{d}\vartheta}{\mathrm{d}z}.$$

Der Bewegungsbeiwert ist nach Gl. (5.35)

$$b_{\text{verd}} = \frac{\delta}{R_D T} \frac{P}{P - P_D''}.$$

Der früher in Gl. (5.29) mitgeteilte Wert gilt für die Diffusion überhitzten Dampfes bei konstanter Temperatur. Eine Untersuchung der Diffusion gesättigten Dampfes unter der Wirkung eines Temperaturgefälles ergibt — vielleicht wegen einer bereits im Feld erfolgenden teilweisen Kondensation — etwas höhere Werte. Es wurde festgestellt [6.10]

$$\delta = \frac{23{,}4 \cdot 10^{-6}}{P\,[\text{bar}]} \cdot \left(\frac{T}{273}\right)^{2,3} \left[\frac{\text{m}^2}{\text{s}}\right]. \tag{6.6}$$

Mit dem Diffusionsstrom wird eine Wärmemenge $\dot{m}_D h_v$ von der warmen zur kalten Seite transportiert. Setzt man diese Wärmemenge nach dem Ansatz für die Wärmeleitung einer äquivalenten Leitfähigkeit λ_{diff} durch Diffusion proportional, so ergibt sich:

$$\dot{Q}_D = -f \frac{\delta}{R_D T} \frac{P}{P - P_D''} \frac{\mathrm{d}P_D''}{\mathrm{d}\vartheta} \frac{\mathrm{d}\vartheta}{\mathrm{d}z} h_v = -f \lambda_{\text{diff}} \frac{\mathrm{d}\vartheta}{\mathrm{d}z}. \tag{6.7}$$

Für λ_{diff} folgt:

$$\lambda_{\text{diff}} = \frac{\delta}{R_D T} \frac{P}{P - P_D''} \frac{\mathrm{d}P_D''}{\mathrm{d}\vartheta} h_v. \tag{6.8}$$

Es wurde bei Besprechung der Wärmeleitung in trockenen Stoffen gezeigt, daß bei feinporigen Gütern die Wärmeübertragung durch natürliche Konvektion (Auftriebsströmung) meist nicht beeinflußt wird und daß die Strahlung meist vernachlässigbar ist, so daß bei trockenen Stoffen die Wärmeleitfähigkeit der Porenluft praktisch gleich der molekularen Leitfähigkeit der Luft λ_L ist.

Bei feuchten Stoffen tritt aber die durch Gl. (6.8) definierte äquivalente Leitfähigkeit durch Diffusion hinzu, so daß für die gesamte Wärmemenge

$$\dot{Q} = -f(\lambda_L + \lambda_{\text{diff}}) \frac{\mathrm{d}\vartheta}{\mathrm{d}z} = -f \lambda_{\text{ges}} \frac{\mathrm{d}\vartheta}{\mathrm{d}z} \tag{6.9}$$

gesetzt werden muß. Diese äquivalente Leitfähigkeit (durch Leitung und Diffusion $\lambda_L + \lambda_{\text{diff}}$) ist in Bild 6.3 in Abbhängigkeit von Temperatur und Luftdruck dargestellt. Man sieht an der Abildung, wie außerordentlich der Einfluß der Diffusion sich mit wachsender Temperatur und sinkendem Luftdruck auswirkt. Währen die molekulare Leitfähigkeit λ_L zwischen 0 und 100 °C — unabhängig vom Luftdruck — nur in den Grenzen 0,024 und 0,031 W/mK lieg, ist die gesamte Wärmeleitfähigkeit bei 1 bar und 60 °C schon 0,69 (etwa gleich der des flüssigen Wassers) bei 80 °C 2,29, also schon im Bereich der Leitfähigkeit mineralischer Stoffe. Bei 99,6 °C würde $\lambda_{\text{egs}} = \infty$ wegen $P - P_D'' = 0$.

Bei niedrigem Druck P wird λ_{ges} jeweils bei der Temperatur, bei der $P_D'' = P$ ist, unendlich.

Während für trockene Stoffe mit grober Porosität die Wärmeleitung vom Luftdruck P nicht allzu stark abhängig ist (s. Abschn. 4.2.5.), zeigt sich in der Porenluft feuchter Stoffe der Einfluß des Luftdruckes in besonderem Maße, weil die Diffusion dem Teildruck der Luft $(P - P_D)$ verkehrt proportional ist. Die Wärmeübertragung in den feuchten Poren wird bei Verringerung des Luftdruckes stark *vergrößert.*

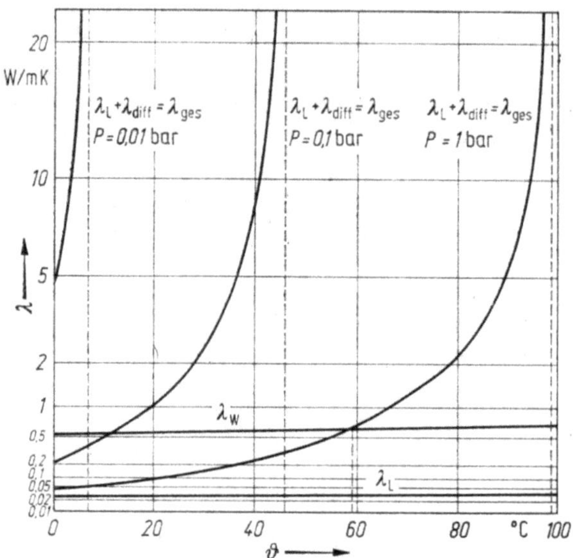

Bild 6.3. Äquivalente Wärmeleitfähigkeit der Porenluft λ_{ges} durch Leitung λ_L und Dampfdiffusion λ_{diff} (λ_W = Wärmeleitfähigkeit von Wasser).

6.1.5. Die Wärmeleitfähigkeit feuchter Stoffe in nicht gefrorenem Zustand

Ist ein Stoff feucht, so daß er außer Feststoff und Flüssigkeit noch Luft in den Poren enthält, so kommen grundsätzlich vier Möglichkeiten der Wärmeübertragung in Betracht:

1. im Feststoff (λ_S);
2. in der Flüssigkeit (λ_W);
3. im Dampf-Luftgemisch, das von benetzten Porenwänden umschlossen ist, so daß Verdampfung und Kondensation auftritt ($\lambda_L + \lambda_{diff}$);
4. im Dampf-Luftgemisch, das von trockenen Porenwänden begrenzt ist, so daß keine Verdampfung und Kondensation auftritt (λ_L).

Wären die unter 4. genannten, von trockenen Porenwänden begrenzten Lufträume nicht vorhanden, so ließe sich für den qualitativen Einfluß der Feuchtigkeit bei verschiedenen Temperaturen folgendes aussagen:

Bei Temperaturen unter 59 °C ist bei normalem Druck die Leitfähigkeit $\lambda_L + \lambda_{\text{diff}}$ kleiner als diejenige des flüssigen Wassers; folglich muß die Leitfähigkeit des feuchten Stoffes mit dem Flüssigkeitsgehalt ansteigen (Kurve a in Bild 6.4).

Bei 59 °C ist $\lambda_L + \lambda_{\text{diff}} = \lambda_W$, dann muß die Leitfähigkeit des feuchten Stoffes unabhängig vom Flüssigkeitsgehalt sein (Kurve b in Bild 6.4).

Bei Temperaturen über 59 °C muß, da $\lambda_L + \lambda_{\text{diff}} > \lambda_W$ ist, die Leitfähigkeit des Gutes mit kleiner werdendem Flüssigkeitsgehalt ansteigen (Kurve c in Bild 6.4).

Erst im hygroskopischen Bereich, in dem der Dampfdruck kleiner ist als der Sattdampfdruck, muß sich der Übergang auf die Leitfähigkeit im trockenen Zustand vollziehen.

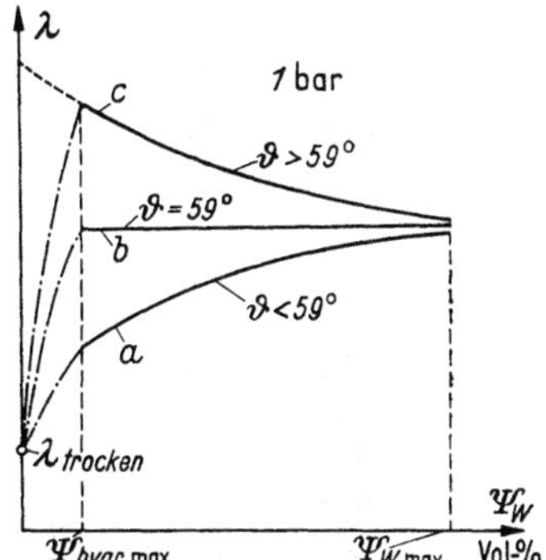

Bild 6.4. Charakteristischer Verlauf der Wärmeleitfähigkeit feuchter Stoffe bei verschiedenen Temperaturen.

Messungen bestätigen den in Bild 6.4 skizzierten Zusammenhang nur bei größeren Flüssigkeitsgehalten, während im Bereich geringer Flüssigkeitsgehalte — aber oberhalb des hygroskopischen Bereiches — ein stetiger Übergang von den bei höheren Temperaturen sehr großen Leitfähigkeiten auf λ_{trocken} erfolgt (vgl. Bild 6.7, 6.8 und 6.9).

Die Erklärung für dieses Verhalten ist gegeben, wenn man annimmt, daß im feuchten Gut luftgefüllte Poren zweierlei Art vorhanden sind, solche, die von trockenen Porenwänden und solche, die von feuchten Porenwänden begrenzt sind. In den ersteren ist die molekulare Leitfähigkeit λ_L des Dampf-Luftgemisches allein maßgeblich, in den letzteren diese sowie die mit der Diffusion verknüpfte Wärmeübertragung durch Verdampfen und Kondensieren $\lambda_L + \lambda_{\text{diff}}$. Eine solche Annahme scheint auch durchaus mit der Vorstellung der kapillaren Bindung des Wassers in Einklang zu stehen, wonach die Flüssigkeit sich in um so feineren Poren befinden muß, je niedriger der Flüssigkeitsgehalt ist.

Der Anteil des Luftvolumens in den von feuchten Wänden begrenzten Poren am gesamten im Gut enthaltenen Luftvolumen sei mit b bezeichnet.

Dieser Anteil muß, wie Bild 6.5 zeigt, mit wachsendem Anteil des Flüssigkeitsgehaltes Ψ_W an der Porosität Ψ auf den Wert 1 ansteigen, während er für den trockenen Stoff gleich Null ist.

Das Ersatzschema, das unter diesen Annahmen einzuführen ist, ist in Bild 6.6 dargestellt.

Versteht man unter λ_I wiederum die gleichwertige Leitfähigkeit der parallelgeschalteten Plattenanordnung vom Anteil $1 - a$; unter λ_{II} diejenige der hintereinandergeschalteten vom Anteil a, so gilt jetzt in Erweiterung der Gl. (4.58) und

(4.59) bzw. (6.1) und (6.2):

$$\lambda_{\mathrm{I}} = (1 - \Psi)\lambda_{\mathrm{S}} + \Psi_{\mathrm{w}}\lambda_{\mathrm{w}} + b(\Psi - \Psi_{\mathrm{w}})(\lambda_{\mathrm{L}} + \lambda_{\mathrm{diff}}) + (1 - b)(\Psi - \Psi_{\mathrm{w}})\lambda_{\mathrm{L}}, \tag{6.10}$$

$$\lambda_{\mathrm{II}} = \cfrac{1}{\cfrac{1 - \Psi}{\lambda_{\mathrm{S}}} + \cfrac{\Psi_{\mathrm{w}}}{\lambda_{\mathrm{w}}} + \cfrac{b(\Psi - \Psi_{\mathrm{w}})}{\lambda_{\mathrm{L}} + \lambda_{\mathrm{diff}}} + \cfrac{(1 - b)(\Psi - \Psi_{\mathrm{w}})}{\lambda_{\mathrm{L}}}}. \tag{6.11}$$

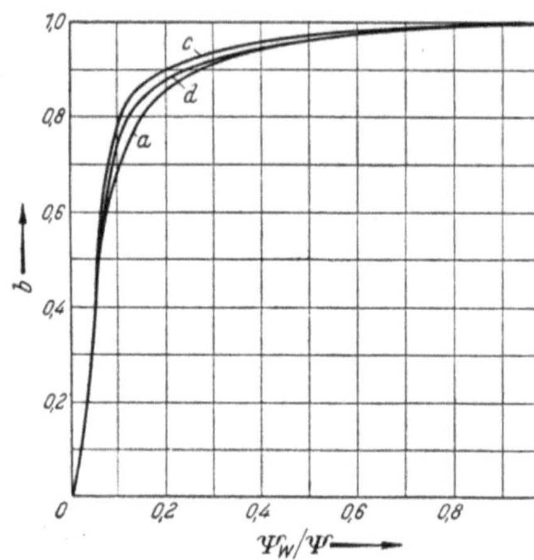

Bild 6.5. Anteil b des Luftvolumens in den von feuchten Porenwänden begrenzten Poren zum gesamten Luftvolumen. Kurve a Ziegelstein; Kurve d Ytong; Kurve c Siporex.

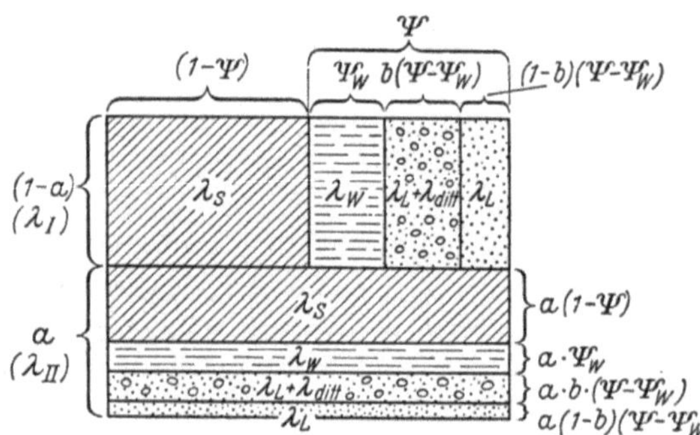

Bild 6.6. Ersatzschema für die Wärmeleitung in feuchten Stoffen.

Für die Leitfähigkeit λ der Gesamtanordnung gilt entsprechend den Gln. (6.3) und (6.4):

$$\lambda = \cfrac{1}{\cfrac{1 - a}{\lambda_{\mathrm{I}}} + \cfrac{a}{\lambda_{\mathrm{II}}}}. \tag{6.12}$$

Nach Gl. (6.12) wurde die Abhängigkeit der Leitfähigkeit feuchter Stoffe von Temperatur und Feuchtigkeit berechnet unter Zugrundelegung der aus Tabelle 6.1 ersichtlichen Werte a und λ_{S}, der in Bild 6.5 dargestellten Werte b sowie der für 1 bar nach Bild 6.3 gültigen Werte $\lambda_{\mathrm{L}} + \lambda_{\mathrm{diff}}$. Die Zahlenwerte für λ_{L} und λ_{w} sind aus Tabelle 4.4 und 4.5 zu entnehmen bzw. durch Interpolation festzustellen.

Die Bilder 6.7 bis 6.9 zeigen das Ergebnis der Berechnung im Vergleich zu Meßwerten. Erst in neuester Zeit konnte die Wärmeleitfähigkeit feuchter Stoffe bei höheren Temperaturen durch unmittelbare Messung festgestellt werden. Wegen der mit der Wärmebewegung verknüpften Dampfdiffusion treten bei Messungen im Beharrungszustand solche Verlagerungen der Feuchtigkeit nach der kalten Seite hin auf, daß die bei unterschiedlicher Feuchtigkeitsverteilung gewonnenen Meßergebnisse keinen Aufschluß mehr über die Wärmeleitfähigkeit bei bestimmter gleichmäßig verteilter Feuchtigkeit geben. Die in den Bildern 6.7, 6.8 und 6.9

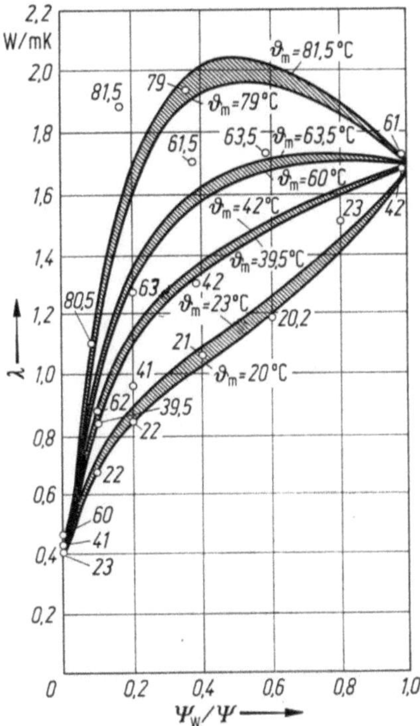

Bild 6.7. Wärmeleitfähigkeit von Ziegelsteinen ($\varrho_S = 1\,320\ \text{kg/m}^3$) in Abhängigkeit von Feuchtigkeit und Temperatur (Ψ = Porosität, Ψ_W = Feuchtigkeitsgehalt). $\bigcirc$ = Meßpunkkte.

eingetragenen Meßergebnisse wurden in einem Kurzzeitverfahren [6.8] gewonnen, bei dem der Temperaturanstieg bei Aufheizung mittels elektrisch beheizter Metallfolien an zwei Stellen einer symmetrischen Probenanordnung gemessen wurde. Solche Messungen können in wenigen Minuten durchgeführt werden, während deren nur kleine Temperaturunterschiede in den Proben (etwa 3 bis 5 °C) auftreten. Eine Bestätigung liefern auch die Messungen Herminges [6.3], die nach einem mit periodischen Temperaturfeldern arbeitenden Verfahren von Angström durchgeführt werden; die Ergebnisse sind völlig gleichartig den in den Bildern 6.7 bis 6.9. mitgeteilten.

In den Bildern 6.7 bis 6.9 gelten zwei benachbarte nach Gl. (6.12) berechnete Kurven jeweils für solche Temperaturen, innerhalb deren die bei den einzelnen Versuchsreihen herrschenden Mitteltemperaturen lagen. Innerhalb der jeweils schraffierten Bereiche müßten also sämtliche Meßergebnisse liegen. Von unbedeutenden Abweichungen abgesehen wird der durch Gl. (6.12) gegebene Zusammenhang durch die Versuche gut bestätigt. Die bisher untersuchten Stoffe sind alle mineralischer Art. (Ziegel, Siporex — ein Leichtzementbeton aus Zement und

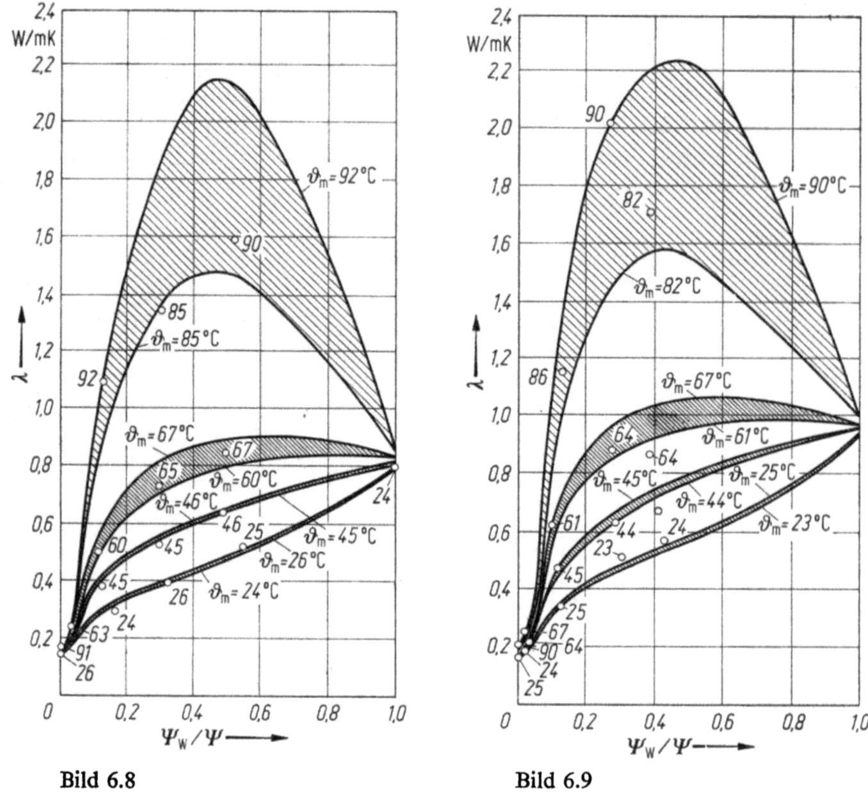

Bild 6.8   Bild 6.9

Bild 6.8. Wärmeleitfähigkeit λ von Ytong ($\varrho_S = 640$ kg/m³) in /Abhängigkeit von Feuchtigkeit und Temperatur (Ψ = Porosität, Ψ_W = Feuchtigkeitsgehalt). $\bigcirc$ = Meßpunkte.
Bild 6.9. Wärmeleitfähigkeit λ von Siporex ($\varrho_S = 520$ kg/m³) in Abhängigkeit von Feuchtigkeit und Temperatur (Ψ = Porosität; Ψ_W = Feuchtigkeitsgehalt). $\bigcirc$ = Meßpunkte.

Quarzsand unter Verwendung eines blasenbildenden Treibmittels — und Ytong — ein Leichtkalkbeton aus Kalk und Ölschieferasche ebenfalls unter Verwendung eines Treibmittels hergestellt.)

Über die Leitfähigkeit organischer Stoffe liegen in einem größeren Feuchtigkeitsbereich noch keine gesicherten Meßergebnisse vor. Die wichtigste Unterscheidung gegenüber den mineralischen Stoffen dürfte durch zwei Tatsachen bedingt sein:

1. Die Leitfähigkeit der organischen Feststoffteilchen ist viel kleiner als diejenige der Mineralien.
2. der hygroskopische Bereich erstreckt sich bis zu größeren Feuchtigkeiten. Im hygroskopischen Bereich muß λ_{diff} abhängig vom Feuchtigkeitsgehalt gesetzt werden. (An Stelle von P_D'' in Gl. (5.8) ist $\varphi P_D''$ zu setzen, wobei φ die aus den Sorptionsisothermen bei der jeweiligen Gutsfeuchtigkeit zu entnehmende relative Feuchtigkeit ist.)

Unter Berücksichtigung dieser beiden Tatsachen läßt sich auch für organische Stoffe nach Gl. (6.12) die Abhängigkeit der Wärmeleitfähigkeit von Feuchtigkeit und Temperatur in geeigneter Weise abschätzen.

Zusammenfassend kann festgestellt werden:
Der Einfluß der Feuchtigkeit auf die Wärmeleitfähigkeit von Trocknungsgütern ist in außerordentlichem Maße von der Temperatur des Gutes abhängig. Vor allem bei hohen Temperaturen und mittleren Feuchtigkeiten wird die Leitfähigkeit feuchter Stoffe sehr groß, während sie bei höchsten und niedrigsten Feuchtigkeiten geringer wird. Daher ist die Leitfähigkeit in jedem Zeitpunkt des Trocknungsvorganges verschieden, so daß es schwer — wenn nicht unmöglich — ist sichere Aussagen über die Wärmebewegung im feuchten Teil des Gutes zu machen

Andererseits aber sind bei Überlegungen zu Trocknungsvorgängen im allgemeinen wohl niemals genaue Werte der Leitfähigkeit des feuchten Stoffes erforderlich, weil entweder die Leitfähigkeit der bereits getrockneten Teile oder der Wärmeübergang an die Umgebung von wesentlich stärkerem Einfluß auf den Gesamtvorgang sind.

6.1.6. Die Wärmeleitfähigkeit feuchter Stoffe in gefrorenem Zustand

Angesichts der Verhältnisse, die bei der Sublimations-(Gefrier)-Trocknung vorliegen, sei noch kurz auf das Verhalten feuchter Güter im gefrorenen Zustand eingegangen. Die Leitfähigkeit kristallinen Eises ist etwa viermal so groß wie die des Wassers (vgl. Tab. 4.5). Sind alle Poren des Gutes mit Eis ausgefüllt (Eis-Feststoff-Gemisch), so muß die Leitfähigkeit des gefrorenen Gutes zwischen der des Eises ($\lambda_{Eis} \approx 2,2$ W/mK) und der der festen Substanz λ_S liegen. Ein solches Gut wird also beim Übergang des Wassers ($\lambda_W \approx 0,58$ W/mK) vom flüssigen in den gefrorenen Zustand eine sprunghafte Erhöhung der Wärmeleitfähigkeit zeigen müssen. Grundsätzlich wäre dann eine Berechnung von λ mit Hilfe des vorstehend entwickelten Modells möglich. Entsprechend den dort gefundenen Ergebnissen, kann die Leitfähigkeit durch das Gefrieren um so weniger ansteigen, je geringer der Feuchtigkeitsgehalt des Gutes ist. Experimente (s. Bilder 6.10 und 6.11) haben die

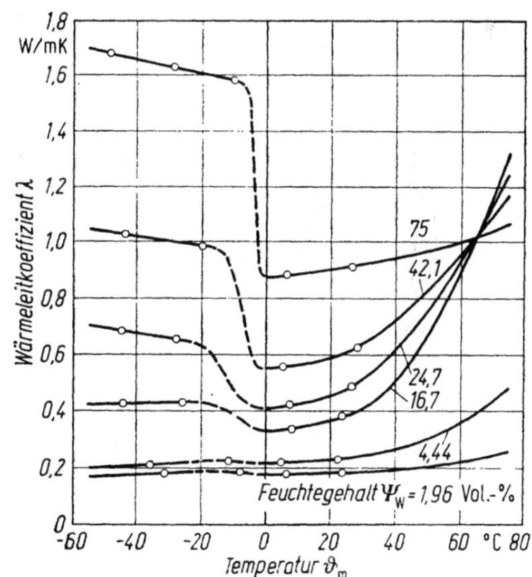

Bild 6.10. Wärmeleitfähigkeit von feuchtem Gasbeton ($\varrho_S = 630$ kg/m³).

zu erwartende Abhängigkeit der Leitfähigkeit von der Temperatur und der Gutsfeuchte bestätigt [6.7, 6.8]. Daß der Übergang zwischen beiden λ-Werten nicht sprunghaft, sondern allmählich eintritt, hat folgende Ursache: Die in den untersuchten Stoffen (Gasbeton und Dachziegel) enthaltenen Salze bilden mit dem Porenwasser eine Lösung, deren Konzentration um so größer ist, je geringer der Feuchtigkeitsgehalt ist. Dadurch ist eine Gefrierpunktserniedrigung bedingt. Da eine Lösung nur im eutektischen Zustand erstarren kann, muß bei niedrigen Konzentrationen und fallender Temperatur fortlaufend so lange Eis ausfrieren, bis sich das Eutektikum gebildet hat. Mit wachsendem Feuchtigkeitsgehalt muß also vor Erreichen des eutektischen Punktes immer mehr Waser ausgefroren sein. Aus diesem Grund ist bei hohen Feuchten ein schnellerer Übergang zur höheren Leitfähigkeit zu beobachten als bei niedrigem Feuchtigkeitsgehalt. Oberhalb des Gefrierpunktes zeigen die Bilder 6.10 und 6.11 den nach den oben dargestellten Gesetzmäßigkeiten erwarteten Verlauf.

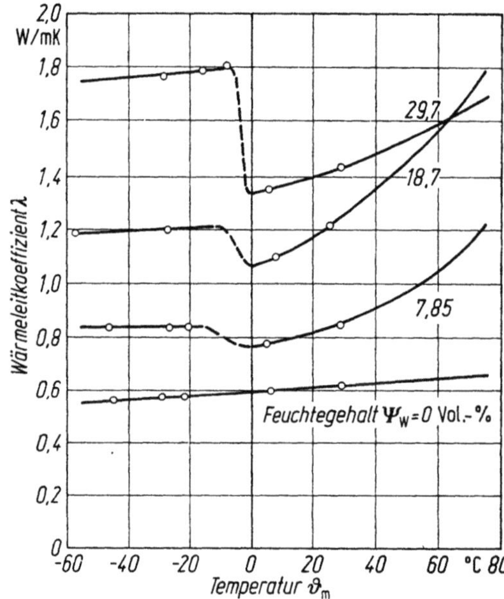

Bild 6.11. Wärmeleitfähigkeit von feuchtem Dachziegel ($\varrho_S = 1\,880\ \text{kg/m}^3$).

6.2. Stofftransport in feuchten Trocknungsgütern

6.2.1. Problemstellung

In feuchten porigen Stoffen findet in den gasgefüllten Poren eine Diffusion statt (Abschn. 5.5.); an den Oberflächen der Poren, an welchen im hygroskopischen Feuchtebereich Dampfmoleküle adsorbiert sind, entsprechend dem Sorptionsgleichgewicht, kann zusätzlich ein Transport in der sorbierten Phase vor sich gehen (früher oft als Oberflächendiffusion bezeichnet). Bei flüssigkeitsgefüllten Kapillaren geht dieser Transport in die Kapillarwasserbewegung über (Abschn. 5.9.).

Die Diffusion erfolgt auf Grund eines Partialdruckgefälles in der Gasphase (Gl. (5.30)); der Transport in der sorbierten Phase, sei es als Transport an der Oberfläche der Poren, sei es als Kapillarwasserbewegung erfolgt auf Grund eines Feuchtegefälles in der festen Phase. Für diese beiden Transportmöglichkeiten in der sorbierten Phase wird daher für den Massenstrom Gl. (5.79) angeschrieben werden können. Der Transport in der Gasphase und in der sorbierten Phase sind der Art miteinander, gekoppelt daß sich zu jedem Dampfdruck im Gasraum der Pore das zugehörige Sorptionsgleichgewicht, d. h. die Belegung mit Feuchte an der Oberfläche, einzustellen versucht (Bild 6.12). Bei der Adsorption erfolgt die Einstellung des Gleichgewichts unmittelbar in zu vernachlässigenden Zeiten ($< {\sim}10^{-5}$ s) [6.1]; bei der Desorption oder Trocknung hat man über diese Zeit zur Einstellung des Gleichgewichts noch keine endgültige Klarheit gewonnen, doch dürften auch diese Zeiten im Vergleich zu den für die Trocknung insgesamt benötigten Zeiten sehr kurz sein.

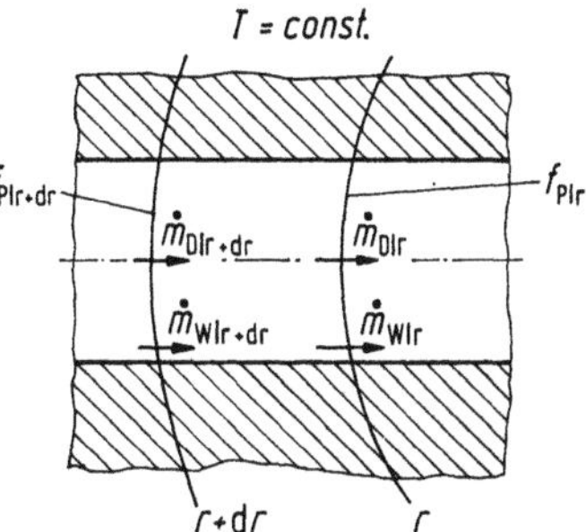

Bild 6.12. Zur Ableitung des Stofftransportes in Poren.

Wegen der Kopplung der Transporte in der Gasphase und in der sorbierten Phase über das Sorptionsgleichgewicht, wird die Kinetik der Ad- und Desorption bei zeitlich instationären Vorgängen nicht allein durch die Transportkoeffizienten (δ und $\varkappa$) beschrieben werden können, sondern auch die Sorptionsisotherme in ihrem Verlauf $X = f(\varphi)$ wird für die Berechnung des Massenstroms ebenfalls mitbestimmend sein.

Die Höhe der Bindungsenergie bestimmt die Beweglichkeit der adsorbierten Dampfmoleküle auf der Oberfläche der Pore (s. Abschn. 3.2.). Es war angeführt, daß die hohe Bindungsenergie im Bereich der monomolekularen Adsorption praktisch eine Bewegung der sorbierten Phase verhindert. Mit zunehmender Feuchte wird die Beweglichkeit größer und der Anteil des Transports in der sorbierten Phase zunehmen. Bei stationärem Transport ändert sich örtlich und zeitlich der Dampfdruck und die Feuchte nicht, das einmal eingestellte Gleichgewicht zwischen Dampfdruck und Feuchte bleibt erhalten. Der Massenstrom durch einen feuchten Stoff ist die Summe der beiden Anteile, wobei diese Anteile von der Feuchte abhängen.

6.2.2. Stationärer Transport durch einen feuchten Stoff

Der gesamte Massenstrom ist durch Gl. (5.30) und (5.79) gegeben:

$$\dot{m}_{\mathrm{D}} = -A\frac{\delta/\mu}{R_{\mathrm{D}}T}\frac{\mathrm{d}P_{\mathrm{D}}}{\mathrm{d}z} - A\varkappa\varrho_{\mathrm{s}}\frac{\mathrm{d}X}{\mathrm{d}z}. \tag{6.13}$$

Führt man stationäre Versuche durch, indem man den Dampfdruck auf der einen Seite einer Probe konstant hält, auf der anderen auf verschiedene Werte einstellt (z. B. über Salzlösungen), so muß sich bei kleinen Feuchten — solange nur eine monomolekulare Belegung der Oberfläche gegeben ist — eine lineare Abhängigkeit des Massenstroms vom Dampfdruckgefälle ergeben ($\varkappa = 0$). Bei höheren Feuchten muß der Massenstrom infolge zusätzlichen Transports in der sorbierten Phase größer werden ($\varkappa = f(X)$). Dieser Zusammenhang wird für die untersuchten Stoffe Molekularsieb 4 Å, Silicagel WS und Aktivtonerde voll bestätigt (Bild 6.13). Die Abweichung vom linearen Verlauf fällt mit dem Ende der monomolekularen Belegung zusammen, wie man den Sorptionsisothermen nach Bild 3.5 entnimmt.

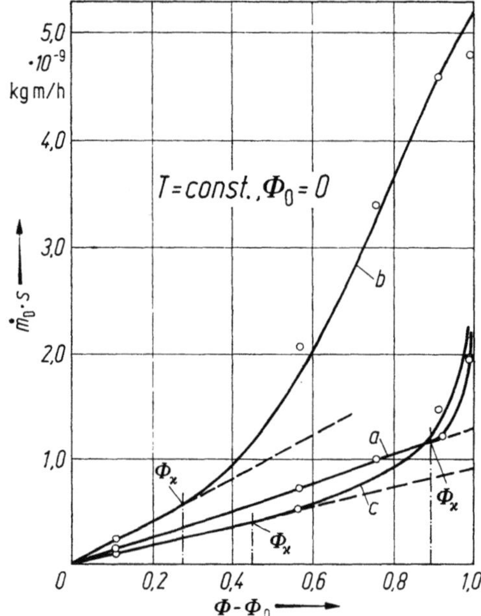

Bild 6.13. Dampfstrom durch technische Adsorbentien in Abhängigkeit vom Dampfdruckgefälle. *a* Stationärer Stofftransport durch Molekularsieb Linde 4 Å; *b* stationärer Stofftransport durch Silicagel WS; *c* stationärer Stofftransport durch Aktivtonerde.

Im Bereich kleiner Feuchte, d. h. bei kleinem Dampfdruck, ist der Anstieg von $\dot{m} = f(P_D)$ proportional δ/μ. Würde man — und dies geschieht bei technischen Rechnungen im allgemeinen — bis zu hohen Feuchten allein mit dem Diffusionsansatz rechnen — ohne den Transport in der sorbierten Phase in Ansatz zu bringen — so muß der Diffusionswiderstandsfaktor μ eine Funktion der Feuchte werden, und zwar muß er um so kleiner werden, je höher das Dampfdruckgefälle und damit die Feuchte des Stoffes wird. Hierdurch wird nun auch verständlich, daß die Höhe des Diffusionswiderstandsfaktors von dem zu seiner Bestimmung verwendeten Verfahren abhängt (dry cup — wet cup [6.12]), bzw. von dem dabei aufgebrachten Dampfdruckgefälle ($\varphi = 0 - 100\%$, $\varphi = 0 - 50\%$, $\varphi = 50 - 100\%$).

6.2.3. Instationärer Transport durch einen feuchten Stoff

Bei der Trocknung eines feuchten Stoffes werden nun wohl immer instationäre Verhältnisse vorliegen, bei denen sich der Dampfdruck in den Poren und die Feuchte des Stoffes örtlich und zeitlich ändern. Damit ändert sich auch örtlich und zeitlich das Sorptionsgleichgewicht und zwischen Gas- und sorbierter Phase findet ein zusätzlicher Transport $\dot{m}_W$ (Bilder 6.14 und 6.15) statt. Der Verlauf des Sorptionsgleichgewichts $X = f(\varphi)$ beeinflußt daher auch den zeitlichen Ablauf der Trocknung.

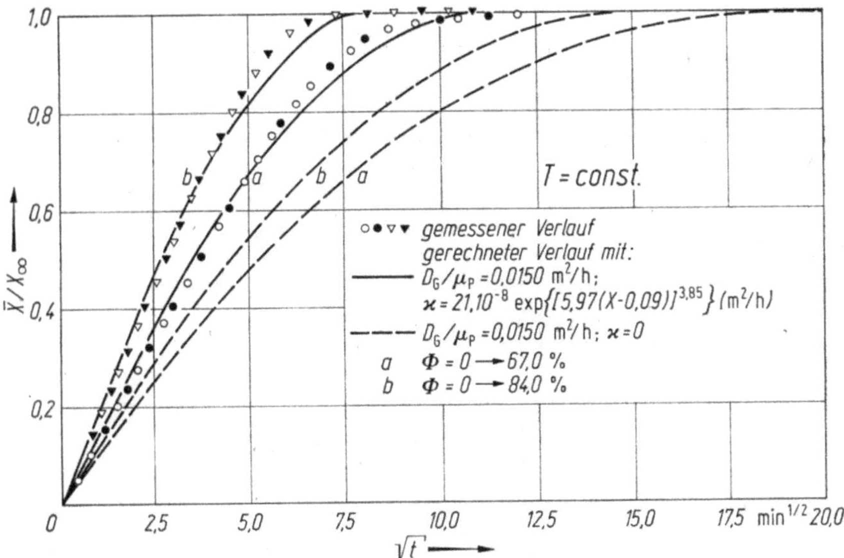

Bild 6.14. Zeitlicher Beladungsverlauf für Silicagel WS/feuchte Luft.

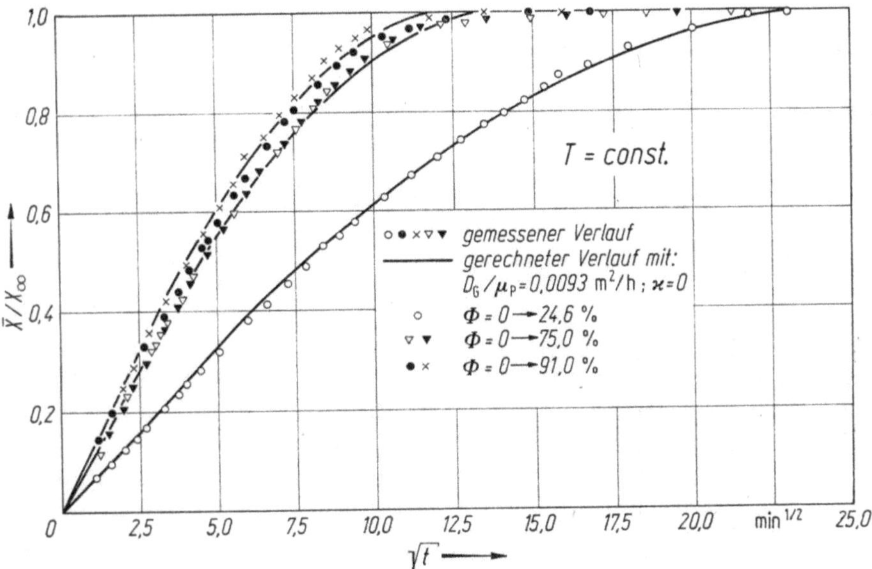

Bild 6.15. Zeitlicher Beladungsverlauf für Molekularsieb 4 Å/feuchte Luft.

Für die ebene eindimensionale Diffusion durch eine Pore gilt Gl. (5.30)

$$\dot{m}_D = -A\psi \frac{\delta/\mu_1}{R_D T} \cdot \frac{\partial P_D}{\partial z}, \text{ mit } \mu_1 \text{ dem Wegfaktor } (\mu_1 = \Psi\mu)$$

und für den Transport in einer sorbierten Phase Gl. (5.79)

$$\dot{m}_W = -A\bar{\varrho}_S \cdot \varkappa(X) \cdot \frac{\partial X}{\partial z}.$$

Die Bilanz über die in ein Volument des feuchten Stoffes ein- und austretenden Ströme (Bild 6.12) führt zunächst auf die Differentialgleichung bei $\vartheta =$const [6.6]:

$$\psi \frac{\delta/\mu_1}{R_D T} \frac{\partial^2 P_D}{\partial z^2} + \bar{\varrho}_S \frac{\partial}{\partial z}\left(\varkappa(X)\frac{\partial X}{\partial z}\right) = \frac{\partial}{\partial t}\left(\frac{\psi P_D}{R_D T} + \bar{\varrho}_S X\right). \tag{6.14}$$

Die Beziehung zwischen dem Dampfdruck P_D und der Feuchte X des Gutes ist für jeden Ort durch die Sorptionsisotherme gegeben

$$X = f(\varphi) = f(P_D/P_D''), \tag{6.15}$$

$$\partial X = \frac{dX}{d\varphi} \cdot \partial\varphi = \frac{dX}{P_D'' d\varphi} \cdot \partial P_D. \tag{6.16}$$

Führt man zur Abkürzung die Ausdrücke

$$\alpha(X) = \frac{\varrho_S R_D T}{\Psi P_D''} \cdot \frac{dX}{d\varphi}; \qquad \beta(X) = -\frac{d^2 X}{d\varphi^2}\Big/\left(\frac{dX}{d\varphi}\right)^2$$

und

$$\delta' = \frac{\delta}{\mu_1}$$

ein, so folgt aus Gl. (6.14) bei Umschreibung auf die Veränderliche X:

$$[\delta' + \alpha(X) \cdot \varkappa(X)]\frac{\partial^2 X}{\partial z^2} + \left[\beta(X) \cdot \delta' + \alpha(X)\frac{d\varkappa}{dX}\right]\left(\frac{\partial X}{\partial z}\right)^2 = [1 + \alpha(X)]\frac{\partial X}{\partial t} \tag{6.17}$$

oder bei Umschreibung auf die Veränderliche $\varphi = P_D/P_D''$

$$[\delta' + \alpha(X) \cdot \varkappa(X)]\frac{\partial^2 \varphi}{\partial z^2} - \alpha(X) \cdot \left(\frac{dX}{d\varphi}\right)\left[\beta(X) \cdot \varkappa(X) - \frac{d\varkappa}{dX}\right]\left(\frac{\partial\varphi}{\partial z}\right)^2 = (1 + \alpha)\frac{\partial\varphi}{\partial t}. \tag{6.18}$$

Diese beiden Gleichungen machen das komplexe Zusammenwirken der Transportvorgänge — gekennzeichnet durch die Transportgrößen $\delta/\mu_1 = \delta'$ und $\varkappa$ — mit dem Gleichgewicht — gekennzeichnet durch $dX/d\varphi$ nd $d^2 X/d\varphi^2$ — deutlich. Eine gewisse Vereinfachung ergibt sich noch dadurch, daß $\alpha(X) \gg 1$ ist.

Den Einfluß des Verlaufs der Sorptionsisothermen macht Bild 6.16 deutlich, in dem für drei mögliche Sorptionsisothermen der Feuchteverlauf über der Zeit skizziert ist. Bei einer negativen Krümmung der Sorptionsisothermen (a) wird die Feuchteänderung um so schneller ablaufen, je größer die aufgegebene Dampfdruckänderung in der Umgebung des Gutes ist. Bei positiver Krümmung (c) ist es gerade umgekehrt, während bei linearer Sorptionsisotherme (*b*) kein Einfluß vorhanden ist. Auch wenn der Feuchtetransport in der sorbierten Phase bei kleinen Feuchten vernachlässigt werden kann ($\varkappa = 0$), ist kein konstanter, vom Verlauf der Sorptionsisothermen unabhängiger Transportkoeffizient, zu definieren. Der in der Literatur vielfach verwendete „effektive Diffusionskoeffizient" δ_{eff}, der durch die übliche Differentialgleichung für Ausgleichvorgänge definiert wird

$$\delta_{\text{eff}} \frac{\partial^2 X}{\partial z^2} = \frac{\partial X}{\partial t}, \tag{6.19}$$

muß auch für $\varkappa = 0$ wegen der Abhängigkeit $\alpha(X)$ von der Konzentration bzw. Beladung X abhängen. Für eine lineare Sorptionsisotherme wäre $\alpha(X) = \text{const}$ und $\beta(X) = 0$, so daß nur in diesem Fall

$$\delta_{\text{eff}} = \frac{\delta/\mu_1}{\alpha(X)} \neq f(X) \tag{6.20}$$

gesetzt werden kann.

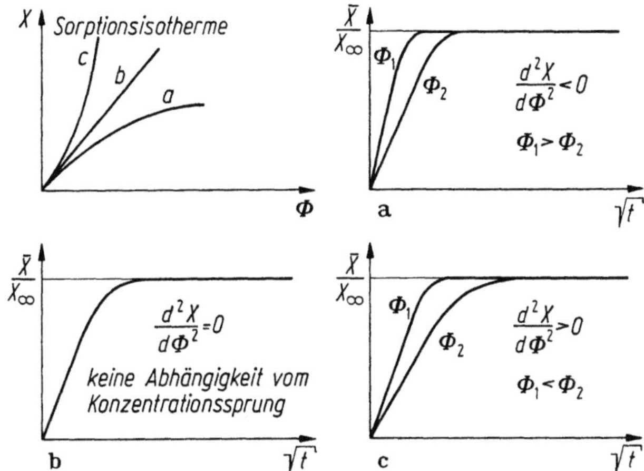

Bild 6.16. Einfluß der Sorptionsisothermenform auf den Beladungsverlauf.

Daß die vorstehenden Differentialgleichungen den Vorgang des gleichzeitigen Transports in der Gasphase und in der sorbierten Phase im hygroskopischen Feuchtebereich zu beschreiben gestatten, wenn der Diffusionskoeffizient δ, der Widerstandsfaktor μ_1, der Feuchteleitkoeffizient $\varkappa(X)$ und die Sorptionsisotherme des Gutes bekannt ist, zeigen gerechnete und gemessene Feuchteverläufe $X = f(t)$ für Adsorbentien in den Bildern 6.14 und 6.15 [6.5]. Um den Einfluß der Feuchteleitung zu zeigen, ist auch der Feuchteverlauf für den Fall $\varkappa = 0$ bei gleichen Werten angegeben.

In den Bildern 6.14 und 6.15 ist der Feuchteverlauf über der Funktion $\sqrt{t}$ aufgetragen. Dies ist durch die Näherungslösung für Gl. (6.19) bei konstantem δ_{eff} begründet [6.2]:

$$\frac{X - X_0}{X_\infty - X_0} = \frac{6}{\sqrt{\pi}} \sqrt{\frac{\delta_{\text{eff}} \cdot t}{R^2}} - \frac{3 \delta_{\text{eff}} \cdot t}{R^2} \tag{6.21}$$

für

$$\frac{\delta_{\text{eff}} \cdot t}{R^2} < 0{,}2$$

(R Radius des kugelförmigen Teilchens, X_0 Anfangsfeuchte, X_∞ angestrebte End-Gleichgewichtsfeuchte). Wegen des vernachlässigten quadratischen Gliedes in der Differentialgleichung (6.18), in das die Krümmung der Sorptionsisotherme eingeht, vermag die angegebene Lösung Gl. (6.21) aber nur bei linearer Sorptionsisotherme und bei niedrigsten Feuchten ($\varkappa = 0$), gemessene Feuchteänderungen befriedigend wiederzugeben.

Bei der Trocknung eines Stoffes, beginnend im überhygroskopischen Bereich, ist weiterhin zu berücksichtigen, daß im Innern des zu trocknenden Gutes eine Zone vorliegt, in der keine Dampfdiffusion, sondern nur kapillare Feuchteleitung möglich ist, und daß der Stofftransport im allgemeinen in einem Temperaturgefälle erfolgt (s. Abschn. 6.1. über die Wärmeleitung in feuchten Stoffen und Kap. 12. über die mathematische Behandlung des Trocknungsvorgangs).

7. Die Vorgänge bei der Trocknung fester Stoffe

7.1. Beschreibung des Trocknungsablaufs

Nachdem in den vorhergehenden Kapiteln dieses Buches die Einzelvorgänge, die den Trocknungsverlauf beeinflussen, dargelegt wurden, soll in den folgenden Kapiteln das Zusammenspiel der Einzelvorgänge unter den verschiedenartigen Bedingungen, die bei technischen Trocknern vorkommen, betrachtet werden. Aus dieser Betrachtung soll hervorgehen, auf welche Weise man im einzelnen Fall für ein bestimmtes Gut den Trocknungsvorgang wunschgemäß lenken und bis zu einem gewissen Grade im voraus berechnen kann. Den Anstoß für die Forschung auf diesem Gebiet gaben Sherwood [7.51] und Newman [7.45] in der Zeit um 1930[1].

Die Zusammenhänge sind am einfachsten durchschaubar, wenn die Trocknung unter konstanten äußeren Bedingungen (Temperatur, Geschwindigkeit, Feuchtigkeit der Luft, Temperatur strahlender Flächen der Umgebung bzw. einer Kontaktheizfläche) erfolgt. Daher werden zunächst (Kap. 7. bis 9.) nur Trocknungsvorgänge unter diesen Bedingungen betrachtet. Der Einfluß der Zustandsänderung des Trockenmittels, das sich in technischen Trocknern bei der Feuchtigkeitsaufnahme abkühlt, wird in Kap. 11. untersucht. Das vorliegende Kap. 7. handelt von den experimentellen Feststellungen zur Trocknung und ihrer physikalischen Deutung, welche die Grundlage der in den Kapiteln 8. bis 10. mitgeteilten Berechnungsmöglichkeiten darstellen.

Nichthygroskopische kapillarporöse Güter. Die Besonderheiten der Trocknung treten bei nichthygroskopischen kapillarporösen Gütern sehr augenfällig in Erscheinung. Beginnt die Trocknung bei hohem Flüssigkeitsgehalt des Gutes, so stellt sich in thermischer Hinsicht meistens rasch ein gewisser scheinbarer Beharrungszustand im Gut ein, d.h. die Temperaturen bleiben an allen Stellen zeitlich konstant. Solange die Kapillarkräfte (kapillare Leitfähigkeit) groß genug sind, um die an der Oberfläche verdunstende Wassermenge aus dem Gutsinneren nachzufördern, muß die Verdunstung an der Oberfläche näherungsweise konstant bleiben, da an der Oberfläche eines grobkapillaren Gutes von konstanter Temperatur immer Sattdampfdruck herrscht.

Dies ist der erste Abschnitt der Trocknung, der Abschnitt konstanter Trocknungsgeschwindigkeit $\dot{m}_{DI}$. Während dieses Abschnittes ist die Verdunstung in den Luftstrom nur abhängig von den äußeren Bedingungen, aus denen man die Oberflächentemperatur unter Anwendung der Gesetze der Strahlung, der Wärme-

---

[1] Aus der weiteren Entwicklung unserer Erkenntnis sind noch Arbeiten von Ceaglske und Hougen [7.7], Fisher [7.10], McCready und McCabe [7.40] sowie Bateman, Hohf und Stamm [7.5] zu nennen.

leitung und des Wärme- und Stoffüberganges einfach berechnen kann. Damit ist auch die Verdunstungsgeschwindigkeit $\dot{m}_{DI}$ zu berechnen.

Während dieses Abschnittes ändert sich nur die Verteilung des Flüssigkeitsgehaltes im Innern des Gutes. Der kapillare Flüssigkeitstransport aus dem Innern an die Oberfläche setzt die Ausbildung eines Flüssigkeitsgefälles nach der Oberfläche hin voraus [entsprechend Gl. (5.78)]. Die Verteilung des Flüssigkeitsgehaltes im Gut muß die in Bild 7.1 dargestellte Charakteristik zeigen. Dabei ist zu berücksichtigen, daß in feuchten Stoffen $X \to X_{\mathrm{max}}$ die Feuchteleitfähigkeit sehr groß ist ($\varkappa \to \infty$) und dementsprechend das Feuchtegefälle im Gut sehr gering ist. Im

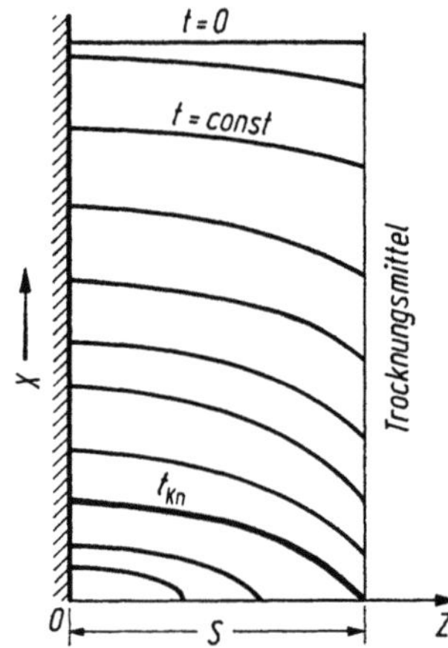

Bild 7.1. Charakteristische Feuchtigkeitsverteilungen in einem einseitig trocknenden nicht hygroskopischen Gut während der Trocknung.

trockenen Gut wird dagegen $\varkappa$ sehr klein ($\varkappa \to 0$) und damit das Feuchtegefälle sehr groß, so daß gegen Ende der Trocknung der Feuchtetransport nur noch durch Diffusion erfolgt. Je nach der Größe der anfänglichen Verdunstung $\dot{m}_{DI}$ und der Höhe der kapillaren Leitfähigkeit muß in irgendeinem bestimmten Zeitpunkt t_{Kn}, dem „Knickpunkt" im Trocknungsverlauf, eine solche Verteilung erreicht sein, daß in der Oberfläche der Flüssigkeitsgehalt Null wird. Von dann an ist es unmöglich, daß die anfängliche Trocknungsgeschwindigkeit $\dot{m}_{DI}$ weiterhin aufrecht erhalten wird, da bei weiterer Austrocknung notwendig das Flüssigkeitsgefälle und damit die an Oberfläche kapillar fließende Flüssigkeitsmenge kleiner werden muß. Da andererseits die Diffusionsbedingungen zwischen Luft und Oberfläche die gleichen bleiben, ist eine Verminderung der Trocknungsgeschwindigkeit nur möglich, wenn die Verdunstung nun nicht mehr an der Gutsoberfläche, sondern im Gutsinnern erfolgt. Die Lage des „Trockenspiegels" ist durch die Bedingung gegben, daß die in flüssiger Form aus dem Gutsinnern an die Oberfläche der Flüssigkeit herangebrachte Flüssigkeitsmenge durch Dampfdiffusion zunächst durch eine trockene Gutsschicht [Widerstandsfaktor nach Gl. (5.42) $\mu = \mu_l/\varPsi$] an die Oberfläche, dann von dieser durch Stoffübergang an die umgebende Luft übergehen muß. Eine Berechnung der Wanderung des Trockenspiegels im Gutsinneren würde voraussetzen, daß man die Flüssigkeitsleitzahl in ihrer Abhängigkeit vom Flüssigkeitsgehalt kennt. Es erscheint auch — jedenfalls für die in der Praxis wichtigen Fragen — nicht von entscheidender Bedeutung, diese Abhängigkeit genau zu kennen, wenn man nur den Endzustand der Trocknung in einfacher Weise berechnen kann. Dieser Endzustand aber ist bei den zunächst betrachteten nichthygroskopischen Gütern dadurch gegeben, daß die letzte kleine Wassermenge an einer Stelle verdampft, die man im voraus kennt — z.B. bei zweiseitiger Lufttrocknung eines plattenförmigen Gutes aus der Mitte, bei einseitiger Trocknung eines überströmten Gutes aus der Unterseite des Gutes. Bei Kenntnis der Lage des „Trockenspiegels" aber ist die Trocknungsgeschwindigkeit aus den Diffusions- und Wärmeleitungsbedingungen berechenbar. So kann man also bei nichthygroskopischen kapillarporösen Gütern die Endtrocknungsgeschwindigkeit in einfacher Weise ausrechnen.

Der gesamte Ablauf des Trocknungsvorganges unter konstanten äußeren Bedingungen muß also derart erfolgen, daß die Trocknungsgeschwindigkeit in einem *ersten Abschnitt* der Trocknung konstant bleibt ($\dot{m}_{DI}$ nur abhängig von den äußeren Bedingungen) und nach Erreichen eines Knickpunktes, der nur von den kapillaren Eigenschaften des Gutes abhängt, in einem *zweiten Abschnitt* niedriger wird. Am Ende der Trocknung ergibt sich die nur durch die Diffusions- und Wärmeleitungseigenschaften des Gutes und die äußeren Bedingungen bestimmte Endtrocknungsgeschwindigkeit $\dot{m}_{DE}$. Bild 7.2 zeigt den charakteristischen Verlauf der Trocknungsgeschwindigkeit für ein grobkapillares Gut in Abhängigkeit von der Zeit.

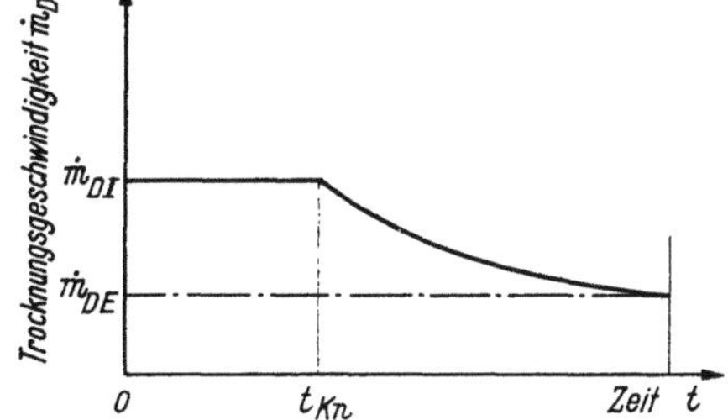

Bild 7.2. Charakteristischer zeitlicher Verlauf der Trocknungsgeschwindigkeit grob kapillarer nichthygroskopischer Güter.

Kennt man noch den Zeitpunkt t_{Kn}, in dem der Knickpunkt auftritt, so ist das Verhalten des Gutes bei der Trocknung einigermaßen überschaubar, da man Anfangs- und Endtrocknungsgeschwindigkeit einfach berechnen kann.

Aus den Gesetzen der Kapillarwasserbewegung folgt, daß der Flüssigkeitsgehalt im Knickpunkt für ein bestimmtes Gut eindeutig von dem Produkt aus Anfangstrocknungsgeschwindigkeit $\dot{m}_{DI}$ und Gutsdicke (bei zweiseitiger Trocknung halber Gutsdicke) abhängig ist. Diese Abhängigkeit stellt die sogenannte „*Knickpunktkurve*" dar. Sie ist aus einigen Versuchen für ein bestimmtes Gut relativ einfach experimentell zu ermitteln und läßt sich in manchen Fällen aus Analogien mit den Knickpunktkurven ähnlicher Stoffe in etwa abschätzen. Ihre Temperaturabhängigkeit ist vorwiegend durch die Zähigkeit der Gutsflüssigkeit bestimmt.

Hygroskopische kapillarporöse Güter. Die Trocknungscharakteristik solcher Stoffe, die bei niedrigen Flüssigkeitsgehalten hygroskopisches Verhalten zeigen, aber von hohen Anfangsfeuchtigkeitsgehalten aus getrocknet werden (Papier, Zellstoff, Gewebe usw.)., unterscheidet sich grundsätzlich dadurch von derjenigen der nichthygroskopischen Stoffe, daß sie nicht auf den Feuchtigkeitsgehalt Null getrocknet werden können, sondern nur auf die Gleichgewichtsfeuchtigkeit X_{gl}, die entsprechend den Sorptionsisothermen des Gutes der relativen Feuchtigkeit der Luft zugeordnet ist. Im übrigen aber zeigt der Trocknungsablauf viel Gemeinsames mit dem der nicht hygroskopischen Stoffe.

Lediglich tritt der Knickpunkt nicht auf, wenn in der Oberfläche der Feuchtigkeitsgehalt $X = 0$ erreicht ist, sondern wenn der maximale hygroskopische Feuchtigkeitsgehalt unterschritten wird. Man sieht aus dem Unterschied von Bild 7.3 gegenüber Bild 7.1, welche charakteristischen Änderungen dadurch be-

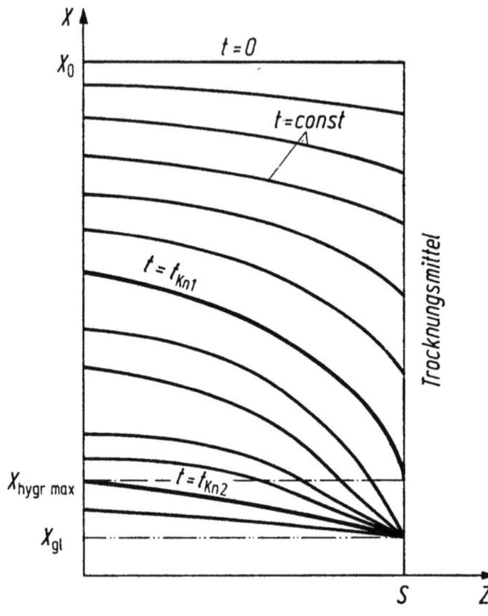

Bild 7.3. Charakteristischer Verlauf der Feuchtigkeitsverteilung in einem kapillarporösen Gut mit hygroskopischem Bereich.

wirkt werden, daß vom Knickpunkt an die Feuchtigkeit bis zu einer gewissen Tiefe im hygroskopischen Bereich liegen muß, während im anderen Teil überhygroskopische Feuchtigkeit herrscht. Wenn in Gutsmitte die maximale hygroskopische Feuchtigkeit erreicht ist, d.h. das ganze Gut hygroskopisches Verhalten zeigt, muß ein dritter Abschnitt der Trocknung beginnen (2. Knickpunkt z.Z. t_{Kn_2}), in dem die Trocknungsgeschwindigkeit mit der Zeit asymptotisch auf den Wert Null fällt, wenn die Gleichgewichtsfeuchtigkeit X_{gl} erreicht ist. Der charakteristische Unterschied im zeitlichen Verlauf der Trocknung eines kapillarporösen Gutes mit hygroskopischem Bereich gegenüber der Trocknung eines nichthygroskopischen Gutes geht aus dem Vergleich von Bild 7.4 mit Bild 7.2 hervor.

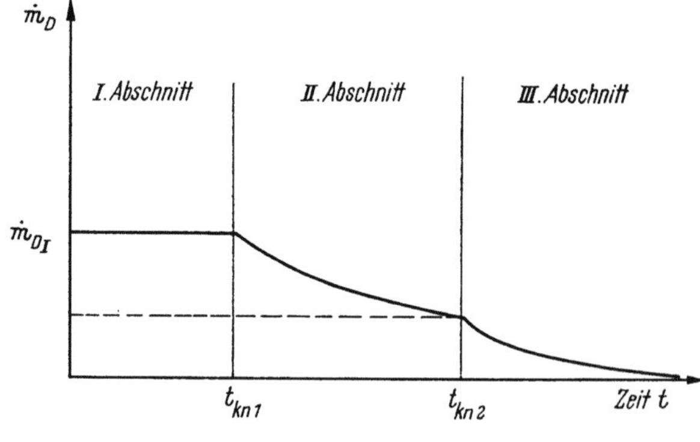

Bild 7.4. Charakteristischer zeitlicher Verlauf der Trocknungsgeschwindigkeit eines kapillarporösen Gutes mit hygroskopischem Bereich.

Auch bei den kapillarporösen Gütern mit hygroskopischem Feuchtigkeitsbereich, die von hoher Anfangsfeuchtigkeit aus getrocknet werden, zeichnen sich also bestimmte charakteristische Zustände oder Zonen klar ab, bei denen die eine oder andere Gesetzmäßigkeit der Stoffbewegung allein entscheidend ist, so daß, wie sich zeigen wird, einfache Berechnungen für gewisse Punkte im Trocknungsablauf möglich sind. Diese Möglichkeit ist nicht mehr gegeben, wenn die Gutsfeuchtigkeit von vornherein im hygroskopischen Bereich ist. Dann muß man das Zusammenspiel von Wärme-, Flüssigkeits- und Dampfbewegung durch subtilere Analyse verfolgen (vgl. Kap. 12.).

Nichtporige Güter (Gele usw.). Auch bei der Trocknung nichtporiger Güter läßt sich a priori nicht viel über den Ablauf der Trocknung sagen. Lediglich sei auf einen entscheidenden Unterschied gegenüber den kapillarporösen Gütern hingewiesen: Da im Gutsinnern die Stoffbewegung nur durch Flüssigkeitsdiffusion — nicht auch durch Dampfdiffusion — möglich ist, gibt es keine Zonen im Gut oder Zeitabschnitte, in denen verschiedene Gesetzmäßigkeiten maßgeblich sind. Die Verdunstung findet nur an der Oberfläche statt. Die Feuchtigkeitsverteilungen im Gut müssen die in Bild 7.5 angedeutete einheitliche Charakteristik zeigen:

Der zeitliche Verlauf der Trocknungsgeschwindigkeit muß von einem höchsten Anfangswert $\dot{m}_{DO}$ aus stetig bis auf Null abfallen, wie Bild 7.6 zeigt. $\dot{m}_{DO}$ ist bei

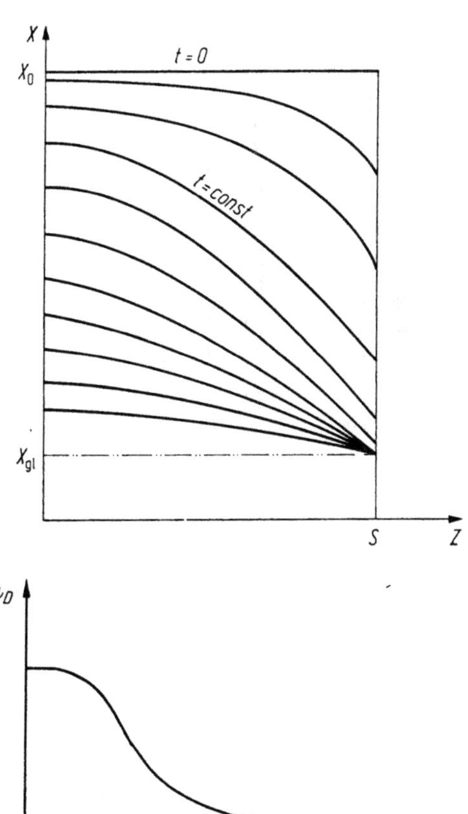

Bild 7.5. Charakteristische Feuchtigkeitsveeteilungen in nichtporigen Gütern.

Bild 7.6. Charakteristischer Trocknungsverlauf von nichtporigen Gütern.

Kenntnis der Stoff- und Wärmeübergangszahlen und des anfänglichen Dampfdrucks über dem Gut berechenbar. Die Form der Kurve ist nur durch die Abhängigkeit der Feuchteleitfähigkeit $\varkappa$ von der Feuchte bedingt. Der Einfluß der Temperatur ist aus ihrem Einfluß auf $\varkappa$ zu vermuten.

In den folgenden Abschnitten dieses Kapitels sollen zunächst die Gesetzmäßigkeiten des Zusammenspiels von kapillarer Bewegung und Dampfdiffusion an
einem einfachen Modell hergeleitet werden, alsdann die wichtigsten experimentellen Feststellungen über den Ablauf der Trocknung bei verschiedenen charakteristischen Stoffen mitgeteilt und ausgedeutet werden. Im nächsten Kapitel werden
dann die auf einfache Weise möglichen Berechnungen behandelt und die qualitativen Einflüsse der für einen speziellen Trocknungsvorgang wählbaren äußeren
Bedingungen (Geschwindigkeit, Temperatur, Druck und relative Feuchtigkeit
des Trockenmittels, Strahlungsquellen und Kontaktflächen) besprochen. Den
Abschluß in der Behandlung der Trocknung unter gleichbleibenden äußeren Bedingungen bildet die Andeutung der Möglichkeit, auf mathematischem Wege den
Trocknunsvorgang vollkommen zu beschreiben, was analytisch nur unter Annahme konstanter Stoffwerte möglich ist. Da diese Voraussetzung in praxi niemals auch nur angenähert erfüllt ist, mag eine stark zusammengefaßte Darstellung
genügen (s. Kap. 12.).

7.2. Grundsätzliches über die Trocknung kapillarporöser Güter im Temperaturgleichgewicht

Voraussetzung für diese einführende Betrachtung ist Temperaturgleichheit im Gut
(d. h. Vernachlässigung der Kupplung der Stoffbewegung mit der Wärmebewegung)
und so niedrige Temperatur, daß der Sattdampfdruck P_D'' gegenüber dem Gesamtdruck vernachlässigbar klein ist, d. h. $P_{Dm} \approx 0$.

Dies bedeutet, daß auch mit dem linearen Dampfdruckgefälle und dem unkorrigierten Stoffübergangskoeffizienten β gerechnet werden kann, an Stelle der
korrekten Beziehungen nach Gl. (5.122) und (5.149).

Ist ein Gut so feucht, daß seine ganze Oberfläche von einer zusammenhängenden Wasserhaut überzogen ist, so ist die Trocknungsgeschwindigkeit $\dot{m}_{D,I}$ nur
von der Temperatur der Oberfläche und der Stoffübergangszahl β sowie dem Teildruckunterschied zwischen Oberfläche (P_D'') und Luftstrom ($P_{D,L}$) abhängig:

$$\dot{m}_{DI} = \frac{\beta}{R_D T}\,(P_D'' - P_{DL}). \tag{7.1}$$

Liegt der Trockenspiegel in der Tiefe s', so ist der Diffusionswiderstand der trockenen Gutsschicht zu überwinden. Es gilt entsprechend Gl. (5.32)

$$\dot{m}_D = \frac{1}{R_D T}\,\frac{\delta}{\mu s'}\,(P_D'' - P_{DO}) = \frac{\beta}{R_D T}\,(P_{DO} - P_{DL}).$$

Elimination des Dampfdruckes in der Oberfläche P_{DO} liefert die der Wärmedurchgangsgleichung analoge Beziehung:

$$\dot{m}_D = \frac{1}{R_D T} \frac{1}{\dfrac{1}{\beta} + \dfrac{\mu s'}{\delta}} (P_D'' - P_{DL}), \tag{7.2}$$

worin μ den Diffusionswiderstandsfaktor der trockenen Gutsschicht bedeutet.

Bei dieser Ableitung ist angenommen, daß an der gesamten Oberfläche, also auch zwischen den Poren, der Dampfdruck P_{DO} herrscht und damit für den Stoffübergang diese gesamte Oberfläche maßgebend ist und nicht nur die Porenfläche. Dies darf wegen der Adsorption an der gesamten Oberfläche aber als gegeben angesehen werden.

7.2.1. Der Trocknungsablauf bei einem System von zwei Kapillaren

7.2.1.1. Der erste Abschnitt der Trocknung bis zum Knickpunkt

Das Zusammenspiel von Dampfdiffusion und Kapillarströmung werde der Kürze der Darstellung wegen an dem einfachsten Modell — einer Anordnung von zwei überall widerstandslos miteinander verbundenen Kapillaren verschiedener Weite — behandelt (Bild 7.7). Der Übergang auf ein System von Kapillaren stetig verschiedener Weite bedeutet grundsätzlich keinerlei Änderung. Es werde angenommen, eine Verdunstung finde nur an dem Meniskus der engeren Kapillare 1 statt. — Diese einschneidend erscheinende Voraussetzung ist deshalb erlaubt, weil bei jedem wirklichen Trocknungsgut die Zahl der feinen Kapillaren wesentlich größer ist als die der groben und die Verdunstung an der Oberfläche wegen der großen Verdampfungsgeschwindigkeit des Wassers nicht in entscheidendem Maße von der Zahl der größeren Kapillaren abhängt.

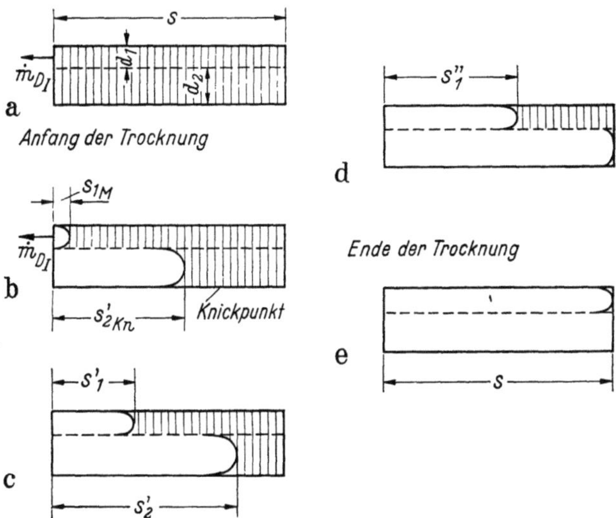

Bild 7.7a—e. Flüssigkeitsverteilung beim Trocknen in zwei untereinander verbundenen Kapillaren verschiedener Weite.

Die Trocknung läuft bei der Anordnung folgendermaßen ab: Im Anfang besteht an der Kapillare 1 eine ebene Wasseroberfläche (Bild 7.7a). Die Verdunstung wird durch Gl. (7.1) beschrieben. Das verdunstete Wasser wird aus Kapillare 2 nachgesaugt. Je mehr der Meniskus von 2 zurücktreten muß, desto stärker wird Meniskus 1 durchgebogen. Die Verdunstung muß jetzt bereits durch Gl. (7.2) beschrieben werden, worin als Diffusionsweg s' der jeweilige Abstand s_M des Scheitels des Meniskus von der Oberfläche einzuführen ist. Hier sei angenommen, die Größe s_M sei, wie bei sehr feinporigem Gut, in Hinsicht auf die Diffusionsbedingungen vernachlässigbar klein, so daß Gl. (7.1) gültig sei bis zur vollen Auslastung des Meniskus 1[1]. Die Auslastung ist im Knickpunkt erreicht, wenn nämlich der Meniskus 2 eine Tiefe s'_{2Kn} erreicht hat, die so groß ist, daß der verfügbare kapillare Zug zur Überwindung der Reibung in der Kapillaren 1 verbraucht wird. Der kapillare Druckunterschied ist

$$\Delta P_M = 2\sigma \left(\frac{1}{r_1} - \frac{1}{r_2} \right), \tag{7.3}$$

worin r_1 und r_2 die Halbmesser der entsprechenden Kapillaren bedeuten.

Die Reibung in der Kapillare 1 läßt sich nach dem Poiseuilleschen Gesetz berechnen (entsprechend Abschn. 5.3.):

$$\Delta P_R = s'_2 \frac{8\eta \dot{m}_{DI}}{r_1^4 \pi \varrho_W}. \tag{7.4}$$

Der Meniskus von Kapillare 1 muß von der Oberfläche zurücktreten — d.h. die Kapillarkraft vermag den Anforderungen der Diffusion nicht mehr zu genügen —, wenn $\Delta P_R = \Delta P_M$; folglich, wenn

$$\dot{m}_{DI} s'_{2Kn} = \frac{\sigma}{4\eta} \left(\frac{1}{r_1} - \frac{1}{r_2} \right) r_1^4 \pi \varrho_W = \frac{\sigma \varrho_W}{\eta} C_K, \tag{7.5}$$

worin C_K eine nur vom Kapillarsystem abhängige Konstante ist.

7.2.1.2. Die Knickpunktkurve

Die Anfangsfeuchte X_0 des zweikapillaren Systems ist proportional der Größe

$$X_0 \sim s\pi(r_1^2 + r_2^2);$$

so ist die mittlere Feuchtigkeit X_m im Knickpunkt nach Bild 7.7b

$$[X_m]_{Kn} \sim [(s - s'_{2Kn}) r_2^2 \pi + s r_1^2 \pi].$$

Es folgt

$$\left(\frac{X_m}{X_0} \right)_{Kn} = 1 - \frac{s'_{2Kn}}{s} \frac{r_2^2}{r_1^2 + r_2^2},$$

oder unter Benutzung von Gl. (7.5):

$$\left(\frac{X_m}{X_0} \right)_{Kn} = 1 - \frac{\sigma \varrho_W}{\eta} \frac{C_K}{\dot{m}_{DI} s} \frac{r_2^2}{r_1^2 + r_2^2},$$

---

[1] Ein Meniskus ist ausgelastet, wenn er den Höchstwert seiner Zugkraft erreicht hat; dann ist auch seine Form eindeutig bestimmt.

wobei für jedes gegebene System die Größe $r_2^2/(r_1^2 + r_2^2)$ eine Konstante ist, so daß wenn D_K eine nur von den gegebenen Kapillarverhältnissen abhängige Größe ist, gilt

$$[\dot{m}_{DI}\, s]_{Kn} = \frac{\sigma \varrho_W}{\eta}\, \frac{D_K}{1 - \dfrac{X_m}{X_0}} = g\left(\frac{X_m}{X_0}\right). \tag{7.6}$$

Aus dieser Gleichung geht hervor, bei welcher Gutsfeuchtigkeit (ausgedrückt durch den Feuchtegrad X_m/X_0) die anfängliche Trocknungsgeschwindigkeit $\dot{m}_{DI}$ nicht mehr aufrecht erhalten werden kann. Von dann ab wandert der Meniskus der Kapillare r_1, an dem die Verdunstung stattfindet, ins Gutsinnere. Das Wesentliche an Gl. (7.6) ist, daß sie aussagt, daß das Produkt aus Anfangstrocknungsgeschwindigkeit und Gutsdicke, aufgetragen über dem Feuchtegrad X_m/X_0 des Gutes, auf einer Kurve, der Knickpunktkurve, liegen muß, die für bestimmte Temperatur, von der die Oberflächenspannung σ, die Zähigkeit η und die Dichte ϱ_W abhängen, nur durch die Kapillaranordnung im Gut bedingt ist.

Diese Gesetzmäßigkeit läßt sich für jede beliebige Kapillaranordnung, also auch für ein System mit stetig verteilten Kapillaren, dessen kapillare Leitfähigkeit $\varkappa$ gegeben ist, nachweisen [7.28]. Bedenkt man jedoch, daß die Zahl $\varkappa$ für Trocknungsgüter stets sehr stark von der Höhe des Flüssigkeitsgehaltes abhängt (s. Bild 5.48), so ist es unmöglich, daß die allgemeine Abhängigkeit vom Feuchtegrad X_m/X_0 für jeden Anfangsgehalt X_0 gilt. Vielmehr muß eine solche Kurvenschar von X_m und X_0 gesondert abhängig sein. Aus der Tatsache, daß $\varkappa$ bei kleinstem Flüssigkeitsgehalt stets Null wird, folgt, daß die Knickpunktkurve aller Güter bei $X_m = 0$ mit waagerechter Tangente in $\dot{m}_D = 0$ einmünden muß. Die Temperaturabhängigkeit aber ist in jedem Fall durch den Ausdruck $\sigma \varrho_W/\eta$ gegeben, der um so größer wird, je höher die Temperatur ist. Er bewirkt, daß der Knickpunkt unter sonst gleichen Bedingungen bei um so kleinerem Flüssigkeitsgehalt auftritt, je höher die Temperatur ist (vgl. Bild 7.26).

7.2.1.3. Der zweite Abschnitt der Trocknung

Nach Erreichen des Knickpunktes kann bei konstanten äußeren Bedingungen der Meniskus der Kapillare 2 nicht weiter zurückgesaugt werden, ohne daß Meniskus 1 ebenfalls zurückgeht. Für die Verdunstung muß jetzt Gl. (7.2) angesetzt werden, worin für s' die Tiefe s_1' des Meniskus 1 unter der Oberfläche einzusetzen ist (vgl. Bild 7.7c). Es gilt also

$$\dot{m}_D = \frac{1}{R_D T}\, \frac{1}{\dfrac{1}{\beta} + \dfrac{\mu s_1'}{\delta}}\, (P_D'' - P_{DL}). \tag{7.7}$$

Es folgt mit

$$\frac{\beta}{R_D T}\, (P_D'' - P_{DL}) = \dot{m}_{DI}:$$

$$s_1' = \frac{\delta(P_D'' - P_{DL})}{\mu R_D T}\left(\frac{1}{\dot{m}_D} - \frac{1}{\dot{m}_{DI}}\right) = D_D\left(\frac{1}{\dot{m}_D} - \frac{1}{\dot{m}_{DI}}\right),$$

worin D_D eine nur von den Diffusionsverhältnissen abhängige Konstante ist.

Für die Kapillarströmung gilt analog Gl. (7.5):

$$\dot{m}_{\mathrm{D}}(s_2' - s_1') = C_{\mathrm{K}} \frac{\sigma \varrho_{\mathrm{w}}}{\eta}. \tag{7.8}$$

Für das Verhältnis der mittleren Feuchtigkeit in irgendeinem Zustand des zweiten Trocknungsabschnittes zur anfänglichen Feuchtigkeit X_0 ergibt sich:

$$\frac{X_{\mathrm{m}}}{X_0} = 1 - \frac{s_1'}{s} \frac{r_1^2}{r_1^2 + r_2^2} - \frac{s_2'}{s} \frac{r_2^2}{r_1^2 + r_2^2}. \tag{7.9}$$

Nach Substitution von s_1' und s_2' aus Gl. (7.7) und (7.8) folgt bei Einführung der durch Gl. (7.6) definierten Kapillargröße D_{K}:

$$\dot{m}_{\mathrm{D}}s = \frac{D_{\mathrm{D}} + \dfrac{\sigma \varrho_{\mathrm{w}}}{\eta} D_{\mathrm{K}}}{1 - \dfrac{X_{\mathrm{m}}}{X_0} + D_{\mathrm{D}} \dfrac{1}{\dot{m}_{\mathrm{DI}}s}}. \tag{7.10}$$

Gl. (7.10) beschreibt in sehr anschaulicher Weise die Übereinanderlagerung der Kapillaritätsbedingungen und der Diffusionsbedingungen:

Man erkennt, daß für den Fall $D_{\mathrm{D}} = 0$ (Trocknung mit beliebig kleinem Teildruckunterschied oder bei einem Gut mit beliebig hohem Diffusionswiderstandsfaktor μ) Gl. (7.10) identisch mit Gl. (7.6) wird. Würde man also bei der Trocknung des zweikapillaren Systems die äußeren Bedingungen so regeln, daß jederzeit nur die Menge verdunsten könnte, die durch Kapillarkräfte an die Oberfläche gesaugt wird, so würde der Trocknungsverlauf der Knickpunktkurve folgen. Dieser Fall ist für alle Güter von besonderer Wichtigkeit, bei denen praktisch keine Dampfdiffusion im Innern möglich ist (Seife, Gelatine, Leim usw.). Für diese Stoffe muß die Trocknungsgeschwindigkeit sich stets eindeutig einem Diagramm $\dot{m}_{\mathrm{D}}s = f(X_{\mathrm{m}})$ entnehmen lassen. Die Trocknungsgeschwindigkeit $\dot{m}_{\mathrm{D}}$ muß dann der Dicke des Gutes umgekehrt proportional sein.

7.2.1.4. Ende des Trocknungsvorgangs

Beim zweikapillaren System muß noch ein zweiter Knickpunkt auftreten, wenn nämlich Meniskus 2 in Bild 7.7d bis in die Tiefe s zurückgesaugt ist. Dann verschwindet die kapillare Druckdifferenz. Die Verdunstung in Kapillare 1 ist lediglich durch die Diffusionsbedingungen bestimmt. Da beim realen Trockengut mit stetig verschiedenen Kapillarweiten dieser Abschnitt mit dem Ende des Trocknunsvorganges zusammenfällt, soll hier nur die Endtrocknungsgeschwindigkeit $\dot{m}_{\mathrm{DE}}$, mit der das letzte Wasserteilchen aus der Tiefe s verdunstet (s. Bild 7.7e), angegeben werden. Nach Gl. (7.2) gilt:

$$\dot{m}_{\mathrm{DE}}s = \frac{1}{R_{\mathrm{D}}T} \frac{1}{\dfrac{1}{\beta s} + \dfrac{\mu}{\delta}} (P_{\mathrm{D}}'' - P_{\mathrm{DL}}), \tag{7.11}$$

oder in anderer Form:

$$\dot{m}_{\mathrm{DE}}s = \frac{1}{\dfrac{1}{\dot{m}_{\mathrm{DI}}s} + \dfrac{1}{D_{\mathrm{D}}}}, \tag{7.12}$$

also nur von der Anfangsentzugsgröße $\dot{m}_{DI}$ und den in

$$D_D = \frac{\delta}{\mu} \cdot \frac{(P_D'' - P_{DL})}{R_D T}$$ (7.13)

gegebenen Diffusionsbedingungen abhängig.

7.2.2. Die Knickpunktkurve und der Trocknungsverlauf für ein ideelles Trocknungsgut

Während im vorherigen die charakteristischen Phänomene bei der Trocknung kapillarporöser Körper allein aus den physikalischen Gegebenheiten eines Systems von nur zwei Kapillaren, die untereinander in Verbindung stehen, erklärt wurden, soll jetzt noch eine kurze Betrachtung über den Verlauf der Kapillarverteilungskurve und der Trocknungsgeschwindigkeit unter idealisierten Annahmen durchgeführt werden. Da die Feuchteleitfähigkeit $\varkappa$ sehr stark von der Feuchte abhängt (s. Abschn. 5.9.6.), ist die allgemeine Differentialgleichung für Ausgleichsvorgänge in der Form für konzentrationsabhängige Transportkoeffizienten (hier $\varkappa = f(X)$) anzuschreiben:

$$\frac{\partial}{\partial z}\left(\varkappa(X) \cdot \frac{\partial X}{\partial z}\right) = \frac{\partial X}{\partial t}$$ (7.14)

oder

$$\frac{\partial^2 X}{\partial z^2} + \frac{d\varkappa}{dX} \cdot \left(\frac{\partial X}{\partial z}\right)^2 = \frac{\partial X}{\partial t}.$$

Lösungen dieser Differentialgleichung sind für in der Trocknungstechnik auftretende Probleme nur numerisch möglich. Lösungen mit $\varkappa = \text{const} \neq f(X)$ sind bekannt, jedoch für das tatsächliche Verhalten der Trocknungsgüter nur sehr begrenzt anwendbar.

Als Modellvorstellung, die für die meisten kapillarporösen Trocknungsgüter qualitativ zutrifft, soll hier einmal angenommen werden (Bild 7.8), daß bei Feuchten oberhalb der Knickpunktfeuchte die Feuchteleitfähigkeit außerordentlich groß sei ($\varkappa \to \infty$), so daß die Feuchte über den Querschnitt des Gutes ausgeglichen ist. Nach Überschreiten der Knickpunktfeuchte falle die Feuchteleitfähigkeit auf einen sehr kleinen Wert ($\varkappa \to 0$) und der Trockenspiegel wandert entsprechend der Trocknungsgeschwindigkeit in das Gutsinnere. Diese Annahmen, die den

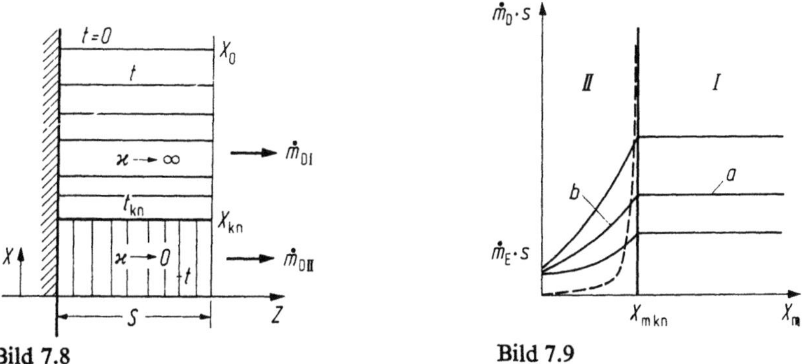

Bild 7.8 Bild 7.9

Bild 7.8. Modellvorstellung zur Kapillarwasserbewegung in einem ideellen Trocknungsgut.
Bild 7.9. Knickpunktkurve eines ideellen Trocknungsgutes, *a* nach Gl. (7.1), *b* nach Gl. (7.16)

beiden tatsächlich gegebenen Grenzfällen für $\varkappa$ entsprechen, führt zu einer Knickpunktskurve, die im Diagramm $\dot{m}_\mathrm{D} \cdot s = f(X_\mathrm{m})$ bei $X_\mathrm{m} = X_\mathrm{m,Kn}$ senkrecht verläuft und bei $X_\mathrm{m} < X_\mathrm{m,Kn}$ der Abszisse folgt (Bild 7.9).

Wegen eines in Wirklichkeit kontinuierlichen Verlaufs der Feuchteleitfähigkeit wird man den in Bild 7.9 gestrichelten Verlauf der Knickpunktskurve erwarten dürfen. Ein Vergleich mit experimentell ermittelten Knickpunktskurven (s. Abschn. 7.3.) bestätigt diese Überlegungen, nach dem die Knickpunktskurve in dem für die Trocknung interessanten Bereich meist sehr steil verläuft.

Für den Fall $\varkappa = 0$ im 2. Trocknungsabschnitt ist mit Gl. (7.10) die Trocknungsgeschwindigkeit bereits hergeleitet, wobei $D_\mathrm{K} = 0$ und D_D nach Gl. (7.13) einzusetzen ist:

$$\dot{m}_\mathrm{D} \cdot s = \cfrac{1}{\cfrac{1}{\dot{m}_\mathrm{DI} \cdot s} + \cfrac{1}{D_\mathrm{D}}\left(1 - \cfrac{X_\mathrm{m}}{X_\mathrm{m,Kn}}\right)} \qquad (7.15)$$

oder mit Gl. (7.12)

$$\dot{m}_\mathrm{D} \cdot s = \cfrac{1}{\cfrac{1}{\dot{m}_\mathrm{DI} \cdot s} + \left(\cfrac{1}{\dot{m}_\mathrm{DE} \cdot s} - \cfrac{1}{\dot{m}_\mathrm{DI} \cdot s}\right)\left(1 - \cfrac{X_\mathrm{m}}{X_\mathrm{m,Kn}}\right)}. \qquad (7.16)$$

Ein Gut, dessen Trocknungsverhalten sich durch eine senkrechte Knickpunktskurve und durch eine Trocknungsgeschwindigkeit nach Gl. (7.15) beschreiben läßt, möge als „ideelles Trocknungsgut" bezeichnet werden. Bei hygroskopischen Gütern tritt der oben beschriebene 3. Trocknungsabschnitt bei Erreichen des hygroskopischen Bereiches auf. Die Knickpunktskurve endet dann in ihrem waagerechten Verlauf nicht bei $X = 0$, sondern bei der hygroskopischen Feuchte unterhalb der keine Feuchtebewegung in der sorbierten Phase mehr möglich ist (s. Abschn. 6.2.).

7.2.3. Allgemeine Folgerungen

Aus den bisherigen theoretischen Betrachtungen über das Zusammenwirken von Flüssigkeitstransport durch kapillare Leitung und Dampfdiffusion im Temperaturgleichgewicht kann das im folgenden entwickelte Bild des Trocknungsverlaufs und der Möglichkeit der Beeinflussung des Verlaufs durch die Wahl der äußeren Bedingungen entworfen werden. Zur Darstellung des Trocknungverlaufs benutzt man zweckmäßigerweise Diagramme, in denen das Produkt aus Trocknungsgechswindigkeit $\dot{m}_\mathrm{D}$ und Gutsdicke s (bei plattenförmigen Gütern) in Abhängigkeit von der mittleren Feuchtigkeit X_m aufgetragen ist.

Es muß eine für jedes porige Gut kennzeichnende Schar von Knickpunktskurven

$$(\dot{m}_\mathrm{DI}\, s)_\mathrm{Kn} = f\left(\frac{X_\mathrm{m}}{X_0}, X_0\right)$$

geben, deren Lage lediglich durch die Kapillaritätseigenschaften des Gutes bedingt ist. Durch sie ist das Ende des ersten Trocknungsabschnittes festgelegt, denn sie geben die Grenzflüssigkeitsgehalte an, bis zu denen eine näherungsweise konstante Anfangstrockunugsgeschwindigkeit $\dot{m}_{DI}$ bei gleichbleibenden äußeren Bedingungen aufrecht erhalten werden kann.

Daß eine wirkliche Konstanz beim Trocknungsvorgang niemals möglich ist, geht aus der Überlegung hervor, daß mit fortschreitender Ausbildung der an der Oberfläche des Gutes angreifenden Menisken eine Änderung der Diffusionsbedingungen verbunden ist, vgl. Bild 7.7b. In der Nähe des Knickpunktes, der dann eintritt, wenn die feinsten Kapillaren der Oberfläche ausgelastet sind, ist im allgemeinen ferner zu erwarten, daß die durch Gl. (3.2) gegebene Dampfdruckabsenkung über sehr engen Kapillaren eine weitere Änderung der Diffusion bedingt.

In dem Abschnitt stark fallender Trocknungsgeschwindigkeit wirken sich die Diffusionseigenschaften des Gutes — gegeben in der Diffusionswiderstandszahl μ — und die äußeren Diffusionsbedingungen — gegeben durch die Stoffübergangszahl β und den Teildruckunterschied $(P_D'' - P_{DL})$ — aus. Zwischen Knickpunkt und Ende der Trocknung überlagern sich Kapillaritäts- und Diffusionsgegebenheiten insofern, als die Lage des Trockenspiegels durch beide bedingt ist. Am Ende der Trocknung, wenn also der Trockenspiegel bis in die Tiefe s zurückverlagert ist, ist die Trocknungsgeschwindigkeit für den Fall konstanter Temperatur nur noch von den Diffusionsbedingungen abhängig und bei Kenntnis des Diffusionswiderstandsfaktors μ im voraus zu bestimmen. Die theoretisch geringste Trocknungsgeschwindigkeit für einen bestimmten Feuchtegrad ergibt sich für den Fall, daß die Trocknung bei so kleinem Teildruckunterschied stattfindet, daß der Trockenspiegel stets an der Oberfläche bleiben muß. Dann geht die Trocknungsgeschwindigkeit am Ende der Trocknung auf Null zurück.

Je größer der Teildruckunterschied, desto höher liegen die Trocknungsverlaufkurven im zweiten Trocknungsabschnitt über der Knickpunktkurve. Bild 7.10 stellt den Einfluß des Teildruckunterschiedes auf den Trocknungsverlauf im zweiten Trocknungsabschnitt dar. Angenommen ist, daß für ein bestimmtes Gut von der Dicke s in drei Fällen im ersten Abschnitt die gleiche anfängliche Entzugsgröße $\dot{m}_{DI}s = (\beta s/R_D T)\,(P_D'' - P_{DL})$ durch entsprechende Wahl von β und $P_D'' - P_{DL}$ gleich sein soll. Bis zum Erreichen der Knickpunktkurve verläuft die Trocknung in allen Fällen gleich. Im zweiten Trocknungsabschnitt wirkt sich erst die Verschiedenartigkeit der Diffusionsbedingungen aus. Nach Gl. (7.11) läßt sich die Endtrocknungsgeschwindigkeit für $X_m = 0$ berechnen. Kurve *1* (hier wie beim zweikapillaren System auf der Knickpunktkurve angenommen) würde für $P_D'' - P_{DL} = 0$ und $\beta = \infty$ gelten. Kurve *2* für mittlere Verhältnisse, Kurve *3* für große Teildruckunterschiede bei kleiner Stoffübergangszahl β (d. h. bei kleiner Luftgeschwindigkeit).

Das gleiche Bild kann den Einfluß verschiedener Diffusionswiderstandszahlen μ erläutern, wenn man für verschiedene Güter gleiche Knickpunktskurven voraussetzt und den gleichen Anfangsentzug $\dot{m}_{DI}$ durch gleiche Luftgeschwindigkeit (gleiches β) erreicht. Je höher der Diffusionswiderstandsfaktor μ ist, desto niedriger liegen die Endtrocknungsgeschwindigkeiten: Die Kurve *1* würde also für ein Gut mit $\mu \to \infty$ gelten — dann wäre ein Stofftransport nur in der flüssigen Phase möglich —, Kurve *2* für ein Gut mit mittlerem und Kurve *3* für eines mit kleinem Diffusionswiderstand. Die Unterschiede im Verhalten der verschiedenen Stoffe stellen sich also erst im zweiten Abschnitt heraus und werden gegen Ende der Trocknung am größten.

Aus Bild 7.11 geht hervor, wie die Trocknung bei einem Gut verschiedener Dicke bei gleichen äußeren Diffusionsbedingungen $[\beta(P_D'' - P_{DL}) = \text{const}]$ verlaufen muß. Der Beginn des Abschnittes fallenden Entzuges liegt jeweils auf der Knickpunktkurve, die Endtrocknungsgeschwindigkeit wird nach Gl. (7.11) abhängig von der Dicke. Ist $\dot{m}_{DI}s$ groß gegenüber D_D, so verschwindet dieser Einfluß mehr und mehr, so daß alle Kurven für verschiedene Dicken den gleichen Endwert $\dot{m}_{DE}s$ haben. Dies ist der Fall, wenn β groß ist gegenüber $\delta/\mu s$.

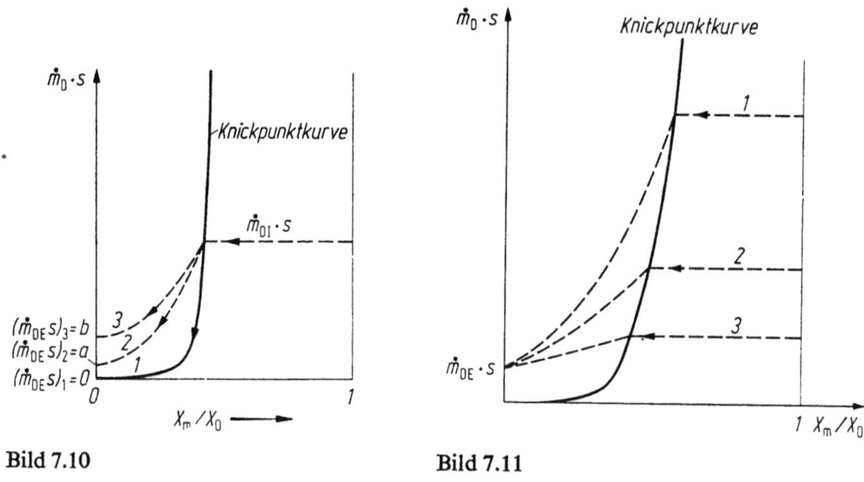

Bild 7.10   Bild 7.11

Bild 7.10. Beeinflussung des Trocknungsverlaufs durch verschiedene Diffusionsbedingungen bei gleichem Anfangsentzug.
Kurve *1* kleinster Teildruckunterschied, große Luftgeschwindigkeit; Kurve *2* mittlere Verhältnisse; Kurve *3* großer Teildruckunterschied, kleine Luftgeschwindigkeit.
Bild 7.11. Änderung des Trocknungsverlaufs mit der Dicke *s* bei gleichbleibenden Diffusionsbedingungen.
Kurve *1 s* groß; Kurve *2 s* mittel; Kurve *3 s* klein.

Der grundsätzliche Einfluß der Luftgeschwindigkeit auf den Trocknungsverlauf kann ebenfalls an Hand des Bilds 7.11 erläutert werden: Ein Gut von bestimmter Dicke *s* möge bei gleichbleibender Temperatur und gleichem Dampfteildruck der Luft mit verschiedener Luftgeschwindigkeit überströmt werden. Durch die Änderung der Luftgeschwindigkeit ändert sich nur die Stoffübergangszahl β. Auf diese Weise möge die verschiedene Höhe der Anfangstrocknungsgeschwindigkeit $\dot{m}_{DI}$ in den Linienzügen *1, 2* und *3* zustande kommen. Im zweiten Trocknungsabschnitt aber, in dem sich der Trocknungsspiegel ins Gutsinnere verlagert, wird in Gl. (7.2) die Größe $\mu s'/\delta$ immer größer gegenüber $1/\beta$, so daß der Einfluß der Änderung von β durch die Luftgeschwindigkeit um so weniger bedeutend wird, je dicker das Gut und je größer sein Diffusionswiderstand ist. Für den letzten Teil der Trocknung, der bei vielen praktischen Trocknungsprozessen den größten Teil der Trocknungszeit beansprucht, wird sich also eine Erhöhung der Luftgeschwindigkeit nur in geringem Maße auswirken.

7.2.4. Ermittlung der Trocknungszeit aus Trocknungsverlaufskurven

Im allgemeinen wird man bei allen Betrachtungen zur Trocknung von den beschriebenen Trocknungsverlaufskurven $\dot{m}_\mathrm{D}s = f_1(X_\mathrm{m})$ ausgehen müssen.

Für die Ermittlung der Trocknungszeiten t aus dieser Darstellung des Trocknungsverlaufes gilt:

$$\dot{m}_\mathrm{D}\mathrm{d}t = s\bar{\varrho}_s\mathrm{d}(X_\mathrm{m}); \quad t = s^2\bar{\varrho}_s\int_{X_0}^{X_\mathrm{m}} \frac{\mathrm{d}X_\mathrm{m}}{\dot{m}_\mathrm{D}s}. \tag{7.17}$$

Hat man also den Trocknungsverlauf durch einen Linienzug $\dot{m}_\mathrm{D}s = f_1(X_\mathrm{m})$ ermittelt, so kann man aus einem Schaubild der Reziprokwerte $1/\dot{m}_\mathrm{D}s = f_2(X_\mathrm{m})$ die Trocknungszeit aus der Fläche unter dieser Kurve bestimmen, wie dies in Bild 7.12 gezeigt ist.

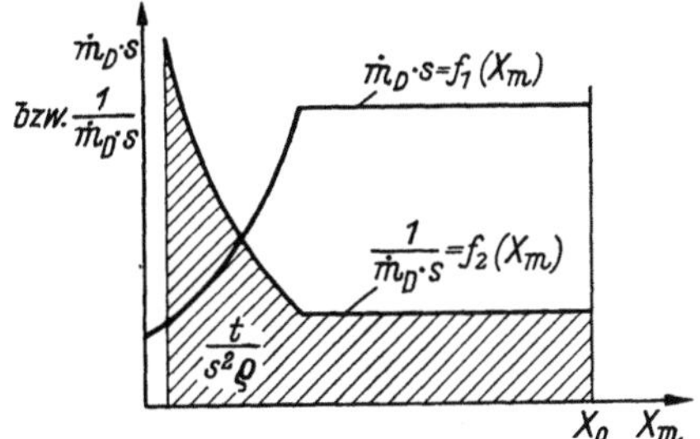

Bild 7.12. Zur Bestimmung der Trocknungszeit t aus der Trocknungsverlaufskurve.

7.3. Experimentelle Feststellungen über den Trocknungsverlauf an charakteristischen Trocknungsgütern

Die Bestätigung der entwickelten Gesetzmäßigkeiten ist nur auf experimentellem Wege möglich. Dabei handelt es sich um die folgenden entscheidenden Punkte:

1. Konstanz der Anfangstrocknungsgeschwindigkeit $\dot{m}_\mathrm{DI}$.
2. Existenz einer nur von den kapillaren Eigenschaften[1] des Gutes abhängigen „Knickpunktskurve" von der Form

$$[\dot{m}_\mathrm{D}s]_\mathrm{Kn} = f\left(\frac{X_\mathrm{m}}{X_0};X_0\right),$$

deren Höhe sich mit $\sigma\varrho_\mathrm{w}/\eta$ ändert,

3. Vorhandensein einer Endtrocknungsgeschwindigkeit $\dot{m}_\mathrm{DE}$, die nur von den Diffusionsbedingungen abhängt.

Versuche, die diese Gesetzmäßigkeiten einwandfrei belegen sollen, müssen unter Temperaturkonstanz im Trocknungsgut durchgeführt werden. Bei einseitiger Trocknung kann dies — wenigstens für den ersten Trocknungsabschnitt, im zweiten nur angenähert — auf zweierlei Weise bewirkt werden: Entweder, indem die

---

[1] In diesem Buch wird die Bezeichnung „kapillare Feuchtleitung" häufig stellvertretend für „Feuchteleitung", „Flüssigkeitsdiffusion" oder „Transport in sorbierter Phase" allgemein gebraucht, weil die durch Diffusion bewirkte Stoffbewegung in der flüssigen Phase grundsätzlich die gleichen Erscheinungen hervorruft wie der kapillare Transport (vgl. Abschn. 5.9).

zur Trocknung erforderliche Verdunstungswärme durch Anstrahung der Oberfläche zugeführt wird, oder indem die ganze Probe auf Kühlgrenztemperatur gekühlt wird. Im folgenden wird über eigene Versuche berichtet, bei denen beide Möglichkeiten durchgeführt werden konnten.

Bild 7.13 stellt eine Versuchsapparatur dar, die zur Beobachtung des Trocknungsverlaufs benutzt wird.

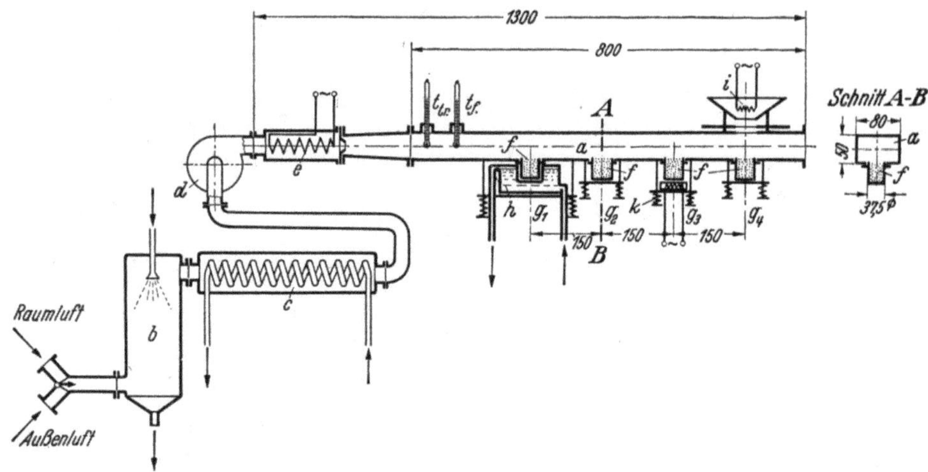

Bild 7.13. Versuchsapparatur zur Beobachtung der Trocknung.

In dem Trockenkanal a können durch Mischung von Raum- und Außenluft sowie durch Regelung des Luftwäschers b, der Kühlung c, des Lüfters d und der Heizung e verschiedene gleichbleibende Luftzustände eingestellt werden. Trockenproben, die sich in oben offenen runden Büchsen f aus Glas oder Metall befinden, werden an den Meßstellen g_1 bis g_4 auf federbelasteten Platten so in Öffnungen des Trockenkanals eingeführt, daß die trocknenden Oberflächen der Proben mit der Innenseite der Kanalwand abschließen. Temperaturgleichgewicht in der Probe wird erzielt an Meßstelle g_1 durch Kühlung der in einem wasserdurchflossenen Kühlgefäß h befindlichen Probe auf Kühlgrenztemperatur und an Meßstelle g_4 durch Anstrahlung der Oberfläche der Probe mit einer elektrisch beheizten Glühspirale i.

Um gleichzeitig etwaige Temperatureinflüsse von geringem Ausmaß beobachten zu können, konnte die Probe an Meßstelle g_3 durch eine auf der Andrückplatte angebrachte Heizplatte k beheizt werden.

An Meßstelle g_2 war keine Vorrichtung für eine willkürliche Temperatureinwirkung vorgesehen. In der Probe stellt sich also stets ein durch Verdunstungskühlung, Strahlung und durch Wärmeleitung von außen bedingtes Temperaturfeld ein.

Aus der Anzeige des trockenen Thermometers ϑ_{tr} und der des feuchten ϑ_f ergibt sich Lufttemperatur und -feuchtigkeit.

Die Temperaturen der Ober- und Unterseiten der Proben wurden mit Thermoelementen gemessen, die in die Probenoberflächen eingelassen waren. Die Gewichtsabnahme der Proben wurde mit einer Dämpfungswaage von 0,1 mg Genauigkeit festgestellt.

7.3.1. Versuchsergebnisse bei Lufttrocknung mit niedrigen Temperaturen

7.3.1.1. Ziegelsteine

In Bild 7.14 sind Versuchsergebnisse von Ziegelsteinproben von sehr nahe beieinanderliegendem Raumgewicht (1857 bis 1866 kg/m³) zusammengestellt. Die Probendicke lag zwischen 1 und 3 cm, die anfängliche Trocknungsgeschwindigkeit $\dot{m}_{DI}$ konnte etwa im Verhältnis 1:3 geändert werden. Temperatur und Feuchtigkeit der Trockenluft waren bei allen Versuchen ungefähr konstant, und zwar lag die Temperatur zwischen 23 und 25 °C, die relative Feuchtigkeit mit Mittel bei 33 %. Zur Erzielung einer gleichmäßigen Anfangsfeuchtigkeit waren die Proben längere Zeit in Wasser gelegt worden. Die Anfangsfeuchtigkeiten lagen zwischen 20 und 23 Vol.-% (d.h. $X_0 = \Gamma_{Wo}/\varrho_s$ zwischen 0,107 und 0,124).

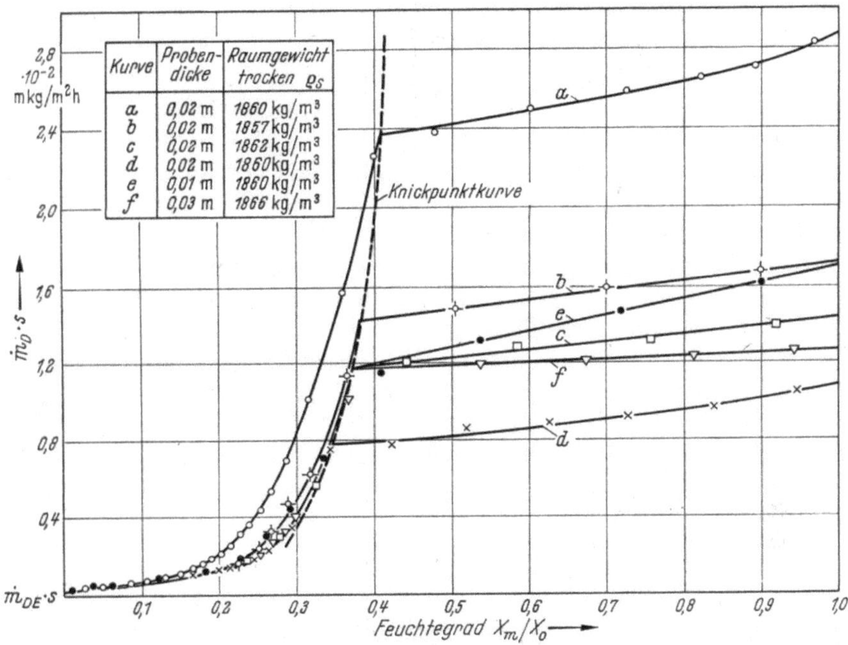

Bild 7.14. Trocknungsverlaufskurven verschiedener Ziegelsteinproben.

Man erkennt ohne weiteres, daß alle Trocknungsverlaufskurven in der Darstellung

$$\dot{m}_D s = f\left(\frac{X_m}{X_0}\right) \quad \text{für } X_0 = \text{const}$$

die kennzeichnenden Eigentümlichkeiten des allgemein entwickelten Bildes zeigen.

Erster Trocknungsabschnitt. Bei gleichbleibenden äußeren Bedingungen gibt es einen Abschnitt annähernd gleichen Entzuges $\dot{m}_{DI}$ bis zum Erreichen einer bestimten Knickpunktfeuchte.

Bei Kurve *f* war von Anfang an Temperaturgleichgewicht durch Anstrahlung der Gutsoberfläche erreicht. Der Abfall der Trocknungsgeschwindigkeit ist sehr gering und dürfte auf die fortschreitende Meniskenbildung an der Oberfläche zurückzuführen sein, die im Zusammenhang mit späteren Versuchen eingehender behandelt werden soll (siehe Abschn. 7.3.1.2.). Bei Kurve b war die Verdunstungswärme durch Beheizung der Probe von unten zugeführt worden. Bei diesem Versuch war die Temperatur der Oberfläche ebenfalls konstant. Auch hier zeigt sich nur ein geringes, auf die Meniskenbildung zurückzuführendes Absinken der Trocknungsgeschwindigkeit im ersten Abschnitt.

Bei allen anderen in der Abbildung mitgeteilten Versuchen bildet sich infolge der Verdunstungskühlung ein schwaches Temperaturfeld in der Probe aus, durch das die teilweise verschieden starke Abnahme der Trocknungsgeschwindigkeit im ersten Abschnitt erklärt werden muß.

Die Knickpunktkurve. Das Ende des ersten Trocknungsabschnittes liegt bei verschiedenem Anfangsentzug bei jeweils anderen·Feuchten (Knickpunktfeuchten). Die Knickpunkte lassen sich sehr gut in die in der Abbildung gestrichelt gezeichnete Kurve, die Knickpunktkurve, einfügen.

Zweiter Trocknungsabschnitt. Nach Erreichen der Knickpunktfeuchte tritt ein außerordentlich starker Abfall der Trocknungsgeschwindigkeit ein. Der Trockenspiegel verlagert sich immer mehr ins Gutsinnere. Diffusionsgegebenheiten und Kapillaritätseigenschaften des Gutes bestimmen den Vorgang. Gegen Ende der Trocknung laufen alle Kurven ineinander und scheinen einer endlichen Endtrocknunsgeschwindigkeit zuzustreben.

Bei sehr kleinen Feuchtigkeiten ($X_m/X_0 = 0{,}02$), d.h. bei $X_m = 0{,}24\%$, sind die Trocknungsgeschwindigkeiten in allen Fällen der Dicke s des Gutes etwa umgekehrt proportional, so daß das Produkt $\dot{m}_D s$ praktisch konstant ist. Nach der Theorie, die am Ende der Trocknung den Trockenspiegel mit dem der Temperatur entsprechenden Sättigungsdruck des Wassers in der Tiefe s annimmt, muß dies der Fall sein, wenn der Diffusionswiderstand in der Schicht groß ist gegenüber dem Diffusionswiderstand in der Grenzschicht zwischen Oberfläche und Luftstrom.

Wird $\dot{m}_{DI} s$ groß gegenüber D_D, so wird $\dot{m}_{DE} s = D_D$. Bei den vorliegenden Versuchen war im Mittel (vgl. Bild 7.15)

$$\dot{m}_{DE} s = 0{,}018 \cdot 10^{-2}\ \text{kgm/m}^2\text{h}.$$

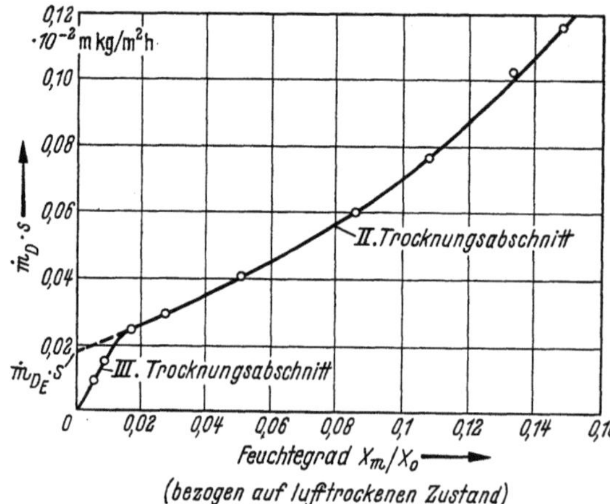

Bild 7.15. Trocknungsverlauf für Kurve a aus Bild 7.14 im letzten Teil der Trocknung.

Aus Gl. (7.11) läßt sich für die vorliegenden Verhältnisse die Widerstandszahl μ wenigstens annähernd berechnen. Für die untersuchten Ziegelsteinproben ergibt sich

$$\mu = \frac{\delta(P_\mathrm{D} - P_\mathrm{D,L})}{\dot{m}_\mathrm{DE} s R_\mathrm{D} T} = 9{,}3.$$

(Vgl. hierzu Tab. 5.3.)

Dritter Trocknungsabschnitt. Beobachtet man den Trocknungsvorgang bis zur wirklichen Gewichtskonstanz der Probe, so zeigt sich bei den hier untersuchten Ziegelsteinen bei allerkleinsten Feuchtigkeiten $X_\mathrm{m}/X_0 < 0{,}02$ (d.h. bei Feuchtigkeiten unter etwa 0,24 %) ein erneut verstärktes Absinken der Trocknungsgeschwindigkeit, das auf die Dampfdruckabsenkung in sehr engen Kapillaren zurückzuführen ist. Dies ist der dritte Abschnitt der Trocknung, bei dem im ganzen Gut hygroskopische Feuchtigkeit herrscht. Nach den Sorptionsisothermen für Ziegel (s. Bild 3.21) ist der hygroskopische Bereich unter $X \approx 1 \%$ zu erwarten (bezogen auf lufttrockenen Zustand).

In Bild 7.15 ist der Trocknungsverlauf für Kurve *a* aus Bild 7.14 im letzten Teil der Trocknung vergrößert herausgezeichnet. Die Tatsache, daß die Trocknungsverlaufskurve gegen Null geht, deutet auf einen Ausgleichvorgang, bei dem die Abnahme der Feuchte eine Abnahme des die Trocknung bewirkenden Teildruckunterschiedes zur Folge hat (vgl. Abschn. 8.4.).

7.3.1.2. Kugelhaufwerke einheitlicher Körnung

Bei allen natürlichen Stoffen von nicht definierbarem Kapillarsystem bleiben für die Ausdeutung von Versuchen gewisse Unsicherheiten, so daß es zweckmäßig ist, den Mechanismus der Feuchtigkeitsbewegung an einem Kapillarsystem einfacher Art zu beobachten. Es wurden daher Versuche mit Glaskugeln von einheitlicher Größe durchgeführt. Als Korngrößen wurden 1,9 und 0,5 mm gewählt, bei denen auch der Einfluß der Druckabsenkung über engsten Kapillaren praktisch verschwinden muß. Ähnliche Verhältnisse sind bei gewaschenem und auf bestimmte Korngröße ausgesiebtem rundkörnigem Seesand zu erwarten, der in den Grenzen von 0,08 und 0,3 mm ausgesiebt wurde, so daß die mittlere Korngröße rund 0,2 mm betrug.

Einfluß der Bespannung einer Probe. Bei Versuchen zur Feststellung des Einflusses der Schwerkraft auf den Trocknungsvorgang solcher Stoffe mußte sich die Feuchtigkeit in der Probe sowohl waagerecht als auch im Sinne oder entgegen der Erdschwere bewegen können. Um hierbei ein Herausfallen der Glaskugeln aus den Büchsen zu vermeiden, war es notwendig, die Probenoberfläche mit einer Gazebespannung zu versehen. Es war zunächst zu prüfen, inwieweit die Bespannung den Trocknungsvorgang beeinflußt.

Wenn die theoretischen Überlegungen richtig sind, so müssen in dem Zeitpunkt, in dem die Gaze trocken wird, die Menisken, an denen die Verdunstung stattfindet, unter die Gutsoberfläche zurückgehen, und die Bespannung kann sich von dann ab nur noch durch eine gewisse Erhöhung des Diffusionswiderstandes bemerkbar machen. Da nach Erreichen des Knickpunktes in einer unbespannten Probe der Trockenspiegel immer weiter ins Gutsinnere zurückverlagert werden muß, folgt, daß bei hinreichend dünner Bespannung der zweite Teil der Trocknung praktisch genau so verlaufen muß wie bei einer unbespannten Probe.

Der für die eigentliche Probe maßgebliche Knickpunkt, in dem die in der obersten Kugelschicht aufgehängten Menisken ins Gutsinnere zurückzuschreiten beginnen, muß praktisch mit und ohne Bespannung derselbe sein. Diese Überlegung wird von den in Bild 7.16 wiedergegebenen Versuchen bestätigt.

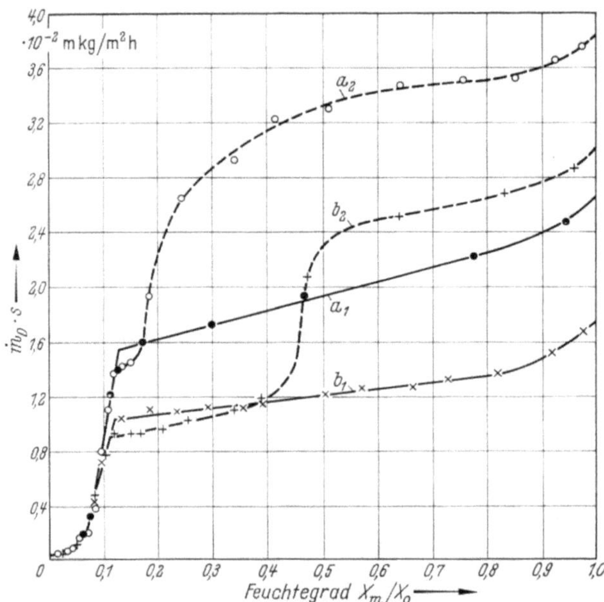

Bild 7.16. Einfluß der Bespannung auf den Trocknungsverlauf bei Glaskugeln von 0,5 mm ∅. Kurve a_1 Trocknungsverlauf für eine 3 cm dicke Probe im unbespannten Zustand; Kurve b_1 Trocknungsverlauf für eine 2 cm dicke Probe im unbespannten Zustand; Kurve a_2 Trocknungsverlauf für eine 3 cm dicke Probe, die mit Gaze bespannt war; Kurve b_2 Trocknungsverlauf für eine 2 cm dicke Probe, die mit Gaze bespannt war. Feuchtigkeitsbewegung von unten nach oben.

Der Knickpunkt der Kurve a_1 liegt bei $X_m/X_0 = 0{,}13$, der der Kurve b_1 bei 0,12.

Im zweiten Trocknungsabschnitt decken sich die Trocknungsverlaufskurven der Proben ohne (ausgezogen) und mit Bespannung (gestrichelt) vollständig. Die Lage der Knickpunkte des eigentlichen Trockengutes entspricht denen der unbespannten Proben. Die Trocknungsgeschwindigkeiten im Knickpunkt sind infolge des zusätzlichen Diffusionswiderstandes durch die Bespannung ein wenig kleiner. Dagegen zeigen im ersten Trocknungsabschnitt die bespannten Proben erhebliche Abweichungen gegenüber den nicht bespannten. Zunächst liegen die anfänglichen Trocknungsgeschwindigkeiten in jedem Falle wesentlich höher als bei der unbespannten Probe. Die Ursache liegt vorwiegend in der Vergrößerung der Trocknungsoberfläche durch die über den Probenrand herausgezogene Bespannung.

Ferner zeigen die Kurven der bespannten Proben im ersten Trocknungsabschnitt einen sprunghaften Verlauf in dem Zeitpunkt, in dem die Wasserverbindung zwischen Probe und Bespannung abreißt. Der Zeitpunkt des Abreißens ist bei verschieden gespannter Gaze verschieden und kann unter Umständen durch kleine mechanische Erschütterungen verfrüht eintreten. In jedem Falle sinkt bei gleichen Luftzuständen und Geschwindigkeiten nach der Trocknung der Bespannung die Trocknungsgeschwindigkeit etwa auf die der unbespannten Proben — wegen des zusätzlichen Diffusionswiderstandes der Gaze etwas darunter. Dies geht aus Bild 7.16 deutlich hervor.

Demnach kann die Bespannung lediglich im ersten Trocknungsabschnitt, in dem die äußeren Bedingungen vorwiegend maßgeblich sind, auf den Trocknungsvorgang von Einfluß sein. Der zweite Abschnitt, in dem die inneren Eigenschaften der Probe zum Ausdruck kommen, wird dadurch nicht geändert.

Der Trocknungsverlauf. Um ein klares Bild von der Feuchtigkeitsbewegung im Kugelhaufwerk zu gewinnen, sollen zunächst die Trocknungsverlaufskurven von Glaskugeln mit 0,5 mm Durchmesser bei waagerechter Feuchtigkeitsbewegung betrachtet werden. Bei den Versuchen war die mittlere Lufttemperatur rund 25 °C und die Luftfeuchtigkeit rund 24 %. Die Trocknungsverlaufskurven der 1 bis 4 cm hohen Glaskugelproben, deren Anfangsflüssigkeitsgehalt zwischen 35,4 und 37,9, im Mittel bei 37 Vol.-% lag, sind in Bild 7.17 dargestellt.

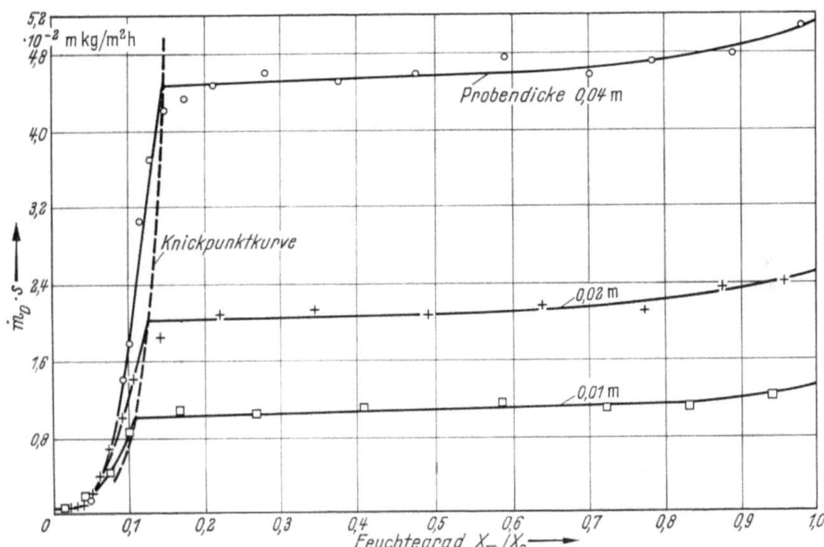

Bild 7.17. Trocknungsverlaufskurven für Glaskugeln von 0,5 mm ⌀ bei waagerechter Feuchtigkeitsbewegung.

Auch bei diesem aus Kugeln einheitlicher Größe bestehenden Versuchsstoff zeigt sich der kennzeichnende Verlauf der Trocknung. Aus den Knickpunkten ergibt sich eindeutig die gestrichelt eingezeichnete Knickpunktkurve. Gegen Ende der Trocknung laufen die Kurven der verschieden hohen Proben zusammen und streben einem Endwert ($\dot{m}_{DE}s = 0,05 \times 10^{-2}$ kgm/m²h) zu, der nach der Theorie-

durch die Diffusionsbedingungen und den Diffusionswiderstand des Trocknungsgutes bestimmt ist.

Berechnet man wiederum, wie oben nach Gl. (7.11), den Diffusionswiderstandsfaktor, so ergibt sich

$$\mu = 3{,}8\,.$$

Der Widerstandsfaktor ist also erheblich kleiner als der der untersuchten Ziegelsteinproben, bei denen er 9,3 betrug. Andererseits liegt die Widerstandszahl näher bei dem Reziprokwert der rund 37 % betragenden Porosität $100/37 = 2{,}7$ als bei Ziegelstein. Dies bedeutet, daß der Wegfaktor μ_1 beim Kugelhaufwerk erheblich kleiner ist als beim Ziegel (vgl. Tab. 3.21).

Der Einfluß der Feuchte im zweiten Trocknungsabschnitt. Einen guten Einblick in die Wirkung der kapillaren Feuchteleitung im zweiten Trocknungsabschnitt gewinnt man, wenn man mit dem wirklichen Trocknungsverlauf einen theoretischen Fall für ein ideelles Trocknungsgut vergleicht, bei dem keine Kapillarwasserbewegung im zweiten Trocknungsabschnitt angenommen wird. Nimmt man an, die im Knickpunkt festgestellte Feuchtigkeit $[X_m]_{Kn}$ sei gleichmäßig über die ganze Probe verteilt, und, soweit im weiteren Verlauf das Gut feucht ist (d. h. unterhalb des Trockenspiegels), herrsche stets diese Feuchtigkeit $[X_m]_{Kn}$, so bildet die trokkene Schicht oberhalb des immer tiefer ins Gutsinnere zurückschreitenden Trokkenspiegels den Widerstand für die Diffusion (s. Abschn. 7.2.2.).

Für die in der Zeiteinheit verdampfende Wassermenge gilt Gl. (7.16). Dieser Verlauf ist in Bild 7.18 für die mittlere Kurve aus Bild 7.17 errechnet und mit der durch Versuch ermittelten verglichen. Man erkennt deutlich die Steigerung der Trocknungsgeschwindigkeit durch die kapillare Feuchtigkeitsbewegung im zweiten Trocknungsabschnitt. Das Rückschreiten des Trockenspiegels ins Gutsinnere wird durch die kapillare Wasserbewegung nach Erreichen des Knickpunktes zunächst stark verzögert und erst gegen Ende der Trocknung bei kleinsten Feuchtigkeiten, bei denen nach der Theorie die Feuchtigkeitsleitung verschwindend klein wird, nähert sich der wirkliche Kurvenverlauf dem theoretisch für ein nicht saugfähiges Gut errechneten.

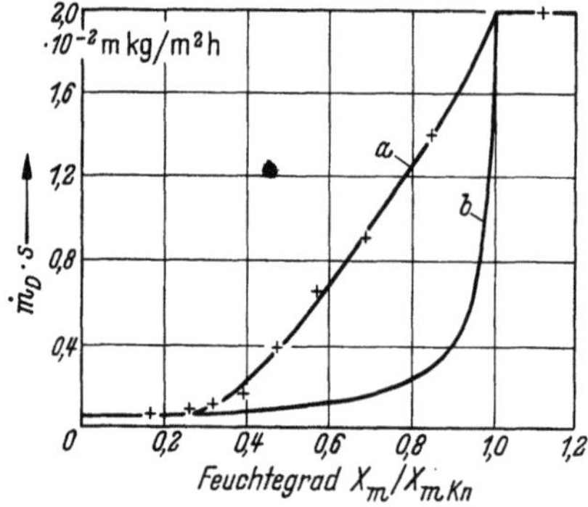

Bild 7.18. Einfluß der kapillaren Feuchtigkeitsleitung im zweiten Trocknungsabschnitt. Kurve *a* entspricht der mittleren Versuchskurve in Bild 7.17. Kurve *b* ist unter Vernachlässigung der Kapillarwasserbewegung errechnet. Der Feuchtigkeitsgrad ist hier auf die Knickpunktfeuchtigkeit $X_{m,Kn}$ bezogen.

Der Mechanismus der Feuchteleitung im Kugelhaufwerk. Die bisher mitgeteilte Theorie der Kapillarwasserbewegung war begründet auf der Vorstellung, daß die Feuchteleitung in einem porigen Stoff analog der Kapillarwasserbewegung in widerstandslos verbundenen Kapillaren von verschiedener Weite sei, von denen die engeren aus den weiteren Wasser ansaugen (vgl. Abschn. 5.9.4.). Für ein Kugelhaufwerk von einheitlicher Korngröße und gleichmäßiger Lagerung gibt es nur Porenräume von gleicher Form. Das Wasser wird in diesem Stoff durch die kapillaren Unterdrucke bewegt, die sich in den Porenwinkeln zwischen berührenden Kugeln ausbilden. Das Porenwinkelwasser steht zunächst überall in Zusammenhang. Bei Feuchteleitung ist im Sinne der Bewegung eine Zunahme des kapillaren Unterdruckes notwendig. Das bedeutet die Ausbildung immer schärfer gekrümmter Menisken, mit der eine Abnahme des Wassergehaltes in Bewegungsrichtung verbunden ist. Aus Bild 7.19 ist das Aussehen einer in einem Glasgefäß getrockneten Proben in einem Zustand nahe beim Knickpunkt zu erkennen. Ebenso wie sich

Bild 7.19. Glaskugelprobe während der Trocknung in der Nähe des Knickpunktes. An den Berührungsstellen der Kugeln mit der Glaswand zeigt sich Porenwinkelwasser, dessen Menge an den mehr oder minder großen dunklen Stellen an den reflektierenden Zonen des Glasgefäßes zu erkennen ist.

das Porenwinkelwasser zwischen berührenden Kugeln ausbildet, zeigt es sich auch an den Berührungsstellen der Kugeln mit der Glaswand. Diese sind, je nach der an der Berührungsstelle haftenden Wassermenge, als mehr oder minder große dunkle Stellen an den reflektierenden Zonen des Glasgefäßes von Bild 7.19 zu erkennen. Man sieht deutlich, daß die dunklen Flecken in Richtung der Wasserbewegung von unten nach oben kleiner werden; daraus ist auf die Abnahme des Wassergehaltes im Sinne der Bewegung und die Zunahme des kapillaren Unterdruckes zu schließen.

Die räumliche Gestalt des im Kugelhaufwerk zusammenhängenden Porenwinkelwassers ist geometrisch schwer zu erfassen, und eine rechnerische Behandlung des räumlichen Vorganges würde auf außerordentliche Schwierigkeiten stoßen. Der für die Anschauung einfachste Analogiefall ist in der Kapillarwasserbewegung zwischen zwei im Winkel zueinander angeordneten ebenen Platten zu suchen.

Bild 7.20. Eine Flüssigkeitsbewegung wird dadurch bewirkt, daß die Menisken mit wachsender Entfernung s vom Anfangspunkt sich immer tiefer in den Plattenwinkel ziehen und daher einen größeren kapillaren Zug P_M ausüben, der für Reibung verbraucht wird.

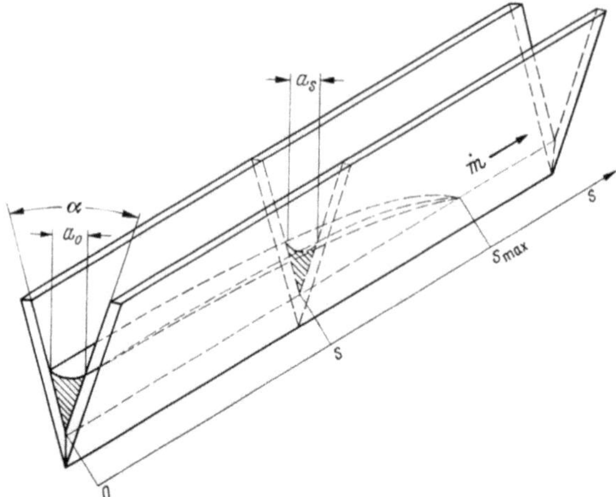

Bild 7.20. Die kapillare Feuchtigkeitsleitung in einem Plattenwinkel.

Der Einfluß der Schwerkraft. In Bild 7.21 sind für 0,5-mm-Glaskugeln verschiedene Trocknungsverlaufskurven bei Trocknung im Sinne und entgegen der Erdschwere aufgetragen. Man erkennt, daß bei Trocknung von oben nach unten die Knickpunkte bei niedrigeren Feuchtigkeiten erreicht werden als bei entgegengesetzter Richtung. Die bei waagerechter Bewegung gewonnenen Knickpunkte aus Bild 7.17 liegen dazwischen. Bei Seesand von 0,2 mm mittlerer Korngröße ist kein Einfluß der Schwere auf die Lage der Knickpunkte zu erkennen, wie aus Bild 7.22 ersichtlich ist, in dem die Trocknungsverlaufkurven für beide Richtungen zusammengestellt sind. Daraus läßt sich der Schluß ziehen, daß bei Stoffen mit kleineren Kapillarräumen bei ähnlichen Trocknungsgeschwindigkeiten der Einfluß der Schwere gegenüber der Reibung vernachlässigbar ist.

Der Einfluß der Meniskenausbildung im ersten Trocknungsabschnitt. In Bild 7.23 sind verschiedene bei gleichen Luftbedingungen gewonnene Trocknungsverlaufskurven für Glaskugelproben verschiedener Höhe und 1,9 mm Kugeldurchmesser bei Trocknung von unten nach oben aufgetragen. Es ist die Abhängigkeit der Trocknungsgeschwindigkeit $\dot{m}_D$ von der Feuchtigkeit Ψ_{Wm} dargestellt. Bei diesen großen Kugeln ist die Hubarbeit von erheblicher Bedeutung gegenüber der verhältnismäßig geringen Reibung. — Da dann $\dot{m}_D$ und s nicht mehr vertauschbar sind, führt die Darstellung $\dot{m}_D s = f(\Psi_{Wm})$ zu keiner allgemeinen Gesetzmäßigkeit. — Die Versuche sollen hier lediglich zur Veranschaulichung der im ersten Trocknungsabschnitt auftretenden Absenkung der Trocknungsgeschwindigkeit infolge der fortschreitenden Ausbildung von Menisken in der obersten Gutsschicht dienen. Die Kurven *a, b* und *c* in Bild 7.23, die unter etwa gleichen Luftbedingungen gewonnen wurden, zeigen etwa gleiche Anfangstrocknungsgeschwindigkeit $\dot{m}_{DI} = 1,0$ kg/ m²h. Von diesem Wert an sinkt die Trocknungsgeschwindigkeit stetig bis zum

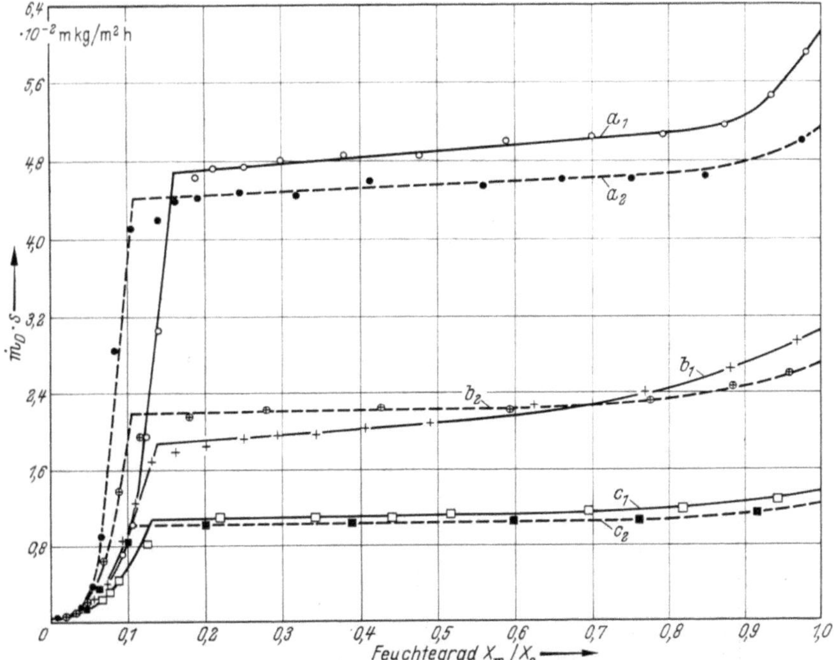

Bild 7.21. Trocknungsverlaufskurven für Glaskugeln von 0,5 mm ⌀. Kurven a_1, b_1, c_1 Wasserbewegung von unten nach oben, Trocknung entgegen der Erdschwere. Kurven a_2, b_2, c_2 Wasserbewegung von oben nach unten, Trocknung im Sinne der Erdschwere.
Kurve a_1, a_2 Probendicke 0,04 m; Kurve b_1, b_2 Probendicke 0,02 m; Kurve c_1, c_2 Probendicke 0,01 m.

Knickpunkt, der bei den verschieden hohen Proben bei sehr verschiedenen Feuchtigkeitsgehalten auftritt. Im Knickpunkt haben alle Proben wieder etwa die gleiche Trocknungsgeschwindigkeit $\dot{m}'_D = 0,25$ kg/m²h. Die Endtrocknungsgeschwindigkeit $\dot{m}_{DE}$ (am Ende des zweiten Trocknungsabschnittes) steht im umgekehrten Verhältnis zur Probendicke. Für die Versuche gilt $\dot{m}_{DE}s = 0,056 \cdot 10^{-2}$ kg m/m²h. Zum Beweise dafür, daß das Absinken der Trocknungsgeschwindigkeit im ersten Trocknungsabschnitt auf die fortschreitende Ausbildung von Menisken zurückgeführt werden muß, sollte ein unter Temperaturgleichgewicht (erreicht durch Anstrahlung der Oberfläche) durchgeführter Versuch (Kurve d in Bild 7.23) dienen.

Die Probe war vor Beginn des Versuches bis über die oberste Kugelschicht mit Wasser bedeckt. Dann gilt für die Trocknungsgeschwindigkeit im Anfang des Vorganges Gl. (7.1):

$$\dot{m}_{DI} = \frac{\beta}{R_D T}(P''_D - P_{DL}).$$

Aus den Versuchswerten ($\dot{m}_{DI}$, Lufttemperatur ϑ_L, relative Feuchtigkeit φ) kann die Stoffübergangszahl β berechnet werden. Bei fortschreitender Trocknung bilden sich Menisken aus, die innerhalb der obersten Gutsschicht angreifen und im Knickpunkt ausgelastet sind. Aus der Anfangstrocknungsgeschwindigkeit $\dot{m}_{DI}$ und der am Ende des ersten Trocknungsabschnittes $\dot{m}'_D$ läßt sich bei Kenntnis der Wider-

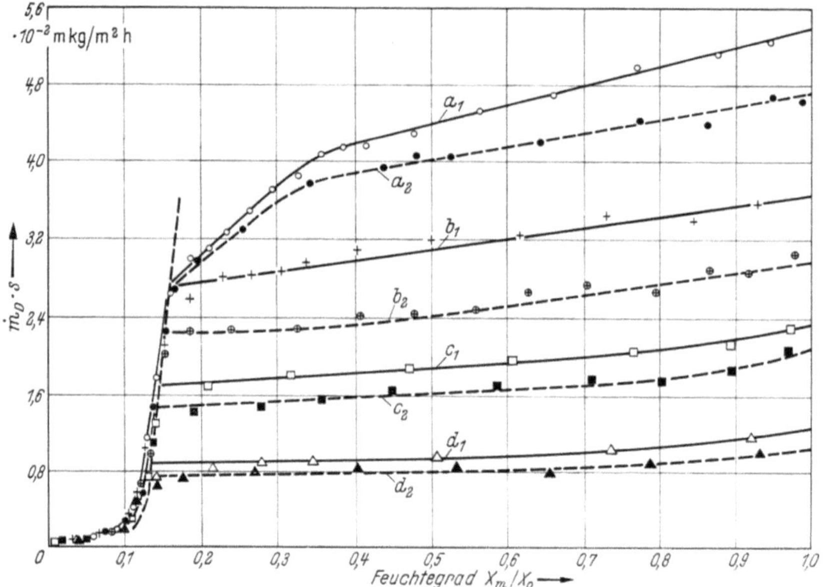

Bild 7.22. Trocknungsverlaufskurven von Seesand von 0,2 mm mittlerer Korngröße bei verschiedener Trocknungsrichtung.
Kurve a_1 Probendicke 0,04 m, Wasserbewegung von unten nach oben; Kurve b_1 Probendicke 0,03 m, Wasserbewegung von unten nach oben; Kurve c_1 Probendicke 0,02 m, Wasserbewegung von unten nach oben; Kurve d_1 Probendicke 0,01 m, Wasserbewegung von unten nach oben; Kurve a_2 Probendicke 0,04 m, Wasserbewegung waagerecht; Kurve b_2 Probendicke 0,03 m, Wasserbewegung waagerecht; Kurve c_2 Probendicke 0,02 m, Wasserbewegung waagerecht; Kurve d_2 Probendicke 0,01 m, Wasserbewegung waagerecht.

standszahl μ, die sich nach Gl. (7.11) aus $\dot{m}_{\mathrm{DE}}$ zu $\mu = 3{,}1$ ergibt, die Tiefe s' berechnen, um die sich der Trockenspiegel infolge der Meniskenausbildung verlagert. Es gilt

$$\dot{m}'_{\mathrm{D}} = \frac{1}{\dfrac{1}{\beta} + \dfrac{\mu s'}{\delta}} \; \frac{1}{R_{\mathrm{D}} T} (P''_{\mathrm{D}} - P_{\mathrm{DL}}).$$

Es folgt für s' aus den Versuchsbedingungen:

$$s' = \frac{\delta}{\mu \beta} \frac{\dot{m}_{\mathrm{DI}} - \dot{m}'_{\mathrm{D}}}{\dot{m}'_{\mathrm{D}}} = 1{,}02 \,\mathrm{mm}.$$

Daraus geht hervor, daß der Trockenspiegel am Ende des ersten Trocknungsabschnittes um etwa 1 mm ins Gutsinnere zurückverlagert ist, d.h. daß die in der obersten Kugelschicht angreifenden Menisken sich im Mittel etwas unter der Mitte der obersten Kugelschicht befinden.

Je nach der Kornfeinheit eines Stoffes und der Höhe der beim Versuch eingestellten Stoffübergangszahl muß sich dieser Einfluß bei jedem Trockengut mehr oder minder stark ausprägen. *Eine absolute Konstanz der Trocknungsgeschwindigkeit im ersten Trocknungsabschnitt kann es nicht geben.*

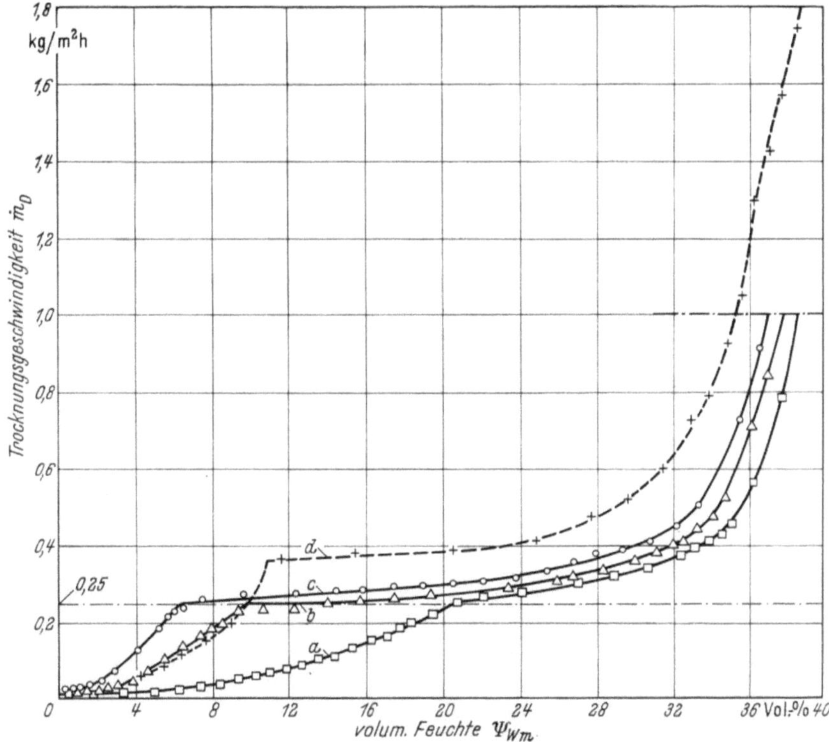

Bild 7.23. Trocknungsverlaufskurven für Glaskkugeln von 1,9 mm $\varnothing$. Wasserbewegung von unten nach oben.
Kurve *a* Probendicke 0,04 m; Kurve *b* Probendicke 0,03 m; Kurve *c* Probendicke 0,02 m; Kurve *d* Probendicke 0,03 m. Kurve *d* ist bei 25 °C Probentemperatur im Temperaturgleichgewicht gewonnen.

Die Flüssigkeitsverteilung im Gut. Bild 7.24 stellt die Verteilung des Flüssigkeitsgehaltes im Gut dar. Als wesentlichstes an der Abbildung erkennt man, daß die Gutsoberfläche bis zu Flüssigkeitsgehalten von 5,6% noch feucht ist. Nach Erreichen des Knickpunktes verlagert sich der Trockenspiegel immer tiefer ins Gutsinnere; die Abbildung bestätigt also durchaus die hergleiteten Gesetzmäßigkeiten.

7.3.1.3. Ton

Über das Verhalten von Tonen mit verschiedenen Zuschlagstoffen liegen sehr eingehende Versuche von Saburo Kamei [7.18] vor. In Bild 7.25 sind diejenigen Ergebnisse nach der Originalarbeit wiedergegeben, die bei gleicher Probentemperatur bei zweiseitiger Trocknung ebener Platten in einem Luftstrom, dessen Temperatur, relative Feuchtigkeit und Geschwindigkeit geändert werden konnte, gemessen wurden. Der „freie Wassergehalt" ist in %, auf trockene Substanz bezogen (X), angegeben. Dabei ist die „trockene Substanz" im Gleichgewichtszustand mit dem jeweiligen Luftstrom bestimmt, enthält also die aus den Sorptionsisothermen zu entnehmende Feuchte.

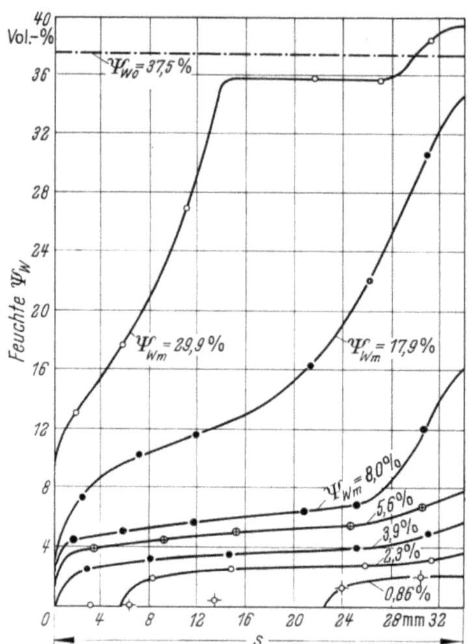

Bild 7.24. Verteilung der Feuchtigkeit in Richtung der Trocknung nach verschiedenen Trokkenzeiten bei Versuchen mit Verdunstungstrocknung an Glaskugeln von 0,5 mm ⌀ und 3,4 cm Probenhöhe. Anfangsfeuchtigkeit Ψ_{W_0} des Gutes 37,5 %. Zur Kennzeichnung des Feuchtegrades ist bei den einzelnen Kurven die jeweilige mittlere Feuchtigkeit $\Psi_{W,m}$ angegeben.

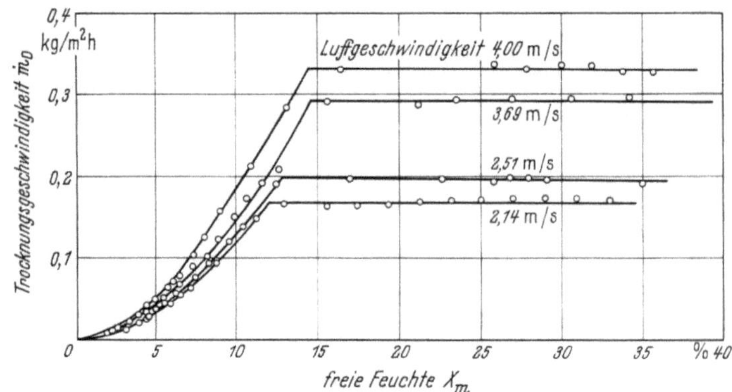

Bild 7.25. Trocknungsverlaufskurven für Kibushitonerde. Zweiseitige Trocknung einer 3 cm dicken Probe bei 53,7 % Luftfeuchtigkeit und 25 °C Lufttemperatur. Nach Kamei [7.18] (dort Bild 22).

Die Versuche, die an ebenen Platten der Versuchsstoffe ($\approx 8 \times 8$ cm) verschiedener Dicke in einem Trockenkanal angestellt wurden, bestätigen durchaus das bisher gewonnene Bild. Die Lage der Knickpunkte verlangt geradezu nach einer verbindenden Kurve. Die gleichförmige Extrapolation der Kurven gegen Ende der Trocknung auf die Trocknungsgeschwindigkeit Null ist nicht berechtigt. Es muß sich auch hier ein dritter Trocknungsabschnitt ausprägen.

Einfluß der Temperatur auf die Lage der Knickpunktkurve. Nach den obigen Herleitungen muß bei der Knickpunktkurve die Größe $[\dot{m}_D s]_{Kn}$ dem Ausdruck $\sigma \varrho_w / \eta$ proportional sein, worin nur η stark temperaturabhängig ist. Liegt beispielsweise die Knickpunktkurve bei 25 °C Gutstemperatur vor, so müßte sich bei anderen Temperaturen entsprechend der Abhängigkeit von $\sigma \varrho_w / \eta$ eine Kurvenschar wie in Bild 7.26 ergeben. Bei den vergleichenden Zusammenstellungen Kameis sind Versuche mit unterschiedlicher Probentemperatur zusammen aufgetragen. Da sich bei seinen Versuchen wegen der zweiseitigen Trocknung im ersten Trocknungsabschnitt in der Probe näherungsweise die Kühlgrenztemperatur einstellte, so ergeben Versuche bei gleicher Lufttemperatur, aber verschiedener relativer Feuchtigkeit verschiedene Gutstemperaturen.

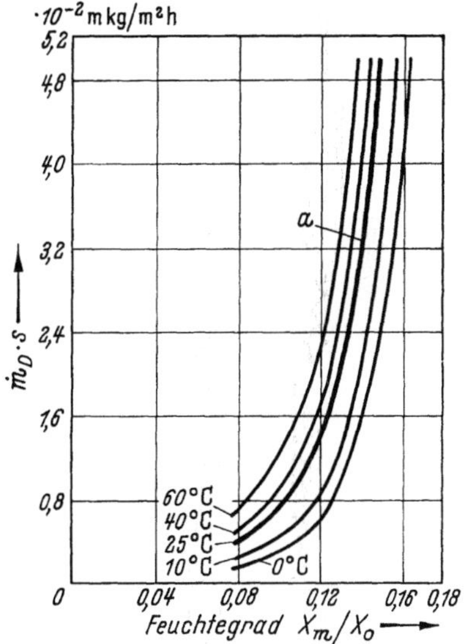

Bild 7.26. Theoretischer Einfluß der Temperatur auf die Lage der Knickpunktkurve.
a Knickpunktkurve aus den Versuchen remittelt. Die für andere Temperaturn geltenden Knickpunktkurven sind nach der Kurve *a* berechnet.

In Bild 7.27 und 7.28 ist die aus Bild 7.25 zu folgernde Knickpunktkurve für 19 °C Gutstemperatur (Kühlgrenze für 25 °C und 53,7 % relativer Luftfeuchtigkeit) eingetragen. Man erkennt aus den Abbildungen deutlich, daß der Knickpunkt für höhere Gutstemperaturen bei kleineren Wassergehalten, für niedrigere Temperaturen bei höheren Wassergehalten liegt. Auch aus anderen, hier nicht angeführten Versuchen Kameis kann geschlossen werden, daß der Theorie entsprechend die Ordinaten der Knickpunktkurven für verschiedene Temperaturen sich mit dem Ausdruck $\sigma \varrho_w / \eta$ ändern, also praktisch umgekehrt proportional der Zähigkeit der Flüssigkeit sind.

Die Darstellung der Knickpunktkurve in der Form

$$[\dot{m}_D s]_{Kn} = f\!\left(\frac{X_m}{X_0}\right)$$

liefert Bild 7.29.

Der Einfluß der Zuschlagstoffe. Kameis Untersuchungen über Tone mit verschiedenen Zuschlagstoffen liefern ebenso wie die Untersuchungen an Kugelhaufwerken den Beweis dafür, daß die kapillare Leitfähigkeit um so größer ist, je gröber die

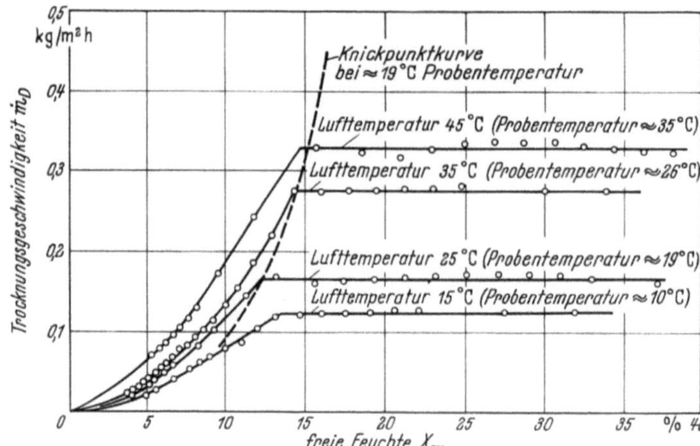

Bild 7.27. Trocknungsverlaufskurven für Kibushitonerde. Zweiseitige Trocknung von 3 cm dicken Proben. Probentemperatur etwa gleich Kühlgrenztemperatur. Nach Kamei [7.18] (dort Bild 19). Bei diesen Versuchen wurde eine erhöhte Trocknungsgeschwindigkeit bei erhöhter Probentemperatur erreicht. Relative Feuchtigkeit 53,7%, Luftgeschwindigkeit 2,14 m/sek.

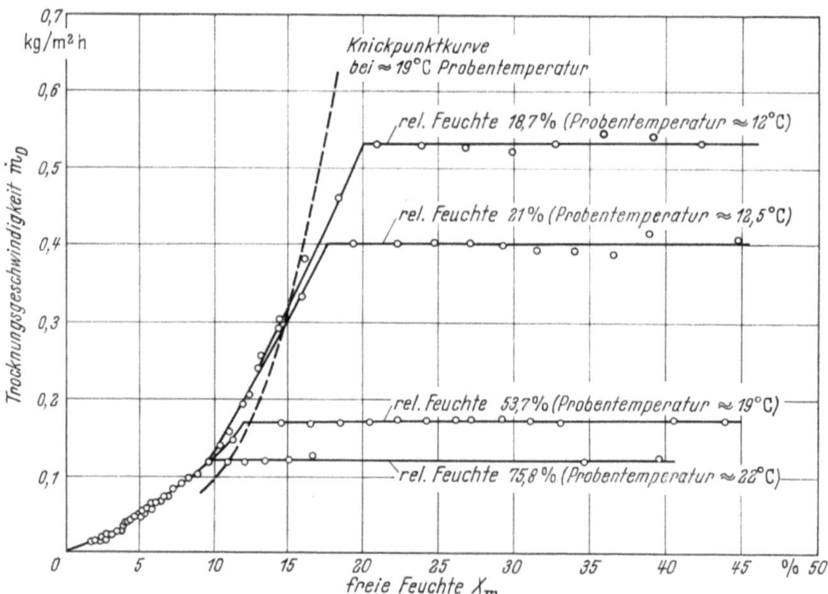

Bild 7.28. Trocknungsverlaufskurven für Kibushitonerde. Zweiseitige Trocknung von 3 cm dicken Proben. Probentemperatur etwa gleich Kühlgrenztemperatur. Nach Kamei [7.18] (dort Bild 16). Bei diesen Versuchen wurde eine erhöhte Trocknungsgeschwindigkeit bei von ringerter Probentemperatur erreicht. Lufttemperatur 25°C, Luftgeschwindigkeit 2,14 m/sek.

Körnung. Für die Lage der Knickpunkte hat des zur Folge, daß sie bei um so kleineren Wassergehalten auftreten, je gröber die Körnung ist (vgl. Bild 7.30).

Über den Diffusionswiderstandsfaktor μ lassen sich aus Kameis Untersuchungen keine sicheren Schlüsse ziehen, da seine Beobachtungen bei kleinsten Flüssigkeitsgehalten am Ende der Trocknung hierfür nicht präzise genug sind. Nach Bild 7.31 und zahlreichen anderen Messungen könnte man unabhängig von den Beimischungen etwa $\mu = 16$ als Mittelwert der Messungen vermuten.

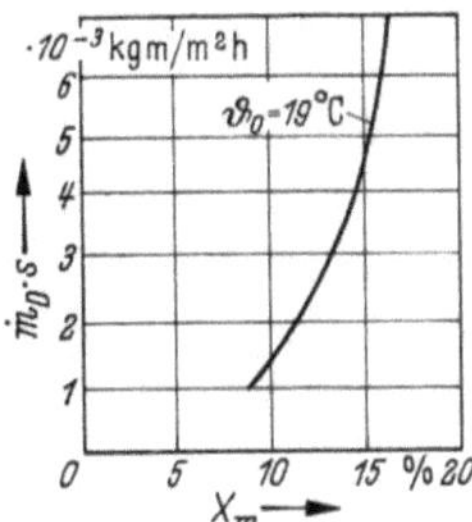

Bild 7.29. Knickpunktkurve für Kibushitonerde.

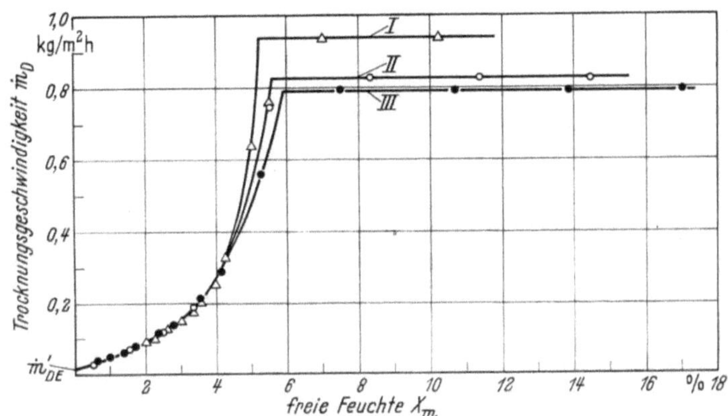

Bild 7.30. Trocknungsverlaufskurven für Minokaolin mit Quarzsand verschiedener Korngröße nach Kamei.

Kurvennummer	Korngröße des Quarzes		
I	$190-62$		
II	$560-190$	Maschenweite	
	$1\,550-560$	Maschen je cm²	
III	$6\,200-3\,500$		

Probe: Minokaolin:Kawachiquarz $= 2:8$. (Trocknungsbedingungen: 40 °C, 30 %, 2,14 m/sek).

Flüssigkeitsverteilung im Gut beim Trocknen. Bild 7.31 zeigt Messungen Kameis, die die Flüssigkeitsverteilung in einer Probe (Minokaolin: Kawachifeldspat 5:5) im Verlauf der Trocknung wiedergeben.

Man erkennt, daß bis Kurve VI (5 h Trocknungsdauer) nur geringe Feuchtigkeitsunterschiede in der Probe auftreten. Hierbei ist zu bedenken, daß nasser Ton zunächst eine der Wasserabgabe gleiche Schwindung zeigt. Solange schwimmen gewissermaßen die Tonteilchen in einem Netzwerk von Wasser, dessen Lamellen entsprechend der Wasserabgabe dünner werden (plastischer Bereich). Erst nach Erreichen der sogenannten „Lederhärte" (bei bestimmtem Wassergehalt) hört die dem Wasserentzug gleiche Schwindung auf. Erst von dann ab verhält sich Ton wie ein starrer Körper mit festgegebenem Kapillarsystem, für den eine kapillare

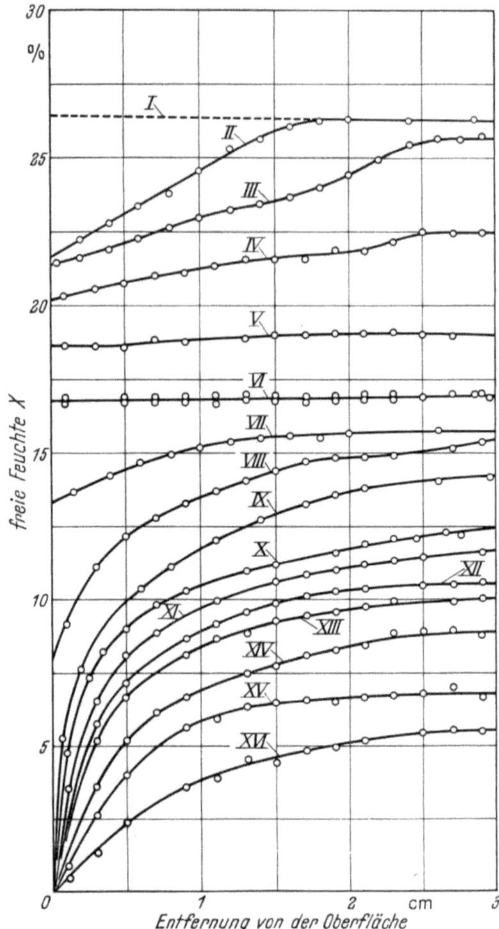

Bild 7.31. Die Wasserverteilung im Gut nach Messungen Kameis.
Zeitliche Wasserverteilungskurve

Kurve	Trocknungsdauer	Kurve	Trocknungsdauer
I	0 h	IX	8 h
III	2 h	XI	13 h
II	1 h	X	10 h
IV	3 h	XII	15 h
V	4 h	XIII	17 h
VI	5 h	XIV	20 h
VII	6 h	XV	30 h
VIII	7 h	XVI	40 h

Probe: Minokaolin:Kawachifeldspat = 5:5. Trocknungsbedingungen: 40 °C, 30 %, 4,0 m/sek.

Leitfähigkeit eingeführt wurde. Es scheint nach den Messungen Kameis, als seien oberhalb der Lederhärte nur geringe Unterschiede der Flüssigkeitsgehalte im Gut erforderlich, um die Bewegung an die Oberfläche zu ermöglichen.

Im übrigen zeigt sich für den ersten Abschnitt der Trocknung bis Kurve IX (nach 8 h) das erwartete, mit den Feststellungen an Glaskugeln (Bild 7.24) übereinstimmende Bild, daß, solange der Flüssigkeitsgehalt der Oberfläche endlich ist. die Trocknungsgeschwindigkeit konstant bleibt. Dies kann man aus der Abbildung daran erkennen, daß die Flächen zwischen benachbarten Kurven (die jeweils 1 h später festgestellt wurden) annähernd gleich sind.

Im zweiten Abschnitt verlangsamter Trocknung (ab Kurve X) tritt in den von Kamei gezeichneten Kurven die aus Bild 7.24 ersichtliche Tatsache nicht in Erscheinung, daß ein klar abgegrenzter Trockenspiegel sich immer weiter ins Gutsinnere verlagert. Während bei den grobkapillaren Stoffen wie Glaskugeln (0,5 mm) der Sattdampfdruck im Gut von der Stelle an herrscht, an der die Feuchtigkeit größer als Null wird, ist dies bei hygroskopischen Stoffen erst dann der Fall, wenn die Feuchtigkeit größer ist als die maximale hygroskopische. Daher kann sich bei hygroskopischen Stoffen kein scharfer Knick in der Feuchtigkeitsverteilung zeigen, vielmehr muß der Übergang von der maximalen hygroskopischen auf die Gleichgewichtsfeuchtigkeit mit der Umgebung in einem gewissen Bereich sich stetig vollziehen. Dieser Bereich wäre bei dem vorliegenden Versuch bei freien Wassergehalten unter etwa 0,5 % zu suchen (vgl. Bild 3.19). Genauere Versuche Kameis in diesem Bereich liegen nicht vor.

7.3.1.4. Papierstoffe

Sulfitpapierstoff, wie er zur Kunstseidefabrikation gebraucht wird (mit einer rohen Feile zerkleinert, gekocht und gewaschen und auf dem Sieb vorentwässert), wurde ebenfalls von Kamei eingehend untersucht.

Erster Trocknungsabschnitt. Bild 7.32 gibt die bei zweiseitiger Trocknung einer 3 cm starken Probe für untereinander gleiche Temperatur verhältnisse gewonnenen Ergebnisse wieder (trockenes Raumgewicht $\varrho_s \approx 145$ kg/m³, Porosität $\approx 90\%$, Anfangswassergehalt $X_0 \approx 600\%$).

Die gestrichelte Kurve ist als mutmaßliche Knickpunktkurve eingetragen. Aus den Daten der Anfangstrocknungsgeschwindigkeit läßt sich mit Gl. (7.1) ohne weiteres die Stoffübergangszahl β errechnen.

Zweiter Trocknungsabschnitt. Bild 7.32 zeigt im zweiten Trocknungsabschnitt ein Absinken der Trocknungsgeschwindigkeit, das zunächst demjenigen für Ziegelstein, Kugelhaufwerke und Ton ähnlich ist (vgl. Bild 7.14, 7.17, 7.25). Sämtliche Kurven scheinen in eine Endtrocknungsgeschwindigkeit $\dot{m}'_{DE} \approx 0,005$ g/cm²h einmünden zu wollen.

Dritter Trocknungsabschnitt. Unterhalb etwa 20 % Wassergehalt biegen alle Kurven nach Null ab. Es zeigt sich dieselbe Tendenz, die bereits bei den Versuchen mit Ziegeln (dort allerdings bei sehr viel kleinerem Wassergehalt) beobachtet wurde (s. Bild 7.15).

Hier wirken sich die hygroskopischen Eigentümlichkeiten des Papierstoffes aus.

Die scheinbare Endtrocknungsgeschwindigkeit. Sieht man einmal von den hygroskopischen Eigenschaften ab und betrachtet die Trocknung des Papierstoffes wie die eines grobkapillaren Stoffes, so könnte man eine Endtrocknungsgeschwindigkeit $\dot{m}'_{DE}$ bei Kenntnis der Stoffübergangszahl β und der Diffusionswiderstandszahl μ nach Gl. (7.11) berechnen. Dabei ist zu bedenken, daß die Temperatur der Probe gemäß den Messungen Kameis in völliger Übereinstimmung mit den Folgerungen aus der Kupplung von Wärme- und Dampfbewegung (s. Kap. 12.) gegen Ende der

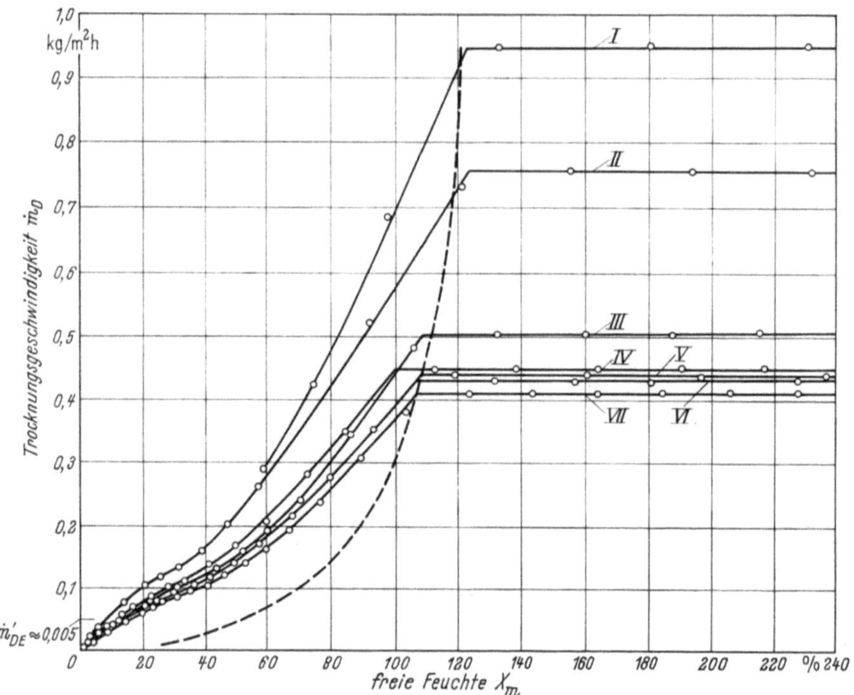

Bild 7.32. Trocknungsverlaufskurven bei verschiedener Luftgeschwindigkeit für Papierstoff nach Kamei.

Kurvennummer	Luftgeschwindigkeit [m/sec]	
I	2,45	
II	2,02	
III	1,77	Lufttemperatur 40 °C,
IV	1,489	Relative Feuchtigkeit 40%
V	1,185	$s = 3$ cm $= 0,03$ m
VI	1,007	
VII	0,22	

Trocknung gleich Lufttemperatur (40 °C) wird. Setzt man zur Ermittlung einer Endtrocknungsgeschwindigkeit wie bei einem grobkapillaren Stoff den Sattdampfdruck bei 40 °C an, so ergeben sich für die in Bild 7.32 mitgeteilten Daten die Werte von Tabelle 5.3. Dabei ist die Diffusionswiderstandszahl $\mu = 4$ angenommen (wie etwa nach Tab. 7.1 zu vermuten ist), während $s = 0,015$ m, $\delta = 0,11$ m²/h $(= 30 \cdot 10^{-6}$ m²/s) ist.

Die Werte der Tabelle zeigen, daß die scheinbare Endtrocknungsgeschwindigkeit $\dot{m}'_{DE}$ (für $X = 0$) — mit $\mu = 4$ berechnet — praktisch für alle Versuche gleich, d. h. unabhängig von der Luftgeschwindigkeit ist, wie die Theorie dies für grobkapillare Stoffe fordert.

Zu dem gleichen Ergebnis kommt man, wenn man die in Bild 7.33 von Kamei wiedergegebenen Versuche über den Einfluß der Gutsdicke bei konstanten äußeren Bedingungen auswertet. Extrapoliert man die Kurven für den zweiten Trocknungsabschnitt bis zu $X_\mathrm{m} = 0$, so erhält man Werte, die innerhalb der durch die

Tabelle 7.1. Scheinbare Endtrocknungsgeschwindigkeit $\dot{m}'_{D,E}$ in Abhängigkeit von der Luftgeschwindigkeit w

w m/sek	$\dot{m}_{D,I}$ kg/m² h	β m/h	$\dfrac{1}{\dfrac{1}{\beta}+\dfrac{\mu s}{\delta}}$	$\dot{m}'_{D,E}$ kg/m² h
2,45	0,94	87,5	1,8	0,055
2,02	0,76	71	1,75	0,054
1,77	0,5	46,5	1,75	0,054
1,49	0,45	42	1,75	0,054
1,19	0,43	40	1,75	0,054
1,0	0,42	39	1,75	0,054
0,22	0,41	38	1,4	0,054

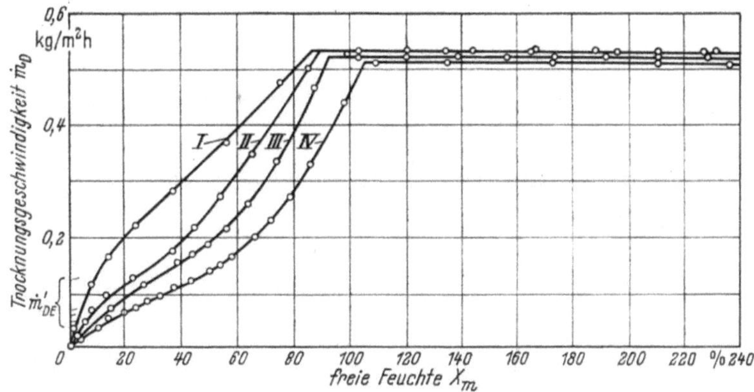

Bild 7.33. Trocknungsverlaufskurven von Papierstoff verschiedener Dicke nach Kamei.

Kurvennummer	Probendicke	
I	1,0 cm	Lufttemperatur 40 °C
II	1,5 cm	Luftgeschwindigkeit 1,01 m/sek
III	2,0 cm	Relative Feuchtigkeit 40 %
IV	3,0 cm	

geschweifte Klammer abgegrenzten Werte $\dot{m}'_{DE}$ liegen. Diese extrapolierten Werte würden sich etwa für ein grobkapillares (nichthygroskopisches) Gut ergeben. $\dot{m}'_{DE}$ ist, wie man sieht, umgekehrt proportional der Gutsdicke, so daß $\dot{m}'_{DE} \cdot s$ entsprechend Gl. (7.12) konstant ist.

Der dritte Trocknungsabschnitt. Der letzte Ast der Trocknungskurve, der eine bei $X_m = 0$ gegen Null gehende Trocknungsgeschwindigkeit zeigt, ist durch das hygroskopische Verhalten des Papierstoffes bedingt. In einer Darstellung der Trocknungsgeschwindigkeit in Abhängigkeit von der Zeit stellt sich dieser Ast qualitativ wie der letzte Teil der Kurve in Bild 7.34 dar. Während bei einem grobkapillaren Stoff sonst gleicher Eigenschaften sich die endliche Trocknungszeit t'_E ergeben würde, gibt es beim hygroskopischen Gut, das auf die Gleichgewichtsfeuchtigkeit mit der trocknenden Luft gebracht werden soll, keine endliche Trocknungszeit. Sie ist immer unendlich. Der Übergang der konkav nach oben verlaufenden Kurvenäste in Bild 7.33 in den konvex nach oben verlaufenden letzten Ast findet bei mittleren Wassergehalten statt, die zwischen der maximalen hygroskopischen und der Gleichgewichtsfeuchtigkeit des Gutes liegen. Der Verlauf der Kurve im allerletzten Teil ist fast geradlinig. Dies deutet darauf hin, daß der Diffusionswiderstandsfaktor des Gutes konstant ist, d.h. nicht vom Feuchtigkeitsgehalt abhängig (vgl. Abschn. 8.4.).

Die Knickpunktkurve. Bild 7.35 zeigt die Knickpunktkurve $(\dot{m}_D s)_{Kn}$ des von Kamei untersuchten Papierstoffes bei 40 °C Gutstemperatur, die mit allen Einzelmessungen gut übereinstimmt.

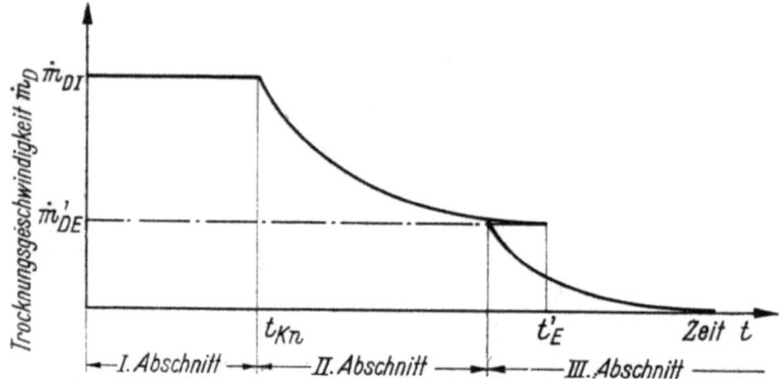

Bild 7.34. Charakteristischer Verlauf der Trocknung hygroskopischer Stoffe.

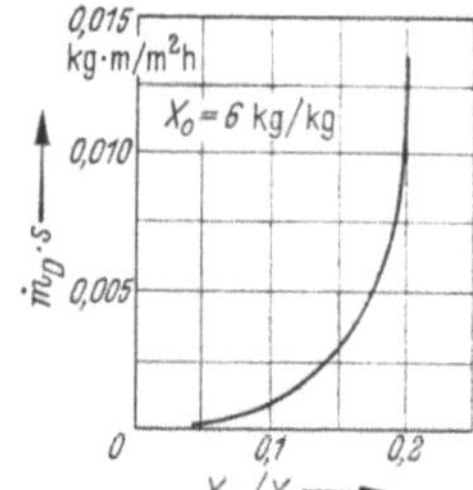

Bild 7.35. Knickpunktkurve für Papierstoff bei $\vartheta_L = 40\,°C$.

Die Flüssigkeitsverteilung im Gut. Bild 7.36 stellt die Verteilung des Flüssigkeitsgehaltes während der Trocknung des Papierstoffes dar. Die Oberfläche wird erst nach etwa 11 h annähernd trocken. Das hygroskopische Verhalten des Stoffes bewirkt, daß sich mit fortschreitender Trocknung kein Trockenspiegel klar abzeichnet, sondern an der Oberfläche stets ein Feuchtigkeitsgefälle vorhanden ist.

7.3.1.5. Seife

Seife unterscheidet sich von den bisher behandelten Stoffen (Ziegel, Kugelhaufwerke, Ton, Papierstoff) dadurch, daß keine luftgefüllten Porenräume vorhanden sind, in denen Dampfdiffusion möglich ist. Dies kann dadurch zum Ausdruck gebracht werden, daß der für die Dampfdiffusion maßgebliche Widerstandsfaktor μ als unendlich angenommen wird. Es wurde früher gezeigt (s. Abschn. 7.2.13.), daß in diesem Fall der Trocknungsverlauf für grobkapillare Güter der Knickpunktkurve folgen muß. Wenn nun auch Seife zweifellos nicht als grobkapillares Gut anzusehen ist, so ist doch folgendes zu bedenken:

Der Transport durch Diffusion in der flüssigen Phase — sei er durch kapillare Kräfte oder osmotische oder dergleichen bewirkt — muß stets durch einen Ansatz

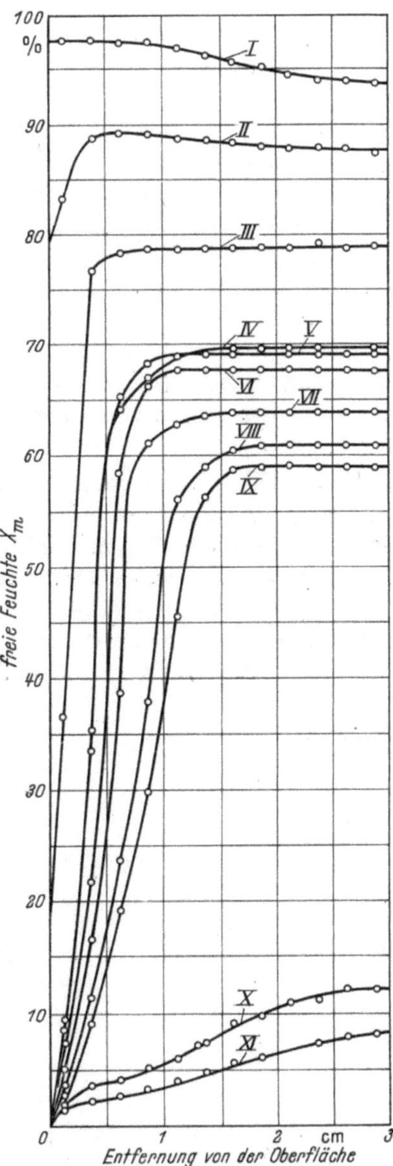

Bild 7.36. Die Wasserverteilung im Papierstoff nach Kamei.

Zeitliche Wasserverteilungskurve

Kurvennummer	Trocknungsdauer		
I	7 h	VII	15 h
II	8 h	VIII	17 h
III	9 h	IX	19 h
IV	11 h	X	65 h
V	12 h	XI	95 h
VI	13 h		

Probe: Papierstoff. Trocknungsbedingungen: 40 °C, 40 %, 1,01 m/sek.

nach der Art

$$\dot{m}_\mathrm{W} = -f\varkappa\frac{\mathrm{d}\varGamma_\mathrm{W}}{\mathrm{d}z}$$

beschrieben werden (vgl. Abschn. 5.9.7.). Dabei ist es gleichgültig, ob die Größe $\varkappa$ sich aus den Gesetzmäßigkeiten der Strömung in Kapillaren oder aus den Gesetzmäßigkeiten der Flüssigkeitsdiffusion von einer an Feststoffteile irgendwie gebundenen Flüssigkeit bei Vorhandensein eines Konzentrationsgefälles ($\mathrm{d}\varGamma_\mathrm{W}/\mathrm{d}z$) herleiten läßt. Wesentlich ist lediglich, daß die die Bewegung auslösende Potentialdifferenz im Feuchtigkeitsgefälle $\mathrm{d}\varGamma_\mathrm{W}/\mathrm{d}z$ und nicht im Dampfdruckgefälle $\mathrm{d}P_\mathrm{D}/\mathrm{d}z$ zu suchen ist.

Alle solche Stoffe, bei denen eine Dampfdiffusion im Innern nicht möglich ist, müssen den obigen Herleitungen zufolge einen charakteristischen Trocknungsverlauf zeigen, bei dem nach Erreichen des Knickpunktes die Trocknungsgeschwindigkeit der Knickpunktkurve folgt.

Die Feststellungen Kameis. Kamei [7.19] hat eingehende Untersuchungen über das Verhalten von Seife beim Trocknen angestellt. Die strichpunktierte Kurve in Bild 7.37 stellt die Mittelkurve für sämtliche Ergebnisse Kameis dar. In dem Ordinatenmaßstab $\dot{m}_\mathrm{D} \cdot s$ bedeutet s die anfängliche Schichtstärke (die Schrumpfung während der Trocknung wurde nicht berücksichtigt). Der Streubereich ist durch Schraffur angedeutet. Durchweg — aber keineswegs immer — liegen die Versuchspunkte bei höherer Temperatur und höherer Geschwindigkeit etwas höher als

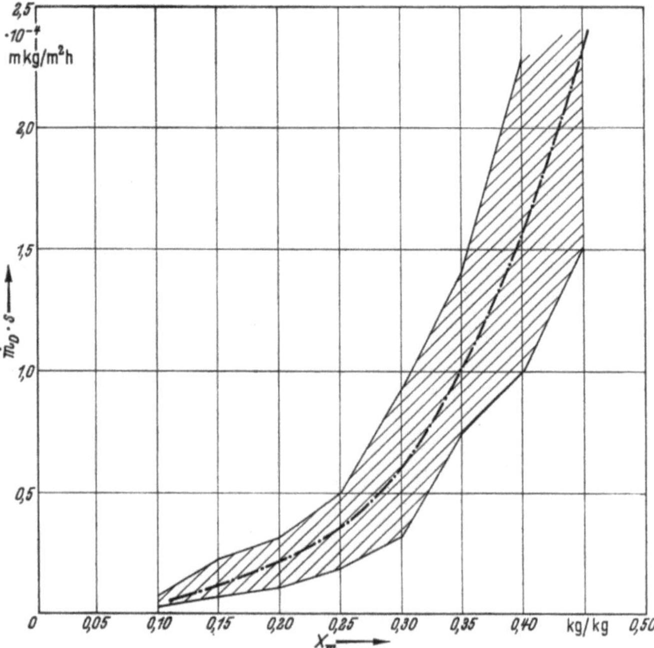

Bild 7.37. Der Trocknungsverlauf für Velvetseife bei verschiedener Dicke (0,5 ÷ 3 cm), Lufttemperatur (40 ÷ 50 °C), Luftfeuchtigkeit (20 ÷ 40 %) und Luftgeschwindigkeit (0,5 ÷ 4 m/sek) nach Versuchen Kameis.

diejenigen, die bei niederen Temperaturen und Geschwindigkeiten gewonnen wurden.

Ein Knickpunkt wurde von Kamei nie festgestellt. Die Probentemperatur war praktisch immer gleich der Lufttemperatur. Diese Beobachtungen können nur so gedeutet werden, daß bei beliebig eingestellten äußeren Bedingungen sich an der Oberfläche der Seife sofort näherungsweise die Gleichgewichtsfeuchtigkeit gemäß

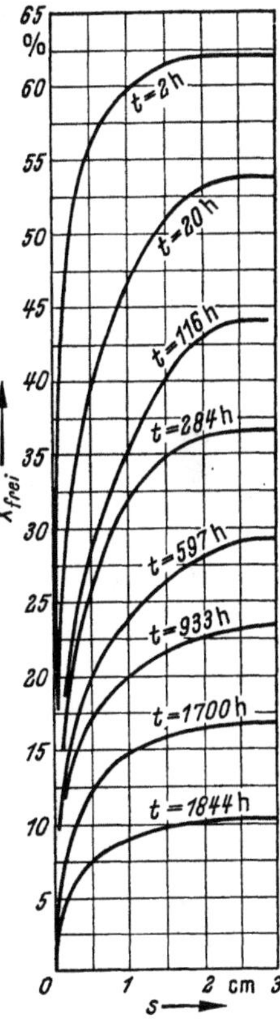

Bild 7.38. Die Feuchtigkeitsverteilung in Velvetseife nach Versuchen von Kamei.
$\vartheta_L = 50\,°C$; $\varphi = 20\%$; $w = 2{,}14\ \mathrm{m/sek}$; $X_0 = 62\ \mathrm{Gew.\text{-}\%}$.

Sorptionsisotherme einstellt (freier Wassergehalt Null) und im ganzen Verlauf der Trocknung nur noch die in flüssiger Form (durch Flüssigkeitsdiuffsion) an die Oberfläche herantransportierte Wassermenge vom Luftstrom aufgenommen wird.

Die Vorstellung wird erhärtet durch die von Kamei beobachtete Feuchtigkeitsverteilung während der Trocknung, Bild 7.38.

Das Zusammenfallen von Trocknungsverlaufs- und Knickpunktkurve. Als Ergebnis ist festzustellen, daß solche Güter, bei denen wie bei Seife keine Dampfdiffusion im Innern möglich ist, nur *eine* (in geringem Maße von der Temperatur abhängige) Trocknungsverlaufskurve haben, die mit der Knickpunktkurve identisch ist. Die beim jeweiligen Feuchtegrad X_m/X_0 erzielbare Trocknungsgeschwindigkeit ist der Gutsdicke s umgekehrt proportional. Damit wächst gemäß Gl. (7.17) die Trocknungszeit mit dem Quadrat der Dicke. Eine Erhöhung der Trocknungsgeschwindigkeit durch Erhöhung der Luftgeschwindigkeit ist bei solchen Gütern nicht — oder nur in sehr beschränktem Ausmaß — möglich. Es ist anzunehmen, daß Leim, Gelatine usw. im Charakteristischen das gleiche Verhalten zeigen (s. Abschn. 7.3.1.10).

7.3.1.6. Holz

Über die für die Trocknung von Holz (s. [7.27]) maßgeblichen physikalischen Gesetzmäßigkeiten liegen einige experimentelle Untersuchungen vor, die einen Einblick in die Vorgänge bei der Trocknung gestatten. Aus den Untersuchungen Kameis [7.20], die in Bild 7.39 zusammenfassend dargestellt sind, ergibt sich, daß es manchmal (z.B. bei Kiefernholz [7.34] unter gleichbleibenden äußeren Bedingungen einen kleinen ersten Abschnitt konstanter Trocknungegeschwindigkeit. gibt; manchmal (z.B. bei Zypressenholz) wird dieser Abschnitt nicht beobachtet.

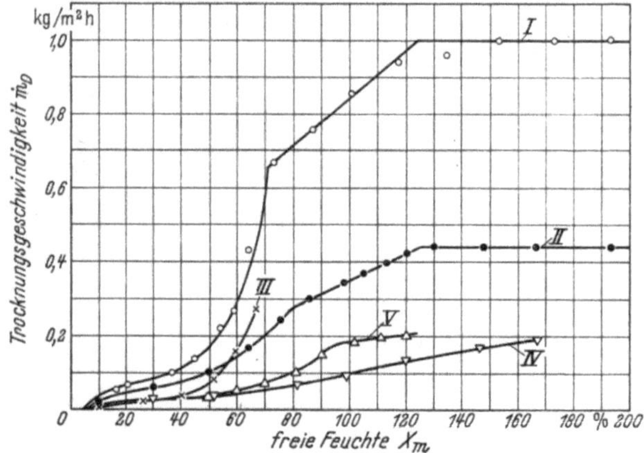

Bild 7.39. Trocknungsgeschwindigkeit in Abhängigkeit vom Wassergehalt für Kiefern- und Zypressenholz (nach Kamei).

	Kurve	rel. Luftfeuchtigkeit	Luftgeschwindigkeit	Lufttemperatur
Kiefernholz	I	40 [%]	6,14 [m/sek]	40 [°C]
Kiefernholz	II	40 [%]	0,63 [m/sek]	40 [°C]
Zypressenholz	III	20 [%]	1,42 [m/sek]	30 [°C]
Zypressenholz	IV	60 [%]	1,42 [m/sek]	30 [°C]
Zypressenholz	V	60 [%]	1,42 [m/sek]	40 [°C]

Im Gegensatz aber zu den Verhältnissen bei der Seifentrocknung, bei der keine Variation der äußeren Bedingungen von entscheidendem Einfluß auf die Trocknungsgeschwindigkeit ist, zeigt sich bei Holz eine sehr bedeutende Abhängigkeit von der Temperatur und der relativen Feuchtigkeit des Trockenmittels. Dies deutet darauf hin, daß die Dampfdiffusion im Gutsinneren entscheidenden Anteil an der gesamten Bewegung hat.

Analyse der Einzelvorgänge. Eine eingehende Analyse der Vorgänge wurde in einer Untersuchung von H. Schauss vorgenommen. Der Grundgedanke dieser Untersuchung [7.55] war folgender (vgl. Abschn. 6.2.2.).

Durch den Querschnitt eines Gutes, in dem sowohl kapillare Bewegung als auch Dampfdiffusion möglich ist, gilt für die gesamte je Zeiteinheit bewegte Feuchte nach Gl. (6.13):

$$\dot{m} = \dot{m}_\mathrm{D} + \dot{m}_\mathrm{W} = -f\left(\frac{\delta}{\mu}\,\frac{1}{R_\mathrm{D}T}\,\frac{P}{P-P_\mathrm{D}}\,\frac{\mathrm{d}P_\mathrm{D}}{\mathrm{d}z} + \varkappa\,\varrho_\mathrm{S}\,\frac{\mathrm{d}X}{\mathrm{d}z}\right). \qquad (7.18)$$

Darin sind Diffusionswiderstandsfaktor μ und kapillare Leitfähigkeit $\varkappa$ diejenigen Stoffeigenschaften, die durch Experimente bestimmt werden sollten. Im hygroskopischen Bereich sind Dampfdruck P_D und Flüssigkeitsgehalt des Holzes eindeutig durch die Sorptionsisotherme miteinander verknüpft (s. Bild 3.10). Durch Beobachtung der Trocknung allein, bei der die Bewegung in der flüssigen und der dampfförmigen Phase immer in gleicher Weise gekuppelt sind, wäre es außerordentlich schwierig und zeitraubend, beide Einflußgrößen getrennt zu ermitteln.

Bei Betrachtung der Gl. (7.18) zeigt sich jedoch ein anderer Weg: Zwingt man einer dampfdicht abgeschlossenen Probe ein Temperaturgefälle auf, so muß auf Grund der in den Poren stattfindenden Diffusion eine Anreicherung der Feuchte an der kalten Seite stattfinden unter gleichzeitiger Feuchtigkeitsabgabe der warmen Seite. Ist eine reine kapillare Feuchtigkeitsleitung nach Gl. (5.78) im Gut möglich, so muß auf Grund des Feuchtigkeitsgefälles ein kapillarer Rücktransport nach der warmen Seite hin stattfinden. Im Beharrungszustand wird die insgesamt bewegte Feuchtigkeitsmenge $\dot{m} = \dot{m}_\mathrm{W} + \dot{m}_\mathrm{D} = 0$. Es folgt aus Gl. (7.18):

$$-\varkappa\varrho_\mathrm{S}\,\frac{\mathrm{d}X}{\mathrm{d}z} = +\frac{\delta}{\mu}\,\frac{1}{R_\mathrm{D}T}\,\frac{P}{P-P_\mathrm{D}}\,\frac{\mathrm{d}P_\mathrm{D}}{\mathrm{d}z}$$

oder:

$$\mu\varkappa = -\frac{\delta}{R_\mathrm{D}T}\,\frac{P}{P-P_\mathrm{D}}\,\frac{1}{\varrho_\mathrm{S}}\,\frac{\dfrac{\mathrm{d}P_\mathrm{D}}{\mathrm{d}z}}{\dfrac{\mathrm{d}X}{\mathrm{d}z}}. \qquad (7.19)$$

Durch Feststellung der Feuchtigkeitsverteilung und des Temperaturverlaufes in der Probe ist es also möglich, das Produkt $\mu\varkappa$ zu ermitteln[1]. Erforderlich ist lediglich noch die Kenntnis der Abhängigkeit des Dampfdruckes P_D von der Temperatur ϑ und der Feuchtigkeit X des Holzes (Sorptionsisotherme).

Ist $\mu\varkappa$ ermittelt, so kann die für jedes Zeitelement $\mathrm{d}t$ des unter konstanter Temperatur ϑ verlaufenden Trocknungsvorganges anzusetzende Gl. (7.18) geschrieben werden:

$$\dot{m} = -f\varkappa\left[1 + \frac{\delta}{\mu\varkappa}\,\frac{1}{R_\mathrm{D}T}\,\frac{P}{P-P_\mathrm{D}}\left(\frac{\mathrm{d}P_\mathrm{D}}{\mathrm{d}X}\right)_{\vartheta=\mathrm{const}}\right]\frac{\mathrm{d}X}{\mathrm{d}z}. \qquad (7.20)$$

---

[1] In dem Ansatz der Gl. (7.19) wird von zwei Erscheinungen abgesehen, die beim Herstellen des Temperaturunterschiedes in einem feuchten Gut auftreten:

1. Dem Ludwig-Soret-Effekt, wonach bei Temperaturungleichheit bei einem Gasgemisch (hier in den Poren) im Beharrungszustand Teildruckunterschiede auftreten können, die eine Dampfdiffusion bedingen. Auf die qualitativen Ergebnisse kann dieser Effekt keinen Einfluß haben.

2. Die Abhängigkeit der Oberflächenspannung des kapillaren Wassers von der Temperatur bewirkt Zugunterschiede im Kapillaren gleicher Weite. Damit ist die oben eingeführte Zuordnung des kapillaren Zuges zu einem bestimmten Feuchtigkeitsgehalt nicht mehr eindeutig, so daß $\mathrm{d}X/\mathrm{d}z$ nicht mehr allein als Ursache der kapillaren Wasserbewegung angesehen werden kann. Bei den später mitgeteilten Versuchen waren jedoch die hergestellten Temperaturunterschiede so klein, daß die Änderung der Oberflächenspannung nur rund 7% betrug.

Kennt man nun aus dem Trocknungsverlauf für jede Stelle z zu jedem Zeitpunkt t die durch den Querschnitt fließende Feuchtemenge $\dot{m}$, den Flüssigkeitsgehalt X und die Temperatur ϑ, so kann $\varkappa$ für den ganzen Trocknungsverlauf eindeutig bestimmt werden und in Zusammenhang mit Gl. (7.19) auch μ.

Ausgehend von diesen Überlegungen wurden zwei Gruppen von Versuchen mit gleichem Holz (Buche radial) durchgeführt:

Versuche zur Bestimmung des Produktes $\mu\varkappa$. In dampfdicht durch Gummi und Stanniol gegen die Umgebung verschlossenen zylindrischen Proben wurde an den Stirnseiten durch wasserdurchflossene Heiz- und Kühlplatten ein Temperaturgefälle hergestellt. Der Temperaturverlauf ϑ wurde durch Thermoelemente gemessen, der Verlauf des Flüssigkeitsgehaltes X durch Darren der in kleine Stücke nach Erreichen des Beharrungszustandes gespaltenen Proben. Aus ϑ und X wurde mit Hilfe der Sorptionsisothermen (Bild 3.10) der Dampfdruckverlauf P_D über der Probenlänge bestimmt. Bild 7.40 zeigt das Ergebnis (X, ϑ, P_D) eines solchen Versuches zugleich mit dem Resultat der Auswertung $\mu\varkappa$ nach Gl. (7.19).

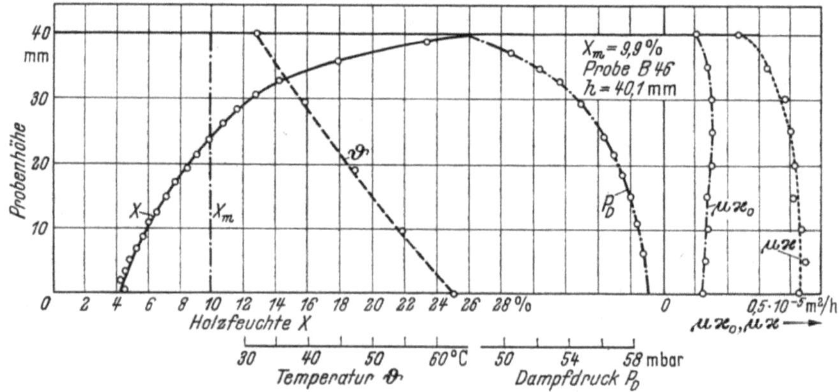

Bild 7.40. Zur Bestimmung des Produkts $\mu \cdot \varkappa$ nach Gl. (7.19) für Buchenholz (radial)

Versuche zur Bestimmung von μ und $\varkappa$. Die Trocknung zahlreicher gleichartiger Versuchsproben unter gleichbleibenden äußeren Bedingungen ergab den für die Holzart charakteristischen Verlauf des Flüssigkeitsgehaltes während der Trocknung durch Darren der in kleine Scheiben zerteilten Proben. Bild 7.41 zeigt das Ergebnis der Messungen. Dabei ist der Verlauf des Flüssigkeitsgehaltes aufgetragen für Feuchtegrade X_m/X_0, die jeweils um eine Zehntel auseinander liegen, so daß zwischen je zwei aufeinanderfolgenden Kurven insgesamt die gleiche Wassermenge abgegeben war. Die Feststellung der Gewichtsabnahme beim Trocknen ergab die Trocknungsgeschwindigkeit $\dot{m}_{\text{Oberfl}}$ und die gesamte Trocknungszeit t_{ges}. Bild 7.42 zeigt das Ergebnis einer Versuchsreihe bei 30 °C Lufttemperatur und 28,5 % relativer Feuchtigkeit (zugehörig zu den Feuchteverlaufskurven in Bild 7.41). Aus den Kurven in Bild 7.41 in Zusammenhang mit Bild 7.42 läßt sich entnehmen, welche Flüssigkeitsmenge $\dot{m}$ zu bestimmter Zeit t bzw. bei bestimmtem Feuchtegrad X_m/X_0 durch eine Ebene an der Stelle z der Probe in Form von Dampf oder von Flüssigkeit fließt. Zum Beispiel fließt in der Zeit $\Delta t_{0,2}^{0,3}$, in der die Trocknung von

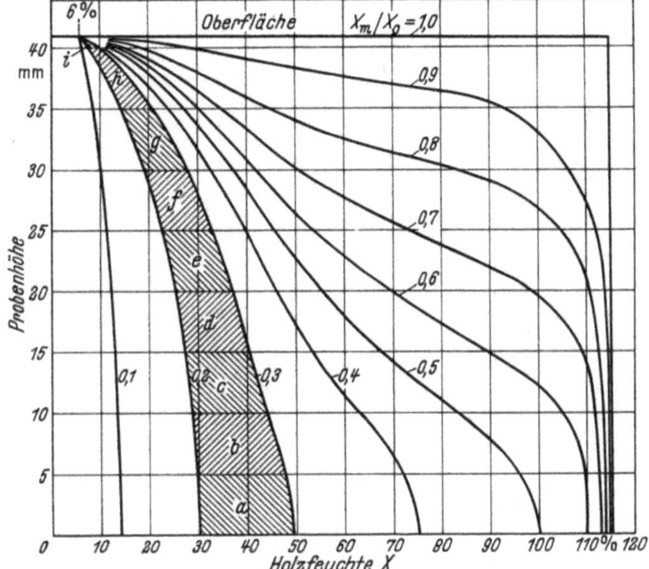

Bild 7.41. Abhängigkeit der Feuchtigkeit X vom Ort z für verschiedene Trockengrade X_m/X_0 (Trocknung bei 30 °C).

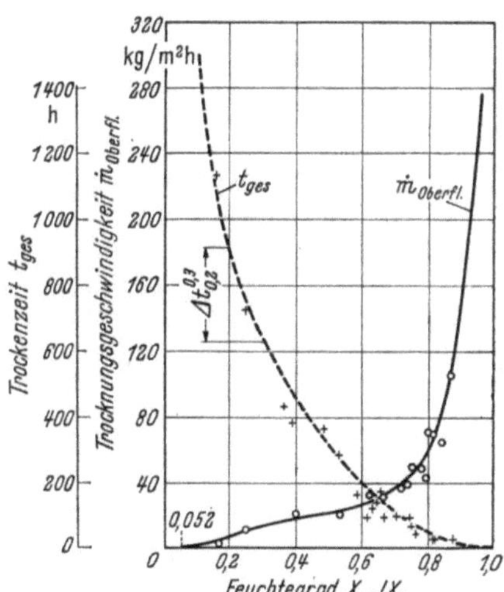

Bild 7.42. Abhängigkeit der Trocknungsgeschwindigkeit g_{Oberfl} und der Trockenzeit t vom Feuchtegrad X_m/X_0.

$X_m/X_0 = 0{,}3$ auf $X_m/X_0 = 0{,}2$ erfolgt (siehe Bild 7.42), durch eine Ebene in 10 mm Höhe eine Flüssigkeitsmenge, welche der Summe der Flächen a und b in Bild 7.41 proportional ist. Auf diese Weise kann der örtliche Feuchtestrom $\dot{m}$ an jeder Stelle im Verlauf der Zeit ermittelt werden (s. Bild 7.43). Bei Kenntnis des Produktes $\mu\varkappa$ kann unter Benutzung der Werte $\dot{m}$ nach Bild 7.43 die kapillare Leitfähigkeit $\varkappa$ nach Gl. (7.20) unter Benutzung von Bild 7.41 berechnet werden. In Bild 7.44 ist die auf 0 °C reduzierte kapillare Leitfähigkeit $\varkappa_{0°}$ aufgetragen, die sich aus derjenigen bei der Temperatur ϑ entsprechend Gl. (5.103) ergibt:

$$\varkappa_{0°} = \varkappa \frac{\sigma_0}{\sigma} \frac{\eta}{\eta_0}.$$

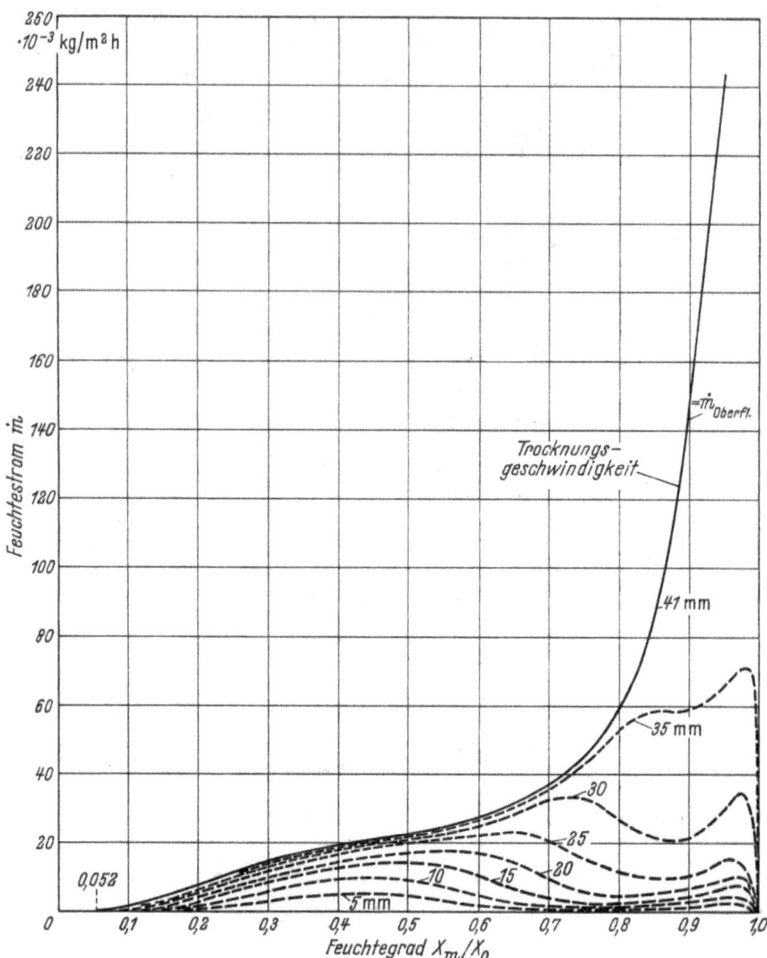

Bild 7.43. Feuchtestrom durch verschiedene Ebenen der Proben bei verschiedenen Feuchtegraden (Trocknung bei 30 °C, $\varphi = 28,5\,\%$, $w = 0,1$ m/sek).

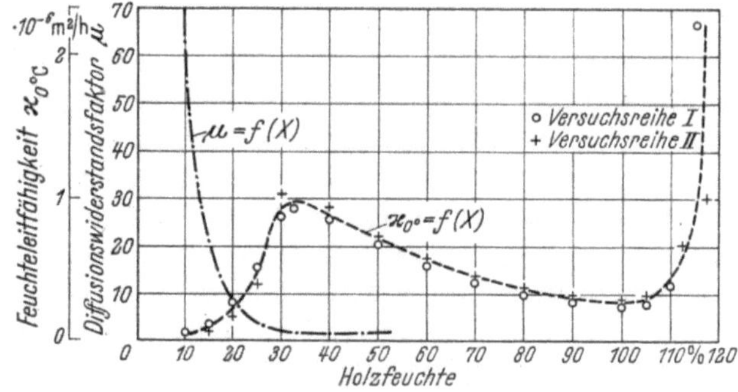

Bild 7.44. Abhängigkeit der Feuchteleitfähigkeit $\varkappa_{0°}$ und des Diffusionswiderstandsfaktors μ von der Feuchtigkeit X.

Es zeigte sich bei zwei Versuchsreihen mit 30 und 50 °C sehr gute Übereinstimmung der Werte $\varkappa_{0°}$. Die Größe μ läßt sich bei Kenntnis von $\varkappa$ und $\mu\varkappa$ berechnen aus $\mu = \mu\varkappa/\varkappa$. Die Ergebnisse der beiden Versuchsreihen sind ebenfalls in Bild 7.44 eingetragen.

Man sieht aus Bild 7.44 folgendes:

1. Die kapillare Leitfähigkeit $\varkappa_{0°}$ ist sehr stark von der Höhe der Feuchte abhängig. Sie zeigt beim Fasersättigungspunkt — d.h. demjenigen Flüssigkeitsgehalt, bei dem das feinporige (hygroskopische) Porensystem der Zellfasern ganz wassergefüllt ist — ein Maximum. Unterhalb der Fasersättigung nimmt sie sehr schnell ab, oberhalb wird sie zunächst etwas kleiner und steigt bei hohen Flüssigkeiten wieder auf sehr hohe Werte an.

2. Der Diffusionswiderstandsfaktor μ, der sich als eindeutige Funktion des Flüssigkeitsgehaltes erweist, ist bei höherem Feuchtegehalt als etwa 28 % (entsprechend Fasersättigung) etwa 2, unterhalb Fasersättigung nimmt er sehr schnell zu und erreicht bei $X = 10\%$ einen Wert von über 70. Das Schwinden der Holzfasern im hygroskopischen Bereich bedingt also ein starkes Anwachsen des Diffusionswiderstandes.

Anteil von Dampfdiffusion und Kapillarwasserbewegung. Bei Kenntnis dieser wesentlichen Stoffeigenschaften μ und $\varkappa$ ist es möglich, die gesamte durch einen Querschnitt fließende Menge aufzuteilen in einen Strom $\dot{m}_D$ durch Dampfdiffusion und einen Strom $\dot{m}_W$ in flüssiger Form bewegten Anteil. Bild 7.45 zeigt das Ergeb-

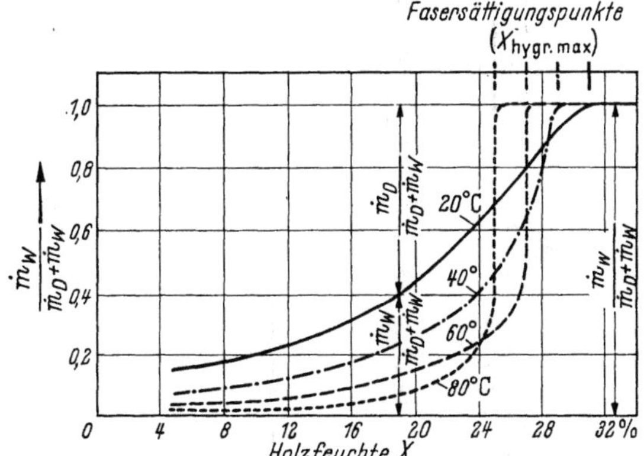

Bild 7.45. Anteil der durch Diffusion und Kapillarkräfte bewegten Feuchtigkeitsmenge bei konstanter Temperatur.

nis für das untersuchte Buchenholz (radial) in Abhängigkeit von Feuchte und Temperatur unter Annahme konstanter Temperatur. Man erkennt aus Bild 7.45, in der die Anteile für 20, 40, 60 und 80 °C angegeben sind, daß im hygroskopischen Bereich (bei Unterschreiten der Fasersättigung — $X_{hygr\,max}$ zwischen 25 und 30 %) der Anteil der Dampfdiffusion um so mehr überwiegt, je höher die Temperatur ist. Bei 80 °C und 16 % Holzfeuchtigkeit beträgt der Anteil der kapillaren Bewegung nur etwa 4 % der Gesamtmenge, so daß für solche Temperaturen der Trocknungsvorgang unterhalb Fasersättigung praktisch nur durch Anwendung des Stefanschen Diffusionsgesetzes [Gl. (5.31)] beschrieben werden kann. Bei niederen Temperaturen ist dies nicht gleicherweise erlaubt, da z.B. bei 20 °C und 16 % Holzfeuchtigkeit der Anteil der kapillaren Bewegung immerhin etwa 30% beträgt. Oberhalb Fasersättigung ist selbstverständlich bei Temperaturgleichheit wegen der Konstanz des Dampfdruckes (P_D'') nur kapillare Bewegung möglich.

7.3.1.7. Kartoffelscheiben

Über das Trocknungsverhalten von Kartoffelscheiben liegt eine eingehende Untersuchung von P. Görling [7.13] vor, bei der (ähnlich den Messungen von Schauss an Holz) einerseits der Trocknungsverlauf mittels Wägung bestimmt wurde, andererseits die Feuchteverteilung im Gut durch Aufteilung der Stücke in dünne Scheiben.

Im Bereich hoher Feuchten ist in Kartoffelstücken nur feste Substanz und Saft vorhanden. Denn die Beobachtung des Volumens in Abhängigkeit vom Flüssigkeitsgehalt lehrt, daß beim Trocknen die Abnahme des Gesamtvolumens gleich dem Volumen der verdunsteten Flüssigkeit ist. In diesem Feuchtigkeitsbereich ist also nur kapillare Flüssigkeitsbewegung möglich (keine Dampfdiffusion). Bei Flüssigkeitsgehalten X unter etwa 0,15 kg/kg Trockenstoff hört die dem Feuchteentzug gleiche Schwindung auf; der Stoff wird näherungsweise starr. Es entstehen zunehmend luftgefüllte Poren, in denen Dampfdiffusion möglich ist.

Die Beobachtungen Görlings an sehr vielen Proben zeigen als charakteristischen Trocknungsverlauf den in Bild 7.46 dargestellten. Zwischen drei zur Abszisse konvexen Kuvrenästen treten zwei Knickpunkte auf, die drei Abschnitte der Trocknung scharf abgrenzen. Im ersten Abschnitt, in dem $\dot{m}_D$ nahezu konstant ist[1], ändert sich das Produkt $\dot{m}_D \cdot s$ im wesentlichen mit der durch Schrumpfung kleiner werdenden Gutsdicke s; im zweiten Abschnitt sinkt die Trocknungsgeschwindigkeit auf etwa ein Fünftel bis ein Zehntel der für diesen Abschnitt anfänglichen. Im dritten Abschnitt sinkt sie auf Null.

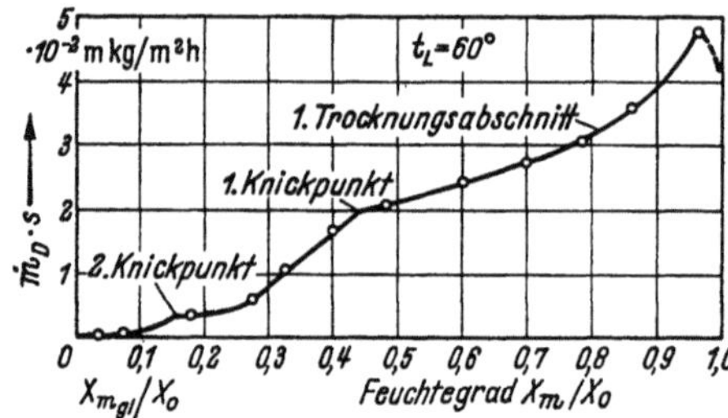

Bild 7.46. Trocknungsverlauf bei einer Kartoffelprobe bei 60 °C.

Görling weist folgendes nach:

1. Der erste Knickpunkt ist allein durch die kapillaren Eigenschaften des Gutes bedingt. Denn alle Knickpunkte bei Gutstemperaturen zwischen 29 und 84 °C liegen auf Knickpunktkurven, die durch Multiplikation einer Grundkurve für bestimmte Temperatur (Index 0) mit dem für Kapillarwasserbewegung maßgeblichen Faktor $\sigma\eta_0/\sigma_0\eta$ entstanden sind. (Die Abhängigkeit der Zähigkeit η und der Oberflächenspannung σ für Kartoffelsaft von der Temperatur und der

---

[1] Die Trocknungsgeschwindigkeit ist immer unter Berücksichtigung der Schwindung angegeben.

Konzentration wurde experimentell bestimmt.) Bild 7.47 zeigt den Verlauf der Trocknungskurven in der Nähe des ersten Knickpunktes. Die für verschiedene Temperaturen gültigen (aus einer Grundkurve berechneten) Knickpunktkurven sind in Bild 7.47 strichpunktiert angedeutet. Man erkennt, daß alle bei den verschiedenen Temperaturen gemessenen Knickpunkte auf die zur jeweiligen Temperatur und Konzentration gehörige Kurve fallen.

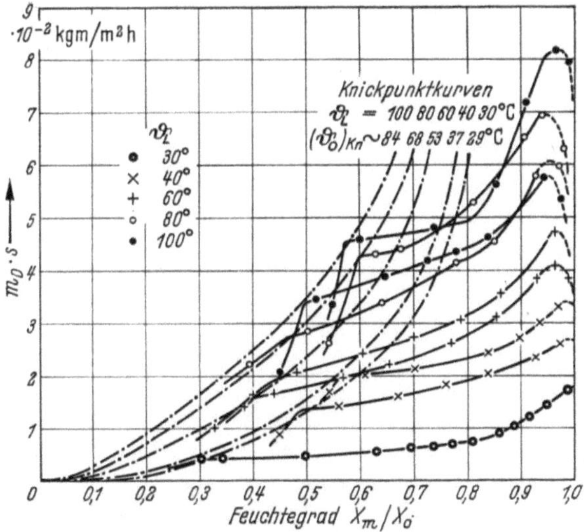

Bild 7.47. Trocknungsverlaufskurven bei verschiedenen Temperaturen und Proben verschiedener Dicke, Knickpunktskurven für verschiedene Temperaturen.

2. Der zweite Abschnitt der Trocknung, während dessen in tieferen Schichten des Gutes noch eine so große Feuchtigkeit vorhanden ist, daß dort der zur Temperatur gehörige Sattdampfdruck herrscht, zeigt einen Verlauf, der einer scheinbaren endlichen Endtrocknungsgeschwindigkeit $\dot{m}'_{DE}$ (bei der Feuchte Null) zustrebt, wie es aus der gestrichelten Fortsetzung der Meßkurven in Bild 7.48 hervorgeht. Görling berechnet aus den so gewonnenen Werten $\dot{m}'_{DE}$ Diffusionswiderstandsfaktoren μ entsprechend Gl. (7.11), die eine starke Abhängigkeit vom Feuchtegehalt zeigen (Bild 7.49).

Der Trocknungsverlauf im 2. Abschnitt liegt teilweise unterhalb der Knickpunktskurve. Dies ist nach den vorstehenden Betrachtungen (s. Abschn. 7.1.2.3) nicht möglich und hier nur dadurch zu erklären, daß mit steigender Gutstemperatur im 2. Abschnitt Verkleisterungen der Oberfläche auftreten, die zu einer starken Erhöhung des Diffusionswiderstandes führen.

3. Der zweite Knickpunkt tritt dann auf, wenn keine Stelle des Gutes mehr eine oberhalb des hygroskopischen Bereiches liegende Feuchte hat. Görlings Untersuchungen bestätigen die in Abschnitt 8.4. begründete Annahme, daß diese Knickpunkte etwa bei mittleren Feuchtigkeitsgehalten

$$X_{Kn,2} = \frac{X_{hygrmax} + X_{gl}}{2}$$

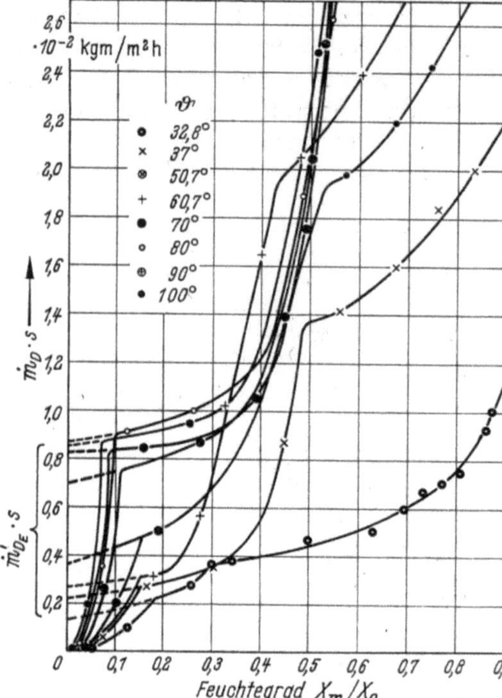

Bild 7.48. Letzter Teil der Trocknungsverlaufskurven.

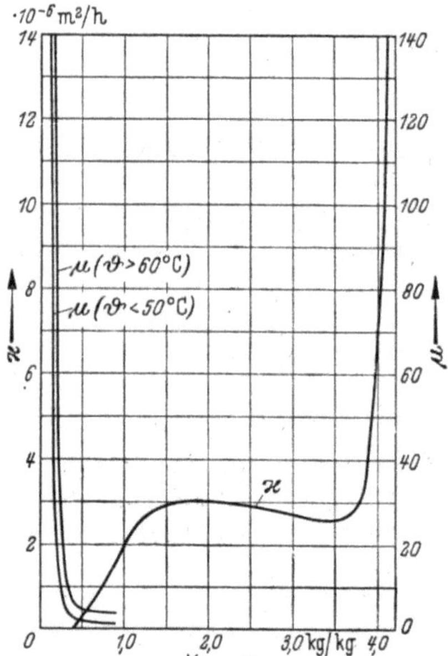

Bild 7.49. Feuchtigkeitsleitzahl $\varkappa$ und Diffusionswiderstandsfaktor μ in Abhängigkeit von der Feuchtigkeit X für Kartoffelscheiben.

auftreten, wobei X_{hygrmax} und X_{gl} aus den Sorptionsisothermen (Bild 3.11) zu entnehmen sind (X_{hygrmax} bei $P_{\text{D}}/P_{\text{D}}'' = 1$ für die jeweilige Temperatur, X_{gl} bei der relativen Feuchtigkeit der Trocknungsluft). Im dritten Abschnitt fällt die Trocknungsgeschwindigkeit stärker als linear mit dem Feuchtegehalt. Dies liegt an dem starken Anstieg des Diffusionswiderstandsfaktors bei kleiner werdender Feuchtigkeit.

4. Die während der Trocknung festgestellten Feuchteverteilungen zeigen denselben charakteristischen Verlauf wie bei Holz (Bild 7.41); ebenso ist die Abhängigkeit sowohl der kapillaren Leitfähigkeit als auch des Diffusionswiderstandsfaktors von der Gutsfeuchtigkeit ähnlich wie bei Holz. Bild 7.49 zeigt die zahlenmäßigen Ergebnisse. Für den Diffusionswiderstandsfaktor wurden zwei verschiedene Kurven gefunden, eine untere für Proben, die niemals höheren Temperaturen ausgesetzt waren als 50 °C, und eine obere für diejenigen Proben, die auf höhere Temperaturen als 60 °C gebracht waren. Man muß daraus auf Verkleisterungserscheinungen schließen, die zwischen 50 und 60 °C eintreten.

Außer den Trocknungsversuchen wurden von Görling Versuche über die Diffusion im Temperaturgleichgewicht sowie über die Kapillarwasserbewegung in gepreßten Proben nach Art der Versuche von Macey [7.37] durchgeführt, welche die aus den Trocknungsversuchen gewonnenen Werte durchaus bestätigen.

7.3.1.8. Getreide

Im Gegensatz zu den bisher besprochenen Gütern von einheitlicher Struktur besteht Getreide im wesentlichen aus zwei Stoffen in ungleicher Mengenverteilung: einer dünnen, holzigen Schale und einem Innenkern aus Stärkekörnern.

Es liegen einige Versuche zur Aufklärung des Transportmechanismus in den Körnern vor, die teils an Weizenschüttungen [7.44, 7.31], teils an Weizen- und Roggeneinzelkornschichten [7.8, 7.15] durchgeführt worden sind.

Aus dem umfangreichen Untersuchungsmaterial sollen hier nur die charakteristischen Befunde wiedergegeben werden, die zur Klärung des Trocknungsverhaltens von Getreide dienen.

Bild 7.50 zeigt die Ergebnisse nach Jaeschke [7.15] an durchströmten Einzelschichten von Weizenkörnern unter verschiedenen äußeren Versuchsbedingungen, wobei die Körner nach der Trockengewichtsbestimmung bei etwa 65 °C[1] im Wasserbad 85 Stunden bis zur Gewichtskonstanz befeuchtet wurden.

In Bild 7.50 ist die Wasserverdunstung $\dot{m}_D$ in kg/kgh über der mittleren Gutsfeuchtigkeit X_m aufgetragen. Durch Bezugnahme auf eine sich nicht ändernde Größe — das Trockengewicht — ist die Ungenauigkeit in der Bestimmung der Oberfläche bei der sonst üblichen Auftragung der Trocknungsgeschwindigkeit in kg/m²h ausgeschieden. Das Bild zeigt den gewohnten Trocknungsverlauf mit den drei Trocknungsabschnitten, bei dem jedoch entscheidende Eigentümlichkeiten augenfällig sind: sehr kurzer erster Abschnitt, steiler Abfall bei Beginn des zweiten Abschnitts und ein langer, flacher zweiter Abschnitt bis zum zweiten Knickpunkt. Ebenfalls bemerkt man einen nichtlinearen Abfall der Trocknungsgeschwindigkeit im dritten Trocknungsabschnitt. Es ist weiter zu erkennen, daß der Einfluß der Luftgeschwindigkeit sich nur zu Anfang der Trocknung auswirkt. Schon bei hohen X_m-Werten wird bei allen Geschwindigkeiten bei gleicher Lufttemperatur ein und dieselbe Trocknungsverlaufskurve, die zur Abkürzung hier „Grundkurve" genannt sei, erreicht.

---

[1] Von der sonst üblichen Trockengewichtsbestimmung bei über 100 °C wurde hier abgesehen, da bei solch hohen Temperaturen das Gut empfindlich geschädigt wird.

Dieser eigentümliche Verlauf der Trocknung erklärt sich durch den Aufbau des Korns. Zu Beginn der Trocknung ist die Oberfläche feucht, so daß eine Verdunstung an ihr stattfinden kann. Der Abschnitt der Oberflächenverdunstung — erster Trocknungsabschnitt — ist kurz, weil die zwar kurzen, aber sehr feinen Porenschlote der dünnen Schale nicht genügend Wasser an die Oberfläche saugen können. Die Randschicht, d.h. die Schale, trocknet bei noch sehr hoher mittlerer Feuchtigkeit X_m des gesamten Gutes aus und setzt dann der Feuchtigkeitsbewegung einen großen Widerstand entgegen. Man erkennt dies an dem steilen Abfall zu Beginn des zweiten Abschnittes.

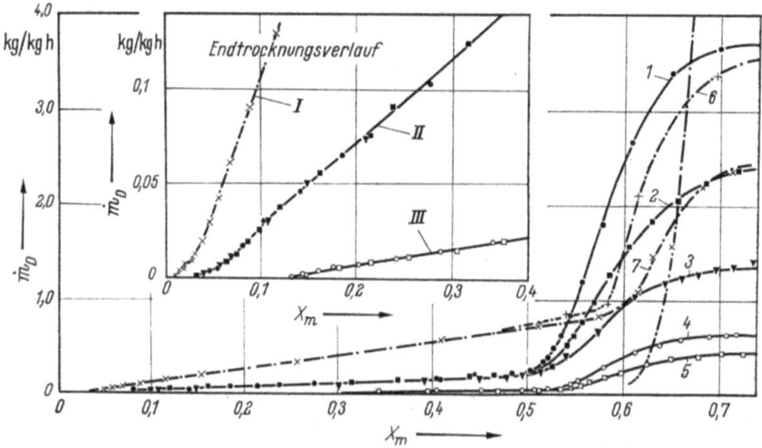

Bild 7.50. Trocknungsverlauf von Weizen bei verschiedenen Trocknungsbedingungen (nach [7.15]).
Versuchsbedingungen:
Kurven 6 ($w_0 = 0,54$ m/sek) und 7 ($w_0 = 0,3$ m/sek): $\vartheta_L = 62,4\,°C$; $\varphi_L = 0,076$. Kurven 1 ($w_0 = 1,38$ m/sek), 2 ($w_0 = 0,5$ m/sek) und 3 ($w_0 = 0,26$ m/sek): $\vartheta_L = 40\,°C$; $\varphi_L = 0,245$.
Kurven 4 [7.31] ($w_0 = 1,38$ m/sek) und 5 ($w_0 = 0,5$ m/sek): $\vartheta_L = 20,4\,°C$; $\varphi_L = 0,745$.

Bestätigt wird diese Annahme durch einen Versuch mit häufig unterbrochener Trocknung (s. Bild 7.51). Nach Beginn der Trocknung bei X_{0max} wurde die Trocknung bei X_{m1} unterbrochen und das Gut in ein abgeschlossenes Volumen eingebracht, wo sich die noch enthaltene Feuchtigkeit während 25 bis 40 Stunden im Gut ausgleichen konnte. Dann wurde die Trocknung bei X_{m1} wieder aufgenommen und bei X_{m2} erneut unterbrochen usw.

Bild 7.51 zeigt das Ergebnis des Versuchs: Die Trocknung beginnt wieder mit dem kurzen ersten Abschnitt und dem steilen Abfall im beginnenden zweiten Abschnitt. Nach der Unterbrechung bei X_{m1} — also einer hohen mittleren Feuchtigkeit — beginnt die Trocknung erneut mit einem höheren Anfangsentzug und fällt dann sehr steil wieder ab auf die „Grundkurve" der ungestörten Trocknung. Bei den folgenden Unterbrechungen bei immer kleiner werdenden Gutsfeuchtigkeiten X_m steigt zwar der Entzug bei Wiederbeginn an, jedoch um so weniger, bei je niedrigerer Feuchtigkeit X_m die Trocknung unterbrochen wurde.

Die Erklärung für das Verhalten liegt nahe: Bei der Unterbrechung im Bereich hoher mittlerer Gutsfeuchtigkeiten X_m kann sich im Laufe des Ausgleichs die

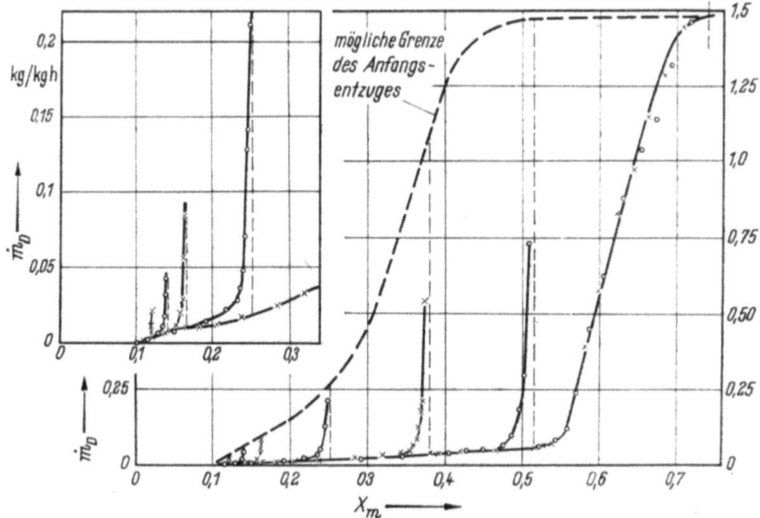

Bild 7.51. Einfluß der Anfangsfeuchtigkeit X_0 auf den Trocknungsverlauf von Weizen. $\vartheta_L = 20,4\,°C$; $\varphi_L = 0,562$; $w_0 = 0,5$ m/sek (nach [7.15]).

Schale wieder vollsaugen und der Wiederbeginn der Trocknung liefert einen höheren Entzug. Je kleiner X_m bei der Unterbrechung ist, um so weniger kann sich die Schale bei Ausgleich befeuchten und um so geringer ist dann der Entzug bei Wiederbeginn.

Der bei unterbrochener Trocknung ermittelte Verlauf kann auch betrachtet werden als Verlauf bei jeweils verschiedener Anfangsfeuchtigkeit X_0. Dies wird bestätigt durch die Untersuchungen von Dietrich [7.8], aus dessen Arbeit Bild 7.52 entnommen ist, die mit künstlich befeuchtetem Weizen gewonnen wurde. Auch eine Untersuchung Müllers [7.44] zeigt die gleiche Charakteristik für naturfeuchten Weizen.

Auch gekeimter Weizen folgt nach Beendigung der Oberflächenverdunstung bei $X_m \approx 0,5$ der Grundkurve, die allein durch die Diffusionsgegebenheiten der Randschicht bedingt ist.

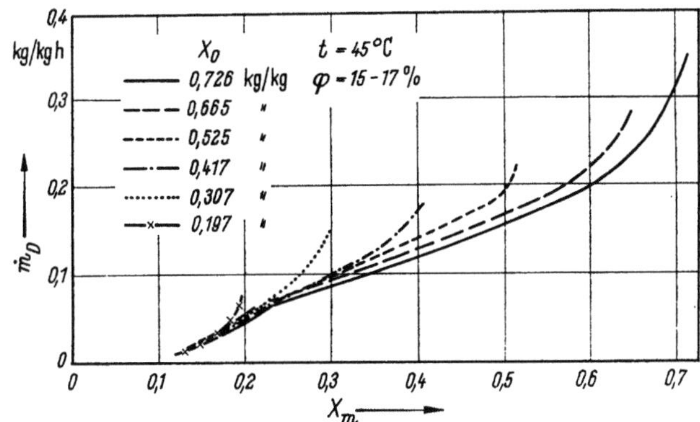

Bild 7.52. Einfluß der Anfangsfeuchte X_0 auf den Trocknungsverlauf (nach Dietrich [7.8]).

Die Tatsache, daß der entscheidende Widerstand bei der Getreidetrocknung in dem Dampfdiffusionswiderstand der Schale und der äußersten Randschichten des Korns zu suchen ist, geht auch aus der Temperaturabhängigkeit der Trocknungsgeschwindigkeit hervor. Bild 7.53 zeigt Meßergebnisse Dietrichs [7.8] bei verschiedenen Lufttemperaturen. Da die Kurven $\dot{m}_D = f(\vartheta)$ unterhalb 60 °C allein proportional der Dampfdruckdifferenz sind, ist damit bewiesen, daß der Widerstand nur in der Schale und den benachbarten Schichten zu suchen ist.

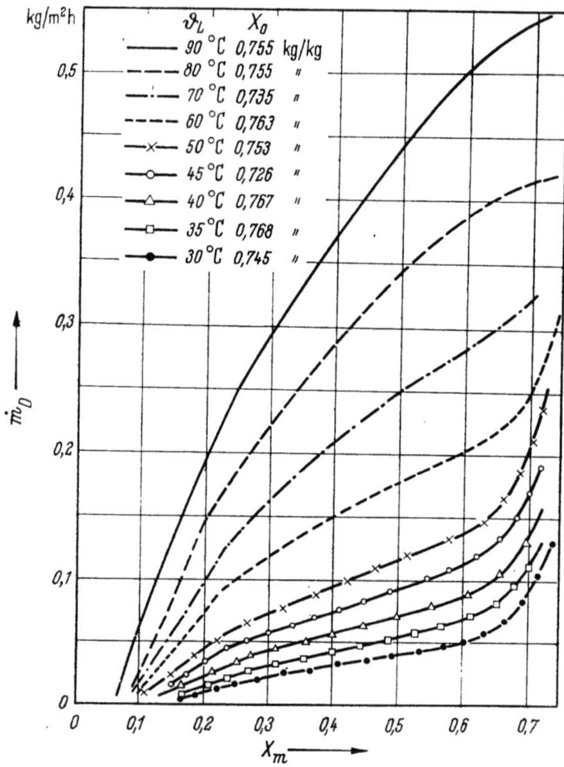

Bild 7.53. Der Einfluß der Lufttemperatur auf die Trocknungsgeschwindigkeit von angefeuchtetem Weizen bei hohem Anfangsfeuchtigkeitsgehalt. Luftgeschwindigkeit $w_L = 0,02 \div 0,05$ [m/sek].

7.3.1.9. Trocknung von Gütern mit verkrustenden Oberflächen

Bei der Trocknung von Getreidekörnern (Abschn. 7.3.1.8.) war der Trocknungsverlauf eines Stoffes analysiert worden, der von Natur aus eine äußere Schale mit höherem Diffusionswiderstand besitzt. Bei einer Reihe von Stoffen bilden sich während der Trocknung den Schalen analoge Krusten infolge von Verfestigungen der anfangs nur lose miteinander verbundenen Partikeln oder durch Kristallisation, Oxydation, Koargulation u. ä. im Porenwasser. Derartige Vorgänge treten z. B. bei einigen Farbstoffen oder Gips auf. Diese Verkrustungen, deren Stärken wieder von den Trocknungsbedingungen abhängen, führen zu charakteristischen Änderungen im Trocknungsverlauf, die an einigen Beispielen aufgezeigt werden sollen.

7.3.1.9.1. Nicht verkrustende unlösliche Farbstoffe

Pigmentfarbstoffe zeigen einen Trocknungsverlauf (Bild 7.54), der den bekannten Zusammenhängen entspricht. Alle drei Trocknungsabschnitte sind deutlich ausgeprägt, eine Schrumpfung und Verkrustung ist nicht aufgetreten.

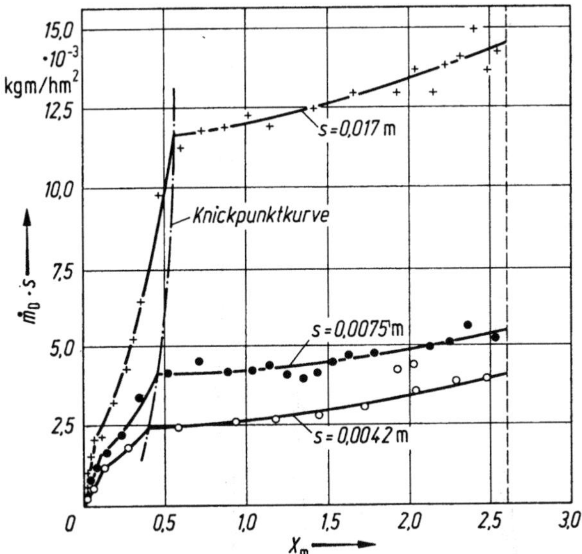

Bild 7.54. Trocknungsverlaufskurven des Pigmentfarbstoffes Violett bei verschiedenen Schichtdicken (Flüssigkeit: Wasser). $\vartheta_L = 60\,°C$; $P_{DL} = 0,022$ bar; $w_L = 4,3$ m/s.

7.3.1.9.2. Verkrustende lösliche Farbstoffe

In Bild 7.55 sind drei Trocknungsverlaufskurven eines löslichen Küpenfarbstoffes bei verschiedenen Schichtdicken aufgetragen [7.16]. Die Formen der Verlaufskurven, die im wesentlichen denjenigen von Getreide gleichen, lassen auf eine starke Verkrustung schließen: nach einem sehr kurzen 1. Abschnitt und einem steilen Abfall zu Beginn des 2. Abschnittes laufen die Kurven bei kleinen Trocknungsgeschwindigkeiten dem 2. Knickpunkt zu. Deutlich läßt sich feststellen, daß die Oberfläche zu einer dünnen etwa 0,1 bis 0,2 mm dicken Haut verkrustet ist. Unter dieser Haut ist die Probe vollkommen feucht. Bei höheren Probendicken reißt die Haut im Laufe der weiteren Austrocknung auf, so daß unter ihr liegende feuchte Teile dem Trocknungsmedium ausgesetzt sind. Demzufolge steigt auch die Trocknungsgeschwindigkeit etwas an, was zu der eigentümlichen buckligen Verlaufskurve führt. Da die Rißbildung willkürlich den Trocknungsverlauf beeinflußt — man sieht das an den Kurven 1 und 2 in Bild 7.55, die unter nahezu gleichen Bedingungen aufgenommen wurden — können nur Trocknungsverlaufskurven solcher Proben zur Ausdeutung über die Art der Feuchtigkeitsbewegung herangezogen werden, deren Oberflächen während des gesamten Prozesses einwandfrei geschlossen bleiben. Es stellte sich heraus, daß bei Probendicken kleiner als 3 mm die Verkrustung nicht aufreißt, d. h. während des gesamten 2. Abschnittes die Kurve im wesentlichen parallel zur Abszisse verläuft (Kurve 3 in Bild 7.55, Schichtdicke 2 mm).

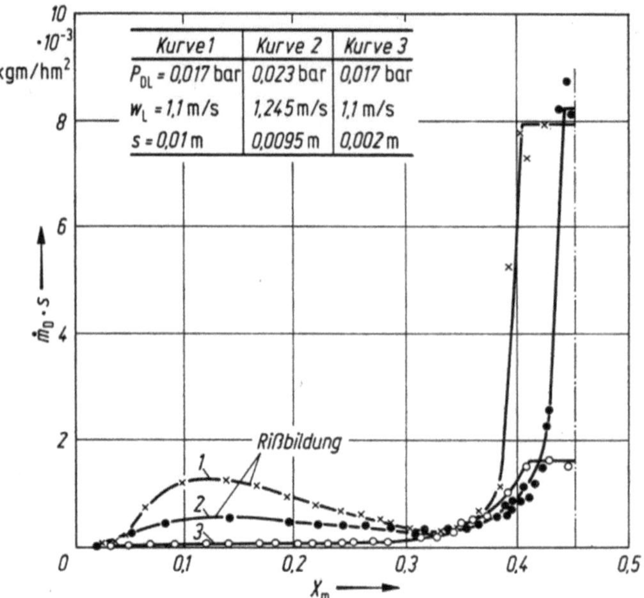

Bild 7.55. Trocknungsverlaufskurven eines löslichen Küpenfarbstoffes bei verschiedenen Schichtdicken. (Flüssigkeit: Wasser). $\vartheta_L = 50\,°C$.

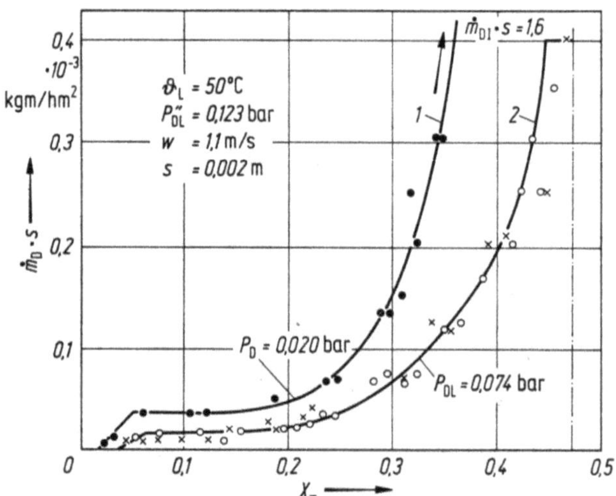

Bild 7.56. Trocknungsverlaufskurven eines löslichen Küpenfarbstoffes bei verschiedenen rel. Luftfeuchtigkeiten φ_L. (Flüssigkeit: Wasser).

Kurve	ΔP_D [bar]	Lufttemp. ϑ_L [°C]	Luftfeuchte φ_L	Luftgeschwindigkeit w_L [m/s]	Schichtdicke s [m]
1	0,103	50	0,16	1,1	0,002
2	0,049	50	0,6	1,1	0,002

In Bild 7.56 sind die Trocknungsverlaufskurven eines löslichen Küpenfarbstoffes bei zwei verschiedenen relativen Luftfeuchtigkeiten φ_L aufgetragen. Entsprechend der Sorptionsisotherme erhält man zugeordnete Gleichgewichtsfeuchten. Im weiteren Bereich des 2. Trocknungsabschnittes verhalten sich die Entzüge $\dot{m}_D s$ wie die Dampfteildruckdifferenzen $P''_{DL} - P_{DL}$, wenn man auch hier annimmt, daß sich die Probe annähernd auf Lufttemperatur aufgeheizt hat: die Dampfdiffusion ist die entscheidende Bewegungsgröße, Tabelle 7.2.

Tabelle 7.2. Vergleich von Berechnung und Versuch für einen löslichen Küpenfarbstoff nach Bild 7.56

Berechnet	(nach Experiment Bild 7.56)	mittlere Gutsfeuchtigkeit X_m				
		0,3	0,25	0,2	0,1	0,075
$\dfrac{(P''_{DL} - P_{DL})_1}{(P''_{DL} - P_{DL})_2} = 2,1$	$\dfrac{(\dot{m}_D s)_1}{(\dot{m}_D s)_2} =$	2,26	2,1	2,09	2,0	2,0

Sehr aufschlußreich sind die Versuche, bei denen die verkrustete Oberfläche, d.h. die dünne, schlecht dampfdurchlässige Haut während des Trocknungsprozesses in bestimmten Zeitabständen entfernt wird. In Bild 7.57 ist der Trocknungsverlauf einer Probe dargestellt, deren Oberfläche im Verlauf der Trocknung bei verschiedenen mittleren Gutsfeuchtigkeiten abgeschabt und sofort wieder den gleichen Trocknungsbedingungen ausgesetzt wurde. Im Bereich hoher Gutsfeuchtigkeiten — bis etwa $X_m = 0,25$ — steigt die Trocknungsgeschwindigkeit nach Entfernen der Haut wieder auf die Höhe des anfänglichen Entzuges an. Nach Neubildung der Kruste fällt der Entzug wieder auf die „Grundkurve" ab. Da der Versuch bei einer Schichtdicke von 9,5 mm angestellt wurde, ist die nach oben konvexe Form der „Grundkurve" durch die Rißbildung zu erklären.

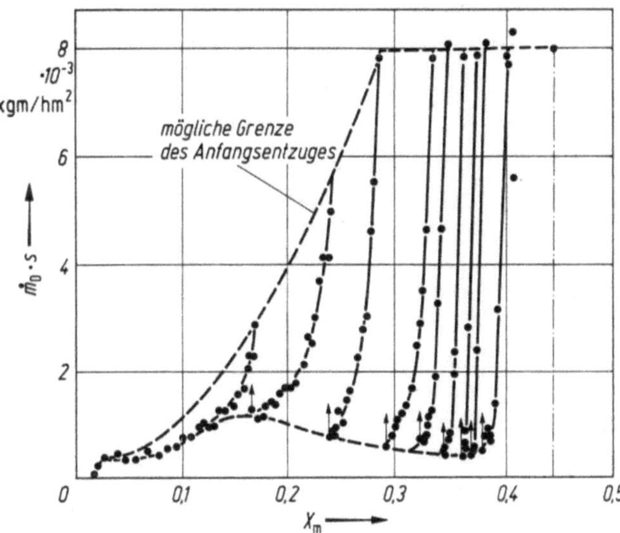

Bild 7.57. Trocknungsverlaufskurve eines löslichen Küpenfarbstoffes bei mehrfacher Unterbrechung der Trocknung und Entfernung der Kruste.
$s = 0,0095$ m; $\vartheta_L = 50\,°C$; $\varphi_L = 0,19$; $w_L = 1,25$ m/s.

Im Bereich kleiner werdender Gutsfeuchtigkeiten X_m steigt der Entzug nach Entfernung der Kruste zwar wieder an, jedoch um so weniger, je niedriger die Feuchtigkeit X_m beim Abschaben der Kruste war. Bei kleinen Gutsfeuchtigkeiten ($X_\mathrm{m} \approx 0{,}1$) verläuft die Trocknung normal, da infolge der schon weit fortgeschrittenen Trocknung keine Verkrustung mehr möglich ist. Die so ermittelten Verläufe können auch betrachtet werden als Verläufe bei jedesmal verschiedenen Anfangsfeuchtigkeiten X_0. Verbindet man die Punkte der Anfangsentzüge, so läßt sich eine mutmaßliche Trocknungsverlaufskurve einzeichnen, die man ohne Verkrustungserscheinungen erhalten würde.

Liegen die zu trocknenden Güter in pastöser oder pulvriger Form vor und gelingt es, die Entfeuchtung bis zu niedrigen Gutsfeuchtigkeiten mechanisch zu betreiben (Zentrifugen), so kann die Resttrocknung auf schnelle Weise thermisch vorgenommen werden. Eine derartige Aufteilung des Trocknungsverlaufes ist bei stark verkrustenden Stoffen vorteilhaft, da die erhebliche Verkürzung der Trocknungszeit eine schonende Trocknung gewährleistet und wirtschaftlich sein kann.

7.3.1.9.3. Gips

Bei der Trocknung von Gips handelt es sich technologisch ebenfalls — wie bei der Trocknung des beschriebenen Küpenfarbstoffes — um einen Vorgang, bei dem das Trocknungsgut anfangs in der Gutsfeuchte gelöst ist. Für die technich interessanten Wandbauplatten aus Gips wurden diese Vorgänge näher untersucht [7.57].

Nach dem Gießen der Gipsplatte erfolgt ein Abbindeprozeß nach der Reaktionsgleichung

$$CaSO_4 \cdot \frac{1}{2}H_2O + \frac{3}{2}H_2O \rightarrow CaSO_4 \cdot 2H_2O.$$

Dem Gießansatz wird gezielt mehr Wasser zugegeben als stöchiometrisch nach der Reaktionsgleichung erforderlich ist. Das überschüssige Wasser bestimmt die Porosität (normalerweise knapp 60%) der abgebundenen Platten und damit deren Trockendichte. Nach dem Abbinden sind praktisch alle Poren mit Wasser gefüllt. Dieses Porenwasser ist mit $CaSO_4$ gesättigt (u. U. übersättigt), welches beim Trocknungsvorgang auskristallisiert und in den Poren den Diffusionswiderstand erhöht. Man wird sich vorstellen können, daß bei hoher Anfangstrocknungsgeschwindigkeit vornehmlich die saugfähigen feineren Poren am Wassernachtransport zur Plattenoberfläche beteiligt sind, die demnach bei hoher Anfangstrocknungsgeschwindigkeit stark verkrusten. Das heißt, gerade die für den 2. Trocknungsabschnitt wichtigen saugfähigsten Poren werden verschlossen. Bei niedriger Anfangstrocknungsgeschwindigkeit dagegen beteiligen sich auch größere Poren am Wassernachtransport; demnach beschränkt sich die unumgängliche Auskristallisation nicht nur auf die feineren, sondern verteilt sich auch auf größere Poren. Folglich werden die feineren Poren nicht so stark verschlossen. Dies drückt sich dann darin aus, daß — trotz gleicher Gutsfeuchteänderung und damit gleicher Menge des Auskristallisierten — nach vorausgegangener Trocknung unter niedriger Anfangstrocknungsgeschwindigkeit höhere Endtrocknungsgeschwindigkeiten erzielt werden als bei hoher Anfangstrocknungsgeschwindigkeit. Zur Erklärung des Einflusses der Anfangstrocknungsgeschwindigkeit kann zusätzlich auch die Rückdiffusion der gelösten Stoffe ins Gutsinnere hinzugezogen werden (Verteilung des Auskristallisierten über die Porentiefe) [7.17].

Diese Überlegungen führen zu einer Trocknung mit gestuftem Trocknungsverlauf unter anfangs milden und später verschärften Trocknungsbedingungen. Bild 7.58 zeigt solche gestuften Trocknungsverlaufskurven von fünf Platten der Dicke $s = 80$ mm. Das Klima wurde bis zu der für jede Kurve angegebenen Zeit t_s schonend auf $\vartheta_L = 75\,°C$, $\vartheta_f = 55\,°C$ gehalten. Unter den schon genannten Umströmungsbedingungen wird dabei eine Anfangstrocknungsgeschwindigkeit $\dot{m}_{De}$ von knapp 1 kg/m²h gerade nicht überschritten. Nach der Zeit t_s wurde das Klima verschärft auf $\vartheta_L = 90\,°C$, $\vartheta_f = 40\,°C$. Wie man sehr deutlich sieht, werden — entsprechend der vorangestellten Überlegungen — im weiteren Verlauf der Trocknung, d. h. bei mittleren und niedrigen Gutsfeuchten, unter denselben scharfen Trocknungsbedingungen nach dem Klimasprung ganz verschiedene Trocknungsgeschwindigkeiten erreicht. Die niedrigsten Trocknungsgeschwindigkeiten gegen Ende des Trocknungsvorgangs stellen sich bei durchgehend scharfer Trocknung ein; die höchsten Trocknungsgeschwindigkeiten erreicht man in diesem Fall mit $t_s = 12$ h.

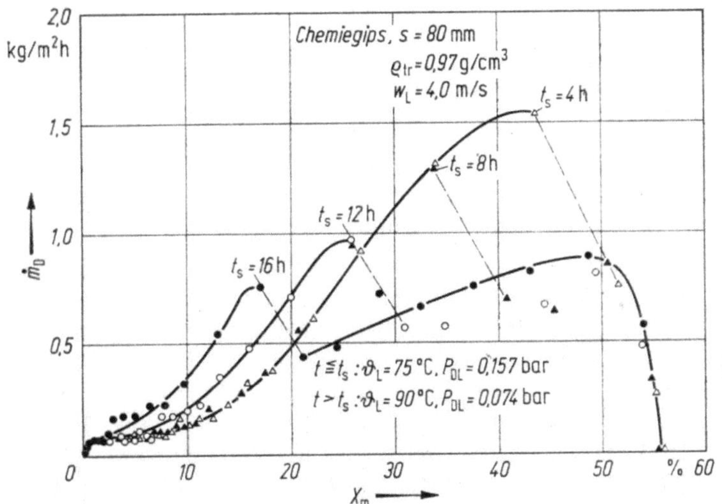

Bild 7.58. Trocknungsverlauf für Chemie-Gips nach [7.57] bei sprunghafter Änderung der Trocknungsbedingungen nach verschiedenen Zeiten t_s.

Die Erfahrung zeigte, daß bei einer Anfangstrocknungsgeschwindigkeit $\dot{m}_{De} < 1$ kg/m²h keine nachteiligen Verkrustungen in der Oberfläche auftreten. Messungen der Oberflächentemperatur zeigen, daß die Trocknung trotz der stark abfallenden Trocknungsgeschwindigkeit bis zum Umschalten auf die schärferen Bedingungen, also während der schonenden Trocknung, einen 1. Trocknungsabschnitt zuzurechnen sind. Erst nach dem Umschalten steigen die Oberflächentemperaturen über die Beharrungstemperatur und zeigen damit einen Trocknungverlauf im 2. Abschnitt an.

7.3.1.10. Trocknung von Molekülkolloiden

7.3.1.10.1. Einteilung und charakteristisches Verhalten

Die molekülkolloidalen Stoffe, die in Tabelle 7.3 in einer Übersicht dargestellt sind, bilden in der Trocknungstechnik eine besondere Klasse.

Die Feuchtigkeit (das Lösungsmittel) ist bei den meisten dieser Stoffe nicht allein durch physikalische — van der Waalsche — Kräfte an den Feststoffanteil

Tabelle 7.3. (nach [7.9])

natürliche Makromoleküle			synthetische Makromoleküle	
Gruppe	Beispiel	Kunststoff	Herstellungsart	Beispiel
Kohlenwasser-stoffe	Kautschuk, Gutta-Percha	vukanisierter Kautschuk	Polykonden-sation	Bakelit, Nylon, Perlon, Terylene
Polysaccharide	Cellulosen, Stärke, Glykogene, Pektine, Chitine	Zellwolle, Cellulose-derivate	Polymerisation	Buna, Poly-styrol, Poly-metharcysäure-ester
Polynucleotide		Leder, Lanital, Galatith	Polyaddition	Polyurethane
Proteine	Kollagen, Gelatine, Globulin, Albumin			

gebunden, sondern es wirken eine Reihe weiterer Kräfte, die unter dem Begriff physikalisch-chemische Bindungskräfte zusammengefaßt werden sollen. Hierunter sollen folgende 3 Bindungsarten verstanden werden [7.50]:

1. Hydratation: Anlagerung von Lösungsmittelmolekülen an Feststoffteilchen Unter Entwicklung von Hydratationswärme und unter Volumenkontraktion.
2. Osmotische Bindung: Die lösungsmittelaufnehmenden Feststoffteilchen wirken wie eine konzentrierte Lösung auf das Lösungsmittel. Durch Flüssigkeitsaufnahme wird der osmotische Druck (Quellungsdruck) erniedrigt, bis sich Gleichgewicht zwischen gequollenem Stoff und Lösungsmittel eingestellt hat.
3. Strukturelle Bindung: Lösungsmittel, das bei Vernetzung der Makromolekülketten im entstehenden Feststoffgerüst mechanisch eingeschlossen wird; sehr lose Bindung an den Feststoffanteil.

Die Trocknung dieser Stoffe geht einher mit einer Volumenabnahme auch Schwindung genannt. Geht man vom viskosen Zustand des lösungsmittelfeuchten Molekülkolloids dem „Lyosol" bzw. dem visko-elastischen Zustand, dem „Lyogel", aus, so entspricht die Volumenabnahme des trocknenden Stoffes bis zu relativ niedrigen Gutsfeuchten in den meisten Fällen dem Volumen des ausgetriebenen Lösungsmittels.

Nach [7.39] kann man zur Beurteilung des Schwindungsverhaltens einen Schwindungsfaktor σ mit Hilfe folgender Größen definieren:

V_T Volumen des trockenen Stoffes,

V_W Volumen des Lösungsmittels,

V_H Hohlraumvolumen (nicht mit Lösungsmittel gefüllt).

Das Gesamtvolumen V setzt sich aus den Anteilen V_T, V_W und V_H zusammen:

$$V = V_T + V_W + V_H. \tag{7.21}$$

Für eine Änderung des Gesamtvolumens läßt sich mit der Annahme $\Delta V_T = 0$

$$\Delta V = \Delta V_W + \Delta V_H$$

$$\frac{\Delta V}{\Delta V_W} = 1 + \frac{\Delta V_H}{\Delta V_W} = \sigma \tag{7.22}$$

setzen. Ist dieser Schwindungsfaktor σ gleich 1, so liegt ideale Schwindung in einem hohlraumfreien Körper ($\Delta V_H = 0$) vor.

Für diesen Fall der hohlraumfreien Schwindung gilt dann:

$$V = V_T + V_W$$

$$= \frac{m_T}{\varrho_T} + \frac{m_W}{\varrho_W} = \frac{m_T}{\varrho_T}\left(1 + \frac{m_W}{m_T}\frac{\varrho_T}{\varrho_W}\right)$$

$$V = V_T(1 + \varepsilon X) \tag{7.23}$$

mit

$$\varepsilon = \frac{\varrho_T}{\varrho_W},$$

ϱ_T Dichte des Trockenstoffes,
ϱ_W Dichte des Lösungsmittels,
X Beladung (Feuchte).

Der Schwindungskoeffizient ε ist eine charakteristische Größe des Systems. Um eine Beziehung für die eindimensionale Längenänderung in einem isotrop schwindenden System zu erhalten, wird für die Abmessungen des Körpers in den 3 Koordinaten gesetzt: mit x_T, y_T, z_T — den Abmessungen des trockenen Körpers:

$$x = \chi x_T, \quad y = \chi y_T, \quad z = \chi z_T,$$

$$V = x \cdot y \cdot z = \chi^3 \cdot x_T \cdot y_T \cdot z_T = \chi^3 \cdot V_T. \tag{7.24}$$

Mit den Gln. (7.23) und (7.24) erhält man für den linearen Schwindungskoeffizienten:

$$\chi = \sqrt[3]{1 + \varepsilon X}. \tag{7.25}$$

Aus den Schwindungsverhalten eines Körpers läßt sich nun unmittelbar auf den Transportmechanismus des Lösungsmittels im Gut schließen [7.25, 7.26].

Bei idealem Schwindungsverhalten bis zu niedrigen Gutsfeuchten kann das Entstehen von gasgefüllten Poren im Gut ausgeschlossen werden. Der Transport verläuft dann nach den Gesetzen der Lösungsmitteldiffusion, für die die Fickschen Gesetze gelten:

für den stationären Transport entsprechend Gl. (5.79)

$$\dot{m} = -f\delta_{fl}\frac{d\Gamma_W}{dz} \tag{7.26}$$

für den instationären Transport

$$\frac{\partial \Gamma_W}{\partial t} = \frac{\partial}{\partial z}\left(\delta_{fl}(\Gamma_W)\frac{\partial \Gamma_W}{\partial z}\right). \tag{7.27}$$

Im folgenden soll nun an einigen Beispielen das charakteristische Verhalten dieser Stoffe bei der Trocknung verdeutlicht werden.

7.3.1.10.2. Trocknungsverhalten von Kunststoffen

Der Trocknungsverlauf von wasserfeuchtem Perlon im hygroskopischen Bereich
wird von [7.41] an Perlonplatten von 0,9 mm Dicke untersucht. Die Sorptionsisotherme Bild 7.59 zeigt ein für viele Kunststoffe charakteristisches Verhalten.

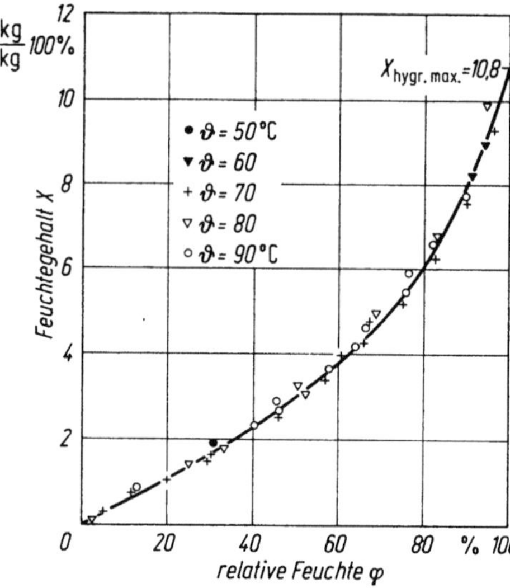

Bild 7.59. Desorptionsisotherme im
System Perlon/Wasser bei $\vartheta = 50$,
60, 70, 80 90 [7.41, 7.42].

Perlon ist (Tab. 7.3) ein chemisch vernetzter Kunststoff, der für Lösungsmittel
nur begrenzt quellbar ist. Bei Quellversuchen an Perlon wurde eine Volumenkontraktion gefunden [7.36]. Zusammen mit dem linearen Anstieg der Gutsfeuchte
bei kleinen Feuchten, sprechen beide Erscheinungen für einen Lösungsvorgang
des Lösungsmittels in Perlon. Der Feuchtetransport ist daher als Lösungsmitteldiffusion aufzufassen. Aus der für viele Kunststoffe typischen Temperaturunab-
hängigkeit der Sorptionsisotherme ergibt sich ferner, daß die Bindungsenergie h_B
den Wert Null hat. Die Trocknungsversuche ergeben eine starke Abhängigkeit des
Diffusionskoeffizienten δ von Temperatur und Feuchte (s. a. [7.53]).

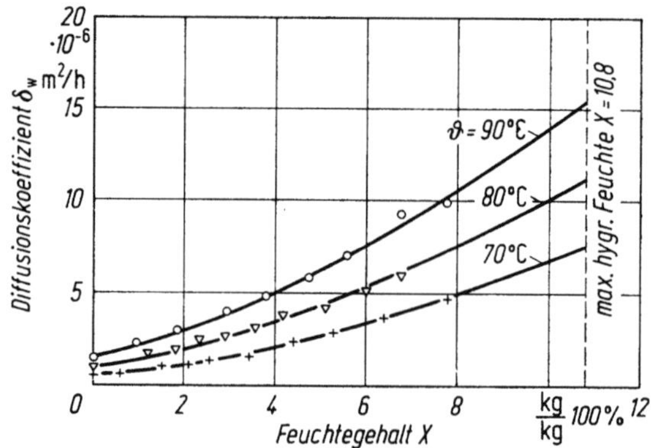

Bild 7.60. Diffusionskoeffizient im System Perlon/Wasser bei $t = 70$, 80 und 90 °C aus De-
sorptionsmessungen.

Mit Hilfe von Desorptionsversuchen in reiner Wasserdampfatmosphäre wurde diese Abhängigkeit von Gutsfeuchte und Temperatur ermittelt (Bild 7.60). Diese Abhängigkeiten lassen sich ebenfalls durch Permeationsversuche ermitteln [7.47]. Mit Hilfe dieser Diffusionskoeffizienten gelingt es, die Trocknungsverläufe in befriedigender Weise mit Hilfe einer numerischen Lösung von Gl. (7.27) nachzurechnen.

Die Bilder 7.61 und 7.62 zeigen den für Kunststoffe typischen Trocknungsverlauf, wenn die Anfangsfeuchte variiert wird. In Bild 7.61 wird durch die Darstellung besonders der Einfluß des konzentrationsabhängigen Diffusionskoeffizienten deutlich. Wegen gleicher Endfeuchte aller Proben, bei der jeweils der gleiche Diffusionskoeffizient herrscht, verlaufen alle Resttrocknungsgeraden parallel. Der Grad der Konzentrationsabhängigleit des Diffusionskoeffizieten drückt sich durch den

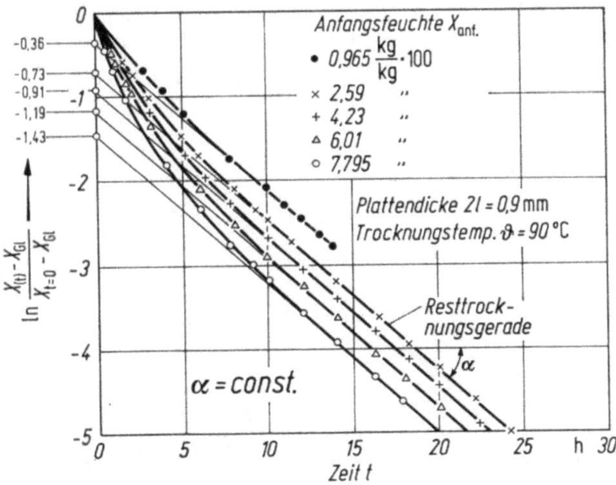

Bild 7.61. Gemessene Trocknungskurven einer unendlich ausgedehnten Perlonplatte bei verschiedenen Anfangsfeuchten.

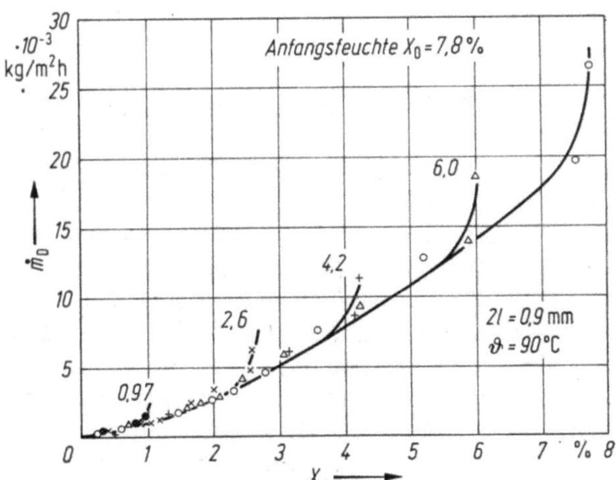

Bild 7.62. Trocknungsgeschwindigkeit von Perlon.

Betrag der Parallelverschiebung der aus der Messung ermittelten Resttrocknungs-geraden von der für konstanten Diffusionskoeffizienten berechenten Geraden aus.

In Bild 7.62 macht sich die Änderung des Diffusionskoeffizinteen mit der Feuchte in dem zunächst stärkeren Abfall der Trocknungsgeschwindigkeit bemerkbar. Alle Kurven verschiedener Anfangsfeuchte X_0 laufen in einen gemeinsamen Ast ein.

7.3.1.10.3. Trocknungsverhalten von Gelen

Über das Trocknungsverhalten von Lyogelen mit sehr hohen Anfangsfeuchten ist nur wenig bekannt. [7.1, 7.2] hat Untersuchungen über den Zusammenhang zwischen Feuchtigkeitsbewegung und Schwindung bei der Trocknung von gel- und pastenartigen Stoffen angestellt. Dabei konnte an Hand von Schwindungsmessungen an Gelatine nachgewiesen werden, daß die Schwindung im Bereich der sorptiven Feuchte weitgehend ideal verläuft und erst bei Gutsfeuchten $X < 10\%$ Erscheinungen wie Volumenkontraktion oder Hohlraumbildung auftreten (Bild 7.63).

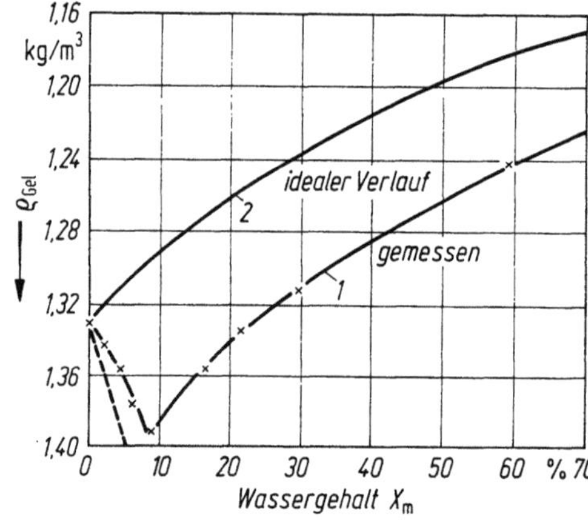

Bild 7.63. Dichte der Gelatinegele bei niedrigeren Wassergehalten, Kurve *1*. Kurve *2* bedeutet die Änderung von ϱ_{Gel} bei einfacher additiver Volumenänderung. Kurve *3* zeigt den Verlauf, wenn keine äußere Volumenänderung eintreten würde.

Dieser Schwindungsverlauf weist darauf hin, daß der Feuchtetransport von hohen Anfangsfeuchten bis zu sehr kleinen Feuchten den Gesetzen der Lösungsmitteldiffusion folgt. Der Trocknungsverlauf von gelatine-beschichteten Platten bei konvektiver Trocknung zeigt folgendes charakteristisches Verhalten:

Wird die Anfangsfeuchte im Bereich der durch Quellung gebundenen Gutsfeuchte variiert, so entspricht die Trocknungsgeschwindigkeit im ersten Moment der Trocknungsgeschwindigkeit von reinem Wasser sinkt dann aber kontinuierlich ohne ausgeprägten 1. Knickpunkt auf den Wert Null ab (Bild 7.64). Trägt man die Trocknungsgeschwindigkeit als Produkt $\dot{m}_D \cdot s$ mit der schrumpfenden Gutsdicke $s = f(X)$ auf, so ergibt sich für die verschiedenen Anfangsfeuchten ein fast linearer Abfall des Produkts $\dot{m}_D \cdot s$ (Bild 7.65). Dies deutet auf einen Transportvorgang hin, der dem 3. Trocknungsabschnitt kapillarporöser Körper entspricht, in dem allein die Diffusion (in dampf- oder flüssiger Phase) den Ausgleichsvorgang bis zum Gleichgewicht bestimmt.

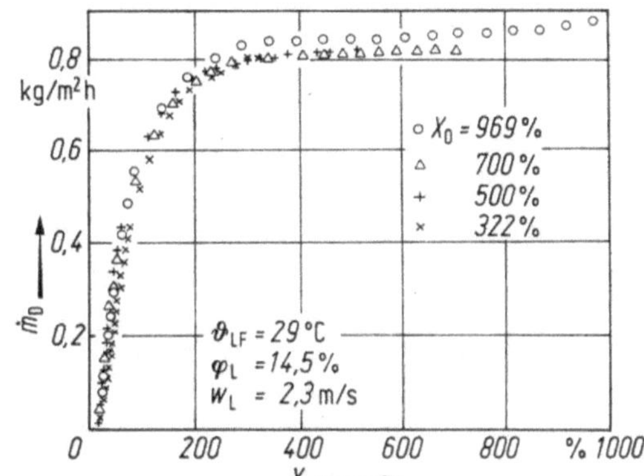

Bild 7.64. Trocknungsgeschwindigkeit $\dot{m}_D$ von Gelen verschiedener Anfangsfeuchten $s_0 = 0{,}9$ mm.

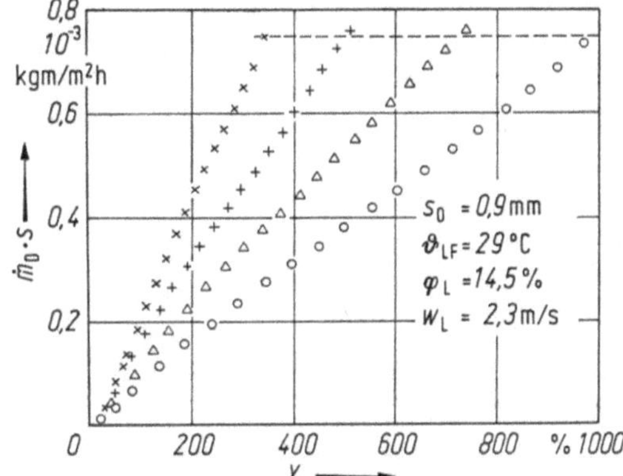

Bild 7.65. Trocknungsgeschwindigkeit unter Berücksichtigung der Schwindung $\dot{m}_D \cdot s$ bei Gelen, Symbole s. Bild 7.64.

7.3.1.11. Zusammenfassung der Versuchsergebnisse für Lufttrocknung unter konstanten äußeren Bedingungen

1. Bei porigen Gütern, in denen eine Bewegung der Gutsfeuchte in flüssiger *und* dampfförmiger Phase möglich ist, zeigen sich, wenn sie von hohen (überhygroskopischen) Anfangsfeuchten aus getrocknet werden, drei klar unterschiedene Abschnitte der Trocknung:

I. Abschnitt der Verdunstung an der Oberfläche mit näherungsweise konstanter Trocknungsgeschwindigkeit, die nur von den äußeren Bedingungen des Wärme- und Stoffaustausches mit der Umgebung abhängig ist. (Der im ersten Abschnitt häufig beobachtete schwache Abfall der Trocknungsgeschwindigkeit läßt sich bei grobkörnigen Stoffen auf das Rückschreiten der Menisken, bei stark schwindenden Gütern auf Verformungen der Oberfläche zurückführen.)

Der I. Abschnitt ist beendet, wenn die für die jeweilige Temperatur gültige *Knickpunktkurve* (in einer Abbildung, die $\dot{m}_{D,I}s$ in Abhängigkeit von X darstellt) erreicht ist. Die Lage der Knickpunktkurve ist von der Temperatur abhängig und durch Multiplikation einer Grundkurve mit dem Faktor $\sigma\eta_0/\eta_0\sigma$ zu errechnen.

*II. Abschnitt der Verdunstung aus dem Gutsinneren, wobei die Verdunstung im wesentlichen an Stellen erfolgt, an denen der Sattdampfdruck bei der jeweiligen Temperatur herrscht. Je weiter die Trocknung fortschreitet, d.h. je tiefer der

Trockenspiegel im Gutsinnern liegt, um so mehr tritt der Einfluß der Luftgeschwindigkeit zurück. Bei grobkapillaren Gütern ohne hygroskopischen Bereich reicht dieser Abschnitt bis zum Ende der Trocknung und es ergibt sich bei plattenförmigen Gütern eine endliche Endtrocknungsgeschwindigkeit $\dot{m}_{D,E}$. Bei Gütern mit hygroskopischen Eigenschaften ist das Ende des zweiten Abschnittes dann erreicht, wenn an keiner Stelle des Gutes mehr der Sattdampfdruck herrscht, d. h. wenn die höchste im Gut vorkommende Feuchte kleiner ist als die maximale hygroskopische.

III. Abschnitt der Verdunstung aus dem ganzen Gut, nachdem dieses überall in den hygroskopischen Bereich gekommen ist. In diesem Abschnitt sinkt der Dampfdruck an allen Stellen des Gutes entsprechend der kleiner werdenden Gutsfeuchte ab. Die Dampfdruckdifferenz zwischen Gut und Umgebung wird Null, wenn die Gleichgewichtsfeuchte mit der Umgebung erreicht ist. Bei Stoffen, bei denen der Diffusionswiderstandsfaktor μ im hygroskopischen Bereich nicht von der Höhe der Gutsfeuchte abhängt — z. B. Ziegel (Abschn. 7.3.1.1.), Papierstoff (Abschn. 7.3.1.4.) —, fällt die Trocknungsgeschwindigkeit geradlinig mit der Gutsfeuchte ab. Bei Stoffen, bei denen der Diffusionswiderstandsfaktor mit fallender Gutsfeuchte stark anwächst (Holz Abschn. 7.3.1.6., Kartoffel Abschn. 7.3.1.7.), fällt die Trocknungsgeschwindigkeit stärker als linear mit der Gutsfeuchte ab. Bei Gütern, bei denen die Anfangsfeuchte des Gutes bereits im hygroskopischen Bereich liegt, zeigen sich Gesetzmäßigkeiten, die denen des dritten Abschnittes ähnlich sind (Getreide Abschn. 7.3.1.8.).

2. Bei Gütern, in denen *keine* Dampfdiffusion möglich ist (z. B. Seife), kann eine Verdunstung nur an der Oberfläche erfolgen. Die Flüssigkeitsbewegung, die auf Grund von osmotischen Druck- bzw. Konzentrationsunterschieden erfolgt, ist ähnlich der auf Grund kapillarer Druckunterschiede in der Gutsflüssigkeit stattfindenden Bewegung. Die Bewegung wird schwächer mit kleiner werdender Gutsfeuchte. Das Trocknungsverhalten solcher Stoffe zeigt grundsätzliche Übereinstimmung mit dem Verhalten kapillarer Güter, in denen keine Dampfdiffusion möglich ist ($\mu = \infty$), bei denen die Trocknungsverlaufskurve mit der Knickpunktkurve identisch wird.

Es gibt für solche Stoffe bei gegebener Temperatur *nur eine* Trocknungsverlaufskurve für beliebige äußere Bedingungen (d. h. Luftgeschwindigkeiten), wenn evtl. vorhandene freie Flüssigkeit an der Oberfläche verdunstet ist. Entsprechend der Abhängigkeit der Flüssigkeitsdiffusionszahl $\varkappa$ von der Zähigkeit (vgl. Abschn. 5.9.6.) ändert sich die Trocknungsgeschwindigkeit mutmaßlich mit dem Kehrwert der Zähigkeit. Die Trocknungsgeschwindigkeit fällt stärker als linear mit der Gutsfeuchte auf den Wert Null für die Gleichgewichtsfeuchte mit der Umgebung ab.

7.3.2. Versuchsergebnisse bei anderen Trocknungsarten

7.3.2.1. Trocknungsvorgang im Vakuum

Während in den vorigen Abschnitten nur Lufttrocknungsvorgänge bei normalem Luftdruck (Verdunstungstrocknung) behandelt wurden, sollen jetzt die charakteristischen Eigenarten der Trocknung im Vakuum dargelegt werden. Dabei ist der Fall der Verdampfungstrocknung derjenige Grenzfall, bei dem die Verhältnisse am einfachsten erläutert werden können [7.54].

Verdampfungs-(Vakuum-)Strahlungstrocknung. Es seien zunächst Experimente beschrieben, die den Unterschied im Trocknungsverlauf zwischen Verdunstungs- und Verdampfungstrocknung bei gleicher Richtung der Wärmezufuhr klarmachen sollen [7.29].

Bild 7.66 stellt schematisch die Versuchsanordnungen dar. Bild 7.66b zeigt diejenige für die Beobachtung der Verdunstungstrocknung — einen Kanal, an dessen Unterseite die Probe eingebracht werden kann, durchströmt von Luft von 25 °C. Bild 7.66a zeigt die Anordnung für die Beobachtung der Vakuumverdampfungstrocknung — ein evakuiertes Glasgefäß, in dem sich die Probe unter einer elektrisch beheizten Platte befindet, welche die Oberfläche der Probe bestrahlt.

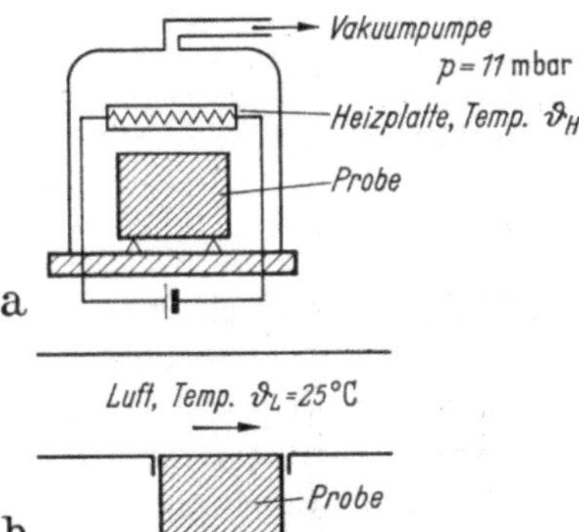

Bild 7.66a u. b. Versuchsaufbau bei den Versuchen mit Vakuumtrocknung (a) und Verdunstungstrocknung (b).

Bei den Versuchen zur Verdunstungstrocknung wurde die Gutsdicke variiert, bei denjenigen zur Verdampfungstrocknung im Vakuum die Heizplattentemperatur. Die Untersuchung wurde mit Glaskugeln von 0,5 mm Durchmesser durchgeführt, deren Verhalten bei der Verdunstungstrocknung unter den verschiedensten Bedingungen in Abschn. 7.3.1.2. beschrieben ist.

Da bei den Versuchen weder die Anfangsfeuchtigkeiten Ψ_{W_0} noch die Temperaturen des feuchten Gutes (≈ 16 bis $19\,°C$) sehr verschieden waren, müssen für alle Versuche die Knickpunkte in einer Abbildung, welche das Produkt aus Trocknungsgeschwindigkeit und Gutsdicke ($\dot{m}_D s$) in Abhängigkeit vom Nässegrad $\Psi_{W,m}/\Psi_{W_0}$ darstellt, auf der Knickpunktkurve für die betreffende Gutstemperatur liegen. Dies zeigt Bild 7.67 deutlich. Die Lage der Knickpunktkurve ist unabhängig vom Luftdruck, da sie nur durch die lediglich temperaturabhängigen kapillaren Eigenschaften des Gutes bestimmt ist. Die Anfangstrocknungsgeschwindigkeit im ersten Abschnitt ist nicht ganz konstant, sondern zeigt stets einen schwachen Abfall [bedingt durch das Zurücktreten der Menisken unter die Gutsoberfläche s. Abschn. 7.2.1.1.]. Dieser Einfluß prägt sich bei der Verdunstungstrocknung mit Luft als Wärmeträger (Kurven b_1, b_2, b_3) stärker aus als bei der Verdampfungstrocknung im Vakuum bei der die Wärmezufuhr durch Strahlung erfolgt (Kurven a_1, a_2, a_3). (Die Wärme- und Stoffübergangszahl bei der Lufttrocknung nimmt ab, wenn sich die Menisken von der Gutsoberfläche etwas unter die Oberfläche zurückziehen.)

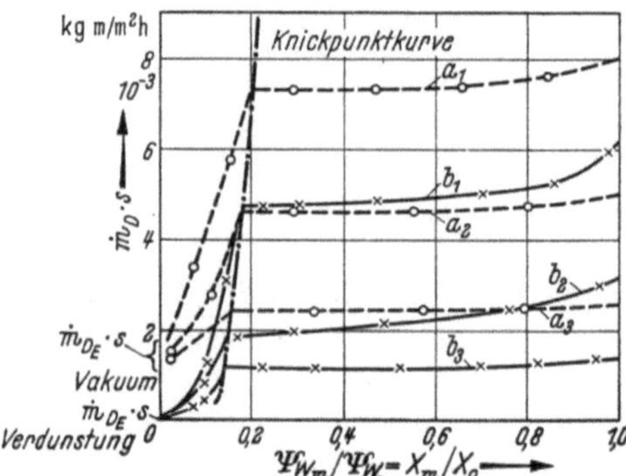

Bild 7.67. Trocknungsverlaufskurven für Glaskugeln von 0,5 mm $\varnothing$. Anfangsfeuchtigkeit $\Psi_{W_0} \approx 37$ Vol.-%.
---- Vakuumtrocknung. Probendicke $s = 0,06$ m. a_1 Temperatur der Heizplatte $\vartheta_H = 70\,°C$; a_2 Temperatur der Heizplatte $\vartheta_H = 50\,°C$; a_3 Temperatur der Heizplatte $\vartheta_H = $ rd. 22°C (Raumtemperatur); ———— Verdunstungstrocknung; b_1 Probendicke $s = 0,04$ m; b_2 Probendicke $s = 0,02$ m; b_2 Probendicke $s = 0,01$ m.

Der auffälligste Unterschied in den Trocknungsverlaufskurven für Vakuumstrahlungstrocknung gegenüber der Lufttrocknung tritt im zweiten Abschnitt zutage. Die Endtrocknungsgeschwindigkeiten $\dot m_{DE}$ im Vakuum liegen sehr viel höher als bei Atmosphärendruck. Bei der Verdunstungstrocknung sind diese vorwiegend durch den Diffusionswiderstand vom Trockenspiegel bis zur Gutsoberfläche bedingt, entsprechend der Beziehung Gl. (7.11)

$$\dot m_{DE} = \frac{1}{R_D T} \frac{1}{\dfrac{1}{\beta} + \dfrac{\mu s}{\delta}} \, (P''_{DE} - P_{DL}), \tag{7.28}$$

worin P''_{DE} den Sattdampfdruck bei der Temperatur im Trockenspiegel bedeutet. Letztere liegt bei Verdunstungsvorgängen mit kleiner Trocknungsgeschwindigkeit stets nahe bei der Umgebungstemperatur, so daß die Trocknung dann fast wie im Temperaturgleichgewicht erfolgt.

Anders liegen die Verhältnisse bei der reinen Verdampfungstrocknung, bei der $P_D = P$ ist. An Stelle der nur für kleine Dampfdrücke ($P_D \ll P$) gültigen Gl. (7.11), ist die allgemeingültige Beziehung für einseitige Diffusion nach den Gln. (5.32) und (5.122) anzusetzen:

$$\dot m_{DE} = \frac{P}{R_D T} \cdot \frac{1}{\dfrac{1}{\beta} + \dfrac{\mu s}{\delta}} \cdot \ln \frac{P - P_{DL}}{P - P''_{DE}} \tag{7.29}$$

Da aber bei reiner Verdampfungstrocknung $P_{DL} = P''_{DE} = P$ sein muß, so bleibt die Trocknungsgeschwindigkeit $\dot m_{DE}$ von den Diffusionsbedingungen her unbestimmt. Sie ist nur noch bestimmt durch die Wärmeübertragung vom Wärmeträger an den Trockenspiegel. Im thermischen Beharrungszustand (der hier der

Einfachheit halber angenommen sei) dient die an den Trockenspiegel durch eine trockene Gutsschicht von der Dicke s herangeleitete Wärme nur zur Verdampfung der Flüssigkeitsmenge $\dot{m}_{DE}$. Es gilt also:

$$\dot{m}_{DE}h_v = \cfrac{1}{\cfrac{1}{\alpha} + \cfrac{s}{\lambda}}\,(\vartheta_L - \vartheta_E), \qquad (7.30)$$

wenn ϑ_L die Umgebungstemperatur, ϑ_E diejenige des Trockenspiegels, α die äquivalente Wärmeübergangszahl für die Wärmeübertragung vom Wärmeträger an die Gutsoberfläche, λ die Wärmeleitfähigkeit der trockenen Gutsschicht bedeutet. Bei echter Verdampfungstrocknung (z. B. Heißdampftrocknung oder Hochvakuumtrocknung) ist die Temperatur ϑ_E von vornherein bekannt; denn dann muß sie gleich der Sattdampftemperatur bei dem jeweiligen Druck P sein.

Bei Vorgängen mit vermindertem Druck oder bei Temperaturen im Trockenspiegel, die nahe bei der Verdampfungstemperatur liegen, bestimmen beide Vorgänge — Diffusion und Wärmeleitung — zusammen den Vorgang. Die Temperatur ϑ_E bzw. der zu dieser gehörige Sattdampfdruck P''_{DE} ist aus der Gleichsetzung der aus den beiden obigen Gleichungen zu ermittelnden Trocknungsgeschwindigkeit $\dot{m}_{DE}$ zu errechnen. Es gilt allgemein:

$$\frac{1}{h_v}\cfrac{1}{\cfrac{1}{\alpha} + \cfrac{s}{\lambda}}\,(\vartheta_L - \vartheta_E) = \frac{P}{R_D T}\cfrac{1}{\cfrac{1}{\beta} + \cfrac{\mu s}{\delta}} \cdot \ln \frac{P - P_{DL}}{P - P''_{DE}}. \qquad (7.31)$$

In dieser Beziehung ist, da P''_{DE} eindeutig von ϑ_E abhängig ist, die Temperatur des Trockenspiegels die einzige Unbekannte.

In Bild 7.68 ist dargestellt, wie die Lösung obiger Gleichung graphisch erfolgt. ϑ_E und $\dot{m}_{DE}$ ergeben sich als Schnittpunkt der in der Abbildung mit b bezeichne-

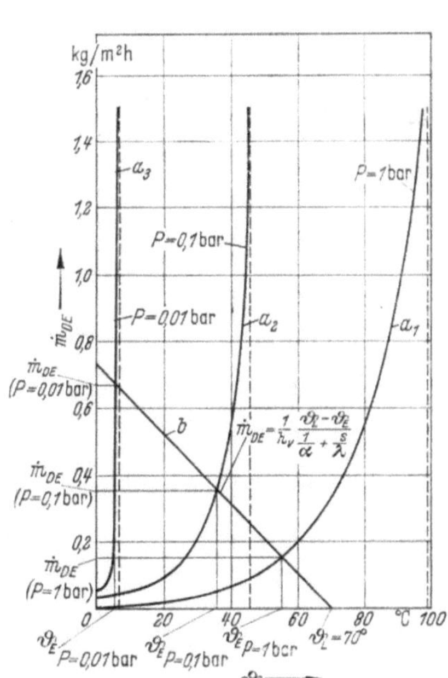

Bild 7.68. Graphische Lösung der Gl. (7.31).

ten Geraden der linken Seite von Gl. (7.31) und der mit a_1, a_2, a_3 bezeichneten Kurven der rechten Seite. Die drei Kurven gelten für verschiedene Luftdrucke P (1; 0,1; 0,01 bar) bei angenommenen Werten α, λ, β, μ und s. Man sieht deutlich aus Bild 7.68, wie sich durch das Zusammenspiel von Wärme- und Stoffaustausch die Endtrocknungsgeschwindigkeit bei stärkerer Evakuierung erhöhen muß. In den meisten Fällen ist die Neigung der Geraden vorwiegend durch die Größe s/λ bestimmt. Die Neigung der Geraden wird um so größer, je größer die Wärmeleitfähigkeit λ ist. Daraus ersieht man, daß die Wärmeleitfähigkeit des trockenen Teiles des Gutes um so mehr von Einfluß auf die Endtrocknungsgeschwindigkeit ist, je näher die Temperatur des Trockenspiegels der jeweiligen Verdampfungstemperatur liegt.

Diese Überlegung werden durchaus bestätigt durch die experimentell festgestellten Trocknungsverlaufskurven von Bild 7.67. Eine quantitative Nachrechnung der Versuchsergebnisse stößt deshalb auf Schwierigkeiten, weil die Wärmeübertragung bei der Versuchseinrichtung nicht nur von der Oberfläche des Gutes aus erfolgte, sondern auch durch Anstrahlung der übrigen Seiten der Probe von dem umhüllenden Glasgefäß aus, das durch die über der Probe befindliche Heizplatte auch erwärmt wurde.

Verdampfungs-(Vakuum-)Kontakttrocknung. Der durch die Richtung der Wärmezufuhr (Wärmezufuhr durch Strahlung an die Oberfläche oder durch Wärmeleitung durch das Gut) bedingte Unterschied im Trocknungsverhalten bei der Verdampfungstrocknung geht aus einem Vergleich der Bilder 7.69 und 7.70 hervor.

In dem einen Falle, Bild 7.69, wurde das Gut von oben durch Strahlung beheizt, so daß die Dampfabgabe entgegen der Richtung der Wärmezufuhr erfolgte. Im zweiten Falle, Bild 7.70, wurde das Gut von unten durch eine Heizplatte (Kontakttrocknung) beheizt, so daß im ganzen Gut im Sinne der Wärmezufuhr eine

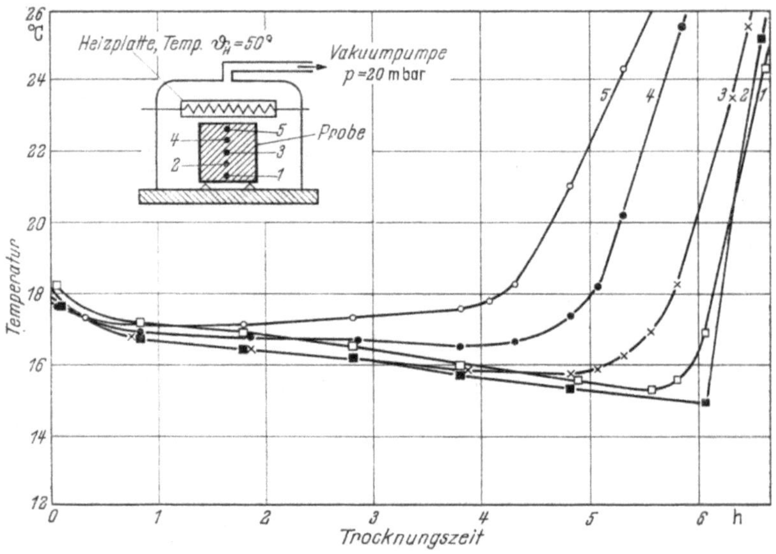

Bild 7.69. Temperaturverlauf an den Stellen 1 bis 5 der Probe bei Vakuum-Strahlungstrocknung. Probenkörper Glaskugeln von 0,5 mm $\varnothing$; Probendicke $s = 0,06$ m.

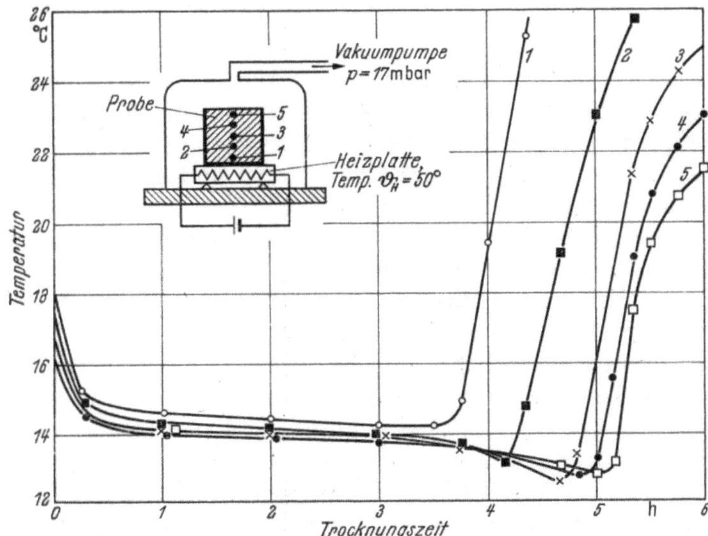

Bild 7.70. Temperaturverlauf an den Stellen 1 bis 5 der Probe bei Vakuum-Kontakttrocknung. Probenkörper Glaskugeln von 0,5 mm ⌀ ; Probendicke $s = 0,06$ m.

Dampfdiffusion erfolgen mußte, bis der Dampf an der oberen freien Gutsoberfläche austreten konnte. Bei beiden Versuchen war die durch die Wasserstrahlpumpe eingestellte Luftleere etwas verschieden (20 bzw. 17 mbar). Dementsprechend ist die Verdampfungstemperatur in beiden Fällen etwas verschieden. Man sieht aus den Versuchsergebnissen, wie zunächst das auf Raumtemperatur (etwa 18 °C) befindliche Gut nach kurzer Zeit an seiner wärmsten Stelle auf eine Temperatur nahe der Verdampfungstemperatur kommt. Diese wird erst dann überschritten, wenn das Gut an der betreffenden Stelle ausgetrocknet ist. Der Knickpunkt im Trocknungsverlauf ist erreicht, wenn die Temperatur *an der beheizten Fläche* steil ansteigt. Wesentlich bei beiden Bildern sind folgende Punkte:

1. Im ersten Trocknungsabschnitt nimmt das ganze Gut zunächst eine praktisch einheitliche Temperatur an. Die Temperaturunterschiede im Gut sind bis zum Auftreten des Knickpunktes geringfügig.

2. Im feuchten Teil des Gutes treten auch im zweiten Trocknungsabschnitt nur geringfügige Temperaturänderungen auf. Dies ist begründet in der außerordentlich hohen Wärmeleitung in feuchten Gütern (Wärmeübertragung durch Dampfdiffusion, die bei Siedetemperatur theoretisch unendlich groß wird — s. Abschn. 6.1.4.).

3. Der Durchgang des Trockenspiegels durch die Meßebene ist gekennzeichnet durch einen mehr oder minder plötzlich auftretenden Temperaturanstieg; sobald die Temperatur stark ansteigt, ist das Gut in der Meßebene trocken. Zuletzt steigt stets die Temperatur an der der wärmeaufnehmenden Oberfläche entgegengesetzten Seite der Probe.

Der Einfluß der Temperatur des Wärmeträgers auf die Endtrocknungsgeschwindigkeit bei äußerer Wärmezufuhr. Aus der Betrachtung von Bild 7.68 gewinnt man

über den Einfluß der Temperatur auf die Endtrocknungsgeschwindigkeit folgende
allgemeine Aussage:

1. *Liegt die Temperatur des Wärmeträgers erheblich unter der Verdampfungstemperatur des Wassers bei dem jeweiligen Druck, so sind für die Endtrocknungsgeschwindigkeit vorwiegend die Diffusionseigenschaften bestimmend.* Dies geht daraus hervor, daß in diesem Falle die Gerade *b* die Kurve *a* (z. B. in Bild 7.68 die Kurve a_1) in ihrem flachen Teil schneidet, so daß verschiedene Neigung der Geraden, bedingt durch verschiedene Wärmeleitung, keine erhebliche Änderung von $\dot{m}_{DE}$ bewirkt. Mit anderen Worten heißt dies, daß dann die Wärmeleitungseigenschaften des Gutes keine entscheidende Rolle spielen. Dieser Fall wird durchweg Verdunstungstrocknung genannt.

2. *Liegt die Temperatur des Wärmeträgers erheblich über der Verdampfungstemperatur des Wassers beim jeweiligen Druck, so werden die Wärmeleitungseigenschaften des Gutes von entscheidender Bedeutung für die Endtrocknungsgeschwindigkeit.* Dies geht daraus hervor, daß dann der Schnittpunkt der Geraden *b* mit der Kurve *a* im steilen Ast der Kurve liegt (z. B. Kurve a_3 für 0,01 bar in Bild 7.68). Im Grenzfall reiner Verdampfungstrocknung, bei dem die Temperatur im Trockenspiegel höchstens gleich der Verdampfungstemperatur sein kann, sind allein die Gesetze der Wärmeübertragung vom Wärmeträger an den Trockenspiegel entscheidend, z. B. bei der Heißdampf- und Hochvakuumtrocknung (Gefriertrocknung) sowie näherungsweise bei der Mahltrocknung der Kohle im Rauchgasstrom.

7.3.2.2. Sublimationstrocknung

Unter Sublimationstrocknung, auch häufig „Gefriertrocknung" genannt, versteht man das Trocknen eines Gutes im gefrorenen Zustand, d. h. die Verdunstung bzw. die Verdampfung der im Gut enthaltenen gefrorenen Substanz unter Umgehung des flüssigen Aggregatzustandes. Die Voraussetzungen für eine Sublimation (fest—gasfömig) sind daher nur unterhalb des sogenannten Tripelpunktes gegeben (z. B. für Eis $\vartheta = 0,0098\,°C$ und $P = 6,1$ mbar [7.24, 7.52].

Ist die Flüssigkeit in einem Trockengut eine Lösung, z. B. Salzlösung, so ist eine wirkliche Sublimation nur unterhalb der sogenannten eutektischen Temperatur (max. Gefrierpunktserniedrigung) möglich. Andernfalls tritt unter Umständen eine Entmischung auf, die in jedem Fall zur flüssigen Phase führen muß.

Der grundsätzliche Unterschied im Ablauf der Trocknung bei der Sublimationstrocknung gegenüber der Trocknung im nicht gefrorenen Zustand besteht darin, daß bei der Sublimationstrocknung keine Bewegung in der flüssigen Phase existiert. Der Trocknungsspiegel muß von Anfang der Trocknung an unter die Gutsoberfläche treten und im weiteren Verlauf der Trocknung stetig absinken. Es gibt also keinen ersten Trocknungsabschnitt. Bild 7.71 zeigt den zu erwartenden Trocknungsverlauf. Für nicht hygroskopische Güter muß am Ende der Trocknung die Geschwindigkeitskurve für $X = 0$ bei $\dot{m}_{DE}$ einlaufen. Für hygroskopische Güter ist ein zweiter Knickpunkt mit anschließendem Steilabfall der Trocknungsverlaufskurve durch die Dampfdruckabsenkung im Sorptionsbereich auch bei der Sublimationstrocknung zu erwarten (vgl. Bild 7.75).

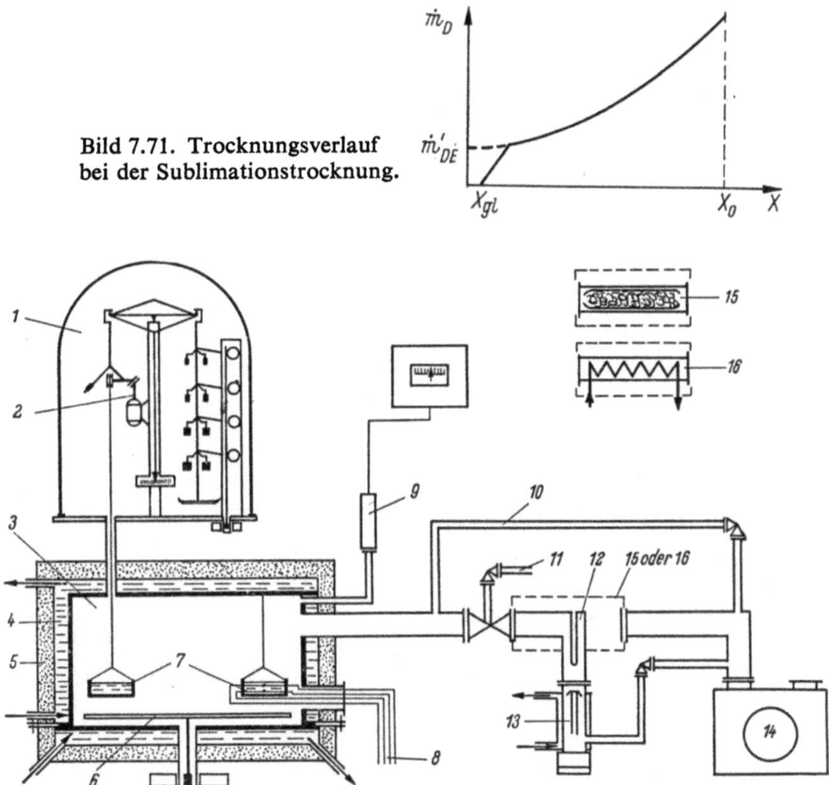

Bild 7.71. Trocknungsverlauf
bei der Sublimationstrocknung.

Bild 7.72. Schema der Sublimationstrocknungsanlage.
1 Vakuumwaage; *2* Hubwerk; *3* Vakuumtrockenkammer; *4* Kühl- bzw. Heizmantel; *5* Isolierung; *6* Probenteller; *7* Proben; *8* Thermoelemente; *9* Vakuummeßröhre; *10* Überbrückungsleitung; *11* Anschluß für Belüftung; *12* Kühlfalle; *13* Diffusionspumpe; *14* Drehschieberpumpe mit Gasballast; *15* Zwischenstück mit Absorptionsmittel; *16* Zwischenstück als Kondensator.

Versuche über den Sublimationstrocknungsablauf an verschiedenen Gütern wurden von Kessler [7.22] in einer Anlage durchgeführt, wie sie Bild 7.72 schematisch zeigt. In einer evakuierbaren Kammer (*3*), deren Wandungen allseitig auf konstante Temperatur gehalten werden konnten, waren für jede der Untersuchungen zwei völlig gleichgestaltete Proben (*7*) untergebracht, wobei die eine zur Bestimmung der Gewichtsabnahme, die andere zur Messung der Temperaturen benutzt wurde. Da die äußeren Bedingungen für beide Proben während eines Versuches die gleichen waren, konnten die Messungen einander zugeordnet werden. Die Gewichtsabnahme der Proben wurde mittels einer analytischen Waage (*1*) laufend unter Vakuum verfolgt. Außerdem war die Möglichkeit vorgesehen, mehrere Proben ohne Unterbrechung des Vakuums hintereinander zu wiegen. Die Proben wurden dazu kreisförmig auf einen drehbar (Magnetübertragung) gelagerten Probenteller (*6*) derart angeordnet, daß durch Drehung des Tellers jede einzelne Probe senkrecht unter die Aufhängung gebracht werden konnte. Durch einen an der Waage angebrachten Hubmotor (*2*) ließ sich über eine Kupplung und ein Schneckengetriebe die Aufhängung auf und nieder fahren, so daß die Proben hintereinander zum Wägen aufgehängt werden konnten. Die Temperaturen in der Probe und der Kammerwandung wurden mittels Thermoelementen fortlaufend aufgeschrieben. Die Thermoelementdrähte waren parallel der Gutsoberfläche verlegt. Hierdurch konnten Fehlmessungen durch auftretende Temperaturgradienten im Thermodraht und vorzeitiges Absublimieren des Eises um die Lötperle herum weitgehend vermieden werden. Der Temperaturverlauf in den untersuchten Gütern (Glaskugelschüttung $d_k = 0{,}305$ mm $\varnothing$ und Milch) ist in den Bildern 7.74 und 7.76 dargestellt. Als Probengefäß für die Glaskugelschüttung und die Milch dient ein Plexiglasgefäß mit einem Innendurchmesser von 40 mm $\varnothing$ und einer Innenhöhe von 6 mm. Außerdem wurde eine Untersuchung an einer Apfelscheibe mit einem Durchmesser von 24 mm und einer Höhe von 8 mm durchgeführt.

Alle Proben waren vor Beginn der Sublimationstrocknung voreingefroren.

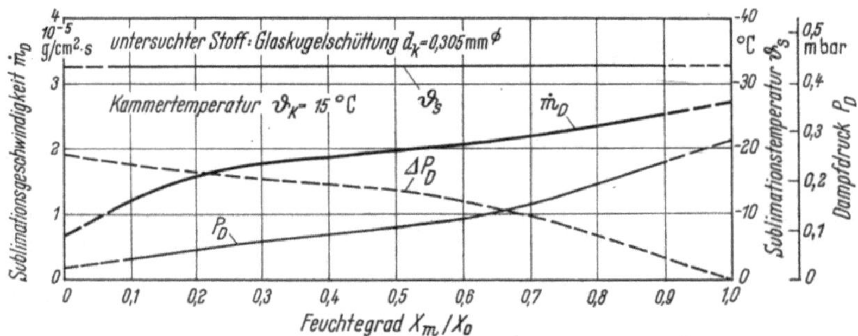

Bild 7.73. Trocknungsverlauf einer Glaskugelschüttung bei Sublimationstrocknung.

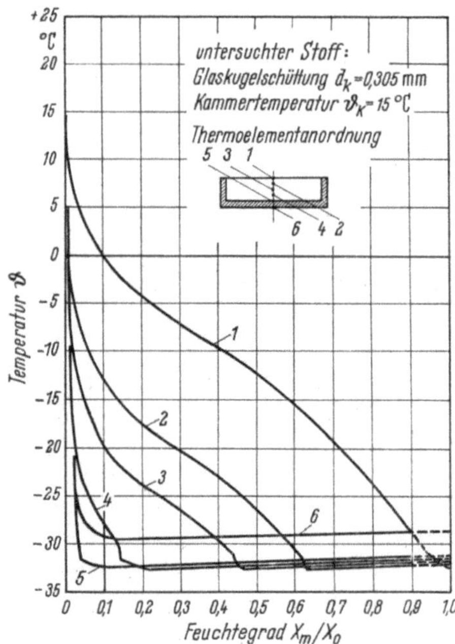

Bild 7.74. Temperaturverlauf in der Probe in Abhängigkeit vom Feuchtigkeitsgrad.

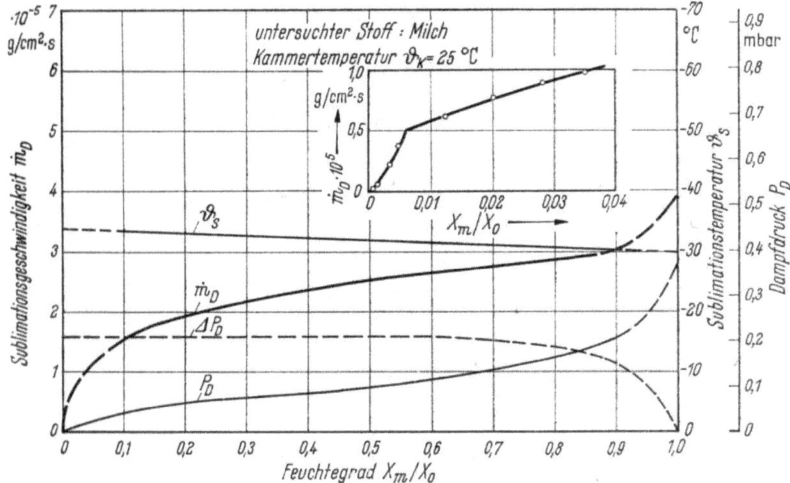

Bild 7.75. Trocknungsverlauf von Milch bei Sublimationstrocknung.

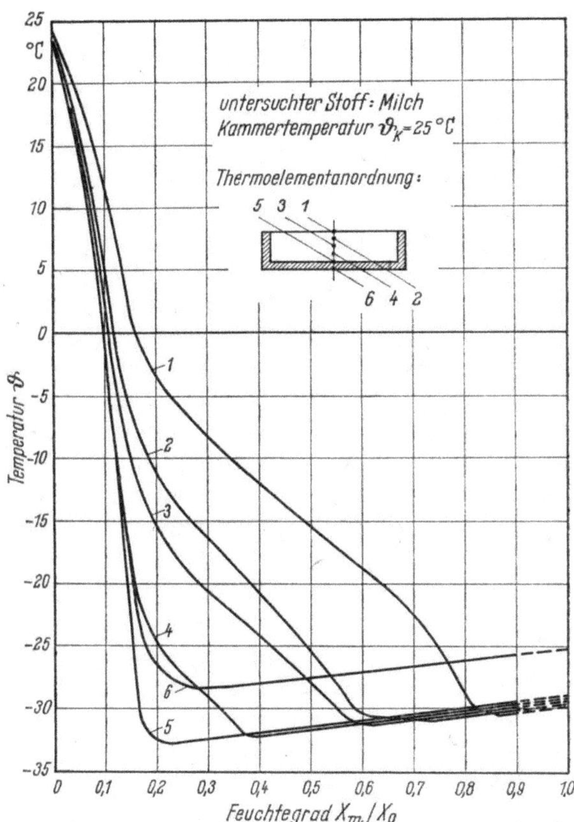

Bild 7.76. Temperaturverlauf in der Probe in Abhängigkeit vom Feuchtigkeitsgrad.

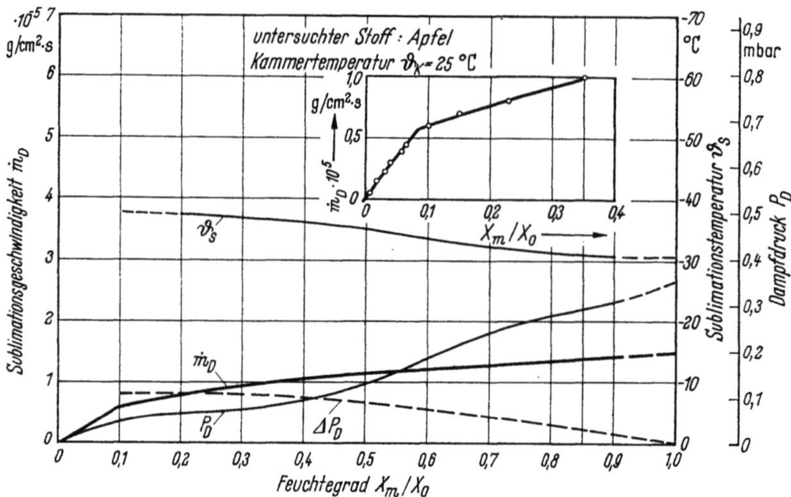

Bild 7.77. Trocknungsverlauf von Apfel bei Sublimationstrocknung.

In den Bildern 7.73 und 7.77 sind die während der Versuche aufgenommenen Versuchsdaten über dem jeweiligen Feuchtigkeitsgrad X_m/X_0 aufgetragen. Die gemessene Sublimationsgeschwindigkeit $\dot m_D$ ist auf die gesamte Querschnittsfläche, durch welche die Verdunstung erfolgte, bezogen. Der Dampfdruck P_D ist der durch das Vakuummeßinstrument bestimmte Druck in der Vakuumkammer, der näherungsweise als Absolutdruck aufgefaßt werden kann. Die in den Bildern 7.73, 7.75, 7.77 eingetragene Sublimationstemperatur ϑ_s stellt die Einhüllende der tiefsten Temperaturen in den entsprechenden Temperaturverteilungsdiagrammen dar. Das die Stoffbewegung im Gut bewirkende Druckgefälle $\Delta P_D = P_D'' - P_D$ ist ebenfalls dargestellt, wobei der Sattdampfdruck P_D'' gemäß der Sublimationstemperatur ϑ_s aus der Dampfdrucktafel entnommen wurde.

Wie aus den Bildern 7.73 bis 7.77 zu entnehmen, ändert sich die Sublimationstemperatur ϑ_s während des Versuchsablaufs nur wenig und liegt für alle Versuche in etwa gleicher Größenordnung. Die Trocknungsgeschwindigkeit $\dot m_D$ fällt nur in geringem Maße ab, während die Dampfdruckdifferenz $(P_D'' - P_D)$ stetig zunimmt. Zu Beginn der Trocknung ist ΔP_D gleich Null, d. h. der Eisspiegel befindet sich noch in der Gutsoberfläche und der Dampfdruck in der Vakuumkammer ist gleich dem der Sublimationstemperatur entsprechenden Sattdampfdruck. Je tiefer der Sublimationsspiegel in das Gutsinnere eindringt, um so größer ist der für die Dampfbewegung zur Überwindung der Porenwiderstände erforderliche Druckabfall ΔP_D, wie es in den Diagrammen deutlich zum Ausdruck kommt.

Die über dem Feuchtigkeitsgrad aufgetragenen Temperaturverlaufskurven lassen in dem mehr oder minder stark ausgeprägten Knick mit anschließendem Temperaturanstieg das Wandern des Sublimationsspiegels erkennen. Die jeweils tiefste Temperatur herrscht im Sublimationsspiegel.

Bestimmt man das Verhältnis des Bewegungsbeiwertes b zu dem Widerstandsfaktor μ nach Gl. (5.39)

$$\frac{b}{\mu} = \dot m_D \frac{s}{(P_D'' - P_D)}$$

aus den aufgenommenen Versuchsdaten, wobei s die Sublimationsspiegeltiefe ist, so ergibt sich für die Glaskugelschüttung ein Wert von $b/\mu \approx 3{,}25 \cdot 10^{-5}$ cm/sek, der während der gesamten Trocknung nahezu konstant blieb. Ebenfalls eine gute Konstanz zeigte sich bei der Apfelscheibe ($b/\mu \approx 2{,}5 \cdot 10^{-5}$ cm/sek), während der b/μ-Wert für die Milch vom Versuchsbeginn ($\approx 1 \cdot 10^{-5}$ cm/sek) bis zu Versuchsende ($\approx 5 \cdot 10^{-5}$ cm/sek) stetig größer wurde, d.h.: der Dampfbewegungswiderstand des trockenen Porengefüges wird kleiner; dies deutet auf eine Änderung der Struktur hin. Diese Vermutung wurde dadurch bestätigt, daß am Ende des Versuchs deutlich eine Vielzahl äußerst kleiner Risse in der Trockensubstanz zu erkennen war.

Vergleicht man die Trocknungsgeschwindigkeit gegen Ende der Trocknung, die für Milch und Apfel vergrößert herausgezeichnet wurden, so ist zu erkennen, daß auch bei der Sublimationstrocknung hygroskopischer Güter im Trocknungsverlauf gegen Ende der Trocknung ein Knickpunkt mit anschließendem Steilabfall der Trocknungsgeschwindigkeit auf Null auftritt, während die Trocknung der nichthygroskopischen Glaskugelschüttung mit einer endlichen Trocknungsgeschwindigkeit beendet wurde.

An Hand der Versuche ist es sehr leicht möglich, die Größe der Wärmeleitfähigkeit des schon trockenen Gutsteiles abzuschätzen. Wird die zur Sublimation benötigte Wärme allseitig an die Gutsoberfläche übertragen, und findet die Stoffbewegung durch diese Oberfläche hindurch statt, so kann man näherungsweise setzen:

$$h_{\mathrm{s}}\,\frac{b}{\mu}\,\frac{P_{\mathrm{D}}'' - P_{\mathrm{D}}}{s} = \lambda_{\mathrm{tr}}\,\frac{\vartheta_0 - \vartheta_{\mathrm{s}}}{s}\,,$$

wobei $\vartheta_0 - \vartheta_{\mathrm{s}}$ die Temperaturdifferenz zwischen Gutsoberfläche und Sublimationsspiegel und h_{S} die Sublimationswärme $h_{\mathrm{V}} + h_{\mathrm{Sch}}$ ist.

Die Wärmeleitfähigkeit des trockenen Gutes könnte dann aus der Beziehung

$$\lambda_{\mathrm{tr}} = h_{\mathrm{s}}\,\frac{b}{\mu}\,\frac{P_{\mathrm{D}}'' - P_{\mathrm{D}}}{\vartheta_0 - \vartheta_{\mathrm{s}}}$$

bestimmt werden. Für die Wärmeleitfähigkeit λ_{tr} der allseitig trocknenden Apfelscheibe wurden Werte zwischen 0,1 und 0,03 W/mK gefunden.

Bei den Versuchen an der Glaskugelschüttung und an Milch muß zur Bestimmung von λ_{tr} der Wärmeanteil, der von dem Probengefäßboden durch den noch gefrorenen Teil des Gutes mit der Wärmeleitfähigkeit λ_{f} an den Sublimationsspiegel übertragen wird, mit berücksichtigt werden. Mit der Probendicke l und der Sublimationsspiegeltiefe s lautet die Verknüpfungsgleichung für den Wärme- und Stoffaustausch:

$$h_{\mathrm{s}}\,\frac{b}{\mu}\,\frac{P_{\mathrm{D}}'' - P_{\mathrm{D}}}{s} = \lambda_{\mathrm{tr}}\,\frac{\vartheta_0 - \vartheta_{\mathrm{s}}}{s} + \lambda_{\mathrm{f}}\,\frac{\vartheta_{\mathrm{u}} - \vartheta_{\mathrm{s}}}{l - s}$$

oder

$$\lambda_{\mathrm{tr}} = h_{\mathrm{s}}\,\frac{b}{\mu}\,\frac{P_{\mathrm{D}}'' - P_{\mathrm{D}}}{\vartheta_0 - \vartheta_{\mathrm{s}}} - \frac{\lambda_{\mathrm{f}}}{\dfrac{l}{s} - 1}\,\frac{\vartheta_{\mathrm{u}} - \vartheta_{\mathrm{s}}}{\vartheta_0 - \vartheta_{\mathrm{s}}}\,.$$

Nimmt man für die Wärmeleitfähigkeit des gefrorenen Gutsteiles näherungsweise $\lambda_{\mathrm{f}} = 1{,}5$ W/mK an, so ergeben sich aus den Versuchsdaten λ_{tr}-Werte, die während des Versuches im Druckbereich von etwa 0,4 bis 0,013 mbar zwischen $\lambda_{\mathrm{tr}} = 0{,}03$

und 0,01 W/mK für Glaskugeln, und zwischen $\lambda_{tr} = 0,07$ und 0,02 W/mK für Milch lagen. Obwohl die Wärmeleitfähigkeitsbestimmung nur als sehr grobe Abschätzung angesehen werden darf, erkennt man dennoch den starken Einfluß des Vakuums bei der Sublimationstrocknung auf die Verminderung der Wärmeleitfähigkeit trocken poröser Substanzen (vgl. Abschn. 4.2.5.3.).

7.3.2.3. Trocknungsvorgänge bei innerer Wärmezufuhr (Hochfrequenztrocknung)

Innere Wärmezufuhr ist auf verschiedene Weise zu erreichen, z. B. durch Joulesche Wärme bei stromdurchflossenen Gütern, durch die Wärmeumsetzung bei Verschiebungsströmen im Hochfrequenzfeld, durch chemische Vorgänge während der Trocknung oder auch durch Ausnutzung der Speicherwärme des Gutes, falls nach erfolgter Aufheizung der Druck der Umgebung unter den Siededruck im Gut abgesenkt wird. Solche Verfahren werden bei empfindlichen Gütern zuweilen angewandt, um eine möglichst spannungsfreie Trocknung zu bewirken. Trocknung mittels Joulescher Wärme scheitert im allgemeinen daran, daß die elektrische Leitfähigkeit der feuchten Güter bei kleiner werdender Feuchtigkeit so stark abnimmt, daß selbst bei hohen Spannungen kein hinreichender Wärmeumsatz möglich ist. Daher sollen hier nur einige Versuchsergebnisse, die bei der Hochfrequenztrocknung gewonnen wurden, mitgeteilt werden [7.56]. Sie sollen zeigen, welcher Art das Temperatur- und Feuchtefeld bei Trocknung mit innerer Wärmezufuhr sein kann.

Zwischen den beiden Kondensatorplatten einer Hochfrequenzanlage (Wellenlänge rund 4,5 m) wurden Proben verschiedener Hölzer an einer Waage aufgehängt. Beobachtet wurde die Gewichtsabnahme und der zeitliche Temperaturverlauf an verschiedenen Stellen des Holzes zunächst ohne Regelung der Energieaufnahme. Die Versuche wurden ohne zusätzliche Erwärmung der dampfaufnehmenden Luft

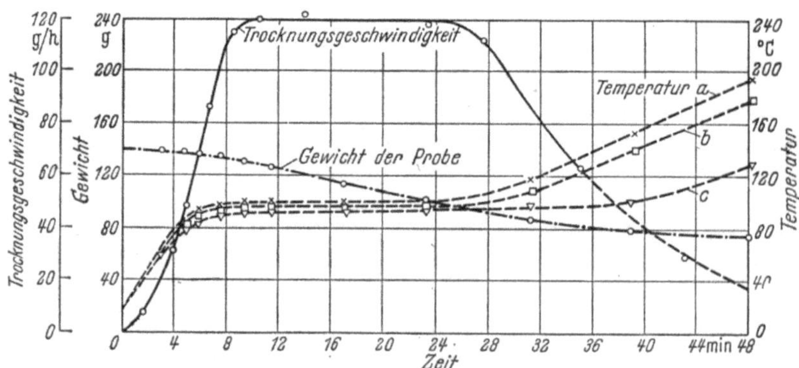

Bild 7.78. Trocknung von Holzproben bei innerer Wärmezufuhr durch Hochfrequenzströme. Änderung der Trocknungsgeschwindigkeit, des Probengewichtes und der Temperatur im Laufe der Trocknung.
a Temperatur in Probenmitte; *b* Temperatur in 1 cm Abstand vom Rand; *c* Temperatur am Rand der Probe.

bei Zimmertemperatur durchgeführt. Das Kennzeichnende des Verlaufes der Temperaturen und der Trocknungsgeschwindigkeit geht aus Bild 7.78 hervor. Die Temperatur der Probe steigt zunächst so an, daß sie in der Mitte der Probe auf etwas über 100 °C kommt. Sie bleibt so lange praktisch konstant, bis alle Feuchtigkeit an dieser Stelle verdampft ist, und steigt dann wieder steil an. In den äußeren Zonen der Probe bleibt die Temperatur wegen der Wärmeabgabe an den Raum stets hinter der der Mitte zurück. Mit zeitlicher Nacheilung erreichen die äußeren Schichten Temperaturen von etwas über 100 °C. An dem folgenden steilen Anstieg erkennt man die praktisch vollendete Austrocknung an der Meßstelle. Die Kurve der Trocknungsgeschwindigkeit zeigt nach vollendeter Aufheizung wiederum einen ersten Abschnitt praktisch konstanter Trocknungsgeschwindigkeit, dann einen stark fallenden Ast, nachdem die Trocknung in der Probenmitte beendet ist.

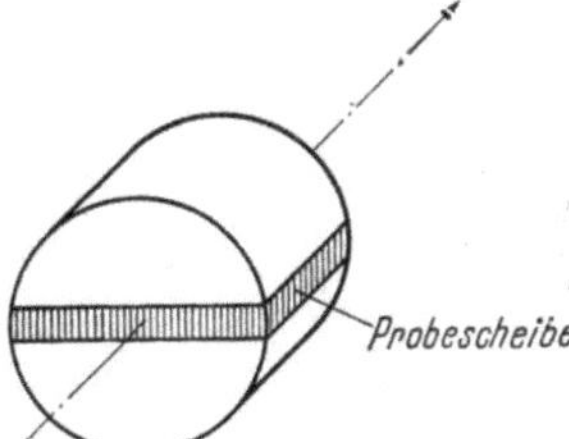

Bild 7.79. Anordnung der Holzproben.

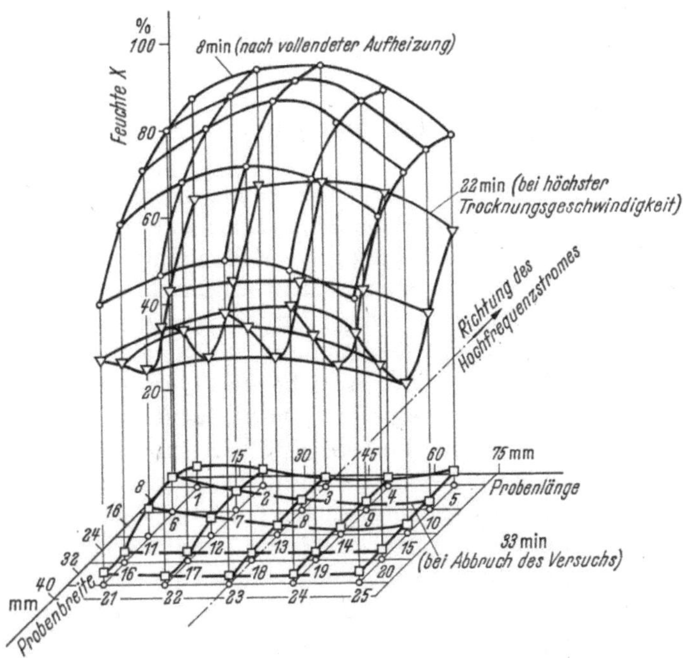

Bild 7.80. Feuchtigkeitsverteilung in drei gleichbehandelten Holzproben zu verschiedenen Zeiten.

Der fallende Ast ist hier nicht eindeutig als Trocknungsgeschwindigkeit zu bezeichnen, da ein Austreiben flüchtiger Bestandteile aus der Holzprobe beginnt, sobald die Temperatur an einer Stelle wesentlich über 100°C ansteigt. Die hier beobachtete Probe war am Ende des Versuches im Inneren teilweise verkohlt.

In Bild 7.80 sind Feuchtigkeitsverteilungen in drei gleich behandelten Proben zu verschiedenen Zeiten aufgetragen. Bei diesen Versuchen wurde die Energieaufnahme so geregelt, daß die Temperatur in Probenmitte niemals über 100°C kam. Die als oberste Fläche in Bild 7.80 aufgetragene Feuchteverteilung wurde unmittelbar nach beendeter Aufheizung gemessen. Charakteristisch ist, daß die Feuchte noch nach außen hin abnimmt. Die Verdunstung findet noch vorwiegend an der Oberfläche statt. Die zweite Fläche zeigt das Feuchtefeld in einem Zeitpunkt des Hauptabschnittes der Trocknung, solange noch das ganze Gut an der Feuchteabgabe beteiligt ist. Man erkennt, daß im Sinne des Temperaturgefälles eine Wanderung des Wassers nach außen hin stattfindet (Kapillarkondensation), so daß das Gut außen feuchter ist als innen. Auch bei der untersten Fläche in Bild 7.80, die einen Zustand gegen Ende der Trocknung zeigt, sind die Randfeuchten durchweg höher als die im Inneren. Für die in Holz während der Trocknung infolge ungleicher Schwindung auftretenden Spannungen bedeutet diese Verteilung, daß bei dieser Art der Trocknung an der Oberfläche des Gutes Druckspannungen auftreten, während bei der üblichen Trocknung mit äußerer Wärmezufuhr an der zuerst trocknenden Oberfläche Zugspannungen herrschen, die leicht zur Rißbildung führen.

Die hier mitgeteilten Versuchsergebnisse dürfen als Beweis dafür angesehen werden, daß der Trocknungsverlauf bei der Hochfrequenztrocknung selbst bei so feinporigen Gütern wie Buchenholz durchaus den Gesetzmäßigkeiten folgt, die sich bei Anwendung des Stefanschen Diffusionsgesetzes ergeben.

7.3.2.4. Diskontinuierliche Vakuumtrocknung

Auch bei der diskontinuierlichen Vakuumtrocknung, bei der die Speicherwärme des Gutes zur Aufbringung der Verdampfungswärme verbraucht wird, kann man eine große Gleichmäßigkeit der Feuchtigkeitsverteilung im Gut erreichen.

Das Arbeitsprinzip dieser Trocknungsart ist folgendes: Das Gut wird so oft wie nötig auf konstante Temperatur aufgeheizt und dann zum Zwecke der Trocknung so weit evakuiert, daß eine Verdampfung erfolgt, die zur Abkühlung des Gutes führt. Das Aufheizen des Gutes geschieht ohne Trocknung unter Gegenwart von Luft von normalem oder sogar erhöhtem Druck, damit die mit der Temperaturbewegung beim Aufheizen verknüpfte Dampfdiffusion möglichst schwach ist.

Die Evakuierung erfolgt plötzlich auf einen Absolutdruck P, der tiefer liegt als der Wasserdampfdruckteil des aufgeheizten Gutes im Gleichgewichtszustand. Dabei kühlt sich das Gut ab, und zwar in nassem Zustand (nichthygroskopisches Gebiet) auf die Siedetemperatur bei dem entsprechenden Vakuum, im hygroskopischen Gebiet auf eine Temperatur, die aus den Sorptionsisothermen bekannt ist.

In Bild 7.81 ist der Temperatur- und Feuchtigkeitsverlauf in der Mitte einer Buchenholzprobe, bei der eine axiale Dampfbewegung möglich war, bei einer diskontinuierlichen Vakuumtrocknung mit einer kleinen Versuchsapparatur [7.56] dargestellt. Die Aufheizung ist beendet, wenn die Temperatur der Gutsmitte (gestrichelte Kurve) gleich der Thermostattemperatur ist. Bei dem plötzlichen Evakuieren mittels Wasserstrahlpumpe tritt ein schlagartiger Temperaturabfall im ganzen Gut ein, was daraus zu erkennen ist, daß selbst die Temperatur der Mitte sofort abfällt. Man erkennt daraus die außerordentlich rasche Diffusion im Vakuum.

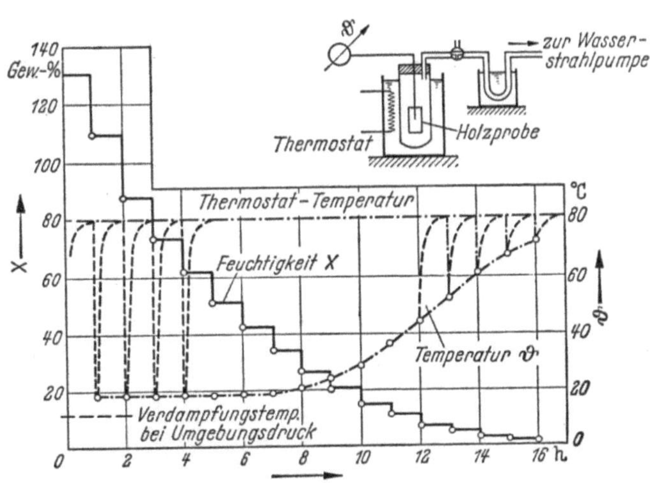

Bild 7.81. Zeitlicher Verlauf der Feuchte X und der Temperatur in der Mitte einer Buchenholzprobe bei diskontinuierlicher Vakuumtrocknung.

Ferner zeigt Bild 7.81 folgendes: In einem ersten Abschnitt der Trocknung sinkt die Temperatur stets bis auf den gleichen Wert (= Verdampfungstemperatur bei Umgebungsdruck, d. h. annähernd gleich dem Sattdampfdruck bei Wasserstrahltemperatur). Dies ist der Fall im nichthygroskopischen Bereich. Aus dem Verlauf der Feuchte (ausgezogene Kurve) sieht man, daß die gleiche Temperaturabsenkung bis etwa 30% Gutsfeuchtigkeit, das ist bis Fasersättigung, auftritt (s. Sorptionsisotherme Bild 3.10).

In einem zweiten Abschnitt (im hygroskopischen Bereich) wird die Temperaturerniedrigung beim Evakuieren immer kleiner. Wäre die Gleichgewichtsfeuchte erreicht, so würde überhaupt kein Temperaturabfall mehr eintreten.

Die unmittelbare Messung der Feuchteverteilung sowie die Tatsache, daß sich der hygroskopische und der nichthygroskopische Bereich gerade im Fasersättigungspunkt trennen, lehren, daß die Feuchteverteilung im Gut sehr gleichmäßig sein muß und eine spannungsfreie Trocknung auch auf diesem Wege möglich ist. Voraussetzung für diese Trocknungsart ist:

1. daß das Gut den gemachten Voraussetzungen genügt, daß nämlich beim Evakuieren die in den Poren enthaltene Luft so schnell aus dem Gut heraus kann

daß die Dampfdiffusion überall außerordentlich groß ist und daß die wirksamen Porenweiten in jeder Richtung so groß sind, daß Stefansche und nicht Knudsensche Diffusion vorliegt;

2. daß die Apparatur den gemachten Voraussetzungen genügt; daß nämlich in Wahrheit diskontinuierlich getrocknet wird, d. h. Aufheizung ohne Trocknung, Trocknung ohne äußere Wärmezufuhr lediglich durch Evakuieren. Es müssen also zwei Dinge unter allen Umständen vermieden werden: die Trocknung während der Aufheizung durch Kondensation an kalten Flächen des Aufwärmers und eine Wärmeeinstrahlung während des Evakuierens. Durch beide Einflüsse wird eine erhöhte Austrocknung der Oberfläche bewirkt, die wiederum ungleiche Feuchtigkeitsverteilung und damit die Rißgefahr zur Folge hat.

In einer ausgedehnten Untersuchung [7.33] über diese Trocknungsart bei Hölzern technischer Abmessungen (Bretter von 1″ Stärke, 20 cm Breite und 1 m Länge) ergab sich, daß die erste Bedingung bei Kiefernholz in radialer Richtung gar nicht, in tangentialer und axialer Richtung nur sehr unvollkommen erfüllt ist. Auch bei Eichenholz scheint die Voraussetzung nicht durchaus gegeben zu sein,

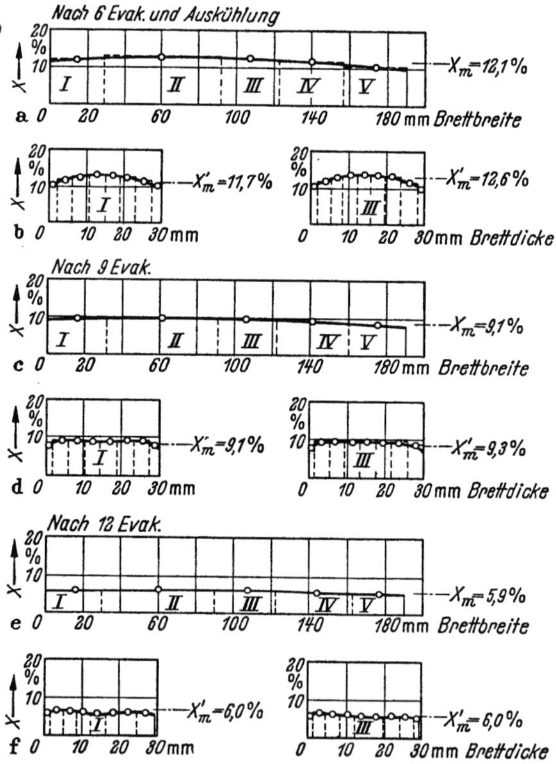

Bild 7.82.a-f. Feuchtigkeitsverteilung nach der 6., 9. und 12. Evakuierung (Buche S Bu 17. Anfangsfeuchtigkeit $X \approx 24,2\%$, Endfeuchtigkeit $X \approx 5,9\%$).

da der Temperaturabfall beim plötzlichen Evakuieren nicht schlagartig, sondern nur langsam und nie bis auf Verdampfungstemperatur bei Umgebungsdruck abfiel. Bei Buche und Birke war die Voraussetzung im Versuchsbereich einigermaßen erfüllt (Aufwärmetemperatur $\approx 80\,°\mathrm{C}$, Evakuierung auf Wasserstrahlpumpenvakuum $P \approx 17$ mbar. Dies läßt darauf schließen, daß die bei verschiedenen Holzarten vorliegenden Porensysteme recht verschieden sind. Bei einigen ist für die Diffusion das grobe Porensystem, für das Stefansche Diffusion anzunehmen ist, entscheidend, bei anderen — vorwiegend den harzreichen — das feinporige, bei dem Knudsensche Molekulardiffusion anzunehmen ist.

Die zweite, auf die Apparatur bezügliche Bedingung kann bei empfindlichen Gütern nur durch genaue Konditionierung der Luft erfüllt werden. Während des Aufheizens muß die Umwälzluft so konditioniert werden, daß keine Austrocknung der Oberfläche durch den mit dem Temperaturgefälle ins Gutsinnere verknüpften Diffusionsstrom erfolgt.

Die Versuche lehrten, daß die Befeuchtung der Umwälzluft zweckmäßig so erfolgt, daß der Dampfdruck in der Umwälzluft in jedem Augenblick gleich demjenigen gemacht wird, der aus der Oberflächentemperatur und der Gutsfeuchtigkeit als Gleichgewichtsdampfdruck resultiert (Sorptionsisotherme).

Bild 7.82 zeigt, welche Gleichmäßigkeit der Feuchteverteilung in Buchenholz bei einwandfrei durchgeführter Konditionierung erreicht werden kann.

7.3.2.5. Zusammenfassung der Versuchsergebnisse bei anderen Trocknungsarten als bei Lufttrocknung

1. Für porige Stoffe, in denen Flüssigkeits- und Dampfbewegung möglich ist, zeigt der Trocknungsverlauf bei allen Trocknungsarten mit *Wärmezufuhr von außen* (z. B. Strahlungs- oder Kontakttrocknung) grundsätzlich das gleiche Bild wie bei der Lufttrocknung.

   Die drei Abschnitte der Trocknung treten bei Verdampfungstrocknung im Vakuum sowie bei der Verdunstungstrocknung in gleicher Weise in Erscheinung wie bei der Lufttrocknung. Die Knickpunktkurve bedeutet ebenfalls das Ende des ersten Trocknungsabschnittes. Hinsichtlich der Richtung der Wärmezufuhr (im Sinne oder entgegen der Richtung der Dampfabfuhr) ist lediglich zu beachten, daß die Austrocknung des Gutes immer an der Stelle der Wärmezufuhr erfolgt (d.h. bei Strahlungs- und Konvektionstrocknung an der dem Trockenmittel zugekehrten Gutsoberfläche, bei Kontakttrocknung an der dem Trockenmittel abgewandten Seite). Die Gesetze der Wärmeübertragung und der Dampfdiffusion (Stefansches Gesetz) bestimmen den Vorgang in durchaus gleicher Weise wie bei der Lufttrocknung.

2. Bei der Trocknung poriger Güter mit *innerer Wärmezufuhr* (Hochfrequenztrocknung oder diskontinuierliche Vakuumtrocknung) kann unter Umständen eine gleichmäßige Verdampfung im ganzen Gut (und damit Trocknung ohne Unterschiede in der Gutsfeuchte) erreicht werden. Dann tritt kein Knickpunkt

auf; die Trocknungsgeschwindigkeit ist allein von der Höhe der Wärmezufuhr abhängig. Es zeigt sich, daß selbst bei so feinporigen Gütern wie manchen Holzarten (Buche, Birke) bei Vakuum bis 17 mbar die Dampfdiffusion dem Stefanschen Gesetz folgt, während bei anderen Holzarten (vor allem Kiefer, bis zum gewissen Grade Eiche) eine andere Art der Diffusion (Knudsensche) die Dampfbewegung bestimmt.

3. Bei der Sublimationstrocknung entfällt der erste Trocknungsabschnitt. Wegen des Fehlens der kapillaren Flüssigkeitsleitung ist dieser Fall bei Kenntnis der Stoffeigenschaften (Wärmeleitfähigkeit und Widerstandsfaktor für die meist vorliegende Molekularbewegung) a priori berechenbar.

8. Der Einfluß der äußeren Bedingungen auf die Trocknungsgeschwindigkeit

8.1. Einfache Berechnungen für die verschiedenen Trocknungsverfahren bei plattenförmigen Trocknungsgütern

Im ersten Teil des vorhergehenden Kapitels wurde das Zusammenspiel zwischen Dampfdiffusion und Flüssigkeitsbewegung im Gutsinneren behandelt, wie man es aus experimentellen Untersuchungen bei niederen, konstant gehaltenen Temperaturen (unter etwa 50 °C) bestätigt findet (s. Abschn. 7.1.). Dabei waren Dampfdiffusion und die kapillare Flüssigkeitsbewegung die allein entscheidenden Vorgänge. Anschließend wurden Fälle betrachtet, bei denen die Wärmeübertragung als entscheidender Vorgang in Erscheinung trat (insbesondere bei hohen Gutstemperaturen oder im Vakuum). Bei der reinen Verdampfungstrocknung bestimmen die Verhältnisse der Wärmeübertragung allein den Ablauf der Trocknung.

Im folgenden sollen die experimentell bestätigten Gesetzmäßigkeiten zu einfachen Berechnungen bei konstantem Luftzustand für die charakteristischen Abschnitte bzw. Punkte des Trocknungsvorganges benutzt werden. Diese Abschnitte bzw. Punkte sind:

1. die Anfangstrocknungsgeschwindigkeit $\dot{m}_{\mathrm{DI}}$ im ersten Trocknungsabschnitt, der bis zur experimentell festzustellenden Knickpunktkurve geht;
2. die Endtrocknungsgeschwindigkeit $\dot{m}_{\mathrm{DE}}$ des zweiten Trocknungsabschnittes. Kennt man diese und den Knickpunkt, so läßt sich meist mit einiger Sicherheit der Trocknungsverlauf im zweiten Abschnitt in das Diagramm des Trocknungsverlaufes einzeichnen;
3. der Verlauf der Trocknungsgeschwindigkeit im dritten Abschnitt der Trocknung bei kapillarporösen Systemen, bei denen der zweite Trocknungsabschnitt nur bis zu einem Flüssigkeitsgehalt gehen kann, bei dem das ganze Gut im hygroskopischen Bereich ist. Dann fällt die Trocknungsgeschwindigkeit bis zur Gleichgewichtsfeuchte auf den Wert Null.

Die hier mitgeteilten Berechnungen, die eine grobe Vorausberechnung der Trocknungszeiten für alle Trocknungsarten gestatten, sind deshalb einfach, weil für die genannten Punkte bzw. Vorgänge nicht alle in Betracht kommenden Bewegungsmöglichkeiten (Wärme-, Flüssigkeits- und Dampfbewegung), sondern nur Wärme- und Dampfbewegung maßgeblich sind. Ein weiterer Grund für die Einfachheit der Berechnung ist darin zu sehen, daß die Kupplung des Wärme- und Stoffaustausches im ersten Abschnitt ($\dot{m}_{\mathrm{DI}}$) sowie am Ende des zweiten Trocknungabschnittes ($\dot{m}_{\mathrm{DE}}$) so berechnet werden kann, als fänden beide Vorgänge im Beharrungszustand statt. Im dritten Abschnitt aber ergibt die Berechnung des zeitlich veränderlichen Vorganges unter gewissen vereinfachenden Annahmen einen geradlinigen Trocknungsverlauf, so daß sich für den projektierenden Ingenieur jede Rechenarbeit erübrigt.

Dabei soll der erste Abschnitt näherungsweise konstanter Trocknungsgeschwindigkeit, bei dem die äußeren Bedingungen allein den Vorgang bestimmen, zuerst behandelt werden. Die äußeren Bedingungen des Wärme- und Stoffaustausches sind bei den verschiedenen Trocknungsverfahren verschieden. Je nach Art der Wärmeübertragung an das Gut sind folgende Trocknungsarten zu unterscheiden:

1. Konvektionstrocknung, bei der das Trockenmittel zugleich Wärmeträger ist — Lufttrocknung, Zerstäubungstrocknung, Vakuumtrocknung mit nicht zu hohem Vakuum (z. B. mit Brüdenumwälzung), Heißdampftrocknung, Rauchgastrocknung;

2. Strahlungstrocknung, bei der zusätzlich oder vorwiegend Einstrahlung von außen als Wärmeträger fungiert;

3. Kontakttrocknung, bei der vorwiegend durch Wärmeleitung von beheizten Wänden die zur Verdampfung erforderliche Wärme zugeführt wird (Walzen- oder Zylindertrocknung, Vakuumkontakttrocknung usw.).

Für alle diese Verfahren läßt sich die Trocknungsgeschwindigkeit im ersten Trocknungsabschnitt einigermaßen im voraus berechnen.

Das nur von den kapillaren Eigenschaften des Gutes abhängige Ende des ersten Abschnittes — der „Knickpunkt" — kann derzeit nur aus experimentellen Feststellungen — nach Art der im vorigen Kapitel beschriebenen — gewonnen oder auf Grund von Analogieschlüssen, die sich auf experimentelle Untersuchungen an ähnlichen Stoffen stützen, abgeschätzt werden (Knickpunktkurven). Die Lage dieser Kurven ist in übersehbarer Weise von der Form des Gutes abhängig (ebene Platte, Zylinder, Kugel).

Einfach berechenbar ist wiederum das nur von Gutsdicke und den Diffusions- und Wärmeübertragungsbedingungen abhängige Ende der Trocknung bei grobkapillaren Gütern (Porenweite über 10^{-8} m). Bei gemischtkapillaren Gütern (mit einem feinen, hygroskopischen und einem groben Porensystem wie bei Faserstoffplatten, Papierstoffmasse, Holzspanplatten und dergleichen) ist nur eine scheinbare Endtrocknungsgeschwindigkeit zu berechnen, der die Trocknungsgeschwindigkeit im zweiten Abschnitt zuzustreben scheint. Auch dadurch erhält man einen Anhalt für den Verlauf der Trocknungsgeschwindigkeit im zweiten Abschnitt.

Der Verlauf der Trocknung im letzten (dritten) Abschnitt der Trocknung gemischt-kapillarer Systeme ist einerseits durch die Diffusionseigenschaften des Gutes und die äußeren Diffusionsbedingungen, andererseits durch den Gehalt des Gutes an hygroskopisch gebundener Flüssigkeit bestimmt. Soweit die Bewegung auf Grund von im wesentlichen gleichbleibenden Diffusionseigenschaften des Gutes erfolgt, ist auch hier eine näherungsweise mathematische Beschreibung in einfacher Form möglich.

Nicht in den Bereich der folgenden Betrachtungen gehören Trocknungsvorgänge bei feinporigen Gütern, deren Trocknung einerseits vorwiegend im hygroskopischen Bereich erfolgt (Holz, Getreide usw.), andererseits nur innerhalb kleiner Unterschiede im Feuchtigkeitsgehalt (z. B. von $X = 25$ auf $X = 10\%$). Bei diesen Gütern sind die beiden maßgeblichen Stoffeigenschaften (kapillare Leitfähigkeit und Diffusionswiderstandsfaktor) so wesentlich vom Feuchtegehalt des Gutes abhängig, daß hierfür von den Differentialgleichungen (s. Abschn. 6.2. und Kap. 12.) bei zeitlich veränderlichen Vorgängen auszugehen ist.

8.2. Die Trocknungsgeschwindigkeit im ersten Trocknungsabschnitt

Im ersten Abschnitt der Trocknung unter konstanten äußeren Bedingungen stellt sich, wie die oben beschriebenen Experimente lehren, sehr bald ein dem Beharrungszustand insofern ähnlicher Zustand ein, als sich meist relativ rasch die Temperatur des Gutes und die Trocknungsgeschwindigkeit nicht mehr ändern.

Ist dieser Zustand erreicht, so erfolgt lediglich an der Oberfläche des Gutes ein Wärme- und Stoffaustausch mit der Umgebung, der die Trocknungsgeschwindigkeit bestimmt. Für die verdunstende Oberfläche (Bild 8.1) gilt als allgemeine Beziehung, daß die Summe der durch Konvektion ($\dot{Q}_K$), Strahlung ($\dot{Q}_R$) und Wärmeleitung ($\dot{Q}_B$) an der Oberfläche zugeführten Wärmeströme $\dot{Q}_K + \dot{Q}_R + \dot{Q}_B$ mit dem abströmenden Dampf (als Enthalpiezunahme) $\dot{m}_D \cdot A \cdot h_v$ abgeführt wird, also

$$\dot{Q}_K + \dot{Q}_R + \dot{Q}_B = A \cdot \dot{m}_{DI} \cdot h_v. \tag{8.1}$$

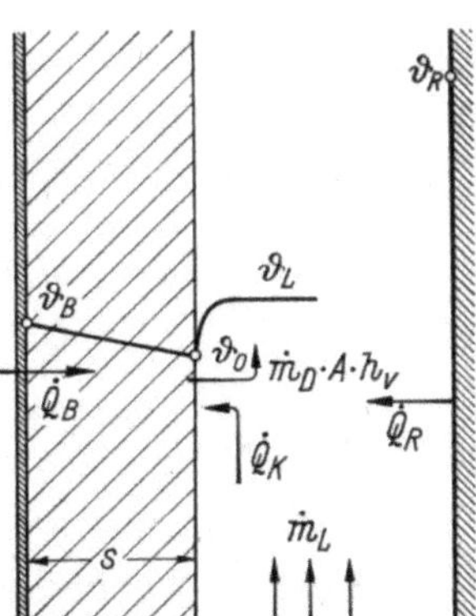

Bild 8.1. Schema zur Wärmebewegung beim Trocknen.

8.2.1. Die Trocknungsgeschwindigkeit, wenn das Trockenmittel alleiniger Wärmeträger ist

Der Fall ist dadurch gekennzeichnet, daß in Gl. (8.1) $\dot{Q}_R$ und $\dot{Q}_B$ Null werden, so daß bei Temperaturen über $\vartheta_0 = 0\,°\mathrm{C}$ gilt:

$$\dot{Q}_K = A\alpha^*(\vartheta_L - \vartheta_0) = A \cdot \dot{m}_{DI} \cdot h_v = A \frac{\beta^* \cdot P}{R_D T} \cdot \frac{P''_{DO} - P_{DL}}{P - P''_{DO}} \cdot h_v. \tag{8.2}$$

Dabei ist in den Übergangskoeffizienten α^* und β^* die gegenseitige Beeinflussung des Wärme- und Stofftransportes bei höheren Partialdruckdifferenzen berücksichtigt (s. Abschn. 5.10.). Diese für reine Lufttrocknung, Heißdampftrocknung, Vakuumtrocknung mit Brüdenumwälzung charakteristische Beziehung wurde bereits in früheren Abschnitten dieses Buches behandelt.

Aus der Bilanzgleichung (8.2) folgt die Gutsbeharrungs- und Oberflächentemperatur im 1. Trocknungsabschnitt nach Gl. (5.162):

$$\vartheta_L - \vartheta_0 = \frac{h_{v(\vartheta_0)}}{c_{pD}} [(1 + B)^\gamma - 1]$$

mit

$$B = \frac{P_{DO}'' - P_{DL}}{P - P_{DO}''} \quad \text{und} \quad \gamma = \frac{c_{pD} M_D}{c_p M} \cdot \left(\frac{Pr}{Sc}\right)^{1-n},$$

aus der iterativ die gesuchte Temperatur ϑ_0 zu berechnen ist.

Für Wasserdampf-Luftgemische ist mit dem Diagramm (Bilder 5.61 bis 5.64) ein Hilfsmittel zur Ermittlung von ϑ_0 gegeben. Es wurde dabei laminare Strömung ($n = 1/3$) angenommen; wegen des Verhältnisses Pr/Sc in der Nähe von Eins ergeben sich aber auch für turbulente Strömungen ($n \approx 0{,}42$) praktisch die gleichen Temperaturen (Abweichung $\vartheta_L - \vartheta_0 < 2\%$). Bei Temperaturen unterhalb $\vartheta_0 = 0\,°\text{C}$ ist an Stelle der Verdampfungswärme h_v die Sublimationswärme

$$h_s = h_v + h_{schm}$$

einzusetzen. Die Stoffwerte für Wasserdampf-Luftgemische können den Bildern 5.65 bis 5.74 entnommen werden.

Will man aus den Bildern 5.61 bis 5.64 die Trocknungsgeschwindigkeit im ersten Trocknungsabschnitt bestimmen, so ist dies nach Gl. (8.2) in der Weise möglich, daß der den Abbildungen entnommene Temperaturunterschied $\vartheta_L - \vartheta_0$ mit der Wärmeübergangszahl α^* multipliziert und durch die Verdampfungswärme- bzw. Sublimationswärme dividiert wird.

$$\dot{m}_{DI} = \frac{\alpha^*}{h_v}(\vartheta_L - \vartheta_0)$$

$$= \frac{\alpha}{c_{pD}} \cdot \ln\left[1 + \frac{c_{pD}}{h_v}(\vartheta_L - \vartheta_0)\right] \tag{8.3}$$

8.2.2. Die Trocknungsgeschwindigkeit bei Mitwirkung von Strahlung und Leitung

Nach Gl. (8.1) kann die allgemeine Wärmebilanz für die Verdunstung bei gleichbleibender Temperatur auch geschrieben werden:

$$\vartheta_L + \frac{\dot{q}_R}{\alpha^*} + \frac{\dot{q}_B}{\alpha^*} - \vartheta_0 = \dot{m}_{DI} \frac{h_v}{\alpha^*} = \frac{\beta^*}{\alpha^*} \frac{P}{R_D T} \frac{(P_{DO}'' - P_{DL}) \cdot h_v}{P - P_{DO}''}. \tag{8.4}$$

Der Ausdruck auf der rechten Seite, der nur von $P_{D,L}$ und ϑ_0 abhängig ist, ist der gleiche wie in Gl. (8.2). Auf der linken Seite steht außer der Temperaturdifferenz $\vartheta_L - \vartheta_0$ noch die durch die Wärmeübergangszahl zwischen Gut und Luftstrom dividierte Strahlungs- bzw. Leitungswärme. Kennt man die letzteren, so ist es einfach, die Temperatur ϑ_0 der Oberfläche aus den Bildern 5.61 bis 5.64 zu ermitteln. Führt man eine äquivalente Lufttemperatur ϑ_L' ein nach der Gleichung

$$\vartheta_L' = \vartheta_L + \frac{\dot{q}_R}{\alpha^*} + \frac{\dot{q}_B}{\alpha^*}, \tag{8.5}$$

so ist für diese, wie Gl. (8.4) aussagt, ϑ_0 genau wie vorher aus den Bildern 5.61 bis 5.64 zu entnehmen.

Die Trocknungsgeschwindigkeit ist in diesem Falle

$$\dot{m}_{DI} = \frac{\alpha^*(\vartheta_L' - \vartheta_0)}{h_v}. \tag{8.6}$$

Je größer $\dot{q}_R/\alpha^* + \dot{q}_B/\alpha^*$ wird, um so größer wird ϑ_L'; damit nähert sich die Gutstemperatur ϑ_0 immer mehr der Verdampfungstemperatur. Um so leichter wird es, von vornherein die Trocknungsgeschwindigkeit abzuschätzen, da kleine Unterschiede in der Temperaturdifferenz $\vartheta_L' - \vartheta_0$ nicht mehr entscheidend sind.

Da man im allgemeinen die Strahlungs- und Leitungswärme mangels Kenntnis der Gutstemperatur nicht genau kennt, wird man — wenn nötig — zunächst eine grobe Abschätzung vornehmen, alsdann das Ergebnis auf Grund der gefundenen Gutstemperatur korrigieren.

Bei der Abschätzung der Strahlungswärme wird man bei bekannter Strahlertemperatur zweckmäßig die in Tabelle 4.15 enthaltenen äquivalenten Wärmeübergangszahlen durch Strahlung benutzen, die für ein Winkelverhältnis 1 gelten. Sie sind bei nicht allseitigem Strahlungsaustausch mit den Winkelverhältnissen zu multiplizieren, die man für die meisten technischen Fälle ohne Schwierigkeit aus den Bildern 4.5 bis 4.7 entnehmen kann.

Bei der Ermittlung der Leitungswärme bei der Kontakttrocknung wird die erste Abschätzung oft recht unsicher sein, vor allem weil unter Umständen die Wärmeleitfähigkeit des feuchten Gutes, durch das die Wärmeleitung erfolgt, selbst in starkem Maße von der Gutstemperatur abhängig ist, wie die Anwendung der Bilder 6.7 bis 6.9 lehrt.

Einfach wird die Berechnung bei Gütern, die durch Hochfrequenz beheizt werden, wenn man die im Hochfrequenzfeld erzeugten Wärmemengen $\dot{Q}_E$ kennt. Denn alle im Gut erzeugte Wärme muß dann durch Wärmeleitung an die Oberfläche gelangen. Dann ist

$$\dot{q}_B = \dot{Q}_E/A.$$

8.2.3. Zweite Fassung der Gleichung zur Ermittlung der Anfangstrocknungsgeschwindigkeit

Die bisherige Darstellung der Beziehungen zur Ermittlung der Anfangstrocknungsgeschwindigkeit ging davon aus, daß man die Strahlungswärme $\dot{q}_R$ und die durch Kontaktleitung zugeführte $\dot{q}_B$ überschläglich leicht ermitteln könne. Dann sind mit Einführung der äquivalenten Temperatur ϑ_L' die Bilder 5.61 bis 5.64 unmittelbar anzuwenden.

Will man jedoch die die Wärmeleitung und Strahlung bestimmenden Temperaturen unmittelbar in die Gleichung zur Ermittlung der Gutstemperatur ϑ_0 einbeziehen, so kann man folgendes Verfahren anwenden.

Die Bilanz lautet mit den Bezeichnungen in Bild 8.1:

$$\left(\alpha + \alpha_R + \frac{\lambda}{s}\right)\left(\frac{\alpha\vartheta_L + \alpha_R\vartheta_R + \frac{\lambda}{s}\vartheta_B}{\alpha + \alpha_R + \frac{\lambda}{s}} - \vartheta_0\right) = \dot{m}_{DI} \cdot h_V.$$

Führt man eine äquivalente Lufttemperatur ϑ_L^* ein, — die jedoch anders definiert ist als die durch Gl. (8.5) gegebene ϑ_L' —

$$\vartheta_L^* = \frac{\alpha\vartheta_L + \alpha_R\vartheta_R + \dfrac{\lambda}{s}\,\vartheta_B}{\alpha + \alpha_R + \dfrac{\lambda}{s}} \tag{8.7}$$

und definiert eine Biotsche Kennzahl Bi für das Verhältnis der äußeren Wärmeübertragung $(\alpha + \alpha_R)$ zu der Leitung im Gut (λ/s)

$$Bi = \frac{(\alpha + \alpha_R)\,s}{\lambda}, \tag{8.8}$$

so lautet die Bilanz

$$\dot{m}_{DI}\cdot h_V = (\alpha + \alpha_R)\,\frac{1 + Bi}{Bi}(\vartheta_L^* - \vartheta_0). \tag{8.9}$$

Bei höheren Partialdruckdifferenzen ist zur Berücksichtigung der Rückwirkung des Stofftransports auf den Wärmetransport entweder mit korrigierten Übergangskoeffizienten zu setzen oder logarithmisch definierte Partialdruck- und Temperaturdifferenzen nach den Gln. (5.122) und (5.149) anzusetzen:

$$\dot{m}_{DI}\cdot h_V = \frac{P\beta}{R_D T}\cdot \ln\frac{P - P_{DL}}{P - P_{DO}''}\cdot h_V$$

$$= \frac{h_V(\alpha + \alpha_R)}{c_{pD}}\cdot\frac{1 + Bi}{Bi}\cdot \ln\left[1 + \frac{c_{pD}}{h_V}(\vartheta_L^* - \vartheta_0)\right]. \tag{8.10}$$

Die Auflösung zur Bestimmung der Oberflächentemperatur führt auf die Gleichung, die analog Gl. (5.162) aufgebaut ist:

$$\vartheta_L^* - \vartheta_0 = \frac{h_V}{c_{pD}}\,[(1 + B)^{\gamma^*} - 1] \tag{8.11}$$

mit

$$B = \frac{P_{DO}'' - P_{DL}}{P - P_{DO}''}$$

und

$$\gamma^* = \frac{c_{pD}M_D}{c_p M}\cdot\left(\frac{Pr}{Sc}\right)^{1-n}\cdot\frac{Bi}{1 + Bi}\cdot\frac{\alpha}{\alpha + \alpha_R}$$

$$= \gamma\cdot\frac{Bi}{1 + Bi}\cdot\frac{\alpha}{\alpha + \alpha_R}, \tag{8.12}$$

wobei γ durch Gl. (5.145) gegeben ist.

Ist $B_0 \ll 1$, wie bei den meisten Trocknungsaufgaben, so läßt sich Gl. (8.12) näherungsweise schreiben

$$\vartheta_L^* - \vartheta_0 = \frac{h_{V(\vartheta_0)}}{c_{pD}}\cdot \gamma\cdot B\cdot\frac{Bi}{1 + Bi}\cdot\frac{\alpha}{\alpha + \alpha_R}. \tag{8.13}$$

Durch einen Vergleich mit Gl. (5.162) für die Temperatur im 1. Trocknungsabschnitt ohne Einwirkung von Strahlung und Leitung erkennt man, daß die Bilder 5.61 bis 5.64 auch im vorliegenden Fall benutzt werden können, wenn ϑ_L durch ϑ_L^* ersetzt wird, und die rechte Seite der Gl. (5.162) mit $[Bi/(1 + Bi)]\cdot[\alpha/(\alpha + \alpha_R)]$

umgerechnet wird, d.h. wenn die Kurve für den vorgegebenen Wert von P_{DL} (Kurve a in Bild 8.2) mit dem vorstehenden Faktor multipliziert wird (Kurve b in Bild 8.2). Der Schnittpunkt der Geraden für ϑ_L^* mit Kurve b gibt dann die gesuchte Oberflächentemperatur.

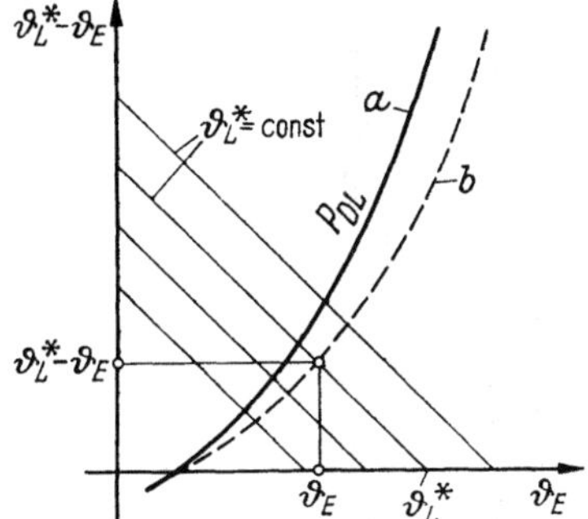

Bild 8.2. Zur Ermittlung der Endtemperatur im Trockenspiegel.

8.3. Die Endtrocknungsgeschwindigkeit des zweiten Trocknungsabschnitts bei nichthygroskopischen plattenförmigen Gütern

Da die Dampfdiffusion im Gutsinnern je nach Porenweite und Höhe des Gesamtdruckes verschiedenen Gesetzmäßigkeiten folgen kann — Knudsensche Molekularbewegung oder Stefansche Diffusion (vgl. Kap. 5.), müssen diese beiden Fälle unterschieden werden.

8.3.1. Die Endtrocknungsgeschwindigkeit bei Stefanscher Diffusion im Gutsinnern

Die Bestimmung der Endtrocknungsgeschwindigkeit $\dot{m}_{D,E}$ ist dann einfach, wenn man den Ort der Verdunstung der letzten Flüssigkeitsmenge, d.h. die Lage des Trockenspiegels, in dem bei nicht hygroskopischen Gütern immer der Sattdampfdruck herrscht, kennt. Dies ist z.B. der Fall bei zweiseitiger Trocknung, bei der man von vornherein weiß, daß die letzte Wassermenge nur aus der Gutsmitte heraus verdampfen kann (Bild 8.3a). Ebenso weiß man bei der einseitigen Konvektions- oder Strahlungstrocknung — jedoch nur, wenn die wesentliche Absorption der Strahlung an der Gutsoberfläche (nicht im Gutsinnern) erfolgt —, daß der letzte Rest der Feuchtigkeit aus der von Trockenmittel und Wärmeträger am weitesten entfernten Stelle s verdampfen muß (Bild 8.3b). Geschieht die Wärmezufuhr durch Wärmeleitung (Kontakttrocknung) von der dem Trockenmittel abgewandten Seite, so verdampft die letzte Flüssigkeitsmenge an der Oberfläche (Bild 8.3c).

Liegen Mischfälle vor, bei denen Kontaktleitung, Strahlung und Wärmezufuhr vom Trockenmittel beteiligt sind, so kann man die Lage des Trockenspiegels nicht von vornherein angeben, aber es sind auf Grund der im folgenden mitgeteilten Überlegungen einfache Abschätzungen möglich, die einen Anhalt geben.

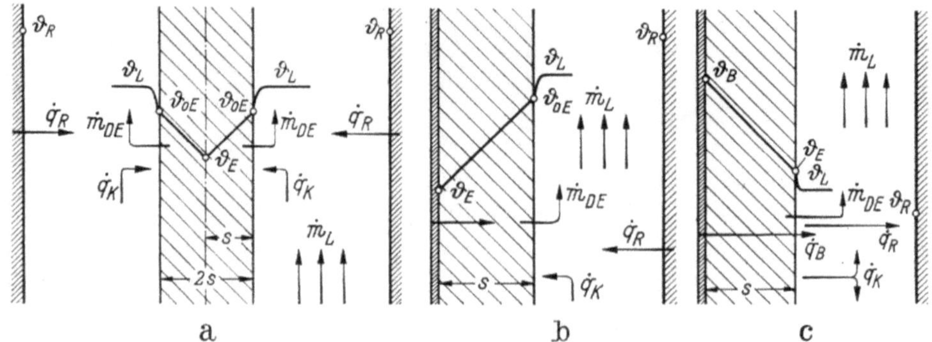

Bild 8.3a—c. Veranschaulichung zur Bestimmung der Endtrocknungsgeschwindigkeit.
a) Bei zweiseitiger Trocknung mit äußerer Wärmezufuhr; b) bei einseitiger Strahlungs- oder
Konvektionstrocknung; c) bei Kontakttrocknung.

8.3.1.1. Wärmezufuhr von der Seite des Trockenmittels (Luft- und Strahlungstrocknung)

Wird die gesuchte Endtemperatur in der Tiefe s mit ϑ_E bezeichnet, die Temperatur der Oberfläche mit ϑ_{OE} (s. Bild 8.4), so gelten für die Wärmeübertragung von der Umgebung an den Trockenspiegel die Beziehungen:

$$\dot{q}_R + \alpha(\vartheta_L - \vartheta_{OE}) = \frac{\lambda}{s}(\vartheta_{OE} - \vartheta_E). \tag{8.14}$$

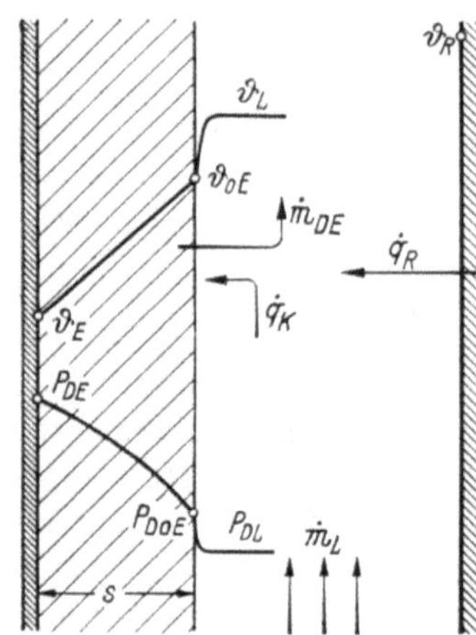

Bild 8.4. Zur Bestimmung der Endtrocknungsgeschwindigkeit bei Luft- und Strahlungstrocknung.

Ist die Temperatur des Strahlers ϑ_R bekannt, so setzt man

$$\dot{q}_R = \alpha_R(\vartheta_R - \vartheta_{OE}).$$

Damit wird aus Gl. (8.14):

$$\vartheta_{OE} = \frac{\vartheta_L + \dfrac{\alpha_R}{\alpha}\vartheta_R + \dfrac{\lambda}{\alpha s}\vartheta_E}{1 + \dfrac{\alpha_R}{\alpha} + \dfrac{\lambda}{\alpha s}}. \tag{8.15}$$

Die gesamte Wärmezufuhr zum Trockenspiegel wird zur Verdampfung der Menge $\dot{m}_{DE}$ verbraucht. Es gilt:

$$\dot{m}_{DE} \cdot h_V = \frac{\lambda}{s} (\vartheta_{OE} - \vartheta_E). \tag{8.16}$$

Einsetzen von Gl. (8.10) liefert für die Endtrocknungsgeschwindigkeit:

$$\dot{m}_{DE} = \frac{1}{h_V} \cdot \frac{\alpha + \alpha_R}{1 + Bi} \cdot (\vartheta_L^* - \vartheta_E) \tag{8.17}$$

mit der äquivalenten Lufttemperatur

$$\vartheta_L^* = \frac{\alpha \vartheta_L + \alpha_R \vartheta_R}{\alpha + \alpha_R} \tag{8.18}$$

und $Bi = (\alpha + \alpha_R) s/\lambda$ (Biotsche Kennzahl nach Gl. (8.8)).

Zur Berücksichtigung der Wechselwirkung zwischen Wärme- und Stofftransport werde, wie in Gl. (5.149), der logarithmische Ansatz gemacht:

$$\dot{m}_{DE} = \frac{\alpha + \alpha_R}{c_{pD}(1 + Bi)} \cdot \ln \left[1 + \frac{c_{pD}}{h_V} (\vartheta_L^* - \vartheta_E) \right]. \tag{8.19}$$

Andererseits ergibt sich aus den Gesetzen der Diffusion [Gl. (5.33) und Gl. (5.118)] durch das Gut und von der Oberfläche an die Luft:

$$\dot{m}_{DE} = \frac{P}{R_D T} \cdot \frac{1}{\frac{1}{\beta} + \frac{\mu s}{\delta}} \cdot \ln \frac{P - P_{DL}}{P - P_{DE}''} \tag{8.20}$$

$$= \frac{P}{R_D T} \cdot \frac{\delta}{\mu s} \cdot \frac{Bi'}{1 + Bi'} \cdot \ln (1 + B_E) \tag{8.21}$$

mit $Bi' = \beta \mu s/\delta$, der Biotschen Kennzahl für den Stofftransport und $B_E = (P_{DE}'' - P_{DL})/(P - P_{DE}'')$.

Gleichsetzen von Gl. (8.19) und (8.20) liefert nach einer kleinen Zwischenrechnung:

$$\vartheta_L^* - \vartheta_E = \frac{h_{V(\vartheta E)}}{c_{pD}} [(1 + B_E)^{\gamma^{**}} - 1], \tag{8.22}$$

wobei

$$\gamma^{**} = \gamma \frac{1 + Bi}{1 + Bi'} \cdot \frac{\alpha}{\alpha + \alpha_R} \tag{8.23}$$

und

$$\gamma = \frac{c_{pD} M_D}{c_p M} \left(\frac{Pr}{Sc} \right)^{1-n}.$$

Näherungsweise ($B_E \ll 1$) gilt wieder (vgl. Gl. (8.13))

$$\vartheta_L^* - \vartheta_E = \frac{h_{V(\vartheta E)}}{c_{pD}} \cdot \gamma \cdot B_E \cdot \frac{1 + Bi}{1 + Bi'} \frac{\alpha}{\alpha + \alpha_R}. \tag{8.24}$$

Die Bestimmung von ϑ_E nach dieser Gleichung erfolgt mit Hilfe der Bilder 5.61 bis 5.64 und dem in Abschnitt 8.2.3. und Bild 8.2 beschriebenen Verfahren.

Als Beispiel für die vorstehende Betrachtung sei die Lufttrocknung ($\alpha_R \approx 0$) von pulverförmigem $CaCO_3$ (mittlere Korngröße $\approx 0{,}5$ mm, Porosität $\approx 0{,}45$) nach [8.6, 8.7] betrachtet (Bild 8.5). Man sieht deutlich, wie bei den in verschiedener Gutstiefe gemessenen Temperaturen zwei charakteristische Werte besonders bedeutsam sind:

1. die Temperatur im ersten Abschnitt, in dem sich im ganzen Gut die konstante Beharrungstemperatur einstellt (hier etwa 34 °C),
2. die näherungsweise gleichbleibende Temperatur des Trockenspiegels im zweiten Abschnitt (hier etwa 63,6 °C).

Unter Benutzung von Gl. (8.19) wurde der Diffusionswiderstandsfaktor μ errechnet, wobei für die Leitfähigkeit des trockenen Gutsteils $\lambda = 0,20$ W/mK eingesetzt wurde; man erhielt $\mu = 2,3$, ein Wert, der durchaus im Rahmen des Erwarteten liegt.

Mit diesen Werten bestimmt man die Biotschen Kennzahlen $Bi \approx 3,5$, $Bi' \approx 50$ und das Verhältnis $(1 + Bi)/(1 + Bi') = 0,09$; aus Bild 5.61 ermittelt man damit auf die beschriebene Weise eine Endtemperatur $\vartheta_E \approx 62$ °C, die gut mit der gemessenen übereinstimmt.

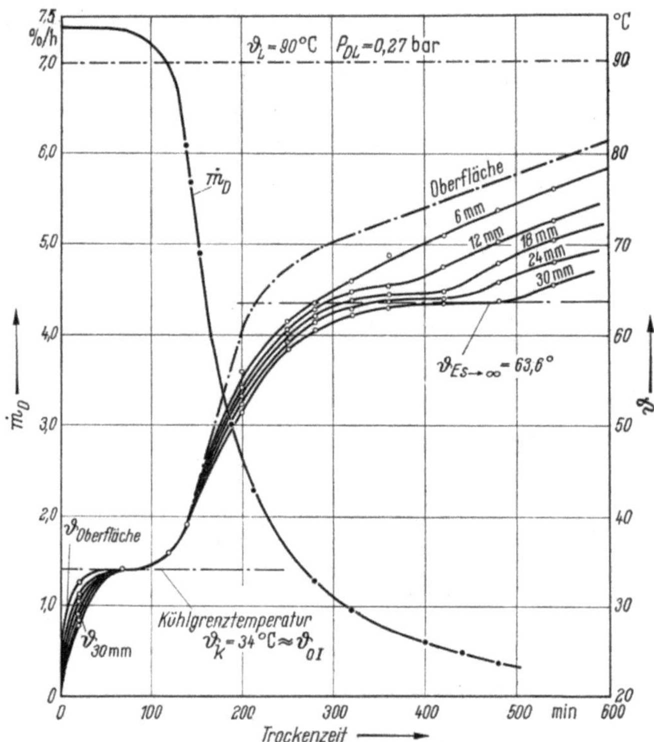

Bild 8.5. Trocknungsverlauf und Temperaturen in verschiedener Tiefe beim Trocknen von pulverförmigem $CaCO_3$ (nach Toei).

8.3.1.2. Wärmezufuhr von der dem Trockenmittel abgewandten Seite (Kontakttrocknung)

Bei Kontakttrocknung, bei der im allgemeinen die Umgebung — sowohl die Luft als auch die umgebenden Wände — eine niedrigere Temperatur hat als die Gutsoberfläche, findet die Verdampfung der letzten Flüssigkeitsmenge an der Oberfläche statt. Es gilt dann entsprechend Bild 8.6:

$$\dot{m}_{\mathrm{DE}} \cdot h_{\mathrm{V}(\vartheta_{\mathrm{E}})} = \lambda/s(\vartheta_{\mathrm{B}} - \vartheta_{\mathrm{E}}) - \alpha(\vartheta_{\mathrm{E}} - \vartheta_{\mathrm{L}}) - \alpha_{\mathrm{R}}(\vartheta_{\mathrm{E}} - \vartheta_{\mathrm{R}}). \tag{8.25}$$

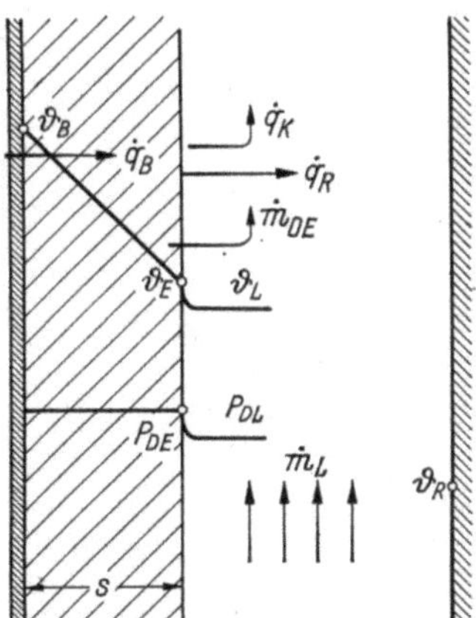

Bild 8.6. Zur Bestimmung der Endtrocknungsgeschwindigkeit bei Kontakttrocknung.

Die Endtrocknungsgeschwindigkeit $\dot{m}_{\mathrm{DE}}$ ist andererseits:

$$\dot{m}_{\mathrm{DE}} = \frac{\beta P}{R_{\mathrm{D}} T} \ln \frac{P - P_{\mathrm{DL}}}{P - P''_{\mathrm{DE}}}. \tag{8.26}$$

Führt man wieder entsprechend Gl. (8.18) eine äquivalente Lufttemperatur

$$\vartheta_{\mathrm{L}}^{*} = \frac{\alpha \vartheta_{\mathrm{L}} + \dfrac{\lambda}{s} \vartheta_{\mathrm{B}} + \alpha_{\mathrm{R}} \vartheta_{\mathrm{R}}}{\alpha + \dfrac{\lambda}{s} + \alpha_{\mathrm{R}}} \tag{8.27}$$

ein und verwendet den logarithmischen Ansatz, so gilt wie oben näherungsweise:

$$\vartheta_{\mathrm{L}}^{*} - \vartheta_{\mathrm{E}} = \frac{h_{\mathrm{V}(\vartheta_{\mathrm{E}})}}{c_{\mathrm{pD}}} \cdot \gamma \cdot B_{\mathrm{E}} \cdot \frac{Bi}{1 + Bi} \cdot \frac{\alpha}{\alpha + \alpha_{\mathrm{R}}}, \tag{8.28}$$

worin λ die Leitfähigkeit des trockenen Gutes bedeutet [im Gegensatz zu Gl. (8.8), worin λ diejenige des feuchten Gutes bedeutet]. Die Auflösung der Gl. (8.28) erfolgt in gleicher Weise wie die der Gl. (8.8) einfach unter Benutzung der Bilder 5.61 bis 5.64 und des in Abschnitt 8.2.3. beschriebenen Verfahrens.

Bei Kenntnis von ϑ_{E} ist die Trocknungsgeschwindigkeit am Ende des zweiten Abschnittes der Trocknung ohne weiteres aus Gl. (8.25) oder (8.26) zu errechnen.

8.3.1.3. Allgemeine Beziehung für die Endtrocknungsgeschwindigkeit

Wir nehmen an, die Lage des Trockenspiegels in der Tiefe s' unter der Oberfläche sei bekannt — eine für eine Schätzung brauchbare Näherung wird im folgenden in Gl. (8.33) angegeben. Dann ist der Temperaturverlauf im Gut entsprechend Bild 8.7. Es folgt:

$$\dot{m}_{\mathrm{DE}} \cdot h_{\mathrm{V}(\vartheta_{\mathrm{E}})} = \frac{\lambda}{s'} (\vartheta_{\mathrm{OE}} - \vartheta_{\mathrm{E}}) + \frac{\lambda}{s - s'} (\vartheta_{\mathrm{B}} - \vartheta_{\mathrm{E}}). \tag{8.29}$$

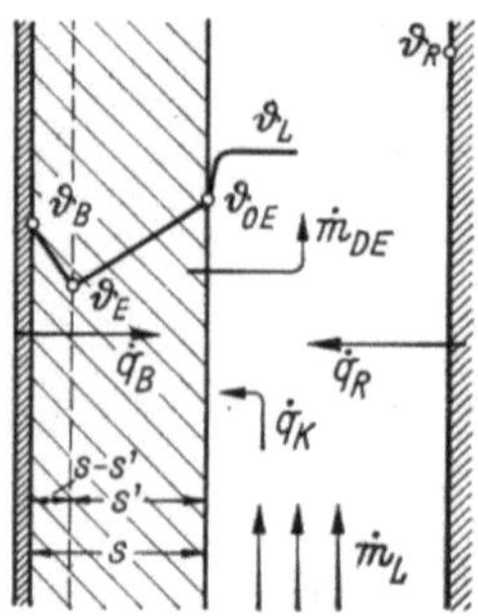

Bild 8.7. Zur Bestimmung der Endtrocknungsgeschwindigkeit für den allgemeinsten Fall.

Aus der Oberflächenbedingung, daß

$$\frac{\lambda}{s'}(\vartheta_{\mathrm{OE}} - \vartheta_{\mathrm{E}}) = \alpha(\vartheta_{\mathrm{L}} - \vartheta_{\mathrm{OE}}) + \alpha_{\mathrm{R}}(\vartheta_{\mathrm{R}} - \vartheta_{\mathrm{OE}})$$

ist, folgt:

$$\vartheta_{\mathrm{OE}} = \frac{\vartheta_{\mathrm{L}} + \dfrac{\alpha_{\mathrm{R}}}{\alpha}\vartheta_{\mathrm{R}} + \dfrac{\lambda}{\alpha s'}\vartheta_{\mathrm{E}}}{1 + \dfrac{\alpha_{\mathrm{R}}}{\alpha} + \dfrac{\lambda}{\alpha s'}}.$$

Setzt man dies in die obige Gleichung ein und formt sie entsprechend um, so gilt:

$$\dot{m}_{\mathrm{DE}} \cdot h_{\mathrm{V}(\vartheta\mathrm{E})} = \frac{\lambda}{s'} \cdot \frac{1 + Bi}{\left(1 - \dfrac{s'}{s}\right)\left(\dfrac{s}{s'} + Bi\right)}(\vartheta_{\mathrm{L}}^* - \vartheta_{\mathrm{E}}), \tag{8.30}$$

worin:

$$\vartheta_{\mathrm{L}}^* = \frac{\left(1 - \dfrac{s'}{s}\right)\left(\vartheta_{\mathrm{L}} + \dfrac{\alpha_{\mathrm{R}}}{\alpha}\vartheta_{\mathrm{R}}\right) + \dfrac{s'}{s}\left(1 + \dfrac{\alpha_{\mathrm{R}}}{\alpha} + \dfrac{\lambda}{\alpha s'}\right)\vartheta_{\mathrm{B}}}{1 + \dfrac{\alpha_{\mathrm{R}}}{\alpha} + \dfrac{\lambda}{\alpha s}}. \tag{8.31}$$

Andererseits ist $\dot{m}_{\mathrm{DE}}$ durch die Diffusionsgegebenheit bestimmt. Es folgt entsprechend den Überlegungen der vorhergehenden Abschnitte:

$$\vartheta_{\mathrm{L}}^* - \vartheta_{\mathrm{E}} = \frac{h_{\mathrm{V}(\vartheta\mathrm{E})}}{c_{\mathrm{pD}}} \cdot \gamma \cdot B_{\mathrm{E}} \frac{\left(1 - \dfrac{s'}{s}\right)\left(1 + Bi\dfrac{s'}{s}\right) \cdot Bi}{(1 + Bi)(1 + Bi')} \cdot \frac{\alpha}{\alpha + \alpha_{\mathrm{R}}}. \tag{8.32}$$

Gl. (8.32) geht für die Grenzfälle $s' = 0$ (Wärmezufuhr von der dem Trockenmittel entgegengesetzten Seite) und $s' = s$ (Wärmezufuhr von der Seite des Trockenmittels) in die Gl. (8.28) bzw. (8.24) über[1].

Zur Abschätzung von s' kann mit einer gewissen Näherung die Beziehung gelten:

$$\frac{s}{s'} = 1 + \sqrt{\frac{\vartheta_{\mathrm{B}} - \vartheta_{\mathrm{E}}}{\vartheta_{\mathrm{OE}} - \vartheta_{\mathrm{E}}}}, \tag{8.33}$$

[1] Bei der formalen Überführung von Gl. (8.32) in Gl. (8.24) für $s' = s$ ist zu bedenken, daß $s' = s$ nur möglich ist, wenn $\vartheta_{\mathrm{B}} = \vartheta_{\mathrm{E}}$ wird. Damit würde nach Gl. (8.31) $\vartheta_{\mathrm{L}}^* = \vartheta_{\mathrm{E}}$. Daher wird die linke Seite in Gl. (8.32) Null und wegen $1 - s'/s = 0$ auch die rechte. Die Auswertung des unbestimmten Ausdrucks führt jedoch wieder auf Gl. (8.24).

wobei man ϑ_E und ϑ_{OE} entsprechend den Gegebenheiten der Trocknung zunächst auf Grund roher Überschlagsrechnungen annehmen kann[1].

8.3.2. Die Endtrocknungsgeschwindigkeit bei Knudsenscher Molekularbewegung im Gutsinnern

Ist die freie Weglänge der Wasserdampfmoleküle größer als die Porenweite, so folgt die Diffusion im Gutsinnern nicht dem Stefanschen Gesetz, sondern dem der Knudsenschen Molekularbewegung. Der aus den für eine Röhre durchgeführten molekularkinetischen Herleitungen (s. Abschn. 5.2.) zu folgender Ansatz für ein poriges Gut lautet:

$$\dot{m}_{DE} = \frac{4}{3} \frac{\alpha'}{\mu s'} \sqrt{\frac{1}{2\pi R_D T}} \, (P''_{DE} - P_{DO}). \tag{8.34}$$

Darin bedeutet

s' die Tiefe des Trockenspiegels unter der Oberfläche,
P''_{DE} den Sattdampfdruck in der Tiefe s',
P_{DO} den Dampfdruck in der Oberfläche,
d' die mittlere Porenweite.

Die Größe μ stellt wieder einen Diffusionswiderstandsfaktor dar, der sich als Produkt aus Querschnittsfaktor μ_F und Wegfaktor μ_l ergibt (vgl. Abschn. 5.6.).

Damit gilt für den im vorigen Abschnitt hergeleiteten allgemeinen Fall der Wärmezufuhr durch Konvektion, Strahlung und Kontaktleitung nach Bild 8.7 auf Grund der Wärmebilanz Gl. (8.30) unverändert. Gleichsetzen der aus den Gln. (8.30) und (8.34) gewonnenen Werte für $\dot{m}_{DE}$ liefert:

$$\vartheta_L^* - \vartheta_E = \frac{4}{3} \cdot \frac{d'}{\mu s'} \cdot \frac{s}{\lambda'} \cdot \sqrt{\frac{1}{2\pi R_D T}} \cdot (P''_{DE} - P_{DL}) \cdot \frac{\left(1 - \dfrac{s'}{s}\right)\left(\dfrac{s}{s'} + Bi\right)}{1 + Bi} \cdot h_{V(\vartheta E)}. \tag{8.35}$$

Bei Gl. (8.35), die in gleicher Weise wie Gl. (8.24), (8.28) und (8.32) zu lösen ist, ist zu beachten, daß die Leitfähigkeit der trockenen Gutsschicht für den Fall einzusetzen ist, daß die freie Weglänge größer ist als die Porenweite. Dieser Fall wird bei der Vakuumtrocknung häufig vorkommen — bei der Hochvakuum-(Gefrier-)Trocknung wohl stets. Dabei sind dann Leitfähigkeiten zu erwarten, die unter Umständen wesentlich niedriger liegen als diejenige der Luft λ_L. Vgl. hierzu Abschnitt 4.2.5.3.

Aus den Darlegungen in Abschnitt 7.3.2.2. geht hervor, daß die Größe b_{mol}/μ_{mol} auch für technische Trocknungsgüter von der Gutfeuchte praktisch nicht abhängt. — Genau ist dies immer dann der Fall, wenn sich das Gut wie ein starrer Körper verhält, d.h. wenn während der Trocknung keine Formänderungen, Risse usw. auftreten.

---

[1] Gl. (8.33) wäre dann genau, wenn sich bei Änderung von s' keine Änderung von ϑ_E und ϑ_{OE} ergäbe. Dann würde die Gleichung aus der Bedingung resultieren, daß die Summe der von rechts und links her in den Trockenspiegel einströmenden Wärmemengen ein Minimum sein muß, also aus der Beziehung:

$$\frac{d\left(\dfrac{\lambda}{s'}(\vartheta_{OE} - \vartheta_E) + \dfrac{\lambda}{s - s'}(\vartheta_B - \vartheta_E)\right)}{ds'} = 0.$$

8.4. Die Trocknungsgeschwindigkeit im dritten Abschnitt der Trocknung (Endtrocknung im hygroskopischen Bereich)

Bei kapillarporösen Stoffen, die bei niederen Flüssigkeitsgehalten hygroskopische Eigenschaften haben, zeigt sich am Ende der Trocknung ein dritter Abschnitt, dessen Charakteristik sich deutlich von der des zweiten Abschnittes unterscheidet. Dieser Abschnitt beginnt erst, wenn der Flüssigkeitsgehalt des Gutes kleiner ist als die maximale hygroskopische Feuchtigkeit $X_{\text{hygr,max}}$, die man bei einer relativen Luftfeuchtigkeit $\varphi = 1$ gemäß den Sorptionsisothermen feststellt. Die Trocknungsgeschwindigkeit im dritten Abschnitt zeigt als Charakteristikum einen Abfall auf den Wert Null, der bei der Gleichgewichtsfeuchtigkeit X_{gl} des Gutes mit dem Luftstrom erreicht ist (vgl. den letzten gegen Null gehenden Ast der Trocknungsverlaufskurven in Bild 7.15, 7.32, 7.33, 7.43 und 7.48). Dabei ist zu beachten, daß in diesen Abbildungen der sogenannte „freie Wassergehalt", d.h. die Differenz zwischen Flüssigkeitsgehalt und Gleichgewichtsfeuchte X_{gl} aufgetragen ist.

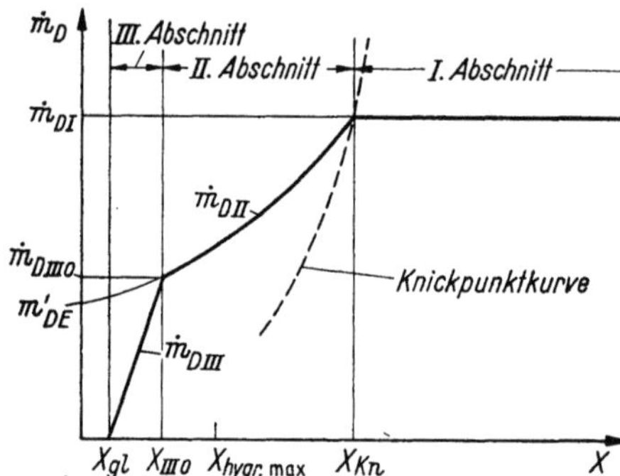

Bild 8.8. Veranschaulichung zum III. Trocknungsabschnitt.

In einer Abbildung, die den Flüssigkeitsgehalt vom absolut trockenen Zustand aus zählt, muß dann das Ende der Trocknung einen Verlauf, wie er in Bild 8.8 schematisch angedeutet ist, aufweisen. Im zweiten Abschnitt verläuft die Trocknungsgeschwindigkeit auf einer Kurve $\dot{m}_{\text{DI}} \rightarrow \dot{m}'_{\text{DE}}$. Ist eine bestimmte mittlere Feuchtigkeit erreicht, die kleiner ist als $X_{\text{hygr,max}}$, so biegt die Trocknungsverlaufskurve nach unten ab und erreicht bei X_{gl} den Wert Null.

Bei manchen Gütern beobachtet man einen linearen Abfall der Trocknungsgeschwindigkeit im dritten Abschnitt. Es sollen hier die Bedingungen für das Zustandekommen eines solchen Verlaufes gezeigt werden. Für das Zusammenwirken zwischen Dampfdiffusion und kapillarer Feuchteleitung (im hygroskopischen Feuchtebereich, besser allgemein als Transport in der sorbierten Phase bezeichnet) wurde in Abschnitt 6.2.3. die Differentialgleichung (6.17) abgeleitet:

$$\frac{\delta/\mu_1 + \alpha(X) \cdot \varkappa(X)}{1 + \alpha(X)} \cdot \frac{\partial^2 X}{\partial z^2} + \frac{\delta/\mu_1}{1 + \alpha(X)} \cdot \beta(X) \left(\frac{\partial X}{\partial z}\right)^2 = \frac{\partial X}{\partial t}. \tag{8.36}$$

Die Kopplung zwischen dem Dampfdruck P_D im Gasraum der Poren und der Beladung (Feuchte) X an den Porenwänden ist im hygroskopischen Feuchtebereich durch die Sorptionsisotherme gegeben

$$X = f(\varphi) \quad \text{mit} \quad \varphi = P_\mathrm{D}/P_\mathrm{D}''$$

und führt zu den beiden Faktoren in obiger Gleichung

$$\alpha(X) = \frac{\varrho_\mathrm{S} R_\mathrm{D} T}{\varPsi P_\mathrm{D}''} \cdot \frac{\mathrm{d}X}{\mathrm{d}\varphi}, \qquad \beta(X) = -\frac{\mathrm{d}^2 X}{\mathrm{d}\varphi^2} \Big/ \left(\frac{\mathrm{d}X}{\mathrm{d}\varphi}\right)^2.$$

Eine Lösung ist bei Kenntnis der Feuchteleitfähigkeit $\varkappa(X)$ nur numerisch möglich.

Es wurde früher dargelegt, daß die kapillare Flüssigkeitsleitzahl bei grobporigen Gütern bei kleinsten Flüssigkeitsgehalten immer sehr klein wird und sich dem Wert Null nähert, so daß am Ende der Trocknung eine Stoffbewegung nur durch Diffusion stattfindet (s. Abschn. 7.3.1.11.). Für feinporige Güter wie Holz wurde aus Experimenten gefunden, daß im hygroskopischen Bereich der Anteil der Dampfdiffusion gegenüber dem der Kapillarwasserbewegung immer entscheidender wird, je geringer der Flüssigkeitsgehalt (s. Bild 7.45) ist. In erster Näherung kann man für den dritten Abschnitt der Trocknung annehmen, daß eine Stoffbewegung nur durch Dampfdiffusion erfolgt. Es handelt sich hier darum, zu zeigen, daß der lineare Abfall der Trocknungsgeschwindigkeit im letzten Ast der Trocknungsverlaufskurve sich auf mathematischem Wege dann ergibt, wenn der *Diffusionswiderstandsfaktor* μ im hygroskopischen Bereich *konstant* ist.

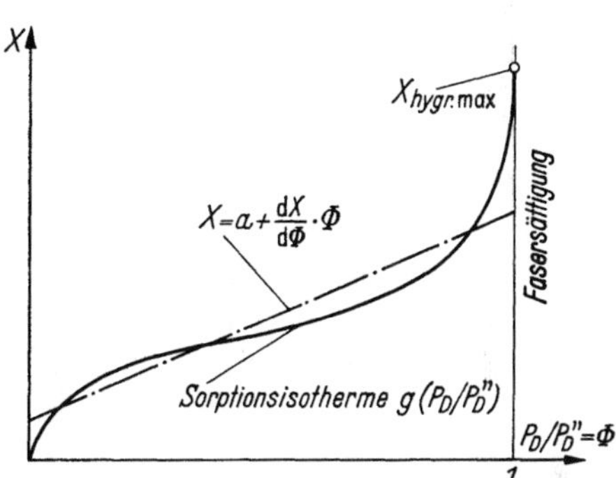

Bild 8.9. Zur Linearisierung der Sorptionsisothermen.

Nimmt man ferner an, daß die Sorptionsisotherme näherungsweise durch eine Gerade (Bild 8.9) dargestellt werden kann — $\mathrm{d}X/\mathrm{d}\varphi = \text{const}$, $\alpha(X) = \text{const}$, $\beta(X) = 0$ — und führt einen effektiven Diffusionskoeffizienten

$$\delta_\mathrm{eff} = \frac{\delta/\mu_\mathrm{l}}{1 + \alpha(X)}$$

ein, so lautet Gl. (8.31) für ein plattenförmiges Gut:

$$\delta_\mathrm{eff}\,\frac{\partial^2 X_\mathrm{z}}{\partial z^2} = \frac{\partial X_\mathrm{z}}{\partial t}. \tag{8.37}$$

Als Anfangsbedingung soll im Trocknungsgut zu Beginn des III. Abschnitts eine konstante Feuchteverteilung $X = X_{\mathrm{Kn},2}$ über dem Querschnitt der Platte (Dicke $2s$) angenommen werden, die schlagartig an der Oberfläche auf X_gl gesenkt wird. Dann lautet die Lösung von Gl. (8.37):

$$X_\mathrm{z} - X_\mathrm{gl} = (X_{\mathrm{Kn},2} - X_\mathrm{gl}) \cdot \frac{4}{\pi} \sum_{n=0}^{\infty} \frac{(-1)^\mathrm{n}}{2n+1} \cdot \cos\frac{(2n+1)\,\pi z}{2s} \cdot e^{-\frac{(2n+1)^2 \pi^2 \delta_\mathrm{eff} \cdot t}{4s^2}}.$$

$$\tag{8.38}$$

Die höheren Reihenglieder sind nach relativ kurzer Zeit abgeklungen, was bedeutet, daß sich die Feuchteverteilung $X = f(z)$ nur noch ähnlich ändert und — wie bei allen Ausgleichsvorgängen — exponentiell abklingt. Dies wird z. B. deutlich bei der in Bild 7.36 angegebenen Feuchteverteilung im Papierstoff für die Kurven X und XI. Die Lösung von Gl. (8.37) ist dann allein durch das 1. Glied gegeben:

$$X_z - X_{gl} = (X_{Kn,2} - X_{gl}) \cdot \frac{4}{\pi} \cos \frac{\pi z}{2s} \cdot e^{-\frac{\pi^2 \delta_{eff} \cdot t}{4s^2}}. \tag{8.39}$$

Die Trocknungsgeschwindigkeit im III. Abschnitt folgt hieraus zu

$$\dot{m}_{DIII} = -\delta_{eff} \cdot \varrho_S \cdot \frac{dX}{dz}\Big|_{z=s} = (X_{Kn,2} - X_{gl}) \cdot \frac{2\delta_{eff} \cdot \bar{\varrho}_S}{s} \cdot e^{-\frac{\pi^2 \delta_{eff} \cdot t}{4s^2}}. \tag{8.40}$$

Die Darstellung $\dot{m} = f(X)$ erfolgt über der mittleren Feuchte im Gut $X = \frac{1}{s} \int\limits_0^s X_z dz$:

$$X - X_{gl} = (X_{Kn,2} - X_{gl}) \cdot \frac{s}{\pi^2} \cdot e^{-\frac{\pi^2 \delta_{eff} \cdot t}{4s^2}}. \tag{8.41}$$

Führt man Gl. (8.41) in Gl. (8.40) ein, so erhält man den Trocknungsverlauf im III. Abschnitt:

$$\dot{m}_{DIII} = \frac{\pi^2}{4} \frac{\bar{\varrho}_S}{s} \delta_{eff} (X - X_{gl}). \tag{8.42}$$

Unter den aufgeführten Voraussetzungen fällt die Trocknungsgeschwindigkeit in der Darstellung $\dot{m} = f(X)$ linear auf den Wert Null bei Gleichgewichtsfeuchte. Ändert man die Anfangsverteilung der Feuchte, z. B. statt der konstanten Feuchteverteilung $X_{Kn,2}$ eine lineare Verteilung von X_{gl} an der Oberfläche auf $X_{hygr,max}$ in der Mitte der Platte oder auch eine parabolische Verteilung, so gilt Gl. (8.42) unverändert. Dieser einfache Sachverhalt kommt dadurch zustande, daß nach Abklingen der Oberwellen in Gl. (8.38), welche in der Lösung Gl. (8.42) vernachlässigt sind, sich immer eine Feuchteverteilung nach einer Kosinusfunktion einstellt. Nach Gl. (8.42) ist die Steigung der Trocknungsverlaufskurve bei der Trocknung auf den Gleichgewichtszustand durch den effektiven Diffusionskoefizienten δ_{eff} bestimmt. Dieser hängt nun wiederum — außer von als hier konstant anzunehmenden Diffusionswiderstandsfaktor μ — von der Steigung der Sorptionsisothermen $dX/d\varphi$ ab.

Diese Beziehung wird bestätigt durch den experimentellen Befund für den letzten Abschnitt der Trocknung derjenigen Gruppe von Gütern, für die man im hygroskopischen Bereich einen konstanten Diffusionswiderstandsfaktor annehmen darf (z. B. Papierstoffe und Ziegel, Bild 7.15, 7.32 und 7.33). Für Stoffe, bei denen der Diffusionswiderstandsfaktor mit kleiner werdendem Feuchtigkeitsgehalt stark anwächst, muß die Trocknungsgeschwindigkeit mit kleiner werdendem Feuchtigkeitsgehalt stärker als linear abfallen, wie es sich bei den Experimenten mit Holz (Bild 7.43) und Kartoffel (Bild 7.48) zeigt.

Zur Abschätzung des Trocknungsverlaufes im dritten Abschnitt braucht man noch die Gleichgewichtsfeuchtigkeit X_{gl}, die man aus den Sorptionsisothermen unmittelbar entnehmen kann, sowie die Feuchtigkeit $X_{Kn,2}$, bei der der dritte Abschnitt beginnt. Da der Beginn erst möglich ist, wenn die maximale hygroskopische Feuchtigkeit $X_{hygr,max}$ an allen Stellen des Gutes unterschritten (bzw.

erreicht) ist, wird man in erster Näherung bei allen Stoffen für $X_{\mathrm{Kn},2}$ das arithmetische Mittel aus $X_{\mathrm{hygr,max}}$ und X_{gl} annehmen dürfen (vgl. Bild 8.10).

$$X_{\mathrm{Kn},2} = \frac{X_{\mathrm{hygr,max}} + X_{\mathrm{gl}}}{2}. \tag{8.43}$$

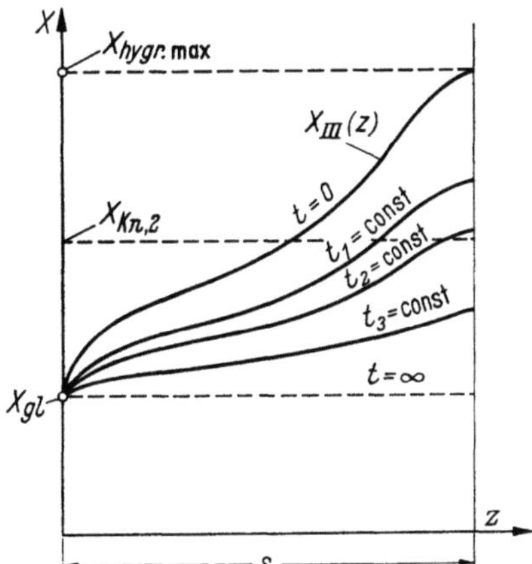

Bild 8.10. Feuchtigkeitsverteilungen im Gut im III. Trocknungsabschnitt bei konstantem Diffusionswiderstandsfaktor.

Die Ergebnisse Görlings an Kartoffelscheiben (s. Abschn. 7.3.1.7.) bestätigen diese Annahme, die im allgemeinen für Vorausberechnung hinreichend genau sein dürfte.

8.5. Ansatz für die Beschreibung der Trocknungsgeschwindigkeit im zweiten Trocknungsabschnitt

Der Trocknungsverlauf im 2. und 3. Trocknungsabschnitt läßt sich dadurch kennzeichnen, daß mit abnehmender Gutsfeuchte die kapillare Feuchteleitfähigkeit kleiner wird und die Dampfdiffusion zunehmend die Trocknungsgeschwindigkeit bestimmt.

Meistens wird letztere allein den Verlauf zum Ende des 3. Trocknungsabschnitts bestimmen. Da eine Berechnung der feuchteabhängigen kapillaren Leitfähigkeit nicht möglich und zudem auch bei einigen Stoffen der Diffusionswiderstandsfaktor von der Feuchte abhängt, ist eine analytische Berechnung des Trocknungsverlaufs im 2. und 3. Abschnitt nicht möglich. Lediglich die Angabe einiger charakteristischer Punkte kann — wie in den vorhergehenden Abschnitten gezeigt — auf Grund einfacher Überlegungen erfolgen. Auch wenn die kapillare Leitfähigkeit und der Diffusionswiderstandsfaktor in seiner Feuchteabhängigkeit bekannt wären, ist der Trocknungsverlauf nur numerisch mit einem recht großen Rechenaufwand zu ermitteln. Man wird daher im allgemeinen auf die experimentelle Bestimmung der Trocknungsgeschwindigkeit angewiesen sein. Auch die Umrechnung einer Trocknungsverlaufskurve auf eine andere bei veränderten Trocknungsbedingungen oder bei geänderten Abmessungen des gleichen Trocknungsgutes wird nur bedingt möglich sein. Die folgenden Überlegungen [8.5] mögen hier unter bestimmten Voraussetzungen nützlich sein.

Wenn man annehmen kann, daß das Zurückweichen des Trocknungsspiegels, welcher durch das Zusammenwirken von kapillarer Feuchteleitung und Dampfdiffusion bestimmt ist, allein von der jeweils herrschenden Gutsfeuchte abhängt und nicht von den Trocknungsbedingungen, so muß die Lage des Trocknungsspiegels im 2. Trocknungsabschnitt für jedes Trocknungsgut durch eine charakteristische Funktion $f(X)$ beschrieben werden können. Ist diese Funktion aus einem Trocknungsverlauf bestimmt, so muß sie unter dieser Voraussetzung auch für andere Trocknungsbedingungen oder andere Abmessungen des Trocknungsgutes gelten.

Für ein ebenes einseitig trocknendes Gut der Dicke s (Bild 8.11) beträgt der Wärmestrom an den Trockenspiegel (vgl. Abschn. 8.3.)

$$\dot{q} = \frac{h_V}{c_{pD}} \frac{1}{\frac{1}{\alpha} + \frac{s_T}{\lambda}} \cdot \ln\left[1 + \frac{c_{pD}}{h_V}(\vartheta_L - \vartheta_T)\right]$$

$$= \frac{h_V}{c_{pD}} \frac{\alpha}{1 + Bi \cdot \frac{s_T}{s}} \cdot \ln\left[1 + \frac{c_{pD}}{h_V}(\vartheta_L - \vartheta_T)\right] \tag{8.44}$$

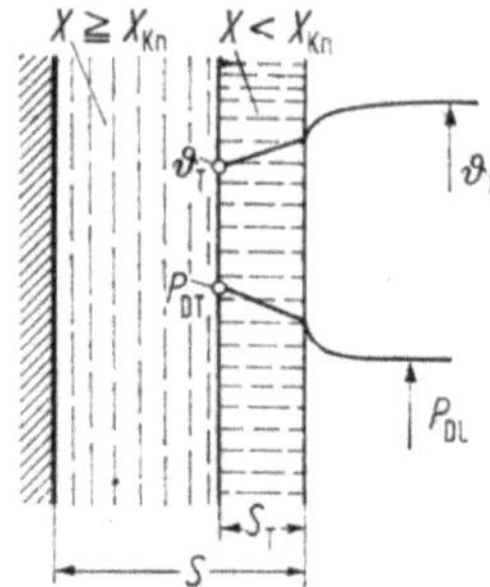

Bild 8.11. Zur Berechnung der Trocknungsgeschwindigkeit im II. Abschnitt.

und der verdunstete Massenstrom

$$\dot{m}_D = \frac{P}{R_D T} \frac{1}{\frac{1}{\beta} + \frac{\mu s_T}{\delta}} \cdot \ln\left(1 + \frac{P''_{DT} - P_{DL}}{P - P''_{DT}}\right)$$

$$= \frac{P}{R_D T} \frac{\beta}{1 + Bi' \cdot \frac{s_T}{s}} \cdot \ln(1 + B_T) \tag{8.45}$$

mit den Biotschen Kennzahlen

$$Bi = \frac{\alpha s}{\lambda}, \qquad Bi' = \frac{\beta \mu s}{\delta}$$

und dem Dampfdruckverhältnis $B_T = \dfrac{P''_{DT} - P_{DL}}{P - P''_{DT}}$.

Da die Lage des Trockenspiegels s_T, bzw. s_T/s nicht bekannt ist, ist die Bestimmung von ϑ_T, P''_DT im Trockenspiegel und damit auch die der Trocknungsgeschwindigkeit nicht möglich.

Nimmt man, wie oben erläutert, aber an, daß die Lage des Trocknungsspiegels eine Funktion der Feuchte ist, $s_\mathrm{T} = f(X)$, und macht die absolute Feuchte X mit der Feuchte am Knickpunkt X_Kn und der im Gleichgewicht dimensionslos

$$\frac{X - X_\mathrm{gl}}{X_\mathrm{Kn} - X_\mathrm{gl}} = \eta, \tag{8.46}$$

so lautet der Ansatz

$$\frac{s_\mathrm{T}}{s} = f(\eta). \tag{8.47}$$

Für Grenzfälle ist der Wert der Funktion $f(\eta)$ anzugeben:
für den Beginn des 2. Abschnitts:

$$\frac{s_\mathrm{T}}{s} = 0 \rightarrow X_\mathrm{Kn} = X \rightarrow \eta = 1;$$

für das Ende der Trocknung

$$\frac{s_\mathrm{T}}{s} = 1 \rightarrow X = X_\mathrm{gl} \rightarrow \eta = 0.$$

Für ein ideelles Trocknungsgut (s. Abschn. 7.2.2.) mit einer Feuchteverteilung

$$0 < f < s_\mathrm{T}: X = X_\mathrm{gl},$$
$$s_\mathrm{T} < s: X = X_\mathrm{Kn},$$

wird die mittlere Feuchte

$$s_\mathrm{T} \cdot X_\mathrm{gl} + (s - s_\mathrm{T}) X_\mathrm{Kn} = s \cdot X$$

oder

$$\frac{s_\mathrm{T}}{s} = f(\eta) = 1 - \eta.$$

Um die Funktion $f(\eta)$ aus dem gemessenen Verlauf $\dot{m} = f(X)$ bzw. $= f(\eta)$ (Bild 8.12) zu bestimmen, muß auch die Temperatur im Trockenspiegel ϑ_T ermittelt werden, sofern sie nicht bei dem Versuch ebenfalls gemessen wurde.

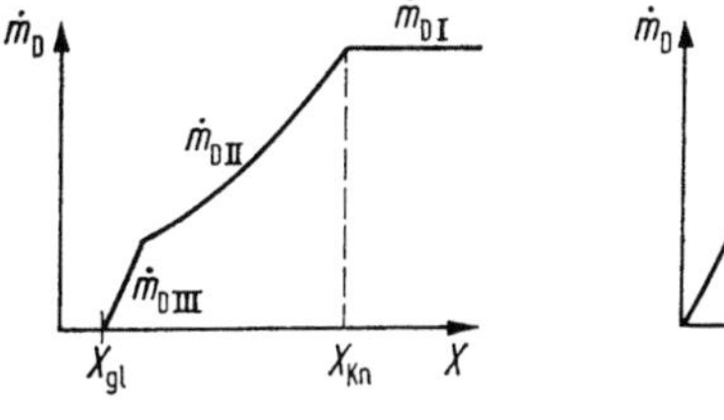

Bild 8.12. Darstellung des Trocknungsverlaufs $\dot{m}_\mathrm{D} = f(X)$ bzw. $\dot{m}_\mathrm{D} = f(\eta)$.

Aus der Bilanz $\dot{m}_\mathrm{D} h_\mathrm{v} = \dot{q}$ ergibt sich mit den Gln. (8.44) und (8.45)

$$\vartheta_\mathrm{L} - \vartheta_\mathrm{T} = \frac{h_\mathrm{v}}{c_\mathrm{pD}} [(1 + B_\mathrm{T})^{\gamma^+} - 1]$$

$$\approx \frac{h_\mathrm{v}}{c_\mathrm{pD}} B_\mathrm{T} \cdot \gamma^+ \tag{8.48}$$

mit

$$\gamma^+ = \gamma\,\frac{1 + Bi \cdot f(\eta)}{1 + Bi' \cdot f(\eta)}$$

und

$$\gamma = \frac{c_{\mathrm{pD}} M_{\mathrm{D}}}{c_{\mathrm{p}} M}\left(\frac{Pr}{Sc}\right)^{1-\mathrm{n}}.$$

Gl. (8.48) ist in Verbindung mit dem gemessenem Verlauf

$$\dot{m}_{\mathrm{D}} = \frac{P}{R_{\mathrm{D}} T}\cdot\frac{\beta}{1 + Bi' \cdot f(\eta)}\cdot \ln\,(1 + B_{\mathrm{T}}) \tag{8.49}$$

iterativ zu lösen.

Als Beispiel sei der Trocknungsverlauf von Papierstoff verschiedener Dicke nach Bild 7.33 behandelt [8.5]. Aus der Kurve für $2s = 3$ cm bestimmt man mit $Bi = 5$, $Bi' = 36$ nach dem angegebenen Verfahren die Funktion $f(\eta)$, die in Bild 8.13 wiedergegeben ist. Daraus folgen in guter Übereinstimmung mit den Meßwerten der Trocknungsverlauf für die Gutsdicke $2s = 1$ cm, in Bild 8.14 bezogen auf die Trocknungsgeschwindigkeit im 1. Trocknungsabschnitt dargestellt.

Die gute Übereinstimmung ist bei diesem Beispiel darauf zurückzuführen, daß die Knickpunktfeuchte nicht stark variierte und daß die Gleichgewichtsfeuchte

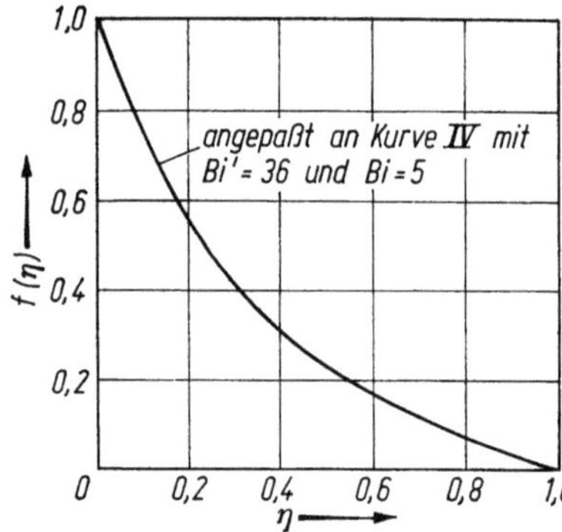

Bild 8.13. Berechnete Funktion $f(\eta)$ für Papierstoff nach Bild 7.33.

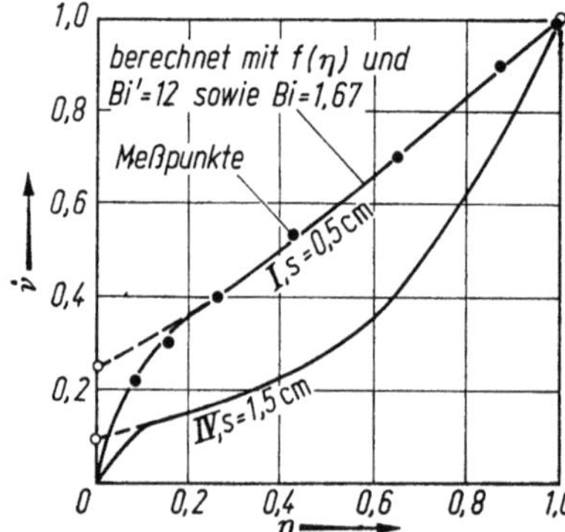

Bild 8.14. Vergleich des gemessenen mit dem des berechneten Trocknungsverlaufs für Papierstoff.

konstant war. Wenn diese beiden Voraussetzungen nicht gegeben sind, wird man mit weiteren Abhängigkeiten von der Feuchte im Knickpunkt und im Gleichgewicht rechnen müssen.

8.6. Zusammenfassung der Anhaltspunkte für die Vorausberechnung des Trocknungsverlaufs plattenförmiger Trocknungsgüter bei gegebenen äußeren Bedingungen

Es wurde gezeigt, daß man folgende Größen aus dem Ablauf der Trocknung vorausberechnen kann:

1. die Anfangstrocknungsgeschwindigkeit $\dot{m}_{DI}$ nach Gl. (8.3) bei Kenntnis der äußeren Bedingungen (Temperatur, Feuchtigkeit und Geschwindigkeit der Luft, Strahlungsaustausch mit umgebenenden Wänden, Kontaktleitung von beheizten Flächen her);
2. die wirkliche oder scheinbare Endtrocknungsgeschwindigkeit $\dot{m}_{DE}$ bzw. $\dot{m}'_{DE}$ nach Gl. (8.17) bis (8.21), bei deren Auflösung außer den äußeren Bedingungen noch die Stoffeigenschaften μ (Diffusionswiderstandsfaktor) und λ (Wärmeleitfähigkeit) bekannt sein müssen.

Nur auf experimentellem Wege sind folgende entscheidenden Gutseigenschaften zu bestimmen:

1. die Knickpunktkurve

$$[\dot{m}_{DI}s]_{Kn} = f\left(\frac{X_m}{X_0}\right),$$

aus der sich das Ende des ersten Trocknungsabschnittes, in dem die Trocknungsgeschwindigkeit $\dot{m}_{DI}$ herrscht, ergibt;

2. die Sorptionsisothermen

$$X = g\left(\frac{P_D}{P_D''}\right)_{\delta=\text{const}},$$

aus denen sich sowohl die Gleichgewichtsfeuchtigkeit X_{gl} als auch näherungsweise der Beginn des dritten Trocknungsabschnittes

$$X_{Kn,2} = \frac{X_{hygr,max} + X_{gl}}{2}$$

übersehen läßt.

3. Der Trocknungsverlauf im 2. und 3. Abschnitt, der mit Hilfe des Abschnittes 8.5 näherungsweise auf andere Trocknungsbedingungen umgerechnet werden kann.

Für die Aufgaben der Trocknungstechnik ist im allgemeinen der Flüssigkeitsgehalt bei Beginn der Trocknung (Eintritt in den Trockner) X_e bekannt, und der Endgehalt beim Austritt aus dem Trockner X_a ist gefordert (s. Bild 8.15).

Um überhaupt eine Trocknung auf X_a durchführen zu können, muß der äquivalente Zustand der Trocknungsluft ϑ_L^* [entsprechend Gl. (8.27)] so gewählt werden, daß zu $(P_{D,L}/P_{DL})$ bei ϑ_L^* in den Sorptionsisothermen ein Flüssigkeitsgehalt X_{gl} gehört, der kleiner ist als die geforderte Austrittsfeuchtigkeit X_a. Dazu ist die Kenntnis der Sorptionsisothermen erforderlich.

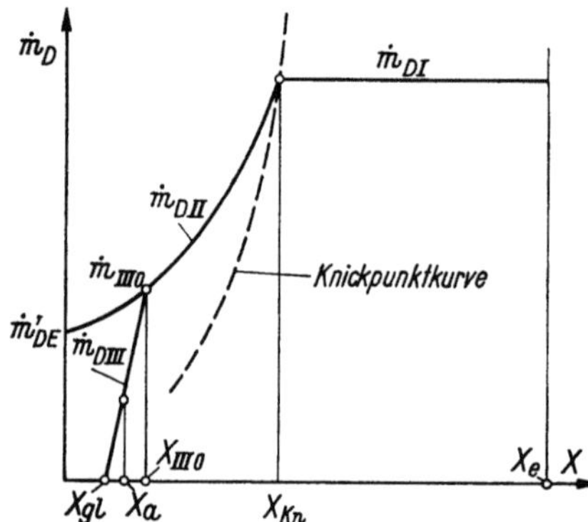

Bild 8.15. Die Anhalts-
punkte für den Trocknungsverlauf.

8.7. Die Bestimmung der Trocknungszeit aus der Trocknungsverlaufskurve bei zeitlich und örtlich konstantem Luftzustand

Ist der Trocknungsverlauf eines Gutes als Kurvenzug $\dot{m}_D s$ in Abhängigkeit vom mittleren Feuchtigkeitsgehalt X_m bekannt, so kann die Trocknungszeit entsprechend Gl. (7.17) und Bild 7.12 in einfacher Weise durch graphische Integration bestimmt werden. (Wegen des Trocknungsverlaufs bei zeitlich oder örtlich veränderlichem Luftzustand und der zugehörigen Trocknungszeiten s. Abschn. 11.2.2.)

8.8. Temperaturveränderungen des Gutes beim Aufheizen oder Abkühlen zu Beginn der Trocknung

Bei Eintritt des Gutes in einen Trockner wird das Gut in den seltensten Fällen die den Trocknungsbedingungen entsprechende Beharrungstemperatur besitzen. Zu Beginn der Trocknung muß das Gut Wärme aus der Trocknungsluft aufnehmen oder an sie abgeben, wobei aber gleichzeitig der Trocknungsvorgang schon abläuft. Die Oberflächentemperatur wird sich in dieser Zeit noch ändern, wodurch auch die Trocknungsgeschwindigkeit mit der Zeit veränderlich ist. Die Berechnung des gleichzeitigen Wärme- und Stofftransportes ist sehr aufwendig [8.3, 8.4] (s. Kap. 12.). In Bild 8.16 sind die möglichen Temperaturverläufe in einem plattenförmigen Gut (halbe Dicke s) skizziert. Ist zu Beginn die Gutstemperatur $\vartheta_{s,0} = \vartheta_{0,0}$ größer als die Beharrungstemperatur $\vartheta_{0,\infty}$, so erfolgt zunächst bei gleichzeitig erhöhter Trocknungsgeschwindigkeit eine Wärmeabgabe des Gutes an die Luft, bis die Oberflächentemperatur die Lufttemperatur unterschreitet. Anschließend erfolgt eine weitere Abkühlung des Gutes bis auf die Beharrungstemperatur, wobei aber jetzt Wärme aus der Luft konvektiv aufgenommen wird.

Ist die Anfangstemperatur $\vartheta_{s,0}$ kleiner als die Beharrungstemperatur $\vartheta_{0,\infty}$, so muß die konvektiv an die Oberfläche übertragene Wärmemenge auch die Auf-

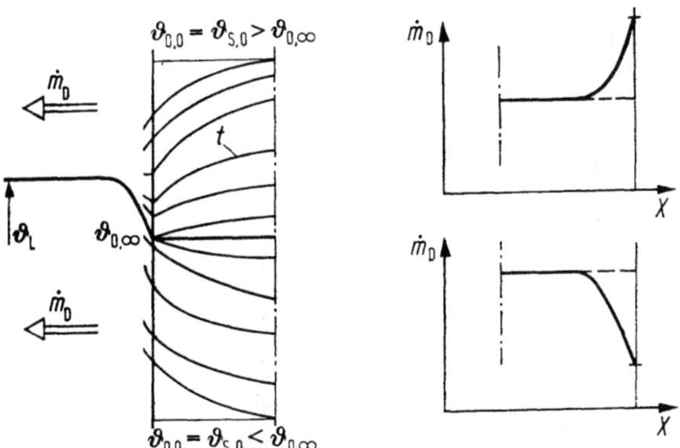

Bild 8.16. Temperaturverlauf und Trocknungsgeschwindigkeit bei einem Gut, welches zu Beginn der Trocknung eine höhere bzw. tiefere Temperatur als dem Beharrungswert $\vartheta_{0,\infty}$ besitzt.

wärmung des Gutes decken; die Trocknungsgeschwindigkeit ist zunächst kleiner als der Beharrungstemperatur entspricht.

Da diese Vorgänge der Temperaturänderung unter gleichzeitiger Trocknung relativ kurze Zeiten im Vergleich zur gesamten Trocknungszeit beanspruchen, sei hier an Stelle der exakten Berechnung eine einfache Näherungsberechnung angeführt.

Nach einer kurzen Umlagerungszeit, in der sich ein nur noch ähnlich veränderndes Temperaturprofil im Gut ausbildet, gilt nach [8.2] für die Oberflächentemperatur näherungsweise

$$\frac{\vartheta_{0,t} - \vartheta_{0,\infty}}{\vartheta_{0,0} - \vartheta_{0,\infty}} = \exp\left(-\frac{\dot{q}}{q_s}t\right). \tag{8.50}$$

Dabei bedeuten $\dot{q}$ die Wärmeströme, die dem Körper zu- oder abgeführt werden, q_s die im Körper zur gleichen Zeit gespeicherte Wärmemenge. Diese Beziehung gilt um so genauer, je dünner die Schicht s ist und je höher die Wärmeleitfähigkeit des (feuchten) Gutes ist.

Bei Wärmeübertragung und gleichzeitiger Trocknung ist

$$\dot{Q} = \dot{Q}_\mathrm{K} - \dot{m}_\mathrm{D}h_\mathrm{V}$$

d.h. im 1. Trocknungsabschnitt

$$\dot{Q} = A\alpha(\vartheta_\mathrm{L} - \vartheta_{0,t}) - \frac{A\beta}{R_\mathrm{D}T}(P''_{\mathrm{DO},t} - P_\mathrm{DL}) \tag{8.51}$$

und

$$Q_\mathrm{S} = As\varrho_\mathrm{S}c_\mathrm{S}(\vartheta_{0,\infty} - \vartheta_{0,t}). \tag{8.52}$$

Mit den Gln. (8.50), (8.51) und (8.52) wird

$$\frac{\vartheta_{0,t} - \vartheta_{0,\infty}}{\vartheta_{0,0} - \vartheta_{0,\infty}} = \exp\left(-\frac{\alpha(\vartheta_\mathrm{L} - \vartheta_{0,t}) - \dfrac{\beta}{R_\mathrm{D}T}(P''_{\mathrm{DO},t} - P_\mathrm{DL})\,h_\mathrm{V}}{s\varrho_\mathrm{S}c_\mathrm{S}(\vartheta_{0,\infty} - \vartheta_{0,t})}\,t\right). \tag{8.53}$$

Da die gesuchte Oberflächentemperatur $\vartheta_{0,t}$ auch im Exponenten auftritt, wird man schrittweise vorgehen und nach jedem Zeitschritt Δt mit einer korrigierten Temperatur $\vartheta_{0,t}$ bzw. $P''_{DO,t}$ weiterrechnen. Gl. (8.53) zeigt, daß infolge der gleichzeitigen Verdunstung der Temperaturausgleich im Vergleich zu einem alleinigen Wärmeaustausch schneller erfolgt, wenn die Anfangstemperatur größer als die Beharrungstemperatur ist, und langsamer erfolgt bei umgekehrten Verhältnissen. Für ein zylinderförmiges Gut ist die Dicke s zu ersetzen durch $r_a/2$ für ein kugelförmiges Gut durch $r_a/3$ (vgl. Abschn. 9.5.).

9. Der Einfluß der Form des Trocknungsgutes auf Trocknungsverlauf und Trocknungszeit

9.1. Problemstellung

Mit der Form des Trocknungsgutes ändern sich die äußeren und die inneren Austauschvorgänge. Die äußeren Einflüsse betreffen den Wärme- und Stoffübergang. Die Wärme- und Stoffübergangszahl ist für verschiedene Gutsformen und -größen bei gleichen Luftzuständen (Geschwindigkeit, Temperatur und Dampfgehalt) verschieden. Diese Verschiedenheit kann durch die Einführung gleichwertiger charakteristischer Anströmlängen bzw. Durchmesser bei der Bestimmung von α und β aus den Bildern 4.58 und 4.59 sowie Bild 4.49 berücksichtigt werden.

Die Vorgänge im Inneren des Gutes wurden, soweit sie bisher rechnungsmäßig behandelt wurden, nur für den Fall eines plattenförmigen Versuchsgutes von der Dicke $2s$ bei zweiseitiger Trocknung (bzw. s bei einseitiger) behandelt. Solche Verhältnisse liegen in der Praxis näherungsweise vor bei der Trocknung von Häuten, Papier- oder Kartonbahnen, von platten- oder tellerförmigen Körpern, bei denen zwei Begrenzungsflächen sehr groß gegenüber den anderen sind, sowie bei ruhenden, von Luft überströmten Schüttungen mit annähernd ebener Oberfläche. Werden die einzelnen Gutsteilchen vom Luftstrom umspült (z. B. durchströmte Schüttungen, Rieseltrocknung, Stromtrocknung, Zerstäubungstrocknung usw.), so findet der Wärme- und Stoffaustausch mit dem Trockenmittel an der Oberfläche eines jeden umspülten Teilchens statt. Dann ändern sich mit der Form der Teilchen die Bewegungsvorgänge im Inneren und damit die Trocknungsgeschwindigkeiten bzw. -zeiten.

Über diese Abhängigkeit soll im folgenden gesprochen werden. Dabei ist es zweckmäßig, die Betrachtung auf die geometrisch einfachen Standardformen der Technik — ebene Platte, unendlich langer Zylinder und Kugel — zu beschränken und die Abschätzung der Verhältnisse beim technischen Einzelfall dem projektierenden Ingenieur zu überlassen.

Diese Einflüsse der Form auf die Bewegungsvorgänge im Inneren sind in jedem Abschnitt der Trocknung verschieden, je nach den Gesetzmäßigkeiten, die in den einzelnen Phasen des Gesamtvorganges den Ablauf bestimmen.

Die Höhe der Trocknungsgeschwindigkeit $\dot{m}_{\mathrm{DI}}$ im ersten Abschnitt kann bei Kenntnis der Wärme- und Stoffübergangszahlen in jedem Fall berechnet bzw. mit Hilfe der Bilder 5.11 bis 5.14 des Abschnitts 5.10.6. ermittelt werden. Die Flüssigkeitsbewegung im Inneren während dieses Abschnittes ist von der Form des Gutes abhängig. Durch sie ist der Knickpunkt bestimmt. Die Knickpunktkurve muß sich daher auch mit der Form des Körpers ändern.

Die Endtrocknungsgeschwindigkeit im zweiten Trocknungsabschnitt ist die zweite charakteristische Größe, die beim Trocknungsprozeß berechnet werden kann. Für diesen Zustand der Trocknung sind die Gesetze der Diffusion vom Trockenspiegel, der in der Tiefe s bei ebenen Gütern bzw. in der Mitte eines Zylinders oder einer Kugel liegt, durch das Gut an die Luft entscheidend.

Im dritten Trocknungsabschnitt endlich spielt ein Diffusionsvorgang die entscheidende Rolle; jedoch sind dabei — im Gegensatz zu dem vorigen Fall, bei dem die Verdunstung von einem an bestimmter Stelle gelegenen Trockenspiegel ausgeht — alle Teile des Gutes an der Verdunstung beteiligt.

Diese drei unter verschiedenen Bedingungen ablaufenden Bewegungen haben verschiedenen Formeinfluß zur Folge.

9.2. Der Einfluß der Form des Gutes auf die Lage der Knickpunktkurve

Eine mathematische Beschreibung der Feuchtigkeitsverteilung im ersten Trocknungsabschnitt stößt auf die Schwierigkeit, daß die kapillare Leitfähigkeit des Gutes außerordentlich stark von der Höhe der Feuchtigkeit abhängig ist. Diese Schwierigkeit hat zur Folge, daß man die Knickpunktkurve nicht aus der kapillaren Leitfähigkeit errechnen kann, sondern daß sie auf empirischem Wege bestimmt werden muß.

Wenn wir hier jedoch nicht die Lage der Knickpunktkurve, sondern nur ihre Veränderung mit der Form des Körpers bestimmen wollen, so mag es erlaubt sein, die Zustände im Knickpunkt von Gütern verschiedener Form für den Fall konstanter kapillarer Leitfähigkeit miteinander zu vergleichen.

Für ebene Platten, unendliche Zylinder und Kugeln gelten dann die im folgenden angegebenen Differentialgleichungen für den ersten Trocknungsabschnitt:

$$\frac{\partial^2 X}{\partial z^2} = \frac{1}{\varkappa}\frac{\partial X}{\partial t} \text{ (ebene Platte)}, \tag{9.1}$$

$$\frac{\partial^2 X}{\partial r^2} + \frac{1}{r}\frac{\partial X}{\partial r} = \frac{1}{\varkappa}\frac{\partial X}{\partial t} \text{ (Zylinder)}, \tag{9.2}$$

$$\frac{\partial^2 X}{\partial r^2} + \frac{2}{r}\frac{\partial X}{\partial r} = \frac{1}{\varkappa}\frac{\partial X}{\partial t} \text{ (Kugel)}. \tag{9.3}$$

Für die Festlegung der Randbedingungen für diese Differentialgleichungen, sei von der Vorstellung ausgegangen, daß der Knickpunkt erreicht ist, wenn die Feuchte an der Oberfläche gleich der maximalen hygroskopischen Feuchte $X_{\text{hygr,max}}$ wird. Die mittlere Feuchte über dem Querschnitt des Gutes in diesem Zeitpunkt sei dann gleich der Knickpunktsfeuchte $X_{\text{m,Kn}}$ (Bild 9.1). Die Lösung der Differentialgleichung ausgehend von der Anfangsfeuchte X_0 zur Zeit $t = 0$ sind in der Literatur mehrfach behandelt (z. B. [9.1]). Beschränkt man die Reihenentwicklungen dieser Lösungen auf das 1. Glied, was nach Ausbildung des Feuchteprofils zulässig ist, so findet man für das Verhältnis $X_{\text{m,Kn}}/X_{\text{hygr,max}}$ bei den drei Geometrien:

$$\text{ebene Platte } \frac{X_{\text{m,Kn}}}{X_{\text{hygr,max}}} = Bi^* \cdot \frac{4}{\pi^2} \qquad \text{mit } Bi^* = \frac{\beta s}{\varkappa} \tag{9.4}$$

$$\text{Zylinder } \frac{X_{\text{m,Kn}}}{X_{\text{hygr,max}}} = Bi^* \cdot \frac{3,41}{\pi^2} \qquad \text{mit } Bi^* = \frac{\beta R}{\varkappa} \tag{9.5}$$

$$\text{Kugel } \frac{X_{\text{m,Kn}}}{X_{\text{hygr,max}}} = Bi^* \cdot \frac{3}{\pi^2} \qquad \text{mit } Bi^* = \frac{\beta R}{\varkappa} \tag{9.6}$$

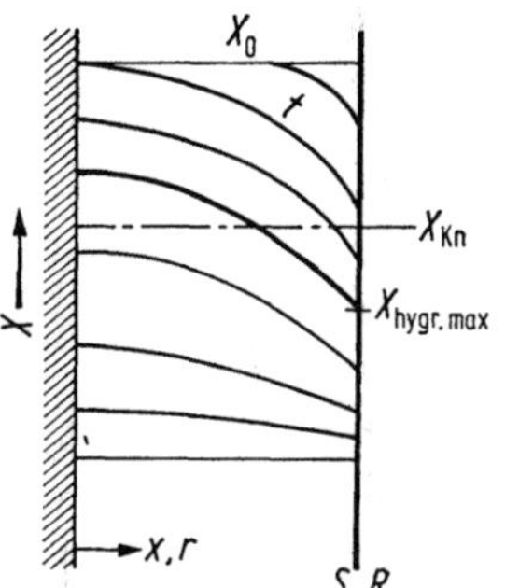

Bild 9.1. Zeitlicher Verlauf
der Feuchte.

Dieses Ergebnis besagt, daß für ein bestimmtes Trocknungsgut ($X_{hygr,max}$ = const), der Knickpunkt für einen Zylinder, bzw. eine Kugel bei einer im Verhältnis 3,41/4, bzw. 3/4 kleineren Feuchte eintritt als bei einer ebenen Platte (Bild 9.2). Ferner geht aus den Gln. (9.4) bis (9.6) hervor, daß der Knickpunkt bei einer kleineren Feuchte eintritt, je größer die kapillare Leitfähigkeit $\varkappa$ oder je kleiner der Stoffübergangskoeffizient β (d.h. die Trocknungsgeschwindigkeit im 1. Abschnitt) ist.

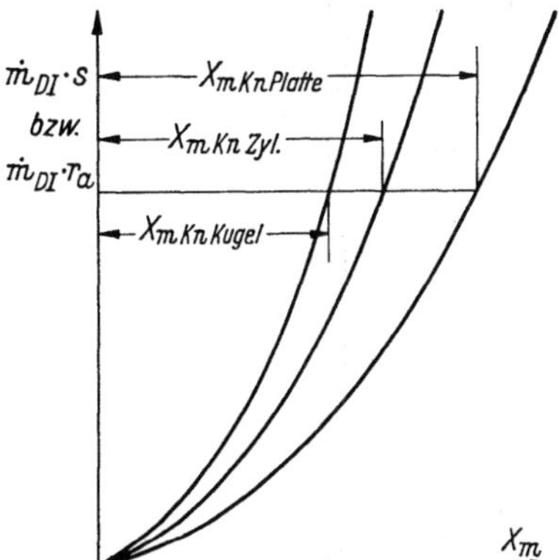

Bild 9.2. Die Lage der Knickpunktkurve bei Körpern verschiedener
Form.

Mit diesen Überlegungen kann zumindest qualitativ die an einem ebenen Trocknungsgut gemessene Knickpunktskurve auf ein zylinder- oder kugelförmiges Gut und umgekehrt umgerechnet werden. Wegen der einschneidenden Voraussetzung $\varkappa$ = const wird aber nur das Experiment sichere Aufschlüsse geben können.

9.3. Der Einfluß der Form des Gutes im zweiten Trocknungsabschnitt

Im zweiten Abschnitt bestimmen sowohl Kapillarwasserbewegung als auch Dampfdiffusion durch eine bereits getrocknete Gutsschicht den Ablauf der Trocknung. Wegen des starken Abfalles der kapillaren Leitfähigkeit mit abnehmendem Flüssigkeitsgehalt des Gutes wird die Bewegung in der flüssigen Phase gegen Ende der

Trocknung immer schwächer. Die Endtrocknungsgeschwindigkeit bei Gütern ohne hygroskopische Eigenschaften ist nur durch die Diffusion von dem in größtmöglicher Tiefe des Gutes liegenden Trockenspiegel durch das trockene Gut an die dampfaufnehmende Luft bestimmt. Über die außerordentlich stark von der Höhe der Feuchte abhängige kapillare Bewegung sind nur schwer quantitative Angaben zu machen. Da sie aber gegen Ende der Trocknung in jedem Falle vernachlässigbar klein wird, möge hier zur Betrachtung der Formeinflüsse auf den Trocknungsverlauf im zweiten Abschnitt ein der Rechnung zugänglicher Fall behandelt werden, bei dem nur Diffusion im thermischen Beharrungszustand die Stoffbewegung bewirkt. Es sei also angenommen, in einem (ideellen) Gut, das im Knickpunkt den Flüssigkeitsgehalt $X_{m,Kn}$ hat, sei nach Erreichen des Knickpunktes die Feuchte im feuchten Teil des Gutes (unterhalb des Trockenspiegels) stets gleich $X_{m,Kn}$, im übrigen sei es vollkommen trocken (oberhalb des Trockenspiegels). Wenn nur Dampfdiffusion möglich ist, verlagert sich der Trockenspiegel nach dem Knickpunkt in immer weiter unter der Oberfläche liegende Schichten. Der Vorgang sei unter Annahme konstanter Temperatur betrachtet (ϑ bzw. $P_D'' = $ const), die Temperatur sei so niedrig, daß P_D klein gegenüber P ist. Liege bei *plattenförmigen Gütern* der Trocknungsspiegel in der Tiefe s_T unter der Oberfläche, so ist entsprechend früheren Herleitungen Gl. (8.45) die Trocknungsgeschwindigkeit

$$\dot{m}_D = \frac{P}{R_D T} \cdot \frac{\beta \cdot \ln(1 + B_T)}{1 + Bi' \cdot \dfrac{s_T}{s}}$$

mit

$$B_T = \frac{P_{DT}'' - P_{DL}}{P - P_{DT}''} \quad \text{und} \quad Bi' = \frac{\beta \mu s}{\delta}.$$

Die Lage des Trockenspiegels unter der Oberfläche s_T ist ein Funktion der bezogenen Feuchte $\eta = \dfrac{X - X_{gl}}{X_{Kn} - X_{gl}}$; $f(\eta)$ kann aus einem gemessenen Verlauf $\dot{m}_D$ bestimmt werden (s. Abschn. 8.5.). Für ein ideelles Trocknungsgut wird $s_T/s = f(\eta) = 1 - \eta$.

Damit wird im 2. Trocknungsabschnitt

$$\dot{m}_D = \frac{P}{R_D T} \cdot \frac{\beta \cdot \ln(1 + B_T)}{1 + Bi' \cdot f(\eta)}. \tag{9.7}$$

Die scheinbare Endtrocknungsgeschwindigkeit $\dot{m}_{DE}$ folgt hieraus für $\eta = 0$, $f(\eta) = 1$.

Für ein zylinderförmiges Trocknungsgut gilt im 2. Trocknungsabschnitt

$$\dot{m}_D = \frac{P}{R_D T} \cdot \frac{\beta \cdot \ln(1 + B_T)}{1 + Bi' \cdot \ln \dfrac{1}{1 - s_T/R}} \quad \text{mit} \quad Bi' = \frac{\beta \mu R}{\delta}. \tag{9.8}$$

Bei einem ideellen Trocknungsgut würde gelten

$$1 - \frac{s_T}{R} = \sqrt{\eta}. \tag{9.9}$$

Nimmt man an, daß die oben eingeführte Funktion $f(\eta)$ allein von der bezogenen Feuchte, nicht aber von der Form des Gutes abhängt, so wird

$$1 - \frac{s_\mathrm{T}}{R} = \sqrt{1 - f(\eta)} \tag{9.10}$$

und

$$\dot{m}_\mathrm{D} = \frac{P}{R_\mathrm{D}T} \cdot \frac{\beta \cdot \ln(1 + B_\mathrm{T})}{1 + Bi' \cdot \ln \dfrac{1}{\sqrt{1 - f(\eta)}}} \cdot \tag{9.11}$$

Die scheinbare Endtrocknungsgeschwindigkeit $\dot{m}_\mathrm{DE}$ erhält man wieder für $\eta = 0$, $f(\eta) = 1$. Im Gegensatz zu plattenförmigen Gütern wird

$$\dot{m}_\mathrm{DE} = 0. \tag{9.12}$$

Bei kugelförmigen Gütern findet man entsprechend

$$\dot{m}_\mathrm{D} = \frac{P}{R_\mathrm{D}T} \cdot \frac{\beta \cdot \ln(1 + B_\mathrm{T})}{1 + Bi' \cdot \dfrac{s_\mathrm{T}/R}{1 - s_\mathrm{T}/R}} \tag{9.13}$$

bei einem ideellen Trocknungsgut wird

$$1 - \frac{s_\mathrm{T}}{R} = \sqrt[3]{\eta} \tag{9.14}$$

und mit $f(\eta)$ wie bei einem plattenförmigen Gut

$$\dot{m}_\mathrm{D} = \frac{P}{R_\mathrm{D}T} \cdot \frac{\beta \cdot \ln(1 + B_\mathrm{T})}{1 + Bi' \cdot \left(\dfrac{1}{\sqrt[3]{1 - f(\eta)}} - 1 \right)} \cdot \tag{9.15}$$

Auch hier wird die Endtrocknungsgeschwindigkeit für $\eta = 0$, $f(\eta) = 1$:

$$\dot{m}_\mathrm{DE} = 0.$$

Die drei Systeme unterscheiden sich also nur im Nenner der Gl. (9.7), (9.11) und (9.15).

Bild 9.3 zeigt die durch die Form bedingten Unterschiede des Trocknungsverhaltens. Dabei sind zwei verschiedene Werte der Biotschen Kennzahl Bi' für den Stoffaustausch angenommen (2 und 19) und die Trocknungsgeschwindigkeit wurde auf diejenige des 1. Abschnittes bei gleicher Temperatur ($B = B_\mathrm{T}$) bezogen; hierbei ist dann $\dot{m}_\mathrm{DI}/\dot{m}_\mathrm{DE} = 1 + Bi'$.

Die Abbildung zeigt folgendes:

1. Es gibt nur für ebene Platten eine endliche Endtrocknungsgeschwindigkeit $\dot{m}_\mathrm{DE}$. Für zylindrische und kugelförmige Körper wird die Endtrocknungsgeschwindigkeit stets gleich Null.

2. Trotzdem gibt die nach den Gesetzmäßigkeiten der ebenen Platte für $s = R$ berechnete Endtrocknungsgeschwindigkeit $\dot{m}_\mathrm{DE}$ einen gewissen Anhalt für den Verlauf der Trocknungsgeschwindigkeit im zweiten Abschnitt. Die Kurven für Zylinder und Kugel scheinen bis zu sehr kleinen Flüssigkeitsgehalten auf den Wert $\dot{m}_\mathrm{DE}$ hinzustreben und weichen erst unter etwa 20% der Knickpunktsfeuchtigkeit erheblich von der für die ebene Platte gültigen ab. Dabei muß man bedenken, daß die durchgeführte Betrachtung insofern hypothetisch ist, als von der Wirksamkeit

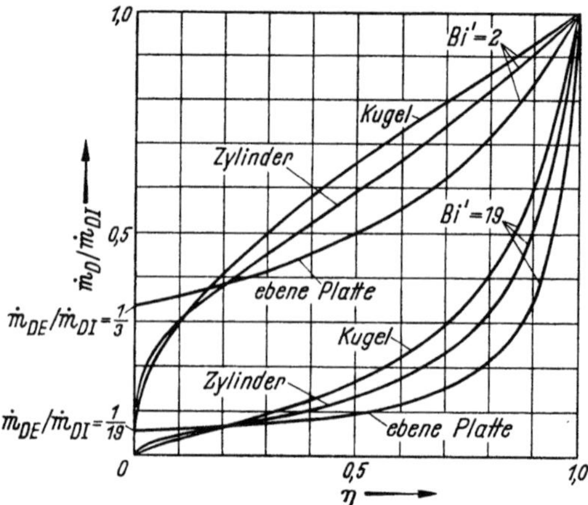

Bild 9.3. Einfluß der Form des Trocknungsgutes auf den Verlauf der Trocknung im II. Trocknungsabschnitt bei einem ideellen Trocknungsgut.

der Kapillarkräfte abgesehen wurde. Diese erhöhen sowieso die Trocknungsgeschwindigkeit am Anfang des zweiten Abschnittes in einem nicht von vornherein zu übersehenden Ausmaß gegenüber den Werten, die man bei alleiniger Wirkung der Diffusion berechnet (vgl. Bild 7.18). Gegen Ende der Trocknung treten jedoch die Kapillarkräfte zurück, und die Trocknungsgeschwindigkeit zeigt praktisch den auf Grund der Diffusionsbedingungen errechneten Verlauf. Da es bei dem augenblicklichen Stande unserer Kenntnisse höchstens möglich ist, einigermaßen sichere Anhaltspunkte für den Ablauf der Trocknung im vorhinein zu gewinnen, so dürfte die für ebene Platten gültige Endtrocknungsgeschwindigkeit $\dot{m}_{DE}$ (berechnet mit $s = R$) stets einen Anhaltspunkt für den wesentlichen Teil des zweiten Abschnittes geben. Gegen Ende — wenn $X_m < 0,2 \cdot X_{m,Kn}$ — biegen die Kurven für Zylinder und Kugel gegen Null ab.

9.4. Der Einfluß der Form im dritten Trocknungsabschnitt

Wie aus den Darlegungen zum dritten Abschnitt (s. Abschn. 8.4.) hervorgeht, ist hier der Zusammenhang zwischen Feuchte und Trocknungsgeschwindigkeit bei konstantem Diffusionswiderstandsfaktor μ stets linear. Der durch die verschiedenen Formen des Gutes bedingte Unterschied liegt lediglich in demjenigen mittleren Flüssigkeitsgehalt, in dem der dritte Abschnitt beginnt.

Wenn man sich vorstellt, daß die Feuchteverteilung bei Beginn des dritten Abschnittes bei jeder Form des Trocknungsgutes die Charakteristik von Bild 8.9 zeigen muß — wobei als Charakteristikum lediglich gilt, daß die höchste im Gut vorkommende Feuchtigkeit gleich derjenigen ist, bei der die hygroskopische Dampfdrucksenkung beginnt —, so sieht man leicht ein, daß der mittlere Feuchtigkeitsgehalt in einem solchen Zustand bei einem kugelförmigen Gut niedriger sein muß als bei einem zylindrischen und bei diesem kleiner als bei einem plattenförmigen, denn die Schichten höherer Feuchtigkeit haben z. B. bei der Kugel ein kleineres Volumen als bei Zylinder und Platte.

Im Zusammenhang mit den Betrachtungen über den Verlauf des zweiten Trocknungsabschnittes folgt, daß die Trocknungsgeschwindigkeit bei ebenen Gütern nur im hygroskopischen Bereich auf Null abfällt. Bei zylindrischen und kugelförmigen Gütern — d.h. überhaupt bei allen Gütern, bei denen das Verhältnis von Rauminhalt zu Oberfläche kleiner ist als die Dicke s bzw. R — fällt sie auch für nichthygroskopische Güter auf Null ab. Man kann in diesem Zusammenhang nur sagen, daß das Abfallen der Trocknungsgeschwindigkeit spätestens in dem Zeitpunkt auftritt, bei dem die höchste im Gut vorkommende Feuchte gleich dem maximalen des hygroskopischen Bereiches ist.

9.5. Die Bestimmung der Trocknungszeit aus den Trocknungsverlaufskurven bei verschiedener Form des Gutes

Will man aus den Trocknungsverlaufskurven die Trocknungszeit t gewinnen, so ist bei den verschiedenen geometrischen Systemen folgendes zu beachten:

Ebene Platte. Der gesamte Entzug während eines Zeitelementes dt, in dem die Trocknungsgeschwindigkeit $\dot{m}_\mathrm{D}$ herrscht, ist

$$A\dot{m}_\mathrm{D}\,\mathrm{d}t.$$

Diese Flüssigkeitsmenge wird dem Gutsvolumen As entnommen, dessen mittlerer Flüssigkeitsgehalt sich dabei um dX_m ändert. Es gilt also auch:

$$A\dot{m}_\mathrm{D}\,\mathrm{d}t = As\bar{\varrho}_\mathrm{S}\,\mathrm{d}X_\mathrm{m}.$$

Es folgt:

$$\mathrm{d}t = s\bar{\varrho}_\mathrm{S}\frac{\mathrm{d}X_\mathrm{m}}{\dot{m}_\mathrm{D}},$$

oder als Trocknungszeit für die Trocknung von X_0 auf $X_{\mathrm{m,t}}$.

$$t_{X_0}^{X_{\mathrm{m,t}}} = \bar{\varrho}_\mathrm{S}s^2 \int_{X_0}^{X_{\mathrm{m,t}}} \frac{\mathrm{d}X_\mathrm{m}}{\dot{m}_\mathrm{D}s}. \tag{9.16}$$

Demnach hat die Ermittlung der Trocknungszeit in der Weise zu geschehen, daß in einer Abbildung, die die Abhängigkeit der Größe $\dot{m}_\mathrm{D}s$ vom mittleren Flüssigkeitsgehalt zeigt, zunächst der Kehrwert $1/\dot{m}_\mathrm{D}s$ der Kurve aufzuzeichnen ist (s. Bild 9.4). Die graphische Integration liefert dann nach Multiplikation mit $\bar{\varrho}_\mathrm{S}s^2$ die Trocknungszeit. (vgl. Abschn 7.2.4.).

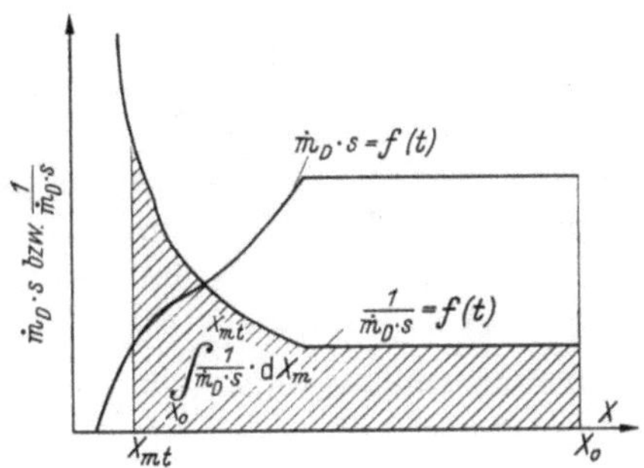

Bild 9.4. Zur Ermittlung der Trocknungszeit aus dem Trocknungsverlauf.

Zylindrische Güter. Als Trocknungsverlaufskurve sei die Größe $\dot{m}_D \cdot R$ in Abhängigkeit von X_m gegeben. Der Flüssigkeitsentzug ist mit $r_a = R$:

$$2\pi R L \dot{m}_D \, dt.$$

Er bewirkt eine Abnahme des Flüssigkeitsgehaltes:

$$\pi R^2 L \bar{\varrho}_S \, dX_m.$$

Es folgt:

$$t_{X_0}^{X_{m,t}} = \bar{\varrho}_S \frac{R^2}{2} \int\limits_{X_0}^{X_{m,t}} \frac{dX_m}{\dot{m}_D \cdot R}. \tag{9.17}$$

Es ist also die aus der graphischen Integration zu gewinnende Größe mit $\bar{\varrho}_S R^2/2$ zu multiplizieren.

Kugelförmige Güter. Es gilt entsprechend den obigen Überlegungen

$$4\pi R^2 \dot{m}_D \, dt = \frac{4}{3} \pi R^3 \bar{\varrho}_S \, dX_m$$

oder für die Trocknungszeit:

$$t_{X_0}^{X_{m,t}} = \bar{\varrho}_S \frac{R^2}{3} \int\limits_{X_0}^{X_{m,t}} \frac{dX_m}{\dot{m}_D \cdot R}. \tag{9.18}$$

Die aus der graphischen Integration nach Bild 9.4 zu gewinnende Größe ist also mit $\bar{\varrho}_S R^2/3$ zu multiplizieren.

Die Trocknungszeiten eines sonst gleichen Gutes verhalten sich als Platte, Zylinder und Kugel mit den Abmessungen $s = R$ wie $1:1/2:1/3$. Diese Darstellung macht den Einfluß der Abmessungen s, bzw. R und die Bedeutung eines 1. Trocknungsabschnittes bis zu möglichst kleinen Feuchten deutlich [9.2]. Von den Abmessungen hängt darüber hinaus auch $\dot{m}_{DI}$ über die Übergangskoeffizienten α und $\beta = f(R)$ ab (s. Abschn. 4.3.).

9.6. Zusammenfassung

Aus der bisherigen Betrachtung geht der außerordentliche Einfluß der Form auf die Trocknungsgeschwindigkeit hervor. Je größer das Verhältnis von Oberfläche zu Inhalt, um so schneller trocknet ein Gut. Einerseits ist der Verlauf der Trocknungsgeschwindigkeit bei Kugeln günstiger als bei Zylinder und ebener Platte, andererseits ergeben sich bei Berechnung der Trocknungszeit aus der Trocknungsgeschwindigkeit sehr viel kleinere Trocknungszeiten (selbst bei gleichem Verlauf der Trocknungsgeschwindigkeit).

Der Verlauf der Trocknungsgeschwindigkeit in Abhängigkeit vom mittleren Flüssigkeitsgehalt X_m ist bei gleichem Anfangswert $\dot{m}_{DI}$ für größere Verhältnisse von Oberfläche zu Inhalt deshalb günstiger als für kleinere, weil

1. der Knickpunkt bei kleinerem Flüssigkeitsgehalt erreicht wird, d.h. die Anfangstrocknungsgeschwindigkeit $\dot{m}_{DI}$ in einem größeren Bereich aufrecht erhalten wird;

2. im größten Bereich des zweiten Abschnittes die Trocknungsgeschwindigkeit größer ist;
3. der Beginn des dritten Abschnittes bei um so kleinerem Flüssigkeitsgehalt auftritt, je größer das Verhältnis von Oberfläche zu Inhalt ist.

Bei der Errechnung der Trocknungszeiten aus den Trocknungsverlaufskurven ergibt sich, daß selbst bei gleicher Verlaufskurve (d.h. gleichem $\dot{m}_{\mathrm{DI}}$, gleichem Knickpunkt und gleichem Verlauf im zweiten und dritten Trocknungsabschnitt) ein kugelförmiger Körper vom Durchmesser $2R$ dreimal schneller, ein zylindrischer vom Durchmesser $2R$ doppelt so schnell trocknet wie ein zweiseitig trocknendes, ebenes Gut von der Dicke $2s = 2R$.

10. Aufgaben zur rechnerischen Behandlung von Trocknungsvorgängen

10.1. Trocknung plattenförmiger Güter, z.B. chromgegerbter Lederhäute bei Konvektionstrocknung

Die Häute sollen etwa die Abmessungen 1×1 m bei einer Dicke von 2,5 mm und einen Anfangsfeuchtigkeitsgehalt von $X_e = 300\%$ haben. Die Trocknung finde in einem Kanaltrockner statt, der so dicht mit Häuten behängt ist, daß der Strahlungsaustausch mit den Wänden vernachlässigt werden kann (Konvektionstrocknung). Der Luftstrom habe eine Geschwindigkeit von $w = 5$ m/sek (bzw. 18000 m/h) und eine Temperatur von $\vartheta_L = 60\,°C$ bei einer relativen Luftfeuchtigkeit von 60% ($P_{D,L} = 0,6 \cdot 0,199 = 0,120$ bar). Barometerstand sei 1 bar.

Es sollen folgende Variationen berechnet werden:

A. Zweiseitige Trocknung der frei hängenden Häute;
B. Häute auf Glasscheiben geklebt;
   a) Glasscheibe doppelseitig beklebt;
   b) Glasscheibe einseitig beklebt.

Es wird dabei der Einfluß der ein- bzw. zweiseitigen Trocknung sowie der Zuleitung von Wärme durch die Glasschicht behandelt.

Das Leder habe folgende Eigenschaften:

1. Die Knickpunktkurve nach Bild 10.1.
2. Wärmeleitfähigkeit in trockenem Zustand $\lambda_{tr} = 0,17$ W/mK.
3. Wärmeleitfähigkeit in nassem Zustand $\lambda_n = 0,58$ W/mK.
4. Diffusionswiderstandszahl in trockenem Zustand $\mu = 20$.
5. Die Sorptionsisotherme entspreche derjenigen in Bild 10.2.
6. Die Trockenraumdichte betrage $\bar{\varrho}_S = 800$ kg/m³.

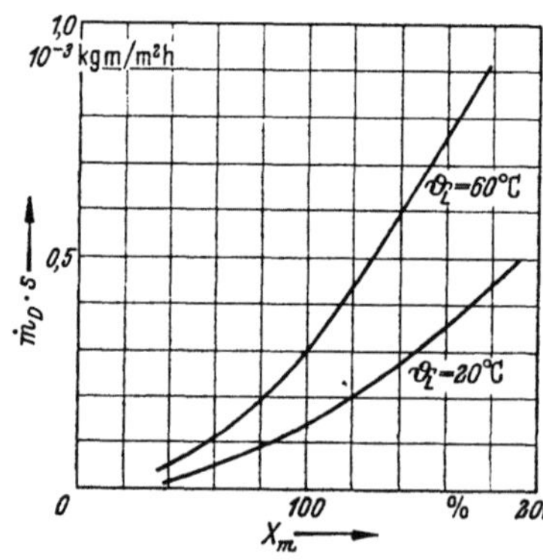

Bild 10.1. Knickpunktskurve für das in Aufgabe 1 behandelte Leder bei $\vartheta_L = 20$ bzw. 60°

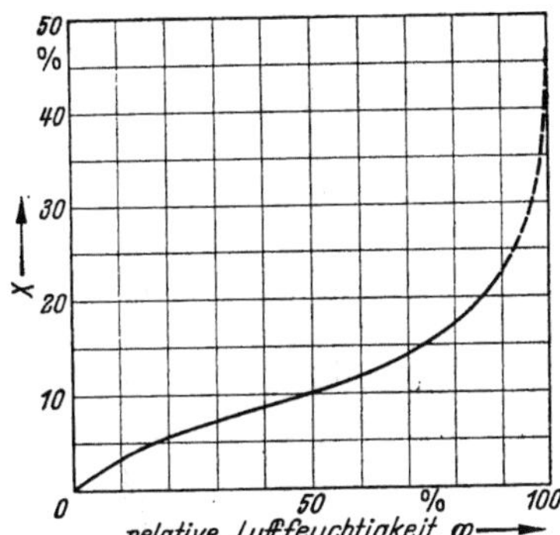

Bild 10.2. Sorptionsisotherme für das in Aufgabe 1 behandelte Leder; $\vartheta_L = 60\,°C$.

10.1.1. Die Anfangstrocknungsgeschwindigkeit $\dot{m}_{DI}$

Allgemein gilt für die Anfangstrocknungsgeschwindigkeit [Gl. (8.1)]

$$\dot{m}_{DI}h_v = \dot{q}_K + \dot{q}_R + \dot{q}_B.$$

Im vorliegenden Fall ist die Strahlungswärme q_R gleich Null.

Im Fall A und B_a wird ferner die Kontaktwärme q_B durch Leitung an die Oberfläche gleich Null, während in dem Fall B_b die Glasscheibe wegen ihres Wärmeaustausches mit der Luft wärmer sein muß als die Oberfläche des Leders, so daß q_B endlich wird.

10.1.1.1. Berechnung der Oberflächentemperatur für Fall A und B_a

Für Fall A und B_a ist also

$$\dot{m}_{DI} = \frac{\alpha}{h_v}(\vartheta_L - \vartheta_0),$$

worin die Temperatur der nassen Gutsoberfläche ϑ_0 aus Bild 5.61, die Wärmeübergangszahl α aus Bild 4.58 oder Tafel III zu entnehmen ist. Aus Bild 5.61 findet man für $P_{DL} = 0,120$ bar durch Interpolation $\vartheta_L - \vartheta_0 = 10\,°C$. Folglich beträgt die Oberflächentemperatur des Gutes $\vartheta_0 = 60 - 10 = 50\,°C$. Die Verdampfungswärme ist dabei $h_v = 2382$ kJ/kg.

10.1.1.2. Die Bestimmung des Wärmeübergangskoeffizienten α

Aus Bild 4.58 entnimmt man den Zusammenhang $Nu_{l'} = f(Re_{l'})$. Es ist

$$Re_{l'} = \frac{wl'}{\nu} = \frac{5 \cdot 1}{1,87 \cdot 10^{-5}} = 2,68 \cdot 10^5,$$

wobei die kinematische Zähigkeit ν für das arithmetische Mittel aus Luft- und Oberflächentemperatur 55\,°C (nach Bild 5.71) eingesetzt ist.

Man findet aus Bild 4.58 $Nu_{l'} = 650$. Damit wird unter Einsetzen von λ_L nach Tabelle 4.4 für 55\,°C

$$\alpha = Nu_{l'}\frac{\lambda_L}{l'} = 740\frac{0,028}{1} = 20,7 \text{ W/m}^2\text{K}.$$

10.1.1.3. Die Anfangstrocknungsgeschwindigkeit $\dot{m}_{DI}$ für die Fälle A und B_a

Man berechnet $\dot{m}_{DI}$ zu:

$$\dot{m}_{DI} = \frac{\alpha}{h_v}(\vartheta_L - \vartheta_0) = \frac{20,7 \cdot 3,600}{2382} \, 10 = 0,31 \text{ kg/m}^2\text{h}.$$

Berechnet man $\dot{q}$ nach Gl. (5.149), so erhält man für die Trocknungsgeschwindigkeit einen um 0,2 % kleineren Wert, so daß die einfache Rechnung mit den linearen Beziehungen hier erlaubt ist. Die Wasserdampfabgabe einer Haut von 1 m² ist also bei der zweiseitigen Trocknung von Fall A

$$2 \cdot \dot{m}_{DI} = 2 \cdot 0,31 = 0,62 \text{ kg/h}$$

und bei der einseitigen Trocknung im Fall B_a

$$\dot{m}_{DI} = 0,31 \text{ kg/h}.$$

10.1.1.4. Der Fall B_b

Im Fall B_b findet zusätzlich Wärmeleitung durch die Glasscheibe und das nasse Leder an die verdunstende Oberfläche statt. Die für die Benutzung von Bild 5.11 erforderliche äquivalente Lufttemperatur ϑ_L' errechnet man nach Gl. (8.5)

$$\vartheta_L' = \vartheta_L + \frac{\dot{q}_B}{\alpha}.$$

Darin ist $\dot{q}_B$, wenn man die Wärmeübergangszahl zwischen Glasscheibe und Luft ebenso wie die zwischen Leder und Luft zu $\alpha = 20,7 \text{ W/m}^2\text{K}$, die Dicke der Glasscheibe $s_{Gl} = 6$ mm und ihre Leitfähigkeit zu $\lambda_{Gl} = 0,7 \text{ W/mK}$ annimmt

$$\dot{q}_B = \frac{\vartheta_L - \vartheta_0}{\dfrac{1}{\alpha} + \dfrac{s_{Gl}}{\lambda_{Gl}} + \dfrac{s_l}{\lambda_l}} = \frac{60 - \vartheta_0}{0,061} \text{ W/m}^2.$$

Schätzt man ϑ_0 zunächst etwas höher als für Fall A und B_a, nämlich zu 53,0 °C, so ergibt sich

$$\dot{q}_B = 115 \text{ W/m}^2 \quad \text{und} \quad \vartheta_L' = 65,5\,°\text{C}.$$

Damit findet man in Bild 5.61 bei $P_{D,L} = 0,120$ bar

$$\vartheta_L' - \vartheta_0 = 13,0\,°\text{C}, \quad \vartheta_0 = 52,6\,°\text{C},$$

so daß obige Schätzung von 53 °C gerechtfertigt ist.

Damit wird die Anfangstrocknungsgeschwindigkeit

$$\dot{m}_{DI} = \frac{\dot{q}_B + \alpha(\vartheta_L - \vartheta_0)}{h_v} = 0,41 \text{ kg/m}^2\text{h}.$$

Die gesamte Wasserabgabe der 1 m² großen Haut ist ebenso groß.

10.1.2. Die Lage des Knickpunktes

Für die verschiedenen eben skizzierten Fälle ist das Produkt aus Trocknungsgeschwindigkeit und halber (bei zweiseitiger Trocknung) bzw. ganzer Gutsdicke (bei einseitiger Trocknung) zu berechnen und aus der Knickpunktkurve (Bild 10.1) die mittlere Feuchtigkeit $X_{m,Kn}$ im Knickpunkt zu bestimmen. Es ergibt sich:

Fall	$\dot{m}_{DI}s$	$X_{m,Kn}$
A	$0{,}388 \cdot 10^{-3}$ kg/mh	112 %
B_a	$0{,}775 \cdot 10^{-3}$ kg/mh	162 %
B_b	$1{,}025 \cdot 10^{-3}$ kg/mh	191 %

10.1.3. Die scheinbare Endtrocknungsgeschwindigkeit $\dot{m}_{DE}$

10.1.3.1. Die Fälle A und B_a

Für die Fälle A und B_a ist die Lage des Trockenspiegels am Ende des zweiten Trocknungsabschnittes bekannt: Im Fall A (zweiseitige Trocknung) in der Mitte des Gutes $s = 0{,}00125$, im Fall B_a an der mit der Glasscheibe in Berührung stehenden Fläche ($s = 0{,}0025$ m).

Für diese beiden Fälle kann Gl. (8.19) zur Berechnung der Temperatur im Trockenspiegel benutzt werden. Dabei wird die äquivalente Wärmeübergangszahl durch Strahlung α_R gemäß der Voraussetzung dieser Aufgabe gleich Null und ϑ_L^* ist nach Gl. (8.18) mit ϑ_L identisch.

Mit den linearisierten Beziehungen nach den Gln. (8.19) und (8.29) wird dann:

$$\vartheta_L - \vartheta_E = \frac{h_v}{R_D T} \frac{\beta}{\alpha} (P''_{DE} - P_{DL}) \frac{1 + \mathrm{Bi}}{1 + \mathrm{Bi'}} \cdot$$

Der Bruch am Ende der rechten Seite errechnet sich unter Benutzung der Wärmeleitfähigkeit $\lambda = 0{,}17$ W/mK (trockener Stoff) für Fall A ($s = 0{,}00125$) zu

$$\frac{1 + \dfrac{\alpha s}{\lambda}}{1 + \dfrac{\beta \mu s}{\delta}} = 0{,}065;$$

für Fall B_a ($s = 0{,}0025$) wird er gleich $0{,}037$.

Mit diesen Faktoren müssen die Ordinaten der in Bild 5.61 dargestellten Kurven für $P_{D,L} = $ const multipliziert und mit den Geraden $\vartheta_L = $ const zum Schnitt gebracht werden. Man findet für den Fall A und B_a
für $P_{D,L} = 0{,}12$ bar durch Interpolation

$$\text{für Fall } A \quad \vartheta_L - \vartheta_E = 4{,}8 \quad \vartheta_E = 55{,}2$$
$$\text{für Fall } B_a \quad \vartheta_L - \vartheta_E = 3{,}4 \quad \vartheta_E = 56{,}6$$

Dann wird die scheinbare Entdtrocknungsgeschwindigkeit nach Gl. (8.17) berechnet

$$\dot{m}_{DE} = \frac{1}{h_v} \frac{1}{\dfrac{1}{\alpha} + \dfrac{s}{\lambda}} (\vartheta_L - \vartheta_E).$$

Für Fall A wird

$$\dot{m}_{DE} = 0{,}13 \text{ kg/m}^2\text{h}.$$

Für Fall B_a wird

$$\dot{m}_{DE} = 0{,}082 \text{ kg/m}^2\text{h}.$$

Die gesamte Wasserverdunstung je Haut wird im Fall A (zweiseitige Trocknung *einer* Haut) $2 \cdot \dot{m}_{DE} = 0{,}26 \text{ kg/m}^2\text{h}$ im Fall B_a (einseitige Trocknung einer Haut) $= 0{,}082 \text{ kg/m}^2\text{h}$.

10.1.3.2. Der Fall B_b

Für den Fall der einseitig beklebten Glasscheibe (s. Bild 8.7) ist die Lage des Trocknungsspiegels im letzten Augenblick der Trocknung nicht bekannt. Den Abstand s_T des Endtrocknungsspiegels von der Gutsoberfläche kann man auf Grund der Fälle A und B_a abschätzen zu $s/s_T = 1{,}9$, d.h. $s_T = 0{,}00132$ m und $s - s_T = 0{,}00118$ m. Die Schätzung muß später kontrolliert werden.

An den Trocknungsspiegel wird die Wärmemenge

$$\dot{q} = \dot{m}_{DE} h_v = \left(\frac{1}{\dfrac{1}{\alpha} + \left(\dfrac{s}{\lambda}\right)_{\text{Glas}} + \dfrac{s - s_T}{\lambda}} + \frac{1}{\dfrac{1}{\alpha} + \dfrac{s_T}{\lambda}} \right) (\vartheta_L - \vartheta_E)$$

geleitet.

Ferner ist gemäß Gl. (8.20) bei kleinen Partialdruckdifferenzen

$$\dot{m}_{DE} h_v = \frac{h_v}{R_D T} \frac{\beta}{\alpha} \frac{\alpha}{1 + \text{Bi}_T''} (P_{DE}'' - P_{DL}).$$

Daraus erhält man:

$$(\vartheta_L - \vartheta_E) = \frac{h_v}{R_D T} \frac{\beta}{\alpha} (P_{DE}'' - P_{DL}) \times$$

$$\times \left\{ \frac{1}{\left(1 + \dfrac{\beta \mu s_T'}{\delta}\right) \left(\dfrac{1}{1 + \left(\dfrac{s}{\lambda}\right)_{\text{Glas}} \alpha + \dfrac{(s - s_T)\,\alpha}{\lambda}} + \dfrac{1}{1 + \dfrac{s_T \alpha}{\lambda}} \right)} \right\}$$

Der Bruch in der geschweiften Klammer erhält mit der obigen Schätzung für s_T den Wert 0,03875.

Mit diesem Faktor müssen die Ordinaten der in Bild 5.61 dargestellten Kurven für $P_{D,L} = \text{const}$ multipliziert und mit der Geraden $\vartheta_L = 60\,°\text{C} = \text{const}$ zum Schnitt gebracht werden. Man findet für $P_{DL} = 0{,}12$ bar durch Interpolation $(\vartheta_L - \vartheta_E) = 3{,}9\,°\text{C}$ d.h. $\vartheta_E = 56{,}1\,°\text{C}$.

Für die scheinbare Endtrocknungsgeschwindigkeit $\dot{m}_{DE}$ erhält man aus obiger Gleichung

$$\dot{m}_{DE} = 0{,}20 \text{ kg/m}^2\text{h}.$$

Nach Gl. (8.33) muß noch kontrolliert werden, ob die Annahme $s/s_T = 1{,}9$ brauchbar war. Nach Gl. (8.33) ist

$$\frac{s}{s_T} = 1 + \sqrt{\frac{\vartheta_B - \vartheta_E}{\vartheta_{0E} - \vartheta_E}}$$

Nach Bild 8.7 ist

$$\vartheta_B - \vartheta_E = (\vartheta_L - \vartheta_E) \frac{1}{\frac{1}{\alpha} + \left(\frac{s}{\lambda}\right)_{Glas} + \frac{s - s_T}{\lambda}} \frac{s - s_T}{\lambda},$$

$$\vartheta_{0E} - \vartheta_E = (\vartheta_L - \vartheta_E) \frac{1}{\frac{1}{\alpha} + \frac{s_T}{\lambda}} \frac{s_T}{\lambda}.$$

Somit wird

$$\frac{s_T}{s} = 1 + \sqrt{\left(\frac{s}{s_T} - 1\right) \frac{\frac{1}{\alpha} + \frac{s_T}{\lambda}}{\frac{1}{\alpha} + \left(\frac{s}{\lambda}\right)_{Glas} + \frac{s - s_T}{\lambda}}},$$

wobei unter dem Wurzelzeichen der geschätzte Wert s_T einzusetzen ist.
    Man erhält

$$\frac{s}{s_T} = 1 + \sqrt{0{,}79} = 1{,}89.$$

Damit ist bestätigt, daß die Lage des Trocknungsspiegels am Ende der Trocknung
genügend genau geschätzt wurde und die scheinbare Endtrocknungsgeschwindig-
keit $\dot{m}_{DE} = 0{,}20 \text{ kg/m}^2\text{h}$ zutreffend ist. Mit $\dot{m}_{DI}$, $X_{m,Kn}$ und $\dot{m}_{DE}$ ist der Verlauf
der Trocknungsgeschwindigkeit im zweiten Abschnitt hinreichend bekannt. Man
wird den Knickpunkt sinnvollerweise nicht wesentlich anders mit dem Punkt $\dot{m}_{DE}$
bei $X_m = 0$ verbinden können, wie dies in Bild 10.3 geschehen ist.

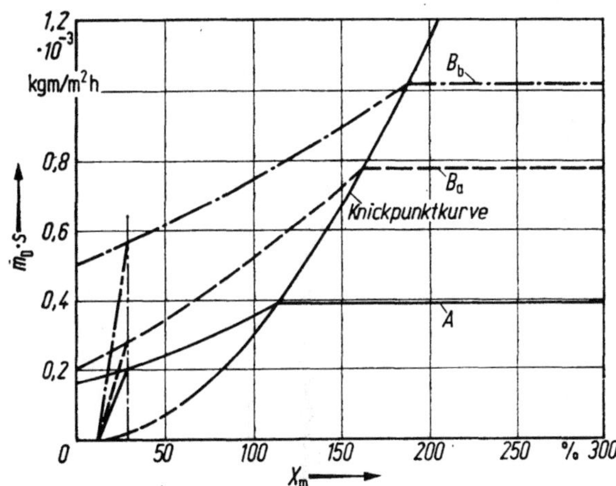

Bild 10.3. Trocknungsverlauf für die verschiedenen Fälle von Aufgabe 1.
——— Fall A, ----- Fall B_a, —·—·— Fall B_b.

10.1.4. Der Trocknungsverlauf im dritten Abschnitt

Die Festlegung der Trocknungsverlaufskurve im dritten Trocknungsabschnitt setzt
nur noch die Kenntnis der Gleichgewichtsfeuchtigkeit X_{gl} und des Beginns des
dritten Abschnittes bei einem Flüssigkeitsgehalt der kleiner ist als $X_{hygrmax}$ voraus.

Beide Werte sind der Sorptionsisotherme (Bild 10.2) zu entnehmen. Man findet X_{gl} für 60 °C und 60 % zu

$$X_{gl} = 0,12.$$

$X_{hygr\,max}$ ist nicht mit Genauigkeit anzugeben, da die Sorptionsisotherme bei relativen Feuchtigkeiten nahe 100 % nicht genau zu messen ist. In Bild 10.2 ist sie nur bis 90 % angegeben, wobei der Wert bei $X = 0,225$ liegt. Eine extrapolierende Schätzung liefert $X_{hygr\,max} = 0,46$.

Nimmt man den Beginn des dritten Abschnittes bei

$$\frac{X_{hygr\,max} + X_{gl}}{2} = 0,29$$

an, so ergeben sich die in Bild 10.3 dargestellten Geraden als Trocknungsverlaufskurven im dritten Abschnitt für die Fälle A, B_a und B_b unter Voraussetzung eines konstanten Diffusionswiderstandsfaktors.

10.1.5. Die Trocknungszeiten

Damit sind auch die Trocknungszeiten einfach zu bestimmen. Man trägt dazu den Ausdruck $1/\dot{m}_D s$ über X_m auf und findet durch Integration (Planimetrieren der Fläche unter den Kurven) die Trocknungszeiten gemäß

$$t = s^2 \bar{\varrho}_S \int\limits_{X=3}^{X=0,18} \frac{1}{\dot{m}_D s}\, d(X_m),$$

wenn die Trocknung bei einem mittleren Wassergehalt von $X_m = 0,18$ als beendet angesehen werden soll. Es ergeben sich dafür die folgenden Trocknungszeiten bei einem Trockenraumgewicht $\bar{\varrho}_S = 900$ kg/m³ (s. Bild 10.4):

> Fall A $t = 11,6$ h frei hängend,
> Fall B_a $t = 28,3$ h zweiseitig beklebt,
> Fall B_b $t = 18,2$ h einseitig beklebt.

Man kann aus den Ergebnissen der Rechnungen folgendes entnehmen:

Für den Fall A der frei hängenden Lederhäute ist die Trocknungszeit am kürzesten. Am größten ist sie für den Fall B_a der beiderseitig mit Leder beklebten Glasscheibe, wobei man aber zu berücksichtigen hat, daß bei etwa 2,5facher Trocknungszeit zwei Häute getrocknet werden. Für den Fall B_b der einseitig beklebten Platte ist die Trocknungszeit immer noch etwa 1,5mal größer als bei frei aufgehängten Häuten.

Die Trocknung bei frei aufgehängten Häuten verläuft deshalb am schnellsten, weil der Wärmetransport und die Diffusion aus dem Inneren die kleinsten Widerstände erfahren.

Für zweiseitig beklebtes Glas werden die Wärmeleit- und Diffusionswiderstände am größten, da jede Lederhaut nur einseitig getrocknet wird.

Bei einseitig beklebtem Glas wird dem Leder wieder von zwei Seiten Wärme zugeführt, wobei allerdings die Wärmeleitwiderstände des Glases zu überwinden sind. Die Diffusionswege für das Ende der Trocknung verkleinern sich und kommen dem Fall A näher als bei zweiseitiger Beklebung.

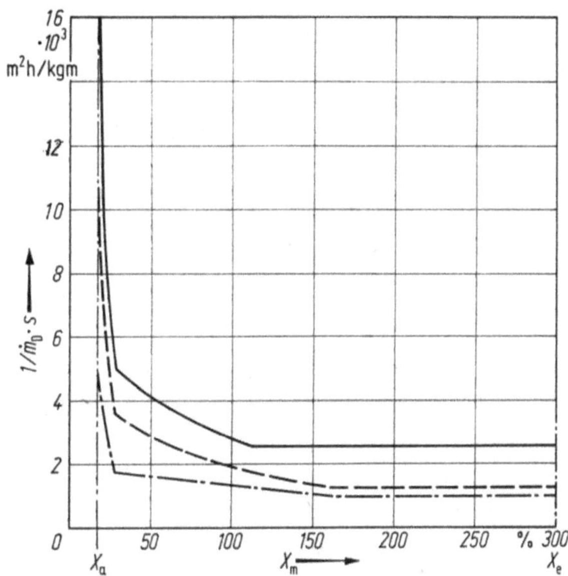

Bild 10.4. Zur Bestimmung der Trocknungszeit für Aufgabe 1.
——— Fall A, ----- Fall B_a, —·—·— Fall B_b.

10.2. Trocknung kugelförmiger Güter, Einfluß des Luftdruckes und des Gutdurchmessers

Kugelförmige Pillen sollen auf einem Siebband liegend von $X_e = 25\%$ auf $X_a = 3\%$ getrocknet werden. Es sei angenommen, daß die Kugeln so weit voneinander entfernt liegen, daß sie als einzeln umströmte Körper angesehen werden können. Der Luftstrom, der das Gut von unten her umspüle, habe eine Geschwindigkeit von $w = 2,2$ m/s, eine Temperatur von $\vartheta_L = 40\,°C$ und eine relative Luftfeuchtigkeit von 53,0% ($P_{D,L} = 0,039$ bar).

Es sollen folgende Variationen berechnet werden:

A	Barometerstand	1 bar	B	Barometerstand	0,1 bar
A_1	Kugeldurchmesser	8 mm	B_1	Kugeldurchmesser	8 mm
A_2	Kugeldurchmesser	5 mm	B_2	Kugeldurchmesser	5 mm
A_3	Kugeldurchmesser	2 mm	B_3	Kugeldurchmesser	2 mm

Das Trockengut habe die folgenden Eigenschaften:

1. Die Knickpunktkurve für 40°C sei kugelförmiges Gut entsprechend Bild 10.5 bekannt.
2. Die Sorptionsisotherme entspreche der nach Bild 10.6.
3. Wärmeleitfähigkeit im trockenen Zustand $\lambda_{tr} = 0,12$ W/mK.
4. Diffusionswiderstandszahl für trockenen Zustand $\mu = 10$. ·
5. Das Trockenraumgewicht betrage $\bar{\varrho}_S = 500$ kg/m³.

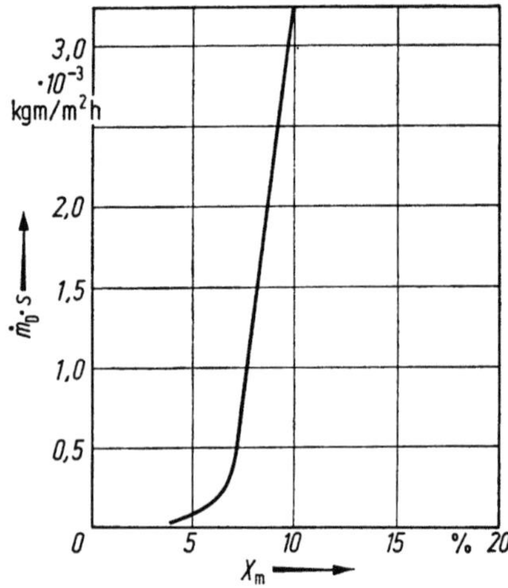

Bild 10.5. Knickpunktkurve für kugelförmiges Gut in Aufgabe 2; $\vartheta_{\mathrm{L}} = 40\,°\mathrm{C}$.

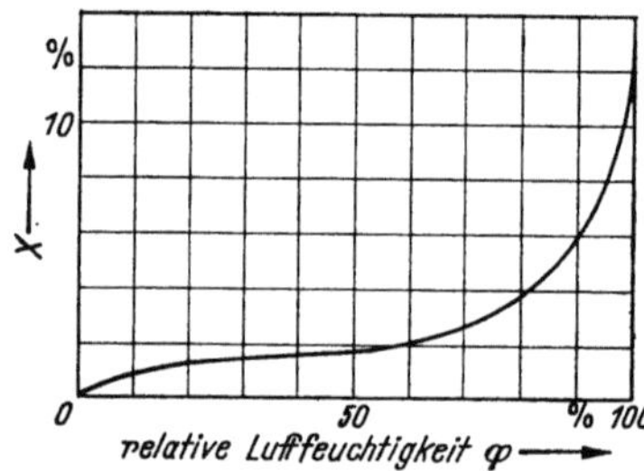

Bild 10.6. Sorptionsisotherme für das Gut in Aufgabe 2; $\vartheta_{\mathrm{L}} = 40\,°\mathrm{C}$.

10.2.1. Der erste Trocknungsabschnitt

10.2.1.1. Berechnung der Oberflächentemperatur für die Fälle *A* und *B*

Die Oberflächentemperatur ϑ_0 des nassen Gutes entnimmt man (wie in Aufgabe 1) Bild 5.61 bzw. 5.62 für $P_{\mathrm{D,L}} = 0{,}039$ bar und $\vartheta_{\mathrm{L}} = 40\,°\mathrm{C}$ zu

$$\vartheta_0 = 31\,°\mathrm{C} \text{ für Fall } A \ (P = 1 \text{ bar}),$$
$$\vartheta_0 = 29\,°\mathrm{C} \text{ für Fall } B \ (P = 0{,}1 \text{ bar}).$$

10.2.1.2. Die Bestimmung der Wärmeübergangskoeffizienten α

Aus Bild 4.58 entnimmt man den Zusammenhang $Nu_{\mathrm{l'}} = f(Re_{\mathrm{l'}})$, wobei für Kugeln $l' = d$ anzusetzen ist.

Im vorliegenden Falle ist die Druckabhängigkeit der Zähigkeit ν zu beachten, die für das arithmetische Mittel aus Luft- und Oberflächentemperatur einzusetzen ist. Für $P = 1$ bar bei $\vartheta_{\mathrm{m}} = 35{,}5\,°\mathrm{C}$ entnimmt man aus Bild 5.71 den Wert $\nu = 16{,}7 \cdot 10^{-6} \text{ m}^2/\text{s}$. Für $P = 0{,}1$ bar wird, da $\nu \sim 1/P$

$$\nu_{0,1} = 16{,}7 \cdot 10^{-5} \text{ m}^2/\text{s}.$$

Mit $Re_{\mathrm{l'}} = w \cdot l'/\nu$ entnimmt man Bild 4.50 oder berechnet nach Gl. (4.95) $Nu_{\mathrm{l'}} = \alpha l'/\lambda_{\mathrm{L}}$. Die Werte für $Re_{\mathrm{l'}}$, $Nu_{\mathrm{l'}}$ und die daraus berechneten Wärmeübergangskoeffizienten α sind in der folgenden Tabelle zusammengestellt:

d	$P = 1$ bar				$P = 0,1$ bar			
mm	$Re_{l'}$	$Nu_{l'}$	α W/m²K	$\dot{m}_{DI}$ kg/m² h	$Re_{l'}$	$Nu_{l'}$	α W/m² K	$\dot{m}_{DI}$ kg/m² h
8	1054	23,0	77	1,03	105	8,1	27	0,44
5	660	18,4	98	1,31	66	7,4	40	0,65
2	263	12,0	160	2,13	26	5,0	67	1,09

10.2.1.3. Die Anfangstrocknungsgeschwindigkeit $\dot{m}_{DI}$

Da die Wärmeübertragung an das Gut im vorliegenden Falle lediglich durch Konvektion erfolgen soll, gilt bei kleinen Partialdruckdifferenzen ohne die Kopplung des Wärme- und Stoffaustauschs zu berücksichtigen der lineare Aussatz

$$\dot{m}_{DI} = \frac{\alpha}{h_v} (\vartheta_L - \vartheta_0).$$

Die errechneten Werte sind ebenfalls in der vorstehenden Tabelle aufgeführt.

Berechnet man den Wärmestrom mit Gl. (5.149) unter Berücksichtigung der Kopplung von Wärme- und Stofftransport, so ergeben sich lediglich Abweichungen $< 0,2\%$.

10.2.2. Die scheinbare Endtrocknungsgeschwindigkeit

Für kugelförmige Güter ist die scheinbare Endtrocknungsgeschwindigkeit nichthygroskopischer Güter immer Null (s. Abschn. 9.3.). Näherungsweise kann man den Trocknungsverlauf im 2. Abschnitt wie in Bild 10.7 dargestellt, ausgehend von der Knickpunktkurve nach Bild 10.5, einzeichnen.

10.2.3. Der dritte Trocknungsabschnitt

Aus der Sorptionsisotherme entnimmt man die Gleichgewichtsfeuchtigkeit des Gutes bei Luftzustand unabhängig vom Luftdruck $X_{gl} = 1,9\%$ und den maximalen hygroskopischen Wassergehalt zu $X_{hygr\,max} = 13\%$.

Der Beginn des dritten Abschnittes kann also bei $X_m = 7,4\%$ angesetzt werden.

10.2.4. Der Trocknungsverlauf und die Trocknungszeiten

Der Trocknungsverlauf kann mit den errechneten Werten $\dot{m}_{DI}$ bei Kenntnis der Knickpunktkurve und den Werten X_{gl} sowie dem Feuchtigkeitsgehalt bei Beginn des dritten Abschnittes näherungsweise bestimmt werden (s. Bild 10.7).

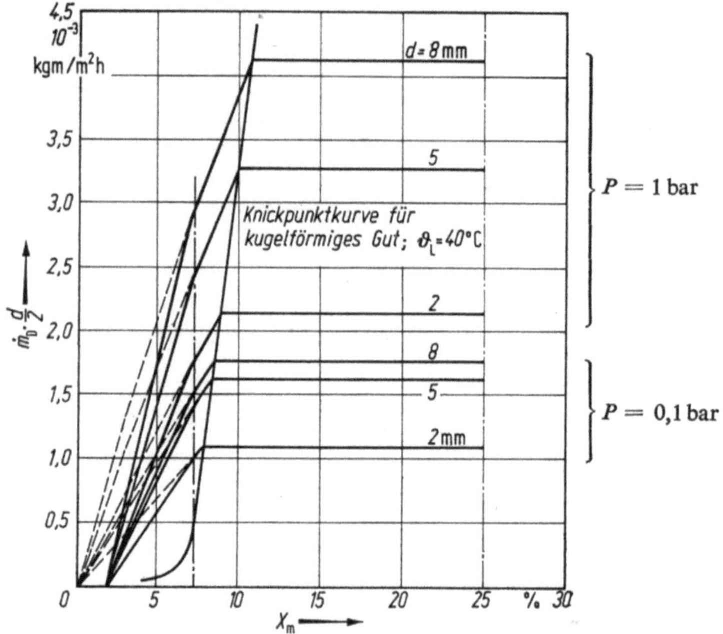

Bild 10.7. Trocknungsverlauf bei verschiedenen Drücken und Korndurchmessern für Aufgabe 2.

Die Trocknungszeiten ergeben sich nach Auftragen von

$$\frac{1}{\dot{m}_D \dfrac{d}{2}} = f(X_m)$$

(s. Bild 10.8) durch Integration gemäß

$$t = \frac{d^2}{12}\bar{\varrho}_S \int_{X_e}^{X_a} \frac{1}{\dot{m}_D \dfrac{d}{2}}\, dX_m.$$

Sie sind in der folgenden Tabelle zusammengestellt

d mm	$P = 1$ bar	$P = 0,1$ bar
8	$t = 700$ s	$t = 1500$ s
5	350	630
2	75	150

Man erkennt, daß in dem angegebenen Fall durch Erniedrigung des Luftdrucks keine Verkürzung der Trocknungszeit erreicht wird. Dies liegt daran, daß bei erniedrigtem Druck bei der vorausgesetzten Konvektionstrocknung bei gleicher Geschwindigkeit des Trockenmittels die Wärmeübergangszahl im Vakuum nur etwa 1/3 derjenigen bei normalem Druck ist. Wenn auch die Diffusion erleichtert wird, so wirkt sich das doch nur in recht geringem Maße auf die Temperaturdifferenz zwischen Luft und Trockenspiegel aus. Deutlich wird die starke Verkürzung der Trocknungszeit bei verkleinerten Abmessungen des Gutes.

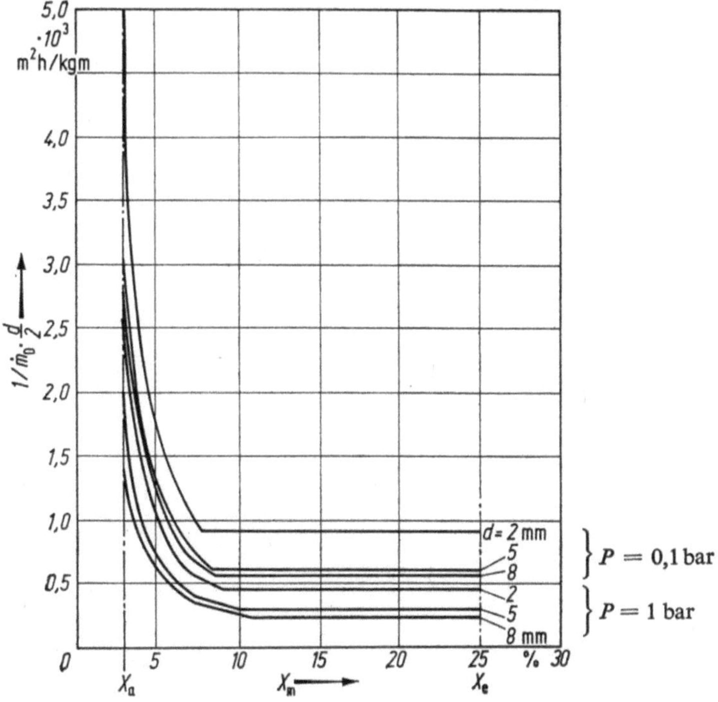

Bild 10.8. Zur Bestimmung der Trocknungszeit in Aufgabe 2.

10.3. Einfluß zusätzlicher Strahlung bei der Trocknung von Stoffbahnen

Eine 1 m breite Textilbahn (Wollstoff) von der Dicke $2s = 0,5$ mm soll in einem Luftstrom von $\vartheta_L = 70\,°C$ und $\varphi = 15,75\%$ relativer Feuchtigkeit ($P_{DL} = 0,05$ bar) von einem Eintrittswassergehalt $X_e = 100\%$ auf einen Wassergehalt von $X_a = 13\%$ getrocknet werden.

Mit welcher Trocknungszeit ist zu rechnen

1. bei reiner Konvektionstrocknung,
2. wenn die Stoffbahn beiderseitig durch Infrarotlampen mit einem Anschlußwert von 1 kW/m² bestrahlt werde, von denen 0,8 kW/m² von der Stoffbahn absorbiert werden möge.

Der Luftzustand möge sich beim Überströmen der Textilbahn nicht nennenswert ändern ($\dot{m}_L \rightarrow \infty$). Der Wärmeübergangskoeffizient betrage $\alpha = 12$ W/m²K.

Die Knickpunktkurve des Gewebes (Wolle) entspreche der in Bild 10.9

wiedergegebenen. Die Sorptionsisotherme entspreche dem in Bild 3.14 dargestellten Kurvenzug. Die Wärmeleitzahl des trockenen Gewebes betrage $\lambda = 0{,}06\,\text{W/mK}$, die Diffusionswiderstandszahl sei $\mu = 3$.

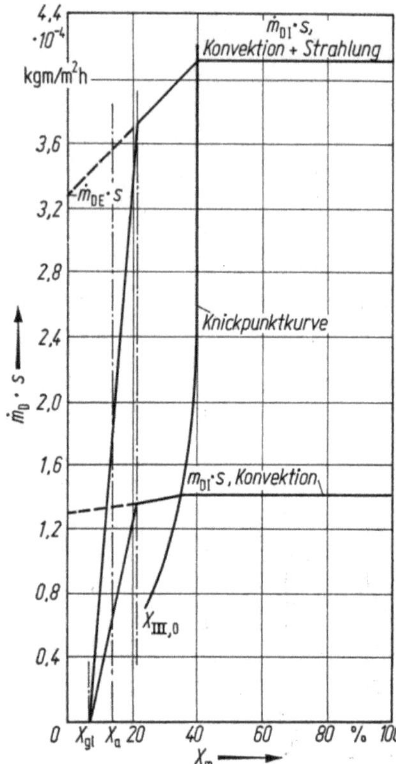

Bild 10.9. Trocknungverlauf für Wolle (Aufgabe 3).

10.3.1. Konvektionstrocknung

10.3.1.1. Die Anfangstrocknungsgeschwindigkeit $\dot{m}_{DI}$

Die Anfangstrocknungsgeschwindigkeit $\dot{m}_{DI}$ berechnet sich nach:

$$\dot{m}_{DI} = \frac{1}{h_v}\,\alpha(\vartheta_L - \vartheta_0).$$

Aus Bild 5.61 entnimmt man für $P_{DL} = 0{,}05\,\text{bar}$ $\vartheta_0 = 38{,}6\,°\text{C}$ entsprechend $\vartheta_L = \vartheta_0 = 31{,}4\,\text{K}$.

Die Anfangstrocknungsgeschwindigkeit wird damit

$$\dot{m}_{DI} = 0{,}56\,\text{kg/m}^2\text{h}.$$

Der gesante Wasserentzug im ersten Abschnitt der Trocknung beträgt damit je m Bahnlänge:

$$A \cdot \dot{m}_{DI} = 1{,}12\,\text{kg/h}.$$

Auch bei dieser Aufgabe ist der Dampfdruck gegenüber dem Gesamtdruck so klein, daß mit den linearen Beziehungen für den Wärme- und Massenstrom gerechnet werden darf.

10.3.1.2. Die scheinbare Endtrocknungsgeschwindigkeit $\dot{m}_{DE}$

Die scheinbare Endtrocknungsgeschwindigkeit $\dot{m}_{DE}$ errechnet sich nach

$$\dot{m}_{DE} = \frac{1}{h_v} \frac{1}{\dfrac{1}{\alpha} + \dfrac{s}{\lambda}} (\vartheta_L - \vartheta_E).$$

Zur Ermittlung der Temperatur ϑ_E im Trocknungsspiegel bei der scheinbaren Endtrocknungsgeschwindigkeit $\dot{m}_{DE}$ müssen die Ordinaten der Kurve für $P_{DL} = 0,05$ bar in Bild 5.61 mit dem Faktor

$$\frac{1 + \dfrac{\alpha s}{\lambda}}{1 + \dfrac{\beta \mu s}{\delta}} = \frac{1,05}{1,30} = 0,808$$

multipliziert werden.

Man erhält damit aus Bild 5.61 $\vartheta_L - \vartheta_E = 30,4\,°C$ bzw. $\vartheta_E = 39,6\,°C$.

Damit wird die scheinbare Endtrocknungsgeschwindigkeit

$$\dot{m}_{DE} = 0,52 \text{ kg/m}^2\text{h}.$$

Der scheinbare Gesamtentzug am Ende des zweiten Trocknungsabschnittes ist dann je m Bahnlänge

$$A \cdot \dot{m}_{DE} = 1,04 \text{ kg/h}.$$

10.3.1.3. Der Trocknungsverlauf

Trägt man die Werte $\dot{m}_{DI}\,s$ und $\dot{m}_{DE}s$ in das Knickpunktschaubild ein, so kann man den mutmaßlichen Trocknungsverlauf leicht abschätzen (s. Bild 10.9).

Danach liegt der Knickpunkt bei $X_m = 35\%$.

Der Beginn des dritten Abschnittes ist dann bei $(X_{hygr\,max} + X_{gl})\,2$ zu erwarten. Mit $X_{hygr\,max} = 35\%$ (aus Bild 3.14) geschätzt und $X_{gl} = 6,5\%$ liegt $X_{Kn,2}$ bei 21%. Von da ab verläuft die Trocknung linear auf $X_{gl} = 6,5\%$ bei $\dot{m}_D s = 0$. Dieser Verlauf ist in Bild 10.9 eingetragen.

10.3.1.4 Die Trocknungszeit

Aus der Bilanz:

$$\dot{m}_D \text{dt} = s dX_m \bar{\varrho} s$$

ergibt sich die Trocknungszeit

$$t = s^2 \bar{\varrho}_S \int_{X_e}^{X_a} \frac{1}{\dot{m}_D s} dX_m,$$

wobei $\bar{\varrho}_S$ zu 200 kg/m³ (Wolle) anzunehmen ist. Nach Durchführung der Integration auf graphischem Wege findet man $t = 290$ s (Bild 10.10).

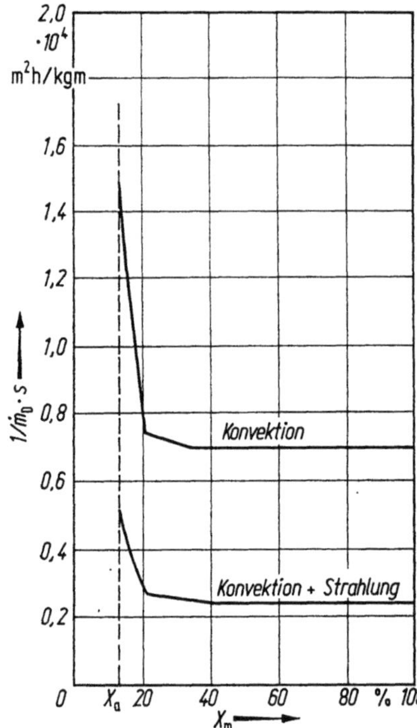

Bild 10.10. Zur Bestimmung der Trocknungszeit in Aufgabe 3.

10.3.2. Der Einfluß der Strahlung

10.3.2.1. Die Anfangstrocknungsgeschwindigkeit $\dot{m}_{\mathrm{DI}}$

Man berechnet die Anfangstrocknungsgeschwindigkeit nach Gl. (8.1)

$$\dot{m}_{\mathrm{DI}} = \frac{1}{h_{\mathrm{v}}}\, [\alpha(\vartheta_{\mathrm{L}} - \vartheta_0) + \dot{q}_{\mathrm{R}}].$$

Zweckmäßig formt man diese Gleichung um in

$$\dot{m}_{\mathrm{DI}} = \frac{1}{h_{\mathrm{v}}}\, \alpha(\vartheta_{\mathrm{L}}' - \vartheta_0),$$

worin die äquivalente Lufttemperatur ϑ_{L}' den Wert

$$\vartheta_{\mathrm{L}}' = \vartheta_{\mathrm{L}} + \frac{\dot{q}_{\mathrm{R}}}{\alpha}$$

hat.

Mit $\dot{q}_{\mathrm{R}} = 0,8\ \mathrm{kW/m^2}$ der von der Bahn absorbierten Strahlerleistung wird

$$\vartheta_{\mathrm{L}}' = 70 + 67 = 137\,^\circ\mathrm{C}.$$

Man findet damit bei $P_{\mathrm{DL}} = 0,05$ bar aus Bild 5.61

$$\vartheta_{\mathrm{L}}' - \vartheta_0 = 91\ \mathrm{K}\quad \text{bzw.}\quad \vartheta_0 = 46\,^\circ\mathrm{C}.$$

Damit wird die Anfangstrocknungsgeschwindigkeit

$$\dot{m}_{\mathrm{DI}} = 1,64\ \mathrm{kg/m^2h}.$$

Der gesamte Feuchteenttzug im 1. Abschnit bei beidseitiger Trocknung ist dann je m Bahnlänge

$$2 \cdot \dot{m}_{\mathrm{DI}} = 3{,}28 \text{ kg/h}.$$

Er ist bereits bei der relativen kleinen Strahlerleistung etwa dreimal so groß wie bei reiner Konvektionstrocknung.

10.3.2.2. Die scheinbare Endtrocknungsgeschwindigkeit $\dot{m}_{\mathrm{DE}}$

Der Faktor mit dem die Ordinaten des Kurvenzuges $P_{\mathrm{DL}} = 0{,}05$ bar multipliziert werden müssen, ergibt sich nach dem unter 10.3.2.2. Gesagten zu 0,808.

Damit findet man bei

$$\vartheta'_{\mathrm{L}} - \vartheta_{\mathrm{E}} = 75 \text{ K}, \quad \vartheta_{\mathrm{E}} = 62\,°\text{C}$$

und

$$\dot{m}_{\mathrm{DE}} = 1{,}31 \text{ kg/m}^2\text{h}.$$

Für den Gesamtentzug der beiden Seiten ergibt sich je m Bahnlänge

$$2 \cdot \dot{m}_{\mathrm{DE}} = 2{,}62 \text{ kg/h}.$$

10.3.2.3. Der Trocknungsverlauf

Der Knickpunkt wird gemäß Bild 10.9 erreicht bei

$$X_{\mathrm{Kn}} = 40\,\%.$$

Der dritte Abschnitt beginnt nach dem unter 10.3.2.3. Gesagten bei $X_{\mathrm{Kn},2} = 21\,\%$.

10.3.2.4. Die Trocknungszeiten

Man bildet

$$\frac{1}{\dot{m}_{\mathrm{D}}s} = f(X_{\mathrm{m}})$$

und findet durch graphische Integration die Trocknungszeiten bei reiner Konvektionstrocknung

$$\text{zu } t = 290 \text{ s}$$

bei zusätzlicher Strahlung

$$t = 100 \text{ s}.$$

Zusammenfassend kann man sagen, daß durch die zusätzliche Strahlung die Trocknungszeit wesentlich verkürzt wurde, wie dies bei Trocknungsgütern in dünnen Schichten allgemein zu erwarten ist. Bei temperaturempfindlichen Gütern ist darauf zu achten, daß durch die höheren Temperaturen im Gut, im 2. und 3. Trocknungsabschnitt keine Schädigung eintritt.

Bei einem Trockner mit kontinuierlichem Durchlauf des Trocknungsgutes ist die berechnete Trocknungszeit t gleich der erforderlichen Verweilzeit t_{v} des Gutes im Trockner. Ist die Geschwindigkeit des Gutes w, so ergibt sich für die Trocknerlänge L

$$L = w \cdot t_{\mathrm{v}}.$$

Im Anschluß an Abschnitt 11.3.3.3. wird dies Berechnungsbeispiel für den kontinuierlich betriebenen Gleich- oder Gegenstromtrockner mit örtlich veränderlichem Luftzustand weitergeführt.

11. Trocknen unter technischen Bedingungen

11.1. Problemstellung

Nachdem in den vorigen Kapiteln gezeigt wurde, in welcher Weise man den Trocknungsverlauf unter gleichbleibenden äußeren Bedingungen im voraus übersehen und durch einfache Berechnungen Anhaltspunkte finden kann, soll im folgenden dargetan werden, wie sich diese Gesetzmäßigkeiten im technischen Trockner auswirken bzw. welche Abwandlungen die Trocknungsverlaufskurven für den Inhalt ganzer Trockner erfahren.

Beim technischen Trockner belädt sich das Trockenmittel mit Feuchtigkeit und kühlt sich, wenn es gleichzeitig Wärmeträger ist (bei Konvektionstrocknern), entsprechend ab. Aus wärmewirtschaftlichen Gründen ist eine möglichst große Feuchtigkeitsaufnahme erwünscht. Entsprechend der Feuchtigkeitsaufnahme und der Abkühlung nimmt die Trocknungsgeschwindigkeit längs des Weges des Trockenmittels ab. (Bei der Wärmezufuhr durch Strahlung oder Leitung [Kontakttrocknung] spielen diese Fragen eine geringe Rolle und sind bei der Strahlungs- oder Kontakttrocknung im Vakuum völlig ohne Bedeutung, da dabei der Dampfdruck der Umgebung konstant bleibt.) — Bei ruhenden, durchströmten oder überströmten Gütern ist daher die Trocknungszeit für das am Ende des Weges gelegene Gutselement unter Umständen sehr viel größer als für das am Eintritt gelegene Element. Daher werden im folgenden die Änderungen der Trocknungsbedingungen längs des Weges des Trockenmittels untersucht und ihr Einfluß auf den Trocknungsverlauf des Gutes dargelegt.

Entsprechend den verschiedenen relativen Bewegungen zwischen Trockenmittel und Gut sollen hier folgende Fälle behandelt werden:

Trocknung ruhender Güter bei konstantem und bei veränderlichem Luftzustand, wobei letzterer durch die Feuchteaufnahme örtlich veränderlich, durch Luftumwälzung auch zeitlich veränderlich sein kann — Trocknung bewegter Güter, wobei die Bewegung geordnet im Gleich- oder Gegenstrom, oder auch ungeordnet infolge einer Durchmischung des Gutes erfolgen kann.

Den Überlegungen werde eine Trocknungsverlauf kurve $\dot{m}_D = f(X)$ zugrunde gelegt, wie man sie bei konstanten Trocknungsbedingungen bestimmt und deren physikalische Grundlagen, sowie die Möglichkeiten zu ihrer Vorausberechnung in den vorhergehenden Kapiteln erörtert wurden.

Um die mathematische Behandlung übersichtlicher zu gestalten und die Schreibweise abzukürzen, werden die dimensionslosen Größen η für die Fuechte (s. Abschn. .8.5) und $\dot{\nu}$ für die Trocknungsgeschwindigkeit, bezogen auf diejenige im 1. Abschnitt, eingeführt [11.10].

Der Trocknungsverlauf stellt sich damit in der Form $\dot{v} = f(\eta)$, dar wie ihn Bild 11.1 zeigt.

$$\eta = \frac{X - X_{gl}}{X_{Kn} - X_{gl}} \tag{11.1}$$

$$\dot{v} = \frac{\dot{m}_D}{\dot{m}_{DI}} \tag{11.2}$$

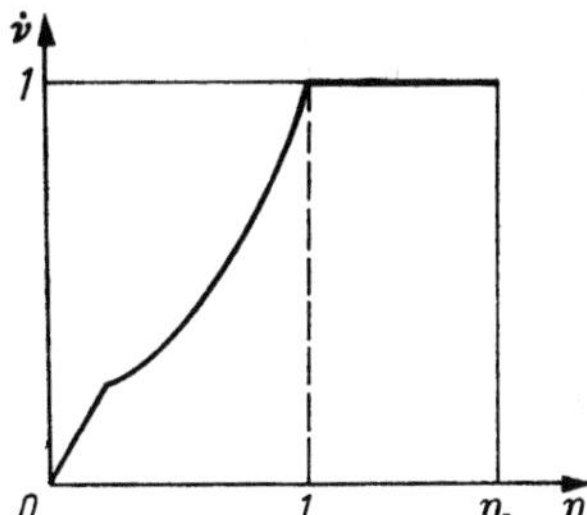

Bild 11.1. Dimensionslose Darstellung des Trocknungs verlaufs.

11.2. Trocknen ruhender Güter

11.2.1. Trocknung bei örtlich und zeitlich konstantem Luftzustand

Der Trocknungsverlauf ist unmittelbar durch die Funktion $\dot{m}_D = f(X - X_{gl})$ bzw. dimensionslos durch $\dot{v} = f(\eta)$ nach Bild 11.1 gegeben. Die zeitliche Änderung der Gutsfeuchte folgt aus der Bilanz (vgl. Abschn. 9.5.):

$$A\dot{m}_D \, dt = -m_S \, d(X - X_{gl}), \tag{11.3}$$

wobei m_S die Masse des Trocknungsgutes bezeichnet.

Bezieht man die Trocknungszeit t auf eine fiktive Zeit t_f, die das Gut im 2. Abschnitt für die Trocknung vom Knickpunkt X_{Kn} auf den Gleichgewichtszustand X_{gl} benötigen würde, wenn es unabhängig von der Feuchte mit der Trocknungsgeschwindigkeit $\dot{m}_{DI}$ trocknen würde:

$$A\dot{m}_{DI} \cdot t_f = m_S(X_{Kn} - X_{gl}), \tag{11.4}$$

so wird durch Division der vorstehenden Gln. (11.3) und (11.4)

$$\frac{\dot{m}_D}{\dot{m}_{DI}} \cdot d\left(\frac{t}{t_f}\right) = -d\left(\frac{X - X_{gl}}{X_{Kn} - X_{gl}}\right) \tag{11.5}$$

oder bei Einführung der dimensionslosen Zeit

$$\tau = \frac{t}{t_f}: \tag{11.6}$$

$$\dot{v} = -\frac{d\eta}{d\tau}. \tag{11.7}$$

Aus Gl. (11.7) folgt die dimensionslose Trocknungszeit für die Trocknung von η_0 auf eine Endfeuchte η_E:

$$\tau = -\int_{\eta_0}^{\eta_E} \frac{d\eta}{\dot{v}}. \tag{11.8}$$

Diese Beziehung stimmt selbstverständlich mit den schon oben abgeleiteten für die Trocknungszeit unter konstanten äußeren Bedingungen überein.

11.2.2. Örtlicher und zeitlicher Verlauf der Trocknung überströmter oder durchströmter ruhender Güter

11.2.2.1. Allgemeine theoretische Zusammenhänge

Eine exakte rechnerische Behandlung der Trocknung unter veränderlichen äußeren Bedingungen ist nur für den ersten Abschnitt konstanter Trocknungsgeschwindigkeit möglich, während dessen an der ganzen mit dem Trockenmittel in Berührung stehenden Gutsoberfläche praktisch gleiche Temperatur (Oberflächentemperatur nach den Bildern 5.61 bis 5.64) herrscht.

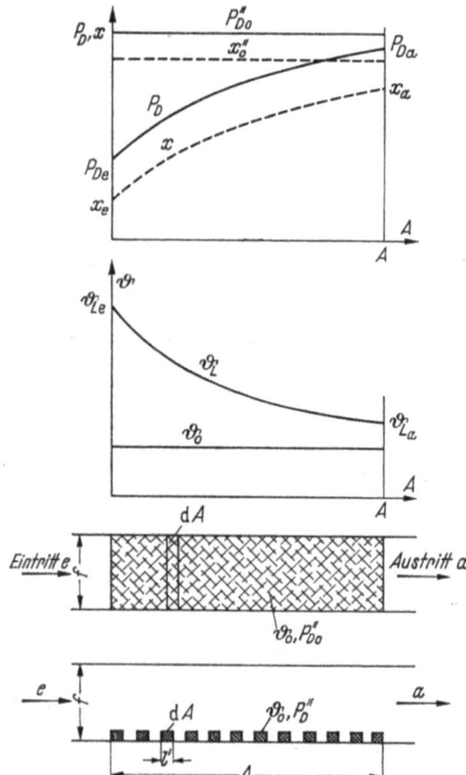

Bild 11.2. Temperatur, Dampfdruck und Dampfgehalt bei der Trocknung durchströmter oder überströmter Güter.

In Bild 11.2 ist der charakteristische Verlauf der Temperatur ϑ_L und des Dampfdruckes P_D bzw. des Dampfgehaltes x des Trockenmittels bei konstanter Gutsoberflächentemperatur ϑ_0 dargestellt. Es soll die Trocknungsgeschwindigkeit längs des Weges berechnet werden.

Die Berechnungen gehen von der Energie- oder der Stoffbilanz für ein Element der austauschenden Fläche aus. Zur Vereinfachung sollen hier auch die linearisierten Beziehungen für Wärme- und Stoffstrom ohne Berücksichtigung der Kopplung angeschrieben werden. (Die Kopplung könnte nachträglich durch die Koeffizienten α^* und β^* erfaßt werden.) Für ein Oberflächenelement dA, das mit dem

Gasstrom $\dot{m}_L$ im freien Querschnitt f im Wärme- und Stoffaustausch steht, gilt:

$$\dot{q} \cdot dA = dA\alpha(\vartheta_L - \vartheta_0)$$

$$\dot{m}_D \cdot dA = dA \frac{\beta}{R_D T}(P_{DO} - P_{DL}). \tag{11.9}$$

Dieser Austausch führt zu einer Abnahme der Lufttemperatur ϑ_L, einer Zunahme der Luftfeuchte x und einer entsprechenden Abnahme der Gutsfeuchte X im Volumelement dV des Gutes:

$$\dot{q}\, dA = -\dot{m}_L \cdot c_p\, d\vartheta_L$$

$$\dot{m}_D\, dA = \dot{m}_L \cdot dx = -dV \cdot \varrho_s \frac{dX}{dt}. \tag{11.10}$$

Für die Änderung von Lufttemperatur und Luftfeuchte folgt daraus, wenn man den Dampfdruck P_D durch

$$x = \frac{M_D}{M_L} \cdot \frac{P}{P - P_D} \approx \frac{M_D}{M_L} \cdot \frac{P_D}{P} \tag{11.11}$$

ersetzt und die Dichte der trockenen Luft

$$\varrho_L = \frac{P}{R_L T} \tag{11.12}$$

einführt mit den Grenzen bei $A = 0$ (Lufteintritt); ϑ_{Le} und x_e, im 1. Trocknungsabschnitt ϑ_{LO}, $P''_{DO} = \text{const}$:

$$\frac{\vartheta_L - \vartheta_0}{\vartheta_{Le} - \vartheta_0} = \exp\left(-\frac{\alpha A}{\dot{m}_L c_p}\right) \tag{11.13}$$

$$\frac{x_0 - x}{x_0 - x_e} = \exp\left(-\frac{\beta \varrho_L A}{\dot{m}_L}\right) \tag{11.14}$$

Im 1. Trocknungsabschnitt ist die Trocknungsgeschwindigkeit der Dampfdruckdifferenz, bzw. der Luftfeuchtedifferenz direkt proportional, so daß auch gilt

$$\frac{\dot{m}_{DI}}{\dot{m}_{DI,e}} = \exp\left(-\frac{\beta \varrho_L A}{\dot{m}_L}\right) \tag{11.15}$$

Die Exponenten in den Gln. (11.13) bis (11.15) können auch in der Form

$$\frac{\alpha A}{\dot{m}_L c_p} = \frac{Nu_{l'}}{Pe_{l'}} \cdot \frac{A}{f}; \qquad \frac{\beta \varrho_L A}{\dot{m}_L} = \frac{Sh_{l'}}{Pe_{l'}} \cdot \frac{A}{f}$$

angeschrieben werden (f Strömungsquerschnitt für $\dot{m}_L$, A Austauschfläche).

Nach den Betrachtungen zum Verhältnis α/β sind beide Exponenten gleich, wenn $Pr = Sc$ ist (s. Abschn. 5.10.5.). Unter dieser Voraussetzung kann eine dimensionslose Austauschfläche ζ:

$$\zeta = \frac{Nu_{l'}}{Pe_{l'}} \cdot \frac{A}{f} = \frac{Sh_{l'}}{Pe'_{l'}} \cdot \frac{A}{f} \tag{11.16}$$

eingeführt werden. Diese Größe kann als konstant angesehen werden, wenn die Durch- oder Überströmung turbulent erfolgt oder wenn in einer Schüttung jedes Teil neu angeströmt wird. Die Koeffizienten α und β bzw. $Nu_{l'}$ und $Sh_{l'}$ werden nach Abschnitt 4.3.2.3. für das Korn in der Schüttung bestimmt. Die Größe ζ nach

Gl. (11.16) ist identisch mit der vor allem im angelsächsischem Schrifttum verwendeten „Zahl der Übertragungseinheiten NTU" [7.7].

Für ein Haufwerk oder eine Schüttung größerer Einzelkörper mit endlicher Schichtzahl n gilt entsprechend Abschnitt 4.3.2.3.4., falls mit den Wärme- bzw. Stoffübergangszahlen α_e bzw. β_e (d. h. mit den für jede einzelne Schicht des Haufwerks auf den jeweiligen Eintrittszustand bezogenen Wärme- bzw. Stoffübergangszahlen) gerechnet wird:

$$\dot{m}_{\mathrm{DI},n} = \dot{m}_{\mathrm{DI},e} \left[1 - \frac{Nu_{l'}}{Pe_{l'}} \frac{\Delta A}{f} \right]^{n-1} \tag{11.17}$$

wobei hier $\dot{m}_{\mathrm{DI},n}$ die Trocknungsgeschwindigkeit an der n-ten Schicht und ΔA die Oberfläche einer Schicht im Abschnitt l' ist[1].

Für Fälle, bei denen die Änderung des Luftzustandes beim Überstreichen eines ausgedehnten Einzelgutes von Interesse ist, ist wegen der Veränderlichkeit von α mit der Anströmlänge folgender Weg der angenäherten Ermittlung der örtlichen Trocknungsgeschwindigkeit mit Hilfe der Tafel III und dem Bild 4.58 empfohlen[2]. Bedeutet l' die überströmte Länge des einzelnen Gutskörpers oder die durchströmte Länge eines Kanals gleichen Querschnitts, so ist die für diese Länge aus den Tafeln ermittelte Zahl α die mittlere Wärmeübergangszahl für die Gesamtlänge $(\alpha_0^{l'})$. Man erhält dann die mittlere Trocknungsgeschwindigkeit für die ganze Gutslänge aus:

$$[\overline{\dot{m}}_{\mathrm{DI}}]_0^{l'} = \frac{\alpha_0^{l'}}{h_v} (\vartheta_{\mathrm{L},e} - \vartheta_0),$$

wenn $\alpha_0^{l'}$ aus Tafel III oder Bild 4.58 bestimmt wird.

Wählt man alsdann eine kleinere Länge, z. B. $l'/2$ und bestimmt dafür $\alpha_0^{l'/2}$ aus den Tafeln, so erhält man in gleicher Weise die mittlere Trocknungsgeschwindigkeit für die erste Hälfte der Gutslänge. Durch fortschreitende Zerteilung der Gesamtlänge läßt sich so die mittlere Trocknungsgeschwindigkeit von Eintritt der Luft bis zu jeder beliebigen Weglänge bestimmen. Man erhält eine Treppenkurve nach Bild 11.3. Durch Differenzieren der Kurve $[\overline{\dot{m}}_{\mathrm{DI}}]_0^{l'}$ oder durch abschnittsweise Differenzbildung erhält man die örtliche Trocknungsgeschwindigkeit $\dot{m}_{\mathrm{DI}}$ in Abhängigkeit von der überströmten Länge. (Die Größe $l' [\overline{\dot{m}}_{\mathrm{DI}}]_0^{l'}$ ist proportional der gesamten vom Gut abgegebenen Wassermenge, $l'/2 [\overline{\dot{m}}_{\mathrm{DI}}]_0^{l'/2}$ derjenigen, die in der ersten Hälfte abgegeben wird; die Differenz aus beiden ist also in der zweiten Hälfte verdunstet usw.). Wegen des Abfalls der örtlichen Wärmeübergangszahl mit der Weglänge nimmt die örtliche Trocknungsgeschwindigkeit in diesem Fall stets stärker mit der Weglänge ab, als wenn man an jeder Stelle oder an jedem Einzelkörper des Gutes gleiche Wärmeübergangszahl voraussetzen kann.

Im 1. Trocknungsabschnitt ist die Trocknungsgeschwindigkeit in jeder Schicht konstant. Die Höhe der Trocknungsgeschwindigkeit ist dabei durch Gl. (11.15)

---

[1] Für sehr große Werte von $n(l' \to 0)$ geht das letzte Glied der rechten Seite von Gl. (11.17) über in den Faktor $\exp \left(- \dfrac{Nu_{l'}}{Pe_{l'}} \dfrac{\Delta An}{f} \right)$, der sich für konstante örtliche α-Zahl gemäß Gl. (11.15) ergibt.

[2] Einfacher wäre es für diesen Zweck, wenn man von der örtlichen Wärmeübergangszahl längs des Weges des Trockenmittels ausginge. Wesentliche Anhaltspunkte für diese Abschätzung finden sich in der einschlägigen Literatur [11.1, 11.2].

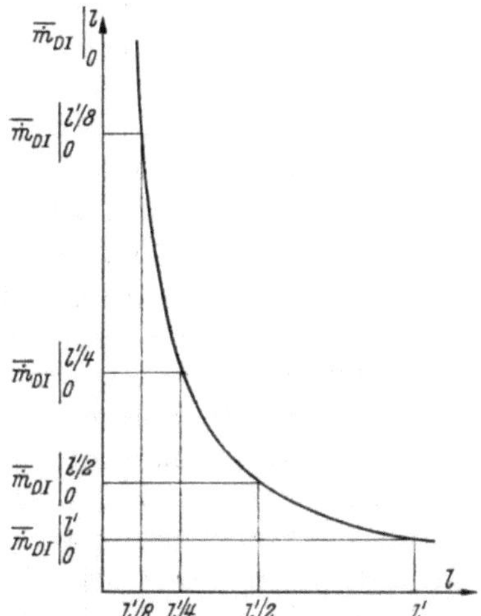

Bild 11.3. Mittlere Trocknungsgeschwindigkeit vom Eintritt
der Luft bis zur Weglänge l'.

gegeben. Eine Änderung muß von dem Augenblick an eintreten, in dem der
Knickpunkt an der Stelle des Lufteintrittes erreicht ist. An dieser Stelle allein herrschen konstante äußere Bedingungen während des ganzen Vorganges; nur an
der Eintrittsstelle der Luft verhält sich das Gut so, wie es bei der bisherigen Betrachtung dargetan wurde (Kurvenzug e in Bild 11.4).

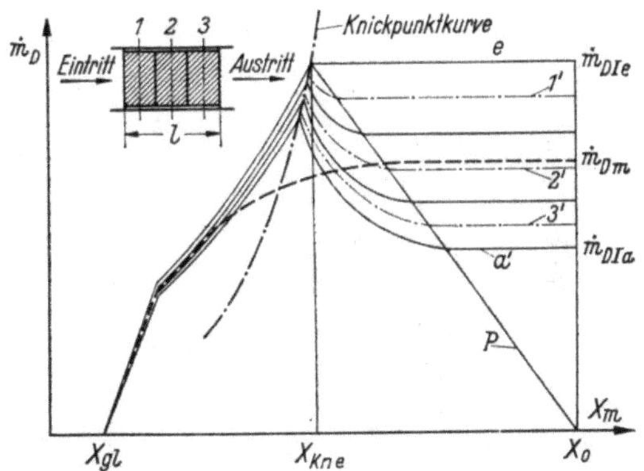

Bild 11.4. Trocknungsverlaufskurven durch- oder über-
strömter Güter.

In Bild 11.4 ist dargestellt, welche charakteristischen Änderungen in den
Trocknungsverlaufskurven für verschiedene Stellen des Gutes auftreten müssen.
Wenn an der Eintrittsstelle der Knickpunkt erreicht ist, so herrscht an dieser die
Gutsfeuchtigkeit $X_{Kn,e}$. Zu diesem Zeitpunkt ($t_{Kn,e}$) liegen die Feuchtigkeiten in
den nachfolgenden Querschnitten auf der in Bild 11.4 gezeichneten Geraden P,
welche den Knickpunkt an der Eintrittsstelle mit dem Punkt X_0 auf der Abszisse
verbindet. Denn es gilt für jede Schicht, deren Oberfläche ΔA und deren Volumen
ΔV sei,

$$\Delta A \dot{m}_{DI} t_{Kn,e} = \Delta V \overline{\varrho}_S (X_0 - X_m),$$

woraus die lineare Beziehung zwischen $\dot{m}_{DI}$ und $X_0 - X_m$ zu ersehen ist.

Nach dem Zeitpunkt $t_{Kn,e}$ fällt die Trocknungsgeschwindigkeit im Eintrittsquerschnitt. Daher muß sie in den nachfolgenden Schichten ansteigen, weil die Luft in der ersten Schicht eine geringere Feuchtigkeitsmenge aufnimmt als vorher. Die Kurvenäste 1′, 2′, 3′, $a′$ bis zur Knickpunktkurve deuten den mutmaßlichen Verlauf an. — Beim Verlauf der weiteren Trocknung in den verschiedenen Querschnitten wird vorausgesetzt, daß die Trocknung ebenso verläuft, wie wenn das Gut unter den jeweiligen Verhältnissen von Anfang an trocknete[1].

Dann wird nach Erreichen des Knickpunktes der Kurvenverlauf im zweiten Abschnitt sich mehr und mehr demjenigen an der Eintrittsstelle nähern, je kleiner die Trocknungsgeschwindigkeit im ganzen Gut und damit die Feuchtigkeitsaufnahme der Luft wird. Für jede Stelle des Gutes wird gegen Ende des dritten Abschnittes ein Trocknungsverlauf gelten, der nur unerheblich von dem an der Eintrittsstelle abweicht. Man ist so in der Lage, aus der Bestimmung des Trocknungsverlaufes die für konstanten Bedingungen an der Eintrittsstelle sowie der Trocknungsgeschwindigkeit $\dot{m}_{DI}$ im ersten Abschnitt an verschiedenen Stellen des Gutes nach Gl. (11.15) sich einen grob quantitativen Anhalt für den Verlauf an allen Stellen zu verschaffen.

Zur Ermittlung der mittleren Trocknungsgeschwindigkeit für das gesamte Gut, die man aus der Feuchteänderung aller Gutsschichten leicht gewinnen kann, ist die Feuchte über alleSchichten zum gleichen Zeitpunkt (s. Bild 11.5) zu ermitteln:

$$\overline{X}(t) = \frac{1}{n} \int_n X_n\big|_{t=\text{const}}\, dn. \tag{11.18}$$

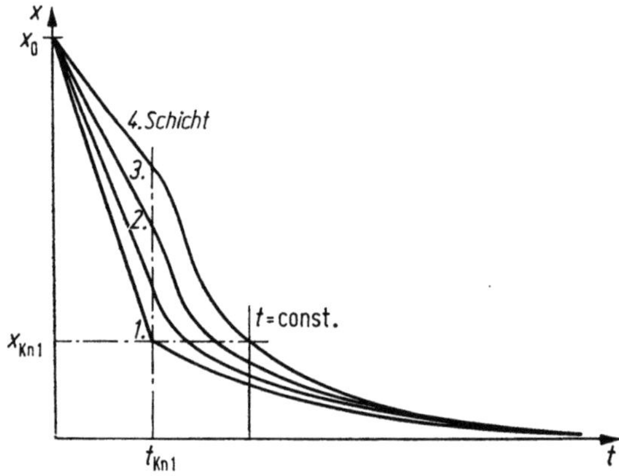

Bild 11.5. Zeitlicher Verlauf der Feuchteabnahme in den einzelnen Schichten eines trocknenden Haufwerkes.

Die Feuchte X_n jeder Schicht zur Zeit t kann dabei — soweit kein analytischer Ausdruck für $X = f(A, t)$ bekannt ist — aus der Trocknungsverlaufskurve der

---

[1] Diese einschneidend erscheinende Voraussetzung wird z. B. gestützt durch die in Bild 7.16 wiedergegebenen Versuche an Proben mit und ohne Bespannung, bei denen sich trotz verschiedenen Verhaltens im ersten Trocknungsabschnitt gleiche Knickpunkte unter gleichen Verhältnissen finden. Kamei [11.4] fand sie durch Versuchsergebnisse an Gegenstromtrocknern bestätigt. Sie bedeutet für die folgende analytische Betrachtung, daß die dimensionslose Größe $\dot{v} = \dot{m}_D/\dot{m}_{DI}$ (s. Abschn. 11.2.1.) allein eine Funktion der dimensionslosen Feuchte η ist und nicht von $\dot{m}_{DI}$ abhängt.

Schicht mit der Beziehung für die Trocknungszeit nach Gl. (11.7) bestimmt werden

$$t = \frac{V_n}{A_n} \bar{\varrho}_S \int_{X_o}^{X_n} \frac{dX}{\dot{m}_D}.$$

Die mittlere Trocknungsgeschwindigkeit ist dann

$$\dot{m}_{Dm} = \bar{\dot{m}}_D = - \frac{\bar{V\varrho_S}}{A} \cdot \frac{d\bar{X}}{dt} = - \frac{\bar{V\varrho_S}}{A} \cdot \frac{1}{n} \int_n \frac{dX_n}{dt}\bigg|_{t=const} dn$$

$$= \frac{1}{n} \int_n \dot{m}_D \bigg|_{t=const} dn, \qquad (11.19)$$

In Bild 11.4 ist $\dot{m}_{Dm}$ in der gestrichelten Kurve, die nach diesem Verfahren unter Benutzung der Kurvenzüge 1′ bis 3′ in der gleichen Abbildung gewonnen wurde, dargestellt. Als wesentlichstes Charakteristikum ersieht man, daß für das Gut im ganzen kein scharf ausgeprägter Knickpunkt auftritt. Dadurch, daß der Knickpunkt an jeder Stelle zu anderer Zeit auftritt, verschleift sich die Trocknungsverlaufskurve für das ganze Gut. Nur bis zur Geraden P ist die mittlere Trocknungsgeschwindigkeit konstant (bis zum Zeitpunkt des Knickpunktes an der Eintrittsstelle), dann geht sie stetig und ohne Knick in einen Verlauf über, der sich im zweiten und dritten Abschnitt immer mehr demjenigen an der Eintrittsstelle nähert.

11.2.2.2. Experimentelle Feststellungen

Die allgemeinen theoretischen Zusammenhänge werden durch Experimente von Jaeschke an durchströmten Haufwerken hervorragend bestätigt, wenn die Bedingungen, die bei der theoretischen Betrachtung zugrunde gelegt wurden, tatsächlich herrschen [11.3, 11.5]. Vor allem ist hierbei daran zu denken, daß die Wärme- und Stoffübergangszahlen zwischen den Einzelkörpern und der Luft in jeder Lage des Haufwerks die gleichen sind. Während dies — vgl. Abschn. 4.3.2.3. — für alle inneren Schichten angenommen werden kann, sind in der Eintritts- und Austrittsschicht die Austauschzahlen kleiner als im Innern.

Für ein Haufwerk aus 6 versetzt angeordneten Schichten quadratischer Gasbeton-Prismen ergab sich der in Bild 11.6 dargestellte Zusammenhang. Drastisch ist die Erhöhung der Wärme- und Stoffübergangszahl zwischen der ersten und den folgenden Schichten daran zu erkennen, daß die Trocknungsgeschwindigkeit der ersten Schicht trotz größerer Dampfteildruckdifferenz wesentlich niedriger ist als die der zweiten Schicht.

Um diese durch die unterschiedliche Strömungsverhältnisse bedingten Unterschiede im Verhalten der ersten und letzten Schicht gegenüber den inneren Schichten auszuschalten, wurde je eine „Hilfsschicht" — geometrisch einer Haufwerksschicht gleich, jedoch nicht am Wärme- und Stoffaustausch beteiligt (wachsgetränkt) — vor und hinter dem Haufwerk angebracht.

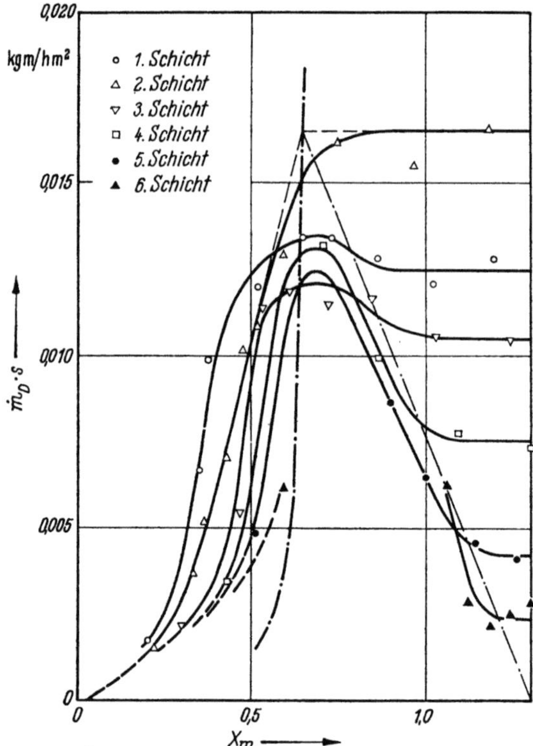

Bild 11.6. Trocknungsverlauf eines sechsschichtigen Haufwerks quadratischer Gasbeton-Prismen in versetzter Anordnung (*ohne* Hilfsschicht).

Erst bei Verwendung von Hilfsschichten konnte die für konstante Wärme- und Stoffübergangszahlen notwendige Forderung einer exponentiellen Abnahme der Trocknungsgeschwindigkeiten der einzelnen inneren Schichten im ersten Trocknungsabschnitt eindeutig festgestellt werden (Bild 11.7).

Da jede Schicht jetzt gleichen Strömungsbedingungen ausgesetzt ist, α bzw. $\beta =$ const, bestätigt sich auch die theoretisch zu erwartende exponentielle Abnahme der Trocknungsgeschwindigkeit über den einzelnen Schichten. Die Anstiegspunkte können ebenfalls durch eine Gerade verbunden werden. Gegen Ende der Trocknung gehen die Verlaufskurven aller Schichten ineinander über. Die mittlere Trocknungsgeschwindigkeit $\overline{\dot{m}_D}$ ist entsprechend der zu verschiedenen Zeiten auftretenden Knickpunkte der einzelnen Schichten verschleift.

In den Bildern 11.8 bis 11.11 sind noch 4 Beispiele der zahlreichen Untersuchungen an verschiedenen Gütern unter verschiedenen Versuchsbedingungen angeführt.

Die Bilder 11.8 und 11.9 zeigen den Verlauf der Trocknung von Haufwerken aus Gasbeton- bzw. Ziegelprismen, die von Schicht zu Schicht versetzt angeordnet und ausschließlich quer umströmt waren. Vergrößert dargestellt sind der Endtrocknungsverlauf der ersten und der letzten Schicht sowie der mittlere Verlauf des gesamten Haufwerks, die alle ineinander übergegangen sind. Ganz eindeutig ersieht

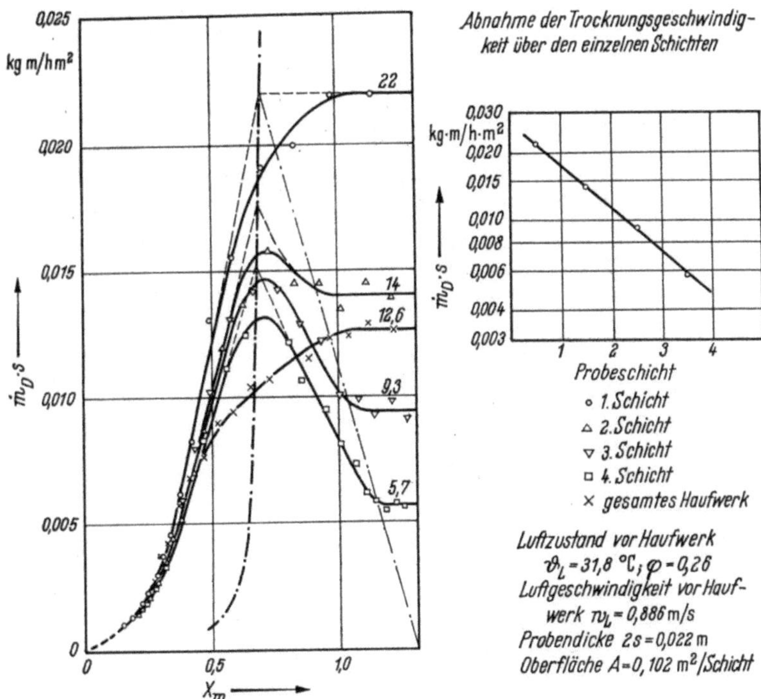

Bild 11.7. Trocknungsverlauf eines vierschichtigen Haufwerks quadratischer Gasbeton-Prismen in versetzter Anordnung (mit Hilfsschicht).

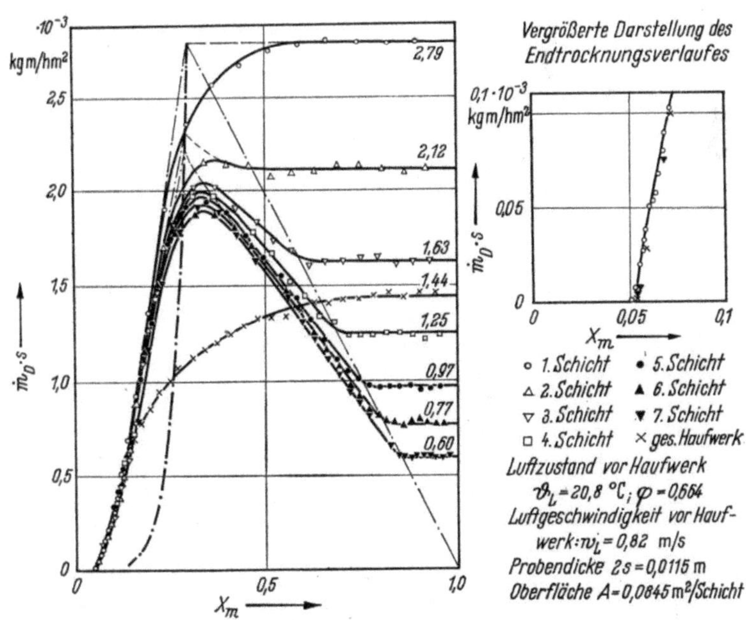

Bild 11.8. Trocknungsverlauf eines siebenschichtigen Haufwerks quadratischer Gasbeton-Prismen in geordneter Verteilung.

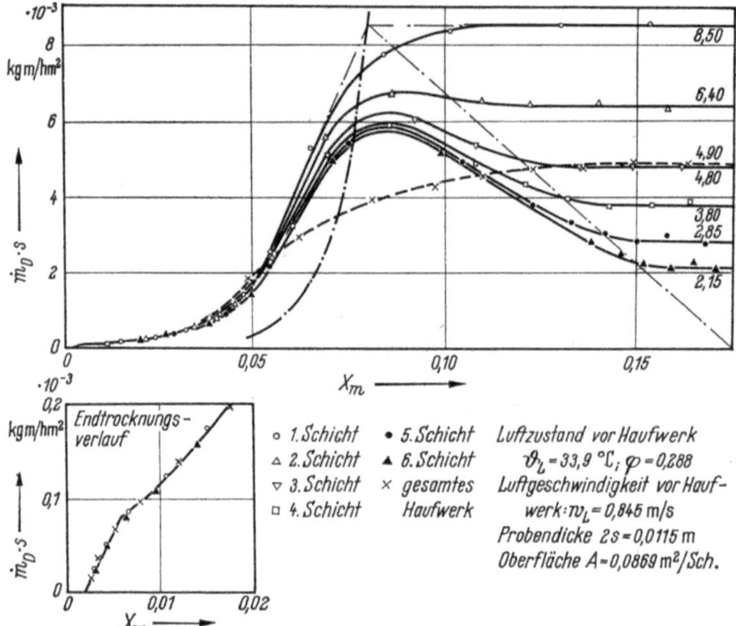

Bild 11.9. Trocknungsverlauf eines sechsschichtigen Haufwerks quadratischer Ziegelprismen in geordneter Verteilung.

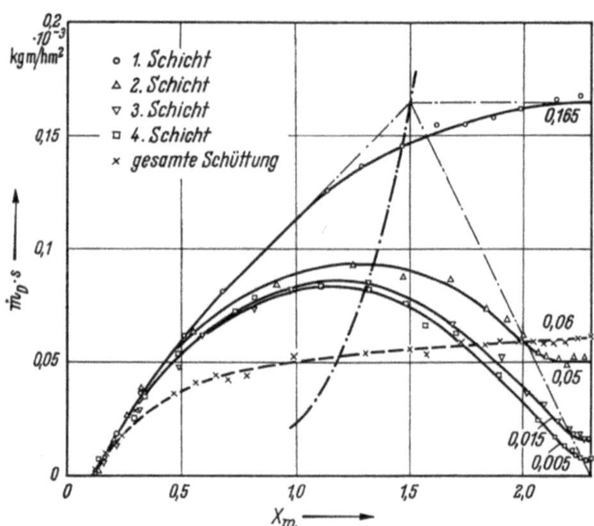

Bild 11.10. Trocknungsverlauf einer vierschichtigen Zündholz-Schüttung.
Luftzustand vor der Schüttung: $\vartheta_L = 23{,}3$ [°C], $\varphi = 0{,}57$; Luftgeschwindigkeit vor der Schüttung: $w_L = 0{,}252$ [m/sec]; Probendicke $2s = 0{,}0022$ [m]; Oberfläche $A = 0{,}3452$ [m²/Schicht].

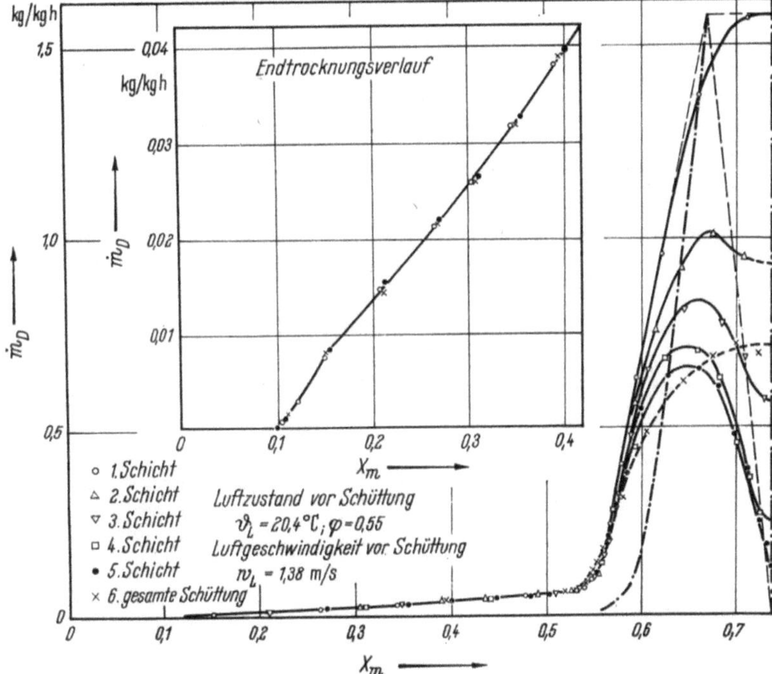

Bild 11.11. Trocknungsverlauf einer Weizenschüttung aus fünf Einzelkornschichten.

man die lineare Verbindung der Anstiegspunkte zwischen Knickpunkt X_{Kn1} der ersten Schicht und dem Punkt der Anfangsfeuchtigkeit X_0 (für die Gasbeton-Proben war $X_0 = 1$ kg/kg).

Auch läßt sich leicht entnehmen, daß der Anfangsentzug in den einzelnen Schichten etwa exponentiell mit der Schichtzahl abnimmt.

Bild 11.10 gibt den Verlauf einer ungeordneten Schüttung aus Zündhölzern — als Körper extremer geometrischer Form — wieder. In jeder der 4 Schichten waren 850 Hölzer eingebracht. Das Ergebnis entspricht den theoretischen Erwartungen und zeigt in eindeutiger Weise den gleichen Verlauf wie die orientierenden Messungen von Kröll [11.6].

Bild 11.11 zeigt das Trocknungsverhalten einer Weizenschüttung aus fünf übereinander angeordneten Einzelkornschichten. Die entscheidenden Vorgänge bei der Trocknung sieht man aus diesem für die verschiedenen Schichten gültigen Bild ebenso wie aus dem an Einzelkornschichten beobachteten Verlauf (s. Abschn. 7.3.1.10.).

11.2.2.3. Analytische Vorausbestimmung der örtlichen und zeitlichen Feuchtigkeitsverteilung bei diskontinuierlichen Trocknungsvorgängen

Von van Meel [11.11] wurde ein mathematisches Verfahren entwickelt, das unter Zuhilfenahme bestimmter Idealisierungen die Berechnung der örtlichen und zeitlichen Feuchteverteilung in diskontinuierlich arbeitenden technischen Trocknern

unter Verwendung der im Laborversuch gewonnenen Trocknungsverlaufskurve
gestattet. Angesichts der Bedeutung, die dieser Arbeit zukommt, sollen hier die
Grundzüge der Untersuchung so dargestellt werden, daß außer den von van Meel
behandelten überströmten ebenen Platten auch durchströmte Schüttungen und
eine Vielzahl von Einzelkörpern gleicherweise betrachtet werden können.

Die entscheidenden Idealisierungen sind dabei die Annahme einer konstanten,
von den äußeren Trocknungsbedingungen unabhängigen Knickpunktsfeuchte,
einer in gleicher Weise konstanten Sorptionsfeuchte sowie die Annahme geometrischer Ähnlichkeit aller unter jeweils verschiedenen äußeren Bedingungen aufgenommenen Trocknungsverlaufskurven. Unter diesen Bedingungen — die in
vielen Fällen näherungsweise als gegeben angesehen werden können — lassen sich
sämtliche unter konstanten Bedingungen aufgenommenen Trocknungsverlaufskurven auf eine einzige dimensionslose Grundkurve zurückführen. (vgl. Abschn. 9.3).

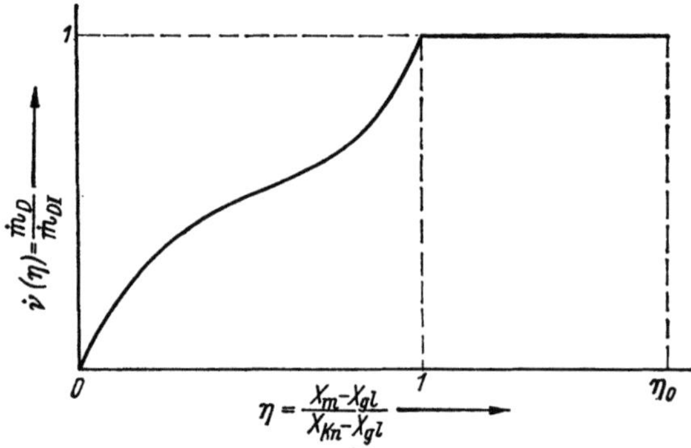

Bild 11.12. Dimensionslose Trocknungsverlaufskurve, gewonnen aus Laborversuchen unter
konstanten Trocknungsbedingungen.

In Bild 11.12 ist eine solche Grundkurve gezeichnet. Als Ordinate ist das Verhältnis der unter gleichbleibenden äußeren Bedingungen — den mittleren Verhältnissen im vorgesehenen technischen Trockner — gewonnenen Trocknungsgeschwindigkeiten $\dot{m}_\mathrm{D}$ zu der im gleichen Versuch ermittelten Anfangstrocknungsgeschwindigkeit $\dot{m}_\mathrm{DI}$ nach Gl. (11.2)

$$\dot{v}(\eta) = \frac{\dot{m}_\mathrm{D}}{\dot{m}_\mathrm{DI}}$$

aufgetragen über dem „charakteristischen" Feuchtigkeitsgehalt nach Gl. (11.1)

$$\eta = \frac{X_\mathrm{m} - X_\mathrm{gl}}{X_\mathrm{Kn} - X_\mathrm{gl}}$$

worin X_Kn die im Versuch festgestellte Knickpunktsfeuchte und X_gl die aus den
Sorptionsisothermen zu entnehmende Gleichgewichtsfeuchte des Gutes bedeuten.
Danach ergibt sich für die „Grundkurve" folgender Zusammenhang:

Für $\eta > 1$ ist $\dot{v} = 1$,

für $0 < \eta < 1$ ist $0 < \dot{v} < 1$.

Die Anwendung der linearisierten Beziehung für den Stoffübergang (Gl. (11.9))
liefert für die Anfangstrocknungsgeschwindigkeit

$$\dot{m}_{\mathrm{DI}} = \frac{\beta}{R_{\mathrm{D}}T}(P_{\mathrm{DO}} - P_{\mathrm{DL}}).$$

Die Verdunstung an der Oberfläche mit der Trocknungsgeschwindigkeit $\dot{m}_{\mathrm{D}}$ an
dem Flächenelement $\mathrm{d}A$ in der Zeit $\mathrm{d}t$ führt zu einer Abnahme der Feuchte X des
Gutes im Volumenelement $\mathrm{d}V$ und zu einer Zunahme der Luftfeuchte x des Luftstromes $\dot{m}_{\mathrm{L}}$ im Strömungsquerschnitt f:

$$\dot{m}_{\mathrm{D}} \cdot \mathrm{d}A \cdot \mathrm{d}t = -\mathrm{d}V \cdot \bar{\varrho}_{\mathrm{S}} \cdot \mathrm{d}(X - X_{\mathrm{gl}}) = \dot{m}_{\mathrm{L}} \cdot \mathrm{d}x \cdot \mathrm{d}t. \qquad (11.20)$$

Für die Trocknungsgeschwindigkeit soll allgemein gelten

$$\dot{m}_{\mathrm{D}} = \dot{v}(\eta) \cdot \dot{m}_{\mathrm{DI}}.$$

Vorgegeben sind die Trocknungsbedingungen am Eintritt in die Schüttung, d.h.
P_{DLe} und ϑ_{Le}. Da hier davon ausgegangen werden soll, daß im 1. Abschnitt sich
eine konstante Oberflächentemperatur ϑ_0 einstellt, kann für die Trocknungsgeschwindigkeiten im 1. Abschnitt auch geschrieben werden

$$\dot{m}_{\mathrm{DI}} = \dot{m}_{\mathrm{DIe}} \cdot \frac{P''_{\mathrm{DO}} - P_{\mathrm{DL}}}{P''_{\mathrm{DO}} - P_{\mathrm{DLe}}} \qquad (11.21)$$

oder

$$\dot{m}_{\mathrm{DI}} = \dot{m}_{\mathrm{DIe}} \cdot \pi$$

mit

$$\pi = \frac{P''_{\mathrm{DO}} - P_{\mathrm{DL}}}{P''_{\mathrm{DO}} - P_{\mathrm{DLe}}}.$$

Führt man ferner eine fiktive Zeit t_{f} ein, die das Gut für die Trocknung vom
Knickpunkt X_{Kn} bis zur Gleichgewichtsfeuchte bei der Trocknungsgeschwindigkeit $\dot{m}_{\mathrm{DIe}}$ im Eintritt benötigen würde (Gl. (11.4))

$$t_{\mathrm{f}} = \frac{V \cdot \bar{\varrho}_{\mathrm{S}}}{A} \cdot \frac{X_{\mathrm{Kn}} - X_{\mathrm{gl}}}{\dot{m}_{\mathrm{DIe}}},$$

so läßt sich als dimensionslose Zeit τ definieren (Gl. (11.6)):

$$\tau = \frac{t}{t_{\mathrm{f}}}. \qquad (11.22)$$

Schließlich werde noch die dimensionslose Austauschfläche ζ nach Gl. (11.16) eingeführt

$$\zeta = \frac{\beta \varrho_{\mathrm{L}} A}{\dot{m}_{\mathrm{L}}} = \frac{Sh_{\mathrm{l'}}}{Pe'_{\mathrm{l'}}} \cdot \frac{A}{f}. \qquad (11.23)$$

Mit diesen dimensionslosen Größen erhält man aus der Doppelgleichung Gl.(11.20)
die beiden gekoppelten Differentialgleichungen

$$\dot{v} \cdot \pi = -\frac{\partial \eta}{\partial \tau} \qquad (11.24)$$

$$\frac{\partial \eta}{\partial \tau} = \frac{\delta \pi}{\delta \zeta}. \qquad (11.25)$$

Elimination von π liefert die Differentialgleichung der örtlichen und zeitlichen Verteilung der Gutsfeuchte im Trockner

$$\frac{\partial^2 \eta}{\partial \tau \cdot \partial \zeta} - \frac{1}{\dot{v}} \cdot \frac{d\dot{v}}{d\eta} \cdot \frac{\partial \eta}{\partial \tau} \cdot \frac{\partial \eta}{\partial \zeta} + \dot{v} \frac{\partial \eta}{\partial \zeta} = 0. \tag{11.26}$$

Eine Lösung dieser Differentialgleichung ist von der Form

$$\frac{1}{\dot{v}} \cdot \frac{\partial \eta}{\partial \zeta} + \eta = \eta(\zeta, \tau = 0), \tag{11.27}$$

wie man durch Differentiation nach τ erkennt.

Dabei ist $\eta(\zeta, \tau = 0)$ die Feuchteverteilung des Gutes im Trockner vor Beginn der Trocknung; meistens wird von gleichmäßiger Anfangsverteilung ausgegangen, d. h.

$$\eta(\zeta, \tau = 0) = \eta_0.$$

Gl. (11.27) läßt sich dann durch Trennung der Variablen unmittelbar integrieren:

$$\int_{\eta_1}^{\eta} \frac{\partial \eta}{\dot{v}(\eta_0 - \eta)} = \int_{\zeta_1}^{\zeta} d\zeta. \tag{11.28}$$

Für die Auswertung der Integrale teilt man zweckmäßig den gesamten Trocknungsablauf im Trockner in drei Abschnitte:

Abschnitt a:

Das gesamte Gut befindet sich im Bereich reiner Oberflächenverdunstung, d. h. $1 < \eta < \eta_0$ und $\dot{v} = 1$. Die Trocknungsgeschwindigkeiten sind örtlich verschieden, aber zeitlich im ganzen Trockner konstant.

Abschnitt b:

Das Gut befindet sich zunächst teilweise im Bereich fallender Trocknungsgeschwindigkeit. Der Knickpunkt wandert durch den Trockner. Seine jeweilige zeitabhängige Ortskoordinate habe den Betrag ζ_{Kn}. Im Bereich $0 < \zeta < \zeta_{Kn}$ ist $\eta < 1$ und $\dot{v} < 1$, im Bereich $\zeta_{Kn} < \zeta < \zeta_s$ ist $\eta > 1$ und $\dot{v} = 1$. (ζ_s bezeichnet das Trocknerende.)

Abschnitt c:

Hat der Knickpunkt das Trocknerende erreicht ($\zeta_{Kn} = \zeta_s$), so trocknet das ganze Gut im Abschnitt fallender Trocknungsgeschwindigkeit.

Berechnung der Integrale.

Abschnitt a:

$\eta > 1$ und $\dot{v} = 1$. Diese Bedingung ist gültig für den gesamten Trockner, also für den Bereich $0 < \zeta < \zeta_s$.

Damit folgt für die unteren Grenzen der Integrale in Gl. (11.28): $\zeta_1 = 0$ und $\eta_1 = \eta(0, \tau)$ und integriert

$$-\ln \frac{\eta_0 - \eta(\zeta, \tau)}{\eta_0 - \eta(0, \tau)} = \zeta. \tag{11.29}$$

Ferner folgt mit Gl. (11.24) wegen $\dot{v} = 1$ und $\pi = 1$ im 1. Abschnitt:

$$\frac{\partial \eta(0, \tau)}{\partial \tau} = -1,$$

und integriert,

$$\eta_0 - \eta(0, \tau) = \tau. \tag{11.30}$$

Mit (11.29) und (11.30) ergibt sich dann die örtliche und zeitliche Feuchteverteilung

$$\eta(\xi, \tau) = \eta_0 - \tau \cdot \exp(-\zeta). \tag{11.31}$$

Das Ergebnis ist erwartungsgemäß eine exponentiell verteilte und mit der Zeit linear veränderliche Gutsfeuchte.

Für die Trocknungsgeschwindigkeit folgt aus Gl. (11.31) nach Gl. (11.24)

$$\dot{v} = \exp(-\zeta), \tag{11.32}$$

eine Beziehung, die im 1. Abschnitt identisch ist mit Gl. (11.15).

Das Ende der konstanten Trocknungsgeschwindigkeiten tritt ein, wenn am Eintritt, bzw. in der ersten Schicht die Knickpunktfeuchte erreicht ist:

$$\eta(\zeta = 0, \tau_{Kn}) = 1.$$

Aus Gl. (11.31) folgt für den zugehörigen Zeitpunkt

$$\tau_{Kn} = \eta_0 - 1. \tag{11.33}$$

Die Feuchte η_{Kn} in den übrigen Schichten zu dieser Zeit, zu der der Anstieg der Trocknungsgeschwindigkeit erfolgt, beträgt nach Gl. (11.31):

$$\eta_{Kn} = \eta_0 - (\eta_0 - 1)\exp(-\zeta). \tag{11.34}$$

Diese Gleichung kann auch in der Form

$$\frac{\eta_0 - \eta_{Kn}}{\eta_0 - 1} = \exp(-\zeta) = \frac{\dot{m}_{DI}}{\dot{m}_{DIe}|} \tag{11.35}$$

angeschrieben werden. Sie beschreibt die bereits abgeleitete Tatsache, daß eine Änderung der Trocknungsgeschwindigkeit des 1. Abschnitts eintritt, wenn eine Feuchte auf der linearen Verbindung zwischen X_{Kne} ($\eta = 1$) und X_0 (η_0) erreicht ist (Bild 11.4).

Abschnitt b:
Dies ist der Bereich, in dem noch Oberflächenverdunstung herrscht, also $\dot{v} = 1$: gültig im Bereich $\zeta_{Kn} < \zeta < \zeta_s$ und $1 < \eta < \eta_0$. Damit ergeben sich die unteren Grenzen der Integrale in Gl. (11.28): $\zeta_1 = \zeta_{Kn}$ und $\eta_1 = 1$, und integriert,

$$-\ln\frac{\eta_0 - \eta(\zeta, \tau)}{\eta_0 - 1} = \zeta - \zeta_{Kn},$$

oder

$$\eta(\zeta, \tau) = \eta_0 - (\eta_0 - 1)\,e^{\zeta_{Kn} - \zeta}. \tag{11.36}$$

Für $1 < \eta < \eta_{Kn}$ befinden sich die Gutsschichten — abgesehen von der 1. — noch im 1. Trocknungsabschnitt bei steigender Trocknungsgeschwindigkeit bis die Knickpunktsfeuchte X_{Kn}, bzw. $\eta = 1$ erreicht wird. Die Lage ζ_{Kn} der Knickpunktsfeuchte im Trockner wandert durch den Trockner. Die Wanderung des Knickpunktes durch den Trockner ist nur durch die Vorgänge vor dem Knickpunkt $\eta < 1$ bestimmt, so daß ζ_{Kn} nur bei Kenntnis des Trocknungsverlaufs im 2. Abschnitt (c) werden kann.

Abschnitt c:
Dies ist der Bereich, der sich bereits im Abschnitt fallender Trocknungsgeschwindigkeit befindet: also $\dot{v} < 1$, gültig im Bereich $0 < \zeta < \zeta_{Kn}$ und $\eta(0, \tau) < \eta < 1$.

Die oberen Integralgrenzen sind dann: $\zeta_1 = \zeta_{Kn}$ und $\eta_1 = 1$.

$$\int\limits_{\eta(\zeta,\tau)}^{1} \frac{\partial\eta}{\dot{\nu}\cdot(\eta_0-\eta)} = \zeta_{Kn} - \zeta. \qquad (11.37)$$

Die Lösung erfolgt auf graphischem Wege, falls $\dot{\nu}$ nicht analytisch gegeben ist (vgl. hierzu Bild 11.13).

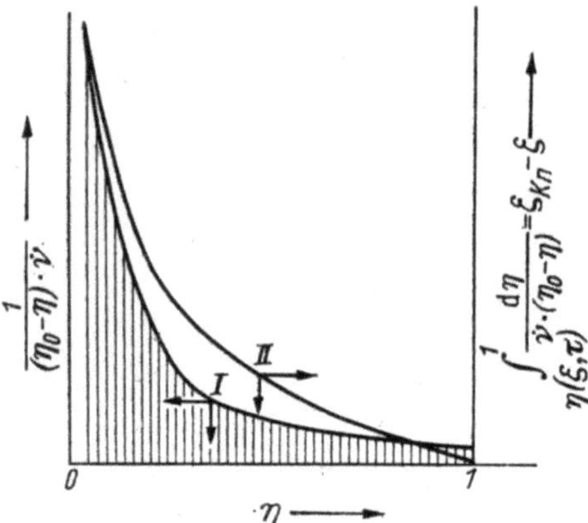

Bild 11.13. Zur Integration der Gl. (11.37).

Den Gln. (11.36) und (11.37) entnimmt man, daß die örtliche Feuchtigkeitsverteilung insgesamt durch eine einzige (aus zwei Teilen bestehende) Funktion von ζ dargestellt wird, die mit der Zeit τ nur um einen additiven Betrag $\zeta_{Kn}(\tau)$ in ζ Richtung verschoben wird, ohne dabei ihre Gestalt zu ändern. Die zeitliche Abhängigkeit der Gutsfeuchte η an irgend einer Stelle ζ ist daher bestimmt, wenn die zeitliche Abhängigkeit von ζ_{Kn} bekannt ist. Zu diesem Zweck bestimmt man zunächst die Wanderungsgeschwindigkeit des Knickpunktes $d\zeta_{Kn}/d\tau$.

Differentiation von Gl. (11.37) nach τ ergibt:

$$\frac{d\zeta_{Kn}}{d\tau} = \frac{1}{\dot{\nu}}\frac{1}{\eta_0-\eta}\frac{\partial\eta}{\partial\tau} \qquad (11.38)$$

und mit Gl. (11.24)

$$\frac{d\zeta_{Kn}}{d\tau} = \frac{\pi(\zeta,\tau)}{\eta_0-\eta(\zeta,\tau)}. \qquad (11.39)$$

Diese Gleichung gilt an jeder Stelle, also auch für $\zeta = 0$, $\pi = 1$

$$\frac{d\zeta_{Kn}}{d\tau} = \frac{1}{\eta_0-\eta(0,\tau)} \qquad (11.40)$$

$\eta(0,\tau)$ erhält man aus Gl. (11.37) für $\zeta = 0$:

$$\int\limits_{\eta(0,\tau)}^{1} \frac{\partial\eta}{\dot{\nu}\cdot(\eta_0-\eta)} = \zeta_{Kn} \quad \text{zu} \quad \eta(0,\tau) = \varphi(\zeta_{Kn}).$$

Damit kann Gl. (11.40) integriert werden:

$$\tau = \int\limits_{0}^{\zeta_{Kn}} (\eta_0 - \varphi[\zeta_{Kn}])\, d\zeta_{Kn}, \qquad (11.41)$$

womit man den Zusammenhang zwischen ζ_{Kn} und τ erhält (vgl. Bild 11.14).

Man erhält letztlich also die Feuchtigkeitsverteilung $\eta(\zeta, \tau)$ auf dem Umweg über den Parameter ζ_{Kn}.

Zur Erläuterung des Rechnungsganges sei ein qualitatives Beispiel betrachtet.

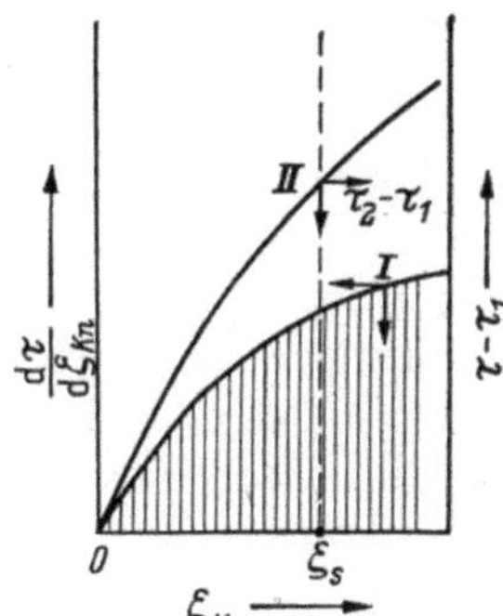

Bild 11.14. Zur Ermittlung der Wanderungsgeschwindigkeit des Knickpunktes.

Für den Abschnitt a gilt Gl. (11.31). Er ist beendet zur Zeit τ_1, für die die Bedingung lautet: $\eta(0, \tau) = 1$ (Knickpunkt am Trockneranfang)

$$\tau_1 = \eta_0 - 1.$$

Die Berechnung des 2. Abschnittes beginnt mit der Auftragung des durch die Trocknungsverlaufskurve gegebenen Integranden der Gl. (11.28) über η, Bild 11.13 (Kurve *I*). Die Integration liefert $\eta(\zeta_{Kn} - \zeta)$, (Kurve *II*). Für die Stelle $\zeta = 0$ erhält man $\eta(\zeta_{Kn})$. Damit kann man $d\zeta_{Kn}/d\tau$ bzw. $d\tau/d\zeta_{Kn}$ über ζ_{Kn} auftragen und integrieren (Bild 11.14).

Zur Zeit τ_2 ist der Knickpunkt am Trocknerende ($\zeta_{Kn} = \zeta_s$) angelangt. Für $\tau > \tau_2$ befindet sich das gesamte Gut im Abschnitt fallender Trocknungsgeschwindigkeit. $\zeta_{Kn} > \zeta_s$ hat nur noch formale Bedeutung. Mit Hilfe von Bild 11.13 und 11.14. kann nun $\eta = \eta(\zeta, \tau)$ aufgetragen werden (Bild 11.15). Bis τ_1 liegt die exponentielle Verteilung nach Gl. (11.31) vor. Für $\tau > \tau_1$ entnimmt man ζ_{Kn} dem Bild 11.14, subtrahiert ζ, entnimmt η dem Bild 11.13 und überträgt η und ζ in Bild 11.15.

Zweckmäßig führt man dieses Verfahren zunächst für τ_2, d.h. also $\zeta_{Kn} = \zeta_s$ aus. Die Feuchtigkeitsverteilungen für $\tau_1 \leq \tau \leq \tau_2$, d.h. also für $0 \leq \zeta_{Kn} \leq \zeta_s$

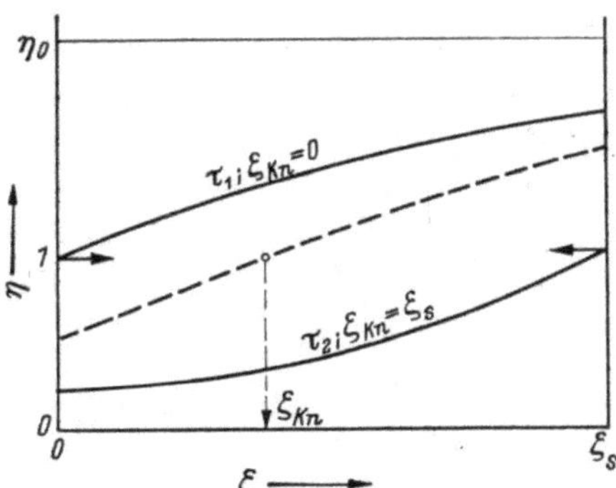

Bild 11.15. Die Feuchtigkeitsverteilung im Trockner zu verschiedenen Zeiten τ.

lassen sich dann einfach durch Parallelverschiebung von $\eta(\zeta, \tau_2)$ und $\eta(\zeta, \tau_1)$, die im Punkte ζ_{Kn} mit gleicher Tangente aneinander anschließen, zusammensetzen [vgl. Bemerkung zu Gl. (11.36) und (11.37)].

Um die Trocknungsverlaufskurve $\partial\eta/\partial\tau$ als Funktion von η zu berechnen, schreibt man zweckmäßig

$$\frac{\partial\eta}{\partial\tau} = \frac{\partial\eta}{\partial\zeta_{Kn}} \frac{\partial\zeta_{Kn}}{\partial\tau}$$

$\partial\eta/\partial\zeta_{Kn}$ erhält man durch graphische Differentiation der Kurve II in Bild 11.13 nach $(\zeta_{Kn} - \zeta)$. Anschließende Multiplikation mit der reziproken Kurve I aus Bild 11.14 liefert dann $\partial\eta/\partial\tau$.

Geschlossene Lösungen der Differentialgleichung (11.26) erhält man, wenn man z. B. den Abschnitt fallender Trocknungsgeschwindigkeit durch eine Gerade wiedergeben kann. Für diesen Fall gilt:
Abschnitt a:

$$\eta > 1 \quad \text{und} \quad \zeta_{Kn} < 0$$

$$\frac{\partial\eta}{\partial\tau} = -\exp(-\zeta)$$

$$\eta = \eta_0 - \tau \cdot \exp(-\zeta).$$

Abschnitt b:

$$\eta > 1 \quad \text{und} \quad \zeta > \zeta_{Kn},$$

$$\eta = \eta_0 - (\eta_0 - 1)\exp(\zeta_{Kn} - \zeta)$$

$$\frac{\partial\eta}{\partial\tau} = -\frac{1}{\eta_0}\exp(\zeta_{Kn} - \zeta)\{\eta_0 - 1 + \exp(-\eta_0\zeta_{Kn})\}$$

Abschnitt c:

$$\eta < 1 \quad \text{und} \quad \zeta < \zeta_{Kn}$$

$$\eta = \frac{\eta_0}{(\eta - 1)\exp[\eta_0(\zeta_{Kn} - \zeta)] + 1}$$

$$\frac{\partial\eta}{\partial\tau} = -\pi_0\eta_0 \frac{(\eta_0 - 1)\exp[\eta_0(\zeta_{Kn} - \zeta)] + \exp(-\eta_0\zeta)}{\{(\eta_0 - 1)\exp[\eta_0(\zeta_{Kn} - \zeta)] + 1\}^2}.$$

Diese Beziehungen können häufig, wenn $\dot{v}$ nicht allzu sehr von einer Geraden abweicht, für eine Näherungsrechnung verwendet werden[1].

11.2.2.4. Vergleich der rechnerischen und experimentellen Befunde

Ein Vergleich zwischen den Berechnungsergebnissen und experimentell gewonnenen Ergebnissen, der von van Meel in der Originalarbeit noch nicht angestellt werden konnte, wurde von Jaeschke am Beispiel durchströmter Haufwerke und Schüttungen durchgeführt [11.3, 11.5]. Dabei wurden die Trocknungsverlaufskurven ($-\partial\eta/\partial\tau$ über η) an verschiedenen Stellen des Haufwerks bzw. der Schüttung gemessen (vgl. Bild 11.16 bis 11.19).

---

[1] In der Originalarbeit von van Meel werden darüber hinaus noch die Fälle mit konstanter und variabler Rückluftbeimischung, variablem Trocknungspotential und variabler Luftgeschwindigkeit behandelt.

Von den in Bild 11.17 bis 11.19 mitgeteilten Trocknungsverlaufskurven wurden jeweils die letzten Schichten berechnet, für den Verlauf in Bild 11.16 auch die dritte Schicht[1].

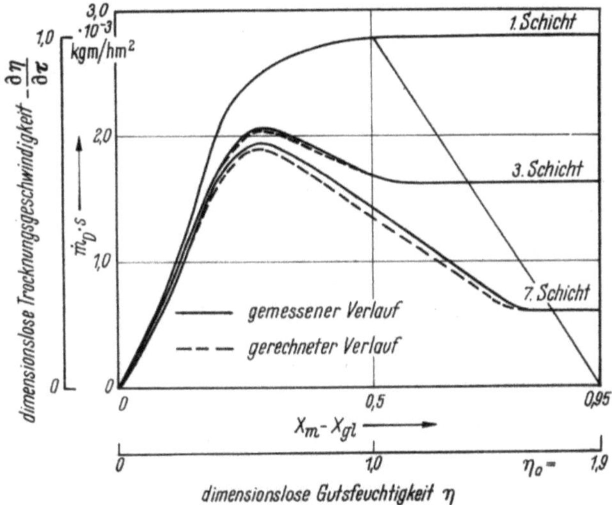

Bild 11.16. Dimensionslose Darstellung der gemessenen und gerechneten Trocknungsverlaufskurven der 3. und 7. Schicht eines siebenschichtigen Haufwerks quadratischer Gasbeton-Prismen (nach Bild 11.8).

Allgemein kann im vorhinein gesagt werden, daß der rechnerisch ermittelte Trocknungsverlauf der einzelnen Schichten in einem Schaubild $\dot{m}_{\mathrm{D}}s = f(X_{\mathrm{m}})$ tiefer liegen muß als der gemessene, besonders im Bereich des Anstiegspunktes bis zum Umkehrpunkt (Ende der Oberflächenverdunstung). Das ist damit zu erklären, daß die Knickpunkte der einzelnen Schichten nicht (wie in der theoretischen Betrachtung vorausgesetzt) bei konstanter Gutsfeuchtigkeit X_{Kn} liegen, sondern in Abhängigkeit von äußeren Bedingungen ihre Lage ändern. Bedenkt man nämlich, daß bei der Trocknung eines Haufwerkes eine beliebige Schicht n länger im Abschnitt der Oberflächenverdunstung bleibt als die vorhergehende Schicht $n - 1$ (d. h., daß der Knickpunkt bei kleiner Gutsfeuchtigkeit auftritt), so wird die Trocknungszeit bis zum Erreichen einer vorgegebenen Gutsfeuchtigkeit X_{a} stets kleiner sein als die für den Fall der für alle Schichten konstant angenommenen Knickpunktsfeuchtigkeit der ersten Schicht. Folglich wird auch ein unter dieser Voraussetzung berechneter Trocknungsverlauf zwangsläufig niedriger liegen als ein beobachteter Verlauf eines realen Gutes.

In Bild 11.16 bis 11.19 sind der beobachtete und der berechnete Verlauf für verschiedene Stoffe in der dimensionslosen Darstellung $-\partial\eta/\partial\tau$ über η gegenübergestellt. Man findet die oben angeführten Voraussagen bestätigt.

---

[1] Die für die rechnerische Methode notwendige Stoffübergangszahl β (eingeführt in die dimensionslosen Größen ζ und τ) kann aus Bild 4.67 bzw. aus Tafel III entnommen werden. Um aber hier eine unnötige Ungenauigkeit bei der zahlenmäßigen Rechnung zu vermeiden — es läßt sich das rechnerische Verfahren besser prüfen —, ist die Kenntnis des Anfangsentzugs der nachzurechnenden n-ten Schicht auf Grund der Meßergebnisse vorausgesetzt.

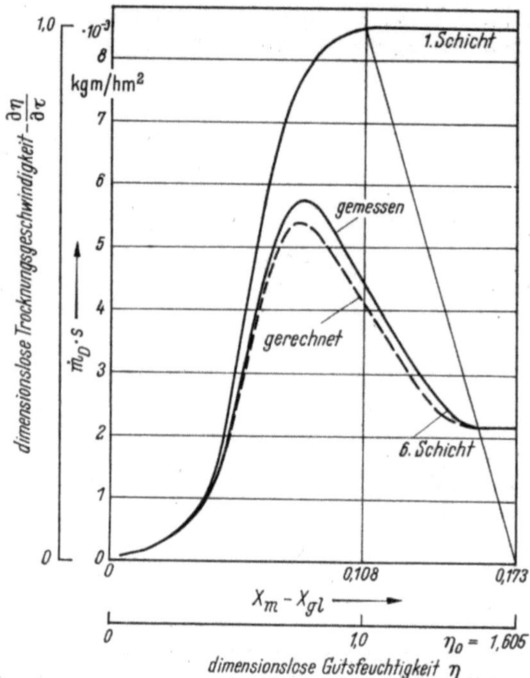

Bild 11.17. Dimensionslose Darstellung der gemessenen und gerechneten Trocknungsverlaufskurve der sechsten Schicht eines sechsschichtigen Haufwerks quadratischer Ziegelprismen (nach Bild 11.9).

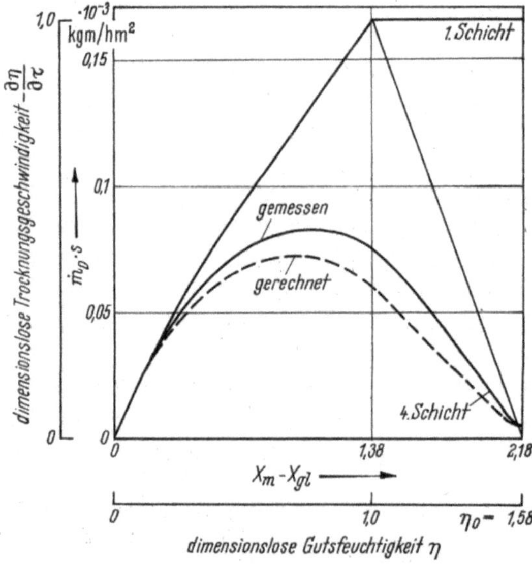

Bild 11.18. Dimensionslose Darstellung der gemessenen und gerechneten Trocknungsverlaufskurve der vierten Schicht einer vierschichtigen Zündholzschüttung (nach Bild 11.10).

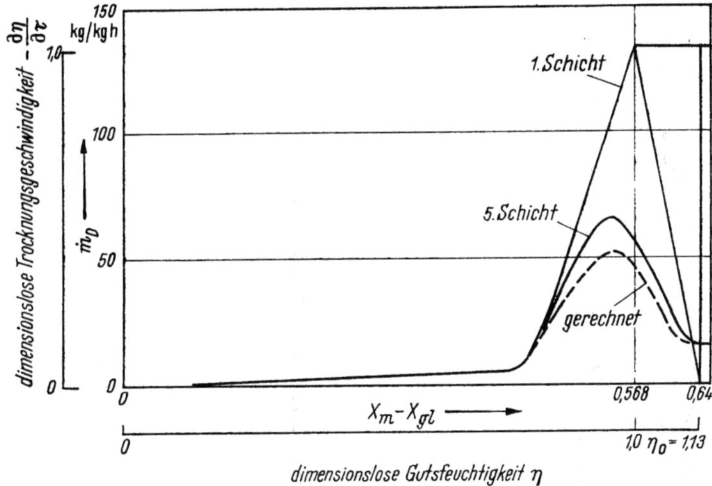

Bild 11.19 Dimensionslose Darstellung der gemessenen und gerechneten Trocknungsverlaufs-kurve der fünften Schicht einer fünfschichtigen Weizenschüttung (nach Bild 11.11).

Bild 11.16 zeigt deutlich die ausgezeichnete grundsätzliche Übereinstimmung zwischen den Ergebnissen der Rechnung und der Experimente. Nur für einen gewissen Bereich mittlerer Feuchtigkeiten liegen die errechneten Trocknungs-geschwindigkeiten der betrachteten Schicht etwas unter den gemessenen (maximal an einigen Stellen um 20 %). Aber je weiter die Trocknung fortschreitet, um so klei-ner werden die Unterschiede.

Die Trocknungszeiten können nach den Ausführungen in Abschnitt 9.5. direkt aus den Trocknungsverlaufskurven ermittelt werden. Hierbei wird man sinnvoller-weise quadratische Prismen als Zylinder und z. B. Weizenkörner als Kugeln be-trachten.

Berechnet man in dieser Weise die Trocknungszeiten aus dem experimentell gefundenen und dem berechneten Trocknungsverlauf der Bilder 11.16 bis 11.19, so erkennt man, daß die maximalen Unterschiede nur für bestimmte mittlere Trock-nungsgrade höchstens 10 % betragen, während sie bei weitergehender Austrock-nung völlig bedeutungslos sind.

11.2.3. Zeitlicher Verlauf der Trocknung bei zeitlich veränderlichem Luftzustand

In einem Kammertrockner mit innerer Luftumwälzung wird sich durch die Feuchte-abgabe des Gutes die Feuchte der umgewälzten Luft in Abhängigkeit vom Frisch-luft- und Umluftanteil erhöhen. Die Folge ist, daß auch im 1. Trocknungsab-schnitt die Trocknungsgeschwindigkeit fallen muß. Mit der Zunahme der Feuchte im aufnehmenden Gas kann sich auch die erreichbare Gleichgewichtsfeuchte gegen-über derjenigen bei der Anfangsbedingung ändern.

Für einen Kammertrockner nach Bild 11.20 mit Umluft $\dot{m}_\mathrm{L}$ und Frischluft $\Delta\dot{m}_\mathrm{L}$, lassen sich folgende Bilanzgleichungen angeben:
für die Änderung der Feuchte im Gut und im Gas

$$A \cdot \dot{m}_\mathrm{D} = -m_\mathrm{S} \frac{\mathrm{d}X}{\mathrm{d}t} = \dot{m}_\mathrm{L}(x(t) - x_\mathrm{a}(t)) \tag{11.42}$$

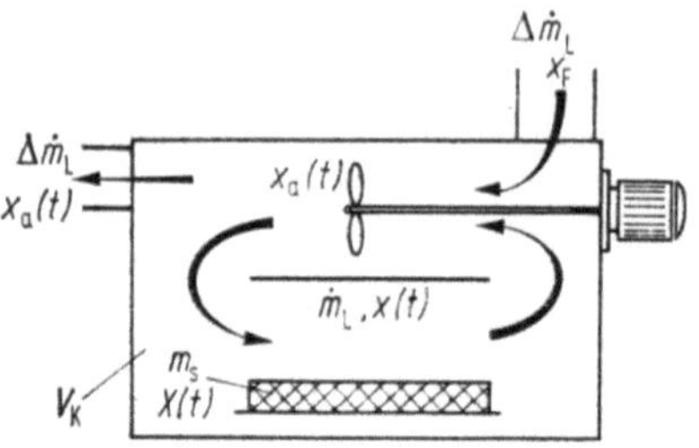

Bild 11.20. Bezeichnungen in einem Kammertrockner mit innerer Luftumwälzung.

für die Änderung der Gasfeuchte durch die Frischluft

$$\Delta\dot{m}_\mathrm{L}x_\mathrm{F} + \dot{m}_\mathrm{L}x(t) - (\dot{m}_\mathrm{L} + \Delta\dot{m}_\mathrm{L})\,x_\mathrm{a}(t) = V_\mathrm{K}\varrho_\mathrm{L}\frac{\mathrm{d}x}{\mathrm{d}t}. \tag{11.43}$$

Führt man die dimensionslosen Größen ein (vgl. Abschn. 11.2.2.)

$$u = \frac{\Delta\dot{m}_\mathrm{L}}{\dot{m}_\mathrm{L}}\;; \qquad\qquad \bar{t} = \frac{V_\mathrm{K}\varrho_\mathrm{L}}{\dot{m}_\mathrm{L}}\;;$$

$$\eta(\tau) = \frac{X - X_\mathrm{gl}}{X_\mathrm{Kn} - X_\mathrm{gl}}\;; \qquad\qquad t_\mathrm{f} = \frac{m_\mathrm{S}}{A} \frac{X_\mathrm{Kn} - X_\mathrm{gl}}{\dot{m}_\mathrm{DI,0}}\;;$$

$$\dot{\nu}(\eta) = \frac{\dot{m}_\mathrm{D}}{\dot{m}_\mathrm{DI}}\;; \qquad\qquad \tau = \frac{t}{t_\mathrm{f}}\;;$$

$$\pi(\tau) = \frac{\dot{m}_\mathrm{DI}}{\dot{m}_\mathrm{DI,0}} = \frac{P''_\mathrm{DO} - P_\mathrm{D}}{P''_\mathrm{DO} - P_\mathrm{D}(t = 0)} \approx \frac{x''_0 - x}{x''_0 - x(t = 0)}\;;$$

$$\zeta = \frac{A\beta\varrho_\mathrm{L}}{\dot{m}_\mathrm{L}}\;; \qquad\qquad \frac{t_\mathrm{f}}{\bar{t}}\,\zeta = \frac{m_\mathrm{S}}{V_\mathrm{K}\varrho_\mathrm{L}} \frac{X_\mathrm{Kn} - X_\mathrm{gl}}{x''_0 - x(t = 0)}\;,$$

so erhält man die gekoppelten Differentialgleichungen

$$-\frac{\mathrm{d}\eta}{\mathrm{d}\tau} = \pi \cdot \dot{\nu} \tag{11.44}$$

$$u(1 - \pi) + (1 + u)\frac{\mathrm{d}\eta}{\mathrm{d}\tau} \cdot \zeta = -\frac{\mathrm{d}\pi}{\mathrm{d}\tau} \cdot \frac{\bar{t}}{t_\mathrm{f}}$$

Einfache analytische Lösungen dieser Differentialgleichungen erhält man nur für Grenzfälle, so für den 1. Trocknungsabschnitt ($\dot{\nu} = 1$) und für die Kammer ohne Frischluftzuführung ($u = 0$). Diese Lösungen sollen angegeben werden um die charakteristischen Zusammenhänge aufzuzeigen.

Im 1. Trocknungsabschnitt wird mit $\dot{\nu} = 1$

$$\pi = \left(1 - \frac{u}{u + \zeta + u\zeta}\right)\exp\left[-(u + \zeta + u\zeta)\frac{t_\mathrm{f}}{\bar{t}}\tau\right] + \frac{u}{u + \zeta + u\zeta}$$

$$\dot{m}_\mathrm{DI} = \dot{m}_\mathrm{DI,0} \cdot \pi.$$

Für die Darstellung $\dot{m}_{DI}/\dot{m}_{DI,0} = f(\eta)$ wird nach einer weiteren Integration erhalten

$$\eta_0 - \eta = -\frac{\exp\left[-(u + \zeta + u\zeta)\frac{t_f}{\bar{t}}\tau\right] - 1}{(u + \zeta + u\zeta)^2}(\zeta + u\zeta) + \frac{u\tau}{u + \zeta + u\zeta}.$$

Eliminiert man die Zeit τ aus den Funktionen $\pi(\tau)$ und $\eta(\tau)$, so läßt sich die Trocknungsgeschwindigkeit in Abhängigkeit von der Feuchte darstellen (Bild 11.21). Je nach Größe des Frischluftanteils u und der Kammergröße (gekennzeichnet durch $\bar{t}$ einer mittleren Verweilzeit) fällt die Trocknungsgeschwindigkeit. Ist im Grenzfall der Anteil $u = 0$, so wird

$$\dot{m}_{DI} = \dot{m}_{DI,0}\left[1 - \zeta\frac{t_f}{\bar{t}}(\eta_0 - \eta)\right].$$

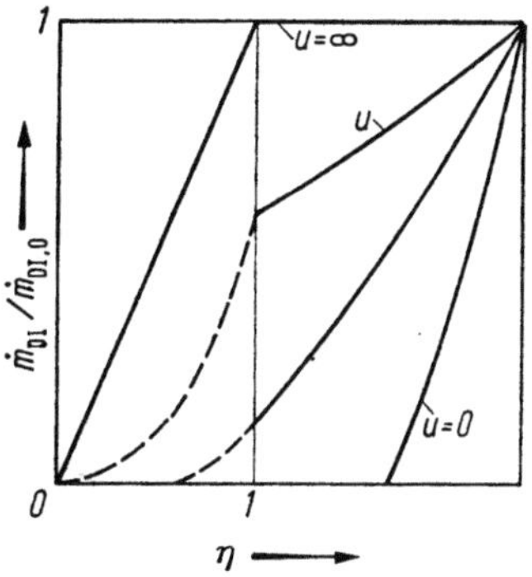

Bild 11.21. Trocknungsverlauf bei verschiedenen Frischluftanteilen u in einem Kammertrockner.

Für diesen Grenzfall des dichten Kammertrockners findet man unter der Annahme eines linearen Trocknungsverlaufs im 2. Abschnitt ($\dot{\nu} = \eta$):

$$\eta_0 - \eta = \frac{\eta_0\left[1 - \zeta\frac{t_f}{\bar{t}}(\eta_0 - 1)\right] \cdot \exp\left[(\tau - \tau_I)\left(1 - \zeta\frac{t_f}{\bar{t}}\eta_0\right)\right] - 1}{\left[1 - \zeta\frac{t_f}{\bar{t}}(\eta_0 - 1)\right] \cdot \exp\left[(\tau - \tau_I)\left(1 - \zeta\frac{t_f}{\bar{t}}\eta_0\right)\right] - \zeta\frac{t_f}{\bar{t}}}.$$

Die Zeit τ_I, die das Gut im 1. Abschnitt $1 < \eta < \eta_0$ trocknet, ist gegeben durch

$$\tau_I = -\int_{\eta_0}^{1} \frac{d\eta}{1 - \zeta\frac{t_f}{\bar{t}}(\eta_0 - \eta)} = -\frac{\bar{t}}{\zeta t_f}\ln\left[1 - \zeta\frac{t_f}{\bar{t}}(\eta_0 - 1)\right]$$

und die Trocknungsgeschwindigkeit

$$\frac{\dot{m}_D}{\dot{m}_{DI,0}} = \eta \cdot \exp\left(-\zeta\frac{t_f}{\bar{t}}\tau\right).$$

Bild 11.22 zeigt den qualitativen Verlauf von

$$\frac{\dot{m}_D}{\dot{m}_{DI,0}} = f(\eta).$$

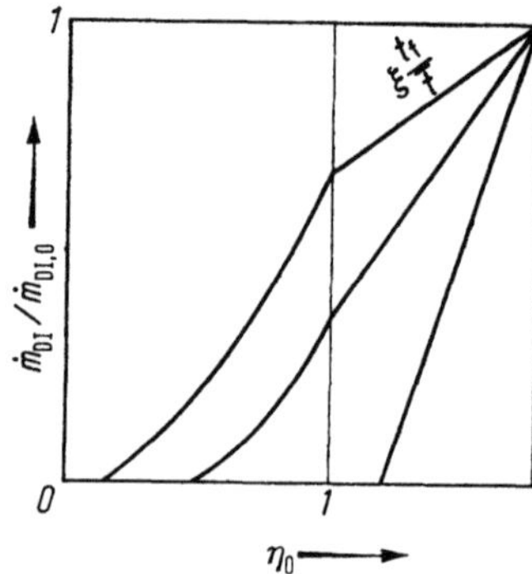

Bild 11.22. Dimensionslose
Darstellung des Trocknungsverlaufs in einem Kammer-
trockner.

Je nach der Größe von $\zeta \dfrac{t_f}{t}$ und η_0 wird eine Endfeuchte erreicht, die über der Gleichgewichtsfeuchte beim Anfangszustand der Luft liegt.

Da in der Praxis Kammertrockner wohl immer mit Umluft betrieben werden, ist der berechnete Fall für $u = 0$ hypothetisch. Er zeigt jedoch die grundsätzlich zu beachtenden Zusammenhänge. Es soll hier mit diesen Überlegungen auch gezeigt werden, daß mit der Annahme nach van Meel:

$$\dot{v} = f(\eta)$$

grundsätzlich der Trocknungsverlauf mathematisch berechenbar wird, wenn auch u. U. mit großem numerischen Aufwand.

11.3. Die Trocknung bewegter Güter

11.3.1. Trocknung dauernd durchmischter durchströmter Güter

Eine gleichmäßige mittlere Trocknungszeit für jeden Teil des Gutes kann man durch dauernde Durchmischung erreichen. Im ersten Abschnitt bis zum Auftreten des Knickpunktes trocknet jeder Gutsteil mit der für den mittleren Zustand des Trockenmittels zu bestimmenden Anfangstrocknungsgeschwindigkeit $\overline{\dot{m}}_D$ (s. Bild 11.23). Nach Erreichen des Knickpunktes wird wegen der verminderten Trocknungsgeschwindigkeit die Wasserdampfbeladung und Abkühlung des Trokkenmittels kleiner, so daß der mittlere Zustand des Trockenmittels sich weniger von demjenigen an der Eintrittsstelle unterscheidet als im ersten Abschnitt. Gegen Ende der Trocknung wird sich ein Trocknungsverlauf ergeben, der nahe bei demjenigen für den Eintrittszustand des Trockenmittels liegt. Aus Bild 11.23, die mit den Daten von Bild 11.4 gezeichnet wurde, geht das Wesentliche des voraussehbaren Verlaufes der mittleren Trocknungsgeschwindigkeit $\overline{\dot{m}}_D$ hervor.

Bei der analytischen Behandlung der Wirbelschichttrocknung ist zu berücksichtigen, daß der Luftzustand sich beim Durchströmen der Wirbelschicht wie bei der Durchströmung eines Festbettes ändert, daß aber wegen der ständigen (vollständigen) Durchmischung die Trocknungsgeschwindigkeit im Mittel für alle Teilchen gleich dem integralen Mittelwert $\overline{\dot{m}}_D$ über die Betthöhe ist.

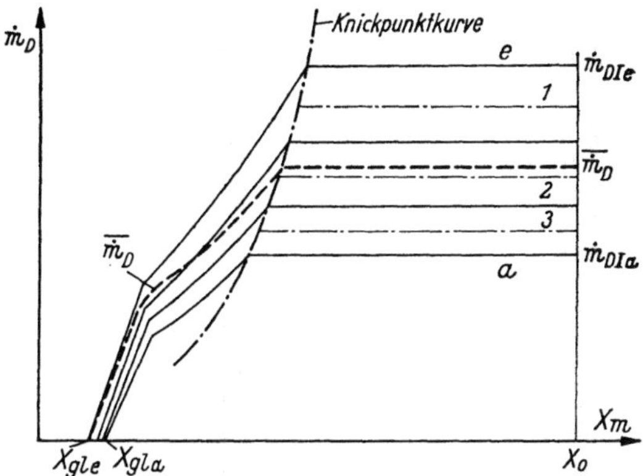

Bild 11.23. Trocknungsverlaufskurve dauernd durchmischter durchströmter Güter.

Für die örtliche Trocknungsgeschwindigkeit $\dot{m}_D$ gilt zunächst die Bilanz an einem Element der Fläche $\mathrm{d}A$ des Bettes

$$\dot{m}_D\,\mathrm{d}A = \dot{m}_L\,\mathrm{d}x.$$

Führt man den Bezug auf die örtliche Trocknungsgeschwindigkeit im 1. Abschnitt $\dot{m}_{DI}$ ein

$$\dot{v} = \frac{\dot{m}_D}{\dot{m}_{DI}},$$

wobei, wie schon oben dargelegt, diese dimensionslose Trocknungsgeschwindigkeit allei von der dimensionslosen Feuchte

$$\eta = \frac{X - X_{gl}}{X_{Kn} - X_{gl}}$$

abhängen soll, so wird mit

$$\dot{m}_{DI} = \frac{\beta}{R_D T}\,(P''_{DO} - P_{DL}) \approx \beta\varrho_L(x''_0 - x),$$

$$\dot{m}_{DIe} = \frac{\beta}{R_D T}\,(P''_{DO} - P_{DLe}) \approx \beta\varrho_L(x''_0 - x_e),$$

$$\frac{\dot{m}_{DI}}{\dot{m}_{DIe}} = \frac{P''_{DO} - P_{DL}}{P''_{DO} - P_{DLe}} = \pi$$

und mit der dimensionslosen Austauschfläche, die einer Austauscheinheit entspricht [7.7, 7.8.] nach Gl. (11.23),

$$\zeta_A = \frac{\beta\varrho_L A}{\dot{m}_L}, \qquad \mathrm{d}\zeta = \frac{\beta\varrho_L \mathrm{d}A}{\dot{m}_L}$$

die auf $\dot{m}_{DIe}$ bezogene Trocknungsgeschwindigkeit

$$\frac{\dot{m}_D}{\dot{m}_{DIe}} = \dot{v}_e = \dot{v}\pi = -\frac{\mathrm{d}\pi}{\mathrm{d}\zeta}$$

bzw.

$$\pi = \exp\,(-\dot{v}\zeta)$$

und

$$\dot{v}_e = \dot{v} \cdot \exp\left(-\dot{v}\zeta\right). \tag{11.45}$$

Die Trocknungsgeschwindigkeit ist im Mittel über die Betthöhe ζ_A überall gleich:

$$\frac{\overline{\dot{m}_D}}{\dot{m}_{DIe}} = \overline{\dot{v}}_e = \frac{1}{\zeta_A} \int\limits_0^{\zeta_A} \dot{v} \cdot \exp\left(-\dot{v}\zeta\right) \mathrm{d}\zeta. \tag{11.46}$$

Voraussetzungsgemäß ist $\dot{v} \neq f(\zeta)$, so daß sich Gl. (11.46) direkt integrieren läßt

$$\overline{\dot{v}}_e = \frac{1}{\zeta_A}\left(1 - \exp\left(-\dot{v}\zeta_A\right)\right). \tag{11.47}$$

Man erkennt hier, daß nur für $\zeta_A = 0$, d.h. $\dot{m}_L = \infty$ die mittlere Trocknungsgeschwindigkeit im Bett gleich der am Eintritt der Luft in das Bett werden kann.

Die Trocknungszeit im Wirbelbett ergibt sich aus der Bilanz für die Feuchteänderung der Partikel im Wirbelbett m_S:

$$\overline{\dot{m}_D} A = -m_S \frac{\mathrm{d}X}{\mathrm{d}t}$$

oder dimensionslos

$$\overline{\dot{v}}_e = -\frac{\mathrm{d}\eta}{\mathrm{d}\tau}, \tag{11.48}$$

wobei $\tau = t/t_f$ auf die fiktive Zeit nach Gl. (11.4) bezogen ist:

$$t_f = \frac{m_S(X_{Kn} - X_{gl})}{A \cdot \dot{m}_{DIe}}.$$

Die Integration der Gl. (11.48) ergibt mit Gl. (11.47)

$$\tau = -\int\limits_{\eta_0}^{\eta_E} \frac{\mathrm{d}\eta}{\overline{\dot{v}}_e} = -\zeta_A \int\limits_{\eta_0}^{\eta_E} \frac{\mathrm{d}\eta}{1 - \exp\left(-\dot{v}\zeta_A\right)}. \tag{11.49}$$

Als Beispiel sei wieder eine Trocknungsverlaufskurve folgender Art angenommen

$$\eta_0 > \eta > 1 : \dot{v} = 1,$$
$$1 \geq \eta : \dot{v} = \eta.$$

Damit wird die dimensionslose Trocknungszeit nach Gl. (11.49) für die Trocknung von η_0 auf η_E

$$\tau = \frac{\zeta_A}{1 - \zeta_A}(\eta_0 - 1) + \zeta_A(1 - \eta_E) + \ln\frac{1 - e^{-\zeta_A}}{1 - e^{-\eta_E\zeta_A}}. \tag{11.50}$$

Für $\zeta_A = 0$ $(\dot{m}_L \to \infty)$ wird

$$\tau = \eta_0 - 1 + \ln\frac{1}{\eta_E}$$

identisch mit der Trocknungszeit für ruhende Güter bei konstantem Luftzustand.

11.3.2. Trocknung eines bewegten Gutes bei örtlich und zeitlich konstantem Luftzustand

Wird ein Gut auf einem Band, einem Wagen o. ä. kontinuierlich durch einen Trockner geführt (Bild 11.24), so ist die Trocknungszeit durch die Verweilzeit des Gutes in der Trocknungszone gegeben. Ist m_S die Masse des Gutes, die sich zu einem bestimmten Zeitpunkt im Trockner befindet, $\dot{m}_S$ der Massendurchsatz je Zeiteinheit, so ist die Verweilzeit

$$\bar{t} = t = m_S/\dot{m}_S.$$

(11.51)

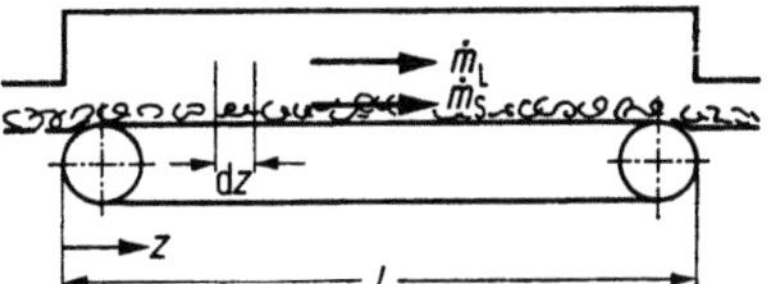

Bild 11.24. Trocknung in einem Bandtrockner.

Wenn der Zustand des aufnehmenden Mediums (Luft oder Gas) sich während des Trocknungsvorganges praktisch nicht ändert, $\vartheta = $ const, $P_D = $ const, so spielt die Richtung des Transports durch den Trockner keine Rolle. Die Änderung der Feuchte in einem Element dz der Länge des Trockners mit der Fläche dA beträgt

$$-\dot{m}_S\,dX = dA \cdot \dot{m}_D.$$

(11.52)

Da die während der Zeit dt in das Element dz hineingeführte Masse

$$\dot{m}_S\,dt = dm_S$$

und $dm_S/dA = m_S/A = $ const ist, läßt sich Gl. (11.52) auch angeben

$$-m_S\frac{dX}{dt} = A\dot{m}_D.$$

(11.53)

Diese Gleichung ist durch eine einfache Transformation identisch mit derjenigen für die Trocknungsgeschwindigkeit eines ruhenden Gutes nach Gl. (11.3) geworden. Die weitere Behandlung stimmt daher mit der im Abschnitt 11.2.1. überein. In dimensionsloser Schreibweise erhält man (s. Gl. (11.8)):

$$\bar{\tau} = \frac{\bar{t}}{t_f} = -\int_{\eta_0}^{\eta_E}\frac{d\eta}{\dot{v}}$$

mit welcher die erforderliche Verweilzeit $\bar{t}$ im Trockner bestimmt werden kann. Wenn der Durchsatz $\dot{m}_S$ und die Austauschfläche je Längeneinheit A/L (= Breite der Trocknungsfläche) oder die sich je Längeneinheit im Trockner befindliche Gutsmasse $m_S/L = (A/L) \cdot s \cdot \varrho_S$ (Dicke der Gutsschicht) im Trockner gegeben ist, so wird die notwendige Trocknerlänge aus

$$L = \frac{\dot{m}_S}{m_S/L} \cdot \bar{t} = w \cdot \bar{t}$$

(11.54)

berechnet.

Ist der Trocknungsverlauf im 1. Abschnitt durch $\dot{v} = 1$, im 2. Abschnitt durch $\dot{v} = \eta$ gegeben, so ist die dimensionslose Trocknungszeit für die Trocknung von η_0 auf η_E

$$\bar{\tau} = -\int_{\eta_0}^{1}d\eta - \int_{1}^{\eta_E}\frac{d\eta}{\eta}$$

$$= \eta_0 - 1 + \ln(1/\eta_E).$$

11.3.3. Gleich- und Gegenstromtrocknung bei örtlich veränderlichem Luftzustand

11.3.3.1. Der erste Trocknungsabschnitt

Wenn sich der Luftzustand im Trockner durch Feuchteaufnahme und Wärme-abgabe längs seines Weges ändert, so muß sich auch — wie beim ruhenden Gut — die Trocknungsgeschwindigkeit bereits im 1. Abschnitt mit der Feuchte ändern. An Stelle der mit der Zeit abnehmenden Trocknungsgeschwindigkeit des ruhenden Gutes tritt jetzt die örtliche Änderung beim bewegten Gut. Im 1. Trocknungs-abschnitt mit konstantem Dampfdruck an der Oberfläche des Gutes gilt daher für die Trocknungsgeschwindigkeit längs der Austauschfläche A nach Gl. (11.15):

$$\dot{m}_{DI} = \dot{m}_{DIe} \cdot \exp\left(-\frac{\beta \varrho_L A}{\dot{m}_L}\right). \tag{11.55}$$

Der Luftdurchsatz $\dot{m}_L$ ist für Gleichstrom zwischen Gut und Luft positiv, für Gegenstrom negativ einzusetzen. Der Stoffübergangskoefizient ist — sofern erforderlich — bei der Relativgeschwindigkeit zwischen Luft und Gut zu bilden.

Die Trocknungsgeschwindigkeit $\dot{m}_{DIe}$ bezeichnet diejenige am Eintritt des Gutes in dem Trockner (Bild 11.25). Bei Gleichstrom muß diese mit dem Weg des Gutes abnehmen, bei Gegenstrom zunehmen. Für ein Element des Trockners gilt nach Gl. (11.52)

$$-\dot{m}_S\, dX = dA \cdot \dot{m}_D.$$

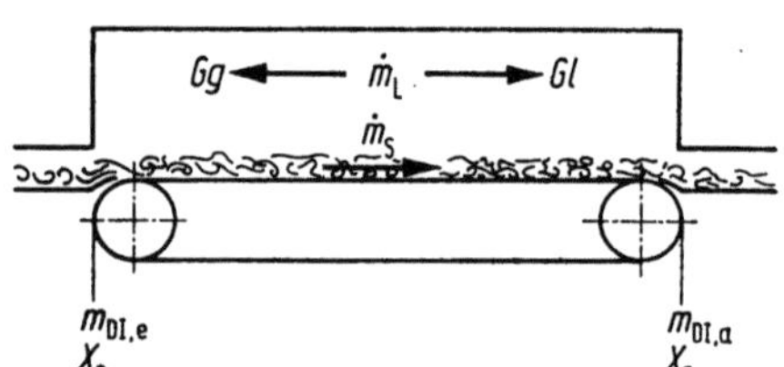

Bild 11.25. Bezeichnungen beim Gleich- bzw. Gegen-strom in einem Band-trockner.

Die Integration im 1. Abschnitt ergibt für die Feuchteänderung des Gutes vom Eintritt bis zu einer Fläche A

$$X_e - X = \frac{1}{\dot{m}_S} \int\limits_0^A \dot{m}_{DI}\, dA \tag{11.56}$$

und mit Gl. (11.55)

$$X_e - X = \frac{\dot{m}_L}{\dot{m}_S \beta \varrho_L}\, \dot{m}_{DI,e} \left(1 - \exp\left(-\frac{\beta \varrho_L A}{\dot{m}_L}\right)\right)$$

$$= \frac{\dot{m}_L}{\dot{m}_S \beta \varrho_L}(\dot{m}_{DI,e} - \dot{m}_{DI}). \tag{11.57}$$

Diesen linearen Zusammenhang zwischen der Gutsfeuchte und Trocknungs-geschwindigkeit zeigt Bild 11.26.

Die Steigung der Geraden ist $\dfrac{\dot{m}_L}{\dot{m}_S\beta\varrho_L}$, eine Größe, die in der Form

$$\frac{\dot{m}_L(x_a'' - x_e)}{\dot{m}_S\beta\varrho_L(x_0'' - x_e)} \cdot \frac{x_0'' - x_e}{x_a - x_e}$$

geschrieben, ein Maß für die Beladung der Trocknungsluft und damit ihrer Ausnutzung darstellt. Wird die Feuchte der Luft am Austritt x_a gleich der Feuchte x_0'' an der Oberfläche des Gutes, so würde die Trocknungsgeschwindigkeit hier gleich Null. Dies würde die maximale Beladung der Trocknungsluft bedeuten.

Die gleiche Aussage erhält man, wenn β über die Beziehung $\alpha/\beta \approx c_p\varrho$ ersetzt wird und die Wärmeausnutzung betrachtet wird

$$\frac{\dot{m}_L}{\dot{m}_S\beta\varrho_L} = \frac{\dot{m}_L c_p(\vartheta_{Le} - \vartheta_{La})}{\dot{m}_S\alpha(\vartheta_{Le} - \vartheta_0)} \cdot \frac{\vartheta_{Le} - \vartheta_0}{\vartheta_{Le} - \vartheta_{La}}.$$

Wenn $\vartheta_{La} = \vartheta_0$ und damit $\dot{m}_{DIa} = 0$ wird, liegt die maximale Wärmeausnutzung der Trocknungsluft vor.

Die Neigung der Geraden im ersten Trocknungsabschnitt ist daher unmittelbar ein Maß für die Wärmeausnutzung im Trockner. Denkt man sich z. B. für Gleichstromtrocknung die Gerade, welche den Punkt $\dot{m}_{DIe}$ bei $X = X_e$ mit dem Punkt X_a auf der Abszisse ($\dot{m}_{DI} = 0$) verbindet, so stellt diese Gerade den theoretischen Trocknungsverlauf maximaler Wärmeausnutzung dar. Wird die Steigung der Geraden größer, schneidet sie also die Abszisse bei irgendeinem Wert $X > X_a$, so ist das Verhältnis von Guts- und Luftdurchsatz so gewählt, daß sich überhaupt keine Trocknung bis auf den Wert X_a erreichen läßt. Wäre nämlich $\dot{m}_{DI}$ bei X_{gl} gleich Null, so befände sich, wenn das Gut keine hygroskopischen Eigenschaften hätte, im Endzustand Gut und Trockenmittel im Gleichgewicht. (Wegen der hygroskopischen Eigenschaften aber stellt dieser hypothetische Fall ein nicht erreichbares Optimum dar.) Ist die Neigung der Geraden kleiner als die derjenigen mit maximaler Wärmeausnutzung, so ist die Abkühlung des Luftstromes kleiner als theoretisch möglich.

11.3.3.2. Der zweite und dritte Trocknungsabschnitt

Nach Erreichen der Knickpunktkurve, wenn die inneren Trocknungseigenschaften des Gutes zur Auswirkung kommen, zeigen sich die charakteristischen Unterschiede beider Verfahren. Bei Gleichstrom tritt der Knickpunkt bei kleineren Flüssigkeitsgehalten des Gutes auf als bei Gegenstrom, wie man leicht aus einer Extrapolation der beiden Geraden in Bild 11.26 erkennt.

Zum Verständnis des weiteren Verlaufes der Trocknungskurven setze man folgende Extremfälle der Trocknung unter gleichbleibenden äußeren Bedingungen als bekannt voraus:

a) Trocknung unter gleichbleibender Lufteintrittstemperatur ϑ_{Le} und Dampfteildruck P_{DLe}.

b) Trocknung unter gleichbleibender Luftaustrittstemperatur ϑ_{La} und Dampfteildruck P_{DLa}.

Diese beiden Fälle sind in Bild 11.27 in den gestrichelten Kurvenzügen a und e dargestellt. Für den allerletzten Teil des Trocknungsvorganges stellen sie diejeni-

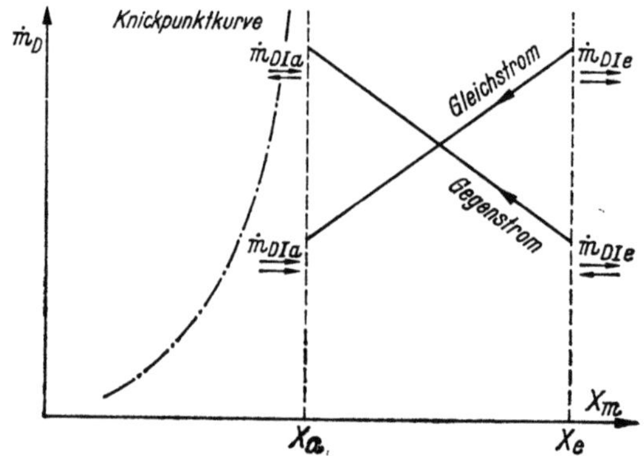

Bild 11.26. I. Trocknungsabschnitt bei Gleich- und Gegenstromtrocknung.

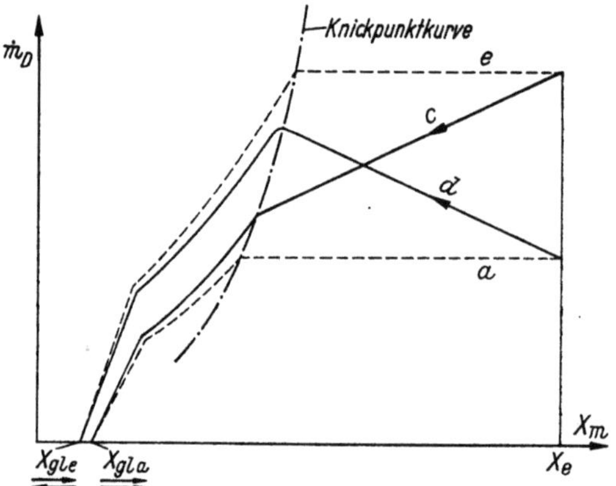

Bild 11.27. Trocknungsverlauf bei Gleich- und Gegenstromtrocknung (Kurve *e* Trocknungsverlauf für konstant gehaltenen Lufteintrittszustand, Kurve *a* Trocknungsverlauf für konstant
gehaltenen Luftaustrittszustand).

gen Grenzwerte dar, denen sich der wirkliche Verlauf nähert. Bei Gegenstrom
nähert sich die Trocknungsverlaufskurve derjenigen, von Fall *e*, bei Gleichstrom
derjenigen von Fall *a*. Wegen der unterschiedlichen Temperatur und relativen
Luftfeuchtigkeit ist die Gleichgewichtsfeuchtigkeit X_{gl} in beiden Fällen verschieden, um so mehr, je höher die Wärmeausnutzung, d. h. je größer die Abkühlung
und Wasserdampfbeladung des Trockenmittels gewählt wird.

11.3.3.3. Trocknerlänge und Verweilzeit bei Gleich- und Gegenstrom-
trocknern

Zur Vorausbestimmung der Größe (Länge bzw. Füllung) des Trockners und der
Verweilzeit des Gutes im kontinuierlich arbeitenden Trockner geht man zweckmäßig von der Trocknungsverlaufskurve entsprechend Bild 11.27 aus. Ist diese
$[\dot{m}_D = f(X)]$ festgelegt, so findet man die zur Erreichung des geforderten Aus-
trittszustandes (X_a) erforderliche Größe der mit dem Trockenmittel in Austausch

stehenden Gutsoberfläche und damit die Verweilzeit in ähnlicher Weise wie die Trocknungszeit beim diskontinuierlichen Trockner. Für jedes Element der gesamten Austauschfläche A gilt die Beziehung

$$-\dot{m}_S dX = dA \cdot \dot{m}_D,$$

worin $\dot{m}_S$ den stündlichen Durchsatz an Trockensubstanz bedeutet. Es folgt die erforderliche Austauschfläche für die Trocknung von X_e auf X_a:

$$A = -\dot{m}_S \int\limits_{X_e}^{X_a} \frac{dX}{\dot{m}_D}. \tag{11.58}$$

Die Verweilzeit im Trockner t und die notwendige Trocknerlänge L folgt aus dem Zusammenhang

$$\bar{t} = \frac{m_S}{\dot{m}_S} = \frac{A \cdot s \cdot \bar{\varrho}_S}{\dot{m}_S} = \frac{(m_S/L) \cdot L}{\dot{m}_S} = \frac{L}{w}, \tag{11.59}$$

wobei entweder die Füllung mit Gut (m_S/L) je Längeneinheit oder die Austauschfläche (A/L) je Längeneinheit und die Schichtdicke s oder die Geschwindigkeit w des Gutes im Trockner vorzugeben sind. Damit sind die Grundlagen für die Dimensionierung von Trocknern angedeutet. Für manche wirtschftlichen Überlegungen ist es nützlich, zu klaren qualitativen Aussagen über die unterschiedlichen Baulängen oder Verweilzeiten oder den Ausnutzungsgrad bei Gleich- oder Gegenstrombetrieb zu kommen. Dazu bietet die Anwendung der vereinfachenden Annahme van Meels, wonach die Trocknungsverlaufskurven an jeder Stelle eines stationär betriebenen Trockners als ähnlich angesehen werden können (s. Abschn. 8.5., sowie 11.2. und 11.3.), eine Möglichkeit.

$$\dot{v} = \frac{\dot{m}_D}{\dot{m}_{DI}} = f(\eta), \tag{11.60}$$

wobei die dimensionslose Feuchte

$$\eta = \frac{X - X_{gl}}{X_{Kn} - X_{gl}} \tag{11.61}$$

ist. Die Trocknungsgeschwindigkeit im 1. Abschnitt werde auf diejenige im Eintritt bezogen; es gilt (s. Gl. (11.21)) bei niedrigen Dampfdrücken

$$\frac{\dot{m}_{DI}}{\dot{m}_{DI,e}} = \frac{P''_{DO} - P_{DL}}{P''_{DO} - P_{DLe}} \approx \frac{x''_0 - x}{x''_0 - x_e} = \pi. \tag{11.62}$$

Die Änderung der Feuchte des Gutes in einem Element dA beträgt

$$-\dot{m}_S \cdot dX = dA \cdot \dot{m}_D \tag{11.63}$$

und die Änderung der Luftfeuchte in dem gleichen Abschnitt

$$-\dot{m}_S \frac{dX}{dA} = \dot{m}_L \frac{dx}{dA}. \tag{11.64}$$

Dabei ist für Gleichstrom $\dot{m}_L > 0$, für Gegenstrom $\dot{m}_L < 0$ einzusetzen. Führt man noch folgende Größen ein

$$\text{Verweilzeit } \bar{t} = \frac{m_S}{\dot{m}_S}\,; \qquad\qquad \mathrm{d}\bar{t} = \frac{m_S/A}{\dot{m}_S}\cdot \mathrm{d}A,$$

$$\text{fiktive Trockenzeit } t_f = \frac{m_S(X_{Kn} - X_{gl})}{A\cdot \dot{m}_{DIe}} = \varrho_S\cdot s\cdot\frac{X_{Kn} - X_{gl}}{\dot{m}_{DIe}}, \qquad (11.65)$$

$$\text{dimensionslose Zeit } \bar{\tau} = \frac{\bar{t}}{t_f}\,; \qquad\qquad \mathrm{d}\bar{\tau} = \frac{\mathrm{d}\bar{t}}{t_f},$$

$$\text{dimensionsloser Durchsatz}\,\omega = \zeta\,\frac{t_f}{\bar{t}} = \frac{\dot{m}_S(X_{Kn} - X_{gl})}{\dot{m}_L(x_0'' - x_e)} \begin{matrix} > 0 \text{ Gleichstrom} \\ < 0 \text{ Gegenstrom} \end{matrix},$$

so erhält man die Differentialgleichungen

$$-\frac{\mathrm{d}\eta}{\mathrm{d}\bar{\tau}} = \dot{v}\pi$$

$$\frac{\mathrm{d}\pi}{\mathrm{d}\eta} = \frac{t_f}{\bar{t}}\zeta = \omega. \qquad (11.66)$$

Die 2. Differentialgleichung läßt sich direkt integrieren, wobei allerdings wegen der Randwerte zwischen Gleich- und Gegenstrom zu unterscheiden ist (s. Bild 11.28):

$$\text{für Gleichstrom } \int_1^\pi \mathrm{d}\pi = \omega \int_{\eta_0}^\eta \mathrm{d}\eta$$

$$\pi = 1 - \omega(\eta_0 - \eta) \quad \text{mit} \quad \omega > 0; \qquad (11.67)$$

$$\text{für Gegenstrom } \int_1^\pi \mathrm{d}\pi = \omega \int_{\eta_E}^\eta \mathrm{d}\eta$$

$$\pi = 1 + \omega(\eta - \eta_E) \qquad \text{mit } \omega < 0 \qquad (11.68)$$

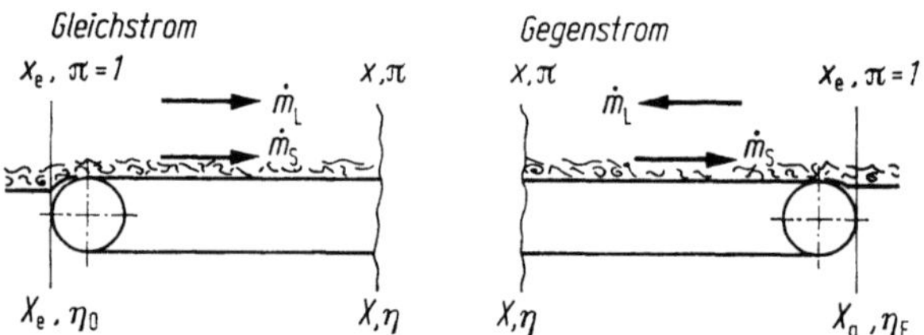

Bild 11.28. Zur Aufstellung der Bilanz in einem Gleich- bzw. Gegenstromtrockner.

Die Trocknungszeit, d.h. hier die erforderliche Verweilzeit, läßt sich mit Gl. (11.67) oder (11.68) bestimmen aus

$$\bar{\tau} = \frac{\bar{t}}{t_f} = -\int_{\eta_0}^{\eta_E}\frac{\mathrm{d}\eta}{\dot{v}\pi} = -\int_{\eta_0}^1\frac{\mathrm{d}\eta}{\dot{v}\pi} - \int_1^{\eta_E}\frac{\mathrm{d}\eta}{\dot{v}\pi}. \qquad (11.69)$$

Um wieder die charakteristischen Zusammenhänge erkennen zu können, seien die

Lösungen für folgenden Trocknungsverlauf angegeben (Bild 11.29)

$$1 < \eta < \eta_0 : \dot{\nu} = 1,$$
$$\eta < 1 : \dot{\nu} = \eta.$$

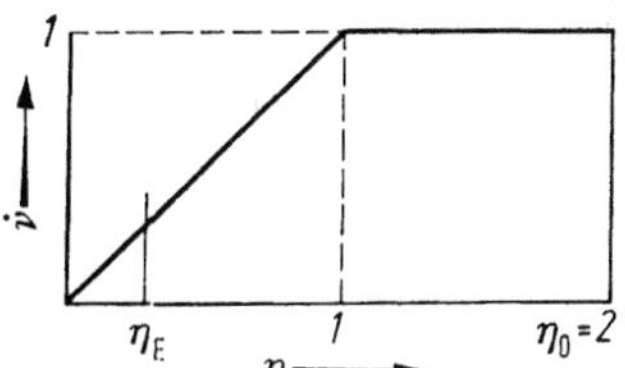

Bild 11.29. Vereinfachte Trockenungsverlaufskurve (Grundkurve).

Findet die Trocknung nur im 1. Abschnitt statt, $1 < \eta_E < \eta_0$, so ist die Trocknungszeit für Gleich- und Gegenstrom identisch:

$$\bar{\tau} = -\frac{1}{|\omega|} \ln \left[1 - |\omega| \cdot (\eta_0 - \eta_E)\right] \tag{11.70}$$

Für die Trocknung von η_0 bis η_E im 2. Abschnitt gilt:
Gleichstrom ($\omega > 0$):

$$\bar{\tau} = -\frac{1}{\omega} \ln \left[1 - \omega(\eta_0 - 1)\right] + \frac{1}{1 - \omega\eta_0} \ln \frac{1 - \omega(\eta_0 - \eta_E)}{\eta_E[1 - \omega(\eta_0 - 1)]} \tag{11.71}$$

Gegenstrom ($\omega < 0$):

$$\bar{\tau} = -\frac{1}{\omega} \ln \frac{1 + \omega(1 - \eta_E)}{1 + \omega(\eta_0 - \eta_E)} - \frac{1}{1 - \omega\eta_E} \ln \left\{\eta_E[1 + \omega(1 - \eta_E)]\right\}. \tag{11.72}$$

Für den Grenzfall des sehr hohen Luftdurchsatzes, bei dem keine örtliche Änderung des Luftzustandes stattfindet, d. h. $\zeta, \omega = 0$, gehen die Gln. (11.71) und (11.72) in die hierfür gültige Gleichung (s. Abschn. 11.3.2.)

$$\bar{\tau} = \eta_0 - 1 + \ln (1/\eta_E) \tag{11.73}$$

über.

Den Gln. (11.71) und (11.72) entnimmt man, daß ein Grenzwert[1] für die erreichbare Endfeuchte $\eta_{E,Gr.}$ infolge der Beladung der Trocknungsluft besteht, der von der Anfangsfeuchte η_0 und dem dimensionslosen Durchsatz ω abhängt:

$$1 - |\omega| \, (\eta_0 - \eta_{E,Gr.}) = 0$$

oder

$$\eta_{E,Gr.} = \eta_0 - \frac{1}{|\omega|}. \tag{11.74}$$

Es soll noch die für die Praxis interessante Frage beantwortet werden, wie die Baulängen der Trockner für Gleich- und Gegenstrom bei gleichen Trocknungsbedingungen sich unterscheiden.

Da die Längen L der Verweilzeit proportional sind, ist das gesuchte Längenverhältnis

$$\frac{L_{Gg.}}{L_{Gl.}} = \frac{\bar{\tau}_{Gg.}}{\bar{\tau}_{Gl.}}. \tag{11.75}$$

---

[1] Für $\omega\eta_0 = 1$ ergibt ein Grenzübergang für das letzte Glied der Gl. (11.71): $1 - \eta_E/\omega\eta_E$.

Die dimensionslose Verweilzeit $\bar{\tau}$ ist nach der Definition umgekehrt-proportional dem Durchsatz an Trocknungsgut $\dot{m}_S$. Dies bedeutet, daß das Verhältnis $\bar{\tau}_{Gg.}/\bar{\tau}_{Gl.}$ auch das Verhältnis der Durchsätze im Gleich- und Gegenstrom darstellt bei sonst gleichen Trocknungsbedingungen für das Gut:

$$\frac{\bar{\tau}_{Gg.}}{\bar{\tau}_{Gl.}} = \frac{\dot{m}_{S,Gl.}}{\dot{m}_{S,Gg.}} . \tag{11.76}$$

Für eine Anfangsfeuchte $\eta_0 = 2$ ist dieses Längenverhältnis über der zu erreichenden Endfeuchte η_E mit dem Parameter $|\omega|$ in Bild 11.30 aufgetragen. Die Unterschiede der Baulänge von Gleich- und Gegenstromtrocknern werden um so größer, je kleiner die durchgesetzte Luftmenge, d.h. je größer ihre Beladung wird und je niedriger die Endfeuchte sein soll.

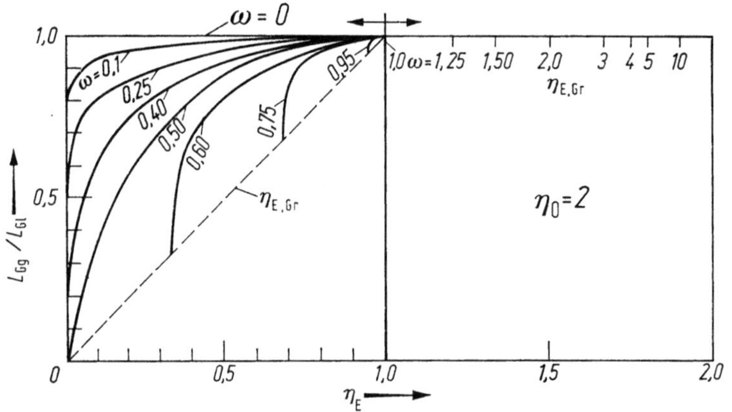

Bild 11.30. Verhältnis der Baulängen eines Gegen- zum Gleichstromtrockners unter gleichen Trocknungsbedingungen zur Erreichung verschiedener Endfeuchten η_E bei einer Anfangsfeuchte $\eta_0 = 2$.

Bei diesen Betrachtungen blieb unberücksichtigt, daß die Gutseigenschaften die Auswahl des einen oder anderen Verfahrens bestimmen können. So ist bei Gleichstrom die Endtrocknung schonender, da hier die Luft- und damit auch die Guttemperatur niedriger ist; die erreichbare Gleichgewichtsfeuchte liegt dann allerdings entsprechend der Sorptionsisothermen höher.

11.3.3.4. Aufgabe zur Berechnung eines Gleich- oder Gegenstromtrockners

In Aufgabe 3 des Kapitels 10. wurde die Berechnung des Trocknungsverlaufs einer Stoffbahn bei rein konvektiver Trocknung und bei konvektiver Trocknung mit zusätzlicher Strahlung besprochen. Der Luftzustand war als unveränderlich angenommen. Diese Aufgabe soll hier weitergeführt werden, wobei der Luftdurchsatz $\dot{m}_L$ variiert werden und einmal im Gleich-, zum anderen im Gegenstrom zum Stoffstrom erfolgen soll. Die Geschwindigkeiten der Stoffbahn betrage $w = 0{,}1$ m/s.

Der in Bild 10.9 angegebene Trocknungsverlauf der Stoffbahn diene als Ausgang der Berechnungen, wobei der Verlauf etwas vereinfacht werde (Bild 11.31). Diese Darstellung wird durch Bezug auf die Knickpunktsfeuchte $X_{\text{Kn}} = 21\,\%$ und

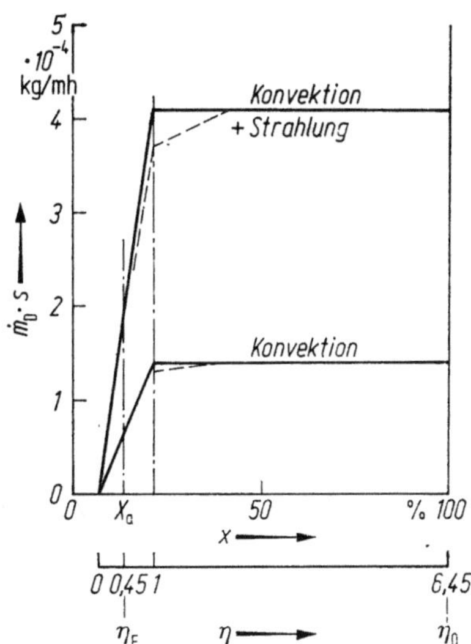

Bild 11.31. Vereinfachte Darstellung des Trocknungsverlaufs nach Bild 10.9.

durch Bezug auf die Anfangstrocknungsgeschwindigkeit $\dot m_{\text{DI}} = 0{,}56\,\text{kg/m}^2\text{h}$ bei konvektiver Trocknung und $\dot m_{\text{DI}} = 1{,}64\,\text{kg/m}^2\text{h}$ bei Trocknung mit zusätzlicher Strahlung dimensionslos. Dabei ist $\eta_{\text{O}} = 6{,}45$, $\eta_{\text{E}} = 0{,}45$.

Für $\dot m_{\text{L}} \to \infty$, d. h. bei konstantem Luftzustand errechnet man zunächst nach Gl. (11.73)

$$\overline{\tau} = \overline{t}/t_{\text{f}} = 6{,}25$$

und mit t_{f} nach Gl. (11.65): $t_{\text{f}} = 46{,}6$ s für Konvektion bzw. $t_{\text{f}} = 15{,}9$ s für Konvektion und Strahlung; man erhält

$$\overline{t} = 291\ \text{s}$$

bzw.

$$\overline{t} = 100\ \text{s}$$

in bester Übereinstimmung mit den Ergebnissen der Aufgabe 10.3.

Bei veränderlichem Luftzustand sind die Trocknungszeiten nach den Gln. (11.71) und (11.72) zu bestimmen, wenn man von einem geradlinigen Verlauf der Trocknungsgeschwindigkeit im 2. und 3. Abschnitt — wie im vorliegenden Beispiel näherungsweise zutreffend — ausgehen kann. Darin ist die Größe ω durch Gl. (11.65) gegeben:

$$\omega = \frac{\dot m_{\text{S}}(X_{\text{Kn}} - X_{\text{gl}})}{\dot m_{\text{L}}(x_0'' - x_{\text{e}})},$$

wobei der Gutsdurchsatz $\dot m_{\text{S}} = w \cdot s \cdot b \cdot \overline{\varrho}_{\text{S}}$ bei einseitiger Trocknung bzw. $= w \cdot 2s \cdot b \cdot \overline{\varrho}_{\text{S}}$ bei zweiseitiger Trocknung die Beladung der Luft am Eintritt x_{e} beim Dampfdruck P_{DLe} und x_0'' die Beladung der Luft bei Sättigung an der Gutsoberfläche im 1. Abschnitt bekannt sind.

Den Gln. (11.71) bzw. (11.72) entnimmt man, daß die Größe $|\omega|$ einen Grenzwert ω_{Gr} nicht überschreiten darf, wenn eine Trocbnung von η_0 auf η_E möglich sein soll

$$|\omega_{Gr}| \leq \frac{1}{\eta_0 - \eta_E}.$$

Im vorliegenden Beispiel wird $|\omega_{Gr}| \leqq 0,167$.

Das Verhältnis ω/ω_{Gr} ist ein Maß für den Ausnutzungsgrad der Trocknungsluft (vgl. Gl. (11.57) ff.). Ist $\omega = \omega_{Gr}$, so ist die Luft am Austritt gesättigt, die Trocknungszeit wird dann allerdings $t = \infty$.

Die Trocknungszeit ist unter den angenommenen vereinfachten Bedingungen außer von den Feuchten η_0 und η_E nur von ω abhängig. Diese besitzt bei vorgegebenen Trocknungsbedingungen (x_0'', x_e) und für ein bestimmtes Trocknungsgut (X_{Kn}, X_{gl}) immern den gleichen Wert, wenn das Verhältnis $\dot{m}_S/\dot{m}_L$ konstant gehalten wird. Wenn der Gutsdurchsatz $\dot{m}_s$ erhöht wird, ist also auch der Luftstrom im gleichen Maße zu erhöhen um die gleiche Trocknungszeit beibehalten zu können. Die erforderliche Länge des Trockners ($L = w \cdot \bar{t}$) ist aber direkt dem Gutsdurchsatz proportional.

Bei der Aufgabe wird mit $\omega_{Gr} = 0,167$, $w = 0,1$ m/s
bei Konvektion allein: $x_e = 0,0327$; $\vartheta_0 = 38,6\,°C$; $x_0'' = 0,046$; $\dot{m}_{LGr} = 6,57$ kg/s,
bei Konvektion und Strahlung: $x_e = 0,0327$; $\vartheta_0 = 46,0\,°C$; $x_0'' = 0,070$; $\dot{m}_{LGr} = 2,33$ kg/s.

Für die Berechnung sollen folgende Luftströme angenommen werden:

bei Konvektion allein: $\dot{m}_L =$ 7,0   14,0   28,0 ∞
                              $|\omega| =$ 0,156   0,078   0,039   0
bei Konvektion und Strahlung: $\dot{m}_L =$ 2,5   5,0   10,0 ∞
                              $|\omega| =$ 0,156   0,078   0,039   0.

Damit ergeben sich für Gleich- und Gegenstromtrocknung folgende Trocknungszeiten und Trocknerlängen:

Gleichstrom

bei Konvektion allein:
($t_f = 46,6$ s)

$\dot{m}_L =$	7,0	14,0	28,0	∞	kg/s
$\bar{\tau} =$	20,3	8,54	7,15	6,25	—
$\bar{t} =$	945	398	333	291	s
$L =$	94,5	39,8	33,3	29,1	m

bei Konvektion und Strahlung:
($t_f = 15,9$ s)

$\dot{m}_L =$	2,5	5,0	10,0	∞	kg/s
$\bar{\tau} =$	20,3	8,54	7,15	6,25	—
$\bar{t} =$	322	136	114	100	s
$L =$	32,2	13,6	11,4	10,0	m

Gegenstrom

bei Konvektion allein:
($t_f = 46,6$ s)

$\dot{m}_L =$	7,0	14,0	28,0	∞	kg/s
$\bar{\tau} =$	17,7	8,33	7,08	6,25	—
$\bar{t} =$	824	388	330	291	s
$L =$	82,4	38,8	33,0	29,1	m

bei Konvektion und Strahlung:
($t_f = 15,9$ s)

$\dot{m}_L =$	2,5	5,0	10,0	∞	kg/s
$\bar{\tau} =$	17,7	8,33	7,00	6,25	—
$\bar{t} =$	281	132	113	100	s
$L =$	28,1	13,2	11,3	10,0	m

Diese Ergebnisse machen den wesentlichen Einfluß des Luftstromes $\dot{m}_L$ auf die Trocknungszeit und Trocknerlänge deutlich: ein hoher Luftdurchsatz bedeutet einen kurzen Trockner bei einer allerdings schlechten Ausnutzung der Trocknungsluft und umgekehrt. Der relativ geringe Unterschied zwischen Gleich- und Gegenstrom in der vorliegenden Aufgabe rührt daher, daß die Trocknung in einem weiten Bereich mit einer (nahezu) konstanten Trocknungsgeschwindigkeit erfolgt.

12. Die mathematische Behandlung des Wärme- und Stoffaustauschs beim Trocknen hygroskopischer Güter

12.1. Problemstellung

Es ist der Sinn dieses Kapitels, das Ineinandergreifen von Temperatur- und Feuchtebewegung beim Trocknen in einer mathematischen Behandlung darzustellen. Jede Dampfabfuhr an einer Stelle hat eine Wärmezufuhr zu dieser Stelle hin zur Voraussetzung. Während in den vorigen Kapiteln die Kupplung beider Bewegungen nur für gewisse ausgezeichnete Punkte des gesamten Ablaufes der Trocknung (erster Abschnitt, sowie den scheinbaren Endzustand der Trocknung) näherungsweise unter Verwendung der einfachen Gleichungen für Beharrungszustände der Wärme- und Stoffbewegung berechnet wurden, soll jetzt der zeitlich veränderliche Ablauf der Bewegungen, deren jede durch die andere ausgelöst werden kann, behandelt werden [12.7].

Wenn man sich ein feuchtes Gut von gegebener Temperatur vorstellt, das plötzlich in einen Luftstrom gleicher Temperatur, aber geringeren Dampfgehaltes, als dem Gleichgewicht entspricht, gebracht wird, so findet primär wegen der Teildruckunterschiede eine Verdunstung statt, die sekundär eine Wärmebewegung zur Folge hat. Die Verdampfungswärme wird zunächst durch Abkühlung des Gutes, alsdann durch zusätzliche Wärmezuleitung zur Verdampfungsstelle hin aufgebracht. Erst wenn das ganze Gut die Feuchte angenommen hat, die dem Gleichgewicht mit dem Luftstrom entspricht, wird die Temperatur wieder ausgeglichen sein und den ursprünglichen Wert haben.

Der entgegengesetzte Fall ist der, daß man einen feuchten Stoff in einen Luftstrom von höherer Temperatur aber von einem dem Gleichgewicht entsprechenden Feuchtegehalt bringt. Zugleich mit der Aufwärmung des Gutes erfolgt eine Kondensation an der Oberfläche und eine Dampfbewegung ins Gutsinnere im Sinne des entstehenden Temperaturgefälles. Irgendwann muß sich die Dampfbewegung umkehren, bis nach Erreichen des Gleichgewichtes die neue Gutstemperatur beim anfänglichen Feuchtegehalt erreicht ist.

Da Vorgänge solcher Art gerade das Entscheidende beim Trocknen sind, das Ineinanderwirken von Wärme- und Stoffbewegung, soll diese Kupplung in ihrem zeitlichen Ablauf für Bedingungen beschrieben werden, die einer mathematischen Behandlung zugänglich sind. Aus dem Ergebnis der Berechnungen wird dann einerseits die Berechtigung der früher für den dritten Abschnitt der Trocknung gemachten Vereinfachungen hervorgehen, andererseits wird ein genauerer Einblick in die Wirksamkeit der verschiedenen Trocknungsverfahren vermittelt, wobei auch das Vorhandensein einer Wärmequelle im Inneren des Gutes (Hochfrequenztrocknung) berücksichtigt werden kann.

12.2. Aufstellung der Differentialgleichungen

12.2.1. Vereinfachungen

Die rechnerische Behandlung des gekoppelten Wärme- und Stofftransports soll sich auf den hygroskopischen Bereich (3. Trocknungsabschnitt) beschränken, in dem Dampfdiffusion durch Partialdruckunterschiede und kapillare Feuchtebewegung nebeneinander stattfinden können. Die Transportgrößen λ, δ, μ_1, $\varkappa$ sind in diesem Bereich von der Feuchte und Temperatur abhängig, doch sollen λ, δ und μ_1 näherungsweise als konstant angenommen werden und nur der Feuchteleitkoeffizient $\varkappa$, der sich auch in diesem Bereich sehr stark ändern kann, feuchte- und u.U. temperaturabhängig $\varkappa(X, \vartheta)$ eingeführt werden.

Die einseitige Diffusion (Abschn. 5.5.2.) werde durch eine mittlere Korrektur am Diffusionskoeffizienten δ erfaßt, wobei auch gleichzeitig der Wegfaktor μ_1 in den Poren erfaßt werden soll:

$$\delta' = \frac{\delta}{\mu_1} \frac{P}{P - P_D}.$$

Für die Größe $1/R_D T\, dP_D$ in der Diffusionsgleichung (5.35) werde die relative Feuchte des Dampfes in den Poren eingeführt:

$$\frac{1}{R_D T} dP_D = \frac{P_D''}{R_D T} d\left(\frac{P_D}{P_D''}\right) = \varrho_D'' \, d\varphi = d\varrho_D.$$

Vernachlässigt sei des weiteren die Luftbewegung in den Poren, die durch die Dampfbewegung ausgelöst wird, und Thermodiffusion [12.14]. Unter diesen Vereinfachungen ergeben sich die folgenden Differentialgleichungen bei einachsiger Bewegung in der z-Richtung.

12.2.2. Die Differentialgleichung der Feuchtebewegung

Die in ein Volumenelement von der Dicke dz mehr hinein- als hinaustransportierte Feuchtemenge muß zu einer Zunahme der im Element dampfförmig oder flüssig enthaltenen Feuchte führen. Wird die kapillarbewegte Feuchte $\dot{m}_W$ nach Gl. (5.79) und die Diffusionsstromdichte $\dot{m}_D$ nach Gl. (5.31) in Zusammenhang mit Gl. (5.35) eingesetzt und bezeichnet Ψ den Raumanteil der Pore im Gesamtvolumen, so ergibt sich als Differentialgleichung der Feuchtebewegung (vgl. Gl. (6.14)):

$$-\frac{\partial \dot{m}_D}{\partial z} - \frac{\partial \dot{m}_W}{\partial z} = \frac{\partial}{\partial t}(m_D + m_W) \tag{12.1}$$

oder

$$\Psi \delta' \frac{\partial^2 \varrho_D}{\partial z^2} + \bar{\varrho}_s \frac{\partial}{\partial z}\left(\varkappa \frac{\partial X}{\partial z}\right) = \frac{\partial}{\partial t}(\Psi \varrho_D + \bar{\varrho}_s X).$$

12.2.3. Die Differentialgleichung der Wärmebewegung

Für die Wärmebewegung im Gut seien folgende Vorgänge berücksichtigt:

1. Wärmeerzeugung im Inneren des Gutes je Volumeinheit (durch Umsetzung elektrischer, chemischer oder Strahlungsenergie): $\dot{q}_E$.

2. Molekulare Wärmeleitung: $\dot{q}_{\mathrm{B}} = -\lambda\,\partial\vartheta/\partial z$, worin λ die für den molekularen Energieaustausch im Feststoff, Flüssigkeit und Luftporen (unter *Ausschluß* der durch Dampfdiffusion bewirkten Energieübertragung) bedeutet[1].

3. Wärmemitführung bei der Dampfdiffusion: $\dot{q}_{\mathrm{D}} = h_{\mathrm{D}} \cdot \dot{m}_{\mathrm{D}}$, worin h_{D} die Enthalpie des Dampfes bedeutet (Gl. (1.10e))

$$h_{\mathrm{D}} = h_{\mathrm{V0}} + c_{\mathrm{pD}}\vartheta = c_{\mathrm{W}}\vartheta + h_{\mathrm{V},\vartheta}.$$

4. Wärmemitführung in der kapillarbewegten Flüssigkeit

$$\dot{q}_{\mathrm{W}} = \dot{m}_{\mathrm{W}} h_{\mathrm{W}},$$

mit h_{W} der Enthalpie Flüssigkeit

$$h_{\mathrm{W}} = c_{\mathrm{W}}\vartheta.$$

5. Bei der Desorption, d. h. der Überführung der sorbierten Feuchte in den Dampfzustand, wird die Verdampfungswärme $h_{\mathrm{V},\vartheta}$ und zusätzlich die Bindungsenergie $h_{\mathrm{B}}(X)$ verbraucht (s. Abschn. 3.2.). In einem Element wird daher bei einer Feuchteänderung dX die Enthalpie

$$(h_{\mathrm{V},\vartheta} + h_{\mathrm{B}}(X))\,\bar{\varrho}_{\mathrm{S}}\,\mathrm{d}X$$

verbraucht, mit $h_{\mathrm{B}} = f(X)$ und

$$h_{\mathrm{V},\vartheta} = h_{\mathrm{V0}} - (c_{\mathrm{W}} - c_{\mathrm{pD}})\,\vartheta.$$

6. In einem Element wird durch die Energieströme und Energieumsetzung die in einem Element gespeicherte Energie geändert um

$$d(m_{\mathrm{D}} h_{\mathrm{D}} + m_{\mathrm{W}} h_{\mathrm{W}} + m_{\mathrm{S}} c_{\mathrm{S}}\vartheta).$$

Die Bilanzierung der unter 1. bis 6. angegebenen Energien ergibt die Differentialgleichungen der Energiebewegung:

$$\dot{q}_{\mathrm{E}} - \frac{\partial \dot{q}_{\mathrm{B}}}{\partial z} - \frac{\partial(\dot{m}_{\mathrm{D}} h_{\mathrm{D}})}{\partial z} - \frac{\partial(\dot{m}_{\mathrm{W}} h_{\mathrm{W}})}{\partial z}$$

$$= \frac{\partial}{\partial t}(m_{\mathrm{D}} h_{\mathrm{D}} + m_{\mathrm{W}} h_{\mathrm{W}} + m_{\mathrm{S}} c_{\mathrm{S}}\vartheta) - h_{\mathrm{B}}(X)\,\bar{\varrho}_{\mathrm{S}}\,\frac{\partial X}{\partial t}$$

oder

$$\dot{q}_{\mathrm{E}} + \lambda\frac{\partial^2\vartheta}{\partial z^2} + \Psi\cdot\delta'\frac{\partial}{\partial z}\left[\frac{\partial\varrho_{\mathrm{D}}}{\partial z}(h_{\mathrm{V0}} + c_{\mathrm{pD}}\vartheta)\right] + \bar{\varrho}_{\mathrm{S}}\frac{\partial}{\partial z}\left[\varkappa\frac{\partial X}{\partial z}\cdot c_{\mathrm{W}}\vartheta\right]$$

$$= \frac{\partial}{\partial t}[\Psi\varrho_{\mathrm{D}}\cdot c_{\mathrm{pD}}\vartheta + \bar{\varrho}_{\mathrm{S}} X c_{\mathrm{W}}\vartheta + \bar{\varrho}_{\mathrm{S}} c_{\mathrm{S}}\vartheta] - [h_{\mathrm{V},\vartheta} + h_{\mathrm{B}}(X)]\bar{\varrho}_{\mathrm{S}}\frac{\partial X}{\partial t}. \tag{12.2}$$

12.2.4. Die Beziehungen zwischen X, ϑ und φ

Die Größen X, ϑ und $\varphi = P_{\mathrm{D}}/P_{\mathrm{D}}''$ sind durch die Sorptionsisothermen (vgl. Abschn. 6.2.) miteinander verknüpft. Um das System der Gln. (12.1) und (12.2) zu einem mathematisch lösbaren zu machen, muß die Sorptionsisotherme in der

---

[1] Bei den in Abschnitt 6.1.5. angegebenen Leitfähigkeiten feuchter Stoffe handelt es sich um Zahlenwerte, bei denen der Transport durch Leitung und durch Dampfdiffusion zusammengefaßt ist.

Form

$$\chi = f(\varphi, \vartheta) \tag{12.3}$$

eingeführt werden, aus welcher die Ableitungen $\partial X/\partial\varphi$, $\partial^2 X/\partial\varphi^2$, $\partial X/\partial\vartheta$, $\partial^2 X/\partial\varphi\,\partial\vartheta$ und $\partial^2 X/\partial\vartheta^2$ bestimmt werden können.

12.2.5. Die gekoppelten Differentialgleichungen des Energie- und Stofftransportes

Durch die Sorptionsisotherme ist eine Kopplung zwischen Gutsfeuchte X, Dampfdruck $\varphi = P_\mathrm{D}/P_\mathrm{D}''$ und der Temperatur ϑ hergestellt, wobei angenommen werden kann, daß die Einstellung des Gleichgewichts in vernachlässigbar kurzen Zeiten erfolgt.

Aus den Gln. (12.1), (12.2) und (12.3) folgen mit den Abkürzungen

$$\alpha(X, \vartheta) = \frac{\bar{\varrho}_\mathrm{s}}{\varrho_\mathrm{D}''\Psi} \cdot \frac{\partial X}{\partial\varphi}; \quad \beta(X, \vartheta) = -\frac{\dfrac{\partial^2 X}{\partial\varphi^2}}{\left(\dfrac{\partial X}{\partial\varphi}\right)^2}$$

$$\varepsilon(X, \vartheta) = \frac{\partial X}{\partial\vartheta}; \quad \eta(X, \vartheta) = \frac{\partial^2 X}{\partial\vartheta^2}$$

$$\nu(X, \vartheta) = -\frac{\dfrac{\partial^2 X}{\partial\varphi \cdot \partial\vartheta}}{\dfrac{\partial X}{\partial\varphi}}$$

die gekoppelten Differentialgleichungen für das Konzentrationsfeld:

$$[\delta' + \alpha(X, \vartheta) \cdot \varkappa(X, \vartheta)] \frac{\partial^2 X}{\partial z^2} + \left[\delta' \cdot \beta(X, \vartheta) + \alpha(X, \vartheta) \cdot \frac{\partial\varkappa(X, \vartheta)}{\partial X}\right] \cdot \left(\frac{\partial X}{\partial z}\right)^2$$

$$- 2\delta'[\beta(X, \vartheta) \cdot \varepsilon(X, \vartheta) - \nu(X, \vartheta)] \cdot \frac{\partial X}{\partial z} \cdot \frac{\partial\vartheta}{\partial z} - \delta' \cdot \varepsilon(X, \vartheta) \cdot \frac{\partial^2\vartheta}{\partial z^2}$$

$$+ \delta'[\beta(X, \vartheta) \cdot \varepsilon^2(X, \vartheta) - 2\nu(X, \vartheta) \cdot \varepsilon(X, \vartheta) - \eta(X, \vartheta)] \cdot \left(\frac{\partial\vartheta}{\partial z}\right)^2$$

$$= [1 + \alpha(X, \vartheta)] \frac{\partial X}{\partial t} - \varepsilon(X, \vartheta) \frac{\partial\vartheta}{\partial t} \tag{12.4}$$

und unter Berücksichtigung der Kopplung

$$- h_\mathrm{D} \frac{\partial\dot{m}_\mathrm{D}}{\delta z} - h_\mathrm{W} \frac{\partial\dot{m}_\mathrm{W}}{\partial z} = h_\mathrm{D} \frac{\partial m_\mathrm{D}}{\delta t} + h_\mathrm{W} \frac{\partial m_\mathrm{W}}{\partial t} + (h_\mathrm{D} - h_\mathrm{W})\bar{\varrho}_\mathrm{s} \frac{\partial X}{\partial t} \tag{12.5}$$

für das Temperaturfeld:

$$\dot{\varrho}_\mathrm{E} + \lambda \frac{\partial^2\vartheta}{\partial z^2} + \left[\frac{\delta' c_{\mathrm{pD}}\bar{\varrho}_\mathrm{s}}{\alpha(X, \vartheta)} + \bar{\varrho}_\mathrm{s}\varkappa(X, \vartheta) \cdot c_\mathrm{W}\right] \frac{\partial X}{\partial z} \cdot \frac{\partial\vartheta}{\partial z} - \delta' c_{\mathrm{pD}}\bar{\varrho}_\mathrm{s} \frac{\varepsilon(X, \vartheta)}{\alpha(X, \vartheta)} \cdot \left(\frac{\partial\vartheta}{\delta z}\right)^2$$

$$= [\Psi\varrho_\mathrm{D}c_{\mathrm{pD}} + \bar{\varrho}_\mathrm{s}Xc_\mathrm{W} + \bar{\varrho}_\mathrm{s}c_\mathrm{s}] \frac{\partial\vartheta}{\partial t} - [h_{\mathrm{V},\vartheta} + h_\mathrm{B}(X)]\bar{\varrho}_\mathrm{s} \frac{\partial X}{\partial t}. \tag{12.6}$$

Die Lösung des Differentialgleichungssystems[1] wird heute nur numerisch auf EDV-Anlagen erfolgen können [12.15—12.18]. Dabei wird schrittweise ausgehend von gegebenen Anfangsbedingungen Feuchte und Temperatur von Volumelement zu Volumelement berechnet. Die feuchte- und temperaturabhängigen Größen der kapillaren Feuchteleitung $\varkappa(X)$, der Bindungsenergie $h_B(X)$, der Verdampfungswärme $h_V(\vartheta)$, die Dampfdichte $\varrho_D''(\vartheta)$, sowie die Ableitungen der Sorptionsisotherme $(\partial X/\partial \varphi)$ und $(\partial X/\partial \vartheta)$ als Funktion $f(X, \vartheta)$ können daher in jedem Element mit dem der Feuchte und Temperatur entsprechenden Wert im Volumelement eingesetzt werden. Es wäre dann nicht erforderlich, im Differentialgleichungssystem die Ableitung $\partial \varkappa/\partial X$, $\partial h_B/\partial X$, $\partial h_D/\partial \vartheta$ und die 2n. Ableitungen der Sorptionsisothermen anzuschreiben [12.5].

Die im folgenden behandelten Beispiele sind mit Hilfe einer aufwendigen Reihenentwicklung bei konstanten Stoffwerten und linearer Sorptionsisotherme gewonnen [12.7]. Sie zeigen in überschaubarer Weise das Zusammenwirken von Wärme- und Stofftransport.

12.3. Beispiele

12.3.1. Annahmen für die Beispiele und die zahlenmäßige Berechnung

Zur Verdeutlichung der wesentlichsten Erkenntnisse, die man aus der analytischen Lösung der Differentialgleichung der Trocknungsvorgänge im Gut ziehen kann, sind im folgenden einige Beispiele durchgerechnet. Sie sollen die charakteristischen Feuchte- und Temperaturverteilungen zeigen, die bei verschiedenen äußeren Einwirkungen auftreten.

Nur für sehr wenige hygroskopische Stoffe sind die für die Feuchtigkeitsbewegung entscheidenden Größen μ und $\varkappa$ bekannt (s. Bild 7.44 und 7.49). Ohne genauere experimentelle Daten kann man die Verhältnisse bei lockeren Spinnstoffen von geringem Raumgewicht von vornherein mit einer gewissen Sicherheit abschätzen. Die kapillare Flüssigkeitsleitung ist vernachlässigt, die Diffusionswiderstandszahl μ, unter sinnvoller Anwendung der Tabelle 5.3, zu $\mu = 1{,}25$ angenommen[2]. Die beiden Stoffe, Holz und Spinnstoff, unterscheiden sich wesentlich in folgender Hinsicht: Holz hat hohen Diffusionswiderstand und relativ hohe Wärmeleitfähigkeit, Spinnstoff zeigt bei kleinem Diffusionswiderstand kleine Wärmeleitfähigkeit.

Für Holz wurde bei 0 °C ein konstanter von der Feuchte unabhängiger Feuchteleitkoeffizient angenommen.

Bei den nachfolgenden Beispielen wurde ferner mit einer linearisierten Sorptionsisothermen, d. h., $\partial X/\partial \varphi = \text{const}$ und $\partial X/\partial \vartheta = \text{const}$, gerechnet.

---

[1] Das von Lykow [12.8—12.13] angegebene Differentialgleichungssystem zur Beschreibung des gekoppelten Wärme- und Stofftransports läßt sich in Gl. (12.4) überführen [12.4].

[2] Dieser Zahlenwert liegt auch dem Berechnungsbeispiel von Henry [12.3] zugrunde.

Tabelle 12.1. Angenommene Trocknungsbedingungen für die Beispiele I bis VI

Beispiel Nr.		I	II	III	IV	V	VI
Trocknungsgut		Spinnstoff		Buchenholz			
Halbe Dicke des Trocknungsgutes	s m	0,05	0,05	0,05	0,05	0,05	0,05
Raumdichte im trockenen Zustand[a]	$\bar{\varrho}_S$ kg/m^3	200	200	600	600	600	600
Anfangsfeuchte	X_0 kg/kg	0,20	0,15	0,20	0,15	0,175	0,20
	$\Gamma_{W_0} = X_0\bar{\varrho}_S$ kg/m^3	40	30	120	90	105	120
Randfeuchte	X_a kg/kg	0,10	0,15	0,10	0,15	0,175	0,10
	$\Gamma_{W,a}$ kg/m^3	20	30	60	90	105	60
Endfeuchte	$X_{t=\infty}$ kg/kg	0,10	0,15	0,10	0,15	0,125−0,175	0,10
	$\Gamma_{W,t=\infty}$ kg/m^3	20	30	60	90	75−105	60
Mittlere Feuchte während der Trocknung[b]	X_m kg/kg	0,15	0,15	0,15	0,15	0,15	0,15
	$\Gamma_{W,m}$ kg/m^3	30	30	90	90	90	90
Anfängliche Feuchtedifferenz	$\Gamma_{W_0} - \Gamma_{W,a}$ kg/m^3	20	—	60	—	—	60
Anfangstemperatur	ϑ_0 °C	30	40	50	60	48	90
Randtemperatur	ϑ_a °C	30	20	50	40	48	90
Endtemperatur	$\vartheta_{t=\infty}$ °C	30	20	50	40	48−52	90
Mittlere Temperatur[b]	ϑ_m °C	30	30	50	50	50	90
Anfängliche Temperaturdifferenz	$\vartheta_0 - \vartheta_a$ °C	—	20	—	20	—	—
Wärmeentwicklung je m^3 Trocknungsgut	$\dot{q}_E$ W/m^3	—	—	—	—	487[c]	—
Luftdruck	P bar	1,0	1,0	1,0	1,0	1,0	1,0

[a] Ohne Berücksichtigung der Schwindung.
[b] Nur zur Annahme der Stoffwerte.
[c] So angenommen, daß im Endzustand die Feuchtigkeit in der Mitte des Gutes um $X = 5\%$ bzw. $\Gamma_W = 30$ kg/m^3 niedriger ist als außen.

Tabelle 12.2. Physikalische Grundwerte für die Beispiele

Beispiel Nr.		I, II	III, IV, V	VI
Raumdichte bei mittlerer Feuchtigkeit $\bar{\varrho}$	kg/m³	230	690	690
Dichte der festen Bestandteile ϱ_{SO}	kg/m³	1490	1560	1560
Dichte des Wassers ϱ_W	kg/m³	1000	1000	1000
Luftvolumen je m³ Trocknungsgut $\Psi = 1 - \dfrac{\bar{\varrho}_S}{\varrho_{SO}} - \dfrac{\Gamma_{W,m}}{\varrho_W}$	—	0,836	0,525	0,525
Spezifische Wärme der festen Bestandteile c_S	kJ/kg K	1,26	1,34	1,55
des Wassers c_W	kJ/kg K	4,19	4,19	4,19
des Trocknungsgutes $c = \dfrac{\bar{\varrho}_S c_S + \Gamma_{W,m} c_W}{\bar{\varrho}}$	kJ/kg K	1,63	1,72	1,88
Wärmeleitkoeffizient λ	W/m K	0,035	0,150	0,175
Temperaturleitkoeffizient $\lambda/c\varrho$	m²/s	$9,4 \cdot 10^{-8}$	$1,3 \cdot 10^{-7}$	$1,3 \cdot 10^{-7}$
Feuchteleitkoeffizient des Trockengutes bei 0°C $\varkappa_0$	m²/s	—	$3 \cdot 10^{-11}$	$3 \cdot 10^{-11}$
Zähigkeit des Wassers bei 0°C η_0	Ns/m²	—	$178 \cdot 100^{-5}$	$178 \cdot 10^{-5}$
bei ϑ_m η	Ns/m²	—	$56 \cdot 10^{-5}$	$32 \cdot 10^{-5}$
Oberflächenspannung des Wassers bei 0°C σ_0	N/m	—	$75 \cdot 10^{-3}$	$75 \cdot 10^{-3}$
bei ϑ_m σ	N/m	—	$67 \cdot 10^{-3}$	$60 \cdot 10^{-3}$
Feuchteleitkoeffizient des Trockengutes bei ϑ_m $\varkappa = \varkappa_0 \dfrac{\eta_0}{\eta} \dfrac{\sigma}{\sigma_0}$	m²/s	—	$7,8 \cdot 10^{-11}$	$12,5 \cdot 10^{-11}$
Feuchteänderung des Sorptionsgleichgewichts $(\partial X/\partial\varphi)$	—	0,29	0,33	0,16
Temperaturänderung des Sorptionsgleichgewichts $(\partial X/\partial\vartheta)$	1/K	0,014	0,014	0,030
Mittlerer Dampfdruck $P_{D,m}$ im Trocknungsgut bei ϑ_m und $\Gamma_{W,m}$	bar	0,0360	0,1080	0,6800
Diffusionskoeffizient von Wasserdampf in Luft δ	m²/s	$2,8 \cdot 10^{-5}$	$3,1 \cdot 10^{-5}$	$3,9 \cdot 10^{-5}$
Wirksamer Diffusionskoeffizient von Wasserdampf in Luft $\delta'\mu_1 = \delta \dfrac{P}{P - P_{D,m}}$	m²/s	$2,9 \cdot 10^{-5}$	$3,5 \cdot 10^{-5}$	$12,2 \cdot 10^{-5}$
Diffusionswiderstandskoeffizient des Trockengutes μ_1	—	1,25	20	20
Verdampfungswärme des Wassers h_{VO}	kJ/kg	2500	2500	2500

Für beide Stoffe — Holz und Spinnstoff — wurden die gleichen Sorptionsisothermen nach Bild 3.10 benutzt, aus denen die Faktoren $\partial X/\partial\varphi$ und $\partial X/\partial\vartheta$ bestimmt wurden. Für alle behandelten Beispiele (I bis VI) sind die angenommenen äußeren Bedingungen in Tabelle 12.1 mitgeteilt. Die erforderlichen physikalischen Grundwerte sind in Tabelle 12.2 zusammengestellt.

12.3.2. Die Ergebnisse

Die berechneten Feuchtigkeits- und Temperaturverteilungen sind in den Bildern 12.1 und 12.6 dargestellt. In den Bildern ist ein gekoppelter Maßstab für den Feuchtigkeitsgehalt gewählt: Einmal X kg Wasser/kg Trockenstoff, zum anderen die bei den Berechnungen benutzte Größe Γ_W kg Wasser/m³.

In den Bildern a ist jeweils dasjenige Feld dargestellt, das primär durch die äußere Einwirkung (plötzliche Feuchtigkeits- bzw. Temperaturänderung am Rande) hervorgerufen wird, während in den Bildern b das sekundär ausgelöste (Temperatur- oder Feuchtigkeitsfeld) dargestellt ist.

1. Beispiel I und II (Spinnstoff)

Bild 12.1 zeigt den Fall der Trocknung, bei dem Anfangs-, Rand- und Endtemperatur gleich 30 °C ist, während die Trocknung lediglich durch Änderung der Randfeuchtigkeit von 20 auf 10 % zustande kommt (Diffusion auf Grund von Teildruckunterschieden, die im hygroskopischen Bereich durch Feuchtigkeitsunterschiede bewirkt werden).

Man sieht aus Bild 12.1a, wie langsam die Feuchtigkeitsbewegung ins Innere der Spinnstoffe vorschreitet. Nach z.B. 8,2 h ist die Feuchtigkeit in der Mitte noch 19,75 %, also kaum nennenswert von der Anfangsfeuchtigkeit verschieden.

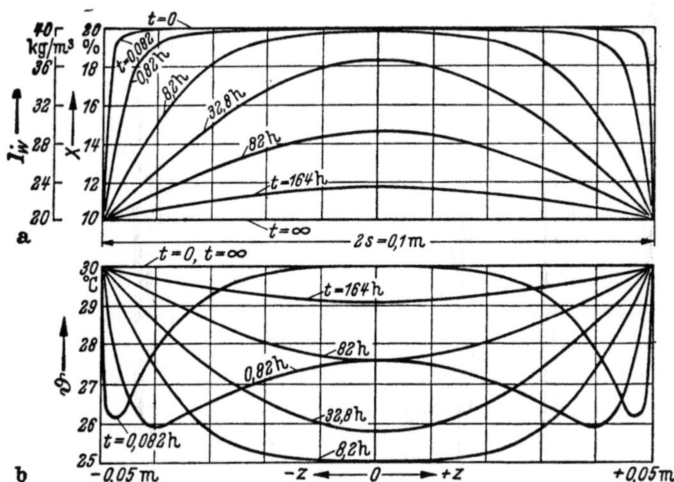

Bild 12.1. a u. b. a) Feuchtigkeitsfeld und b) Temperaturfeld nach plötzlicher Änderung der Randfeuchtigkeit von 20 auf 10 %. Beispiel I: Spinnstoff.

Erst nach etwa 33 h ist im ganzen Gut die mittlere Feuchtigkeit von 20 auf 15%
gesunken (Halbwertzeit).

Der ganz andersartige Verlauf der Temperaturbewegung geht aus Bild 12.1 b
hervor. Man erkennt, wie schnell die nur durch die Feuchtigkeitsbewegung ausgelöste Temperaturbewegung (Verdunstungskühlung) das ganze Gut ergreift.
Nach 8,2 h ist bereits die größte Temperatursenkung von rund 5°C in Gutsmitte
erreicht. Nachdem diese größte Temperatursenkung sich eingestellt hat, bildet sich
wegen der konstanten Randtemperatur das Temperaturfeld sehr langsam zurück
— entsprechend der im Laufe der Trocknung immer kleiner werdenden Feuchtigkeitsbewegung.

Bild 12.2 gilt für den Fall, daß der am Rande konstant auf 15% Feuchtigkeit
gehaltene Spinnstoff durch plötzliche Senkung der Randtemperatur von 40°C
auf 20°C abgekühlt wird. Die Abkühlung verläuft sehr rasch, nach 8,2 h ist das

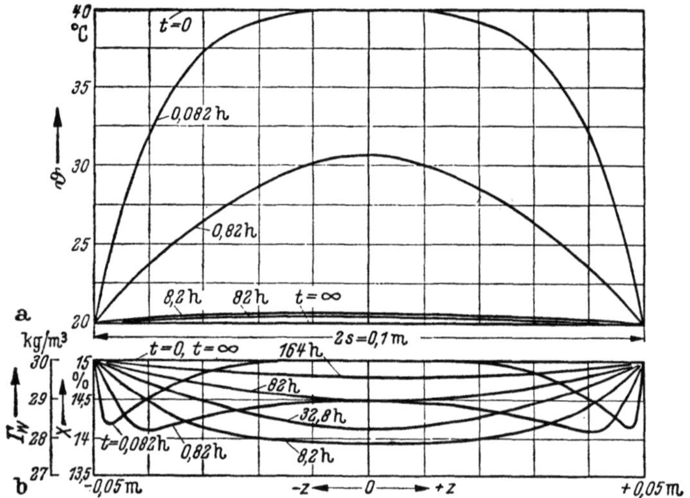

Bild 12.2a u. b. Temperaturfeld (a) und Feuchtigkeitsfeld (b) nach plötzlicher Änderung der
Randtemperatur von 40 auf 20°C. Beispiel II: Spinnstoff.

Temperaturfeld praktisch abgeklungen. Die primäre Temperaturbewegung muß
jedoch eine Feuchtigkeitsbewegung (Bild 12.2 b) auslösen — Diffusion als Folge
von Dampfdruckunterschieden, die durch Temperaturunterschiede bewirkt werden —. Bei dem vorliegenden Beispiel führt die Abkühlung zu einer größten
Feuchtigkeitsabnahme in Gutsmitte um 1,03%. Wegen der angenommenen Konstanz der Randfeuchtigkeit muß jedoch die durch die Abkühlung bewirkte Austrocknung wieder rückgängig gemacht werden. Bis zur Wiederherstellung der
Randfeuchtigkeit von 15% im ganzen Gut findet eine Diffusion von außen nach
innen statt, die jetzt, da das Temperaturfeld praktisch abgeklungen ist, nur noch
durch die einmal hervorgerufenen Feuchtigkeitsunterschiede bewirkt wird. In
diesem Abschnitt des Vorganges, bei dem also lediglich das einmal durch die
rasch verlaufende Temperatursenkung zustande gekommene Feuchtigkeitsfeld
abklingt, ist das Temperaturfeld dem Feuchtigkeitsfeld proportional.

2. Beispiel III und IV (Holz)

Die Bilder 12.3 und 12.4 zeigen die Ergebnisse für die Beispiele III und IV, bei
denen Holz als Trocknungsgut angenommen ist. Das Hinzutreten einer kapillaren
Feuchtigkeitsleitung ($\varkappa = 7{,}8 \cdot 10^{-11}\ \text{m}^2/\text{s}$) — zum kapillaren Feuchtigkeits-
transport ist ja keine Wärme nötig —, der wesentlich größere Diffusionswiderstand
($\mu = 20$ gegenüber $\mu = 1{,}25$ beim Spinnstoff) sowie die rund viermal so große
Wärmeleitzahl bedingen Veränderungen im Ablauf der Trocknung, die aus einem
Vergleich der Bilder 12.3 und 12.4 mit 12.1 und 12.2 hervorgehen. Zu beachten ist
noch, daß die Temperaturhöhe bei den Beispielen III und IV anders ist als beim
Spinnstoff ($50\,°\text{C}$ gegenüber $30\,°\text{C}$).

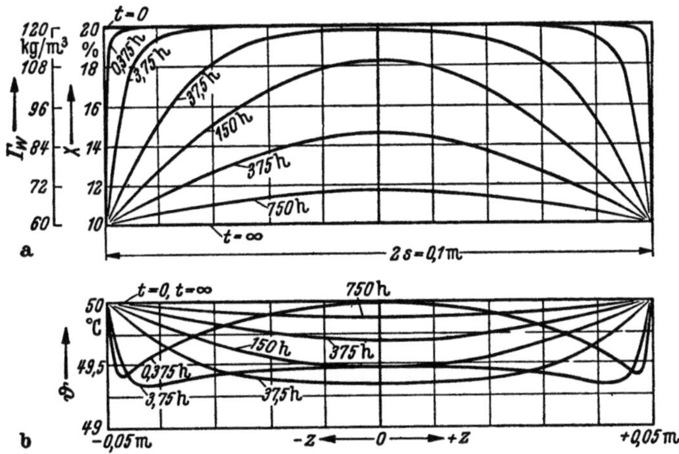

Bild 12.3a u. b. a) Feuchtigkeitsfeld und b) Temperaturfeld nach plötzlicher Änderung der
Randfeuchtigkeit von 20 auf 10 %. Beispiel III: Holz; mittlere Temperatur $\vartheta_\text{m} \approx 50\,°\text{C}$.

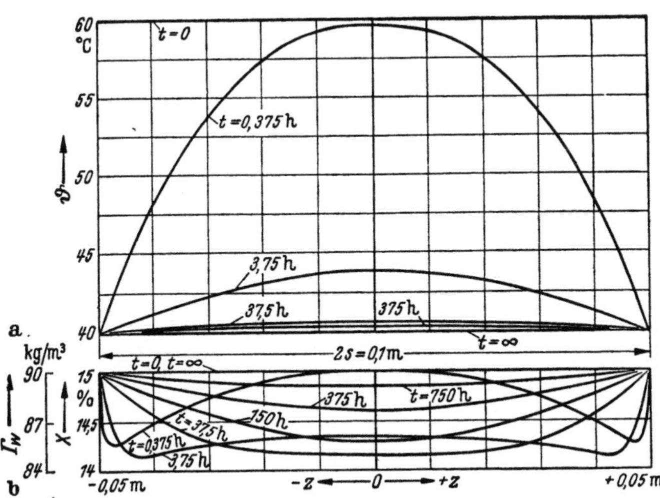

Bild 12.4a u. b. a) Temperaturfeld und b) Feuchtigkeitsfeld nach plötzlicher Änderung der
Randtemperatur von 60 auf 40 °C. Beispiel IV: Holz.

Bild 12.3, die das Feuchtigkeits- und Temperaturfeld bei Senkung der Randfeuchtigkeit um 10% darstellt, zeigt eine wesentlich geringere Verdunstungskühlung als beim Spinnstoff (Bild 12.1). Die größte Temperatursenkung beträgt in der Mitte nur 0,67°C gegenüber rund 5°C beim Spinnstoff. Entsprechend ist auch die Feuchtigkeitsbewegung bei der Abkühlung um 20°C erheblich geringer, wie aus einem Vergleich der Bilder 12.4 und 12.2 hervorgeht. Die Mitte trocknet nach 37,5 h um 0,41% aus. Jedoch ist gerade für Holz, das leicht durch Zugspannungen an der Oberfläche reißt, zu beachten, daß bei der Abkühlung eine Trocknung zustande kommt, bei der die Feuchtigkeit von innen nach außen zu nimmt, so daß in der Oberfläche die wesentlich harmloseren Druckspannungen auftreten.

3. Beispiel V (Hochfrequenztrocknung)

Um den Einfluß innerer Wärmezufuhr zu zeigen, die mit der Hochfrequenztrocknung unter Umständen erfolgreich angewandt wird, ist in Beispiel V ein Fall der Trocknung durch innere Wärmezufuhr berechnet, bei dem sowohl Randtemperatur als auch Randfeuchte konstant gehalten sind. Die Trocknung kommt lediglich durch Dampfdruckunterschiede zustande, die infolge des bei der Erwärmung des Gutes gebildeten Temperaturfeldes entstehen.

In Bild 12.5 sind die Ergebnisse der Berechnung dargestellt. Man erkennt, daß im Endzustand ($t = \infty$) die Temperatur in der Mitte um rund 4°C höher ist als außen. Dementsprechend ist die Feuchtigkeit am Ende in der Mitte um 5% niedriger als außen. Auch hier ist, wie bei den Beispielen II und IV, die Feuchtigkeit am Rande höher als in der Mitte des Gutes, so daß auch hier wegen der Schwindung des Holzes mit abnehmender Feuchtigkeit Druckspannungen am Rande auftreten müssen.

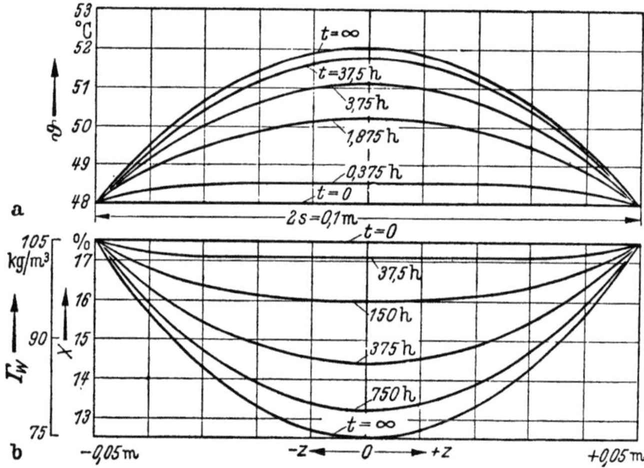

Bild 12.5a u. b. a) Temperaturfeld und b) Feuchtigkeitsfeld bei innerer Wärmezufuhr, konstanter Randtemperatur und Randfeuchtigkeit. Beispiel V: Holz, mittlere Temperatur $\vartheta_\mathrm{m} \approx 50°C$.

Aus den bisher angeführten Beispielen erkennt man leicht, daß man durch verschiedene Kombination der Trocknungsbedingungen — Randfeuchtigkeit, Randtemperatur, Stärke der Wärmeentwicklung — die Möglichkeit hat, die verschiedenartigsten Feuchtigkeitsfelder hervorzurufen.

4. Beispiel VI (hohe Temperatur)

Beispiel VI (Bild 12.6) soll im Vergleich zu Beispiel III zeigen, welchen Einfluß die Erhöhung der Gutstemperatur auf die Trocknungsgeschwindigkeit hat. Es wurde daher bei diesem Beispiel eine Temperatur von 90 °C gegenüber 50 °C bei Beispiel III angenommen. Die Trocknung kommt ebenso wie bei Beispiel III durch Absenkung der Randfeuchtigkeit um 10 % zustande, während Anfangs-, Rand- und Endtemperatur konstant gleich 90 °C angenommen sind. Die größte Temperaturabsenkung ist entsprechend der größeren Trocknungsgeschwindigkeit schon erheblich größer als bei 50 °C (2,28 °C gegenüber 0,67 °C), aber trotzdem noch so gering, daß die Rückwirkung des Temperaturfeldes auf das Feuchtigkeitsfeld praktisch vernachlässigbar klein ist.

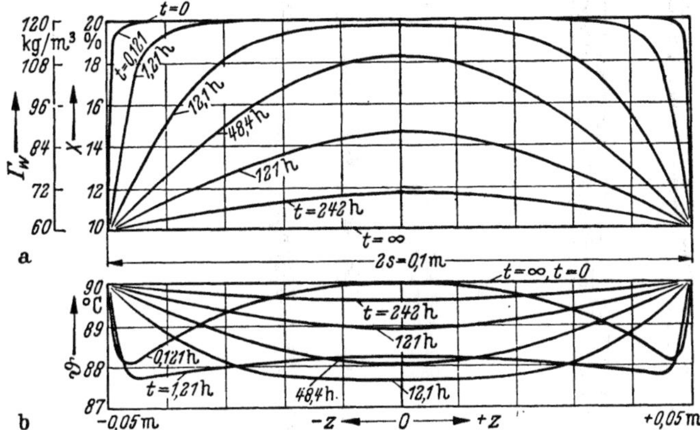

Bild 12.6a u. b. a) Feuchtigkeitsfeld und b) Temperaturfeld nach plötzlicher Änderung der Randfeuchtigkeit von 20 auf 10 %. Beispiel VI: Holz; mittlere Temperatur $\vartheta_m \approx 90$ °C.

12.3.3. Die Halbwertzeit der Trocknung

Aus dem Vergleich der Zeiten, in denen bestimmte Feuchtigkeitsverteilungen eintreten, kann man auf die Trocknungsgeschwindigkeit schließen. Um den Einfluß der Temperatur auf die Trocknungsgeschwindigkeit von Holz zu veranschaulichen, ist in Bild 12.7 der zeitliche Verlauf der mittleren Gutsfeuchte aufgetragen, den man leicht unter Benutzung von Bild 12.3 bis 12.6 ermitteln kann. In der Abbildung ist noch eine Kurve bei 30 °C aufgetragen, deren nähere Daten in den Tabellen nicht mit angeführt sind. Da die Trocknung im hygroskopischen Bereich ein asymptotischer Vorgang ist, empfiehlt es sich, zum Vergleich der Trocknungszeiten die Halbwertszeiten t_H, d. h. diejenigen Zeiten, bis zu denen die Hälfte der bei der Trocknung entfernbaren Feuchtigkeit, also $(\Gamma_{W_o} - \Gamma_{Wa})/2$, vom Gut abgegeben wird, zu vergleichen. Bei Holz verhalten sich die Halbwertszeiten für die Trocknung bei 90, 50 und 30 °C wie 59 : 182 : 464 h. Man sieht also daß die Trocknung unter der Voraussetzung gleicher Feuchtigkeitsabsenkung am Rande bei 90 °C rund dreimal so schnell erfolgt wie bei 50 °C und rund achtmal so schnell wie bei 30 °C. In Bild 12.8 ist der Verlauf der Halbwertszeit über der Temperatur aufgetragen

Dieser Verlauf war nach den früheren Deutungen der Vorgänge beim Trocknen nicht verständlich. Kollmann [12.6] teilt Überlegungen Obermeyers mit, wonach bei Erhöhung der Trocknungstemperatur von 50 auf 100°C nur eine 20%ige

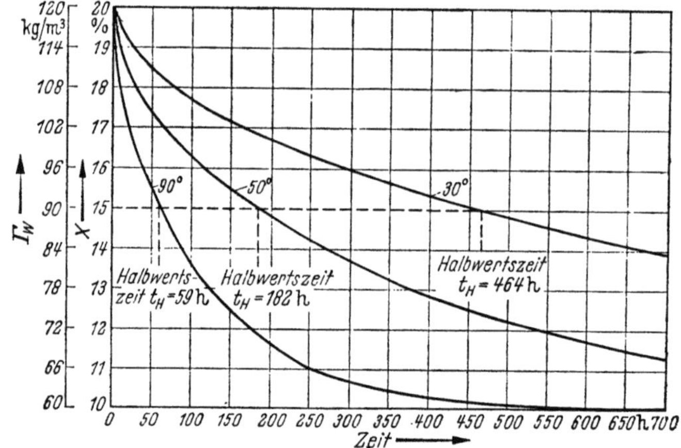

Bild 12.7. Zeitlicher Verlauf der mittleren Feuchtigkeit bei der Trocknung von Holz bei 90° (entsprechend Bild 12.6), 50° (entsprechend Bild 12.3) und 30°C.

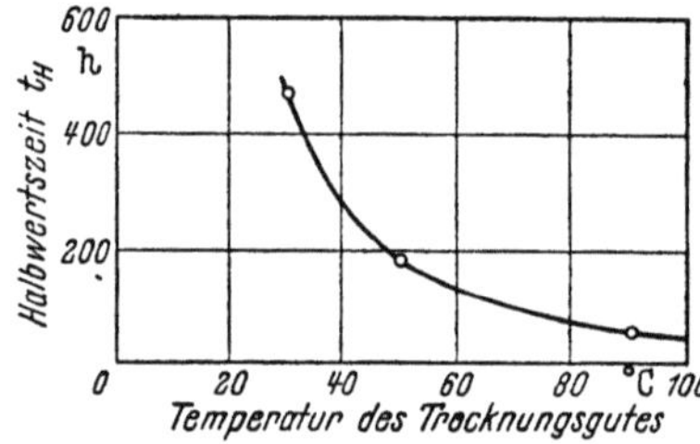

Bild 12.8. Halbwertszeit der Trocknung von Holz bei verschiedenen Gutstemperaturen.

Erhöhung der Trocknungsgeschwindigkeit zu erwarten wäre, und weist auf den Widerspruch dieser Überlegung mit den Versuchsergebnissen Egners [12.2] hin, wonach sich bei Steigerung der Temperatur von 50 auf 100°C eine Erhöhung der Trocknungsgeschwindigkeit auf das Fünffache ergab. Auch eigene Experimente über Holztrocknung bei verschiedener Temperatur zeigen eine Abhängigkeit der Trocknungsgeschwindigkeit von der Temperatur, die durchaus mit den Ergebnissen der hier angestellten Berechnung übereinstimmt.

12.3.4. Folgerungen für die Trocknung anfänglich sehr nasser Güter im dritten III. Trocknungsabschnitt

Bei Gütern, die von hohen Anfangsfeuchtigkeitsgehalten aus bis in den hygroskopischen Bereich hinein getrocknet werden, wurden in Kap. 7. dieses Buches drei Abschnitte der Trocknung unterschieden: Der *erste Abschnitt* (Oberflächenverdunstung) mit näherungsweise konstanter Trocknungsgeschwindigkeit, der *zweite Abschnitt* (Verdunstung aus dem Gutsinneren, wobei an der Verdunstungsstelle noch Sattdampfdruck herrscht), der *dritte Abschnitt*, bei dem das ganze Gut im hygroskopischen Bereich ist und einheitlich trocknet. Vereinfachend war dabei angenommen worden, die Trocknungsgeschwindigkeit in diesem Abschnitt nehme linear mit dem Feuchtigkeitsgehalt ab (vgl. Abschn. 8.4.).

Bei der im vorliegenden Kapitel behandelten Trocknung hygroskopischer Güter, bei denen die Anfangsfeuchtigkeit bereits im hygroskopischen Bereich liegt, ergibt sich dieser lineare Zusammenhang für alle berechneten Beispiele ebenfalls im letzten Teil der Trocknung. Sobald die durch die plötzliche Änderung der Randfeuchtigkeit ausgelöste sekundäre Temperaturbewegung das ganze Gut ergriffen hat und Feuchtigkeits- und Temperaturverteilungen einander ähnlich sind, nimmt sowohl die Trocknungsgeschwindigkeit als auch die Temperaturdifferenz praktisch linear mit dem Feuchtigkeitsgehalt ab. Für die Beispiele I, III und VI ist der aus der Berechnung gewonnene Zusammenhang zwischen Trocknungsgeschwindigkeit und mittlerem Feuchtigkeitsgehalt in Bild 12.9 dargestellt. Man erkennt die Berechtigung der für den dritten Abschnitt der Trocknung in Abschnitt 8.4. gemachten Annahmen.

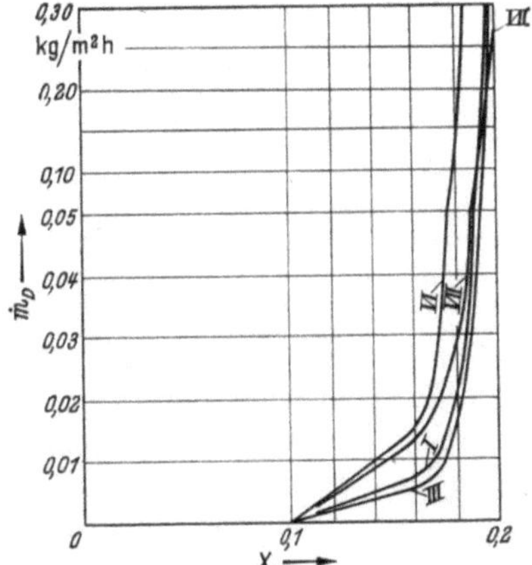

Bild 12.9. Trocknungsverlaufskurven für die Beispiele I, III, VI und VII.

Bei allen berechneten Beispielen bewirkt die Annahme einer plötzlichen (unstetigen) Änderung der Randfeuchtigkeit, daß die Trocknungsgeschwindigkeit im ersten Augenblick der Trocknung (für $X_\mathrm{m} = X_0$) unendlich groß wird. Bei endlichen Wärme- und Stoffübergangszahlen α und β ist dies natürlich nicht möglich. Bild 12.10 zeigt das Ergebnis einer graphischen Lösung, die für die Daten des Beispiels I (Spinnstoff), jedoch mit $2s = 0,035$ gegenüber $2s = 0,1$ in Beispiel I und mit $\alpha = 8$ W/m²K bzw. $\beta = 25,7$ m/h, durchgeführt wurde. Es ist dabei also nicht die Randfeuchtigkeit konstant gehalten, sondern diejenige der umgebenden Luft, die so gewählt wurde, daß sie mit dem Gut bei $X = 10\%$ im Gleichgewicht steht. Eine vergleichende Betrachtung dieses Falles mit dem konstanter Randfeuchtigkeit (Bild 12.1) liefert unmittelbar Aufschluß über die Auswirkungen endlicher Wärmeübergangszahlen auf die Gestalt von Feuchtigkeits- und Temperatufeld. Die Trocknungsverlaufskurve für dieses Beispiel, die als Kurve VII in Bild 12.9

eingetragen ist, zeigt eine endliche Anfangstrocknungsgeschwindigkeit. Der Verlauf geht nach kurzer Trocknungszeit in den für den dritten Trocknungsabschnitt bei konstanten Stoffwerten charakteristischen linearen Verlauf über.

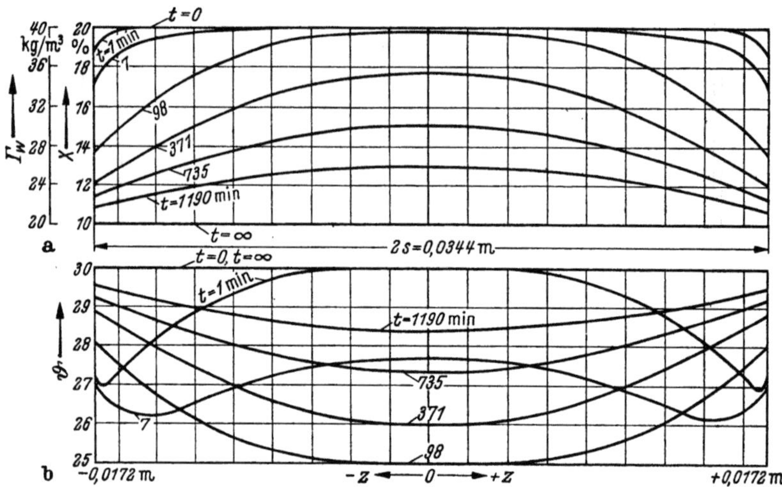

Bild 12.10a u. b. a) Feuchtigkeitsfeld und b) Temperaturfeld nach plötzlicher Änderung der Außenluftfeuchtigkeit (vgl. auch Bild 12.1). Beispiel VII: Spinnstoff.

12.4. Zusammenfassung

Die mathematische Behandlung der Trocknung als Problem der Kupplung von Wärme- und Stoffaustausch bei hygroskopischen Gütern unter Annahme konstanter Stoffwerte macht das Ineinandergreifen von Temperatur- und Feuchtigkeitsbewegung anschaulich. Zahlenbeispiele lehren, daß u. a. die Temperaturbewegungen sehr viel rascher erfolgen als die Feuchtigkeitsbewegungen. Nach einem kurzen Einschwingvorgang sind Temperatur- und Feuchtigkeitsverteilungen einander ähnlich und klingen dann in gleicher Weise ab. Während dieses Abklingvorganges ändert sich die Trocknungsgeschwindigkeit und die Temperatur des Gutes linear mit dem Feuchtigkeitsgehalt des Gutes. Damit sind auch durch diese Betrachtung die früheren Überlegungen zum dritten Trocknungsabschnitt (im hygroskopischen Bereich) gestützt.

Literatur

Einführende und grundlegende Literatur

0.1. Baer, H. D.: Quasistatische Zustandsänderungen und ihr Zusammenhang mit den reversiblen und irreversiblen Prozessen der Thermodynamik. Forschung Geb. Ing.-Wes. 27 (1961) 3—9.

0.2. Grassmann, P.: Physikalische Grundlagen der Chemie-Ingenieur-Technik, 2. Aufl. Aarau, Frankfurt/M.: Sauerländer 1970.

0.3. Hirsch, M.: Die Trockentechnik, 2. Aufl. Berlin: Springer 1932.

0.4. Keey, R. B.: Drying Principles and Practice, Oxford: Pergamon 1972.

0.5. Kneule, F.: Das Trocknen, 2. Aufl. Aarau, Frankfurt/M.: Sauerländer 1975.

0.6. Lykow, A. W.: Experimentelle und theoretische Grundlagen der Trocknung. Berlin: VEB Verlag Technik 1955.

0.7. Meixner, J.; Reitz, H. G.: Thermodynamik der irreversiblen Prozesse. In: Handbuch der Physik. Herausgegeben von S. Flügge. Gruppe 2, 3. Bd., Teil 2: Prinzipien der Thermodynamik und Statistik. Berlin, Göttingen, Heidelberg: Springer 1959.

0.8. Krischer, O.; Kröll, K.: Trocknungstechnik. 2 Bände. 1. Band: Krischer, O.: Die wissenschaftlichen Grundlagen der Trocknungstechnik. 2. Aufl. 2. Band: Kröll, K.: Trockner und Trocknungsverfahren. Berlin, Göttingen, Heidelberg: Springer 1959 u. 1963.

Kapitel 1

1.1. Corte, H.: Beschreibung von Trennanlagen. VT 7 (1973) 253—256.

1.2. Grubenmann, M.: $i-x$-Diagramme feuchter Luft, 3. Aufl. Berlin, Göttingen, Heidelberg: Springer 1952.

1.3. Mollier, R.: Ein neues Diagramm für Dampf-Luft-Gemische. Z. VDI 67 (1923) 869—872.

Kapitel 2

2.1. Baehr, H. D.: Mollier-i, x-Diagramm für feuchte Luft in den Einheiten des internationalen Einheitensystems. Berlin, Göttingen, Heidelberg: Springer 1961.

2.2. D'Ans, J.; Lax, E.: Taschenbuch für Chemiker und Physiker, 3 Bände, 3. Aufl. Berlin, Heidelberg, New York: Springer 1964, 1967, 1970.

2.3. Häussler, W.: Das Mollier-i, x-Diagramm für feuchte Luft und seine technischen Anwendungen. Dresden, Leipzig: Steinkopff 1960.

2.4. Häussler, W.: Lufttechnische Berechnungen im Mollier-i, x-Diagramm, 2. Aufl. Dresden: Steinkopff 1973.

2.5 Hoffmann, W.; Florin, F.: Verfahrenstechn. Z. VDI-Beih. (1943) Nr. 2.

2.6. Hütte I.: Des Ingenieurs Taschenbuch, 27. Aufl. Berlin: Ernst u. Sohn 1949.

2.7. Kirschbaum, E.: Zustand des Gases und nassen Gutes beim Trockenvorgang. Chem.-Ing.-Techn. 23 (1951) 129—134.

2.8. Landolt-Börnstein: Zahlenwerte und Funktionen aus Physik, Chemie, Astronomie, Geophysik und Technik. 4 Bände, 6. Aufl. Berlin, Göttingen, Heidelberg, New York: Springer 1950—1976.

2.9.   Netz, H.: Die Trocknung mit Rauschgasen. Energie 9 (1957) 443, sowie Betriebs-
       taschenbuch Wärme, Gräfelfing b. München: Resch 1974.
2.10. Senftleben, H.: Eine einfache Methode zur gleichzeitigen Bestimmung der spez.
       Wärme, der inneren Reibung und des Wärmeleitvermögens von Gasen. Z. angew.
       Phys. 5 (1953) 33–39.
2.11. Schmidt, E.; Stephan, K.; Mayinger, F.: Technische Thermodynamik. Grundlagen
       und Anwendungen. In 2 Bänden, 11. Aufl. Berlin, Heidelberg, New York: Springer
       1976/77.
2.12. Schrieder, E.; Lückel, Fr.: Wärmewirtschaft, Braunschweig, Darmstadt: Westermann
       1950.
2.13. VDI-Wasserdampftafeln, 7. Aufl. Berlin, Heidelberg, New York: Springer 1968.
2.14. Zinzen, A.: Dampfkessel und Feuerung. Berlin, Göttingen, Heidelberg: Springer 1950.

Kapitel 3

3.1.   Badger, W. L.; McCabe, W. L.: Elements of Chemical Engineering, 2. Aufl. New
       York, London: McGraw-Hill 1936.
3.2.   Brunauer, S.: The Adsorption of Gases and Vapours, Bd. 1, London, Oxford: Uni-
       versity Press 1945.
3.3.   Brunauer, S.; Emmett, Ph.; Teller, E.: Adsorption of Gases in Multimolecular Layers.
       J. Amer. chem. Soc. 60 (1938) 309–319.
3.4.   Bungartz, H.: Die künstliche Getreidetrocknung. Z. VDI 97 (1955) 363–367.
3.5.   D'Ans, J.; Lax, E.: Taschenbuch für Chemiker und Physiker, 3 Bände, 2. Aufl.
       Berlin, Göttingen, Heidelberg, New York: Springer 1964, 1967, 1970.
3.6.   Egner, K.: Feuchtigkeitsdurchgang und Wasserdampfkondensation in Bauten. Forsch.
       Bauw. Reihe C, H. 1 (1950).
3.7.   Eucken, A.: Lehrbuch der chemischen Physik, 3. Aufl. Leipzig: Akademische Verlags-
       gesellschaft 1949.
3.8.   Eucken, A.; Jakob, M.: Der Chemie-Ingenieur, Leipzig: Akademische Verlagsanstalt
       1933.
3.9.   Eucken-Wicke: Grundriß der physikalischen Chemie, 10. Aufl. Leipzig: Akademische
       Verlagsgesellschaft 1959.
3.10. Freundlich, H.: Z. physik. Chemie 57 (1910) 385.
3.11. Gal, S.: Die Methodik der Wasserdampf-Sorptionsmessungen. Berlin, Heidelberg,
       New York: Springer 1967.
3.12. Gane, R.: The water content of wheats as a function of temperature and humidity.
       J. Soc. chem. Ind. (1941).
3.13. Gordon, A. R.: J. chem. Phys. 5 (1937) 522.
3.14. Görling, P.: Untersuchungen zur Aufklärung des Trocknungsverhaltens pflanzlicher
       Stoffe, insbesondere von Kartoffelstücken. Diss. TH Darmstadt, 1955, D 17.
3.15. Heiss, R.: Haltbarkeit und Sorptionsverhalten wasserarmer Lebensmittel, Berlin.
       Heidelberg, New York: Springer 1968.
3.16. Hoffmann, J. Fr.: Das Getreidekorn, Bd. I (neu bearb. von K. Mohs). Berlin, Ham-
       burg: Parey 1931.
3.17. Johansson, C. H.; Persson, G.: Fuktabsorptionskurvor för byggnadsmaterial. Bygg-
       mästar nr 17 (1946).
3.18. Jokisch, F.: Über den Stofftransport im hygroskopischen Feuchtebereich kapillar-
       poröser Stoffe am Beispiel des Wassertransports in technischen Adsorbentien. Diss.
       TH Darmstadt 1975.
3.19. Kast, W.; Jokisch, F.: Überlegungen zum Verlauf von Sorptionsisothermen und zur
       Sorptionskinetik an porösen Feststoffen. Chemie-Ing.-Techn. 44 (1972) 558–563.
3.20. Krischer, O.: Sorption von Wasserdampf an technischen Stoffen. In: Landolt-Börn-
       stein: Zahlenwerte und Funktionen aus Physik, Chemie, Astronomie, Geophysik und
       Technik. 4. Bd., 4. Teil, Bandteil b, 6. Aufl. Berlin, Heidelberg, New York: Springer
       1972.
3.21. Krischer, O.; Wissmann, W.; Kast, W.: Feuchtigkeitseinwirkungen auf Baustoffe aus
       der umgebenden Luft. Ges.-Ing. 79 (1959) 129–147.

3.22. Landolt-Börnstein: Zahlenwerte und Funktionen aus Physik, Chemie, Astronomie, Geophysik und Technik. 4 Bände, 6. Aufl. Berlin, Göttingen, Heidelberg, New York: Springer 1950—1976.

3.23. Landolt-Börnstein: Zahlenwerte und Funktionen aus Physik, Chemie, Astronomie, Geophysik und Technik. 2. und 4. Bd, 6. Aufl. Berlin, Göttingen, Heidelberg, New York: Springer 1956—1976.

3.24. Langmuir, T.: Convection and Conduction of Heat in Gases. Phys. Review 34 (1912) 401.

3.25. Langmuir, T.: J. Amer. Chem. Soc. 16 (1918) 1361.

3.26. Lindsay, D. C.: International Critical Tables, Vol. II (1927) 321 ff.

3.27. Loughborough: Vgl. bei Hawley, F. L.: Wood-Liquid Relations. U.S. Dept. Agric. Techn. Bull. 248 (1931) 8.

3.28. Maltry, W.: Beitrag zur Thermodynamik der Feuchtigkeitsbindung. Wiss. Z. Techn. Univ. Dresden 13 (1964) 1166—1170.

3.29. Neumann, A. W.: Bedeutung und Bestimmung grenzflächenenergetischer Größen im Hinblick auf technische Fragestellungen. CIT 42 (1970) 969—977.

3.30. Pidgeon, L. M.; Maass, O.: The Adsorption of Water by Wood. J. Amer. chem. Soc. 52 (1930) 1053—1069.

3.31. Poersch, W.: Sorptionsisothermen. Ihre Ermittlung und Auswertung. Stärke 15 (1963) 405—412.

3.32. Polanyi, W.: Verh. dtsch. physik. Ges. 18 (1916) 55—80.

3.33. Riesenfeld, E. G.: Lehrbuch der anorganischen Chemie, 5. Aufl. Zürich: Rascher 1950.

3.34. Spiess, W. E. L; Sole, P.; Fritzwald-Stegmann, B. F.: Wasserdampf-Sorptionsisothermen und spezifische Oberfläche einiger wichtiger Lebensmittel. Dtsch. Lebensm.-Rdsch. 65 (1969) 115—120.

3.35. Schauss, H.: Physikalische Vorgänge der Feuchtigkeitsbewegung und ihre Auswirkung bei den verschiedenen Verfahren der Holztrocknung. Diss. TH Darmstadt 1940, D. 87.

3.36. Timofejew, D. P.: Adsorptionskinetik. Leipzig: Deutscher Verlag für Grundstoffindustrie 1967.

3.37. Uhlich, H.; Jost, W.: Kurzes Lehrbuch der physikalischen Chemie, 8. Aufl. Darmstadt: Steinkopff 1955.

3.38. Vits, H.: Graphische Darstellung von Dampf-Luft-Gemischzuständen für die Lösung trocknungstechnischer Aufgaben. Forsch. Ing.-Wes. 22 (1956).

3.39. Vollmer, W.: Der Transport von Gasen und Dämpfen in Papier. Chem.-Ing.-Techn. 26 (1954) 90—94.

3.40. Wedler, G.: Adsorption, Weinheim: Verlag Chemie 1970.

3.41. Wolf, K. L.: Physik und Chemie der Grenzflächen, Bd. I u. II, Berlin, Göttingen, Heidelberg: Springer 1957, 1959.

3.42. Wolf, W.; Spiess, W. E. L.; Jung, G.: Die Wasserdampfsorptionsisothermen einiger in der Literatur bislang wenig berücksichtigter Lebensmittel. Lebensm. Wiss. u. Technol. 6 (1973) 94—96.

Kapitel 4

4.1. Baunack, F.; Wischniewski, M.: Wärmeübergangszahl als Funktion der Drehzahl in einem Röhrenbündel-Wärmeaustauscher für rieselfähige Produkte. Chemie-Ing.-Techn. 40 (1968) 355.

4.2. Benke, R.: Der Wärmeübergang von Rohrelementen an Luft im Kreuzstrom bei größeren Abstandsverhältnissen. Arch. Wärmew. 19 (1938) 287—291.

4.3. Börner, H.: Über den Wärme- und Stoffaustausch an umspülten Einzelkörpern bei Überlagerung von freier und erzwungener Strömung. Diss. TH Darmstadt 1964.

4.4. Brauer, H.: Stoffaustausch. Aarau, Frankfurt/M.: Sauerländer 1971.

4.5. Brown, W. G.: Die Überlagerung von erzwungener und natürlicher Konvektion bei niedrigen Duchsätzen in einem lotrechten Rohr. VDI-Forsch.-Heft 480 (1960).

4.6. Brown, W. G.; Grassmann, P.: Der Einfluß des Auftriebs auf Wärmeübergang und Druckgefälle bei erzwungener Strömung in lotrechten Rohren. Forsch. Ing.-Wesen 25 (1959) 69—78.

4.7. Brown, W. S.: Forced convection heat transfer from an uniformly heated sphere to water. Ph. D. Thesig. Stanford University. Stanford Calif. 1960.

4.8. Brügel, W.: Physik und Technik der Ultrarotstrahlung. Hannover: Vincentz 1951.

4.9. Cammerer, J. S.: Der Wärme- und Kälteschutz in der Industrie, 3. Aufl. Berlin, Göttingen, Heidelberg: Springer 1951.

4.10. Carslaw, H. S.; Jaeger, J. G.: Conduction of Heat in Solids, 2. Aufl. Oxford: Clarendon Press 1959.

4.11. Churchill, S. W.; Brier, J. C.: Convective heat transfer from a gas stream at high temperature to a circular cylinder normal to the flow. Chem. Engng. Progr., Symp. Ser. 51 (1955) 37—65.

4.12. D'Ans, J.; Lax, E.: Taschenbuch für Chemiker und Physiker. 3 Bände, 3. Aufl. Berlin, Heidelberg, New York: Springer 1964, 1967, 1970.

4.13. Diels, K.; Jaeckel, R. (Hrsg.): Leybold Vakuum-Taschenbuch, 2. Aufl. Berlin, Göttingen, Heidelberg: Springer 1962.

4.14. Eckert, E.: Einführung in den Wärme- und Stoffaustausch, 3. Aufl. Berlin, Heidelberg, New York: Springer 1966.

4.15. Edwards, A.; Furber, B. N.: The influence of freestream turbulence on heat transfer by convection from an isolated region of a plane surface in parallel air flow. Inst. Mech. Engrs. 28 (1956) 941—954.

4.16. Elias, F.: Wärmeübertragung einer geheizten Platte an strömende Luft. ZAMM 10 (1930) 1—14.

4.17. Ernst, R.: Der Mechanismus des Wärmeübergangs an Wärmeaustauschern in Fließbetten. Chemie-Ing.-Techn. 31 (1959) 166—173.

4.18. Esser, W.; Krischer, O.: Die Berechnung der Anheizung und Auskühlung ebener und zylindrischer Wände. Berlin: Springer 1930.

4.19. Eucken, A.; Jakob, M.: Der Chemie-Ingenieur. Leipzig: Akademische Verlagsanstalt 1933.

4.20. Filonenko, G. K.: Teploenergetika Nr. 4 (1954).

4.21. Garner, F. H.; Hoffmann, J. M.: The transition from a free to a forced convection in masstransfer from solid spheres. AIChE J. 6 (1960) 227.

4.22. Garner, F. H.; Keey, R. B.: Masstransfer from single solid spheres. Chem. Engng. Sci. 9 (1958) 119—129.

4.23. Garner, F. H.; Suckling, R. D.: Masstransfer from a soluble solid sphere. AIChE J. 4 (1958) 114.

4.24. Geier, H.; Schäfer, K.: Wärmeleitfähigkeit von reinen Gasen und Gasgemischen. Allgem. Wärmetechn. 10 (1961) 70—75.

4.25. Giedt, W. H.: Investigation of variation of point unit heat-transfer coefficient around a cylinder normal to an air stream. Amer. Soc. Mech. Engrs. 4 (1949) 375.

4.26. Glaser, H.: Wärmeübergang an Kugelschüttungen. Chemie-Ing-Techn. 34 (1962) 468—472.

4.27. Gnielinski, V.: Berechnung mittlerer Wärme- und Stoffübergangskoeffizienten an laminar und turbulent überströmten Einzelkörpern mit Hilfe einer einheitlichen Gleichung. Sonderdruck aus Forsch. Ing.-Wes. 41 (1975) 145—153.

4.28. Gnielinski, V.: Vortrag beim Jahrestreffen der Verfahrensingenieure, Berlin 1973.

4.29. Gregorig, R.: Wärmeaustausch und Wärmeaustauscher. Aarau, Frankfurt/M.: Sauerländer 1973.

4.30. Gregorig, R.: The effect of a nonlinear temperature dependent Prandtl-number on heat-transfer of fully developed flow of liquids in a straight tube. Wärme- und Stoffübertragung 9 (1976) 61—72.

4.31. Grimison, E. D.: Correlation and utilization of new data on flow resistance and heat transfer for cross flow of gases over tube banks. Trans. Amer. Soc. Mech. Engng. 59 (1937) 583—594.

4.32. Gröber, H.; Erk, S.; Grigull, U.: Grundgesetze der Wärmeübertragung, 3. Aufl. Berlin, Göttingen, Heidelberg: Springer 1955.

4.33. Hausen, H.: Darstellung des Wärmeüberganges in Rohren durch verallgemeinerte Potenzbeziehungen. Z. VDI Beiheft Verfahrenstechnik 4 (1943) 91—98.

4.34. Hausen, H.: Einfluß der Lewisschen Koeffizienten auf das Ausfrieren von Dämpfen aus Gas-Dampf-Gemischen. Z. angew. Chem. Ausg. B, 20 (1948) 177–182.

4.35. Hausen, H.: Neue Gleichungen für die Wärmeübertragung bei freier oder erzwungener Strömung. Allgem. Wärmetechn. 9 (1959) 75–79.

4.36. Hausen, H.: Erweiterte Gleichung für den Wärmeübergang in Rohren bei turbulenter Strömung. Wärme- und Stoffübergang 7 (1974) 222.

4.37. Heid, H.; Kollmar, A.: Die Strahlungsheizung, 3. Aufl. Halle: C. Marhold 1945.

4.38. Hengst, G.: Die Wärmeleitfähigkeit pulverförmiger Wärmeisolierstoffe bei hohem Gasdruck. Diss. TH München 1934.

4.39. Hilpert, R.: Verdunstung und Wärmeübergang an senkrechten Platten in ruhender Luft. VDI-Forsch.-Heft 355 (1932).

4.40. Hilpert, R.: Wärmeabgabe von geheizten Drähten und Rohren im Luftstrom. Ing.-Wes. 4 (1933) 215–224.

4.41. Jackson, T. W.; Spurloch, J. M.; Purdy, K. R.: Combined free and forced convection in a constant temperature horizontal tube. AIChE J. 7 (1961) 38–41.

4.42. Jacob, M.; Erk, S.: Die Wärmeleitfähigkeit von Eis zwischen O und −125°. Z. techn. Phys. 10 (1929) 623–624.

4.43. Jaeschke, L.: Über den Wärme- und Stoffaustausch und das Trocknungsverhalten ruhender, luftdurchströmter Haufwerke aus Körpern verschiedener geometrischer Form in geordneter und ungeordneter Verteilung. Diss. TH Darmstadt 1960, D 17.

4.44. Jaeschke, L.: Über den Mechanismus der Feuchtigkeitsbewegung bei der Getreidetrocknung (Einzelkornschichten-Schüttungen). Referat, gehalten auf der Arbeitssitzung des Fachausschusses Trocknungstechnik am 12./13. 5. 1961.

4.45. Jeschar, R.: Wärmeübergang in Mehrkornschüttungen aus Kugeln. Arch. Eisenhüttenwes. 35 (1964) 517–526; Analogie zwischen Wärme- und Stoffübergang in Schüttungen. Arch. Eisenhüttenwes. 35 (1964) 955–961.

4.46. Johansson, C. H.: Fuktgenomgang och fuktfördelning i byggnadsmaterial. Värme, vatten, sanitär (VVS) 19 (1948).

4.47. Jürges, W.: Der Wärmeübergang an einer ebenen Wand. Beihefte z. Gesungh.-Ing. Reih. 1, 19 (1924).

4.48. Kast, W.: Die Erhöhung der Wärmeabgabe durch Strahlung bei mehrfachen Reflexionen zwischen strahlenden Flächen. VDI-Z., Fort.-Ber. 6 (1965) 5.

4.49. Kast, W.; Krischer, O.; Reinicke, H.; Wintermantel, K.: Konvektive Wärme- und Stoffübertragung. Berlin, Heidelberg, New York: Springer 1974.

4.50. Katinas, V. J.; Ziugzda, J.; Zukauskas, A.: The investigation of heat transfer for viscous flow past curves lined bodies. Lietuvos TSR Moksla Akademijos Darbai, Ser. B 4 (63) (1970) 209–233.

4.51. Kessler, H. G.: Über die Einzelvorgänge des Wärme- und Stoffaustausches bei der Sublimationstrocknung und deren Verknüpfung. Diss. TH Darmstadt 1961, D 17.

4.52. Kling, G.: Das Wärmeleitvermögen eines Kugelhaufwerkes in ruhendem Gas. Forsch. Ing.-Wes. 9 (1938) 28; sowie: Das Wärmeleitvermögen eines von Gas durchströmten Kugelhaufwerkes, ebenda, S. 82.

4.53. Kling, G.: Der Einfluß des Gasdrucks auf das Wärmeleitvermögen von Isolierstoffen. Allg. Wärmetechn. 3 (1952) 167–174.

4.54. Koch, B.: Grundlagen des Wärmeaustausches (Stoffwerte). Diss. T. W.: H. Beucke 1950.

4.55. Kramers, H.: Heat transfer from spheres to flowing media. Physica 12 (1946) 61–81.

4.56. Kraussold, H.: Die Wärmeübertragung bei zähen Flüssigkeiten in Rohren. VDI-Forsch.-Heft 351 (1931).

4.57. Kraussold, H.: Die Wärmeübertragung an Flüssigkeiten in Rohren bei turbulenter Strömung. Forsch. Ing.-Wes. 4 (1933) 39–44.

4.58. Krischer, O.: Wärme- und Stoffaustausch bei überströmten oder durchströmten Körpern verschiedener geometrischer Form. Chemie-Ing.-Techn. 33 (1961) 156–162.

4.59. Krischer, O.: Wärmeaustausch in Ringspalten bei laminarer und turbulenter Strömung. Chem.-Ing.-Techn. 33 (1961) 13–19.

4.60. Krischer, O.: Einheitliche Darstellung des Wärmeübergangs bei überströmten Körpern und Kanälen. 4. Int. Heat Transfer Conf., Vol. IIFC 5.8, Paris: 1970.

4.61. Krischer, O.; Esdorn, H.: Einfaches Kurzzeitverfahren zur gleichzeitigen Bestimmung der Wärmeleitzahl, der Wärmekapazität und der Wärmeeindringzahl fester Stoffe. VDI Forsch.-Heft 450 (1955) 28—39.

4.62. Krischer, O.; Jaeschke, L.: Trocknungsverlauf in durchströmten Haufwerken bei geordneter und ungeordneter Verteilung. Chem.-Ing.-Techn. 33 (1961) 592—598.

4.63. Krischer, O.; Kast, W.: Wärmeübertragung und Wärmespannungen bei Rippenrohren. VDI-Forsch.-Heft 474 (1959).

4.64. Krischer, O.; Loos, G.: Beitrag zur Frage des Wärme- und Stoffaustausches bei erzwungener Strömung an Körpern verschiedener Form. Chem.-Ing.-Techn. 30 (1958) 31—69.

4.65. Krischer, O.; Mosberger, E.: Wärme- und Stoffaustausch zwischen Partikeln und Luft bei Wirbelschichten und durchströmten Haufwerken. Chem.-Ing.-Techn. 37 (1965) 925—932; 1253—1258.

4.66. Kroujiline, G.: Investigation de la chouche-limite thermique. Techn. Phys. USSR 3 (1936) 183, 311.

4.67. Lavender, W. J.; Pei, D. C. T.: The effect of fluid turbulence on the rate of heat transfer from spheres. Internat. J. Heat Mass Transfer 10 (1967) 529—539.

4.68. Leveque, M. A.: Les Lois de la transmission de chaleur par convection. Ann. d. Mines 13 (1928) 276—290.

4.69. Loos, G.: Beitrag zur Frage des Wärme- und Stoffaustausches bei erzwungener Strömung an Körpern verschiedener Form. Diss. TH Darmstadt 1957.

4.70. Martin, H.: Berechnung der Schlitzweite eines Schlitzdüsenfeldes unter der Bedingung konstanten Wärme- und Stoffüberganges in Abströmrichtung. Chem.-Ing.-Techn. 41 (1969) 731—735.

4.71. Martin, H.; Schlünder, E. U.: Ursachen der Randübertrocknung in Schlitzdüsentrocknern. Chem.-Ing.-Techn. 42 (1970) 927—929.

4.72. McAdams, W. H.: Heat Transmission, 2. Aufl. New York, London: McGraw-Hill 1942.

4.73. Mosberger, E.: Über den Wärme- und Stoffaustausch zwischen Partikeln und Luft in Wirbelschichten sowie über deren Ausdehnungsverhalten. Diss. TH Darmstdt 1964.

4.74. Nusselt, W.: Die Abhängigkeit der Wärmeübergangszahl von der Rohrlänge. Z. VDI 54 (1910) 1154—1158.

4.75. Nusselt, W.: Das Grundgesetz des Wärmeübergangs. Ges.-Ing. 38 (1915) 477—482 u. 490—496.

4.76. Nusselt, W.: Der Wärmeaustausch am Berieselungskühler. Z. VDI 67 (1923) 206.

4.77. Pasternak, I. S.; Gauvin, W. H.: Turbulent heat and mass transfer from stationary particles. Canad. J. Chem. Engin. 38 (1960) 35—42.

4.78. Perkins, H. C.; Leppert, G.: Forced convection heat transfer from a uniformly heated cylinder. Trans. Amer. Soc. Mech. Engrs. (ASME), J. Heat Transfer 84 (1962) 257—263.

4.79. Petukhov, B. S.; Popov, V. N.: High Temperature 1 (1963) 69—83.

4.80. Pflier, P. M.: Elektrische Messung mechanischer Größen, Berlin, Göttingen, Heidelberg: Springer 1956.

4.81. Pierson, O. L.: Experimental Investigation of the Influence of Tube Arrangement on Convection. Heat Transfer and Flow Resistance in Cross Flow of Gases over Tube Banks. Trans. Amer. Soc. Mech. Engng. 59 (1937) 563—572.

4.82. Pohlhausen, E.: Der Wärmeaustausch zwischen festen Körpern und Flüssigkeiten mit kleiner Reibung und kleiner Wärmeleitung. ZAMM 1 (1921) 115—121.

4.83. Presser, K. H.: Stoffübertragung an der längsangeströmten ebenen Platte im Kanal bei Schmidt-Zahlen von 2000, 2 und 0,7. Wärme- und Stoffübertragung 5 (1972) 153—167.

4.84. Prinz, J. A.; Schenk, J.; Schram, A. G. J. L.: Heat Conduction by Powders in Various Gaseous Atmospheres at Low Pressures. Physica 16 (1950) 379—380.

4.85. Raber, B. F.; Hutchinson, F. W.: Panel Heating and Cooling Analysis, 2. Aufl. New York: Wiley and Sons 1947.

4.86. Ranz, W. E.; Marshall, W. R.: Evaporation from drops. Chem. Engng. Progr. 48 (1952) 141—146.

4.87. Reichardt, H.: Die Wärmeübertragung in turbulenten Reibungsschichten. ZAMM 20 (1940) 297—328.

4.88. Reinicke, H.: Über den Wärmeübergang von kurzen durchströmten Rohren und querangeströmten Zylindern verschiedener Anordnung an zähe Flüssigkeiten verschiedener Prandtl-Zahl bei kleinen Temperaturdifferenzen. Diss. TH Darmstadt 1969.

4.89. Reinicke, H.: Einheitliche Darstellung des Wärme- und Stoffübergangs bei durchströmten Körpern und Kanälen. Chem.-Ing.-Techn. 42 (1970) 364—370.

4.90. Rowe, P. N.; Claxton, K. T.; Lewis, J. B.: Heat and mass transfer from a single sphere in an extensive flowing fluid. Trans. Inst. Chem. Engrs. 43 (1965) T14—T31.

4.91. Saunders, O. H.: The effect of pressure upon natural convection in air. Proc. roy. Soc. London (A) 157 (1936) 278—291 und Natural convection in liquids. Proc. roy. Soc. London (A) (1939) 55—71.

4.92. Sieber, W.: Zusammensetzung der von Werk- und Baustoffen zurückgeworfenen Wärmestrahlung. Diss. TH Hannover (Auszug: Z. techn. Phys.).

4.93. Smoluchowski, M.: Über die Wärmeleitfähigkeit pulverförmiger Körper. Anz. Akad. Wiss. Krakau, Reihe A (1910) 129—153.

4.94. Schlichting, H.: Grenzschicht-Theorie, 3. Aufl. Karlsruhe: G. Braun 1958.

4.95. Schlichting, H.: Der Wärmeübergang an längs angeströmten ebenen Platten bei veränderlicher Wandtemperatur. Forsch. Ing.-Wes. 17 (1951) 1—8.

4.96. Schlünder, E. U.: Über eine zusammenfassende Darstellung der Grundgesetze des konvektiven Wärmeübergangs. Verfahrenstechnik 4 (1970) 11—16.

4.97. Schlünder, E. U.: Wärmeübergang an bewegte Kugelschüttungen bei kurzfristigem Kontakt. Chem.-Ing.-Techn. 43 (1971) 651—654.

4.98. Schlünder, E. U.: Einführung in die Wärme- und Stoffübertragung, Braunschweig: Vieweg 1972.

4.99. Schmidt, E.: Wärmestrahlung technischer Oberflächen bei gewöhnlicher Temperatur. Beihefte zum Gesundh.-Ing. 1 (1927).

4.100. Schmidt, E.; Stephan, K.; Mayinger, F.: Technische Thermodynamik. Grundlagen und Anwendungen. In 2 Bänden. 11. Aufl. Berlin, Heidelberg, New York: Springer 1976/77.

4.101. Schmidt, E.; Beckmann, E.: Das Temperatur- und Geschwindigkeitsfeld von einer wärmeabgebenden senkrechten Platte bei natürlicher Konvektion. Techn. Mech. Thermodyn. (1930) 341—349 und 391—406.

4.102. Schmidt, E.; Eckert, E.: Über die Richtungsverteilung der Wärmestrahlung von Oberflächen. Forsch. Ing.-Wes. 6 (1935) 175—183.

4.103. Schmidt, E.; Sellschopp, W.: Wärmeleitfähigkeit des Wassers bei Temperaturen bis zu 270 °C. Forsch. Ing.-Wes. 3 (1932) 277—286.

4.104. Schmidt, E.; Wenner, K.: Wärmeabgabe über den Umfang eines angeblasenen geheizten Zylinders. Forsch. Ing.-Wes. 12 (1941) 65—75.

4.105. Schrader, H.: Trocknung feuchter Oberflächen mittels Warmluftstrahlen. Strömungsvorgänge und Stoffübertragung. Diss. TH Hannover 1960.

4.106. Schuh, H.: Einige Probleme bei freier Strömung zäher Flüssigkeiten. Göttinger Monographien B 6, Göttingen 1946.

4.107. Steinberger, R. L.; Treybal, R. E.: Mass transfer from a solid soluble sphere to a flowing liquid stream. Amer. Inst. Chem. Engng. (AIChE) 6 (1960) 227—232.

4.108. Stephan, K.: Wärmeübergang und Druckabfall laminarer Strömung im Einlauf von Rohren und ebenen Spalten. Diss. TH Karlsruhe 1959.

4.109. Tautz, H.: Wärmeleitung und Temperaturausgleich. Weinheim: Verlag Chemie 1971.

4.110. Ten Bosch, M.: Die Wärmeübertragung, 3. Aufl. berichtigter Neudruck, Berlin, Göttingen, Heidelberg: Springer 1953.

4.111. VDI-Wärmeatlas, 2. Aufl. Düsseldorf: VDI-Verlag 1974.

4.112. Verschoor, J. D.; Greebler, P.: Heat Transfer by Gas Conduction and Radiation in Fibrous Insulation. Trans. Amer. Soc. Mech. Eng. 74 (1952) 961—968.

4.113. Vliet, G. C.; Leppert, G.: Forced Convection heat transfer from an isothermal sphere to water. Trans. Amer. Soc. Mech. Eng. (ASME) J. of Heat Transfer 83 (1961) 163—175.

4.114. Vortmeyer, D.: Wärmestrahlung in Schüttungen. Fortschr.-Ber. VDI-Z. 3 (1966), sowie Chem.-Ing.-Techn. 33 (1966) 401—406.

4.115. Watzinger, A.; Johnson, D. G.: Wärmeübertragung von Wasser an Rohrwand bei senkrechter Strömung im Übergangsgebiet zwischen laminarer und turbulenter Strömung. Forsch. Ing.-Wes. 10 (1939) 182—196.
4.116. Wunschmann, J.; Schlünder, E. U.: Experimentelle Ergebnisse über den Wärmeübergang von beheizten Flächen an gerührte Glaskugelschüttungen bei verschiedenen Drücken. Fachausschuß „Trocknungsgtechnik" 1972.
4.117. Zehner, P.; Schlünder, E. U.: Wärmeleitfähigkeit von Schüttungen bei mäßigen Temperaturen. Chemie-Ing.-Techn. 42 (1970) 933—941.
4.118. Zehner, P.; Schlünder, E. U.: Einfluß der Wärmestrahlung und des Druckes auf den Wärmetransport in nicht durchströmten Schüttungen. Chem.-Ing.-Techn. 44 (1972) 1303—1308.
4.119. Zukauskas, A.: Wärmeübergang bei querangeströmten Zylindern; Wärmeübergang und Wärmesimulation. Izd. Akad. Nauk. SSR (1950) 201—212.
4.120. Zukauskas, A.; Slanciauskas, A.: Heat transfer in turbulent flow of fluid. Thermophysics 5, Academy of Sci. of the Lithuanian SSR. Inst. of Phys. and Techn. Problems of Energeties (1973).
4.121. Zukauskas, A.; Ziugzda, J.: Heat Transfer in Laminar Flow of Fluid. Thermophysics 2, Academy of Sci. of the Lithuanian SSR. Inst. of Phys. and Techn. Problems of Energeties (1969).
4.122. Zabeschek, G.: Experimentelle Bestimmungen und analytische Beschreibung der Trocknungsgeschwindigkeit rieselfähiger, kapillarporöser Güter in der Wirbelschicht. Diss. TU Karlsruhe 1977.

Kapitel 5

5.1.   Ackermann, G.: Wärmeübergang und molekulare Stoffübertragung im gleichen Feld bei großen Temperatur- und Partialdruckdifferenzen. VDI-Forschungsh. 382 (1937) 1—16.
5.2.   Barth, W.: Der Druckverlust bei der Durchströmung von Füllkörpersäulen und Schüttgut mit und ohne Berieselung. Chem.-Ing.-Techn. 23 (1951) 289—293.
5.3.   Barth, W.; Esser, W.: Der Druckverlust in geschichteten Stoffen. Forsch.-Ing.-Wes. 4 (1933) 82—86.
5.4.   Bird, R. B.; Stewart, W. E.; Lightfoot, E. N.: Transport Phenomena. Department of Chemical Engineerig, University of Wisconsin. Madison, Wisconsin: Wiley 1963.
5.5.   Brauer, H.: Chem-Ing.-Techn. 29 (1957) 785—790.
5.6.   Brauer, H.: Dechema-Monographien 37 (1960) 7—78.
5.7.   Brauer, H.: Grundlagen der Einphasen- und Mehrphasenströmung. Aarau, Frankfurt/M.: Sauerländer 1971.
5.8.   Brauns, D.; Schneider, K.: Durchströmung und Kapillarität von Schüttgütern. Chem.-Ing.-Techn. 38 (1966) 38—44.
5.9.   Brownell, L. E.; Dombrowski, H. S.; Dickey, C. A.: Chem. Engng. Progr. 46 (1950) 415—422.
5.10. Buckingham: Studies on the Movement of Soil Moisture. U.S. Dept. Agric. Bur. Soils Bull. 38 (1907) 8—61.
5.11. Cammerer, J. S.; Görling, P.: Die Messung der Durchlässigkeit von Kälteschutzstoffen für Wasserdampfdiffusion. Kältetechnik 3 (1951) 2—7.
5.12. Cammerer, W. F.: Die kapillare Flüssigkeitsbewegung in porösen Körpern. VDI-Forsch.-Heft 500 (1963).
5.13. Chapman, S.; Cowling, T. G.: Mathematical Theory of Non-Uniform Gases. Second Edition. Cambridge University Press (1951) Chapters 10 and 14.
5.14. D'Ans, J.; Lax, E.: Taschenbuch für Chemiker und Physiker. 3 Bände, 3. Aufl. Berlin, Göttingen, Heidelberg, New York: Springer 1964, 1967, 1970.
5.15. Eck, B.: Technische Strömungslehre. 7. Aufl. Berlin, Heidelberg, New York: Springer 1966.
5.16. Eckert, E.: Einführung in den Wärme- und Stoffaustausch, 3. Aufl. Berlin, Heidelberg, New York: Springer 1966.

5.17. Eckert, E.; Lieblein, V.: Berechnung des Stoffübergangs an einer ebenen längs angeströmten Oberfläche bei großem Teildruckgefälle. Forsch.-Ing.-Wes. 15 (1949) 33—42.

5.18. Egrun, S.: Fluid flow through packed columns. Chem. Engng. Progr. 48 (1952) 89—94.

5.19. Fehling, R.: Der Strömungswiderstand ruhender Schüttungen. Feuerungstechn. 27 (1939) 33—44.

5.20. Gerlach, B.: Ann. Phys. 10 (1931) 473.

5.21. Glietenberg, H.; Blenke, H.: Bestimmung lokaler Stoffübergangszahlen an umströmten Körpern mit Hilfe von Radioisotopen. Chem.-Ing.-Techn. 44 (1972) 319—325.

5.22. Gordon, A. R.: J. chem. Phys. 5 (1937) 522.

5.23. Görling, P.: Untersuchungen zur Aufklärung des Trocknungsverhaltens pflanzlicher Stoffe, insbesondere von Kartoffelstücken. Diss. TH Darmstadt 1955, D 17.

5.24. Gröber, H.; Erk, S.; Grigull, U.: Grundgesetze der Wärmeübertragung, 3. Aufl. Berlin, Göttingen, Heidelberg: Springer 1955.

5.25. Grubenmann, M.: $i-x$-Diagramme feuchter Luft, 3. Aufl. Berlin, Göttingen, Heidelberg: Springer 1952.

5.26. Gummel, P.; Schlünder, E. U.: Eine Methode zur Berechnung der Trocknungsgeschwindigkeit an luftdurchlässigen Stoffen in Düsentrocknern. Vortrag beim Fachausschuß „Trocknungstechnik" in Colmar 1973.

5.27. Heizmann, P.: Die Bewegung von flüssigem Wasser in kapillarporösen Körpern unter dem Einfluß kapillarer Zugkräfte sowie dem Einfluß von Zentrifugalkräften. Diss. TH München 1969.

5.28. Heyser, A.: Wärmeübergang und Stoffübertragung bei großen Partialdruckdifferenzen. Chem.-Ing.-Techn. 28 (1956) 161—164.

5.29. Hirschfelder, J. O.; Curtiss, C. F.; Bird, R. B.: Molecular Theory of Gases and Liquids New York: Wiley 1954.

5.30. Jeschar, R.: Arch. Eisenhüttenwes. 35 (1964) 91—108 u. 517—526.

5.31. Johansson, C. H.: Fuktgenomgang och fuktfördelning i byggnadsmaterial. Värme, vatten, sanitär (VVS) 19 (1948).

5.32. Jokisch, F.: Über den Stofftransport im hygroskopischen Feuchtebereich kapillarporöser Stoffe am Beispiel des Wasserdampftransports in technischen Adsorbentien. Diss. TH Darmstadt 1975.

5.33. Kamei, S.: Untersuchung über die Trocknung fester Stoffe, Bd. I. Memoirs of the College of Engineering, Kyoto Imperial University, Vol. VIII (1934) 42—64.

5.34. Kast, W.: Druckverlust bei der Strömung durch Schüttungen. Chem.-Ing.-Techn. 36 (1964) 5.

5.35. Kast, W.: Zur Frage der Analogie zwischen Wärme- und Stoffaustausch. Z. Wärme- und Stoffübertr. 5 (1972) 15—21.

5.36. Kast, W.; Jokisch, F.: Stofftransport in technischen Adsorbentien. Chem.-Ing.-Techn. 45 (1973) 538—543.

5.37. Kessler, H. G.: Über die Einzelvorgänge des Wärme- und Stoffaustausches bei der Sublimationstrocknung und deren Verknüpfungen. Diss. TH Darmstadt 1961, D 17.

5.38. Kienzle, K.: Zur Thermodynamik der Verdunstung von Flüssigkeiten. Chem.-Ing.-Techn. 25 (1953) 575—581.

5.39. Kirschbaum, E.: Neue Erkenntnisse über den Verdunstungsvorgang. Chem.-Ing.-Techn. 21 (1949) 89—94.

5.40. Kirschbaum, E.: Der Verdunstungsvorgang in mathematischer und graphischer Darstellung. Z. VDI 27 (1953) 927—932.

5.41. Koch, B.: Grundlagen des Wärmeaustausches (Stoffwerte). Dissen T. W.: H. Beucke u. Söhne 1950.

5.42. Krischer, O.: Grundgesetze der Feuchtigkeitsbewegung in Trocknungsgüter. Kapillarwasserbewegung und Wasserdampfdiffusion. Z. VDI 82 (1938) 373—378.

5.43. Krischer, O.: Vorgänge der Stoffbewegung durch Haufwerke und porige Güter bei Diffusion. Molekularbewegung sowie laminarer und turbulenter Strömung. Chem.-Ing.-Techn. 34 (1962) 154—162.

5.44. Krischer, O.; Görling, P.: Versuche über die Trocknung poriger Stoffe und ihre Deutung. Z. VDI Beiheft Verfahrenstech. 5 (1938) 140—148.

5.45. Krischer, O.; Mahler, K.: Über die Bestimmung des Diffusionswiderstandes und der kapillaren Flüssigkeitsleitzahl aus stationären und instationären Vorgängen. VDI-Forsch.-Heft 473 (1959).

5.46. Krischer, O.; Rohnalter, H.: Die Wärmeübertragung durch Diffusion des Wasserdampfes in den Poren von Baustoffen unter Einwirkung eines Temperaturgefälles. Gesundh.-Ing. 60 (1937) 621—627.

5.47. Krischer, O.; Wissmann, W.; Kast, W.: Feuchtigkeitseinwirkungen auf Baustoffe aus der umgebenden Luft. Ges.-Ing. 79 (1959) 129—147.

5.48. Krückels, W.: Photometrische Messung des örtlichen Stoffüberganges an querangeströmten Kreiszylindern. Chemie-Ing.-Techn. 41 (1969) 1063—1076.

5.49. Lebedev, P. D.: Heat and Mass Transfer between moist solids and air. Int. J. Heat and Mass Transfer 1 (1961) 302—305.

5.50. Lohe, H.: Zum Wärme- und Stoffaustausch beim senkrechten Aufblasen von Gasstrahlen auf Flüssigkeitsoberflächen. VDI-Ber. 99 (1966).

5.51. Lorenz, R.: Raumerfüllung und Ionenbeweglichkeit. Leipzig: Voss 1922.

5.52. Lykow, A. W.: Experimentelle und theoretische Grundlagen der Trocknung. Berlin: VEB Verlag Technik 1955.

5.53. Lykow, A. W.: Transporterscheinungen in kapillarporösen Körpern. Berlin: Akademie Verlag 1958.

5.54. Macey, H. H.: Clay-Water Relationships. Trans. Brit. ceram. Soc. 41 (1942) 73—121.

5.55. Mach, E.: VDI-Forschungsheft 375 (1935).

5.56. Manegold, E.: Kapillarsysteme, Bd. I u. Bd. II. Heidelberg: Straßenbau, Chemie und Technik Verlagsgesellschaft 1960.

5.57. Mathies, H. J.: VDI-Forschungsheft 454 (1956).

5.58. Michaels, A. S.: Diffusion in a Pore of irregular Cross-Section. A. J. Ch. E. 5 (1959) 270—271.

5.59. Miller, C. C.: Proc. Roy. Soc. (London) A 106 (1924) 726.

5.60. Moll, W. L. H.: Durchlässigkeit von Kunststoffolien für Gase und Dämpfe. Kolloid Zeitschrift 167 (1959) 55—62.

5.61. Müller-Pouillets: Lehrbuch der Physik, Bd. III, 2. Hälfte, 11. Aufl. Braunschweig: F. Vieweg & Sohn 1925.

5.62. Niesper, A.: Über das Trocknen von Ziegeltonen. Diss. ETH Zürich 1958.

5.63. Nusselt, W.: Wärmeübergang, Diffusion und Verdunstung. ZAMM 10 (1930) 105.

5.64. Polthier, K.: Arch. Eisenhüttenwes. 37 (1966) 365—374.

5.65. Prüger, W.: Die Verdampfungsgeschwindigkeit von Flüssigkeiten. Z. Phys. 115 (1940) 202—244.

5.66. Raisch, E.: Luftdurchlässigkeit und Porenvolumen von geschüttetem Getreide und Messungen an Lüftungsanlagen nach Rank. Techn. in d. Landwirtschaft 22 (1941) 170—176.

5.67. Ranz, W. E.: Friction and transfer coefficients for single particles and packed beds. Chem. Engng. Progr. 48 (1952) 247—253.

5.68. Rumpf, H.; Gupte, A. R.: Einflüsse der Porisität und der Korngrößenverteilung im Widerstandsgesetz der Porenströmung. Chem.-Ing.-Techn. 43 (1971) 367—375.

5.69. Seiffert, K.: Wasserdampfdiffusion im Bauwesen. Wiesbaden, Berlin: Bauverlag 1974.

5.70. Sommer, E.: Beitrag zur Frage der kapillaren Flüssigkeitsbewegung in porigen Stoffen bei Be- und Entfeuchtungsvorgängen. Diss. TH Darmstadt 1971.

5.71. Sommer, E.: Die charakteristischen Unterschiede bei der kapillaren Flüssigkeitsbewegung bei der Be- und Entfeuchtung. Chemie-Ing.-Techn. 42 (1970) 415—416.

5.72. Splettstößer, W.: Theoretische und experimentelle Untersuchung der laminaren Zweistoff-Grenzschichtströmung längs eines ebenen, verdunstenden Flüssigkeitsfilms bei temperatur- und konzentrationsabhängigen Stoffeigenschaften. Diss. TU Braunschweig 1974.

5.73. Smith, H. B.: Die Untersuchung des gleichzeitigen Stoff- und Wärmeüberganges mit einer schlierenoptischen Methode. Chem.-Ing.-Chem. 32 (1966) 314—319.

5.74. Schauss, H.: Physikalische Vorgänge der Feuchtigkeitsbewegung und ihre Auswirkung bei den verschiedenen Verfahren der Holztrocknung. Diss. TH Darmstadt 1940, D 87.

5.75. Schirmer, R.: Die Diffusionszahl von Wasserdampf-Luftgemischen und die Verdampfungsgeschwindigkeit. Z. VDI Beiheft Verfahrenstechn. (1938) 170.

5.76. Schlünder, E. U.: Über die Trocknung ruhender Einzeltropfen und fallender Sprühnebel. Diss. TH Darmstadt 1962.

5.77. Schlünder, E. U.: Einfluß molekularer Transportvorgänge auf die Zustandsänderung von Gas/Dampf-Gemischen. Chem.-Ing.-Techn. 35 (1963) 169—174.

5.78. Schlünder, E. U.: Stoffübergang bei Verdunstungs- und Absorptionsvorgängen an einer ebenen überströmten Platte. Chem.-Ing.-Techn. 36 (1964) 484—492.

5.79. Schlünder, E. U.: Wärme- und Stoffübertragung zwischen durchströmten Schüttungen und darin eingebetteten Einzelkörpern. Chem.-Ing.-Techn. 38 (1966) 967—979.

5.80. Schlünder, E. U.: Einführung in die Wärme- und Stoffübertragung, Braunschweig: Vieweg 1972.

5.81. Schlünder, E. U.; Gnielinski, V.: Wärme- und Stoffübertragung zwischen Gut und aufprallendem Düsenstrahl. Chemie-Ing.-Techn. 39 (1967) 578—584.

5.82. Schlünder, E. U.; Krötzsch, P.; Hennecke, E. W.: Gesetzmäßigkeiten der Wärme- und Stoffübertragung bei der Prallströmung aus Rand- und Schlitzdüsen. Chemie-Ing.-Techn. 42 (1970) 333—338.

5.83. Schmidt, E.: Verdunstung und Wärmeübergang. Gesundh.-Ing. 52 (1929) 525.

5.84. Schmidt, E.: Stoff-, Wärme- und Impulstausch als Analogie. Fortschritte in der Verfahrenstechnik 1952/53. Weinheim: Verlag Chemie 1954.

5.85. Schwarz, B.; Künzel, H.: Der kritische Feuchtigkeitsgehalt von Baustoffen. Ges.-Ing. 95 (1974) 241—246.

5.86. Stefan, J.: Über das Gleichgewicht und die Bewegung, insbesondere die Diffusion von Gasmengen. Sitzungsber. d. math. nat. Klasse d. Kaiserl. Akademie d. Wiss. Wien 63 (1871) 2. Abt.

5.87. Stefan, J.: Versuche über die Verdampfung. Sitzungsber. d. math. nat. Klasse d. Kaiserl. Akademie d. Wiss. Wien 68 (1874) 2. Abt.

5.88. Tamman, G.; Jeesen, V.: Z. anorg. allgem. Chemie 179 (1929) 125.

5.89. Teutsch, Th.: Diss. TH München 1962.

5.90. Thovert, J.: Ann. chim. phys. (7) 26 (1902) 366.

5.91. Thovert, J.: Ann. chim. phys. 9 (2) (1914) 369.

5.92. Thevoy, D. H.; Dickamer, H. G.: J. chem. Phys. 17 (1949) 1117.

5.93. Van Brakel, J.: Pore space models for transport phenomena in porous media. Review and evaluation with special emphasis on capillary liquid transport. Powder Technol. 11 (1975) 205—236.

5.94. VDI-Wärmeatlas. 2. Aufl. Düsseldorf: VDI-Verlag 1974.

5.95. Vollmer, W.: Der Transport von Gasen und Dämpfen in Papier. Chem.-Ing.-Techn. 26 (1954) 90—94.

5.96. Wicke, E.: Untersuchungen über Ad- und Desorptionsvorgänge in körnigen, durchströmten Adsorberschichten. Kolloid-Z. 93 (1940) 129—157.

5.97. Wissmann, W.: Über das Verhalten von Baustoffen gegen Feuchtigkeitseinwirkungen aus der umgebenden Luft. Diss. TH Darmstadt 1954, D 17.

5.98. Zinzen, A.: Dampfkessel und Feuerung. Berlin, Göttingen, Heidelberg: Springer 1950.

Kapitel 6

6.1. Bratzler, K.: Adsorption von Gasen und Dämpfen. Dresden: Steinkopff 1944.

6.2. Carslaw, H. S.; Jaeger, J. G.: Conduction of Heat in Solids. Oxford: Clarendon Press 1959.

6.3. Herminge, L.: Heat Transfer in Porous Bodies at Various Temperatures and Moisture Contents. Tappi Vol. 44 (1961).

6.4. Hilgeroth, E.: Wärmeübergang bei Schlitzdrüsenströmung. Chem.-Ing.-Techn. 41 (1969) 731—735.

6.5. Jokisch, F.: Über den Stofftransport im hygroskopischen Feuchtebereich kapillarporöser Stoffe am Beispiel des Wasserdampftransports in technischen Adsorbentien. Diss. TH Darmstadt 1975.

6.6. Jokisch, F.; Kast, W.: Transportmechanismen im hygroskopischen Feuchtebereich poröser Stoffe. Chem.-Ing.-Techn. 47 (1975) 393.

6.7. Krischer, O.: Der Einfluß von Feuchtigkeit, Temperatur und Körnung auf die Wärmeleitfähigkeit körniger Stoffe. (Die Leitfähigkeit des Erdbodens). Beiheft zum Gesundh. Ing., Reihe I (1934).

6.8. Krischer, O.; Esdorn, H.: Die Wärmeübertragung in feuchten porigen Stoffen verschiedener Struktur. Forsch. Ing.-Wes. 22 (1956) 1—8.

6.9. Krischer, O.; Rohnalter, H.: Die Wärmeübertragung durch Diffusion des Wasserdampfes in den Poren von Baustoffen unter Einwirkung eines Temperaturgefälles. Gesundh.-Ing. 60 (1937) 621—627.

6.10. Krischer, O.; Rohnalter, H.: Wärmeleitung und Dampfdiffusion in feuchten Gütern. VDI-Forsch.-Heft 402 (1940) 1—18.

6.11. Martin, K.: Adsorption von Kohlendioxid an Molekularsieb 5 A. Chem.-Ing.-Techn. 46 (1974) 63.

6.12. Seiffert, K.: Wasserdampfdiffusion im Bauwesen. Wiesbaden, Berlin: Bauverlag 1974.

Kapitel 7

7.1. Akbar, M.: Untersuchungen über den Zusammenhang zwischen Feuchtigkeitsbewegung und Schwindung bei der Trocknung von gel- und pastenartigen Stoffen. Diss. TH München 1961.

7.2. Akbar, M.; Görling, P.: Feuchtigkeitsbewegung und Schwindung bei der Trocknung von gel- und pastenartigen Stoffen. Chem.-Ing.-Techn. 33 (1961) 619—627.

7.3. Alt, Ch.: Trocknung hygroskopischer Güter. Diss. TH München 1948.

7.4. Alt, Ch.: Zur dielektrischen Trocknung im hochfrequenten Feld. Chem.-Ing.-Techn. 37 (1965) 1229—1234.

7.5. Bateman, E.; Hohf, J. P.; Stamm, A. J.: Undirectional Drying of Wood. Industr. Engng. Chem. 31 (1939) 1150—1154.

7.6. Bekassow, A. G.; Denissow, N. J.: Handbuch der Körnertrocknung. Berlin: Verlag Technik 1955.

7.7. Ceaglske, N. H.; Houghes, O. A.: The Drying of Granular Solids. Trans. Amer. Inst. chem. Engrs. 33 (1937) 283—312.

7.8. Dietrich, N.: Die Warmlufttrocknung von naturfeuchtem und künstlich befeuchtetem Weizen-Einzelkorn. Diss. TH München 1956.

7.9. Edelmann, K.: Lehrbuch der Kolloidchemie. Berlin: Deutscher Verlag der Wissenschaften 1964.

7.10. Fisher, E. A.: Some fundamental principles of drying. J. Soc. chem. Ind. 54 (1935) 343—348.

7.11. Gerstenberg, H.: Aufnahme von Trocknungskurven. Chem.-Ing.-Techn. 32 (1960) 613—616.

7.12. Görling, P.: Trocknung fester Stoffe. Ullmanns Enzcyklopädie der technischen Chemie, 3. Aufl. Bd. 1, München, Berlin 1951.

7.13. Görling, P.: Untersuchungen zur Aufklärung des Trocknungsverhaltens pflanzlicher Stoffe, insbesondere von Kartoffelstücken. Diss. TH Darmstadt 1955, D 17.

7.14. Herminge, L.: Heat Transfer in Porous Bodies at Various Temperatures and Moisture Contents. Tappi Vol. 44 (1961).

7.15. Jaeschke, L.: Über den Mechanismus der Feuchtigkeitsbewegung bei der Getreidetrocknung (Einzelkornschichten-Schüttungen). Referat, gehalten auf der Arbeitssitzung des Fachausschusses Trocknungstechnik am 12./13. 5. 1961 in Göttingen.

7.16. Jaeschke, L.: Mechanismus der Feuchtigkeitsbewegung bei der Trocknung von Gütern mit verkrustenden Oberflächen. Chem.-Ing.-Techn. 36 (1964) 449—455.

7.17. Junginger, K.: Wanderung gelöster bzw. dispergierter Stoffe bei der Trocknung. Verfahrenstechnik 4 (1970) 66—73.

7.18. Kamei, S.: Untersuchung über die Trocknung fester Stoffe, Bd. I: Memoirs of the College of Engineering, Kyoto Imperial University, Vol. VIII (1934) 42—64.

7.19. Kamei, S.: Untersuchung über die Trocknung fester Stoffe, Bd. II. Memoirs of the College of Engineering, Kyoto Imperial University, Vol. IX (1935) 83—116.

7.20. Kamei, S.: Untersuchung über die Trocknung fester Stoffe, Bd. III. Memoirs of the College of Engineering, Kyoto Imperial University, Vol. X (1937) 65—115.

7.21. Keey, R. B.; Suzuki, M.: Über die charakteristische Trocknungskurve. Int. J. Heat Mass Transfer 17 (1974) 1455—1464.

7.22. Kessler, H. G.: Über die Einzelvorgänge des Wärme- und Stoffaustausches bei der Sublimationstrocknung und deren Verknüpfung. Diss. TH Darmstadt 1961, D 17.

7.23. Kessler, H. G.: Die Kontakttrocknung rieselfähiger Güter bei Normaldruck und bei Vakuum. Chem.-Ing.-Techn. 41 (1969) 463—472.

7.24. Kessler, H. G.: Wärme- und Stoffaustausch bei der Gefriertrocknung durchmischter Haufwerke. Chem.-Ing.-Techn. 46 (1974) 189—190.

7.25. Kneule, F.: Trocknung bei Berücksichtigung der veränderlichen Stoffaustauschfläche. Z. VDI 91 (1949) 506.

7.26. Kneule, F.; Schlachter, H.: Einfluß der Schwindung auf den Trocknungsvorgang. Chem.-Ing.-Techn. 25 (1953) 617—619.

7.27. Kollmann, F.: Technologie des Holzes und der Holzwerkstoffe, Bd. I u. II, 2. Aufl. Berlin, Göttingen, Heidelberg: Springer 1951 u. 1955.

7.28. Krischer, O.: Trocknung fester Stoffe als Problem der kapillaren Feuchtigkeitsbewegung und der Dampfdiffusion. Z. VDI Beih. Verfahrenstechn. (1938) 104—110.

7.29. Krischer, O.: Wärme-, Flüssigkeits- und Dampfbewegung bei der Trocknung poriger Stoffe. Z. VDI Beih. Verfahrenstechn. (1940) 17—25.

7.30. Krischer, O.: Trocknen. In: Fortschritte der Verfahrenstechnik 1952/53. Weinheim 1954, 232—244.

7.31. Krischer, O.; Jaeschke, L.: Trocknungsverlauf in durchströmten Haufwerken bei geordneter und ungeordneter Verteilung. Chem.-Ing.-Chem. 33 (1961) 592—598.

7.32. Krischer, O.; Mahler, K.: Vollautomatische Aufzeichnung der Austauschgeschwindigkeit über der Konzentration beim Trocknen. Chemie.-Ing.-Techn. 31 (1959) 88—93.

7.33. Krischer, O.: Schauss, H.; Versuche über Schnelltrocknung von Holz. Wissenschaftl. Veröffentl. der TH Darmstadt 1 (1946).

7.34. Kröll, K.: Die Bewegung der Feuchtigkeit in Nadelholz während der Trocknung bei Temperaturen um 100 °C. Holz als Roh- u. Werkstoff 9 (1951) 176—181.

7.35. Kröll, K.: Das Trocknen formloser Güter und seine Grundlagen. Schilde Schriftenreihe 1 (1962).

7.36. Kunze, H.: Untersuchung zur Vakuum-Verdampfungstrocknung von Perlon-Schnitzel. Diss. TH Aachen 1958.

7.37. Macey, H. H.: Clay-water relationships. Brit. ceram. Soc. 41 (1942) 73—121.

7.38. Mahler, K.: Apparatur zum kontinuierlichen Aufzeichnen von Sorptionsisothermen. Chemie-Ing.-Techn. 33 (1961) 627—631.

7.39. Manegold, E.; Härtel, M.: Freie und behinderte Schrumpfung bei der kapillaren Schrumpfung von Lyogelen und Lyopasten. Kolloid-Z. 116 (1950) 66—80.

7.40. McCready, D. W.; McCabe, W. L.: The adiabatic of air-drying of hygroscopic solids. Trans. Amer. Inst. chem. Engrs. 29 (1933) 131—159.

7.41. Meier, E.: Der Trocknungsverlauf hygroskopischer Stoffe mit konzentrations- und temperaturabhängigen Diffusionskoeffizienten am Beispiel der Perlontrocknung. Diss. TH Aachen 1968.

7.42. Meier, E.: Einfluß konzentrations- und temperaturabhängiger Diffusionskoeffizienten auf die Trocknung hygroskopischer Kunststoffe. Chem.-Ing.-Techn. 41 (1969) 472—478.

7.43. Müller, H.: Vakuumtrocknung mit Hochfrequenz. Chemie-Ing.-Techn. 29 (1958) 133.

7.44. Müller, W.: Verdunstung und Wärmeübergang bei Getreidetrocknen. Diss. TH Zürich 1943.

7.45. Newman, A. B.: The Drying of Porous Solids. Trans. Amer. Inst. chem. Engrs. 27 (1931) 203—216, 310—333.

7.46. Planowski, A. N.; Rudobaschta, S. P.; Kast, W.: Kinetik der Erwärmung feuchter Stoffe bei konvektiver Trocknung. Sonderdruck aus Chem.-Ing.-Techn. 48 (1976) 803.

7.47. Planowski, A. N.; Rudobaschta, S. P.; Kast, W.: Untersuchung zur Trocknung von Polyamid. CIT 48 (1976) 657—658.

7.48. Püschner, H.: Wärme durch Mikrowellen. Microwaves-novel applications spur market appeal. Chem. Engng. News 47 (1960) 20—21.

7.49. Ray, P. P. K.; Emmons, H. W.: Transpiration drying of porous hygroscopic materials. Int. J. Heat Mass Transfer 18 (1975) 623–634.

7.50. Rebinder, P. A.; u.a.: Physikalisch-chemische Grundlagen der Nährmittelherstellung. Moskau 1952.

7.51. Sherwood, T. K.: Verschiedene Aufsätze über Grundlagen der Trocknung. Industr. Engng. Chem. 21 (1929) 12–16 u. 976–908, 22 (1930) 132–136, 24 (1932) 307–312, 25 (1933) 311 u. 1134, 26 (1934) 1096; Trans. Amer. Inst. chem. Engrs. 27 (1931) 190–200, 32 (1936) 150–168.

7.52. Spieß, W. E. L.: Über den Transport des Wasserdampfes bei der Gefriertrocknung von Lebensmitteln. Diss. Universität Karlsruhe 1969.

7.53. Stockburger, D.; Faulhaber, F. R.: Trocknungsverhalten von Kunststoffen. Chemie-Ing.-Techn. 41 (1969) 456–461.

7.54. Toei, R.: Fundamental Study of Vacuum Drying. Chem. Eng. (Japan) 24 (1960) 289.

7.55. Voigt, H.; Krischer, O.: Schauss, H.; Die Feuchtigkeitsbewegung bei der Verdunstungstrocknung von Holz. Holz als Roh- und Werkstoff 3 (1940) 305–321.

7.56. Voigt, H.; Krischer, O.; Schauss, H.: Sonderverfahren der Holztrocknung. Holz als Roh- und Werkstoff 3 (1940) 364–375.

7.57. Vosteen, B.: Über die Trocknung verkrustender Trocknungsgüter am Beispiel der Trocknung von Gipswandbauplatten. Zem.-Kalk-Gips 5 (1976) 213–222.

Kapitel 8

8.1. Englberger, A.: Die innere Temperatur- und Feuchtigkeitsverteilung bei der Konvektions- und Kontakttrocknung eines kapillarporösen Körpers. Chem.-Ing.-Techn. 37 (1965) 1235–1245.

8.2. Esser, W.; Krischer, O.: Die Berechnung der Anheizung und Auskühlung ebener und zylindrischer Wände. Berlin: Springer 1930.

8.3. Konovalov, V. J.; u.a.: Trocknungs- und Erwärmungskurven dünner Schichten. (Orig. russ.) Teoret. osnovy khim. tekhnol. 9 (1975) 203–209. Ref.: VtB 7527/20.

8.4. Planowski, A. N.; Rudobaschta, S. P.; Kast, W.: Kinetik der Erwärmung feuchter Stoffe bei konvektiver Trocknung. Sonderdruck aus Chem.-Ing.-Techn. 48 (1976) 803.

8.5. Schlünder, E. U.: Fortschritte und Entwicklungstendenzen bei der Auslegung von Trocknung für vorgeformte Trocknungsgüter. CIT 48 (1976) 190–198.

8.6. Toei, R.: Drying Process Analysis of the Decreasing Drying Rate Period of Granular and Power Material. Chem. Eng. (Japan) 23 (1959) 641.

8.7. Toei, R.: The Temperatureprofil of Material by Drying in the Falling Period and the Asymptotic Temperature of the Moist Part. The Memories of the Faculty of Engineering. Kyoto University, Japan 1963.

Kapitel 9

9.1. Carslaw, H. S.; Jeager, J. G.: Conduction of Heat in Solids. 2. Aufl. Oxford: Clarendon Press 1959.

9.2. Stockburger, D.: Fortschritte und Entwicklungstendenzen in der Trocknungstechnik bei der Trocknung formloser Güter. CIT 48 (1976) 199–204.

Kapitel 11

11.1. Eckert, E.: Einführung in den Wärme- und Stoffaustausch, 3. Aufl. Berlin, Heidelberg, New York: Springer 1966.

11.2. Gröber, H.; Erk, S.; Grigull, U.: Grundgesetze der Wärmeübertragung. 3. Aufl. Berlin, Göttingen, Heidelberg: Springer 1955.

11.3. Jaeschke, L.: Über den Wärme- und Stoffaustausch und das Trocknungsverhalten ruhender, luftdurchströmter Haufwerke aus Körpern verschiedener geometrischer Form in geordneter und ungeordneter Verteilung. Diss. TH Darmstadt 1960, D 17.

11.4. Kamei, S.: Neue Versuche an Trockenapparaten. Chemie-Ing.-Techn. 26 (1954) 1–9.

11.5. Krischer, O.; Jaeschke, L.: Trocknungsverlauf in durchströmten Haufwerken bei geordneter und ungeordneter Verteilung. Chemie-Ing.-Techn. 33 (1961) 592–598.

11.6.   Kröll, K.: Trocknung luftdurchströmter Streichholzschüttungen. Chem.-Ing.-Techn. Techn. 27 (1955) 527—534.

11.7.   Poersch, W.; Thelen, P.: Berechnung von Gleichstromtrockentrommeln mit Hilfe von Austauscheinheiten. Aufber.-Techn. 12 (1971) 610—621.

11.8.   Poersch, W.; Wischniewski, M.: Die wärmetechnische Auslegung von Konvektionstrocknern mit dem Rechner. Verfahrenstechnik 4 (1970) 130—139.

11.9.   Schicketanz, W.: Vergleich des Trocknungsverhaltens von Schüttungen verschiedener kapillarporöser Materialien mit einer kontinuierlichen Meßmethode. Diss. TU München 1971, Auszug Chemie-Ing.-Techn. 43 (1971) 245—251.

11.10. Schlünder, E. U.: Fortschritte und Entwicklungstendenzen bei der Auslegung von Trocknern für vorgeformte Trocknungsgüter. CIT 48 (1976) 190—198.

11.11. Van Meel, D. A.: Adiabatic Convection Batch Drying with Recirculation of Air. Chem. Engng. Sci. 9 (1958) 36—44.

Kapitel 12

12.1.   Berger, D.; Pei, D. C. T.: Drying of hygroscopic capillary porous solids, a theoretical approach. Int. J. Heat Mass Transf. 16 (1973) 293—302.

12.2.   Egner, K.: Beiträge zur Kenntnis der Feuchtigkeitsbewegung in Hölzern, vor allem in Fichtenholz, während der Trocknung unterhalb des Fasersättigungspunktes. Diss. TH Stuttgart 1933. Siehe Forschungsber. Holz, H. 2, Berlin: VDI Verlag 1934.

12.3.   Henry, P. S. A.: Diffusion in absorbing media. Proc. roy. Soc. Lond. (A) 171 (1939) 215—241.

12.4.   Iwantschewa, Z. M.; Michailow, M. D.: Über Differentialgleichungen für Wärme- und Stoffaustausch von hygroskopischen Stoffen. Wärme- und Stoffübertragung 1 (1968) 117—120.

12.5.   Jokisch, F.: Über den Stofftransport im hygroskopischen Feuchtebereich kapillarporöser Stoffe am Beispiel des Wasserdampftransports in technischen Adsorbentien. Diss. TH Darmstadt 1975.

12.6.   Kollmann, F.: Technologie des Holzes und der Holzwerkstoffe. Bd. I u. II, 2. Aufl. Berlin, Göttingen, Heidelberg: Springer 1951 u. 1955.

12.7.   Krischer, O.: Der Wärme- und Stoffaustausch im Trocknungsgut. VDI Forsch.-Heft 415 (1942) 1—22.

12.8.   Lykow, A. W.: Experimentelle und theoretische Grundlagen der Trocknung. Berlin: Verlag Technik 1955.

12.9.   Lykow, A. W.: Theorie der Trocknung. Moskau: GEI-Verlag 1956.

12.10. Lykow, A. W.: Transporterscheinungen in kapillarporösen Körpern. Berlin: Akademie Verlag 1958.

12.11. Luikov, A. V.: Heat and Mass Transfer in Capillaryporous Bodies. Oxford: Pergamon 1966.

12.12. Luikov, A. V.: Theory of Drying. Moskau: Energiya 1968.

12.13.. Luikov, A. V.: Systems of differential equations of heat and mass transfer in capillary-porous bodies (review). Int. J. Heat Mass Transf. 18 (1975) 1—14.

12.14. Meixner, H.: Zur Thermodynamik der Thermodiffusion. Ann. Phys. 5. Folge 39 (1941) 333—356.

12.15. Mikhailov, M. D.: General Solutions of the Diffusion coupled at Boundary Conditions J. Heat and Mass Transfer 16 (1973) 2153—2164.

12.16. Mikhailov, M. D.: Exact solution of temperature and moisture distributions in a porous half-space with moving evaporation front. Int. J. Heat Mass Transf. 18 (1975) 797—804.

12.17. Mikhailov, M. D.; Shishedjiev, B. K.: Temperature and moisture distribution during contact drying of a moist porous sheet. Int. J. Heat Mass Transf. 18 (1975) 15—24.

12.18. Novak, L. T.; Coulman, G. A.: Mathematical models for the drying of rigid porous bodies. Canad. J. Chem. Engng. 53 (1975) 60—67.

Sachverzeichnis

Additional material from *Die wissenschaftlichen Grundlagen der Trocknungstechnik,*
ISBN 978-3-642-61880-2, is available at http://extras.springer.com

MIX
Papier aus verantwortungsvollen Quellen
Paper from responsible sources
FSC® C105338

If you have any concerns about our products,
you can contact us on
ProductSafety@springernature.com

In case Publisher is established outside the EU,
the EU authorized representative is:
Springer Nature Customer Service Center GmbH
Europaplatz 3, 69115 Heidelberg, Germany

Printed by Libri Plureos GmbH
in Hamburg, Germany